环境监测仪器适用性检测标准规范

（空气和废气卷）

中国环境监测总站　编

中国环境出版社·北京

图书在版编目（CIP）数据

环境监测仪器适用性检测标准规范. 空气和废气卷/中国环境监测总站编. —北京：中国环境出版社，2013.10
ISBN 978-7-5111-1469-3

Ⅰ. ①环…　Ⅱ. ①中…　Ⅲ. ①大气监测—环境监测仪器—监测标准—技术手册　Ⅳ. ①X85-62

中国版本图书馆 CIP 数据核字（2013）第 106561 号

出 版 人　王新程
责任编辑　赵惠芬
责任校对　唐丽虹
封面设计　刘丹妮

出版发行　中国环境出版社
（100062　北京市东城区广渠门内大街 16 号）
网　　址：http://www.cesp.com.cn
电子邮箱：bjgl@cesp.com.cn
联系电话：010-67112765（编辑管理部）
发行热线：010-67125803，010-67113405（传真）
印　　刷　北京市联华印刷厂
经　　销　各地新华书店
版　　次　2014 年 4 月第 1 版
印　　次　2014 年 4 月第 1 次印刷
开　　本　880×1230　1/16
印　　张　52.5
字　　数　1350 千字
定　　价　180.00 元

《环境监测仪器适用性检测标准规范》（空气和废气卷）

编 委 会

前 言

为使广大环境监测工作者以及环境监测仪器生产厂家及时、全面掌握和正确使用国家空气和废气环境保护标准，进一步推动环境空气和污染源废气在线监测仪器的适用性检测工作，中国环境监测总站组织编制了《环境监测仪器适用性检测标准规范（空气和废气卷）》。本书分为环境空气类和废气类两篇，内容含仪器技术规范、仪器技术要求、标准分析方法及其他四个部分，仪器技术规范和技术要求涵盖了环境空气质量自动监测仪器、$PM_{2.5}$ 和 PM_{10} 采样器等环境空气自动仪器技术要求 18 篇，烟气排放连续监测系统、烟尘烟气采样器、定电位电解法气体测定仪等废气在线自动监测仪器技术要求等 8 篇；标准分析方法包括了环境空气和废气中二氧化硫、氮氧化物、烟尘、$PM_{2.5}$ 等与在线监测仪器密切相关的标准分析方法 50 篇。

中国环境监测总站编制组

2013 年 10 月

目 录

第一篇 环境空气类

第二篇 废气类

第一篇　环境空气类

一、分析方法

中华人民共和国国家环境保护标准

环境空气　PM_{10}和$PM_{2.5}$的测定　重量法

HJ 618—2011
代替 GB 6921—86

Determination of atmospheric articles PM_{10} and $PM_{2.5}$ in ambient air by gravimetric method

2011-09-08 发布　　2011-11-01 实施

1　适用范围

本标准规定了测定环境空气中 PM_{10} 和 $PM_{2.5}$ 的重量法。

本标准适用于环境空气中 PM_{10} 和 $PM_{2.5}$ 浓度的手工测定。

本标准的检出限为 0.010 mg/m^3（以感量 0.1 mg 分析天平，样品负载量为 1.0 mg，采集 108 m^3 空气样品计）。

2　规范性引用文件

本标准内容引用了下列文件或其中的条款。凡是不注明日期的引用文件，其有效版本适用于本标准。

HJ/T 93　PM_{10} 采样器技术要求及检测方法

HJ/T 194　环境空气质量手工监测技术规范

3　术语和定义

下列术语和定义适用于本标准。

3.1　PM_{10}

指环境空气中空气动力学当量直径≤10 μm 的颗粒物，也称可吸入颗粒物。

3.2　$PM_{2.5}$

指环境空气中空气动力学当量直径≤2.5 μm 的颗粒物，也称细颗粒物。

4　方法原理

分别通过具有一定切割特性的采样器，以恒速抽取定量体积空气，使环境空气中 $PM_{2.5}$ 和 PM_{10} 被截留在已知质量的滤膜上，根据采样前后滤膜的重量差和采样体积，计算出 $PM_{2.5}$ 和 PM_{10} 的浓度。

5　仪器和设备

5.1　切割器

5.1.1　PM_{10} 切割器、采样系统：切割粒径 D_{a50}=（10±0.5）μm；捕集效率的几何标准差为σ_g=（1.5±0.1）μm。

其他性能和技术指标应符合 HJ/T 93—2003 的规定。

5.1.2 $PM_{2.5}$ 切割器、采样系统：切割粒径 D_{a50}=（2.5±0.2）μm；捕集效率的几何标准差为 σ_g=（1.2±0.1）μm。其他性能和技术指标应符合 HJ/T 93—2003 的规定。

5.2 采样器孔口流量计或其他符合本标准技术指标要求的流量计

5.2.1 大流量流量计：量程（0.8～1.4）m^3/min；误差≤2%。

5.2.2 中流量流量计：量程（60～125）L/min；误差≤2%。

5.2.3 小流量流量计：量程＜30 L/min；误差≤2%。

5.3 滤膜：根据样品采集目的可选用玻璃纤维滤膜、石英滤膜等无机滤膜或聚氯乙烯、聚丙烯、混合纤维素等有机滤膜。滤膜对 0.3 μm 标准粒子的截留效率不低于 99%。空白滤膜按第 7 章分析步骤进行平衡处理至恒重，称量后，放入干燥器中备用。

5.4 分析天平：感量 0.1 mg 或 0.01 mg。

5.5 恒温恒湿箱（室）：箱（室）内空气温度在 15～30℃范围内可调，控温精度±1℃。箱（室）内空气相对湿度应控制在（50±5）%。恒温恒湿箱（室）可连续工作。

5.6 干燥器：内盛变色硅胶。

6 样品

6.1 样品采集

6.1.1 环境空气监测中采样环境及采样频率的要求，按 HJ/T 194 的要求执行。采样时，采样器入口距地面高度不得低于 1.5 m。采样不宜在风速大于 8 m/s 等天气条件下进行。采样点应避开污染源及障碍物。如果测定交通枢纽处 PM_{10} 和 $PM_{2.5}$，采样点应布置在距人行道边缘外侧 1 m 处。

6.1.2 采用间断采样方式测定日平均浓度时，其次数不应少于 4 次，累积采样时间不应少于 18 h。

6.1.3 采样时，将已称重的滤膜（5.3）用镊子放入洁净采样夹内的滤网上，滤膜毛面应朝进气方向。将滤膜牢固压紧至不漏气。如果测定任何一次浓度，每次需更换滤膜；如测日平均浓度，样品可采集在一张滤膜上。采样结束后，用镊子取出。将有尘面两次对折，放入样品盒或纸袋，并做好采样记录。

6.1.4 采样后滤膜样品称量按第 7 章分析步骤进行。

6.2 样品保存

滤膜采集后，如不能立即称重，应在 4℃条件下冷藏保存。

7 分析步骤

将滤膜放在恒温恒湿箱（室）中平衡 24 h，平衡条件为：温度取 15～30℃中任何一点，相对湿度控制在 45%～55%范围内，记录平衡温度与湿度。在上述平衡条件下，用感量为 0.1 mg 或 0.01 mg 的分析天平称量滤膜，记录滤膜重量。同一滤膜在恒温恒湿箱（室）中相同条件下再平衡 1 h 后称重。对于 PM_{10} 和 $PM_{2.5}$ 颗粒物样品滤膜，两次重量之差分别小于 0.4 mg 或 0.04 mg 为满足恒重要求。

8 结果计算与表示

8.1 结果计算

$PM_{2.5}$ 和 PM_{10} 质量浓度按下式计算：

$$\rho = \frac{w_2 - w_1}{V} \times 1\,000$$

式中：ρ——PM_{10} 或 $PM_{2.5}$ 质量浓度，mg/m^3；

w_2——采样后滤膜的重量，g；

w_1——空白滤膜的重量，g；

V——已换算成标准状态（101.325 kPa，273.15 K）下的采样体积，m^3。

8.2 结果表示

计算结果保留 3 位有效数字。小数点后数字可保留到第 3 位。

9 质量控制与质量保证

9.1 采样器每次使用前需进行流量校准。校准方法按附录 A 执行。

9.2 滤膜使用前均需进行检查，不得有针孔或任何缺陷。滤膜称量时要消除静电的影响。

9.3 取清洁滤膜若干张，在恒温恒湿箱（室），按平衡条件平衡 24 h，称重。每张滤膜非连续称量 10 次以上，求每张滤膜的平均值为该张滤膜的原始质量。以上述滤膜作为“标准滤膜”。每次称滤膜的同时，称量两张“标准滤膜”。若标准滤膜称出的重量在原始质量±5 mg（大流量），±0.5 mg（中流量和小流量）范围内，则认为该批样品滤膜称量合格，数据可用。否则应检查称量条件是否符合要求并重新称量该批样品滤膜。

9.4 要经常检查采样头是否漏气。当滤膜安放正确，采样系统无漏气时，采样后滤膜上颗粒物与四周白边之间界线应清晰，如出现界线模糊时，则表明应更换滤膜密封垫。

9.5 对电机有电刷的采样器，应尽可能在电机由于电刷原因停止工作前更换电刷，以免使采样失败。更换时间视以往情况确定。更换电刷后要重新校准流量。新更换电刷的采样器应在负载条件下运转 1 h，待电刷与转子的整流子良好接触后，再进行流量校准。

9.6 当 PM_{10} 或 $PM_{2.5}$ 含量很低时，采样时间不能过短。对于感量为 0.1 mg 和 0.01 mg 的分析天平，滤膜上颗粒物负载量应分别大于 1 mg 和 0.1 mg，以减少称量误差。

9.7 采样前后，滤膜称量应使用同一台分析天平。

附　录　A
（资料性附录）
采样器流量校准方法

新购置或维修后的采样器在启用前应进行流量校准；正常使用的采样器每月需进行一次流量校准。采用传统孔口流量计和智能流量校准器的操作步骤分别如下：

A.1　孔口流量计

（1）从气压计、温度计分别读取环境大气压和环境温度；

（2）将采样器采气流量换算成标准状态下的流量，计算公式如下：

$$Q_n = Q \times \frac{p_1 \times T_n}{p_n \times T_1}$$

式中：Q_n——标准状态下的采样器流量，m^3/min；

Q——采样器采气流量，m^3/min；

p_1——流量校准时环境大气压力，kPa；

T_n——标准状态下的热力学温度，273.15 K；

T_1——流量校准时环境温度，K；

p_n——标准状态下的大气压力，101.325 kPa。

（3）将计算的标准状态下流量 Q_n 代入下式，求出修正项 y：

$$y = b \times Q_n + a$$

式中斜率 b 和截距 a 由孔口流量计的标定部门给出。

（4）计算孔口流量计压差值 ΔH（Pa）：

$$\Delta H = \frac{y^2 \times p_n \times T_1}{p_1 \times T_n}$$

（5）打开采样头的采样盖，按正常采样位置，放一张干净的采样滤膜，将大流量孔口流量计的孔口与采样头密封连接。孔口的取压口接好 U 型压差计。

（6）接通电源，开启采样器，待工作正常后，调节采样器流量，使孔口流量计压差值达到计算的 ΔH，并填写下面的记录表格。

表 A.1　采样器流量校准记录表

校准日期	采样器编号	采样器采气流量[注] Q	孔口流量计编号	环境温度 T_1/K	环境大气压 p_1/kPa	孔口压差计算值 ΔH/Pa	校准人

注：大流量采样器流量单位为 m^3/min，中、小流量采样器流量单位为 L/min。

A.2　智能流量校准器

A.2.1　工作原理：孔口取压嘴处的压力经硅胶管连至校准器取压嘴，传递给微压差传感器。微压差传感器输出压力电信号，经放大处理后由 A/D 转换器将模拟电压转换为数字信号。经单片机计算处理后，显示流量值。

A.2.2 操作步骤：

（1）从气压计、温度计分别读取环境大气压和环境温度；

（2）将智能孔口流量校准器接好电源，开机后进入设置菜单，输入环境温度和压力值（温度值单位是绝对温度，即温度=环境温度+273；大气压值单位为 kPa），确认后退出；

（3）选择合适流量范围的工作模式，距仪器开机超过 2min 后方可进入测量菜单；

（4）打开采样器的采样盖，按正常采样位置，放一张干净的采样滤膜，将智能流量校准器的孔口与采样头密封连接，待液晶屏右上角出现电池符号后，将仪器的“－”取压嘴和孔口取压嘴相连后，按测量键，液晶屏将显示工况瞬时流量和标况瞬时流量。显示 10 次后结束测量模式，仪器显示此段时间内的平均值；

（5）调整采样器流量至设定值。

采用上述两种方法校准流量时，要确保气路密封连接。流量校准后，如发现滤膜上尘的边缘轮廓不清晰或滤膜安装歪斜等情况，表明可能造成漏气，应重新进行校准。校准合格的采样器，即可用于采样，不得再改动调节器状态。

附加说明：

自本标准实施之日起，原国家环境保护局 1986 年 10 月 10 日批准、发布的国家环境保护标准《大气飘尘浓度测定方法》（GB 6921—86）废止。

本标准的附录 A 为资料性附录。

本标准由环境保护部科技标准司组织修订。

本标准主要起草单位：中日友好环境保护中心、国家环境分析测试中心。

本标准环境保护部 2011 年 9 月 8 日批准。

本标准自 2011 年 11 月 1 日起实施。

本标准由环境保护部解释。

中华人民共和国国家环境保护标准

环境空气 总烃的测定 气相色谱法

HJ 604—2011
代替 GB/T 15263—94

Ambient air—Determination of total hydrocarbons —Gas chromatographic method

2011-02-10 发布 2011-06-01 实施

1 适用范围

本标准规定了测定环境空气中总烃的气相色谱法。

本标准适用于环境空气中总烃的测定。

当进样体积为 1.0 ml 时，本方法的检出限为 0.04 mg/m^3，测定下限为 0.16 mg/m^3。

2 术语和定义

下列定义适用于本标准。

总烃 total hydrocarbons

指在本标准规定条件下，用氢火焰检测器所测得气态碳氢化合物及其衍生物的总量，以甲烷计。

3 方法原理

将样品直接注入气相色谱仪，用氢火焰离子化检测器测定样品中总烃和氧二者的总量（以甲烷计），同时用除烃空气代替样品，可以测得氧的含量（以甲烷计），从二者的总量中扣除氧的含量后即为总烃的含量。

4 试剂和材料

除非另有说明，分析时均使用符合国家标准的分析纯化学试剂，实验用水为蒸馏水。

4.1 磷酸：ρ=1.75 g/ml。

4.2 磷酸溶液：$c(H_3PO_4)$=3.3 mol/L。

量取 38 ml 磷酸（4.1）于 100 ml 容量瓶中，用水稀释至标线，混匀。

4.3 除烃空气：总烃含量（含氧峰）≤0.4 mg/m^3（以甲烷计），直接购置或自行制备，参见附录 A。

4.4 甲烷标准气体：10.0 μmol/mol，以氮气为底气。

4.5 燃烧气：氢气，纯度（体积分数）≥99.99%。

4.6 载气：氮气，纯度（体积分数）≥99.99%。

4.7 助燃气：空气，用净化管净化。

4.8 稀释气：高纯氮气，纯度（体积分数）≥99.999%。

5 仪器和设备

5.1 气相色谱仪：具氢火焰离子化检测器。

5.2 进样器：1 ml 气密玻璃注射器或带 1 ml 定量管的六通阀。

5.3 色谱柱

5.3.1 填充柱：材质为不锈钢或硬质玻璃，长 1～2 m，内径 5 mm，内填充硅烷化玻璃微珠（60～80 目），或其他等效填充柱。填充柱制备方法：不锈钢柱的一端用玻璃棉塞住，接真空泵；柱的另一端通过软管接漏斗，将担体慢慢通过漏斗装入色谱柱内。在装担体的同时，开启真空泵抽气，并轻轻敲击色谱柱使担体在色谱柱内填充紧密均匀，填充完毕后用玻璃棉塞住。为防止玻璃棉及担体抽入真空泵，在真空泵和色谱柱之间联结一毛细管和缓冲瓶。

5.3.2 毛细管空柱：15 mm×0.53 mm，或其他等效毛细管空柱。

5.3.3 色谱柱的老化：将色谱柱一端接到仪器进样口上，另一端不接检测器，用低流速（填充柱约 10 ml/min、毛细管空柱约 4 ml/min）的载气通入，柱温升至 200℃老化约 24 h，然后将色谱柱接入色谱系统，待基线平直为止。

5.4 注射器：1 ml、5 ml、20 ml、50 ml、100 ml，全玻璃材质。

5.5 一般实验室常用仪器和设备。

6 样品

6.1 采样容器的洗涤

注射器使用前应用磷酸溶液（4.2）洗涤，然后用水洗净，干燥后备用。

6.2 样品采集与保存

在人的呼吸带高度，用 100 ml 注射器抽取环境空气样品。在采样前用样品反复抽洗 3 次，然后采集 100 ml 样品，用橡皮帽密封，避光保存，应当天分析完毕。

7 分析步骤

7.1 参考色谱条件

进样口温度：70～100℃。

柱温：70℃。

检测器温度：150℃。

载气：通过填充柱的氮气（4.6）流量 40～50 ml/min，通过毛细管空柱的氮气（4.6）流量 8～10 ml/min。

燃烧气：氢气（4.5）流量约 30 ml/min。

助燃气：空气（4.7）流量约 300 ml/min。

尾吹气：氮气（4.6），通过毛细管空柱的氮气（4.6）流量为 25 ml/min。

进样量：1.0 ml。

7.2 校准

7.2.1 标准系列的制备

用 100 ml 注射器（预先放入一片硬质聚四氟乙烯小片），按 1∶1 体积比，用高纯氮气（4.8）将甲烷标准气体（4.4）逐级稀释，配制 5 个浓度梯度的标准气体，该标准系列的摩尔分数分别为 0.625、1.25、2.50、5.00、10.0 μmol/mol。

7.2.2 绘制标准曲线

由低浓度到高浓度依次抽取 1.0 ml 标准系列（7.2.1），注入气相色谱仪测定，以峰面积为纵坐标，以总烃含量（μmol/mol）为横坐标，绘制标准曲线。

7.2.3　标准色谱图

图 1 和图 2 分别为在本标准规定的色谱条件下，总烃和除烃空气（氧峰）的标准色谱图。

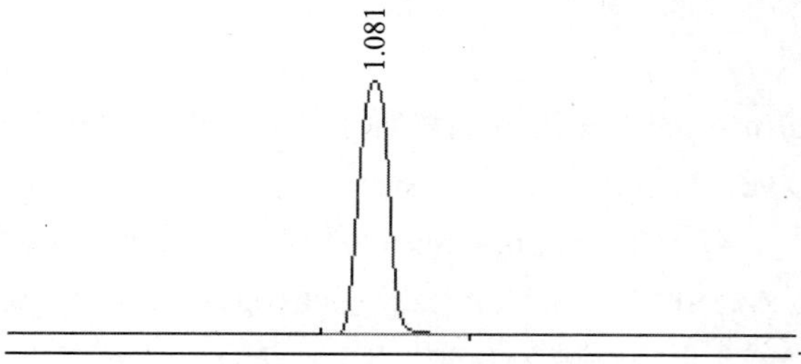

图 1　总烃色谱图（0.184 min）

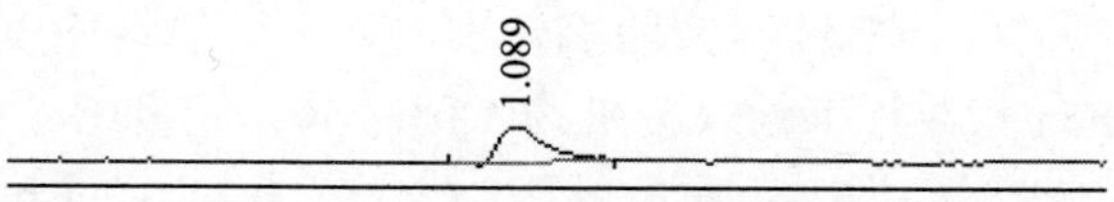

图 2　除烃空气（氧峰）色谱图（0.185 min）

7.3　测定

取 1.0 ml 待测样品[样品浓度高于标准曲线最高点时，应用除烃空气（4.3）进行适当稀释]，按照与绘制标准曲线相同的色谱条件，测定其峰面积。

注：当样品浓度与标气浓度相近时，可进行单点定量测定。

7.4　氧峰测定

取 1.0 ml 除烃空气（4.3），按照与测定（7.3）相同步骤，测定其峰面积。

8　结果计算与表示

8.1　结果计算

8.1.1　标准曲线法

样品中总烃的质量浓度ρ，按照式（1）进行计算。

$$\rho = K(\varphi_1 - \varphi_0) \times \frac{16}{22.4} \tag{1}$$

式中：ρ——样品中总烃的质量浓度（以甲烷计），mg/m^3；

φ_1——从标准曲线上查得的样品中总烃（以甲烷计）的摩尔分数，μmol/mol；

φ_0——从标准曲线上查得的样品中氧（以甲烷计）的摩尔分数，μmol/mol；

K——样品的稀释倍数；

16——甲烷的摩尔质量，g/mol；

22.4——标准状态（273.15 K，101.325 kPa）下，气体的摩尔体积，L/mol。

8.1.2　单点法

样品中总烃的质量浓度ρ，按照式（2）进行计算。

$$\rho = \varphi \times \frac{S}{S_1} \times \frac{16}{22.4} \tag{2}$$

式中：ρ——样品中总烃的质量浓度（以甲烷计），mg/m^3；

φ——甲烷标准气体中甲烷的摩尔分数，μmol/mol；

S——扣除氧峰后样品的峰面积；

S_1——甲烷标准气体的峰面积。

8.2 结果表示

当测定结果小于 1 mg/m^3 时，保留至小数点后两位；当结果大于 1 mg/m^3 时，保留三位有效数字。

9 精密度和准确度

9.1 精密度

填充柱：5 家实验室分别对 1.42 mg/m^3 和 3.55 mg/m^3 的甲烷标准样品进行了测定，重复性相对标准偏差分别为 3.3%和 2.2%，再现性相对标准偏差分别为 3.6%和 2.3%。

毛细管空柱：6 家实验室分别对含甲烷质量浓度为 1.47、7.14 和 36.4 mg/m^3 的统一样品进行了测定，实验室内相对标准偏差分别为 1.0%～8.3%、0.0%～2.9%、0.6%～3.7%；实验室间相对标准偏差分别为 4.8%、2.2%、1.6%；重复性限为 0.25、0.31、2.1 mg/m^3；再现性限为 0.30、0.53、2.48 mg/m^3。

9.2 准确度

填充柱：5 家实验室分别对 1.42 mg/m^3 和 3.55 mg/m^3 的甲烷标准样品进行了测定，相对误差分别为 3.5%和–3.8%，环境空气样品加标回收率为 81.7%～111%。

毛细管空柱：6 家实验室分别对含甲烷浓度为 1.47、7.14 和 36.4 mg/m^3 的统一样品进行了测定，相对误差分别为–5.4%～6.8%、–0.8%～5.0%、–1.1%～2.5%；相对误差最终值–0.1%±4.8%、1.0%±2.4%、0.0%±1.6%。6 家实验室对总烃质量浓度范围为 1.36～4.71 mg/m^3 的环境空气样品进行了加标回收测试，加标回收率范围为 84.6%～118%。

10 质量保证和质量控制

10.1 标准曲线的相关系数≥0.995，否则重新绘制标准曲线。

10.2 每分析 20 个样品需测定标准曲线中间浓度校核点，其测定值与校准曲线对应值的相对偏差应≤10%，否则应重新绘制标准曲线。

10.3 每批样品应至少采集 10%的平行样，其测定结果的相对偏差≤10%。

11 注意事项

11.1 采样针筒应在使用之前充分洗净。对注射器作严格的气密性检查。采样针筒应放在密闭采样箱中以避免污染。

11.2 样品采集后，应避光保存，采样针筒需垂直放置。

11.3 样品应恢复至室温后，再进行测定。

附　录　A
（资料性附录）
除烃空气的制备方法

A.1　通过除烃净化装置制备除烃空气

A.1.1　试剂和材料

A.1.1.1　钯催化剂：氯化钯（$PdCl_2$），AR。

A.1.1.2　硅胶：AR。

A.1.1.3　碱石棉：AR。

A.1.1.4　活性炭。

A.1.1.5　5A 分子筛：AR。

A.1.2　钯-6201 催化除烃装置，见图 A.1。

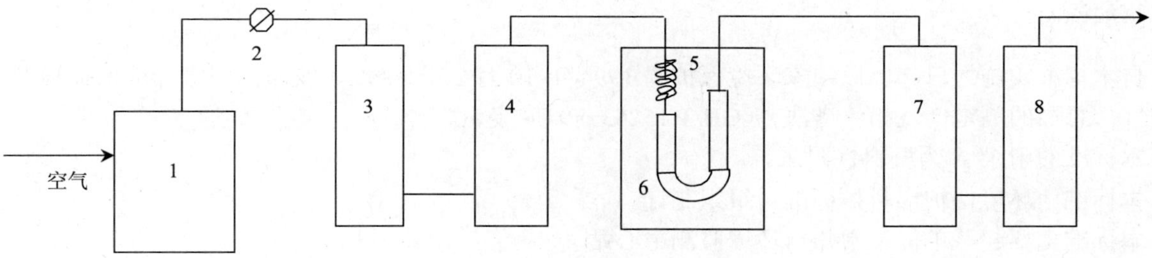

1—无油压缩机；2—稳流阀；3—硅胶及 5A 分子筛；4—活性炭；5—1 m 预热管；
6—高温管式炉（450～500℃）；7—硅胶及 5A 分子筛；8—烧碱石棉

图 A.1　除烃净化空气装置图（钯催化剂）

A.1.3　操作步骤

A.1.3.1　除烃催化管的制备

U 型管为内径 4 mm 的不锈钢管，内装 10 g 催化剂钯-6201，床层高 7～8 cm，在 U 型管前接 1 m 长，内径 4 mm 的不锈钢预热管。

注：钯-6201 催化剂的制备：取一定量氯化钯（$PdCl_2$），在酸性条件下用去离子水将其溶解，溶液用量要能浸没 10 g 6201 担体（60～80 目）为宜。放置 2 h，在轻轻搅拌下将其蒸干，然后装入 U 型管内，置于加热炉中，在 100℃通入空气烘干 30 min，再升温至 500℃灼烧 4 h，然后将温度降至 400℃，用氮气置换 10 min 后，再通入氢气还原 9 h。再用氮气置换 10 min。即得到黑褐色钯-6201 催化剂。

A.1.3.2　除烃空气的检验

除烃净化空气装置通过室内空气或空气钢瓶，炉温升至 450～500℃，温度恒定 2 h 后，取除烃净化空气至色谱柱（5.3）测定，总烃含量（含氧峰）≤0.4 mg/m^3（以甲烷计），或取除烃净化空气至 GDX-502 柱色谱测定无峰，即认为除烃完全。

A.2 用高纯氮气和高纯氧气制备除烃空气

A.2.1 试剂和材料

A.2.1.1 高纯氮气：纯度≥99.999%。

A.2.1.2 高纯氧气：纯度≥99.999%。

A.2.1.3 玻璃针筒：100 ml，若干。

A.2.2 操作步骤

A.2.2.1 除烃空气的制备

按 4∶1 的体积比抽取高纯氮气（A.2.1.1）和高纯氧气（A.2.1.2）于 100 ml 玻璃针筒（预先放入一片硬质聚四氟乙烯小片）中，混匀。

A.2.2.2 除烃空气的检验

取除烃空气（A.2.2.1）至色谱柱（5.3）测定，总烃含量（含氧峰）≤0.4 mg/m^3（以甲烷计），或取除烃空气（A.2.2.1）至 GDX-502 柱色谱测定无峰，即认为除烃完全。

附加说明：

自本标准实施之日起，原国家环境保护局 1994 年 10 月 26 日批准、发布的国家环境保护标准《环境空气 总烃的测定 气相色谱法》（GB/T 15263—94）废止。

本标准的附录 A 为资料性附录。

本标准由环境保护部科技标准司组织制订。

本标准主要起草单位：常州市环境监测中心站。

本标准验证单位：江苏省环境监测中心、江苏省苏州市环境监测中心站、江苏省南通市环境监测中心站、江苏省镇江市环境监测中心站、江苏省苏州工业园区环境监测中心站和江苏省常州市武进区环境监测站。

本标准环境保护部 2011 年 2 月 10 日批准。

本标准自 2011 年 6 月 1 日起实施。

本标准由环境保护部解释。

中华人民共和国国家环境保护标准

环境空气 臭氧的测定 紫外光度法

HJ 590—2010

代替 GB/T 15438—1995

Ambient air—Determination of ozone
—Ultraviolet photometric method

2010-10-21 发布　　2011-01-01 实施

警告：本方法需要使用有毒的气体臭氧，实验室内臭氧的极限质量浓度为 200 μg/m³。过剩的臭氧应该排入活性炭洗涤器或室外并远离采样入口。

1 适用范围

本标准规定了测定环境空气中臭氧的紫外光度法。

本标准适用于环境空气中臭氧的瞬时测定，也适用于环境空气中臭氧的连续自动监测。

本标准适用于测定环境空气中臭氧的浓度范围是 0.003～2 mg/m³。

2 术语和定义

下列术语和定义适用于本标准。

2.1 零空气 zero air

指不含臭氧、氮氧化物、碳氢化合物及任何能使臭氧分析仪产生紫外吸收的其他物质的空气。零空气质量的确认方法和验收标准见附录 A。

2.2 传递标准 transfer standard

指经过臭氧标准参考光度计（SRP）或紫外校准光度计（6.2.1）校准后，可用来向现场的环境臭氧分析仪传递准确度的工作标准。作为臭氧的传递标准每 6 个月应至少用标准参考光度计或紫外校准光度计校准一次。

3 方法原理

当样品空气以恒定的流速通过除湿器和颗粒物过滤器进入仪器的气路系统时分成两路，一路为样品空气，一路通过选择性臭氧洗涤器成为零空气，样品空气和零空气在电磁阀的控制下交替进入样品吸收池（或分别进入样品吸收池和参比池），臭氧对 253.7 nm 波长的紫外光有特征吸收。设零空气通过吸收池时检测的光强度为 I_0，样品空气通过吸收池时检测的光强度为 I，则 I/I_0 为透光率。仪器的微处理系统根据朗伯-比尔定律公式（1），由透光率计算臭氧浓度。

$$\ln(I/I_0) = -a\rho d \qquad (1)$$

式中：I/I_0——样品的透光率，即样品空气和零空气的光强度之比；

ρ——采样温度压力条件下臭氧的质量浓度，μg/m^3；

d——吸收池的光程，m；

a——臭氧在 253.7 nm 处的吸收系数，a=1.44×10^{-5} m^2/μg。

4 干扰及消除

一般环境空气中常见的质量浓度低于 0.2 mg/m^3 的污染物不会干扰臭氧的测定。但当空气中二氧化氮和二氧化硫的质量浓度分别为 0.94 mg/m^3 和 1.3 mg/m^3 时，对臭氧的测定分别产生约为 2 μg/m^3 和 8 μg/m^3 的正干扰。

空气中的颗粒物如果未被去除，可能会在采样管路中累积破坏臭氧，使得测定结果偏低，加颗粒物过滤器可去除。

样品空气在采样管线中停留期间，其中的一氧化氮与臭氧会发生某种程度的反应，关于这种影响的校正见本标准附录 B。

其他一些化合物对紫外臭氧测定仪的干扰见本标准附录 C。

5 试剂和材料

5.1 采样管线

采样管线须采用玻璃、聚四氟乙烯等不与臭氧起化学反应的惰性材料。

注：为了缩短样品空气在管线中的停留时间，应尽量采用短的采样管线。实验证明，如果样品空气在管线中停留时间少于 5 s，臭氧损失小于 1%。

5.2 颗粒物过滤器

过滤器由滤膜及其支架组成，其材质应选用聚四氟乙烯等不与臭氧起化学反应的惰性材料。

注：①滤膜的材质为聚四氟乙烯，孔径为 5 μm。②一般新滤膜需要经过环境空气平衡一段时间才能获得稳定的读数。③应根据环境中颗粒物浓度和采样体积定期更换滤膜，一片滤膜最长使用时间不得超过 14 d。当发现在 5～15 min 内臭氧含量递减 5%～10%时，应立即更换滤膜。

5.3 零空气

符合分析校准程序要求的零空气，可以由零气发生装置产生，也可以由零气钢瓶提供。如果使用合成空气，其中氧的含量应为合成空气的 20.9%±2%。

注：来源不同的零空气可能含有不同的残余物质从而产生不同的紫外吸收。因此，向紫外光度计提供的零空气必须与校准臭氧浓度时臭氧发生器所用的零空气为同一来源。

6 仪器和设备

6.1 环境臭氧分析仪

环境臭氧分析仪主要由以下几部分组成。典型的紫外光度臭氧测量系统组成见图 1。

（1）紫外吸收池

紫外吸收池应由不与臭氧起化学反应的惰性材料制成，并具有良好的机械稳定性，以致光学校准不受环境温度变化的影响。吸收池温度控制精度为±0.5℃，吸收池中样品空气压力控制精度为±0.2 kPa。

（2）紫外光源灯

例如低压汞灯，其发射的紫外单色光集中在 253.7 nm，而 185 nm 的光（照射氧产生臭氧）通过石英窗屏蔽去除。光源灯发出的紫外辐射应足够稳定，能够满足分析要求（参数见本标准附录 D）。

（3）紫外检测器

能定量接收波长 253.7 nm 处辐射的 99.5%。其电子组件和传感器的响应稳定，能满足分析要求。

（4）带旁路阀的涤气器

其活性组分能在环境空气样品流中选择性地去除臭氧。

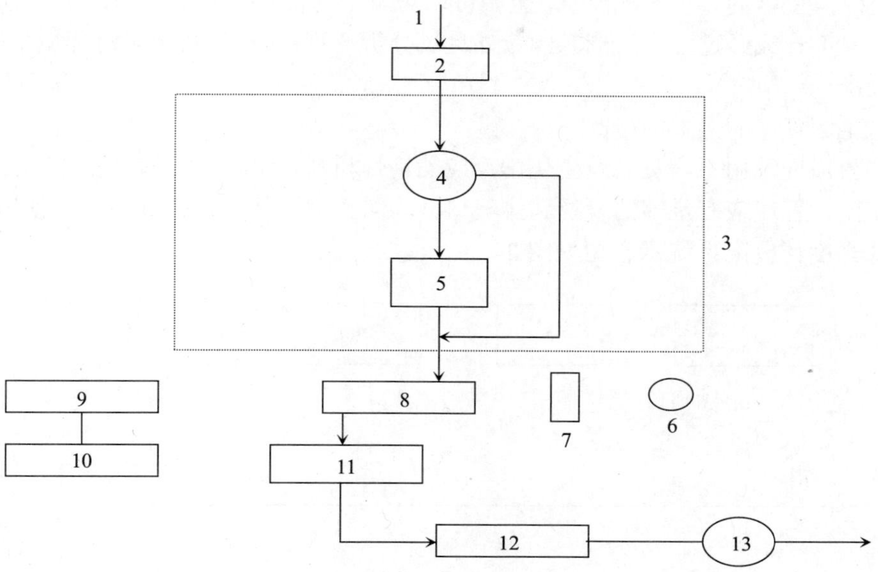

1—空气输入；2—颗粒物过滤器和除湿器；3—环境臭氧分析仪；4—旁路阀；5—涤气器；6—紫外光源灯；7—光学镜片；8—UV 吸收池；9—UV 检测器；10—信号处理器；11—空气流量计；12—流量控制器；13—泵

图 1 典型的紫外光度臭氧测量系统示意图

（5）采样泵

采样泵安装在气路的末端（见图 1），抽吸空气流过臭氧分析仪，能保持流量在 1～2 L/min。

（6）流量控制器

紧接在采样泵的前面，可适当调节流过臭氧分析仪的空气流量。

（7）空气流量计

安装在紫外吸收池的后面（见图 1），流量范围为 1～2 L/min。

（8）温度指示器

能测量紫外吸收池中样品空气的温度，准确度为±0.5℃。

（9）压力指示器

能测量紫外吸收池内的样品空气的压力，准确度为±0.2 kPa。

6.2 校准用主要设备

6.2.1 紫外校准光度计（UV Calibration Photometer）

紫外校准光度计的构造和原理与环境臭氧分析仪相似，其准确度优于±0.5%，重复性相对偏差小于±1%。但没有内置去除臭氧的涤气器。因此提供给校准仪的零空气必须与臭氧发生器的零空气为同一来源。

注 1：该仪器用于校准臭氧的传递标准或环境臭氧分析仪，只允许使用洁净的经过除湿过滤的校准气体，不得用于测定环境空气。该仪器应每年用臭氧标准参考光度计（SRP）比对或校准一次。

注 2：有的紫外校准光度计内置零气源、臭氧发生器和准确的流量稀释装置。

6.2.2 传递标准

可根据本实验室条件，选择下列传递标准之一作为校准环境臭氧分析仪的工作标准。

6.2.2.1 紫外臭氧分析仪

构造与环境臭氧分析仪（6.1）相同。但作为臭氧传递标准使用时，不可同时用于测定环境空气。

6.2.2.2 带配气装置的臭氧发生器

与零气源连接后，能够产生稳定的接近系统上限浓度的臭氧（0.5 μmol/mol 或 1.0 μmol/mol），能够准确控制进入臭氧发生器的零空气的流量，至少可以对发生的初始臭氧浓度进行 4 级稀释，发生的臭氧浓度用紫外校准光度计或经过上一级溯源的紫外臭氧分析仪测量。该仪器用于对环境臭氧分析仪进行多点校准和单点校准。

6.2.3 输出多支管

输出管线的材质应采用不与臭氧发生化学反应的惰性材料，如硅硼玻璃、聚四氟乙烯等。为保证管线内外的压力相同，管线应有足够的直径和排气口。为防止空气倒流，排气口在不使用时应封闭。

典型的紫外光度计校准系统示意图见图 2。

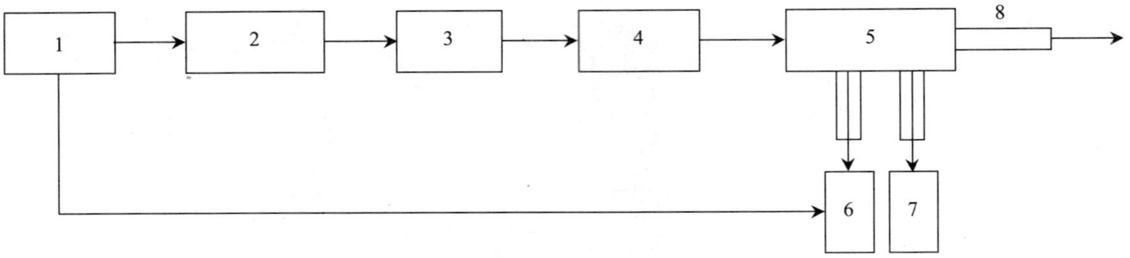

1—零空气；2—流量控制器；3—流量计；4—臭氧发生器；5—输出多支管；6—紫外校准光度计仪接口；7—环境臭氧分析仪或其他传递标准接口；8—排气口

图 2 典型的臭氧校准系统气路示意图

7 分析步骤

7.1 臭氧分析仪的校准

7.1.1 用紫外校准光度计校准传递标准

7.1.1.1 用紫外校准光度计校准臭氧发生器类型的传递标准

按图 2 连接零空气、臭氧发生器和紫外校准光度计，调节进入臭氧发生器的零空气流量使产生不同浓度的臭氧，用紫外校准光度计测量其质量浓度值。输入到输出多支管的空气流量应超过仪器需要总量的 20%，并适当超过排气口的大气压力。

严格按仪器说明书操作各仪器，待仪器充分预热后，运行下列校准步骤：

（1）零点调整

引导零空气进入输出多支管，直至获得稳定的响应值（零空气需稳定输出 15 min）。必要时，调节臭氧发生器的零点电位器使读数等于零或进行零补偿。记录紫外校准光度计的输出值（I_0）。

（2）跨度调节

调节臭氧发生器，使产生所需要的最高摩尔分数的臭氧（0.5 μmol/mol 或 1.0 μmol/mol），稳定后，记录紫外校准光度计的输出值（I）。按式（2）计算相应的臭氧浓度。必要时，调节臭氧发生器的跨度电位器，使其指示的输出读数接近或等于计算的浓度值。如果跨度调节和零点调节相互关联，则应重复步骤（1）～（2），再检查零点和跨度，直至不做任何调节，仪器的响应值均符合要求为止。

使用紫外校准光度计的测量参数，按式（2）计算标准状态下（273.15 K，101.325 kPa）输出多支管中臭氧的质量浓度：

$$\rho_0 = \frac{101.25}{p} \times \frac{T + 273.15}{273.15} \times \frac{-\ln(I / I_0)}{1.44 \times 10^{-5}} \times \frac{1}{d} \qquad (2)$$

式中：ρ_0——标准状态下臭氧的质量浓度，μg/m³；

d——紫外臭氧校准光度计吸收池的光程，m；

I/I_0——含臭氧空气的透光率，即样气和零空气的光强度之比；

1.44×10^{-5}——臭氧在 253.7 nm 处的吸收系数，m²/μg；

p——光度计吸收池压力，kPa；

T——光度计吸收池温度，℃。

注：有的紫外臭氧校准仪直接输出臭氧的浓度值，可省略上述计算步骤。

（3）多点校准

调节进入臭氧发生器的零空气流量，在仪器的满量程范围内，至少发生 4 个浓度点的臭氧（不包括零浓度点和满量程点），对每个浓度点分别测定、记录并计算其稳定的输出值（ρ_i）。

以紫外校准光度计的输出值对应臭氧浓度的稀释率绘图。按式（3）计算多点校准的线性误差：

$$E_i = \frac{\rho_0 - \rho_i / R}{A_0} \times 100\% \tag{3}$$

式中：E_i——各浓度点的线性误差，%；

ρ_0——初始臭氧质量浓度或摩尔分数，mg/m³ 或μmol/mol；

ρ_i——稀释后测定的臭氧质量浓度或摩尔分数，mg/m³ 或μmol/mol；

R——稀释率，等于初始浓度流量除以总流量。

注 1：为评估校准的精密度重复该校准步骤。

注 2：各浓度点的线性误差必须小于±3%，否则，检查流量稀释的准确度。

7.1.1.2 用紫外校准光度计校准臭氧分析仪类型的传递标准

按图 2 连接零空气、臭氧发生器、紫外校准光度计和紫外臭氧分析仪，按与 7.1.1.1 相同的步骤，进行零点调节、跨度调节和多点校准，并分别记录、计算紫外校准光度计的输出值和臭氧分析仪的响应值。以紫外校准光度计的测量值对应臭氧分析仪的响应值绘制校准曲线。校准曲线的斜率应在 0.97～1.03，截距应小于满量程的±1%，相关系数应大于 0.999。

7.1.2 用传递标准校准环境臭氧分析仪

按图 2 连接零空气、臭氧发生器、环境臭氧分析仪和经过上一级溯源的紫外臭氧分析仪或其他传递标准，按与 7.1.1.1 相同的步骤，进行零点调节、跨度调节和多点校准，并分别记录环境臭氧分析仪的输出值。以传递标准的参考值对应臭氧分析仪的响应值绘制校准曲线。校准曲线的斜率应在 0.95～1.05，截距应小于满量程的±1%，相关系数应大于 0.999。

7.2 环境空气中臭氧的测定

在有温度控制的实验室安装臭氧分析仪，以减少任何温度变化对仪器的影响；按生产厂家的操作说明正确设置各种参数，包括 UV 光源灯的灵敏度、采样流速；激活电子温度和压力补偿功能等；向仪器中导入零空气和样气，检查零点和跨度，用合适的记录装置记录臭氧浓度。

8 结果计算

大多数臭氧分析仪能够测量吸收池内样品空气的温度和压力，并根据测得的数据，自动将采样状态下臭氧的质量浓度换算为标准状态下的质量浓度。否则，须按式（4）计算：

$$\rho_0 = \rho \times \frac{101.325}{p} \times \frac{t + 273.15}{273.15} \tag{4}$$

式中：ρ_0——标准状态下臭氧的质量浓度，mg/m³；

ρ——仪器读数，采样温度、压力条件下臭氧的质量浓度，mg/m^3；

p——光度计吸收池压力，kPa；

t——光度计吸收池温度，℃。

9 精密度和准确度

9.1 精密度

置信水平为95%时，方法的重复性精密度在±5%之内。

注：测定环境空气中臭氧的重复性精密度在±3.5%之内（包括校准分析和环境分析的重复性）。

9.2 准确度

方法的准确度优于测量质量浓度的±4%。

10 质量保证与质量控制

10.1 对校准的要求

10.1.1 零点和跨度检查

环境臭氧分析仪每次运行之前应检查一次零点、跨度和操作参数。在仪器连续运行期间，每两周检查一次零点和跨度（或80%满量程点）。零点漂移不应超过2%，跨度漂移应不超过满量程的±15%，否则，调节分析仪，执行多点校准。

10.1.2 传递标准的校准

用于校准环境臭氧分析仪的传递标准，至少每6个月用紫外校准光度计校准一次，各质量浓度点的线性误差必须小于±3%。否则，检查流量稀释的准确度或重新进行校准。

10.1.3 多点校准

环境臭氧分析仪应每隔6个月运行一次多点校准。各质量浓度点的线性误差应小于±5%，相关系数应大于0.999，截距应小于满量程的±1%。否则，检查流量稀释的准确度或对仪器进行校准。

10.1.4 紫外校准光度计的校准

至少每年用臭氧标准参考光度计（SRP）校准一次。各质量浓度点的线性误差应小于±1%，截距应小于3 nmol/mol。否则，检查流量稀释的准确度或对仪器进行修理。

10.2 更换涤气器

每隔6个月更换一次零气发生装置的涤气器。更换涤气器后，应运行多点校准。

10.3 流量校准

10.3.1 环境臭氧分析仪的流量控制装置，至少每半年用工作标准（指经国家有关部门传递过的质量流量计、电子皂膜流量计）标定一次，其流量准确度应为标称流量的±10%。

10.3.2 用作臭氧传递标准（带配气装置的臭氧发生器）的流量控制装置，至少每年送有资质的部门进行质量检验和标准传递1次，其流量准确度应为标称流量的±1%。

附 录 A

（规范性附录）

零空气质量的确认和验收标准

A.1 零空气质量的确认

A.1.1 设备

1 瓶超高纯零气（钢瓶）；一台空气压缩机；一台或多台零气发生装置；一台多种气体校准仪；一氧化碳、一氧化氮、二氧化氮、臭氧、二氧化硫分析仪，各一台；记录仪。

A.1.2 确认步骤

A.1.2.1 检查零气发生装置的涤气器。如有必要，将其更换，并进行泄漏检查。预留足够的时间预热分析仪、校准仪和零气发生装置，使其稳定。

A.1.2.2 将超高纯零气连接到多种气体校准仪的输入口。

A.1.2.3 按仪器说明书操作各种仪器设备，确保其处于正常运行状态。确保分析仪对一氧化氮（NO）、二氧化氮（NO_2）、臭氧（O_3）和二氧化硫的零点响应的绝对值小于±5 nmol/mol；对一氧化碳（CO）的零点响应值小于 0.25 μmol/mol。记录稳定的仪器响应值。

A.1.2.4 将零气发生装置连接到多种气体校准仪的输入口。按 A.1.2.3 步骤操作，记录稳定的仪器响应值。

A.1.2.5 重复上述步骤 A.1.2.2～A.1.2.4，直至所有确认工作完成。

A.2 验收标准

零气发生装置的平均分析响应值与超高纯零气的平均分析响应值之差，应该符合如下标准：

一氧化碳（CO）≤0.14 μmol/mol；一氧化氮（NO）、二氧化氮（NO_2）以及氮氧化物（NO_x）≤2.2 nmol/mol；臭氧（O_3）≤2.2 nmol/mol；二氧化硫≤1.4 nmol/mol。

如果其中的任何一项指标不满足上述验收标准要求，那么需要更换零气发生装置的涤气器，并确保在更换之后不发生泄漏。

附　录　B
（规范性附录）
环境空气中一氧化氮的校正

为校正采样管线中环境空气中臭氧与一氧化氮反应的影响，采样管线入口环境臭氧的浓度按式（B.1）计算：

$$x = \frac{bx(O_3)}{x(O_3) - x(NO)\exp(bkt)} \tag{B.1}$$

式中：x——采样管线中臭氧的摩尔分数，μmol/mol；

t——氧气在采样管线中停留的时间，s；

k——$0.443\times10^6\ s^{-1}$，25℃时 O_3 与 NO 反应的平衡常数；

$x(O_3)$，$x(NO)$——样气在采样管线中停留 t s 后，测得的臭氧和一氧化氮的摩尔分数，μmol/mol；

b——$x(O_3)-x(NO)$，$b\neq0$。

附　录　C
（资料性附录）
某些化合物对紫外臭氧测定仪的干扰

表 C.1　对紫外臭氧测定仪产生干扰的某些化合物及其响应值

干扰化合物 1 μmol/mol	响应值 （以摩尔分数计）/%
苯乙烯 styrene	20
反式-甲基苯乙烯 *Trans-β*-methylstyrene	＞100
苯甲醛 benzaldehyde	5
邻-甲酚 *o*-cresol	12
硝基甲酚 Nitrocresol	100
甲苯 toluene	10

注：下列化合物在空气中的摩尔分数达到 1 μmol/mol 时不会干扰臭氧的测定：过氧乙酰硝酸酯、丁二酮、过氧苯酰硝酸酯、硝酸甲酯、硝酸正丙酯、硝酸正丁酯、甲硫醇、硫酸甲酯和硫酸乙酯。甲苯在空气中的摩尔分数为 1 μmol/mol 时，在仪器上相当于臭氧的响应约为其摩尔分数的 10%。

附　录　D

（资料性附录）

典型的紫外臭氧分析仪性能参数

——动态范围：0.002～2 mg/m^3
——检测限：0.002 mg/m^3
——延迟时间：15 s
——响应时间：15 s
——零点漂移：每周 0.5%
——跨度漂移：每周 0.5%
——重复性精密度：±0.002 mg/m^3
——无人照管操作周期：7 d
——采样流速：1～2 L/min
——操作的极限条件：0～45℃
——预热时间：2 h

附加说明：

自本标准实施之日起，原国家环境保护局 1995 年 3 月 25 日批准、发布的国家环境保护标准《环境空气　臭氧的测定　紫外分光光度法》（GB/T 15438—1995）废止。

本标准由环境保护部科技标准司组织修订。

本标准主要起草单位：沈阳市环境监测中心站。

本标准环境保护部 2010 年 10 月 21 日批准。

本标准自 2011 年 1 月 1 日起实施。

本标准由环境保护部解释。

中华人民共和国国家环境保护标准

HJ 584—2010
代替 GB/T 14670—93

环境空气　苯系物的测定
活性炭吸附/二硫化碳解吸–气相色谱法

Ambient air—Determination of benzene and its analogies by activated charcoal adsorption carbon disulfide desorption and gas chromatography

2010-09-20 发布　　2010-12-01 实施

1　适用范围

本标准规定了测定空气中苯系物的活性炭吸附/二硫化碳解吸-气相色谱法。

本标准适用于环境空气和室内空气中苯、甲苯、乙苯、邻二甲苯、间二甲苯、对二甲苯、异丙苯和苯乙烯的测定。本标准也适用于常温下低湿度废气中苯系物的测定。

当采样体积为 10 L 时，苯、甲苯、乙苯、邻二甲苯、间二甲苯、对二甲苯、异丙苯和苯乙烯的方法检出限均为 1.5×10^{-3} mg/m^3，测定下限均为 6.0×10^{-3} mg/m^3。

2　方法原理

用活性炭采样管富集环境空气和室内空气中苯系物，二硫化碳（CS_2）解吸，使用带有氢火焰离子化检测器（FID）的气相色谱仪测定分析。

3　干扰和消除

主要干扰来自二硫化碳的杂质。二硫化碳在使用前应经过气相色谱仪鉴定是否存在干扰峰。如有干扰峰，应对二硫化碳提纯，提纯方法见附录 A。

4　试剂和材料

除非另有说明，分析时均使用符合国家标准的分析纯试剂。

4.1　二硫化碳：分析纯，经色谱鉴定无干扰峰。

4.2　标准贮备液：取适量色谱纯的苯、甲苯、乙苯、邻二甲苯、间二甲苯、对二甲苯、异丙苯和苯乙烯配制于一定体积的二硫化碳（4.1）中。也可使用有证标准溶液。

4.3　载气：氮气，纯度 99.999%，用净化管净化。

4.4　燃烧气：氢气，纯度 99.99%。

4.5　助燃气：空气，用净化管净化。

5　仪器和设备

5.1　气相色谱仪：配有 FID 检测器。

5.2 色谱柱

填充柱：材质为硬质玻璃或不锈钢，长 2 m，内径 3～4 mm，内填充涂附 2.5%邻苯二甲酸二壬酯（DNP）和 2.5%有机皂土-34（bentane）的 Chromsorb G·DMCS（80～100 目）。填充柱制备方法参见附录 B。

毛细管柱：固定液为聚乙二醇（PEG-20M），30 m × 0.32 mm，膜厚 1.00 μm 或等效毛细管柱。

5.3 采样装置

无油采样泵，能在 0～1.5 L/min 内精确保持流量。

5.4 活性炭采样管

采样管内装有两段特制的活性炭，A 段 100 mg，B 段 50 mg。A 段为采样段，B 段为指示段，详见图 1。

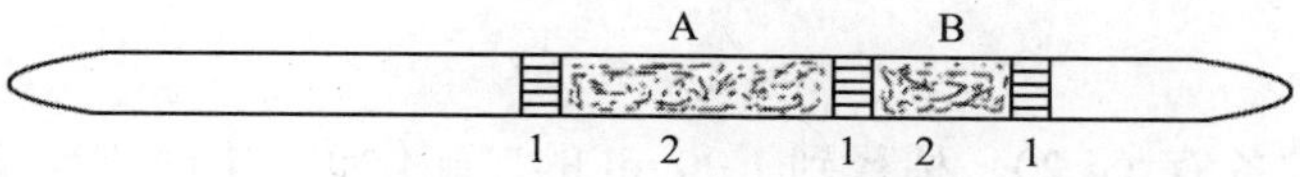

1—玻璃棉；2—活性炭；A—100 mg 活性炭；B—50 mg 活性炭

图 1 活性炭采样管

5.5 温度计：精度 0.1℃。

5.6 气压计：精度 0.01 kPa。

5.7 微量进样器：1～5 μl，精度 0.1 μl。

5.8 移液管：1.00 ml。

5.9 磨口具塞试管：5 ml。

5.10 一般实验室常用仪器和设备。

6 样品

6.1 样品采集

6.1.1 采样前应对采样器进行流量校准。在采样现场，将一只采样管与空气采样装置相连，调整采样装置流量，此采样管仅作为调节流量用，不用作采样分析。

6.1.2 敲开活性炭采样管的两端，与采样器相连（A 段为气体入口），检查采样系统的气密性。以 0.2～0.6 L/min 的流量采气 1～2 h（废气采样时间 5～10 min）。若现场大气中含有较多颗粒物，可在采样管前连接过滤头。同时记录采样器流量、当前温度、气压及采样时间和地点。

6.1.3 采样完毕前，再次记录采样流量，取下采样管，立即用聚四氟乙烯帽密封。

6.2 现场空白样品的采集

将活性炭管运输到采样现场，敲开两端后立即用聚四氟乙烯帽密封，并同已采集样品的活性炭管一同存放并带回实验室分析。每次采集样品，都应至少带一个现场空白样品。

6.3 样品的保存

采集好的样品，立即用聚四氟乙烯帽将活性炭采样管的两端密封，避光密闭保存，室温下 8 h 内测定。否则放入密闭容器中，保存于–20℃冰箱中，保存期限为 1 d。

6.4 样品的解吸

将活性炭采样管中 A 段和 B 段取出，分别放入磨口具塞试管中，每个试管中各加入 1.00 ml 二硫化碳（4.1）密闭，轻轻振动，在室温下解吸 1 h 后，待测。

7　分析步骤

7.1　推荐分析条件

7.1.1　填充柱气相色谱法参考条件

载气流速：50 ml/min；进样口温度：150℃；检测器温度：150℃；柱温：65℃；氢气流量：40 ml/min；空气流量：400 ml/min。

7.1.2　毛细管柱气相色谱法参考条件

柱箱温度：65℃保持 10 min，以 5℃/min 速率升温到 90℃保持 2 min；柱流量：2.6 ml/min；进样口温度：150℃；检测器温度：250℃；尾吹气流量：30 ml/min；氢气流量：40 ml/min；空气流量：400 ml/min。

7.2　校准

7.2.1　校准曲线的绘制

分别取适量的标准贮备液（4.2），稀释到 1.00 ml 的二硫化碳（4.1）中，配制质量浓度依次为 0.5、1.0、10、20 和 50 μg/ml 的校准系列。分别取标准系列溶液 1.0 μl 注射到气相色谱仪进样口。根据各目标组分质量和响应值绘制校准曲线。

7.2.2　标准色谱图

7.2.2.1　毛细管柱参考色谱图，见图 2。

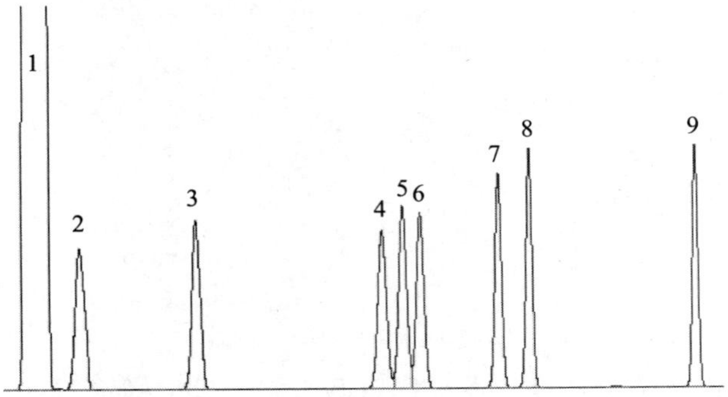

1—二硫化碳；2—苯；3—甲苯；4—乙苯；5—对二甲苯；6—间二甲苯；7—异丙苯；8—邻二甲苯；9—苯乙烯

图 2　毛细管柱色谱图

7.2.2.2　填充柱参考色谱图，见图 3。

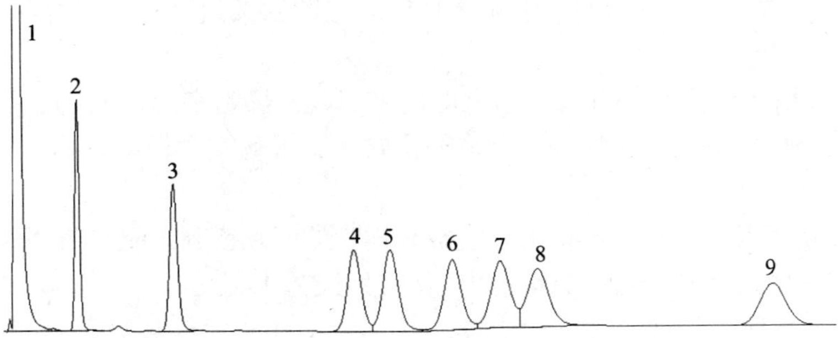

1—二硫化碳；2—苯；3—甲苯；4—乙苯；5—对二甲苯；6—间二甲苯；7—邻二甲苯；8—异丙苯；9—苯乙烯

图 3　填充柱色谱图

7.3　测定

取制备好的试样（6.4）1.0 μl，注射到气相色谱仪中，调整分析条件（7.1），目标组分经色谱柱分离后，由 FID 进行检测。记录色谱峰的保留时间和相应值。

7.3.1　定性分析

根据保留时间定性。

7.3.2　定量分析

根据校准曲线计算目标组分含量。

7.4　空白试验

现场空白活性炭管与已采样的样品管同批测定，分析步骤同测定（7.3）。

8　结果计算与表示

8.1　气体中目标化合物浓度，按照式（1）进行计算。

$$\rho = \frac{(W - W_0) \times V}{V_{nd}} \qquad (1)$$

式中：ρ——气体中被测组分质量浓度，mg/m^3；

W——由校准曲线计算的样品解吸液的质量浓度，μg/ml；

W_0——由校准曲线计算的空白解吸液的质量浓度，μg/ml；

V——解吸液体积，ml；

V_{nd}——标准状态下（101.325 kPa，273.15 K）的采样体积，L。

8.2　结果的表示

当测定结果小于 0.1 mg/m^3 时，保留到小数点后四位；大于等于 0.1 mg/m^3 时，保留三位有效数字。

9　精密度和准确度

9.1　精密度

毛细管柱气相色谱法：五个实验室分别对含量为 0.5 μg 和 50.0 μg 的统一样品进行了测定，实验室内相对标准偏差范围分别为 1.1%～2.6%、1.1%～2.5%，实验室间相对标准偏差范围分别为 0.2%～1.0%、0.1%～1.0%；重复性限范围分别为 0.01～0.03 μg、1.95～3.27 μg，再现性限范围分别为 0.02～0.04 μg、1.95～3.32 μg。详细参数见附录 C。

填充柱气相色谱法：五个实验室分别对含量为 0.5 μg 和 50.0 μg 的统一样品进行了测定，实验室内相对标准偏差范围分别为 1.1%～2.6%，1.1%～3.7%，实验室间相对标准偏差范围分别为 0.1%～0.7%，0.3%～1.0%；重复性限范围分别为 0.02～0.03 μg，2.10～3.06 μg，再现性限范围分别为 0.02～0.03 μg，2.12～3.06 μg。详细参数见附录 C。

9.2　准确度

五个实验室对两种浓度的标准样品进行了测定，每种组分的加标量为 100 μg，毛细管柱气相色谱法的相对误差最终值范围为–2.6%～11.6%，加标回收率最终值范围为 92.2%～105%；填充柱气相色谱法的相对误差最终值范围为–1.2%～6.0%，加标回收率最终值范围为 92.9%～104%。详细参数见附录 C。

10　质量保证和质量控制

10.1　当空气中水蒸气或水雾太大，以致在活性炭管中凝结时，影响活性炭管的穿透体积及采样效率，空气湿度应小于 90%。

10.2 采样前后的流量相对偏差应在10%以内。

10.3 活性炭采样管的吸附效率应在80%以上，即B段活性炭所收集的组分应小于A段的25%，否则应调整流量或采样时间，重新采样。按式（2）计算活性炭管的吸附效率（%）。

$$K = \frac{M_1}{M_1 + M_2} \times 100 \qquad (2)$$

式中：K——采样吸附效率，%；

M_1——A段采样量，ng；

M_2——B段采样量，ng。

10.4 每批样品分析时应带一个校准曲线中间浓度校核点，中间浓度校核点测定值与校准曲线相应点浓度的相对误差应不超过20%。若超出允许范围，应重新配制中间浓度点标准溶液，若还不能满足要求，应重新绘制校准曲线。

附 录 A
（资料性附录）
二硫化碳的提纯

在1 000 ml抽滤瓶中加入200 ml欲提纯的二硫化碳，加入50 ml浓硫酸。将一装有50 ml浓硝酸的分液漏斗置于抽滤瓶上方，紧密连接。上述抽滤瓶置于加热电磁搅拌器上，打开电磁搅拌器，抽真空升温，使硝化温度控制在45℃±2℃，剧烈搅拌5 min，搅拌时滴加硝酸到抽滤瓶中。静置5 min，反复进行，共反应0.5 h。然后将溶液全部转移至500 ml分液漏斗中，静置0.5 h左右，弃去酸层，水洗，加10%碳酸钾溶液中和pH至6～8，再水洗至中性，弃去水相，二硫化碳用无水硫酸钠干燥除水备用。

附 录 B
（资料性附录）
填充柱的填充方法

称取有机皂土0.525 g和DNP 0.378 g，置入圆底烧瓶中，加入60 ml苯，于90℃水浴中回流3 h，再加入Chromsorb G・DMCS载体15 g继续回流2 h后，将固定相转移至培养皿中，在红外灯下边烘烤边摇动至松散状态，再静置烘烤2 h后即可装柱。

将色谱柱的尾端（接检测器一端）用石英棉塞住，接真空泵，柱的另一端通过软管接一漏斗，开动真空泵后，使固定相慢慢通过漏斗装入色谱柱内，边装边轻敲色谱柱使填充均匀，填充完毕后，用石英棉塞住色谱柱另一端。

填充好的色谱柱需在150℃下，以20～30 ml/min的流速通载气，连续老化24 h。

附　录　C
（资料性附录）
精密度和准确度汇总表

表 C.1　毛细管柱气相色谱法精密度和准确度

组　分	指　标							
	空白加标量/μg	重复性限 r/μg	再现性限 R/μg	实验室内相对标准偏差/%	实验室间相对标准偏差/%	标准物质/（mg/L）	相对误差最终值/ $\overline{RE}\pm 2S_{\overline{RE}}$ %	样品加标回收率最终值/ $\overline{P}\pm 2S_{\overline{P}}$ %
苯	0.5	0.03	0.03	1.5～2.6	1.0	119±7	3.42±1.20	100±2.8
	50.0	3.27	3.32	1.9～2.5	0.7	254±21	3.77±0.55	
甲苯	0.5	0.03	0.03	1.7～2.2	0.5	119±10	0.59±0.36	99.2±3.7
	50.0	2.76	2.76	1.7～2.3	1.0	256±23	1.48±0.66	
乙苯	0.5	0.01	0.02	1.2～2.4	0.2	120±12	3.28±2.02	99.4±4.8
	50.0	1.95	1.95	1.1～1.8	0.1	257±30	4.63±7.07	
对二甲苯	0.5	0.03	0.04	1.1～2.1	0.4	120±12	3.19±0.81	98.4±5.6
	50.0	2.39	2.49	1.7～2.1	0.8	240±23	3.22±0.87	
间二甲苯	0.5	0.06	0.03	1.7～2.1	0.2	119±9	4.12±4.17	97.5±3.4
	50.0	2.57	2.59	1.5～2.4	0.9	238±18	5.80±0.88	
邻二甲苯	0.5	0.02	0.02	1.1～2.4	0.2	118±12	2.57±1.64	98.0±5.3
	50.0	2.40	2.40	1.1～2.1	0.6	238±23	4.52±1.39	
异丙苯	0.5	0.02	0.03	1.2～2.0	1.0	150	1.24±1.35	98.4±5.5
	50.0	2.57	2.61	1.3～2.3	0.4	300	0.70±0.88	
苯乙烯	0.5	0.03	0.03	1.5～2.6	0.2	119±9	1.51±0.73	98.7±6.2
	50.0	2.43	2.45	1.8～2.5	0.8	243±16	3.32±0.55	

表 C.2 填充柱气相色谱法精密度和准确度

组 分	指 标							
	空白加标量/μg	重复性限 r/μg	再现性限 R/μg	实验室内相对标准偏差/%	实验室间相对标准偏差/%	标准物质/（mg/L）	相对误差最终值 $\overline{RE}\pm 2S_{\overline{RE}}$ %	样品加标回收率最终值 $\overline{P}\pm 2S_{\overline{P}}$ %
苯	0.5	0.02	0.03	1.7～2.6	0.7	119±7	3.47±2.10	99.5±4.0
	50.0	2.93	3.05	1.1～3.7	0.3	254±21	4.12±0.87	
甲苯	0.5	0.02	0.03	1.3～2.1	0.1	119±10	3.61±2.39	100±1.9
	50.0	2.75	2.82	1.2～3.5	0.8	256±23	2.43±3.04	
乙苯	0.5	0.02	0.02	1.5～2.2	0.3	120±12	2.67±1.94	99.2±4.5
	50.0	2.71	2.71	1.3～2.3	1.0	257±30	1.78±0.49	
对二甲苯	0.5	0.03	0.03	1.5～2.1	0.2	120±12	3.06±1.21	99.1±4.8
	50.0	3.06	3.06	1.7～2.5	0.7	240±23	1.61±1.68	
间二甲苯	0.5	0.02	0.02	1.2～2.1	0.5	119±9	0.73±0.94	98.2±1.8
	50.0	3.02	3.02	1.3～2.5	0.5	238±18	4.79±0.46	
邻二甲苯	0.5	0.02	0.02	1.1～1.8	0.2	118±12	1.10±1.39	98.2±5.3
	50.0	2.10	2.12	1.2～2.5	0.5	238±23	5.41±0.36	
异丙苯	0.5	0.02	0.02	1.5～2.1	0.4	150	1.18±2.36	99.7±2.1
	50.0	2.67	2.67	1.3～1.8	0.5	300	0.88±0.57	
苯乙烯	0.5	0.02	0.02	1.5～2.3	0.5	119±9	1.06±0.98	99.9±2.9
	50.0	2.50	2.55	1.7～2.5	0.4	243±16	2.78±3.24	

附加说明：

自本标准实施之日起，原国家环境保护局 1993 年 9 月 18 日批准、发布的国家环境保护标准《空气质量 苯乙烯的测定 气相色谱法》（GB/T 14670—93）废止。

本标准的附录 A～附录 C 为资料性附录。

本标准由环境保护部科技标准司组织制订。

本标准主要起草单位：大连市环境监测中心。

本标准验证单位：鞍山市环境监测中心站、锦州市环境监测中心站、沈阳市环境监测中心站、辽宁省环境监测实验中心、营口市环境监测中心站。

本标准环境保护部 2010 年 9 月 20 日批准。

本标准自 2010 年 12 月 1 日起实施。

本标准由环境保护部解释。

中华人民共和国国家环境保护标准

HJ 583—2010
代替 GB/T 14677—93

环境空气　苯系物的测定
固体吸附/热脱附-气相色谱法

Ambient air—Determination of benzene and its analogies using sorbent adsorption thermal desorption and gas chromatography

2010-09-20 发布　　2010-12-01 实施

1　适用范围

本标准规定了测定空气中苯系物的固体吸附/热脱附-气相色谱法。

本标准适用于环境空气及室内空气中苯、甲苯、乙苯、邻二甲苯、间二甲苯、对二甲苯、异丙苯和苯乙烯的测定。本标准也适用于常温下低浓度废气中苯系物的测定。

当采样体积为 1 L 时，苯、甲苯、乙苯、邻二甲苯、间二甲苯、对二甲苯、异丙苯和苯乙烯的方法检出限和测定下限，见表 1。

表 1　方法检出限和测定下限

单位：mg/m^3

组　分	毛细管柱气相色谱法		填充柱气相色谱法	
	方法检出限	测定下限	方法检出限	测定下限
苯	5.0×10^{-4}	2.0×10^{-3}	5.0×10^{-4}	2.0×10^{-3}
甲苯	5.0×10^{-4}	2.0×10^{-3}	1.0×10^{-3}	4.0×10^{-3}
乙苯	5.0×10^{-4}	2.0×10^{-3}	1.0×10^{-3}	4.0×10^{-3}
对二甲苯	5.0×10^{-4}	2.0×10^{-3}	1.0×10^{-3}	4.0×10^{-3}
间二甲苯	5.0×10^{-4}	2.0×10^{-3}	1.0×10^{-3}	4.0×10^{-3}
邻二甲苯	5.0×10^{-4}	2.0×10^{-3}	1.0×10^{-3}	4.0×10^{-3}
异丙苯	5.0×10^{-4}	2.0×10^{-3}	1.0×10^{-3}	4.0×10^{-3}
苯乙烯	5.0×10^{-4}	2.0×10^{-3}	1.0×10^{-3}	4.0×10^{-3}

2　方法原理

用填充聚 2,6-二苯基对苯醚（Tenax）采样管，在常温条件下，富集环境空气或室内空气中的苯系物，采样管连入热脱附仪，加热后将吸附成分导入带有氢火焰离子化检测器（FID）的气相色谱仪进行分析。

3 试剂和材料

除非另有说明，分析时均使用符合国家标准的分析纯化学试剂。

3.1 甲醇：色谱纯。

3.2 标准贮备液：取适量色谱纯的苯、甲苯、乙苯、邻二甲苯、间二甲苯、对二甲苯、异丙苯和苯乙烯配制于一定体积的甲醇（3.1）中。也可使用有证标准溶液。

3.3 载气：氮气，纯度 99.999%，用净化管净化。

3.4 燃烧气：氢气，纯度 99.99%。

3.5 助燃气：空气，用净化管净化。

4 仪器和设备

4.1 气相色谱仪：配有 FID 检测器。

4.2 色谱柱

4.2.1 填充柱：材质为硬质玻璃或不锈钢，长 2 m，内径 3～4 mm，内填充涂附 2.5%邻苯二甲酸二壬酯（DNP）和 2.5%有机皂土-34（bentane）的 Chromsorb G·DMCS（80～100 目）。填充柱制备方法参见附录 A。

4.2.2 毛细管柱：固定液为聚乙二醇（PEG-20M），30 m × 0.32 mm，膜厚 1.00 μm 或等效毛细管柱。

4.3 热脱附装置

具有一级脱附或二级脱附功能，购买专业厂家产品或自己制作均可。热脱附单元能连续调温，最高温度能达到 300℃，当温度达到设定值后，温度可保持恒定。采样管装到热脱附仪上后，采样管两端及整个系统不漏气。与气相色谱仪连接的传输线温度应能保持在 100℃以上。

具有冷冻聚焦功能的热脱附仪也适用于本标准。

4.4 老化装置

温度在 200～400℃可控，同时保持一定的氮气流速。

4.5 样品采集装置

无油采样泵，流量范围 0.01～0.1 L/min 和 0.1～0.5 L/mim，流量稳定。

4.6 采样管

采样管的材料为不锈钢或硬质玻璃，内填不少于 200 mg 的 Tenax（60～80 目）吸附剂（或其他等效吸附剂），两端用孔隙小于吸附剂粒径的不锈钢网或石英棉固定，防止吸附剂掉落。管内吸附剂的位置至少离管入口端 15 mm，填装吸附剂的长度不能超过加热区的尺寸。采样管可直接购买，也可自己填装。

4.7 温度计：精度 0.1℃。

4.8 气压表：精度 0.01 kPa。

4.9 微量进样器：1～5 μl。

4.10 一般实验室常用仪器和设备。

5 样品

5.1 采样管的准备

新填装的采样管应用老化装置或具有老化功能的热脱附仪老化，老化流量为 50 ml/min，温度为 350℃，时间为 120 min；使用过的采样管应在 350℃下老化 30 min 以上。老化后的采样管两端立即用聚四氟乙烯帽密封，放在密封袋或保护管中保存。密封袋或保护管存放于装有活性炭的盒子或干燥器中，4℃保存。老化后的采样管应在两周内使用。

5.2 样品采集

5.2.1 采样前应对采样器进行流量校准。在采样现场，将一只采样管与空气采样装置相连，调整采样装置流量，此采样管仅作为调节流量用，不用做采样分析。

5.2.2 常温下，将老化后的采样管去掉两侧的聚四氟乙烯帽，按照采样管上流量方向与采样器相连，检查采样系统的气密性。以 10～200 ml/min 的流量采集空气 10～20 min。若现场大气中含有较多颗粒物，可在采样管前连接过滤头。同时记录采样器流量、当前温度和气压。20℃下，苯系物各组分在填装有 200 mg 的 Tenax-TA 吸附管中的安全采样体积，见附录 B。

5.2.3 采样完毕前，再次记录采样流量，取下采样管，立即用聚四氟乙烯帽密封。

5.3 样品保存

采样管采样后，立即用聚四氟乙烯帽将采样管两端密封，4℃避光密闭保存，30 d 内分析。

5.4 现场空白样品的采集

将老化后的采样管运输到采样现场，取下聚四氟乙烯帽后重新密封，不参与样品采集，并同已采集样品的采样管一同存放。每次采集样品，都应采集至少一个现场空白样品。

6 分析步骤

6.1 仪器的选择

6.1.1 当选用的热脱附装置只具有一级脱附功能时，宜选用带有填充柱的气相色谱仪。

6.1.2 当选用的热脱附装置具有二级脱附功能时，应选用带有毛细管柱的气相色谱仪。

选择毛细管柱时，根据二级脱附聚焦管的推荐热脱附流量选择毛细管柱内径。一般情况下，聚焦管推荐热脱附流量低于 2.0 ml/min 时，可选用 0.25 mm 内径的毛细管柱；当聚焦管推荐热脱附流量大于 2.0 ml/min 时，可选用 0.32 mm 内径以上的毛细管柱。固定液为聚乙二醇，膜厚大于 1.0 μm 的毛细管柱（4.2.2）对本标准的目标组分有较好的分离。

6.2 推荐分析条件

6.2.1 一级热脱附、填充柱气相色谱参考条件

6.2.1.1 热脱附仪

载气流速：50 ml/min；阀温：100℃；传输线温度：150℃；脱附温度：250℃；脱附时间：3 min。

6.2.1.2 填充柱气相色谱

载气流速：50 ml/min；进样口温度：150℃；检测器温度：150℃；柱温：65℃；氢气流量：40 ml/min；空气流量：400 ml/min。

6.2.2 二级热脱附、毛细管柱气相色谱参考条件

6.2.2.1 热脱附仪

采样管初始温度：40℃；聚焦管初始温度：40℃；干吹温度：40℃；干吹时间：2 min；采样管脱附温度：250℃；采样管脱附时间：3 min；采样管脱附流量：30 ml/min；聚焦管脱附温度：250℃；聚焦管脱附时间：3 min；传输线温度：150℃。

6.2.2.2 毛细管柱气相色谱

柱箱温度：80℃恒温；柱流量：3.0 m/min；进样口温度：150℃；检测器温度：250℃；尾吹气流量：30 ml/min；氢气流量：40 ml/min；空气流量：400 ml/min。

6.3 校准

6.3.1 校准曲线绘制

分别取适量的标准贮备液（3.2），用甲醇（3.1）稀释并定容至 1.00 ml，配制质量浓度依次为 5、10、20、50 和 100 μg/ml 的校准系列。

将老化后的采样管连接于其他气相色谱仪的填充柱进样口，或类似于气相色谱填充柱进样口功能的

自制装置，设定进样口（装置）温度为 50℃，用注射器注射 1.0 μl 标准系列溶液，用 100 ml/min 的流量通载气（3.3）5 min，迅速取下采样管，用聚四氟乙烯帽将采样管两端密封，得到 5、10、20、50 和 100 ng 校准曲线系列采样管。将校准曲线系列采样管按吸附标准溶液时气流相反方向连接入热脱附仪分析，根据目标组分质量和响应值绘制校准曲线。

注：若热脱附仪带有液体标准物质进样口，可直接注射一定量的标准溶液，用以校准曲线的绘制。

6.3.2 标准色谱图

6.3.2.1 填充柱参考色谱图，见图 1。

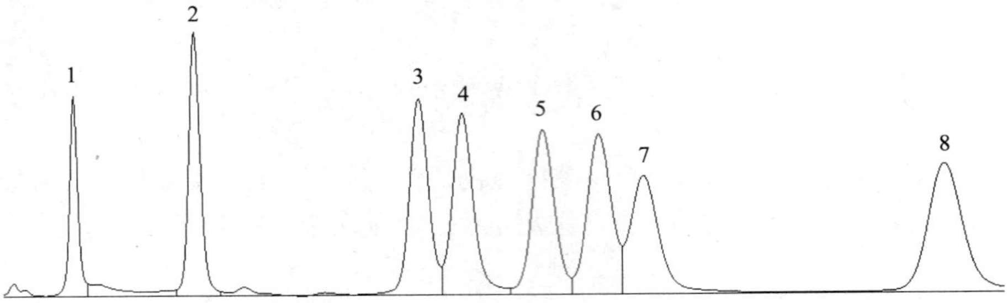

1—苯；2—甲苯；3—乙苯；4—对二甲苯；5—间二甲苯；6—邻二甲苯；7—异丙苯；8—苯乙烯

图 1 填充柱色谱图

6.3.2.2 毛细管柱参考色谱图，见图 2。

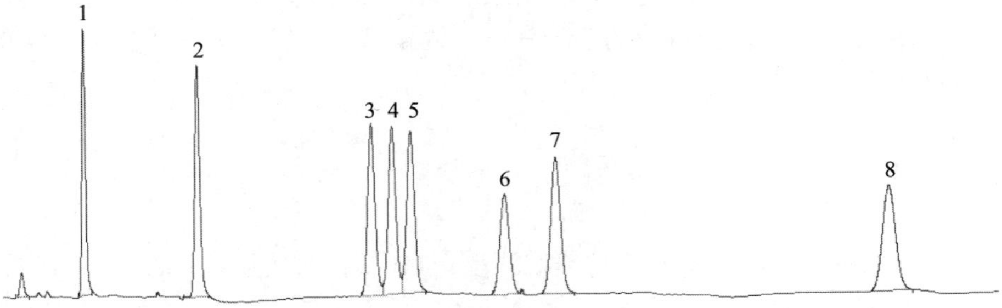

1—苯；2—甲苯；3—乙苯；4—对二甲苯；5—间二甲苯；6—异丙苯；7—邻二甲苯；8—苯乙烯

图 2 毛细管柱色谱图

6.4 测定

将样品采样管安装在热脱附仪上，样品管内载气流的方向与采样时的方向相反，调整分析条件（6.2），目标组分脱附后，经气相色谱仪分离，由 FID 检测。记录色谱峰的保留时间和相应值。

6.4.1 定性分析

根据保留时间定性。

6.4.2 定量分析

根据校准曲线计算目标组分的含量。

6.5 空白试验

现场空白管与已采样的样品管同批测定，分析步骤同测定（6.4）。

7 结果计算与表示

7.1 气体中目标化合物浓度，按照式（1）进行计算。

$$\rho = \frac{W - W_0}{V_{nd} \times 1\,000} \tag{1}$$

式中：ρ——气体中被测组分质量浓度，mg/m^3；

W——热脱附进样，由校准曲线计算的被测组分的质量，ng；

W_0——由校准曲线计算的空白管中被测组分的质量，ng；

V_{nd}——标准状态下（101.325 kPa，273.15 K）的采样体积，L。

7.2　结果表示

当测定结果小于 0.1 mg/m^3 时，保留到小数点后四位；大于等于 0.1 mg/m^3 时，保留三位有效数字。

8　精密度和准确度

8.1　精密度

填充柱气相色谱法：五家实验室分别对含量为 1.0 ng 和 50.0 ng 的统一样品进行了测定，实验室内相对标准偏差范围为 0.6%～2.3%、0.4%～2.7%，实验室间相对标准偏差范围为 0.6%～1.5%、0.3%～0.7%，重复性限范围为 0.04～0.05 ng、1.91～2.81 ng，再现性限范围为 0.04～0.06 ng、2.03～2.81 ng。详细参数见附录 C。

毛细管柱气相色谱法：五家实验室分别对含量为 1.0 ng 和 50.0 ng 的统一样品进行了测定，实验室内相对标准偏差范围为 0.8%～2.3%、0.8%～2.7%，实验室间相对标准偏差范围为 0.8%～2.3%、0.6%～1.5%，重复性限范围为 0.03～0.06 ng、1.72～2.94 ng，再现性限范围为 0.04～0.07 ng、1.72～3.12 ng。详细参数见附录 C。

8.2　准确度

五家实验室对两种质量浓度的标准样品进行了测定，填充柱气相色谱法的相对误差最终值为 −0.8%～2.6%，加标回收率最终值范围为 92.1%～106%；毛细管柱气相色谱法的相对误差最终值为 −1.0%～3.5%，加标回收率最终值范围为 93.4%～106%。详细参数见附录 C。

9　质量保证和质量控制

9.1　主要污染来自 Tenax 采样管的样品残留。采样前应充分老化采样管，以去除样品残留，残留量应小于校准曲线最低点的 1/4。在运输和贮存过程中，采样管应密闭保存。

9.2　现场空白样品中目标化合物的残留量应小于样品的 1/4。当数据可疑时，应对本批数据进行核实和检查。

9.3　采样前后的流量相对偏差应在 10%以内。

9.4　每批样品至少采集一组平行样品，平行样品采集流量为样品采集流量的 20%～40%，采样体积相同。平行样品中目标化合物的检出量相对偏差应小于 25%，否则应减小样品采样流量。如减小流量后相对偏差仍大于 25%，应更换采样管或重新填充采样管。

9.5　每批样品至少采集一个第二采样管。第二采样管应串联在样品采样管后，其目标化合物检出量应小于样品采样管中目标化合物检出量的 20%，否则应更换采样管或减少采样体积。

9.6　每批样品分析时应带一个中间浓度校核点，中间浓度校核点测定值与校准曲线相应点浓度的相对误差应不超过 20%。若超出允许范围，应重新配制中间浓度点标准溶液，若还不能满足要求，应重新绘制校准曲线。

附 录 A
（资料性附录）
填充柱的填充方法

称取有机皂土 0.525 g 和 DNP 0.378 g，置入圆底烧瓶中，加入 60 ml 苯，于 90℃水浴中回流 3 h，再加入 Chromsorb G · DMCS 载体 15 g 继续回流 2 h 后，将固定相转移至培养皿中，在红外灯下边烘烤边摇动至松散状态，再静置烘烤 2 h 后即可装柱。

将色谱柱的尾端（接检测器一端）用石英棉塞住，接真空泵，柱的另一端通过软管接一漏斗，开动真空泵后，使固定相慢慢通过漏斗装入色谱柱内，边装边轻敲色谱柱使填充均匀，填充完毕后，用石英棉塞住色谱柱另一端。

填充好的色谱柱需在 150℃下，以低流速 20～30 ml/min 通载气，连续老化 24 h。

附 录 B
（资料性附录）
苯系物的安全采样体积

20℃下，苯系物各组分在填装有 200 mg 的 Tenax-TA 吸附管中的安全采样体积，见表 B.1。

表 B.1 苯系物的安全采样体积

组分	安全采样体积/L
苯	6.2
甲苯	38
乙苯	180
二甲苯	300
异丙苯	480
苯乙烯	300

附 录 C

（资料性附录）

精密度和准确度汇总表

表 C.1 填充柱气相色谱法精密度和准确度

组 分	指 标							
	空白加标量/ng	重复性限 r/ng	再现性限 R/ng	实验室内相对标准偏差/%	实验室间相对标准偏差/%	标准物质/（mg/L）	相对误差最终值 $\overline{RE}\pm 2S_{\overline{RE}}$ %	样品加标回收率最终值 $\overline{P}\pm 2S_{\overline{P}}$ %
苯	1.0	0.05	0.05	0.6～2.1	1.1	161±12	0.54±0.68	97.6±3.4
	50.0	2.49	2.31	1.6～1.8	0.3	233±14	0.56±0.65	
甲苯	1.0	0.04	0.05	0.9～2.3	1.3	162±9	0.74±0.47	97.4±1.3
	50.0	2.35	2.35	0.4～2.7	0.3	239±11	0.70±0.24	
乙苯	1.0	0.04	0.05	0.6～2.3	1.1	163±10	1.19±0.92	100±3.8
	50.0	2.78	2.78	1.6～2.7	0.6	239±11	0.67±0.83	
对二甲苯	1.0	0.04	0.04	0.6～1.9	0.6	163±10	1.31±1.32	96.7±4.8
	50.0	2.63	2.63	1.6～2.2	0.5	237±10	0.59±1.41	
间二甲苯	1.0	0.05	0.06	1.3～2.1	1.5	162±11	0.58±0.37	98.2±3.0
	50.0	2.51	2.52	0.8～2.7	0.6	237±10	0.49±1.35	
邻二甲苯	1.0	0.05	0.06	0.9～2.3	1.8	161±10	0.23±0.45	98.2±3.4
	50.0	2.81	2.81	1.6～2.7	0.7	237±10	0.28±0.43	
异丙苯	1.0	0.04	0.05	0.9～2.1	1.4	162±11	0.47±0.61	101±5.3
	50.0	2.28	2.28	0.4～2.2	0.6	237±11	0.79±0.43	
苯乙烯	1.0	0.04	0.06	0.9～2.3	1.5	200	0.92±1.18	99.9±6.9
	50.0	1.91	2.03	0.4～1.8	0.7	400	0.66±0.45	

表 C.2 毛细管柱气相色谱法精密度和准确度

组 分	指 标							
	空白加标量/ng	重复性限 r/ng	再现性限 R/ng	实验室内相对标准偏差/%	实验室间相对标准偏差/%	标准物质/（mg/L）	相对误差最终值 $\overline{RE}\pm 2S_{\overline{RE}}$ %	样品加标回收率最终值 $\overline{P}\pm 2S_{\overline{P}}$ %
苯	1.0	0.04	0.07	0.8～2.3	2.0	161±12	0.54±0.91	98.0±2.7
	50.0	2.07	2.23	08.～2.7	0.8	233±14	0.80±1.04	
甲苯	1.0	0.04	0.06	0.8～2.0	1.8	162±9	0.86±0.71	98.6±3.8
	50.0	2.76	2.79	1.4～2.5	0.8	239±11	0.82±0.25	
乙苯	1.0	0.05	0.06	0.9～2.3	1.4	163±10	1.23±0.84	99.9±2.9
	50.0	2.30	2.30	1.2～1.7	0.6	239±11	0.68±0.81	
对二甲苯	1.0	0.03	0.04	0.9～1.6	1.1	163±10	1.21±0.97	96.7±3.3
	50.0	2.94	2.94	1.4～2.5	0.8	237±10	0.58±0.99	
间二甲苯	1.0	0.06	0.08	0.9～2.3	1.8	162±11	0.51±0.14	98.2±3.9
	50.0	1.74	2.28	0.9～1.4	1.2	237±10	0.52±1.56	
邻二甲苯	1.0	0.06	0.06	0.8～2.1	0.8	161±10	0.31±0.88	97.8±4.0
	50.0	1.72	1.72	1.0～1.6	0.4	237±10	0.13±0.35	
异丙苯	1.0	0.04	0.06	0.9～2.1	2.3	162±11	0.41±0.41	99.1±7.0
	50.0	2.33	2.33	1.0～1.9	0.3	237±11	0.53±0.53	
苯乙烯	1.0	0.05	0.07	1.3～2.3	1.9	200	1.67±1.81	99.5±7.1
	50.0	2.54	3.12	0.8～2.5	1.5	400	0.64±0.54	

附加说明：

自本标准实施之日起，原国家环境保护局 1993 年 9 月 18 日批准、发布的国家环境保护标准《空气质量 甲苯、二甲苯、苯乙烯的测定 气相色谱法》（GB/T 14677—93）废止。

本标准的附录 A～附录 C 为资料性附录。

本标准由环境保护部科技标准司组织制订。

本标准主要起草单位：大连市环境监测中心。

本标准验证单位：鞍山市环境监测中心站、锦州市环境监测中心站、沈阳市环境监测中心站、辽宁省环境监测实验中心、营口市环境监测中心站。

本标准环境保护部 2010 年 9 月 20 日批准。

本标准自 2010 年 12 月 1 日起实施。

本标准由环境保护部解释。

中华人民共和国国家环境保护标准

环境空气和废气　氯化氢的测定 离子色谱法（暂行）

HJ 549—2009

Ambient air and waste gas—Determination of hydrogen chloride—Ion chromatography

2009-12-30 发布　　2010-04-01 实施

1　适用范围

本标准规定了测定环境空气和废气中氯化氢的离子色谱法。

本标准适用于环境空气和废气中氯化氢的测定。

对于有组织排放废气，本方法检出限为 1 μg/50 ml，当采样体积为 10 L 时，检出限为 0.5 mg/m^3，测定下限为 2 mg/m^3。

对于环境空气，本方法检出限为 0.2 μg/10 ml，当采样体积为 60 L 时，检出限为 0.003 mg/m^3，测定下限为 0.012 mg/m^3。

2　规范性引用文件

本标准内容引用了下列文件或其中的条款。凡是不注日期的引用文件，其有效版本适用于本标准。

GB/T 16157　固定污染源排气中颗粒物测定和气态污染物采样方法

HJ/T 194　环境空气质量手工监测技术规范

HJ/T 373　固定污染源监测质量保证与质量控制技术规范（试行）

GB/T 6682　分析实验室用水规格和试验方法

3　方法原理

用碱性吸收液吸收氯化氢气体生成氯化物。将样品注入离子色谱仪，分离出氯离子，根据保留时间定性，响应值定量。

4　试剂和材料

除非另有说明，分析时均使用符合国家标准的分析纯试剂，去离子水，GB/T 6682，二级。

4.1　吸收液：氢氧化钾-碳酸钠溶液，$c(KOH)$=0.089 mol/L，$c(Na_2CO_3)$=0.12 mol/L。

称取 5.0 g 氢氧化钾和 12.72 g 无水碳酸钠，溶解于水，稀释至 1 000 ml。也可根据仪器型号及色谱柱使用条件进行配制。

4.2　淋洗液：由 1 份吸收液加 49 份水配制，临用现配。

4.3　氯化钾标准贮备溶液：$\rho(Cl^-)$=1 000 μg/ml。

称取 2.103 g 氯化钾（基准试剂，于 110℃烘干 2 h），溶解后移入 1 000 ml 容量瓶中，用淋洗液（4.2）

稀释至标线，摇匀。也可使用有证标准溶液进行配制。氯化钾贮备液于 0～4℃密封可保存 3 个月。

4.4 氯化钾标准使用液Ⅰ：$\rho(Cl^-)$=100 μg/ml。

吸取 10.00 ml 氯化钾标准贮备溶液（4.3），置于 100 ml 容量瓶中，用淋洗液（4.2）稀释至标线，摇匀，临用现配。

4.5 氯化钾标准使用液Ⅱ：$\rho(Cl^-)$=10 μg/ml。

吸取 10.00 ml 氯化钾标准贮备溶液（4.3），置于 1 000 ml 容量瓶中，用淋洗液（4.2）稀释至标线，摇匀，临用现配。

以上试剂均贮于塑料瓶中。

4.6 0.45 μm 乙酸纤维微孔滤膜。

4.7 0.3 μm 乙酸纤维微孔滤膜。

5 仪器和设备

除非另有说明，分析时均使用符合国家标准的 A 级玻璃量器。

5.1 多孔玻板吸收管：10 ml。

5.2 大型气泡吸收管：10 ml。

5.3 烟气采样器：流量范围，0～1 L/min。

5.4 空气采样器：流量范围，0～1 L/min。

5.5 采样管：用硬质玻璃或氟树脂材质，具有适当尺寸的管料，并应附有可加热至 120℃以上的保温夹套。

5.6 聚四氟乙烯滤膜夹：尺寸与滤膜（4.7）相配。

5.7 连接管：用聚四氟乙烯软管或内衬聚四氟乙烯薄膜的硅橡胶管。

5.8 离子色谱仪：含电导检测器及阴离子色谱柱。

5.9 真空过滤装置。

5.10 聚四氟乙烯或聚乙烯塑料瓶。

5.11 具塞比色管：10 ml、50 ml。

6 样品

6.1 样品采集

6.1.1 有组织排放

采样按 GB/T 16157 中的有关规定执行。在采样装置上串联两支各装 5.0 ml 吸收液（4.1）的多孔玻板吸收管，以 0.5 L/min 流量，采样 15～30 min。在采气过程中，保持采样管保温夹套温度在 120℃，以避免水汽于吸收管之前凝结。若排气中含有氯化物颗粒性物质，应在吸收瓶之前安装放入滤膜（4.7）的滤膜夹。

6.1.2 空气

采样按 HJ/T 194 执行。采样器应在使用前进行气密性检查和流量校准。将微孔滤膜（4.7）装在滤膜夹内，后面串联两支各装 10 ml 吸收液/淋洗液（4.2）的大型气泡吸收管，用空气采样器以 1 L/min 流量，采气 60 min。

6.2 样品保存

样品采集后用聚四氟乙烯管密封，于 0～4℃冷藏保存，48 h 内分析测定。

6.3 试样制备

6.3.1 有组织排放样品

采样后，将两支吸收管中的样品（6.1.1）溶液分别注入 50 ml 具塞比色管中，用水稀释至标线，摇匀。分别吸取 10.00 ml 上述样品溶液，置于另外两支 50 ml 具塞比色管中，用水稀释至标线，摇匀。

6.3.2 有组织排放空白样品

同 6.3.1 处理全程序空白样品。

6.3.3 空气样品

将两支吸收管中的样品（6.1.2）分别移入两支 10 ml 具塞比色管中，用少量淋洗液（4.2）洗涤吸收管内壁，淋洗液一并移入比色管，稀释至 10 ml 标线，摇匀。

6.3.4 空气空白样品

全程序空白样品处理步骤同 6.3.3。

7 分析步骤

7.1 色谱条件

仪器条件可参照说明书进行选择，以下所列条件和参数仅供参考。

流速：1.00 ml/min；进样体积：100 μl。

柱温：室温（不低于 18℃±0.5℃）。

7.2 标准曲线的绘制

7.2.1 取 6 支 50 ml 容量瓶，按表 1 配制标准系列Ⅰ。

表 1 氯化钾标准系列Ⅰ

管号	0	1	2	3	4	5
KCl 标准使用液Ⅰ（4.4）/ml	0	0.50	1.00	5.00	10.0	25.0
淋洗液/ml	50.00	49.5	49.0	45.0	40.0	25.0
Cl^-质量浓度/（μg/ml）	0	1.00	2.00	10.0	20.0	50.0

各管混匀后，注入离子色谱仪，测量仪器响应值及保留时间。以仪器响应值对 Cl^-质量浓度（μg/ml），绘制标准曲线Ⅰ，此标准曲线适用于固定污染源废气样品。

7.2.2 取 6 支 10 ml 容量瓶，按表 2 配制标准系列Ⅱ。

表 2 氯化钾标准系列Ⅱ

管号	0	1	2	3	4	5
KCl 标准使用液Ⅱ（4.5）/ml	0	0.10	0.25	0.50	1.00	2.00
淋洗液/ml	10.0	9.90	9.75	9.50	9.00	8.00
Cl^-质量浓度/（μg/ml）	0	0.10	0.25	0.50	1.00	2.00

各管混匀后，注入离子色谱仪，测量仪器响应值及保留时间。以仪器响应值对 Cl^-质量浓度（μg/ml），绘制标准曲线Ⅱ，此标准曲线适用于空气样品。

7.3 试料的测定

将试样（6.3）用 0.45 μm 乙酸纤维微孔滤膜（4.6）过滤后得到试料，保存于聚四氟乙烯或聚乙烯塑料瓶中。同法处理全程序空白试样。测定时将试料注入离子色谱仪，在与绘制标准曲线相同的条件下测定 Cl^-含量。

8 结果计算

8.1 固定污染源废气中氯化氢的质量浓度按式（1）计算：

$$\rho(\mathrm{HCl})=\frac{(\rho_1+\rho_2-2\rho_0)\times V_1}{V_{\mathrm{nd}}}\times\frac{50}{10.0}\times\frac{36.46}{35.45} \quad (1)$$

式中：$\rho(HCl)$——固定污染源废气中 HCl 的质量浓度，mg/m^3；

ρ_1、ρ_2——第一、第二管试料中 Cl^-质量浓度，μg/ml；

ρ_0——空白试料中 Cl^-质量浓度，μg/ml；

V_1——稀释后试样体积，ml；

V_{nd}——标准状态（101.325 kPa，273.15 K）下干气的采样体积，L；

36.46——HCl 的摩尔质量，g/mol；

35.45——Cl^-的摩尔质量，g/mol。

8.2　空气中氯化氢的质量浓度按式（2）计算：

$$\rho(HCl) = \frac{(\rho_1 + \rho_2 - 2\rho_0) \times 10.0}{V_{nd}} \times \frac{36.46}{35.45} \tag{2}$$

式中：$\rho(HCl)$——空气中 HCl 的质量浓度，mg/m^3；

ρ_1、ρ_2——第一、第二管试料中 Cl^-质量浓度，μg/ml；

ρ_0——空白试料中 Cl^-质量浓度，μg/ml；

V_{nd}——标准状态（101.325 kPa，273.15 K）下干气的采样体积，L。

9　质量保证和质量控制

9.1　质量控制和质量保证参照 HJ/T 373 执行。

9.2　对于有组织排放废气，吸收液浓度是淋洗液浓度的 50 倍，故样品溶液在测定前须稀释 50 倍，使其浓度与淋洗液相近，当浓度相差大时，测定误差大。

9.3　当废气中氯化氢浓度低时，吸收液浓度可配得低一些，测定时稀释至与淋洗液浓度相近。

9.4　本法灵敏度高，吸收管、连接管及各器皿均应仔细洗涤；操作中注意防止自来水及空气微尘中氯化物的干扰。

附加说明：

本标准由环境保护部科技标准司组织制订。

本标准主要起草单位：北京市环境保护监测中心。

本标准环境保护部 2009 年 12 月 30 日批准。

本标准自 2010 年 4 月 1 日起实施。

本标准由环境保护部解释。

中华人民共和国国家环境保护标准

环境空气　汞的测定 硫基棉富集-冷原子荧光分光光度法（暂行）

HJ 542—2009

Ambient air—Determination of mercury and its compounds—Cold atomic fluorescent spectrophotometry after sulfhydryl cotton preconcentration

2009-12-30 发布　　2010-04-01 实施

1　适用范围

本标准规定了测定环境空气中汞及其化合物的巯基棉富集-冷原子荧光分光光度法。

本标准适用于环境空气中汞及其化合物的测定。

本标准方法检出限为 0.1 ng/10 ml 试样溶液。当采样体积为 15 L 时，检出限为 6.6×10^{-6} mg/m^3，测定下限为 2.6×10^{-5} mg/m^3。

2　规范性引用文件

本标准内容引用了下列文件中的条款。凡是不注日期的引用文件，其有效版本适用于本标准。

HJ/T 194　环境空气质量手工监测技术规范

GB/T 6682　分析实验室用水规格和试验方法

3　方法原理

在微酸性介质中，用巯基棉富集环境空气中的汞及其化合物。

无机汞反应式如下：

$$Hg^{2+}+2H—SR \rightleftharpoons Hg\begin{matrix} \diagup SR \\ \diagdown SR \end{matrix} +2H^+$$

有机汞反应式如下：

$$CH_3HgCl+H—SR \rightleftharpoons CH_3Hg—SR+HCl$$

元素汞通过巯基棉采样管时，主要为物理吸附及单分子层的化学吸附。

采样后，用 4.0 mol/L 盐酸-氯化钠饱和溶液解吸总汞，经氯化亚锡还原为金属汞，用冷原子荧光测汞仪测定总汞含量。

4　试剂和材料

除非另有说明，分析时均使用符合国家标准的分析纯试剂。水，GB/T 6682，二级。

4.1 高纯氮气：φ=99.999%。

4.2 重铬酸钾（$K_2Cr_2O_7$）：优级纯。

4.3 硫酸：$\rho(H_2SO_4)$=1.84 g/ml，优级纯。

4.4 盐酸：$\rho(HCl)$=1.19 g/ml，优级纯。

4.5 硝酸：$\rho(HNO_3)$=1.42 g/ml，优级纯。

4.6 重铬酸钾溶液：$w(K_2Cr_2O_7)$=1.0%。

称取 1.0 g 的重铬酸钾（4.2），溶于水，稀释到 100 ml。

4.7 硫酸溶液：$\varphi(H_2SO_4)$=10%。

量取 10 ml 的浓硫酸（4.3），缓慢加入 90 ml 水中。

4.8 盐酸溶液：$c(HCl)$=4.0 mol/L。

量取 123 ml 的盐酸（4.4），用水稀释至 1 000 ml，混匀。

4.9 盐酸溶液：$c(HCl)$=2.0 mol/L。

量取 12 ml 的盐酸（4.4），用水稀释至 1 000 ml，混匀。

4.10 盐酸溶液：pH=3。

吸取 2.0 mol/L 盐酸（4.9）0.50 ml，用水稀释至 1 000 ml，混匀。

4.11 硝酸溶液：$\varphi(HNO_3)$=10%。

量取 10 ml 的浓硝酸（4.5），用水稀释至 100 ml，混匀。

4.12 盐酸-氯化钠饱和溶液

将适量的固体氯化钠（NaCl）加入 4.0 mol/L 盐酸溶液（4.8）中加热至沸，直至氯化钠过饱和析出为止。

4.13 溴酸钾-溴化钾溶液

称取 2.8 g 溴酸钾（$KBrO_3$）及 10.0 g 溴化钾（KBr），溶于水，稀释至 1 000 ml。

4.14 盐酸羟胺-氯化钠溶液

称取 12.0 g 盐酸羟胺（$NH_2OH \cdot HCl$）及 12.0 g 氯化钠，溶于水，稀释至 100 ml。

4.15 氯化亚锡盐酸溶液：w=10%。

称取 11.9 g 氯化亚锡（$SnCl_2 \cdot 2H_2O$）于 150 ml 烧杯中，加 10 ml 浓盐酸（4.4），加热至全部溶解后，用水稀释至 100 ml，以 1.0 L/min 流量通入高纯氮气（4.1），以除去本底汞。

4.16 氯化汞标准贮备液：$\rho(HgCl_2)$=1 000 μg/ml。

准确称取 0.135 3 g 氯化汞（$HgCl_2$），溶解于 5.0 ml 的 10% 硫酸溶液（4.7）及 1.0 ml 的 1.0%的重铬酸钾溶液（4.6）中，移入 100 ml 容量瓶中，用水稀释至标线，此溶液每毫升含 1 000 μg 汞。

4.17 氯化汞标准使用液：$\rho(HgCl_2)$=0.50 μg/ml。

吸取 1.00 ml 氯化汞标准贮备液（4.16），置于 200 ml 容量瓶中，加 10.0 ml 的 10%硫酸溶液（4.7）及 2.0 ml 的 1.0%的重铬酸钾溶液（4.6），用水稀释至标线，此溶液每毫升含 5 μg 汞。临用前，吸取 10.00 ml 上述溶液于 100 ml 容量瓶中，加 5.0 ml 的 10%的硫酸溶液（4.7）及 1.0 ml 的 1.0%的重铬酸钾溶液（4.6），用水稀释至标线，此溶液每毫升含 0.50 μg 汞。

4.18 巯基棉

依次加 20 ml 硫代乙醇酸（$HSCH_2COOH$）、17.5 ml 乙酐[$(CH_3CO)_2O$]、8.5 ml 36%的乙酸（CH_3COOH）、0.10 ml 硫酸（4.3）和 1.6 ml 水于 150 ml 烧杯中，混合均匀。待溶液温度降至 40℃以下后，移入装有 5 g 脱脂棉的棕色广口瓶，将棉花均匀浸润，盖上瓶塞。置于烘箱中，于 40℃放置 4 d 后取出，平铺在有两层中速定量滤纸的布氏漏斗中，抽滤，用水洗至中性。抽干水分，移入培养皿，于 40℃的烘箱中烘干，存于棕色瓶中，然后置于干燥器中备用，可保存 3 个月。

5 仪器和设备

除非另有说明，分析时均使用符合国家标准 A 级玻璃量器。

5.1 空气采样器：流量范围 0～1 L/min。

5.2 冷原子荧光测汞仪。

5.3 巯基棉采样管：石英，如图 1 所示。

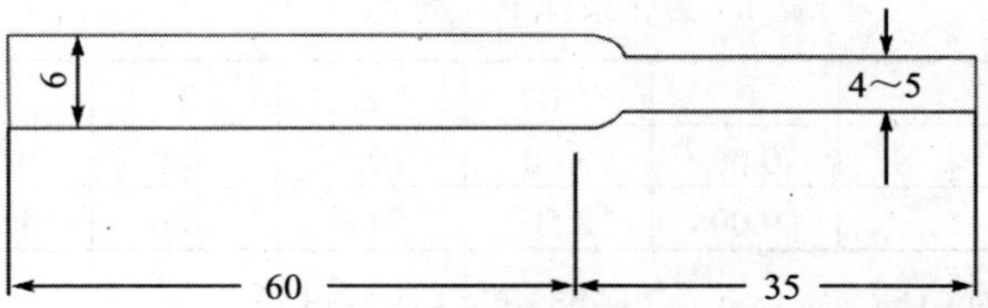

图 1 石英采样管

称取 0.1 g 巯基棉，从石英采样管的大口径端塞入管内，压入内径为 6 mm 的管段中，巯基棉长度约为 3 cm。临用前用 0.40 ml pH=3 的盐酸溶液（4.10）酸化巯基棉。巯基棉采样管两端应加套封口，存放在无汞的容器中。

5.4 布氏漏斗。

5.5 抽滤装置。

5.6 烘箱。

5.7 汞反应瓶：5 ml。

5.8 注射器：50 μl，1 ml。

6 样品

6.1 样品的采集

样品的采集应符合 HJ/T 194 的要求，采样器应在使用前进行气密性检查和流量校准，采样系统由空气采样器和巯基棉采样管组成。

将巯基棉采样管细口端与采样器连接，大口径端朝下，以 0.3～0.5 L/min 流量，采样 30～60 min，操作时应避免手指玷污巯基棉管管端。

6.2 样品的保存

采样后，两端密封，于 0～4℃冷藏保存。

6.3 试样的制备

将采样后巯基棉采样管固定，并使细端插入 10 ml 容量瓶的瓶口上，以 1～2 ml/min 滴加 4.0 mol/L 盐酸-氯化钠饱和溶液（4.12），洗脱汞及其化合物，用 4.0 mol/L 盐酸-氯化钠饱和溶液（4.12）稀释至标线，摇匀。

6.4 空白试样的制备

取空白巯基棉采样管，按（6.3）样品处理相同步骤同时操作，制备成空白试样。

7 分析步骤

7.1 试料的制备

吸取适量试样溶液（6.3）于 5 ml 汞反应瓶中，用 4.0 mo1/L 盐酸-氯化钠饱和溶液（4.12）稀释至标线。

7.2 空白试料的制备

吸取适量空白试样溶液（6.4）于 5 ml 汞反应瓶中，用 4.0 mol/L 盐酸-氯化钠饱和溶液（4.12）稀释至标线。

7.3 标准曲线的绘制

7.3.1 取 7 支 5 ml 汞反应瓶，按表 1 配制标准系列。

表 1 氯化汞标准系列

瓶号	0	1	2	3	4	5	6
氯化汞标准使用液/μl	0.00	5.00	10.0	20.0	30.0	40.0	50.0
汞含量/ng	0.00	2.50	5.00	10.0	15.0	20.0	25.0

7.3.2 用 4.0 mol/L 盐酸-氯化钠饱和溶液（4.12）稀释至 5 ml 标线。

7.3.3 向各瓶中加 0.10 ml 溴酸钾-溴化钾（4.13）溶液，放置 5 min 后，出现黄色，加 1 滴盐酸羟胺-氯化钠溶液（4.14），使黄色褪去，摇匀。

7.3.4 用注射器向瓶中加入 1.0 ml 氯化亚锡盐酸溶液（4.15），振荡 0.5 min 后，用高纯氮气（4.1）将汞蒸气吹入冷原子荧光测汞仪测定，以测汞仪的响应值对汞含量（ng），绘制标准曲线，并计算标准曲线的回归方程。

7.4 测定

按标准曲线的绘制步骤 7.3.3～7.3.4 进行试料（7.1）和空白试料（7.2）的测定，并记录响应值。根据所测得的试料和空白试料的响应值，由标准曲线的回归方程计算试料和空白试料中的汞含量。

8 结果计算

按式（1）计算出环境空气中汞含量：

$$\rho(\mathrm{Hg})=\frac{W-W_0}{V_{\mathrm{nd}}\times 1\,000}\times\frac{V_{\mathrm{t}}}{V_{\mathrm{a}}} \tag{1}$$

式中：$\rho(\mathrm{Hg})$——环境空气中汞含量，mg/m^3；

W——测定时所取样品中汞的含量，ng；

W_0——测定时所取空白中汞的含量，ng；

V_t——样品溶液总体积，ml；

V_a——测定时所取样品溶液体积，ml；

V_{nd}——标准状态（101.325 kPa，273.15 K）下的采样体积，L。

9 质量保证和质量控制

9.1 质量保证和质量控制参照 HJ/T 194 执行。

9.2 试验用的试剂，包括巯基棉（4.18）、10% 氯化亚锡盐酸溶液（4.15）、pH=3 的盐酸溶液（4.10）、溴酸钾-溴化钾溶液（4.13）、盐酸羟胺-氯化钠溶液（4.14）及 4.0 mo1/L 盐酸-氯化钠饱和溶液（4.12）等，均需事先用冷原子荧光测汞仪检查，试剂中汞的空白值应不超过 0.1 ng。

9.3 每批巯基棉制备后先进行汞的回收试验（见附录 A）。

10 注意事项

10.1 盐酸羟胺常含有汞，必须提纯。当汞含量较低时，采用巯基棉纤维管除汞法；汞含量高时，先按萃取法除掉大量汞，再按巯基棉纤维管法除尽汞（见附录 B）。

10.2 如欲分别测定有机汞及无机汞，采样后，将巯基棉采样管放在 5 ml 容量瓶的瓶口上，以 1 ml/min 流量，滴加 2.0 mol/L 盐酸溶液（4.9）解吸有机汞。用 2.0 mol/L 盐酸溶液（4.9）稀释至标线，以下步骤同标准曲线的绘制。继续将上述采样管，用 4.0 mol/L 盐酸-氯化钠饱和溶液（4.12）解吸无机汞，方法同前。

10.3 本方法还可以分别测定颗粒态汞及气态汞，可在巯基棉采样管前加一有机纤维素微孔滤膜捕集颗粒态汞。用 10%硝酸溶液（4.11）溶解，用上述方法测汞。

附 录 A
（资料性附录）
巯基棉吸附效率的测定

于反应瓶中加入氯化汞标准溶液（4.17）、氯化亚锡盐酸溶液（4.15）后，用氮气（4.1）将产生的元素汞通入巯基棉采样管。用 4.0 mol/L 盐酸-氯化钠饱和溶液（4.12）解吸，测定回收率，以求得巯基棉对汞的吸附效率。

将 1 000 mg/kg 甲基汞（CH_3HgCl）水溶液放在 100 ml 聚乙烯瓶，配以硅橡胶塞，密封，保持温度为 22℃。此时，蒸气中甲基汞浓度为 27.8 ng/ml±4.1 ng/ml，用气密注射器抽取一定体积的蒸气，随采样器气流注入巯基棉采样管，用 2.0 mol/L 盐酸（4.9）溶液解吸有机汞，测定回收率，以求得巯基棉对有机汞的吸附效率。

附 录 B
（资料性附录）
除汞法

巯基棉纤维管除汞法：在内径 6～8 mm，长 100 mm 左右、一端拉细的玻璃管，或 500 ml 分液漏斗放液管中，填充 0.1～0.2 g 巯基棉纤维（4.18），将待净化试剂以 10 ml/min 速度流过 1～2 次即可除尽汞。

萃取法：取 250 ml 盐酸羟胺溶液注入 500 ml 分液漏斗中，每次加入 15 ml 含二苯基硫巴腙（双硫腙 $C_{13}H_{12}N_4S$）0.1 g/L 的四氯化碳（CCl_4）溶液，反复进行萃取，直至含双硫腙的四氯化碳溶液保持绿色不变为止。然后用四氯化碳萃取，以除去多余的双硫腙。

附加说明：

本标准由环境保护部科技标准司组织制订。
本标准起草单位：北京市环境保护监测中心。
本标准环境保护部 2009 年 12 月 30 日批准。
本标准自 2010 年 4 月 1 日起实施。
本标准由环境保护部解释。

中华人民共和国国家环境保护标准

HJ 540—2009

环境空气和废气　砷的测定
二乙基二硫代氨基甲酸银分光光度法（暂行）

Ambient air and waste gas—Determination of arsenic
—Silver diethyldithiocarbamate spectrophotometric method

2009-12-30 发布　　2010-04-01 实施

警告：砷化氢为剧毒气体，实验前必须检查砷化氢发生装置是否连接好，以防漏气或反应瓶被崩开。反应应在通风橱内进行。

1　适用范围

本标准规定了测定空气和废气中以颗粒物形态存在的砷及其化合物的二乙基二硫代氨基甲酸银分光光度法。

本标准适用于空气和废气中以颗粒物形态存在的砷及其化合物的测定。

本方法将滤筒或滤膜制备成 50 ml 试样时，检出限为 0.35 μg/50 ml（以 As 计）。

对于有组织排放废气，当采集 400 L 气体时，检出限为 0.9 $\mu g/m^3$，测定下限为 3.5 $\mu g/m^3$（均以 As 计）。

对于空气样品，当采集 6 m^3 气体时，检出限为 0.06 $\mu g/m^3$，测定下限为 0.24 $\mu g/m^3$（均以 As 计）。

2　规范性引用文件

本标准内容引用了下列文件中的条款。凡是不注日期的引用文件，其有效版本适用于本标准。

GB/T 15432　环境空气　总悬浮颗粒物的测定　重量法

GB/T 16157　固定污染源排气中颗粒物测定与气态污染物采样方法

HJ/T 194　环境空气质量手工监测技术规范

HJ/T 373　固定污染源监测质量保证与质量控制技术规范（试行）

GB/T 6682　分析实验室用水规格和试验方法

3　方法原理

用玻璃纤维滤筒或石英滤筒采集有组织排放废气中颗粒物样品，用过氯乙烯滤膜采集空气中颗粒物样品，所采集的样品用混合酸消解处理。

在酸性溶液中，用碘化钾和氯化亚锡（$KI\text{-}SnCl_2$）将五价砷还原为三价砷，加锌粒与酸作用，产生新生态氢，使三价砷进一步还原为气态砷化氢（AsH_3），与溶解在三氯甲烷（$CHCl_3$）中的二乙基二硫代氨基甲酸银（Ag·DDC）作用，生成紫红色络合物，于 510 nm 波长处测定吸光度。

4 干扰和消除

硫化氢、锑化氢、磷化氢与 Ag·DDC 有类似的显色反应，对砷的测定产生正干扰。在样品消解时，硫、磷已被硝酸氧化分解，不再有影响，试剂中存在的少量硫化物产生的硫化氢可用乙酸铅脱脂棉除去，锑在 300 μg 以下可用 KI-$SnCl_2$ 掩蔽。

5 试剂和材料

除非另有说明，分析时均使用符合国家标准的分析纯试剂。水，GB/T 6682，三级。

5.1 无砷锌粒：10～20 目。

5.2 硝酸：$\rho(HNO_3)$=1.42 g/ml，优级纯。

5.3 硫酸：$\rho(H_2SO_4)$=1.84 g/ml，优级纯。

5.4 高氯酸：$\rho(HClO_4)$=1.67 g/ml，优级纯。

5.5 盐酸：$\rho(HCl)$=1.19 g/ml，优级纯。

5.6 硫酸溶液：1+1。

5.7 碘化钾溶液：$\rho(KI)$=150 g/L。

称取 15 g 碘化钾，溶于 100 ml 水中。

5.8 氯化亚锡溶液：$\rho(SnCl_2)$=400 g/L。

称取 48 g 氯化亚锡（$SnCl_2 \cdot 2H_2O$），加 50 ml 盐酸（5.5），加热溶解，加水至 100 ml，加几粒金属锡，在棕色瓶中保存备用。

5.9 乙酸铅溶液：$\rho[Pb(CH_3COO)_2]$=100 g/L。

称取 10 g 乙酸铅，溶于 100 ml 水中。

5.10 二乙基二硫代氨基甲酸银（Ag·DDC）吸收液：w(Ag·DDC)=0.25%。

称取 1.25 g 二乙基二硫代氨基甲酸银（Ag·DDC），加入 100 ml 三氯甲烷，4 ml 三乙醇胺，加四氯化碳至 500 ml 摇匀，放置过夜，用脱脂棉过滤入棕色瓶中，避光保存。

5.11 砷标准贮备液：$\rho(As)$=1.00 mg/ml。

称取 0.066 0 g 三氧化二砷（基准试剂，于 105～110℃烘干 1 h），用 40%NaOH 溶液 10 ml，加热溶解。移入 100 ml 容量瓶中，用去离子水稀释定容至标线。贮存于棕色瓶中，低温保存。此溶液每毫升含 1.00 mg 砷。

砷标准贮备液也可使用有证标准溶液。

5.12 砷标准使用液：$\rho(As)$=1.00 μg/ml。

临用时，用水将砷标准贮备液（5.11）逐级稀释成每毫升含 1.00 μg 砷的标准使用液。

5.13 乙酸铅棉

将 10 g 脱脂棉浸入 100 ml 乙酸铅溶液（5.9）中，30 min 后取出，于室温下晾干，避光保存。

6 仪器和设备

除非另有说明，分析时均使用符合国家标准的 A 级玻璃量器。

6.1 烟尘采样器：流量范围 5～50 L/min，精度优于±2%。

6.2 中流量颗粒物采样器：流量范围 80～130 L/min，精度优于±2%。

6.3 可见分光光度计：具 10 mm 比色皿。

6.4 玻璃纤维滤筒或石英滤筒。

6.5 过氯乙烯滤膜：0.45 μm。

6.6 电热板。

6.7 砷化氢发生与吸收装置：见图 1，连接管和吸收管在使用前应洗净烘干。

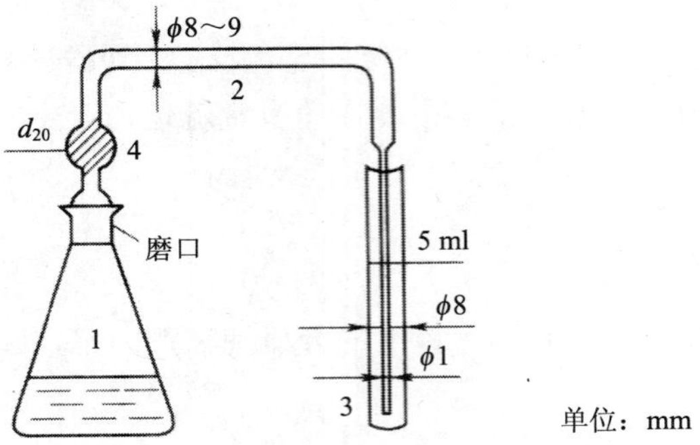

1—锥形瓶；2—导气管；3—吸收管；4—乙酸铅棉

图 1 砷化氢发生与吸收装置

7 样品

7.1 样品的采集

7.1.1 有组织排放废气

采样点数目、采样点位设置及采样方法按 GB/T 16157 中第 4、第 8 章的有关规定执行。

7.1.2 空气样品

采样方法按 GB/T 15432 的有关规定执行，采用中流量颗粒物采样器和过氯乙烯滤膜，以 100 L/min 流量采集 1 h。详细记录采样条件。

7.2 样品的保存

滤筒样品采集后将封口向内折叠，竖直放回采样盒中保存。滤膜样品采集后对折放入干净纸袋或滤膜盒中保存。

7.3 试样的制备

7.3.1 滤筒样品：将 7.1.1 采样所得滤筒样品剪成片状（切勿使尘粒抖落），置于 150 ml 锥形瓶中，加 7 ml 硫酸溶液（5.6），20 ml 硝酸（5.2），4 ml 高氯酸（5.4），瓶口插入一漏斗，于电热板上加热，待剧烈反应停止后，取下漏斗，加热至冒浓厚高氯酸白烟。取下放冷，用水冲洗瓶壁，再加热至冒浓白烟，以驱尽硝酸。如果样品消解不完全，可加入少量硝酸继续加热至样品颜色变浅。冷却，加入少量水，用定量滤纸过滤，用水洗涤锥形瓶、滤渣数次，合并洗涤液和滤液，加水至 50 ml。加入 5 ml 碘化钾溶液（5.7）和 3 ml 氯化亚锡溶液（5.8），摇匀，放置 15 min，使五价砷还原成三价砷。

7.3.2 滤膜样品：根据砷含量，取适当面积滤膜样品（7.1.2），置于 100 ml 锥形瓶中，加入 10 ml 硝酸（5.2），放置过夜。加 7 ml 硫酸溶液（5.6）和 2 ml 高氯酸（5.4），瓶口插入一漏斗，于电热板上加热，待剧烈反应停止后，取下漏斗，加热至冒浓厚高氯酸白烟。其后消解方法与滤筒相同。

7.3.3 全程序空白样品：取同批号空白滤筒或等面积滤膜至少两个，与样品同时运输和保存，按 7.3.1 或 7.3.2 制备成全程序空白试样。

8 分析步骤

8.1 标准曲线的绘制

8.1.1 取 6 支砷化氢发生瓶，分别加入砷标准使用液（5.12），使溶液中含有 0.00、1.00、3.00、5.00、10.0、15.0 μg 砷，加 7 ml 硫酸溶液（5.6），加水至 50 ml，加 5 ml 碘化钾溶液（5.7），加 3 ml 氯化亚锡溶液（5.8），摇匀，放置 15 min。

8.1.2 向溶液（7.3.1）中加入 3～4 g 无砷锌粒（5.1），立即与装有乙酸铅棉（5.13）的过滤器和装有 5.0 ml Ag·DDC 吸收液（5.10）的吸收管相连，反应 1 h 后，取下吸收管，分别补加四氯化碳至 5.0 ml，摇匀，备测。

8.1.3 在波长 510 nm 处，用 10 mm 比色皿，以四氯化碳作参比，测定吸光度，以砷含量对减去空白后的吸光度绘制标准曲线。

8.2 试样溶液的测定

将试样溶液（7.3）转移至砷化氢发生瓶，以下同标准曲线的绘制步骤 8.1.2～8.1.3，测定试样溶液的吸光度，由标准曲线计算出试样溶液中砷含量。

按同样的方法测定全程序空白试样溶液（7.3.3）的吸光度，由标准曲线计算出全程序空白试样溶液中砷含量。

9 结果计算

9.1 按式（1）计算出空气和废气中砷及其化合物的质量浓度：

$$\rho(\mathrm{As})=\frac{m-m_0}{V_{\mathrm{nd}}}\times\frac{S_{\mathrm{t}}}{S_{\mathrm{a}}} \tag{1}$$

式中：ρ (As)——空气和废气中砷及其化合物的质量浓度（以 As 计），mg/m^3；

m——试样溶液中砷含量，μg；

m_0——空白滤筒或滤膜中砷含量的平均值，μg；

V_{nd}——标准状态（101.325 kPa，273.15 K）下的采样体积，m^3；

S_{t}——样品滤膜总面积，cm^2；

S_{a}——测定时所取样品滤膜面积，cm^2。

注：对滤筒样品，$S_{\mathrm{t}}=S_{\mathrm{a}}$，$V_{\mathrm{nd}}$ 为标准状态下干气的采样体积（m^3）。

9.2 结果以 As_2O_3 表示时按式（2）计算：

$$\rho(\mathrm{As_2O_3})=\rho(\mathrm{As})\times\frac{197.8}{74.9} \tag{2}$$

式中：ρ (As_2O_3)——空气和废气中砷及其化合物的质量浓度（以 As_2O_3 计），mg/m^3。

10 质量保证和质量控制

质量保证和质量控制措施按 HJ/T 373 和 HJ/T 194 的相关规定执行。

11 注意事项

11.1 AsH_3 与 Ag·DDC 反应生成红色单质胶态银，当在氯仿中存在有机碱和吡啶时，可促使还原反应的进行，且能增加红色单质胶态银在溶剂中的稳定性。

11.2 砷化氢发生的速度受锌粒的大小、表面状态及用量、反应酸度和温度的影响较大。锌粒以 10～20 目，表面粗糙为好，用量 3～5 g 效果一致。反应时硫酸酸度以 2.3～2.5 mol/L 为宜。酸度太高，反应过快，吸收不完全；酸度太低，反应太慢，反应器中气泡的搅拌作用欠佳，有可能反应不完全。但温度太高，反应太快，可能导致 AsH_3 吸收不完全，结果偏低。若室温高于 30℃，可将发生瓶放置在冷水浴中冷却。

11.3 硫酸—硝酸—高氯酸消解样品时，必须将有机质分解完全，否则结果偏低。样品中有机质含量较多时应反复加硝酸加热消解至沉淀物变为灰白色，且液面平静，不再产生棕色 NO_x 为止。消解完全后要反复蒸发至冒浓厚白烟，将 NO_x 驱除干净，否则在下一步加锌粒时会产生棕色气体，导致测量失败，遇此情况需返工重做。

附加说明：

本标准由环境保护部科技标准司组织制订。
本标准起草单位：北京市环境保护监测中心。
本标准环境保护部 2009 年 12 月 30 日批准。
本标准自 2010 年 4 月 1 日起实施。
本标准由环境保护部解释。

中华人民共和国国家环境保护标准

环境空气　铅的测定 石墨炉原子吸收分光光度法（暂行）

HJ 539—2009

Ambient air—Determination of lead—Graphite furnace atomic absorption spectrometry

2009-12-30 发布　　2010-04-01 实施

1　适用范围

本标准规定了测定环境空气中铅的石墨炉原子吸收分光光度法。

本标准适用于环境空气中铅的测定。

方法检出限为 0.05 μg/50 ml 试样溶液，当采样体积为 10 m^3 时，检出限为 0.005 μg/m^3，测定下限为 0.020 μg/m^3。

2　规范性引用文件

本标准内容引用了下列文件或其中的条款。凡是不注日期的引用文件，其有效版本适用于本标准。

GB/T 15432　环境空气　总悬浮颗粒物的测定　重量法

HJ/T 194　环境空气质量手工监测技术规范

GB/T 6682　分析实验室用水规格和试验方法

3　方法原理

用乙酸纤维或过氯乙烯等滤膜采集环境空气中的颗粒物样品，经消解后制备成试样溶液，用石墨炉原子吸收分光光度计测定试样溶液中铅的浓度。

4　试剂和材料

除非另有说明，分析时均使用符合国家标准的分析纯试剂；实验用水，GB/T 6682，二级。

4.1　硝酸：$\rho(HNO_3)$=1.42 g/ml，优级纯。

4.2　过氧化氢：$w(H_2O_2)$=30%，优级纯。

4.3　氢氟酸：$w(HF)$=40%，优级纯。

4.4　硝酸溶液：1+9。

用硝酸（4.1）配制。

4.5　硝酸溶液：1+1。

用硝酸（4.1）配制。

4.6　硝酸溶液：$\varphi(HNO_3)$= 1%。

用硝酸（4.1）配制。

4.7 硝酸-过氧化氢混合液：1+1。

用硝酸（4.1）和 30%过氧化氢（4.2）配制。

4.8 铅标准贮备液：$\rho(Pb)$=1.00 mg/ml。

称取 21.599 g $Pb(NO_3)_2$（110℃烘干 2 h）溶于水中，用（1+9）硝酸溶液（4.4）定容至 1 000 ml。铅标准贮备液也可使用市售有证标准溶液。

4.9 铅标准使用液：$\rho(Pb)$=0.5 μg/ml。

将铅标准贮备液（4.8）用 1%HNO_3（4.6）逐级稀释后，配制成含铅 0.5 μg/ml 的标准使用溶液。

4.10 氩气：纯度不低于 99.9%。

5 仪器和设备

除非另有说明，分析时均使用符合国家标准的 A 级玻璃仪器。

5.1 中流量采样器：流量范围 80～130 L/min。

5.2 乙酸纤维或过氯乙烯滤膜等滤膜：0.45 μm。要求滤膜空白含铅量低，且空白值稳定。

5.3 石墨炉原子吸收分光光度计。

5.4 电热板。

5.5 聚四氟乙烯烧杯。

6 样品

6.1 样品的采集

按 GB/T 15432 步骤进行样品采集，用中流量采样器以 100 L/min 流量，采集滤膜样品 10 m^3，当铅浓度过低时，可适当增加采样体积，采样同时应详细记录采样条件。

6.2 样品的保存

滤膜样品采集后对折放入干净纸袋或膜盒中，放入干燥器中保存。

6.3 试样的制备

取适量样品滤膜剪成小块，置于聚四氟乙烯烧杯中，加入（1＋1）硝酸-过氧化氢混合液（4.7）10 ml 浸泡 2 h 以上，加热至微沸（勿使其崩溅），保持 10 min，冷却。滴加 40%氢氟酸（4.3）2 ml，加热蒸至近干，使氢氟酸挥发殆尽，冷却。加（1+9）硝酸溶液（4. 4）5 ml，加热使残渣溶解，冷却。将溶液转移至 50 ml 容量瓶中，再用水稀释至标线。

注：在样品预处理过程中，用硝酸-过氧化氢混合液（4.7）加热后，若滤膜消解完全，可不加氢氟酸，若使用石英纤维滤膜，也不加氢氟酸。

6.4 空白试样的制备

取同批号等面积滤膜两个，和样品同时处理操作，制备成空白试样。

7 分析步骤

7.1 石墨炉原子吸收分光光度计工作条件

仪器参数可参照说明书进行选择，表 1 所列条件和参数供参考。

表 1 石墨炉原子吸收分光光度法工作条件

波长	283.3 nm
灯电流	8 mA
狭缝	0.7 nm
干燥温度与时间	90℃，15 s；120℃，15 s。两级干燥
灰化温度与时间	700℃　20 s

原子化温度与时间	1 900℃	5 s
清洗温度与时间	2 600℃	5 s

7.2　标准曲线的绘制

7.2.1　标准系列的配制

取 7 支 50 ml 容量瓶，按表 2 配制铅标准系列。用 1%硝酸溶液（4.7）稀释至标线，摇匀。

表 2　铅标准系列

瓶　号	0	1	2	3	4	5
铅标准使用液/ml	0	1.00	2.00	3.00	4.00	5.00
铅质量浓度/（μg/L）	0.0	10.0	20.0	30.0	40.0	50.0

7.2.2　绘制标准曲线

向石墨管中移入 20 μl 标准工作溶液，按照选定的仪器工作条件，测定铅标准系列的吸光度，并计算标准曲线的线性回归方程。

注：当样品的背景很高时，可考虑加 0.2 mg 磷酸二氢铵（$NH_4H_2PO_4$）作为基体改进剂，适当提高灰化温度，消除基体干扰。

7.3　试样测定

按标准曲线绘制时的仪器工作条件和操作步骤，分别测定试样（6.3）和空白试样（6.4）的吸光度。

8　结果计算

根据所测的吸光度值，由线性回归方程计算出试样和空白试样中铅的质量浓度，并由式（1）计算环境空气中铅的质量浓度（$\mu g/m^3$）。

$$\rho(Pb)=\frac{(\rho_1-\rho_0)\times 50}{V_{nd}\times 1\,000}\times\frac{S_t}{S_a} \tag{1}$$

式中：$\rho(Pb)$——环境空气中铅的质量浓度，$\mu g/m^3$；

ρ_1——试样中铅的质量浓度，μg/L；

ρ_0——空白试样中铅质量浓度的平均值，μg/L；

50——试样溶液体积，ml；

S_t——样品滤膜总面积，cm^2；

S_a——测定时所取样品滤膜面积，cm^2；

V_{nd}——标准状态（101.325 kPa，273.15 K）下的采样体积，m^3。

9　质量保证和质量控制

9.1　质量保证和质量控制按 HJ/T 194 的相关规定执行。

9.2　全部器皿在使用前要用（1+9）硝酸溶液浸泡过夜或用（1+1）硝酸溶液浸泡 40 min，以除去器壁上吸附的铅。

附加说明：

本标准由环境保护部科技标准司组织制订。

本标准起草单位：北京市环境保护监测中心。

本标准环境保护部 2009 年 12 月 30 日批准。

本标准自 2010 年 4 月 1 日起实施。

本标准由环境保护部解释。

中华人民共和国国家环境保护标准

环境空气　氨的测定　次氯酸钠-水杨酸分光光度法

HJ 534—2009
代替 GB/T 14679—93

Ambient air—Determination of ammonia —Sodium hypochlorite-salicylic acid spectrophotometry

2009-12-31 发布　　2010-04-01 实施

1　适用范围

本标准规定了测定环境空气中氨的次氯酸钠-水杨酸分光光度法。

本标准适用于环境空气中氨的测定，也适用于恶臭源厂界空气中氨的测定。

本标准的方法检出限为 0.1 μg/10 ml 吸收液。当吸收液总体积为 10 ml，采样体积为 1～4 L 时，氨的检出限为 0.025 mg/m^3，测定下限为 0.10 mg/m^3，测定上限为 12 mg/m^3。当吸收液总体积为 10 ml，采样体积为 25 L 时，氨的检出限为 0.004 mg/m^3，测定下限为 0.016 mg/m^3。

2　方法原理

氨被稀硫酸吸收液吸收后，生成硫酸铵。在亚硝基铁氰化钠存在下，铵离子与水杨酸和次氯酸钠反应生成蓝色络合物，在波长 697 nm 处测定吸光度。吸光度与氨的含量成正比，根据吸光度计算氨的含量。

3　干扰及消除

有机胺浓度大于 1 mg/m^3 时对测定有干扰，不适用于本标准。

4　试剂和材料

除非另有说明，分析时所用试剂均使用符合国家标准的分析纯化学试剂，实验用水为按 4.1 制备的水。

4.1　无氨水，在无氨环境中用下述方法之一制备（无氨水的检查见 10.1）。

4.1.1　离子交换法

将蒸馏水通过一个强酸性阳离子交换树脂（氢型）柱，流出液收集在磨口玻璃瓶中。每升流出液中加 10 g 强酸性阳离子交换树脂（氢型），以利保存。

4.1.2　蒸馏法

在 1 000 ml 蒸馏水中加入 0.1 ml 硫酸（4.2），在全玻璃蒸馏器中重蒸馏。弃去前 50 ml 馏出液，然后将约 800 ml 馏出液收集在磨口玻璃瓶中。每升收集的馏出液中加入 10 g 强酸性阳离子交换树脂（氢型），以利保存。

4.1.3　纯水器法

用市售纯水器临用前制备。

4.2 硫酸，$\rho(H_2SO_4)$= 1.84 g/ml。

4.3 硫酸吸收液，$c(1/2\ H_2SO_4)$=0.005 mol/L。

量取 2.8 ml 硫酸（4.2）加入水中，并稀释至 1 L，配得 0.1 mol/L 的贮备液。临用时再稀释 20 倍。

4.4 水杨酸-酒石酸钾钠溶液

称取 10.0 g 水杨酸[$C_6H_4(OH)COOH$]置于 150 ml 烧杯中，加适量水，再加入 5 mol/L 氢氧化钠溶液 15 ml，搅拌使之完全溶解。另称取 10.0 g 酒石酸钾钠（$KNaC_4H_6O_6 \cdot 4H_2O$），溶解于水，加热煮沸以除去氨，冷却后，与上述溶液合并移入 200 ml 容量瓶中，用水稀释至标线，摇匀。此溶液 pH 为 6.0～6.5，在 2～5℃于棕色瓶中可以稳定 1 个月。

4.5 亚硝基铁氰化钠溶液，ρ=10 g/L。

称取 0.1 g 亚硝基铁氰化钠{$Na_2[Fe(CN)_6NO] \cdot 2H_2O$}，置于 10 ml 具塞比色管中，加水使之溶解，定容至标线，临用现配。

4.6 次氯酸钠

可购买商品试剂，亦可以自己制备，详细的制备方法见附录 A.1。

存放于塑料瓶中的次氯酸钠溶液（原液），每次使用前应标定其有效氯浓度和游离碱浓度（以 NaOH 计），标定方法详见附录 A.2 和附录 A.3。

4.7 氢氧化钠溶液，$c(NaOH)$= 2 mol/L。

称取 8.0 g 氢氧化钠，溶解于 100 ml 水中。

4.8 次氯酸钠使用液，ρ（有效氯）=3.5 g/L，c（游离碱）= 0.75 mol/L。

取适量经标定的次氯酸钠（4.6），用水和 2 mol/L 氢氧化钠溶液（4.7）稀释成含有效氯浓度为 3.5 g/L，游离碱浓度为 0.75 mol/L（以 NaOH 计）的次氯酸钠使用液（根据标定结果计算需要的稀释倍数或需要补加的氢氧化钠的体积），存放于棕色滴瓶内。本试剂可稳定 1 周。

4.9 氯化铵标准贮备液，ρ=1 000 μg/ml。

称取 0.785 5 g 氯化铵（NH_4Cl，优级纯，在 100～105℃干燥 2 h）溶解于水，移入 250 ml 容量瓶中，用水稀释到标线，可在 2～5℃保存 1 个月。

4.10 氯化铵标准使用液，ρ=10 μg/ml。

吸取氯化铵标准贮备液（4.9）5.0 ml，于 500 ml 容量瓶中，用水稀释到标线，现配现用。

5 仪器和设备

5.1 气体采样泵：流量范围为 0.1～1.0 L/min。

5.2 大型气泡式吸收管：10 ml。

5.3 具塞比色管：10 ml。

5.4 分光光度计：配 10 mm 光程比色皿。

5.5 干燥管：内装变色硅胶或玻璃棉。

6 样品

6.1 吸收管的准备

应选择气密性好、阻力和吸收效率合格的吸收管清洗干净并烘干备用。在采样前装入吸收液并密封避光保存。

6.2 样品采集

采样系统由干燥管（5.5）、吸收管和气体采样泵组成，吸收管中装有 10 ml 吸收液（4.3）。采样时应带采样全程空白采样管。

恶臭源厂界采样：以 1.0 L/min 的流量，采气 1～4 L，采样时注意恶臭源下风向，捕集恶臭感觉强烈时的样品。

环境空气采样：以 0.5～1.0 L/min 的流量，采气至少 45 min。

6.3 样品保存

采样后应尽快分析，以防止吸收空气中的氨。若不能立即分析，2～5℃可保存 7 d。

7 分析步骤

7.1 绘制标准曲线

取 7 支具塞 10 ml 比色管，按表 1 制备标准系列。

表 1 标准系列

管号	0	1	2	3	4	5	6
标准溶液（4.10）/ml	0.00	0.20	0.40	0.60	0.80	1.00	1.20
氨含量/μg	0.0	2.0	4.0	6.0	8.0	10.0	12.0

各管用水稀释至 10 ml，分别加入 1.00 ml 水杨酸-酒石酸钾钠溶液（4.4），2 滴亚硝基铁氰化钠溶液（4.5），2 滴次氯酸钠使用液（4.8），摇匀，放置 1 h。用 10 mm 比色皿，于波长 697 nm 处，以水为参比，测定吸光度。以扣除试剂空白的吸光度为纵坐标，氨含量（μg）为横坐标，绘制标准曲线。

7.2 样品测定

采样后补加适量水，将样品溶液定容至 10 ml。准确吸取一定量样品溶液（吸取量视样品浓度而定）于 10 ml 比色管中，用吸收液（4.3）稀释至 10 ml，加入 1.0 ml 水杨酸-酒石酸钾钠溶液（4.4），2 滴亚硝基铁氰化钠溶液（4.5），2 滴次氯酸钠使用液（4.8），摇匀，放置 1 h。用 10 mm 比色皿，于波长 697 nm 处，以水为参比，测定吸光度。

7.3 空白试验

7.3.1 吸收液空白：用与样品同批配制的吸收液代替样品，按照 7.2 测定吸光度。

7.3.2 采样全程空白：即在采样管中加入与样品同批配制的相应体积的吸收液，带到采样现场、未经采样的吸收液，按照 7.2 测定吸光度。

8 结果计算

氨的含量由式（1）计算：

$$\rho(NH_3)=\frac{(A-A_0-a)\times V_s}{b\times V_{nd}\times V_0} \tag{1}$$

式中：$\rho(NH_3)$——氨含量，mg/m^3；

A——样品溶液的吸光度；

A_0——与样品同批配制的吸收液空白的吸光度；

a——校准曲线截距；

b——校准曲线斜率；

V_s——样品溶液的总体积，ml；

V_0——分析时所取样品溶液的体积，ml；

V_{nd}——所采气样标准状态下（101.325 kPa，273.15 K）体积，L。

其中气样标准状态下体积 V_{nd} 按式（2）计算：

$$V_{\mathrm{nd}}=\frac{V\times P\times 273.15}{101.325\times(273.15+t)} \tag{2}$$

式中：V——采样体积，L；

P——采样时大气压，kPa；

t——采样温度，℃。

9 准确度和精密度

经五个实验室分析含氨 1.44～1.50 mg/L 的统一标样，重复性限 0.007 mg/L，变异系数 5.0%；再现性限 0.046 mg/L，变异系数 3.1%；加标回收率为 92.4%～104%。

10 质量保证和质量控制

10.1 无氨水的检查

以水代替样品按照 7.2 测定吸光度，空白吸光度值应不超过 0.030（10 mm 比色皿），否则检查水和试剂的纯度。

10.2 采样全程空白

用于检查样品采集、运输、贮存过程中样品是否被污染。如果采样全程空白明显高于同批配制的吸收液空白，则同批次采集的样品作废。

10.3 采样泵的正确使用

开启采样泵前，确认采样系统的连接正确，采样泵的进气口端通过干燥管或缓冲管与采样管的出气口相连，如果接反会导致酸性吸收液倒吸、污染和损坏仪器。万一出现倒吸的情况，应及时将流量计拆下来，用酒精清洗、干燥，并重新安装，经流量校准合格后方可继续使用。

10.4 防止吸收管被污染

为避免吸收管中的吸收液被污染，运输和贮存过程中勿将吸收管倾斜或倒置，并及时更换吸收管的密封接头。

附 录 A
（规范性附录）
次氯酸钠溶液的制备方法及其有效氯浓度和游离碱浓度的标定

A.1 次氯酸钠溶液的制备方法

将盐酸（ρ=1.19 g/ml）逐滴作用于高锰酸钾固体，将逸出的氯气导入 2 mol/L 氢氧化钠吸收液中吸收，生成淡草绿色的次氯酸钠溶液，存放于塑料瓶中。因该溶液不稳定，使用前应标定其有效氯浓度。

A.2 次氯酸钠溶液中有效氯含量的测定

吸取 10.0 ml 次氯酸钠（4.6）于 100 ml 容量瓶中，加水稀释至标线，混匀。移取 10.0 ml 稀释后的次氯酸钠溶液于 250 ml 碘量瓶中，加入蒸馏水 40 ml，碘化钾 2.0 g，混匀。再加入 6 mol/L 硫酸溶液 5 ml，密塞，混匀。置暗处 5 min 后，用 0.10 mol/L 硫代硫酸钠溶液滴至淡黄色，加入约 1 ml 淀粉指示剂，继续滴至蓝色消失为止。其有效氯浓度按式（A.1）计算：

$$\text{有效氯（g/L，以 } Cl_2 \text{ 计）} = \frac{c \times V \times 35.45}{10.0} \times \frac{100}{10} \qquad \text{(A.1)}$$

式中：c——硫代硫酸钠溶液的浓度，mol/L；

V——滴定时消耗硫代硫酸钠溶液的体积，ml；

35.45——有效氯的摩尔质量（$1/2Cl_2$），g/mol。

A.3 次氯酸钠溶液中游离碱（以 NaOH 计）的测定

A.3.1 盐酸溶液的标定

碳酸钠标准溶液：$c(1/2Na_2CO_3)$=0.100 0 mol/L。称取经 180℃干燥 2 h 的无水碳酸钠 2.650 0 g，溶于新煮沸放冷的水中，移入 500 ml 容量瓶中，稀释至标线。

甲基红指示剂：ρ=0.5 g/L。称取 50 mg 甲基红溶于 100 ml 乙醇（ρ=0.79 g/ml）中。

盐酸标准滴定溶液：c(HCl)=0.10 mol/L。取 8.5 ml 盐酸（ρ=1.19 g/ml）于 1 000 ml 容量瓶中，用水稀释至标线。标定方法：移取 25.00 ml 碳酸钠标准溶液于 150 ml 锥形瓶中，加 25 ml 水和 1 滴甲基红指示剂，用盐酸标准滴定溶液滴定至淡红色为止。用式（A.2）计算盐酸标准溶液的浓度：

$$c(\text{HCl}) = \frac{c_1 \times V_1}{V_2} \qquad \text{(A.2)}$$

式中：c——盐酸标准滴定溶液的浓度，mol/L；

c_1——碳酸钠标准溶液的浓度，mol/L；

V_1——碳酸钠标准溶液的体积，ml；

V_2——盐酸标准滴定溶液的体积，ml。

A.3.2 次氯酸钠溶液中游离碱（以 NaOH 计）的测定

吸取次氯酸钠（4.6）1.0 ml 于 150 ml 锥形瓶中，加 20 ml 水，以酚酞作指示剂，用 0.10 mol/L 盐酸标准滴定溶液滴定至红色完全消失为止。如果终点的颜色变化不明显，可在滴定后的溶液中加 1 滴酚酞指示剂，若颜色仍显红色，则需继续用盐酸标准滴定溶液滴至无色。

$$游离碱的浓度（mol/L，以NaOH计）= \frac{c(HCl) \times v(HCl)}{V} \quad (A.3)$$

式中：c(HCl)——盐酸标准溶液的浓度，mol/L；

v(HCl)——滴定时消耗的盐酸溶液的体积，ml；

V——滴定时吸取的次氯酸钠溶液的体积，ml。

附加说明：

自本标准实施之日起，原国家环境保护局1993年10月27日批准、发布的《空气质量　氨的测定　次氯酸钠-水杨酸分光光度法》（GB/T 14679—93）废止。

本标准的附录A为规范性附录。

本标准由环境保护部科技标准司组织制订。

本标准主要起草单位：沈阳市环境监测中心站。

本标准环境保护部2009年12月31日批准。

本标准自2010年4月1日起实施。

本标准由环境保护部解释。

中华人民共和国国家环境保护标准

环境空气和废气　氨的测定 纳氏试剂分光光度法

HJ 533—2009

代替 GB/T 14668—93

Ambient air and exhaust gas—Determination of ammonia —Nessler's reagent spetcrophotometry

2009-12-31 发布　　2010-04-01 实施

警告：二氯化汞（$HgCl_2$）和碘化汞（HgI_2）均为剧毒物质，避免经皮肤和口腔接触。

1 适用范围

本标准规定了测定环境空气和工业废气中氨的纳氏试剂分光光度法。

本标准适用于环境空气中氨的测定，也适用于制药、化工、炼焦等工业行业废气中氨的测定。

本标准的方法检出限为 0.5 μg/10 ml 吸收液。当吸收液体积为 50 ml，采气 10 L 时，氨的检出限为 0.25 mg/m^3，测定下限为 1.0 mg/m^3，测定上限为 20 mg/m^3。当吸收液体积为 10 ml，采气 45 L 时，氨的检出限为 0.01 mg/m^3，测定下限为 0.04 mg/m^3，测定上限为 0.88 mg/m^3。

2 方法原理

用稀硫酸溶液吸收空气中的氨，生成的铵离子与纳氏试剂反应生成黄棕色络合物，该络合物的吸光度与氨的含量成正比，在 420 nm 波长处测量吸光度，根据吸光度计算空气中氨的含量。

3 干扰及消除

样品中含有三价铁等金属离子、硫化物和有机物时干扰测定，可通过下列方法消除：

3.1　三价铁等金属离子

分析时加入 0.50 ml 酒石酸钾钠溶液（4.6）络合掩蔽，可消除三价铁等金属离子的干扰。

3.2　硫化物

若样品因产生异色而引起干扰（如硫化物存在时为绿色）时，可在样品溶液中加入稀盐酸去除干扰。

3.3　有机物

某些有机物质（如甲醛）生成沉淀干扰测定，可在比色前用 0.1 mol/L 的盐酸溶液（4.7）将吸收液酸化到 pH 不大于 2 后煮沸除之。

4 试剂和材料

除非另有说明，分析时所用试剂均使用符合国家标准的分析纯化学试剂，实验用水为按 4.1 制备的水。

4.1　无氨水，在无氨环境中用下述方法之一制备（无氨水的检查见 10.1）。

4.1.1 离子交换法

将蒸馏水通过一个强酸性阳离子交换树脂（氢型）柱，流出液收集在磨口玻璃瓶中。每升流出液中加 10 g 强酸性阳离子交换树脂（氢型），以利保存。

4.1.2 蒸馏法

在 1 000 ml 蒸馏水中加入 0.1 ml 硫酸（4.2），在全玻璃蒸馏器中重蒸馏。弃去前 50 ml 馏出液，然后将约 800 ml 馏出液收集在磨口玻璃瓶中。每升收集的馏出液中加入 10 g 强酸性阳离子交换树脂（氢型），以利保存。

4.1.3 纯水器法

用市售纯水器临用前制备。

4.2 硫酸：$\rho(H_2SO_4)$= 1.84 g/ml。

4.3 盐酸：$\rho(HCl)$=1.18 g/ml。

4.4 硫酸吸收液：$c(1/2H_2SO_4)$=0.01 mol/L。

量取 2.8 ml 硫酸（4.2）加入水中，并稀释至 1 L，得 0.1 mol/L 贮备液。临用时再用水稀释 10 倍。

4.5 纳氏试剂

称取 12 g 氢氧化钠（NaOH）溶于 60 ml 水中，冷却；

称取 1.7 g 二氯化汞（$HgCl_2$）溶解在 30 ml 水中；

称取 3.5 g 碘化钾（KI）于 10 ml 水中，在搅拌下将上述二氯化汞溶液慢慢加入碘化钾溶液中，直至形成的红色沉淀不再溶解为止；

在搅拌下，将冷却至室温的氢氧化钠溶液缓慢地加入到上述二氯化汞和碘化钾的混合液中，再加入剩余的二氯化汞溶液，混匀后于暗处静置 24 h，倾出上清液，储于棕色瓶中，用橡皮塞塞紧，2～5℃可保存 1 个月。

4.6 酒石酸钾钠溶液：ρ=500 g/L。

称取 50 g 酒石酸钾钠（$KNaC_4H_6O_6 \cdot 4H_2O$）溶于 100 ml 水中，加热煮沸以驱除氨，冷却后定容至 100 ml。

4.7 盐酸溶液：$c(HCl)$=0.1 mol/L。

取 8.5 ml 盐酸（4.3），加入一定量的水中，定容至 1 000 ml。

4.8 氨标准贮备液：$\rho(NH_3)$=1 000 μg/ml。

称取 0.785 5 g 氯化铵（NH_4Cl，优级纯，在 100～105℃干燥 2 h）溶解于水，移入 250 ml 容量瓶中，用水稀释到标线。

4.9 氨标准使用溶液：$\rho(NH_3)$=20 μg/ml。

吸取 5.00 ml 氨标准贮备液（4.8）于 250 ml 容量瓶中，稀释至刻度，摇匀。临用前配制。

5 仪器和设备

5.1 气体采样装置：流量范围为 0.1～1.0 L/min。

5.2 玻板吸收管或大气冲击式吸收管：125 ml、50 ml 或 10 ml。

5.3 具塞比色管：10 ml。

5.4 分光光度计：配 10 mm 光程比色皿。

5.5 玻璃容器：经检定的容量瓶、移液管。

5.6 聚四氟乙烯管（或玻璃管）：内径 6～7 mm。

5.7 干燥管（或缓冲管）：内装变色硅胶或玻璃棉。

6 样品

6.1 采样管的准备

应选择气密性好、阻力和吸收效率合格的吸收管清洗干净并烘干备用。在采样前装入吸收液并密封避光保存。

6.2 样品采集

采样系统由采样管、干燥管和气体采样泵组成。采样时应带采样全程空白吸收管。

环境空气采样：用 10 ml 吸收管，以 0.5～1 L/min 的流量采集，采气至少 45 min。

工业废气采样：用 50 ml 吸收管，以 0.5～1 L/min 的流量采集，采气时间视具体情况而定。若工业废气（如烟道气）的温度明显高于环境温度时，应对采样管线加热，防止烟气在采样管线中结露。

6.3 样品保存

采样后应尽快分析，以防止吸收空气中的氨。若不能立即分析，2～5℃可保存 7 d。

7 分析步骤

7.1 绘制校准曲线

取 7 支 10 ml 具塞比色管，按表 1 制备标准系列。

表 1 标准系列

管号	0	1	2	3	4	5	6
标准溶液（4.9）/ml	0.00	0.10	0.30	0.50	1.00	1.50	2.00
水/ml	10.00	9.90	9.70	9.50	9.00	8.50	8.00
氨含量/μg	0	2	6	10	20	30	40

按表 1 准确移取相应体积的标准使用液（4.9），加水至 10 ml，在各管中分别加入 0.50 ml 酒石酸钾钠溶液（4.6），摇匀，再加入 0.50 ml 纳氏试剂（4.5），摇匀。放置 10 min 后，在波长 420 nm 下，用 10 mm 比色皿，以水作参比，测定吸光度。以氨含量（μg）为横坐标；扣除试剂空白的吸光度为纵坐标绘制校准曲线。

7.2 样品测定

取一定量样品溶液（吸取量视样品浓度而定）于 10 ml 比色管中，用吸收液（4.4）稀释至 10 ml。加入 0.50 ml 酒石酸钾钠溶液（4.6），摇匀，再加入 0.50 ml 纳氏试剂（4.5），摇匀，放置 10 min 后，在波长 420 nm，用 10 mm 比色皿，以水作参比，测定吸光度。

7.3 空白试验

7.3.1 吸收液空白：以与样品同批配制的吸收液代替样品，按照 7.2 测定吸光度。

7.3.2 采样全程空白：即在采样管中加入与样品同批配制的相应体积的吸收液，带到采样现场、未经采样的吸收液，按照 7.2 测定吸光度。

8 结果计算

氨的含量由式（1）计算：

$$\rho(NH_3)=\frac{(A-A_0-a)\times V_s}{b\times V_{nd}\times V_0} \tag{1}$$

式中：$\rho(NH_3)$——氨含量，mg/m^3；

A——样品溶液的吸光度；

A_0——与样品同批配制的吸收液空白的吸光度；

a——校准曲线截距；

b——校准曲线斜率；

V_s——样品吸收液总体积，ml；

V_0——分析时所取吸收液体积，ml；

V_{nd}——所采气样标准状态下（101.325 kPa，273.15 K）的体积，L。

所采气样标准状态下的体积 V_{nd} 按式（2）计算：

$$V_{nd}=\frac{V\times P\times 273.15}{101.325\times(273.15+t)} \tag{2}$$

式中：V——采样体积，L；

P——采样时大气压，kPa；

t——采样温度，℃。

9 准确度和精密度

经五个实验室分析含 1.33～1.55 mg/L 氨的统一样品，重复性限 0.018 mg/L，变异系数 1.2%；再现性限 0.05 mg/L，变异系数 3.4%；加标回收率 97%～103%。

10 质量保证和质量控制

10.1 无氨水的检查

以水代替样品按照 7.2 测定吸光度，空白吸光度值应不超过 0.030（10 mm 比色皿），否则检查水和试剂的纯度。

10.2 采样全程空白

用于检查样品采集、运输、贮存过程中样品是否被污染。如果采样全程空白明显高于同批配制的吸收液空白，则同批次采集的样品作废。

10.3 纳氏试剂的配制

为了保证纳氏试剂有良好的显色能力，配制时务必控制 $HgCl_2$ 的加入量，至微量 HgI_2 红色沉淀不再溶解时为止。配制 100 ml 纳氏试剂所需 $HgCl_2$ 与 KI 的用量之比约为 2.3∶5。在配制时为了加快反应速度、节省配制时间，可低温加热进行，防止 HgI_2 红色沉淀的提前出现。

10.4 酒石酸钾钠的配制

酒石酸钾钠试剂铵盐含量较高时，仅加热煮沸或加纳氏试剂沉淀不能完全除去氨。此时采用加入少量氢氧化钠溶液，煮沸蒸发掉溶液体积的 20%～30%，冷却后用无氨水稀释至原体积。

10.5 采样泵的正确使用

开启采样泵前，确认采样系统的连接正确，采样泵的进气口端通过干燥管（或缓冲管）与采样管的出气口相连，如果接反会导致酸性吸收液倒吸、污染和损坏仪器。万一出现倒吸的情况，应及时将流量计拆下来，用酒精清洗、干燥，并重新安装，经流量校准合格后方可继续使用。

10.6 防止采样管被污染

为避免采样管中的吸收液被污染，运输和贮存过程中勿将采样管倾斜或倒置，并及时更换采样管的密封接头。

附加说明：

自本标准实施之日起，原国家环境保护局 1993 年 10 月 27 日批准、发布的《空气质量 氨的测定 纳氏试剂比色法》（GB/T 14668—93）废止。

本标准由环境保护部科技标准司组织制订。

本标准主要起草单位：沈阳市环境监测中心站。

本标准环境保护部 2009 年 12 月 31 日批准。

本标准自 2010 年 4 月 1 日起实施。

本标准由环境保护部解释。

中华人民共和国国家环境保护标准

环境空气 臭氧的测定 靛蓝二磺酸钠分光光度法

HJ 504—2009
代替 GB/T 15437—1995

Ambient air—Determination of ozone—Indigo disulphonate spectrophotometry

2009-10-20 发布　　2009-12-01 实施

1 适用范围

本标准规定了测定环境空气中臭氧的靛蓝二磺酸钠分光光度法。

本标准适用于环境空气中臭氧的测定。相对封闭环境（如室内、车内等）空气中臭氧的测定也可参照本标准。

当采样体积为 30 L 时，本标准测定空气中臭氧的检出限为 0.010 mg/m^3，测定下限为 0.040 mg/m^3。当采样体积为 30 L 时，吸收液质量浓度为 2.5 μg/ml 或 5.0 μg/ml 时，测定上限为 0.50 mg/m^3 或 1.00 mg/m^3。当空气中臭氧质量浓度超过该上限时，可适当减少采样体积。

2 方法原理

空气中的臭氧在磷酸盐缓冲溶液存在下，与吸收液中蓝色的靛蓝二磺酸钠等摩尔反应，退色生成靛红二磺酸钠，在 610 nm 处测量吸光度，根据蓝色减退的程度定量空气中臭氧的浓度。

3 试剂和材料

除非另有说明，本标准所用试剂均使用符合国家标准的分析纯化学试剂，实验用水为新制备的去离子水或蒸馏水。

3.1 溴酸钾标准贮备溶液，$c(1/6\ KBrO_3)$=0.100 0 mol/L：准确称取 1.391 8 g 溴化钾（优级纯，180℃烘 2 h），置烧杯中，加入少量水溶解，移入 500 ml 容量瓶中，用水稀释至标线。

3.2 溴酸钾-溴化钾标准溶液，$c(1/6\ KBrO_5)$= 0.010 0 mol/L：吸取 10.00 ml 溴酸钾标准贮备溶液（3.1）于 100 ml 容量瓶中，加入 1.0 g 溴化钾（KBr），用水稀释至标线。

3.3 硫代硫酸钠标准贮备溶液，$c(Na_2S_2O_3)$= 0.100 0 mol/L。

3.4 硫代硫酸钠标准工作溶液，$c(Na_2S_2O_3)$= 0.005 00 mol/L：临用前，取硫代硫酸钠标准贮备溶液（3.3）用新煮沸并冷却到室温的水准确稀释 20 倍。

3.5 硫酸溶液，1+6。

3.6 淀粉指示剂溶液，ρ=2.0 g/L：称取 0.20 g 可溶性淀粉，用少量水调成糊状，慢慢倒入 100 ml 沸水，煮沸至溶液澄清。

3.7 磷酸盐缓冲溶液，$c(KH_2PO_4\text{-}Na_2HPO_4)$=0.050 mol/L：称取 6.8 g 磷酸二氢钾（KH_2PO_4）、7.1 g 无水磷酸氢二钠（Na_2HPO_4），溶于水，稀释至 1 000 ml。

3.8　靛蓝二磺酸钠（$C_{16}H_8O_8Na_2S_2$）（简称 IDS），分析纯、化学纯或生化试剂。

3.9　IDS 标准贮备溶液：称取 0.25 g 靛蓝二磺酸钠（3.8）溶于水，移入 500 ml 棕色容量瓶内，用水稀释至标线，摇匀，在室温暗处存放 24 h 后标定。此溶液在 20℃以下暗处存放可稳定 2 周。

标定方法：准确吸取 20.00 ml IDS 标准贮备溶液（3.9）于 250 ml 碘量瓶中，加入 20.00 ml 溴酸钾-溴化钾溶液（3.2），再加入 50 ml 水，盖好瓶塞，在 16℃±1℃生化培养箱（或水浴）中放置至溶液温度与水浴温度平衡时[注 1]，加入 5.0 ml 硫酸溶液（3.5），立即盖塞、混匀并开始计时，于 16℃±1℃暗处放置 35 min±1.0 min 后，加入 1.0 g 碘化钾，立即盖塞，轻轻摇匀至溶解，暗处放置 5 min，用硫代硫酸钠溶液（3.4）滴定至棕色刚好褪去呈淡黄色，加入 5 ml 淀粉指示剂溶液（3.6），继续滴定至蓝色消退，终点为亮黄色。记录所消耗的硫代硫酸钠标准工作溶液（3.4）的体积[注 2]。

注 1：达到平衡的时间与温差有关，可以预先用相同体积的水代替溶液，加入碘量瓶中，放入温度计观察达到平衡所需要的时间。

注 2：平行滴定所消耗的硫代硫酸钠标准溶液体积不应大于 0.10 ml。

每毫升靛蓝二磺酸钠溶液相当于臭氧的质量浓度ρ（μg/ml）由式（1）计算：

$$\rho=\frac{c_1V_1-c_2V_2}{V}\times 12.00\times 10^3 \tag{1}$$

式中：ρ——每毫升靛蓝二磺酸钠溶液相当于臭氧的质量浓度，μg/ml；

c_1——溴酸钾-溴化钾标准溶液（3.2）的浓度，mol/L；

V_1——加入溴酸钾-溴化钾标准溶液的体积，ml；

c_2——滴定时所用硫代硫酸钠标准溶液的浓度，mol/L；

V_2——滴定时所用硫代硫酸钠标准溶液的体积，ml；

V——IDS 标准贮备溶液（3.9）的体积，ml；

12.00——臭氧的摩尔质量（1/4 O_3），g/mol。

3.10　IDS 标准工作溶液：将标定后的 IDS 标准贮备液（3.9）用磷酸盐缓冲溶液（3.7）逐级稀释成每毫升相当于 1.00 μg 臭氧的 IDS 标准工作溶液，此溶液于 20℃以下暗处存放可稳定 1 周。

3.11　IDS 吸收液：取适量 IDS 标准贮备液（3.9），根据空气中臭氧质量浓度的高低，用磷酸盐缓冲溶液（3.7）稀释成每毫升相当于 2.5 μg（或 5.0 μg）臭氧的 IDS 吸收液，此溶液于 20℃以下暗处可保存 1 个月。

4　仪器和设备

本标准除非另有说明，分析时均使用符合国家 A 级标准的玻璃量器。

4.1　空气采样器：流量范围 0.0～1.0 L/min，流量稳定。使用时，用皂膜流量计校准采样系统在采样前和采样后的流量，相对误差应小于±5%。

4.2　多孔玻板吸收管：内装 10 ml 吸收液，以 0.50 L/min 流量采气，玻板阻力应为 4～5 kPa，气泡分散均匀。

4.3　具塞比色管：10 ml。

4.4　生化培养箱或恒温水浴：温控精度为±1℃。

4.5　水银温度计：精度为±0.5℃。

4.6　分光光度计：具 20 mm 比色皿，可于波长 610 nm 处测量吸光度。

4.7　一般实验室常用玻璃仪器。

5 样品

5.1 样品的采集与保存

用内装 10.00 ml±0.02 ml IDS 吸收液（3.11）的多孔玻板吸收管，罩上黑色避光套，以 0.5 L/min 流量采气 5～30 L。当吸收液褪色约 60%时（与现场空白样品比较），应立即停止采样。样品在运输及存放过程中应严格避光。当确信空气中臭氧的质量浓度较低，不会穿透时，可以用棕色玻板吸收管采样。

样品于室温暗处存放至少可稳定 3 d。

5.2 现场空白样品

用同一批配制的 IDS 吸收液（3.11），装入多孔玻板吸收管中，带到采样现场。除了不采集空气样品外，其他环境条件保持与采集空气的采样管相同。

每批样品至少带两个现场空白样品。

6 分析步骤

6.1 绘制校准曲线

6.1.1 取 10 ml 具塞比色管 6 支，按表 1 制备标准色列。

表 1 标准色列

管　号	1	2	3	4	5	6
IDS 标准溶液（3.10）/ml	10.00	8.00	6. 00	4.00	2.00	0.00
磷酸盐缓冲溶液（3.7）/ml	0.00	2.00	4.00	6.00	8.00	10.0
臭氧质量浓度/（μg/ml）	0.00	0.20	0.40	0.60	0.80	1.00

6.1.2 各管摇匀，用 20 mm 比色皿，以水作参比，在波长 610 nm 下测量吸光度。以校准系列中零浓度管的吸光度（A_0）与各标准色列管的吸光度（A）之差为纵坐标，臭氧质量浓度为横坐标，用最小二乘法计算校准曲线的回归方程：

$$y = bx + a$$

式中：y——A_0–A，空白样品的吸光度与各标准色列管的吸光度之差；

x——臭氧质量浓度，μg/ml；

b——回归方程的斜率，吸光度·ml/μg；

a——回归方程的截距。

6.2 用已知质量浓度的臭氧标准气体绘制标准工作曲线

当用本方法作紫外臭氧分析仪的二级传递标准时，用已知质量浓度的臭氧标准气体绘制标准工作曲线，详见本标准的附录 A。

6.3 样品测定

采样后，在吸收管的入气口端串接一个玻璃尖嘴，在吸收管的出气口端用吸耳球加压将吸收管中的样品溶液移入 25 ml（或 50 ml）容量瓶中，用水多次洗涤吸收管，使总体积为 25.0 ml（或 50.0 ml）。用 20 mm 比色皿，以水作参比，在波长 610 nm 下测量吸光度。

7 结果表示

空气中臭氧的质量浓度按式（2）计算：

$$\rho(O_3)=\frac{(A_0-A-a)\times V}{b\times V_0} \quad (2)$$

式中：$\rho(O_3)$——空气中臭氧的质量浓度，mg/m^3；

A_0——现场空白样品（5.2）吸光度的平均值；

A——样品的吸光度；

b——标准曲线的斜率；

a——标准曲线的截距；

V——样品溶液的总体积，ml；

V_0——换算为标准状态（101.325 kPa、273.15 K）的采样体积，L。

所得结果精确至小数点后三位。

8　准确度和精密度

6 个实验室 IDS 标准曲线的斜率在 0.863～0.935，平均值为 0.899。

6 个实验室测定 0.085～0.918 mg/L 三个质量浓度水平的 IDS 标准溶液，每个质量浓度水平重复测定 6 次，重复性精密度≤0.004 mg/L，再现性精密度≤0.030 mg/L。

6 个实验室测定质量浓度范围在 0.088～0.946 mg/m^3 的臭氧标准气体，重复性变异系数小于 10%，相对误差小于±5%。

9　注意事项

9.1　干扰

空气中的二氧化氮可使臭氧的测定结果偏高，约为二氧化氮质量浓度的 6%。

空气中二氧化硫、硫化氢、过氧乙酰硝酸酯（PAN）和氟化氢的质量浓度分别高于 750 $\mu g/m^3$、110 $\mu g/m^3$、1 800 $\mu g/m^3$ 和 2.5 $\mu g/m^3$ 时，干扰臭氧的测定。

空气中氯气、二氧化氯的存在使臭氧的测定结果偏高。但在一般情况下，这些气体的浓度很低，不会造成显著误差。

9.2　IDS 标准溶液标定

市售 IDS 不纯，作为标准溶液使用时必须进行标定。用溴酸钾-溴化钾标准溶液标定 IDS 的反应，需要在酸性条件下进行，加入硫酸溶液后反应开始，加入碘化钾后反应即终止。为了避免副反应使反应定量进行，必须严格控制培养箱（或水浴）温度（16℃±1℃）和反应时间（35 min±1.0 min）。一定要等到溶液温度与培养箱（或水浴）温度达到平衡时再加入硫酸溶液（3.5），加入硫酸溶液后应立即盖塞，并开始计时。滴定过程中应避免阳光照射。

9.3　IDS 吸收液的体积

本方法为褪色反应，吸收液的体积直接影响测量的准确度，所以装入采样管中吸收液的体积必须准确，最好用移液管加入。采样后向容量瓶中转移吸收液应尽量完全（少量多次冲洗）。装有吸收液的采样管，在运输、保存和取放过程中应防止倾斜或倒置，避免吸收液损失。

附　录　A
（规范性附录）
用已知质量浓度的臭氧标准气体绘制标准曲线

A.1　仪器

A.1.1　臭氧发生器

A.1.2　配气装置

A.1.3　一级紫外校准光度计或紫外臭氧分析仪

A.2　标准曲线的绘制

借助于臭氧发生器和配气装置，制备质量浓度范围在 0.05～1.000 mg/m^3 的至少四种不同质量浓度的臭氧标准气体，标准气体的质量浓度用一级紫外校准光度计或用一级标准校准过的紫外臭氧分析仪测定。同时用 IDS 吸收液按本标准 5.1 采集不同质量浓度的臭氧标准气体，按本标准 6.3 测量样品的吸光度。以臭氧质量浓度为横坐标，以现场空白样品的吸光度（A_0）与各不同质量浓度标准气体的吸光度（A）之差为纵坐标，用最小二乘法计算标准曲线的回归方程：

$$y = bx + a$$

式中：y——A_0-A，现场空白样品的吸光度与各不同浓度标准气体样品的吸光度之差；

x——臭氧的质量浓度，μg/ml；

b——回归方程的斜率；

a——回归方程的截距。

附加说明：

自标准实施之日起，原国家环境保护局 1995 年 3 月 25 日批准、发布的国家环境保护标准《环境空气　臭氧的测定　靛蓝二磺酸钠分光光度法》（GB/T 15437—1995）废止。

本标准的附录 A 为规范性附录。

本标准由环境保护部科技标准司组织修订。

本标准主要起草单位：沈阳市环境监测中心站。

本标准环境保护部 2009 年 10 月 20 日批准。

本标准自 2009 年 12 月 1 日起实施。

本标准由环境保护部负责解释。

中华人民共和国国家环境保护标准

环境空气　二氧化硫的测定
四氯汞盐吸收-副玫瑰苯胺分光光度法

HJ 483—2009
代替 GB 8970—88

Ambient air—Determination of sulfur dioxide
—Tetrachloromercurate（TCM）-pararosaniline method

2009-09-27 发布　　　　2009-11-01 实施

警告：四氯汞钾溶液属于剧毒试剂，操作时应按规定要求佩戴防护器具，避免接触皮肤和衣服；标准溶液的配制应在通风柜内进行操作；检测后的残渣残液应做妥善的安全处理。

1　适用范围

本标准规定了测定空气中二氧化硫的四氯汞盐吸收-副玫瑰苯胺分光光度法。

本标准适用于环境空气中二氧化硫的测定。

当使用 5 ml 吸收液，采样体积为 30 L 时，测定空气中二氧化硫的检出限为 0.005 mg/m^3，测定下限为 0.020 mg/m^3，测定上限为 0.18 mg/m^3。

当使用 50 ml 吸收液，采样体积为 288 L 时，测定空气中二氧化硫的检出限为 0.005 mg/m^3，测定下限为 0.020 mg/m^3，测定上限为 0.19 mg/m^3。

2　方法原理

二氧化硫被四氯汞钾溶液吸收后，生成稳定的二氯亚硫酸盐络合物，再与甲醛及盐酸副玫瑰苯胺作用，生成紫红色络合物，在 575 nm 处测量吸光度。

3　干扰和消除

本方法的主要干扰物为氮氧化物、臭氧、锰、铁、铬等。加入氨基磺酸铵可消除氮氧化物的干扰；采样品后放置一段时间可使臭氧自行分解；加入磷酸及乙二胺四乙酸二钠盐可以消除或减少某些重金属离子的干扰。

4　试剂和材料

除非另有说明，分析时均使用符合国家标准的分析纯试剂，实验用水为新制备的蒸馏水或同等纯度的水。

4.1　碘酸钾（KIO_3），优级纯，经 110℃干燥 2 h。

4.2　碘化钾（KI）。

4.3　冰乙酸（CH_3COOH）。

4.4 四氯汞钾（TCM）吸收液，c(TCM)=0.04 mol/L：称取 10.9 g 二氯化汞、6.0 g 氯化钾和 0.070 g 乙二胺四乙酸二钠盐（EDTA-2Na）溶于水中，稀释至 1 L。此溶液在密闭容器中贮存，可稳定 6 个月。如发现有沉淀，不可再用。

4.5 甲醛溶液，ρ(HCHO)≈2 g/L：量取 1 ml 36%～38%（质量分数）甲醛溶液，稀释至 200 ml，临用时现配。

4.6 氨基磺酸铵溶液，ρ($H_2NSO_3NH_4$)=6.0g/L：称取 0.60 g 氨基磺酸铵溶于 100 ml 水中，临用时现配。

4.7 碘贮备液，c(1/2 I_2)=0.10 mol/L：称取 12.7 g 碘（I_2）于烧杯中，加入 40 g 碘化钾和 25 ml 水，搅拌至完全溶解，用水稀释至 1 000 ml，贮存于棕色细口瓶中。

4.8 碘溶液，c(1/2 I_2)=0.010 mol/L：量取碘贮备液（4.7）50 ml，用水稀释至 500 ml，贮于棕色细口瓶中。

4.9 淀粉溶液，ρ（淀粉）=5.0 g/L：称取 0.5 g 可溶性淀粉于 150 ml 烧杯中，用少量水调成糊状，慢慢倒入 100 ml 沸水，继续煮沸至溶液澄清，冷却后贮于试剂瓶中。

4.10 碘酸钾基准溶液，c(1/6 KIO_3)=0.100 0 mol/L：准确称取 3.566 7 g 碘酸钾（4.1）溶于水，移入 1 000 ml 容量瓶中，用水稀至标线，摇匀。

4.11 盐酸溶液，c(HCl)=1.2 mol/L：量取 100 ml 浓盐酸，加到 900 ml 水中。

4.12 硫代硫酸钠标准贮备液，c($Na_2S_2O_3$)=0.10 mol/L：称取 25.0 g 硫代硫酸钠（$Na_2S_2O_3 \cdot 5H_2O$），溶于 1 000 ml 新煮沸但已冷却的水中，加入 0.2 g 无水碳酸钠，贮于棕色细口瓶中，放置一周后备用。如溶液呈现浑浊，必须过滤。

标定方法：吸取三份 20.00 ml 碘酸钾基准溶液（4.10）分别置于 250 ml 碘量瓶中，加 70 ml 新煮沸但已冷却的水，加 1 g 碘化钾，振摇至完全溶解后，加 10 ml 盐酸溶液（4.11），立即盖好瓶塞，摇匀。于暗处放置 5 min 后，用硫代硫酸钠标准溶液（4.12）滴定溶液至浅黄色，加 2 ml 淀粉溶液（4.9），继续滴定至蓝色刚好褪去为终点。硫代硫酸钠标准溶液浓度按式（1）计算：

$$c_1 = \frac{0.100\,0 \times 20.00}{V} \tag{1}$$

式中：c_1——硫代硫酸钠标准溶液浓度，mol/L；

V——滴定所耗硫代硫酸钠标准溶液的体积，ml。

4.13 硫代硫酸钠标准溶液，c($Na_2S_2O_3$)≈0.010 00 mol/L：取 50.0 ml 硫代硫酸钠贮备液（4.12）置于 500 ml 容量瓶中，用新煮沸但已冷却的水稀释至标线，摇匀。

4.14 乙二胺四乙酸二钠盐（EDTA-2Na）溶液，ρ(EDTA-2Na)=0.50 g/L：称取 0.25 g 乙二胺四乙酸二钠盐[$C_{10}H_{14}N_2Na_2O_8 \cdot 2H_2O$]溶于 500 ml 新煮沸但已冷却的水中。临用时现配。

4.15 亚硫酸钠溶液，ρ(Na_2SO_3)=1 g/L：称取 0.2 g 亚硫酸钠（Na_2SO_3），溶于 200 ml EDTA-2Na（4.14）溶液中，缓缓摇匀以防充氧，使其溶解。放置 2～3 h 后标定。此溶液每毫升相当于 320～400 μg 二氧化硫。

标定方法：

a. 取 6 个 250 ml 碘量瓶（A_1、A_2、A_3、B_1、B_2、B_3），在 A_1、A_2、A_3 内各加入 25 ml 乙二胺四乙酸二钠盐溶液（4.14），在 B_1、B_2、B_3 内各加入 25.00 ml 亚硫酸钠溶液（4.15），分别加入 50.0 ml 碘溶液（4.8）和 1.00 ml 冰乙酸，盖好瓶盖，摇匀。

b. 立即吸取 2.00 ml 亚硫酸钠溶液（4.15）加到一个已装有 40～50 ml 四氯汞钾吸收液（4.4）的 100 ml 容量瓶中，并用四氯汞钾吸收液（4.4）稀释至标线、摇匀。此溶液即为二氧化硫标准贮备溶液。

c. A_1、A_2、A_3、B_1、B_2、B_3 六个瓶子于暗处放置 5 min 后，用硫代硫酸钠溶液（4.13）滴定至浅

黄色，加 5 ml 淀粉指示剂（4.9），继续滴定至蓝色刚刚消失。平行滴定所用硫代硫酸钠溶液体积之差应不大于 0.05 ml。

二氧化硫标准贮备溶液（4.15 b）的质量浓度按式（2）计算：

$$\rho(SO_2)=\frac{(\bar{V}_0-\bar{V})\times c_2\times 32.02\times 10^3}{25.00}\times\frac{2.00}{100} \tag{2}$$

式中：$\rho(SO_2)$——二氧化硫标准贮备溶液（4.15 b）的质量浓度，μg/ml；

$\bar{V}_0$——空白滴定所用硫代硫酸钠溶液（4.13）体积的平均值，ml；

$\bar{V}$——样品滴定所用硫代硫酸钠溶液（4.13）体积的平均值，ml；

c_2——硫代硫酸钠溶液（4.13）的浓度，mol/L。

4.16 二氧化硫标准溶液，$\rho(SO_2)$=2.00 μg/ml：用四氯汞钾吸收液将二氧化硫标准贮备溶液（4.15 b）稀释成每毫升含 2.0 μg 二氧化硫的标准溶液。此溶液用于绘制标准曲线，在 4～5℃下冷藏，可稳定 20 d。

4.17 盐酸副玫瑰苯胺（pararosaniline，简称 PRA，即副品红或对品红）贮备液：ρ(PRA)=2 mg/ml。其纯度应达到副玫瑰苯胺提纯及检验方法的质量要求（见附录 A）。

4.18 磷酸溶液，$c(H_3PO_4)$=3 mol/L：量取 41 ml 85%浓磷酸（ρ=1.69 g/ml），用水稀释至 200 ml。

4.19 盐酸副玫瑰苯胺（PRA）使用液：ρ(PRA)=0.16 mg/ml。

吸取 PRA 贮备液（4.17）20.00 ml 于 250 ml 容量瓶中，加入 200 ml 磷酸溶液（4.18），用水稀释至标线。至少放置 24 h 方可使用，存于暗处，可稳定 9 个月。

5 仪器和设备

5.1 分光光度计（可见光波长 380～780 nm）。

5.2 多孔玻板吸收管：10 ml 多孔玻板吸收管，用于短时间采样；50 ml 多孔玻板吸收瓶，用于 24 h 连续采样。

5.3 恒温水浴器：0～40℃，控制精度为±1℃。

5.4 具塞比色管：10 ml。

用过的比色管和比色皿应及时用盐酸（1+4）和乙醇（95%）的混合溶液（二者体积比为 3∶1）浸洗，否则红色难以洗净。

5.5 空气采样器

用于短时间采样的空气采样器，流量范围 0.1～1 L/min。用于 24 h 连续采样的采样器应具备有恒温、恒流、计时、自动控制仪开关的功能，流量范围 0.1～0.5 L/min。

5.6 一般实验室常用仪器。

6 样品

6.1 短时间采样：用内装 5.0 ml 四氯汞钾吸收液（4.4）的多孔玻板吸收管，以 0.5 L/min 流量采气 10～30 L，吸收液温度保持在 10～16℃的范围。

6.2 连续 24 h 采样：用内装 50 ml 四氯汞钾吸收液（4.4）的多孔玻板吸收管，以 0.2 L/min 流量采气 288 L，吸收液温度保持在 10～16℃的范围。

6.3 现场空白：将装有吸收液的采样管带到采样现场，除了不采气之外，其他环境条件与样品相同。

7 分析步骤

7.1 标准曲线的绘制

取 8 支具塞比色管，按下表配制标准系列：

管　号	0	1	2	3	4	5	6	7
二氧化硫标准溶液（2.00 μg/ml）/ml	0	0.60	1.00	1.40	1.60	1.80	2.20	2.70
四氯汞钾吸收液/ml	5.00	4.40	4.00	3.60	3.40	3.20	2.80	2.30
二氧化硫含量/μg	0	1.20	2.00	2.80	3.20	3.60	4.40	5.40

各管中加入 0.50 ml 氨基磺酸铵溶液（4.6），摇匀。再加入 0.50 ml 甲醛溶液（4.5）及 1.50 ml 副玫瑰苯胺溶液（4.19），摇匀。当室温为 15～20℃，显色 30 min；室温为 20～25℃，显色 20 min；室温为 25～30℃，显色 15 min。用 10 mm 比色皿，在波长 575 nm 处，以水为参比测量吸光度。以空白校正后各管的吸光度为纵坐标，以二氧化硫的含量（μg）为横坐标，用最小二乘法建立校准曲线的回归方程。

7.2 样品测定

7.2.1 样品中若有混浊物，应离心分离除去；样品放置 20 min，以使臭氧分解。

7.2.2 将吸收管中的样品溶液全部移入比色管中，用少量水洗涤吸收管，并入比色管中，使总体积为 5 ml，加 0.50 ml 氨基磺酸铵溶液（4.6），摇匀，放置 10 min 以除去氮氧化物的干扰，以下步骤同标准曲线的绘制。

8 结果表示

空气中二氧化硫的质量浓度按式（3）计算：

$$\rho(SO_2)=\frac{(A-A_0-a)}{b\times V_s}\times\frac{V_t}{V_a} \tag{3}$$

式中：$\rho(SO_2)$——空气中二氧化硫的质量浓度，mg/m³；

A——样品溶液的吸光度；

A_0——试剂空白溶液的吸光度；

b——标准曲线的斜率；

a——标准曲线的截距，吸光度/μg；

V_t——样品溶液总体积，ml；

V_a——测定时所取样品溶液体积，ml；

V_s——换算成标准状态下（101.325 kPa，273.15 K）的采样体积，L。

计算结果应准确到小数点后第三位。

9 精密度和准确度

17 个实验室分析含相当于二氧化硫 0.9～1.2 μg/ml 的加标气样（用四氯汞钾吸收液采集大气样品后，加入二氧化硫标准溶液），单个实验室的相对标准偏差不超过 9.0%，加标回收率为 93%～111%。

18 个实验室分析含相当于二氧化硫 4.8～5.0 μg/ml 的加标气样，单个实验室的相对标准偏差不超过 6.6%，加标回收率为 94%～106%。

10 质量保证与质量控制

10.1 多孔玻板吸收管的阻力为 6.0 kPa±0.6 kPa，2/3 玻板面积发泡均匀，边缘无气泡逸出。

10.2 采样时吸收液的温度控制在 10～16℃。

10.3 每批样品至少测定两个现场空白。即将装有吸收液的采样管带到采样现场，除了不采气之外，其他环境条件与样品相同。在样品采集、运输及存放过程中应避免日光直接照射。如果样品不能当天分析，需在 4～5℃下保存，但存放时间不得超过 7 d。

10.4　当空气中二氧化硫浓度高于测定上限时，可以适当减少采样体积或者减少试料的体积。如果样品溶液的吸光度超过标准曲线的上限，可用试剂空白液稀释，在数分钟内再测定吸光度，但稀释倍数不要大于 6。

10.5　显色温度低，显色慢，稳定时间长。显色温度高，显色快，稳定时间短。操作人员必须了解显色温度、显色时间和稳定时间的关系，严格控制反应条件。测定样品时的温度与绘制校准曲线时的温度之差不应超过 2℃。

10.6　在给定条件下校准曲线斜率在 0.073～0.082，测定样品时的试剂空白吸光度 A_0 和绘制标准曲线时的 A_0 波动范围不超过±15%。

10.7　六价铬能使紫红色络合物褪色，产生负干扰，故应避免用硫酸-铬酸洗液洗涤玻璃器皿。若已用硫酸-铬酸洗液洗涤过，则需用盐酸溶液（1+1）浸洗，再用水充分洗涤。

11　废物处理

在检测后的四氯汞钾废液中，每升约加 10 g 碳酸钠至中性，再加 10 g 锌粒。在黑布罩下搅拌 24 h 后，将上清液倒入玻璃缸，滴加饱和硫化钠溶液，至不再产生沉淀为止。弃去溶液，将沉淀物转入适当容器里。此方法可以除去废液中 99%的汞。

附　录　A
（资料性附录）
盐酸副玫瑰苯胺提纯及检验方法

A.1　试剂

A.1.1　正丁醇

A.1.2　冰醋酸

A.1.3　盐酸溶液：$c(HCl)$=1 mol/L

A.1.4　乙酸-乙酸钠溶液：$c(CH_3COONa)$=1.0 mol/L

称取 13.6 g 乙酸钠（$CH_3COONa\cdot 3H_2O$）溶于水，移入 100 ml 容量瓶中，加 5.7 ml 冰醋酸，用水稀释至标线，摇匀。此溶液 pH 为 4.7。

A.2　试剂提纯方法

取正丁醇和 1 mol/L 盐酸溶液各 500 ml，放入 1 000 ml 分液漏斗中盖塞振摇 3 min，使其互溶达到平衡，静置 15 min，待完全分层后，将下层水相（盐酸溶液）和上层有机相（正丁醇）分别转入试剂瓶中备用。称取 0.100 g 副玫瑰苯胺放入小烧杯中，加入平衡过的 1 mol/L 盐酸溶液 40 ml，用玻璃棒搅拌至完全溶解后，转入 250 ml 分液漏斗中，再用平衡过的正丁醇 80 ml 分数次洗涤小烧杯，洗液并入分液漏斗中。盖塞，振摇 3 min，静止 15 min，待完全分层后，将下层水相转入另一个 250 ml 分液漏斗中，再加 80 ml 平衡过的正丁醇，按上述操作萃取。按此操作每次用 40 ml 平衡过的正丁醇重复萃取 9～10 次后，将下层水相滤入 50 ml 容量瓶中，并用 1 mol/L 盐酸溶液稀释至标线，摇匀。此 PRA 贮备液约为 0.20%，呈橘黄色。

A.3　副玫瑰苯胺贮备液的检验方法

吸取 1.00 ml 副玫瑰苯胺贮备液于 100 ml 容量瓶中，用水稀释至标线，摇匀。取稀释液 5.00 ml 于 50 ml 容量瓶中，加 5.00 ml 乙酸-乙酸钠溶液（A.1.4）用水稀释至标线，摇匀，1 h 后测量光谱吸收曲线，在波长 540 nm 处有最大吸收峰。

附加说明：

自本标准实施之日起，原国家环境保护局 1988 年 3 月 26 日批准、发布的国家环境保护标准《空气质量　二氧化硫的测定　四氯汞盐-盐酸副玫瑰苯胺比色法》（GB 8970—88）废止。

本标准由环境保护部科技标准司组织制订。

本标准主要起草单位：沈阳市环境监测中心站。

本标准环境保护部 2009 年 9 月 27 日批准。

本标准自 2009 年 11 月 1 日起实施。

本标准由环境保护部解释。

中华人民共和国国家环境保护标准

环境空气　二氧化硫的测定 甲醛吸收-副玫瑰苯胺分光光度法

HJ 482—2009
代替 GB/T 15262—94

Ambient air—Determination of sulfur dioxide—Formaldehyde absorbing-pararosaniline spectrophotometry

2009-09-27 发布　　　　2009-11-01 实施

1　适用范围

本标准规定了测定环境空气中二氧化硫的甲醛吸收-副玫瑰苯胺分光光度法。

本标准适用于环境空气中二氧化硫的测定。

当使用 10 ml 吸收液，采样体积为 30 L 时，测定空气中二氧化硫的检出限为 0.007 mg/m^3，测定下限为 0.028 mg/m^3，测定上限为 0.667 mg/m^3。

当使用 50 ml 吸收液，采样体积为 288 L，试份为 10 ml 时，测定空气中二氧化硫的检出限为 0.004 mg/m^3，测定下限为 0.014 mg/m^3，测定上限为 0.347 mg/m^3。

2　方法原理

二氧化硫被甲醛缓冲溶液吸收后，生成稳定的羟甲基磺酸加成化合物，在样品溶液中加入氢氧化钠使加成化合物分解，释放出的二氧化硫与副玫瑰苯胺、甲醛作用，生成紫红色化合物，用分光光度计在波长 577 nm 处测量吸光度。

3　干扰及消除

本标准的主要干扰物为氮氧化物、臭氧及某些重金属元素。采样后放置一段时间可使臭氧自行分解；加入氨磺酸钠溶液可消除氮氧化物的干扰；吸收液中加入磷酸及环己二胺四乙酸二钠盐可以消除或减少某些金属离子的干扰。10 ml 样品溶液中含有 50 μg 钙、镁、铁、镍、镉、铜等金属离子及 5 μg 二价锰离子时，对本方法测定不产生干扰。当 10 ml 样品溶液中含有 10 μg 二价锰离子时，可使样品的吸光度降低 27%。

4　试剂和材料

除非另有说明，分析时均使用符合国家标准的分析纯试剂，实验用水为新制备的蒸馏水或同等纯度的水。

4.1　碘酸钾（KIO_3），优级纯，经 110℃干燥 2 h。

4.2　氢氧化钠溶液，c（NaOH）=1.5 mol/L：称取 6.0 g NaOH，溶于 100 ml 水中。

4.3　环己二胺四乙酸二钠溶液，c(CDTA-2Na)=0.05 mol/L：称取 1.82 g 反式 1,2-环己二胺四乙酸

[（*trans*-1,2-cyclohexylenedinitrilo）tetraacetic acid，简称 CDTA]，加入氢氧化钠溶液（4.2）6.5 ml，用水稀释至 100 ml。

4.4 甲醛缓冲吸收贮备液：吸取 36%～38%的甲醛溶液 5.5 ml，CDTA-2Na 溶液（4.3）20.00 ml；称取 2.04 g 邻苯二甲酸氢钾，溶于少量水中；将三种溶液合并，再用水稀释至 100 ml，贮于冰箱可保存 1 年。

4.5 甲醛缓冲吸收液：用水将甲醛缓冲吸收贮备液（4.4）稀释 100 倍。临用时现配。

4.6 氨磺酸钠溶液，$\rho(NaH_2NSO_3)$=6.0 g/L：称取 0.60 g 氨磺酸[H_2NSO_3H]置于 100 ml 烧杯中，加入 4.0 ml 氢氧化钠（4.2），用水搅拌至完全溶解后稀释至 100 ml，摇匀。此溶液密封可保存 10 d。

4.7 碘贮备液，$c(1/2I_2)$=0.10 mol/L：称取 12.7 g 碘（I_2）于烧杯中，加入 40 g 碘化钾和 25 ml 水，搅拌至完全溶解，用水稀释至 1 000 ml，贮存于棕色细口瓶中。

4.8 碘溶液，$c(1/2I_2)$=0.010 mol/L：量取碘贮备液（4.7）50 ml，用水稀释至 500 ml，贮于棕色细口瓶中。

4.9 淀粉溶液，ρ（淀粉）=5.0 g/L：称取 0.5 g 可溶性淀粉于 150 ml 烧杯中，用少量水调成糊状，慢慢倒入 100 ml 沸水，继续煮沸至溶液澄清，冷却后贮于试剂瓶中。

4.10 碘酸钾基准溶液，$c(1/6KIO_3)$=0.100 0 mol/L：准确称取 3.566 7 g 碘酸钾（4.1）溶于水，移入 1 000 ml 容量瓶中，用水稀至标线，摇匀。

4.11 盐酸溶液，$c(HCl)$=1.2 mol/L：量取 100 ml 浓盐酸，加到 900 ml 水中。

4.12 硫代硫酸钠标准贮备液，$c(Na_2S_2O_3)$=0.10 mol/L：称取 25.0 g 硫代硫酸钠（$Na_2S_2O_3 \cdot 5H_2O$），溶于 1 000 ml 新煮沸但已冷却的水中，加入 0.2 g 无水碳酸钠，贮于棕色细口瓶中，放置一周后备用。如溶液呈现混浊，必须过滤。

标定方法：吸取三份 20.00 ml 碘酸钾基准溶液（4.10）分别置于 250 ml 碘量瓶中，加 70 ml 新煮沸但已冷却的水，加 1g 碘化钾，振摇至完全溶解后，加 10 ml 盐酸溶液（4.11），立即盖好瓶塞，摇匀。于暗处放置 5 min 后，用硫代硫酸钠标准溶液（4.12）滴定溶液至浅黄色，加 2 ml 淀粉溶液（4.9），继续滴定至蓝色刚好褪去为终点。硫代硫酸钠标准溶液的浓度按式（1）计算：

$$c_1=\frac{0.100\,0\times 20.00}{V} \tag{1}$$

式中：c_1——硫代硫酸钠标准溶液的浓度，mol/L；

V——滴定所耗硫代硫酸钠标准溶液的体积，ml。

4.13 硫代硫酸钠标准溶液，$c(Na_2S_2O_3)\approx$0.010 00 mol/L：取 50.0 ml 硫代硫酸钠贮备液（4.12）置于 500 ml 容量瓶中，用新煮沸但已冷却的水稀释至标线，摇匀。

4.14 乙二胺四乙酸二钠盐（EDTA-2Na）溶液，ρ(EDTA-2Na)=0.50 g/L：称取 0.25 g 乙二胺四乙酸二钠盐[$C_{10}H_{14}N_2O_8Na_2 \cdot 2H_2O$]溶于 500 ml 新煮沸但已冷却的水中。临用时现配。

4.15 亚硫酸钠溶液，$\rho(Na_2SO_3)$ =1 g/L：称取 0.2 g 亚硫酸钠（Na_2SO_3），溶于 200 ml EDTA-2Na（4.14）溶液中，缓缓摇匀以防充氧，使其溶解。放置 2～3 h 后标定。此溶液每毫升相当于 320～400 μg 二氧化硫。

标定方法：

a. 取 6 个 250 ml 碘量瓶（A_1、A_2、A_3、B_1、B_2、B_3），在 A_1、A_2、A_3 内各加入 25 ml 乙二胺四乙酸二钠盐溶液（4.14），在 B_1、B_2、B_3 内加入 25.00 ml 亚硫酸钠溶液（4.15），分别加入 50.0 ml 碘溶液（4.8）和 1.00 ml 冰乙酸，盖好瓶盖，摇匀。

b. 立即吸取 2.00 ml 亚硫酸钠溶液（4.15）加到一个已装有 40～50 ml 甲醛吸收液（4.4）的 100 ml 容量瓶中，并用甲醛吸收液（4.4）稀释至标线、摇匀。此溶液即为二氧化硫标准贮备溶液，在 4～5℃下冷藏，可稳定 6 个月。

c. A_1、A_2、A_3、B_1、B_2、B_3 六个瓶子于暗处放置 5 min 后，用硫代硫酸钠溶液（4.13）滴定至浅

黄色，加 5 ml 淀粉指示剂（4.9），继续滴定至蓝色刚刚消失。平行滴定所用硫代硫酸钠溶液的体积之差应不大于 0.05 ml。

二氧化硫标准贮备溶液（4.15 b）的质量浓度由式（2）计算：

$$\rho(SO_2)=\frac{(\overline{V}_0-\overline{V})\times c_2\times 32.02\times 10^3}{25.00}\times\frac{2.00}{100} \quad (2)$$

式中：$\rho(SO_2)$——二氧化硫标准贮备溶液的质量浓度，μg/ml；

$\overline{V}_0$——空白滴定所用硫代硫酸钠溶液（4.13）的体积，ml；

$\overline{V}$——样品滴定所用硫代硫酸钠溶液（4.13）的体积，ml；

c_2——硫代硫酸钠溶液（4.13）的浓度，mol/L。

4.16 二氧化硫标准溶液，$\rho(SO_2)$= 1.00 μg/ml：用甲醛吸收液（4.5）将二氧化硫标准贮备溶液（4.15 b）稀释成每毫升含 1.0 μg 二氧化硫的标准溶液。此溶液用于绘制标准曲线，在 4～5℃下冷藏，可稳定 1 个月。

4.17 盐酸副玫瑰苯胺（pararosaniline，简称 PRA，即副品红或对品红）贮备液：ρ(PRA)=2.0 g/L。其纯度应达到副玫瑰苯胺提纯及检验方法的质量要求（见附录 A）。

4.18 盐酸副玫瑰苯胺溶液，ρ(PRA)=0.50 g/L：吸取 25.00 ml 副玫瑰苯胺贮备液（4.17）于 100 ml 容量瓶中，加 30 ml 85%的浓磷酸，12 ml 浓盐酸，用水稀释至标线，摇匀，放置过夜后使用。避光密封保存。

4.19 盐酸-乙醇清洗液：由三份（1+4）盐酸和一份 95%乙醇混合配制而成，用于清洗比色管和比色皿。

5 仪器和设备

5.1 分光光度计。

5.2 多孔玻板吸收管：10 ml 多孔玻板吸收管，用于短时间采样；50 ml 多孔玻板吸收管，用于 24 h 连续采样。

5.3 恒温水浴：0～40℃，控制精度为±1℃。

5.4 具塞比色管：10 ml。

用过的比色管和比色皿应及时用盐酸-乙醇清洗液（4.19）浸洗，否则红色难以洗净。

5.5 空气采样器：用于短时间采样的普通空气采样器，流量范围 0.1～1 L/min，应具有保温装置。用于 24 h 连续采样的采样器应具备有恒温、恒流、计时、自动控制开关的功能，流量范围 0.1～0.5 L/min。

5.6 一般实验室常用仪器。

6 样品采集与保存

6.1 短时间采样：采用内装 10 ml 吸收液的多孔玻板吸收管，以 0.5 L/min 的流量采气 45～60 min。吸收液温度保持在 23～29℃的范围。

6.2 24 h 连续采样：用内装 50 ml 吸收液的多孔玻板吸收瓶，以 0.2 L/min 的流量连续采样 24 h。吸收液温度保持在 23～29℃的范围。

6.3 现场空白：将装有吸收液的采样管带到采样现场，除了不采气之外，其他环境条件与样品相同。

注 1：样品采集、运输和贮存过程中应避免阳光照射。

注 2：放置在室（亭）内的 24 h 连续采样器，进气口应连接符合要求的空气质量集中采样管路系统，以减少二氧化硫进入吸收瓶前的损失。

7 分析步骤

7.1 校准曲线的绘制

取 16 支 10 ml 具塞比色管，分 A、B 两组，每组 7 支，分别对应编号。A 组按表 1 配制校准系列。

表 1 二氧化硫校准系列

管 号	0	1	2	3	4	5	6
二氧化硫标准溶液（1.00 μg/ml）/ml	0	0.50	1.00	2.00	5.00	8.00	10.00
甲醛缓冲吸收液/ml	10.00	9.50	9.00	8.00	5.00	2.00	0
二氧化硫含量/μg	0	0.50	1.00	2.00	5.00	8.00	10.00

在 A 组各管中分别加入 0.5 ml 氨磺酸钠溶液（4.6）和 0.5 ml 氢氧化钠溶液（4.2），混匀。

在 B 组各管中分别加入 1.00 ml PRA 溶液（4.18）。

将 A 组各管的溶液迅速地全部倒入对应编号并盛有 PRA 溶液的 B 管中，立即加塞混匀后放入恒温水浴装置中显色。在波长 577 nm 处，用 10 mm 比色皿，以水为参比测量吸光度。以空白校正后各管的吸光度为纵坐标，以二氧化硫的含量（μg）为横坐标，用最小二乘法建立校准曲线的回归方程。

显色温度与室温之差不应超过 3℃。根据季节和环境条件按表 2 选择合适的显色温度与显色时间。

表 2 显色温度与显色时间

显色温度/℃	10	15	20	25	30
显色时间/min	40	25	20	15	5
稳定时间/min	35	25	20	15	10
试剂空白吸光度 A_0	0.030	0.035	0.040	0.050	0.060

7.2 样品测定

7.2.1 样品溶液中如有混浊物，则应离心分离除去。

7.2.2 样品放置 20 min，以使臭氧分解。

7.2.3 短时间采集的样品：将吸收管中的样品溶液移入 10 ml 比色管中，用少量甲醛吸收液（4.5）洗涤吸收管，洗液并入比色管中并稀释至标线。加入 0.5 ml 氨磺酸钠溶液（4.6），混匀，放置 10 min 以除去氮氧化物的干扰。以下步骤同校准曲线的绘制。

7.2.4 连续 24 h 采集的样品：将吸收瓶中样品移入 50 ml 容量瓶（或比色管）中，用少量甲醛吸收液（4.5）洗涤吸收瓶后再倒入容量瓶（或比色管）中，并用吸收液（4.5）稀释至标线。吸取适当体积的试样（视浓度高低而决定取 2～10 ml）于 10 ml 比色管中，再用吸收液（4.5）稀释至标线，加入 0.5 ml 氨磺酸钠溶液（4.6），混匀，放置 10 min 以除去氮氧化物的干扰，以下步骤同校准曲线的绘制。

8 结果表示

空气中二氧化硫的质量浓度，按式（3）计算：

$$\rho(SO_2)=\frac{(A-A_0-a)}{b\times V_s}\times\frac{V_t}{V_a} \quad (3)$$

式中：$\rho(SO_2)$——空气中二氧化硫的质量浓度，mg/m^3；

A——样品溶液的吸光度；

A_0——试剂空白溶液的吸光度；

b——校准曲线的斜率，吸光度/μg；

a——校准曲线的截距（一般要求小于 0.005）；

V_t——样品溶液的总体积，ml；

V_a——测定时所取试样的体积，ml；

V_s——换算成标准状态下（101.325 kPa，273.15 K）的采样体积，L。

计算结果准确到小数点后三位。

9 精密度和准确度

9.1 精密度

10 个实验室测定浓度为 0.101 μg/ml 的二氧化硫统一标准样品，重复性相对标准偏差小于 3.5%，再现性相对标准偏差小于 6.2%。

10 个实验室测定浓度为 0.515 μg/ml 的二氧化硫统一标准样品，重复性相对标准偏差小于 1.4%，再现性相对标准偏差小于 3.8%。

9.2 准确度

测量 105 个浓度范围在 0.01～1.70 μg/ml 的实际样品，加标回收率范围在 96.8%～108.2%。

10 质量保证和质量控制

10.1 多孔玻板吸收管的阻力为 6.0 kPa±0.6 kPa，2/3 玻板面积发泡均匀，边缘无气泡逸出。

10.2 采样时吸收液的温度在 23～29℃时，吸收效率为 100%。10～15℃时，吸收效率偏低 5%。高于 33℃或低于 9℃时，吸收效率偏低 10%。

10.3 每批样品至少测定两个现场空白。即将装有吸收液的采样管带到采样现场，除了不采气之外，其他环境条件与样品相同。

10.4 当空气中二氧化硫浓度高于测定上限时，可以适当减少采样体积或者减少试料的体积。

10.5 如果样品溶液的吸光度超过标准曲线的上限，可用试剂空白液稀释，在数分钟内再测定吸光度，但稀释倍数不要大于 6。

10.6 显色温度低，显色慢，稳定时间长。显色温度高，显色快，稳定时间短。操作人员必须了解显色温度、显色时间和稳定时间的关系，严格控制反应条件。

10.7 测定样品时的温度与绘制校准曲线时的温度之差不应超过 2℃。

10.8 在给定条件下校准曲线斜率应为 0.042±0.004，测定样品时的试剂空白吸光度 A_0 和绘制标准曲线时的 A_0 波动范围不超过±15%。

10.9 六价铬能使紫红色络合物褪色，产生负干扰，故应避免用硫酸-铬酸洗液洗涤玻璃器皿。若已用硫酸-铬酸洗液洗涤过，则需用盐酸溶液（1+1）浸洗，再用水充分洗涤。

附 录 A
（资料性附录）
副玫瑰苯胺提纯及检验方法

A.1 试剂

A.1.1 正丁醇

A.1.2 冰醋酸

A.1.3 盐酸溶液：$c(HCl)$=1 mol/L

A.1.4 乙酸-乙酸钠溶液：$c(CH_3COONa)$=1.0 mol/L

称取 13.6 g 乙酸钠（$CH_3COONa \cdot 3H_2O$）溶于水，移入 100 ml 容量瓶中，加 5.7 ml 冰醋酸，用水稀释至标线，摇匀。此溶液 pH 为 4.7。

A.2 试剂提纯方法

取正丁醇和 1 mol/L 盐酸溶液各 500 ml，放入 1 000 ml 分液漏斗中盖塞振摇 3 min，使其互溶达到平衡，静置 15 min，待完全分层后，将下层水相（盐酸溶液）和上层有机相（正丁醇）分别转入试剂瓶中备用。称取 0.100 g 副玫瑰苯胺放入小烧杯中，加入平衡过的 1 mol/L 盐酸溶液 40 ml，用玻璃棒搅拌至完全溶解后，转入 250 ml 分液漏斗中，再用平衡过的正丁醇 80 ml 分数次洗涤小烧杯，洗液并入分液漏斗中。盖塞，振摇 3 min，静止 15 min，待完全分层后，将下层水相转入另一个 250 ml 分液漏斗中，再加 80 ml 平衡过的正丁醇，按上述操作萃取。按此操作每次用 40 ml 平衡过的正丁醇重复萃取 9～10 次后，将下层水相滤入 50 ml 容量瓶中，并用 1 mol/L 盐酸溶液稀释至标线，摇匀。此 PRA 贮备液约为 0.20%，呈橘黄色。

A.3 副玫瑰苯胺贮备液的检验方法

吸取 1.00 ml 副玫瑰苯胺贮备液于 100 ml 容量瓶中，用水稀释至标线，摇匀。取稀释液 5.00 ml 于 50 ml 容量瓶中，加 5.00 ml 乙酸-乙酸钠溶液（A.1.4）用水稀释至标线，摇匀，1 h 后测量光谱吸收曲线，在波长 540 nm 处有最大吸收峰。

附加说明：

本标准自实施之日起，原国家环境保护局 1994 年 10 月 26 日批准、发布的国家环境保护标准《环境空气 二氧化硫的测定 甲醛吸收-副玫瑰苯胺分光光度法》（GB/T 15262—94）废止。

本标准由环境保护部科技标准司组织制订。

本标准主要起草单位：沈阳市环境监测中心站。

本标准环境保护部 2009 年 9 月 27 日批准。

本标准自 2009 年 11 月 1 日起实施。

本标准由环境保护部解释。

中华人民共和国国家环境保护标准

环境空气　氟化物的测定 石灰滤纸采样氟离子选择电极法

HJ 481—2009
代替 GB/T 15433—1995

Ambient air—Determination of the fluoride—Lime-paper sampling followed by fluorine ion-selective electrode method

2009-09-27 发布　　2009-11-01 实施

1　适用范围

本标准规定了测定环境空气中氟化物的石灰滤纸采集氟离子选择电极法（简称 LTP 法）。

本标准适用于环境空气中氟化物长期平均污染水平的测定。

当采样时间为一个月时，方法的测定下限为 0.18 μg/（dm^2・d）。

2　规范性引用文件

本标准内容引用了下列文件中的条款，凡是不注明日期的引用文件，其最新有效版本适用于本标准。

GB 7484　水质　氟化物的测定　离子选择电极法

3　方法原理

空气中的氟化物（氟化氢、四氟化硅等）与浸渍在滤纸上的氢氧化钙反应而被固定。用总离子强度调节缓冲液浸提后，以氟离子选择电极法测定，获得石灰滤纸上氟化物的含量。测定结果反映的是放置期间空气中氟化物的平均污染水平。

4　试剂和材料

本标准所用试剂除非另有说明，分析时均使用符合国家标准的分析纯化学试剂，实验用水为新制备的去离子水或蒸馏水。

4.1　高氯酸：72%，优级纯。

4.2　氢氧化钠溶液 $c(NaOH)$=2.5 mol/L：称取 100.0 g 优级纯氢氧化钠，溶于水，冷却后稀释至 1 000 ml。

4.3　氢氧化钠溶液 $c(NaOH)$=5.0 mol/L：称取 100.0 g 优级纯氢氧化钠，溶于水，冷却后稀释至 500 ml。

4.4　石灰悬浊液的制备：称取 56 g 氧化钙，加 250 ml 水，在搅拌下缓慢加入高氯酸（4.1）250 ml，加热至产生白烟。冷却后再加水 200 ml，加热蒸发至产生白烟，重复三次，如有沉淀物，用玻璃砂芯漏斗（G3）过滤。在搅拌下向所得透明滤液加入氢氧化钠溶液（4.2）1 000 ml，得到氢氧化钙悬浊液。静置沉降后，倾出上清液，再用水重复洗涤 5～6 次，最后加水至 5 000 ml，质量分数约为 1%，密闭保存，用时摇匀。

4.5 总离子强度调节缓冲溶液（TISAB）

4.5.1 总离子强度调节缓冲溶液（TISAB Ⅰ）：称取 58.0 g 氯化钠，10.0 g 柠檬酸钠，量取冰乙酸 50 ml，加水 500 ml。溶解后，加氢氧化钠溶液（4.3）135 ml，调节溶液 pH 值为 5.2，加水定容至 1 000 ml，摇匀。

4.5.2 总离子强度调节缓冲溶液（TISAB Ⅱ）：称取 142 g 六次甲基四胺（$(CH_2)_6N_4$）、85 g 硝酸钾（KNO_3）和 9.97 g 钛铁试剂（$C_6H_4Na_2O_8S_2 \cdot H_2O$），加适量水溶解，调节 pH 至 5～6，转移到 1 000 ml 容量瓶中，用水稀释至标线，摇匀。

溶液的配制可不局限于此，还可参考 GB 7484 中总离子强度调节缓冲溶液的配制方法。

注：当试样成分复杂，偏酸（pH≈2）或者偏碱（pH≈12），可用 TISAB Ⅱ 配方。

4.6 氟化钠标准贮备溶液 ρ (NaF)=1 000 μg/ml：称取 0.221 0 g 氟化钠（优级纯，于 110℃烘干 2 h 放在干燥器中冷却至室温），溶解于水中，移入 100 ml 容量瓶。用水定容至标线，摇匀。贮于聚乙烯瓶中，在冰箱中保存。临用时取出，放至室温备用。

4.7 氟化钠标准溶液：将氟化钠标准贮备溶液（4.6）用水稀释成 2.5、5.0、10.0、25.0、50.0、100.0 μg/ml 的标准溶液，临用现配。上述试剂溶液均应贮于聚乙烯塑料瓶中。

4.8 定性滤纸：直径 12.5 cm。

4.9 石灰滤纸：用两个大培养皿（直径约 15 cm）各放入少量石灰悬浊液，将直径 12.5 cm 定性滤纸（4.8）放入第一个培养皿中浸透、沥干，再放在第二个培养皿中浸透、沥干（浸渍 5～6 张滤纸后，换新的石灰悬浊液），然后摊放在大张干净、无氟的定性滤纸上，于 60～70℃烘干，装入塑料盒（袋）中，密封好放入干燥器中备用（干燥器中不加干燥剂）。

5 仪器和设备

5.1 采样装置

a．采样盒：外径 130 mm，内径 126 mm，高 25 mm（不包括盖）的平底塑料盒，具盖。盒内具有塑料环状垫圈（外径 125 mm，内径 110 mm）和固定滤纸片用的塑料焊条（或弹簧圈）。

b．防雨罩：采用盆口直径 300 mm、高 90 mm 的防雨罩，盆底用铁皮焊一个直径 130 mm、高 35 mm 的圈，用于安装采样盒。

采样装置见图 1。图中尺寸单位为 mm。

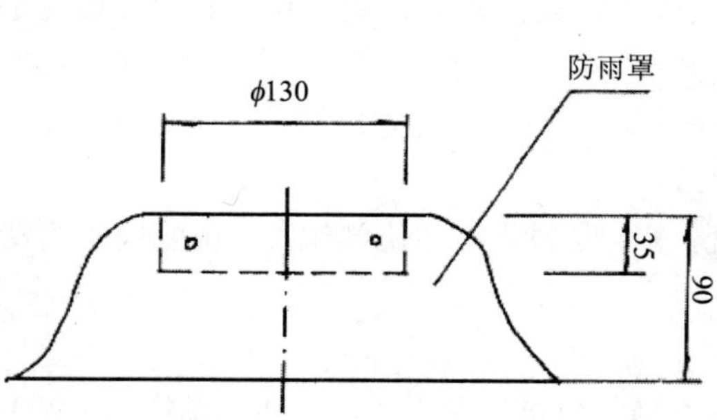

a. 防雨罩侧视图

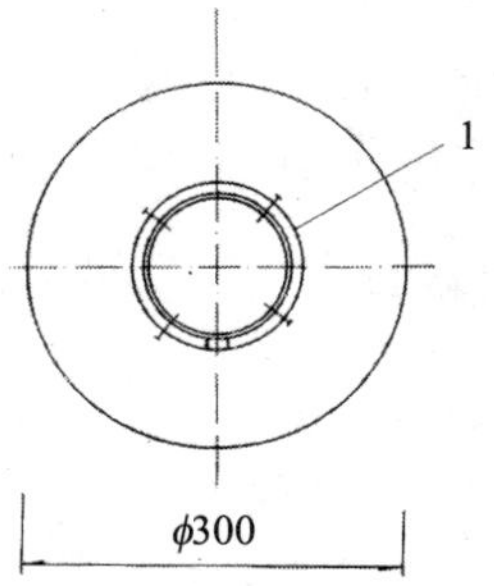

1—固定采样盒的铁皮圈（直径为 130 mm）

b. 防雨罩仰视图

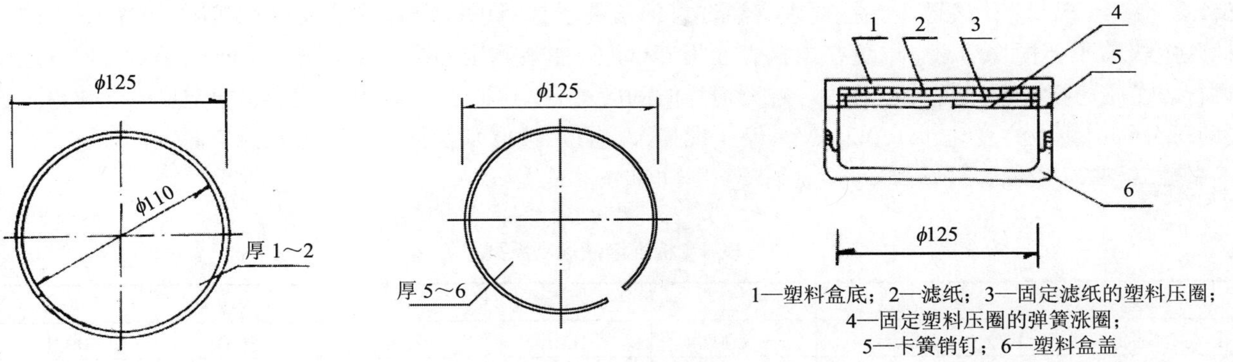

c. 塑料压圈　　d. 卡簧（弹簧涨图）　　e. 组装好的采样盒剖面图

图 1 采样装置图

5.2 离子活度计或精密酸度计：分辨率为 0.1 mV。

5.3 氟离子选择电极：

（1）测量氟离子浓度范围：10^{-5}～10^{-1} mol/L。

（2）测定曲线斜率：在 t℃下，为（54+0.2t）mV。

5.4 甘汞电极：盐桥溶液为饱和氯化钾。

5.5 磁力搅拌器：具聚乙烯包裹的搅拌子。

5.6 小型超声波清洗器。

5.7 聚乙烯塑料杯：100 ml。

5.8 聚乙烯塑料瓶：100、1 000 ml。

6 干扰及消除

浸渍液中有 Si^{4+}、Fe^{3+}、Al^{3+}存在，质量浓度不超过 20 mg/L 时，产生的干扰可采用加入总离子强度调节缓冲液来消除。

7 样品

取一张石灰滤纸，平铺在平底塑料采样盒底部，用环状塑料卡圈压好滤纸边，再用具有弹性的塑料焊条或卡簧沿盒边压紧（盒上可安装铆钉卡住焊条）。将滤纸牢牢地固定，盖好盖，携至采样点。

采样点之间距离一般为 1 km 左右，距污染源近时，采样点之间距离可缩小，远离污染源的采样点之间距离可加大。采样点应设在较空旷的地方，避开局部小污染源（如烟囱等）。采样装置可固定在离地面 3.5～4 m 的采样架上；在建筑物密集的地方，可安装在楼顶，与基础面相对高度应大于 1.5 m。

采样时，将装好石灰滤纸的采样盒的盒盖取下，装入采样防雨罩的底部铁圈内，固定好，使石灰滤纸面向下，暴露在空气中，采样时间为 7 d 到一个月。做好采样记录[记录放样品地点、样品编号及放样、取样时间（月、日、时）等]。收取样品时，从防雨罩取出采样盒，加盖密封，带回实验室。

采集后的样品贮存在实验室空干燥器内，在 40 d 内分析。

8 分析步骤

8.1 校准曲线的绘制

8.1.1 取 6 个 100 ml 聚乙烯塑料杯，按表 1 加入配制的标准系列，也可根据实际样品浓度配制。不得少于 6 个点。分别取 2.00 ml 六种标准使用液（4.7），依次加入 TISAB 溶液 25.00 ml、水 23.00 ml，氟离子含量依次为 5.0、10、20、50、100、200 μg。

8.1.2 将离子活度计接通，并按要求将清洗好的氟离子选择电极及甘汞电极插入制备好的待测液中。插入电极前不要搅拌溶液，以免在电极表面附着气泡，影响测定的准确度。测定从低浓度到高浓度逐个进行。在磁力搅拌器上搅拌数分钟，磁力搅拌时间应一致，并且搅拌速度要适中、稳定。待读数稳定后（即每分钟电极电位变化小于 0.2 mV）停止搅拌，静置后读取毫伏值，同时记录测定时的温度。

注：溶液温度控制在 15～35℃，保证氟离子选择电极正常工作。

表 1 标准溶液配制系列

杯 号	1	2	3	4	5	6
F^-标准溶液/（μg/ml）	2.50	5.00	10.0	25.0	50.0	100.0
标准溶液量/ml	2.00	2.00	2.00	2.00	2.00	2.00
TISAB 溶液/ml	25.00	25.00	25.00	25.00	25.00	25.00
水/ml	23.00	23.00	23.00	23.00	23.00	23.00
F^-含量/μg	5.00	10.0	20.0	50.0	100	200

8.1.3 以氟含量的对数及其对应的毫伏值进行直线回归，要求相关系数 r 的绝对值大于 0.999，斜率符合（$54+0.2t$）mV；或在半对数坐标纸上，以对数坐标表示氟含量（μg），以等距坐标表示毫伏值，绘制校准曲线。

8.2 空白试验

空白值的不稳定会直接影响测定结果的准确性，每批石灰滤纸都应做空白试验。

抽取 4～5 张未采样的石灰滤纸，剪成小碎块（约为 5 mm×5 mm），放入 100 ml 聚乙烯塑料杯中，加入 10.0 μg/ml 的氟化钠标准溶液 0.50 ml，依次加入 TISAB 溶液 25.00 ml、水 24.50 ml，按 8.1.2 读取毫伏值，根据回归方程计算氟含量或从标准曲线上查得氟含量，空白石灰滤纸的氟含量为测定值（μg）减去加入的标准氟含量 5 μg。取其平均值为空白石灰滤纸的氟含量（每张空白石灰滤纸的氟含量不应超过 1 μg）。

8.3 试样的制备

取出石灰滤纸样品，剪成小碎块（约为 5 mm×5 mm），放入 100 ml 聚乙烯塑料杯中，加 25.00 ml TISAB 缓冲液（4.5）及 25.00 ml 水，在超声波清洗器中提取 30 min，取出放置过夜（加盖，防止放置时污染），待测。

8.4 样品测定

处理好的试样测定方法与绘制校准曲线相同。读取毫伏值后，根据回归方程式计算氟含量或从校准曲线上查得氟含量。

样品测定应与校准曲线绘制同时进行，测定样品时的温度与绘制校准曲线时的温度之差不应超过±2℃。

9 结果表示

空气中氟化物的含量$\rho(F^-)$按式（1）计算：

$$\rho(F^-)=\frac{W-W_0}{S\times n} \tag{1}$$

式中：$\rho(F^-)$——空气中氟化物的含量，μg/（dm^2·d）；

W——按 8.3 测得的石灰滤纸样品的氟含量，μg；

W_0——按 8.2 测得的空白石灰滤纸平均氟含量，μg；

S——样品滤纸暴露在空气中的面积，dm^2；

n——样品滤纸在空气中放置天数，d，应准确至 0.1 d。

所得结果用 3 位有效数字表示。

10　精密度和准确度

10.1　精密度

五个实验室在不同地点采集大气环境样品，每个实验室每批采集 5 个平行样，共取得 31 批样品，测定均值范围为 2.81～192 μg/（dm^2・d），平均变异系数为 5.5%，最大为 16.6%。

10.2　准确度

五个实验室测定统一制备的含氟 50.0 μg 石灰滤纸样品，相对误差为 0.23%。

11　注意事项

不得用手指触摸电极的膜表面，为了保护电极，试样中氟的测定浓度不要大于 40 mg/L。如果电极的膜表面被有机物等沾污，必须先清洗干净后才能使用。清洗可用甲醇、丙酮等有机试剂，亦可用洗涤剂。例如，可先将电极浸入温热的稀洗涤剂（1 份洗涤剂加 9 份水），保持 3～5 min。可放入另一份稀洗涤剂中。然后用水冲洗，在（1+1）的盐酸中浸 30 s，最后用水冲洗干净，用滤纸吸去水分。

附加说明：

自本标准实施之日起，原国家环境保护局 1995 年 3 月 25 日批准、发布的国家环境保护标准《环境空气　氟化物的测定　石灰滤纸・氟离子选择电极法》（GB/T 15433—1995）废止。

本标准由环境保护部科技标准司组织制订。

本标准起草单位：沈阳市环境监测中心站。

本标准环境保护部 2009 年 9 月 27 日批准。

本标准自 2009 年 11 月 1 日起实施。

本标准由环境保护部解释。

中华人民共和国国家环境保护标准

环境空气　氟化物的测定 滤膜采样氟离子选择电极法

HJ 480—2009
代替 GB/T 15434—1995

Ambient air—Determination of the fluoride—Filter sampling followed by fluorine ion-selective electrode method

2009-09-27 发布　　　　2009-11-01 实施

1　适用范围

本标准规定了测定环境空气中氟化物的滤膜采集、氟离子选择电极法。

本标准适用于环境空气中氟化物的小时浓度和日平均浓度的测定。

当采样体积为 6 m^3 时，测定下限为 0.9 $\mu g/m^3$。

2　规范性引用文件

本标准内容引用了下列文件中的条款，凡是不注明日期的引用文件，其最新有效版本适用于本标准。

GB 7484　水质　氟化物的测定　离子选择电极法

HJ/T 194　环境空气质量手工监测技术规范

3　术语和定义

下列术语和定义适用于本标准。

氟化物　fluoride

指空气中存在的气态氟化物及溶于盐酸溶液[c(HCl)=0.25 mol/L]的颗粒态氟化物。

4　方法原理

已知体积的空气通过磷酸氢二钾浸渍的滤膜时，氟化物被固定或阻留在滤膜上，滤膜上的氟化物用盐酸溶液浸溶后，用氟离子选择电极法测定。

5　试剂和材料

本标准所用试剂除非另有说明，分析时均使用符合国家标准的分析纯化学试剂，实验用水为新制备的去离子水或蒸馏水。

5.1　盐酸溶液 c(HCl)=2.5 mol/L：取 1 000 ml 水，加入 20.8 ml 盐酸（优级纯，ρ=1.18 g/ml），搅拌均匀。

5.2　氢氧化钠溶液 c(NaOH)=1.0 mol/L：称取 40.0 g 优级纯氢氧化钠，溶于水，冷却后稀释至 1 000 ml。

5.3　氢氧化钠溶液 c(NaOH)=5.0 mol/L：称取 100.0 g 优级纯氢氧化钠，溶于水，冷却后稀释至 500 ml。

5.4　磷酸氢二钾浸渍液：称取 76.0 g 磷酸氢二钾（$K_2HPO_4 \cdot 3H_2O$）溶于水，移入 1 000 ml 容量瓶中，用水定容至标线，摇匀。

5.5　总离子强度调节缓冲溶液（TISAB）

5.5.1 总离子强度调节缓冲溶液（TISAB Ⅰ）：称取 58.0 g 氯化钠，10.0 g 柠檬酸钠，量取冰乙酸 50 ml，加水 500 ml。溶解后，加氢氧化钠溶液（5.3）135 ml，调节溶液 pH 值为 5.2，转移到 1 000 ml 容量瓶中，加水定容至标线，摇匀。

5.5.2 总离子强度调节缓冲溶液（TISAB Ⅱ）：称取 142 g 六次甲基四胺（$(CH_2)_6N_4$）和 85 g 硝酸钾（KNO_3）、9.97 g 钛铁试剂（$C_6H_4Na_2O_8S_2 \cdot H_2O$），加水溶解，调节 pH 至 5～6，转移到 1 000 ml 容量瓶中，用水稀释至标线，摇匀。

溶液的配制可不局限于此，还可参考 GB 7484 中总离子强度调节缓冲溶液的配制方法。

注：当试样成分复杂、偏酸（pH≈2）或者偏碱（pH≈12），可用 TISAB Ⅱ配方。

5.6 氟化钠标准贮备溶液ρ (NaF)=1 000 μg/ml：称取 0.221 0 g 氟化钠（优级纯，于 110℃烘干 2 h 放在干燥器中冷却至室温），溶解于水中，移入 100 ml 容量瓶中。用水定容至标线，摇匀。贮于聚乙烯瓶中，冰箱中保存，临用时取出，放至室温。

5.7 氟化钠标准使用液：将氟化钠标准贮备溶液（5.6）用水稀释成 2.50、5.00、10.0、25.0、50.0、100.0 μg/ml 的标准溶液，临用现配。贮于聚乙烯塑料瓶中。

5.8 乙酸-硝酸纤维微孔滤膜：孔径 5 μm，直径 92 mm。

5.9 磷酸氢二钾浸渍滤膜：将乙酸-硝酸纤维微孔滤膜（5.8）放入磷酸氢二钾浸渍液（5.4）中浸湿后，沥干（每次用少量浸渍液，以能没过滤膜为准，浸渍 4～5 张滤膜后，更换新的浸渍液）。摊放在干净、无氟的定性滤纸上（不能直接用玻璃板或搪瓷盘摊放），于 40℃以下烘干，装入塑料盒（袋）中，密封后放入干燥器中备用（干燥器中不加干燥剂）。

6 仪器和设备

6.1 采样器：中流量采样泵，采样头带支撑滤膜的聚乙烯网垫，采样头有效直径为 80 mm，可以安装直径为 92 mm 的滤膜。

6.2 离子活度计或精密酸度计：分辨率为 0.1 mV。

6.3 氟离子选择电极：

a. 测量氟离子浓度范围：10^{-5}～10^{-1} mol/L。

b. 测定曲线斜率：在 t℃下，为（54+0.2t）mV。

6.4 甘汞电极：盐桥溶液为饱和氯化钾。

6.5 磁力搅拌器：具聚乙烯包裹的搅拌子。

6.6 小型超声波清洗器。

6.7 聚乙烯塑料烧杯：100 ml。

6.8 聚乙烯塑料瓶：100、1 000 ml。

7 干扰及消除

在测定体系中有 Si^{4+}、Fe^{3+}、Al^{3+}存在、其浓度不超过 20 mg/L 时，产生的干扰可采用加入总离子强度调节缓冲液来消除。

8 样品

8.1 样品的采集和保存

样品的采集应符合《环境空气质量手工监测技术规范》（HJ/T 194）的要求。各种采样器均应在采样前进行气密性检查和流量校准。

采样时，在滤膜夹中装入两张磷酸氢二钾浸渍滤膜，中间用 2～3 mm 厚的滤膜垫圈隔开（见图 1），以 100～120 L/min 流量（气流线速为 0.3～0.4 m/s）采气 45 min 以上，根据使用的仪器性能设计采样记录（应包括开始和结束时的采样时间、流量或采样体积、风向、风速、气温、气压、采样点、样品编号等）并记录。采样后，用干净镊子将样品膜取出，对折放入塑料袋（盒）中，密封好，带回实验室。

采集后的样品贮存在实验室干燥器（干燥器内不加干燥剂）中，必须在 40 d 内完成分析。

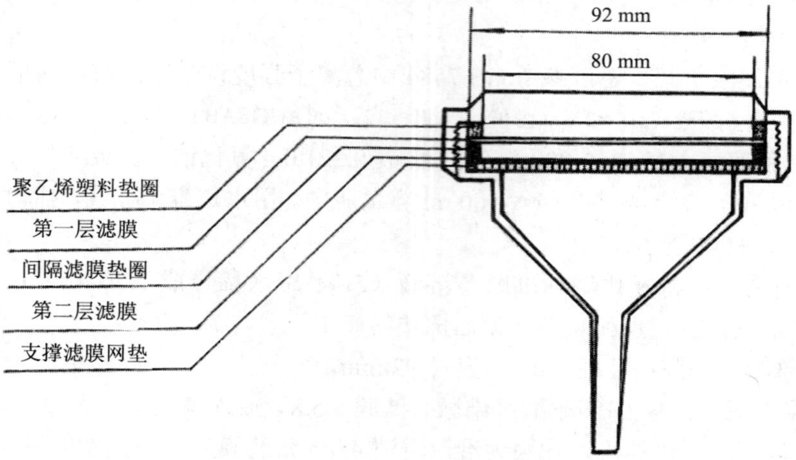

图 1 滤膜采样头装置

8.2 现场空白

8.2.1 以浸渍后的空白滤膜代替样品，带到现场，与样品在相同的条件下保存、运输，直至送交实验室分析，运输过程中应注意防止玷污。

8.2.2 将现场空白和实验室空白滤膜的测量结果相对照，若现场空白与实验室空白相差过大，需查找原因，重新采样。

8.2.3 要求每次采样至少做 2 个现场空白。

9 分析步骤

9.1 标准曲线的绘制

9.1.1 取 6 个 100 ml 聚乙烯塑料杯，按表 1 配制标准系列，也可根据实际样品浓度配制，不得少于 6 个点。分别取 2.00 ml 的六种标准使用液（5.7），依次加入盐酸溶液（5.1）20.00 ml、氢氧化钠溶液（5.2）5.00 ml、TISAB 溶液（5.5）10.00 ml、水 3.00 ml，氟离子含量依次为 5.0、10.0、20.0、50.0、100、200 μg。

表 1 标准溶液配制系列

杯 号	1	2	3	4	5	6
F^-标准使用液浓度（5.7）/（μg/ml）	2.5	5.0	10.0	25.0	50.0	100.0
标准使用液体积/ml	2.00	2.00	2.00	2.00	2.00	2.00
盐酸溶液（5.1）/ml	20.00	20.00	20.00	20.00	20.00	20.00
氢氧化钠溶液（5.2）/ml	5.00	5.00	5.00	5.00	5.00	5.00
TISAB 溶液（5.5）/ml	10.00	10.00	10.00	10.00	10.00	10.00
水/ml	3.00	3.00	3.00	3.00	3.00	3.00
F^-含量/μg	5.0	10	20	50	100	200

9.1.2 将离子活度计接通，并按要求将清洗好的氟离子选择电极及甘汞电极插入制备好的待测液中。

插入电极前不要搅拌溶液，以免在电极表面附着气泡，影响测定的准确度。测定从低浓度到高浓度逐个进行。在磁力搅拌器上搅拌数分钟，磁力搅拌时间应一致，并且搅拌速度要适中、稳定。待读数稳定后（即每分钟电极电位变化小于 0.2 mV）停止搅拌，静置后读取毫伏值，同时记录测定时的温度。

注：溶液温度控制在 15～35℃，保证氟离子选择电极工作正常。

9.1.3 以氟含量的对数及其对应的毫伏值进行回归，要求相关系数 r 的绝对值大于 0.999，斜率符合（54+0.2t）mV；或在半对数坐标纸上，以对数坐标表示氟含量（μg），以等距坐标表示毫伏值，绘制校准曲线。

9.2 试样的制备

将样品膜剪成小碎块（约为 5 mm×5 mm），放入 100 ml 聚乙烯塑料杯中，加盐酸溶液（5.1）20.00 ml，在超声波清洗器中提取 30 min，取出，待溶液温度冷却至室温，再加入氢氧化钠溶液（5.2）5.00 ml，TISAB 溶液（5.5）10.00 ml 及水 5.00 ml，总体积 40.00 ml，然后放置 3 h 后测定，放置时间不应超过 5 h。

9.3 空白试验

空白值的不稳定会直接影响测定结果的准确性，因此每批乙酸-硝酸纤维滤膜都应做空白试验。

抽取未经采样的磷酸氢二钾浸渍滤膜 4～5 张，剪成小碎块（约为 5 mm×5 mm），放入 100 ml 聚乙烯塑料杯中，加入 0.50 ml 的氟化钠标准溶液（5.7）（10.0 μg/ml），按 9.2 制备试样（注意水加入量为 4.50 ml），按 9.1.2 读取毫伏值，根据回归方程计算氟含量或从标准曲线上查得氟含量，空白滤膜氟含量为测定值（μg）减去加入的标准氟含量 5 μg，取其平均值为空白滤膜的氟含量（每张空白滤膜的氟含量不应超过 1 μg）。

9.4 样品测定

处理好的试样测定方法与绘制校准曲线相同。读取毫伏值后，根据回归方程式计算氟含量或从标准曲线上查得氟含量。

样品测定应与校准曲线绘制同时进行，测定样品时的温度与绘制校准曲线时的温度之差不应超过 ±2℃。

10 结果表示

空气中氟化物的质量浓度$\rho(F^-)$按式（1）计算：

$$\rho(F^-)=\frac{(W_1+W_2)-2W_0}{V_0} \tag{1}$$

式中：$\rho(F^-)$——空气中氟化物的质量浓度，$\mu g/m^3$；

W_1+W_2——按 9.4 测得的两层滤膜样品的氟含量，μg；

W_0——实验室空白滤膜平均氟含量，μg；

V_0——标准状态下的采样体积，m^3。

11 精密度和准确度

11.1 精密度：四个实验室在不同地点采集大气环境样品，每个实验室每批采集 4～5 个平行样品，共取得 25 批样品，测定均值范围为 0.57～18.2 $\mu g/m^3$，平均变异系数为 7.8%，最大为 22%。

11.2 准确度：五个实验室测定统一制备的含氟 50.0 μg 的滤膜样品，相对误差为 0.9%。

12 注意事项

不得用手指触摸电极的膜表面，为了保护电极，试份中氟的测定浓度最好不要大于 40 mg/L。如果电极的膜表面被有机物等沾污，必须先清洗干净后才能使用。清洗可用甲醇、丙酮等有机试剂，亦可用洗涤剂。例如，可将电极浸入温热的稀洗涤剂（1 份洗涤剂加 9 份水），保持 3～5 min。必要时，可再放入另一份稀洗涤剂中。然后用水冲洗，再在（1+1）的盐酸中浸 30 s，最后用水冲洗干净，用滤纸吸去水分。

附加说明：

自本标准实施之日起，原国家环境保护局 1995 年 3 月 25 日批准、发布的国家环境保护标准《环境空气　氟化物质量浓度的测定　滤膜·氟离子选择电极法》（GB/T 15434—1995）废止。

本标准由环境保护部科技标准司组织制订。

本标准起草单位：沈阳市环境监测中心站。

本标准环境保护部 2009 年 9 月 27 日批准。

本标准自 2009 年 11 月 1 日起实施。

本标准由环境保护部解释。

中华人民共和国国家环境保护标准

HJ 479—2009
代替 GB/T 15436—1995
和 GB 8969—88

环境空气　氮氧化物（一氧化氮和二氧化氮）的测定　盐酸萘乙二胺分光光度法

Ambient air—Determination of nitrogen oxides—*N*-（1-Naphthyl）ethylene diamine dihydrochloride spectrophotometric method

2009-09-27 发布　　　　2009-11-01 实施

1　适用范围

本标准规定了测定环境空气中氮氧化物的分光光度法。

本标准适用于环境空气中氮氧化物、二氧化氮、一氧化氮的测定。

本标准的方法检出限为 0.12 μg/10 ml 吸收液。当吸收液总体积为 10 ml，采样体积为 24 L 时，空气中氮氧化物的检出限为 0.005 mg/m^3。当吸收液总体积为 50 ml，采样体积 288 L 时，空气中氮氧化物的检出限为 0.003 mg/m^3。当吸收液总体积为 10 ml，采样体积为 12～24 L 时，环境空气中氮氧化物的测定范围为 0.020～2.5 mg/m^3。

2　术语和定义

2.1　氮氧化物　nitrogen oxides

指空气中以一氧化氮和二氧化氮形式存在的氮的氧化物（以 NO_2 计）。

2.2　Saltzman 实验系数　Saltzman-factor

用渗透法制备的二氧化氮校准用混合气体，在采气过程中被吸收液吸收生成的偶氮染料相当于亚硝酸根的量与通过采样系统的二氧化氮总量的比值（测定方法见附录 B）。

2.3　氧化系数　oxidation coefficient

空气中的一氧化氮通过酸性高锰酸钾溶液氧化管后，被氧化为二氧化氮且被吸收液吸收生成偶氮染料的量与通过采样系统的一氧化氮的总量之比。

3　方法原理

空气中的二氧化氮被串联的第一支吸收瓶中的吸收液吸收并反应生成粉红色偶氮染料。空气中的一氧化氮不与吸收液反应，通过氧化管时被酸性高锰酸钾溶液氧化为二氧化氮，被串联的第二支吸收瓶中的吸收液吸收并反应生成粉红色偶氮染料。生成的偶氮染料在波长 540 nm 处的吸光度与二氧化氮的含量成正比。分别测定第一支和第二支吸收瓶中样品的吸光度，计算两支吸收瓶内二氧化氮和一氧化氮的质量浓度，二者之和即为氮氧化物的质量浓度（以 NO_2 计）。

4 试剂和材料

除非另有说明，分析时均使用符合国家标准或专业标准的分析纯试剂和无亚硝酸根的蒸馏水、去离子水或相当纯度的水。必要时，实验用水可在全玻璃蒸馏器中以每升水加入 0.5 g 高锰酸钾（$KMnO_4$）和 0.5 g 氢氧化钡[$Ba(OH)_2$]重蒸。

4.1 冰乙酸。

4.2 盐酸羟胺溶液，ρ=0.2～0.5 g/L。

4.3 硫酸溶液，$c(1/2H_2SO_4)$=1 mol/L：取 15 ml 浓硫酸（ρ_{20}=1.84 g/ml），徐徐加到 500 ml 水中，搅拌均匀，冷却备用。

4.4 酸性高锰酸钾溶液，$\rho(KMnO_4)$=25 g/L：称取 25g 高锰酸钾于 1 000 ml 烧杯中，加入 500 ml 水，稍微加热使其全部溶解，然后加入 1 mol/L 硫酸溶液（4.3）500 ml，搅拌均匀，贮于棕色试剂瓶中。

4.5 *N*-（1-萘基）乙二胺盐酸盐贮备液，$\rho(C_{10}H_7NH(CH_2)_2NH_2 \cdot 2HCl)$=1.00 g/L：称取 0.50 g *N*-（1-萘基）乙二胺盐酸盐于 500 ml 容量瓶中，用水溶解稀释至刻度。此溶液贮于密闭的棕色瓶中，在冰箱中冷藏，可稳定保存三个月。

4.6 显色液：称取 5.0 g 对氨基苯磺酸（$NH_2C_6H_4SO_3H$）溶解于约 200 ml 40～50℃热水中，将溶液冷却至室温，全部移入 1 000 ml 容量瓶中，加入 50 ml *N*-（1-萘基）乙二胺盐酸盐贮备溶液（4.5）和 50 ml 冰乙酸，用水稀释至刻度。此溶液贮于密闭的棕色瓶中，在 25℃以下暗处存放可稳定三个月。若溶液呈现淡红色，应弃之重配。

4.7 吸收液：使用时将显色液（4.6）和水按 4∶1（体积分数）比例混合，即为吸收液。吸收液的吸光度应小于等于 0.005。

4.8 亚硝酸盐标准贮备液，$\rho(NO_2^-)$=250 μg/ml：准确称取 0.375 0 g 亚硝酸钠（$NaNO_2$，优级纯，使用前在 105℃±5℃干燥恒重）溶于水，移入 1 000 ml 容量瓶中，用水稀释至标线。此溶液贮于密闭棕色瓶中于暗处存放，可稳定保存三个月。

4.9 亚硝酸盐标准工作液，$\rho(NO_2^-)$=2.5 μg/ml：准确吸取亚硝酸盐标准储备液（4.8）1.00 ml 于 100 ml 容量瓶中，用水稀释至标线。临用现配。

5 仪器和设备

5.1 分光光度计。

5.2 空气采样器：流量范围 0.1～1.0 L/min。采样流量为 0.4 L/min 时，相对误差小于±5%。

5.3 恒温、半自动连续空气采样器：采样流量为 0.2 L/min 时，相对误差小于±5%，能将吸收液温度保持在 20℃±4℃。采样连接管线为硼硅玻璃管、不锈钢管、聚四氟乙烯管或硅胶管，内径约为 6 mm，尽可能短些，任何情况下不得超过 2 m，配有朝下的空气入口。

5.4 吸收瓶：可装 10 ml、25 ml 或 50 ml 吸收液的多孔玻板吸收瓶，液柱高度不低于 80 mm。吸收瓶的玻板阻力、气泡分散的均匀性及采样效率按本标准附录 A 检查。图 1 示出了较为适用的两种多孔玻板吸收瓶。使用棕色吸收瓶或采样过程中吸收瓶外罩黑色避光罩。新的多孔玻板吸收瓶或使用后的多孔玻板吸收瓶，应用（1+1）HCl 浸泡 24 h 以上，用清水洗净。

5.5 氧化瓶：可装 5 ml、10 ml 或 50 ml 酸性高锰酸钾溶液（4.4）的洗气瓶，液柱高度不能低于 80 mm。使用后，用盐酸羟胺溶液（4.2）浸泡洗涤。图 2 示出了较为适用的两种氧化瓶。

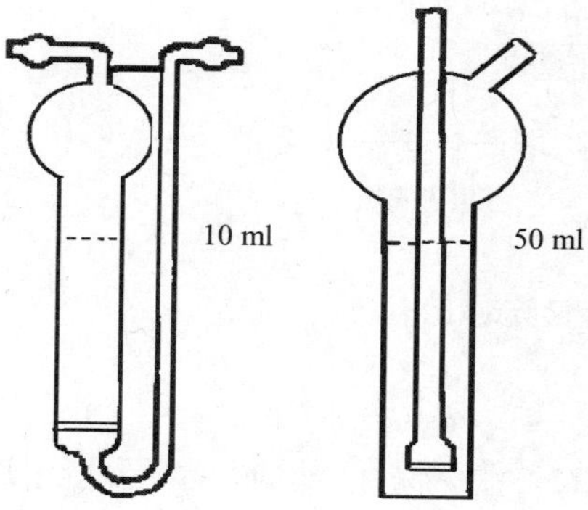

图 1　多孔玻板吸收瓶示意图

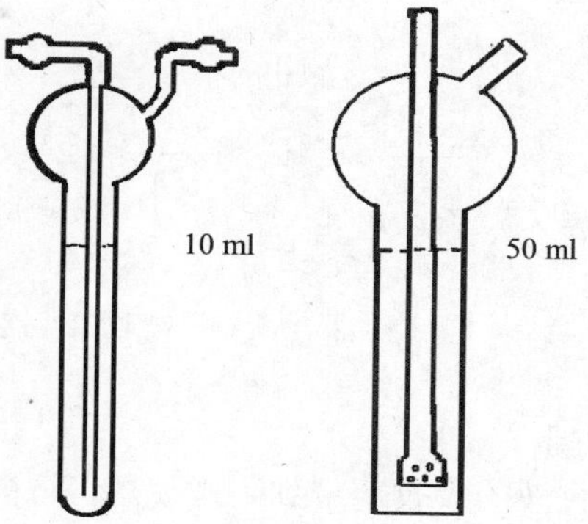

图 2　氧化瓶示意图

6　干扰及消除

空气中二氧化硫质量浓度为氮氧化物质量浓度的 30 倍时，对二氧化氮的测定产生负干扰。

空气中过氧乙酰硝酸酯（PAN）对二氧化氮的测定产生正干扰。

空气中臭氧质量浓度超过 0.25 mg/m^3 时，对二氧化氮的测定产生负干扰。采样时在采样瓶入口端串接一段 15～20 cm 长的硅橡胶管，可排除干扰。

7　样品

7.1　短时间采样（1 h 以内）

取两支内装 10.0 ml 吸收液的多孔玻板吸收瓶和一支内装 5～10 ml 酸性高锰酸钾溶液（4.4）的氧化瓶（液柱高度不低于 80 mm），用尽量短的硅橡胶管将氧化瓶串联在两支吸收瓶之间（见图 3），以 0.4 L/min 流量采气 4～24 L。

7.2　长时间采样（24 h）

取两支大型多孔玻板吸收瓶，装入 25.0 ml 或 50.0 ml 吸收液（4.7）（液柱高度不低于 80 mm），标记液面位置。取一支内装 50 ml 酸性高锰酸钾溶液（4.4）的氧化瓶，按图 4 所示接入采样系统，将吸收液恒温在 20℃ ±4℃，以 0.2 L/min 流量采气 288 L。

注：氧化管中有明显的沉淀物析出时，应及时更换。

一般情况下，内装 50 ml 酸性高锰酸钾溶液的氧化瓶可使用 15～20 d（隔日采样）。

采样过程注意观察吸收液颜色变化，避免因氮氧化物质量浓度过高而穿透。

7.3　采样要求

采样前应检查采样系统的气密性，用皂膜流量计进行流量校准。采样流量的相对误差应小于±5%。

采样期间，样品运输和存放过程中应避免阳光照射。气温超过 25℃时，长时间（8 h 以上）运输和存放样品应采取降温措施。

采样结束时，为防止溶液倒吸，应在采样泵停止抽气的同时，闭合连接在采样系统中的止水夹或电磁阀（见图 3 或图 4）。

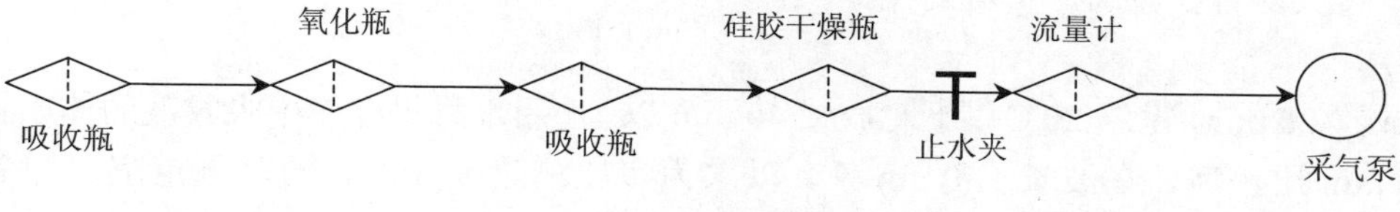

图 3　手工采样系列示意图

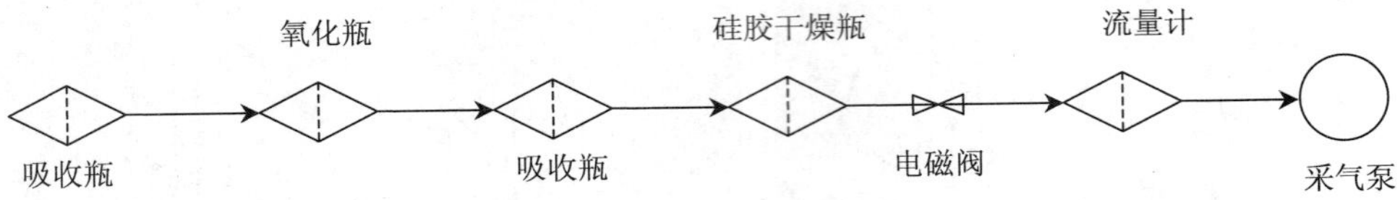

图 4　连续自动采样系列示意图

7.4　现场空白

装有吸收液的吸收瓶带到采样现场，与样品在相同的条件下保存、运输，直至送交实验室分析，运输过程中应注意防止玷污。

要求每次采样至少做 2 个现场空白测试。

7.5　样品的保存

样品采集、运输及存放过程中避光保存，样品采集后尽快分析。若不能及时测定，将样品于低温暗处存放，样品在 30℃暗处存放，可稳定 8 h；在 20℃暗处存放，可稳定 24 h；于 0～4℃冷藏，至少可稳定 3 d。

8　分析步骤

8.1　标准曲线的绘制

取 6 支 10 ml 具塞比色管，按表 1 制备亚硝酸盐标准溶液系列。根据表 1 分别移取相应体积的亚硝酸钠标准工作液（4.9），加水至 2.00 ml，加入显色液（4.6）8.00 ml。

表 1　NO_2^-标准溶液系列

管号	0	1	2	3	4	5
标准工作液（4.9）/ml	0.00	0.40	0.80	1.20	1.60	2.00
水/ml	2.00	1.60	1.20	0.80	0.40	0.00
显色液（4.6）/ml	8.00	8.00	8.00	8.00	8.00	8.00
NO_2^-质量浓度/（μg/ml）	0.00	0.10	0.20	0.30	0.40	0.50

各管混匀，于暗处放置 20 min（室温低于 20℃时放置 40 min 以上），用 10 mm 比色皿，在波长 540 nm 处，以水为参比测量吸光度，扣除 0 号管的吸光度以后，对应 NO_2^-的质量浓度（μg/ml），用最小二乘法计算标准曲线的回归方程。

标准曲线斜率控制在 0.960～0.978 吸光度・ml/μg，截距控制在 0.000～0.005（以 5 ml 体积绘制标准曲线时，标准曲线斜率控制在 0.180～0.195 吸光度・ml/μg，截距控制在±0.003）。

8.2　空白试验

8.2.1　实验室空白试验：取实验室内未经采样的空白吸收液，用 10 mm 比色皿，在波长 540 nm 处，以水为参比测定吸光度。实验室空白吸光度 A_0 在显色规定条件下波动范围不超过±15%。

8.2.2　现场空白：同 8.2.1 测定吸光度。将现场空白和实验室空白的测量结果相对照，若现场空白与实验室空白相差过大，查找原因，重新采样。

8.3　样品测定

采样后放置 20 min，室温 20℃以下时放置 40 min 以上，用水将采样瓶中吸收液的体积补充至标线，混匀。用 10 mm 比色皿，在波长 540 nm 处，以水为参比测量吸光度，同时测定空白样品的吸光度。

若样品的吸光度超过标准曲线的上限，应用实验室空白试液稀释，再测定其吸光度。但稀释倍数不得大于 6。

9 结果表示

9.1 空气中二氧化氮质量浓度 ρ_{NO_2}（mg/m^3）按式（1）计算：

$$\rho_{NO_2}=\frac{(A_1-A_0-a)\times V\times D}{b\times f\times V_0} \tag{1}$$

9.2 空气中一氧化氮质量浓度

ρ_{NO}（mg/m^3）以二氧化氮（NO_2）计，按式（2）计算：

$$\rho_{NO}=\frac{(A_2-A_0-a)\times V\times D}{b\times f\times V_0\times K} \tag{2}$$

ρ'_{NO}（mg/m^3）以一氧化氮（NO）计，按式（3）计算：

$$\rho'_{NO}=\frac{\rho_{NO}\times 30}{46} \tag{3}$$

9.3 空气中氮氧化物的质量浓度 ρ_{NO_x}（mg/m^3）以二氧化氮（NO_2）计，按式（4）计算：

$$\rho_{NO_x}=\rho_{NO_2}+\rho_{NO} \tag{4}$$

以上各式中：A_1、A_2——串联的第一支和第二支吸收瓶中样品的吸光度；

A_0——实验室空白的吸光度；

b——标准曲线的斜率，吸光度 · ml/μg；

a——标准曲线的截距；

V——采样用吸收液体积，ml；

V_0——换算为标准状态（101.325 kPa，273.15 K）下的采样体积，L；

K——NO→NO_2 氧化系数，0.68；

D——样品的稀释倍数；

f——Saltzman 实验系数，0.88（当空气中二氧化氮质量浓度高于 0.72 mg/m^3 时，f 取值 0.77）。

10 精密度和准确度

10.1 测定 NO_2 标准气体的精密度和准确度

5 个实验室测定质量浓度范围在 0.056～0.480 mg/m^3 的 NO_2 标准气体，重复性相对标准偏差小于 10%，相对误差小于±8%。

10.2 测定 NO 标准气体的精密度和准确度

测定质量浓度范围在 0.057～0.396 mg/m^3 的 NO 标准气体，重复性相对标准偏差小于 10%，相对误差小于±10%。

附　录　A
（规范性附录）
吸收瓶的检查与采样效率的测定

A.1　玻板阻力及微孔均匀性检查

新的多孔玻板吸收瓶在检查前，应用（1+1）HCl 浸泡 24 h 以上，用清水洗净。

每支吸收瓶在使用前或使用一段时间以后应测定其玻板阻力，检查通过玻板后气泡分散的均匀性。阻力不符合要求和气泡分散不均匀的吸收瓶不宜使用。

内装 10 ml 吸收液的多孔玻板吸收瓶，以 0.4 L/min 流量采样时，玻板阻力应在 4～5 kPa，通过玻板后的气泡应分散均匀。

内装 50 ml 吸收液的大型多孔玻板吸收瓶，以 0.2 L/min 流量采样时，玻板阻力应在 5～6 kPa，通过玻板后的气泡应分散均匀。

A.2　采样效率（*E*）的测定

采样效率低于 0.97 的吸收瓶，不宜使用。吸收瓶在使用前和使用一段时间以后，应测定其采样效率。

吸收瓶的采样效率测定方法如下：

将两支吸收瓶串联，按 7.1 操作，采集环境空气，当第一支吸收瓶中 NO_2 质量浓度约为 0.4 μg/ml 时，停止采样。按 8.3 测量前后两支吸收瓶中样品的吸光度，计算第一支吸收瓶的采样效率 *E* 按式（A.1）计算：

$$E = \frac{\rho_1}{\rho_1 + \rho_2} \tag{A.1}$$

式中：ρ_1、ρ_2——串联的第一支、第二支吸收瓶中 NO_2 的质量浓度，μg/ml；

E——吸收瓶的采样效率。

附 录 B

（资料性附录）

Saltzman 实验系数的测定

按 GB 5275 规定的方法，制备零气和欲测浓度范围的二氧化氮校准用混合气体。按 7.1 采集混合标气。当吸收瓶中 NO_2 质量浓度达到 0.4 μg/ml 左右时，停止采样。按 8.3 测量样品的吸光度。Saltzman 实验系数（f）按式（B.1）计算：

$$f=\frac{(A-A_0-a)\times V}{b\times V_0\times \rho_{NO_2}} \tag{B.1}$$

式中：A——样品溶液的吸光度；

A_0——实验室空白样品的吸光度；

b——按 8.1 测得的标准曲线的斜率，吸光度 · ml/μg；

a——按 8.1 测得的标准曲线的截距；

V——采样用吸收液体积，ml；

V_0——换算为标准状态（101.325 kPa，273.15 K）的采样体积，L；

ρ_{NO_2}——通过采样系统的 NO_2 标准混合气体的质量浓度，mg/m^3（标准状态 101.325 kPa、273.15 K）。

f 值的大小受空气中 NO_2 的质量浓度、采样流量、吸收瓶类型、采样效率等因素的影响，故测定 f 值时，应尽量使测定条件与实际采样时保持一致。

附加说明：

自本标准实施之日起，原国家环境保护局 1988 年 3 月 26 日批准、发布的国家环境保护标准《空气质量 氮氧化物的测定 盐酸萘乙二胺比色法》（GB 8969—88）和原国家环境保护局 1995 年 3 月 25 日批准、发布的国家环境保护标准《环境空气 氮氧化物的测定 Saltzman 法》（GB/T 15436—1995）废止。

本标准的附录 A 为规范性附录，附录 B 为资料性附录。

本标准由环境保护部科技标准司组织制订。

本标准主要起草单位：沈阳市环境监测中心站。

本标准环境保护部 2009 年 9 月 27 日批准。

本标准自 2009 年 11 月 1 日起实施。

本标准由环境保护部解释。

中华人民共和国国家环境保护标准

环境空气和废气　二噁英类的测定 同位素稀释高分辨气相色谱-高分辨质谱法

HJ 77.2—2008

Ambient air and flue gas　Determination of polychlorinated dibenzo-*p*-dioxins（PCDDs）and polychlorinated dibenzofurans（PCDFs）Isotope dilution HRGC-HRMS

2008-12-31 发布　　2009-04-01 实施

1　适用范围

1.1　本标准规定了采用同位素稀释高分辨气相色谱-高分辨质谱法（HRGC-HRMS）对 2,3,7,8-氯代二噁英类、四氯～八氯取代的多氯代二苯并-对-二噁英（PCDDs）和多氯代二苯并呋喃（PCDFs）进行定性和定量分析的方法。

1.2　本标准适用于环境空气中二噁英类污染物的采样、样品处理及其定性和定量分析。

1.3　本标准适用于固定源排放废气中二噁英类污染物的采样、样品处理及其定性和定量分析。

1.4　方法检出限取决于所使用的分析仪器的灵敏度、样品中的二噁英类质量浓度以及干扰水平等多种因素。2,3,7,8-T_4CDD 仪器检出限应低于 0.1 pg，当废气采样量为 4 m^3（标准状态）时，本方法对 2,3,7,8-T_4CDD 的最低检出限应低于 1 pg/m^3；当环境空气采样量为 1 000 m^3（标准状态）时，本方法对 2,3,7,8-T_4CDD 的最低检出限应低于 0.005 pg/m^3。

2　规范性引用文件

本标准内容引用了下列文件或其中的条款。凡是不注日期的引用文件，其有效版本适用于本标准。

GB/T 16157　固定污染源排气中颗粒物测定与气态污染物采样方法

GB/T 8170　数值修约规则与极限数值的表示和判定

HJ/T 47　废气采样器技术条件

HJ/T 48　烟尘采样器技术条件

HJ/T 194　环境空气质量手工监测技术规范

HJ/T 365　危险废物（含医疗废物）焚烧处置设施二噁英排放监测技术规范

3　术语和定义、符号和缩略语

3.1　术语和定义

3.1.1　二噁英类　polychlorinated dibenzo-*p*-dioxins（PCDDs）and polychlorinated dibenzofurans（PCDFs）

多氯代二苯并-对-二噁英（PCDDs）和多氯代二苯并呋喃（PCDFs）的统称。

3.1.2　异构体　isomer

在本标准中，具有相同化学组成但氯取代位置不同的二噁英类互为异构体。

3.1.3　同类物　congeners

二噁英类所有化合物互为同类物。二噁英类共有 210 种同类物。

3.1.4　2,3,7,8-氯代二噁英类　isomer substituted at 2,3,7,8-positions

所有 2,3,7,8-位置被氯原子取代的二噁英类同类物。包括 7 种四氯～八氯代二苯并-对-二噁英以及 10 种四氯～八氯代二苯并呋喃，共有 17 种，见表 1。

表 1　2,3,7,8-氯代二噁英类

序号	异构体名称	简称
1	2,3,7,8-四氯代二苯并-对-二噁英	2,3,7,8-T_4CDD
2	1,2,3,7,8-五氯代二苯并-对-二噁英	1,2,3,7,8-P_5CDD
3	1,2,3,4,7,8-六氯代二苯并-对-二噁英	1,2,3,4,7,8-H_6CDD
4	1,2,3,6,7,8-六氯代二苯并-对-二噁英	1,2,3,6,7,8-H_6CDD
5	1,2,3,7,8,9-六氯代二苯并-对-二噁英	1,2,3,7,8,9-H_6CDD
6	1,2,3,4,6,7,8-七氯代二苯并-对-二噁英	1,2,3,4,6,7,8-H_7CDD
7	八氯代二苯并-对-二噁英	O_8CDD
8	2,3,7,8-四氯代二苯并呋喃	2,3,7,8-T_4CDF
9	1,2,3,7,8-五氯代二苯并呋喃	1,2,3,7,8-P_5CDF
10	2,3,4,7,8-五氯代二苯并呋喃	2,3,4,7,8-P_5CDF
11	1,2,3,4,7,8-六氯代二苯并呋喃	1,2,3,4,7,8-H_6CDF
12	1,2,3,6,7,8-六氯代二苯并呋喃	1,2,3,6,7,8-H_6CDF
13	1,2,3,7,8,9-六氯代二苯并呋喃	1,2,3,7,8,9-H_6CDF
14	2,3,4,6,7,8-六氯代二苯并呋喃	2,3,4,6,7,8-H_6CDF
15	1,2,3,4,6,7,8-七氯代二苯并呋喃	1,2,3,4,6,7,8-H_7CDF
16	1,2,3,4,7,8,9-七氯代二苯并呋喃	1,2,3,4,7,8,9-H_7CDF
17	八氯代二苯并呋喃	O_8CDF

3.1.5　二噁英类内标　internal standard for PCDDs/PCDFs analysis

质量浓度已知的同位素（^{13}C 或 ^{37}Cl）标记的二噁英类标准物质壬烷（或癸烷、甲苯等）溶液，见表 2。

表 2　可供选用的二噁英类内标

氯原子取代数	PCDDs	PCDFs
四氯	$^{13}C_{12}$-1,2,3,4-T_4CDD	$^{13}C_{12}$-2,3,7,8-T_4CDF
	$^{13}C_{12}$-2,3,7,8-T_4CDD	$^{13}C_{12}$-1,2,7,8-T_4CDF
	$^{37}Cl_4$-2,3,7,8-T_4CDD	$^{13}C_{12}$-1,3,6,8-T_4CDF
五氯	$^{13}C_{12}$-1,2,3,7,8-P_5CDD	$^{13}C_{12}$-1,2,3,7,8-P_5CDF
		$^{13}C_{12}$-2,3,4,7,8-P_5CDF
六氯	$^{13}C_{12}$-1,2,3,4,7,8-H_6CDD	$^{13}C_{12}$-1,2,3,4,7,8-H_6CDF
	$^{13}C_{12}$-1,2,3,6,7,8-H_6CDD	$^{13}C_{12}$-1,2,3,6,7,8-H_6CDF
	$^{13}C_{12}$-1,2,3,7,8,9-H_6CDD	$^{13}C_{12}$-1,2,3,7,8,9-H_6CDF
		$^{13}C_{12}$-2,3,4,6,7,8-H_6CDF
七氯	$^{13}C_{12}$-1,2,3,4,6,7,8-H_7CDD	$^{13}C_{12}$-1,2,3,4,6,7,8-H_7CDF
		$^{13}C_{12}$-1,2,3,4,7,8,9-H_7CDF
八氯	$^{13}C_{12}$-1,2,3,4,6,7,8,9-O_8CDD	$^{13}C_{12}$-1,2,3,4,6,7,8,9-O_8CDF

3.1.6　毒性当量因子　toxicity equivalency factor（TEF）

指各二噁英类同类物与 2,3,7,8-四氯代二苯并-对-二噁英对 Ah 受体的亲和性能之比。

3.1.7 毒性当量 toxic equivalent quantity（TEQ）

各二噁英类同类物质量浓度折算为相当于 2,3,7,8-四氯代二苯并-对-二噁英毒性的等价质量浓度，毒性当量（TEQ）质量浓度为实测质量浓度与该异构体的毒性当量因子的乘积。

3.1.8 标准状态 standard condition

温度为 0℃，压强为 101.325 kPa 时的气体状态。

3.2 符号和缩略语

3.2.1 PCDDs polychlorinated dibenzo-*p*-dioxins

多氯代二苯并-对-二噁英。有 75 种同类物。

3.2.2 PCDFs polychlorinated dibenzofurans

多氯代二苯并呋喃。有 135 种同类物。

3.2.3 T_4CDDs tetrachlorodibenzo-*p*-dioxins

四氯代二苯并-对-二噁英。有 22 种异构体。

3.2.4 P_5CDDs pentachlorodibenzo-*p*-dioxins

五氯代二苯并-对-二噁英。有 14 种异构体。

3.2.5 H_6CDDs hexachlorodibenzo-*p*-dioxins

六氯代二苯并-对-二噁英。有 10 种异构体。

3.2.6 H_7CDDs heptachlorodibenzo-*p*-dioxins

七氯代二苯并-对-二噁英。有 2 种异构体。

3.2.7 O_8CDD octachlorodibenzo-*p*-dioxin

八氯代二苯并-对-二噁英。有 1 种异构体。

3.2.8 T_4CDFs tetrachlorodibenzofurans

四氯代二苯并呋喃。有 38 种异构体。

3.2.9 P_5CDFs pentachlorodibenzofurans

五氯代二苯并呋喃。有 28 种异构体。

3.2.10 H_6CDFs hexachlorodibenzofurans

六氯代二苯并呋喃。有 16 种异构体。

3.2.11 H_7CDFs heptachlorodibenzofurans

七氯代二苯并呋喃。有 4 种异构体。

3.2.12 O_8CDF octachlorodibenzofuran

八氯代二苯并呋喃。有 1 种异构体。

3.2.13 RRF relative response factor

相对响应因子。

3.2.14 HRGC high resolution gas chromatography

高分辨气相色谱。

3.2.15 HRMS high resolution mass spectrometry

高分辨质谱。

3.2.16 HRGC-HRMS high resolution gas chromatography and high resolution mass spectrometry

高分辨气相色谱-高分辨质谱法。

3.2.17 PFK perfluorokerosene

全氟代煤油。

3.2.18 SIM selective ion monitoring

选择离子检测。

3.2.19　EI　electron impact ionization

电子轰击离子化。

3.2.20　S/N　Signal/Noise ratio

信噪比。

3.2.21　PCBs　polychlorinated biphenyls

多氯联苯。

3.2.22　PUF　polyurethane foam

聚氨基甲酸乙酯泡沫。

4　方法原理

本方法采用同位素稀释高分辨气相色谱-高分辨质谱法测定环境空气、废气中的二噁英类，规定了环境空气、废气中二噁英类的采样、样品处理及仪器分析等过程的标准操作程序以及整个分析过程的质量管理措施。利用滤膜和吸附材料对环境空气、废气中的二噁英类进行采样，采集的样品加入提取内标，分别对滤膜和吸附材料进行处理得到样品提取液，再经过净化和浓缩转化为最终分析样品，用高分辨气相色谱-高分辨质谱法（HRGC-HRMS）进行定性和定量分析，见附录 A“二噁英类分析流程图”。

5　试剂和材料

除非另有说明，分析时均使用符合国家标准的农残级试剂，并进行空白试验。有机溶剂浓缩 10 000 倍不得检出二噁英类。

5.1　甲醇

5.2　丙酮

5.3　甲苯

5.4　正己烷

5.5　二氯甲烷

5.6　壬烷或癸烷

5.7　水：用正己烷（5.4）充分洗涤过的蒸馏水。除非另有说明，本标准中涉及的水均指经过上述处理的蒸馏水。

5.8　25%二氯甲烷-正己烷溶液：二氯甲烷（5.5）与正己烷（5.4）以体积比 1∶3 混合。

5.9　采样内标：二噁英类内标物质（溶液），一般选择 ^{13}C 标记或 ^{37}Cl 标记化合物作为采样内标，参见附录 B，每个样品的添加量为 0.5～2.0 ng。

5.10　提取内标：二噁英类内标物质（溶液），一般选择 ^{13}C 标记或 ^{37}Cl 标记化合物作为提取内标，参见附录 B，每个样品的添加量一般为：四氯～七氯代化合物 0.4～2.0 ng，八氯代化合物 0.8～4.0 ng，并且以不超过定量线性范围为宜。

5.11　进样内标：二噁英类内标物质（溶液），一般选择 ^{13}C 标记或 ^{37}Cl 标记化合物作为进样内标，参见附录 B，每个样品的添加量为 0.4～2.0 ng。

5.12　标准溶液：指以壬烷（或癸烷、甲苯等）为溶剂配制的二噁英类标准物质与相应内标物质的混合溶液。标准溶液的质量浓度精确已知，且质量浓度序列应涵盖 HRGC-HRMS 的定量线性范围，包括 5 种不同的质量浓度梯度，参见附录 C。

5.13　过滤材料：采集环境空气样品使用石英纤维滤膜；采集废气样品使用玻璃纤维滤筒（或滤膜）或石英纤维滤筒（或滤膜）。

5.13.1　采集环境空气样品使用的石英纤维滤膜的处理方法：用铝箔将滤膜包好，并留有开口，放入马弗炉中 600℃下加热 6 h，并注意滤膜不能有折痕。处理好的滤膜用铝箔包好密封保存。从每批处理的滤膜中抽样进行二噁英类空白实验。

5.13.2　采集废气样品使用的玻璃纤维滤筒（或滤膜）或石英纤维滤筒（或滤膜）：要求对粒径大于 0.3 μm 颗粒物的阻留效率超过 99.95%（穿透率小于 0.05%）。使用之前的处理方法：分别用丙酮和甲苯超声清洗 30 min，然后真空干燥。石英纤维滤筒（或滤膜）也可以选择进行加热处理，放入马弗炉中 600℃下加热 6 h。处理后的滤筒（或滤膜）密封保存，并注意不能有折痕。从每批处理的滤筒（或滤膜）中抽样进行二噁英类空白实验。

5.14　吸附材料：采集环境空气样品使用聚氨基甲酸乙酯泡沫（PUF）；采集废气样品使用苯乙烯-二乙烯基苯的聚合物，可使用市售 XAD-2 树脂或性能更好的吸附材料，也可使用 PUF。

5.14.1　PUF 的处理方法：使用之前的处理方法有两种：

（1）首先用煮沸的蒸馏水洗 PUF，再将其放入温水中反复搓洗干净，控干 PUF 中的水分，用丙酮预清洗去除水分后，再用丙酮索氏提取 16 h 以上。

（2）用丙酮在超声波池中清洗 3 次，每次 30 min。

以上两种方法任选其一。清洗后的 PUF 在真空干燥器中 50℃以下加热 8 h，而后保存在密封的 PUF 充填管中。

5.14.2　树脂的处理方法：使用之前的处理方法有两种：

（1）树脂用丙酮洗净后，再用甲苯索氏提取 16 h 以上。

（2）分别用丙酮和甲苯在超声波池中清洗 3 次，每次 30 min。

以上两种方法任选其一。清洗后的树脂在真空干燥器中 50℃以下加热 8 h，而后保存在密闭容器中。对处理好的吸附材料进行二噁英类空白实验。

5.15　盐酸：优级纯。

5.16　浓硫酸：优级纯。

5.17　无水硫酸钠：分析纯以上。在 380℃温度下处理 4 h，密封保存。

5.18　氢氧化钾：优级纯。

5.19　硝酸银：优级纯。

5.20　硅胶：层析填充柱用硅胶 0.063～0.212 mm （70～230 目），在烧杯中用甲醇（5.1）洗净，待甲醇挥发完全后，在蒸发皿中摊开，厚度小于 10 mm。在 130℃温度下干燥 18 h，然后放入干燥器冷却 30 min，装入试剂瓶中密封，保存在干燥器中。

5.21　2%氢氧化钾硅胶：取硅胶（5.20）98 g，加入用氢氧化钾（5.18）配制的 50 g/L 氢氧化钾溶液 40 ml，使用旋转蒸发装置在约 50℃温度下减压脱水，去除大部分水分后，继续在 50～80℃减压脱水 1 h，硅胶变成粉末状。所制成的硅胶含有 2%（质量分数）的氢氧化钾，将其装入试剂瓶密封，保存在干燥器中。

5.22　22%硫酸硅胶：取硅胶（5.20）78 g，加入浓硫酸（5.16）22 g，充分混合后变成粉末状。将所制成的硅胶装入试剂瓶密封，保存在干燥器中。

5.23　44%硫酸硅胶：取硅胶（5.20）56g，加入浓硫酸（5.16）44 g，充分混合后变成粉末状。将所制成的硅胶装入试剂瓶密封，保存在干燥器中。

5.24　10%硝酸银硅胶：取硅胶（5.20）90 g，加入用硝酸银（5.19）配制的 400 g/L 硝酸银溶液 28 ml，使用旋转蒸发装置在约 50℃温度下减压充分脱水。配制过程中应使用棕色遮光板或铝箔遮挡光线。所制成的硅胶含有 10%（质量分数）的硝酸银，将其装入棕色试剂瓶密封，保存在干燥器中。

5.25　氧化铝：层析填充柱用氧化铝（碱性，活性度Ⅰ），可以直接使用活性氧化铝。必要时可以按如下步骤进行活化：将氧化铝在烧杯中铺成厚度小于 10 mm 的薄层，在 130℃温度下处理 18 h，或者在培养皿中铺成厚度小于 5 mm 的薄层，在 500℃温度下处理 8 h，活化后的氧化铝在干燥器内冷却 30 min，装入试剂瓶密封，保存在干燥器中。氧化铝活化后应尽快使用。

5.26　活性炭或活性炭硅胶：可选用下述两种配制方法配制活性炭，活性炭硅胶可使用市售成品：

（1）Carbopack C/Celite 545（18%）。混合 9.0 g 的 Carbopack C 活性炭与 41 g 的 Celite545，于附聚四氟乙烯内衬螺帽的 250 ml 玻璃瓶中混合均匀，使用前于 130℃活化 6 h，冷却后储于干燥箱内保存备用。

（2）AX-21/Celite 545（8%）。混合 10.7 g 的 AX-21 活性炭与 124 g 的 Celite545 于附聚四氟乙烯内衬螺帽的 250 ml 玻璃瓶中，使其完全混合均匀，使用前于 130℃活化 6 h，冷却后储于干燥箱内保存备用。

使用前，以甲苯为溶剂索氏提取 48 h 以上，确认甲苯不变色，若甲苯变色，重复索氏提取。索氏提取后，在 180℃温度下干燥 4 h，再用旋转蒸发装置干燥 1 h（50℃）。在干燥器中密封保存备用。

5.27 石英棉：使用前在 200℃温度下处理 2 h，密封保存。

以上材料均可选择符合二噁英类分析要求的市售商业产品。

6 仪器和设备

6.1 采样装置

6.1.1 环境空气二噁英类采样装置

环境空气二噁英类采样装置应按图 1 所示采样流程进行设计，过滤材料支架尺寸应与滤膜匹配，吸附材料容器应能够容纳 2 块 PUF，并保证系统的气密性。

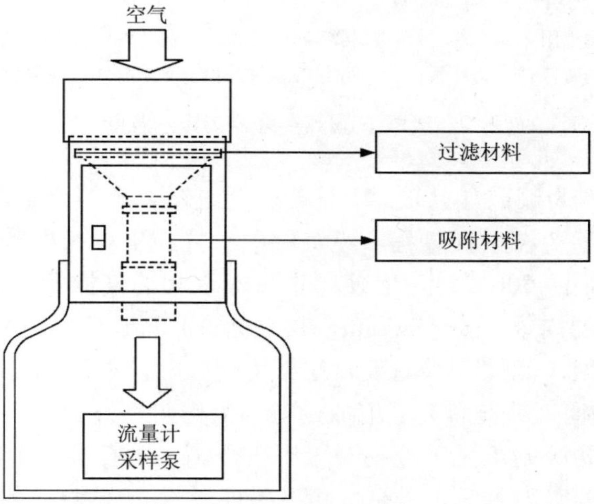

图 1 环境空气二噁英类采样装置示意图

6.1.1.1 过滤材料支架：起支撑作用，可以将作为过滤材料的滤膜不留缝隙地装上且不会损坏滤膜，并可以和吸附材料充填管连接。

6.1.1.2 吸附材料充填管：不锈钢或铝制，可容纳 2 块 PUF。

6.1.1.3 PUF：ϕ90～100 mm，厚 50～60 mm，密度 0.016 g/cm^3。PUF 在直径上应比吸附材料充填管略大。

6.1.1.4 石英纤维滤膜：滤膜尺寸大小应与过滤材料支架匹配。

6.1.1.5 采样泵：进行高流速采样时，在装有滤膜的状态下，采样泵负载流量应能达到 800 L/min，并具有流量自动调节功能，能够保证在 500～700 L/min 的流量下连续采样；进行中等流速采样时，在装有滤膜的状态下，采样泵负载流量应能达到 400 L/min，并具有流量自动调节功能，能够保证在 100～300 L/min 的流量下连续长时间采样。

6.1.1.6 流量计：要求进行高流速采样时，可设定流量范围为 500～700 L/min；进行中等流速采样时，可设定流量范围为 100～300 L/min。流量计在环境空气二噁英类采样装置正常使用状态下使用标准流量计进行校准。推荐使用具有温度、压力校正功能的累积流量计。

6.1.2 废气二噁英类采样装置

废气二噁英类采样装置可选用 HJ/T 365 中推荐的仪器，其构成包括采样管、滤筒（或滤膜）、气相吸附单元、冷凝装置、流量计量和控制装置等部分，见图 2。

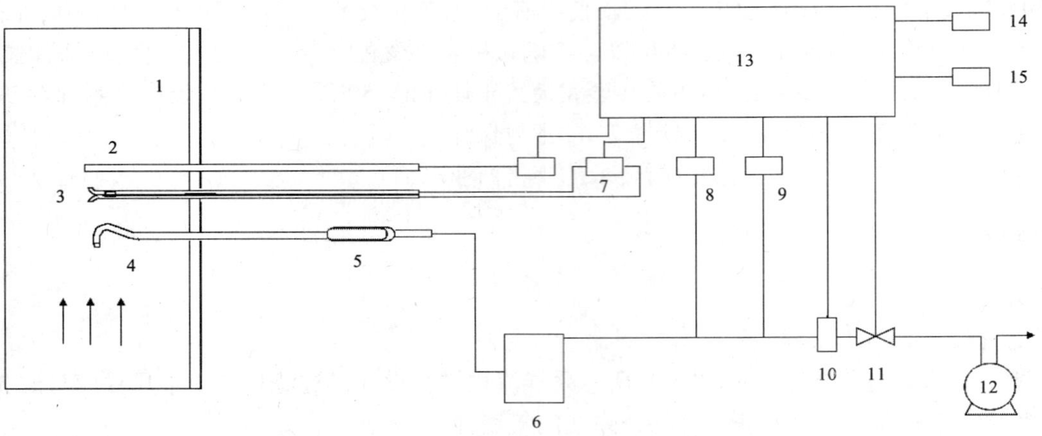

1—烟道；2—热电偶或热电阻温度计；3—皮托管；4—采样管；5—滤筒（或滤膜）；
6—带有冷凝装置的气相吸附单元；7—微压传感器；8—压力传感器；9—温度传感器；10—流量传感器；
11—流量调节装置；12—采样泵；13—微处理系统；14—微型打印机或接口；15—显示器

图 2　废气二噁英类采样装置示意图

6.1.2.1　采样管：采样管材料为硼硅酸盐玻璃、石英玻璃或钛合金属合金，采样管内表面应光滑流畅。采样管应带有加热装置，以避免在采样过程中废气中的水分在采样管中冷凝，采样管加热应在 105～125℃范围内。当废气温度高于 500℃时，应使用带冷却水套的采样管，使废气温度降低到滤筒正常工作的温度范围内。采样嘴的内径不小于 4 mm，精度为 0.1 mm，弯曲角度应为不大于 30°的锐角。

6.1.2.2　滤筒（或滤膜）托架：滤筒（或滤膜）托架用硼硅酸盐玻璃或石英玻璃制成，尺寸要与滤筒（或滤膜）相匹配，应便于滤筒（或滤膜）的取放，接口处密封良好。

6.1.2.3　带有冷凝装置的气相吸附单元：冷凝装置用于分离、贮存废气中冷凝下来的水，贮存冷凝水容器的容积应不小于 1 L。气相吸附单元可以是气相吸附柱，气相吸附柱一般是内径 30～50 mm、长 70～200 mm、容量 100～150 ml 的玻璃管，可装填 20～40 g 吸附材料；也可以是 PUF 充填管；也可以是冲击瓶和气相吸附柱相组合。

6.1.2.4　流量计量和控制装置：用于指示和控制采样流量的装置，能够在线监测动压、静压、计前温度、计前压力、流量等参数。流量计在废气二噁英类采样装置正常使用状态下使用标准流量计进行校准。推荐使用具有温度、压力校正功能的累计流量计。

6.1.2.5　采样泵：泵的空载抽气流量应不少于 60 L/min，当采样系统负载阻力为 20 kPa 时，流量应不低于 30 L/min。

6.2　前处理装置

样品前处理装置要用碱性洗涤剂和水充分洗净，使用前依次用甲醇（或丙酮）、正己烷（或甲苯或二氯甲烷）等溶剂冲洗，定期进行空白试验。所有接口处严禁使用油脂。

6.2.1　索氏提取器或性能相当的设备。

6.2.2　浓缩装置：旋转蒸发装置、氮吹仪或 K-D 浓缩等装置。

6.2.3　填充柱：内径 8～15 mm，长 200～300 mm 的玻璃填充柱管。

6.3　分析仪器

使用高分辨气相色谱-高分辨质谱法（HRGC-HRMS）对二噁英类进行分析。

6.3.1　高分辨气相色谱：应满足 10.1.1 节要求并具有下述功能：

（1）进样口：具有不分流进样功能，最高使用温度不低于 280℃。也可使用柱上进样或程序升温大体积进样方式。

（2）柱温箱：具有程序升温功能，可在 50～350℃温度区间内进行调节。

（3）毛细管色谱柱：内径 0.10～0.32 mm，膜厚 0.10～0.25 μm，柱长 25～60 m。可对 2,3,7,8-氯代二噁英类化合物进行良好的分离，并能判明这些化合物的色谱峰流出顺序。

（4）载气：高纯氦气，99.999%。

6.3.2　高分辨质谱仪：应为双聚焦磁质谱，满足 10.1.2 节要求并具有下述功能：

（1）具有气质联机接口。

（2）具有电子轰击离子源，电子轰击电压可在 25～70 V 范围调节。

（3）具有选择离子检测功能，并使用锁定质量模式（Lock mass）进行质量校正。

（4）动态分辨率大于 10 000（10%峰谷定义，下同）并至少可稳定 24 h 以上。当使用的内标包含 $^{13}C_{12}$-O_8CDF 时，动态分辨率应大于 12 000。

（5）高分辨状态（分辨率＞10 000）下能够在 1 s 内重复监测 12 个选择离子。

（6）数据处理系统：能够实时采集、记录及存储质谱数据。

7　采样

7.1　环境空气二噁英类采样方法

7.1.1　采样之前对现场进行调查。原则上采样点应位于开阔地带，距可能扰动环境空气流的障碍物至少 2 m 以上。采样器应安装在距离地面 1.5 m 以上的位置。为防止地面扬尘，可在设备附近铺设塑料布或其他隔离物。采样时间应尽量避开大风或下雨天气。

7.1.2　将环境空气二噁英类采样装置运至采样点，连接采样装置并固定。使用实验室用无尘纸将采样装置内采集颗粒物和气溶胶部分的接口处擦干净。将装有 2 个 PUF 的吸附材料充填管安装到采样装置上，把滤膜放在滤膜架上，固定好。

7.1.3　采样前添加采样内标，要求采样内标物质的回收率为 70%～130%，超过此范围要重新采样。

7.1.4　启动采样装置，准备采样。首先设定采样流量，并开始采样。采样开始 5 min 后再次调整流量并记录，在采样结束之前读取流量并记录。若使用了累计流量计，则同时记录总采样体积。

7.1.5　现场测量空气温度、湿度、风速、风向等参数，对采样点周围环境进行描述记录。若采样点周边存在污染源，还应记录污染源名称、排放情况、距离采样点位距离及方位等信息。若采样过程中出现装置故障或其他变化，则应详细记录故障或变化情况以及采取的措施和结果。条件允许时可对采样现场和周边环境拍摄照片。

7.1.6　采样结束后尽量在阴暗处拆卸采样装置，避免外界的污染。将吸附材料充填管密封，装入密实袋中。滤膜采样面向里对折，用铝箔包好后装入密实袋中密封保存。样品应低温保存并尽快送至实验室分析。

7.2　废气二噁英类采样方法

7.2.1　采样之前进行必要的资料收集或现场调查，确认采样现场符合废气二噁英类采样基本要求。

7.2.2　根据烟道断面大小，确定采样点数和位置。开始采样前，预先测定各采样点处的废气温度、水分含量、压力、气流速度等参数，结合所选采样嘴直径，根据 GB/T 16157 计算出等速采样条件下各采样点所需的采样流量。

7.2.3　根据样品采样量和等速采样流量，确定总采样时间及各点采样时间。由于废气采样的特殊性，采样需在一段较长的时间内进行以避免短时间的不稳定工况对采样结果造成影响，一般总采样时间应不少于 2 h。样品采样量还应同时满足方法检出限的要求。

7.2.4　采样前加入采样内标。要求采样内标物质的回收率为 70%～130%，超过此范围要重新采样。

7.2.5 连接废气二噁英类采样装置，检查系统的气密性。

7.2.6 将采样管插入烟道第一采样点处，封闭采样孔，使采样嘴对准气流方向（其与气流方向偏差不得大于 10°），启动采样泵，迅速调节采样流量到第一采样点所需的等速流量值，采样流量与计算的等速流量之间的相对误差应在±10%的范围内。

7.2.7 采样期间当压力、温度有较大变化时，需随时将有关参数输入计算器，重新计算等速采样流量，并调节流量计至所需的等速采样流量。若滤筒阻力增大到无法保持等速采样，则应更换滤筒后继续采样。采样过程中，气相吸附柱应注意避光，并保持在 30℃以下。

7.2.8 第一点采样后，立即将采样管移至第二采样点，迅速调整采样流量到第二采样点所需的等速流量值，继续进行采样。依此类推，顺序在各点采样。

7.2.9 采样结束后，迅速抽出采样管，同时停止采样泵，记录起止时间、累计流量计读数等参数。

7.2.10 拆卸采样装置时应尽量避免阳光直接照射。取出滤筒保存在专用容器中，用水冲洗采样管和连接管，冲洗液与冷凝水一并保存在棕色试剂瓶中。气相吸附柱两端密封后避光保存。样品应尽快送至实验室分析。

8 样品提取

8.1 添加提取内标

一般情况下，应在样品进行提取处理前添加提取内标。如果样品提取液需要分割使用（如样品中二噁英类预期质量浓度过高需要加以控制或者需要预留保存样），提取内标添加量则应适当增加。

8.2 环境空气样品的提取

8.2.1 将滤膜放入索氏提取器中，用甲苯提取 16～24 h。

8.2.2 将 PUF 放入索氏提取器中，用丙酮提取 16～24 h。

8.2.3 将 8.2.1 和 8.2.2 两部分提取液分别进行浓缩，溶剂转换为正己烷，再次浓缩后合并，作为分析样品，进行净化处理。

8.3 废气样品的提取

8.3.1 样品的洗出

8.3.1.1 气相吸附柱：将气相吸附柱中的吸附材料全部倒入烧杯中，转移至洁净的干燥器中充分干燥。

8.3.1.2 滤筒（或滤膜）：将滤筒架中的滤筒（或滤膜）取出，用 2 mol/L 的盐酸处理滤筒（或滤膜）。转动滤筒（或滤膜）使烟尘与盐酸充分接触并观察发泡情况，必要时再添加盐酸，直到不再发泡为止。用布氏漏斗过滤盐酸处理液，并用水充分冲洗滤筒（或滤膜），再用少量甲醇（或丙酮）冲去水分。如滤筒架与滤筒（或滤膜）的连接部有可见灰尘，用水将灰尘冲入布氏漏斗中。将冲洗好的滤筒（或滤膜）放入烧杯中转移至洁净的干燥器中充分干燥。

8.3.1.3 用水、甲醇（或丙酮）冲洗烟枪内壁，将灰尘冲入布氏漏斗中，充分抽滤至干后，将布氏漏斗中的玻璃纤维滤膜放入烧杯中转移至洁净的干燥器中充分干燥。经布氏漏斗过滤得到的处理液进行液液萃取（8.3.2）。

8.3.2 液液萃取

将采样时收集的冷凝水、冲洗液（7.2.10）以及样品洗出时的处理液（8.3.1.3）混合，按照每 1 L 溶液加 100 ml 二氯甲烷的比例，振荡萃取，重复 3 次，萃取液用无水硫酸钠脱水。

8.3.3 样品提取

充分干燥后的吸附材料、滤筒（或滤膜）、滤纸以甲苯为溶剂进行索氏提取 16～24 h。

将该提取液和上述 8.3.2 节的萃取液分别进行浓缩，将溶剂转换为正己烷，再次浓缩后合并作为分析样品，进行净化处理。

可选择使用其他符合提取要求、满足本方法质量保证/质量控制要求的提取装置进行样品的提取。

8.4 样品溶液的分割

可根据样品中二噁英类预期质量浓度的高低分取 25%～100%（整数比例）的样品溶液作为分析样品，剩余样品溶液转移至棕色密封储液瓶中冷藏贮存。

9　样品净化

初步净化可以选择硫酸处理-硅胶柱净化（9.1）或多层硅胶柱净化（9.2）其中之一。进一步净化则可以选择氧化铝柱净化（9.3）或活性炭硅胶柱净化（9.4）其中之一。对于共存干扰较多的样品也可以组合使用多种净化步骤。

9.1　硫酸处理-硅胶柱净化

9.1.1　将样品溶液用浓缩器浓缩至 1～2 ml。

9.1.2　将样品溶液浓缩液用 50～150 ml 正己烷洗入分液漏斗，每次加入适量（10～20 ml）浓硫酸，轻微振荡，静置分层，弃去硫酸层。根据硫酸层颜色的深浅重复操作 1～3 次。

9.1.3　正己烷层每次加入适量的水洗涤，重复洗至中性。正己烷层经无水硫酸钠脱水后，用浓缩器浓缩至 1～2 ml。

9.1.4　填充柱底部垫一小团石英棉，用 10 ml 正己烷冲洗内壁。在烧杯中加入 3 g 硅胶和 10 ml 正己烷，用玻璃棒缓缓搅动赶掉气泡，倒入填充柱，让正己烷流出，待硅胶层稳定后，再填充约 10 mm 厚的无水硫酸钠，用正己烷冲洗管壁上的硫酸钠粉末。

9.1.5　用 50 ml 正己烷淋洗硅胶柱，然后将浓缩液定量转移到硅胶柱上。用 150 ml 正己烷淋洗，调节淋洗速度约为 2.5 ml/min（大约 1 滴/s）。

9.1.6　洗出液浓缩至 1～2 ml。

9.2　多层硅胶柱净化

9.2.1　将样品溶液用浓缩器浓缩至 1～2 ml。

9.2.2　在填充柱底部垫一小团石英棉，用 10 ml 正己烷冲洗内壁。依次装填无水硫酸钠 4 g，硅胶 0.9 g，2%氢氧化钾硅胶 3 g，硅胶 0.9 g，44%硫酸硅胶 4.5 g，22%硫酸硅胶 6 g，硅胶 0.9 g，10%硝酸银硅胶 3 g，无水硫酸钠 6 g，用 100 ml 正己烷淋洗硅胶柱。

9.2.3　将样品溶液浓缩液定量转移到多层硅胶柱上。

9.2.4　用 200 ml 正己烷淋洗，调节淋洗速度约为 2.5 ml/min（大约 1 滴/s）。

9.2.5　洗出液浓缩至 1～2 ml。

若多层硅胶柱颜色加深较多，应重复上述 9.2.1～9.2.5 节净化操作。

9.3　氧化铝柱净化

氧化铝柱净化是为了进一步去除样品中可能存在的干扰成分。

9.3.1　在填充柱底部垫一小团石英棉，用 10 ml 正己烷冲洗内壁。在烧杯中加入 10 g 氧化铝和 10 ml 正己烷，用玻璃棒缓缓搅动赶掉气泡，倒入填充柱，让正己烷流出，待氧化铝层稳定后，再填充约 10 mm 厚的无水硫酸钠，用正己烷冲洗管壁上的硫酸钠粉末。用 50 ml 正己烷淋洗氧化铝柱。

9.3.2　将经过初步净化的样品浓缩液定量转移到氧化铝柱上。首先用 100 ml 的 2%二氯甲烷-正己烷溶液淋洗，调节淋洗速度约为 2.5 ml/min（大约 1 滴/s）。洗出液为第一组分。

9.3.3　用 150 ml 的 50%二氯甲烷-正己烷溶液淋洗氧化铝柱（淋洗速度约为 2.5 ml/min），得到的洗出液为第二组分，该组分含有分析对象二噁英类。

9.3.4　将第二组分洗出液浓缩至 1～2 ml。

9.4　活性炭硅胶柱净化

活性炭硅胶柱净化可以取代氧化铝柱净化。

9.4.1　在填充柱底部垫一小团石英棉，用 10 ml 正己烷冲洗内壁。干法填充约 10 mm 厚的无水硫酸钠和 1.0 g 活性炭硅胶。注入 10 ml 正己烷，敲击填充柱赶掉气泡，再填充约 10 mm 厚的无水硫酸钠，用正己烷冲洗管壁上的硫酸钠粉末。用 20 ml 正己烷淋洗硅胶柱。

9.4.2 将经过初步净化的样品浓缩液定量转移到活性炭硅胶柱上。首先用 200 ml 的 25%二氯甲烷-正己烷溶液淋洗，调节淋洗速度约为 2.5 ml/min（大约 1 滴/s）。洗出液为第一组分。

9.4.3 用 200 ml 甲苯淋洗活性炭硅胶柱（淋洗速度约为 2.5 ml/min），得到的洗出液为第二组分，该组分含有分析对象二噁英类。

9.4.4 将第二组分洗出液浓缩至 1～2 ml。

9.5 其他样品净化方法

可以使用凝胶渗透色谱（GPC）、高压液相色谱（HPLC）、自动样品处理装置以及其他净化方法或装置等进行样品的净化处理。使用前应用标准样品或标准溶液进行分离和净化效果试验，并确认满足本方法质量控制/质量保证要求。

9.6 上机样品制备

9.6.1 样品的浓缩

由 9.3.4 节或 9.4.4 节所得的第二组分洗出液用高纯氮吹除多余的溶剂，浓缩至微湿。

9.6.2 添加进样内标

添加 0.4～2.0 ng 进样内标（5.11），加入壬烷（或癸烷、甲苯）定容至适当体积，使进样内标质量浓度与制作相对响应因子的标准曲线进样内标质量浓度相同，转移至进样瓶后作为最终分析样品。

10 仪器分析

10.1 仪器条件

10.1.1 高分辨气相色谱条件设定

选择适当操作条件来分离 2,3,7,8-氯代二噁英类化合物，推荐条件为：

进样方式：不分流进样 1 μl；

进样口温度：270℃；

载气流量：1.0 ml/min；

色质接口温度：270℃；

色谱柱：固定相 5%苯基 95%聚甲基硅氧烷，柱长 60 m，内径 0.25 mm，膜厚 0.25 μm；

程序升温：初始温度 140℃，保持 1 min 后以 20℃/min 的速度升温至 200℃，停留 1 min 后以 5℃/min 的速度升温至 220℃，停留 16 min 后以 5℃/min 的速度升温至 235℃后停留 7 min，以 5℃/min 的速度升温至 310℃停留 10 min。

也可使用其他操作条件，参见附录 D。

10.1.2 高分辨质谱条件设定

设置仪器满足如下条件，并使用标准溶液或标准参考物质确认保留时间窗口。

10.1.2.1 使用 SIM 法选择待测化合物的两个监测峰离子进行监测，如表 3 所示（$^{37}Cl_4$-T_4CDD 仅有一个监测峰离子）。

10.1.2.2 导入质量校准物质（PFK）得到稳定的响应后，优化质谱仪器参数使得表 3 中各质量数范围内 PFK 峰离子的分辨率大于 10 000，当使用的内标包含 $^{13}C_{12}$-O_8CDF 时，分辨率应大于 12 000。

10.2 质量校正

仪器分析开始前需进行质量校正。监测表 3 中各质量数范围内 PFK 峰离子的荷质比及分辨率，分辨率应全部达到 10 000 以上，通过锁定质量模式进行质量校正。校正过程完成后保存质量校正文件。

10.3 SIM 检测

10.3.1 按 10.1 节要求设置高分辨气相色谱-高分辨质谱联用仪条件。

10.3.2 注入 PFK，响应稳定后，按 10.1 节及 10.2 节要求进行仪器调谐与质量校正后分析最终分析样品。

每 12 h 对分辨率及质量校正进行验证。不符合 10.1 节及 10.2 节要求时应重新进行调谐及质量校正。

10.3.3 完成测定后，取得各监测离子的色谱图，确认 PFK 峰离子丰度差异小于 20%，检查是否存在干扰以及 2,3,7,8-氯代二噁英类的分离效果，最后进行数据处理。按各化合物的离子荷质比记录谱图。

表 3 质量数设定（监测离子和锁定质量数）

同类物	M^+	$(M+2)^+$	$(M+4)^+$
T_4CDDs	319.8965	321.8936	
P_5CDDs		355.8546	357.8517*
H_6CDDs		389.8157	391.8127*
H_7CDDs		423.7767	425.7737
O_8CDD		457.7377	459.7348
T_4CDFs	303.9016	305.8987	
P_5CDFs		339.8597	341.8568
H_6CDFs		373.8207	375.8178
H_7CDFs		407.7818	409.7788
O_8CDF		441.7428	443.7398
$^{13}C_{12}$-T_4CDDs	331.9368	333.9339	
$^{37}Cl_4$-T_4CDD	327.8847		
$^{13}C_{12}$-P_5CDDs		367.8949	369.8919
$^{13}C_{12}$-H_6CDDs		401.8559	403.8530
$^{13}C_{12}$-H_7CDDs		435.8169	437.8140
$^{13}C_{12}$-O_8CDD		469.7780	471.7750
$^{13}C_{12}$-T_4CDFs	315.9419	317.9389	
$^{13}C_{12}$-P_5CDFs		351.9000	353.8970
$^{13}C_{12}$-H_6CDFs	383.8369	385.8610	
$^{13}C_{12}$-H_7CDFs	417.8253	419.8220	
$^{13}C_{12}$-O_8CDF	451.7860	453.7830	
PFK（Lock mass）		292.9825（四氯代二噁英类定量用）	
		354.9792（五氯代二噁英类定量用）	
		392.9760（六氯代二噁英类定量用）	
		430.9729（七氯代二噁英类定量用）	
		442.9729（八氯代二噁英类定量用）	
注：* 可能存在 PCBs 干扰。			

10.4 相对响应因子制作

10.4.1 标准溶液测定

标准溶液质量浓度序列应有 5 种以上质量浓度，对每个质量浓度应重复 3 次进样测定。

10.4.2 离子丰度比确认

标准溶液中化合物对应的两个监测离子的离子丰度比应与理论离子丰度比（见表 4）大体一致，变化范围应在±15%以内。

10.4.3 信噪比确认

标准溶液质量浓度序列中最低质量浓度的化合物信噪比（S/N）应大于 10。取谱图基线测量值标准偏差的 2 倍作为噪声值 N。也可以取噪声最大值和最小值之差的 2/5 作为噪声值 N。以噪声中线为基准，到峰顶的高度为峰高（信号 S）。

10.4.4 相对响应因子

与各质量浓度点待测化合物相对应的提取内标的相对响应因子（RRF_{es}）由式（1）算出，并计算其平均值和相对标准偏差，相对标准偏差应在±20%以内，否则应重新制作校准曲线。

表 4　根据氯原子同位素丰度比推算的理论离子丰度比

	M	M+2	M+4	M+6	M+8	M+10	M+12	M+14
T_4CDDs	77.43	100.00	48.74	10.72	0.94	0.01		
P_5CDDs	62.06	100.00	64.69	21.08	3.50	0.25		
H_6CDDs	51.79	100.00	80.66	34.85	8.54	1.14	0.07	
H_7CDDs	44.43	100.00	96.64	52.03	16.89	3.32	0.37	0.02
O_8CDD	34.54	88.80	100.00	64.48	26.07	6.78	1.11	0.11
T_4CDFs	77.55	100.00	48.61	10.64	0.92			
P_5CDFs	62.14	100.00	64.57	20.98	3.46	0.24		
H_6CDFs	51.84	100.00	80.54	34.72	8.48	1.12	0.07	
H_7CDFs	44.47	100.00	96.52	51.88	16.80	3.29	0.37	0.02
O_8CDF	34.61	88.89	100.00	64.39	25.98	6.74	1.10	0.11

注：（1）M 表示质量数最低的同位素；
（2）以最大离子丰度作为 100%。

$$RRF_{es}=\frac{Q_{es}}{Q_s}\times\frac{A_s}{A_{es}} \quad (1)$$

式中：Q_{es} —— 标准溶液中提取内标物质的绝对量，pg；
Q_s —— 标准溶液中待测化合物的绝对量，pg；
A_s —— 标准溶液中待测化合物的监测离子峰面积之和；
A_{es} —— 标准溶液中提取内标物质的监测离子峰面积之和。

同样，分别用式（2）和式（3）计算提取内标相对于进样内标以及采样内标相对于提取内标的相对响应因子 RRF_{rs} 和 RRF_{ss}。

$$RRF_{rs}=\frac{Q_{rs}}{Q_{es}}\times\frac{A_{es}}{A_{rs}} \quad (2)$$

式中：Q_{rs} —— 标准溶液中进样内标物质的绝对量，pg；
Q_{es} —— 标准溶液中提取内标物质的绝对量，pg；
A_{es} —— 标准溶液中提取内标物质的监测离子峰面积之和；
A_{rs} —— 标准溶液中进样内标物质的监测离子峰面积之和。

$$RRF_{ss}=\frac{Q_{es}}{Q_{ss}}\times\frac{A_{ss}}{A_{es}} \quad (3)$$

式中：Q_{es} —— 标准溶液中提取内标物质的绝对量，pg；
Q_{ss} —— 标准溶液中采样内标物质的绝对量，pg；
A_{ss} —— 标准溶液中采样内标物质的监测离子峰面积之和；
A_{es} —— 标准溶液中提取内标物质的监测离子峰面积之和。

10.5　样品测定

取得相对响应因子之后，对处理好的最终分析样品按下述步骤测定：

10.5.1　标准溶液确认

选择中间质量浓度的标准溶液，按一定周期或频次（每 12 h 或每批样品至少 1 次）测定。质量浓度变化不应超过±35%，否则应查找原因，重新测定或重新制作相对响应因子。

10.5.2　测定样品

将空白样品和最终分析样品按照 10.3 节所述的程序进行测定，得到二噁英类各监测离子的色谱图。

11　数据处理

11.1　色谱峰确认

11.1.1 进样内标的确认

分析样品中进样内标的峰面积应不低于标准溶液中进样内标峰面积的 70%。否则应查找原因，重新测定。

11.1.2 色谱峰确认

在色谱图上，对信噪比 S/N 大于 3 以上的色谱峰视为有效峰。

11.1.3 峰面积：对 11.1.2 节中确认的色谱峰进行峰面积计算。

11.2 定性

11.2.1 二噁英类同类物

二噁英类同类物的两个监测离子在指定保留时间窗口内同时存在，且其离子丰度比与表 4 所列理论离子丰度比一致，相对偏差小于 15%。同时满足上述条件的色谱峰定性为二噁英类物质。

11.2.2 2,3,7,8-氯代二噁英类

除满足 11.2.1 节部分要求外，色谱峰的保留时间应与标准溶液一致（±3s 以内），同时内标物质的相对保留时间亦与标准溶液一致（±0.5%以内）。同时满足上述条件的色谱峰定性为 2,3,7,8-氯代二噁英类。

11.3 定量

11.3.1 采用内标法计算分析样品中被检出的二噁英类化合物的绝对量（Q），按式（4）计算 2,3,7,8-氯代二噁英类的 Q。对于非 2,3,7,8-氯代二噁英类，采用具有相同氯原子取代数的 2,3,7,8-氯代二噁英类 RRF_{es} 均值计算。

$$Q=\frac{A}{A_{es}}\times\frac{Q_{es}}{RRF_{es}} \tag{4}$$

式中：Q —— 分析样品中待测化合物的量，ng；

A —— 色谱图上待测化合物的监测离子峰面积之和；

A_{es}—— 提取内标的监测离子峰面积之和；

Q_{es}—— 提取内标的添加量，ng；

RRF_{es} ——待测化合物相对提取内标的相对响应因子。

11.3.2 根据所计算的各同类物的 Q，用式（5）计算出气体样品中的待测化合物质量浓度，结果修约为 2 位有效数字。

$$\rho=\frac{Q}{V_{sd}} \tag{5}$$

式中：ρ—— 样品中待测化合物的质量浓度，对于环境空气样品（标准状态）单位为 pg/m^3，对于废气样品（标准状态）单位为 ng/m^3；

Q —— 分析样品中待测化合物的总量，ng；

V_{sd} —— 气体样品量（标准状态），m^3。

对废气样品要进行氧气质量浓度校正，用实测质量浓度ρ_i代入式（6）求出换算质量浓度。

$$\rho=\frac{21-\varphi_n(O_2)}{21-\varphi_s(O_2)}\times\rho_i \tag{6}$$

式中：ρ —— 二噁英类换算质量浓度（标准状态），ng/m^3；

φ_n（O_2）—— 换算氧气体积分数，11%；

φ_s（O_2）—— 废气中的氧气体积分数，%[若废气中氧气体积分数超过 20%，则取φ_s（O_2）=20]；

ρ_i —— 废气中的二噁英类实测质量浓度（标准状态），ng/m^3。

11.4 回收率确认

11.4.1 提取内标的回收率

根据提取内标峰面积与进样内标峰面积的比值以及对应的相对响应因子（RRF_{rs}）均值，按照式（7）

计算提取内标的回收率。当表 5 所列内标物质用作提取内标时，回收率应在规定的范围之内，否则应查找原因，重新进行提取和净化操作。

表 5 提取内标回收率

氯原子取代数	内标	范围	内标	范围
四氯	$^{13}C_{12}$-2,3,7,8-T_4CDD	25%～164%	$^{13}C_{12}$-2,3,7,8-T_4CDF	24%～169%
五氯	$^{13}C_{12}$-1,2,3,7,8-P_5CDD	25%～181%	$^{13}C_{12}$-1,2,3,7,8-P_5CDF	24%～185%
			$^{13}C_{12}$-2,3,4,7,8-P_5CDF	21%～178%
六氯	$^{13}C_{12}$-1,2,3,4,7,8-H_6CDD	32%～141%	$^{13}C_{12}$-1,2,3,4,7,8-H_6CDF	32%～141%
	$^{13}C_{12}$-1,2,3,6,7,8-H_6CDD	28%～130%	$^{13}C_{12}$-1,2,3,6,7,8-H_6CDF	28%～130%
			$^{13}C_{12}$-2,3,4,6,7,8-H_6CDF	28%～136%
			$^{13}C_{12}$-1,2,3,7,8,9-H_6CDF	29%～147%
七氯	$^{13}C_{12}$-1,2,3,4,6,7,8-H_7CDD	23%～140%	$^{13}C_{12}$-1,2,3,4,6,7,8-H_7CDF	28%～143%
			$^{13}C_{12}$-1,2,3,4,7,8,9-H_7CDF	26%～138%
八氯	$^{13}C_{12}$-O_8CDD	17%～157%		

$$R=\frac{A_{es}}{A_{rs}}\times\frac{Q_{rs}}{RRF_{rs}}\times\frac{100\%}{Q_{es}} \tag{7}$$

式中：R —— 提取内标回收率，%；

A_{es} —— 提取内标的监测离子峰面积之和；

A_{rs} —— 进样内标的监测离子峰面积之和；

Q_{rs} —— 进样内标的添加量，ng；

RRF_{rs} ——提取内标相对于进样内标的相对响应因子；

Q_{es} —— 提取内标的添加量，ng。

11.4.2 采样内标的回收率

根据采样内标峰面积与提取内标峰面积的比以及对应的相对响应因子（RRF_{ss}），按照式（8）计算采样内标的回收率，并确认采样内标的回收率在 70%～130%的范围之内。

$$R_s=\frac{A_{ss}}{A_{es}}\times\frac{Q_{es}}{RRF_{ss}}\times\frac{100\%}{Q_{ss}} \tag{8}$$

式中：R_s —— 采样内标回收率，%；

A_{ss} —— 采样内标的监测离子峰面积之和；

A_{es} —— 提取内标的监测离子峰面积之和；

Q_{es} —— 提取内标的添加量，ng；

RRF_{ss} —— 采样内标相对于提取内标的相对响应因子；

Q_{ss} —— 采样内标的添加量，ng。

11.5 检出限

11.5.1 仪器检出限

选择制作相对响应因子的系列质量浓度标准溶液中最低质量浓度的标准溶液进行 5 次以上重复测定，对溶液中 2,3,7,8-氯代二噁英类进行定量，计算测定值的标准偏差 S，取标准偏差的 3 倍（3S），修约为 1 位有效数字作为仪器检出限。仪器检出限限值规定为四氯～五氯代二噁英类 0.1 pg，六氯～七氯代二噁英类 0.2 pg，八氯代二噁英类 0.5 pg。当测得仪器检出限高于限值时，应查找原因，重新测定使其满足标准限值的要求。实验室应定期对仪器的检出限进行检验和确认。

11.5.2 方法检出限

使用与实际采样操作相同的采样材料和试剂（如吸收液、吸附剂、滤筒等），按照本方法进行提取，提取液中添加标准物质，添加量为仪器检出限的 3～10 倍；进行与样品处理相同的净化、仪器分析、定性和定量。重复上述操作空白测定共计 5 次，计算测定值的标准偏差，取标准偏差的 3 倍，结果修约为 1 位有效数字作为方法检出限。

11.5.3 样品检出限

根据式（9）计算样品检出限。要求样品检出限达到评价质量浓度的 1/10 以下。

$$\rho_{DL}=\frac{D_L}{1\,000}\times\frac{1}{V_{sd}} \tag{9}$$

式中：ρ_{DL} —— 样品检出限（标准状态），ng/m^3；

D_L —— 方法检出限，pg；

V_{sd} —— 气体样品量（标准状态），m^3。

12 报告

12.1 报告格式

结果报告宜采用表格的形式，表中应包括测定对象、实测质量浓度、换算质量浓度（含氧量换算）、所采用的毒性当量因子以及毒性当量（TEQ）质量浓度等内容，参见附录 E。

12.2 测定对象

测定对象包括各个 2,3,7,8-氯代二噁英类、四氯～八氯代二噁英类（T_4CDDs～O_8CDD 和 T_4CDFs～O_8CDF）的同类物及其总和（表 6）。

表 6 二噁英类测定对象的表示方法

氯原子取代数	PCDDs		PCDFs	
四氯	T_4CDDs	2,3,7,8-T_4CDD T_4CDDs 总量	T_4CDFs	2,3,7,8-T_4CDF T_4CDFs 总量
五氯	P_5CDDs	1,2,3,7,8-P_5CDD P_5CDDs 总量	P_5CDFs	1,2,3,7,8-P_5CDF 2,3,4,7,8-P_5CDF P_5CDFs 总量
六氯	H_6CDDs	1,2,3,4,7,8-H_6CDD 1,2,3,6,7,8-H_6CDD 1,2,3,7,8,9-H_6CDD H_6CDDs 总量	H_6CDFs	1,2,3,4,7,8-H_6CDF 1,2,3,6,7,8-H_6CDF 1,2,3,7,8,9-H_6CDF 2,3,4,6,7,8-H_6CDF H_6CDFs 总量
七氯	H_7CDDs	1,2,3,4,6,7,8-H_7CDD H_7CDDs 总量	H_7CDFs	1,2,3,4,6,7,8-H_7CDF 1,2,3,4,7,8,9-H_7CDF H_7CDFs 总量
八氯	O_8CDD	1,2,3,4,6,7,8,9-O_8CDD	O_8CDF	1,2,3,4,6,7,8,9-O_8CDF
Σ（四氯～八氯）	PCDDs 总量		PCDFs 总量	
	Σ（PCDDs+PCDFs）			

12.3 计算

12.3.1 实测质量浓度

大于样品检出限的二噁英类同类物质量浓度直接记录，低于样品检出限的质量浓度记为 N.D.（低于样品检出限）。同类物总量质量浓度根据各异构体质量浓度累加计算，二噁英类总量质量浓度则根据各同类物质量浓度累加计算。

12.3.2 毒性当量（TEQ）质量浓度

2,3,7,8-氯代二噁英类的实测质量浓度进一步换算为毒性当量（TEQ）质量浓度，毒性当量（TEQ）质量浓度为实测质量浓度与该同类物的毒性当量因子（表 7）的乘积。对于低于样品检出限的测定结果如无特别指明，使用样品检出限的 1/2 计算毒性当量（TEQ）质量浓度。

表 7 二噁英类的毒性当量因子（TEF）

二噁英类		WHO-TEF（2005）	I-TEF
PCDDs	2,3,7,8-T_4CDD	1	1
	1,2,3,7,8-P_5CDD	1	0.5
	1,2,3,4,7,8-H_6CDD	0.1	0.1
	1,2,3,6,7,8-H_6CDD	0.1	0.1
	1,2,3,7,8,9-H_6CDD	0.1	0.1
	1,2,3,4,6,7,8-H_7CDD	0.01	0.01
	O_8CDD	0.000 3	0.001
	其他 PCDDs	0	0
PCDFs	2,3,7,8-T_4CDF	0.1	0.1
	1,2,3,7,8-P_5CDF	0.03	0.05
	2,3,4,7,8-P_5CDF	0.3	0.5
	1,2,3,4,7,8-H_6CDF	0.1	0.1
	1,2,3,6,7,8-H_6CDF	0.1	0.1
	1,2,3,7,8,9-H_6CDF	0.1	0.1
	2,3,4,6,7,8-H_6CDF	0.1	0.1
	1,2,3,4,6,7,8-H_7CDF	0.01	0.01
	1,2,3,4,7,8,9-H_7CDF	0.01	0.01
	O_8CDF	0.000 3	0.001
	其他 PCDFs	0	0

12.3.3 质量浓度单位

环境空气样品的实测质量浓度单位以 pg/m^3 表示，毒性当量（TEQ）质量浓度单位以 pg/m^3 表示；废气样品的实测质量浓度单位以 ng/m^3 表示，毒性当量（TEQ）质量浓度单位以 ng/m^3 表示。在没有特别注明的情况下，均指标准状况下的质量浓度。

12.3.4 数值修约与表达

报告检出限按数值修约规则 GB/T 8170 修约为 1 位有效数字。质量浓度结果位数应不多于检出限位数，按数值修约规则 GB/T 8170 修约为 2 位或 1 位有效数字。

可以根据监测的要求使用不同的 TEF 来计算二噁英类毒性当量（TEQ）质量浓度，在监测报告中须注明使用的 TEF 的版本。

13 质量控制和质量保证

使用本方法的实验室应具备合乎要求的样品分析能力、标准物质和空白操作以及数据评价和质量控制能力，所有分析结果应符合本方法所规定的质量保证要求。

13.1 数据可靠性保证

13.1.1 内标回收率

13.1.1.1 采样内标的回收率：应对采样内标的回收率进行确认，采样内标的回收率应在 70%～130%

的范围。若采样内标的回收率不符合规定的范围，应查找原因，重新进行采样。

13.1.1.2　提取内标的回收率：必须始终对提取内标的回收率进行确认。若提取内标的回收率不符合表5规定的范围，应查找原因，重新进行提取和净化操作。

13.1.2　检出限确认

针对二噁英类分析的特殊性，本方法规定了三种检出限，即仪器检出限、方法检出限和样品检出限。应对三种检出限进行检验和确认。

13.1.2.1　仪器检出限：定期进行检查和调谐仪器，当改变测量条件时应重新确认仪器检出限。

13.1.2.2　方法检出限：应定期检查和确认方法检出限，特别是当样品制备或测试条件改变时，必须检验和确认方法检出限。应当注意，不同的实验条件或操作人员可能得到不同的方法检出限。

13.1.2.3　样品检出限：样品检出限应低于评价对象质量浓度的1/10。对每一个样品都要计算样品检出限。如果评价对象的排放标准或质量标准中规定了分析方法的检出限，则本方法的样品检出限应达到其规定要求。

13.1.3　空白实验

空白实验分为三种：操作空白、试剂空白、运输空白。操作空白用来检查样品制备过程的污染程度；试剂空白监视分析仪器的污染情况；运输空白是对从采样、送样到仪器分析的全过程的污染检验。

13.1.3.1　操作空白：操作空白实验的目的是为了建立一个不受污染干扰的分析环境。操作空白除不使用实际样品外，按照与样品分析相同的操作步骤进行样品制备、前处理、净化、仪器分析和数据处理，操作空白应低于评价质量浓度的1/10。在样品制备过程有重大变化时（如使用新的试剂或仪器设备，或者仪器维修后再次使用时）或样品间可能存在交叉污染时（如高质量浓度样品）应进行操作空白的分析。

13.1.3.2　试剂空白：任何样品的仪器分析都应该同时分析待测样品溶液所使用的溶剂作为试剂空白。所有试剂空白测试结果应低于方法检出限。

13.1.3.3　运输空白：运输空白实验的目的是检查从准备采样到样品分析过程中存在的污染情况。按照本标准的规定准备采样材料和溶液并带至采样现场，但是不进行实际采样操作；带回实验室并完成其余分析步骤，所得结果为运输空白。运输空白实验的频度约为采样总数的10%。对于环境空气样品，每次采样都要进行运输空白实验。空白值较低时，污染可忽略不计。运输空白值较高时，如果样品实测值远大于运输空白值（例如规定两者相差2个数量级以上），则可以从样品实测值中扣除运输空白值。而如果运输空白值接近甚至大于样品实测值，则被认为是分析失误或操作异常，应查找污染原因，消除污染后重新采样分析。

13.1.4　平行实验

用2台仪器同时采集相同的气体，得到平行样品。有条件时平行实验频度取样品总数的10%左右。对于17种2,3,7,8-氯代二噁英类，大于检出限3倍以上的平行实验结果取平均值，单次平行实验结果应在平均值的±30%以内。

如果条件不许可，可以省略平行样品的采集这一步。条件许可时，也不要求每次都进行平行实验。

13.1.5　标准溶液

标准溶液应当装在密封的玻璃容器中避光冷藏保存，以避免由于溶剂挥发引起的质量浓度变化。建议在每次使用前后称量并记录标准溶液的重量。

13.2　操作要求

13.2.1　采样

13.2.1.1　采样器材的准备和保存：采样设备和材料（过滤材料、吸附材料等）应当在使用之前充分洗净。过滤及吸附材料应贮存在密闭容器中以避免污染。

13.2.1.2　采样器的安装和使用：安装工具和采样器部件应冲洗干净以减少引起污染的可能性。应固定好所有组件，检查仪器密闭状态，确保操作时无泄漏。

13.2.1.3 气体流量计：应保证气体流量计达到方法的精确度要求，并且定期校准。

13.2.1.4 样品的代表性：应根据相应样品的采样标准或规范确认样品的代表性。废气采样应当避开采样对象的不稳定工作阶段，最好在工作条件稳定 1 h 后开始采样。

如果采样过程中出现故障或其他变化，则应详细记录故障或变化情况以及采取的措施和效果。

13.2.1.5 样品的贮存和运输：采集到的样品应被贮存在密闭容器内以避免损失或被周围环境所污染。样品运输或贮存时应避光，应冷藏贮存。

13.2.2 样品制备

样品制备过程中应注意以下事项：

13.2.2.1 样品的提取：对于液相样品的萃取，应严格掌握液液萃取条件，确保萃取发生在目标溶剂层。对于应用索氏提取的固体样品，在索氏提取之前应得到充分干燥（在干净的干燥器中风干）。有条件时应选择带有水分分离功能的索氏提取器。

13.2.2.2 硫酸处理-硅胶柱净化或多层硅胶柱净化：应确认淋洗后的样品溶液无明显着色。改变净化柱的填充材料的类型或用量时，以及改变淋洗溶剂的种类或用量时，应通过制作淋洗曲线等方法优化实验条件，避免样品中的二噁英类在净化过程中的损失。

13.2.2.3 氧化铝柱净化：在氧化铝活性较低时，可能发生 1,3,6,8-T_4CDD 和 1,3,6,8-T_4CDF 被淋洗到第一组分以及第二组分中的 O_8CDD 和 O_8CDF 未被淋洗出来等异常情况。生产批次以及开启封口后的贮存时间和贮存条件的不同对氧化铝的活性会产生较大影响。上述问题产生时，应通过制作淋洗曲线等方法优化实验条件。

13.2.2.4 活性炭柱净化：活性炭硅胶使用前应通过制作淋洗曲线等方法确认分离效果，优化实验条件。

13.2.3 定性和定量

13.2.3.1 气相色谱：应定期确认响应因子是否稳定、待测化合物的保留时间是否在合理的范围内以及色谱峰是否能够有效分离。如果出现异常，可以尝试把色谱柱的一端或两端截掉 10～30 cm 或重新老化色谱柱；如果问题仍没有解决，则应更换新的色谱柱。

13.2.3.2 质谱仪：用质量校准物质（PFK）调谐并进行质量校正，确认动态分辨率满足要求。定期检查并记录仪器的基本参数。

13.2.3.3 参数设置：根据标准溶液的色谱峰保留时间对时间窗口进行分组，使得待测化合物以及相应内标的色谱峰在适当的时间窗口中出现。每组时间窗口中的选择离子的检测周期应小于 1 s。

13.2.3.4 仪器的维护：为保证气相色谱-质谱联用仪的工作性能，应定期检查和维护 HRGC-HRMS 系统，定期清洗和更换进样口以及离子源等易受到污染的部件。

13.2.3.5 仪器稳定性：定期测定并计算相对响应因子，同使用的相对响应因子值比较，变化范围应在±35%范围内，否则应查找原因，重新制作相对响应因子。

13.2.4 玻璃器皿的清洗

使用过的玻璃器皿应及时清洗。使用中性或碱性洗涤剂清洗玻璃器皿，再用清水及水充分冲洗玻璃器皿内、外壁，在洁净的空间中使其晾干。若使用烘箱进行烘干，注意要使用专用烘箱（即该烘箱只用于烘干玻璃器皿，不用于其他分析操作），烘箱设定温度不宜过高以免玻璃器皿表面产生活性点对目标化合物进行吸附。用于分析高、低质量浓度样品的玻璃器具应分别在不同的清洗器中进行清洗，避免交叉污染。

13.3 分析记录

记录、整理并保存下列信息：

13.3.1 采样工具、采样材料和试剂的准备、处理和贮存条件等。

13.3.2 采样记录：包括采样日期、采样方法、采样点位信息、采样量、样品编号及名称等信息。

13.3.3 样品处理：包括分析时间、提取和净化、提取液分取比例、内标添加记录等信息。

13.3.4　分析仪器记录：包括仪器调谐、操作条件等信息。

13.3.5　质控记录：内标回收率、空白结果等。

13.3.6　结果报告

13.3.7　色谱文件、数据计算表格等电子文档。

13.4　质量管理报告

记录下列与质量管理有关的信息，必要时提交含有这些数据的报告。

13.4.1　气体流量计的校准和溯源。

13.4.2　气相色谱-质谱联用仪的例行检查、调谐和校准记录。

13.4.3　标准物质的生产商和溯源。

13.4.4　检出限结果及确认。

13.4.5　空白实验结果及确认。

13.4.6　回收率结果及确认。

13.4.7　分析操作的原始记录（全过程）。

14　废物处理

14.1　实验室应遵守各级管理部门的废物管理法律规定，避免废物排放对周边环境的污染。

14.2　气相色谱分流口及质谱机械泵废气应通过活性炭柱、含油或高沸点醇的吸收管排出。

14.3　实验过程中产生的含酸废液应集中收集处理。

14.4　液体及可溶性废弃物可溶解于甲醇或乙醇中并以紫外灯（波长低于 290 nm）照射处理，若无二噁英类检出可按普通废物处置。

14.5　二噁英类在 800℃以上可以有效降解。口罩、橡胶手套和滤纸等低质量浓度水平废弃物可委托具有资质的设施进行焚化处置。

14.6　实验室产生的废弃物属于危险废物时，按有关法律规定进行处置。

15　注意事项

本方法中提及的试剂及化合物具有一定健康风险，应尽量减少分析人员对这些化合物的暴露。

15.1　分析人员应了解二噁英类分析操作以及相关的风险，并接受相关的专业培训。建议实验室的分析人员定期进行日常体检。

15.2　实验室应选用可直接使用的低质量浓度标准物质，减少或避免对高质量浓度标准物质的操作。

15.3　实验室应配备手套、试验服、安全眼镜、面具、通风橱等保护措施。

附 录 A
（规范性附录）
二噁英类分析流程图

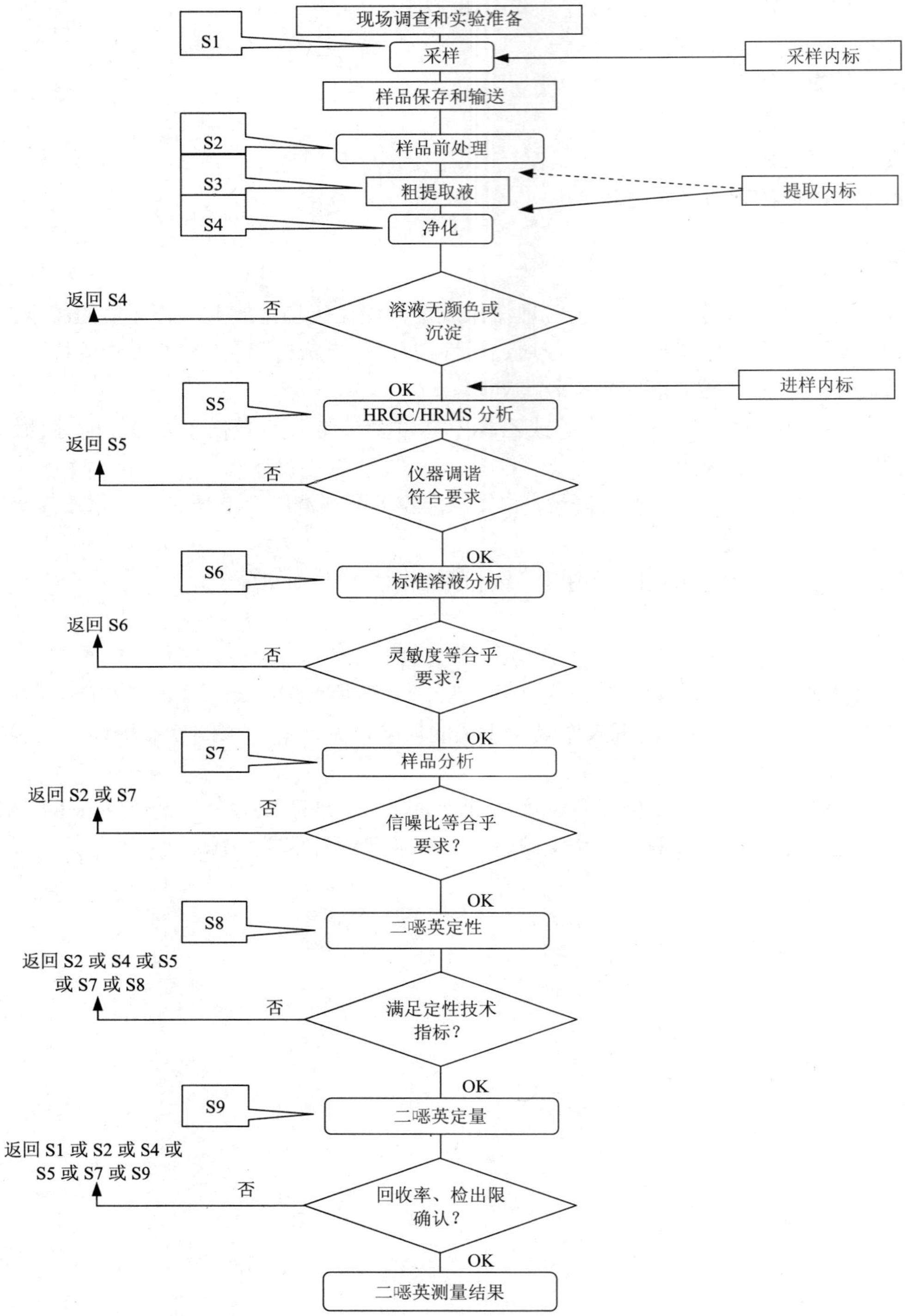

附 录 B
（资料性附录）
二噁英类内标物质使用举例

内标物质	例 1			例 2			例 3			例 4		
	采样内标	提取内标	进样内标	采样内标	提取内标	进样内标	采样内标	提取内标	进样内标	采样内标	提取内标	进样内标
$^{13}C_{12}$-1,2,7,8-T_4CDF				○								
$^{13}C_{12}$-2,3,7,8-T_4CDF		○			○			○			○	
$^{13}C_{12}$-1,2,3,4-T_4CDD			○			○			○			○
$^{13}C_{12}$-2,3,7,8-T_4CDD		○			○			○			○	
$^{13}C_{12}$-1,2,3,7,8-P_5CDF	○				○			○			○	
$^{13}C_{12}$-2,3,4,7,8-P_5CDF		○						○		○		
$^{13}C_{12}$-1,2,3,7,8-P_5CDD		○			○			○			○	
$^{13}C_{12}$-1,2,3,4,7,8-H_6CDF		○						○		○		
$^{13}C_{12}$-1,2,3,6,7,8-H_6CDF		○			○			○			○	
$^{13}C_{12}$-1,2,3,7,8,9-H_6CDF	○							○				
$^{13}C_{12}$-2,3,4,6,7,8-H_6CDF		○						○				
$^{13}C_{12}$-1,2,3,4,7,8-H_6CDD		○						○		○		
$^{13}C_{12}$-1,2,3,6,7,8-H_6CDD		○			○			○			○	
$^{13}C_{12}$-1,2,3,7,8,9-H_6CDD			○			○			○			○
$^{13}C_{12}$-1,2,3,4,6,7,8-H_7CDF		○			○			○			○	
$^{13}C_{12}$-1,2,3,4,7,8,9-H_7CDF	○			○				○		○		
$^{13}C_{12}$-1,2,3,4,6,7,8-H_7CDD		○			○			○			○	
$^{13}C_{12}$-1,2,3,4,6,7,8,9-O_8CDF		○										
$^{13}C_{12}$-1,2,3,4,6,7,8,9-O_8CDD		○			○			○			○	
$^{37}Cl_4$-2,3,7,8-T_4CDD							○			○		

附 录 C
（资料性附录）
标准溶液质量浓度序列举例

标准物质和内标物质	质量浓度/（ng/ml）				
	STD1	STD2	STD3	STD4	STD5
2,3,7,8-T_4CDD 1,2,3,7,8-P_5CDD	0.4	2.0	10	40	200
1,2,3,4,7,8-H_6CDD 1,2,3,6,7,8-H_6CDD 1,2,3,7,8,9-H_6CDD 1,2,3,4,6,7,8-H_7CDD	1.0	5.0	25	100	500
O_8CDD	2.0	10	50	200	1 000
2,3,7,8-T_4CDF 1,2,3,7,8-P_5CDF 2,3,4,7,8-P_5CDF	0.4	2.0	10	40	200
1,2,3,4,7,8-H_6CDF 1,2,3,6,7,8-H_6CDF 1,2,3,7,8,9-H_6CDF 2,3,4,6,7,8-H_6CDF 1,2,3,4,6,7,8-H_7CDF 1,2,3,4,7,8,9-H_7CDF	1.0	5.0	25	100	500
O_8CDF	2.0	10	50	200	1 000
$^{13}C_{12}$-2,3,7,8-T_4CDD $^{13}C_{12}$-1,2,3,4-T_4CDD $^{13}C_{12}$-1,2,3,7,8-P_5CDD $^{13}C_{12}$-1,2,3,4,7,8-H_6CDD $^{13}C_{12}$-1,2,3,6,7,8-H_6CDD $^{13}C_{12}$-1,2,3,7,8,9-H_6CDD $^{13}C_{12}$-1,2,3,4,7,8,9-H_7CDD	100	100	100	100	100
$^{13}C_{12}$-O_8CDD	200	200	200	200	200
$^{13}C_{12}$-2,3,7,8-T_4CDF $^{13}C_{12}$-1,2,3,7,8-P_5CDF $^{13}C_{12}$-2,3,4,7,8-P_5CDF $^{13}C_{12}$-1,2,3,4,7,8-H_6CDF $^{13}C_{12}$-1,2,3,6,7,8-H_6CDF $^{13}C_{12}$-1,2,3,7,8,9-H_6CDF $^{13}C_{12}$-2,3,4,6,7,8-H_6CDF $^{13}C_{12}$-1,2,3,4,6,7,8-H_7CDF $^{13}C_{12}$-1,2,3,4,7,8,9-H_7CDF	100	100	100	100	100
$^{13}C_{12}$-O_8CDF	200	200	200	200	200

附　录　D

（资料性附录）

仪器设定条件举例

例一：

气相色谱	① 分析对象：T_4CDDs、T_4CDFs、P_5CDFs 同类物及其 2,3,7,8-氯代二噁英类 色谱柱：SP-2331，内径 0.32 mm，长 60 m，膜厚 0.2 μm 柱温：100℃（1.5 min）→（20℃/min）→180℃→（3℃/min）→260℃（25 min） 进样口温度：260℃ ② 分析对象：P_5CDDs、H_6CDDs、H_6CDFs 同类物及其 2,3,7,8-氯代二噁英类 色谱柱：SP-2331，内径 0.32 mm，长 60 m，膜厚 0.2 μm 柱温：100℃（1.5 min）→（20℃/min）→210℃→（3℃/min）→260℃（25 min） 进样口温度：260℃ ③ 分析对象：H_7CDD/Fs、O_8CDD/F 同类物及其 2,3,7,8-氯代二噁英类 色谱柱：DB-17，内径 0.32 mm，长 30 m，膜厚 0.15 μm 柱温：100℃（1.5 min）→（20℃/min）→200℃→（10℃/min）→280℃（5 min） 进样口温度：280℃ 以上进样方式均为不分流进样（90 s），进样量均为 1 μl
质谱	分辨率：大于 10 000；电子加速电压：70 V；离子化电流：1 mA；离子源温度：260℃；检测方法：SIM 法（Lock mass）

例二：

气相色谱	① 分析对象：T_4CDDs～H_6CDDs、T_4CDFs～H_6CDFs 同类物及其 2,3,7,8-氯代二噁英类 色谱柱：SP-2331，内径 0.25 mm，长 60 m，膜厚 0.2 μm 柱温：100℃（1 min）→（20℃/min）→200℃→（2℃/min）→260℃ 进样口温度：260℃ ② 分析对象：H_7CDD/Fs、O_8CDD/F 同类物及其 2,3,7,8-氯代二噁英类 色谱柱：HP-5，内径 0.20 mm，长 25 m，膜厚 0.25 μm 柱温：100℃（1 min）→（20℃/min）→200℃→（5℃/min）→300℃ 进样口温度：300℃ 以上进样方式均为不分流进样（60 s），进样量均为 1 μl
质谱	分辨率：大于 10 000；电子加速电压：70 V；离子化电流：1 mA；离子源温度：270℃；检测方法：SIM 法（Lock mass）

例三：

气相色谱	分析对象：T_4CDDs～O_8CDD、T_4CDFs～O_8CDF 同类物及总量和 2,3,7,8-氯代二噁英类 色谱柱：DB-5 ms，内径 0.32 mm，长 60 m，膜厚 0.25 μm 柱温：160℃（2 min）→（5℃/min）→220℃（16 min）→（5℃/min）→235℃（7 min）→（5℃/min）→330℃ 进样口温度：270℃ 进样方式：不分流进样 进样量：1 μl
质谱	分辨率：大于 10 000；色质接口温度：290℃；离子源温度：220℃；离子化电流：0.6 mA；离子加速电压：7.5 kV；检测方法：SIM 法（Lock mass）

附 录 E

（资料性附录）

废气中二噁英类测定报告格式举例

二噁英类		实测质量浓度（ρ_s）/（ng/m^3）	换算质量浓度（ρ）/（ng/m^3）	毒性当量（TEQ）质量浓度	
				TEF	ng/m^3
多氯代二苯并-对-二噁英	2,3,7,8-T_4CDD			×1	
	T_4CDDs 总量			—	—
	1,2,3,7,8-P_5CDD			×0.5	
	P_5CDDs 总量			—	—
	1,2,3,4,7,8-H_6CDD			×0.1	
	1,2,3,6,7,8-H_6CDD			×0.1	
	1,2,3,7,8,9-H_6CDD			×0.1	
	H_6CDDs 总量			—	—
	1,2,3,4,6,7,8-H_7CDD			×0.01	
	H_7CDDs 总量			—	—
	O_8CDD			×0.001	
	PCDDs 总量			—	
多氯代二苯并呋喃	2,3,7,8-T_4CDF			×0.1	
	T_4CDFs 总量			—	—
	1,2,3,7,8-P_5CDF			×0.05	
	2,3,4,7,8-P_5CDF			×0.5	
	P_5CDFs 总量			—	—
	1,2,3,4,7,8-H_6CDF			×0.1	
	1,2,3,6,7,8-H_6CDF			×0.1	
	1,2,3,7,8,9-H_6CDF			×0.1	
	2,3,4,6,7,8-H_6CDF			×0.1	
	H_6CDFs 总量			—	—
	1,2,3,4,6,7,8-H_7CDF			×0.01	
	1,2,3,4,7,8,9-H_7CDF			×0.01	
	H_7CDFs 总量			—	—
	O_8CDF			×0.001	
	PCDFs 总量			—	
二噁英类总量Σ（PCDDs+PCDFs）				—	

注：1．实测质量浓度（ρ_s）：二噁英类质量浓度测定值（ng/m^3）。

2．换算质量浓度（ρ）：二噁英类质量浓度的 11%含氧量换算值（ng/m^3）；

$\rho=(21-11)/[21-\varphi_s(O_2)]\times\rho_s$　　式中，$\varphi_s(O_2)$：废气中含氧量，%。

3．毒性当量因子（TEF）：采用国际毒性当量因子 I-TEF 定义。

4．毒性当量（TEQ）质量浓度：折算为相当于 2,3,7,8-T_4CDD 的质量浓度（ng/m^3）。

5．样品量：______ m^3（标准状态）。

6．当实测质量浓度低于检出限时用“N.D.”表示，计算毒性当量（TEQ）质量浓度时以 1/2 检出限计算。

附　录　F

（资料性附录）

环境空气中二噁英类测定报告格式举例

二噁英类		实测质量浓度/（pg/m^3）	毒性当量（TEQ）质量浓度	
			I-TEF	pg/m^3
多氯代二苯并-对-二噁英	2,3,7,8-T_4CDD		×1	
	T_4CDDs 总量		—	—
	1,2,3,7,8-P_5CDD		×0.5	
	P_5CDDs 总量		—	—
	1,2,3,4,7,8-H_6CDD		×0.1	
	1,2,3,6,7,8-H_6CDD		×0.1	
	1,2,3,7,8,9-H_6CDD		×0.1	
	H_6CDDs 总量		—	—
	1,2,3,4,6,7,8-H_7CDD		×0.01	
	H_7CDDs 总量		—	—
	O_8CDD		×0.001	
	PCDDs 总量		—	
多氯代二苯并呋喃	2,3,7,8-T_4CDF		×0.1	
	T_4CDFs 总量		—	—
	1,2,3,7,8-P_5CDF		×0.05	
	2,3,4,7,8-P_5CDF		×0.5	
	P_5CDFs 总量		—	—
	1,2,3,4,7,8-H_6CDF		×0.1	
	1,2,3,6,7,8-H_6CDF		×0.1	
	1,2,3,7,8,9-H_6CDF		×0.1	
	2,3,4,6,7,8-H_6CDF		×0.1	
	H_6CDFs 总量		—	—
	1,2,3,4,6,7,8-H_7CDF		×0.01	
	1,2,3,4,7,8,9-H_7CDF		×0.01	
	H_7CDFs 总量		—	—
	O_8CDF		×0.001	
	PCDFs 总量		—	
二噁英类总量Σ（PCDDs+PCDFs）			—	

注：1．实测质量浓度（ρ）：样品中二噁英类质量浓度测定值，pg/m^3（$1pg=10^{-12}g$）。

2．毒性当量因子（TEF）：采用国际毒性当量因子 I-TEF 定义。

3．毒性当量（TEQ）质量浓度：折算为相当于 2,3,7,8-T_4CDD 的质量浓度，pg/m^3。

4．样品量：_______ m^3（标准状态）。

5．当实测质量浓度低于检出限时用“N.D.”表示，计算毒性当量（TEQ）质量浓度时以 1/2 检出限计算。

附加说明：

本标准是对《多氯代二苯并二噁英和多氯代二苯并呋喃的测定 同位素稀释高分辨毛细管气相色谱/高分辨质谱法》（HJ/T 77—2001）的修订。自本标准实施之日起，替代 HJ/T 77—2001 中气态样品测定部分。

本标准的附录 A 为规范性附录，附录 B、附录 C、附录 D、附录 E、附录 F 为资料性附录。

本标准由环境保护部科技标准司组织制订。

本标准起草单位：国家环境分析测试中心。

本标准环境保护部 2008 年 12 月 31 日批准。

本标准自 2009 年 4 月 1 日起实施。

本标准由环境保护部解释。

二、仪器设备技术规范

中华人民共和国国家环境保护标准

HJ 656—2013

环境空气颗粒物（$PM_{2.5}$）手工监测方法（重量法）技术规范

Technical specifications for gravimetric measurement methods for $PM_{2.5}$ in ambient air

2013-07-30 发布　　2013-08-01 实施

1 适用范围

本标准规定了环境空气颗粒物（$PM_{2.5}$）手工监测方法（重量法）的采样、分析、数据处理、质量控制和质量保证等方面的技术要求。

本标准适用于手工监测方法（重量法）对环境空气颗粒物（$PM_{2.5}$）进行监测的活动。

2 规范性引用文件

本标准引用了下列文件或其中的条款，凡是未注明日期的引用文件，其最新版本适用于本标准。

GB 3095—2012　环境空气质量标准

HJ/T 93　环境空气颗粒物（PM_{10} 和 $PM_{2.5}$）采样器技术要求及检测方法

JJG 1036　电子天平

3 术语和定义

下列术语和定义适用于本标准。

3.1　颗粒物（粒径小于等于 2.5 μm）　particulate matter（$PM_{2.5}$）

指环境空气中空气动力学当量直径小于等于 2.5μm 的颗粒物，也称细颗粒物。

3.2　环境空气质量手工监测　ambient air quality manual monitoring

在监测点位用采样装置采集一定时段的环境空气样品，将采集的样品在实验室用分析仪器分析、处理的过程。

3.3　工作点流量　air flow rate

采样器在工作环境条件下，采气流量保持定值，并能保证切割器切割特性的流量称为采样器的工作点流量。

3.4　24 h 平均　24 hour average

指一个自然日 24 h 平均浓度的算术平均值，也称为日平均。

3.5　标准状态　standard state

指温度为 273.15 K，压力为 101.325 kPa 时的状态。本标准中的污染物浓度均为标准状态下的浓度。

3.6　检定分度值（e）　Calibration scale

用于划分天平级别的以质量单位表示的值。

4 方法原理

采样器以恒定采样流量抽取环境空气，使环境空气中 $PM_{2.5}$ 被截留在已知质量的滤膜上，根据采样前后滤膜的质量变化和累积采样体积，计算出 $PM_{2.5}$ 浓度。

$PM_{2.5}$ 采样器的工作点流量不做必须要求，一般情况如下：

大流量采样器工作点流量为 1.05 m^3/min；

中流量采样器工作点流量为 100 L/min；

小流量采样器工作点流量为 16.67 L/min。

5 仪器和设备

5.1 $PM_{2.5}$ 采样器

$PM_{2.5}$ 采样器由切割器、滤膜夹、流量测量及控制部件、抽气泵等组成。

手工监测使用的 $PM_{2.5}$ 采样器性能和技术指标应符合 HJ 93 的要求，手工监测 $PM_{2.5}$ 使用的采样器应取得环境保护部环境监测仪器质量监督检验中心出具的产品适用性检测合格报告。

5.2 流量校准器

用于对不同流量的采样器进行流量校准。

大流量流量校准器：在 0.8～1.4 m^3/min 范围内，误差≤2%。

中流量流量校准器：在 60～125 L/min 范围内，误差≤2%。

小流量流量校准器：在 0～30 L/min 范围内，误差≤2%。

5.3 温度计

用于测量环境温度，校准采样器温度测量部件：测量范围 –30～50℃，精度：±0.5℃。

5.4 气压计

用于测量环境大气压，校准采样器大气压测量部件：测量范围 50～107 kPa，精度：±0.1 kPa。

5.5 湿度计

用于测量环境湿度，测量范围 10%～100% RH，精度：±5% RH。

5.6 滤膜

可根据监测目的选用玻璃纤维滤膜、石英滤膜等无机滤膜或聚四氟乙烯、聚氯乙烯、聚丙烯、混合纤维素等有机滤膜。滤膜对 0.3 μm 标准粒子的截留效率不低于 99.7%，滤膜的其他技术指标要求参见附录 C。

5.7 滤膜保存盒

用于存放滤膜或滤膜夹的滤膜桶或滤膜盒，应使用对测量结果无影响的惰性材料制造，应对滤膜不粘连，方便取放。

5.8 分析天平

用于对滤膜进行称量，检定分度值不超过 0.1 mg，分析天平技术性能应符合 JJG 1036 的规定。

5.9 恒温恒湿设备

用于对滤膜进行温度、湿度平衡。

（1）温度控制 15～30℃任意一点，控温精度±1℃。

（2）湿度控制（50±5）% RH。

6 采样

6.1 采样前准备

6.1.1 切割器清洗：切割器应定期清洗，清洗周期视当地空气质量状况而定。一般情况下累计采样 168 h 应清洗一次切割器，如遇扬尘、沙尘暴等恶劣天气，应及时清洗。

6.1.2 环境温度检查和校准：用温度计检查采样器的环境温度测量示值误差，每次采样前检查一次，若环境温度测量示值误差超过±2℃，应对采样器进行温度校准。

6.1.3 环境大气压检查和校准：用气压计检查采样器的环境大气压测量示值误差，每次采样前检查一次，若环境大气压测量示值误差超过±1 kPa，应对采样器进行压力校准。

6.1.4 气密性检查：应定期检查，操作方法参见附录 A。

6.1.5 采样流量检查：用流量校准器检查采样流量，一般情况下累计采样 168 h 检查一次，若流量测量误差超过采样器设定流量的±2%，应对采样流量进行校准。采样流量校准方法参见附录 B。

6.1.6 滤膜检查：滤膜应边缘平整、厚薄均匀、无毛刺，无污染，不得有针孔或任何破损。有机滤膜检查方法参见附录 C。

6.1.7 采样前空滤膜称量：按第 7 章将滤膜进行平衡处理至恒重，称量，记录称量环境条件和滤膜质量，将称量后的滤膜放入滤膜保存盒中备用。

6.2 样品采集

6.2.1 采样环境

6.2.1.1 采样器入口距地面或采样平台的高度不低于 1.5 m，切割器流路应垂直于地面。

6.2.1.2 当多台采样器平行采样时，若采样器的采样流量≤200 L/min 时，相互之间的距离为 1 m 左右；若采样器的采样流量＞200 L/min 时，相互之间的距离为 2～4 m。

6.2.1.3 如果测定交通枢纽的 $PM_{2.5}$ 浓度值，采样点应布置在距人行道边缘外侧 1 m 处。

6.2.2 采样时间

6.2.2.1 测定 $PM_{2.5}$ 日平均浓度，每日采样时间应不少于 20 h。

6.2.2.2 采样时间应保证滤膜上的颗粒物负载量不少于称量天平检定分度值的 100 倍。例如，使用的称量天平检定分度值为 0.01 mg 时，滤膜上的颗粒物负载量应不少于 1 mg。

6.2.3 采样操作

6.2.3.1 采样时，将已编号、称量的滤膜（6.1.7）用无锯齿状镊子放入洁净的滤膜夹内，滤膜毛面应朝向进气方向，将滤膜牢固压紧。

6.2.3.2 将滤膜夹正确放入采样器中，设置采样时间等参数，启动采样器采样。

6.2.3.3 采样结束后，用镊子取出滤膜，放入滤膜保存盒中，记录采样体积等信息，采样记录表参见附录 D 表 D.1。

6.2.4 样品保存

样品采集完成后，滤膜应尽快平衡称量；如不能及时平衡称量，应将滤膜放置在 4℃条件下密闭冷藏保存，最长不超过 30 d。

7 称量

7.1 将滤膜放在恒温恒湿设备中平衡至少 24 h 后进行称量。平衡条件为：温度应控制在 15～30℃范围内任意一点，控温精度±1℃；湿度应控制在（50±5）% RH。天平室温、湿度条件应与恒温恒湿设备保持一致。天平室的其他环境条件应符合 JJG 1036 标准中的有关要求。

7.2 记录恒温恒湿设备平衡温度和湿度，应确保滤膜在采样前后平衡条件一致。

7.3 滤膜平衡后用分析天平对滤膜进行称量，记录滤膜质量和编号等信息，记录表参见附录 D 表 D.2。

7.4 滤膜首次称量后，在相同条件平衡 1 h 后需再次称量。当使用大流量采样器时，同一滤膜两次称量质量之差应小于 0.4 mg；当使用中流量或小流量采样器时，同一滤膜两次称量质量之差应小于 0.04 mg；以两次称量结果的平均值作为滤膜称重值。同一滤膜前后两次称量之差超出以上范围则该滤膜作废。

8　结果计算与表述

8.1　结果计算

$PM_{2.5}$ 浓度按式（1）计算：

$$\rho = \frac{w_2 - w_1}{V} \times 1\,000 \tag{1}$$

式中：ρ——$PM_{2.5}$ 浓度，μg/m³；

w_2——采样后滤膜的质量，mg；

w_1——采样前滤膜的质量，mg；

V——标准状态下的采样体积，m³。

8.2　结果表示

$PM_{2.5}$ 浓度计算结果保留到整数位（单位：μg/m³）。

8.3　记录要求

采样、分析人员应及时准确记录各项采样、分析条件参数，记录内容应完整，字迹清晰、书写工整、数据更正规范。

9　质量保证与质量控制

9.1　监测仪器管理

建立监测仪器管理制度，操作中使用的仪器设备应定期检定、校准和维护。检定、校准和维护周期参见附录 E。

9.2　采样过程质量控制

9.2.1　当滤膜安放正确，采样系统无漏气时，采样后滤膜上颗粒物与四周白边之间界线应清晰；如出现界线模糊时，则表明有漏气，应检查滤膜安装是否正确，或者更换滤膜密封垫、滤膜夹。该滤膜样品作废。

9.2.2　采样时，采样器的排气应不对 $PM_{2.5}$ 浓度测量产生影响。

9.2.3　向采样器中放置和取出滤膜时，应佩戴乙烯基手套等实验室专用手套，使用无锯齿状镊子。

9.2.4　采样过程中应配置空白滤膜，空白滤膜应与采样滤膜一起进行恒重、称量，并记录相关数据。空白滤膜应和采样滤膜一起被运送至采样地点，不采样并保持和采样滤膜相同的时间，与采样后的滤膜一起运回实验室，按第 7 章进行称量。空白滤膜前、后两次称量质量之差应远小于采样滤膜上的颗粒物负载量，否则此批次采样监测数据无效。

9.2.5　若采样过程中停电，导致累计采样时间未达到要求，则该样品作废。

9.2.6　采样过程中，所有有关样品有效性和代表性的因素，如采样器受干扰或故障、异常气象条件、异常建设活动、火灾或沙尘暴等，均应详细记录，并根据质量控制数据进行审查，判断采样过程有效性。

9.3　称量过程质量控制

9.3.1　天平校准质量控制

9.3.1.1　使用干净刷子清理分析天平的称量室，使用抗静电溶液或丙醇浸湿的一次性实验室抹布清洁天平附近的表层。每次称量前，清洗用于取放标准砝码和滤膜的非金属镊子，确保所有使用的镊子干燥。

9.3.1.2　称量前应检查分析天平的基准水平，并根据需要进行调节。为确保稳定性，分析天平应尽量处于长期通电状态。

9.3.1.3　每次称量前应按照分析天平操作规程校准分析天平。

9.3.1.4　分析天平校准砝码应保持无锈蚀，砝码需配置两组，一组作为工作标准，另外一组作为基准。

9.3.2　滤膜称量质量控制

9.3.2.1 滤膜称量前应有编号，但不能直接标记在滤膜上；如直接使用带编号（编码）的滤膜或使用带编号标识的滤膜保存盒，必须保持唯一性和可追溯性。

9.3.2.2 称量前应首先打开分析天平屏蔽门，至少保持 1 min，使分析天平称量室内温、湿度与外界达到平衡。

9.3.2.3 称量时应消除静电影响并尽量缩短操作时间。

9.3.2.4 称量过程中应同时称量标准滤膜进行称量环境条件的质量控制。

（1）标准滤膜的制作：使用无锯齿状镊子夹取空白滤膜若干张，在恒温恒湿设备中平衡 24 h 后称量；每张滤膜非连续称量 10 次以上，计算每张滤膜 10 次称量结果的平均值作为该张滤膜的原始质量，上述滤膜称为“标准滤膜”，标准滤膜的 10 次称量应在 30 min 内完成，称量记录参见附录 D 中表 D.3。

（2）标准滤膜的使用：每批次称量采样滤膜同时，应称量至少一张“标准滤膜”。若标准滤膜的称量结果在原始质量±5 mg（大流量采样）或±0.5 mg（中流量和小流量采样）范围内，则该批次滤膜称量合格；否则应检查称量环境条件是否符合要求并重新称量该批次滤膜。

9.3.2.5 为避免空气中的颗粒物影响滤膜称量，滤膜不应放置在空调管道、打印机或者经常开闭的门道等气流通道上进行平衡调节。每天应清洁工作台和称量区域，并在门道至天平室入口安装“黏性”地板垫，称量人员应穿戴洁净的实验服进入称量区域。

9.3.2.6 采样前后滤膜称量应使用同一台分析天平，操作天平应佩戴无粉末、抗静电、无硝酸盐、磷酸盐、硫酸盐的乙烯基手套。

附　录　A
（资料性附录）
气密性检查方法

A.1　方法一

（1）密封采样器连接杆入口。

（2）在抽气泵之前接入一个嵌入式三通阀门，阀门的另一接口接负压表。

（3）启动采样器抽气泵，抽取空气，使采样器处于部分真空状态，负压表显示为（30±5）kPa 的任一点。

（4）关闭三通阀，阻断抽气泵和流量计的流路。关闭抽气泵。

（5）观察负压表压力值，30 s 内变化小于等于 7 kPa 为合格。

（6）移除嵌入式三通阀门，恢复采样器。

A.2　方法二

（1）采样器滤膜夹中装载 1 张玻璃纤维滤膜，将流量校准器和滤膜夹紧密连接（干式流量计出气口和采样器进气口连接，进气口后依次为滤膜、流量测量和控制部件）。

（2）设定仪器采样工作流量，启动抽气泵，用流量校准器测量仪器的实际流量，并记录流量值。

（3）测试结束后，在采样器滤膜夹中同时装载 3 张玻璃纤维滤膜，按（1）连接流量校准器和采样器。设定仪器采样工作流量，启动抽气泵，用流量校准器测量仪器的实际流量，并记录流量值。

（4）若两次测量流量值的相对偏差小于±2%，则气密性检查通过。

A.3　方法三

（1）取下采样器采样入口，将标准流量计、阻力调节阀通过流量测量适配器接到采样器的连接杆入口。阻力调节阀保持完全开通状态。

（2）设定仪器采样工作流量，启动抽气泵。待仪器流量稳定后，读取标准流量计的流量值。

（3）用阻力调节阀调节阻力，使标准流量计流量显示值迅速下降到设定工作流量的 80%左右。同时观察仪器和标准流量计的流量显示值，若标准流量计最终测量值稳定在 98%～102%设定流量，则气密性检查通过。

附　录　B
（资料性附录）
采样器流量检查校准方法

新购置或维修后的采样器在使用前应进行流量校准；正常使用的采样器累计使用 168 h 需进行一次流量校准。

B.1　操作步骤

（1）使用温度计、气压计分别测量记录环境温度和大气压值。

（2）流量校准器连接电源，开机后输入环境温度和大气压值。

（3）在采样器中放置一张空滤膜，将流量校准器连接到采样器采样入口，确保连接处不漏气。

（4）启动采样器抽气泵，采样流量稳定后，分别记录流量校准器和采样器的工况流量值。

（5）按式（B.1）计算流量测量误差，如果流量测量误差超过±2%，对采样器采样流量进行校准。

$$Q_{diff}=\frac{Q_R-Q_S}{Q_S}\times 100\% \tag{B.1}$$

式中：Q_{diff}——流量测量误差，%；

Q_R——流量校准器测量值，L/min（m^3/min）；

Q_S——采样器设定流量值，L/min（m^3/min）。

（6）流量校准完成后，如发现滤膜上尘的边缘轮廓不清晰或滤膜安装歪斜等情况，表明校准过程可能漏气，应重新进行校准。

B.2　流量校准计算说明

（1）工况流量与标况流量转换计算式（B.2）：

$$Q_n=Q\times\frac{P\times 273.15}{101.325\times T} \tag{B.2}$$

式中：Q_n——标况流量，L/min（m^3/min）；

Q——工况流量，L/min（m^3/min）；

P——环境大气压力，kPa；

T——环境温度，K。

（2）孔口流量计流量修正项计算式（B.3）：

$$y=b\times Q_n+a \tag{B.3}$$

式中：y——孔口流量计修正项；

a——孔口流量计修正截距；

b——孔口流量计修正斜率。

（3）孔口流量计压差计算式（B.4）：

$$\Delta H=\frac{y^2\times 101.325\times T}{P\times 273.15} \tag{B.4}$$

式中：ΔH——孔口流量计压差，Pa。

附 录 C
（资料性附录）
有机滤膜要求

C.1 滤膜尺寸

大流量采样滤膜：长方形，尺寸（200×250）mm；
中流量采样滤膜：圆形，直径为（90±0.25）mm；
小流量采样滤膜：圆形，直径为（47±0.25）mm。

C.2 材质

聚四氟乙烯、聚氯乙烯、聚丙烯、混合纤维素等有机滤膜。

C.3 孔径和厚度

滤膜孔径小于等于 2 μm。
滤膜厚度：0.2～0.25 mm。

C.4 空滤膜最大压降

在 0.45 m/s 的洁净空气流速时，压降应小于 3 kPa。

C.5 最大吸湿量（小流量采样滤膜）

暴露在湿度 40% RH 空气中 24 h 后与暴露在湿度 35% RH 空气中 24 h 后的质量增加值应不超过 10 μg。

C.6 滤膜重量稳定性（小流量采样滤膜）

取不少于各批次滤膜总数的 0.1%的滤膜（不少于 10 张），在实验室平衡稳定后称量，记录滤膜质量。分别按照 C.6.1 和 C.6.2 的操作方法进行测试，滤膜重量稳定性为该批次测试滤膜重量损失的平均值。

C.6.1 平衡称量后的滤膜放入滤膜夹，将该滤膜夹从 25 cm 高处自由跌落到平整的硬表面（例如无颗粒物的工作台），重复上述操作 2 次。从滤膜夹中取出测试滤膜，对其称量并记录质量值，跌落测试前后的平均质量变化应少于 20 μg。该测试应控制在 20 min 内完成，确保实验室环境温度和湿度变化对滤膜的影响可以忽略。

C.6.2 将平衡称量后的滤膜放入温度为（40±2）℃的烘箱中，放置时间不少于 48 h。取出测试滤膜，重新在实验室平衡稳定后称量，测试前后的平均质量变化应少于 20 μg。

附 录 D
（资料性附录）
记录表格

表 D.1 $PM_{2.5}$ 采样记录表

采样日期：______年______月______日　　采样地点：______
相对湿度：______% RH　　天气情况：______
采样器型号：______　　出厂编号：______
滤膜编号：______
环境温度检查 采样器环境温度：______℃　　实际环境温度：______℃
环境大气压检查 采样器环境大气压：______kPa　　实际环境大气压：______kPa
流量检查 采样流量：______L/min　　实际流量：______L/min
采样开始时间：______采样结束时间：______
采样时间：______累计工况体积：______累计标况体积：______
异常情况说明及处置：   记录人：
备注：

采样人：　　审核人：　　日期：

表 D.2　滤膜平衡及称量记录表

日期：______年______月______日　　地点：______		
天平型号：______　　天平编号：______		
滤膜材质：______　采样滤膜编号：______　空白滤膜编号：______		
标准滤膜检查	标准滤膜编号：______	检查结论
	标准滤膜原始质量：______	
	标准滤膜本次称量质量：______	
采样前滤膜第一次平衡条件	温度：______℃　湿度：______% RH	
	开始日期时间：______　结束日期时间：______	
采样前滤膜第一次质量：______　天平室温度：______℃　天平室湿度：______% RH		
采样前空白滤膜第一次质量：______天平室温度：______℃　天平室湿度：______% RH		
采样前滤膜第二次平衡条件	温度：______℃　湿度：______% RH	
	开始日期时间：______　结束日期时间：______	
采样前滤膜第二次质量：______　天平室温度：______℃　天平室湿度：______% RH		
采样前空白滤膜第二次质量：______天平室温度：______℃　天平室湿度：______% RH		
采样前两次滤膜称量平均值：______mg		
采样前两次空白滤膜称量平均值：______mg		
采样后滤膜第一次平衡条件	温度：______℃　湿度：______% RH	
	开始日期时间：______结束日期时间：______	
采样后滤膜第一次称量：______mg　天平室温度：______℃　天平室湿度：______% RH 称量时间：______		
采样后空白滤膜第一次称量：______mg　天平室温度：______℃　天平室湿度：______% RH 称量时间：______		
采样后滤膜第二次平衡条件	温度：______℃　湿度：______% RH	
	开始时间：______　结束时间：______	
采样后滤膜第二次称量：______mg　天平室温度：______℃　天平室湿度：______% RH 称量时间：______		
采样后空白滤膜第二次称量：______mg　天平室温度：______℃　天平室湿度：______% RH 称量时间：______		
采样后两次滤膜称量平均值：______mg		
采样后两次空白滤膜称量平均值：______mg		
备注：		

称量人：　　　　　　　　　　审核人：　　　　　　　　　　日期：

表 D.3 标准滤膜称量记录表

<table>
<tr><td colspan="6">日期：_____年_____月_____日</td><td colspan="5">地点：__________</td></tr>
<tr><td colspan="6">天平型号：__________</td><td colspan="5">天平编号：__________</td></tr>
<tr><td>滤膜编号
称量次数</td><td></td><td></td><td></td><td></td><td></td><td></td><td></td><td></td><td></td><td></td></tr>
<tr><td>1</td><td></td><td></td><td></td><td></td><td></td><td></td><td></td><td></td><td></td><td></td></tr>
<tr><td>2</td><td></td><td></td><td></td><td></td><td></td><td></td><td></td><td></td><td></td><td></td></tr>
<tr><td>3</td><td></td><td></td><td></td><td></td><td></td><td></td><td></td><td></td><td></td><td></td></tr>
<tr><td>4</td><td></td><td></td><td></td><td></td><td></td><td></td><td></td><td></td><td></td><td></td></tr>
<tr><td>5</td><td></td><td></td><td></td><td></td><td></td><td></td><td></td><td></td><td></td><td></td></tr>
<tr><td>6</td><td></td><td></td><td></td><td></td><td></td><td></td><td></td><td></td><td></td><td></td></tr>
<tr><td>7</td><td></td><td></td><td></td><td></td><td></td><td></td><td></td><td></td><td></td><td></td></tr>
<tr><td>8</td><td></td><td></td><td></td><td></td><td></td><td></td><td></td><td></td><td></td><td></td></tr>
<tr><td>9</td><td></td><td></td><td></td><td></td><td></td><td></td><td></td><td></td><td></td><td></td></tr>
<tr><td>10</td><td></td><td></td><td></td><td></td><td></td><td></td><td></td><td></td><td></td><td></td></tr>
<tr><td>平均值/mg</td><td></td><td></td><td></td><td></td><td></td><td></td><td></td><td></td><td></td><td></td></tr>
<tr><td rowspan="2">滤膜平衡条件</td><td colspan="4">温度：</td><td colspan="6">湿度：</td></tr>
<tr><td colspan="4">开始日期时间：</td><td colspan="6">结束日期时间：</td></tr>
<tr><td>天平室
环境条件</td><td colspan="4">温度：</td><td colspan="6">湿度：</td></tr>
<tr><td colspan="11">备注：</td></tr>
</table>

称量人：　　　　审核人：　　　　日期：

附 录 E
（资料性附录）
设备维护、校准周期表

表 E.1 采样器检查、校准和维护周期表

项目	检查、校准周期	维护周期
环境温度检查	每次采样前	一年
环境压力检查	每次采样前	一年
流量检查	累计运行 168 h	六个月
气密性检查	一个月	—
切割器清洗	—	累计运行 168 h 清洗一次，如遇恶劣天气及时清洗

表 E.2 设备校准周期表

设备	指标	校准周期
流量校准器	大流量：0.8～1.4 m^3/min，误差≤2% 中流量：60～125 L/min，误差≤2% 小流量：0～30 L/min，误差≤2%	不超过一年
温度计	–30～50℃，精度：±0.5℃	不超过一年
气压计	50～107 kPa，精度：±0.1 kPa	不超过一年
湿度计	（10%～100%）RH，精度：±5% RH	不超过一年
分析天平	检定分度值不超过 0.1 mg	不超过一年
恒温恒湿设备	15～30℃，控温精度±1℃；相对湿度（50±5）% RH	不超过一年

中华人民共和国环境保护行业标准

环境空气颗粒物（PM_{10}和 $PM_{2.5}$）连续自动监测系统安装和验收技术规范

HJ 655—2013
部分代替 HJ/T 193—2005

Technical specifications for installation and acceptance of ambient air quality continuous automated monitoring system for PM_{10} and $PM_{2.5}$

2013-07-30 发布　　　　2013-08-01 实施

1 适用范围

本标准规定了环境空气颗粒物（PM_{10}和 $PM_{2.5}$）连续自动监测系统安装、调试、试运行和验收的技术要求。

本标准适用于环境空气颗粒物（PM_{10}和 $PM_{2.5}$）连续自动监测系统的安装和验收活动。

2 规范性引用文件

本标准引用了下列文件或其中的条款。凡是未注明日期的引用文件，其最新版本适用于本标准。

GB 3095—2012　环境空气质量标准

GB 50168　电气装置安装工程电缆线路施工及验收规范

GB/T 17214.1　工业过程测量和控制装置　工作条件　第 1 部分：气候条件

HJ 618　环境空气 PM_{10}和 $PM_{2.5}$的测定　重量法

HJ/T 212　污染源在线自动监控（监测）系统数据传输标准

YD 5098　通信局（站）防雷与接地工程设计规范

3 术语和定义

下列术语和定义适用于本标准。

3.1　环境空气质量连续监测 ambient air quality continuous monitoring

在监测点位采用连续监测仪器对环境空气质量进行连续的样品采集、处理、分析的过程。

3.2　环境空气质量手工监测 ambient air quality manual monitoring

在监测点位用采样装置采集一定时段的环境空气样品，将采集的样品在实验室用分析仪器分析、处理的过程。

3.3　颗粒物（粒径小于等于 10 μm）particulate matter（PM_{10}）

指环境空气中空气动力学当量直径小于等于 10μm 的颗粒物，也称可吸入颗粒物。

3.4　颗粒物（粒径小于等于 2.5 μm）particulate matter（$PM_{2.5}$）

指环境空气中空气动力学当量直径小于等于 2.5 μm 的颗粒物，也称细颗粒物。

3.5　切割器 particle separate device

具有将不同粒径粒子分离功能的装置。

3.6 标准状态 standard state

指温度为 273.15 K，压力为 101.325 kPa 时的状态。本标准中污染物浓度均为标准状态下的浓度。

3.7 参比方法 reference method

国家发布的标准方法。

4 系统的组成与原理

4.1 系统的组成

PM_{10} 或 $PM_{2.5}$ 连续监测系统包括样品采集单元、样品测量单元、数据采集和传输单元以及其他辅助设备。

4.1.1 样品采集单元

样品采集单元由采样入口、切割器和采样管等组成，将环境空气颗粒物进行切割分离，并将目标颗粒物输送到样品测量单元。

4.1.2 样品测量单元

样品测量单元对采集的环境空气 PM_{10} 或 $PM_{2.5}$ 样品进行测量。

4.1.3 数据采集和传输单元

数据采集和传输单元采集、处理和存储监测数据，并能按中心计算机指令传输监测数据和设备工作状态信息。

4.1.4 其他辅助设备

其他辅助设备包括安装仪器设备所需要的机柜或平台、安装固定装置、采样泵等。

4.2 方法原理

PM_{10} 或 $PM_{2.5}$ 连续监测系统所配置监测仪器的测量方法为 β 射线吸收法和微量振荡天平法。

5 安装

5.1 监测点位

5.1.1 监测点位置要求

5.1.1.1 监测点位置的确定应首先进行周密的调查研究，采用间断性的监测，对本地区空气污染状况有粗略的概念后再选择监测点的位置，点位应符合相关技术规范要求。监测点的位置一经确定后应能长期使用，不宜轻易变动，以保证监测资料的连续性和可比性。

5.1.1.2 在监测点周围，不能有高大建筑物、树木或其他障碍物阻碍环境空气流通。从监测点采样口到附近最高障碍物之间的水平距离，至少是该障碍物高出采样口垂直距离的两倍以上。

5.1.1.3 监测点周围建设情况相对稳定，在相当长的时间内不能有新的建筑工地出现。

5.1.1.4 监测点应地处相对安全和防火措施有保障的地方。

5.1.1.5 监测点附近应无强电磁干扰，周围有稳定可靠的电力供应，通信线路方便安装和检修。

5.1.1.6 监测点周围应有合适的车辆通道以满足设备运输和安装维护需要。

5.1.1.7 不同功能监测点的具体位置要求应根据监测目的按照相关技术规范确定。

5.1.2 仪器采样口位置要求

5.1.2.1 采样口距地面的高度应在 3～15 m 范围内。

5.1.2.2 在采样口周围 270°捕集空间范围内环境空气流动应不受任何影响。

5.1.2.3 针对道路交通的污染监控点，其采样口离地面的高度应在 2～5 m 范围内。

5.1.2.4 在保证监测点具有空间代表性的前提下，若所选点位周围半径 300～500 m 范围内建筑物平均高度在 20 m 以上，无法满足 5.1.2.1 和 5.1.2.3 的高度要求时，其采样口高度可以在 15～25 m 范围内选取。

5.1.2.5 采样口离建筑物墙壁、屋顶等支撑物表面的距离应大于 1 m，若支撑物表面有实体围栏，采样口应高于实体围栏至少 0.5 m 以上。

5.1.2.6 当设置多个采样口时，为防止其他采样口干扰颗粒物样品的采集，颗粒物采样口与其他采样口之间的水平距离应大于 1 m。

5.1.2.7 进行比对监测时，若参比采样器的流量≤200 L/min，采样器和监测仪的各个采样口之间的相互直线距离应在 1 m 左右；若参比采样器的流量＞200 L/min，其相互直线距离应在 2～4 m；使用高真空大流量采样装置进行比对监测，其相互直线距离应在 3～4 m。

5.2 监测站房及辅助设施

5.2.1 一般要求

5.2.1.1 新建监测站房房顶应为平面结构，坡度不大于 10°，房顶安装护栏，护栏高度不低于 1.2 m，并预留采样管安装孔。站房室内使用面积应不小于 15 m^2。监测站房应做到专室专用。

5.2.1.2 监测站房应配备通往房顶的 Z 字形梯或旋梯，房顶平台应有足够的空间放置参比方法比对监测的采样器，满足 5.1.2.7 比对监测的需求，房顶承重应大于等于 250 kg/m^2。

5.2.1.3 站房室内地面到天花板高度应不小于 2.5 m，且距房顶平台高度不大于 5 m。

5.2.1.4 站房应有防水、防潮、隔热、保温措施，一般站房内地面应离地表（或建筑房顶）有 25 cm 以上的距离。

5.2.1.5 站房应有防雷和防电磁干扰的设施，防雷接地装置的选材和安装应参照 YD 5098 标准的相关要求。

5.2.1.6 站房为无窗或双层密封窗结构，有条件时，门与仪器房之间可设有缓冲间，以保持站房内温湿度恒定，防止将灰尘和泥土带入站房内。

5.2.1.7 采样装置抽气风机排气口和监测仪器排气口的位置，应设置在靠近站房下部的墙壁上，排气口离站房内地面的距离应在 20 cm 以上。

5.2.1.8 在已有建筑物上建立站房时，应首先核实该建筑物的承重能力。

5.2.1.9 监测站房如采用彩钢夹芯板搭建，应符合相关临时性建（构）筑物设计和建造要求。

5.2.1.10 监测站房的设置应避免对企业安全生产和环境造成影响。

5.2.1.11 站房内环境条件

1）温　　度：15～35℃；

2）相对湿度：≤85%；

3）大 气 压：80～106 kPa。

注 1：低温、低压等特殊环境条件下，仪器设备的配置应满足当地环境条件的使用要求。

5.2.2 配电要求

5.2.2.1 站房供电系统应配有电源过压、过载保护装置，电源电压波动不超过 AC（220±22）V，频率波动不超过（50±1）Hz。

5.2.2.2 站房应采用三相五线供电，入室处装有配电箱，配电箱内连接入室引线应分别装有三个单相 15A 空气开关作为三相电源的总开关，分相使用。

5.2.2.3 站房灯具安装以保证操作人员工作时有足够的亮度为原则，开关位置应方便使用。

5.2.2.4 站房应依照电工规范中的要求制作保护地线，用于机柜、仪器外壳等的接地保护，接地电阻应小于 4 Ω。

5.2.2.5 站房的线路要求走线美观，布线应加装线槽。

5.2.3 辅助设施要求

5.2.3.1 空调

（1）站房内安装的冷暖式空调机出风口不能正对仪器和采样管。

（2）空调应具有来电自启动功能。

5.2.3.2　其他配套设施

（1）站房应配备自动灭火装置。

（2）站房应安装有排气风扇，排风扇要求带防尘百叶窗。

5.2.4　站房示意图

站房示意图见图 1。

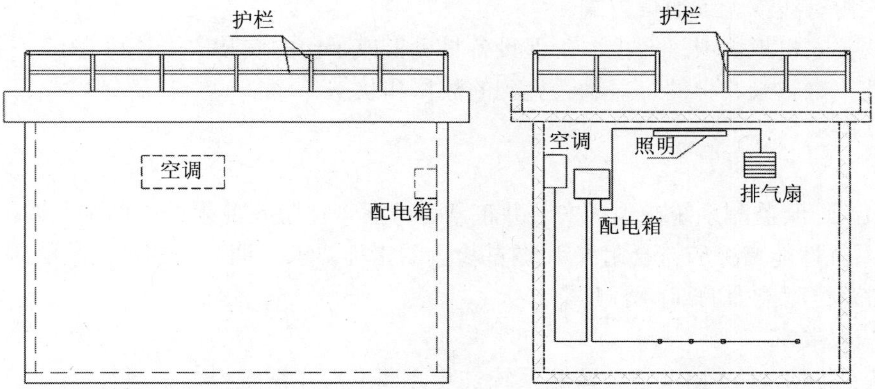

图 1　站房示意图

5.3　监测仪安装

5.3.1　一般要求

5.3.1.1　仪器铭牌上应标有仪器名称、型号、生产单位、出厂编号和生产日期等信息。

5.3.1.2　仪器各零部件应连接可靠，表面无明显缺陷，各操作按键使用灵活，定位准确。

5.3.1.3　仪器各显示部分的刻度、数字清晰，涂色牢固，不应有影响读数的缺陷。

5.3.1.4　仪器具备数字信号输出功能。

5.3.1.5　仪器电源引入线与机壳之间的绝缘电阻应不小于 20 MΩ。

5.3.1.6　电缆和管路以及电缆和管路的两端作上明显标识。电缆线路的施工还应满足 GB 50168 的相关要求。

5.3.2　具体要求

5.3.2.1　依照设备清单进行检查，要求所有零配件配备齐全。

5.3.2.2　仪器应安装在机柜内或平台上，确保安装水平，并符合以下要求：

（1）后方空间：仪器设备安装完毕后，确保仪器后方有 0.8 m 以上的操作维护空间。

（2）顶端空间：仪器设备安装完毕后，确保仪器采样入口和站房天花板的间距不少于 0.4 m。

5.3.2.3　采样管安装

（1）采样管应竖直安装。

（2）保证采样管与各气路连接部分密闭不漏气。

（3）保证采样管与屋顶法兰连接部分密封防水。

（4）采样管长度不超过 5 m。

（5）采样管应接地良好，接地电阻应小于 4 Ω。

5.3.2.4　切割器安装

（1）切割器入口位置应符合 5.1.2 的要求。

（2）切割器出口与采样管或等流速流量分配器连接应密封良好。

（3）切割器应方便拆装、清洗。

5.3.2.5 辅助设备安装

（1）采样管支撑部件与房顶和采样管的连接应牢固、可靠，防止采样管摇摆。

（2）采样辅助设备与采样管应连接可靠。

（3）环境温度或大气压传感器应安装在采样入口附近，不干扰切割器正常工作。

（4）环境温度或大气压传感器信号传输线与站房连接处应符合防水要求。

5.4 数据采集和传输设备安装

5.4.1 设备应采用有线或无线通信方式。

5.4.2 设备应安装在机柜内或平台上，确保设备与机柜或平台的安装牢固、可靠。

5.4.3 设备应能正确记录、存储、显示采集到的数据和状态。

6 调试

PM_{10} 和 $PM_{2.5}$ 连续监测系统在现场安装并正常运行后，在验收前须进行调试，调试完成后 PM_{10} 和 $PM_{2.5}$ 连续监测系统性能指标应符合附录 A 调试检测的指标要求。调试检测可由系统制造者、供应者、用户或受委托的有检测能力的部门承担。

6.1 调试检测一般要求

6.1.1 在现场完成 PM_{10} 和 $PM_{2.5}$ 连续监测系统安装、调试后，系统投入试运行。

6.1.2 系统连续运行 168 h 后，进行调试检测。

6.1.3 如果因系统故障、断电等原因造成调试检测中断，则需要重新进行调试检测。

6.1.4 调试检测后应编制安装调试报告，报告格式参见附录 B。

6.1.5 参比方法比对调试可依据环境保护行政主管部门的要求抽样完成，调试检测方法见 6.2.5。

6.2 调试检测指标和检测方法

6.2.1 温度测量示值误差

使用标准温度计读取并记录环境温度值，同时观察并记录仪器显示的环境温度值，两者之间的差值为系统的温度测量示值误差。重复测量三次，平均值应符合附录 A 表 A.1 的要求。

6.2.2 大气压测量示值误差

使用标准气压计读取并记录环境大气压值，同时观察并记录仪器显示的环境大气压值，两者之间的差值为系统的大气压测量示值误差。重复测量三次，平均值应符合附录 A 表 A.1 的要求。

6.2.3 流量测试

6.2.3.1 PM_{10} 连续监测系统

监测仪稳定运行后，记录仪器显示流量值 $F_{(i)(0)}$ 为仪器初始流量，仪器连续运行，分别在仪器运行 6 h、12 h、18 h 和 24 h 时记录采样流量值，将每天记录的 4 个采样流量值进行算术平均计算仪器 24 h 采样流量的平均值，按式（1）计算仪器 24 h 采样流量偏差 ΔF_i，按式（2）计算仪器当天每个测试时间点的采样流量偏差 $\Delta F_{(i)(t)}$。重复测试 3 d，每天的 ΔF_i 和 $\Delta F_{(i)(t)}$ 应符合附录 A 表 A.1 的要求。

$$\Delta F_i = \frac{\overline{F_i} - F_{(i)(0)}}{F_{(i)(0)}} \times 100\% \qquad (1)$$

式中：ΔF_i——仪器 24 h 采样流量偏差，%；

$\overline{F_i}$——仪器 24 h 采样流量平均值，L/min；

$F_{(i)(0)}$——仪器每天采样流量初始设定值，L/min；

i——测试天数，（i=1～3）。

$$\Delta F_{(i)(t)}=\frac{F_{(i)(t)}-F_{(i)(0)}}{F_{(i)(0)}} \tag{2}$$

式中：$\Delta F_{(i)(t)}$——待测监测仪每个测试时间点采样流量偏差，%；

$F_{(i)(t)}$——待测监测仪每天每个测试时间点的采样流量值，L/min；

t——每天的测试次数，（t=1～4）。

6.2.3.2　$PM_{2.5}$连续监测系统

取下采样入口，将标准流量计的出气口通过流量测量适配器连接到监测仪的进气口。待监测仪显示的流量稳定后开始本次测试。测试连续进行 6 h，至少每隔 5 min 记录一次标准流量计和监测仪的瞬时流量值（工况）。测试完成后，使用式（3）、式（4）、式（5）、式（6）、式（7）计算流量测试的相关指标。测试结果应符合附录 A 表 A.1 的要求。

$$\bar{Q}_R=\frac{1}{n}\sum_{i=1}^{n}Q_{R_i} \tag{3}$$

式中：$\bar{Q}_R$——测试期间标准流量计平均流量值，L/min；

Q_{R_i}——测试期间标准流量计瞬时流量值，L/min；

i——测试期间记录瞬时时间点的序号，（i=1～n）；

n——测试期间记录瞬时时间点的总个数。

$$\bar{Q}_C=\frac{1}{n}\sum_{i=1}^{n}Q_{C_i} \tag{4}$$

式中：$\bar{Q}_C$——测试期间监测仪平均流量值，L/min；

Q_{C_i}——测试期间监测仪瞬时流量值，L/min。

$$\Delta Q_R=\frac{\bar{Q}_R-Q_s}{Q_s}\times100\% \tag{5}$$

式中：ΔQ_R——平均流量偏差，%；

Q_s——监测仪设定的采样流量，L/min。

$$Cv_R=\frac{\sqrt{\dfrac{\sum_{i=1}^{n}\left(Q_{R_i}-\bar{Q}_R\right)^2}{n-1}}}{\bar{Q}_R}\times100\% \tag{6}$$

式中：Cv_R——流量相对标准偏差，%。

$$Q_{diff}=\frac{\left|\bar{Q}_R-\bar{Q}_C\right|}{\bar{Q}_R}\times100\% \tag{7}$$

式中：Q_{diff}——流量示值误差，%。

6.2.4　校准膜重现性

仪器稳定运行后，按照操作规程插入校准膜片，待读数稳定后记录显示值，重复上述操作两次，计算标准膜读数的平均值；重复上述操作，测试 3 d，按式（8）计算每天的标准膜重现性 S_{C_i}，应符合附录 A 表 A.1 的要求。

$$S_{C_i}=\frac{\overline{C_i}-C_0}{C_0}\times100\% \tag{8}$$

式中：S_{C_i}——仪器第 i 天测量的标准膜重现性，%；

$\overline{C_i}$——仪器第 i 天插入标准膜后的读数平均值，μg/cm²，μg；

C_0——校准膜的标称值，μg/cm²，μg；

i——测试天数，（i=1～3）。

6.2.5　参比方法比对调试

6.2.5.1　PM_{10} 连续监测系统

参比方法测试参照 HJ 618。参比方法使用的采样器至少 3 台，自动监测仪器与参比方法测试同步进行，采样器与自动监测仪器安放位置应相距 2～4 m（当采样流量低于 200 L/min 时，距离应在 1 m 左右），采样入口位于同一高度。取相同采样时间段内的自动监测数据 C_j 和参比方法测试数据 $R_{i,j}$ 作为一个数据对，i 是采样器的序号（i=1～3），j 是比对样品的个数（j=1～10），每组样品的采样时间为（24±1）h。共测试 10 组样品。

（1）按式（9）计算 3 台采样器参比方法测试每组 PM_{10} 样品浓度的平均值 $\overline{R_j}$。

$$\overline{R_j}=\frac{\sum_{i=1}^{3}R_{i,j}}{3} \tag{9}$$

式中：$\overline{R_j}$——3 台采样器测量第 j 组样品质量浓度的平均值，μg/m³；

$R_{i,j}$——第 i 台采样器测量第 j 个样品的质量浓度值，μg/m³。

（2）分别计算每组采样器参比方法测试结果的标准偏差或相对标准偏差，应小于等于 5 μg/m³ 或 7%，则该组参比测试数据有效。

（3）当参比测试数据 $\overline{R_j}$ 有效时，与 C_j 组成一组有效数据对。每一批次比对至少取得 10 组有效数据对，应尽量选择 $\overline{R_j}$ ≤100 μg/m³ 和＞100 μg/m³ 的有效数据对数均≥3。将参比测试数据与相应的自动监测数据进行线性回归分析，以自动监测仪数据为横轴，参比测试数据为纵轴，按式（10）计算回归曲线的斜率 k。

$$k=\frac{\sum_{j=1}^{10}(\bar{R}_j-\bar{R})\times(C_j-\bar{C})}{\sum_{j=1}^{10}(C_j-\bar{C})^2} \tag{10}$$

式中：k——比对调试回归曲线斜率；

$\bar{C}$——10 组自动监测仪测量质量浓度的平均值，μg/m³；

$\bar{R}$——10 组采样器测量质量浓度的平均值，μg/m³；

C_j——自动监测仪测量第 j 个样品的质量浓度值，μg/m³。

（4）按式（11）计算回归曲线的截距 b。

$$b=\bar{R}-k\times\bar{C} \tag{11}$$

式中：b——比对调试回归曲线截距，μg/m³。

（5）按式（12）计算回归曲线的相关系数 r。

$$r=\frac{\sum_{j=1}^{10}(\bar{R}_j-\bar{R})\times(C_j-\bar{C})}{\sqrt{\sum_{j=1}^{10}(\bar{R}_j-\bar{R})^2\times\sum_{j=1}^{10}(C_j-\bar{C})^2}} \tag{12}$$

式中：r——比对调试回归曲线相关系数。

（6）比对调试回归曲线的斜率 k、截距 b 和相关系数 r 应符合附录 A 表 A.1 的要求。

6.2.5.2 $PM_{2.5}$连续监测系统

参比方法测试参照 HJ 618。参比方法使用的采样器至少 3 台，自动监测仪器与参比方法测试同步进行，采样器与自动监测仪器安放位置应相距 2～4 m（当采样流量低于 200 L/min 时，距离应在 1 m 左右），采样入口位于同一高度。取相同采样时间段内的自动监测数据 C_j 和参比方法测试数据 $R_{i,j}$ 作为一个数据对，i 是采样器的序号（i=1～3），j 是比对样品的个数（j=1～23），每组样品的采样时间为（24±1）h。共测试 23 组样品。

（1）按式（9）计算 3 台采样器参比方法测试每组 $PM_{2.5}$ 样品浓度的平均值 $\overline{R_j}$。

（2）分别计算每组采样器参比方法测试结果的标准偏差或相对标准偏差，应小于等于 5 μg/m³ 或 5%，则该组参比测试数据有效。

（3）当参比测试数据 $\overline{R_j}$ 有效时，与 C_j 组成一组有效数据对。每一批次比对至少取得 23 组有效数据对。将参比测试数据与相应的自动监测数据进行线性回归分析，以自动监测仪数据为横轴，参比测试数据为纵轴，按式（13）计算回归曲线的斜率 k。

$$k=\frac{\sum_{j=1}^{23}(\overline{R}_j-\overline{R})\times(C_j-\overline{C})}{\sum_{j=1}^{23}(C_j-\overline{C})^2} \tag{13}$$

式中：k——比对调试回归曲线斜率；

$\overline{C}$——23 组自动监测仪测量质量浓度的平均值，μg/m³；

$\overline{R}$——23 组采样器测量质量浓度的平均值，μg/m³；

C_j——自动监测仪测量第 j 个样品的质量浓度值，μg/m³。

（4）按式（14）计算回归曲线的截距 b。

$$b=\overline{R}-k\times\overline{C} \tag{14}$$

式中：b——比对调试回归曲线截距，μg/m³。

（5）按式（15）计算回归曲线的相关系数 r。

$$r=\frac{\sum_{j=1}^{23}(\overline{R}_j-\overline{R})\times(C_j-\overline{C})}{\sqrt{\sum_{j=1}^{23}(\overline{R}_j-\overline{R})^2\times\sum_{j=1}^{23}(C_j-\overline{C})^2}} \tag{15}$$

式中：r——比对调试回归曲线相关系数。

（6）比对调试回归曲线的斜率 k、截距 b 和相关系数 r 应符合附录 A 表 A.1 的要求。

7 试运行

7.1 PM_{10} 和 $PM_{2.5}$ 连续监测系统试运行至少 60 d。

7.2 因系统故障等造成运行中断，恢复正常后，重新开始试运行。

7.3 试运行结束时，按式（16）、式（17）计算系统数据获取率，应大于等于 90%。

数据获取率（%）=（系统正常运行小时数÷试运行总小时数）×100%　　（16）

系统正常运行小时数 = 试运行总小时数 − 系统故障小时数　　（17）

7.4 根据试运行结果，编制试运行报告。试运行报告格式参见附录 C。

8 验收

PM_{10}和$PM_{2.5}$连续监测系统验收的内容包括：性能指标验收、联网验收及相关制度、记录和档案验收等，验收通过后由环境保护行政主管部门出具验收报告。

8.1 验收准备与申请

8.1.1 验收准备

8.1.1.1 提供环境保护部环境监测仪器质量监督检验中心出具的产品适用性检测合格报告。

8.1.1.2 提供PM_{10}和$PM_{2.5}$连续监测系统的安装调试报告、试运行报告。

8.1.1.3 提供环境保护行政主管部门出具的联网证明。

8.1.1.4 提供质量控制和质量保证计划文档。

8.1.1.5 PM_{10}和$PM_{2.5}$连续监测系统已至少连续稳定运行 60 d，出具日报表和月报表。其数据应符合 GB 3095—2012 中关于污染物浓度数据有效性的最低要求。

8.1.1.6 建立完整的PM_{10}和$PM_{2.5}$连续监测系统的技术档案。

8.1.2 验收申请

PM_{10}和$PM_{2.5}$连续监测系统完成安装、调试及试运行后提出验收申请，验收申请材料上报责任环境保护部门受理，经核准符合验收条件，由责任环境保护部门组织实施验收。

8.2 验收内容

8.2.1 性能指标验收

8.2.1.1 流量测试

测试方法见 6.2.3.1 和 6.2.3.2，测试时间为 1 d，测试结果应符合表 1 要求。

8.2.1.2 校准膜重现性

测试方法见 6.2.4，测试时间为 1 d，测试结果应符合表 1 要求。

表 1 验收技术指标

项目	PM_{10}连续监测系统	$PM_{2.5}$连续监测系统
流量要求	每一次测试时间点流量变化±10%设定流量； 24 h 平均流量变化±5%设定流量	平均流量偏差±5%设定流量； 流量相对标准偏差≤2%； 平均流量示值误差≤2%
校准膜重现性	±2%（标称值）	±2%（标称值）

8.2.2 联网验收

联网验收由通信及数据传输验收、现场数据比对验收和联网稳定性验收三部分组成。

8.2.2.1 通信及数据传输验收

按照 HJ/T 212 的规定检查通信协议的正确性。数据采集和传输设备与监测仪之间的通信应稳定，不出现经常性的通信连接中断、报文丢失、报文不完整等通信问题。为保证监测数据在公共数据网上传输的安全性，所采用的数据采集和传输设备应进行加密传输。

8.2.2.2 现场数据比对验收

对数据进行抽样检查，随机抽取试运行期间 7 d 的监测数据，对比上位机接收到的数据和现场机存储的数据，数据传输正确率应大于等于 95%。

8.2.2.3 联网稳定性验收

在连续一个月内，数据采集和传输设备能稳定运行，不出现除通信稳定性、通信协议正确性、数据传输正确性以外的其他联网问题。

8.2.2.4 联网验收技术指标要求

联网验收技术指标见表 2。

表 2 联网验收技术指标

验收检测项目	考核指标
通信稳定性	1. 现场机在线率为 90%以上； 2. 正常情况下，掉线后，应在 5 min 之内重新上线； 3. 单台数据采集传输仪每日掉线次数在 5 次以内； 4. 报文传输稳定性在 99%以上，当出现报文错误或丢失时，启动纠错逻辑，要求数据采集传输仪重新发送报文
数据传输安全性	1. 对所传输的数据应按照 HJ/T 212 中规定的加密方法进行加密处理传输，保证数据传输的安全性； 2. 服务器端对请求连接的客户端进行身份验证
通信协议正确性	现场机和上位机的通信协议应符合 HJ/T 212 中的规定，正确率 100%
数据传输正确性	随机抽取试运行期间 7 d 的监测数据，对比上位机接收到的数据和现场机存储的数据，数据传输正确率应大于等于 95%
联网稳定性	在连续一个月内，不出现除通信稳定性、通信协议正确性、数据传输正确性以外的其他联网问题

8.2.3 相关制度、记录和档案验收

8.2.3.1 设备操作和使用制度

（1）设备使用管理说明。

（2）系统运行操作规程。

8.2.3.2 设备质量保证和质量控制计划

（1）日常巡检制度及巡检内容。

（2）定期维护制度及定期维护内容。

（3）定期校验和校准制度及内容。

（4）易损、易耗品的定期检查和更换制度。

8.3 验收报告

8.3.1 验收报告格式参见附录 D。

8.3.2 验收报告应附安装调试报告、试运行报告和联网证明。

附　录　A

（规范性附录）

PM_{10}和 $PM_{2.5}$连续监测系统调试检测项目

表 A.1　PM_{10}和 $PM_{2.5}$连续监测系统的调试检测项目

序号	检测项目	PM_{10}连续监测系统	$PM_{2.5}$连续监测系统
1	温度测量示值误差	±2℃	±2℃
2	大气压测量示值误差	±1 kPa	±1 kPa
3	流量测试	每一次测试时间点流量变化±10%设定流量； 24 h 平均流量变化±5%设定流量	平均流量偏差±5%设定流量； 流量相对标准偏差≤2%； 平均流量示值误差≤2%
4	校准膜重现性	±2%（标称值）	±2%（标称值）
5	参比方法比对调试	斜率：1±0.15； 截距：（0±10）μg/m³； 相关系数≥0.95	斜率：1±0.15； 截距：（0±10）μg/m³； 相关系数≥0.93

附　录　B

（资料性附录）

PM_{10} 和 $PM_{2.5}$ 连续监测系统安装调试报告

环境空气颗粒物（PM_{10} 和 $PM_{2.5}$）连续监测系统安装调试报告

安装点位：________________

设备名称：________________

单位名称：　　　　　　　（公章）

年　　月　　日

表 B.1 环境空气颗粒物（PM_{10}和 $PM_{2.5}$）连续监测系统站点基本信息

<table>
<tr><td>站点名称</td><td colspan="3"></td></tr>
<tr><td>点位类型</td><td></td><td>站点建设性质
（新、改建）</td><td></td></tr>
<tr><td>管理（托管）单位</td><td></td><td>主管部门</td><td></td></tr>
<tr><td rowspan="6">监测项目</td><td></td><td rowspan="6">分析方法</td><td></td></tr>
<tr><td></td><td></td></tr>
<tr><td></td><td></td></tr>
<tr><td></td><td></td></tr>
<tr><td></td><td></td></tr>
<tr><td></td><td></td></tr>
<tr><td>站房面积</td><td></td><td>站房结构</td><td></td></tr>
<tr><td>采样入口距地面高度</td><td></td><td>采样入口距站房房
顶高度</td><td></td></tr>
<tr><td colspan="4">站点周围情况简述：</td></tr>
<tr><td>站点地理位置</td><td colspan="3">省 市 县（区） 路（乡，镇） 号（村）
东经： 北纬：</td></tr>
<tr><td>仪器供应商</td><td colspan="3"></td></tr>
<tr><td>建设开工日期</td><td colspan="3">年 月 日</td></tr>
<tr><td>建设项目投入试运行日期</td><td colspan="3">年 月 日</td></tr>
</table>

表 B.2 环境空气颗粒物（PM_{10} 和 $PM_{2.5}$）连续监测系统点位和采样口周边情况表

站点名称			
站点地址			
项目	具体要求	是否符合	
		是√	否×
点位周边情况	监测仪器监测点周围没有阻碍环境空气流通的高大建筑物、树木或其他障碍物		
	从监测点到附近最高障碍物之间的水平距离，是否至少为该障碍物高出采样口垂直距离的两倍以上		
	监测点周围建设情况是否稳定		
	监测点是否能长期使用，且不会改变位置		
	监测点是否地处相对安全和防火措施有保障的地方		
	监测点附近是否没有强电磁干扰		
	监测点附近是否具备稳定可靠的电源供给		
	监测点的通信线路是否方便安装和检修		
	监测点周边是否有便于出入的车辆通道		
采样口位置情况	采样口距地面的高度是否在 3～15 m 范围内		
	在采样口周围 270° 捕集空间范围内环境空气流动是否不受任何影响		
	采样口离建筑物墙壁、屋顶等支撑物表面的距离是否大于 1 m		
	采样口是否高于实体围栏至少 0.5 m 以上		
	当设置多个采样口时，采样口之间的水平距离是否大于 1 m		
其他情况			
小结			

表 B.3　环境空气颗粒物（PM_{10}和 $PM_{2.5}$）连续监测系统站房建设和仪器安装情况表

<table>
<tr><td>站点名称</td><td colspan="4"></td></tr>
<tr><td>站点地址</td><td colspan="4"></td></tr>
<tr><td>仪器编号</td><td colspan="2"></td><td>安装人员</td><td></td></tr>
<tr><td rowspan="2">项目</td><td colspan="2" rowspan="2">具体要求</td><td colspan="2">是否符合</td></tr>
<tr><td>是√</td><td>否×</td></tr>
<tr><td rowspan="8">一般要求</td><td colspan="2">站房面积不小于 15 m²</td><td></td><td></td></tr>
<tr><td colspan="2">房顶平台是否有足够的放置参比方法比对监测的空间</td><td></td><td></td></tr>
<tr><td colspan="2">站房室内地面到天花板高度不小于 2.5 m</td><td></td><td></td></tr>
<tr><td colspan="2">站房室内地面距房顶平台高度不大于 5 m</td><td></td><td></td></tr>
<tr><td colspan="2">站房是否有防水、防潮、隔热、保温措施</td><td></td><td></td></tr>
<tr><td colspan="2">站房是否有符合要求的防雷和防电磁干扰设施</td><td></td><td></td></tr>
<tr><td colspan="2">站房排气口离站房内地面的距离是否在 20 cm 以上</td><td></td><td></td></tr>
<tr><td colspan="2">站房内环境条件：温度：15～35℃；相对湿度：≤85%；大气压：80～106 kPa</td><td></td><td></td></tr>
<tr><td rowspan="3">配电要求</td><td colspan="2">站房供电系统是否配有电源过压、过载保护装置</td><td></td><td></td></tr>
<tr><td colspan="2">站房内是否采用三相五线供电，分相使用</td><td></td><td></td></tr>
<tr><td colspan="2">站房内布线是否加装线槽</td><td></td><td></td></tr>
<tr><td rowspan="4">辅助设施</td><td rowspan="2">空调</td><td>空调机出风口未正对仪器和采样管</td><td></td><td></td></tr>
<tr><td>空调是否具有来电自启动功能</td><td></td><td></td></tr>
<tr><td rowspan="2">配套设施</td><td>站房是否配备自动灭火装置</td><td></td><td></td></tr>
<tr><td>站房是否安装有带防尘百叶窗的排气风扇</td><td></td><td></td></tr>
<tr><td rowspan="8">仪器设备安装</td><td colspan="2">仪器安装完成后，后方空间是否大于等于 0.8 m</td><td></td><td></td></tr>
<tr><td colspan="2">仪器安装完成后，顶部空间是否大于等于 0.4 m</td><td></td><td></td></tr>
<tr><td colspan="2">采样管是否竖直安装</td><td></td><td></td></tr>
<tr><td colspan="2">采样管与屋顶法兰连接部分密封防水</td><td></td><td></td></tr>
<tr><td colspan="2">采样管长度不超过 5 m</td><td></td><td></td></tr>
<tr><td colspan="2">切割器应方便拆装、清洗</td><td></td><td></td></tr>
<tr><td colspan="2">采样管支撑部件与房顶和采样管的连接应牢固、可靠，防止采样管摇摆</td><td></td><td></td></tr>
<tr><td colspan="2">数据采集和传输设备是否能正确记录、存储、显示采集到的数据和状态</td><td></td><td></td></tr>
<tr><td>其他情况</td><td colspan="4"></td></tr>
</table>

表 B.4　环境空气颗粒物（PM_{10} 和 $PM_{2.5}$）连续监测系统调试检测记录表

项目		检测结果		是否符合要求		
站点名称			仪器编号			
调试检测日期			检测人员			
				是√	否×	备注/其他
温度测量示值误差		环境温度值/℃				
		仪器温度显示值/℃				
		示值误差/℃				
大气压测量示值误差		环境大气压值/kPa				
		仪器大气压显示值/kPa				
		示值误差/kPa				
流量测试	PM_{10}	每一次测试时间点流量变化/%				
		24 h 平均流量变化/%				
	$PM_{2.5}$	标准流量计平均值/（L/min）				
		仪器流量平均值/（L/min）				
		平均流量偏差/%				
		流量相对标准偏差/%				
		平均流量示值误差/%				
校准膜重现性		校准膜重现性/%				
参比方法比对调试	PM_{10}	斜率				
		截距/（$\mu g/m^3$）				
		相关系数				
	$PM_{2.5}$	斜率				
		截距/（$\mu g/m^3$）				
		相关系数				
调试检测结论						

报告编制：　　　　　　　　　　审核：　　　　　　　　　　批准：

日期：　　　　　　　　　　　　日期：　　　　　　　　　　日期：

附　录　C

（资料性附录）

PM_{10} 和 $PM_{2.5}$ 连续监测系统试运行报告

环境空气颗粒物（PM_{10} 和 $PM_{2.5}$）连续监测系统试运行报告

安装点位：________________________

设备名称：________________________

单位名称：　　　　　　（公章）

年　　月　　日

表 C.1 环境空气颗粒物（PM_{10} 和 $PM_{2.5}$）连续监测系统试运行情况记录表

<table>
<tr><td>站点名称</td><td colspan="4"></td></tr>
<tr><td>站点地址</td><td colspan="4"></td></tr>
<tr><td>开始时间</td><td colspan="2"></td><td>结束时间</td><td></td></tr>
<tr><td>故障次数</td><td>故障出现时间</td><td>故障现象</td><td>故障小时数</td><td>签名</td></tr>
<tr><td>1</td><td></td><td></td><td></td><td></td></tr>
<tr><td>2</td><td></td><td></td><td></td><td></td></tr>
<tr><td>3</td><td></td><td></td><td></td><td></td></tr>
<tr><td>4</td><td></td><td></td><td></td><td></td></tr>
<tr><td>5</td><td></td><td></td><td></td><td></td></tr>
<tr><td>……</td><td></td><td></td><td></td><td></td></tr>
<tr><td></td><td></td><td></td><td></td><td></td></tr>
<tr><td>合计</td><td>—</td><td>—</td><td></td><td></td></tr>
<tr><td>数据获取率/%</td><td colspan="4"></td></tr>
</table>

编制人员： 审核： 批准：

日期： 日期： 日期：

附　录　D

（资料性附录）

PM_{10} 和 $PM_{2.5}$ 连续监测系统验收报告

环境空气颗粒物（PM_{10} 和 $PM_{2.5}$）连续监测系统验收报告

安装点位：______________________________

设备名称：______________________________

单位名称：　　　　　　　（公章）

年　　月　　日

表 D.1　基本情况

环境空气颗粒物（PM_{10}和 $PM_{2.5}$）连续监测系统安装单位：		
联系人：	单位地址：	
邮政编码：	联系电话：	
安装点位：		
系统名称及型号：		
监测项目：		
系统生产单位：		
系统试运行单位：		
试运行完成时间：		
环境保护部环境监测仪器质量监督检验中心出具的产品适用性检测合格报告		
PM_{10}和 $PM_{2.5}$连续监测系统的安装调试报告、试运行报告（含试运行日报表、月报表）		
环境保护行政主管部门出具的联网证明		
质量控制和质量保证计划文档		
PM_{10}和 $PM_{2.5}$连续监测系统的技术档案		
备注：		

表 D.2　验收记录表

<table>
<tr><td colspan="2">仪器名称</td><td colspan="2"></td><td>仪器编号</td><td colspan="3"></td></tr>
<tr><td colspan="2">验收监测日期</td><td colspan="2"></td><td>监测人员</td><td colspan="3"></td></tr>
<tr><td colspan="2" rowspan="2">性能指标验收</td><td colspan="3" rowspan="2">检测结果</td><td colspan="3">是否符合要求</td></tr>
<tr><td>是√</td><td>否×</td><td>备注/其他</td></tr>
<tr><td rowspan="7">流量测试</td><td rowspan="2">PM₁₀</td><td>每一次测试时间点流量变化/%</td><td colspan="2"></td><td rowspan="2"></td><td rowspan="2"></td><td rowspan="2"></td></tr>
<tr><td>24 h 平均流量变化/%</td><td colspan="2"></td></tr>
<tr><td rowspan="5">PM_{2.5}</td><td>标准流量计平均值/（L/min）</td><td colspan="2"></td><td rowspan="5"></td><td rowspan="5"></td><td rowspan="5"></td></tr>
<tr><td>仪器流量平均值/（L/min）</td><td colspan="2"></td></tr>
<tr><td>平均流量偏差/%</td><td colspan="2"></td></tr>
<tr><td>流量相对标准偏差/%</td><td colspan="2"></td></tr>
<tr><td>平均流量示值误差/%</td><td colspan="2"></td></tr>
<tr><td colspan="2">校准膜重现性</td><td>校准膜重现性/%</td><td colspan="2"></td><td></td><td></td><td></td></tr>
<tr><td colspan="2">联网验收</td><td colspan="3">联网证明主要内容：</td><td></td><td></td><td></td></tr>
<tr><td colspan="2" rowspan="2">相关制度、记录和档案验收</td><td colspan="3">设备操作和使用制度</td><td></td><td></td><td></td></tr>
<tr><td colspan="3">设备质量保证和质量控制计划</td><td></td><td></td><td></td></tr>
<tr><td colspan="2">验收结论</td><td colspan="6">验收组成员（签字）：
年　　月　　日</td></tr>
</table>

中华人民共和国环境保护行业标准

环境空气质量手工监测技术规范

HJ/T 194—2005

Manual methods for ambient air quality monitoring

2005-11-09 发布　　2006-01-01 实施

1　范围

本标准规定了环境空气质量手工监测的技术要求，适用于各级环境监测站及其他环境监测机构采用手工方法对环境空气质量进行监测的活动。

2　引用标准

以下标准和规范所含条文，在本规范中被引用即构成本规范的条文，与本规范同效。

GB 3095—1996　环境空气质量标准

当上述标准和规范被修订时，应使用其最新版本。

3　术语

3.1　环境空气质量手工监测　manual methods for air quality monitoring

在监测点位用采样装置采集一定时段的环境空气样品，将采集的样品在实验室用分析仪器分析、处理的过程。

3.2　24 h 连续采样　24 h continuous sampling

指 24 h 连续采集一个环境空气样品，监测污染物日平均浓度的采样方式。

3.3　环境空气质量自动监测　automated methods for air quality monitoring

在监测点位采用连续自动监测仪器对环境空气质量进行连续的样品采集、处理、分析的过程。

4　采样

4.1　24 h 连续采样

本规范规定的 24 h 连续采样适用于环境空气中二氧化硫、二氧化氮、可吸入颗粒物（PM_{10}）、总悬浮颗粒物（TSP）、苯并[*a*]芘（BaP）、氟化物、铅（Pb）的采样。

4.1.1　采样频次和采样时间

根据《环境空气质量标准》（GB 3095—1996）中各项污染物数据统计的有效性规定，确定相应污染物采样频次及采样时间。

4.1.2　气态污染物监测

4.1.2.1　采样亭

采样亭是安放采样系统各组件、便于采样的固定场所。采样亭面积及其空间大小应视合理安放采样装置、便于采样操作而定。一般面积应不小于 5 m^2，采样亭墙体应具有良好的保温和防火性能，室内温度应维持在25℃±5℃。

4.1.2.2 采样系统

气态污染物采样系统由采样头、采样总管、采样支管、引风机、气体样品吸收装置及采样器等组成，如图4-1所示。

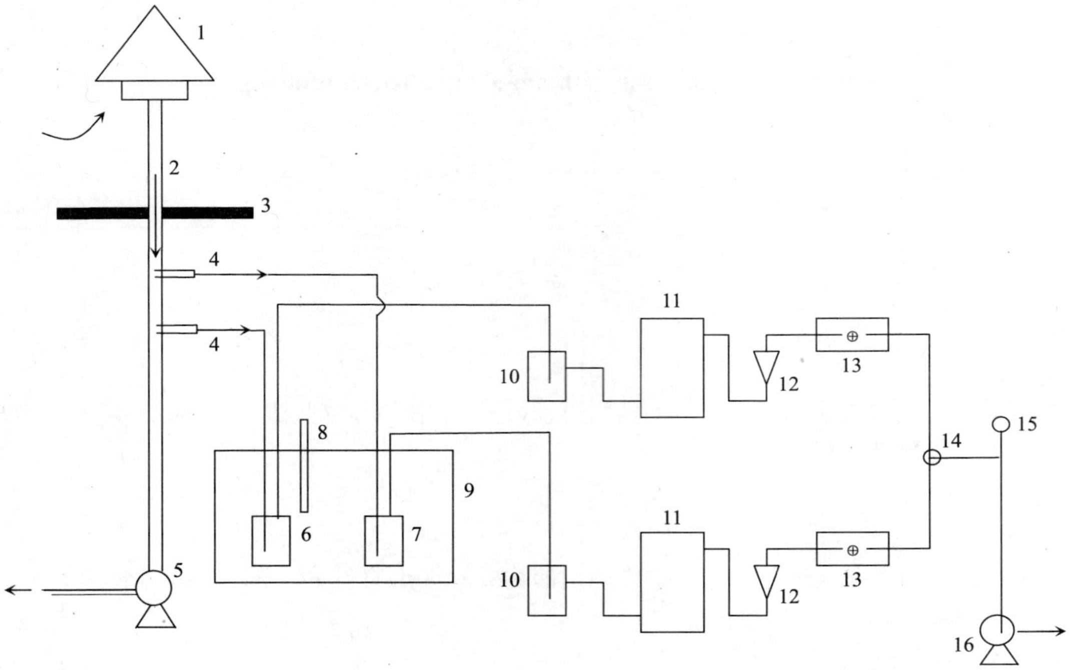

1—采样头；2—采样总管；3—采样亭屋顶；4—采样支管；5—引风机；6—二氧化氮吸收瓶；7—二氧化硫吸收瓶；8—温度计；9—恒温装置；10—滤水井；11—干燥器；12—转子流量计；13—限流孔；14—三通阀；15—真空表；16—抽气泵

图4-1 连续采样系统装置示意图

采样系统各部分技术要求：

1）采样头：采样头为一个能防雨、雪、防尘及其他异物（如昆虫）的防护罩，其材料可用不锈钢或聚四氟乙烯。采样头、进气口距采样亭顶盖上部的距离应为1～2 m。

2）采样总管：通过采样总管将环境空气垂直引入采样亭内，采样总管内径为 30～150 mm，内壁应光滑。采样总管气样入口处到采样支管气样入口处之间的长度不得超过3 m，其材料可用不锈钢、玻璃或聚四氟乙烯等。为防止气样中的湿气在采样总管中产生凝结，可对采样总管采取加热保温措施，加热温度应在环境空气露点以上，一般在40℃左右。在采样总管上，SO_2进气口应先于NO_2进气口。

3）采样支管：通过采样支管将采样总管中气样引入气样吸收装置。采样支管内径一般为4～8 mm，内壁应光滑，采样支管的长度应尽可能短，一般不超过0.5 m。采样支管的进气口应置于采样总管中心和采样总管气流层流区内。采样支管材料应选用聚四氟乙烯或不与被测污染物发生化学反应的材料。采样支管与采样总管、采样支管与气样吸收装置之间的连接处不得漏气，一般应采用内插外套或外插内套的方法连接。

4）引风机：用于将环境空气引入采样总管内，同时将采样后的气体排出采样亭外的动力装置，安装于采样总管的末端。采样总管内样气流量应为采样亭内各采样装置所需采样流量总和的5～10倍。采样总管进气口到出气口气流的压力降要小，以保证气样的压力接近于环境空气大气压。

5）气样吸收装置：气样吸收装置为多孔玻璃筛板吸收瓶（管），其结构如图4-2所示。在规定采样流量下，装有吸收液的吸收瓶的阻力应为（6.7±0.7）kPa，吸收瓶玻板的气泡应分布均匀。

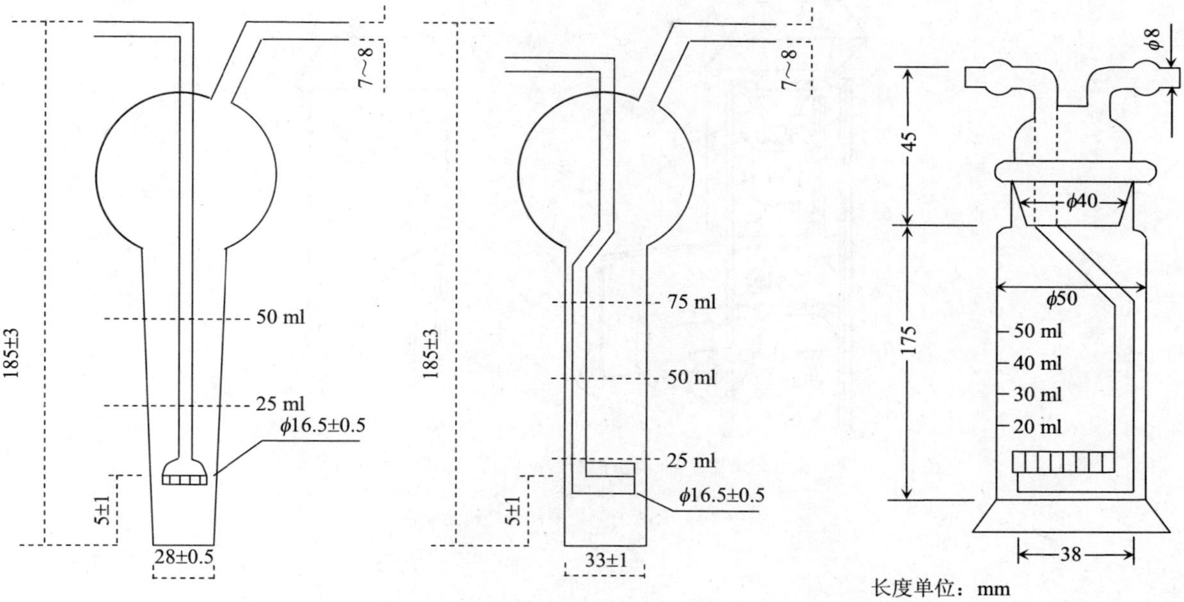

图 4-2 多孔玻板吸收瓶（管）结构示意图

6）采样器：采样器应具有恒温、恒流控制装置（临界限流孔）和流量、压力及温度指示仪表，采样器应具备定时、自动启动及记时的功能，采样泵的带载负压应大于 70 kPa。采样流量应设定在（0.20±0.02）L/min，流量计及临界限流孔的精度应不低于 2.5 级，当电压波动在+10%～−15%范围内的流量波动应不大于 5%。临界限流孔加热槽内温度应恒定，且在 24 h 连续采样条件下保持稳定，进行 SO_2 及 NO_2 采样时，SO_2 和 NO_2 吸收瓶在加热槽内最佳温度分别为 23～29℃及 16～24℃，且在采样过程中保持恒定。要求计时器在 24 h 内的时间误差应小于 5 min。

4.1.2.3 采样前准备

1）采样总管和采样支管清洗：应定期清洗，周期视当地空气湿度污染状况确定。

2）气密性检查：按图 4-1 连接采样系统各装置，确认采样系统连接正确后，进行采样系统的气密性检查。

3）采样流量检查：用经过检定合格的流量计校验采样系统的采样流量，每月至少 1 次，每月流量误差应小于 5%，若误差超过此值，应清洗限流孔或更换新的限流孔。限流孔清洗或更换后，应对其进行流量校准。

4）温度控制系统及时间控制系统检查：检查吸收瓶温控槽及临界限流孔，温控槽的温度指示是否符合要求；检查计时器的计时误差是否超出误差范围。

4.1.2.4 采样

1）将装有吸收液的吸收瓶（内装 50.0 ml 吸收液）连接到采样系统中。启动采样器，进行采样。记录采样流量、开始采样时间、温度和压力等参数。

2）采样结束后，取下样品，并将吸收瓶进、出口密封，记录采样结束时间、采样流量、温度和压力等参数。

4.1.3 颗粒物监测

4.1.3.1 采样系统

采样系统由颗粒物切割器、滤膜、滤膜夹和颗粒物采样器组成，或者由滤膜、滤膜夹和具有符合切割特性要求的采样器组成，如图 4-3 所示。

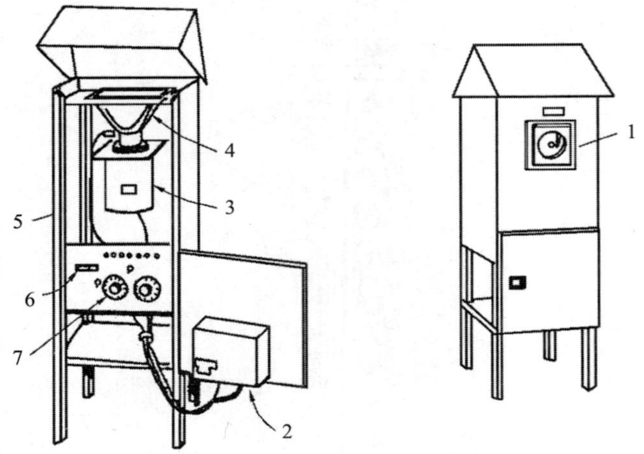

1—流量记录器；2—流量控制器；3—抽气风机；4—滤膜夹；
5—铝壳；6—工作计时器；7—计时器的程序控制器
（1）TSP 大流量采样器结构示意图

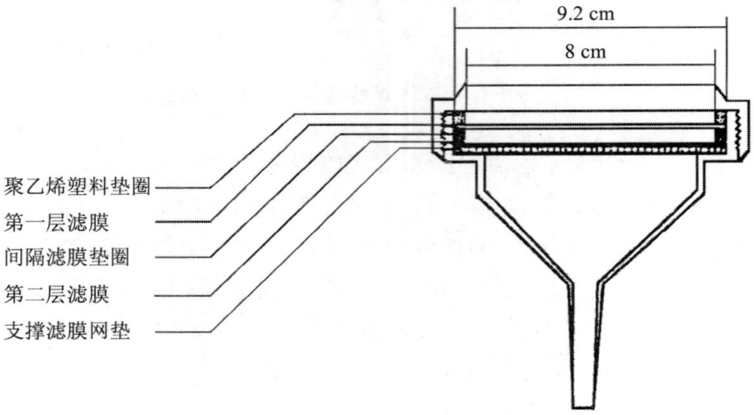

（2）中流量采样头结构示意图

图 4-3　颗粒物采样装置示意图

1）颗粒物粒径切割器：对 TSP 采样，要求切割器的切割粒径 D_{50} = 100 μm，对 PM_{10} 采样，要求切割器的切割粒径 D_{50} = 10 μm。

2）滤膜：一般使用超细玻璃纤维滤膜和有机纤维膜两种类型，根据监测目的选用。要求所用滤膜对 0.3 μm 标准粒子的截留效率不低于 99%，在气流速度为 0.45 m/s 时，单张滤膜的阻力不大于 3.5 kPa。在此气流速度下，抽取经高效过滤器净化的空气 5 h，每平方厘米滤膜的失重不大于 0.012 mg。

3）滤膜夹：用于安放和固定采样滤膜。

4）采样器：颗粒物采样器分为大流量采样器和中流量采样器两种，前者采样流量一般为 1.05 m^3/min；后者一般为 100 L/min。

4.1.3.2　采样前准备与滤膜处理

1）采样器流量校准：按照 GB/T 15432—1995《环境空气　总悬浮颗粒物的测定　重量法》进行。

2）采样前准备与滤膜处理：总悬浮颗粒物按照《环境空气　总悬浮颗粒物测定　重量法》（GB/T 15432—1995）、可吸入颗粒物按照《大气飘尘浓度测定方法》（GB 6921—86）、氟化物按照《环境空气　氟化物质量浓度的测定　滤膜 • 氟离子选择电极法》（GB/T 15434—1995）、苯并[*a*]芘按照《环境空气　苯并[*a*]芘测定　高效液相色谱法》（GB/T 15439—1995）、铅按照《环境空气　铅的测定　火焰原子吸收分光光度法》（GB/T 15264—94）进行。

4.1.3.3　采样

1）打开采样头顶盖，取出滤膜夹，用清洁干布擦掉采样头内滤膜夹及滤膜支持网表面上的灰尘，将采样滤膜毛面向上，平放在滤膜支持网上。同时核查滤膜编号，放上滤膜夹，拧紧螺丝，以不漏气为宜，安好采样头顶盖。启动采样器进行采样。记录采样流量、开始采样时间、温度和压力等参数。

2）采样结束后，取下滤膜夹，用镊子轻轻夹住滤膜边缘，取下样品滤膜，并检查在采样过程中滤膜是否有破裂现象，或滤膜上尘的边缘轮廓不清晰的现象。若有，则该样品膜作废，需重新采样。确认无破裂后，将滤膜的采样面向里对折两次放入与样品膜编号相同的滤膜袋（盒）中。记录采样结束时间、采样流量、温度和压力等参数。

4.2　间断采样

间断采样是指在某一时段或 1 h 内采集一个环境空气样品，监测该时段或该小时环境空气中污染物的平均浓度所采用的采样方法。

4.2.1　采样频次和采样时间

对环境空气中的 TSP、PM_{10}、Pb、BaP 及氟化物，其采样频次及采样时间应根据《环境空气质量标准》（GB 3095—1996）中各污染物监测数据统计的有效性规定确定；对其他污染物的监测，其采样频次及采样时间，应根据监测目的、污染物浓度水平及监测分析方法的检出限确定。但要获得 1 h 平均浓度值，样品的采样时间应不少于 45 min；要获得日平均浓度值，气态污染物的累计采样时间应不少于 18 h，颗粒物的累计采样时间应不少于 12 h。

4.2.2　气态污染物采样

4.2.2.1　采样系统组成

采样系统由气样捕集装置、滤水井和气体采样器组成，采样系统如图 4-4 所示。

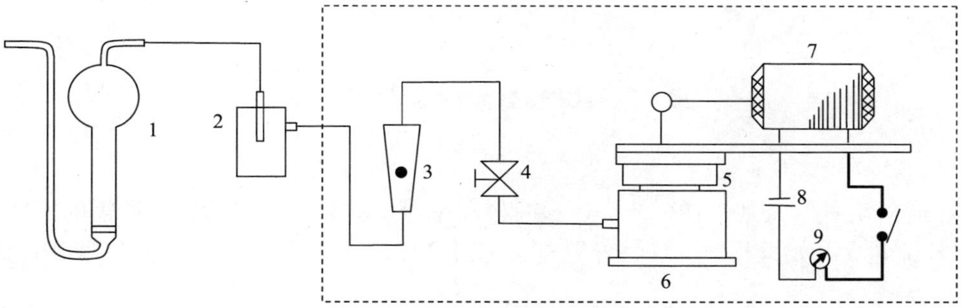

1—吸收瓶；2—滤水井；3—流量计；4—流量调节阀；5—抽气泵；6—稳流器；7—电动机；8—电源；9—定时器

图 4-4　间断采样系统装置示意图

1）气样捕集装置：根据环境空气中气态污染物的理化特性及其监测分析方法的检测限，可采用相应气样捕集装置，通常采用气样捕集装置包括装有吸收液的多孔玻璃筛板吸收瓶（管）、气泡式吸收瓶（管）、冲击式吸收瓶、装有吸附剂的采样支管、聚乙烯或铝箔袋、采气瓶、低温冷缩管及注射器等。各种气样捕集装置如图 4-5 所示。当多孔玻板吸收瓶装有 10 ml 吸收液，采样流量为 0.5 L/min 时，阻力应为（4.7±0.7）kPa，且采样时多孔玻板上的气泡应分布均匀。

2）采样器：由流量计、流量调节阀、稳流器、计时器及采样泵等装置组成。采样流量范围为 0.10～1.00 L/min，流量计应不低于 2.5 级。

4.2.2.2　采样前准备

1）根据所监测项目及采样时间，准备待用的气样捕集装置或采样器。

2）按要求连接采样系统，并检查连接是否正确。

3）气密性检查，检查采样系统是否有漏气现象。若有，应及时排除或更换新的装置。

4）采样流量校准，启动抽气泵，将采样器流量计的指示流量调节至所需采样流量。用经检定合格的标准流量计对采样器流量计进行校准。

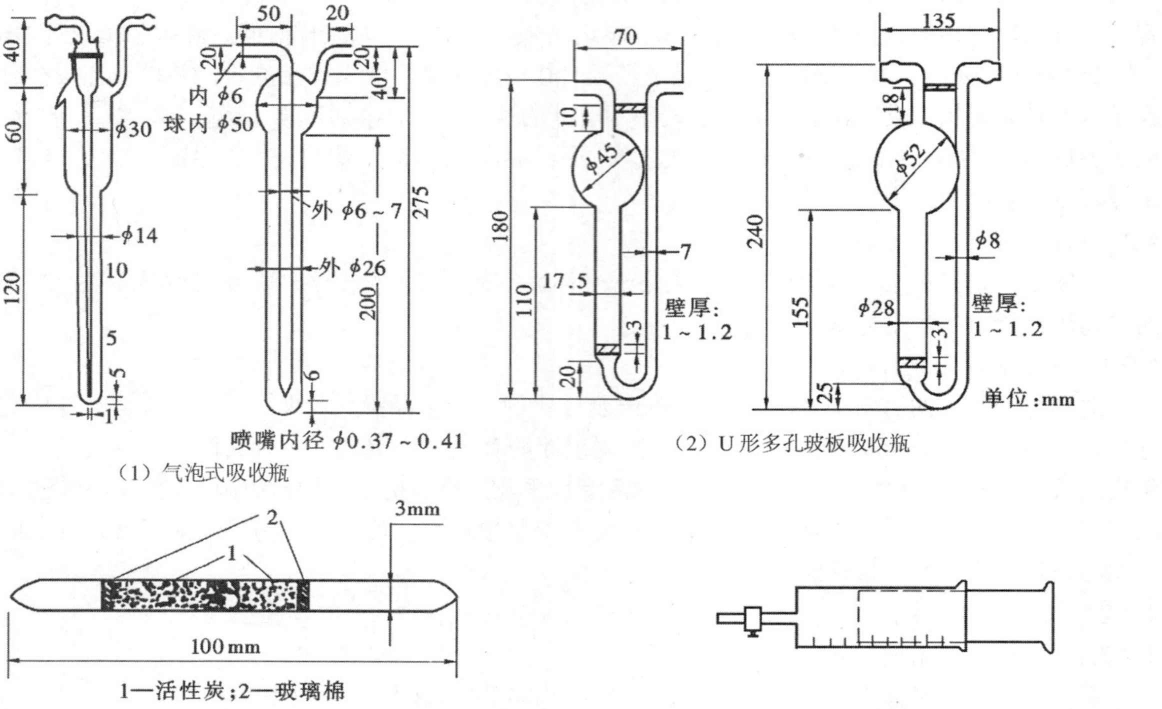

（1）气泡式吸收瓶

（2）U 形多孔玻板吸收瓶

（3）活性炭采样管

（4）注射器

图 4-5　部分气样捕集装置结构示意图

4.2.2.3　采样

1）将气样捕集装置串联到采样系统中，核对样品编号，并将采样流量调至所需的采样流量，开始采样。记录采样流量、开始采样时间、气样温度、压力等参数。气样温度和压力可分别用温度计和气压表进行同步现场测量。

2）采样结束后，取下样品，将气体捕集装置进、出气口密封，记录采样流量、采样结束时间、气样温度、压力等参数。按相应项目的标准监测分析方法要求运送和保存待测样品。

4.2.3　颗粒物采样

间断采样时有关颗粒物采样的采样系统、采样前准备及采样方法同本标准 4.1.3.1、4.1.3.2 和 4.1.3.3 规定。

4.3　无动力采样

无动力采样是指将采样装置或气样捕集介质暴露于环境空气中，不需要抽气动力，依靠环境空气中待测污染物分子的自然扩散、迁移、沉降等作用而直接采集污染物的采样方式。其监测结果可代表一段时间内待测环境空气污染物的时间加权平均浓度或浓度变化趋势。

4.3.1　采样时间及采样频次

污染物无动力采样时间及采样频次，应根据监测点位环境空气中污染物的浓度水平、分析方法的检出限及不同监测目的确定。通常，硫酸盐化速率及氟化物采样时间为 7～30 d。但要获得月平均浓度值，样品的采样时间应不少于 15 d。

4.3.2　硫酸盐化速率

将用碳酸钾溶液浸渍过的玻璃纤维滤膜（碱片）暴露于环境空气中，环境空气中的二氧化硫、硫化氢、硫酸雾等与浸渍在滤膜上的碳酸钾发生反应，生成硫酸盐而被固定的采样方法。

4.3.2.1 采样装置

采样装置由采样滤膜和采样架组成，采样架又由塑料皿、塑料垫圈及塑料皿支架构成。如图 4-6 所示。

——塑料皿，高 10 mm，内径 72 mm；

——塑料垫圈，厚 1～2 mm，内径 50 mm，外径 72 mm；

——塑料皿支架，由两块聚氯乙烯硬塑料板（120 mm×120 mm）成 90°角焊接，下面再焊接一个高 30 mm、内径为 78～80 mm 的聚氯乙烯短管，在其管壁上互成 120°处，钻三个螺栓眼，距支架面 15 mm，用三个铜螺栓固定塑料皿。

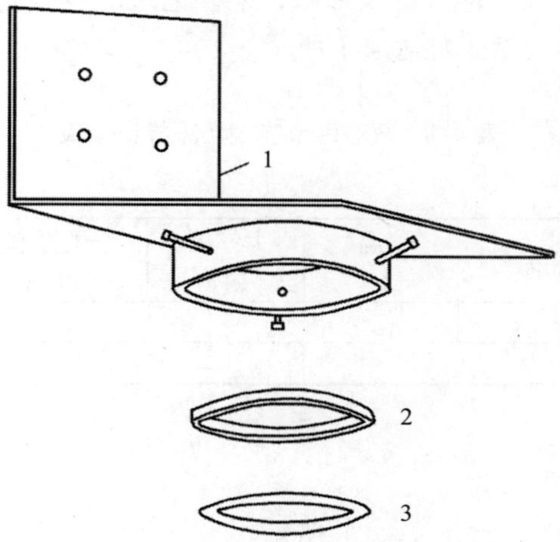

碱片采样架

1—塑料皿支架；2—塑料皿；3—塑料垫圈

图 4-6 无动力采样装置示意图

4.3.2.2 采样滤膜（碱片）制备

将玻璃纤维滤膜剪成直径 70 mm 的圆片，毛面向上，平放于 150 ml 的烧杯口上，用刻度吸管均匀滴加 30%碳酸钾溶液 1.0 ml 于每张滤膜上，使其扩散直径为 5 cm。将滤膜置于 60℃下烘干，贮存于干燥器内备用。

4.3.2.3 采样

将滤膜毛面向外放入塑料皿中，用塑料垫圈压好边缘；将塑料皿中滤膜面向下，用螺栓固定在塑料皿支架上，并将塑料皿支架固定在距地面高 3～15 m 的支持物上，距基础面的相对高度应＞1.5 m，记录采样点位、样品编号、放置时间等。

采样结束后，取出塑料皿，用锋利小刀沿塑料垫圈内缘刻下直径为 5 cm 的样品膜，将滤膜样品面向里对折后放入样品盒（袋）中。记录采样结束时间，并核对样品编号及采样点。

4.3.3 氟化物

空气中的氟化物的采样方法详见《环境空气　氟化物的测定　石灰滤纸·氟离子选择电极法》（GB/T 15433—1995）。

4.4 采样系统气体状态参数观测

气体状态参数指采样气路中气样的状态参数，用以计算标准状态下采样体积。主要有：

温度观测，观测采样系统中的温度计量仪表的指示值。其精度为±0.5℃。

压力观测，观测采样系统中压力计量仪表的指示值。其精度为±0.1 kPa。

4.5 采样点气象参数观测

在采样过程中，应观测采样点位环境大气的温度、压力，有条件时可观测相对湿度、风向、风速等气象参数：

气温观测，所用温度计温度测量范围一般为–40～45℃，精度为±0.5℃。

大气压观测，所用气压计测量范围一般为 50～107 kPa，精度为±0.1 kPa。

相对湿度观测，所用湿度计测量范围一般为 10%～100%，精度为±5%。

风向观测，所用风向仪测量范围一般为 0°～360°，精度为±5°。

风速观测，所用风速仪测量范围一般为 1～60 m/s，精度为±0.5 m/s。

4.6 采样记录及要求

采样人员应及时准确记录各项采样条件及参数，采样记录内容应完整，字迹清晰、书写工整、数据更正规范。常用采样记录的内容及格式如表 4-1 所示。

表 4-1 气态污染物现场采样记录表

__________市（县）__________测点　　　　污染物：__________

日期	采样时间		样品号	气温/℃	大气压/kPa	采样流量/（L/min）	采样体积/L	天气状况
	开始	结束						

采样人：__________　　　　审核人：__________

4.7 采样体积计算

1）气态污染物采样体积计算，如式（4-1）所示。

$$V_{nd} = Q_n \times n = Q_s \times n \times \frac{PT_0}{P_0 T} \tag{4-1}$$

式中：V_{nd}——标准状况下采样体积，L；

Q_n——标准状况下的采样流量，L/min；

Q_s——采样时，未进行标准状况订正的流量计指示流量，L/min；

T——采样时流量计前的气样温度，K；

T_0——标准状况下气体的温度，273.15 K；

P——采样时气样的气压，Pa；

P_0——标准状况下气体的压力，101.325 kPa；

n——采样时间，min。

2）颗粒物采样体积计算，如式（4-2）所示。

$$V_{nd} = Q_n \cdot n \tag{4-2}$$

$$Q_n = Q_1 \times \sqrt{\frac{P_1 T_3}{P_3 T_1}} \times \frac{273.15 \times P_3}{101.325 \times T_3} \tag{4-3}$$

式中：V_{nd}——标准状况下采样体积，L；

Q_n——标准状况下的采样流量，L/min 或 m^3/min；

n——采样时间，min；

Q_1——孔口校正器流量，L/min 或 m^3/min；

T_1——孔口校准器校准时的温度，K；

T_3——采样时大气温度，K；

P_1——孔口校准器校准时的大气压，kPa；

P_3——采样时大气压力，kPa。

5 监测分析方法

监测分析方法首先选择国家颁布的标准分析方法，其次选择国家环保总局颁布的标准分析方法。对没有标准分析方法的监测项目，可采用《空气和废气监测分析方法》中推荐的方法。表 5-1 为常用环境空气监测分析方法。

表 5-1 环境空气监测分析方法一览表

序号	污染物	监测分析方法	备注
1	二氧化硫	四氯汞盐、盐酸副玫瑰苯胺比色法 甲醛吸收、副玫瑰苯胺分光光度法	GB 8970—88 GB/T 15262—94
2	氮氧化物	Saltzman 法	GB/T 15436—1995
3	二氧化氮	Saltzman 法	GB/T 15435—1995
4	臭氧	靛蓝二磺酸钠分光光度法 紫外光度法	GB/T 15437—1995 GB/T 15438—1995
5	一氧化碳	非分散红外法	GB/T 9801—88
6	铅	火焰原子吸收分光光度法	GB/T 15264—94
7	总悬浮颗粒物	重量法	GB/T 15432—1995
8	可吸入颗粒物	重量法	GB 6921—86
9	氟化物	滤膜·氟离子选择电极法 石灰滤纸·氟离子选择电极法	GB/T 15434—1995 GB/T 15433—1995
10	苯并[a]芘	高效液相色谱法 乙酰化滤纸层析荧光分光光度法	GB/T 15439—1995 GB 8971—88
11	降尘	重量法	GB/T 15265—94
12	氨	纳氏试剂比色法 次氯酸钠-水杨酸分光光度法 离子选择电极法	GB/T 14668—93 GB/T 14679—93 GB/T 14669—93
13	硫化氢	气相色谱法 亚甲基蓝分光光度法	GB/T 14678—93 《空气和废气监测分析方法》
14	二硫化碳	二乙胺分光光度法	GB/T 14680—93
15	硫酸盐化速率	碱片—重量法 碱片—铬酸钡分光光度法 碱片—离子色谱法	《空气和废气监测分析方法》
16	甲醛	乙酰丙酮分光光度法 酚试剂分光光度法 离子色谱法	GB/T 15516—1995 《空气和废气监测分析方法》 《空气和废气监测分析方法》
17	总烃	气相色谱法	GB/T 15263—94
18	甲苯、二甲苯	气相色谱法	GB/T 14677—93
19	苯乙烯	气相色谱法	GB/T 14670—93
20	硝基苯类	锌还原-盐酸萘乙二胺分光光度法	GB/T 15501—1995
21	苯胺类	盐酸萘乙二胺分光光度法	GB/T 15502—1995

6 质量保证与质量控制

6.1 监测人员要求

凡承担监测工作、报告监测数据者，必须参加合格证考核，并取得合格证。

6.2 监测仪器管理与定期检查

1）凡属应强制性检定的计量器具，应按计量法规定，定期送法定计量检定机构检定，检定合格后方可使用。

2）非强制性检定的计量器具，可依法自行检定，或送有授权对社会开展量值传递工作资质的计量检定机构检定，检定合格后方可使用。

3）量器具在日常使用过程中，应参照有关计量检定规程定期校验和维护。

6.3 监测分析方法选用和适用性检验

1）对不同的监测项目选用方法除遵循本规范第 5 节的要求外，还应考虑监测对象的浓度水平和分析方法的检出限。

2）当实验室不具备采用标准方法的条件，或采用标准方法不能获得合格的测定数据时，必须对选用非标准的方法进行验证和对比实验，并报省级以上环境监测部门审核、批准。

3）分析人员在承担新的监测项目和分析方法时，应对该项目的分析方法进行适用性检验。进行全程序空白值测定，分析方法的检出浓度测定，标准曲线的绘制，方法的精密度、准确度及干扰因素等实验。

6.4 采样质量保证

6.4.1 连续采样质量保证

1）采样总管及采样支管应定期清洗，干燥后方可使用。采样总管至少每 6 个月清洗 1 次；采样支管至少每月清洗 1 次。

2）吸收瓶阻力测定应每月 1 次，当测定值与上次测定结果之差大于 0.3 kPa 时，应做吸收效率测试（测试方法见附录 C），吸收效率应大于 95%。不符合要求者，不能继续使用。

3）采样系统不得有漏气现象，每次采样前应进行采样系统的气密性检查。确认不漏气后，方可采样。

4）临界限流孔的流量应定期校准，每月 1 次，其误差应小于 5%，否则，应进行清洗或更换新的临界限流孔，清洗或更换新的临界限流孔后，应重新校准其流量。

5）使用临界限流孔控制采样流量时，采样泵的有载负压应大于 70 kPa，且 24 h 连续采样时，流量波动应不大于 5%。

6）定期更换尘过滤膜，一般每周 1 次，及时更换干燥器中硅胶，一般干燥器硅胶有 1/2 变色者，需更换。

6.4.2 间断采样质量保证

1）每次采样前，应对采样系统的气密性进行认真检查，确认无漏气现象后，方可进行采样。

2）应使用经计量检定单位检定合格的采样器。使用前必须经过流量校准，流量误差应不大于 5%；采样时流量应稳定。

3）使用气袋或真空瓶采样时，使用前气袋和真空瓶应用气样重复洗涤 3 次；采样后，旋塞应拧紧，以防漏气。

4）在颗粒物采样时，采样前应确认采样滤膜无针孔和破损，滤膜的毛面应向上。

5）滤膜采集后，如不能立即称重，应在 4℃条件下冷藏保存；对分析有机成分的滤膜采集后应立即放入–20℃冷冻箱内保存至样品处理前，为防止有机物的分解，不宜进行称重。

6）使用吸附采样管采样时，采样前应做气样中污染物穿透试验，以保证吸收效率或避免样品损失。

附 录 A
（规范性附录）
气体采样器采样流量校准

A.1 转子流量计的校准

可用已检定合格的皂膜流量计进行校准。转子流量计校准装置如图 A.1 所示，用皂膜流量计校准转子流量计的方法和步骤如下：

1）按图 A.1 安装校准装置，检查并保证校准系统不漏气；

2）记录校准时的室温和大气压力；

3）启动采样泵，调节流量直到转子流量计的转子稳定在某一刻度，通常为满量程 20%的位置；

4）捏橡皮球使皂膜计进气口与皂液面接触形成皂膜，气体推动皂膜缓缓上升，使皂膜能通过皂膜计管而不破裂，用秒表记录皂膜通过皂膜计上下刻度线内运行的时间，计算皂膜流量计上下刻度线之间的体积。重复三次，并记录校准温度及其对应的水的饱和蒸汽压（见表 A.1）。

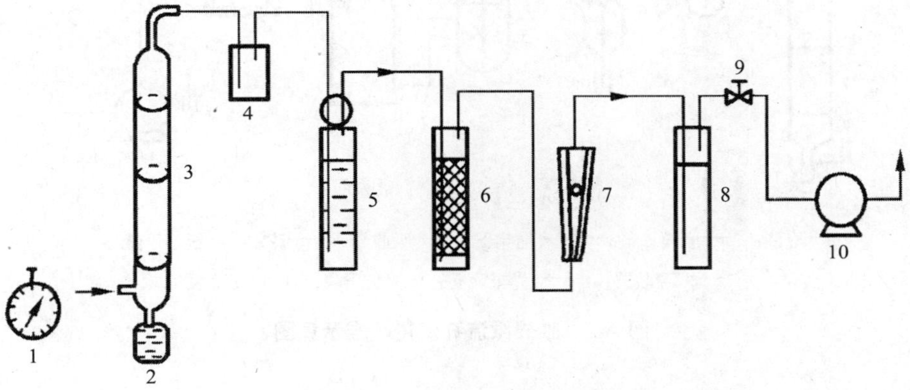

1—秒表；2—皂液；3—皂膜计；4—皂液捕集器；5—吸收瓶；
6—干燥器；7—转子流量计；8—缓冲瓶；9—针阀；10—抽气泵

图 A.1 用皂膜计校准采样系统中的转子流量计

5）取三次测量的平均体积和平均时间，并将平均体积换算到标准状况下的体积，重复步骤，依次校准满量程的 40%、60%、80%、100%处刻度或处在使用流量对应的刻度处。校准标准状况下转子流量计的流量按式（A.1）及式（A.2）计算：

$$V_{nd}=V_m\frac{P_b-P_v}{101.325}\cdot\frac{273.15}{273.15+t_m} \tag{A.1}$$

$$Q_{nd}=\frac{V_{nd}}{t} \tag{A.2}$$

式中：V_{nd}——标准状况下皂膜流量计两刻度间的体积，ml；

V_m——校准时皂膜流量计两刻度的体积，ml；

P_b——校准时环境大气压力，kPa；

P_v——皂膜流量计内水的饱和蒸汽压，kPa；

t——校准时，三次的平均时间，s；

t_m——校准时皂膜流量计气体的温度，℃；

Q_{nd}——标准状况下，转子流量计的流量，ml/min。

A.2　临界限流孔的校准

临界限流孔是一定孔径的毛细管，以控制小流量采样器的流量装置，用已校准的皂膜流量计校准临界限流孔的流量校准装置如图 A.2 所示，其校准方法和步骤如下：

1）按图 A.2 连接校准装置，检查并保证校准系数不漏气；

2）启动采样泵，使临界限流孔两端压力比 $P_d/P_u<0.5$，关闭采样泵，然后将皂膜流量计接到校准系统中；

3）启动采样泵，使皂膜计进气口与皂液面接触，让皂膜慢慢上升，直至通过整个皂膜计而不破裂；

4）用秒表准确记录皂膜通过皂膜计两刻度之间的时间及皂膜流量计上、下两刻度线之间的体积。重复此操作三次，求出时间的平均值，计时误差应小于±0.25 min。临界限流孔流量计算，同式（A.1）和式（A.2）。

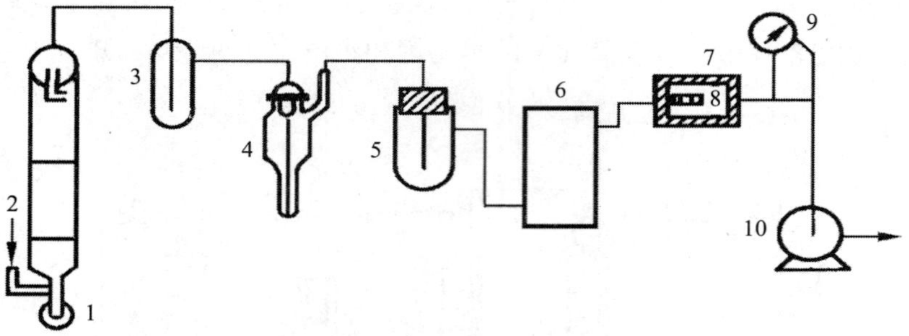

1—皂液；2—皂膜计；3—皂液捕集器；4—吸收瓶；5—滤水井；6—干燥器；

7—恒温装置；8—临界限流孔；9—负压表；10—真空泵

图 A.2　临界限流孔流量校准示意图

表 A.1　在 101.325 kPa 压力下，不同温度时空气中水的饱和蒸汽压

温度/℃	水的饱和蒸汽压		温度/℃	水的饱和蒸汽压	
	mmHg	kPa		mmHg	kPa
9	8.6	1.15	23	21.1	2.81
10	9.2	1.23	24	22.4	2.99
11	9.8	1.31	25	23.8	3.17
12	10.5	1.40	26	25.2	3.36
13	11.2	1.49	27	26.7	3.56
14	12.0	1.60	28	28.3	3.77
15	12.8	1.71	29	30.0	4.00
16	13.6	1.81	30	31.8	4.24
17	14.5	1.93	31	33.7	4.49
18	15.5	2.07	32	35.7	4.76
19	16.5	2.20	33	37.7	5.03
20	17.5	2.33	34	39.9	5.32
21	18.7	2.49	35	42.2	5.62
22	19.8	2.64	36	44.6	5.94

附　录 B
（规范性附录）
吸收瓶阻力测定

吸收瓶阻力测定装置见图 B.1。

吸收瓶内注入与采样吸收液等体积的水，按实际采样流量采样，测定多孔玻板吸收瓶阻力。

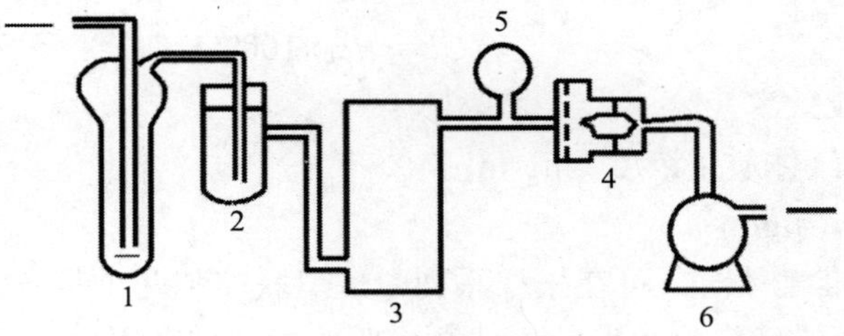

1—吸收瓶；2—滤水井（内装棉泡沫塑料）；3—干燥器；4—临界限流孔；5—负压表；6—真空泵

图 B.1　吸收瓶阻力测定装置（采用临界限流孔计流量）

附 录 C

（规范性附录）

吸收瓶吸收效率测试

1．在有条件获取标准气体时，可将标气通入装有吸收液的吸收瓶，以正常采样流量采样，并分析吸收液中的气体浓度。采样时间可根据标气浓度、采样流量确定，保证吸收液中的污染物浓度在方法检出下限 10 倍以上。将其与标气的标准值比较，按下列公式计算其吸收瓶的吸收效率：

$$CE=c_1/c_0\times 100\% \tag{C.1}$$

式中：CE——吸收瓶的吸收效率，%；

c_1——实验室分析的气体质量浓度，μg/m^3；

c_0——标气质量浓度，μg/m^3。

2．在没有条件获取标准气体时，可在采样系列中，串联安装两个装有吸收液的吸收瓶，进行正常采样后分别分析两个吸收瓶的污染物浓度的方式测定吸收瓶的吸收效率。当空气中的污染物浓度较高时，可将空气直接通入装有吸收液的吸收瓶，以正常采样流量采样，并分析吸收液中的气体浓度。当空气中的污染物浓度较低时，应通过适当方法发生较高浓度的气体作为气源进行采样，以保证采样系统中第二个吸收瓶吸收液中的气体浓度大于方法规定的检出下限。具体操作如下：

将两个吸收瓶分别标记为 1 号和 2 号吸收瓶。设 1 号吸收瓶的吸收效率为 k_1；2 号吸收瓶吸收效率为 k_2。

第一次测定时，使气样先通过 1 号吸收瓶再进入 2 号吸收瓶，采样后测定出 1 号吸收瓶样品浓度为 M_1；2 号吸收瓶样品浓度为 M_2；计算比值：

$$A = M_2/M_1 \tag{C.2}$$

第二次测定时，将 1 号和 2 号吸收瓶对调，使气样先通过 2 号吸收瓶再进入 1 号吸收瓶，采样后测定出 1 号吸收瓶样品浓度为 N_1；2 号吸收瓶样品浓度为 N_2；计算比值：

$$B = N_1/N_2 \tag{C.3}$$

两次测定完成后；按下述公式计算 1 号吸收瓶的吸收效率 k_1 和 2 号吸收瓶吸收效率 k_2。

$$k_1 =(1 - A \times B)/(1 + A) \times 100\% \tag{C.4}$$

$$k_2 =(1 - A \times B)/(1 + B) \times 100\% \tag{C.5}$$

在实际测定时，上述公式中的浓度值 A 和 B 也可直接用仪器测定的吸光度值代替（注意，A 和 B 必须同时使用吸光度值）。

附加说明：

本标准由国家环境保护总局科技标准司提出。

本标准起草单位：中国环境监测总站、湖北省环境监测中心站、湖南省环境监测中心站。

本标准国家环境保护总局 2005 年 11 月 9 日批准。

本标准自 2006 年 1 月 1 日起实施，自实施之日起代替《环境监测技术规范　大气和废气部分》中的有关内容。

本标准委托中国环境监测总站解释。

中华人民共和国国家环境保护标准

HJ 193—2013

部分代替 HJ/T 193—2005

环境空气气态污染物（SO_2、NO_2、O_3、CO）连续自动监测系统安装验技术规范

Technical specifications for installation and acceptance of ambient air quality continuous automated monitoring system for SO_2，NO_2，O_3 and CO

2013-07-30 发布　　2013-08-01 实施

1　适用范围

本标准规定了环境空气气态污染物（SO_2、NO_2、O_3、CO）连续自动监测系统的安装、调试、试运行和验收的技术要求。

本标准适用于环境空气气态污染物（SO_2、NO_2、O_3、CO）连续自动监测系统的安装和验收活动。

2　规范性引用文件

本标准引用了下列文件或其中的条款。凡是未注明日期的引用文件，其最新版本适用于本标准。

GB 3095—2012　环境空气质量标准

GB 50168　电气装置安装工程电缆线路施工及验收规范

HJ/T 212　污染源在线自动监控（监测）系统数据传输标准

YD 5098　通信局（站）防雷与接地工程设计规范

3　术语和定义

下列术语和定义适用于本标准。

3.1　环境空气质量连续监测　ambient air quality continuous monitoring

在监测点位采用连续监测仪器对环境空气质量进行连续的样品采集、处理、分析的过程。

3.2　点式分析仪器　point analyzers

指在固定点上通过采样系统将环境空气采入并测定空气污染物浓度的监测分析仪器。

3.3　开放光程分析仪器　open path analyzers

采用从发射端发射光束经开放环境到接收端的方法测定该光束光程上平均空气污染物浓度的仪器。

3.4　零点漂移　zero drift

在未进行维修、保养或调节的前提下，仪器按规定的时间运行后，仪器的读数与零输入之间的偏差。

3.5　量程漂移　span drift

在未进行维修、保养或调节的前提下，仪器按规定的时间运行后，仪器的读数与已知参考值之间的偏差。

3.6　无人值守工作时间　period of unattended operation

仪器在无手动维护和校准的前提下，长期漂移（≥7 d）符合指标要求的时间间隔。

3.7 标准状态 standard state

温度为 273 K，压力为 101.325 kPa 时的状态。本标准中的污染物浓度均为标准状态下的浓度。

3.8 ppm parts per million

百万分之一体积浓度。

3.9 ppb parts per billion

十亿分之一体积浓度。

3.10 光程 optical path

开放光程分析仪器的监测光束由光源发射端到接收端所经过的路径长度。

3.11 零光程 zero optical path

开放光程分析仪器处于校准状态下，光从光源发射端到接收端的光程，远小于实际测量时的光程，被称为零光程。

3.12 等效浓度 equivalent concentration

在仪器测量光路中放置校准池，通入标准气体，根据测量光程与校准池长度的比例将标准气体浓度值转化为实际校准浓度值，该浓度为等效浓度。本标准中所有适用于开放光程仪器技术指标检测方法的标准气体浓度值均为等效浓度值。

4 系统组成和原理

监测系统分为点式连续监测系统和开放光程连续监测系统。监测系统分析方法见表 1。

表 1 分析仪器推荐选择的分析方法

监测项目	点式分析仪器	开放光程分析仪器
NO_2	化学发光法	差分吸收光谱法
SO_2	紫外荧光法	差分吸收光谱法
O_3	紫外吸收法	差分吸收光谱法
CO	非分散红外吸收法、气体滤波相关红外吸收法	—

4.1 点式连续监测系统

4.1.1 系统组成

监测系统由采样装置、校准设备、分析仪器、数据采集和传输设备组成，如图 1 所示。

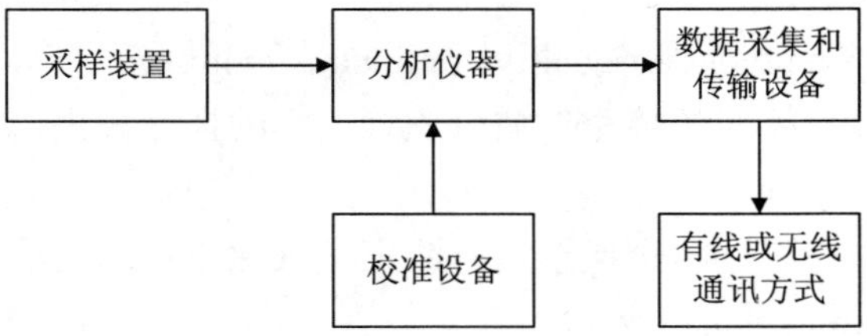

图 1 点式连续监测系统组成示意图

4.1.2 采样装置

多台点式分析仪器可共用一套多支路采样装置进行样品采集。采样装置的材料和安装应不影响仪器测量。

4.1.3 校准设备

校准设备主要由零气发生器和多气体动态校准仪组成。校准设备用于对分析仪器进行校准。

4.1.4　分析仪器

分析仪器用于对采集的环境空气气态污染物样品进行测量。

4.1.5　数据采集和传输设备

数据采集和传输设备用于采集、处理和存储监测数据，并能按中心计算机指令传输监测数据和设备工作状态信息。

4.2　开放光程连续监测系统

4.2.1　系统组成

监测系统由开放测量光路、校准单元、分析仪器、数据采集和传输设备等组成，结构如图 2 所示。

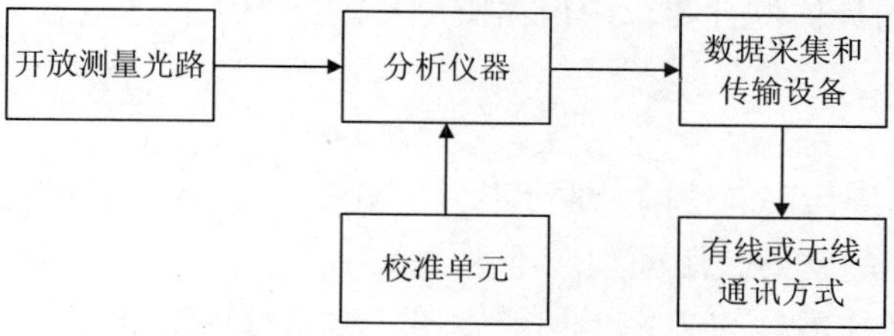

图 2　开放光程连续监测系统组成示意图

4.2.2　开放测量光路

光源发射端到接收端之间的路径。

4.2.3　校准单元

运用等效浓度原理，通过在测量光路上架设不同长度的校准池，来等效不同浓度的标准气体，以完成校准工作。等效浓度计算方法参见附录 B。

校准单元结构如图 3 所示。

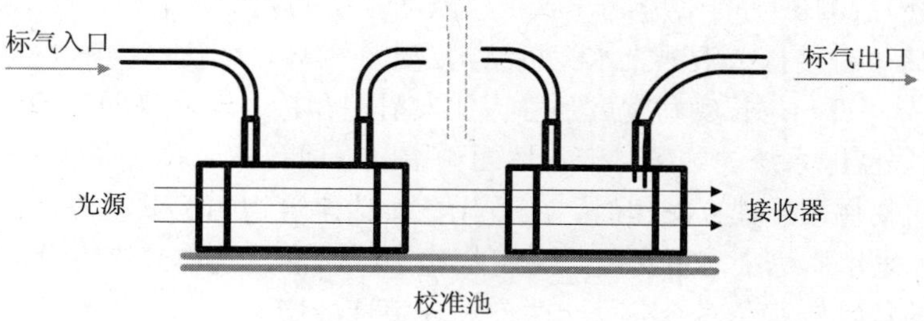

图 3　校准单元结构示意图

4.2.4　分析仪器

分析仪器用于对开放光路上的环境空气气态污染物进行测量。

4.2.5　数据采集和传输设备

数据采集和传输设备用于采集、处理和存储监测数据，并能按中心计算机指令传输监测数据和设备工作状态信息。

5　安装

5.1　监测点位

5.1.1　监测点位置的确定应首先进行周密的调查研究，采用间断性的监测，对本地区空气污染状况有粗略的概念后再选择监测点的位置，点位应符合相关技术规范要求。监测点的位置一经确定后应能长期使用，不宜轻易变动，以保证监测资料的连续性和可比性。

5.1.2 在监测点周围，不能有高大建筑物、树木或其他障碍物阻碍环境空气流通。从监测点采样口到附近最高障碍物之间的水平距离，至少是该障碍物高出采样口垂直距离的两倍以上。

5.1.3 监测点周围建设情况应相对稳定，应尽量选择在规划建设完成的区域，在相当长的时间内不能有新的建筑工地出现。

5.1.4 监测点应地处相对安全和防火措施有保障的地方。

5.1.5 监测点位附近应无强电磁干扰，周围有稳定可靠的电力供应，通信线路方便安装和检修。开放光程监测系统监测点应远离振动源。

5.1.6 监测点周围应有合适的车辆通道以满足设备运输和安装维护需要。

5.1.7 不同的功能监测点的具体位置要求应根据监测目的按相关技术规范确定。

5.2 监测站房及辅助设施

5.2.1 一般要求

5.2.1.1 新建监测站房房顶应为平面结构，坡度不大于 10°，房顶安装防护栏，防护栏高度不低于 1.2 m，并预留采样总管安装孔。站房室内使用面积应不小于 15 m^2。监测站房应做到专室专用。

5.2.1.2 监测站房应配备通往房顶的 Z 字形梯或旋梯，房顶承重要求大于等于 250 kg/m^2。

5.2.1.3 站房室内地面到天花板高度应不小于 2.5 m，且距房顶平台高度不大于 5 m。

5.2.1.4 站房应有防水、防潮、隔热、保温措施，一般站房内地面应离地表（或建筑房顶）有 25 cm 以上的距离。

5.2.1.5 站房应有防雷和防电磁干扰的设施，防雷接地装置的选材和安装应参照 YD 5098 的相关要求。

5.2.1.6 站房为无窗或双层密封窗结构，有条件时，门与仪器房之间可设有缓冲间，以保持站房内温湿度恒定，防止将灰尘和泥土带入站房内。

5.2.1.7 采样装置抽气风机排气口和监测仪器排气口的位置，应设置在靠近站房下部的墙壁上，排气口离站房内地面的距离应在 20 cm 以上。

5.2.1.8 使用开放光程监测系统的站房，开放光程监测系统的光源发射端和接收端应固定在安装基座上。基座应采用实心砖平台结构或混凝土水泥桩结构，建在受环境变化影响不大的建筑物主承重混凝土结构上，离地高度 0.6～1.2 m，长度和宽度尺寸应比发射端和接收端底座四个边缘宽 15 cm 以上。

5.2.1.9 使用开放光程监测系统的站房，应在墙面预留圆形通孔，通孔直径应大于光源发射端的外径。

5.2.1.10 在已有建筑物屋顶上建立站房时，应首先核实该建筑物的承重能力。

5.2.1.11 监测站房如采用彩钢夹芯板搭建，应符合相关临时性建（构）筑物设计和建造要求。

5.2.1.12 监测站房的设置应避免对企业安全生产和环境造成影响。

5.2.1.13 站房内环境条件：

（1）温　　度：15～35℃；

（2）相对湿度：≤85%；

（3）大 气 压：80～106 kPa。

注 1：低温、低压等特殊环境条件下，仪器设备的配置应满足当地环境条件的使用要求。

5.2.2 配电要求

5.2.2.1 站房供电系统应配有电源过压、过载保护装置，电源电压波动不超过 AC（220±22）V，频率波动不超过（50±1）Hz。

5.2.2.2 站房应采用三相五线供电，入室处装有配电箱，配电箱内连接入室引线应分别装有三个单相 15A 空气开关作为三相电源的总开关，分相使用。

5.2.2.3 站房灯具安装以保证操作人员工作时有足够的亮度为原则，开关位置应方便使用。

5.2.2.4 站房应依照电工规范中的要求制作保护地线，用于机柜、仪器外壳等的接地保护，接地电阻应小于 4 Ω。

5.2.2.5 站房的线路要求走线美观，布线应加装线槽。

5.2.3 辅助设施

5.2.3.1 空调

（1）站房内安装的冷暖式空调机出风口不能正对仪器和采样总管。

（2）空调应具有来电自启动功能。

5.2.3.2 其他配套设施

（1）站房应配备自动灭火装置。

（2）站房应安装有排气风扇，排风扇要求带防尘百叶窗。

5.2.4 站房示意图

点式连续监测系统站房示意图见图4，开放光程连续监测系统站房示意图见图5。

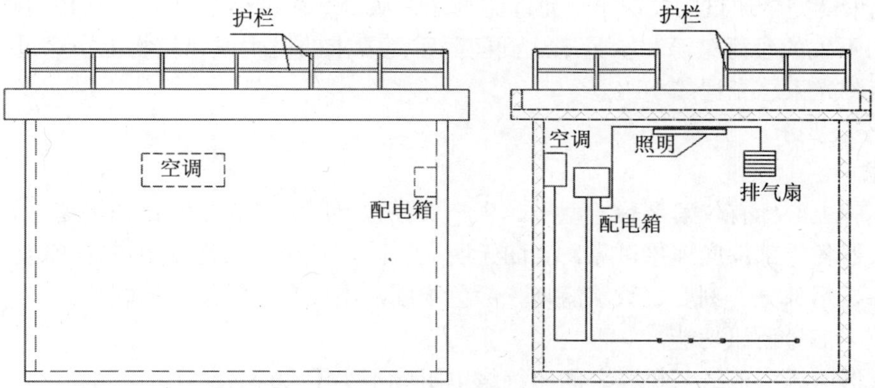

图4 点式连续监测系统站房示意图

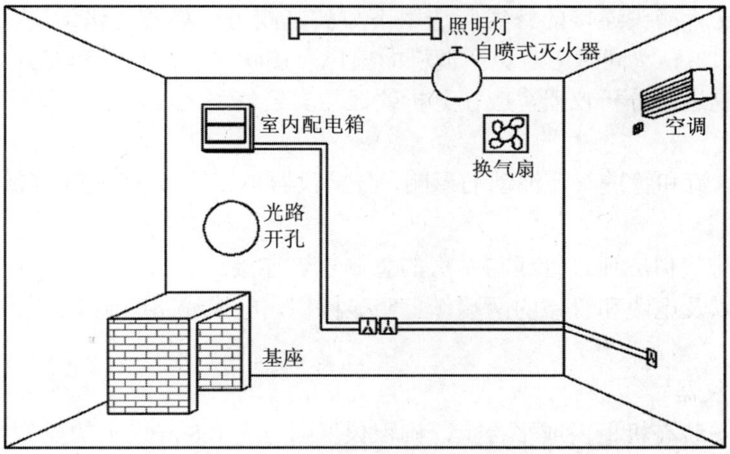

图5 开放光程连续监测系统站房示意图

5.3 点式连续监测系统采样装置安装要求

（1）采样总管应竖直安装。

（2）采样总管与屋顶法兰连接部分密封防水。

（3）采样总管各支路连接部分密闭不漏气。

（4）采样总管支撑部件与房顶和采样总管的连接应牢固、可靠。

（5）在采样口周围270°捕集空间范围内环境空气流动应不受任何影响。

（6）加热器与采样总管的连接应牢固，加热温度一般控制在30～50℃。

（7）采样总管接地良好，接地电阻应小于 4 Ω。

（8）采样口离地面的高度应在 3～15 m 范围内。

（9）在保证监测点具有空间代表性的前提下，若所选点位周围半径 300～500 m 范围内建筑物平均高度在 20 m 以上，无法按满足 5.3（8）高度要求设置时，其采样口高度可以在 15～25 m 范围内选取。

（10）采样口离建筑物墙壁、屋顶等支撑物表面的距离应大于 1 m，若支撑物表面有实体围栏，采样口应高于实体围栏至少 0.5 m。

5.4 开放光程连续监测系统光路

（1）监测光束离地面的高度应在 3～15 m 范围内。

（2）在保证监测点具有空间代表性的前提下，若所选点位周围半径 300～500 m 范围内建筑物平均高度在 20 m 以上，其监测光束离地面高度可以在 15～25 m 范围内选取。

（3）监测光束能完全通过的情况下，允许监测光束从日平均机动车流量少于 10 000 辆的道路上空、对监测结果影响不大的小污染源和少量未达到间隔距离要求的树木或建筑物上空穿过，穿过的合计距离，不能超过监测光束总光程的 10%。

5.5 分析仪器安装要求

5.5.1 一般要求

（1）产品铭牌上应标有仪器名称、型号、生产单位、出厂编号和生产日期等信息。

（2）分析仪器各零部件应连接可靠，表面无明显缺陷，各操作按键使用灵活，定位准确。

（3）仪器各显示部分的刻度、数字清晰，涂色牢固，不应有影响读数的缺陷。

（4）具备数字信号通讯功能。

（5）分析仪器电源引入线与机壳之间的绝缘电阻应不小于 20 MΩ。

5.5.2 点式分析仪器

（1）分析仪器应水平安装在机柜内或平台上，有必要的防震措施。

（2）分析仪器与支管接头连接的管线应选用不与被监测污染物发生化学反应和不释放有干扰物质的材料；长度不应超过 3 m，同时应避免空调机的出风直接吹向采样总管和支管。

（3）为防止颗粒物进入分析仪器，应在分析仪器与支管气路之间安装孔径不大于 5 μm 聚四氟乙烯滤膜。

（4）为防止结露水流和管壁气流波动的影响，分析仪器与支管接头连接的管线，连接总管时应伸向总管接近中心的位置。

（5）分析仪器的排气口应通过管线与站房的总排气管连接。

（6）电缆和管路以及电缆和管路的两端作上明显标识。电缆线路的施工还应满足 GB 50168 的相关要求。

5.5.3 开放光程分析仪器

（1）分析仪器应安装在机柜内或平台上，确保仪器后方有 0.8 m 以上的操作维护空间。

（2）分析仪器光源发射、接收装置应与站房墙体密封。

（3）分析仪器光程大于等于 200 m 时，光程误差应不超过±3 m；当光程小于 200 m 时，光程误差应不超过±1.5%。

（4）光源发射端和接收端（反射端）应在同一直线上，与水平面之间俯仰角不超过 15°。

（5）光源接收端（反射端）应避光安装，同时注意尽量避免将其安装在住宅区或窗户附近以免造成杂散光干扰。

（6）光源发射端、接收端（反射端）应在光路调试完毕后固定在基座上。

（7）电缆和管路以及电缆和管路的两端作上明显标识。电缆线路的施工还应满足 GB 50168 的相关要求。

5.6 数据采集和传输设备

（1）设备应采用有线或无线通讯方式。

（2）设备应安装在机柜内或平台上，确保设备与机柜或平台的连接牢固、可靠。

（3）设备应能正确记录、存储、显示采集到的数据和状态。

6 调试

监测系统在现场安装并正常运行后，在验收前须进行调试，调试完成后监测系统性能指标应符合附录 A 调试检测的指标要求。调试检测可由系统制造者、供应者、用户或受委托的有检测能力的部门承担。

6.1 调试检测的一般要求

（1）现场完成系统安装、调试后，监测系统投入试运行。

（2）监测系统连续运行 168 h 后，进行调试检测。

（3）如果因系统故障、断电等原因造成调试检测中断，则需要重新进行调试检测。

（4）点式监测系统与开放光程监测系统调试检测项目相同。检测时开放光程仪器应处于零光程状态。

（5）调试检测后应编制安装调试报告。报告格式参见附录 C。

6.2 调试检测指标和检测方法

6.2.1 零点噪声

监测系统运行稳定后，将零点标准气体通入分析仪器，每 2 min 记录该时间段数据的平均值 r_i（记为 1 个数据），获得至少 25 个数据。按式（1）计算所取得数据的标准偏差 S_0，即为该分析仪器的零点噪声，应符合附表 A.1 的要求。

$$S_0=\sqrt{\frac{\sum_{i=1}^{n}\left(r_i-\bar{r}\right)^2}{n-1}} \tag{1}$$

式中：S_0——分析仪器零点噪声，ppb（ppm）；

$\bar{r}$——分析仪器测量值的平均值，ppb（ppm）；

r_i——分析仪器第 i 次测量值，ppb（ppm）；

i——记录数据的序号（i=1～n）；

n——记录数据的总个数（n≥25）。

6.2.2 最低检出限

按式（2）计算分析仪器最低检出限 R_{DL}，应符合附表 A.1 的要求。

$$R_{DL}=2S_0 \tag{2}$$

式中：R_{DL}——分析仪器最低检出限，ppb（ppm）；

S_0——分析仪器零点噪声值，ppb（ppm）。

6.2.3 量程噪声

监测系统运行稳定后，将 80%量程标准气体通入分析仪器，每 2 min 记录该时间段数据的平均值 r_i（记为 1 个数据），获得至少 25 个数据。按式（3）计算所取得数据的标准偏差 S，即为该分析仪器的量程噪声，应符合附表 A.1 的要求。

$$S=\sqrt{\frac{\sum_{i=1}^{n}\left(r_i-\bar{r}\right)^2}{n-1}} \tag{3}$$

式中：S——分析仪器量程噪声，ppb（ppm）；

$\bar{r}$——分析仪器测量值的平均值，ppb（ppm）；

r_i——分析仪器第 i 次测量值，ppb（ppm）；

i——记录数据的序号（i=1～n）；

n——记录数据的总个数（n≥25）。

6.2.4 示值误差

监测系统运行稳定后，分别进行零点校准和满量程校准后，通入浓度约为 50%量程的标准气体，读数稳定后记录显示值；再通入零点校准气体，重复测试 3 次，按式（4）计算分析仪器的示值误差 L_e，应符合附表 A.1 的要求。

$$L_e = \frac{\left(\overline{C_d} - C_s\right)}{R} \times 100\% \tag{4}$$

式中：L_e——分析仪器示值误差，%；

C_s——标准气体质量浓度标称值，ppb（ppm）；

$\overline{C_d}$——分析仪器 3 次测量质量浓度平均值，ppb（ppm）；

R——分析仪器满量程值，ppb（ppm）。

6.2.5 量程精密度

监测系统运行稳定后，分别通入 20%量程标准气体和 80%量程标准气体，待读数稳定后分别记录 20%量程标准气体显示值 x_i 和 80%量程标准气体显示值 y_i，重复上述测试操作至少 6 次以上，分别按式（5）和式（6）计算分析仪器 20%量程精密度 P_{20} 和 80%量程精密度 P_{80}，量程精密度应符合附表 A.1 的要求。

$$P_{20} = \sqrt{\frac{\sum_{i=1}^{n}\left(x_i - \overline{x}\right)^2}{n-1}} \tag{5}$$

式中：P_{20}——分析仪器 20%量程精密度，ppb（ppm）；

x_i——20%量程标准气体第 i 次测量值，ppb（ppm）；

$\overline{x}$——20%量程标准气体测量平均值，ppb（ppm）；

i——记录数据的序号（i=1～n）；

n——测量次数（n≥6）。

$$P_{80} = \sqrt{\frac{\sum_{i=1}^{n}\left(y_i - \overline{y}\right)^2}{n-1}} \tag{6}$$

式中：P_{80}——分析仪器 80%量程精密度，ppb（ppm）；

y_i——80%量程标准气体第 i 次测量值，ppb（ppm）；

$\overline{y}$——80%量程标准气体测量平均值，ppb（ppm）。

6.2.6 24 h 零点漂移和 24 h 量程漂移

监测系统运行稳定后，通入零点标准气体，记录分析仪器零点稳定读数为 Z_0；然后通入 20%量程标准气体，记录稳定读数 M_{20}；继续通入 80%量程标准气体，记录稳定读数 M_{80}。通气结束后，监测系统连续运行 24 h（期间不允许任何维护和校准）后重复上述操作，并分别记录稳定后读数。分别按式（7）、式（8）、式（9）计算分析仪器的 24 h 零点漂移 ZD、24 h 20%量程漂移 MSD 和 24 h 80%量程漂移 USD，然后可对分析仪器进行零点和量程校准。重复测试 3 次，24 h 零点漂移值 ZD、24 h 20%量程漂移 MSD 和 24 h 80%量程漂移 USD 均应符合附表 A.1 的要求。

$$\mathrm{ZD}_n = Z_n - Z_{n-1} \tag{7}$$

式中：ZD_n——分析仪器第 n 次的 24 h 零点漂移，ppb（ppm）；

Z_n——分析仪器第 n 次的零点标准气体测量值，ppb（ppm）；

n——测试序号，n=1～3。

$$MSD_n = M_{20n} - M_{20(n-1)} \tag{8}$$

式中：MSD_n——分析仪器第 n 次的 24 h 20%量程漂移，ppb（ppm）；

M_{20n}——分析仪器第 n 次的 20%量程标准气体测量值，ppb（ppm）。

$$USD_n = M_{80n} - M_{80(n-1)} \tag{9}$$

式中：USD_n——分析仪器第 n 次的 24 h 80%量程漂移，ppb（ppm）；

M_{80n}——分析仪器第 n 次的 80%量程标准气体测量值，ppb（ppm）。

7 试运行

7.1 监测系统试运行至少 60 d。

7.2 因故障等造成运行中断，监测系统恢复正常后，重新开始试运行。

7.3 试运行结束时，按式（10）、式（11）计算监测系统数据获取率，应大于等于 90%。

数据获取率（%）=（系统正常运行小时数÷试运行总小时数）×100%　　（10）

系统正常运行小时数=试运行总小时数 – 系统故障小时数　　（11）

7.4 根据试运行结果，编制试运行报告。试运行格式参见附录 D。

8 验收

点式连续监测系统与开放光程连续监测系统验收内容完全一致。验收内容包括：性能指标验收、联网验收及相关制度、记录和档案验收等，验收通过后由环境保护行政主管部门出具验收报告。

8.1 验收准备与申请

8.1.1 验收准备

（1）提供环境保护部环境监测仪器质量监督检测中心出具的产品适用性检测合格报告。

（2）提供监测系统安装调试报告、试运行报告。

（3）提供责任环保部门出具的联网证明。

（4）提供质量控制和质量保证计划文档。

（5）监测系统已至少连续稳定运行 60 d，出具日报表和月报表，其数据应符合 GB 3095—2012 中关于污染物浓度数据有效性的最低要求。

（6）建立完整的监测系统技术档案。

8.1.2 验收申请

在监测系统完成安装、调试及试运行后提出验收申请，验收申请材料上报环境保护行政主管部门受理，经核准符合验收条件，由环境保护行政主管部门组织实施验收。

8.2 验收内容

8.2.1 性能指标验收

8.2.1.1 示值误差

监测系统进行示值误差测试，检测方法见 6.2.4，测试结果应符合表 2 的要求。

8.2.1.2 24 h 零点漂移和 24 h 80%量程漂移

监测系统进行 24 h 零点漂移和 24 h 80%量程漂移测试，测试时间为 1 d，检测方法见 6.2.6，测试结果应符合表 2 的要求。

表 2 监测系统性能指标验收检测项目

项目	性能指标			
	SO_2 分析仪器	NO_2 分析仪器	O_3 分析仪器	CO 分析仪器
示值误差	±2%F.S.	±2%F.S.	±4%F.S.	±2%F.S.
24 h 零点漂移	±5 ppb	±5 ppb	±5 ppb	±1 ppm
24 h 80%量程漂移	±10 ppb	±10 ppb	±10 ppb	±1 ppm
注：F.S.表示满量程。				

8.2.2 联网验收

联网验收由通信及数据传输验收、现场数据比对验收和联网稳定性验收三部分组成。

8.2.2.1 通信及数据传输验收

按照 HJ/T 212 的规定检查通信协议的正确性。数据采集和传输设备与仪器之间的通信应稳定，不出现经常性的通信连接中断、报文丢失、报文不完整等通信问题。为保证监测数据在公共数据网上传输的安全性，所采用的数据采集和传输设备应进行加密传输。

8.2.2.2 现场数据比对验收

对数据进行抽样检查，随机抽取试运行期间 7 d 的监测数据，比对上位机接收到的数据和现场机存储的数据，数据传输正确率应大于等于 95%。

8.2.2.3 联网稳定性验收

在连续一个月内，数据采集和传输设备能稳定运行，不出现除通信稳定性、通信协议正确性、数据传输正确性以外的其他联网问题。

8.2.2.4 联网验收技术指标要求

监测系统联网验收技术指标见表 3。

表 3 监测系统联网验收技术指标

验收检测项目	考核指标
通信稳定性	1. 现场机在线率为 90%以上； 2. 正常情况下，掉线后，应在 5 min 之内重新上线； 3. 单台数据采集传输仪每日掉线次数在 5 次以内； 4. 报文传输稳定性在 99%以上，当出现报文错误或丢失时，启动纠错逻辑，要求数据采集传输仪重新发送报文
数据传输安全性	1. 对所传输的数据应按照 HJ/T 212 中规定的加密方法进行加密处理传输，保证数据传输的安全性； 2. 服务器端对请求连接的客户端进行身份验证
通信协议正确性	现场机和上位机的通信协议应符合 HJ/T 212 中的规定，正确率 100%
数据传输正确性	随机抽取试运行期间 7 d 的监测数据，对比上位机接收到的数据和现场机存储的数据，数据传输正确率应大于等于 95%
联网稳定性	在连续一个月内，不出现除通信稳定性、通信协议正确性、数据传输正确性以外的其他联网问题

8.2.3 相关制度、记录和档案验收

8.2.3.1 监测系统操作和使用制度

（1）系统使用管理说明。

（2）系统运行操作规程。

8.2.3.2　监测系统质量保证和质量控制计划

（1）日常巡检制度及巡检内容。

（2）定期维护制度及定期维护内容。

（3）定期校验和校准制度及内容。

（4）易损、易耗品的定期检查和更换制度。

8.3　验收报告

8.3.1　验收报告格式参见附录 E。

8.3.2　验收报告应附安装调试报告、试运行报告和联网证明。

附　录　A
（规范性附录）
环境空气气态污染物（SO_2、NO_2、O_3、CO）连续自动监测系统调试检测项目

表 A.1　监测系统调试检测项目

检测项目	性能指标			
	SO_2 分析仪器	NO_2 分析仪器	O_3 分析仪器	CO 分析仪器
零点噪声	≤1 ppb	≤1 ppb	≤1 ppb	≤0.25 ppm
最低检出限	≤2 ppb	≤2 ppb	≤2 ppb	≤0.5 ppm
量程噪声	≤5 ppb	≤5 ppb	≤5 ppb	≤1 ppm
示值误差	±2%F.S.	±2%F.S.	±4%F.S.	±2%F.S.
20%量程精密度	≤5 ppb	≤5 ppb	≤5 ppb	≤0.5 ppm
80%量程精密度	≤10 ppb	≤10 ppb	≤10 ppb	≤0.5 ppm
24 h 零点漂移	±5 ppb	±5 ppb	±5 ppb	±1 ppm
24 h 20%量程漂移	±5 ppb	±5 ppb	±5 ppb	±1 ppm
24 h 80%量程漂移	±10 ppb	±10 ppb	±10 ppb	±1 ppm

附 录 B
（资料性附录）
等效浓度的计算方法

B.1 等效浓度计算

按照式（B.1）计算标准气体的等效浓度。

$$C_e = C_t \times \frac{L_c}{L} \tag{B.1}$$

式中：C_e——标准气体等效体积分数，ppb；

C_t——标准气体体积分数标称值，ppm；

L——光程，m；

L_C——校准池长度，mm。

B.2 等效浓度气体的计算示例

在监测系统校准单元中放置不同长度的校准池或通入不同体积分数的标准气体，当光程为 200 m 时，按照式（B.1）计算得到的等效浓度值见表 B.1。

表 B.1 等效浓度计算示例

序号	标准气体体积分数/ppm	光程/m	校准池长度/mm	等效体积分数/ppb
1	400	200	50	100
2	400	200	100	200
3	400	200	150	300
4	400	200	200	400
5	800	200	100	400

附 录 C

（资料性附录）

监测系统安装调试报告

环境空气气态污染物（SO_2、NO_2、O_3、CO）连续自动监测系统安装调试报告

安装点位：________________

设备名称：________________

单位名称：　　　　　　（公章）

年　月　日

表 C.1 环境空气气态污染物（SO_2、NO_2、O_3、CO）连续自动监测系统站点基本信息

<table>
<tr><td>站点名称</td><td colspan="3"></td></tr>
<tr><td>点位类型</td><td></td><td>子站建设性质
（新、改建）</td><td></td></tr>
<tr><td>管理（托管）单位</td><td></td><td>主管部门</td><td></td></tr>
<tr><td rowspan="6">监测项目</td><td></td><td rowspan="6">测量方法</td><td></td></tr>
<tr><td></td><td></td></tr>
<tr><td></td><td></td></tr>
<tr><td></td><td></td></tr>
<tr><td></td><td></td></tr>
<tr><td></td><td></td></tr>
<tr><td>站房面积</td><td></td><td>站房结构</td><td></td></tr>
<tr><td>采样口距地面高度</td><td></td><td>采样口距站房
地面高度</td><td></td></tr>
<tr><td>测量光路距地面高度</td><td></td><td>测量光路距站房
地面高度</td><td></td></tr>
<tr><td colspan="4">站点周围情况简述：</td></tr>
<tr><td>站点地理位置</td><td colspan="3">省 市 县（区） 路（乡，镇） 号（村）
东经： 北纬：</td></tr>
<tr><td>仪器供应商</td><td colspan="3"></td></tr>
<tr><td>建设项目开工日期</td><td colspan="3">年 月 日</td></tr>
<tr><td>建设项目投入试运行日期</td><td colspan="3">年 月 日</td></tr>
</table>

表 C.2　环境空气气态污染物（SO_2、NO_2、O_3、CO）连续自动监测系统点位周边情况表

站点名称			
站点地址			
项目	具体要求	是否符合	
		是√	否×
点位周边情况	监测仪器监测点周围没有阻碍环境空气流通的高大建筑物、树木或其他障碍物		
	从监测点到附近最高障碍物之间的水平距离，是否至少为该障碍物高出采样口垂直距离的两倍以上		
	监测点周围建设情况是否稳定		
	监测点是否能长期使用，且不会改变位置		
	监测点是否地处相对安全和防火措施有保障的地方		
	监测点附近是否没有强电磁干扰		
	开放光程监测系统监测点是否远离振动源		
	监测点附近是否具备稳定可靠的电源供给		
	监测点的通信线路是否方便安装和检修		
	监测点周边是否有便于出入的车辆通道		
采样口位置情况	采样口距地面的高度是否在 3～15 m 范围内		
	在采样口周围 270°捕集空间范围内环境空气流动是否不受任何影响		
	采样口离建筑物墙壁、屋顶等支撑物表面的距离是否大于 1 m		
	采样口是否高于实体围栏至少 0.5 m 以上		
	监测光束穿过日平均机动车流量少于 10 000 辆的道路上空、对监测结果影响不大的小污染源和少量未达到间隔距离要求的树木或建筑物上空合计距离是否小于监测光束总光程的 10%		
其他情况			
小结			

表 C.3 环境空气气态污染物（SO_2、NO_2、O_3、CO）连续自动监测系统站房建设和仪器安装情况表

站点名称				
站点地址				
仪器编号		安装人员		
项目		具体要求	是否符合	
			是√	否×
一般要求		站房面积不小于 15 m^2		
		站房室内地面到天花板高度不小于 2.5 m		
		站房室内地面距房顶平台高度不大于 5 m		
		站房是否有防水、防潮、隔热、保温措施		
		站房是否有符合要求的防雷和防电磁干扰设施		
		站房排气口离站房内地面的距离是否在 20 cm 以上		
		监测站房应配备通往房顶的 Z 字形梯或旋梯		
		站房内环境条件：温度：（15～35）℃；相对湿度：≤85%；大气压：（80～106）kPa		
配电要求		站房供电系统是否配有电源过压、过载保护装置		
		站房内是否采用三相五线供电，分相使用		
		站房内布线是否加装线槽		
辅助设施	空调	空调机出风口未正对仪器和采样管		
		空调是否具有来电自启动功能		
	配套设施	站房是否配备自动灭火装置		
		站房是否安装有带防尘百叶窗的排气风扇		
仪器设备安装		仪器安装完成后，后方空间是否大于等于 0.8 m		
		加热器与采样总管的连接应牢固，加热温度一般控制在（30～50）℃		
		采样总管是否竖直安装		
		采样总管与屋顶法兰连接部分密封防水		
		采样总管接地良好，接地电阻应小于 4Ω		
		分析仪器与支管接头连接的管线长度不应超过 3 m		
		分析仪器与支管气路之间安装孔径不大于 5μm 聚四氟乙烯滤膜		
		分析仪器的排气口应通过管线与站房的总排气管连接		
		分析仪器光源发射、接收装置应与站房墙体密封		
		分析仪器光程大于等于 200 m 时，光程误差应不超过±3 m；当光程小于 200 m 时，光程误差应不超过±1.5%		
		光源发射端和接收端（反射端）应在同一直线上，与水平面之间俯仰角不超过 15°		
		光源接收端（反射端）应避光安装		
		数据采集和传输设备是否能正确记录、存储、显示采集到的数据和状态		
其他情况				

表 C.4 环境空气气态污染物（SO_2、NO_2、O_3、CO）连续自动监测系统调试检测记录表

站点名称			仪器编号			
调试检测日期			检测人员			
项目	检测结果			是否符合要求		
				是（√）	否（×）	备注/其他
零点噪声	SO_2					
	NO_2					
	O_3					
	CO					
最低检出限	SO_2					
	NO_2					
	O_3					
	CO					
量程噪声	SO_2					
	NO_2					
	O_3					
	CO					
示值误差	SO_2					
	NO_2					
	O_3					
	CO					
20%量程精密度	SO_2					
	NO_2					
	O_3					
	CO					
80%量程精密度	SO_2					
	NO_2					
	O_3					
	CO					
24 h 零点漂移	SO_2					
	NO_2					
	O_3					
	CO					
24 h 20%量程漂移	SO_2					
	NO_2					
	O_3					
	CO					
24 h 80%量程漂移	SO_2					
	NO_2					
	O_3					
	CO					
调试检测结论						

附　录　D

（资料性附录）

监测系统试运行报告

环境空气气态污染物（SO_2、NO_2、O_3、CO）连续自动监测系统试运行报告

安装点位：________________________

设备名称：________________________

单位名称：　　　　　　（公章）

年　　月　　日

表 D.1 环境空气气态污染物（SO_2、NO_2、O_3、CO）连续自动监测系统试运行情况记录表

站点名称				
站点地址				
开始时间			结束时间	
故障次数	故障出现时间	故障现象	故障小时数	签名
1				
2				
3				
4				
5				
……				
合计	—	—		
数据获取率/%				

附 录 E

（资料性附录）

监测系统验收报告

环境空气气态污染物（SO_2、NO_2、O_3、CO）连续自动监测系统验收报告

安装点位：____________________

设备名称：____________________

单位名称： （公章）

年 月 日

表 E.1　基本情况

环境空气气态污染物（SO_2、NO_2、O_3、CO）连续自动监测系统安装单位：		
联系人：	单位地址：	
邮政编码：	联系电话：	
安装点位：		
系统名称及型号：		
监测项目：		
系统生产单位：		
系统试运行单位：		
试运行完成时间：		
环境保护部环境监测仪器质量监督检验中心出具的产品适用性检测合格报告		
监测系统的安装调试报告、试运行报告（含试运行日报表、月报表）		
环境保护行政主管部门出具的联网证明		
质量控制和质量保证计划文档		
监测系统的技术档案		
备注：		

表 E.2 验收记录表

仪器名称			仪器编号			
验收日期			监测人员			
性能指标验收	检测结果			是否符合要求		
				是√	否×	备注/其他
示值误差	SO_2					
	NO_2					
	O_3					
	CO					
24 h 零点漂移	SO_2					
	NO_2					
	O_3					
	CO					
24 h 80%量程漂移	SO_2					
	NO_2					
	O_3					
	CO					
联网验收	联网证明主要内容：					
相关制度、记录和档案验收	设备操作和使用制度					
	设备质量保证和质量控制计划					
验收结论	验收组成员（签字）： 年 月 日					

中华人民共和国环境保护行业标准

室内环境空气质量监测技术规范

HJ/T 167—2004

Technical specifications for monitoring of indoor air quality

2004-12-09 发布　　2004-12-09 实施

1　范围

本标准适用于室内环境空气质量监测。

2　规范性引用文件

下列文件中的条款通过本标准的引用而成为本标准的条款。凡是注日期的引用文件，其随后所有的修改单（不包括勘误的内容）或修订版均不适用于本标准，然而，鼓励根据本标准达成协议的各方研究是否可使用这些文件的最新版本。凡是不注日期的引用文件，其最新版本适用于本标准。

GB 6919　空气质量词汇

GB 6921　大气飘尘浓度测定方法

GB 8170 数值修约规则

GB/T 9801　空气质量　一氧化碳的测定　非分散红外法

GB/T 11737　居住区大气中苯、甲苯和二甲苯卫生检验标准方法　气相色谱法

GB/T 12372　居住区大气中二氧化氮检验标准方法　改进的 Saltzman 法

GB 12373　居住区大气中气态污染物液体吸收法的标准采样装置

GB/T 14582　环境空气中氡的标准测量方法

GB/T 14668　空气质量　氨的测定　纳氏试剂比色法

GB/T 14669　空气质量　氨的测定　离子选择电极法

GB 14677　空气质量　甲苯、二甲苯、苯乙烯的测定　气相色谱法

GB/T 14679　空气质量　氨的测定　次氯酸钠-水杨酸分光光度法

GB/T 15262　环境空气　二氧化硫的测定　甲醛吸收-副玫瑰苯胺分光光度法

GB/T 15435　环境空气　二氧化氮的测定　Saltzman 法

GB/T 15437　环境空气　臭氧的测定　靛蓝二磺酸钠分光光度法

GB/T 15438　环境空气　臭氧的测定　紫外光度法

GB/T 15439　环境空气　苯并[*a*]芘测定　高效液相色谱法

GB/T 15516　空气质量　甲醛的测定　乙酰丙酮分光光度法

GB/T 16128　居住区大气中二氧化硫卫生检验标准方法　甲醛溶液吸收-盐酸副玫瑰苯胺分光光度法

GB/T 16129　居住区大气中甲醛卫生检验标准方法　分光光度法

GB/T 16147　空气中氡浓度的闪烁瓶测量方法

GB/T 17095　室内空气中可吸入颗粒物卫生标准

GB/T 18204.13 公共场所室内温度测定方法
GB/T 18204.14 公共场所室内相对湿度测定方法
GB/T 18204.15 公共场所室内空气流速测定方法
GB/T 18204.18 公共场所室内新风量测定方法 示踪气体法
GB/T 18204.23 公共场所空气中一氧化碳检验方法
GB/T 18204.24 公共场所空气中二氧化碳检验方法
GB/T 18204.25 公共场所空气中氨检验方法
GB/T 18204.26 公共场所空气中甲醛测定方法
GB/T 18204.27 公共场所空气中臭氧检验方法
GB/T 18883 室内空气质量标准
GB 50325 民用建筑工程室内环境污染控制规范

3 术语和定义

3.1 室内环境 indoor environment

室内环境是指人们工作、生活、社交及其他活动所处的相对封闭的空间，包括住宅、办公室、学校教室、医院、候车（机）室、交通工具及体育、娱乐等室内活动场所。

3.2 室内空气质量参数 indoor air quality parameter

指室内空气中与人体健康有关的物理、化学、生物和放射性参数。

3.3 可吸入颗粒物 inhalable particles

指悬浮在空气中，空气动力学当量直径小于等于 10 μm 的颗粒物。

3.4 标准状态 normal state

指温度为 273.15 K，压力为 101.325 kPa 时的干物质状态。

3.5 苯并[*a*]芘 BaP

指存在于可吸入颗粒物中的苯并[*a*]芘。

3.6 年平均浓度 annual mean concentration

指任何一年的日平均浓度的算术均值。

3.7 日平均浓度 24 hours mean concentration

指任何一日的平均浓度。

3.8 小时平均浓度 1 hour mean concentration

指任何一小时的平均浓度。

3.9 新风量 air change flow

在门窗关闭的状态下，单位时间内由空调系统通道、房间的缝隙进入室内的空气总量，单位：m^3/h。

3.10 氡浓度 radon concentration

指实际测量的单位体积空气内氡的含量。

3.11 总挥发性有机化合物 Total Volatile Organic Compounds，TVOC

利用 Tenax GC 或 Tenax TA 采样，非极性色谱柱（极性指数小于 10）进行分析，保留时间在正己烷和正十六烷之间的挥发性有机化合物。

4 布点和采样

4.1 布点原则

采样点位的数量根据室内面积大小和现场情况而确定，要能正确反映室内空气污染物的污染程度。原则上小于 50 m^2 的房间应设 1～3 个点；50～100 m^2 设 3～5 个点；100 m^2 以上至少设 5 个点。

4.2　布点方式

多点采样时应按对角线或梅花式均匀布点，应避开通风口，离墙壁距离应大于 0.5 m，离门窗距离应大于 1 m。

4.3　采样点的高度

原则上与人的呼吸带高度一致，一般相对高度为 0.5～1.5 m。也可根据房间的使用功能，人群的高低以及在房间立、坐或卧时间的长短来选择采样高度。有特殊要求的可根据具体情况而定。

4.4　采样时间及频次

经装修的室内环境，采样应在装修完成 7 d 以后进行。一般建议在使用前采样监测。年平均浓度至少连续或间隔采样 3 个月，日平均浓度至少连续或间隔采样 18 h；8 h 平均浓度至少连续或间隔采样 6 h；1 h 平均浓度至少连续或间隔采样 45 min。

4.5　封闭时间

检测应在对外门窗关闭 12 h 后进行。对于采用集中空调的室内环境，空调应正常运转。有特殊要求的可根据现场情况及要求而定。

4.6　采样方法

具体采样方法应按各污染物检验方法中规定的方法和操作步骤进行。要求年平均、日平均、8 h 平均值的参数，可以先做筛选采样检验。若检验结果符合标准值要求，为达标；若筛选采样检验结果不符合标准值要求，必须按年平均、日平均、8 h 平均值的要求，用累积采样检验结果评价。氡的采样方法按附录 N 要求执行。

4.6.1　筛选法采样

在满足 4.5 要求的条件下，采样时关闭门窗，一般至少采样 45 min；采用瞬时采样法时，一般采样间隔时间为 10～15 min，每个点位应至少采集 3 次样品，每次的采样量大致相同，其监测结果的平均值作为该点位的小时均值。

4.6.2　累积法采样

按 4.6.1 采样达不到标准要求时，必须采用累积法（按年平均值、日平均值、8 h 平均值）的要求采样。

4.7　采样的质量保证

4.7.1　采样仪器

采样仪器应符合国家有关标准和技术要求，并通过计量检定。使用前，应按仪器说明书对仪器进行检验和标定。采样时采样仪器（包括采样管）不能被阳光直接照射。

4.7.2　采样人员

采样人员必须通过岗前培训，切实掌握采样技术，持证上岗。

4.7.3　气密性检查

有动力采样器在采样前应对采样系统气密性进行检查，不得漏气。

4.7.4　流量校准

采样前和采样后要用经检定合格的高一级的流量计（如一级皂膜流量计）在采样负载条件下校准采样系统的采样流量，取两次校准的平均值作为采样流量的实际值。校准时的大气压与温度应和采样时相近。两次校准的误差不得超过 5%。

4.7.5　现场空白检验

在进行现场采样时，一批应至少留有两个采样管不采样，并同其他样品管一样对待，作为采样过程中的现场空白，采样结束后和其他采样吸收管一并送交实验室。样品分析时测定现场空白值，并与校准曲线的零浓度值进行比较。若空白检验超过控制范围，则这批样品作废。

4.7.6　平行样检验

每批采样中平行样数量不得低于 10%。每次平行采样，测定值之差与平均值比较的相对偏差不得超过 20%。

4.7.7 采样体积校正

在计算浓度时应按以下公式将采样体积换算成标准状态下的体积：

$$V_0 = V\frac{T_0}{T}\cdot\frac{P}{P_0}$$

式中：V_0——换算成标准状态下的采样体积，L；

V——采样体积，L；

T_0——标准状态的绝对温度，273.15 K；

T——采样时采样点现场的温度（t）与标准状态的绝对温度之和，（t+273.15）K；

P_0——标准状态下的大气压力，101.325 kPa；

P——采样时采样点的大气压力，kPa。

4.8 采样记录

采样时要使用墨水笔或档案用圆珠笔对现场情况、采样日期、时间、地点、数量、布点方式、大气压力、气温、相对湿度、风速以及采样人员等做出详细现场记录；每个样品上也要贴上标签，标明点位编号、采样日期和时间、测定项目等，字迹应端正、清晰。采样记录随样品一同报到实验室。采样记录格式参见附表 1。

4.9 采样装置

4.9.1 玻璃注射器

使用 100 ml 注射器直接采集室内空气样品，注射器要选择气密性好的。选择方法如下：将注射器吸入 100 ml 空气，内芯与外筒间滑动自如，用细橡胶管或眼药瓶的小胶帽封好进气口，垂直放置 24 h，剩余空气应不少于 60 ml。用注射器采样时，注射器内应保持干燥，以减少样品贮存过程中的损失。采样时，用现场空气抽洗 3 次后，再抽取一定体积现场空气样品。样品运送和保存时要垂直放置，且应在 12 h 内进行分析。

4.9.2 空气采样袋

用空气采样袋也可直接采集现场空气。它适用于采集化学性质稳定、不与采样袋起化学反应的气态污染物，如一氧化碳。采样时，袋内应该保持干燥，且现场空气充、放 3 次后再正式采样。取样后将进气口密封，袋内空气样品的压力以略呈正压为宜。用带金属衬里的采样袋可以延长样品的保存时间，如聚氯乙烯袋对一氧化碳可保存 10～15 h，而铝膜衬里的聚酯袋可保存 100 h。

4.9.3 气泡吸收管

适用于采集气态污染物。采样时，吸收管要垂直放置，不能有泡沫溢出。使用前应检查吸收管玻璃磨口的气密性，保证严密不漏气。

4.9.4 U 形多孔玻板吸收管

适用于采集气态或气态与气溶胶共存的污染物。使用前应检查玻璃砂芯的质量，方法如下：将吸收管装 5 ml 水，以 0.5 L/min 的流量抽气，气泡路径（泡沫高度）为 50 mm±5 mm，阻力为 4.666 kPa±0.666 6 kPa，气泡均匀，无特大气泡。采样时，吸收管要垂直放置，不能有泡沫溢出。使用后，必须用水抽气唧筒抽水洗涤砂芯板，单纯用水不能冲洗砂芯板内残留的污染物。一般要用蒸馏水而不用自来水冲洗。

4.9.5 固体吸附管

内径 3.5～4.0 mm，长 80～180 mm 的玻璃吸附管，或内径 5 mm、长 90 mm（或 180 mm）内壁抛光的不锈钢管，吸附管的采样入口一端有标记。内装（20～60）目的硅胶或活性炭、GDX 担体、Tenax、Porapak 等固体吸附剂颗粒，管的两端用不锈钢网或玻璃纤维堵住。固体吸附剂用量视污染物种类而定。吸附剂的粒度应均匀，在装管前应进行烘干等预处理，以去除其所带的污染物。采样后将两端密封，带回实验室进行分析。样品解吸可以采用溶剂洗脱，使成为液态样品。也可以采用加热解吸，用惰性气体吹出气态样品进行分析。采样前必须经实验确定最大采样体积和样品的处理条件。

4.9.6 滤膜

滤膜适用于采集挥发性低的气溶胶，如可吸入颗粒物等。常用的滤料有玻璃纤维滤膜、聚氯乙烯纤维滤膜、微孔滤膜等。

玻璃纤维滤膜吸湿性小、耐高温、阻力小。但是其机械强度差。除做可吸入颗粒物的质量法分析外，样品可以用酸或有机溶剂提取，适于做不受滤膜组分及所含杂质影响的元素分析及有机污染物分析。

聚氯乙烯纤维滤膜吸湿性小、阻力小、有静电现象、采样效率高、不亲水、能溶于乙酸丁酯，适用于重量法分析，消解后可做元素分析。

微孔滤膜是由醋酸纤维素或醋酸-硝酸混合纤维素制成的多孔性有机薄膜，用于空气采样的孔径有0.3，0.45，0.8 μm 等几种。微孔滤膜阻力大，且随孔径减小而显著增加，吸湿性强、有静电现象、机械强度好，可溶于丙酮等有机溶剂。不适于做重量法分析，消解后适于做元素分析；经丙酮蒸气使之透明后，可直接在显微镜下观察颗粒形态。

滤膜使用前应该在灯光下检查有无针孔、褶皱等可能影响过滤效率的因素。

4.9.7 不锈钢采样罐

不锈钢采样罐的内壁经过抛光或硅烷化处理。可根据采样要求，选用不同容积的采样罐。使用前采样罐被抽成真空，采样时将采样罐放置现场，采用不同的限流阀可对室内空气进行瞬时采样或编程采样。送回实验室分析。该方法可用于室内空气中总挥发性有机物的采样。

4.10 采样安全措施

在室内空气质量明显超标时，应采用适当的防护措施。并应备有预防中暑、治疗擦伤的药物。

5 样品的运输与保存

样品由专人运送，按采样记录清点样品，防止错漏，为防止运输中采样管震动破损，装箱时可用泡沫塑料等分隔。样品因物理、化学等因素的影响，使组分和含量可能发生变化，应根据不同项目要求，进行有效处理和防护。贮存和运输过程中要避开高温、强光。样品运抵后要与接收人员交接并登记（附表 2）。各样品要标注保质期，样品要在保质期前检测。样品要注明保存期限，超过保存期限的样品，要按照相关规定及时处理。

6 监测项目与分析方法

6.1 监测项目

6.1.1 监测项目的确定原则

6.1.1.1 选择室内空气质量标准中要求控制的监测项目。

6.1.1.2 选择室内装饰装修材料有害物质限量标准中要求控制的监测项目。

6.1.1.3 选择人们日常活动可能产生的污染物。

6.1.1.4 依据室内装饰装修情况选择可能产生的污染物。

6.1.1.5 所选监测项目应有国家或行业标准分析方法、行业推荐的分析方法。

6.1.2 监测项目

6.1.2.1 监测项目见表 6-1。

表 6-1 室内环境空气质量监测项目

应测项目	其他项目
温度、大气压、空气流速、相对湿度、新风量、二氧化硫、二氧化氮、一氧化碳、二氧化碳、氨、臭氧、甲醛、苯、甲苯、二甲苯、总挥发性有机物（TVOC）、苯并[*a*]芘、可吸入颗粒物、氡（^{222}Rn）、菌落总数等	甲苯二异氰酸酯（TDI）、苯乙烯、丁基羟基甲苯、4-苯基环己烯、2-乙基己醇等

6.1.2.2 新装饰、装修过的室内环境应测定甲醛、苯、甲苯、二甲苯、总挥发性有机物（TVOC）等。

6.1.2.3 人群比较密集的室内环境应测菌落总数、新风量及二氧化碳。

6.1.2.4 使用臭氧消毒、净化设备及复印机等可能产生臭氧的室内环境应测臭氧。

6.1.2.5 住宅一层、地下室、其他地下设施以及采用花岗岩、彩釉地砖等天然放射性含量较高材料新装修的室内环境都应监测氡（^{222}Rn）。

6.1.2.6 北方冬季施工的建筑物应测定氨。

6.1.2.7 鼓励使用气相色谱/质谱对室内环境空气的定性监测。

6.2 分析方法

6.2.1 选择分析方法的原则

6.2.1.1 首先选用评价标准[如《室内空气质量标准》（GB/T 18883）]中指定的分析方法。

6.2.1.2 在没有指定方法时，应选择国家标准分析方法、行业标准方法，也可采用行业推荐方法。

6.2.1.3 在某些项目的监测中，可采用 ISO、美国 EPA 和日本 JIS 方法体系等其他等效分析方法，或由权威的技术机构制定的方法，但应经过验证合格，其检出限、准确度和精密度应能达到质控要求。

6.2.2 监测分析方法

《室内空气质量标准》（GB/T 18883）中要求的各项参数的监测分析方法见表 6-2。

表 6-2 室内空气中各种参数的检验方法

序号	参　数	检 验 方 法	来　源
1	温度	（1）玻璃液体温度计法（附录 A.1） （2）数显式温度计法（附录 A.1）	GB/T 18204.13
2	相对湿度	（1）通风干湿表法（附录 A.2） （2）氯化锂湿度计法（附录 A.2） （3）电容式数字湿度计法（附录 A.2）	GB/T 18204.14
3	空气流速	（1）热球式电风速计法（附录 A.3） （2）数字式风速表法（附录 A.3）	GB/T 18204.15
4	新风量	示踪气体法（附录 A.4）	GB/T 18204.18
5	二氧化硫（SO_2）	（1）甲醛吸收-副玫瑰苯胺分光光度法（附录 B.1） （2）紫外荧光法（附录 B.2）	（1）GB/T 16128　GB/T 15262 （2）附录 B.2
6	二氧化氮（NO_2）	（1）改进的 Saltzman 法（附录 C.1） （2）化学发光法（附录 C.2）	（1）GB 12372　GB/T 15435 （2）附录 C.2
7	一氧化碳（CO）	（1）非分散红外法（附录 D.1） （2）不分光红外线气体分析法（附录 D.1） 气相色谱法（附录 D.2） 汞置换法 （3）电化学法（附录 D.3）	（1）GB9 801 （2）GB/T 18204.23 （3）附录 D.3
8	二氧化碳（CO_2）	（1）非分散红外线气体分析法（附录 E.1） （2）气相色谱法（附录 E.2） （3）容量滴定法（附录 E.3）	GB/T 18204.24
9	氨（NH_3）	（1）靛酚蓝分光光度法（附录 F.5） 纳氏试剂分光光度法（附录 F.3） （2）离子选择电极法（附录 F.2） （3）次氯酸钠-水杨酸分光光度法（附录 F.1） （4）光离子化气相色谱法（附录 F.4）	（1）GB/T 18204.25 GB/T 14668 （2）GB/T 14669 （3）GB/T 14679 （4）附录 F.4
10	臭氧（O_3）	（1）紫外光度法（附录 G.2） （2）靛蓝二磺酸钠分光光度法（附录 G.1） （3）化学发光法（附录 G.3）	（1）GB/T 15438 （2）GB/T 18204.27 GB/T 15437 （3）附录 G.3

序号	参　数	检 验 方 法	来 源
11	甲醛（HCHO）	（1）AHMT 分光光度法（附录 H.1） （2）酚试剂分光光度法（附录 H.2） 气相色谱法（附录 H.3） （3）乙酰丙酮分光光度法（附录 H.4） （4）电化学传感器法（附录 H.5）	（1）GB/T 16129 （2）GB/T 18204.26 （3）GB/T 15516 （4）附录 H.5
12	苯（C_6H_6）	（1）气相色谱法（附录 I.1） （2）光离子化气相色谱法（附录 I.3）	（1）GB/T 18883 GB 11737 （2）附录 I.3
13	甲苯（C_7H_8）二甲苯（C_8H_{10}）	（1）气相色谱法（附录 I.1、附录 I.2） （2）光离子化气相色谱法（附录 I.3）	（1）GB 11737 GB 14677 （2）附录 I.3
14	可吸入颗粒物（PM_{10}）	撞击式——称重法（附录 J）	GB/T 17095
15	总挥发性有机化合物（TVOC）	（1）气相色谱法（附录 K.1） （2）光离子化气相色谱法（附录 K.3） （3）光离子化总量直接检测法（非仲裁用）（附录 K.4）	（1）GB/T 18883 （2）附录 K.3 （3）附录 K.4
16	苯并[*a*]芘（BaP）	高效液相色谱法（附录 L）	GB/T 15439
17	菌落总数	撞击法（附录 M）	GB/T 18883
18	氡（^{222}Rn）	两步测量法（附录 N）	附录 N

7 监测数据处理和报告

7.1 监测数据处理

7.1.1 监测数据的记录与归档

7.1.1.1 监测采样、样品运输、样品保存、样品交接和实验室分析的原始记录是监测工作的重要凭证，应在记录表格或专用记录本上按规定格式，对各栏目认真填写。个人不得擅自销毁，应按期归档保存，涉及同一监测报告的原始记录一并归档。

7.1.1.2 各种原始记录均使用墨水笔或档案用圆珠笔书写，做到字迹端正、清晰。如原始记录上数据有误而要改正时，应将错误的数据画两道横线；如需改正的数据成片，应以框线将这些数据框起，并注明“作废”两字。再在错误数据的上方写上正确的数据，并在右下方签名（或盖章）。不得在原始记录上涂改。

7.1.1.3 各项记录必须现场填写，不得事后补写。

7.1.2 原始记录有效数字保留位数

7.1.2.1 用空气流量校准器校准流量时，二氧化硫、甲醛、氨等采样器流量记录至小数点后两位，单位：L/min。PM_{10}、菌落总数等采样泵流量记录到整数，单位：L/min。

7.1.2.2 在现场采样记录中，气温记录到小数点后一位，单位：℃；气压记录到小数点后一位，单位：kPa；湿度记录到整数，单位：%；风速记录到小数点后一位，单位：m/s；采样流量记录同校准流量一致，单位：L/min；采样时间记录到整数，单位：min；采样体积及换算标准状态体积记录到小数点后一位，二氧化硫、甲醛、氨等，单位：L；PM_{10}等，单位：m^3。

7.1.2.3 PM_{10}（重量法）称重记录到小数点后四位，单位：g。

7.1.2.4 分光光度法测定吸光度值记录到小数点后三位。

7.1.3 校准曲线回归处理与有效数字

7.1.3.1 用具有回归统计功能的计算器进行计算时，把原始数据输入则可直接显示 r、a、b，从而求得一元回归方程：

$$y=ax+b$$

回归时应扣除空白值。不扣除空白值，直接回归的曲线，可用来计算空白值的浓度。

7.1.3.2 r 取小数点后全部 9（但最多取小数点后四位）与第一位非 9 的修约数字。

7.1.3.3 a 的有效数字位数，应与自变量 x 的有效数字位数相等，或最多比 x 多保留一位。b 的最后一位数，则和因变量 y 的最后一位数取齐，或最多比 y 多一位。

7.1.4 监测结果的统计处理

监测数据的统计主要进行平均值、超标率及超标倍数三项统计计算。参加统计计算的监测数据必须是按照本规范要求所获得的监测数据。不符合本规范要求所得到的数据不得填报，也不参加统计计算。

7.1.4.1 平均值的统计计算

监测数据平均值的计算均指算术平均值。

7.1.4.1.1 单个项目单一测点监测数据平均值的计算

单一测点监测数据平均值的计算公式如下：

$$\overline{C}_j = \frac{1}{n}\sum_{i=1}^{n} C_{ij}$$

式中：$\overline{C}_j$——j 监测点的平均值；

C_{ij}——j 监测点上第 i 个监测数据；

n——监测数据的数目。

如样品浓度低于分析方法最低检出限，则该监测数据以 1/2 最低检出限的数值参加平均值统计计算。

7.1.4.1.2 单个项目多个测点监测数据平均值的计算

多个测点监测数据平均值的计算公式如下：

$$\overline{C} = \frac{1}{m}\sum_{j=1}^{m} \overline{C}_j$$

式中：$\overline{C}$——多个监测点监测数据的平均值；

$\overline{C}_j$——j 监测点的平均值；

m——监测点的数目。

7.1.4.2 超标倍数的统计计算

超标倍数按如下公式计算：

$$超标倍数 = \frac{C - C_0}{C_0}$$

式中：C——监测数据值；

C_0——室内空气质量标准值。

7.1.4.3 超标率的统计计算

超标率按如下公式计算：

$$超标率（\%）= \frac{超标数据个数}{总监测数据个数} \times 100\%$$

不符合本规范要求的监测数据不计入总量监测数据个数。未检出点计入总监测数据个数。

对于国家未颁布标准的监测项目，一般不进行超标率计算。

7.1.5 监测数据的数字修约及计算规则

7.1.5.1 数字修约

数字修约按国家标准《数字修约规则》（GB 8170）的规定进行。

7.1.5.2 计算规则

在根据正确记录的原始数据进行数据处理时，有效数字的处理方法需按以下原则进行：

7.1.5.2.1 加减运算时，得数经修约后，小数点后面有效数字的位数应和参加运算的数中小数点后面有效数字位数最少者相同。

7.1.5.2.2 乘除运算时，得数经修约后，其有效数字位数应和参加运算的数中有效数字位数最少者相同。

7.1.5.2.3 进行对数计算时，对数的有效数字位数和真数相同。

7.1.5.2.4 进行平方、立方或开方运算时，计算结果有效数字的位数和原数相同。

7.1.5.2.5 计算中，常数 π 、e 和 $\sqrt{2}$ 、1/3 等数有效数字位数是无限的，根据需要取有效数字的位数。

7.1.5.2.6 来自一个正态总体的一组数据（多于 4 个），其平均值的有效数字位数可比原数增加一位。

7.1.5.2.7 表示分析结果精密度的数据一般只取一位有效数字，只有当测定次数很多时才能取两位，且最多只能取两位。

7.1.5.2.8 分析结果有效数字所能达到的位数不能超过方法最低检出浓度的有效数字所能达到的位数。

7.2 监测结果评价与报告

7.2.1 监测结果的评价

监测结果以平均值表示，化学性、生物性和放射性指标平均值符合标准值要求时，为达标；有一项检验结果未达到标准要求时，为不达标。并应对单个项目是否达标进行评价。

要求年平均、日平均、8 h 平均值的参数，可以先做筛选采样检验。若检验结果符合标准值要求，为达标；若筛选采样检验结果不符合标准值要求，必须按 8 h 平均值、日平均值、年平均值的要求，用累积法采样检验结果评价。

7.2.2 监测报告

监测报告应包括以下内容：被监测方或委托方、监测地点、监测项目、监测时间、监测仪器、监测依据、评价依据、监测结果、监测结论及检验人员、报告编写人员、审核人员、审批人员签名等。监测报告应加盖监测机构监（检）测专用章，在报告封面左上角加盖计量认证章，并要加盖骑缝章。报告格式参见附表 11。

8 质量保证与质量控制

室内空气质量监测质量保证是贯穿监测全过程的质量保证体系，包括人员培训、采样点位的选择、监测分析方法的选定、实验室质量控制、数据处理和报告审核等一系列质量保证措施和技术要求。

8.1 监测机构的基本要求

凡从事室内空气质量监测的机构，必须通过国家或省级计量认证。

8.2 监测人员的基本要求

8.2.1 凡从事室内环境空气质量监测的工作人员，须经专业技术培训，经有关部门考核合格后，持证上岗。

8.2.2 正确和熟练地掌握环境监测中操作技术和质量控制程序；熟知有关环境监测管理的法规、标准和规定；学习和了解国内外环境监测新技术、新方法。

8.2.3 监测人员对于所获得的监测数据资料应及时整理归档，认真填写各种监测表格，字迹工整。严禁弄虚作假，擅自涂改、伪造数据资料。

8.2.4 要定期对所用仪器、仪表及各种监测用具进行检查、校准和维护。

8.3 采样的质量控制

参见 4.7。

8.4 现场监测的质量控制

8.4.1 人员要求

现场监测人员和质量控制人员要求具有仪器仪表、化学分析、标准传递、计算机、数据处理等多个相关专业知识的技术人员，必须接受严格的技术培训和考核，能正确和熟练掌握仪器设备的操作和使用，能迅速判断故障并能及时排除故障。

8.4.2 仪器校准

仪器使用前要进行零点校准及跨度校准。一般半年要进行一次多点校准。并必须定期计量检定。

8.4.3 填写现场监测记录

现场监测人员要认真填写现场监测记录并签名，现场质控人员审核现场监测的过程和核验监测记录合格后签名。

8.4.4 日常检查和维护

现场监测仪器要做好日常检查和维护，保证监测仪器处于良好的状态。

8.5 实验室样品分析质量控制

8.5.1 分析方法的选择

所用监测方法优先选用国家标准、行业标准规定的监测分析方法。新方法或分析人员首次使用的方法，应进行质量控制实验，以考察方法的适用性和分析人员操作水平。

8.5.2 标准溶液

8.5.2.1 标准溶液的配制

8.5.2.1.1 采用基准试剂或用分析方法指定规格的试剂配制标准溶液。用称量法直接配制标准溶液时，应准确称量 0.1 mg，在 A 级容量瓶中定容。

8.5.2.1.2 非直接配制的标准溶液必须经过标定，取平行标定结果平均值作为标定值。平行标定结果的相对偏差应小于 2%，否则需重标。

8.5.2.1.3 也可直接使用有证标准溶液。

8.5.2.2 标准溶液的使用与储存

配制好的标准溶液必须储存在适宜的试剂瓶中，变质或过期的标准溶液必须重新配制，标准溶液需分装使用，以避免污染。

8.5.2.3 标准溶液的检验

8.5.2.3.1 实验室配制的标准溶液与国家一级或二级标准物质进行比对实验，检验其是否符合要求。

8.5.2.3.2 用 F 检验法进行总体方差一致性检验，用 t 检验法进行总体均值一致性检验。

8.5.2.3.3 经检验均值无显著性差异，实验室配制的标准溶液符合要求可以使用。

8.5.2.3.4 经检验均值有显著性差异，表明实验室配制的标准溶液存在系统误差，不能使用应重新配制。

8.6 全程序空白值的检查

全程序空白值是指测定某物质时，除样品中不含该测定物质外，整个分析过程的全部因素引起的测定信号值或相应浓度值。每次测定 2 个平行样，连测 5 d，计算 10 次所测结果的批内标准偏差 S_{wb}。

$$S_{wb}=\sqrt{\frac{\sum_{i=1}^{n}(x_i-\overline{x})^2}{m(n-1)}}$$

式中：n——每天测定平行样个数；

m——测定天数。

检出限按下列公式计算：

$$L=2\sqrt{2}t_f s_{wb}$$

式中：L——方法检出限；

t_f（0.05）——单侧显著性水平为 5%，批内自由度 $f=m$（$n-1$）时 t 分布临界值；

s_{wb}——测定次数为 n 次的空白值标准差；

f——批内自由度，$f=m$（$n-1$）；m 为重复测定次数，n 为平行测定次数；

t——显著性水平为 0.05（单侧），自由度为 f 的 t 值。

若所得检出限大于方法规定检出限，表明空白值不合格，应查找原因改进，否则影响样品测定的准确度和精密度，即监测质量不合格。

8.7 校准曲线

绘制校准曲线时，至少要有六个浓度点（包括零浓度），在接近线性范围上限和下限的点，每个点应做平行测定。校准曲线回归的相关系数 r 大于 0.999 者为合格校准曲线，回归方程截距 a 小于 0.005 为合格，若 a 大于 0.005 时，当取 95%的置信水平，将截距 a 与 0 作 t 检验，无显著性差异时，a=0，可用回归方程计算浓度；当截距 a 与 0 有显著性差异时，应找出原因并予以纠正后，重新绘制并经检验合格方可使用。

当分析方法要求每次测定需同时绘制校准曲线时，应按方法规定执行；若校准曲线斜率较为稳定，可定期检查其是否可继续使用，检验方法是测定两个校准点（以测定上限浓度 0.3 倍和 0.6 倍两点为宜），当此两点与原曲线相应点的相对偏差小于 5%（最多 10%）时原曲线可以继续使用，否则需重新绘制。

8.8 精密度和准确度控制

8.8.1 精密度

每次监测时，必须在现场加采不少于 10%的密码平行样，与样品同时测定，平行样相对偏差应符合要求（相对偏差不大于方法规定值的两倍为合格），平行测定合格率≥95%方为合格。若不足 95%，则应重测不合格的平行双样，应增测 10%～15%的密码平行样，如此累进直至合格率≥95%为止。

8.8.2 准确度

在样品监测同时必须做标准样品测定。标准样品测定值应在控制范围内。

8.9 监测报告的审核

严格执行原始数据及监测报告的三级审核制度。原始数据的三级审核是指检验人员、室内质控人员、室主任的三级审核。监测报告需经监测人员、质控人员和技术负责人三级审核，三级审核都要签名。

审核范围：采样原始记录、分析原始记录、监测报告。审核内容包括监测方法、数据计算过程、质控措施、计量单位、报告内容等。

8.10 质量保证管理

从事室内空气质量监测的机构应设置相应的质量保证管理部门，如质保室（组），配备专职（或兼职）质控人员，负责组织协调、贯彻落实和检查有关质量保证措施，使监测全过程处于受控状态。

9 监测安全

室内空气质量监测机构应制定符合本单位实际情况的监测安全制度，内容应包括室内空气采样、现场监测、实验室安全操作、剧毒化学药品的管理等，并严格执行和定期检查，保证监测工作的顺利进行。

附 录 A
（规范性附录）
室内空气物理参数的测量

A.1 温度

室内温度是指室内环境空气的温度，单位以摄氏度（℃）表示。可以使用玻璃温度计、数字式（包括热电偶、热电阻、半导体式）温度计测定室内温度，也可以使用干湿球湿度计、数字式湿度计和风速计所附的温度计。要求温度计测试范围应在－10℃～50℃，准确度为±0.3℃。

监测方法依据《公共场所室内温度测定方法》（GB/T 18204.13）。

A.2 相对湿度

湿度是指空气中水分的含量。有两种表示方法：（1）绝对湿度：单位体积空气中所含水汽的质量；（2）相对湿度（RH）：空气中实际水气压与同一温度条件下饱和水气压之比值，单位用%表示。湿度一般用相对湿度表示。相对湿度可以使用干湿球温度计、氯化锂露点式湿度计、电容式数字湿度计测定，要求湿度计测试范围应在 12%～99%，准确度为±0.3%。

使用方法参见所用仪器的使用说明书。监测方法依据《公共场所室内相对湿度测定方法》（GB/T 18204.14）。

A.3 空气流速

室内外温差、压差、人工通风、空调、室内热源等都可引起空气流动，同室外气流一样对污染物有稀释和扩散作用。空气流速可用热球式电风速计和热线式电风速计测量，要求风速计测试范围应在 0.01 m/s 至 20 m/s，准确度为±5%。

使用方法参见仪器使用说明书。监测方法依据《公共场所室内空气流速测定方法》（GB/T 18204.15）。

A.4 新风量

新风量测定一般采用示踪气体法。

A.4.1 相关标准和依据

本方法主要依据《公共场所室内新风量测定方法》（GB/T 18204.18—2000）。

A.4.2 定义

本方法采用下列定义。

A.4.2.1 空气交换率 air change rate

单位时间（h）内由室外进入室内的空气总量与该室室内空气总量之比，单位：h^{-1}。

A.4.2.2 示踪气体 racer gas

在研究空气运动中，一种气体能与空气混合，而且本身不发生任何改变，并在很低的浓度时就能被测出的气体总称。

A.4.3 原理

本标准采用示踪气体浓度衰减法。在待测室内通入适量示踪气体，由于室内、外空气交换，示踪气体的浓度呈指数衰减，根据浓度随时间的变化值，计算出室内的新风量。

A.4.4 仪器和材料

A.4.4.1 袖珍或轻便型气体浓度测定仪。

A.4.4.2 尺、摇摆电扇。

A.4.4.3 示踪气体：无色、无味、使用浓度无毒、安全、环境本底低、易采样、易分析的气体。示踪气体环境本底水平及安全性资料见下表。

气体名称	毒性水平	环境本底水平/（mg/m^3）
一氧化碳	人吸入 50 mg/m^3 1 h 无异常	0.125～1.25
二氧化碳	车间最高容许浓度 9 000 mg/m^3	600
六氟化硫	小鼠吸入 48 000 mg/m^3 4 h 无异常	低于检出限
一氧化氮	小鼠 LC_{50} 1 090 mg/m^3	0.4
八氟环丁烷	大鼠吸入 80%（20%氧）无异常	低于检出限
三氟溴甲烷	车间标准 6 100 mg/m^3	低于检出限

A.4.5 测定步骤

A.4.5.1 室内空气总量的测定

A.4.5.1.1 用尺测量并计算出室内容积 V_1。

A.4.5.1.2 用尺测量并计算出室内物品（桌、沙发、柜、床、箱等）总体积 V_2。

A.4.5.1.3 计算室内空气容积，见下式：

$$V=V_1-V_2$$

式中：V——室内空气容积，m^3；

V_1——室内容积，m^3；

V_2——室内物品总体积，m^3。

A.4.5.2 测定的准备工作

A.4.5.2.1 按仪器使用说明校正仪器，校正后待用。

A.4.5.2.2 打开电源，确认电池电压正常。

A.4.5.2.3 归零调整及感应确认，归零工作需要在清净的环境中调整，调整后即可进行采样测定。

A.4.5.3 采样与测定

A.4.5.3.1 关闭门窗，在室内通入适量的示踪气体后，将气源移至室外，同时用摇摆扇搅动空气 3～5 min，使示踪气体分布均匀，再按对角线或梅花状布点采集空气样品，同时在现场测定并记录。

A.4.5.3.2 计算空气交换率：用平均法或回归方程法。

A.4.5.3.2.1 平均法：当浓度均匀时采样，测定开始时示踪气体的浓度 c_0，15 min 或 30 min 时再采样，测定最终示踪气体浓度 c_t（t 时间的浓度），前后浓度自然对数差除以测定时间，即为平均空气交换率。

A.4.5.3.2.2 回归方程法：当浓度均匀时，在 30 min 内按一定的时间间隔测量示踪气体浓度，测量频次不少于 5 次。以浓度的自然对数对应的时间作图。用最小二乘法进行回归计算。回归方程式中的斜率即为空气交换率。

A.4.6 结果计算

A.4.6.1 平均法计算平均空气交换率，见下式：

$$A=[\ln c_0-\ln c_t]/t$$

式中：A——平均空气交换率，h^{-1}；

c_0——测量开始时示踪气体浓度，mg/m^3；

c_t——时间为 t 时示踪气体浓度，mg/m^3；

t——测定时间，h。

A.4.6.2 回归方程法计算空气交换率，见下式：

$$\ln c_t = \ln c_0 - At$$

式中：c_t——t 时间的示踪气体浓度，mg/m^3；

A——空气交换率，h^{-1}（相当于$-b$，即斜率）；

c_0——测量开始时示踪气体浓度，mg/m^3；

t——测定时间，h。

A.4.6.3 新风量的计算，见下式：

$$Q=AV$$

式中：Q——新风量，m^3/h；

A——空气交换率，h^{-1}；

V——室内空气体积，m^3。

注：若示踪气体环境本底浓度不为 0 时，则公式中的 c_t、c_0 需减本底浓度后再取自然对数进行计算。

新风量测试记录表参见附表 7。

附 录 B
（规范性附录）
室内空气中二氧化硫的测定方法

空气中二氧化硫最常用的测定方法是甲醛吸收-副玫瑰苯胺分光光度法和紫外荧光法。

B.1 甲醛吸收-副玫瑰苯胺分光光度法

B.1.1 相关标准和依据

本方法主要依据《甲醛吸收-副玫瑰苯胺分光光度法》（GB/T 15262）。

B.1.2 原理

二氧化硫被甲醛缓冲溶液吸收后，生成稳定的羟甲基磺酸加成化合物。在样品溶液中加入氢氧化钠使加成化合物分解，释放出二氧化硫，与副玫瑰苯胺、甲醛作用，生成紫红色化合物，用分光光度计在577 nm 处进行测定。

B.1.3 最低检出浓度

当用 10 ml 吸收液采样 30 L 时，本方法测定下限为 0.007 mg/m^3。

B.1.4 试剂

除非另有说明，分析时均使用符合国家标准的分析纯试剂和蒸馏水或同等纯度的水。

B.1.4.1 氢氧化钠溶液，c（NaOH）=1.5 mol/L。

B.1.4.2 环己二胺四乙酸二钠溶液，c（CDTA-2 Na）=0.05 mol/L。

称取 1.82 g 反式 1,2-环己二胺四乙酸［（*trans*-1,2-cyclohexylen edinitrilo）tetra-acetic acid，简称CDTA］，加入氢氧化钠溶液 6.5 ml，用水稀释至 100 ml。

B.1.4.3 甲醛缓冲吸收液贮备液

吸取 36%～38%的甲醛溶液 5.5 ml，CDTA-2Na 溶液 20.00 ml；称取 2.04 g 邻苯二甲酸氢钾，溶于少量水中；将三种溶液合并，再用水稀释至 100 ml，贮于冰箱可保存 1 年。

B.1.4.4 甲醛缓冲吸收液

用水将甲醛缓冲吸收液贮备液稀释 100 倍而成。临用现配。

B.1.4.5 氨磺酸钠溶液，0.60 g/100 ml。

称取 0.60 g 氨磺酸（H_2NSO_3H）置于 100 ml 容量瓶中，加入 4.0 ml 氢氧化钠溶液，用水稀释至标线，摇匀。此溶液密封保存可用 10 d。

B.1.4.6 硫代硫酸钠标准溶液，c（$Na_2S_2O_3$）=0.050 0 mol/L。可购买标准试剂配制。

B.1.4.7 乙二胺四乙酸二钠盐（EDTA）溶液，0.05 g/100 ml。

称取 0.25 g EDTA［-CH_2N（CH_2COONa）CH_2COOH］$_2$·H_2O 溶于 500 ml 新煮沸但已冷却的水中。临用现配。

B.1.4.8 二氧化硫标准溶液

称取 0.200 g 亚硫酸钠（Na_2SO_3），溶于 200 ml EDTA 溶液中，缓缓摇匀以防充氧，使其溶解。放置 2～3 h 后标定。此溶液每毫升相当于 320～400 μg 二氧化硫。

标定方法：吸取三份 20.00 ml 二氧化硫标准溶液，分别置于 250 ml 碘量瓶中，加入 50 ml 新煮沸但已冷却的水，20.00 ml 碘溶液及 1 ml 冰乙酸，盖塞，摇匀。于暗处放置 5 min 后，用硫代硫酸钠标准溶液滴定溶液至浅黄色，加入 2 ml 淀粉溶液，继续滴定至溶液蓝色刚好褪去为终点。记录滴定硫代硫酸钠标准溶液的体积 V（ml）。

另吸取三份 EDTA 溶液 20 ml，用同法进行空白实验。记录滴定硫代硫酸钠标准溶液的体积 V_0(ml)。

平行样滴定所耗硫代硫酸钠标准溶液体积之差应不大于 0.04 ml。取其平均值。二氧化硫标准溶液浓度按下式计算：

$$c=\frac{(V_0-V)\times c(Na_2S_2O_3)\times 32.02}{20.00}\times 1\,000$$

式中：c——二氧化硫标准溶液的浓度，μg/ml；

V_0——空白滴定所耗硫代硫酸钠标准溶液的体积，ml；

V——二氧化硫标准溶液滴定所耗硫代硫酸钠标准溶液的体积，ml；

c（$Na_2S_2O_3$）——硫代硫酸钠标准溶液的浓度，mol/L；

32.02——二氧化硫（$1/2SO_2$）的摩尔质量。

标定出准确浓度后，立即用吸收液稀释为每毫升含 10.00 μg 二氧化硫的标准溶液贮备液，临用时再用吸收液稀释为每毫升含 1.00 μg 二氧化硫的标准溶液。在冰箱中 5℃保存。10.00 μg/ml 的二氧化硫标准溶液贮备液可稳定 6 个月；1.00 μg/ml 的二氧化硫标准溶液可稳定 1 个月。

B.1.4.9 副玫瑰苯胺（pararosaniline，简称 PRA，即副品红，对品红）贮备液，0.20 g/100 ml。

B.1.4.10 PRA 溶液，0.05 g/100 ml。

吸取 25.00 ml PRA 贮备液于 100 ml 容量瓶中，加 30 ml 85%的浓磷酸，12 ml 浓盐酸，用水稀释至标线，摇匀，放置过夜后使用。避光密封保存。

B.1.5 仪器、设备

B.1.5.1 分光光度计。

B.1.5.2 多孔玻板吸收管 10 ml。

B.1.5.3 恒温水浴器：广口冷藏瓶内放置圆形比色管架，插一支长约 150 mm，0～40℃的酒精温度计，其误差应不大于 0.5℃。

B.1.5.4 具塞比色管：10 ml。

B.1.5.5 空气采样器：流量范围 0～1 L/min。

B.1.6 采样及样品保存

B.1.6.1 采用内装 10 ml 吸收液的多孔玻板吸收管，以 0.5 L/min 的流量采样。采样时吸收液温度的最佳范围在 23～29℃。

B.1.6.2 样品运输和储存过程中，应避光保存。

B.1.7 分析步骤

B.1.7.1 校准曲线的绘制

取 14 支 10 ml 具塞比色管，分 A、B 两组，每组 7 支，分别对应编号。A 组按表 B.1.1 配制校准溶液系列。

表 B.1.1

管　号	0	1	2	3	4	5	6
二氧化硫标准溶液/ml	0	0.50	1.00	2.00	5.00	8.00	10.00
甲醛缓冲吸收液/ml	10.00	9.50	9.00	8.00	5.00	2.00	0
二氧化硫含量/μg	0	0.50	1.00	2.00	5.00	8.00	10.00

B 组各管加入 1.00 ml PRA 溶液，A 组各管分别加入 0.5 ml 氨磺酸钠溶液和 0.5 ml 氢氧化钠溶液，混匀。再逐管迅速将溶液全部倒入对应编号并盛有 PRA 溶液的 B 组各管中，立即具塞混匀后放入恒温水浴中显色。显色温度与室温之差应不超过 3℃，根据不同季节和环境条件按表 B.1.2 选择显色温度与显色时间。

表 B.1.2

显色温度/℃	10	15	20	25	30
显色时间/min	40	25	20	15	5
稳定时间/min	35	25	20	15	10
试剂空白吸光度 A_0	0.03	0.035	0.04	0.05	0.06

在波长 577 nm 处，用 1 cm 比色皿，以水为参比溶液测量吸光度。

用最小二乘法计算校准曲线的回归方程：

$$Y=bX+a$$

式中：Y——（$A-A_0$）校准溶液吸光度 A 与试剂空白吸光度 A_0 之差；

X——二氧化硫含量，μg；

b——回归方程的斜率；

a——回归方程的截距（一般要求小于 0.005）。

本标准方法的校准曲线斜率为 0.044±0.002，试剂空白吸光度 A_0 在显色规定条件下波动范围不超过±15%。

正确掌握本标准方法的显色温度、显色时间，特别在 25～30℃条件下，严格控制反应条件是实验成败的关键。

B.1.7.2 样品测定

B.1.7.2.1 样品溶液中有混浊物，应离心分离除去。

B.1.7.2.2 样品放置 20 min，以使臭氧分解。

B.1.7.2.3 将吸收管中样品溶液全部移入 10 ml 比色管中，用吸收液稀释至标线，加 0.5 ml 氨磺酸钠溶液，混匀，放置 10 min 以除去氮氧化物的干扰，以下步骤同校准曲线的绘制。

如样品吸光度超过校准曲线上限，则可用试剂空白溶液稀释，在数分钟内再测量其吸光度，但稀释倍数不要大于 6。

B.1.8 结果表示

空气中二氧化硫的浓度按下式计算：

$$c(SO_2, mg/m^3)=\frac{(A-A_0-a)}{bV_s}\times\frac{V_t}{V_a}$$

式中：A——样品溶液的吸光度；

A_0——试剂空白溶液的吸光度；

b——回归方程斜率，ml·吸光度/μg；

a——回归方程截距；

V_t——样品溶液总体积，ml；

V_a——测定时所取样品溶液体积，ml；

V_s——换算成标准状况下（0℃，101.325 kPa）的采样体积，L。

二氧化硫浓度计算结果应准确到小数点后第三位。

B.1.9 精密度和准确度

10 个实验室对含二氧化硫浓度为 0.101 μg/ml 和 0.515 μg/ml 的统一样品进行了测定。

B.1.9.1 精密度

重复性相对标准偏差分别小于 3.5%和 1.4%；

再现性相对标准偏差分别小于 6.2%和 3.8%。

B.1.9.2 准确度

实际样品加标回收率：105 个浓度在 0.01～1.70 μg/ml 的实际样品的加标回收率为 96.8%～108.2%。

B.1.10 干扰与消除

主要干扰物为氮氧化物、臭氧及某些重金属元素。样品放置一段时间可使臭氧自动分解；加入氨磺酸钠溶液可消除氮氧化物的干扰；加入 CDTA 可以消除或减少某些金属离子的干扰。在 10 ml 样品中存在 50 μg 钙、镁、铁、镍、镉、铜等离子及 5 μg 二价锰离子时，不干扰测定。

B.2 紫外荧光法

B.2.1 相关标准和依据

本方法主要参考《Ambient air—Determination of sulfur dioxide—Ultraviolet fluorescence method》（ISO/CD 10498）。

B.2.2 原理

由光源发射出的紫外光通过光源滤光片，进入反应室。空气中 SO_2 分子抽入仪器的反应室，吸收紫外光生成激发态 SO_2^*，当它回到基态时，放射出荧光紫外线，其放射荧光强度与 SO_2 浓度成正比。通过第二个滤光片，用光电倍增管接受荧光紫外线，并转化为电信号经过放大器输出，即可测量 SO_2 浓度。

B.2.3 最低检出浓度

本法最低检出浓度为 0.006 mg/m^3（两倍噪声）。

B.2.4 仪器和设备

紫外荧光法二氧化硫分析仪，仪器主要技术指标如下：

测量范围：0～1.5 mg/m^3；

响应时间：≤5 min；

零点漂移：≤24 h 漂移量±0.015 mg/m^3；

80%跨度漂移：24 h 漂移量≤±0.03 mg/m^3；

80%跨度精密度：≤±0.03 mg/m^3；

噪声：≤0.003 mg/m^3。

B.2.5 试剂和材料

活性炭：粒状。

B.2.6 采样和样品保存

空气样品以仪器要求的流量通过聚四氟乙烯管，抽入仪器。记录测定时的气温和大气压力。

B.2.7 分析步骤

按仪器说明书要求操作。

B.2.8 计算

B.2.8.1 直接读取二氧化硫浓度。

B.2.8.2 根据测定时的气温和大气压力，将测定浓度值换算成标准状态下的浓度。

B.2.9 说明

B.2.9.1 干扰及排除：空气中存在的 O_3、H_2S、CO、CO_2、NO_2、CH_4 等不干扰测定。NO 等效干扰比为 0.5%。由于空气中存在 1%H_2O（体积比）时，可使 SO_2 浓度信号降低 20%。所以仪器要求有除湿装置，仪器装有渗透式干燥器，几乎可以排除水分的影响。去烃器的作用是排除某些烃类化合物对荧光测定干扰。

B.2.9.2 渗透式干燥器脱水的原理：利用半透膜内外水分压差，使样品中的水分子通过薄膜渗透到膜外部真空系统，被抽走。二氧化硫则留在膜内气路中，进入反应室。使用阻力毛细管和与抽气泵相连的真空调节器，可产生渗透式干燥器工作所要求的系统压力差。这种渗透式干燥器的优点是可长期使用。

附　录 C

（规范性附录）

室内空气中二氧化氮的测定方法

空气中二氧化氮的测定方法主要有改进的 Saltzman 法和化学发光法等。

C.1　改进的 Saltzman 法

C.1.1　相关标准和依据

本方法主要依据《居住区大气中二氧化氮检验标准方法　改进的 Saltzman 法》（GB 12372）。

C.1.2　原理

空气中的二氧化氮，在采样吸收过程中生成的亚硝酸，与对氨基苯磺酰胺进行重氮化反应，再与 *N*-（1-萘基）乙二胺盐酸盐作用，生成紫红色的偶氮染料。根据其颜色的深浅，比色定量。

C.1.3　测定范围

测定范围为 10 ml 样品溶液中含 0.15～7.5 μg NO_2^-。采样 5 L，可测浓度范围为 0.03～1.7 mg/m^3。

C.1.4　试剂和材料

所用试剂均为分析纯，但亚硝酸钠应为优级纯（一级）。所用水为无 NO_2^- 的二次蒸馏水。即一次蒸馏水中加入少量氢氧化钡和高锰酸钾再重蒸馏，制备水的质量以不使吸收液呈淡红色为合格。

C.1.4.1　*N*-（1-萘基）乙二胺盐酸盐储备液：称取 0.45 g *N*-（1-萘基）乙二胺盐酸盐，溶于 500 ml 水中。

C.1.4.2　吸收液：称取 4.0 g 对氨基苯磺酰胺、10 g 酒石酸和 100 mg 乙二胺四乙酸二钠盐，溶于 400 ml 热的水中。冷却后，移入 1 L 容量瓶中。加入 100 ml *N*-（1-萘基）乙二胺盐酸盐储备液，混匀后，用水稀释到刻度。此溶液存放在 25℃暗处可稳定 3 个月，若出现淡红色，表示已被污染，应弃之重配。

C.1.4.3　显色液：称取 4.0 g 对氨基苯磺酰胺、10 g 酒石酸与 100 mg 乙二胺四乙酸二钠盐，溶于 400 ml 热水中。冷却至室温移入 500 ml 容量瓶中，加入 90 mg *N*-（1-萘基）乙二胺盐酸盐，用水稀释至刻度。显色液保存在暗处 25℃以下，可稳定 3 个月，如出现淡红色，表示已被污染，应弃之重配。

C.1.4.4　亚硝酸钠标准溶液

C.1.4.4.1　亚硝酸钠标准储备液：精确称量 375.0 mg 干燥的一级亚硝酸钠和 0.2 g 氢氧化钠，溶于水中移入 1 L 容量瓶中，并用水稀释到刻度。此标准溶液的浓度为 1.00 ml 含 250 μg NO_2^-，保存在暗处，可稳定 3 个月。

C.1.4.4.2　亚硝酸钠标准工作液：精确量取亚硝酸钠标准储备液 10.00 ml，于 1 L 容量瓶中，用水稀释到刻度，此标准溶液 1.00 ml 含 2.5 μg NO_2^-。此溶液应在临用前配制。

C.1.5　仪器与设备

C.1.5.1　10 ml 多孔玻板吸收管。

C.1.5.2　空气采样器。

C.1.5.3　分光光度计。

C.1.6　采样

用多孔玻板吸收管，内装 10 ml 吸收液，以 0.4 L/min 流量，采气 5～25 L。

采样期间吸收管应避免阳光照射。样品溶液呈粉红色，表明已吸收了 NO_2。采样期间，可根据吸收液颜色程度，确定是否终止采样。

C.1.7 分析步骤

C.1.7.1 标准曲线的绘制

取 6 个 25 ml 容量瓶，按下表制备标准系列。

NO_2^- 标准系列

瓶　号	1	2	3	4	5	6
标准工作液/ml	0	0.7	1.0	3.0	5.0	7.0
NO_2^- 含量/（μg/ml）	0	0.07	0.1	0.3	0.5	0.7

各瓶中，加入 12.5 ml 显色液，再加水到刻度，混匀，放置 15 min。用 10 mm 比色皿，在波长 540～550 nm 处，以水作参比，测定各瓶溶液的吸光度，以 NO_2^- 含量（μg/ml）为横坐标，吸光度为纵坐标，绘制标准曲线，并计算回归方程。斜率的倒数作为样品测定时的计算因子 B_s［μg/（ml・吸光度）］。

C.1.7.2 样品分析

采样后，用水补充到采样前的吸收液体积，放置 15 min，按 C.1.7.1 条操作，测定样品的吸光度 A，并用未采过样的吸收液测定试剂空白的吸光度 A_0。若样品溶液吸光度超过测定范围，应用吸收液稀释后再测定。计算时，要考虑到样品溶液的稀释倍数。

C.1.8 计算

C.1.8.1 将采样体积按 4.7.7 计算在标准状态下的采样体积。

C.1.8.2 空气中的二氧化氮浓度计算

空气中二氧化氮浓度用下式计算：

$$c=\frac{(A-A_0)\times B_s\times V_1\times D}{V_0\times K}$$

式中：c——空气中二氧化氮浓度，mg/m^3；

K——$NO_2\rightarrow NO_2^-$ 的经验转换系数，0.89；

B_s——由 C.1.7.1 条测得的计算因子，μg/（ml・吸光度）；

A——样品溶液的吸光度；

A_0——试剂空白吸光度；

V_1——采样用的吸收液的体积；

D——分析时样品溶液的稀释倍数；

V_0——标准状态下采样体积，L。

C.1.9 精密度、准确度、灵敏度

C.1.9.1 精密度：在 0.07～0.7 μg/ml 范围内，用亚硝酸钠标准溶液制备的标准曲线的斜率，五个实验室重复测定的合并变异系数为 5%；标准气的浓度为 0.1～0.75 mg/m^3，重复测定的变异系数小于 2%。

C.1.9.2 准确度：流量误差不超过 5%，吸收管采样效率不得低于 98%，$NO_2\rightarrow NO_2^-$ 的经验转换系数在测定范围内 95%置信区间为 0.89±0.01。

C.1.9.3 灵敏度

1 ml 中含 1 μg　NO_2^- 应有 1.004±0.012 吸光度。

C.1.10 干扰

室内空气中的一氧化氮、二氧化硫、硫化氢和氟化物对本法均无干扰，臭氧浓度大于 0.25 mg/m^3 时对本法有正干扰。过氧乙酰硝酸酯（PAN）可增加 15%～35%的读数。然而，在一般情况下，室内空气中的 PAN 浓度较低，不致产生明显的误差。

C.2　化学发光法

C.2.1　原理

被测空气连续被抽入仪器，氧化氮经过 NO_2-NO 转化器后，以一氧化氮的形式进入反应室，与臭氧反应产生激发态一氧化氮（NO^*），当 NO^*回到基态时放出光子（hγ）。光子通过滤光片，被光电倍增管接收，并转变为电流，测量放大后电流。电流大小与一氧化氮浓度成正比。仪器中另一气路，直接进入反应室，测得一氧化氮量，则二氧化氮量等于氧化氮减一氧化氮量。

C.2.2　最低检出浓度

本方法最低检出浓度为 0.004 mg/m^3。

C.2.3　仪器和设备

二氧化氮分析仪，仪器主要技术指标：

测量范围：0～1 mg/m^3；

24 h 零点漂移：≤±0.01 mg/m^3；

24 h 80%跨度漂移：≤±0.02 mg/m^3；

80%跨度精密度：≤±0.02 mg/m^3；

噪声：≤0.002 mg/m^3；

钼转换器效率：＞98%。

C.2.4　试剂和材料

C.2.4.1　活性炭：100～120 目，装在过滤器中。

C.2.4.2　干燥剂：分子筛和硅胶，装在过滤器中。

C.2.4.3　标准气源：NO 标准气体装在铝合金钢瓶中，浓度为 6.7～13.4 mg/m^3，用重量法标定，不确定度 2%。或用二氧化氮渗透管，渗透率为 0.1～2.0 μg/min，不确定度为 2%。

C.2.5　采样和样品保存

空气样品通过聚四氟乙烯管以 1 L/min 的流量被抽入仪器。记录测量时的气温和大气压力。

C.2.6　分析步骤

按仪器说明书要求操作。

C.2.7　计算

C.2.7.1　在记录器上读取氧化氮浓度（$NO_2=NO_x-NO$）。

C.2.7.2　根据测量时的气温和大气压力，将测定浓度值换算成标准状态下的浓度。

附 录 D

（规范性附录）

室内空气中一氧化碳的测定方法

空气中一氧化碳测量方法主要有非分散红外法（不分光红外线法）、气相色谱法、电化学法等。

D.1 非分散红外法

D.1.1 相关标准和依据

本方法主要依据《空气质量 一氧化碳的测定 非分散红外法》（GB 9801）和《公共场所空气中一氧化碳测定方法》（GB/T 18204.23）。

D.1.2 原理

一氧化碳对不分光红外线具有选择性的吸收。在一定范围内，吸收值与一氧化碳浓度呈线性关系。根据吸收值确定样品中一氧化碳的浓度。

D.1.3 测定范围

测定范围为 0～62.5 mg/m^3，最低检出浓度为 0.125 mg/m^3。

D.1.4 试剂和材料

D.1.4.1 变色硅胶：于 120℃下干燥 2 h。

D.1.4.2 无水氯化钙：分析纯。

D.1.4.3 高纯氮气：纯度 99.99%。

D.1.4.4 霍加拉特（Hopcalite）氧化剂：10～20 目颗粒。霍加拉特氧化剂主要成分为氧化锰（MnO）和氧化铜（CuO），它的作用是将空气中的一氧化碳氧化成二氧化碳，用于仪器调零。此氧化剂在 100℃以下的氧化效率应达到 100%。为保证其氧化效率，在使用、存放过程中应保持干燥。

D.1.4.5 一氧化碳标准气体：贮于铝合金瓶中。

D.1.5 仪器和设备

一氧化碳非分散红外气体分析仪

仪器主要性能指标如下：

测量范围：0～30 ml/m^3 即 0～37.5 mg/m^3；

重现性：≤0.5%（满刻度）；

零点漂移：≤±2%满刻度/4 h；

跨度漂移：≤±2%满刻度/4 h；

线性偏差：≤±1.5%满刻度；

启动时间：30 min～1 h；

抽气流量：0.5 L/min；

响应时间：指针指示或数字显示到满刻度的 90%的时间＜15 s。

D.1.6 采样

用聚乙烯薄膜采气袋，抽取现场空气冲洗 3～4 次，采气 0.5 L 或 1.0 L，密封进气口，带回实验室分析。也可以将仪器带到现场间歇进样，或连续测定空气中一氧化碳浓度。

D.1.7 分析步骤

D.1.7.1 仪器的启动和校准

D.1.7.1.1　启动和零点校准：仪器接通电源稳定 30 min～1 h 后，用高纯氮气或空气经霍加拉特氧化管和干燥管进入仪器进气口，进行零点校准。

D.1.7.1.2　终点校准：用一氧化碳标准气（如 30 ml/m^3）进入仪器进样口，进行终点刻度校准。

D.1.7.1.3　零点与终点校准重复 2～3 次，使仪器处在正常工作状态。

D.1.7.2　样品测定

将空气样品的聚乙烯薄膜采气袋接在仪器的进气口，样品被自动抽到气室中，表头指出一氧化碳的浓度（ml/m^3）。如果仪器带到现场使用，可直接测定现场空气中一氧化碳的浓度。

D.1.8　结果计算

一氧化碳体积浓度（ml/m^3），可按下式换算成标准状态下质量浓度（mg/m^3）。

$$c_1 = \frac{c_2}{B} \times 28$$

式中：c_1——标准状态下质量浓度，mg/m^3；

c_2——CO 体积浓度，ml/m^3；

B——标准状态下的气体摩尔体积，22.41；

28——CO 分子量。

D.1.9　精密度和准确度

D.1.9.1　重现性小于 1%，漂移 4 h 小于 4%。

D.1.9.2　准确度取决于标准气的不确定度（小于 2%）和仪器的稳定性误差（小于 4%）。

D.1.10　干扰和排除

室内空气中非待测组分，如甲烷、二氧化碳、水蒸气等影响测定结果。采用串联式红外线检测器，可以大部分消除以上非待测组分的干扰。

D.2　气相色谱法

D.2.1　相关标准和依据

本方法主要依据《公共场所空气中一氧化碳测定方法》（GB/T 18204.23）。

D.2.2　原理

一氧化碳在色谱柱中与空气的其他成分完全分离后，进入转化炉，在 360℃镍触媒催化作用下，与氢气反应，生成甲烷，用氢火焰离子化检测器测定。

D.2.3　测量范围

进样 1 ml 时，测定浓度范围是 0.50～50.0 mg/m^3，最低检出浓度是 0.50 mg/m^3。

D.2.4　试剂

D.2.4.1　碳分子筛：TDX-01，60～80 目，作为固定相。

D.2.4.2　纯空气：不含一氧化碳或一氧化碳含量低于本方法检出下限。

D.2.4.3　镍触媒：30～40 目，当一氧化碳＜180 mg/m^3、二氧化碳＜0.4%时，转化率>95%。

D.2.4.4　一氧化碳标准气：一氧化碳含量 10～40 ml/m^3（铝合金钢瓶装），以氮气为本底气。

D.2.5　仪器与设备

D.2.5.1　气相色谱仪，配备氢火焰离子化检测器的气相色谱仪。

D.2.5.2　转化炉：可控温 360℃±1℃。

D.2.5.3　注射器：2、5、10、100 ml，体积误差＜±1%。

D.2.5.4　塑料铝箔复合膜采样袋，容积 400～600 ml。

D.2.5.5　色谱柱：长 2 m、内径 2 mm 不锈钢管内填充 TDX-01 碳分子筛，柱管两端填充玻璃棉。新装的色谱柱在使用前，应在柱温 150℃、检测器的温度 180℃，通氢气 60 ml/min 条件下，老化处理 10 h。

D.2.5.6 转化柱：长 15 cm、内径 4 mm 不锈钢管内填充 30～40 目镍触媒，柱管两端塞玻璃棉。转化柱装在转化炉内，一端与色谱柱连通，另一端与检测器相连。使用前，转化柱应在炉温 360℃，通氢气 60 ml/min 条件下活化 10 h。转化柱老化与色谱柱老化同步进行。当一氧化碳＜180 mg/m^3 时，转化率＞95%。

D.2.6 采样

用双联橡皮球，将现场空气打入采样袋内，使之胀满后放掉。如此反复 4 次，最后一次打满后，密封进样口。

D.2.7 分析步骤

D.2.7.1 色谱分析条件

由于色谱分析条件常因实验条件不同而有差异，所以应根据所用气相色谱仪的型号和性能，制定能分析一氧化碳的最佳色谱分析条件。

D.2.7.2 绘制标准曲线和测定校正因子

在作样品分析时的相同条件下，绘制标准曲线或测定校正因子。

D.2.7.2.1 配制标准气

在 5 支 100 ml 注射器中，用纯空气将已知浓度的一氧化碳标准气体，稀释成 0.4～40 ml/m^3 范围的 4 个浓度点的气体。另取纯空气作为零浓度气体。

D.2.7.2.2 绘制标准曲线

每个浓度的标准气体，量取 1 ml 进样，得到各浓度的色谱峰和保留时间。每个浓度作三次，测量色谱峰高或峰面积的平均值。以峰高（峰面积）为纵坐标，浓度（ml/m^3）为横坐标，绘制标准曲线，并计算回归线的斜率，以斜率倒数 B_g 作样品测定的计算因子。

D.2.7.2.3 测定校正因子

用单点校正法求校正因子。取与样品空气中含一氧化碳浓度相接近的标准气体。按 D.2.7.2.2 项操作，测量色谱峰的平均峰高（峰面积）和保留时间。用下式计算校正因子：

$$f=\frac{c_0}{h_0}$$

式中：f——校正因子；

c_0——标准气体浓度，ml/m^3；

h_0——平均峰高（峰面积）。

D.2.7.3 样品分析

进样品空气 1 ml，按 D.2.7.2.2 项操作，以保留时间定性，测量一氧化碳的峰高（峰面积）。每个样品作三次分析，求峰高（峰面积）的平均值。并记录分析时的温度和大气压力。高浓度样品，应用清洁空气稀释至小于 40 ml/m^3（50 mg/m^3），再分析。

D.2.8 结果计算

D.2.8.1 用标准曲线法查标准曲线定量，或用下式计算空气中一氧化碳浓度。

$$c=h\times B_g$$

式中：c——样品空气中一氧化碳浓度，ml/m^3；

h——样品峰高（峰面积）的平均值；

B_g——由 D.2.7.2.2 项得到的计算因子。

D.2.8.2 用校正因子按下式计算浓度：

$$c=h\times f$$

式中：c——样品空气中一氧化碳浓度，ml/m^3；

h——样品峰高（峰面积）的平均值；

f——由 D.2.7.2.3 项得到的校正因子。

D.2.8.3 一氧化碳体积浓度 ml/m³ 可按下式换算成标准状态下的质量浓度 mg/m³：

$$c_1 = 28 \times \frac{c_2}{B}$$

式中：c_1——标准状态下的质量浓度，mg/m³；

c_2——一氧化碳体积浓度，ml/m³；

B——标准状态下气体摩尔体积，22.41；

28——CO 分子量。

D.2.9 精密度和准确度

D.2.9.1 重现性：一氧化碳浓度在 6 mg/m³ 时，10 次进样分析，变异系数为 2%。

D.2.9.2 回收率：一氧化碳浓度在 3～25 mg/m³ 时，回收率为 94%～104%。

D.2.10 干扰和排除

由于采用了气相色谱分离技术，甲烷、二氧化碳及其他有机物不干扰测定。

D.3 电化学法

D.3.1 原理

空气中一氧化碳通过电化学池时，在多孔聚四氟乙烯黏结的铂催化气体扩散电极上，在控制电位下氧化成二氧化碳，放出电子，阴阳极之间的电流，与一氧化碳浓度成定量关系。电极反应如下：

阳极 $CO+H_2O \longrightarrow CO_2+2H^++2e$ $E_1^\theta=0.12V$

阴极 $\frac{1}{2}O_2+2H^++2e \longrightarrow H_2O$ $E_2^\theta=1.23V$

总反应 $CO+\frac{1}{2}O_2 \longrightarrow CO_2$ $E_3^\theta=1.35V$

D.3.2 测量范围

测量范围为 1.0～60 mg/m³ 和 1～125 mg/m³ 两档。浓度超出最大值时，按稀释比换算。最低检出浓度为 0.6 mg/m³。

D.3.3 仪器

D.3.3.1 采气袋：铝箔复合薄膜或聚乙烯薄膜制成，充气的容积为 0.5～1 L。使用前应检漏。

D.3.3.2 一氧化碳测定仪

主要技术指标如下：

量程范围：两档 0～60 mg/m³ 和 0～100 mg/m³；

重复性误差：相对标准误差≤±0.2%满刻度；

零点漂移：≤±3%满刻度/4 h；

量程漂移：≤±1.5%满刻度；

响应时间：滞后时间和上升时间之和≤15 s。

D.3.4 试剂和材料

D.3.4.1 13X 分子筛：40～60 目，450℃活化 2 h。

D.3.4.2 活性炭：40～60 目，120℃烘 2 h。

D.3.4.3 零点校准气：同 D.1。

D.3.4.4 量程校准气：60 mg/m³ 或 120 mg/m³ CO/N_2 标准气，储于铝合金钢瓶中，不确定度小于 2%。

D.3.5 采样和样品保存

用双联橡皮球将现场空气打入铝箔复合薄膜或聚乙烯薄膜采气袋，用空气冲洗至少 3 次，最后打满，带回实验室分析。也可以将仪器带到现场间歇进样，或连续测定室内空气中一氧化碳浓度。

D.3.6　分析步骤

按仪器说明书要求操作。

D.3.6.1　检查仪器电池电量。

D.3.6.2　仪器的启动和调零：仪器启动和稳定后，通入零点校准气校正仪器零点。

D.3.6.3　量程校准：通入量程校准气校准仪器的上限值标度。

D.3.6.4　零点和量程校准：重复 2～3 次，使仪器处于正常工作状态。

D.3.6.5　样品测定：采样后，将采气袋中的样品空气通入 13X 分子筛和活性炭过滤管后进入仪器电化学池，读取一氧化碳浓度（mg/m^3）。如果将仪器带到现场接上记录仪表，可连续记录室内空气中一氧化碳浓度。记录分析时的气温和大气压力。

D.3.7　计算

D.3.7.1　样品中一氧化碳浓度可直接读出。

D.3.7.2　根据分析时的气温和大气压力，将测定浓度值换算成标准状态下的浓度。

附 录 E
（规范性附录）
室内空气中二氧化碳的测定方法

空气中的二氧化碳的测定方法主要有非分散红外线气体分析法、气相色谱法、容量滴定法等。

E.1 非分散红外线气体分析法

E.1.1 相关标准和依据

本方法主要依据《公共场所空气中二氧化碳测定方法》（GB/T 18204.24）。

E.1.2 原理

二氧化碳对红外线具有选择性的吸收，在一定范围内，吸收值与二氧化碳浓度呈线性关系。根据吸收值确定样品二氧化碳的浓度。

E.1.3 测量范围

0～0.5%，0～1.5%两档。最低检出浓度为 0.01%。

E.1.4 试剂和材料

E.1.4.1 变色硅胶：在 120℃下干燥 2 h。

E.1.4.2 无水氯化钙：分析纯。

E.1.4.3 高纯氮气：纯度 99.99%。

E.1.4.4 烧碱石棉：分析纯。

E.1.4.5 塑料铝箔复合薄膜采气袋 0.5 L 或 1.0 L。

E.1.4.6 二氧化碳标准气体（0.5%）：贮于铝合金钢瓶中。

E.1.5 仪器和设备

二氧化碳非分散红外线气体分析仪。

仪器主要性能指标如下：

测量范围：0～0.5%，0～1.5%两档；

重现性：≤±1%满刻度；

零点漂移：≤±3%满刻度/4 h；

跨度漂移：≤±3%满刻度/4 h；

温度附加误差：≤±2%满刻度/10℃（在 10～80℃）；

一氧化碳干扰：1 000 ml/m^3 CO ≤±2%满刻度；

供电电压变化时附加误差：220V±10% ≤±2%满刻度；

启动时间：30 min；

响应时间：指针指示到满刻度的 90%的时间＜15 s。

E.1.6 采样

用塑料铝箔复合薄膜采气袋，抽取现场空气冲洗 3～4 次，采气 0.5 L 或 1.0 L，密封进气口，带回实验室分析。也可以将仪器带到现场间歇进样，或连续测定空气中二氧化碳浓度。

E.1.7 分析步骤

E.1.7.1 仪器的启动和校准

E.1.7.1.1 启动和零点校准：仪器接通电源后，稳定 30 min～1 h，将高纯氮气或空气经干燥管和烧碱石棉过滤管后，进行零点校准。

E.1.7.1.2 终点校准：用二氧化碳标准气（如 0.50%）连接在仪器进样口，进行终点刻度校准。

E.1.7.1.3 零点与终点校准重复 2～3 次，使仪器处在正常工作状态。

E.1.7.2 样品测定

将内装空气样品的塑料铝箔复合薄膜采气袋接在装有变色硅胶或无水氯化钙的过滤器和仪器的进气口相连接，样品被自动抽到气室中，并显示二氧化碳的浓度（%）。

如果将仪器带到现场，可间歇进样测定。并可长期监测空气中二氧化碳浓度。

E.1.8 结果计算

样品中二氧化碳的浓度，可从气体分析仪直接读出。

E.1.9 精密度和准确度

E.1.9.1 重现性小于 2%，每小时漂移小于 6%。

E.1.9.2 准确度取决于标准气的不确定度（小于 2%）和仪器的稳定性误差（小于 6%）。

E.1.10 干扰和排除

室内空气中非待测组分，如甲烷、一氧化碳、水蒸气等影响测定结果。红外线滤光片的波长为 4.26 μm，二氧化碳对该波长有强烈的吸收；而一氧化碳和甲烷等气体不吸收。因此，一氧化碳和甲烷的干扰可以忽略不计；但水蒸气对测定二氧化碳有干扰，它可以使气室反射率下降，从而使仪器灵敏度降低，影响测定结果的准确性，因此，必须使空气样品经干燥后，再进入仪器。

E.2 气相色谱法

E.2.1 相关标准和依据

本方法主要依据《公共场所空气中二氧化碳测定方法》(GB/T 18204.24)。

E.2.2 原理

二氧化碳在色谱柱中与空气的其他成分完全分离后，进入热导检测器的工作臂，使该臂电阻值的变化与参考臂电阻值的变化不相等，惠斯登电桥失去平衡而产生的信号输出。在线性范围内，信号大小与进入检测器的二氧化碳浓度成正比，从而进行定性与定量测定。

E.2.3 测定范围

进样 3 ml 时，测定浓度范围是 0.02%～0.6%，最低检出浓度为 0.014%。

E.2.4 试剂

E.2.4.1 二氧化碳标准气：浓度 1%（铝合金钢瓶装），以氮气作本底气。

E.2.4.2 高分子多孔聚合物：GDX-102，60～80 目，作色谱固定相。

E.2.4.3 纯氮气：纯度 99.99%。

E.2.5 仪器与设备

E.2.5.1 气相色谱仪：配备有热导检测器的气相色谱仪。

E.2.5.2 注射器：2、5、10、20、50、100 ml 体积误差＜±1%。

E.2.5.3 塑料铝箔复合膜采样袋：容积 400～600 ml。

E.2.5.4 色谱柱：长 3 m、内径 4 mm 不锈钢管内填充 GDX-102 高分子多孔聚合物，柱管两端填充玻璃棉。新装的色谱柱在使用前，应在柱温 180℃、通氮气 70 ml/min 条件下，老化 12 h，直至基线稳定为止。

E.2.6 采样

用橡胶双联球将现场空气打入塑料铝箔复合膜采气袋，使之胀满后放掉。如此反复 4 次，最后一次打满后，密封进样口，并写上标签，注明采样地点和时间等。

E.2.7 分析步骤

E.2.7.1 色谱分析条件

由于色谱分析条件常因实验条件不同而有差异，所以应根据所用气相色谱仪的型号和性能，制定能分析二氧化碳的最佳色谱分析条件。

E.2.7.2 绘制标准曲线和测定校正因子

在作样品分析时的相同条件下，绘制标准曲线或测定校正因子。

E.2.7.2.1 配制标准气

在 5 支 100 ml 注射器内，分别注入 1%二氧化碳标准气体 2、4、8、16、32 ml，再用纯氮气稀释至 100 ml，即得浓度为 0.02%、0.04%、0.08%、0.16%、0.32%的气体。另取纯氮气作为零浓度气体。

E.2.7.2.2 绘制标准曲线

每个浓度的标准气体，分别通过色谱仪的六通进样阀，量取 3 ml 进样，得到各浓度的色谱峰和保留时间。每个浓度作三次，测量色谱峰高（峰面积）的平均值。以二氧化碳的浓度（%）对平均峰高（峰面积）绘制标准曲线，并计算回归线的斜率，以斜率的倒数 B_g 作样品测定的计算因子。

E.2.7.2.3 测定校正因子

用单点校正法求校正因子。取与样品空气中含二氧化碳浓度相接近的标准气体。按 E.2.7.2.2 项操作，测量色谱峰的平均峰高（峰面积）和保留时间。用下式计算校正因子。

$$f=\frac{c_0}{h_0}$$

式中：f——校正因子；

c_0——标准气体浓度，%；

h_0——平均峰高（峰面积）。

E.2.7.3 样品分析

通过色谱仪六通进样阀进样品空气 3 ml，按 E.2.7.2.2 项操作，以保留时间定性，测量二氧化碳的峰高（峰面积）。每个样品作三次分析，求峰高（峰面积）的平均值。并记录分析时的气温和大气压力。高浓度样品用纯氮气稀释至小于 0.3%，再分析。

E.2.8 结果计算

E.2.8.1 用标准曲线法查标准曲线定量，或用下式计算浓度。

$$c=h\times B_g$$

式中：c——样品空气中二氧化碳浓度，%；

h——样品峰高（峰面积）的平均值；

B_g——由 E.2.7.2.2 项得到的计算因子。

E.2.8.2 用校正因子按下式计算浓度。

$$c=h\times f$$

式中：c——样品空气中二氧化碳浓度，%；

h——样品峰高（峰面积）的平均值；

f——由 E.2.7.2.3 项得到的校正因子。

E.2.9 精密度和准确度

E.2.9.1 重现性

二氧化碳浓度 0.1%～0.2%时，重复测定的变异系数为 3%～5%。

E.2.9.2 回收率

二氧化碳浓度在 0.02%～0.4%时，回收率为 90%～105%，平均回收率为 99%。

E.2.10 干扰和排除

由于采用了气相色谱分离技术，空气、甲烷、氨、水和二氧化碳等均不干扰测定。

E.3 容量滴定法

E.3.1 相关标准和依据

本方法主要依据《公共场所空气中二氧化碳测定方法》（GB/T 18204.24）。

E.3.2 原理

用过量的氢氧化钡溶液与空气中 CO_2 作用生成碳酸钡沉淀，采样后剩余的氢氧化钡用标准乙二酸溶液滴定至酚酞试剂红色刚褪。由容量法滴定结果除以所采集的空气样品体积，即可测得空气中二氧化碳的浓度。

E.3.3 测定范围

当采样体积为 5 L 时，可测浓度范围 0.001%～0.5%；最低检出浓度为 0.001%。

E.3.4 试剂和材料

E.3.4.1 吸收液

E.3.4.1.1 稀吸收液（用于空气二氧化碳浓度低于 0.15%时采样）：称取 1.4 g 氢氧化钡［$Ba(OH)_2 \cdot 8H_2O$］和 0.08 g 氯化钡（$BaCl_2 \cdot 2H_2O$）溶于 800 ml 水中，加入 3 ml 正丁醇，摇匀，用水稀释至 1 000 ml。

E.3.4.1.2 浓吸收液（用于空气二氧化碳浓度在 0.15%～0.5%时采样）：称取 2.8 g 氢氧化钡［$Ba(OH)_2 \cdot 8H_2O$］和 0.16 g 氯化钡（$BaCl_2 \cdot 2H_2O$）溶于 800 ml 水中，加入 3 ml 正丁醇，摇匀，用水稀释至 1 000 ml。

上述两种吸收液应在采样前两天配制，贮瓶加盖，密封保存，避免接触空气。采样前，贮液瓶塞接上钠石灰管，用虹吸收管将吸收液吸至吸收管内。

E.3.4.2 草酸标准溶液：称取 0.563 7 g 草酸（$H_2C_2O_4 \cdot 2H_2O$），用水溶解并稀释至 1 000 ml，此溶液 1 ml 相当于标准状况（0℃，101.325 kPa）0.1 ml 二氧化碳。

E.3.4.3 酚酞指示剂。

E.3.4.4 正丁醇。

E.3.4.5 纯氮气（纯度 99.99%）或经碱石灰管除去二氧化碳后的空气。

E.3.5 仪器和设备

E.3.5.1 空气采样器。

E.3.5.2 50 ml 多孔玻璃板吸收管。

E.3.5.3 酸式滴定管：50 ml。

E.3.5.4 碘量瓶：125 ml。

E.3.6 采样

取一个吸收管（事先应充氮或充入钠石灰处理的空气）加入 50 ml 氢氧化钡吸收液，以 0.3 L/min 流量，采样 5～10 min，采样前后，吸收管的进、出口均用乳胶管连接以免空气进入。

E.3.7 分析步骤

采样后，吸收管送实验室，取出中间砂芯管，加塞静置 3 h，使碳酸钡沉淀完全，吸取上清液 25 ml 于碘量瓶中（碘量瓶事先应充氮或充入经碱石灰处理的空气），加入 2 滴酚酞指示剂，用草酸标准液滴定至溶液由红色变为无色，记录所消耗的草酸标准溶液的体积。同时吸取 25 ml 未采样的氢氧化钡吸收液作为空白滴定，记录所消耗的草酸标准溶液的体积（ml）。

E.3.8 结果计算

E.3.8.1 将采样体积按 4.7.7 换算成标准状态下采样体积。

E.3.8.2 空气中二氧化碳浓度按下式计算：

$$c = \frac{20 \times (b - a)}{V_0}$$

式中：c——空气中二氧化碳浓度，%；

a——样品滴定所用草酸标准溶液体积，ml；

b——空白滴定所用草酸标准溶液体积，ml；

V_0——换算成标准状态下的采样体积，ml。

E.3.9 灵敏度、精密度和准确度

E.3.9.1 灵敏度

样品溶液每消耗 1 ml 标准草酸溶液，相当于 0.1 ml 二氧化碳（标准状况 0℃，101.325 kPa）。

E.3.9.2 精密度和准确度

对含二氧化碳 0.04%～0.27%的标准气体的回收率为 97%～98%，重复测定的变异系数为 2%～4%。

E.3.10 干扰及排除

空气中二氧化硫、氮氧化物及乙酸等酸性气体对本法的吸收液产生中和反应，但一般室内空气二氧化碳浓度在 500 mg/m^3 以上，相比之下，空气中上述酸性气体浓度要低得多，即使空气中二氧化硫浓度超过 0.15 mg/m^3 的 100 倍，并假设它全部转变为硫酸，对本法所引起的干扰不到 5%。

附 录 F
（规范性附录）
室内空气中氨的测定方法

测定空气中氨的化学方法有次氯酸钠-水杨酸分光光度法、纳氏试剂分光光度法、靛酚蓝试剂比色法；仪器法有离子选择电极法和光离子化气相色谱法等。

F.1 次氯酸钠-水杨酸分光光度法

F.1.1 相关标准和依据

本方法主要依据《空气质量 氨的测定 次氯酸钠-水杨酸分光光度法》（GB/T 14679）。

F.1.2 原理

氨被稀硫酸吸收液吸收后，生成硫酸铵。在亚硝基铁氰化钠存在下，铵离子、水杨酸和次氯酸钠反应生成蓝色化合物，根据颜色深浅，用分光光度计在 697 nm 波长处进行测定。

F.1.3 测定范围

在吸收液为 10 ml，采样体积为 10～20 L 时，测定范围为 0.008～110 mg/m^3，对于高浓度样品测定前必须进行稀释。本方法检出限为 0.1 μg/ml，当样品吸收液总体积为 10 ml，采样体积为 10 L 时，最低检出浓度 0.008 mg/m^3。

F.1.4 试剂

分析中所用试剂全部为符合国家标准的分析纯试剂；使用的水为无氨水。

F.1.4.1 水

无氨，可用下述方法之一制备。

F.1.4.1.1 蒸馏法。向 1 000 ml 的蒸馏水中加 0.1 ml 硫酸（ρ=1.84 g/ml），在全玻璃装置中进行重蒸馏，弃去 50 ml 初馏液，于具塞磨口的玻璃瓶中接取其余馏出液，密封，保存。

F.1.4.1.2 离子交换法。将蒸馏水通过强酸性阳离子交换树脂柱，其流出液收集在具塞磨口的玻璃瓶中。

F.1.4.2 硫酸吸收液

硫酸溶液 c（1/2 H_2SO_4）=0.005 mol/L。

F.1.4.3 水杨酸-酒石酸钾钠溶液

称取 10.0 g 水杨酸［$C_6H_4(OH)COOH$］置于 150 ml 烧杯中，加适量水，再加入 5 mol/L 氢氧化钠溶液 15 ml，搅拌使之完全溶解。另称取 10.0 g 酒石酸钾钠（$KNaC_4H_4O_6 \cdot 4H_2O$），溶解于水，加热煮沸以除去氨，冷却后，与上述溶液合并移入 200 ml 容量瓶中，用水稀释到标线，摇匀。此溶液 pH=6.0～6.5，贮于棕色瓶中，至少可以稳定 1 个月。

F.1.4.4 亚硝基铁氰化钠溶液

称取 0.1 g 亚硝基铁氰化钠{$Na_2[Fe(CN)_5NO] \cdot 2H_2O$}，置于 10 ml 具塞比色管中，加水至标线，摇动使之溶解。临用现配。

F.1.4.5 次氯酸钠溶液

市售商品试剂，可直接用碘量法测定其有效氯含量，用酸碱滴定法测定其游离碱量。方法如下：

有效氯的测定：吸取次氯酸钠 1.00 ml，置于碘量瓶中，加水 50 ml，碘化钾 2.0 g，混匀。加 c（1/2H_2SO_4）= 6 mol/L 硫酸溶液 5 ml，盖好瓶塞，混匀，于暗处放置 5 min 后，用 c（$Na_2S_2O_3$）=0.100 0 mol/L 硫代硫酸钠标准溶液滴定至浅黄色，加淀粉溶液 1 ml，继续滴定至蓝色刚消失为终点。按下式计算有效氯：

$$有效氯（Cl,\%）=\frac{c\times V\times 35.45}{1\ 000}\times 100$$

式中：c——硫代硫酸钠溶液浓度，mol/L；

V——滴定消耗硫代硫酸钠标准溶液体积，ml；

35.45——与 1 L 硫代硫酸钠标准溶液［c（$Na_2S_2O_3$）=1.000 mol/L］相当的，以克表示的氯的质量。

游离碱的测定：吸取次氯酸钠溶液 1.00 ml，置于 150 ml 锥形瓶中，加适量水，以酚酞为指示剂，用 c（HCl）=0.1 mol/L 盐酸标准溶液滴定至红色刚消失为终点。

取部分上述溶液，用氢氧化钠溶液稀释成含有效氯浓度为 0.35%、游离碱浓度为 0.75 mol/L（以 NaOH 计）的次氯酸钠溶液，贮于棕色滴瓶中，可稳定一周。

无商品次氯酸钠溶液时，也可自行制备。方法为：将盐酸逐滴作用于高锰酸钾，用 c（NaOH）=2 mol/L 氢氧化钠溶液吸收逸出的氯气，即可得到次氯酸钠溶液。其有效氯含量标定方法同上所述。

F.1.4.6 氯化铵标准贮备液

称取 0.785 5 g 氯化铵，溶解于水，移入 250 ml 容量瓶中，用水稀释至标线，此溶液每毫升相当于含 1 000 μg 氨。

F.1.4.7 氯化铵标准溶液

临用时，吸取氯化铵标准贮备液 5.0 ml 于 500 ml 容量瓶中，用水稀释至标线，此溶液每毫升相当于含 10.0 μg 氨。

F.1.5 仪器

F.1.5.1 空气采样器。

F.1.5.2 气泡吸收管：10 ml。

F.1.5.3 具磨塞比色管：10 ml。

F.1.5.4 分光光度计。

F.1.5.5 双球玻管：内装有玻璃棉。

F.1.6 采样及样品保存

F.1.6.1 采样

气泡吸收管中加入 10 ml 吸收液，以 1 L/min 的流量采气 10～20 L。

F.1.6.2 样品保存

应尽快分析，以防止吸收空气中的氨。若不能立即分析，需转移到具塞比色管中封好，在 2～5℃下存放，可存放 1 周。

F.1.7 分析步骤

F.1.7.1 绘制标准曲线

取 7 支具塞 10 ml 比色管按下表制备标准色列。

氯化铵标准色列

管号	0	1	2	3	4	5	6
氯化铵标准溶液/ml	0	0.20	0.40	0.60	0.80	1.00	1.20
氨含量/μg	0	2.0	4.0	6.0	8.0	10.0	12.0

向各管中加入 1.00 ml 水杨酸-酒石酸钠溶液，2 滴亚硝基铁氰化钠溶液，用水稀释至 9 ml 左右，加入 2 滴次氯酸钠溶液，用水稀释至标线，摇匀，放置 1 h。用 1 cm 比色皿，于波长 697 nm 处，以水为参比，测定吸光度。以扣除试剂空白（零浓度）的校正吸光度为纵坐标，氨含量（μg）为横坐标，绘制标准曲线。

F.1.7.2 样品测定

采取一定体积（视样品浓度而定）样品后用吸收液定容到 10 ml 的样液（用具塞比色管），按绘制标准曲线的步骤进行显色，测定吸光度。

F.1.7.3 空白试验

用吸收液代替试样溶液，按 F.1.7.2 进行测定。

F.1.8 结果的表示

氨浓度 c（mg/m^3）用下式进行计算：

$$c=\frac{W}{V_n}\cdot\frac{V_t}{V_0}$$

式中：W——测定时所取样品溶液中的氨含量，μg；

V_n——标准状态下的采气体积，L；

V_t——样品溶液总体积，ml；

V_0——测定时所取样品溶液的体积，ml。

F.1.9 精密度和准确度

经五个实验室分析含氨 1.44～1.50 mg/L 的统一标样，其重复性标准偏差为 0.007 mg/L，重复性变异系数为 5.0%；再现性标准偏差为 0.046 mg/L，再现性变异系数为 3.1%；加标回收率为 104.0%～92.4%。

F.1.10 干扰

有机胺浓度大于 1 mg/m^3 时不适用，一般情况下室内空气不会达到该浓度。

F.2 离子选择电极法

F.2.1 相关标准和依据

本方法主要依据《空气质量　氨的测定　离子选择电极法》（GB/T 14669）。

F.2.2 原理

氨气敏电极为复合电极，以 pH 玻璃电极为指示电极，银—氯化银电极为参比电极。此电极对置于盛有 0.1 mol/L 氯化铵内充液的塑料套管中，管底用一张微孔疏水薄膜与试液隔开，并使透气膜与 pH 玻璃电极间有一层很薄的液膜。当测定由 0.05 mol/L 硫酸吸收液所吸收的大气中的氨时，再加入强碱，使铵盐转化为氨，由扩散作用通过透气膜（水和其他离子均不能通过透气膜），使氯化铵电解液膜层内 $NH_4^+ \rightleftharpoons NH_3 + H^+$ 的反应向左移动，引起氢离子浓度改变，由 pH 玻璃电极测得其变化。在恒定的离子强度下，测得的电极电位与氨浓度的对数呈线性关系。由此，可从测得的电位值确定样品中氨的含量。

F.2.3 最低检测浓度

本方法检测限为 10 ml 吸收溶液中含 0.7 μg 氨。当样品溶液总体积为 10 ml，采样体积 60 L 时，最低检测浓度为 0.014 mg/m^3。

F.2.4 试剂

除另有说明外，分析时均使用符合国家标准或专业标准的分析纯试剂，所用水均为按 F.1.4.1 叙述方法制备的水。

F.2.4.1 电极内充液：c（NH_4Cl）=0.1 mol/L。

F.2.4.2 碱性缓冲液：含有 c（NaOH）=5 mol/L 氢氧化钠和 c（EDTA-2Na）0.5 mol/L 乙二胺四乙酸二钠盐的混合溶液，贮于聚乙烯瓶中。

F.2.4.3 吸收液：c（H_2SO_4）=0.05 mol/L 硫酸溶液。

F.2.4.4 氨标准储备液：1.00 mg/ml 氨。称取 3.141 g 经 100℃干燥 2 h 的氯化铵（NH_4Cl）溶于水中，移入 1 000 ml 容量瓶中，稀释至标线，摇匀。

F.2.4.5 氨标准使用液：用氨标准贮备液逐级稀释配制。

F.2.5　**仪器**

F.2.5.1　氨敏感膜电极。

F.2.5.2　pH /毫伏计：精确到 0.2 mV。

F.2.5.3　磁力搅拌器：带有用聚四氟乙烯包覆的搅拌棒。

F.2.5.4　空气采样器。

F.2.6　**采样**

量取 10.00 ml 吸收液于 U 形多孔玻板吸收管中，调节采样器上的流量计的流量至 1.0 L/min（用标准流量计校正），采样至少 45 min。

F.2.7　**分析步骤**

F.2.7.1　仪器和电极的准备

按测定仪器及电极使用说明书进行仪器调试和电极组装。

F.2.7.2　校准曲线的绘制

吸取 10.0 ml 浓度分别为 0.1、1.0、10、100、1 000 mg/L 的氨标准溶液于 25 ml 小烧杯中，浸入电极后加入 1.0 ml 碱性缓冲液，在搅拌下，读取稳定的电位值 E（在 1 min 内变化不超过 1 mV 时，即可读数），在半对数坐标纸上绘制 E-logC 的校准曲线。

F.2.7.3　测定

采样后，将吸收管中的吸收液倒入 10 ml 容量瓶中，再以少量吸收液清洗吸收管，加入容量瓶，最后以吸收液定容至 10 ml，将容量瓶中吸收液放入 25 ml 小烧杯中，以下步骤与校准曲线绘制相同，由测得电位值在校准曲线上查得气样吸收液氨含量（mg/L），然后计算出空气样品中氨浓度（mg/m^3）。

F.2.8　**结果的表示**

计算方法

空气中氨的浓度 c，以 mg/m^3 表示，可由下式给出：

$$c=\frac{10b}{V_n}$$

式中：b——吸收液中氨含量，mg/L；

V_n——换算成标准状态下的采样体积，L。

F.2.9　**精密度和准确度**

经五个实验室分析含 20.0 mg/L 氨的统一分发的样品，重复性标准偏差 0.259 mg/L，变异系数 1.30%；再现性标准差 0.273 mg/L，变异系数 1.37%；加标回收率 97.6%。

F.3　纳氏试剂分光光度法

F.3.1　**相关标准和依据**

本方法主要依据《空气质量　氨的测定　纳氏试剂比色法》（GB/T 14668）。

F.3.2　**原理**

氨吸收在稀硫酸溶液中，与纳氏试剂作用生成黄棕色化合物，根据颜色深浅，用分光光度法测定。反应式如下：

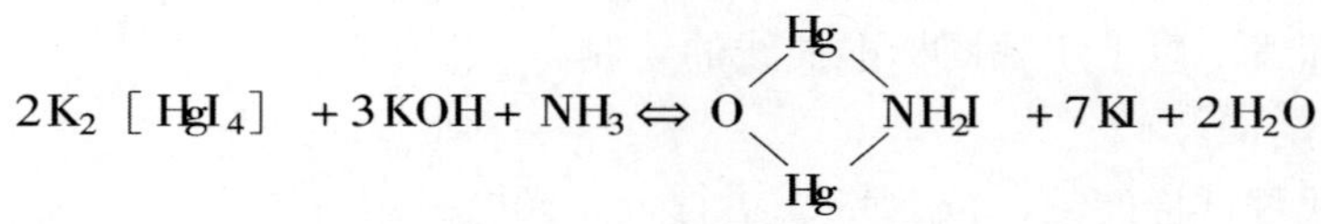

F.3.3　**最低检出浓度**

本法检出限为 0.6 μg/10 ml（按与吸光度 0.01 相对应的氨含量计），当采样体积为 20 L 时，最低检出浓度为 0.03 mg/m^3。

F.3.4 仪器

F.3.4.1 大型气泡吸收管：10 ml。

F.3.4.2 空气采样器：流量范围 0～1 L/min。

F.3.4.3 分光光度计。

F.3.4.4 具塞比色管：10 ml。

F.3.4.5 玻璃容器：经校正的容量瓶、移液管。

F.3.5 试剂

F.3.5.1 吸收液：硫酸溶液 *c*（$1/2H_2SO_4$）=0.01 mol/L。

F.3.5.2 纳氏试剂：称取 5.0 g 碘化钾，溶于 5.0 ml 水；另称取 2.5 g 氯化汞（$HgCl_2$）溶于 10 ml 热水。将氯化汞溶液缓慢加到碘化钾溶液中，不断搅拌，直到形成的红色沉淀（HgI_2）不溶为止。冷却后，加入氢氧化钾溶液（15.0 g 氢氧化钾溶于 30 ml 水），用水稀释至 100 ml，再加入 0.5 ml 氯化汞溶液，静置一天。将上清液贮于棕色细口瓶中，盖紧橡皮塞，存入冰箱，可使用 1 个月。

F.3.5.3 酒石酸钾钠溶液：称取 50.0 g 酒石酸钾钠（$KNaC_4H_4O_6\cdot 4H_2O$），溶解于水中，加热煮沸以驱除氨，放冷，稀释至 100 ml。

F.3.5.4 氯化铵标准贮备液：称取 0.785 5 g 氯化铵，溶解于水，移入 250 ml 容量瓶中，用水稀释至标线，此溶液每毫升含 1 000 μg 氨。

F.3.5.5 氯化铵标准溶液：临用时，吸取氯化铵标准贮备液 5.00 ml 于 250 ml 容量瓶中，用水稀释至标线，此溶液每毫升含 20.0 μg 氨。

F.3.6 采样及样品保存

用一个内装 10 ml 吸收液的大型气泡吸收管，以 1 L/min 流量，采气 20～30 L。采集好的样品，应尽快分析。必要时于 2～5℃下冷藏，可贮存 1 周。

F.3.7 步骤

F.3.7.1 标准曲线的绘制

取 6 支 10 ml 具塞比色管，按表 F.3.1 配制标准色列。

表 F.3.1 氯化铵标准色列

管　　号	0	1	2	3	4	5
氯化铵标准溶液/ml	0	0.10	0.20	0.50	0.70	1.00
水/ml	10.00	9.90	9.80	9.50	9.30	9.00
氨含量/μg	0	2.0	4.0	10.0	14.0	20.0

在各管中加入酒石酸钾钠溶液 0.20 ml，摇匀，再加纳氏试剂 0.20 ml，放置 10 min（室温低于 20℃时，放置 15～20 min）。用 1 cm 比色皿，于波长 420 nm 处，以水为参比，测定吸光度。以吸光度对氨含量（μg）绘制标准曲线。

F.3.7.2 样品测定

采样后，将样品溶液移入 10 ml 具塞比色管中，用少量吸收液洗涤吸收管，洗涤液并入比色管，用吸收液稀释至 10 ml 标线，以下步骤同标准曲线的绘制。

F.3.7.3 空白试验

用 10 ml 吸收液代替试样溶液，按 F.3.7.1 进行分光光度测定。

F.3.8 计算

$$氨（NH_3，mg/m^3）=W/V_n$$

式中：W——样品溶液中的氨含量，μg；

V_n——标准状态下的采样体积，L。

F.3.9 **备注**

F.3.9.1 本法测定的是室内空气中氨气和颗粒物中铵盐的总量，不能分别测定两者的浓度。

F.3.9.2 为降低试剂空白值，所有试剂均用无氨水配制。无氨水制备方法见 F.1.4.1。

F.3.9.3 在氯化铵标准贮备液中加 1～2 滴氯仿，可以抑制微生物的生长。

F.3.9.4 硫化氢、三价铁等金属离子干扰氨的测定。加入酒石酸钾钠，可以消除三价铁离子的干扰。

F.4 光离子化气相色谱法

F.4.1 原理

将空气样品直接注入光离子化气相色谱仪，样品由色谱柱分离后进入离子化室，在真空紫外光子（VUV）的轰击下，将氨电离成正负离子。测量离子电流的大小，就可确定氨的含量，根据色谱柱的保留时间对氨定性。

F.4.2 测定范围

进样 1 ml，浓度测定范围为 0.05～100 mg/m^3，检出限为 0.05 mg/m^3。

F.4.3 试剂和材料

F.4.3.1 氨水：分析纯。

F.4.3.2 5A 分子筛：ϕ2.8 ～4.5 mm，用于净化载气。

F.4.3.3 椰子壳活性炭：20～40 目，用于净化载气。

F.4.3.4 高纯氮气：99.999%。

F.4.3.5 压缩空气：钢瓶空气。

F.4.3.6 100 mg/m^3 氨储备气的制备：

将配气体积按 4.7.7 换算成标准状态下的配气体积。

在 20℃，一个大气压下，饱和氨水的摩尔浓度为 15.96 mol/L（20～30℃），用 1 μl 微量进样器准确抽取 0.34 μl 饱和氨水，注入装有 1 L 高纯氮气的气袋中，并混合均匀，制备氨储备气。该储备气所含氨的浓度为：

$$\frac{0.34\mu l\times 15.96\ mol/L\times 17\ g/mol}{1\ L}\times\frac{293K}{273\ K}=100\ mg/m^3$$

F.4.4 仪器和设备

F.4.4.1 光离子化检测器气相色谱仪。

F.4.4.2 色谱柱：porapak Q，尺寸：1 m×ϕ3 mm，聚四氟乙烯填充柱，柱温：50℃。

F.4.4.3 气袋：1 L，Tedlar 或铝-聚酯薄膜采样袋。

F.4.4.4 微量进样器：1 μl、100 μl，经校正。

F.4.4.5 注射器：1 ml、100 ml，经校正。

F.4.4.6 转子流量计：0～60 ml/min，经校正。

F.4.4.7 经校正的温湿度计。

F.4.4.8 经校正的气压表。

F.4.5 采样和样品保存

用采样气袋，抽取现场空气冲洗 3 次，采气 1 L，密封进气口，带回实验室分析，也可以将仪器带到现场分析。氨的浓度在μg/m^3 量级的样品保存时间不超过 24 h。

F.4.6 分析步骤

F.4.6.1 分析条件

F.4.6.1.1 环境要求

除特殊规定外，试验场所的环境条件如下：

温　　度：10～35℃；

相对湿度：≤85% RH；

大 气 压：86～106 kPa。

F.4.6.1.2　载气

普通钢瓶压缩空气，柱前压 0.3MPa；

载气流速：最佳流速 25 ml/min 左右，用转子流量计在出气口监测流量。

F.4.6.2　仪器的启动

按仪器说明书启动仪器，将柱温设置成 50℃，仪器升温完毕后，进行检测。测量μg/m^3量级，预热时间应不低于 30 min。

F.4.6.3　标准曲线的绘制

外标法：氨标准气体系列配制见表 F.4.1。

表 F.4.1

氨标准气体浓度/（mg/m^3）	氨储备气（100 mg/m^3）取样量/ml	用高纯氮气定容后体积/ml
1	1	100
0.8	0.8	100
0.5	0.5	100
0.3	0.3	100
0.1	100 μl	100

分别抽取上述浓度的氨标准气体各 1 ml 进样，测量保留时间及峰高（峰面积）。根据保留时间对氨定性，以其峰高（峰面积）进行定量分析。每个浓度重复 3 次分析，取其中两次峰高（峰面积）接近者的平均值。分别以氨的浓度为横坐标，峰高（峰面积）平均值为纵坐标，绘制标准曲线。

F.4.6.4　样品的定性和定量分析

在相同的色谱条件下，从采样气袋中准确抽取被测样气 1 ml 进样。根据保留时间对样品中的氨定性，并以其峰高（峰面积）进行定量分析。每个样品重复 3 次分析，取其中两次峰高（峰面积）接近者的平均值。

F.4.7　结果计算

根据氨标准曲线，对样品中的氨进行定量计算。

F.4.8　精密度和准确度

变异系数取决于进样误差（小于 5%）；准确度取决于标准气的不确定度（小于 2%）和仪器的稳定性（小于 1%）。

F.4.9　干扰和排除

采用椰子壳活性炭和 5 A 分子筛排除、净化载气中的污染物，降低背景值，提高灵敏度，消除样品电离电位高于 10.6 eV 的化学物质干扰；加之采用了气相色谱分离技术，选择合适的色谱分离条件，可以消除样品中其他有机杂质气体对被测物质的干扰。

F.5　靛酚蓝分光光度法

F.5.1　相关标准和依据

本方法主要依据《公共场所空气中氨测定方法》（GB/T 18204.25）。

F.5.2　原理

空气中氨吸收在稀硫酸中，在亚硝基铁氰化钠及次氯酸钠存在下，与水杨酸生成蓝绿色靛酚蓝染料，比色定量。

F.5.3 测定范围

本法检出限为 0.2 μg/10 ml。若采样体积为 20 L 时，可测浓度范围为 0.01～0.5 mg/m³。

F.5.4 试剂和材料

F.5.4.1 无氨水

按 F.1.4.1 制备。

F.5.4.2 吸收液

0.005 mol/L 硫酸溶液。量取 2.8 ml 浓硫酸加入水中，用水稀释至 1 000 ml。临用时再稀释 10 倍。

F.5.4.3 水杨酸溶液（50 g/L）

称取 10 g 水杨酸［$C_6H_4(OH)COOH$］和 10.0 g 柠檬酸钠（$Na_3C_6H_5O_7 \cdot 2H_2O$），加水约 50 ml，再加 55 ml 氢氧化钠［c（NaOH）=2 mol/L］，用水稀至 200 ml。此试剂稍有黄色，室温可稳定 1 个月。

F.5.4.4 亚硝基铁氰化钠溶液（10 g/L）

称取 1.0 g 亚硝基铁氰化钠［$Na_2Fe(CN)_5 \cdot NO \cdot 2H_2O$］溶于 100 ml 水中，储于冰箱中可稳定 1 个月。

F.5.4.5 次氯酸钠原液：次氯酸钠试剂，有效氯不低于 5.2%。

取 1 ml 次氯酸钠原液，用碘量法标定其浓度。

标定方法：称取 2 g 碘化钾于 250 ml 碘量瓶中，加水 50 ml 溶解。再加 1.00 ml 次氯酸钠试剂，加 0.5 ml（1+1）盐酸溶液，摇匀。暗处放置 3 min，用 0.100 0 mol/L 硫代硫酸钠标准溶液滴定至浅黄色，加入 1 ml 5 g/L 淀粉溶液，继续滴定至蓝色刚好褪去为终点。记录滴定所用硫代硫酸钠标准溶液的体积，平行滴定三次，消耗硫代硫酸钠标准溶液体积之差不应大于 0.04 ml，取其平均值。已知硫代硫酸钠标准溶液的浓度，则次氯酸钠标准溶液浓度按下式计算。

$$c = \frac{c(Na_2S_2O_3) \cdot V}{1.00 \times 2}$$

式中：c——次氯酸钠标准溶液浓度，mol/L；

V——滴定时所消耗硫代硫酸钠标准溶液的体积，ml；

c（$Na_2S_2O_3$）——硫代硫酸钠标准溶液的浓度，mol/L。

F.5.4.6 次氯酸钠使用液［c（NaClO）=0.05 mol/L］

用 2 mol/L NaOH 溶液稀释标定好的次氯酸钠标准溶液成 0.05 mol/L 的使用液，存于冰箱中可保存 2 个月。

F.5.4.7 氨标准溶液

准确称取 0.314 2 g 经 105℃干燥 2 h 的氯化铵用少量水溶解，移入 100 ml 容量瓶中，用吸收液稀释至刻度。此液 1.00 ml 含 1 mg 的氨。临用时，再用吸收液稀释成 1.00 ml 含 1 μg 氨的标准溶液。

F.5.5 仪器和设备

F.5.5.1 空气采样器。

F.5.5.2 气泡吸收管：10 ml。

F.5.5.3 具塞比色管：10 ml。

F.5.5.4 分光光度计：可用波长为 697.5 nm。

F.5.5.5 玻璃容器：经校正的容量瓶、移液管。

F.5.5.6 聚四氟乙烯管（或玻璃管）：内径 6～7 mm。

F.5.6 采样和样品保存

F.5.6.1 采样

用一个内装 10 ml 吸收液的气泡吸收管，以 0.5 L/min 流量，采气 20 L。并记录采样时的温度和大气压力。采样后，样品在室温保存，于 24 h 内分析。

F.5.6.2 样品保存

采集好的样品，应尽快分析。必要时于 2～5℃下冷藏，可贮存 1 周。

F.5.7 分析步骤

F.5.7.1 标准曲线的绘制

按表 F.5.1 在 10 ml 比色管中制备标准系列。

表 F.5.1 氨标准系列

管号	0	1	2	3	4	5	6
标准溶液体积/ml	0.00	0.50	1.00	3.00	5.00	7.00	10.00
水体积/ml	10.00	9.50	9.00	7.00	5.00	3.00	0
氨含量/μg	0	0.50	1.00	3.00	5.00	7.00	10.00

向以上各管分别加入 0.50 ml 水杨酸溶液，混匀；再加入 0.1 ml 亚硝基铁氰化钠溶液和 0.1 ml 次氯酸钠使用液，混匀，室温下放置 60 min 后，在波长 697.5 nm 下，用 10 mm 比色皿，以蒸馏水作参比，测定各管的吸光度。以氨含量（μg）为横坐标，吸光度为纵坐标，绘制校准曲线，计算回归曲线的斜率，以斜率的倒数为样品测定的计算因子 B_s（μg/吸光度）。校准曲线的斜率应为 0.081±0.003。

F.5.7.2 样品的测定

试样溶液用吸收液定容到 10 ml，取一定量试样溶液（吸取量视试样浓度而定）于 10 ml 比色管中，再用吸收液稀释到 10 ml。以下步骤按 F.5.7.1 进行分光光度测定，再用 10 ml 吸收液，进行空白试验。

F.5.8 结果计算

F.5.8.1 将采样体积按 4.7.7 换算成标准状态下的体积。

F.5.8.2 空气中氨浓度用下式计算：

$$c=\frac{(A-A_0)\ B_s\cdot D}{V_0}$$

式中：c——试样中的氨含量，mg/m³；

A——样品溶液吸光度；

A_0——试剂空白液吸光度；

B_s——由 F.5.7.1 测得的计算因子，μg/吸光度；

V_0——标准状况下的采样体积，L；

D——分析时样品溶液的稀释倍数。

F.5.9 灵敏度、线性范围、精密度、准确度

F.5.9.1 灵敏度：10 ml 吸收液中含有 1.0 μg 氨应有 0.081 吸光度。

F.5.9.2 线性范围：10 ml 样品溶液中含有 0～10.0 μg 氨。

F.5.9.3 精密度：10 ml 吸收液中氨含量为 1.0～10.0 μg，重复测定的相对标准偏差为 2.5%。

F.5.9.4 准确度：样品溶液中加入 1.0～7.0 μg/10 ml 的氨，其回收率为 95%～109%。

F.5.10 干扰和排除

样品中含有三价铁等金属离子、硫化物和有机物时，干扰测定。处理方法如下：

F.5.10.1 除金属离子：加入柠檬酸钠溶液可消除常见离子的干扰；

F.5.10.2 除硫化物：若样品因产生异色而引起干扰（如硫化物存在时为绿色）时，可在样品溶液中加入稀盐酸而去除干扰；

F.5.10.3 除有机物：有些有机物（如甲醛），生成沉淀干扰测定，可在比色前用 0.1 mol/L 的盐酸溶液将吸收液酸化到 pH≤2 后，煮沸即可除去。

附 录 G
（规范性附录）
室内空气中臭氧的测定方法

空气中臭氧的测定方法主要有靛蓝二磺酸钠分光光度法、紫外光度法和化学发光法。

G.1 靛蓝二磺酸钠分光光度法

G.1.1 相关标准和依据

本方法主要依据《环境质量 臭氧的测定 靛蓝二磺酸的分光光度法》(GB/T 15437)。

G.1.2 原理

空气中的臭氧，在磷酸盐缓冲溶液存在下，与吸收液中蓝色的靛蓝二磺酸钠等摩尔反应，褪色生成靛红二磺酸钠。在 610 nm 处测定吸光度，根据蓝色减褪的程度定量空气中臭氧的浓度。

G.1.3 测定范围

当采样体积为 30 L 时，最低检出浓度为 0.01 mg/m^3。当采样体积为 5～30L 时，本法测定空气中臭氧的浓度范围为 0.030～1.200 mg/m^3。

G.1.4 仪器

G.1.4.1 采样导管：用玻璃管或聚四氟乙烯管，内径约为 3 mm，尽量短些，最长不超过 2 m，配有朝下的空气入口。

G.1.4.2 多孔玻板吸收管：10 ml。

G.1.4.3 空气采样器。

G.1.4.4 分光光度计。

G.1.4.5 恒温水浴或保温瓶。

G.1.4.6 水银温度计：精度为±5℃。

G.1.4.7 双球玻璃管：长 10 cm，两端内径为 6 mm，双球直径为 15 mm。

G.1.5 试剂

除非另有说明，分析时均使用符合国家标准的分析纯试剂和重蒸馏水或同等纯度的水。

G.1.5.1 溴酸钾标准贮备溶液 c（1/6$KBrO_3$）=0.100 0 mol/L：称取 1.391 8 g 溴酸钾（优级纯，180℃烘 2 h）溶解于水，移入 500 ml 容量瓶中，用水稀释至标线。

G.1.5.2 溴酸钾-溴化钾标准溶液 c（1/6$KBrO_3$）=0.010 0 mol/L：吸取 10.00 ml 溴酸钾标准贮备溶液于 100 ml 容量瓶中，加入 1.0 g 溴化钾（KBr），用水稀释至标线。

G.1.5.3 硫代硫酸钠标准贮备溶液 c（$Na_2S_2O_3$）=0.100 0 mol/L。

G.1.5.4 硫代硫酸钠标准工作溶液 c（$Na_2S_2O_3$）=0.005 0 mol/L：临用前，准确量取硫代硫酸钠标准贮备溶液用水稀释 20 倍。

G.1.5.5 硫酸溶液：（1+6）（V/V）。

G.1.5.6 淀粉指示剂溶液，2.0 g/L：称取 0.20 g 可溶性淀粉，用少量水调成糊状，慢慢倒入 100 ml 沸水中，煮沸至溶液澄清。

G.1.5.7 磷酸盐缓冲溶液 c（KH_2PO_4–Na_2HPO_4）=0.050 mol/L：称取 6.8 g 磷酸二氢钾（KH_2PO_4）和 7.1 g 无水磷酸氢二钠（Na_2HPO_4），溶解于水，稀释至 1 000 ml。

G.1.5.8 靛蓝二磺酸钠（$C_6H_{18}O_8S_2Na_2$，简称 IDS），分析纯。

G.1.5.9 IDS 标准贮备溶液：称取 0.25 g 靛蓝二磺酸钠（IDS），溶解于水，移入 500 ml 棕色容量瓶中，用水稀释至标线，摇匀，24 h 后标定。此溶液于 20℃以下暗处存放可稳定两周。

标定方法：吸取 20.00 ml IDS 标准贮备溶液于 250 ml 碘量瓶中，加入 20.00 ml 溴酸钾-溴化钾标准溶液，再加入 50 ml 水，盖好瓶塞，放入 16℃±1℃水浴或保温瓶中，至溶液温度与水温平衡时，加入 5.0 ml（1+6）硫酸溶液，立即盖好瓶塞，混匀并开始计时，在 16℃±1℃水浴中，于暗处放置 35 min±1 min。加入 1.0 g 碘化钾（KI）立即盖好瓶塞摇匀至完全溶解，在暗处放置 5 min 后，用硫代硫酸钠标准工作溶液滴定至红棕色刚好褪去呈现淡黄色，加入 5 ml 淀粉指示剂，继续滴定至蓝色消退呈现亮黄色。两次平行滴定所用硫代硫酸钠标准工作溶液的体积之差不得大于 0.10 ml。IDS 溶液相当于臭氧的质量浓度 c（O_3，μg/ml）按下式计算：

$$c(O_3,\ \mu g/ml)=\frac{c_1V_1-c_2V_2}{V}\times 12.00\times 10^3$$

式中：c_1——溴酸钾-溴化钾标准溶液的浓度，mol/L；

V_1——溴酸钾-溴化钾标准溶液的体积，ml；

c_2——滴定用硫代硫酸钠标准工作溶液的浓度，mol/L；

V_2——滴定用硫代硫酸钠标准工作溶液的体积，ml；

V——IDS 标准贮备溶液的体积，ml；

12.00——臭氧的摩尔质量（1/4O_3），g/mol。

G.1.5.10 IDS 标准工作溶液：将标定后的 IDS 标准贮备溶液用磷酸盐缓冲溶液，稀释成每毫升相当于 1.0 μg 臭氧的 IDS 标准工作溶液。此溶液于 20℃以下暗处存放，可稳定一周。

G.1.5.11 IDS 吸收液：将 IDS 标准贮备溶液用磷酸盐缓冲溶液稀释成每毫升相当于 2.5 μg 或 5.0 μg 臭氧的 IDS 吸收液。此溶液于 20℃以下暗处存放，可使用 1 个月。

G.1.5.12 活性炭吸附管，60～80 目：临用前在氮气保护下 400℃烘 2 h，冷却至室温，装入双球玻璃管中，两端用玻璃棉塞好，密封保存。

G.1.6 采样

G.1.6.1 样品的采集：用内装 10.00 ml IDS 吸收液的多孔玻板吸收管，罩上黑布套，以 0.5 L/min 的流量采气 5～30 L。

G.1.6.2 零空气样品的采集：采样的同时，用与采样所用吸收液同一批配制的 IDS 吸收液，在吸收管入口端串接一支活性炭吸附管，按样品采集方法采集零空气样品。

G.1.6.3 注意事项：当吸收管中的吸收液褪色约 50%时，应立即停止采样。当确信空气中臭氧浓度较低，不会穿透时，可用棕色吸收管采样。

每批样品至少采集两个零空气样品。

在样品的采集、运输及存放过程中应严格避光。样品于室温暗处存放至少可稳定 3 d。

G.1.7 步骤

G.1.7.1 标准曲线的绘制

取 6 支 10 ml 具塞比色管，按表 G.1.1 制备标准系列。

表 G.1.1 臭氧标准系列

管 号	0	1	2	3	4	5
IDS 标准工作溶液/ml	10.00	8.00	6.00	4.00	2.00	0
磷酸盐缓冲溶液/ml	0	2.00	4.00	6.00	8.00	10.00
臭氧含量/（μg/ml）	0	0.20	0.40	0.60	0.80	1.00

各管摇匀，用 10 mm 比色皿，在 610 nm 处，以水为参比测量吸光度。以臭氧含量为横坐标，以零管样品的吸光度（A_0）与各标准样品管的吸光度（A）之差（A_0-A）为纵坐标，用最小二乘法计算标准曲线的回归方程：

$$y=bx+a$$

式中：y——A_0-A；

x——臭氧含量，μg/ml；

b——回归方程的斜率，吸光度 · ml/μg；

a——回归方程的截距。

G.1.7.2 样品测定

在吸收管的入口端串接一个玻璃尖嘴，用吸耳球将吸收管中的溶液挤入到一个 25 ml 或 50 ml 棕色容量瓶中。第一次尽量挤净，然后每次用少量磷酸盐缓冲溶液，反复多次洗涤吸收管，洗涤液一并挤入容量瓶中，再滴加少量水至标线。按绘制标准曲线步骤测量样品的吸光度。

G.1.7.3 零空气样品的测定

用与样品溶液同一批配制的 IDS 吸收液，按样品的测定步骤测定零空气样品的吸光度。

G.1.8 计算

$$c=\frac{(A_0-A-a)\cdot V}{b\cdot V_0}$$

式中：c——臭氧浓度；

A_0——零空气样品的吸光度；

A——样品的吸光度；

a——标准曲线的截距；

V——样品溶液的总体积，ml；

b——标准曲线的斜率，吸光度 · ml/μg；

V_0——换算为标准状态的采样体积，L。

所得结果表示至小数点后 3 位。

G.1.9 说明

G.1.9.1 6 个实验室绘制 IDS 标准曲线的斜率在 0.431～0.467 吸光度 · ml/μg，平均吸光度为 0.449。

G.1.9.2 6 个实验室测定浓度范围在 0.088～0.946 mg/m^3 的臭氧标准气体，重复性变异系数小于 10%，相对误差小于 5%。

G.1.9.3 6 个实验室测定三个浓度水平的 IDS 标准溶液（平行测定 6 次），精密度见表 G.1.2。

表 G.1.2 测定 IDS 溶液的精密度

浓度/（mg/L）	重复性		再现性	
	S_r	r	S_R	R
0.085	0.001 1	0.003	0.003 8	0.011
0.537	0.016	0.004	0.006 4	0.018
0.918	0.001 4	0.004	0.010 7	0.030

G.1.10 干扰

二氧化氮使臭氧的测定结果偏高，约为二氧化氮质量浓度的 6%。

空气中二氧化硫、硫化氢、过氧乙酰硝酸酯（PAN）和氟化氢的浓度分别高于 750、110、1 800 和 2.5 μg/m^3 时，干扰臭氧的测定。

空气中氯气、二氧化氯的存在使臭氧的测定结果偏高。但在一般情况下，这些气体的浓度很低，不会造成显著误差。

G.2　紫外光度法

G.2.1　相关标准和依据

本方法主要依据《环境质量　臭氧的测定　紫外光度法》（GB/T 15438）。

G.2.2　术语

G.2.2.1　零空气：不含能使臭氧分析仪产生可检测响应的空气，也不含与臭氧发生反应的一氧化碳、乙烯等物质。

G.2.2.2　传递标准：一个仪器及相关的操作程序或一个方法，能准确测量并重现与一级标准有定量相关性的臭氧浓度标准。

G.2.3　原理

当空气样品以恒定的流速进入仪器的气路系统，样品空气交替地或直接进入吸收池或经过臭氧涤去器再进入吸收池，臭氧对 254 nm 波长的紫外光有特征吸收，零空气样品通过吸收池时被光检测器检测的光强度为 I_0，臭氧样品通过吸收池时被光检测器检测的光强度为 I，I/I_0 为透光率。每经过一个循环周期，仪器的微处理系统根据朗伯-比尔定律求出臭氧浓度。

G.2.4　测定范围

臭氧的测定范围为 2.14 μg/m^3（0.001 ml/m^3）至 2 mg/m^3（1 ml/m^3）。

G.2.5　试剂和材料

G.2.5.1　采样管线：采用玻璃、聚四氟乙烯等不与臭氧起化学反应的惰性材料。

G.2.5.2　颗粒物滤膜：滤膜及其他支撑物应由聚四氟乙烯等不与臭氧起化学反应的惰性材料制成。应能脱除可改变分析器性能、影响臭氧测定的所有颗粒物。

注：①滤膜孔径为 5μm；

②通常情况下，新滤膜需要在工作环境中适应 5～15 min 后再使用。

G.2.5.3　零空气：来源不同的零空气可能含有不同的残余物质，因此，在测定 I_0 时，向光度计提供零气的气源与发生臭氧所用的气源相同。

G.2.6　仪器

G.2.6.1　紫外臭氧分析仪

G.2.6.1.1　紫外吸收池：紫外吸收池应用不与臭氧起化学反应的惰性材料制成，并具良好的机械稳定性。吸收池的臭氧损失不能大于 5%。光路长度为已知值的 99.5%。

G.2.6.1.2　紫外灯：所产生的紫外光被检测器接受的 254 nm 的辐射至少占 99.5%。

G.2.6.1.3　光检测器：能满足在 254 nm 波长下测量的灵敏度要求。浓度测量标准偏差不超过 0.01 mg/m^3（0℃，101.325 kPa）或浓度的 3%。

G.2.6.1.4　臭氧涤去器：空气样品经过臭氧涤去器以后进入吸收池由光检测器测出 I_0，臭氧涤去器的平均寿命由生产厂家给出。然而实际寿命由采样环境而定。当臭氧涤去器对环境中的臭氧反应明显降低、线性检验精度＞1%时则应更换臭氧涤去器。

G.2.6.1.5　采样泵：采样泵安装在气路的末端，抽吸空气流过臭氧分析仪，并能在仪器所需的流量和压力条件下运转。

G.2.6.1.6　流量控制器：控制流过臭氧分析仪的空气流量恒定在选定流量值的±2%以内。

G.2.6.1.7　流量计：流量值在要求值的±2%范围以内。

G.2.6.1.8　温度指示器：能测量紫外吸收池的温度，准确度为±0.1℃。

G.2.6.1.9　压力指示器：能测量紫外吸收池的压力，准确度为±0.1 kPa。

G.2.6.2　校准用主要设备

G.2.6.2.1 一级紫外臭氧校准仪：一级紫外臭氧校准仪仅用于一级校准用。只能通入清洁、干燥、过滤过的气体，而不可以直接采集空气。只能放在干净的专用的实验室内，必须固定避免震动。可将紫外臭氧校准仪通过传递标准作为现场校准的共同标准。一级紫外臭氧校准仪其吸收池要能通过 254 nm 波长的紫外光，通过吸收池的 254 nm 波长的紫外光至少要有 99.5%被检测器所检测。吸收池的长度，不应大于已知长度的±0.5%。臭氧在气路中的损失不能大于 5%。

G.2.6.2.2 臭氧发生器：能发生稳定浓度的臭氧，并在整个校准周期内臭氧的流量要保持均匀。

G.2.6.2.3 输出多支管：输出多支管应用不与臭氧起化学反应的惰性材料，如玻璃、聚四氟乙烯塑料等。直径要保证与仪器连接处及其他输出口压力降可忽略不计。系统必须有排出口，以保证多支管内压力为大气压，防止空气倒流。

G.2.7 步骤

G.2.7.1 紫外臭氧分析仪的校准

G.2.7.1.1 一级标准校准

G.2.7.1.1.1 原理

用臭氧发生器制备不同浓度的臭氧，将一级紫外臭氧校准仪和臭氧分析仪连接在输出多支管上同时进行测定。将臭氧分析仪测定的臭氧浓度值对一级紫外臭氧校准仪的测定值作图，即得出臭氧分析仪的校准曲线。

G.2.7.1.1.2 臭氧分析仪的校准步骤

a. 通电使整个校准系统预热和稳定 48 h。

b. 零点校准。调节零空气的流量，使零空气流量必须超过接在输出多支管上的校准仪与分析仪的总需要量，以保证无环境空气抽入多支管的排出口。让分析仪和校准仪同时采集零空气直至获得稳定的响应值（零空气需稳定输出 15 min）。然后调节校准仪的零点电位器至零。同时调节分析仪的零点电位器。分别记录臭氧校准仪和臭氧分析仪对零空气的稳定响应值。

c. 调节臭氧发生器，发生臭氧分析仪满量程 80%的臭氧浓度。

d. 跨度调节。让分析仪和校准仪同时采集臭氧，直至获得稳定的响应值（臭氧需稳定输出 15 min）。调节分析仪的跨度电位器，使之与校准仪的浓度指示值一致。分别记录臭氧校准仪与臭氧分析仪臭氧标气的稳定响应值。

如果满量程跨度调节作了大幅度的调节，则应重复步骤 c～d 再检验零点和跨度。

e. 多点校准。调节臭氧发生器，在臭氧分析仪满量程标度范围内，至少发生 5 个臭氧浓度，对每个发生的臭氧浓度分别测定其稳定的输出值，并分别记录臭氧校准仪与臭氧标准仪对每个浓度的稳定响应值。

f. 绘制标准曲线。以臭氧分析仪的响应值（mg/m^3）为 Y 轴。以臭氧浓度（臭氧校准仪的响应值）为 X 轴作校准曲线。所得的校准曲线应符合下式的线性方程。

$$c\ (O_3,\ mg/m^3) = b \times [\text{臭氧分析仪的响应值}] + a$$

g. 用最小二乘法公式计算校准曲线的 b、a 和γ 值。a 值应小于满量程浓度值的 1%，b 值应在 0.99～1.01，γ 值应大于 0.999 9。

G.2.7.1.2 传递标准校准

在不具备一级校准仪和不方便使用一级标准的情况下，可以用传递标准校准。传递校准可采用紫外臭氧校准仪和靛蓝二磺酸钠分光光度法。用于传递校准的紫外臭氧校准仪只能用于校准。

G.2.7.2 臭氧分析仪的操作

接通电源，打开仪器主电源开关，仪器至少预热 1 h。待仪器稳定后连接气体采样管线进行现场测定。记录臭氧的浓度。

G.2.8　结果的表示

G.2.8.1　臭氧浓度的计算

报告结果时使用 mg/m^3。仪器参数以 ml/m^3 计时换算成 mg/m^3。臭氧 ml/m^3 与 mg/m^3 的换算关系为：1 ml/m^3=2.141 mg/m^3。

G.2.8.2　精密度

五个实验室重复测定浓度在 0.014～1.198 mg/m^3 的臭氧，浓度在 0.014～0.020 mg/m^3 之间时重复性变异系数小于 9.0%；浓度在 0.020～1.198 mg/m^3 其变异系数小于 5.0%。相对标准偏差小于 1.0%。

G.2.9　干扰

本方法不受常见气体的干扰，但少数有机物如苯及苯胺等（表 G.2.1），在 254 nm 处吸收紫外光，对臭氧的测定产生正干扰。除此之外，当被测室内空气中颗粒物浓度超过 100 μg/m^3 时，也对臭氧的测定产生影响。

表 G.2.1　对紫外臭氧测定仪产生干扰的某些化学物质

干扰物质（以 1 ml/m^3 计）	响应（以%浓度计）
苯乙烯	20
反式-甲基苯乙烯	＞100
苯甲醛	5
o-甲氧甲酚	12
硝基甲酚	100

下列物质在浓度低于 1 ml/m^3 时不产生反应：甲苯、过氧硝酸乙酰酯、2,3-丁二酮、过氧硝酸苯酰酯、硝酸甲酯、硝酸正丙酯、硝酸正丁酯。

G.3　化学发光法

G.3.1　相关标准和依据

本方法主要依据《Ambient air-Determination of the mass concentration of ozone- Chemiluminescence method》（ISO 10313）。

G.3.2　原理

臭氧分析器是根据臭氧和乙烯气相发光反应的原理制成的。样气被连续抽进仪器的反应室与乙烯反应产生激发态的甲醛（HCHO*）。当 HCHO*回到基态时，放出光子（hγ）。反应式如下：

$$2O_3+2C_2H_4 \rightarrow 4\ HCHO^*+O_2$$

$$HCHO^* \rightarrow HCHO+ h\gamma$$

发射 300～600 nm 的连续光谱，峰值波长为 435 nm。所发光的强度与臭氧浓度呈线性关系，从而测得臭氧浓度。

G.3.3　最低检出浓度

本法最低检出浓度为 0.005 mg/m^3。

G.3.4　仪器和设备

G.3.4.1　臭氧分析器

仪器主要技术指标如下：

测量范围：0～2.0 mg/m^3；

响应时间（达到最大值 90%）：＜1 min；

线性误差：＜±2%满刻度；

重现性：＜±2%满刻度；

零点漂移：＜±2%满刻度（24 h 内）；

跨度漂移：＜±2%满刻度（24 h 内）；

噪声：＜±1%满刻度。

G.3.4.2 臭氧标准气体发生装置：臭氧浓度用紫外光度法标定。

G.3.5 试剂和材料

G.3.5.1 活性炭：粒状；

G.3.5.2 5A 分子筛：粒状；

G.3.5.3 乙烯钢瓶气：纯度 99.5%以上。

G.3.6 采样

空气样品通过聚四氟乙烯导管，以仪器要求的流量抽入仪器。

G.3.7 分析步骤

按仪器说明书要求进行启动（一般要预热 2 h）、调零和校准等操作，然后进行现场测定。

G.3.8 计算

G.3.8.1 读取臭氧浓度（mg/m^3）。

G.3.8.2 根据测定时的气温和大气压力，将浓度测量值换算成标准状态下浓度。

G.3.9 干扰

臭氧与乙烯气相发光反应，发射 300～600 nm 的连续光谱，峰值波长为 435 nm。由于此光谱范围与通常的光电倍增管的光谱特性相吻合，因此共存组分的干扰极少。

附 录 H
（规范性附录）
室内空气中甲醛的测定方法

空气中甲醛的测定方法很多，主要有 AHMT 分光光度法、乙酰丙酮分光光度法、酚试剂分光光度法、气相色谱法、电化学传感器法等。

H.1 AHMT 分光光度法

H.1.1 相关标准和依据

本方法主要依据《居住区大气中甲醛卫生检验标准方法 分光光度法》（GB/T 16129）。

H.1.2 原理

空气中甲醛与 4-氨基-3-联氨-5-巯基-1,2,4-三氮杂茂在碱性条件下缩合，然后经高碘酸钾氧化成 6-巯基-5-三氮杂茂[4,3-b]-S-四氮杂苯紫红色化合物，其色泽深浅与甲醛含量成正比。

H.1.3 测定范围

本方法测定范围为 2 ml 样品溶液中含 0.2～3.2 μg 甲醛。若采样流量为 1 L/min，采样体积为 20 L，则测定浓度范围为 0.01～0.16 mg/m^3。

H.1.4 试剂和材料

本法所用试剂除注明外，均为分析纯；所用水均为无有机物水。

H.1.4.1 吸收液：称取 1 g 三乙醇胺、0.25 g 偏重亚硫酸钠和 0.25 g 乙二胺四乙酸二钠溶于水中并稀释至 1 000 ml。

H.1.4.2 0.5%4-氨基-3-联氨-5-巯基-1,2,4-三氮杂茂（简称 AHMT）溶液：称取 0.25 g AHMT 溶于 0.5 mol/L 盐酸中，并稀释至 50 ml，此试剂置于棕色瓶中，可保存半年。

H.1.4.3 5 mol/L 氢氧化钾溶液：称取 28.0 g 氢氧化钾溶于 100 ml 水中。

H.1.4.4 1.5%高碘酸钾溶液：称取 1.5 g 高碘酸钾溶于 0.2 mol/L 氢氧化钾溶液中，并稀释至 100 ml，于水浴上加热溶解，备用。

H.1.4.5 0.100 0 mol/L 碘溶液：称量 40 g 碘化钾，溶于 25 ml 水中，加入 12.7 g 碘。待碘完全溶解后，用水定容至 1 000 ml。移入棕色瓶中，暗处贮存。

H.1.4.6 1 mol/L 氢氧化钠溶液：称量 40 g 氢氧化钠，溶于水中，并稀释至 1 000 ml。

H.1.4.7 0.5 mol/L 硫酸溶液：取 28 ml 浓硫酸缓慢加入水中，冷却后，稀释至 1 000 ml。

H.1.4.8 硫代硫酸钠标准溶液［c（$Na_2S_2O_3$）=0.100 0 mol/L］：可购买标准试剂配制。

H.1.4.9 0.5%淀粉溶液：将 0.5 g 可溶性淀粉，用少量水调成糊状后，再加入 100 ml 沸水，并煮沸 2～3 min 至溶液透明。冷却后，加入 0.1 g 水杨酸或 0.4 g 氯化锌保存。

H.1.4.10 甲醛标准贮备溶液：取 2.8 ml 甲醛溶液（含甲醛 36%～38%）于 1 L 容量瓶中，加 0.5 ml 硫酸并用水稀释至刻度，摇匀。其准确浓度用下述碘量法标定。

甲醛标准贮备溶液的标定：精确量取 20.00 ml 甲醛标准贮备溶液，置于 250 ml 碘量瓶中。加入 20.00 ml 0.050 0 mol/L 碘溶液和 15 ml 1 mol/L 氢氧化钠溶液，放置 15 min。加入 20 ml 0.5 mol/L 硫酸溶液，再放置 15 min，用 0.100 0 mol/L 硫代硫酸钠溶液滴定，至溶液呈现淡黄色时，加入 1 ml 0.5%淀粉溶液，继续滴定至刚使蓝色消失为终点，记录所用硫代硫酸钠溶液体积。同时用水作试剂空白滴定。甲醛溶液的浓度用下式计算：

$$c = \frac{(V_1 - V_2) \cdot M \cdot 15}{20}$$

式中：c——甲醛标准贮备溶液中甲醛浓度，mg/ml；

V_1——滴定空白时所用硫代硫酸钠标准溶液体积，ml；

V_2——滴定甲醛溶液时所用硫代硫酸钠标准溶液体积，ml；

M——硫代硫酸钠标准溶液的摩尔浓度，mol/L；

15——甲醛的换算值。

取上述标准溶液稀释 10 倍作为贮备液，此溶液置于室温下可使用 1 个月。

H.1.4.11　甲醛标准溶液：用时取上述甲醛贮备液，用吸收液稀释成 1.00 ml 含 2.00 μg 甲醛。

H.1.5　仪器和设备

H.1.5.1　气泡吸收管：有 5 ml 和 10 ml 刻度线；

H.1.5.2　空气采样器；

H.1.5.3　10 ml 具塞比色管；

H.1.5.4　分光光度计。

H.1.6　采样

用一个内装 5 ml 吸收液的气泡吸收管，以 1.0 L/min 流量，采气 20 L。并记录采样时的温度和大气压力。

H.1.7　分析步骤

H.1.7.1　标准曲线的绘制

用标准溶液绘制标准曲线：取 7 支 10 ml 具塞比色管，按表 H.1.1 制备标准色列管。

表 H.1.1　甲醛标准色列

管　　号	0	1	2	3	4	5	6
标准溶液/ml	0.0	0.1	0.2	0.4	0.8	1.2	1.6
吸收溶液/ml	2.0	1.9	1.8	1.6	1.2	0.8	0.4
甲醛含量/μg	0.0	0.2	0.4	0.8	1.6	2.4	3.2

各管加入 1.0 ml 5 mol/L 氢氧化钾溶液，1.0 ml 0.5%AHMT 溶液，盖上管塞，轻轻颠倒混匀 3 次，放置 20 min。加入 0.3 ml 1.5%高碘酸钾溶液，充分振摇，放置 5 min。用 10 mm 比色皿，在波长 550 nm 下，以水作参比，测定各管吸光度。以甲醛含量为横坐标，吸光度为纵坐标，绘制标准曲线，并计算回归曲线的斜率，以斜率的倒数作为样品测定计算因子 B_s（μg/吸光度）。

H.1.7.2　样品测定

采样后，补充吸收液到采样前的体积。准确吸取 2 ml 样品溶液于 10 ml 比色管中，按制作标准曲线的操作步骤测定吸光度。

在每批样品测定的同时，用 2 ml 未采样的吸收液，按相同步骤作试剂空白值测定。

H.1.8　结果计算

H.1.8.1　将采样体积按 4.7.7 换算成标准状态下的采样体积。

H.1.8.2　空气中甲醛浓度按下式计算：

$$c = \frac{(A - A_0) \cdot B_s}{V_0} \cdot \frac{V_1}{V_2}$$

式中：c——空气中甲醛浓度，mg/m^3；

A——样品溶液的吸光度；

A_0——试剂空白溶液的吸光度；

B_s——计算因子，由 H.1.7.1 求得，μg/吸光度；

V_0——标准状态下的采样体积，L；

V_1——采样时吸收液体积，ml；

V_2——分析时取样品体积，ml。

H.1.9 灵敏度、检出限、重现性、回收率

H.1.9.1 灵敏度：本法标准曲线的直线回归后的斜率 b 为 0.175 吸光度。

H.1.9.2 检出限：3 个实验室测定本法检出限平均值为 0.13 μg。

H.1.9.3 重现性：当甲醛含量为 1.0、2.0、3.0 μg/2 ml 时，3 个实验室重复测定的变异系数的平均值分别为 3.3%、3.0%、2.6%。

H.1.9.4 回收率：4 个实验室加标量在 0.5～3.0 μg 范围时，其回收率范围为 93%～99%，平均回收率为 97%。

H.1.10 干扰

乙醛、丙醛、正丁醛、丙烯醛、丁烯醛、乙二醛、苯（甲）醛、甲醇、乙醇、正丙醇、正丁醇、仲丁醇、异丁醇、异戊醇、乙酸乙酯无影响；空气中共存的二氧化氮和二氧化硫对测定无干扰。

H.2 酚试剂分光光度法

H.2.1 相关标准和依据

本方法主要依据《公共场所空气中甲醛测定方法》（GB/T 18204.26）。

H.2.2 原理

空气中的甲醛与酚试剂反应生成嗪，嗪在酸性溶液中被高铁离子氧化形成蓝绿色化合物。根据颜色深浅，比色定量。

H.2.3 测量范围

测定范围为 0.1～1.5 μg，采样体积为 10 L 时，可测浓度范围为 0.01～0.15 mg/m^3。

H.2.4 试剂

本法中所用水均为重蒸馏水或去离子交换水；所用的试剂纯度一般为分析纯。

H.2.4.1 吸收液原液：称量 0.10 g 酚试剂［$C_6H_4SN(CH_3)C$：$NNH_2\cdot HCl$，简称 MBTH］，加水溶解，置于 100 ml 容量瓶中，加水至刻度。放冰箱中保存，可稳定 3 d。

H.2.4.2 吸收液：量取吸收原液 5 ml，加 95 ml 水，即为吸收液。采样时，临用现配。

H.2.4.3 1%硫酸铁铵溶液：称量 1.0 g 硫酸铁铵（$NH_4Fe(SO_4)_2\cdot 12H_2O$）用 0.1 mol/L 盐酸溶解，并稀释至 100 ml。

H.2.4.4 0.100 0 mol/L 碘溶液：称量 40 g 碘化钾，溶于 25 ml 水中，加入 12.7 g 碘。待碘完全溶解后，用水定容至 1 000 ml。移入棕色瓶中，暗处贮存。

H.2.4.5 1 mol/L 氢氧化钠溶液：称量 40 g 氢氧化钠，溶于水中，并稀释至 1 000 ml。

H.2.3.6 0.5 mol/L 硫酸溶液：取 28 ml 浓硫酸缓慢加入水中，冷却后，稀释至 1 000 ml。

H.2.4.7 硫代硫酸钠标准溶液［c（$Na_2S_2O_3$）=0.100 0 mol/L］：可购买标准试剂配制。

H.2.4.8 0.5%淀粉溶液：将 0.5 g 可溶性淀粉，用少量水调成糊状后，再加入 100 ml 沸水，并煮沸 2～3 min 至溶液透明。冷却后，加入 0.1 g 水杨酸或 0.4 g 氯化锌保存。

H.2.4.9 甲醛标准贮备溶液：取 2.8 ml 含量为 36%～38%甲醛溶液，放入 1 L 容量瓶中，加水稀释至刻度。此溶液 1 ml 约相当于 1 mg 甲醛。其准确浓度可按 H.1.4.11 方法标定。

H.2.4.10 甲醛标准溶液：临用时，将甲醛标准贮备溶液用水稀释成 1.00 ml 含 10 μg 甲醛溶液，立即再取此溶液 10.00 ml，加入 100 ml 容量瓶中，加入 5 ml 吸收原液，用水定容至 100 ml，此液 1.00 ml

含 1.00 μg 甲醛，放置 30 min 后，用于配制标准色列。此标准溶液可稳定 24 h。

H.2.5　仪器和设备

H.2.5.1　大型气泡吸收管：10 ml；

H.2.5.2　空气采样器；

H.2.5.3　具塞比色管：10 ml；

H.2.5.4　分光光度计。

H.2.6　采样

用一个内装 5 ml 吸收液的大型气泡吸收管，以 0.5 L/min 流量，采气 10 L。并记录采样点的温度和大气压力。采样后样品在室温下应在 24 h 内分析。

H.2.7　分析步骤

H.2.7.1　标准曲线的绘制

取 10 ml 具塞比色管，用甲醛标准溶液按表 H.2.1 制备标准系列。

表 H.2.1　甲醛标准系列

管　号	0	1	2	3	4	5	6	7	8
标准溶液/ml	0	0.10	0.20	0.40	0.60	0.80	1.00	1.50	2.00
吸收液/ml	5.0	4.9	4.8	4.6	4.4	4.2	4.0	3.5	3.0
甲醛含量/μg	0	0.1	0.2	0.4	0.6	0.8	1.0	1.5	2.0

各管中，加入 0.4 ml1%硫酸铁铵溶液，摇匀。放置 15 min。用 1 cm 比色皿，在波长 630 nm 下，以水作参比，测定各管溶液的吸光度。以甲醛含量为横坐标，吸光度为纵坐标，绘制曲线，并计算回归曲线斜率，以斜率倒数作为样品测定的计算因子 B_g（μg/吸光度）。

H.2.7.2　样品测定

采样后，将样品溶液全部转入比色管中，用少量吸收液洗吸收管，合并使总体积为 5 ml。按 H.2.7.1 测定吸光度（A）；在每批样品测定的同时，用 5 ml 未采样的吸收液作试剂空白，测定试剂空白的吸光度（A_0）。

H.2.8　结果计算

H.2.8.1　将采样体积按 4.7.7 换算成标准状态下采样体积。

H.2.8.2　空气中甲醛浓度按下式计算：

$$c=\frac{(A-A_0)\cdot B_g}{V_0}$$

式中：c——空气中甲醛浓度，mg/m^3；

A——样品溶液的吸光度；

A_0——空白溶液的吸光度；

B_g——由 H.2.7.1 项得到的计算因子，μg/吸光度；

V_0——换算成标准状态下的采样体积，L。

H.2.9　方法特性

H.2.9.1　灵敏度

本法灵敏度为 2.8 μg/吸光度。

H.2.9.2　检出下限

本法最低检出浓度为 0.056 μg 甲醛。

H.2.9.3 再现性：当甲醛含量为 0.1，0.6，1.5 μg/5 ml 时，重复测定的变异系数分别为 5%、5%、3%。

H.2.9.4 回收率：当甲醛含量 0.4～1.0 μg/5 ml 时，样品加标回收率为 93%～101%。

H.2.10 干扰和排除

二氧化硫共存时，使测定结果偏低。可将气样先通过硫酸锰滤纸过滤器，予以排除。

硫酸锰滤纸的制备：取 10 ml 浓度为 100 mg/ml 的硫酸锰水溶液，滴加到 250 cm^2 玻璃纤维滤纸上，风干后切成碎片，装入 1.5 mm×150 mm 的 U 形玻璃管中。采样时，将此管接在甲醛吸收管之前。此法制成的硫酸锰滤纸，吸收二氧化硫的效能受大气湿度影响很大，当相对湿度大于 88%、采气速度 1 L/min、二氧化硫浓度为 1 mg/m^3 时，能消除 95%以上的二氧化硫，此滤纸可维持 50 h 有效。当相对湿度为 15%～35%时，吸收二氧化硫的效能逐渐降低。相对湿度很低时，应换用新制的硫酸锰滤纸。

H.3 气相色谱法

H.3.1 相关标准和依据

本方法主要依据《公共场所空气中甲醛测定方法》（GB/T 18204.26）。

H.3.2 原理

空气中甲醛在酸性条件下吸附在涂有 2,4-二硝基苯肼（2,4-DNPH）6201 担体上，生成稳定的甲醛腙。用二硫化碳洗脱后，经 0V-色谱柱分离，用氢焰离子化检测器测定，以保留时间定性，峰高（峰面积）定量。

H.3.3 检出下限

检出下限为 0.2 μg/ml（进样品洗脱液 5 μl）。

H.3.4 试剂和材料

本法所用试剂纯度为分析纯；水为二次蒸馏水。

H.3.4.1 二硫化碳：需重新蒸馏进行纯化。

H.3.4.2 2,4-DNPH 溶液：称取 0.5 mg 2,4-DNPH 于 250 ml 容量瓶中，用二氯甲烷稀释到刻度。

H.3.4.3 2 mol/L 盐酸溶液。

H.3.4.4 吸附剂：10 g 6201 担体（60～80 目），用 40 ml 2,4-DNPH 二氯甲烷饱和溶液分两次涂敷，减压、干燥，备用。

H.3.4.5 甲醛标准溶液：配制和标定方法见 AHMT 分光光度法。

H.3.5 仪器及设备

H.3.5.1 采样管：内径 5 mm、长 100 mm 玻璃管，内装 150 mg 吸附剂，两端用玻璃棉堵塞，用胶帽密封，备用。

H.3.5.2 空气采样器：流量范围为 0.2～10 L/min，流量稳定。采样前和采样后用皂膜流量计校准采样系统的流量，误差小于 5%。

H.3.5.3 具塞比色管：5 ml。

H.3.5.4 微量注射器：10 μl，体积刻度应校正。

H.3.5.5 气相色谱仪：带氢火焰离子化检测器。

H.3.5.6 色谱柱：长 2 m、内径 3 mm 的玻璃柱，内装固定相（0V-1）和色谱担体 Shimatew（80～100 目）。

H.3.6 采样

取一支采样管，用前取下胶帽，拿掉一端的玻璃棉，加一滴（约 50 μl）2 mol/L 盐酸溶液后，再用玻璃棉堵好。将加入盐酸溶液的一端垂直朝下，另一端与采样进气口相连，以 0.5 L/min 的速度，抽气 50 L。采样后，用胶帽套好，并记录采样点的温度和大气压。

H.3.7 分析步骤

H.3.7.1 气相色谱测试条件

分析时，应根据气相色谱仪的型号和性能，制定能分析甲醛的最佳测试条件。下面所列举的测试条件是一个实例。

色谱柱：柱长 2 m，内径 3 mm 的玻璃管，内装 0V-1+Shimalitew 担体。

柱温：230℃。

检测室温度：260℃。

气化室温度：260℃。

载气（N_2）流量：70 ml/min。

氢气流量：40 ml/min。

空气流量：450 ml/min。

H.3.7.2 绘制标准曲线和测定校正因子

在作样品测定的同时，绘制标准曲线或测定校正因子。

H.3.7.2.1 标准曲线的绘制：取 5 支采样管，各管取下一端玻璃棉，直接向吸附剂表面滴加一滴（约 50 μl）2 mol/L 盐酸溶液。然后，用微量注射器分别准确加入甲醛标准溶液（1.00 ml 含 1 mg 甲醛），制成在采样管中的吸附剂上甲醛含量在 0～20 μg 范围内有五个浓度点标准管，再填上玻璃棉，反应 10 min。再将各标准管内吸附剂分别移入五个 5 ml 具塞比色管中，各加入 1.0 ml 二硫化碳，稍加振摇，浸泡 30 min，即为甲醛洗脱溶液标准系列。然后，取 5.0 μl 各个浓度点的标准洗脱液，进色谱柱，得色谱峰和保留时间。每个浓度点重复做 3 次，测量峰高（峰面积）的平均值。以甲醛的浓度（μg/ml）为横坐标，平均峰高或峰面积为纵坐标，绘制标准曲线，并计算回归线的斜率。以斜率的倒数作为样品测定的计算因子 B_g。

H.3.7.2.2 测定校正因子：在测定范围内，可用单点校正法求校正因子。在样品测定同时，分别取试剂空白溶液与样品浓度相接近的标准管洗脱溶液，按气相色谱最佳测试条件进行测定，重复做 3 次，得峰高（峰面积）的平均值和保留时间。按下式计算因子：

$$f=\frac{c_0}{h-h_0}$$

式中：f——校正因子；

c_0——标准溶液浓度，μg/ml；

h——标准溶液平均峰高（峰面积）；

h_0——试剂空白溶液平均峰高（峰面积）。

H.3.7.3 样品测定

采样后，将采样管内吸附剂全部移入 5 ml 具塞比色管中，加入 1.0 ml 二硫化碳，稍加振摇，浸泡 30 min。取 5.0 μl 洗脱液，按绘制标准曲线或测量校正因子的操作步骤进样测定。每个样品重复做 3 次，用保留时间确认甲醛的色谱峰，测量其峰高（峰面积），得峰高（峰面积）的平均值。

在每批样品测定的同时，取未采样的采样管，按相同操作步骤作试剂空白的测定。

H.3.8 计算

H.3.8.1 用标准曲线法按下式计算空气中甲醛的浓度：

$$c=\frac{(h-h_0)\cdot B_g}{V_0\cdot E_s}\cdot V_1$$

式中：c——空气中甲醛浓度，mg/m³；

h——样品溶液峰高（峰面积）的平均值；

h_0——试剂空白溶液峰高（峰面积）的平均值；
B_g——用标准溶液制备标准曲线得到的计算因子；
V_1——样品洗脱溶液总体积，ml；
E_s——由实验确定的平均洗脱效率；
V_0——换算成标准状态下的采样体积，L。

H.3.8.2 用单点校正法按下式计算空气中甲醛的浓度：

$$c=\frac{(h-h_0)\cdot f}{V_0\cdot E_s}\cdot V_1$$

式中：c——空气中甲醛浓度，mg/m^3；
h——样品溶液峰高（峰面积）的平均值；
h_0——试剂空白溶液峰高（峰面积）的平均值；
f——用单点校正法得到的校正因子；
V_0——换算成标准状态下的采样体积，L；
E_s——由实验确定的平均洗脱效率；
V_1——样品洗脱溶液总体积，L。

H.4 乙酰丙酮分光光度法

H.4.1 相关标准和依据

本方法主要依据《空气质量 甲醛的测定 乙酰丙酮分光光度法》(GB/T 15516—1995)。

H.4.2 原理

甲醛气体经水吸收后，在 pH=6 的乙酸-乙酸铵缓冲溶液中，与乙酰丙酮作用，在沸水浴条件下，迅速生成稳定的黄色化合物，在波长 413 nm 处测定。

H.4.3 最低检出浓度

本方法的检出限为 0.25 μg，在采样体积为 30 L 时，最低检出浓度为 0.008 mg/m^3。

H.4.4 试剂

除非另有说明，分析时均使用符合国家标准的分析纯试剂和按 H.4.4.1 制备的水。

H.4.4.1 不含有机物的蒸馏水：加少量高锰酸钾的碱性溶液于水中再行蒸馏即得（在整个蒸馏过程中水应始终保持红色，否则应随时补加高锰酸钾）。

H.4.4.2 吸收液：不含有机物的重蒸馏水。

H.4.4.3 乙酸铵（NH_4CH_3COO）。

H.4.4.4 冰乙酸（CH_3COOH）：ρ=1.055。

H.4.4.5 乙酰丙酮溶液，0.25%（V/V）：称 25 g 乙酸铵，加少量水溶解，加 3 ml 冰乙酸及 0.25 ml 新蒸馏的乙酰丙酮，混匀再加水至 100 ml，调整 pH=6.0，此溶液于 2～5℃贮存，可稳定 1 个月。

H.4.4.6 0.100 0 mol/L 碘溶液：称量 40 g 碘化钾，溶于 25 ml 水中，加入 12.7 g 碘。待碘完全溶解后，用水定容至 1 000 ml。移入棕色瓶中，暗处贮存。

H.4.4.7 1 mol/L 氢氧化钠溶液：称量 40 g 氢氧化钠，溶于水中，并稀释至 1 000 ml。

H.4.4.8 0.5 mol/L 硫酸溶液：取 28 ml 浓硫酸缓慢加入水中，冷却后，稀释至 1 000 ml。

H.4.4.9 0.100 0 mol/L 硫代硫酸钠标准溶液：可购买标准试剂配制。

H.4.4.10 0.5%淀粉溶液：将 0.5 g 可溶性淀粉，用少量水调成糊状后，再加入 100 ml 沸水，并煮沸 2～3 min 至溶液透明。冷却后，加入 0.1 g 水杨酸或 0.4 g 氯化锌保存。

H.4.4.11 甲醛标准贮备溶液：取 2.8 ml 含量为 36%～38%甲醛溶液，放入 1 L 容量瓶中，加水稀释至刻度。此溶液 1 ml 约相当于 1 mg 甲醛。其准确浓度可按 H.1.4.11 方法标定。

H.4.4.12 甲醛标准使用溶液：用水将甲醛标准贮备液稀释成 5.00 μg/ml 甲醛标准使用液，甲醛标准使用液应临用时现配。

H.4.5 仪器

H.4.5.1 空气采样器；

H.4.5.2 皂膜流量计；

H.4.5.3 气泡吸收管：10 ml；

H.4.5.4 具塞比色管：10 ml，带 5ml 刻度，经校正；

H.4.5.5 分光光度计；

H.4.5.6 空盒气压表；

H.4.5.7 水银温度计：0～100℃；

H.4.5.8 pH 酸度计；

H.4.5.9 水浴埚。

H.4.6 样品的采集和保存

日光照射能使甲醛氧化，因此在采样时选用棕色吸收管，在样品运输和存放过程中，都应采取避光措施。棕色气泡吸收管装 5 ml 吸收液，以 0.5～1.0 L/min 的流量，采气 45 min 以上。采集好的样品于室温避光贮存，2 d 内分析完毕。

H.4.7 步骤

H.4.7.1 校准曲线的绘制

取 7 支 10 ml 具塞比色管按下表配制标准色列：

管　号	0	1	2	3	4	5	6
甲醛（5.00 μg/ml）/ml	0.0	0.1	0.4	0.8	1.2	1.6	2.00
甲醛/μg	0.0	0.5	2	4	6	8	10

于上述标准系列中，用水稀释定容至 5.0 ml 刻线，加 0.25%乙酰丙酮溶液 1.0 ml，混匀，置于沸水浴中加热 3 min，取出冷却至室温，用 1 cm 吸收池，以水为参比，于波长 413 nm 处测定吸光度。将上述系列标准溶液测得的吸光度 A 值扣除试剂空白（零浓度）的吸光度 A_0 值，便得到校准吸光度 y 值，以校准吸光度 y 为纵坐标，以甲醛含量 x（μg）为横坐标，绘制标准曲线，或用最小二乘法计算其回归方程式。注意“零”浓度不参与计算。

$$y=bx+a$$

式中：a——校准曲线截距；

b——校准曲线斜率。

由斜率倒数求得校准因子：$B_s=1/b$。

H.4.7.2 样品测定

取 5 ml 样品溶液试样（吸取量视试样浓度而定）于 10 ml 比色管中，用水定容至 5.0 ml 刻线，以下步骤按 H.4.7.1 进行分光光度测定。

H.4.7.3 空白试验

现场未采样空白吸收管的吸收液按 H.4.7.1 进行空白测定。

H.4.8 结果表示

H.4.8.1 计算公式

试样中甲醛的吸光度 y 用下式计算。

$$y=A_s-A_b$$

式中：A_s——样品测定吸光度；

A_b——空白试验吸光度。

试样中甲醛含量 x（μg）用下式计算：

$$x=\frac{y-a}{b}\cdot\frac{V_1}{V_2} \text{ 或 } x=(y-a)\ B_s\cdot\frac{V_1}{V_2}$$

式中：V_1——定容体积，ml；

V_2——测定取样体积，ml。

室内空气中甲醛浓度 c（mg/m^3）用下式计算：

$$c=\frac{x}{V_{nd}}$$

式中：V_{nd}——所采气样在标准状态下的体积，L。

H.4.8.2　精密度和准确度

经六个实验室分析含甲醛 2.96 mg/L 和 3.55 mg/L 的两个统一样品，重复性标准偏差为 0.035 mg/L 和 0.028 mg/L，重复性相对标准偏差为 1.2%和 0.79%，再现性标准偏差 0.068 mg/L 和 0.13 mg/L，再现性相对标准偏差为 2.3%和 3.6%，加标回收率为 100.3%～100.8%。在四个实验室分析中加标回收率为 95.3%～104.2%。

H.4.9　干扰

当甲醛浓度为 20 μg/10 ml 时，共存 8 mg 苯酚（400 倍），10 mg 乙醛（500 倍），600 mg 铵离子（30 000 倍）无干扰影响；共存 SO_2 小于 20 μg，NO_x 小于 50 μg，甲醛回收率不低于 95%。

H.5　电化学传感器法

H.5.1　原理

由泵抽入的样气通过电化学传感器，受扩散和吸收控制的甲醛气体分子在适当的电极电压下发生氧化反应，产生的扩散电流与空气中甲醛的浓度成正比。

H.5.2　测定范围

本法可测浓度范围为 0～10 mg/m^3。最低检测质量浓度 0.01 mg/m^3。

H.5.3　仪器和设备

H.5.3.1　电化学甲醛测定仪

主要技术指标如下。

抽气泵：流量 1 L/min，校准后，抽气流量不得改变。

量程：0～10 mg/m^3。

重复性误差：≤±2.5%满量程。

零点漂移：≤±0.03 mg/m^3，连续 8 h。

跨度漂移：≤±0.03 mg/m^3，连续 8 h。

响应时间：$t_{95\%}$≤5 min。

H.5.3.2　甲醛标准气配制装置

H.5.4　试剂和材料

H.5.4.1　99.99%高纯氮。

H.5.4.2　甲醛扩散管：2～50 μg/min，总不确定度为 5%。

H.5.4.3　活性炭过滤管。

H.5.5　测定步骤

按仪器说明书完成仪器启动、调零和校正。

H.5.5.1　测定仪充电：在使用前 24 h 给仪器安上电池，充电。

H.5.5.2　零点校准：将活性炭过滤器安装在仪器进气口，开启抽气泵，稳定后通过零点调节器将指示值调至零。

H.5.5.3　跨度校准：将甲醛标准气体接至仪器进样口，通标准气体稳定后，通过跨度调节器将浓度指示值调至标准气体质量浓度值。

H.5.5.4　调零和跨度校准步骤重复两次。

H.5.5.5　样品测定

将仪器带到现场，可连续进行测定，直读甲醛浓度测定值。记录现场测定时气温和大气压力。

H.5.6　计算

H.5.6.1　如果仪器读数（c）是体积浓度（ml/m^3），可按下式换算成标准状态（0℃，101.325 kPa）的质量浓度 c_0（mg/m^3）：

$$c_0 = \frac{30.30 \times c}{B}$$

式中：B——标准状态下气体摩尔体积，在 0℃，101.325 kPa 时，B=22.41 L/mol；

30.30——甲醛摩尔质量。

H.5.6.2　如果仪器浓度是质量浓度，可按下式换算成标准状态下浓度。

$$c_0 = c \cdot \frac{T}{T_0} \cdot \frac{P_0}{P} = c \cdot \frac{273.15 + t}{273.15} \cdot \frac{101.325}{P}$$

式中：c_0——换算成标准状态的浓度，mg/m^3；

c——仪器读数，mg/m^3；

T_0——标准状态下的热力学温度，273.15 K；

T——测定时现场热力学温度，K；

t——现场气温值，℃；

P_0——标准状态下大气压力，101.325 kPa；

P——测定时大气压力值，kPa。

H.5.7　方法特性

对所有配制的甲醛标准气重复 6 次以上，仪器测定的相对标准差小于 5%，分析仪测定值和标准值的相对误差小于 2%。

H.5.8　干扰及排除

H_2S（0.05 mg/m^3）、SO_2（0.75 mg/m^3）、乙醇（25 mg/m^3）、氨水（1.0 mg/m^3）和甲醇（5.0 mg/m^3）对测量有干扰，分别相当于甲醛浓度 0.13、0.07、0.04、0.03 和 0.01 mg/m^3。乙醛、NO_2、苯酚和丙酮对测定没有影响。

附 录 I
（规范性附录）
室内空气中苯、甲苯、二甲苯的测定方法

苯系物的测定方法主要是气相色谱法。二硫化碳毒性大，不利于分析人员的健康，应慎用，建议优先选用热解吸方法。另外，可选用与标准分析方法规定不同，但可满足分析要求的其他色谱柱。

I.1 毛细管气相色谱法

I.1.1 相关标准和依据

本方法主要依据《居住区大气中苯、甲苯和二甲苯卫生检验标准方法 气相色谱法》（GB 11737）。

I.1.2 原理

空气中苯、甲苯、二甲苯用活性炭管采集，然后用二硫化碳提取出来。用氢火焰离子化检测器的气相色谱仪分析，以保留时间定性，峰高（峰面积）定量。

I.1.3 测定范围

采样量为 20 L 时，用 1 ml 二硫化碳提取，进样 1 μl，苯的测定范围为 0.025～20 mg/m^3，甲苯为 0.05～20 mg/m^3，二甲苯为 0.1～20 mg/m^3。

I.1.4 试剂和材料

I.1.4.1 苯：色谱纯。

I.1.4.2 甲苯：色谱纯。

I.1.4.3 二甲苯：色谱纯。

I.1.4.4 二硫化碳：分析纯，需经纯化处理，保证色谱分析无杂峰。

二硫化碳的纯化方法：二硫化碳用 5%的浓硫酸甲醛溶液反复提取，直至硫酸无色为止，用蒸馏水洗二硫化碳至中性，再用无水硫酸钠干燥，重蒸馏，贮于冰箱中备用。

I.1.4.5 椰子壳活性炭：20～40 目，用于装活性炭采样管。

I.1.4.6 纯氮：99.99%。

I.1.5 仪器和设备

I.1.5.1 活性炭采样管：用长 150 mm，内径 3.5～4.0 mm 的玻璃管，装入 100 mg 椰子壳活性炭，两端用少量玻璃棉固定。装好管后再用纯氮气于 300～350℃温度条件下吹 5～10 min，然后套上塑料帽封紧管的两端。此管放于干燥器中可保存 5 d。若将玻璃管熔封，此管可稳定 3 个月。

I.1.5.2 空气采样器。经校正。

I.1.5.3 注射器：1 ml，经校正。

I.1.5.4 微量注射器：1 μl，10 μl，经校正。

I.1.5.5 具塞刻度试管：2 ml。

I.1.5.6 气相色谱仪：附氢火焰离子化检测器。

I.1.5.7 色谱柱：非极性石英毛细管柱。

I.1.6 采样和样品保存

在采样地点打开活性炭管，两端孔径至少 2 mm，与空气采样器入气口垂直连接，以 0.5 L/min 的速度，抽取 25 L 空气。采样后，将管的两端套上塑料帽，并记录采样时的温度和大气压力。样品可保存 5 d。

I.1.7 分析步骤

I.1.7.1 色谱分析条件：由于色谱分析条件常因实验条件不同而有差异，所以应根据所用气相色谱仪的型号和性能，制定能分析苯、甲苯、二甲苯的最佳色谱分析条件。

I.1.7.2 绘制标准曲线和测定计算因子：在与样品分析的相同条件下，绘制标准曲线和测定计算因子。

于 5.0 ml 容量瓶中，先加入少量二硫化碳，用 1 μl 微量注射器准确取一定量的苯、甲苯和二甲苯（20℃时，1 μl 苯重 0.878 7 mg，甲苯重 0.866 9 mg，邻、间、对二甲苯分别重 0.880 2、0.864 2、0.861 1 mg）分别注入容量瓶中，加二硫化碳至刻度，配成一定浓度的储备液。临用前取一定量的储备液用二硫化碳逐级稀释成苯、甲苯、二甲苯含量分别为：0.5、1.0、2.0、4.0 μg/ml 的标准液。取 1 μl 标准液进样，测量保留时间及峰高（峰面积）。每个浓度重复 3 次，取峰高（峰面积）的平均值。分别以苯、甲苯和二甲苯的含量（μg/ml）为横坐标，平均峰高（峰面积）为纵坐标，绘制标准曲线。并计算回归线的斜率，以斜率的倒数 B_s 作样品测定的计算因子。

I.1.7.3 样品分析：将采样管中的活性炭倒入具塞刻度试管中，加 1.0 ml 二硫化碳，塞紧管塞，放置 1 h，并不时振摇。取 1 μl 进样，用保留时间定性，峰高（峰面积）定量。每个样品作 3 次分析，求峰高（峰面积）的平均值。同时，取一个未经采样的活性炭管按样品管同时操作，测量空白管的平均峰高（峰面积）。

I.1.8 结果计算

I.1.8.1 将采样体积按 4.7.7 换算成标准状态下的采样体积。

I.1.8.2 空气中苯、甲苯和二甲苯的浓度按下式计算：

$$c=\frac{(h-h')\cdot B_s}{V_0\cdot E_s}$$

式中：c——空气中苯或甲苯、二甲苯的浓度，mg/m^3；

h——样品峰高（峰面积）的平均值；

h'——空白管的峰高（峰面积）；

B_s——由 I.1.7.2 得到的计算因子；

E_s——由实验确定的二硫化碳提取的效率；

V_0——标准状况下采样体积，L。

I.1.9 方法特性

I.1.9.1 检测下限：采样量为 10 L 时，用 1 ml 二硫化碳提取，进样 1 μl 时，苯、甲苯和二甲苯检测下限分别为 0.025、0.05 和 0.1 mg/m^3。

I.1.9.2 线性范围：10^6。

I.1.9.3 精密度：苯的浓度为 8.78 和 21.9 μg/ml 的液体样品，重复测定的相对标准偏差 7%和 5%，甲苯浓度为 17.3 和 43.3 μg/ml 液体样品，重复测定的相对标准偏差分别为 5%和 4%，二甲苯浓度为 35.2 和 87.9 μg/ml 液体样品，重复测定的相对标准偏差为 5%和 7%。

I.1.9.4 准确度：对苯含量为 0.5、21.1 和 200 μg 的回收率分别为 95%、94%和 91%，甲苯含量为 0.5、41.6 和 500 μg 的回收率分别为 99%、99%和 93%，二甲苯含量为 0.5、34.4 和 500 μg 的回收率分别为 101%、100%和 90%。

I.1.10 干扰和排除

空气中水蒸气或水雾量太大，以至在炭管中凝结时，严重影响活性炭的穿透容量和采样效率。空气湿度在 90%时，活性炭管的采样效率仍然符合要求。空气中的其他污染物干扰由于采用了气相色谱分离技术，选择合适的色谱分离条件就可以消除。

I.2 甲苯、二甲苯、苯乙烯的测定——气相色谱法

I.2.1 相关标准及依据

本方法主要依据《空气质量　甲苯、二甲苯、苯乙烯的测定　气相色谱法》（GB/T 14677）。

I.2.2 原理

用充填 Tenax-GC 的采样管，在常温条件下，富集室内空气中甲苯、二甲苯，采样管连入气相色谱分析系统后，经加热将吸附成分全量导入附有氢焰离子化检测器的气相色谱仪进行分析。在一定浓度范围内，甲苯、二甲苯、苯乙烯的含量与峰面积（或峰高）成正比。

I.2.3 检出限

按加热解吸分析时基线噪声 5 倍峰高所对应的成分量计算，本标准方法甲苯、对二甲苯、间二甲苯、邻二甲苯、苯乙烯的检出限分别为 1.0～2.0 ng，按 1 L 采样体积计算，各成分的方法检出限分别为 1.0×10^{-3}～2.0×10^{-3} mg/m^3。

I.2.4 试剂和材料

I.2.4.1　载气和辅助气体

I.2.4.1.1　载气：氮气，纯度 99.99%，用装 5A 分子筛和活性炭净化管净化。

I.2.4.1.2　燃烧气：氢气，纯度 99.9%。

I.2.4.1.3　助燃气：空气。

I.2.4.2　配制标准样品使用的试剂

I.2.4.2.1　甲苯（$CH_3C_6H_5$）、对二甲苯[$(CH_3)_2C_6H_4$]、邻二甲苯[$(CH_3)_2C_6H_4$]均为色谱纯。

I.2.4.2.2　二硫化碳（CS_2）：分析纯（有毒），经色谱测定无干扰成分。如有干扰则需用全玻璃蒸馏器重新蒸馏，收集 46℃的馏分。

I.2.4.3　采样管

采样管的材质为硬质玻璃，长 15 cm，内径 4 mm，壁厚 0.5 mm，一侧为可与注射器针头相接的磨口，内充填 0.5 gTenax-GC 或具有等效的吸附剂，两端充填少许石英棉固定，管两头分别用硅橡胶塞和不锈钢针头（针头前以硅橡胶塞密封）塞紧。新充填的采样管需在 200℃条件下通氮气老化 30 min（氮气流量 100 ml/min）。每次采样前需对采样管加热通氮气处理，并经色谱检验无成分残留杂质。每次处理后，采样前后总计存放时间不应超过 2 d 并避光保存。

I.2.5 仪器

I.2.5.1　气相色谱仪。

I.2.5.2　记录器。

I.2.5.3　检测器：氢焰离子化检测器。

I.2.5.4　色谱柱

I.2.5.4.1　色谱柱类型：填充柱。

I.2.5.4.2　色谱柱的特征：材质为硬质玻璃，长 2 m，内径 3～4 mm。

I.2.5.4.3　担体：80～100 目 Chromsorb G・DMCS。

I.2.5.4.4　固定液

I.2.5.4.4.1　名称及其化学性质：有机皂土-34（Benrane），最高使用温度 200℃；邻苯二甲酸二壬酯（DNP），最高使用温度 160℃。

I.2.5.4.4.2　液相载荷量：DNP 2.5%，Benrane 2.5%。

I.2.5.4.4.3　涂渍固定液的方法：称取有机皂土 0.525 g 和 DNP0.378 g，置入圆底烧瓶中，加入 60 ml 苯，于 90℃水浴中回流 3 h，再加入载体 15 g 继续回流 2 h 后，将固定相转移至培养皿中，在红外灯下边烘烤边摇动至松散状态，再静置烘烤 2 h 后即可装柱。

I.2.5.4.5 色谱柱的制备

I.2.5.4.5.1 色谱柱的填充方法：将色谱柱的尾端（接检测器一端）用石英棉塞住，接真空泵，柱的另一端通过软管接一漏斗，开动真空泵后，使固定相慢慢通过漏斗装入色谱柱内，边装边轻敲色谱柱使充填均匀，充填完毕后，用石英棉塞住色谱柱另一端。

I.2.5.4.5.2 色谱柱的老化：将充填好的色谱柱在 150℃以 20～30 ml/min 通氮气，连续老化 24 h。

I.2.5.4.6 柱效能和分离度：在给定条件下，被测成分色谱峰的分离度大于 1.0。

I.2.5.5 加热解吸装置

I.2.5.5.1 加热管的制备：在一根长为 12 cm，内径可穿入采样管的玻璃管外，依次缠上铝箔和玻璃丝带各一层后，固定带玻璃丝套管的热电偶丝，测温点置于管中部，再以 0.5 cm 间距均匀缠上加热丝（1kW 电炉丝伸直截取部分套上玻璃丝套管），外缠上一层玻璃丝带。

I.2.5.5.2 加热管供电温控器：输出功率大于加热管功率，输出电压在不低于 60 V 范围内连续可调，温度控制上限不低于 300℃的温度控制器。

I.2.5.6 气路转换系统：采用色谱用气路转换阀，将气体入口与载气源连接，气体出口一侧与色谱仪原载气入口相接，另一侧连接 1～2 m 聚四氟乙烯管，聚四氟乙烯管的另一端与通气针头相接。气路转换阀可以控制载气直接流入色谱柱或使其经外气路通过采样管进入色谱柱。

I.2.5.7 采样仪器：可同时测定抽气流量、压力，采样流量调节范围在 0～1.5 L 的空气采样器。

I.2.6 样品

I.2.6.1 气体样品的采集

将经加热处理后的采样管去掉两侧的硅橡胶塞和封闭针头，管与针头连接侧同采样器相接，以 0.2～0.6 L/min 的流量采集空气 10～20 min。

I.2.6.2 样品的保存

采样后仍以硅橡胶塞和封闭针头将采样管两侧密封，避光保存，尽快分析。

I.2.6.3 空白实验

以同时处理但未经采样的采样管与经采样的采样管同批分析，作空白分析结果。

I.2.7 分析操作

I.2.7.1 分析仪器的调整

载气气路：内气路（不经采样管）；

气化室温度：150℃；

柱温：恒温 75℃；

检测器温度：150℃；

载气流速：85～95 ml/min；

氢气流速：60 ml/min；

空气流速：500 ml/min。

I.2.7.2 校准

I.2.7.2.1 定量方法：外标法。

I.2.7.2.2 标准样品

I.2.7.2.2.1 使用次数：用于测定校正因子的标准样周期性重复使用，周期长短需视仪器稳定性而定，一般可在测定 5 个样品后校准 1 次。

I.2.7.2.2.2 标准样制备

I.2.7.2.2.2.1 贮备溶液：分别取甲苯、对二甲苯、间二甲苯、邻二甲苯和苯乙烯 1.00 ml 和 0.30 ml 于两只装有 90 ml 经纯化的二硫化碳的 100 ml 容量瓶中，用二硫化碳稀释至标线。此贮备液在 4℃时可保存 1 个月。

I.2.7.2.2.2.2 系列标准溶液：将两个浓度贮备液分别以纯化二硫化碳按 10 倍逐级稀释，配制系列标准溶液，各点的浓度见表 I.2.1。

表 I.2.1 系列标准样品浓度

序号		0	1	2	3	4	5	6	2 贮备液	1 贮备液
成分与浓度/（μg/ml）	甲苯	0	2.61	8.70	26.1	87.0	261	870	2 610	8 700
	对二甲苯	0	2.58	8.60	25.8	86.0	258	860	2 580	8 600
	间二甲苯	0	2.61	8.70	26.1	87.0	261	870	2 610	8 700
	邻二甲苯	0	2.64	8.80	26.4	88.0	264	880	2 640	8 800
	苯乙烯	0	2.73	9.10	27.3	91.0	273	910	2 730	9 100

I.2.7.2.2.3 仪器稳定性检验：各部温度、气体流量稳定正常，连续两次进与试样被测成分含量相近的标准样品 2 μl，其峰面积（或峰高）相对偏差不大于 5%，即认为仪器处于稳定状态。

I.2.7.3 分析

I.2.7.3.1 实际样品采样管的解吸操作：将采样管连入分析装置系统，切换载气转向阀使载气经外气路通过采样管进入色谱仪进样口，待柱前压力恢复正常后，开始启动采样管加热控制装置，并记录分析时间（使用色谱处理机时按下 START 键）和色谱基线。加热管的升温是靠温度控制器使其在 30 s 内升至 200℃，待管内吸附成分全部流出后，停止对采样管的加热，切换载气转换阀（使用色谱处理机时按停止记录键，使其进入计算工作状态），更换采样管准备下次分析。

I.2.7.3.2 标准样品分析：将经加热处理过的采样管按 I.2.7.3.1 的方式和条件与系统连接，并从采样管后侧硅橡胶塞处用微量注射器注入 2 μl 标准样品，按 I.2.7.3.1 的方法进行分析。因吸附成分的全量导入和本方法适用范围较宽，应对浓度范围较大的系列标准样品的工作曲线进行检验，根据曲线相关系数大小和分析需要，确定最佳工作曲线范围。在实际样品测定时，应根据仪器的稳定性确定以标准样品对工作曲线进行校正的周期。

I.2.7.3.3 定性分析

采用保留时间定性。

I.2.7.3.4 定量分析

气体样品中成分浓度的计算：

$$c = \frac{c_s \cdot h_i}{h_s \cdot V_{nd}} \times 10^{-3}$$

式中：c——气体中被测成分浓度，mg/m^3；

c_s——标准样品被测成分加入量，ng；

h_i——扣除空白后实测样品成分峰高（或峰面积）；

h_s——标准样品成分峰高（或峰面积）；

V_{nd}——换算成标准状态下的采样体积，L。

I.2.8 精密度和准确度

经五个实验室分析含量分别为：甲苯 261 mg/L、对二甲苯 258 mg/L、间二甲苯 261 mg/L、邻苯 264 mg/L、苯乙烯 273 mg/L 的统一样品，其各项精密度和准确度详见表 I.2.2。

表 I.2.2 统一样品各项精密度和准确度参数

参数 \ 结果 \ 成分	甲苯	对二甲苯	间二甲苯	邻二甲苯	苯乙烯
统一样品含量/（mg/L）	261	258	261	264	273
重复性标准偏差/（mg/L）	3.35	2.19	4.92	3.80	3.00
重复性变异系数/%	1.3	0.9	1.9	1.5	1.1
再现性标准偏差/（mg/L）	9.54	7.75	5.92	9.66	6.59
再现性变异系数/%	3.7	3.1	2.3	3.7	2.5
加标回收率/%	99.0	98.4	99.7	98.3	97.8
平均吸附效率/%	99.7	99.9	99.8	99.8	99.8

I.3 光离子化气相色谱法

I.3.1 相关标准及依据

本方法主要依据《室内空气质量标准》（GB/T 18883），并参照了美国国家环保局 EPA21《挥发性有机化合物泄漏的测定》和 EPA 方法 8020《芳香烃挥发性有机化合物的测定》。

I.3.2 原理

将空气样品直接注入光离子化气体分析仪，样品由色谱柱分离后进入离子化室，在真空紫外光子的轰击下，将苯、甲苯、二甲苯电离成正负离子（该过程称为离子化）。测量离子电流的大小，就可确定苯、甲苯、二甲苯的含量，根据色谱柱的保留时间对苯、甲苯、二甲苯定性。

I.3.3 测定范围

以苯为标准物质，苯的检出限为 5 μg/m^3，浓度范围为 5 μg/m^3～500 mg/m^3（进样 1 ml）。

I.3.4 试剂和材料

I.3.4.1 正己烷：分析纯；

I.3.4.2 苯：分析纯；

I.3.4.3 甲苯：分析纯；

I.3.4.4 二甲苯：分析纯；

I.3.4.5 5A 分子筛：ϕ2.8～4.5 mm，用于净化载气；

I.3.4.6 椰子壳活性炭：20～40 目，用于净化载气；

I.3.4.7 高纯氮气：99.999%；

I.3.4.8 压缩空气：钢瓶空气；

I.3.4.9 正己烷、苯、甲苯、二甲苯（浓度均为 400 μg/m^3）的标准混合气的制备

采用添加一定数量的纯标准物质来制备标样，所加纯物质的质量由下面的公式计算：

$$m = c \cdot V \cdot \frac{T_0}{T} \cdot \frac{P}{P_0}$$

式中：m——纯标准物质的质量，g；

c——标准样品浓度，mg/m^3；

T_0——标准状态的热力学温度，273.15 K；

T——配制样品时环境的热力学温度，K；

V——标样体积，L；

P——环境大气压，kPa；

P_0——标准大气压，101.325 kPa。

当环境温度为 25℃时，一个大气压时，在气袋中充有 1 L 的高纯氮气，制备 400 mg/m³ 储备气，需加入正己烷的量：

$$m = 400\ \text{mg}/\text{m}^3 \times 1\text{L} \times \frac{273.15\text{K}}{298\text{K}} = 366 \times 10^{-6}\ \text{g}$$

25℃正己烷的密度为 0.659 g/ml，因此加入正己烷的体积为：

$$\frac{366 \times 10^{-6}\ \text{g}}{0.659\ \text{g}/\text{ml}} = 560 \times 10^{-6}\ \text{ml或}0.56\ \mu\text{l}$$

依据上述方法，在 25℃时，已知正己烷、苯、甲苯、二甲苯的密度分别为 0.659、0.879、0.866 和 0.869 g/ml（间二甲苯、邻二甲苯和对二甲苯的密度分别为 0.864、0.881 和 0.861 g/ml，假设按体积比 1∶1∶1 混合，混合后的密度为 0.869 g/ml）。分别准确取上述液体 0.56、0.42、0.42 和 0.42 μl，加入到充有 1 L 高纯氮气的气袋中，混合均匀后制备成正己烷、苯、甲苯和二甲苯浓度均为 400 mg/m³ 的贮备气体。再准确抽取 1 ml 贮备气体，注入另一个充有 1 L 高纯氮气的气袋中（稀释 1 000 倍），制备出正己烷、苯、甲苯、二甲苯浓度均为 400 μg/m³ 的标准混合气。也可采用其他方法配制以上浓度的标准混合气体。

I.3.5　仪器和设备

I.3.5.1　光离子化检测器气相色谱仪。

I.3.5.2　色谱柱：10%SE-30（5%Chromsorb G）；尺寸：1.2 m×ϕ 3 mm；聚四氟乙烯填充柱。

I.3.5.3　气袋：1 L，Tedlar 或铝-聚酯薄膜采样袋。

I.3.5.4　微量进样器：1 μl，经校正。

I.3.5.5　注射器：1 ml，经校正。

I.3.5.6　转子流量计：0～60 ml/min，经校正。

I.3.5.7　经校正的温湿度计。

I.3.5.8　经校正的气压表。

I.3.6　采样和保存方法

用采样袋，抽取现场空气冲洗 3 次，采气 1 L，密封进气口，带回实验室分析，也可以将仪器带到现场分析。空气中苯、甲苯、二甲苯浓度在 50 μg/m³ 量级的样品保存时间不超过 24 h。

I.3.7　分析步骤

I.3.7.1　色谱分析条件

I.3.7.1.1　环境要求

除特殊规定者外，试验场所的环境条件如下：

温　　度：10～35℃；

相对湿度：≤85% RH；

大 气 压：86～106 kPa。

I.3.7.1.2　载气

普通钢瓶压缩空气，柱前压 0.3 MPa；

载气流速：最佳流速 15 ml/min 左右，用转子流量计在出口处监测流量。

I.3.7.2　仪器的启动

按仪器说明书启动仪器，预热时间应不小于等于 30 min。

I.3.7.3　测定相对校正因子（相对于正己烷）

采用内标法，内标物为正己烷，测定苯、甲苯、二甲苯的相对校正因子。准确抽取 1 ml 标准混合气体（浓度见 I.3.4.9）进样，测量保留时间及峰高（峰面积），根据保留时间对正己烷、苯、甲苯、二甲苯定性，以其峰高（峰面积）进行定量分析。重复进样 3 次，取其中两次峰高（峰面积）相近者的平均值，计算苯、甲苯、二甲苯的相对校正因子：

$$f_i=\frac{\text{正己烷的响应值}\times\text{待测物质的浓度}}{\text{待测物质的响应值}\times\text{正己烷的浓度}}$$

式中：f_i——待测物质的相对校正因子。

I.3.7.4　样品的定性和定量分析

在相同的色谱条件下，以正己烷为内标物，准确抽取正己烷液体 0.56 μl，加入到充有 1 L 高纯氮气的气袋中，混合均匀后再从气袋中准确抽取 1 ml 气体，注入另一个充有 1 L 被测样气的采样袋中（稀释 1 000 倍），混合均匀，正己烷的浓度为 400 μg/m^3。然后准确从采样袋中抽取被测样气 1 ml 进样，测量保留时间及峰高（峰面积），根据保留时间对正己烷、苯、甲苯、二甲苯定性，以其峰高（峰面积）进行定量。重复进样 3 次，取其中两次峰高（峰面积）相近者的平均值。

I.3.8　结果计算

空气中苯、甲苯或二甲苯浓度的计算公式：

$$c_{\text{待测}}=\frac{h_{\text{待测}}\cdot f_i\cdot c_{\text{正己烷}}}{h_{\text{正己烷}}}$$

式中：$c_{\text{待测}}$——空气中苯或甲苯的浓度，mg/m^3；

$h_{\text{待测}}$——空气中苯或甲苯的峰高（峰面积）的平均值；

f_i——由 I.3.7.3 得到的苯、甲苯或甲苯的相对校正因子；

$c_{\text{正己烷}}$——内标物正己烷的浓度，mg/m^3；

$h_{\text{正己烷}}$——内标物正己烷峰高（峰面积）的平均值。

I.3.9　精密度和准确度

变异系数取决于进样误差（小于 5%），准确度取决于标准气的不确定度（小于 2%）和仪器的稳定性（小于 1%）。

I.3.10　干扰和排除

采用椰子壳活性炭和 5 A 分子筛排除净化载气中的污染物，降低了背景，提高了灵敏度，消除了样品电离电位高于 10.6 eV 化学物质的干扰；加之采用了气相色谱分离技术，选择合适的色谱分离条件，可以消除样品中其他有机杂质气体对被测物质的干扰。其次，直接进样分析，消除传统的吸附—热解吸—氢火焰色谱法带来的样品回收率问题。

附　录　J
（规范性附录）
室内空气中可吸入颗粒物的测定方法

可吸入颗粒物的测定方法有重量法（GB 6921）、光散射法（WS/T206）、压电晶体振荡法以及β射线法等。原则上这些方法均可用于室内空气中可吸入颗粒物的测定，但这些方法必须符合 GB 6921 或 WS/T 206，或经重量法（GB 6921）比对合格方可。下面仅列出重量法测定室内空气中可吸入颗粒物的分析方法供参考。

J.1 相关标准及依据

本方法主要依据《大气飘尘浓度测定方法》（GB 6921）。

J.2 原理

使一定体积的空气进入切割器，将 10 μm 以上粒径的微粒分离。小于这一粒径的微粒随着空气流经分离器的出口被阻留在已恒重的滤膜上。根据采样前后滤膜的重量差及采样体积，计算出可吸入颗粒物浓度，以 mg/m^3 表示。

J.3 切割器性能指标

J.3.1 要求所用切割器在收集效率为 50%时的粒子空气动力学直径 D_{50}=10 μm±1 μm。
J.3.2 要求切割曲线的几何标准差 σ_g 小于等于 1.5。
J.3.3 在有风条件下（风速小于 8 m/s）切割器入口应具有各向同性效应。
J.3.4 所用切割器必须经国家环境保护总局主管部门（或委托的单位）校验标定。

J.4 采样系统性能指标

J.4.1 在同样条件下三个采样系统浓度测定结果变异系数应小于 15%。
J.4.2 在采样开始至终了的时间内，采样系统流量值的变化应在额定流量的±10%以内。
J.4.3 采样设备噪声应符合国家有关标准。

J.5 采样要求

J.5.1 采用合格的超细玻璃纤维滤膜。采样前在干燥器内放置 24 h，用感量优于 0.1 mg 的分析天平称重，放回干燥器 1 h 后再称重，两次重量之差不大于 0.4 mg 即为恒重。
J.5.2 将已恒重好的滤膜，用镊子放入洁净采样夹内的滤网上，牢固压紧至不漏气。采样结束后，用镊子取出。将有尘面两次对折，放入纸袋，并做好采样记录。
J.5.3 如果测定任何一次浓度，采样时间不得少于 1 h。测定日平均浓度间断采样时不得少于 4 次。
J.5.4 采样后滤膜处理按 J.5.1 的方法进行。

J.6 计算

可吸入颗粒物浓度按下式计算：

$$c=\frac{(G_2-G_1)\times 1\ 000}{V_{nd}}$$

式中：c——可吸入颗粒物浓度，mg/m^3；

G_2——采样后滤膜的重量，g；

G_1——采样前滤膜的重量，g；

V_{nd}——换算成标准状态下的采样体积，m^3。

附 录 K
（规范性附录）
室内空气中总挥发性有机物的测定方法

《室内空气质量标准》（GB/T 18883）与《民用建筑工程室内环境污染控制规范》（GB 50325）对总挥发性有机化合物（total volatile organic compounds，TVOC）的定义有所不同，对应的分析方法也不同（分别对应 K.1、K.2）。目前国内应用较多的除了上述两个标准所列的分析方法，还有光离子化法（K.3、K.4）。光离子化总量测定法（K.4）虽没有被上述两个标准列入标准分析方法，其检测结果也与标准分析方法没有可比性，但光离子化法的测定结果也可反映室内总挥发性有机化合物污染程度，又以其较低的市场价格，易于操作而得到广泛应用。鉴于此，本规范将光离子化总量测定法列为非仲裁性分析方法，以供选择使用，评价依据可参照《室内空气质量标准》（GB/T 18883）执行。另外，也可采用美国环保局 METHOD TO-14A、METHOD TO-15、METHOD TO-16、METHOD TO-17 等分析方法测定室内环境空气中的总挥发性有机化合物。

K.1 热解吸/毛细管气相色谱法（1）

K.1.1 相关标准及依据

本方法主要依据《室内空气质量标准》（GB/T 18883）。

K.1.2 原理

选择合适的吸附剂（Tenax GC 或 Tenax TA），用吸附管采集一定体积的空气样品，空气流中的挥发性有机化合物保留在吸附管中。采样后，将吸附管加热，解吸挥发性有机化合物，待测样品随惰性载气进入毛细管气相色谱仪。用保留时间定性，峰高或峰面积定量。

K.1.3 测定范围

本法适用于浓度范围为 0.5 μg/m^3～100 mg/m^3 的空气中 VOC_s 的测定。

K.1.4 试剂和材料

分析过程中使用的试剂应为色谱纯；如果为分析纯，需经纯化处理，保证色谱分析无杂峰。

K.1.4.1 VOC_s：为了校正浓度，需用 VOC_s 作为基准试剂，配成所需浓度的标准溶液或标准气体，然后采用液体外标法或气体外标法将其定量注入吸附管。

K.1.4.2 稀释溶剂：液体外标法所用的稀释溶剂应为色谱纯，在色谱流出曲线中应与待测化合物分离。

K.1.4.3 吸附剂：使用的吸附剂粒径为 0.25～0.18 mm（60～80 目），吸附剂在装管前应在其最高使用温度下，用惰性气流加热活化处理过夜。为了防止二次污染，吸附剂应在清洁空气中冷却至室温，储存和装管。解吸温度应低于活化温度。由制造商装好的吸附管使用前也需活化处理。

K.1.4.4 高纯氮：99.999%。

K.1.5 仪器和设备

K.1.5.1 吸附管：外径 6.3 mm、内径 5 mm、长 90 mm 或 180 mm 内壁抛光的不锈钢管或玻璃管，吸附管的采样入口一端有标记。吸附管可以装填一种或多种吸附剂，应使吸附层处于解吸仪的加热区。根据吸附剂的密度，吸附管中可装填 200～1 000 mg 的吸附剂，管的两端用不锈钢网或玻璃纤维堵住。如果在一支吸附管中使用多种吸附剂，吸附剂应按吸附能力增加的顺序排列，并用玻璃纤维隔开，吸附能力最弱的装填在吸附管的采样入口端。

K.1.5.2 注射器：可精确读出 0.1 μl 的 10 μl 液体注射器；可精确读出 0.1 μl 的 10 μl 气体注射器；可

精确读出 0.01 ml 的 1 ml 气体注射器。

K.1.5.3　空气采样器。

K.1.5.4　气相色谱仪：配备氢火焰离子化检测器、质谱检测器或其他合适的检测器。

色谱柱：非极性（极性指数小于 10）石英毛细管柱。

K.1.5.5　热解吸仪：能对吸附管进行二次热解吸，并将解吸气用惰性气体载带进入气相色谱仪。解吸温度、时间和载气流速是可调的。冷阱可将解吸样品进行浓缩。

本规范推荐使用有冷阱的热解吸仪；不带冷阱，但解析效率较高的热解吸仪也允许使用；将吸附管中的样品不直接解析到色谱进样系统而是解吸到针筒或气袋中的产品不宜使用。

K.1.5.6　液体外标法制备标准系列的注射装置：常规气相色谱进样口，可以在线使用也可以独立装配，保留进样口载气连线，进样口下端可与吸附管相连。

K.1.6　采样和样品保存

将吸附管与采样泵用塑料或硅橡胶管连接。个体采样时，采样管垂直安装在呼吸带；固定位置采样时，选择合适的采样位置。打开采样泵，调节流量，以保证在适当的时间内获得所需的采样体积（1～10 L）。如果总样品量超过 1 mg，采样体积应相应减少。记录采样开始和结束时的时间、采样流量、温度和大气压力。

采样后将管取下，密封管的两端或将其放入可密封的金属或玻璃管中。样品可保存 14 d。

K.1.7　分析步骤

K.1.7.1　样品的解吸和浓缩

将吸附管安装在热解吸仪上，加热，使有机蒸气从吸附剂上解吸下来，并被载气流带入冷阱，进行预浓缩，载气流的方向与采样时的方向相反。然后再以低流速快速解吸，经传输线进入毛细管气相色谱仪。传输线的温度应足够高，以防止待测成分凝结。解吸条件见表 K.1.1。

表 K.1.1　解吸条件

解吸温度	250～325℃
解吸时间	5～15 min
解吸气流量	30～50 ml/min
冷阱的制冷温度	+20～－180℃
冷阱的加热温度	250～350℃
冷阱中的吸附剂	如果使用，一般与吸附管相同（40～100 mg）
载气	氦气或高纯氮气
分流比	样品管和二级冷阱之间以及二级冷阱和分析柱之间的分流比应根据空气中的浓度来选择

K.1.7.2　色谱分析条件

可选择膜厚度为 1～5 μm 50 m×0.22 mm 的石英柱，固定相可以是二甲基硅氧烷或 7%的氰基丙烷、7%的苯基、86%的甲基硅氧烷。柱操作条件为程序升温，初始温度 50℃保持 10 min，以 5℃/min 的速率升温至 250℃。

K.1.7.3　标准曲线的绘制

气体外标法：用泵准确抽取 100 μg/m^3 的标准气体 100 ml、200 ml、400 ml、1 L、2 L、4 L、10 L，通过吸附管，制备标准系列。

液体外标法：利用 K.1.5.6 的进样装置取 1～5 μl 含液体组分 100 μg/ml 和 10 μg/ml 的标准溶液注入吸附管，同时用 100 ml/min 的惰性气体通过吸附管，5 min 后取下吸附管密封，制备标准系列。

用热解吸气相色谱法分析吸附管标准系列，以扣除空白后峰面积为纵坐标，以待测物质量为横坐标，绘制标准曲线。

K.1.7.4 样品分析

每支样品吸附管按绘制标准曲线的操作步骤(即相同的解吸和浓缩条件及色谱分析条件)进行分析，用保留时间定性，峰面积定量。

K.1.8 结果计算

K.1.8.1 将采样体积按 4.7.7 换算成标准状态下的采样体积。

K.1.8.2 TVOC 的计算：

K.1.8.2.1 应对保留时间在正己烷和正十六烷之间所有化合物进行分析。

K.1.8.2.2 计算 TVOC，包括色谱图中从正己烷到正十六烷之间的所有化合物。

K.1.8.2.3 根据单一的校正曲线，对尽可能多的 VOCs 定量，至少应对十个最高峰进行定量，最后与 TVOC 一起列出这些化合物的名称和浓度。

K.1.8.2.4 计算已鉴定和定量的挥发性有机化合物的浓度 S_{id}。

K.1.8.2.5 用甲苯的响应系数计算未鉴定的挥发性有机化合物的浓度 S_{un}。

K.1.8.2.6 S_{id} 与 S_{un} 之和为 TVOC 的浓度与 TVOC 的值。

K.1.8.2.7 如果检测到的化合物超出了（K.1.8.2.2）中 TVOC 定义的范围，那么这些信息应该添加到 TVOC 值中。

K.1.8.3 空气样品中待测组分的浓度按下式计算

$$c=\frac{m-m_0}{V_0}\times 1\,000$$

式中：c——空气样品中待测组分的浓度，μg/m³；

m——样品管中组分的质量，μg；

m_0——空白管中组分的质量，μg；

V_0——标准状态下的采样体积，L。

K.1.9 方法特性

K.1.9.1 检测下限：采样量为 10 L 时，检测下限为 0.5 μg/m³。

K.1.9.2 线性范围：10^6。

K.1.9.3 精密度：根据待测物的不同，在吸附管上加入 10 μg 的标准溶液，Tenax TA 的相对标准偏差范围为 0.4%～2.8%。

K.1.9.4 准确度：20℃、相对湿度为 50%的条件下，在吸附管上加入 10 mg/m³ 的正己烷，Tenax TA、Tenax GR（5 次测定的平均值）的总不确定度为 8.9%。

K.1.10 干扰和排除

采样前处理和活化采样管和吸附剂，使干扰减到最小；选择合适的色谱柱和分析条件，本法能将多种挥发性有机物分离，使共存物干扰问题得以解决。

K.2 气相色谱法（2）

K.2.1 相关标准与依据

本方法主要依据《民用建筑工程室内环境污染控制规范》（GB 50325）。

K.2.2 原理

选择合适的吸附剂 Tenax TA，用吸附管采集一定体积的空气样品，空气流中的挥发性有机化合物保留在吸附管中。采样后，将吸附管加热，解吸挥发性有机化合物，待测样品随惰性载气进入毛细管气相色谱仪。用保留时间定性，峰高或峰面积定量。

K.2.3 仪器及设备

K.2.3.1 气相色谱仪：带氢火焰离子化检测器；

K.2.3.2 热解吸装置；

K.2.3.3 毛细管柱：长 50 m，内径 0.32 mm 石英柱，内涂覆二甲基聚硅氧烷，膜厚 1～5 μm，程序升温 50～250℃，初始温度为 50℃，保持 10 min，升温速率 5℃/min，分流比例 1∶1～10∶1；

K.2.3.4 空气采样器；

K.2.3.5 注射器：10 μl、1 ml 若干个。

K.2.4 试剂和材料

K.2.4.1 Tenax TA 吸附管；

K.2.4.2 标准品：甲醛、苯、甲苯、对（间）二甲苯、邻二甲苯、苯乙烯、乙苯、乙酸丁酯、十一烷均为色谱纯。

K.2.5 采样

应在采样地点打开吸附管，与空气采样器入气口垂直连接，以 0.5 L/min 的速度，抽取约 10 L 空气，精确计时。采样后，应将吸附管的两端套上塑料帽，并记录采样时的温度和大气压。

K.2.6 空气样品的测定

K.2.6.1 解吸条件

温度：300℃；

时间：10 min；

流速：40 ml/min；

载气：氮气（纯度不小于 99.99%）。

K.2.6.2 应制备 0、0.01、0.1、1.0、10.0 mg/ml 标准溶液系列。

K.2.6.3 应通过热解吸和气相色谱分析每个标准溶液，记录峰面积，并以峰面积的对数为横坐标，以对应组分浓度为纵坐标，绘制标准曲线图。

K.2.6.4 所采室内空气样品和所采室外空气空白样品同法测定，以保留时间定性，记录峰面积并从标准曲线上查得样品中各组分的量。

注：1. 采集室外空气空白样品，应与采集室内空气样品同时进行，地点宜选择在室外上风向处。

2. 对其余未识别峰，可以甲苯计。

K.2.7 计算

K.2.7.1 将采样体积按 4.7.7 换算成标准状态下的采样体积。

K.2.7.2 空气样品中各组分的含量，应按下式计算：

$$c_i = \frac{m_i - m_0}{V_0}$$

式中：c_i——空气样品中 i 组分含量，mg/m^3；

m_i——被测样品中 i 组分的量，μg；

m_0——室外空气空白样品中 i 组分含量，μg；

V_0——标准状态下的采样体积，L。

K.2.7.3 应按以下计算空气样品中总挥发性有机化合物（TVOC）的含量：

$$\text{TVOC} = \sum_{i=1}^{i=n} c_i$$

式中：TVOC——标准状态下空气样品中总挥发性有机化合物（TVOC）的含量（mg/m^3）。

注：当与挥发性有机化合物有相同或几乎相同的保留时间的组分干扰测定时，宜通过选择适当的气相色谱柱，或通过用更严格地选择吸收管和调节分析系统的条件，将干扰减到最低。

K.3 光离子化气相色谱法

K.3.1 相关标准与依据

本方法主要参考《室内空气质量标准》（GB/T 18883），并参照美国环境保护局 EPA21《挥发性有机化合物泄漏的测定》而制订。

K.3.2 原理

将空气样品直接注入光离子化气体分析仪，样品由色谱柱分离后进入离子化室，在真空紫外光子的轰击下，将 TVOC 电离成正负离子。测量离子电流的大小，就可确定 TVOC 的含量，根据色谱柱的保留时间对 TVOC 定性。

K.3.3 测定范围

以苯为标准物质，苯的检出限为 5 μg/m^3，浓度测定范围为 5 μg/m^3～350 mg/m^3（进样 1 ml）。

K.3.4 试剂和材料

K.3.4.1 苯：分析纯；

K.3.4.2 5A 分子筛：ϕ2.8～4.5 mm，用于净化载气；

K.3.4.3 椰子壳活性炭：20～40 目，用于净化载气；

K.3.4.4 高纯氮气：99.999%；

K.3.4.5 压缩空气：钢瓶空气；

K.3.4.6 苯储备气（1 000 mg/m^3）的制备

将配气体积按 4.7.7 换算成标准状态下的配气体积。

在 20℃，一个大气压下（苯在 20℃下密度为 0.878 g/ml），用 5 μl 注射器准确抽取 1.06 μl 液体苯，注入装有 1 L 高纯氮气的注射器中，并混合均匀，制成苯储备气。该标准气所含苯的浓度为：

$$\frac{1.06\mu l\times 0.878\ g/ml}{1L}\times\frac{293K}{273K}=10^3\ mg/m^3$$

K.3.4.7 标准混合气体（1 000 μg/m^3）的制备

根据苯储备气的制备方法，先按上述公式计算出 TVOC 中已鉴定各物质的取样量，然后按取样量分别抽取液体苯和已鉴定各物质，注入装有 1 L 高纯氮气的气袋中，并混合均匀，配制成浓度均为 1 000 mg/m^3 的苯和已鉴定物质的混合气体。再抽取 1 ml 混合气体，注入另一装有 1 L 高纯氮气的气袋中，并混合均匀，制成浓度均为 1 000 μg/m^3 的苯和已鉴定物质的标准混合气体。

K.3.5 仪器和设备

K.3.5.1 光离子化气相色谱仪；

K.3.5.2 色谱柱：28%角鲨烷（80% Chromsorb P），尺寸：5 m×ϕ3 mm，聚四氟乙烯填充柱，柱温：50℃；

K.3.5.3 气袋：1 L，Tedlar 或铝-聚酯薄膜采样袋；

K.3.5.4 微量进样器：5 μl、100 μl，经校正；

K.3.5.5 注射器：1 ml，经校正；

K.3.5.6 转子流量计：0～60 ml/min，经校正；

K.3.5.7 经校正的温湿度计；

K.3.5.8 经校正的气压表。

K.3.6 采样和样品保存

用采样气袋，抽取现场空气冲洗 3 次，采气 1 L，密封进气口，带回实验室分析，也可以将仪器带到现场分析。空气中 TVOC 的浓度在μg/m^3 量级的样品保存时间不超过 24 h。

K.3.7 分析步骤

K.3.7.1 分析条件

K.3.7.1.1 环境要求

除特殊规定外，试验场所的环境条件如下：

环境温度：10～35℃；

相对湿度：≤85% RH；

气压：86～106 kPa。

K.3.7.1.2 载气

普通钢瓶压缩空气，柱前压 0.3MPa；

载气流速：最佳流速 15 ml/min 左右，用转子流量计在出气口监测流量。

K.3.7.2 仪器的启动

按仪器说明书启动仪器，一般情况下预热 30 min 后检测。

K.3.7.3 标准曲线的绘制

K.3.7.3.1 绘制标准曲线

外标法：苯标准气体系列配制见下表：

苯标准气体浓度/（mg/m^3）	苯储备气（$10^3\ mg/m^3$）取样量/ml	用高纯氮气定容后体积/L
1	1	1
0.8	0.8	1
0.5	0.5	1
0.3	0.3	1
0.1	100 μl	1

分别抽取上述浓度的苯标准气体各 1 ml 进样，测量保留时间及峰高（峰面积）。每个浓度重复 3 次，取其中两次峰高（峰面积）接近者的平均值。分别以苯的浓度为横坐标，峰高（峰面积）平均值为纵坐标，绘制标准曲线。

K.3.7.3.2 相对校正因子的计算（相对于苯）

采用外标法，测定 TVOC 中已鉴定化合物的相对校正因子。准确抽取 1 ml 标准混合气体（浓度见 K.3.4.7）进样，测量保留时间及峰高（峰面积）。重复进样 3 次，取其中两次峰高（峰面积）相近者的平均值，计算各物质的相对校正因子：

$$f_i = \frac{\text{苯的峰高}}{\text{待测物峰高}} \times \frac{\text{待测物的浓度}}{\text{苯的浓度}}$$

式中：f_i——待测物质的相对校正因子和测定计算因子。

K.3.7.4 样品定性和定量分析

在相同的色谱条件下，从采样气袋中准确抽取被测样气 1 ml 进样。与标准图谱对比定性，峰高（峰面积）（或峰面积）定量，每个样品重复 3 次分析，取其中两次峰高（峰面积）接近者的平均值。

K.3.8 结果计算

K.3.8.1 对谱图中的所有物质进行分析。

K.3.8.2 根据苯标准曲线及各物质的相对校正因子，对尽可能多的物质定量，然后将物质的名称和浓度一同列出。

K.3.8.3 计算已鉴定和定量的物质的浓度 c_i：

$$c_{id} = f_i \times c_i$$

式中：c_{id}——已鉴定化合物 i 的浓度，mg/m^3；

f_i——组分 i 的相对校正因子（相对于苯，由 K.3.7.3.2 可得）；

c_i——已鉴定化合物在标准曲线上的浓度，mg/m^3。

K.3.8.4 在标准曲线上直接计算未鉴定物质的浓度 c_{un}（假设相对校正因子为 1）：

K.3.8.5 TVOC 浓度的计算公式为：

$$c_{TVOC} = \sum_{i=1}^{n} c_{id} + c_{un}$$

式中：c_{TVOC}——TVOC 浓度，mg/m^3。

K.3.9 线性范围、精密度和准确度

线性范围 10^5，精密度取决于进样误差（小于 5%）；准确度取决于标准气的不确定度（小于 2%）和仪器的稳定性（小于 1%）。

K.3.10 干扰和排除

采用椰子壳活性炭和 5A 分子筛排除、净化了载气中的污染物，降低了背景，提高了灵敏度，消除了样品电离电位高于 10.6eV 的化学物质干扰；加之采用了气相色谱分离技术，选择合适的色谱分离条件，可以消除样品中其他有机杂质气体对被测物质的干扰。

K.4 光离子化总量直接检测法

K.4.1 原理

将空气样品直接注入光离子化气体分析仪，样品采样泵直接吸入后进入离子化室，在真空紫外光子（VUV）的轰击下，将 TVOC 电离成正负离子。测量离子电流的大小，就可确定 TVOC 的含量。

K.4.2 测定范围

以苯为标准物质，苯的检出限为 5 μg/m^3，测定范围为 5 μg/m^3～350 mg/m^3（进样 1 ml）。

K.4.3 试剂和材料

K.4.3.1 苯：分析纯；

K.4.3.2 椰子壳活性炭：20～40 目，用于净化零空气；

K.4.3.3 高纯氮气：99.999%；

K.4.3.4 苯标准气体的制备

将配气体积按 4.7.7 换算成标准状态下的配气体积。

在 20℃，一个大气压下（苯在 20℃下密度为 0.878 g/ml），用 5 μl 微量注射器准确取 1.06 μl 液体苯，注入装有 1 L 高纯氮气的气袋中，并混合均匀，制成苯标准气。该标准气所含苯的浓度为：

$$\frac{1.06\mu\text{l} \times 0.878\ \text{g/ml}}{1\text{L}} \times \frac{293\ \text{K}}{273\ \text{K}} = 10^3\ \text{mg/m}^3$$

准确抽取 1 ml 苯储备气（10^3 mg/m^3），再注入充有 1 L 高纯氮气的气袋中，并混合均匀，制备成为 1 mg/m^3 的苯标准气体。

K.4.4 仪器和设备

K.4.4.1 光离子化气体分析仪；

K.4.4.2 气袋：1 L，Tedlar 或铝-聚酯薄膜采样袋；

K.4.4.3 微量进样器：1 μl、5 μl，经校正；

K.4.4.4 注射器：1 ml，经校正；

K.4.4.5 转子流量计：0～1 L/min，经校正；

K.4.4.6 经校正的温湿度计；

K.4.4.7 经校正的气压表。

K.4.5 采样和样品保存

将仪器带到现场分析空气中的 TVOC。

K.4.6　分析步骤

K.4.6.1　分析条件

K.4.6.1.1　环境要求

除特殊规定外，试验场所的环境条件如下：

环境温度：10～35℃；

相对湿度：≤85% RH；

大气压：86～106 kPa。

K.4.6.1.2　采样泵的流速

流速应大于等于 400 ml/min，用转子流量计在出气口监测流量。

K.4.6.2　仪器的启动

按仪器操作说明书启动仪器进行检测。

K.4.6.3　仪器的校正

用 1 mg/m^3 苯标准气体对仪器进行校正。重复 3 次，取其中两次数值接近者的平均值。

K.4.6.4　样品的定量分析

在相同的分析条件下，对样品进行定量分析。仪器内置的吸气泵将样品从 TVOC 进样口吸入，由光离子化检测器直接进行检测。

K.4.7　结果计算

样品中待测组分浓度的计算：

$$c_{\mathrm{TVOC}}=\frac{h_{\mathrm{TVOC}}\times c_{苯}}{h_{苯}}$$

式中：c_{TVOC}——样品中组分 TVOC 的浓度，mg/m^3；

h_{TVOC}——样品峰高（峰面积）的平均值；

$c_{苯}$——苯浓度，mg/m^3；

$h_{苯}$——苯峰高（峰面积）。

K.4.8　方法特性

准确度取决于标准气的不确定度（小于 2%）和仪器的稳定性（小于 1%）。

附 录 L
（规范性附录）
室内空气中苯并[*a*]芘的测定方法

空气中苯并[*a*]芘的测定主要是高效液相色谱法。检测器可用紫外检测器，也可用荧光检测器。

L.1 相关标准及依据

本方法主要依据《环境空气 苯并[*a*]芘测定高效液相色谱法》（GB/T 15439）。

L.2 测定范围

用大流量采样器（流量为 1.13 m^3/min）连续采集 24 h，乙腈/水做流动相，BaP 最低检出浓度为 6×10^{-5} μg/m^3；甲醇/水做流动相，BaP 最低检出浓度为 1.8×10^{-4} μg/m^3。

L.3 试剂和材料

L.3.1 乙腈：色谱纯。

L.3.2 甲醇：优级纯，用微孔孔径小于 0.5μm 的全玻璃砂芯漏斗过滤，如有干扰峰存在，需用全玻璃蒸馏器重蒸。

L.3.3 二次蒸馏水：用全玻璃蒸馏器将一次蒸馏水或去离子水加高锰酸钾 $KMnO_4$（碱性）重蒸。

L.3.4 超细玻璃纤维滤膜：过滤效率不低于 99.99%。

L.3.5 BaP 标准贮备液（1.00 μg/μl）：称取 10.0 mg±0.1 mg 色谱纯 BaP，用乙腈溶解，在容量瓶中定容至 10 ml。2～5℃避光保存。

L.4 仪器

L.4.1 超声波发生器：250 W。

L.4.2 采样器：符合 GB 6129（附录 J）要求的大流量采样器（1.1～1.7 m^3/min）。

L.4.3 离心机：6 000 r/min。

L.4.4 具塞玻璃刻度离心管：5 ml。

L.4.5 高效液相色谱仪：备有紫外检测器。

L.4.6 色谱柱

L.4.6.1 色谱柱类型：反相，C18 柱，柱子的理论塔板数＞5 000。

L.4.6.2 柱效计算公式：用半峰宽法计算。

$$N=\frac{5.54T_r^2}{W_{1/2}}$$

式中：N——柱效，理论塔板数；

T_r——被测组分保留时间，s；

$W_{1/2}$——半峰宽，s。

L.5　样品

L.5.1　样品采集方法

采样前超细玻璃纤维滤膜的处理：500℃马弗炉内灼烧半小时。其他注意事项及采样方法见 GB 6921（附录 J）。

L.5.2　样品贮存方法

将玻璃纤维滤膜取下后，尘面朝里折叠，黑纸包好，塑料袋密封后迅速送回实验室，－20℃以下保存，7 d 内分析。

L.5.3　样品的处理

先将滤膜边缘无尘部分剪去，然后将滤膜等分成 *n* 份，取 1/*n* 滤膜剪碎入 5 ml 具塞玻璃离心管中，准确加入 5 ml 乙腈，超声提取 10 min，离心 10 min，上清液待分析测定。

L.5.4　在样品运输、保存和分析过程中，应避免可引起样品性质改变的热、臭氧、二氧化氮、紫外线等因素的影响。

L.6　操作步骤

L.6.1　调整仪器

柱温：常温。

流动相流量：1.0 ml/min。

流动相组成：乙腈/水：线性梯度洗脱，组成变化按下表：

时间/min	溶液组成
0	40%乙腈/60%水
25	100%乙腈
35	100%乙腈
45	40%乙腈/60%水

甲醇/水：甲醇/水=85/15。

检测器：紫外检测器测定波长 254 nm。

记录仪：根据样品中被测组分含量调节记录仪衰减倍数，使谱图在记录纸量程内。

分析第一个样品前，应以 1.0 ml/min 流量的流动相冲洗系统 30 min 以上，检测器预热 30 min 以上。检测器基线稳定后方能进样。

L.6.2　校准

L.6.2.1　标准工作液：先用乙腈将贮备液稀释成 0.100 μg/μl 的溶液，然后用该溶液配制 3 个或 3 个以上浓度的标准工作液。标准工作液浓度的确定应参照飘尘样品浓度范围，以样品浓度在曲线中段为宜。2～5℃避光保存。

L.6.2.2　用被测组分进样量与峰面积（或峰高）建立回归方程，相关系数不应低于 0.99，保留时间变异在±2%。

L.6.2.3　每天用浓度居中的标准工作液（其检测数值必须大于 10 倍检测限）作常规校正，组分响应值变化应在 15%之内，如变异过大，则重新校准或用新配制的标样重新建立回归方程。

L.6.2.4　空白试验：每批样品或试剂有变动时，都应有相应的空白试验。空白样品应经历样品制备和测定的所有步骤。

L.6.3　试验

L.6.3.1　进样

L.6.3.1.1 进样方式：以微量注射器人工进样或自动进样器进样。

L.6.3.1.2 进样量：10～40 μl。

L.6.3.1.3 操作（人工进样）：先用待测样品洗涤针头及针筒三次，抽取样品，排出气泡，迅速按高效液相色谱进样方法进样，拔出注射器后用流动相洗涤针头及针筒两次。

L.6.3.1.4 样品浓度过低，无法正常测定时，可于常温下吹入平稳高纯氮气将提取液浓缩。

L.6.4 色谱图的考察

L.6.4.1 定性分析

L.6.4.1.1 以样品的保留时间和标样相比较来定性。

L.6.4.1.2 鉴定的辅助方法：被测组分较难定性时，可在提取液中加入标液，依据被测组分峰的增高定性。

L.6.4.2 定量分析

L.6.4.2.1 用外标法定量。

L.6.4.2.2 计算：

$$\rho = \frac{W \cdot V_t \cdot 10^{-3}}{1/n \cdot V_i \cdot V_s}$$

式中：ρ——室内空气可吸入颗粒物中 BaP 浓度，$\mu g/m^3$；

W——注入色谱仪样品中 BaP 量，ng；

V_t——提取液总体积，μl；

V_i——进样体积，μl；

V_s——标准状态下采气体积，m^3；

$1/n$——分析用滤膜在整张滤膜中所占的比例。

L.7 结果的表示

L.7.1 定性结果

根据标准溶液色谱图保留时间进行样品中 BaP 的鉴定。

L.7.2 定量结果

L.7.2.1 含量的表示方法

按上述公式算出室内空气可吸入颗粒物中 BaP 的含量，以 $\mu g/m^3$ 表示。

L.8 方法特性

L.8.1 精密度

L.8.1.1 重复性

乙腈/水流动相：飘尘样品 5 次测定，测定值为 0.009 8～0.010 8 $\mu g/m^3$，BaP 变异系数为 4.3%。

甲醇/水流动相：飘尘样品 5 次测定，测定值为 0.003 4～0.003 9 $\mu g/m^3$，BaP 变异系数为 5.2%。

L.8.1.2 再现性

乙腈/水流动相：飘尘样品 5 个实验室测定，测定值为 0.003 2～0.003 7 $\mu g/m^3$，BaP 变异系数为 6.2%。

甲醇/水流动相：飘尘样品 5 个实验室测定，测定值为 0.002 7～0.003 5 $\mu g/m^3$，BaP 变异系数为 9.7%。

L.8.2 准确度

乙腈/水流动相：加标飘尘样品回收率为 93%～99%。

甲醇/水流动相：加标飘尘样品回收率为 94%～99%。

L.8.3 检测限

乙腈/水流动相：按检测值在 2 倍噪声值以上为有效值计算，BaP 最小检测限为 10^{-10} g。

甲醇/水流动相：按检测值在 2 倍噪声值以上为有效值计算，BaP 最小检测限为 3×10^{-10}g。

L.9 注意事项

苯并[*a*]芘是致癌物，操作时应保持最低限度接触，必要时可戴防有机溶剂手套。废液应收集起来，统一处理。实验所用玻璃仪器用重铬酸钾洗液浸泡洗涤。

附 录 M
（规范性附录）
室内空气中细菌总数的测定方法

M.1 定义

撞击法（impacting method）是采用撞击式空气微生物采样器采样，通过抽气动力作用，使空气通过狭缝或小孔而产生高速气流，使悬浮在空气中的带菌粒子撞击到营养琼脂平板上，经 36℃±1℃、48 h 培养后，计算出每立方米空气中所含的细菌菌落数的采样测定方法。

M.2 仪器和设备

M.2.1 高压蒸气灭菌器。
M.2.2 干热灭菌器。
M.2.3 恒温培养箱。
M.2.4 冰箱。
M.2.5 平皿（直径 9 cm）。
M.2.6 制备培养基用一般设备：量筒，三角烧瓶，pH 计或精密 pH 试纸等。
M.2.7 撞击式空气微生物采样器。

采样器的基本要求：

对空气中细菌捕获率达 95%；

操作简单，携带方便，性能稳定，便于消毒。

M.3 营养琼脂培养基

M.3.1 成分：

蛋白胨	20 g
牛肉浸膏	3 g
氯化钠	5 g
琼脂	15～20 g
蒸馏水	1 000 ml

M.3.2 制法将上述各成分混合，加热溶解，校正 pH 至 7.4，过滤分装，121℃，15 min 高压灭菌。

M.4 操作步骤

M.4.1 选择有代表性的房间和位置设置采样点。将采样器消毒，按仪器使用说明进行采样。

M.4.2 样品采完后，将带菌营养琼脂平板置 36℃±1℃恒温箱中，培养 48 h，计数菌落数，并根据采样器的流量和采样时间，换算成单位体积空气中的菌落数，以 cfu/m^3 报告结果。

附 录 N
（规范性附录）
室内空气中氡的测定方法

氡测量采用两步测量法。

N.1 相关标准和依据

本方法主要参考《美国环境保护局推荐室内氡及氡子体测量方案》（EPA 402/R-92-003）和《美国环境保护局推荐氡及氡子体的筛选和跟踪测量暂定方案》（EPA 520/1-86-014-1）。

N.2 原理

使用采样泵或自由扩散方法将待测空气中的氡抽入或扩散进入测量室，通过直接测量所收集氡产生的子体产物或经静电吸附浓集后的子体产物的α 放射性，推算出待测空气中的氡浓度。

N.3 仪器和设备

活性炭盒（GB/T 14582）、径迹蚀刻探测器（GB/T 14582）、连续氡测量仪（IEC 61577—2）、双滤膜法测氡仪（GB/T 14582）、闪烁瓶法测氡仪（GB/T 16147）等。

主要性能指标要求如下：

测量范围：10～10^5 Bq/m^3；

探测下限：＜10 Bq/m^3；

测量结果的不确定度：≤25%（置信度 95%）；

环境条件：温度 0～40℃，相对湿度最大 90%，30℃。

N.4 测量步骤

为评价室内氡水平，分两步测量：第一步筛选测量，用以快速判定建筑物是否对其居住者将产生高辐照的潜在危险。第二步跟踪测量，用以估计居住者的健康危险度以及对治理措施作出评价。

N.4.1 筛选测量

筛选测量用以快速判定建筑物内是否含有高浓度氡气，以决定是否需要或采取哪类跟踪测量。筛选测量特点是花费少而且操作简单，不会把时间或经费浪费在那些对健康不构成危险的室内环境。

筛选测量的采样时间列于表 N.1。

表 N.1 筛选测量的采样时间

仪 器	采 样 时 间
活性炭盒	2～7 d
径迹蚀刻探测器	3 个月
连续氡监测仪	至少 6 h，最好 24 h 或更长
双滤膜法测氡仪	至少 6 h，最好 24 h 或更长
闪烁瓶法测氡仪	1 min（代表性较差）

N.4.1.1 点位的选择

筛选测量应在氡浓度估计最高和最稳定的房间或区域内进行。选择原则：

N.4.1.1.1 测量应当在最靠近房屋底层的经常使用的房间，包括家庭住房、起居室、书房、娱乐室、卧室等。优先选择的是底层的卧室，因为多数人在卧室内度过的时间比其在其他任何房间都长。

N.4.1.1.2 测量不应选择在厨房和洗澡间。因为厨房排风扇产生的通风会影响测量结果。洗澡间的湿度很高，可能影响某些仪器的灵敏度。

N.4.1.1.3 测量应避开采暖、通风、空调系统的通风口、火炉以及门、窗等能引起空气流通的地方。还应避开阳光直晒和高潮湿地区。

N.4.1.1.4 测量位置应距离门、窗 1 m 以上，距离墙面 0.5 m 以上。

N.4.1.1.5 测量仪应放置在离地面至少 0.5 m，并不得高于 1.5 m，并且距离其他物体 10 cm 以上的位置。

N.4.1.2 封闭时间

通常关闭门窗 12 h。

N.4.1.3 筛选测量结果

如果筛选测量结果在 400 Bq/m^3 以上，则应进行跟踪测量。按照筛选测量结果选择相应措施，列于表 N.2。

表 N.2 筛选测量结果和推荐措施

筛选测量结果	推 荐 措 施
小于或等于 400 Bq/m^3	不需要跟踪测量，可出具监测达标的监测报告
大于 400 Bq/m^3	进行跟踪测量，跟踪测量可以是短期测量或者长期测量

N.4.2 跟踪测量

跟踪测量的目的是要更准确地测量氡长期平均浓度，以便就其危害和需要采取的补救行动作出判定。

跟踪测量应优先选用累积式测氡仪，例如，径迹蚀刻探测器和活性炭盒，以便于估计房间的年平均氡浓度。如果筛选测量结果在 400～800 Bq/m^3，那么跟踪测量可以选择短期测量（24 h～90 d）或者长期测量（90 d 以上），这依据测量方法（仪器）而定。如果筛选测量结果大于 800 Bq/m^3 或者要求快速知道结果，则建议进行短期跟踪测量，这有助于房屋使用者能快速决定是否需要进行治理，并且避免由于长期测量的附加照射引起的健康危险的增加。跟踪测量周期列于表 N.3。

表 N.3 跟踪测量时间

仪 器	筛选测量结果大于 800 Bq/m^3（短期跟踪测量）	筛选测量结果（400～800）Bq/m^3（长期跟踪测量）
径迹蚀刻探测器	在封闭的条件下，进行历时 3 个月的测量	在建筑正常使用条件下，进行为期 12 个月的测量
活性炭盒	在封闭的条件下，进行历时 2～7 d 的测量	在建筑正常使用条件下，每 3 个月进行 4 次测量
连续氡监测仪	在封闭的条件下，进行 24 h 的测量	在建筑正常使用条件下，每 3 个月进行 4 次历时 24 h 的测量

N.4.2.1 跟踪测量地点

跟踪测量应当在筛选测量相同的位置上进行。

N.4.2.2 跟踪测量结果

依据跟踪测量结果，出具监测报告，并采取相应的补救措施，列于表 N.4。

表 N.4 跟踪测量结果和推荐措施

跟踪测量结果	推 荐 措 施
小于 400 Bq/m^3	出具达标的监测报告。不必采取措施
大于 400 Bq/m^3（长期跟踪测量） 大于 800 Bq/m^3（短期跟踪测量）	出具不达标的监测报告。采取措施，将氡水平降低到 400 Bq/m^3 或更低水平
400～800 Bq/m^3（短期跟踪测量）	长期跟踪测量。建议采取措施，将氡水平降低到 400 Bq/m^3 或更低水平

附表 1

（资料性附录）

室内空气采样及现场监测原始记录

采样地点： 日期： 气温： 气压： 相对湿度： 风速：

项　目	点　位	编　号	采样时间	采样流量/（L/min）	浓度/（mg/m^3）	仪器名称及编号

现场情况及布点示意图：	
备注	

采样及现场监测人员： 质控人员： 运送人员： 接收人员：

附表2

（资料性附录）

样 品 接 收 记 录 表

科室：

序　号	被监测方名称	名称及编号	接收日期	样品是否完好	保存期	送样人	接收人

附表 3
（资料性附录）
质控数据统计表

填表科室									项目名称									日期			
分析项目																					
精密度控制	平行样	X_1																			
		X_2																			
		平均值																			
		相对误差/%																			
		是否合格																			
	密码平行样	X_1																			
		X_2																			
		平均值																			
		相对误差/%																			
		是否合格																			
质控样 X_1																					
质控样 X_2																					
平均值																					
保证值																					
是否合格																					
曲线名称																					
编号																					
是否合格																					
截距 a																					
斜率 b																					
相关系数 r																					
空白值																					
分析人																					

质控员：　　　　　　　　　　　　　　　　审核：

附表 4
（资料性附录）
标准溶液配制记录

试剂名称______________________________ 规格 ____________________________

使用天平型号__________________________编号_____________________________

称量瓶+试剂初重 W_1（g）____________________________

称量瓶+试剂终重 W_2（g）____________________________

试剂净重 W_2-W_1（g）____________________________

溶剂种类___________________________定容体积（ml）____________________________

标定用基准物质名称____________________________

重量$_1$（g）__________重量$_2$（g）__________重量$_3$（g）__________重量$_4$（g）__________

浓度$_1$______________浓度$_2$______________浓度$_3$______________浓度$_4$______________

所取基准溶液体积（ml）

消耗标准溶液体积（ml） V_1________V_2________V_3________V_4________

空白消耗标准溶液体积（ml） V_{01}________V_{02}________V_{03}________V_{04}________

校核消耗标准溶液体积（ml） V_1________V_2________V_3________V_4________

校核空白消耗标准溶液体积（ml） V_{01}________V_{02}________V_{03}________V_{04}________

计算公式____

标准溶液浓度$_1$________浓度$_2$________浓度$_3$________浓度$_4$________

标准溶液浓度均值 ____

配制日期： 操作者： 质控员： 审核：

附表 5
（资料性附录）
分光光度法分析原始记录

样品名称：　　　　　　　　　　分析方法：　　　　　　　　　　分析日期：

采样地点	前处理			吸光度读数		样品浓度/（mg/L）	样品浓度平均/（mg/L）	备注
	取样 V_1	定容 V_2	测定 V_3	A_1	A_1-A_0			
				A_2	A_2-A_0			
空白 1				A_0	平均			
空白 2				A_0	A_0			

计算公式	质控样	
	保证值	
	实测值	

分析人员：　　　　　　　　　　质控人员：　　　　　　　　　　审核：

附表 6
（资料性附录）
容量法分析原始记录

样品名称：　　　　采样地点：　　　　分析方法：　　　　分析日期：

采样编号	采样地点	分析编号	取样体积/ml	稀释倍数	稀释后取样体积/ml	滴定读数/ml			样品浓度/（mg/L）	平均值/（mg/L）	相对偏差
						$V_{始}$	$V_{终}$	$V_{始}-V_{终}$			
空白 1											
空白 2											
质控样	质控样编号	浓度范围	滴 定 记 录						计 算 结 果		
			$V_{始}$/ml		$V_{终}$/ml		$V_{耗}$/ml				
计算公式											
使用标准溶液浓度											

分析：　　　　复核（质控）：　　　　审核：

附表 7
（资料性附录）
新风量测试记录表

测试地点： 日期： 气温： 气压：

示踪气体： 检测仪器： 仪器编号： 室内人数：

时　间	点　位	示踪气体浓度/（mg/m^3）	示踪气体平均浓度/（mg/m^3）
	1		
	2		
	3		
	4		
	5		
	室外参照点		
	1		
	2		
	3		
	4		
	5		
	室外参照点		
	1		
	2		
	3		
	4		
	5		
	室外参照点		
	1		
	2		
	3		
	4		
	5		
	室外参照点		
	1		
	2		
	3		
	4		
	5		
	室外参照点		
室内容积 V_1/m^3	室内物品总体积 V_2/m^3	室内空气容积 $V=V_1-V_2$	
备注：			

监测人员： 质控人员： 审核：

附表 8
（资料性附录）
气相色谱法分析原始记录

采样地点：　　　　　　　　　　测定项目：　　　　　　　　　　分析日期：

<table>
<tr><td colspan="3">色谱仪型号</td><td colspan="3">检　测　器</td><td colspan="2">色　谱　柱</td></tr>
<tr><td colspan="3"></td><td colspan="3"></td><td colspan="2"></td></tr>
<tr><td>测试条件</td><td colspan="7"></td></tr>
<tr><td colspan="6">校　准　曲　线</td><td colspan="2">质　控　样</td></tr>
<tr><td rowspan="2">编号</td><td rowspan="2">浓度/（mg/m³）</td><td colspan="4">峰高（峰面积）</td><td rowspan="2">质控样编号</td><td rowspan="2"></td></tr>
<tr><td>H_1</td><td>H_2</td><td>H_3</td><td>平均值</td></tr>
<tr><td>1</td><td></td><td></td><td></td><td></td><td></td><td>标准浓度</td><td></td></tr>
<tr><td>2</td><td></td><td></td><td></td><td></td><td></td><td>峰高（峰面积）</td><td></td></tr>
<tr><td>3</td><td></td><td></td><td></td><td></td><td></td><td>测定值</td><td></td></tr>
<tr><td>4</td><td></td><td></td><td></td><td></td><td></td><td>校准曲线评价</td><td></td></tr>
<tr><td>5</td><td></td><td></td><td></td><td></td><td></td><td></td><td></td></tr>
<tr><td>6</td><td></td><td></td><td></td><td></td><td></td><td></td><td></td></tr>
<tr><td colspan="2">回归方程</td><td>a</td><td></td><td>b</td><td></td><td>r</td><td></td></tr>
<tr><td colspan="2">计算公式</td><td colspan="6"></td></tr>
<tr><td colspan="2">样品编号</td><td>定容体积/ml</td><td>取样体积/ml</td><td>峰　高（峰面积）</td><td>溶液浓度/（mg/L）</td><td>采样体积/L</td><td>样品浓度/（mg/m³）</td></tr>
<tr><td colspan="2"></td><td></td><td></td><td></td><td></td><td></td><td></td></tr>
<tr><td colspan="2"></td><td></td><td></td><td></td><td></td><td></td><td></td></tr>
<tr><td colspan="2"></td><td></td><td></td><td></td><td></td><td></td><td></td></tr>
<tr><td colspan="2"></td><td></td><td></td><td></td><td></td><td></td><td></td></tr>
<tr><td colspan="2"></td><td></td><td></td><td></td><td></td><td></td><td></td></tr>
<tr><td colspan="2"></td><td></td><td></td><td></td><td></td><td></td><td></td></tr>
</table>

监测人员：　　　　　　　　　　质控人员：　　　　　　　　　　审核：

附表 9

（资料性附录）

室内空气中细菌总数检测原始记录

采样地点：　　　　　　　　　　　　　　检测时间：

<table>
<tr><th>样品编号</th><th>采样体积</th><th>细菌计数/（cfu/皿）</th><th>细菌总数/（cfu/m^3）</th><th>平均值/（cfu/m^3）</th></tr>
<tr><td rowspan="2"></td><td rowspan="2"></td><td></td><td></td><td rowspan="2"></td></tr>
<tr><td></td><td></td></tr>
<tr><td rowspan="2"></td><td rowspan="2"></td><td></td><td></td><td rowspan="2"></td></tr>
<tr><td></td><td></td></tr>
<tr><td rowspan="2"></td><td rowspan="2"></td><td></td><td></td><td rowspan="2"></td></tr>
<tr><td></td><td></td></tr>
<tr><td rowspan="2"></td><td rowspan="2"></td><td></td><td></td><td rowspan="2"></td></tr>
<tr><td></td><td></td></tr>
<tr><td rowspan="2"></td><td rowspan="2"></td><td></td><td></td><td rowspan="2"></td></tr>
<tr><td></td><td></td></tr>
<tr><td rowspan="2"></td><td rowspan="2"></td><td></td><td></td><td rowspan="2"></td></tr>
<tr><td></td><td></td></tr>
<tr><td rowspan="2"></td><td rowspan="2"></td><td></td><td></td><td rowspan="2"></td></tr>
<tr><td></td><td></td></tr>
<tr><td rowspan="2"></td><td rowspan="2"></td><td></td><td></td><td rowspan="2"></td></tr>
<tr><td></td><td></td></tr>
<tr><td rowspan="2"></td><td rowspan="2"></td><td></td><td></td><td rowspan="2"></td></tr>
<tr><td></td><td></td></tr>
<tr><td rowspan="2"></td><td rowspan="2"></td><td></td><td></td><td rowspan="2"></td></tr>
<tr><td></td><td></td></tr>
</table>

监测人员：　　　　　　　　　　　　质控人员：　　　　　　　　　　　　审核：

附表 10
（资料性附录）
分析结果报告单

<table>
<tr><td>被监测方名称</td><td colspan="4"></td></tr>
<tr><td>采 样 时 间</td><td colspan="2"></td><td>采 样 人 员</td><td></td></tr>
<tr><td>分 析 项 目</td><td colspan="2"></td><td>分 析 时 间</td><td></td></tr>
<tr><td>分 析 结 果</td><td colspan="2">分 析 方 法</td><td colspan="2">分 析 人</td></tr>
<tr><td></td><td colspan="2"></td><td colspan="2"></td></tr>
<tr><td colspan="5">质控人员：　　　　　　　　　　审核：
年　月　日</td></tr>
</table>

附表 11

（资料性附录）

检　测　报　告

×××检字［20××］××–×××号

被检测方：__________________________________

地　　点：__________________________________

检测日期：__________________________________

检测项目：__________________________________

检测机构：____________________________（章）

续附表 11

注　意　事　项

1. 报告无检测单位公章及检测专用章无效。
2. 复制报告未重新加盖检测单位公章无效。
3. 报告无检验、审核、批准人签字无效。
4. 报告涂改无效。
5. 对报告有异议，在收到报告之日起 15 日内，向本单位或上级主管部门申请复验，逾期不申请的，视为认可检测报告。

地　　址：

邮政编码：

电　　话：

续附表 11

检 测 报 告

××××检字［20××］××—×××号　　　　共　页 第　页

被检测方	
检测方	
检测地点	
检测日期	
检测项目	
检测仪器	（填写所使用的主要仪器）
检测依据	（填写具体的测试方法）
评价依据	（填写执行的标准）
结论： （检测报告专用章） 签发日期：　年　月　日	
备注：	

采样及分析：　　　　报告编写：　　　　审核：　　　　批准：

续附表 11

检 测 报 告

××××检字［20××］××—×××号 共 页第 页

测试地点	测试项目	单 位	实测值	标准值	单项判定

采样及分析： 报告编写： 审核： 批准：

附表 12

（资料性附录）

现场监测（采样）仪器使用记录表

使用科室：　　　　　　　　仪器名称：　　　　　　　　仪器型号：　　　　　　　　仪器编号：

序　号	使用日期	监测项目	使用人员	仪器状况	仪器校准情况

附加说明：

本规范由国家环境保护总局科技标准司提出。

本规范由中国环境监测总站、河北省环境监测中心站负责起草。

本规范委托中国环境监测总站负责解释。

本规范为首次发布，于 2004 年 12 月 9 日起实施。

中华人民共和国环境保护行业标准

酸沉降监测技术规范

HJ/T 165—2004

Technical specifications for acid deposition monitoring

2004-12-09 发布　　　　2004-12-09 实施

1　范围

本规范规定了酸沉降监测的技术要求，适用于各级环境监测站及其他环境监测机构对酸沉降进行监测的活动。

2　规范性引用文件

下列标准和规范中的条文通过在本规范中引用而成为本规范的条文，与本规范同效。

GB/T 13580.3　大气降水电导率的测定方法

GB/T 13580.4　大气降水 pH 值的测定　电极法

GB/T 13580.5　大气降水中氟、氯、亚硝酸盐、硝酸盐、硫酸盐的测定　离子色谱法

GB/T 13580.6　大气降水中硫酸盐测定

GB/T 13580.8　大气降水中硝酸盐测定

GB/T 13580.9　大气降水中氯化物的测定　硫氰酸汞高铁光度法

GB/T 13580.10　大气降水中氟化物的测定　新氟试剂光度法

GB/T 13580.11　大气降水中铵盐的测定

GB/T 13580.12　大气降水中钠、钾的测定　原子吸收分光光度法

GB/T 13580.13　大气降水中钙、镁的测定　原子吸收分光光度法

当上述标准和规范被修订时，应使用其最新版本。

3　术语和定义

3.1　酸沉降

指大气中酸性污染物的自然沉降，分为干沉降和湿沉降。

3.2　湿沉降

指发生降水事件时，高空雨滴吸收大气中酸性污染物降到地面的沉降过程，包括雨、雪、雹、雾等。

3.3　干沉降

指不发生降水时，大气中酸性污染物受重力、颗粒物吸附等作用由大气沉降到地面的过程。

4　湿沉降监测

4.1　采样与现场监测

4.1.1　监测点

4.1.1.1 监测点个数的确定

人口 50 万以上的城市布设 3 个点，50 万以下的城市布设 2 个点。

4.1.1.2 监测点位的选择和确定

点位选择和设立分为城区、郊区和清洁对照（远郊）三种。如果只设两个点，则设置城区和郊区点；宜以省为单位考虑清洁对照点。

监测点位的选择应有代表性，要考虑到点位附近土地使用情况基本不变。还应考虑点位周围地形特征、土地使用特征及气象状况（如年降水量和主导风向）。具体要求如下：

（1）测点不应设在受局地气象条件影响大的地方，例如：山顶、山谷、海岸线等。

（2）受地热影响的火山地区和温泉地区、石子路、易受风蚀影响的耕地、受到与畜牧业和农业活动影响的牧场和草原等都不适于选做监测点。

（3）监测点不应受到局地污染源的影响。

（4）监测点的选择应适于安放采样器，能提供采样器使用的电源，便于采样器的操作及维护。

（5）郊区点除满足上述（1）～（4）项外，还应注意不要受大量人类活动的影响（如城镇），不受工业、排灌系统、水电站、炼油厂、商业、机场及自然资源开发的影响；距大污染源 20 km 以上；距主干道公路（500 辆/d）500 m 以上；距局部污染源 1 km 以上。

（6）远郊点应位于人为活动影响甚微的地方，除满足上述（1）～（5）项外，还应距主要人口居住中心、主要公路、热电厂、机场 50 km 以上。

4.1.1.3 采样器放置点的选择及采样口离支撑面的高度

湿沉降采样器的设置应保证采集到无偏向性的试样，应设置在离开树林、土丘及其他障碍物足够远的地方。宜设置在开阔、平坦、多草、周围 100 m 内没有树木的地方。也可将采样器安放在楼顶上，但周围 2 m 范围内不应有障碍物，具体的安放标准如下：

（1）采样器与其上方的电线、电缆线等之间的距离应保证不影响试样的采集。

（2）较大障碍物与采样器之间的水平距离应至少为障碍物高度的两倍，即从采样点仰望障碍物顶端，其仰角不大于 30°。

（3）若有多个采样器，采样器之间的水平距离应大于 2 m。

（4）采样器应避免局地污染源的影响，如废物处置地、焚烧炉、停车场、农产品的室外储存场、室内供热系统等，距这些污染源的距离应大于 100 m。

（5）采样器周围基础面要坚固，或有草覆盖，避免大风扬尘给采样带来影响。

（6）干湿接样器应处于平行于主导风向的位置，干罐处于下风向，使湿罐不受干罐的影响。

（7）采样器应固定在支撑面上，使接样器的开口边缘处于水平，离支撑面的高度大于 1.2 m，以避免雨大时泥水溅入试样中。

4.1.2 湿沉降采样仪器

湿沉降采样器宜选用自动采样器，如不能用自动采样器，可用手动采样器替代。

4.1.2.1 自动采样器

湿沉降自动采样器的基本组成是接雨（雪）器、防尘盖、雨传感器、样品容器等。防尘盖用于盖住接雨器，下雨（雪）时自动打开。自动采样器应满足以下条件：

（1）采样器的外观设计合理，下雨时落在防尘盖或仪器其他部位上的雨滴不会溅入接雨器内。

（2）传感器最低能感应到的降雨（雪）强度为 0.05 mm/h 或不小于 0.5 mm 直径的雨滴。

（3）传感器应该有加热装置以防止雾、露水启动采样器，并融化雪和蒸发残留的湿沉降物。

（4）传感器的高度与采样筒的高度一致；为防止鸟落在传感器表面引起误动作，其上面应竖一针状金属物。

（5）防尘盖必须在降雨（雪）开始 1 min 内打开，在降雨（雪）结束后 5 min 内关闭。

（6）防尘盖内沿应加由惰性材料制成的垫子以防对样品造成污染；未降雨时防尘盖和接雨（雪）器之间要封闭严密，防止大气和气溶胶对样品的影响。

（7）接雨（雪）器和样品容器应由惰性材料制成，如聚乙烯、有聚四氟乙烯涂层的金属等；且易于清洗。

（8）接雨（雪）器的口径应不小于 20 cm（直径）。对于雨量偏小的地区，宜使用接雨器口径较大的采样器。

（9）如果样品由接雨（雪）器流入样品容器，则连接接雨（雪）器和样品容器之间的管子应由惰性材料制成，如聚乙烯、尼龙、聚四氟乙烯硅管等。

（10）样品容器体积应足够大，采样时遇到当地最大日降雨量也不会有样品溢出。

（11）采样器对电源的适应性强，在 180～250 V 电压范围内能正常工作。

（12）采样器能在当地极端气候条件下正常工作；采样器正常工作时，不会有漏电、短路等现象。

（13）采样器的机械运转灵活，其内部的电机、传动机构、防尘盖等部件，必须材质好、精度高、配合紧密。

4.1.2.2 手动采样器

对于没有自动采样器的监测点，可进行手动采样。手动采样器一般由一只接雨（雪）的聚乙烯塑料漏斗、一个放漏斗的架子、一只样品容器（聚乙烯瓶）组成，漏斗的口径和样品容器体积大小与自动采样器的要求相同；也可采用无色聚乙烯塑料桶采样，采样桶上口直径及体积大小与自动采样器的要求相同。

4.1.2.3 雨（雪）量计

在采集降雨（雪）的同时还需要进行降雨（雪）量的观测，以便计算出应采样品的量。雨（雪）量计安装在采样器旁固定架子上，距采样器距离不小于 2 m，器口保持水平，距地面高 70 cm。冬季积雪较深地区，应备有一个较高的备份架子，当雪深超过 30 cm 时，应把仪器移至备份架子上进行观测。其他注意事项和用法详见仪器使用说明书。

4.1.2.4 称重天平

用于对所采集到的样品进行称量，天平的最大称样量不小于 15 kg，最小感量为 1 g。

4.1.3 采样时间和频率

下雨时，每 24 h 采样一次。若一天中有几次降雨（雪）过程，可合并为一个样品测定；若遇连续几天降雨（雪），则将上午 9:00 至次日上午 9:00 的降雨（雪）视为一个样品。

4.1.4 采样记录

采样后应立即对样品进行编号和记录，具体内容如下：

（1）采样点名称；

（2）样品编号；

（3）采样开始日期，结束日期，开始时间，结束时间；

（4）样品体积或者重量；

（5）湿沉降类型（雨、雪、冻雨、冰雹）；

（6）降雨（雪）量；

（7）样品污染情况（明显的悬浮物、鸟粪、昆虫）；

（8）采样设备情况（运转正常/不正常）；

（9）当时的气温、风向；

（10）采样人员临时观察到的情况（意外的环境问题、车辆活动）；

（11）监测点状况（监测点周围是否有异常，是否有新增的局地污染源等）；

（12）其他（不寻常情况、问题、观测等）；

（13）采样人员签名。

样品记录应连同样品一起送到分析实验室。

4.1.5 采样容器的准备和清洗

接雨（雪）器和样品容器在第一次使用前需用 10%（*V*/*V*）盐酸或硝酸溶液浸泡 24 h，用自来水洗至中性，再用去离子水冲洗多次，然后用少量去离子水模拟降雨，用离子色谱法检查模拟降雨样品中的 Cl^-含量，若和去离子水相同，即为合格；或者测其电导率（EC），EC 值小于 0.15 mS/m 视为合格。倒置晾干后备用。

4.1.6 样品采集的基本步骤

（1）洗净晾干后的接雨器安在自动采样器上，如连续多日没下雨（雪），则应 3～5 d 清洗一次。如果是手动采样，则应将清洗后的接雨（雪）器放在室内密闭保存，下雨（雪）前再放置于采样点；如接雨（雪）器在采样点放置 2 h 后仍未下雨（雪），则需将接雨（雪）器取回重新清洗后方可再用于样品采集。

（2）雨（雪）后将样品容器取下，称重；去除样品容器的重量后得样品量，与同步监测的降雨（雪）量进行比较。

（3）取一部分样品测定 EC 和 pH，其余的过滤后放入冰箱保存，以备分析离子组分。如果样品量太少（少于 50 g），则只测 EC 和 pH。

（4）将接雨（雪）器和样品容器洗净晾干，以备下一次采样用。

如果采样点距离分析实验室较远，可考虑在采样点附近设立一简单小型的工作间，上述操作均可在工作间完成。此外，样品保存的时间不可太久，从采样到分析，以 10 d 左右为宜，原则上不超过 15 d。

4.1.7 湿沉降采样的 QA/QC 要求

为确保采样的质量，要求：

（1）每月进行一次实际的平行采样与分析，各项分析结果的偏差不应大于 10%。

（2）样品量根据接雨（雪）器的口径换算成降雨量，将降雨（雪）量的计算值与雨量计的测量值进行比较，计算值应在测量值的 80%～120%。

（3）应有专人负责检查各采样点的采样器，包括接雨（雪）器、样品容器、管道等是否按规定清洗干净。检查方法：用 200 ml 已测 EC 值（λ_1）的去离子水清洗接雨（雪）器、样品容器、管道等，然后再测其清洗液的 EC 值（λ_2）。要求：$(\lambda_2-\lambda_1)/\lambda_1<50\%$；同时检查去离子水质量，要求 EC 值小于 0.15 mS/m。

（4）称样的天平应按规定定期送当地计量部门检定，在现场测量样品重量前，应用已知重量砝码校正天平，或者使用自动可调整精度天平。

（5）定期检查湿沉降自动采样器运转是否正常，主要确保传感器和连动盖子的开启应达到要求；同时检查雨传感器的加热部分是否正常。

（6）随时注意检查监测点周围发生的变动情况，如新的污染源、建筑工地等；做好记录，及时上报。

（7）手动采样时应确保降雨（雪）时及时放置接雨装置，雨（雪）停后及时取回雨（雪）样，以防干沉降对湿沉降样品的影响。

（8）采样记录应完整、准确。

4.2 样品的管理

4.2.1 样品的过滤

用 0.45 μm 的有机微孔滤膜作过滤介质。该膜为惰性材料，不与样品中的化学成分发生吸附或离子交换作用，能满足过滤样品的要求。

4.2.2 滤膜的前处理

滤膜在加工、运输、保存等过程中可能会玷污少量的无机物，会对样品带来影响。因此，使用前应将滤膜放入去离子水中浸泡 24 h，并用去离子水洗涤 3 次后晾干，备用。

4.3 样品的处置

4.3.1 样品分析前的测定及处理

取下的样品首先称重，然后取一部分测定 EC 和 pH，其余的过滤后保存。

4.3.2　样品的标识与记录

在样品瓶的标签上记录下样品编号和采样时间，同时在采样记录本上作采样记录；样品瓶上的编号要与记录本上的编号对应一致。

4.3.3　样品存放容器材质要求

保存湿沉降样品的容器宜用无色聚乙烯塑料瓶，不得与其他地表水、污水采样瓶等混用。塑料瓶的清洗要求与接水容器相同，样品存放时要拧紧瓶盖。

4.3.4　样品保存与运输要求

样品在送到分析实验室前应在 3～5℃冷藏。当样品不能用冰箱保存时，可使用防腐剂，推荐使用百里酚（2-异丙基-5-甲基酚），按 400 mg 百里酚（分析纯）和 1 000 ml 样品的比率投加。

4.3.5　样品交接的要求

外场采样人员将样品交给实验室分析人员的过程中，应有交接记录，并在交接双方认可后签字。交接时要注意检查核对样品编号与采样记录是否一致。

4.3.6　样品管理的 QA/QC 要求

4.3.6.1　样品瓶的清洗

样品瓶在第一次使用前需用 10%（体积分数）盐酸或硝酸溶液浸泡 24 h，用自来水洗至中性，再用去离子水（EC 值在 25℃时应小于 0.15 mS/m，）冲洗多次，然后加少量去离子水振摇，用离子色谱法检查水中的 Cl^-含量或测其 EC，若 Cl^-含量低于仪器检出限或 EC 值小于 0.15 mS/m，即为合格。将样品瓶倒置晾干后盖好，保存在清洁的橱柜内。

4.3.6.2　样品的运输

为保持样品的化学稳定性，应尽量减少运输时间，并保证样品在运输期间处于低温状态（3～5℃），或用防腐剂保存样品。样品运送过程中，应避免样品溢出和污染。

4.3.6.3　样品保存的空白实验

每月均做两个空白样品以检验样品的管理情况。方法如下：取两个样品瓶装入去离子水，与雨（雪）样进行同步处理（放入冰箱或加防腐剂、同步运输等），同时进行离子组分的分析，其分析结果应与分析去离子水相同。否则，应检查去离子水是否合格、样品瓶的清洗是否达到要求、样品瓶盖是否严密等。

4.4　样品的分析

4.4.1　分析项目

酸沉降监测的测定项目有：EC、pH、SO_4^{2-}、NO_3^-、F^-、Cl^-、NH_4^+、Ca^{2+}、Mg^{2+}、Na^+、K^+、降雨（雪）量等。各级测点对 EC、pH 两个项目，应做到逢雨（雪）必测，同时记录当次降雨（雪）的量；对其他监测项目，在当月有降雨（雪）的情况下，国家酸雨监测网监测点应对每次降雨（雪）进行全部离子项目的测定，尚不具备条件的监测网站每月应至少选一个或几个降水量较大的样品进行全部项目的测定。

各测点可根据需要选测 HCO_3^-、Br^-、$HCOO^-$、CH_3COO^-、PO_4^{3-}、NO_2^-、SO_3^{2-}等。

4.4.2　分析的要求

4.4.2.1　分析的实验室条件要求

实验室必须具备相应的实验条件，电源、温度、湿度等都必须符合分析项目及所用仪器的要求。

4.4.2.2　分析的仪器要求

分析仪器的灵敏度、检出限等必须符合所分析项目的要求，仪器设备应按规定检定，并在有效期内使用。用于准确测量的玻璃器皿如容量瓶、移液管等应符合相应的精度要求并定期进行检定。

4.4.2.3　分析的试剂及用水要求

实验室用水应严格按照《实验室用水规格》（GB 6682—86）中规定的三个等级净化水的要求，根据不同的用途和不同的分析项目选用不同等级的实验用水。试剂、标准溶液应按规定配制、标定，并在规定的时间内使用。

4.4.2.4 分析的操作要求

分析人员根据分析项目确定相应的分析方法，具体操作时应严格按照相应的分析实施步骤开展分析工作；涉及分析仪器的使用时，也应严格按照相应的仪器操作规程进行仪器操作。

4.4.2.5 分析人员的要求

分析人员应持有相应分析项目的技术考核合格证，并按规定定期复查。

4.4.2.6 分析记录的要求

原始记录一律按要求用钢笔或签字笔填写，不得随意涂改；修改数据时，应在要修改的数据上画一条横线并加盖记录人的印章或签字，修改后的数据写在原始数据的右上方，同时保留原数据字迹清晰可辨；原始记录必须有分析人、校对人、实验室负责人审核签字。

4.4.3 分析方法

湿沉降 EC、pH 以及离子成分的测定，全部采用标准分析方法或国际通用分析方法，见表 1。

表 1 分析方法一览表

监测项目	分析方法	标准号
电导率（EC）	电极法	GB 13580.3—92
pH	电极法	GB 13580.4—92
SO_4^{2-}	离子色谱法 硫酸钡比浊法 铬酸钡-二苯碳酰二肼光度法	GB 13580.5—92 GB 13580.6—92 GB 13580.6—92
NO_3^-	离子色谱法 紫外光度法 镉柱还原光度法	GB 13580.5—92 GB 13580.8—92 GB 13580.8—92
Cl^-	离子色谱法 硫氰酸汞高铁光度法	GB 13580.5—92 GB 13580.9—92
F^-	离子色谱法 新氟试剂光度法	GB 13580.5—92 GB 13580.10—92
K^+、Na^+	原子吸收分光光度法 离子色谱法	GB 13580.12—92 见本规范附录 B
Ca^{2+}、Mg^{2+}	原子吸收分光光度法 离子色谱法	GB 13580.13—92 见本规范附录 B
NH_4^+	纳氏试剂光度法 次氯酸钠-水杨酸光度法 离子色谱法	GB 13580.11—92 GB 13580.11—92 见本规范附录 B

阴离子的分析建议用离子色谱法；金属阳离子的分析建议用离子色谱法或原子吸收分光光度法；NH_4^+的分析建议用离子色谱法或纳氏试剂光度法。

4.4.4 实验室环境条件监控与记录要求

4.4.4.1 实验室环境条件的监控

每次分析前都应检查实验室的环境条件，如有无酸碱气体，实验室的温度、湿度等是否符合仪器要求，并做好相应的记录。

4.4.4.2 实验记录要求

每次进行实验（分析）时，均应做好以下记录：

（1）实验（分析）用水的 EC 值记录；

（2）配制标准溶液的详细记录；

（3）实验室条件的详细记录；

（4）实验（分析）仪器的条件、有关参数等的详细记录；

（5）实验（分析）结果的原始记录；

（6）实验（分析）结果上必须有实验（分析）人员、校对人员、审核人员等的签名。

4.4.5 原始记录与分析结果的表示

（1）原始记录如谱图或记录到计算机硬盘上的数据应妥善保存，以便查阅。

（2）雨水中各离子的浓度用 mg/L 表示，雨水的 EC 值用 mS/m 表示。

4.4.6 样品分析的 QA/QC

4.4.6.1 测试仪器

（1）实验室内所用的 pH 计、电导仪、分析天平、分光光度计、原子吸收分光光度计、离子色谱仪、各类玻璃量器等按规定定期送当地计量部门检定，严禁使用不合格的测试仪器。

（2）测试人员应备有所使用测试仪器的说明书，便于随时查阅。

4.4.6.2 测试分析用水

配制标准溶液或缓冲溶液应用二次去离子水，EC 值在 25℃时应小于 0.15 mS/m，pH 在 5.6～6.0。配好的溶液储于聚乙烯瓶中，有效期一个月。

4.4.6.3 实验室空白实验

（1）除 EC 值和 pH 外，所有离子成分分析项目在每次测定时均应带实验室空白，实验室空白的分析结果应小于各项目分析方法的检出限。每分析 10 个样品做一空白分析，结果合格后才能继续分析样品。如果实验室空白的分析结果达不到要求，则不能继续进行分析，而且这以前的 10 个样品也应重新进行分析。

（2）每季度测定一次从采样到样品过滤等操作的全程序空白试验，所检测离子浓度结果应不大于该离子分析方法的检出限。

4.4.6.4 工作曲线及线性检验

进行离子组分分析时，要求每批样品分析前先绘制工作曲线，其相关系数绝对值≥0.999，否则要查找原因，重新制作工作曲线。用离子色谱法进行离子组分分析时，阴离子工作曲线要求至少四个浓度点，各点浓度值的确定以当地湿沉降的各阴离子平均浓度为依据；阳离子工作曲线要求至少五个点，各点浓度值的确定以当地湿沉降的各阳离子的平均浓度为依据。

4.4.6.5 密码样（质控样）的分析

每分析一批样品时，均要求对各离子的密码样进行分析，如果分析结果不合格，则不能进行样品的分析。

4.4.6.6 仪器稳定性检验

4.4.6.6.1 pH 计和电导仪的稳定性检验

pH 计（电导仪）校正完毕后，应测定一已知溶液的 pH（EC）值，要求测定值与真值相差不大于 ±0.02（±0.1%），否则应重新校正 pH 计（电导仪）；如果合格则可进行样品的测定。样品测定完毕后，再一次测定这一已知溶液的 pH（EC）值，如果合格，则可认为此批样品的测定结果有效；否则，需重新进行 pH 计（电导仪）的校正并对样品重新进行测定。如果样品个数比较多，则应在每测定 10 个样品后测定一已知溶液，合格则继续；如果不合格，则必须重新进行 pH 计（电导仪）的校正，并且此前 10 个样品的测定结果无效，需重新测定。

4.4.6.6.2 离子组分分析时仪器的稳定性检验

进行离子组分分析时，每分析 10 个样品，应分析一已知标准溶液，其分析值与标准值相差不大于 5%，否则应重新作工作曲线，并且这以前的 10 个样品也应重新进行分析。

4.4.6.7 加标回收率的测定

每次样品分析时，应随机抽取 10%的样品进行加标回收率测定，加标量为样品中原物质量的 0.5～2 倍。要求加标回收率的范围为 85%～115%，用离子色谱分析阳离子，其加标回收率合格范围可放宽为 80%～120%。

4.4.6.8　准确度和精密度控制

（1）精密度控制

凡可以进行平行双样分析的测定项目，在样品分析时，要求做 10%的平行双样。平行双样实验室内最大偏差应在允许范围内，见表 2。

表 2　平行双样测定值的精密度和准确度允许差

项目	样品含量范围/（mg/L）	精密度/%		准确度/%			适用的监测分析方法
		室　内	室　间	加标回收率	室内相对误差	室间相对误差	
pH	1～14	±0.04 pH 单位	±0.1 pH 单位				玻璃电极法
EC/（mS/m）	＞1	0.3	1.0				电极法
SO_4^{2-}	1～10	±10	±15	85～115	±10	±15	铬酸钡光度法、硫酸钡比浊法、离子色谱法
	10～100	±5	±10	85～115	±5	±10	
NO_3^-	＜0.5	±10	±15	85～115	±10	±15	离子色谱法、紫外分光光度法
	0.5～4.0	±5	±10	85～115	±5	±10	
Cl^-	＜1.0	±10	±15	85～115	±10	±15	离子色谱法
	1～50	±10	±15	85～115	±10	±15	
NH_4^+	0.1～1.0	±10	±15	85～115	±10	±15	纳氏试剂光度法、次氯酸钠-水杨酸光度法、离子色谱法
	＞1.0	±10	±15	85～115	±10	±15	
F^-	≤1.0	±10	±15	85～115	±10	±15	离子选择电极法、离子色谱法
	＞1.0	±10	±15	85～115	±10	±15	
K^+、Na^+、Ca^{2+}、Mg^{2+}	1～10	±10	±15	85～115	±10	±15	原子吸收分光光度法、离子色谱法
	10～100	±5	±10	85～115	±5	±10	

（2）准确度控制

实验室内的准确度控制，应通过质控样进行。质控样的室内最大相对误差应在允许范围内。还可采用加标回收率测定作为准确度控制手段，各项目加标回收率应在合格范围内。

4.4.6.9　阴、阳离子浓度平衡和电导率平衡检验

湿沉降样品理论上是呈电中性的，当对湿沉降样品进行阴、阳离子浓度和 EC、pH 值测定后，可通过下面两个方程分别计算相应的平衡参数 R_1 和 R_2 值，再结合国内外有关资料推荐的 R_1 和 R_2 参考标准来判断湿沉降样品阴、阳离子浓度平衡和 EC 值平衡的好坏（是否漏测了重要离子）。当 R_1 和 R_2 值偏离参考值范围，一般应重新对样品进行分析，如仍然偏差较大，应对引起偏差的原因进行分析并作说明。两个计算方程分别为：

$$R_1=(c-A)/(c+A)\times100\%$$

式中：R_1——湿沉降中阴、阳离子微摩尔总数的平衡情况。

$$A=10^{-3}\times\Sigma A_i\times N_i/M_i$$

A_i——第 i 个阴离子的浓度，mg/L；

N_i——第 i 个阴离子的价态数；

M_i——第 i 个阴离子的摩尔质量。

$$c=10^{(6-\mathrm{pH})}/1.008+10^{-3}\times\sum c_i\times N_i/M_i$$

c_i——第 i 个阳离子的浓度，mg/L；

N_i——第 i 个阴离子的价态数；

M_i——第 i 个阴离子的摩尔质量。

$$R_2=((\lambda_{计算}-\lambda_{实测})/(\lambda_{计算}+\lambda_{实测}))\times 100\%$$

式中：R_2——湿沉降中阴、阳离子的 EC 值（电荷）平衡情况；

$\lambda_{计算}$——在 25℃时，理论上计算出的湿沉降溶液的 EC 值；

$\lambda_{实测}$——湿沉降样品的实测 EC 值（应换算成 25℃时的 EC 值），mS/m。

对于稀溶液（＜10^{-3} mol/L）来说，总 EC 值可以由各个离子的摩尔浓度和摩尔 EC 值求得，计算公式如下：

$$\lambda_{计算}=\sum c_i\lambda_i^0\times 10^{-3}$$

式中：$\lambda_{计算}$——溶液 EC 值，mS/m；

c_i——第 i 个离子浓度，μmol/L；

λ_i^0——25℃无限稀溶液摩尔 EC 值，S・cm²/mol。

所以：$\lambda_{计算}=\{349.7\times 10^{(6-pH)}+80.0\times 2c(SO_4^{2-})+71.5c(NO_3^-)+76.3c(Cl^-)+55.5c(F^-)+73.5c(NH_4^+)+50.1c(Na^+)+73.5c(K^+)+59.8\times 2c(Ca^{2+})+53.3\times 2c(Mg^{2+})\}/10\,000$

式中：c——某种离子的微摩尔浓度，μmol/L。

R_1 和 R_2 值的推荐参考标准分别见表 3 和表 4。

表 3　R_1 值的参考标准

C+A/（μeq/L）	R_1/%
＜50	±30
50～100	±15
＞100	±8

表 4　R_2 值的参考标准

$\lambda_{测定值}$/（mS/m）	R_2/%
＜0.5	±30
0.5～3	±13
＞3	±9

湿沉降中各离子无限稀释摩尔电导率值见表 5。

表 5　各离子无限稀释摩尔电导率值

离　　子	摩尔质量（M）	摩尔 EC 值（λ）/（S・cm²/mol）
H^+	1.008	349.7
NH_4^+	18.04	73.5
Ca^{2+}	40.08	59.8×2
K^+	39.10	73.5
Mg^{2+}	24.31	53.3×2
Na^+	22.99	50.1
NO_3^-	62.01	71.5
SO_4^{2-}	96.06	80.0×2
Cl^-	35.45	76.3
HCO_3^-	61.02	44.5
$HCOO^-$	45.0	54.6
CH_3COO^-	59.1	40.9
F^-	19.00	55.5
Br^-	79.90	78.2
NO_2^-	46.01	71.8
PO_4^{3-}	94.97	69.0×3

当 pH＞6 时，R_1 远远大于 0，计算 R_1、R_2 时，应考虑 HCO_3^- 的影响。当测定甲酸、乙酸或二者被同时测定时，计算 R_1 和 R_2 时应包括这两种离子，这些弱酸的浓度（μeq/L）由其离解常数 Ka 和样品的

pH 计算：

$$[HCO_3^-] = P_{CO_2} H_{CO_2} Ka/[H^+] = (360 \times 10^{-6})(3.4 \times 10^{-2})10^{pH-6.35+6}$$
$$= 1.24 \times 10^{pH-5.35}$$

$$[HCOO^-] = [HCOOH]Ka/[H^-] = [HCOOH] \times 10^{pH-pKa}$$
$$= [HCOOH] \times 10^{pH-3.55}$$

$$[CH_3COO^-] = [CH_3COOH]Ka/[H^+] = [CH_3COOH] \times 10^{pH-pKa}$$
$$= [CH_3COOH] \times 10^{pH-4.56}$$

有关 HCO_3^-、$HCOO^-$和 CH_3COO^-的常数，见表 5。

4.4.6.10 实验室间质量控制

（1）统一分析方法。

（2）统一数据处理方法和计算方法。

（3）加强湿沉降监测人员的技术培训和交流。

（4）湿沉降监测的所有采样与分析原始记录要求单列，不与其他监测原始记录相混，所有质控数据均要记录在原始记录本上以便检查。

4.4.6.11 质控考核

（1）每年应定期对各点进行质控考核，包括样品采集、样品分析和数据处理等方面。

（2）质控考核除采用定期考核外，还可与抽查考核相结合的方式进行。抽查的内容主要有：

a）检查采样桶是否清洗干净、符合要求。

b）检查水样保存是否符合要求，是否有专用的湿沉降样品瓶，瓶子是否干净、符合要求。

c）雨天可对有关测点进行同步采样、测定，检查该测点的平行采样结果是否符合要求。

d）检查各类原始记录表。

4.5 数据处理与报告的形成

4.5.1 监测点、采样、运输、实验室操作、分析等信息

4.5.1.1 监测点位的情况描述

各监测点位的情况描述应作为年报的内容之一，如果有所变动，应于变动的次月上报上级主管监测网络中心，具体应包括以下内容：

（1）现场情况：应该记录采样器周围半径 100 m 范围内的情况。如采样器、雨量计放置情况，树木、空中的电线、附近建筑物、道路情况、地上植被、坡度、耕地状况等。同时绘出采样器和采样器周围情况草图。

（2）本地情况：记录农产品、燃料种类、交通工具、道路状况、停车场及修理厂、饲料堆等有可能对采样带来影响的情况。同时记录半径 100 m～10 km 内的动物饲养情况、局部污染情况，城市地区应反映出受污染状况。

（3）地区情况：给出 50 km 范围内固定源和流动源的种类及排放强度。人口多于 1 万的城市，应给出人口量。

4.5.1.2 采样器的描述

采样器的描述为年报内容之一，如果采样器有所改变，应于改变的次月上报上级主管监测网络中心，内容包括：湿沉降采样器的生产厂家、型号、接雨器直径和材料、盖子衬里、管子等的材料描述；同时给出采样器的一些技术指标，如盖子的开关时间、灵敏度等。

4.5.1.3　样品的保存及运输描述

样品的保存及运输描述为年报内容之一，如果情况有所改变，应于改变的次月上报上级主管监测网络中心，内容包括：保存样品的方法（如冰箱保存等），装样品的瓶子等；样品的包装过程和运输频次等。

4.5.2　采样及测定结果报告格式及内容要求

4.5.2.1　采样点位、采样人员等有关信息（年报表）

每年应将采样点位、采样人员、采样仪器、分析仪器等有关信息以表格的形式上报上级主管监测网络中心，见表 6。

表 6　湿沉降采样点情况表

<table>
<tr><td>监测站名称</td><td colspan="7"></td></tr>
<tr><td>采样点名称</td><td colspan="2"></td><td colspan="2">采样点地址</td><td colspan="3"></td></tr>
<tr><td>采样点类型*</td><td colspan="2"></td><td colspan="2">经　度</td><td colspan="3"></td></tr>
<tr><td>纬　　度</td><td colspan="2"></td><td colspan="2">海拔高度/m</td><td colspan="3"></td></tr>
<tr><td>采样器型号</td><td colspan="2"></td><td colspan="2">接雨器直径/m</td><td colspan="3"></td></tr>
<tr><td colspan="3">采样点距离地面高度/m</td><td colspan="5"></td></tr>
<tr><td colspan="3">接雨口距支撑点高度/m</td><td colspan="5"></td></tr>
<tr><td rowspan="2">采样人员情况 1</td><td>姓名</td><td></td><td>年龄</td><td></td><td>职称</td><td colspan="2"></td></tr>
<tr><td>工作年限</td><td colspan="2"></td><td colspan="3">参加本工作年限</td><td></td></tr>
<tr><td rowspan="2">采样人员情况 2</td><td>姓名</td><td></td><td>年龄</td><td></td><td>职称</td><td colspan="2"></td></tr>
<tr><td>工作年限</td><td colspan="2"></td><td colspan="3">参加本工作年限</td><td></td></tr>
</table>

注：* 采样点类型按照城区、郊区、远郊填写。

4.5.2.2　分析项目、分析人员等有关信息（年报表）

每年应将样品的分析项目及对应方法、仪器名称及型号、检出限、分析人员情况等以表格的形式上报上级主管监测网络中心，见表 7、表 8。

表 7　__________监测站（中心）湿沉降样品分析条件表

单位：mS/m；mg/L（pH 量纲为 1）

项　目	分析（测定）方法	仪器名称及型号	仪器检出限	分析人员	备　　注
EC					
pH					
F^-					
Cl^-					
NO_3^-					
SO_4^{2-}					
Na^+					
K^+					
Mg^{2+}					
Ca^{2+}					
NH_4^+					

注：保留两位小数。

表 8　__________监测站（中心）湿沉降分析（测定）人员情况表

姓　名	年　龄	职　称	工作年限	参加本工作年限	备　　注

4.5.2.3 QA/QC 数据表（季报表）

每个季度应将样品分析的 QA/QC 数据以 Excel 表格的形式上报到上级主管监测网络中心，见附表 1～附表 4。

4.5.2.4 监测结果报表（月报表）

次月 10 日前，应将当月的监测结果以 Excel 表格的形式上报到上级主管监测网络中心。见附表 5。

4.5.3 监测报告的制度要求

4.5.3.1 审核要求

上报的材料及数据均需通过逐级审核，并有操作（分析）人员签字、审核人员签字、项目负责人签字。

4.5.3.2 时间要求

月报表应于次月 10 日前以数据传输的方式上报到上级主管监测网络中心；季报表应于次月 15 日前以数据传输的方式上报到上级主管监测网络中心；年报表应于次年 1 月底以前以数据传输的方式上报到上级主管监测网络中心。

4.5.4 其他注意事项

如有监测点位的变动、采样仪器的变动、分析方法的变动、分析仪器的变动、分析人员的变动等，应于变动的次月上报到上级主管监测网络中心。

5 干沉降监测

5.1 干沉降监测的内容

SO_2、O_3、NO、NO_2、PM_{10}、$PM_{2.5}$、气态 HNO_3、NH_3、HCl、气溶胶等。

5.2 干沉降监测的方法

SO_2、O_3、NO、NO_2、PM_{10}、$PM_{2.5}$ 等均为自动站监测，气态 HNO_3、NH_3、HCl、气溶胶等则用多层滤膜法对样品进行采集，然后分析测定；多层滤膜法同时也可以监测空气中的 SO_2 等。

5.3 干沉降监测点位的设置

5.3.1 监测点个数的确定

与湿沉降监测要求相同。

5.3.2 监测点位的选择和确定

与湿沉降监测要求相同，建议与湿沉降监测点位一致。

5.4 干沉降的测定、采样及分析

5.4.1 监测项目及频率的确定

干沉降监测仪器的资金投入较大，操作也比较复杂，各级监测站可根据具体情况和要求，选定其中的某些项目进行。附近有空气自动监测站的点（直线距离不超过 1 000 m），可直接利用空气自动站的有关监测数据。其监测频率、质量控制要求等参照自动站的有关规定执行。气态 HNO_3、NH_3、HCl、气溶胶等的监测为每周一次的连续采样。各类监测点的具体监测项目见表 9。

表 9 干沉降监测项目

点位类型	监 测 项 目	采 样 方 法
城区点	SO_2、O_3、NO_2、PM_{10}	见“环境空气自动监测规范”
郊区点	SO_2、O_3、NO_2、PM_{10}	见“环境空气自动监测规范”
远郊点	SO_2、HNO_3、NH_3、HCl、气溶胶	多层滤膜法

5.4.2　自动仪器法

参照“环境空气自动监测规范”的有关规定及方法。

5.4.3　多层滤膜法

5.4.3.1　原理

多层滤膜法是将事先处理过的滤膜安装在采样头上，用一抽气泵抽吸空气，使空气通过这些滤膜；采样完毕后将滤膜取下，分析测定滤膜中各种物质的含量的一种方法。多层滤膜法的采样头是由四个安有滤膜的滤膜夹组成，其示意图见图 1。

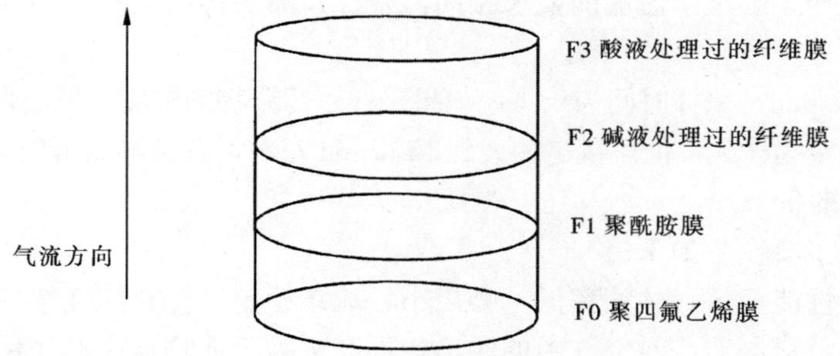

F0 为聚四氟乙烯膜，孔径为 0.8 μm，用于采集空气中的气溶胶。

F1 为聚酰胺膜，孔径为 0.45 μm，用于采集空气中的气态 HNO_3 及部分 SO_2、气态 HCl、NH_3。

F2 为碱性溶液处理后的纤维膜，用于采集剩余的 SO_2 和气态 HCl。

F3 为酸性溶液处理后的纤维膜，用于采集剩余的 NH_3。

图 1　多层滤膜法示意图

5.4.3.2　样品的采集

5.4.3.2.1　采样装置

采样装置示意图见图 2。

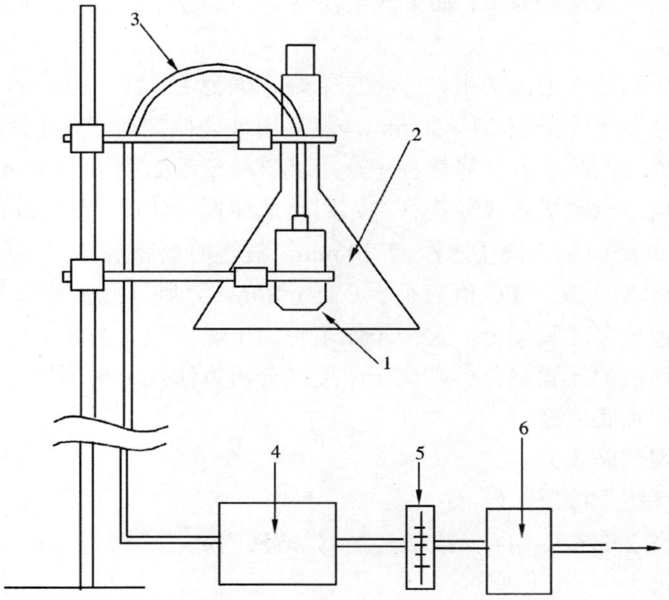

1—采样头；2—塑料漏斗；3—气管；4—抽气泵；5—流速计；6—气体累计流量计

图 2　多层滤膜采样法示意图

5.4.3.2.2 滤膜及安装顺序

由外到内，安装顺序为 F0、F1、F2、F3。

F0：聚四氟乙烯膜

F1：聚酰胺膜

F2：用 K_2CO_3（或 Na_2CO_3）等处理过的纤维膜

F3：用 H_3PO_4 等处理过的纤维膜

5.4.3.2.3 采样器放置点的选择及采样口离支撑面的高度

采样器放置点的选择与湿沉降监测的要求相同，采样口离支撑面的高度为 3 m。

5.4.3.2.4 采样流量

采样流量通常为 1 L/min，采样时间为一周；如果采样点污染物的浓度太低，也可以将采样流量定为 2 L/min。也可将采样时间定为一天，但流量需加大到 15 L/min 左右。各监测点可根据要求或具体情况而定。

5.4.3.2.5 采样仪器的准备

多层滤膜法采样的主要设备如下：

（1）抽气泵：要求性能稳定、故障率低、噪声小、流量稳定，能长期连续使用。

（2）气管：由惰性材料制造，对空气中的污染物不产生吸附或物质交换作用，建议用尼龙管。

（3）气体累计流量计：用于测定采样体积，要求精度为 0.000 1 m^3。

（4）流速计：用于调整采样时气体流速，要求精度为 0.1 L/min。

（5）滤膜夹、滤膜架。

（6）干燥箱：用于滤膜的前处理，为避免空气中的酸、碱性气体等的污染，干燥箱中应通纯氮，并保持氮气的流通。若无通氮气的条件，可在干燥箱的进气口处安一活性炭过滤装置，同时在干燥箱的出气口装一抽气泵，使箱外的空气经过滤后进入干燥箱，以保证箱内的空气流动和空气清洁。也可以用真空干燥器。

5.4.3.2.6 采样滤膜的准备

5.4.3.2.6.1 F0 滤膜（聚四氟乙烯膜）

聚四氟乙烯膜用去离子水洗涤即可，如果滤膜保存完好，则可以不用洗涤而直接用于采样。洗涤处理的具体步骤如下：

（1）取三个烧杯，分别装入去离子水，并将三个烧杯编为 1、2、3 号。

（2）将滤膜置于 1 号烧杯中浸泡 10～30 min，然后用玻璃棒搅动滤膜 1～3 min。

（3）从 1 号烧杯中取出滤膜放入 2 号烧杯中，用玻璃棒搅动滤膜 1～3 min。

（4）从 2 号烧杯中取出滤膜放入 3 号烧杯中，用玻璃棒搅动滤膜 1～3 min。

（5）将 3 号烧杯中的滤膜用去离子水浸泡 30 min，浸泡时要将烧杯口用保鲜膜封好，以免空气中污染物的影响。测定浸泡水的 EC，EC 值应小于 0.15 mS/m，否则，应重复步骤（3）～步骤（4）。

（6）将洗涤完毕的膜放在滤膜架上，置于干燥箱中，干燥后放入滤膜盒备用。

（7）随机取 5 张处理后的滤膜，分析其离子浓度（分析方法及分析项目与湿沉降监测相同），分析结果的平均值即为该膜的本底浓度。

5.4.3.2.6.2 F1 滤膜（聚酰胺膜）

F1 滤膜的处理方法和步骤如下：

（1）将滤膜放入装有 2%的 K_2CO_3（或 Na_2CO_3）溶液的烧杯中浸泡 30 min，然后用玻璃棒搅动滤膜 1～3 min。

（2）取三个烧杯，分别装入去离子水，并将三个烧杯编为 1、2、3 号。

（3）将滤膜置于 1 号烧杯中浸泡 10～30 min，然后用玻璃棒搅动滤膜 1～3 min。

（4）从 1 号烧杯中取出滤膜放入 2 号烧杯中，用玻璃棒搅动滤膜 1～3 min。

（5）从 2 号烧杯中取出滤膜放入 3 号烧杯中，用玻璃棒搅动滤膜 1～3 min。

（6）将 3 号烧杯中的滤膜用去离子水浸泡 30 min，浸泡时要将烧杯口用保鲜膜封好，以免空气中污染物的影响。测定浸泡水的 EC，EC 值应小于 0.15 mS/m，否则，应重复步骤（4）～步骤（5）。

（7）放入干燥箱干燥，干燥后放入滤膜盒备用。

（8）随机取 5 张处理后的滤膜，分析其离子浓度（分析方法与湿沉降监测相同，分析项目为 F^-、Cl^-、NO_3^-、SO_4^{2-}、NH_4^+），分析结果的平均值即为该膜的本底浓度。

5.4.3.2.6.3 F2 滤膜（纤维膜）

F2 滤膜的处理方法和步骤如下：

（1）将滤膜放入装有 2%的 K_2CO_3（或 Na_2CO_3）溶液的烧杯中浸泡 30 min，然后用玻璃棒搅动滤膜 1～3 min。

（2）取三个烧杯，分别装入去离子水，并将三个烧杯编为 1、2、3 号。

（3）将滤膜置于 1 号烧杯中浸泡 10～30 min，然后用玻璃棒搅动滤膜 1～3 min。

（4）从 1 号烧杯中取出滤膜放入 2 号烧杯中，用玻璃棒搅动滤膜 1～3 min。

（5）从 2 号烧杯中取出滤膜放入 3 号烧杯中，用玻璃棒搅动滤膜 1～3 min。

（6）将 3 号烧杯中的滤膜取出，用去离子水浸泡 30 min，浸泡时要将烧杯口用保鲜膜封好，以免空气中污染物的影响。测定浸泡水的 EC，EC 值应小于 0.15 mS/m，否则重复步骤（2）～步骤（5）。

（7）取三个烧杯分别装入 6%的 K_2CO_3（或 Na_2CO_3）与 2%的丙三醇混合液（等体积混合），并将烧杯编为 4、5、6 号。

（8）将滤膜放入 4 号烧杯中浸泡约 10 min，然后用玻璃棒搅动滤膜 1～3 min。

（9）用塑料镊子从 4 号烧杯中取出滤膜放入 5 号烧杯中，用玻璃棒搅动滤膜 1～3 min。

（10）用塑料镊子从 5 号烧杯中取出滤膜放入 6 号烧杯中，用玻璃棒搅动滤膜 1～3 min。

（11）用塑料镊子将 6 号烧杯中的滤膜取出，放在干净的滤纸上并用滤纸将滤膜上多余的溶液吸干，放入塑料滤膜盒中，再将滤膜盒放入聚乙烯袋内备用。

（12）随机取 5 张处理后的滤膜，分析其离子浓度（分析方法与湿沉降监测相同，分析项目为 Cl^-、SO_4^{2-}），分析结果的平均值即为该膜的本底浓度。

5.4.3.2.6.4 F3 滤膜（纤维膜）

F3 滤膜的处理方法和步骤如下：

（1）将滤膜放入装有 2%的 H_3PO_4 溶液的烧杯中浸泡 30 min，然后用玻璃棒搅动滤膜 1～3 min。

（2）取三个烧杯，分别装入去离子水，并将三个烧杯编为 1、2、3 号。

（3）将滤膜置于 1 号烧杯中浸泡 10～30 min，然后用玻璃棒搅动滤膜 1～3 min。

（4）从 1 号烧杯中取出滤膜放入 2 号烧杯中，用玻璃棒搅动滤膜 1～3 min。

（5）从 2 号烧杯中取出滤膜放入 3 号烧杯中，用玻璃棒搅动滤膜 1～3 min。

（6）将 3 号烧杯中的滤膜取出，用去离子水浸泡 30 min，浸泡时要将烧杯口用保鲜膜封好，以免空气中污染物的影响。测定浸泡水的 EC，EC 值应小于 0.15 mS/m，否则重复步骤（2）～步骤（5）。

（7）取三个烧杯分别装入5%的H_3PO_4与2%的丙三醇混合液（等体积混合），并将烧杯编为4、5、6号。

（8）将滤膜放入 4 号烧杯中浸泡约 10 min，然后用玻璃棒搅动滤膜 1～3 min。

（9）用塑料镊子从 4 号烧杯中取出滤膜放入 5 号烧杯中，用玻璃棒搅动滤膜 1～3 min。

（10）用塑料镊子从 5 号烧杯中取出滤膜放入 6 号烧杯中，用玻璃棒搅动滤膜 1～3 min。

（11）用塑料镊子将 6 号烧杯中的滤膜取出，放在干净的滤纸上并用滤纸将滤膜上多余的溶液吸干，放入塑料滤膜盒中，再将滤膜盒放入聚乙烯袋内备用。

（12）随机取 5 张处理后的滤膜，分析其离子浓度（分析方法与湿沉降监测相同，分析项目为 NH_4^+），分析结果的平均值即为该膜的本底浓度。

5.4.3.2.7 样品采集的仪器安装

采样装置的安装及管路连接等，如图 2 所示。

5.4.3.2.8 监测记录

采样前后应对样品进行编号和记录，具体内容如下：

（1）采样点名称和点位环境；

（2）样品编号，对应的滤膜号，滤膜的安装位置；

（3）采样开始日期、时间，结束日期、时间；

（4）气体累计流量计的起始、结束读数，采样体积；

（5）流速计读数；

（6）采样设备情况（运转正常/不正常）；

（7）当时的气温、气压、风速、风向；

（8）采样员临时观察到的情况（意外的环境问题、车辆活动）；

（9）采样人员签名。

监测记录应连同样品一起送到分析实验室。

5.4.3.2.9 采样的 QA/QC 要求

为确保采样的质量，应做到以下几点：

（1）采样用的管子、滤膜架、滤膜夹要清洗干净，以免对样品造成污染。

（2）应避免处理好的滤膜长时间暴露在空气中。处理后的滤膜应每张分别装入塑料盒内，并分别用聚乙烯袋密封，3～5℃保存。

（3）安装滤膜应在实验室内，戴好聚乙烯手套，用干净的镊子进行安装，将装好滤膜后的采样头放入聚乙烯袋中密封，然后送到采样点使用。

（4）采样完毕后将采样头取下，也应立即放入聚乙烯袋中密封，送回实验室处理。

（5）采样装置及采样头安装好后需要检查系统是否漏气，如有漏气应找出原因妥善处理。

（6）采样用的流速计、气体累计流量计要按规定定期进行校正，以免造成采样体积的误差。

（7）随时检查抽气泵运转是否正常。

（8）注意观察流速计和气体累计流量计的读数是否一致。

（9）注意观察样品受污染情况（明显的被污染痕迹等）。

（10）随时观察监测点状况（监测点周围是否有异常，是否有新增的局地污染源等）。

（11）采样记录应完整、准确。

5.4.3.3 样品的处置及保存

5.4.3.3.1 样品的处置

取下的样品装入聚乙烯滤膜盒内，放入 3～5℃的冰箱中保存，以备做化学组分的分析。

5.4.3.3.2 样品的标识与记录

在样品盒的标签上记录下样品编号和采样时间，同时在采样记录本上做采样记录。注意样品盒的编号要与记录本上的编号对应一致。

5.4.3.3.3 样品存放容器材质要求

保存样品的滤膜盒应用惰性材料制成，建议用聚乙烯盒；装好样品后要用不干胶将盒盖固定好，以免盖子脱落；然后用聚乙烯袋将其密封。

5.4.3.3.4 样品保存与运输要求

样品在送到分析实验室前应在 3～5℃的温度冷藏；如采样点距实验室较远，送样途中也应将样品放在加冰的冰桶中。

5.4.3.3.5 样品交接、处置等的记录要求

外场采样人员将样品交给实验室分析人员的过程中，应有交接记录，并在交接双方认可后签字。交接时要注意检查核对样品编号与采样记录是否一致等。

5.4.3.3.6 样品管理的 QA/QC 要求

5.4.3.3.6.1 样品盒的清洗

样品盒在第一次使用前需用 10%（*V*/*V*）盐酸或硝酸溶液浸泡 24 h，用自来水洗至中性，再用去离子水冲洗多次，然后加少量去离子水振摇，用离子色谱法检查水中的 Cl^-含量，若和去离子水相同，即为合格；或测量其 EC，若 EC 值小于 0.15 mS/m 即为合格。晾干后盖好，备用。

5.4.3.3.6.2 滤膜架、滤膜夹、气管等的清洗

滤膜架、滤膜夹、气管等在第一次使用前需用 10%（*V*/*V*）的盐酸或硝酸溶液浸泡 24 h，用自来水洗至中性，再用去离子水冲洗多次，用离子色谱法检查最后冲洗水中的 Cl^-含量，若和去离子水相同，即为合格；或者测量其 EC，EC 值小于 0.15 mS/m 即为合格。晾干后备用。

5.4.3.3.6.3 样品的运输

为保持样品的化学稳定性，应最大限度地减少运输时间，并保证样品在运输期间处于低温状态（3～5℃）。样品运送过程中，应避免样品被污染。

5.4.3.3.6.4 样品保存的空白实验

每季度均做两个空白样品以检验样品的管理情况。做法如下：取两个样品盒装入空白膜，与样品进行同步处理，然后对其进行离子组分的分析，其分析结果应与膜的本底浓度一致。

5.4.3.4 样品的分析、分析项目与分析方法

5.4.3.4.1 分析项目

各层滤膜的分析项目见表 10。

表 10 多层滤膜法分析项目表

	分析项目	提取液
F0	F^-、Cl^-、NO_3^-、SO_4^{2-}、Na^+、NH^+_4、K^+、Mg^{2+}、Ca^{2+}	20 ml 水
F1	F^-、Cl^-、NO_3^-、SO_4^{2-}、NH_4^+	20 ml 水
F2	Cl^-、SO_4^{2-}	20 ml 0.05%的 H_2O_2
F3	NH_4^+	20 ml 水

5.4.3.4.2 滤膜的分析前处理

（1）将滤膜放入 50 ml 的聚丙烯试管中，加入提取液 20 ml；F0、F1、F3 滤膜所加提取液为去离子水；F2 滤膜所加提取液为 0.05%（*V*/*V*）的 H_2O_2 溶液。

（2）将试管放在振摇架上振摇 20 min，或放入超声清洗槽中超声清洗 20 min。

（3）将样品提取液用孔径为 0.45 μm 的滤膜过滤，滤液密封后 3～5℃保存，以备分析。

5.4.3.4.3 分析方法

分析方法、分析仪器等要求与湿沉降监测分析相同。

5.4.3.4.4 实验室环境条件监控与记录要求

与湿沉降监测相同。

5.4.3.4.5 原始记录与分析结果的表示

与湿沉降监测相同。

5.4.3.4.6 样品分析的 QA/QC

（1）样品用提取液提取后应尽快分析，以免受到污染或发生成分变化。

（2）如样品用提取液提取后不能立即分析，应倒入样品瓶内，盖好后 3～5℃保存。

（3）其他分析注意事项及 QA/QC 要求与湿沉降监测相同。

5.4.3.5　结果计算

5.4.3.5.1　提取液浓度的计算

提取液中各污染物浓度按下式进行计算：

$$c_{液}=c_1-c_0$$

式中：$c_{液}$——样品的实际提取液浓度，mg/L；

c_1——分析出的样品提取液浓度，mg/L；

c_0——采集样品膜的本底浓度，mg/L。

5.4.3.5.2　采样体积的计算

采样体积按下式进行计算：

$$V_{样}=V\times(20+273)/(T+273)$$

式中：$V_{样}$——20℃状态下的采样体积，m^3；

V——气体累计流量计测量出的采样体积，m^3；

T——采样期间的平均空气温度，℃。

5.4.3.5.3　空气中污染物浓度计算

空气中的污染物浓度按下式进行计算：

$$c_{气}=c_{液}\times V_{提取液}/V_{样}$$

式中：$c_{气}$——空气中的污染物浓度，μg/m^3；

$V_{提取液}$——加入的提取液量，ml；

$V_{样}$——20℃状态下的采样体积，m^3。

5.4.3.5.4　干沉降中各污染物浓度的计算

干沉降中各污染物浓度的计算见表 11。

表 11　多层滤膜法分析结果计算公式表

	污染物	公　　式
气溶胶	F^-	$c_{气}=c_{液,F0}\times V_{提取液}/V_{样}$
	Cl^-	
	NO_3^-	
	SO_4^{2-}	
	Na^+	
	NH_4^+	
	K^+	
	Mg^{2+}	
	Ca^{2+}	
SO_2		$c_{气}=(c_{液,F1}+c_{液,F2})\times V_{提取液}/V_{样}$
气态 HNO_3		$c_{气}=c_{液,F1}\times V_{提取液}/V_{样}$
气态 HCl		$c_{气}=(c_{液,F1}+c_{液,F2})\times V_{提取液}/V_{样}$
气态 NH_3		$c_{气}=(c_{液,F1}+c_{液,F3})\times V_{提取液}/V_{样}$

式中：$c_{气}$为空气中的污染物浓度，μg/m^3；

$c_{液,F0}$为样品膜 F0 的实际提取液浓度，mg/L；

$c_{液,F1}$为样品膜 F1 的实际提取液浓度，mg/L；

$c_{液,F2}$为样品膜 F2 的实际提取液浓度，mg/L；

$c_{液,F3}$为样品膜 F3 的实际提取液浓度，mg/L；

$V_{样}$为 20℃状态下的采样体积，m^3；

$V_{提取液}$为加入的提取液量，ml。

5.5 数据处理与报告的形成

5.5.1 监测点、采样、运输、实验室操作、分析等信息（年报）

5.5.1.1 监测点位的情况描述

与湿沉降监测相同。

5.5.1.2 采样器的描述

与湿沉降监测相同。

5.5.1.3 样品的保存及运输描述

与湿沉降监测相同。

5.5.1.4 实验室操作描述

与湿沉降监测相同。

5.5.2 测定结果报告格式及内容要求

5.5.2.1 采样人员、分析人员等有关信息（年报表）

与湿沉降监测相同。

5.5.2.2 分析项目及对应方法、仪器名称及型号、检出限、分析人员等列表（年报表）

与湿沉降监测相同。

5.5.2.3 QA/QC 数据表（季报表）

与湿沉降监测相同。

5.5.2.4 监测结果报表（月报表）

5.5.2.4.1 自动站监测结果

参照自动站的数据上报格式。

5.5.2.4.2 多层滤膜法监测结果

多层滤膜法监测结果的月报表见附表 6。

5.5.3 监测报告的制度要求

与湿沉降监测相同。

5.5.4 其他注意事项

如有监测点位的变动、分析方法的变动、分析仪器的变动、分析人员的变动等，应于变动的当月上报上级主管监测网络中心。

附　录　A
（资料性附录）
湿沉降监测操作程序

A.1　采样

A.1.1　采样人员及相应管理人员的指定

采样人员及管理人员分别负责样品的采集、管理和采样过程中的QA/QC措施的执行；所有人员需经过专门的培训。

A.1.2　检查监测点周围发生的变化

采样人员要随时观察采样点周围发生的变化，并对此进行记录：

（1）采样点周边局部环境的变化，如是否有新的污染源等。

（2）采样点现场环境的变化，如附近是否出现新的其他可能影响采样的物体等。

A.1.3　采样器的检查

采样人员要随时对采样器进行检查，如有问题应及时采取相应措施，同时做好记录：

（1）采样器外观检查。如锈蚀、变形等；应及时将锈蚀部分用油漆涂覆，矫正变形等。

（2）采样器性能检查。如雨感器是否灵敏、接雨器盖子开关是否灵活等，如有故障应尽快排除。

（3）接雨器的检查。随时检查接雨器的清洁情况，并保持接雨器始终处于清洁状态。

（4）建立采样器档案，包括采样器制造厂名，采样器型号、制造日期、操作方法，采样器使用说明书等。

A.1.4　现场采样

每24 h采样一次。若一天中有几次降雨（雪）过程，可合并为一个样品测定；若遇连续几天降雨（雪），可收集上午9:00至次日上午9:00的降雨（雪）。

A.2　样品的现场测试及处理

A.2.1　样品的外观观察

是否有明显的被污染情况，如明显的悬浮颗粒、昆虫、鸟粪等。

A.2.2　样品量的测定

对样品进行称重，并记录。

A.2.3　如果是降雪，则要等雪在室温下融化后进行以下操作。

A.2.4　降雨（雪）量的测定。

A.2.5　测定样品的EC值。

A.2.6　测定样品的pH值。

A.2.7　样品过滤，然后在冰箱保存（或加入防腐剂）。

A.3　样品的运输及保存

A.3.1　样品的运输

一般情况下要求冷藏运输，运输过程中要保证样品不泄漏或污染。

A.3.2　样品的保存

样品取下后，无论是在现场工作室还是送到实验室，均应储存在聚乙烯瓶中，放置于冰箱内保存。

A.4　样品的测定和化学分析

A.4.1　样品分析人员和管理人员的指定

应明确指定样品的分析人员和管理人员，并保持一定的人员稳定性。

A.4.2　人员培训

对指定的样品分析人员和管理人员进行相关知识及规定的培训，经考核合格后才能承担相应的工作。

A.4.3　去离子水

所使用去离子水的 EC 值在 25℃时应小于 0.15 mS/m，并在每次使用前测定其实际 EC 值。

A.4.4　分析仪器

样品分析所涉及的仪器均应符合“规范”的要求，并严格按照仪器本身的操作程序进行操作。具体注意以下几点：

（1）仪器的定期检定：由国家技术监督部门对仪器进行检定。

（2）仪器操作条件，如预热时间等。

（3）仪器的校正。

（4）最低检出限和最低测定限的测定和计算。

（5）仪器使用、维护记录及档案。

A.4.5　分析的操作程序

（1）配制标准溶液：配制标准溶液系列，要求其浓度范围基本上能涵盖样品的浓度；阴离子标准溶液的浓度点不少于 4 个，阳离子标准溶液的浓度点不少于 5 个。

（2）做工作曲线：要求工作曲线的相关性不小于 0.999，否则应重新测定或重新配制标准溶液。

（3）样品测定：工作曲线合格后即可进行密码样的分析，密码样的分析结果合格后方可进行样品的测定。样品测定过程中注意按规定的比例做平行、加标回收等；每分析 10 个样品后分析一标准样品和空白，其结果必须符合“规范”的要求，否则应查明原因或重新作工作曲线。

（4）样品的重复测定：对可疑样品如明显的离群浓度或 R_1、R_1 不合格，应重复测定，直至两次的测定结果吻合。

A.4.6　分析结果的处理

（1）样品的浓度计算。

（2）平行样品的标准偏差计算。

（3）样品的加标回收率计算。

（4）离子平衡计算。

A.5　质量保证和质量控制（QA/QC）

A.5.1　玻璃器皿和聚乙烯容器的管理

（1）清洗：有关的玻璃器皿和聚乙烯容器在第一次使用前，均应用 10%的硝酸或盐酸浸泡过夜，然后用大量自来水冲洗，最后用去离子水清洗三次；以后每使用一次，都要用自来水冲洗，然后再用去离子水清洗三次。

（2）保存：洗净的容器分类保存于干净的橱柜内备用。

A.5.2　样品收集的评价

要求实际收集到的样品量在应收集样品量的 80%以上。应收集样品量根据测定的降（雪）雨量及接雨（雪）器的口径算出。

A.5.3 可靠性评价

（1）灵敏度偏差评价：使用同一浓度系列的标准溶液，在基本相同的实验条件下，测定其响应值，一是可以通过两条工作曲线的斜率 a、截距 b、剩余标准差 S 等的统计检验，了解其是否为同一曲线来判断其灵敏度的变化；二是若同一浓度的各响应值偏差均不超过 20%，也可认为其灵敏度变化是可以接受的；若灵敏度太低，已不能满足分析要求，可重新选择最佳分析条件或更换仪器的某些元件。

（2）平行双样测定结果的评价：见本“规范”的具体要求。

（3）全程序空白的评价：全程序空白的测定结果，一般要求各离子的响应值为零，便认为合格。

（4）测量数据与最低检出限：测量数据一般应在最低检出限以上，当测定结果低于最低检出限时，应报“未检出”（ND）或报检出限，并注明“L”字样。当用于特定目的的统计计算时，可以检出限的一半报出数据。

A.5.4 结果评价

（1）采样点的代表性：采样点的选择应基本符合本“规范”的相关要求。

（2）采样时间完整性：一般以 24 h 为一采样时间单位，采集从降雨（雪）开始到结束的全过程样品。

（3）样品有效性：采样量、样品保存条件、样品运输条件、样品保存时间等应符合本“规范”的相关要求。

A.6 监测结果报告

（1）填写监测（分析）结果报告。

（2）有关人员审核。

（3）监测结果上报上级主管监测网络中心或有关部门。

附　录 B
（资料性附录）
离子色谱法对阳离子的测定

离子色谱广泛用于测定湿沉降中的阴阳离子。利用溶液中各种离子通过离子交换柱时的保留时间不同，可以分别将它们进行分离；然后利用溶液电导与离子浓度的正比关系，可测得离子的浓度。

B.1　仪器与设备

（1）带电导检测器的离子色谱仪。

（2）阳离子分离柱。

（3）阳离子抑制柱或阳离子微膜抑制器。

（4）积分仪、记录仪或电脑工作站。

（5）过滤装置及 0.45 μm 微孔滤膜。

（6）注射器：用于进样的 1 ml 注射器。

（7）烧杯：50 ml 若干个。

（8）刻度移液管：1 ml、2 ml、5 ml 移液管若干支。

（9）具塞塑料桶，3 L 的 1 个，用于配制淋洗液。

（10）聚乙烯塑料瓶：2 L 的 4 个，用于装淋洗液；500 ml 的 10 个，用于装标准储备溶液；250 ml 的 1 个，用于装混合标准溶液。

（11）250 ml 容量瓶：用于混合标准溶液的配制。

B.2　试剂和溶液

（1）淋洗液：不同分离柱对淋洗液的具体要求不一样；应按照分离柱的说明书进行淋洗液的配制。

（2）再生液：按离子抑制柱的说明书进行配制。

（3）标准溶液的储备液：用标准样品或高纯试剂配制混标溶液。在冰箱里的保存时间不超过三个月。

（4）标准溶液系列：取储备液稀释到所需要的浓度，待测样品的浓度应在标准溶液系列的范围内。

B.3　测定过程

仪器操作以仪器说明书为准，下面举例说明：

（1）开机后使淋洗液和再生液通过柱子，直到系统平衡稳定。

（2）制作 5 个点以上的工作曲线，一般来说，工作曲线的相关性应大于 0.999。

（3）样品测定。

B.4　结果计算

（1）工作曲线的绘制（或计算）

以标准溶液的浓度为横坐标，谱图的峰高（或峰面积）为纵坐标作图，可得一工作曲线图；或将浓度与峰高（或峰面积）进行回归计算，得一回归方程；如果数据采集部分为计算机工作站，则此部分工作由计算机工作站自动完成。

（2）样品浓度的计算

将样品中各组分谱图的峰高（或峰面积）代入工作曲线图，或代入回归公式进行计算，即可得出该组分的浓度值；如果数据采集部分为计算机工作站，则此部分工作由计算机自动完成。

B.5 注意事项

（1）离子色谱法所用去离子水的电导率（EC）应小于 0.15 mS/m。

（2）注射标准溶液时，应按浓度由高到低的顺序，否则有可能影响第一个样品的分析结果；也可以由低到高进行，但在分析样品前应用去离子水作一空白样，以降低其可能对样品测定带来的影响。

（3）样品分析完后，应继续通 20 min 以上的淋洗液，以免样品中的一些物质残留在柱子中，对柱子的性能带来一定的影响。

（4）每次进行样品分析均应做好实验室的条件记录，同时对离子色谱仪的有关情况也应做好记录，具体记录内容如下：

- 分析人员
- 开机时间
- 关机时间
- 淋洗液及浓度
- 淋洗液流速
- 分析前系统压力
- 分析后系统压力
- 实验室温度、湿度
- 第一个样品的 Ca^{2+}的保留时间
- 最后一个样品的 Ca^{2+}的保留时间
- 其他有关情况

附表 1 湿沉降分析阴离子加标回收率测定结果

______省（自治区、直辖市） 监测时间（年、月）：______

采样点位	采样时间	F^-			Cl^-			NO_3^-			SO_4^{2-}		
		加标量	本底浓度	回收率/%	加标量	本底浓度	回收率/%	加标量	本底浓度	回收率/%	加标量	本底浓度	回收率/%

填写说明：（1）保留两位小数。

（2）加标量单位：μg；浓度单位：mg/L。

（3）如果行数不足，可以自行增加本表电子版的行数，但请不要改变本表的其他结构。

填表人：______ 复核人：______ 单位盖章：

附表 2 湿沉降分析阳离子加标回收率测定结果

______省（自治区、直辖市） 监测时间（年、月）：______

采样点位	采样时间	Na^+			NH_4^+			K^+			Mg^{2+}			Ca^{2+}		
		加标量	本底浓度	回收率/%	加标量	本底浓度	回收率/%	加标量	本底浓度	回收率/%	加标量	本底浓度	回收率/%	加标量	本底浓度	回收率/%

填写说明：（1）保留两位小数。

（2）加标量单位：μg；浓度单位：mg/L。

（3）如果行数不足，可以自行增加本表电子版的行数，但请不要改变本表的其他结构。

填表人：______ 复核人：______ 单位盖章：

附表 3 湿沉降分析阴离子平行双样测定结果

______省（自治区、直辖市） 监测时间（年、月）：______

采样点位	采样时间	F^-			Cl^-			NO_3^-			SO_4^{2-}		
		一次	二次	相对偏差/%	一次	二次	相对偏差/%	一次	二次	相对偏差/%	一次	二次	相对偏差/%

填写说明：（1）保留两位小数。

（2）浓度单位：mg/L。

（3）如果行数不足，可以自行增加本表电子版的行数，但请不要改变本表的其他结构。

填表人：______ 复核人：______ 单位盖章：

附表 4 湿沉降分析阳离子平行双样测定结果

________省（自治区、直辖市） 监测时间（年、月）：________

采样点位	采样时间	Na^+			NH_4^+			K^+			Mg^{2+}			Ca^{2+}		
		一次	二次	相对偏差/%	一次	二次	相对偏差/%	一次	二次	相对偏差/%	一次	二次	相对偏差/%	一次	二次	相对偏差/%

填写说明：（1）保留两位小数。

（2）浓度单位：mg/L。

（3）如果行数不足，可以自行增加本表电子版的行数，但请不要改变本表的其他结构。

填表人：________ 复核人：________ 单位盖章：

附表 5 湿沉降分析报表

________省（自治区、直辖市） 监测时间（年、月）：________

行政代码	市（县、区）	采样点	采样开始时间				采样结束时间				降水类型	降水量/mm	pH	电导率/(mS/m)	离子组分/(mg/L)									备注
			月	日	时	分	月	日	时	分					SO_4^{2-}	NO_3^-	F^-	Cl^-	NH_4^+	Ca^{2+}	Mg^{2+}	Na^+	K^+	

填写说明：（1）本表中“月”、“日”、“时”、“分”采用 2 位数字表示，不足 2 位数者在前面补零，如 5 月 8 日应写成“05”和“08”；小时按 24 h 制计，如上午 7 时应写成“07”。

（2）pH 值、离子组分浓度数据保留小数点后两位数字，电导率、降雨量保留小数点后一位数字。

（3）降水类型栏填入雨、雪或冰雹。

（4）如有稀释，应在备注栏注明稀释倍数。

（5）如果行数不足，可以自行增加本表电子版的行数，但请不要改变本表的其他结构。

填表人：________ 复核人：________ 单位盖章：

附表 6 多层滤膜法监测报表

__________省（自治区、直辖市） 监测时间（年、月）：__________

行政代码	市（县、区）	采样点	采样开始时间				采样结束时间				气态污染物/（$\mu g/m^3$）				气溶胶/（$\mu g/m^3$）									备注
			月	日	时	分	月	日	时	分	SO_2	HNO_3	HCl	NH_3	SO_4^{2-}	NO_3^-	F^-	Cl^-	NH_4^+	Ca^{2+}	Mg^{2+}	Na^+	K^+	

填写说明：（1）本表中“月”、“日”、“时”、“分”采用 2 位数字表示，不足 2 位数者在前面补零，如 5 月 8 日应写成“05”和“08”；小时按 24 h 制计，如上午 7 时应写成“07”。

（2）保留两位小数。

（3）如果行数不足，可以自行增加本表电子版的行数，但请不要改变本表的其他结构。

填表人：__________ 复核人：__________ 单位盖章：

附加说明：

本规范由国家环境保护总局科技标准司提出。

本规范由中国环境监测总站、重庆市环境监测中心负责起草。

本规范委托中国环境监测总站负责解释。

本规范为首次发布，于 2004 年 12 月 9 日起实施。

中华人民共和国国家标准

环境空气　二氧化氮的测定 Saltzman 法

GB/T 15435—1995

Ambient air—Determination of nitrogen dioxide—Saltzman method

1995-03-25 批准　　　　1995-08-01 实施

1　主题内容与适用范围

1.1　主题内容

本标准规定了测定环境空气中二氧化氮的分光光度法。

1.2　适用范围

当采样体积为 4～24 L 时，本标准适用于测定空气中二氧化氮的浓度范围为 0.015～2.0 mg/m^3。

2　引用标准

GB 5275　气体分析　校准用混合气体的制备　渗透法

3　术语

Saltzman 实验系数（*f*）：用渗透法制备的二氧化氮校准用混合气体，在采气过程中被吸收液吸收生成的偶氮染料相当于亚硝酸根的量与通过采样系统的二氧化氮总量的比值。该系数为多次重复实验测定的平均值，测定方法见附录 B。

4　原理

空气中的二氧化氮与吸收液中的对氨基苯磺酸进行重氮化反应，再与 *N*-（1-萘基）乙二胺盐酸盐作用，生成粉红色的偶氮染料，于波长 540～545 nm 处，测定吸光度。

5　试剂

除另有说明，分析时均使用符合国家标准的分析纯试剂和无亚硝酸根的蒸馏水或同等纯度的水，必要时可在全玻璃蒸馏器中加少量高锰酸钾和氢氧化钡重新蒸馏。

水纯度的检验方法：按 8.1.1 条测量，吸收液的吸光度不超过 0.005。

5.1　*N*-（1-萘基）乙二胺盐酸盐储备液：称取 0.50 g *N*-（1-萘基）乙二胺盐酸盐［$C_{10}H_7NH(CH_2)_2NH_2 \cdot 2HCl$］于 500 ml 容量瓶中，用水溶解稀释至刻度。此溶液贮于密封的棕色试剂瓶中，在冰箱中冷藏，可稳定三个月。

5.2　显色液：称取 5.0 g 对氨基苯磺酸［$NH_2C_6H_4SO_3H$］，溶于约 200 ml 热水中，将溶液冷却至室温，全部移入 1 000 ml 容量瓶中，加入 50 ml 冰乙酸和 50.0 ml *N*-（1-萘基）乙二胺盐酸盐储备液（5.1），用水稀释至刻度。此溶液于密闭的棕色瓶中，在25℃以下暗处存放，可稳定三个月。

5.3 吸收液：使用时将显色液（5.2）和水按4+1（*V*/*V*）比例混合，即为吸收液。此溶液于密闭棕色瓶中，25℃以下暗处存放，可稳定三个月。若呈现淡红色，应弃之重配。

5.4 亚硝酸盐标准储备溶液：250 mg NO_2^-/L。准确称取0.375 0 g亚硝酸钠（$NaNO_2$，优级纯，预先在干燥器内放置24 h），移入1 000 ml容量瓶中，用水稀释至标线。此溶液贮于密闭瓶中于暗处存放，可稳定三个月。

5.5 亚硝酸盐标准工作溶液：2.50 mg NO_2^-/L。用亚硝酸盐标准储备液（5.4）稀释。临用前现配。

5.6 校准用混合气：使用时，按GB 5275规定的渗透法制备零气及能覆盖欲测范围的至少四种浓度的二氧化氮校准用混合气体。

6 仪器

6.1 采样探头：硼硅玻璃、不锈钢、聚四氟乙烯或硅胶管，内径约为6 mm，尽可能短一些，任何情况下不得长于2 m，配有朝下的空气入口。

6.2 吸收瓶：内装10 ml、25 ml或50 ml吸收液的多孔玻板吸收瓶，液柱不低于80 mm。按附录A检查吸收瓶的玻板阻力，气泡分散的均匀性及采样效率。下图示出了较为适用的两种多孔玻板吸收瓶。

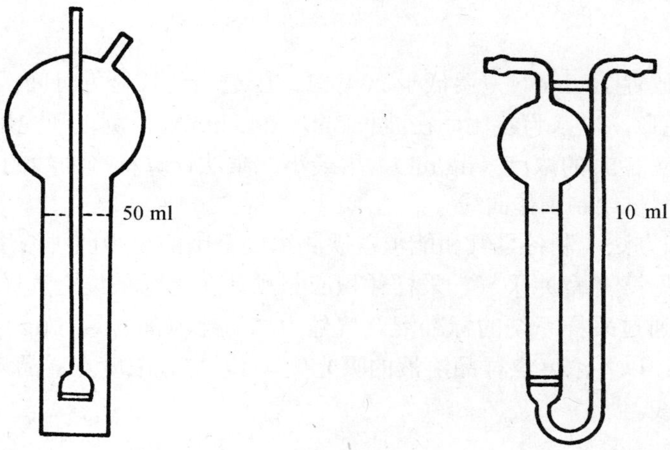

多孔玻板吸收瓶示意图

6.3 空气采样器：

6.3.1 便携式空气采样器：流量范围0～1 L/min。采气流量为0.4 L/min时，误差小于±5%。

6.3.2 恒温自动连续采样器：采气流量为0.2 L/min时，误差小于±5%。能将吸收液温度保持在（20±4）℃。

6.4 分光光度计。

6.5 硅胶管：内径约6 mm。

7 样品

7.1 短时间采样（1 h以内）：取一支多孔玻板吸收瓶，装入10.0 ml吸收液（5.3），标记吸收液液面位置以0.4 L/min流量采气6～24 L。

7.2 长时间采样（24 h以内）：用大型多孔玻板吸收瓶，内装25.0 ml或50.0 ml吸收液，液柱不低于80 mm，标记吸收液液面位置，使吸收液温度保持在（20±4）℃，从9:00到次日9:00，以0.2 L/min流量采气288 L。

采样、样品运输及存放过程中应避免阳光照射。

气温超过 25℃时，长时间运输及存放样品应采取降温措施。

7.3 干扰及排除

空气中臭氧浓度超过 0.25 mg/m^3 时，使吸收液略显红色，对二氧化氮的测定产生负干扰。采样时在吸收瓶入口端串接一段 15～20 cm 长的硅胶管，即可将臭氧浓度降低到不干扰二氧化氮测定的水平。

8 分析步骤

8.1 校准曲线的绘制

8.1.1 用亚硝酸盐标准溶液绘制标准曲线

取 6 支 10 ml 具塞比色管，按表 1 制备标准色列。

表 1 亚硝酸盐标准色列

管 号	0	1	2	3	4	5
标准工作溶液（5.5）/ml	0	0.40	0.80	1.20	1.60	2.00
水/ml	2.00	1.60	1.20	0.80	0.40	0
显色液（5.2）/ml	8.00	8.00	8.00	8.00	8.00	8.00
NO_2 浓度/（μg/ml）	0	0.10	0.20	0.30	0.40	0.50

各管混匀，于暗处放置 20 min（室温低于 20℃时，应适当延长显色时间。如室温为 15℃时，显色 40 min），用 10 mm 比色皿，以水为参比，在波长 540～545 nm 处，测量吸光度。扣除空白试验（零浓度）的吸光度以后，对应 NO_2^- 的浓度（μg/ml），用最小二乘法计算标准曲线的回归方程。

8.1.2 用二氧化氮标准气体绘制工作曲线

按 GB 5275 规定的方法，制备零气和能覆盖欲测浓度范围的至少四种浓度的二氧化氮标准混合气体，按采样操作条件（见第 7 章）采气，采样体积应与预计在现场采集空气样品的体积相近。按 8.1.1 条操作测量吸光度。以通过采样系统的标准混合气体中二氧化氮的含量（μg）与采样瓶中吸收液的体积（ml）之比为横坐标；以各浓度点样品溶液的吸光度（A）与零浓度点样品溶液的吸光度（A_0）之差为纵坐标，绘制工作曲线。

8.2 样品测定

采样后放置 20 min（气温低时，适当延长显色时间。如 15℃时，显色 40 min），用水将采样瓶中吸收液的体积补至标线，混匀，按 8.1.1 条测量样品的吸光度和空白试验样品的吸光度。

若样品的吸光度超过校准曲线的上限，应用空白试验溶液稀释，再测量其吸光度。

采样后应尽快测量样品的吸光度，若不能及时分析，应将样品于低温暗处存放。样品于 30℃暗处存放，可稳定 8 h；20℃暗处存放，可稳定 24 h；于 0～4℃冷藏，至少可稳定三天。

8.3 空白试验

与采样用吸收液同一批配制的吸收液。

9 结果的表示

9.1 用亚硝酸盐标准溶液绘制标准曲线时，空气中二氧化氮的浓度 C_{NO_2}（mg/m^3）用式（1）计算：

$$C_{NO_2}=\frac{(A-A_0-a)\times V\times D}{b\times f\times V_0} \tag{1}$$

式中：A——样品溶液的吸光度；

A_0——空白试验溶液的吸光度；

b——按 8.1.1 条测得的标准曲线的斜率，吸光度·ml/μg；

a——按 8.1.1 条测得的标准曲线的截距；

V——采样用吸收液体积，ml；

V_0——换算为标准状态（273.15 K、101.325 kPa）下的采样体积，L；

D——样品的稀释倍数；

f——Saltzman 实验系数，0.88（当空气中二氧化氮浓度高于 0.720 mg/m^3 时，f 值为 0.77）。

9.2 用二氧化氮标准气体绘制工作曲线时，空气中二氧化氮的浓度 C_{NO_2}（mg/m^3）用式（2）计算：

$$C_{NO_2}=\frac{C\times V\times D}{V_0} \tag{2}$$

式中：C——由 8.1.2 条测得的工作曲线上查得的 NO_2 浓度，μg/ml；

V——采样用吸收液体积，ml；

V_0——换算到标准状态（273.15 K、101.325 kPa）下的采样体积，L；

D——样品的稀释倍数。

10 密度和准确度

10.1 测定亚硝酸盐标准溶液的精密度和准确度

表 2 精密度和准确度数据

NO_2 浓度 C/（μg/ml）	分析结果 m/（g/ml）	精密度/（μg/ml）				准确度（$m-C$）/C/%
		重复性		再现性		
		S_r	r	S_R	R	
0.715±0.03	0.700	0.002 0	0.006	0.009 5	0.027	−2.1
0.358±0.01	0.315	0.001 5	0.004	0.005 6	0.016	−2.0
0.072±0.00	0.070	0.002 0	0.002	0.001 4	0.004	−2.8

本精密度和准确数据于 1993 年，由 6 个实验室对 3 个浓度水平的试样所做的试验中确定，重复测定次数为 6，概率水平为 95%。

10.2 测定 NO_2 标准气体的精密度和准确度

5 个实验室测定浓度范围在 0.056～0.480 mg/m^3 的 NO_2 标准气体，重复性变异系数小于 10%，相对误差小于±8%。

附　录 A
吸收瓶的检查
（补充件）

A.1　玻板阻力及微孔均匀性检查

新的多孔玻板吸收瓶在使用前，应用（1＋1）HCl 浸泡 24 h 以上，用清水洗净，每支吸收瓶在使用前或使用一段时间以后应测定其玻板阻力，检查通过玻板后气泡分散的均匀性。阻力不符合要求和气泡分散不均匀的吸收瓶不宜使用。

内装 10 ml 吸收液的多孔玻板吸收瓶，以 0.4 L/min 流量采样时，玻板阻力为 4～5 kPa，通过玻板后的气泡应分散均匀。

内装 50 ml 吸收液的大型多孔玻板吸收瓶，以 0.2 L/min 流量采样时，玻板阻力为 5～6 kPa。通过玻板后的气泡应分散均匀。

A.2　采样效率的测定

吸收瓶在使用前和使用一段时间以后，应测定其采样效率。将两支吸收瓶串联，按第 7.1 条操作，采集环境空气，当第一支吸收瓶中 NO_2^- 浓度约为 0.4μg/ml 时，停止采样。按 8.1.1 条测量前后两支吸收瓶中样品的吸光度，按式（A.1）计算第一支吸收瓶的采样效率（E）：

$$E=\frac{C_1}{C_1+C_2} \qquad \text{(A.1)}$$

式中：C_1、C_2——分别为串联的第一支和第二支吸收瓶中 NO_2 的浓度，μg/ml。

注：采样效率 E 低于 0.97 的吸收瓶不宜使用。

附 录 B
Saltzman 实验系数的测定
（补充件）

按 GB 5275 规定的方法，制备零气和欲测浓度范围的二氧化氮标准混合气体。按第 7.1 条采集气样，当吸收液中 NO_2^- 浓度达到 0.4 μg/ml 左右时，停止采样。按 8.1.1 条操作，测量样品的吸光度。按式（B.1）计算 Saltzman 实验系数（f）：

$$f=\frac{(A-A_0-a)\times V}{b\times V_0\times C_{NO_2}} \tag{B.1}$$

式中：A——样品溶液的吸光度；

A_0——空白试验（零浓度）样品的吸光度；

b、a——按 8.1.1 条测得的标准曲线的斜率（吸光度 · ml/μg）和截距；

V——采样用吸收液体积，ml；

V_0——换算为标准状态（101.325 kPa、273.15 K）的采样体积，L；

C_{NO_2}——通过采样系统的 NO_2 标准混合气体的浓度，mg/m^3（101.325 kPa、273.15 K）。

f 值的大小受空气中 NO_2 的浓度、采样流量、吸收瓶类型、采样效率等因素的影响，故测定 f 值时，应尽量使测定条件与实际采样时保持一致。

附加说明：

本标准由国家环境保护局科技标准司提出。

本标准由沈阳市环境监测中心站负责起草。

本标准主要起草人王玉平、陈涛、杜萍萍、王娟、刘丛容。

中华人民共和国国家标准

环境空气　总悬浮颗粒物的测定　重量法

GB/T 15432—1995

Ambient air—Determination of total suspended particulates—Gravimetric method

1995-03-25 批准　　　　1995-08-01 实施

1　主题内容和适用范围

1.1　主题内容

本标准规定了测定总悬浮颗粒物的重量法。

1.2　适用范围

本标准适合于用大流量或中流量总悬浮颗粒物采样器（简称采样器）进行空气中总悬浮颗粒物的测定。方法的检测限为 0.001 mg/m^3。总悬浮颗粒物含量过高或雾天采样使滤膜阻力大于 10 kPa 时，本方法不适用。

2　原理

通过具有一定切割特性的采样器，以恒速抽取定量体积的空气，空气中粒径小于 100 μm 的悬浮颗粒物，被截留在已恒重的滤膜上。根据采样前、后滤膜重量之差及采样体积，计算总悬浮颗粒物的浓度。滤膜经处理后，进行组分分析。

3　仪器和材料

3.1　大流量或中流量采样器：应按《总悬浮颗粒物采样器技术要求（暂行）》（HYQ 1.1—89）的规定。

3.2　孔口流量计：

3.2.1　大流量孔口流量计：量程 0.7～1.4 m^3/min；流量分辨率 0.01 m^3/min；精度优于±2%。

3.2.2　中流量孔口流量计：量程 70～160 L/min；流量分辨率 1 L/min；精度优于±2%。

3.3　U 形管压差计：最小刻度 0.1 hPa。

3.4　X 光看片机：用于检查滤膜有无缺损。

3.5　打号机：用于在滤膜及滤膜袋上打号。

3.6　镊子：用于夹取滤膜。

3.7　滤膜：超细玻璃纤维滤膜，对 0.3 μm 标准粒子的截留效率不低于 99%，在气流速度为 0.45 m/s 时，单张滤膜阻力不大于 3.5 kPa，在同样气流速度下，抽取经高效过滤器净化的空气 5 h，1 cm^2 滤膜失重不大于 0.012 mg。

3.8　滤膜袋：用于存放采样后对折的采尘滤膜。袋面印有编号、采样日期、采样地点、采样人等项栏目。

3.9　滤膜保存盒：用于保存、运送滤膜，保证滤膜在采样前处于平展不受折状态。

3.10 恒温恒湿箱：箱内空气温度要求在15～30℃范围内连续可调，控温精度±1℃；箱内空气相对湿度应控制在（50±5）%。恒温恒湿箱可连续工作。

3.11 天平：

3.11.1 总悬浮颗粒物大盘天平：用于大流量采样滤膜称量。称量范围≥10 g；感量1 mg；再现性（标准差）≤2 mg。

3.11.2 分析天平：用于中流量采样滤膜称量。称量范围≥10 g；感量0.1 mg；再现性（标准差）≤0.2 mg。

4 采样器的流量校准

4.1 新购置或维修后的采样器在启用前，需进行流量校准；正常使用的采样器每月需进行一次流量校准。

4.2 流量校准步骤：

4.2.1 计算采样器工作点的流量：

采样器应工作在规定的采气流量下，该流量称为采样器的工作点。在正式采样前，需调整采样器，使其工作在正确的工作点上，按下述步骤进行：

采样器采样口的抽气速度 W 为0.3 m/s。大流量采样器的工作点流量 Q_H（m^3/min）为

$$Q_H = 1.05 \tag{1}$$

中流量采样器的工作点流量 Q_M（L/min）为

$$Q_M = 60\,000\,WA \tag{2}$$

式中：A——采样器采样口截面积，m^2。

将 Q_H 或 Q_M 计算值换算成标准状况下的流量 Q_{HN}（m^3/min）或 Q_{MN}（L/min）

$$Q_{HN} = (Q_H P T_N) / (T P_N) \tag{3}$$

$$Q_{MN} = (Q_M P T_N) / (T P_N) \tag{4}$$

$$\log_{10} P = \log_{10} 101.3 - h/18\,400 \tag{5}$$

式中：T——测试现场月平均温度，K；

P_N——标准状况压力，101.325 kPa；

T_N——标准状况温度，273.15 K；

P——测试现场平均大气压，kPa；

h——测试现场海拔高度，m。

将式（6）中 Q_N 用 Q_{HN} 或 Q_{MN} 代入，求出修正项 Y，再按式（7）计算 ΔH（Pa）

$$Y = BQ_N + A \tag{6}$$

式中斜率 B 和截距 A 由孔口流量计的标定部门给出。

$$\Delta H = (Y^2 P_N T) / (P T_N) \tag{7}$$

4.2.2 采样器工作点流量的校准：

打开采样头的采样盖，按正常采样位置，放一张干净的采样滤膜，将孔口流量计的接口与采样头密封连接。孔口流量计的取压口接好压差计。

接通电源，开启采样器，待工作正常后，调节采样器流量，使孔口流量计压差值达到式（7）计算的 ΔH 值（记录表格见附录B）。

校准流量时，要确保气路密封连接，流量校准后，如发现滤膜上尘的边缘轮廓不清晰或滤膜安装歪

斜等情况，可能造成漏气，应重新进行校准。

校准合格的采样器，即可用于采样，不得再改动调节器状态。

5 总悬浮颗粒物含量测试

5.1 滤膜准备

5.1.1 每张滤膜均需用 X 光看片机进行检查，不得有针孔或任何缺陷。在选中的滤膜光滑表面的两个对角上打印编号。滤膜袋上打印同样编号备用。

5.1.2 将滤膜放在恒温恒湿箱中平衡 24h，平衡温度取 15～30℃中任一点，记录下平衡温度与湿度。

5.1.3 在上述平衡条件下称量滤膜，大流量采样器滤膜称量精确到 1 mg，中流量采样器滤膜称量精确到 0.1 mg。记录下滤膜重量 W_0（g）。

5.1.4 称量好的滤膜平展地放在滤膜保存盒中，采样前不得将滤膜弯曲或折叠。

5.2 安放滤膜及采样

5.2.1 打开采样头顶盖，取出滤膜夹。用清洁干布擦去采样头内及滤膜夹的灰尘。

5.2.2 将已编号并称量过的滤膜绒面向上，放在滤膜支持网上，放上滤膜夹，对正，拧紧，使不漏气。安好采样头顶盖，按照采样器使用说明，设置采样时间，即可启动采样。

5.2.3 样品采完后，打开采样头，用镊子轻轻取下滤膜，采样面向里，将滤膜对折，放入号码相同的滤膜袋中。取滤膜时，如发现滤膜损坏，或滤膜上尘的边缘轮廓不清晰、滤膜安装歪斜（说明漏气），则本次采样作废，需重新采样（记录表格见附录 C）。

5.3 尘膜的平衡及称量

5.3.1 尘膜在恒温恒湿箱中，与干净滤膜平衡条件相同的温度、湿度，平衡 24 h。

5.3.2 在上述平衡条件下称量滤膜，大流量采样器滤膜称量精确到 1 mg，中流量采样器滤膜称量精确到 0.1 mg。记录下滤膜重量 W_1（g）（记录表格见附录 D）。滤膜增重，大流量滤膜不小于 100 mg，中流量滤膜不小于 10 mg。

5.4 计算

$$\text{总悬浮颗粒物含量}（\mu g/m^3）=\frac{K\times(W_1-W_0)}{Q_N\times t} \tag{8}$$

式中：t——累积采样时间，min；

Q_N——采样器平均抽气流量，即式（3）或式（4）Q_{HN}或Q_{MN}的计算值；

K——常数，大流量采样器 $K=1\times10^6$；中流量采样器 $K=1\times10^9$。

6 测试方法的再现性

当两台总悬浮颗粒物采样器安放位置相距不大于 4 m、不少于 2 m 时，同时采样测定总悬浮颗粒物含量，相对偏差不大于 15%。

附 录 A
孔口流量计的校准要求
（补充件）

在大流量或中流量孔口流量计的量程范围内，均匀取七点，分别由标准罗兹流量计和钟罩式气体计量器进行标定，最后结果以回归方程（A.1）给出。

$$Y = BQ_N + A \quad (A.1)$$

$$\text{修正项}Y(\mathrm{Pa})^{1/2} = \sqrt{\frac{T_N P \Delta H}{P_N T}} \quad (A.2)$$

式中：T_N—— 标准状况下温度，273.15 K；

T—— 标定时环境温度，K；

ΔH——孔口流量计测得压差，Pa；

B——斜率；

A——截距；

P_N——标准状况下压力，101.325 kPa；

P——标定时环境压力，kPa；

Q_N——折算为标准状况时的流量，大流量孔口流量计为 m^3/min；中流量孔口流量计为 L/min。

附 录 B
用孔口流量计校准总悬浮颗粒物采样器记录表
（参考件）

__________环境监测站

采样器编　号	采样器工作点流量/（m^3/min）注	孔口流量计编号	月平均温度/K	平　均大气压/Pa	孔口压差计算值/Pa	校准日期月　日	校准人签　字

注：m^3/min 为大流量采样器流量单位，中流量采样器流量单位为 L/min。

附 录 C
总悬浮颗粒物现场采样记录
（参考件）

________环境监测站

月 日	采样器编号	滤膜编号	采样起始时间	采样终了时间	累积采样时间	测试人签字

附 录 D
总悬浮颗粒物浓度分析记录
（参考件）

测试者________ ________环境监测站

月 日	滤膜编号	采样标况流量/（m^3/min）	累积采样时间/min	累积采样体积/m^3	滤膜重量/g			总悬浮微粒浓度/（$\mu g/m^3$）
					空膜	尘膜	差值	

附加说明：

本标准由国家环境保护局科技标准司提出。

本标准由中国环境监测总站负责起草。

本标准主要起草人李安城、刘砚华。

本标准由国家环境保护局委托中国环境监测总站负责解释。

中华人民共和国国家标准

环境空气　降尘的测定 重量法

GB/T 15265—94

Ambient air—Determination of dustfall —Gravimetric method

1994-10-26 批准　　　　1995-06-01 实施

1　主题内容与适用范围

1.1　主题内容

本标准规定了降尘的测定方法。

本标准采用乙二醇水溶液做收集液的湿法采样，用重量法测定环境空气中的降尘。

1.2　适用范围

本标准适用于测定环境空气中可沉降的颗粒物。方法的检测限为 0.2 t/（km^2 • 30 d）。

2　定义

大气降尘：大气降尘是指在空气环境条件下，靠重力自然沉降在集尘缸中的颗粒物。

3　原理

空气中可沉降的颗粒物，沉降在装有乙二醇水溶液做收集液的集尘缸内，经蒸发、干燥、称重后，计算降尘量。

4　试剂

本标准所用试剂除另有说明外，均为公认的分析纯试剂和蒸馏水或同等纯度的水。

4.1　乙二醇（$C_2H_6O_2$）。

5　仪器

5.1　集尘缸，内径（15±0.5） cm，高 30 cm 的圆筒形玻璃缸。缸底要平整。

5.2　100 ml 瓷坩埚。

5.3　电热板，2 000 W。

5.4　搪瓷盘。

5.5　分析天平，感量 0.1 mg。

6　采样点的设置和样品的收集

6.1　采样点的设置

6.1.1 在采样前，首先要选好采样点。选择采样点时，应先考虑集尘缸不易损坏的地方，还要考虑操作者易于更换集尘缸。普通的采样点一般设在矮建筑物的屋顶，或根据需要也可以设在电线杆上。

6.1.2 采样点附近不应有高大建筑物，并避开局部污染源。

6.1.3 集尘缸放置高度应距离地面 5～12 m。在某一地区，各采样点集尘缸的放置高度尽力保持在大致相同的高度。如放置屋顶平台上，采样口应距平台 1～1.5 m，以避免平台扬尘的影响。

6.1.4 集尘缸的支架应该稳定并很坚固，以防止被风吹倒或摇摆。

6.1.5 在清洁区设置对照点。

6.2 样品的收集

6.2.1 放缸前的准备

集尘缸在放到采样点之前，加入乙二醇 60～80 ml，以占满缸底为准，加水量视当地的气候情况而定。譬如：冬季和夏季加 50 ml，其他季节可加 100～200 ml。加好后，罩上塑料袋，直到把缸放在采样点的固定架上再把塑料袋取下，开始收集样品。记录放缸地点、缸号、时间（年、月、日、时）。

注：加乙二醇水溶液既可以防止冰冻，又可以保持缸底湿润，还能抑制微生物及藻类的生长。

6.2.2 样品的收集

按月定期更换集尘缸一次（30±2 d）。取缸时应核对地点、缸号，并记录取缸时间（月、日、时），罩上塑料袋，带回实验室。取换缸的时间规定为月底 5 d 内完成。在夏季多雨季节，应注意缸内积水情况，为防水满溢出，及时更换新缸，采集的样品合并后测定。

7 分析步骤

7.1 瓷坩埚的准备

将 100 ml 的瓷坩埚洗净、编号，在（105±5）℃下，烘箱内烘 3 h，取出放入干燥器内，冷却 50 min，在分析天平上称量，再烘 50 min，冷却 50 min，再称量，直至恒重（两次重量之差小于 0.4 mg），此值为 W_0。然后将其在 600℃灼烧 2 h，待炉内温度降至 300℃以下时取出，放入干燥器中，冷却 50 min，称重。再在 600℃下灼烧 1 h，冷却，称量，直至恒重，此值为 W_b。

7.2 降尘总量的测定

首先用尺子测量集尘缸的内径（按不同方向至少测定三处，取其算术平均值），然后用光洁的镊子将落入缸内的树叶、昆虫等异物取出，并用水将附着在上面的细小尘粒冲洗下来后扔掉，用淀帚把缸壁擦洗干净，将缸内溶液和尘粒全部转入 500 ml 烧杯中，在电热板上蒸发，使体积浓缩到 10～20 ml，冷却后用水冲洗杯壁，并用淀帚把杯壁上的尘粒擦洗干净，将溶液和尘粒全部转移到已恒重的 100 ml 瓷坩埚中，放在搪瓷盘里，在电热板上小心蒸发至干（溶液少时注意不要崩溅），然后放入烘箱于（105±5）℃烘干，按上述方法称量至恒重。此值为 W_1。

注：淀帚是在玻璃棒的一端，套上一小段乳胶管，然后用止血夹夹紧，放在（105±5）℃的烘箱中，烘 3 h 后使乳胶管黏合在一起，剪掉不黏合的部分制得，用来扫除尘粒。

7.3 降尘总量中可燃物的测定

7.3.1 将上述已测降尘总量的瓷坩埚放入马弗炉中，在 600℃灼烧 3 h，待炉内温度降至 300℃以下时取出，放入干燥器中，冷却 50 min，称重。再在 600℃下灼烧 1 h，冷却，称量，直至恒重，此值为 W_2。

7.3.2 将与采样操作等量的乙二醇水溶液，放入 500 ml 的烧杯中，在电热板上蒸发浓缩至 10～20 ml，然后将其转移至已恒重的瓷坩埚内，将瓷坩埚放在搪瓷盘中，再放在电热板上蒸发至干，于（105±5）℃烘干，按 7.1 条称量至恒重，减去瓷坩埚的重量 W_0，即为 W_c。然后放入马弗炉中在 600℃灼烧，按 7.1 条称量至恒重，减去瓷坩埚的重量 W_b，即为 W_d。测定 W_c、W_d 时所用乙二醇水溶液与加入集尘缸的乙二醇水溶液应是同一批溶液。

8 结果的表示

降尘量为单位面积上单位时间内从大气中沉降的颗粒物的质量。其计量单位为每月每平方公里面积上沉降的颗粒物的吨数（即 t/km^2 • 30 d）。

8.1 计算方法

8.1.1 降尘总量按式（1）计算：

$$M=\frac{W_1-W_0-W_c}{s\times n}\times 30\times 10^4 \quad (1)$$

式中：M——降尘总量，t/km^2 • 30 d；

W_1——降尘、瓷坩埚和乙二醇水溶液蒸发至干并在（105±5）℃恒重后的重量，g；

W_0——在（105±5）℃烘干的瓷坩埚重量，g；

W_c——与采样操作等量的乙二醇水溶液蒸发至干并在（105±5）℃恒重后的重量，g；

s——集尘缸缸口面积，cm^2；

n——采样天数（准确到 0.1 d），d。

8.1.2 降尘中可燃物按式（2）计算：

$$M'=\frac{(W_1-W_0-W_c)-(W_2-W_b-W_d)}{s\times n}\times 30\times 10^4 \quad (2)$$

式中：M'——可燃物量，t/km^2 • 30 d；

W_b——瓷坩埚于 600℃灼烧后的重量，g；

W_2——降尘、瓷坩埚及乙二醇水溶液蒸发残渣于 600℃灼烧后的重量，g；

W_d——与采样操作等量的乙二醇水溶液蒸发残渣于 600℃灼烧后的重量，g；

s——集尘缸缸口面积，cm^2；

n——采样天数（准确到 0.1 d），d。

8.2 报告结果

结果要求保留一位小数。

9 精密度和准确度

五个实验室分别发放 A、B 两个统一样品。

9.1 精密度

9.1.1 重复性

重复性相对标准偏差样品 A 为 0.2%～3.5%，样品 B 为 0.2%～2.2%。

9.1.2 再现性

再现性相对标准偏差样品 A 为 2.3%，样品 B 为 1.0%。

9.2 准确度

样品 A 的相对误差为－3.1%；样品 B 的相对误差为－1.8%。

10 注意事项

10.1 大气降尘系指可沉降的颗粒物，故应除去树叶、枯枝、鸟粪、昆虫、花絮等干扰物。

10.2 每一个样品所使用的烧杯、瓷坩埚等的编号必须一致，并与其相对应的集尘缸的缸号一并及时填入记录表中。

10.3 瓷坩埚在烘箱、马弗炉及干燥器中，应分离放置，不可重叠。

10.4 蒸发浓缩实验要在通风柜中进行，样品在瓷坩埚中浓缩时，不要用水洗涤坩埚，否则将在乙二醇与水的界面上发生剧烈沸腾使溶液溢出。当浓缩至 20 ml 以内时应降低温度并不断摇动，使降尘黏附在瓷坩埚壁上，避免样品溅出。

10.5 应尽量选择缸底比较平的集尘缸，可以减少乙二醇的用量。

附加说明：

本标准由国家环境保护局科技标准司提出。

本标准由北京市环境保护监测中心负责起草。

本标准主要起草人高素琴、王镇延。

本标准由中国环境监测总站负责解释。

中华人民共和国国家标准

环境空气　铅的测定 火焰原子吸收分光光度法

GB/T 15264—94

Ambient air—Determination of lead —Flame atomic absorption spectrophotometric method

1994-10-26 批准　　　　1995-06-01 实施

1　主题内容与适用范围

1.1　主题内容

本标准规定了用火焰原子吸收分光光度法测定环境空气中颗粒铅，方法操作简单、快速而准确。

1.2　适用范围

本方法适用于环境空气中颗粒铅的测定。方法检出限为 0.5 μg/ml（1%吸收），当采样体积为 50 m^3 进行测定时，最低检出浓度为 5×10^{-4} mg/m^3。

2　定义

环境空气中的铅，系指酸溶性铅及铅的氧化物。

3　原理

用玻璃纤维滤膜采集的试样，经硝酸-过氧化氢溶液浸出制备成试料溶液。直接吸入空气-乙炔火焰中原子化，在 283.3 nm 处测量基态原子对空心阴极灯特征辐射的吸收。在一定条件下，根据吸收光度与待测样中金属浓度成正比。

4　试剂

本标准中除另有说明外，均为无铅分析纯试剂和去离子水或同等纯度的水。

4.1　铅：含量不低于 99.99%。

4.2　硝酸（HNO_3），ρ=1.42 g/ml，优级纯。

4.3　硝酸（HNO_3），ρ=1.42 g/ml，分析纯。

4.4　过氧化氢（H_2O_2），约 30%（*m*/*m*）。

4.5　氢氟酸（HF），约 40%（*m*/*m*）。

4.6　硝酸溶液，1%：用硝酸（4.2）配制。

4.7　硝酸溶液，1＋1：用硝酸（4.2）配制。

4.8　硝酸-过氧化氢混合液：用硝酸（4.2）和过氧化氢（4.4），按（1＋1）配制，临时现配。

4.9　铅标准储备溶液，*c*=1.000 g/L：称取 1.000±0.001 g 铅（4.1）于器皿中，加入硝酸（4.2）15 ml，加热，直至溶解完全，然后用水稀释定容至 1 000 ml，混匀。

4.10 铅标准溶液，c=0.100 g/L：用移液管取 10.00 ml 铅标准储备溶液（4.9）至 100 ml 容量瓶内，用硝酸溶液（4.6）稀释至标线，混匀。

4.11 燃气：乙炔，纯度不低于 99.6%。用钢瓶气或由乙炔发生器供给。

4.12 氧化剂：空气，一般由气体压缩机供给，进入燃烧器以前，应经过适当过滤，以除去其中的水、油和其他杂物。

4.13 滤膜：超细玻璃纤维滤膜。空白滤膜的最大含铅量，要明显低于本方法所规定测定的最低检出浓度（见 1.2 条）。

5 仪器

一般实验室仪器和：

5.1 原子吸收分光光度计及相应的辅助设备。光源选用空心阴极灯或无极放电灯。操作参数可参照仪器说明书进行选择。

5.2 4 号多孔玻璃过滤器。

5.3 总悬浮颗粒采样器：中流量采样器。

注：实验用的玻璃器皿用洗涤剂洗净后，在硝酸溶液（4.7）中浸泡。使用前，先后用自来水和无铅水彻底洗洁净。

6 样品

6.1 采集

中流量采样器，玻璃纤维滤膜过滤直径为 8 cm 时，以 50～150 L/min 流量，采样 30～60 m^3。采样应将滤膜毛面朝上，放入采样夹中拧紧。采样后小心取下滤膜尘面朝里对折两次叠成扇形，放回纸袋中，并详细记录采样条件。

6.2 试料溶液

6.2.1 硝酸-过氧化氢溶液浸出法

取试样滤膜，置于高型烧杯中，加入 10 ml 硝酸-过氧化氢混合溶液（4.8）浸泡 2 h 以上，微火加热至沸腾，保持微沸 10 min，冷却后加入过氧化氢（4.4）10 ml，沸腾至微干，冷却，加硝酸溶液（4.6）20 ml，再沸腾 10 min，热溶液通过多孔玻璃过滤器（5.2），收集于烧杯中，用少量热硝酸溶液（4.6）冲洗过滤器数次。待滤液冷却后，转移到 50 ml 容量瓶中，再用硝酸溶液（4.6）稀释至标线，即为试料溶液。

6.2.2 空白溶液制备

取同批号等面积空白滤膜，按 6.2.1 条操作，制备成空白溶液。

7 步骤

7.1 干扰及其消除

对于火焰原子吸收法，在实验条件下，锑在波长 217.0 nm 处有吸收干扰测定，但在 283.3 nm 处，锑不干扰测定。

7.2 校准曲线的绘制

参照表 1，取 6 个 100 ml 容量瓶，分别加入铅标准溶液（4.10），然后用硝酸溶液（4.6）稀释至标线，配制成工作标准溶液，其浓度范围包括试料中被测铅浓度。

表 1

序号	0	1	2	3	4	5	6
铅标准溶液（4.10）加入体积/ml	0	0.50	1.00	2.00	4.00	8.00	10.00
工作标准溶液浓度/（mg/L）	0	0.50	1.00	2.00	4.00	8.00	10.00

根据选定的原子吸收分光光度计工作条件，测定工作标准溶液的吸光度。以吸光度对铅浓度（mg/L），绘制标准曲线。

注：① 装有内部存储器的仪器，输入空白和三个工作标准溶液，存入一条校准曲线，测定试料时可直接读出浓度。

② 在测定过程中，要定期地复测空白和标准溶液，以检查基线的稳定性和仪器灵敏度是否发生了变化。

7.3　试料溶液测定

按校准曲线绘制时的仪器工作条件，吸入硝酸溶液（4.6），将仪器调零，吸入空白（6.2.2）和试料溶液（6.2.1），记录吸光度值。

注：当试料溶液（6.2.1）的响应值处于标准曲线上限范围以外时，要用硝酸溶液（4.6）稀释，使其响应值移至直线区域，并记录下稀释倍数（N）。

7.4　试料的回收试验

对于每批测定，均应将已知含铅量的试样通过方法的全过程操作，以便确定处理和测定过程中对待测铅的回收率影响。

8　计算和结果表示

根据所测的吸光度值，在校准曲线上查出试料溶液和空白溶液的浓度，并由下式计算空气中铅的含量（mg/m^3）。

$$C(\mathrm{Pb}, \mathrm{mg/m^3}) = \frac{V \cdot (a-b) \cdot N}{V_n \times 1000} \times \frac{S_t}{S_a}$$

式中：C——铅及其无机化合物（换算成铅）浓度，mg/m^3；

a——试料溶液中铅浓度，μg/ml；

b——空白溶液中铅浓度，μg/ml；

V——试料溶液体积，ml；

V_n——换算成标准状态下（0℃、101 325 Pa）的采样体积，m^3；

S_t——试料滤膜总面积，cm^2；

S_a——测定时所取滤膜面积，cm^2。

9　精密度和准确度

9.1　精密度

五个实验室火焰法测定含 1.0 mg/L 及 5.0 mg/L 铅的统一试料。

9.1.1　重复性

重复性相对标准偏差分别为 4.0%和 2.4%。

9.1.2　再现性

再现性相对标准偏差分别为 4.6%和 3.1%。

9.2 准确度

五个实验室火焰法分析 0.6 mg/L，试料的加标回收率为 95.5%～105.0%。

附加说明：

本标准由国家环境保护局科技标准司提出。
本标准由重庆市环境科学研究所负责起草。
本标准主要起草人覃长华、黎明、盛和明。
本标准由中国环境监测总站负责解释。

中华人民共和国国家标准

空气质量　恶臭的测定 三点比较式臭袋法

GB/T 14675—93

Air quality—Determination of odor—Triangle odor bag method

1993-09-18 批准　　1994-03-15 实施

1　主题内容和适用范围

1.1　本标准规定了恶臭污染源排气及环境空气样品臭气浓度的人的嗅觉器官测定法。

1.2　本标准适用于各类恶臭源以不同形式排放的气体样品和环境空气样品臭气浓度的测定。样品包括仅含一种恶臭物质的样品和含两种以上恶臭物质的复合臭气样品。

1.3　本标准测定方法不受恶臭物质种类、种类数目、浓度范围及所含成分浓度比例的限制。

2　术语

2.1　臭气浓度（odor concentration）

臭气浓度是根据嗅觉器官试验法对臭气气味的大小予以数量化表示的指标，用无臭的清洁空气对臭气样品连续稀释至嗅辨员阈值时的稀释倍数叫做臭气浓度。

2.2　嗅觉阈值（odor threshold value）

嗅觉阈值包括可以嗅觉气味存在的感觉阈值和能够定出气味特性的识别阈值，本标准中规定使用的是指感觉阈值。

2.3　嗅辨员（panel）

是经专门考试挑选和培训，其嗅觉合格者作为本标准方法测定需要的嗅辨员。

3　原理

三点比较式臭袋法测定恶臭气体浓度，是先将三只无臭袋中的两只充入无臭空气、另一只则按一定稀释比例充入无臭空气和被测恶臭气体样品供嗅辨员嗅辨，当嗅辨员正确识别有臭气袋后，再逐级进行稀释、嗅辨，直至稀释样品的臭气浓度低于嗅辨员的嗅觉阈值时停止实验。每个样品由若干名嗅辨员同时测定，最后根据嗅辨员的个人阈值和嗅辨小组成员的平均阈值，求得臭气浓度。

4　试剂、材料与装置

4.1　标准臭液和无臭液

4.1.1　五种标准臭液浓度及性质见表 1。

4.1.2　液体石蜡作为无臭液和标准臭液溶剂。

4.2　无臭纸：层析滤纸纸条宽 10 mm，长 120 mm，密封保存。

表 1 标准臭液的组成与性质

	标准臭液	结构式	浓度（*w/w*）	气味性质
A	β-苯乙醇	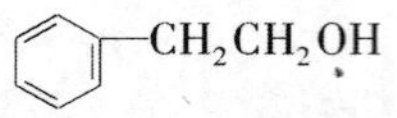	$10^{-4.0}$	花香
B	异戊酸	$(CH_3)_2CHCH_2COOH$	$10^{-5.0}$	汗臭气味
C	甲基环戊酮	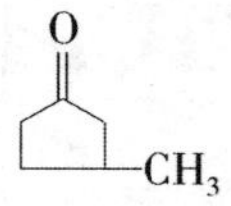	$10^{-4.5}$	甜锅巴气味
D	γ-十一碳（烷）酸内酯	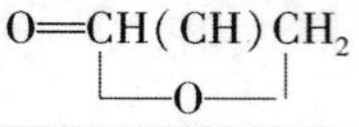	$10^{-4.5}$	成熟水果香
E	β-甲基吲哚	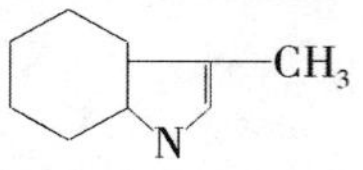	$10^{-5.0}$	粪臭气味

4.3 无臭空气净化装置：见图 1。

4.4 聚酯无臭袋：3 L、10 L。

4.5 采样瓶与真空处理装置：见图 2。

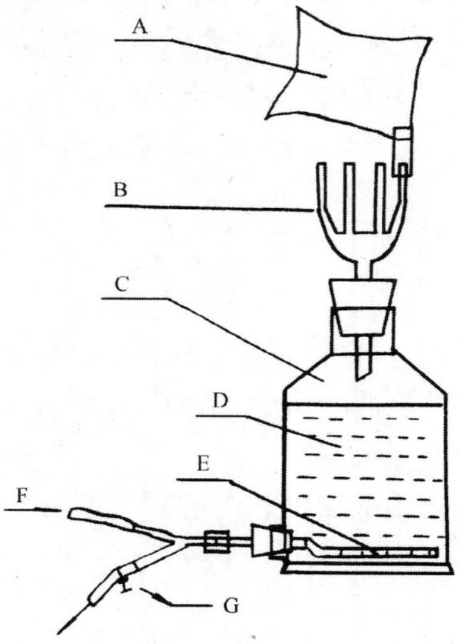

A—三升无臭袋；B—供气分配器；C—玻璃瓶；D—活性炭；E—气体分散管；F—进气口；G—供气量控制调节

图 1 空气净化装置

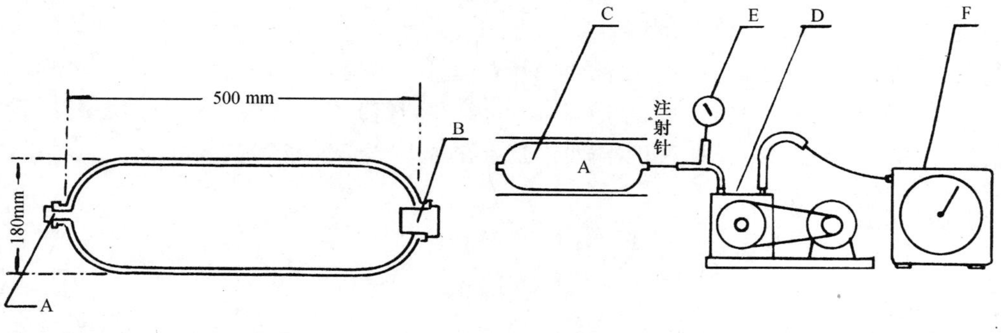

A—进气口硅橡胶塞；B—充填衬袋口硅橡胶塞；C—采样瓶；D—真空汞；E—真空表或真空计；F—气量计

图 2 采样瓶（左）与真空处理装置（右）

4.6 排气筒内臭气采样装置：见图 3。

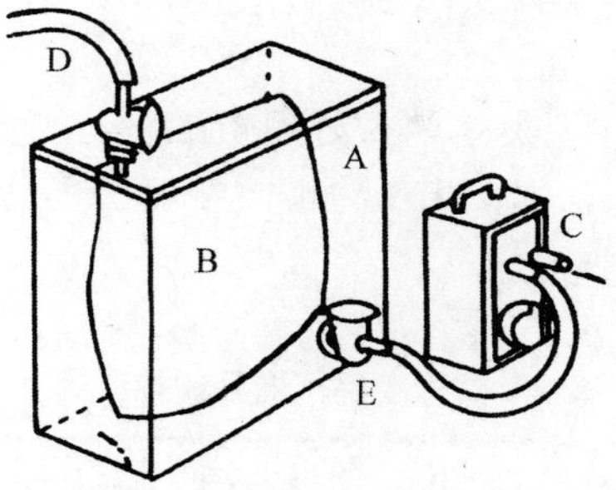

A—真空箱；B—采样袋；C—抽气泵；D—样品气体导管；E—阀

图 3 排气筒气体采样装置

4.7 嗅辨室：

4.7.1 嗅辨室要远离散发恶臭气味的场所，室内能通风换气并保持温度在 17～25℃，至少可供 6～7 名嗅辨员同时工作。

4.7.2 要设置单独的配气室。

4.8 注射器：100 ml、50 ml、10 ml、5 ml、1 ml 和 100 μl。

5 嗅辨员

5.1 嗅辨员

嗅辨员应为 18～45 岁，不吸烟、嗅觉器官无疾病的男性或女性，经嗅觉检测合格者，如无特殊情况，可连续三年承担嗅辨员工作。

5.2 嗅觉检测及嗅辨员挑选

嗅觉检测必须在嗅辨室内进行。主考人将五条无臭纸的三条一端浸入无臭液 1 cm，另外两条浸入一种标准臭液 1 cm，然后将五条浸液纸间隔一定距离平行放置，同时交被测者嗅辨，当被测者能正确嗅辨出沾有臭液的纸条，再按上述方法嗅辨其他四种标准臭液。能够嗅辨出五种臭液纸条者可作为嗅辨员。

6 样品

6.1 排气筒内恶臭气体样品的采集

对于以排气管道（筒）排放的恶臭气体，按图 3 的采样方式采集臭气样品。排气温度较高时，应对采样导管予以水冷却或空气冷却，使进入采样袋气体温度接近常温。采样时应根据排气状况的调查结果，确定采样的时机和充气速度，保证采集的气体样品具有代表性。正式采样前，用被测气体充洗采样袋三次。

6.2 环境臭气采样

6.2.1 采样瓶真空处理

在实验室内，用真空排气处理系统将采样瓶排气至瓶内压力接近-1.0×10^5 Pa。

6.2.2 采样及样品保存

采样时打开采样瓶塞，使样品气体充入采样瓶内至常压后盖好瓶塞，避光运回实验室，24 h 内测定。

7 样品的测定

7.1 排放源臭气样品的稀释及测定

对于以采样袋和采样瓶采集的有组织和无组织排放的高浓度臭气样品，按以下方法进行稀释和测定。

7.1.1 采集气体样品的采样瓶运回实验室后，取下瓶上的大塞并迅速从该瓶口装入带通气管瓶塞的 10 L 聚酯衬袋。用注射器由采样瓶小塞处抽取瓶内气体配制供嗅辨的气袋，室内空气经大塞通气管进入衬袋保持瓶内压力不变。

7.1.2 由六名嗅辨员组成嗅辨小组在无臭室内做好嗅辨准备，嗅辨员当天不能携带和使用有气味的香料及化妆品，不能食用有刺激气味的食物，患感冒或嗅觉器官不适的嗅辨员不能参加当天的测定。

7.1.3 高浓度臭气样品的稀释梯度按表 2。

表 2 高浓度臭气样品的稀释梯度

在 3 L 无臭袋中注入样品的量/ml	100	30	10	3	1	0.3	0.03	0.01	…
稀释倍数	30	100	300	1 000	3 000	1 万	10 万	30 万	…

7.1.4 样品初始稀释倍数的确定

由配气员（必须是嗅觉检测合格者）首先对采集样品在 3 L 无臭袋内按上述稀释梯度配制几个不同稀释倍数的样品，进行嗅辨尝试，从中选择一个既能明显嗅出气味又不强烈刺激的样品，以样品的稀释倍数作为配制小组嗅辨样品的初始稀释倍数。

7.1.5 配气员将 18 只 3 L 无臭袋分成 6 组，每一组中的三只袋分别标上 1、2、3 号，将其中一只按正确的初始稀释倍数定量注入取自采样瓶或采样袋中样品后充满清洁空气，其余两只仅充满清洁空气。然后将 6 组气袋分发给六名嗅辨员嗅辨。

7.1.6 六名嗅辨员对于分发的三只气袋分别取下通气管上的塞子，对三只气袋中气体进行嗅辨比较，并挑出有味气袋。全员嗅辨结束后，进行下一级稀释倍数实验。若有人回答错误时，即终止该人嗅辨。当有五名嗅辨员回答错误时实验全部终止。

7.2 环境臭气样品的稀释及测定

对于以采样瓶采集的环境臭气样品按如下方法进行稀释和测定。

7.2.1 同 7.1.1。

7.2.2 同 7.1.2。

7.2.3 环境臭气样品浓度较低，其逐级稀释倍数选择 10 倍，其他配气操作同 7.1.5。当嗅辨员认定某一气体袋有气味，则记录该袋编号。

7.2.4 将 7.2.3 实验重复三次。

7.2.5 实验主持人将 6 人 18 个嗅辨结果代入式（1）计算。

$$M=\frac{1.00\times a+0.33\times b+0\times c}{n} \quad (1)$$

式中：M——小组平均正解率；

a——答案正确的人次数；

b——答案为不明的人次数；

c——答案为错误的人次数；

n——解答总数（18 人次）。

1.00、0.33、0——统计权重系数。

7.2.6 正解率分析与 M 值比较实验

7.2.6.1 当 M 值大于 0.58 时，则继续按 10 倍梯度扩大对臭气样品的稀释倍数并重复 7.2.3、7.2.4 和 7.2.5 的实验和计算，直至得出 M_1 和 M_2。

7.2.6.2 M_1 为某一稀释倍数的平均正解率小于 1 且大于 0.58 的数值。M_2 为某一稀释倍数平均正解率小于 0.58 的数值。

7.2.6.3 当第一级 10 倍稀释样品平均正解率小于（或等于）0.58 时，不继续对样品稀释嗅辨，其样品臭气浓度以“＜10”或“＝10”表示。

8 结果计算

8.1 污染源臭气测定结果计算

8.1.1 将嗅辨员每次嗅辨结果汇总至答案登记表，每人每次所得的正确答案以“0”表示，不正确答案以“×”表示，答案登记表见 8.3。

8.1.2 计算个人嗅阈值 X_i：

$$X_i=\frac{\lg a_1+\lg a_2}{2} \tag{2}$$

式中：a_1——个人正解最大稀释倍数；

a_2——个人误解稀释倍数。

8.1.3 舍去小组个人嗅阈值中最大值和最小值后，计算小组算术平均阈值（X）。

8.1.4 样品臭气浓度计算（y）：

$$y=10^X \tag{3}$$

式中：y——样品臭气浓度；

X——小组算术平均阈值。

8.2 环境臭气测定结果计算

根据 7.2.6 测试求得的 M_1 和 M_2 值计算环境臭气样品的臭气浓度。

$$Y=t^1\times10^{\alpha\cdot\beta} \tag{4}$$

$$\alpha=\frac{M_1-0.58}{M_1-M_2};\quad \beta=\lg\frac{t_2}{t_1}$$

式中：Y——臭气浓度；

t_1——小组平均正解率为 M_1 时的稀释倍数；

t_2——小组平均正解率为 M_2 时的稀释倍数。

8.3 计算举例

8.3.1 污染源臭气测定结果登记表与计算举例如下：

污染源臭气测定结果登记表

稀释倍数/a		30	100	300	1 000	3 000	1 万	3 万	个人嗅阈值 $\overline{X}_i=\frac{\lg a_1+\lg a_2}{2}$	个人嗅阈值最大最小值
对数值/lg$a$		1.48	2.00	2.48	3.03	3.48	4.00	4.48		
嗅辨员	A	0	0	0	×				2.74	舍去
	B	0	0	0	0	0	×		3.74	
	C	0	0	0	0	×			3.24	
	D	0	0	0	0	0	0	×	4.24	舍去
	E	0	0	0	×				2.74	
	F	0	0	0	0	×			3.24	

$$\overline{X}=\frac{3.74+3.24+2.74+3.24}{4}=3.24\ （平均阈值）$$

$$y=10^{3.24}=1\ 739$$

8.3.2　环境臭气测定结果登记表与计算举例如下：

厂界环境臭气测定结果登记表

稀释倍数		10			100		
实验次序		1	2	3	1	2	3
嗅辨员判定结果	A	0	0	0	0	×	0
	B	0	△	×	×	0	×
	C	0	0	△	×	△	×
	D	×	△	0	0	×	×
	E	△	0	0	×	×	△
	F	×	0	△	0	△	0
小组平均正解率/M		a=10；b=5；c=3 $M=\frac{1.00\times10+0.33\times5+0.00\times3}{18}=0.65$			a=6；b=3；c=9 $M=\frac{1.00\times6+0.33\times3+0.00\times9}{18}=0.39$		

$$Y=10\times10^{\frac{0.65-0.58}{0.58-0.39}\lg\frac{100}{10}}=18$$

9　精密度和准确度

经五个实验室测定臭气指数为 43.0 的 H_2S 统一样品（臭气指数为臭气浓度对数的 10 倍），重复性标准偏差为 2.4，重复性相对标准偏差为 5.6%；再现性标准偏差为 2.7，再现性相对标准偏差为 6.3%，本方法回收率置信范围为 105%±9.3%；平均嗅阈值为 3.4×10^{-4} mg/m^3。

10　注意事项

10.1　方法实验中使用的标准恶臭气体样品应妥善保管，严防泄漏造成恶臭污染。经嗅辨后的样品袋不得在嗅辨室内排气。

10.2　要通过技术培训，使嗅辨员了解典型恶臭物质的气味特性，提高对各种臭气的嗅辨能力。

10.3　稀释臭气样品所需的无臭清洁气体由本标准 4.3 条的空气净化器提供。与空气净化效果有关的通气速度、活性炭充填量、活性炭使用更换周期等均根据嗅辨员对净化气体有无气味的嗅辨检验结果来决定。与供气口连接的气袋充气管内径要稍大于气体净化器供气管外径，既保证气袋定量充满清洁空气，又可防止充气过量、过压导致气袋破裂。

10.4　可采用无油空气泵向空气净化器供气，严禁使用含油或其他散发气味的供气设备。

附加说明：

本标准由国家环境保护局科技标准司提出。

本标准由沈阳环境科学研究所负责起草。

本标准主要起草人荆治严、韩庆莉、杨杰、王凤芹、冯晓斌。

本标准委托中国环境监测总站负责解释。

中华人民共和国国家标准

空气质量　氨的测定 离子选择电极法

GB/T 14669—93

Air quality—Determination of ammonia—Ion selective electrode method

1993-09-18 批准　　1994-05-01 实施

1　主题内容和适用范围

本标准规定了测定工业废气中氨的氨气敏电极法。

本标准适用于测定空气和工业废气中的氨。

本方法检测限为 10 ml 吸收溶液中 0.7 μg 氨。当样品溶液总体积为 10 ml，采样体积 60 L 时，最低检测浓度为 0.014 mg/m^3。

按 Nernst 公式，氨浓度每变化 10 倍，电极电位变化约 60 mV。

2　原理

氨气敏电极为一复合电极，以 pH 玻璃电极为指示电极，银-氯化银电极为参比电极。此电极对置于盛有 0.1 mol/L 氯化铵内充液的塑料套管中，管底用一张微孔疏水薄膜与试液隔开，并使透气膜与 pH 玻璃电极间有一层很薄的液膜。当测定由 0.05 mol/L 硫酸吸收液所吸收的大气中的氨时，借加入强碱，使铵盐转化为氨，由扩散作用通过透气膜（水和其他离子均不能通过透气膜），使氯化铵电质液膜层内 $NH_4^+ \rightleftharpoons NH_3+H^+$ 的反应向左移动，引起氢离子浓度改变，由 pH 玻璃电极测得其变化。在恒定的离子强度下，测得的电极电位与氨浓度的对数呈线性关系。由此，可从测得的电位值确定样品中氨的含量。

3　试剂

除另有说明外，分析时均使用符合国家标准或专业标准的分析纯试剂，所用水按 3.1 叙述方法制备的水。

3.1　水：无氨，可用下述方法之一制备。

3.1.1　蒸馏法　向 1 000 ml 的蒸馏水中加 0.1 ml 硫酸（ρ=1.84 g/ml），在全玻璃装置中进行重蒸馏，弃去 50 ml 初馏液，于具塞磨口的玻璃瓶中接取其余馏出液，密封，保存。

3.1.2　离子交换法

将蒸馏水通过强酸性阳离子交换树脂柱，其流出液收集在具塞磨口的玻璃瓶中。

3.2　电极内充液：c（NH_4Cl）=0.1 mol/L。

3.3　碱性缓冲液：含有 c（NaOH）=5 mol/L 氢氧化钠和 c（EDTA-2Na）=0.5 mol/L 乙二胺四乙酸二钠盐的混合溶液，贮于聚乙烯瓶中。

3.4　吸收液：c（H_2SO_4）=0.05 mol/L 硫酸溶液。

3.5 氨标准贮备液：1.00 mg 氨。称取 3.141 g 经 100℃干燥 2 h 的氯化铵（NH_4Cl）溶于水中，移入 1 000 ml 容量瓶中，稀释至标线，摇匀。

3.6 氨标准使用液：用氨标准贮备液（3.5）逐级稀释配制。

4 仪器

常规实验室设备及：

4.1 氨敏感膜电极。

4.2 pH/毫伏计：精确到 0.2 mV。

4.3 磁力搅拌器：带有用聚四氟乙烯包覆的搅拌棒。

4.4 大气采样器。

5 采样

量取 10.00 ml 吸收液于 U 形多孔玻板吸收管中，调节采样器上的流量计的流量至 1.0 L/min（用标准流量计校正），采样 60 min。

6 分析步骤

6.1 仪器和电极的准备

按测定仪器及电极使用说明书进行仪器调试和电极组装。

6.2 校准曲线的绘制

吸取 10.0 ml 浓度分别为 0.1、1.0、10、100、1 000 mg/L 的氨标准溶液于 25 ml 小烧杯中，浸入电极后加入 1.0 ml 碱性缓冲液（3.3），在搅拌下，读取稳定的电位值 E（在 1 min 内变化不超过 1 mV 时，即可读数），在半对数坐标纸上绘制 E-log$C$ 的校准曲线。

6.3 测定

采样后，将吸收管中的吸收液倒入 10 ml 容量瓶中，再以少量吸收液（3.4）清洗吸收管，加入容量瓶，最后以吸收液（3.4）定容至 10 ml，将容量瓶中吸收液放入 25 ml 小烧杯中，以下步骤与校准曲线绘制（6.2）相同，由测得的电位值在校准曲线上查得气样吸收液中氨含量（mg/L），然后计算出大气中氨的浓度（mg/m^3）。

7 结果的表示

7.1 计算方法

大气中氨的浓度 C，以 mg/m^3 表示，可由下式给出：

$$C=\frac{10a}{V_0}$$

式中：a——吸收液中氨含量，mg/L；

V_0——换算成标准状况下的采样体积，L。

7.2 精密度和准确度

经五个实验室分析含 20.0 mg/L 氨的统一分发的样品，重复性标准偏差 0.259 mg/L，变异系数 1.30%；再现性标准差 0.273 mg/L，变异系数 1.37%；加标回收率 97.6%。

附加说明：

本标准由国家环境保护局科技标准司标准处提出。
本标准由上海市环境保护科学研究所负责起草。
本标准主要起草人张志强。
本标准由中国环境监测总站负责解释。

中华人民共和国国家标准

空气质量　一氧化碳的测定 非分散红外法

UDC 661.92∶543.06
GB 9801—88

Air quality—Determination of carbon monoxide—Non-disperisive infrared spectrometry

1988-08-15 批准　　　　1988-12-01 实施

1　适用范围

本标准适用于测定空气质量中的一氧化碳。

测定范围为 0～62.5 mg/m^3，最低检出浓度为 0.3 mg/m^3。

2　原理

样品气体进入仪器，在前吸收室吸收 4.67 μm 谱线中心的红外辐射能量，在后吸收室吸收其他辐射能量。两室因吸收能量不同，破坏了原吸收室内气体受热产生相同振幅的压力脉冲，变化后的压力脉冲通过毛细管加在差动式薄膜微音器上，被转化为电容量的变化，通过放大器再转变为与浓度成比例的直流测量值。

3　仪器

3.1　一氧化碳红外分析仪：量程 0～62.5 mg/m^3。

3.2　记录仪：0～10 mV。

3.3　流量计：0～1 L/min。

3.4　采气袋、止水夹、双联球。

3.5　氮气：要求其中一氧化碳浓度已知，或是制备霍加拉特加热管除去其中一氧化碳。

3.6　一氧化碳标定气：浓度应选在仪器量程的 60%～80%的范围内。

4　采样

4.1　使用仪器现场连续监测将样品气体直接通入仪器进气口。

4.2　现场采样实验室分析时，用双联球将样品气体挤入采气袋中，放空后再挤入，如此清洗 3～4 次，最后挤满并用止水夹夹紧进气口。记录采样地点、采样日期和时间、采气袋编号。

5　分析

5.1　仪器调零

开机接通电源预热 30 min，启动仪器内装泵抽入氮气，用流量计控制流量为 0.5 L/min。调节仪器调零电位器，使记录器指针指在所用氮气的一氧化碳浓度的相应位置。

使用霍加拉特管调零时，将记录器指针调在零位。

5.2 仪器标定

在仪器进气口通入流量为 0.5 L/min 的一氧化碳标定气，调节仪器灵敏度电位器，使记录器指针调在一氧化碳浓度的相应位置。

5.3 样品分析

接上样品气体到仪器进气口，待仪器读数稳定后直接读取指示格数。

6 计算

按下式计算一氧化碳浓度：

$$c=1.25\times n$$

式中：c——样品气体中一氧化碳浓度，mg/m^3；

n——仪器指示的一氧化碳格数；

1.25——一氧化碳换算成标准状态下的 mg/m^3 换算系数。

7 精密度和准确度

四个实验室对两种不同浓度的一氧化碳六次测定的重复性变异系数小于测量量程的 1%。

附加说明：

本标准由国家环境保护局规划标准处提出。

本标准由北京市环境保护监测中心负责起草。

本标准主要起草人夏立国、胡厚钧。

本标准由北京市环境保护监测中心负责解释。

三、仪器设备技术要求

中华人民共和国国家环境保护标准

环境空气气态污染物（SO_2、NO_2、O_3、CO）连续自动监测系统技术要求及检测方法

HJ 654—2013

Specifications and test procedures for ambient air quality continuous automated monitoring system for SO_2、NO_2、O_3 and CO

2013-07-30 发布　　2013-08-01 实施

1 适用范围

本标准规定了环境空气气态污染物（SO_2、NO_2、O_3、CO）连续自动监测系统的组成结构、技术要求、性能指标和检测方法。

本标准适用于环境空气气态污染物（SO_2、NO_2、O_3、CO）连续自动监测系统的设计、生产和检测。

2 规范性引用文件

本标准引用了下列文件或其中的条款。凡是未注明日期的引用文件，其最新版本适用于本标准。

GB 3095—2012　环境空气质量标准

GB 4793.1　测量、控制和试验室用电气设备的安全要求　第 1 部分：通用要求（IEC 61010-1: 2001，IDT）

3 术语和定义

下列术语和定义适用于本标准。

3.1 环境空气质量连续监测　ambient air quality continuous monitoring

在监测点位采用连续监测仪器对环境空气质量进行连续的样品采集、处理、分析的过程。

3.2 点式分析仪器　point analyzer

在固定点上通过采样系统将环境空气采入并测定空气污染物浓度的监测分析仪器。

3.3 开放光程分析仪器　open path analyzer

采用从发射端发射光束经开放环境到接收端的方法测定该光束光程上平均空气污染物浓度的仪器。

3.4 零点漂移　zero drift

在未进行维修、保养或调节的前提下，仪器按规定的时间运行后，仪器的读数与零输入之间的偏差。

3.5 量程漂移　span drift

在未进行维修、保养或调节的前提下，仪器按规定的时间运行后，仪器的读数与已知参考值之间的偏差。

3.6 无人值守工作时间　period of unattended operation

仪器在无手动维护和校准的前提下，长期漂移（≥7 d）符合指标要求的时间间隔。

3.7 转换效率 converter efficiency

NO_2 转换为 NO 的效率。

3.8 标准状态 standard state

温度为 273 K，压力为 101.325 kPa 时的状态。本标准中的污染物浓度均为标准状态下的浓度。

3.9 ppm parts per million

百万分之一（体积分数）。

3.10 ppb parts per billion

十亿分之一（体积分数）。

3.11 光程 optical path

开放光程分析仪器的监测光束由光源发射端到接收端所经过的路径长度。

3.12 零光程 zero optical path

开放光程分析仪器处于校准状态下，光从光源发射端到接收端的光程，远小于实际测量时的光程，被称为零光程。

3.13 等效浓度 equivalent concentration

在仪器测量光路中放置校准池，通入标准气体，根据测量光程与校准池长度的比例将标准气体浓度值转化为实际校准浓度值，该浓度为等效浓度。本标准中所有适用于开放光程仪器技术指标检测方法的标准气体浓度值均为等效浓度值。

4 系统组成与原理

监测系统分为点式连续监测系统和开放光程连续监测系统。监测系统分析方法见表 1。

表 1 监测系统的分析方法

监测项目	点式分析仪器	开放光程分析仪器
NO_2	化学发光法	差分吸收光谱法
SO_2	紫外荧光法	差分吸收光谱法
O_3	紫外吸收法	差分吸收光谱法
CO	非分散红外吸收法、气体滤波相关红外吸收法	—

4.1 点式连续监测系统

4.1.1 系统组成

监测系统由采样装置、校准设备、分析仪器、数据采集和传输设备组成，如图 1 所示。

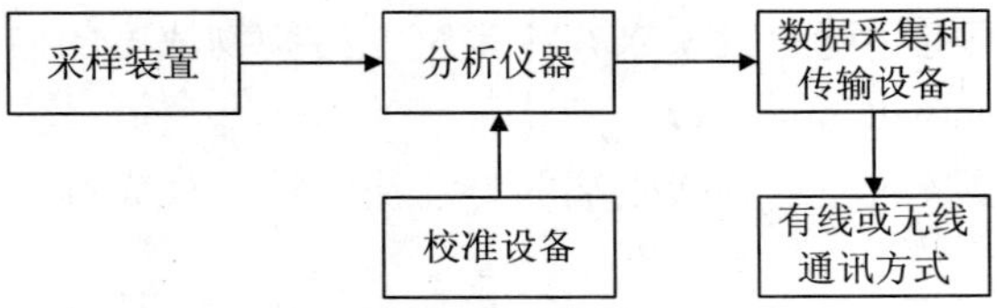

图 1 点式连续监测系统组成示意图

4.1.2 采样装置

多台点式分析仪器可共用一套多支路采样装置进行样品采集。采样装置的材料和安装应不影响仪器测量。采样装置的具体要求见 5.1.4.1。

4.1.3 校准设备

校准设备主要由零气发生器和多气体动态校准仪组成。校准设备用于对分析仪器进行校准。校准设备的具体要求见 5.1.4.2。

4.1.4 分析仪器

分析仪器用于对采集的环境空气气态污染物样品进行测量。

4.1.5 数据采集和传输设备

数据采集和传输设备用于采集、处理和存储监测数据，并能按中心计算机指令传输监测数据和设备工作状态信息。

4.2 开放光程连续监测系统

4.2.1 系统组成

监测系统由开放的测量光路、校准单元、分析仪器、数据采集和传输设备等组成，如图 2 所示。

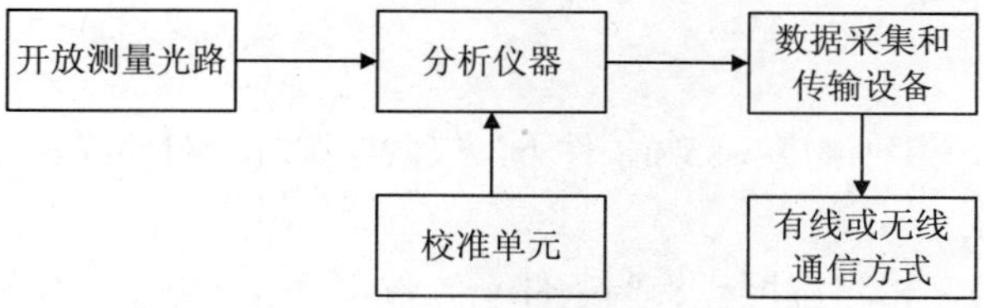

图 2 开放光程连续监测系统组成示意图

4.2.2 开放测量光路

光源发射端到接收端之间的路径。

4.2.3 校准单元

运用等效浓度原理，通过在测量光路上架设不同长度的校准池，来等效不同浓度的标准气体，以完成校准工作。

校准单元结构如图 3 所示。

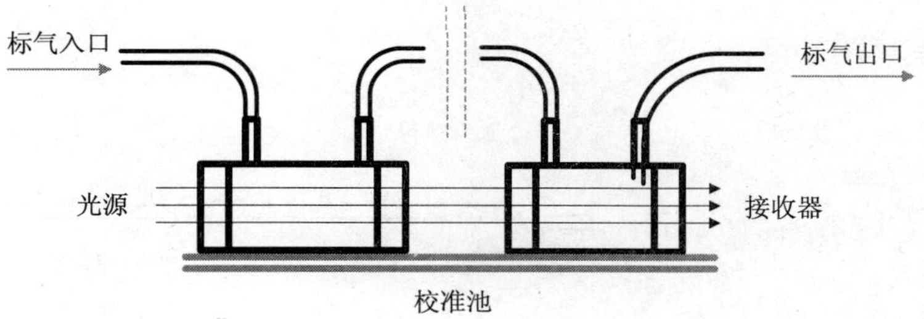

图 3 校准单元结构示意图

4.2.4 分析仪器

分析仪器用于对开放光路上的环境空气气态污染物进行测量。

4.2.5 数据采集和传输设备

数据采集和传输设备用于采集、处理和存储监测数据，并能按中心计算机指令传输监测数据和设备工作状态信息。

5 技术要求

5.1 点式连续监测系统

5.1.1 外观要求

5.1.1.1 监测系统应具有产品铭牌，铭牌上应标有仪器名称、型号、生产单位、出厂编号、制造日期等信息。

5.1.1.2 监测系统仪器表面应完好无损，无明显缺陷，各零、部件连接可靠，各操作键、按钮灵活有效。

5.1.1.3 仪器主机面板显示清晰，字符、标识易于识别。

5.1.2 工作条件

监测系统在以下条件中应能正常工作。

（1）环境温度：15～35℃；

（2）相对湿度：≤85%；

（3）大气压：80～106 kPa；

（4）供电电压：AC（220±22）V，（50±1）Hz。

注 1：低温、低压等特殊环境条件下，仪器设备的配置应满足当地环境条件的使用要求。

5.1.3 安全要求

5.1.3.1 绝缘电阻

在环境温度为 15～35℃，相对湿度≤85%条件下，仪器电源端子对地或机壳的绝缘电阻不小于 20 MΩ。

5.1.3.2 绝缘强度

在环境温度为 15～35℃，相对湿度≤85%条件下，仪器在 1 500 V（有效值）、50 Hz 正弦波实验电压下持续 1 min，不应出现击穿或飞弧现象。

5.1.4 功能要求

5.1.4.1 采样装置

（1）采样装置一般包括两种结构，结构示意图参见图 4 和图 5。

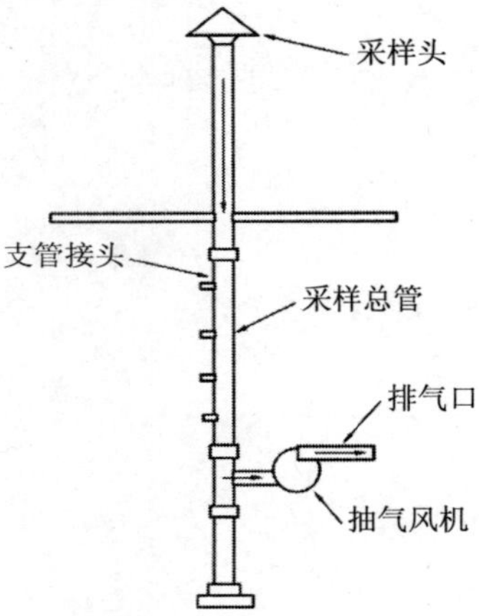

图 4 采样装置结构示意图（1）

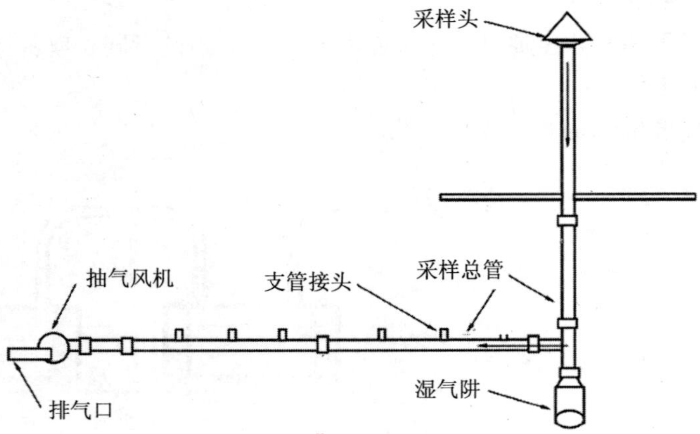

图 5 采样装置结构示意图（2）

（2）采样装置应连接紧密，避免漏气。采样装置总管入口应防止雨水和粗大的颗粒物进入，同时应避免鸟类、小动物和大型昆虫进入。采样头的设计应保证采样气流不受风向影响，稳定进入采样总管。

（3）采样装置的制作材料，应选用不与被监测污染物发生化学反应和不释放有干扰物质的材料。一般以聚四氟乙烯或硼硅酸盐玻璃等为制作材料；对于只用于监测 NO_2 和 SO_2 的采样总管，也可选用不锈钢材料。

（4）采样总管内径范围 1.5～15 cm，总管内的气流应保持层流状态，采样气体在总管内的滞留时间应小于 20 s，同时所采集气体样品的压力应接近大气压。支管接头应设置于采样总管的层流区域内，各支管接头之间间隔距离大于 8 cm。

（5）为了防止因室内外空气温度的差异而致使采样总管内壁结露对监测污染物吸附，采样总管应加装保温套或加热器，加热温度一般控制在 30～50℃。

（6）分析仪器与支管接头连接的管线应选用不与被监测污染物发生化学反应和不释放有干扰物质的材料；长度不应超过 3 m，同时应避免空调机的出风直接吹向采样总管和支管。

（7）分析仪器与支管接头连接的管线应安装孔径≤5 μm 的聚四氟乙烯滤膜。

（8）分析仪器与支管接头连接的管线，连接总管时应伸向总管接近中心的位置。

（9）在不使用采样总管时，可直接用管线采样，但是采样管线应选用不与被监测污染物发生化学反应和不释放有干扰物质的材料，采样气体滞留在采样管线内的时间应小于 20 s。

5.1.4.2 校准设备

（1）监测系统的校准设备应具备自动校准功能。

（2）零气发生器发生零气质量应符合附录 A 的要求。

5.1.4.3 分析仪器与数据采集和传输设备

（1）能够显示和设置系统时间。

（2）能够显示仪器内部工作状态的参数信息，并至少每 5 min 记录系统的采样流量等工作状态信息。

（3）能够显示实时数据，并能够记录存储至少 3 个月以上的有效数据，具备查询历史数据的功能。

（4）具备时间标签功能，数据为设置时段的平均值。

（5）具备数字信号输出功能。

（6）具有中文数据采集和控制软件。

（7）对各监测数据实时采集、存储、计算，并能以报表或报告形式输出，SO_2、NO_2、O_3 输出标准状态下的质量浓度单位为μg/m^3，CO 输出标准状态下的质量浓度单位为 mg/m^3，并具有质量浓度和体积浓度单位切换功能。

（8）仪器掉电后，能自动保存数据；恢复供电后系统可自动启动，恢复运行状态并正常开始工作。

5.2 开放光程连续监测系统

5.2.1 外观要求

外观要求见 5.1.1。

5.2.2 工作条件

监测系统在以下条件中应能正常工作。

5.2.2.1 室外部件

环境温度：–30～50℃。

5.2.2.2 室内部件

（1）环境温度：15～35℃；

（2）相对湿度：≤85%；

（3）大 气 压：80～106 kPa。

5.2.2.3 供电电压

AC（220±22）V，（50±1）Hz。

注 2：低温、低压等特殊环境条件下，仪器设备的配置应满足当地环境条件的使用要求。

5.2.3 安全要求

安全要求见 5.1.3。

5.2.4 功能要求

5.2.4.1 校准单元

（1）监测系统应具有自动记录测量灯谱的功能；

（2）等效校准装置应至少配备 4 种不同长度的校准池，校准池材质应选用高紫外透过率的材质。标定架与光源发射装置应连接牢固。

5.2.4.2 分析仪器与数据采集和传输设备

（1）能够显示和设置系统时间；

（2）能够显示仪器内部工作状态的参数信息，并至少每 5 min 记录系统的工作状态信息；

（3）仪器能够显示实时数据，并能够记录存储至少 3 个月以上的有效数据，具备查询历史数据的功能；

（4）具备时间标签功能，数据为设置时段的平均值；

（5）具备数字信号输出功能；

（6）具有中文数据采集和控制软件；

（7）对各监测数据实时采集、存储、计算，并能以报表或报告形式输出，输出标准状态下的质量浓度单位为μg/m^3，并具有质量浓度和体积浓度单位切换功能。

（8）仪器掉电后，能自动保存数据；恢复供电后系统可自动启动，恢复运行状态并正常开始工作。

6 性能指标

6.1 点式连续监测系统

6.1.1 分析仪器

6.1.1.1 测量范围

SO_2、NO_2、O_3 分析仪器测量范围：0～500 ppb，最小显示单位 0.1 ppb 或 0.1 μg/m^3；

CO 分析仪器测量范围：0～50 ppm，最小显示单位 0.1 ppm 或 0.1 mg/m^3。

6.1.1.2 零点噪声

SO_2、NO_2、O_3 分析仪器零点噪声：≤1 ppb；

CO 分析仪器零点噪声：≤0.25 ppm。

6.1.1.3 最低检出限

SO_2、NO_2、O_3 分析仪器最低检出限：≤2 ppb；

CO 分析仪器最低检出限：≤0.5 ppm。

6.1.1.4 量程噪声

SO_2、NO_2、O_3 分析仪器 80%量程噪声：≤5 ppb；

CO 分析仪器 80%量程噪声：≤1 ppm。

6.1.1.5 示值误差

SO_2、NO_2、CO 分析仪器示值误差：±2%满量程；

O_3 分析仪器示值误差：±4%满量程。

6.1.1.6 量程精密度

SO_2、NO_2、O_3 分析仪器 20%量程精密度：≤5 ppb；

SO_2、NO_2、O_3 分析仪器 80%量程精密度：≤10 ppb；

CO 分析仪器 20%量程精密度：≤0.5 ppm；

CO 分析仪器 80%量程精密度：≤0.5 ppm。

6.1.1.7 24 h 零点漂移

SO_2、NO_2、O_3 分析仪器 24 h 零点漂移：±5 ppb；

CO 分析仪器 24 h 零点漂移：±1 ppm。

6.1.1.8 24 h 量程漂移

SO_2、NO_2、O_3 分析仪器 24 h 20%量程漂移：±5 ppb；

SO_2、NO_2、O_3 分析仪器 24 h 80%量程漂移：±10 ppb；

CO 分析仪器的 24 h 20%量程漂移：±1 ppm；

CO 分析仪器的 24 h 80%量程漂移：±1 ppm。

6.1.1.9 响应时间（上升时间/下降时间）

SO_2、NO_2、O_3 分析仪器响应时间（上升时间/下降时间）：≤5 min；

CO 分析仪器响应时间（上升时间/下降时间）：≤4 min。

6.1.1.10 电压稳定性

供电电压变化±10%，分析仪器读数的变化：±1%满量程。

6.1.1.11 流量稳定性

流量稳定性：±10%。

6.1.1.12 环境温度变化的影响

15～35℃环境温度范围内：

SO_2 分析仪器温度变化的影响≤1 ppb/℃；

NO_2 分析仪器温度变化的影响≤3 ppb/℃；

O_3 分析仪器温度变化的影响≤1 ppb/℃；

CO 分析仪器温度变化的影响≤0.3 ppm/℃。

6.1.1.13 干扰成分的影响

分析仪器干扰成分的影响指标见表 2。

表 2 分析仪器干扰成分的影响指标

SO_2 分析仪器	NO_2 分析仪器	O_3 分析仪器	CO 分析仪器
±4% F.S.（2% H_2O）	±4% F.S.（2.5% H_2O）	±4% F.S.（2% H_2O）	±5% F.S.（2.5% H_2O）
±4% F.S.（0.1 ppm 甲苯）	±4% F.S.（1 ppm NH_3）	±4% F.S.（1 ppm 甲苯）	±5% F.S.（1 000 ppm CO_2）
±4% F.S.（3 000 ppm CH_4）	±4% F.S.（200 ppb O_3）	±4% F.S.（0.2 ppm SO_2）	—
—	±4% F.S.（500 ppb SO_2）	±6% F.S.（0.5 ppm NO/NO_2）	—

注 3：F.S.表示满量程。

6.1.1.14 采样口和校准口浓度偏差

分析仪器采样口和校准口浓度偏差：±1%。

6.1.1.15 转换效率

NO_2 分析仪器中 NO_2-NO 转化器的转换效率：≥96%。

6.1.1.16 无人值守工作时间

（1）长期（≥7 d）零点漂移

SO_2、NO_2、O_3 分析仪器长期（≥7 d）零点漂移：±10 ppb；

CO 分析仪器长期（≥7 d）零点漂移：±2 ppm。

（2）长期（≥7 d）量程漂移

SO_2、NO_2、O_3 分析仪器长期（≥7 d）量程漂移：±20 ppb；

CO 分析仪器的长期（≥7 d）量程漂移：±2 ppm。

（3）连续运行 60 d，平均故障间隔天数：≥7 d。

6.1.2 多气体动态校准仪

（1）稀释比率：1∶100～1∶1 000；

（2）流量线性误差：±1%；

（3）臭氧发生浓度误差：±2%。

6.2 开放光程连续监测系统

6.2.1 测量范围

SO_2、NO_2、O_3分析仪器测量范围：（0～500）ppb，最小显示单位 0.1 ppb 或 0.1 μg/m^3。

6.2.2 零点噪声

SO_2、NO_2、O_3分析仪器零点噪声：≤1 ppb。

6.2.3 最低检出限

SO_2、NO_2、O_3分析仪器最低检出限：≤2 ppb。

6.2.4 量程噪声

SO_2、NO_2、O_3分析仪器 80%量程噪声：≤5 ppb。

6.2.5 示值误差

SO_2、NO_2分析仪器示值误差：±2%满量程；

O_3分析仪器示值误差：±4%满量程。

6.2.6 量程精密度

SO_2、NO_2、O_3分析仪器 20%量程精密度：≤5 ppb；

SO_2、NO_2、O_3分析仪器 80%量程精密度：≤10 ppb。

6.2.7 24 h 零点漂移

SO_2、NO_2、O_3分析仪器 24 h 零点漂移：±5 ppb。

6.2.8 24 h 量程漂移

SO_2、NO_2、O_3分析仪器 24 h 20%量程漂移：±5 ppb；

SO_2、NO_2、O_3分析仪器 24 h 80%量程漂移：±10 ppb。

6.2.9 响应时间（上升时间/下降时间）

SO_2、NO_2、O_3分析仪器响应时间（上升时间/下降时间）：≤5 min。

6.2.10 电压稳定性

供电电压变化±10%，分析仪器读数的变化：±1%满量程。

6.2.11 环境温度变化的影响

（15～35）℃环境温度范围内：

SO_2分析仪器温度变化的影响≤1 ppb/℃；

NO_2分析仪器温度变化的影响≤3 ppb/℃；

O_3分析仪器温度变化的影响≤1 ppb/℃。

6.2.12 干扰成分的影响

分析仪器干扰成分的影响指标见表 3。

表 3 分析仪器干扰成分的影响指标

SO_2分析仪器	NO_2分析仪器	O_3分析仪器
±3% F.S. （0.035 ppm 苯）	±2% F.S. （0.33 ppm NH_3）	±5% F.S. （0.035 ppm 苯）
±2% F.S. （3 000 ppm CH_4）	±2% F.S. （200 ppb O_3）	±2% F.S. （0.3 ppm SO_2）
—	±2% F.S. （300 ppb SO_2）	±2% F.S. （0.35 ppm NO/NO_2）

6.2.13 校准池长度的影响

SO_2、NO_2、O_3 分析仪器校准池长度的影响±2%。

6.2.14 光源强度的影响

SO_2、NO_2 分析仪器光源强度的影响±2%满量程；

O_3 分析仪器光源强度的影响±4%满量程。

6.2.15 无人值守工作时间

（1）长期（≥7 d）零点漂移

SO_2、NO_2、O_3 分析仪器长期（≥7 d）零点漂移：±10 ppb。

（2）长期（≥7 d）量程漂移

SO_2、NO_2、O_3 分析仪器长期（≥7 d）量程漂移：±20 ppb。

（3）连续运行 60 d，平均故障间隔天数≥7 d。

7 检测方法

7.1 点式连续监测系统

7.1.1 零点噪声

待测分析仪器运行稳定后，将零点标准气体通入分析仪器，每 2 min 记录该时间段数据的平均值 r_i（记为 1 个数据），获得至少 25 个数据。按式（1）计算所取得数据的标准偏差 S_0，即为该分析仪器的零点噪声，应符合 6.1.1.2 的要求。

$$S_0 = \sqrt{\frac{\sum_{i=1}^{n}\left(r_i - \bar{r}\right)^2}{n-1}} \tag{1}$$

式中：S_0——待测分析仪器零点噪声，ppb（ppm）；

$\bar{r}$——待测分析仪器测量值的平均值，ppb（ppm）；

r_i——待测分析仪器第 i 次测量值，ppb（ppm）；

i——记录数据的序号（i=1～n）；

n——记录数据的总个数（n≥25）。

7.1.2 最低检出限

按式（2）计算待测分析仪器的最低检出限 R_{DL}，应符合 6.1.1.3 的要求。

$$R_{DL} = 2S_0 \tag{2}$$

式中：R_{DL}——待测分析仪器最低检出限，ppb（ppm）；

S_0——待测分析仪器零点噪声值，ppb（ppm）。

7.1.3 量程噪声

待测分析仪器运行稳定后，将 80%量程标准气体通入分析仪器，每 2 min 记录该时间段数据的平均值 r_i（记为 1 个数据），获得至少 25 个数据。按式（3）计算所取得数据的标准偏差 S，即为该分析仪器的量程噪声，应符合 6.1.1.4 的要求。

$$S = \sqrt{\frac{\sum_{i=1}^{n}\left(r_i - \bar{r}\right)^2}{n-1}} \tag{3}$$

式中：S——待测分析仪器量程噪声，ppb（ppm）；

$\bar{r}$——待测分析仪器测量值的平均值，ppb（ppm）；

r_i——待测分析仪器第 i 次测量值，ppb（ppm）；

i——记录数据的序号（i=1～n）；

n——记录数据的总个数（$n \geqslant 25$）。

7.1.4　示值误差

待测分析仪器运行稳定后，分别进行零点校准和满量程校准后，通入浓度约为 50%量程的标准气体，读数稳定后记录显示值；再通入零点校准气体，重复测试 3 次，按式（4）计算待测分析仪器的示值误差 L_e，应符合 6.1.1.5 的要求。

$$L_e = \frac{\left(\overline{C_d} - C_s\right)}{R} \times 100\% \tag{4}$$

式中：L_e——待测分析仪器示值误差，%；

C_s——标准气体浓度标称值，ppb（ppm）；

$\overline{C_d}$——待测分析仪器 3 次测量浓度平均值，ppb（ppm）；

R——待测分析仪器满量程值，ppb（ppm）。

7.1.5　量程精密度

待测分析仪器运行稳定后，分别通入 20%量程标准气体和 80%量程标准气体，待读数稳定后分别记录 20%量程标准气体显示值 x_i 和 80%量程标准气体显示值 y_i，重复上述测试操作至少 6 次以上，分别按式（5）和式（6）计算待测分析仪器 20%量程精密度 P_{20} 和 80%量程精密度 P_{80}，量程精密度应符合 6.1.1.6 的要求。

$$P_{20} = \sqrt{\frac{\sum_{i=1}^{n}\left(x_i - \overline{x}\right)^2}{n-1}} \tag{5}$$

式中：P_{20}——待测分析仪器 20%量程精密度，ppb（ppm）；

x_i——20%量程标准气体第 i 次测量值，ppb（ppm）；

$\overline{x}$——20%量程标准气体测量平均值，ppb（ppm）；

i——记录数据的序号（i=1～n）；

n——测量次数（$n \geqslant 6$）。

$$P_{80} = \sqrt{\frac{\sum_{i=1}^{n}\left(y_i - \overline{y}\right)^2}{n-1}} \tag{6}$$

式中：P_{80}——待测分析仪器 80%量程精密度，ppb（ppm）；

y_i——80%量程标准气体第 i 次测量值，ppb（ppm）；

$\overline{y}$——80%量程标准气体测量平均值，ppb（ppm）。

7.1.6　24 h 零点漂移和 24 h 量程漂移

待测分析仪器运行稳定后，通入零点标准气体，记录分析仪器零点稳定读数为 Z_0；然后通入 20%量程标准气体，记录稳定读数 M_{20}；继续通入 80%量程标准气体，记录稳定读数 M_{80}。通气结束后，待测分析仪器连续运行 24 h（期间不允许任何维护和校准）后重复上述操作，并分别记录稳定后读数。分别按式（7）、式（8）、式（9）计算待测分析仪器的 24 h 零点漂移 ZD、24 h 20%量程漂移 MSD 和 24 h 80%量程漂移 USD，然后可对待测分析仪器进行零点和量程校准。重复测试 7 次，24 h 零点漂移值 ZD、24 h 20%量程漂移 MSD 和 24 h 80%量程漂移 USD 均应分别符合 6.1.1.7 和 6.1.1.8 的要求。

$$\mathrm{ZD}_n = Z_n - Z_{n-1} \tag{7}$$

式中：ZD_n——待测分析仪器第 n 次的 24 h 零点漂移，ppb（ppm）；

$\mathrm{Z_n}$——待测分析仪器第 n 次的零点标准气体测量值，ppb（ppm）；

n——测试序号，（n=1～7）。

$$\mathrm{MSD}_n = M_{20n} - M_{20(n-1)} \tag{8}$$

式中：MSD_n——待测分析仪器第 n 次的 24 h 20%量程漂移，ppb（ppm）；

M_{20n}——待测分析仪器第 n 次的 20%量程标准气体测量值，ppb（ppm）。

$$\mathrm{USD}_n = M_{80n} - M_{80(n-1)} \tag{9}$$

式中：USD_n——待测分析仪器第 n 次的 24 h 80%量程漂移，ppb（ppm）；

M_{80n}——待测分析仪器第 n 次的 80%量程标准气体测量值，ppb（ppm）。

7.1.7 响应时间（上升时间/下降时间）

待测分析仪器运行稳定后，通入零点标准气体，待读数稳定后通入 80%量程标准气体，同时用秒表开始计时；当待测分析仪器显示值上升至标准气体浓度标称值 90%时，停止计时；记录所用时间为待测分析仪器的上升时间。待 80%量程标准气体测量读数稳定后，通入零点标准气体，同时用秒表开始计时，当待测分析仪器显示值下降至 80%量程标准气体浓度标称值 10%时，停止计时；记录所用时间为待测分析仪器的下降时间。

响应时间每天测试 1 次，重复测试 3 d，平均值应符合 6.1.1.9 的要求。

7.1.8 电压稳定性

待测分析仪器运行稳定后，在正常电压条件下，通入 80%量程标准气体，稳定后记录待测分析仪器读数 W；调节待测分析仪器供电电压高于正常电压值 10%，通入同一浓度标准气体，稳定后记录待测分析仪器读数 X；调节待测分析仪器供电电压低于正常电压值 10%，通入同一浓度标准气体，稳定后记录待测分析仪器读数 Y。按式（10）计算待测分析仪器的电压稳定性 V，应符合 6.1.1.10 的要求。

$$V = \frac{X-W}{R} \times 100\% \text{或} \frac{Y-W}{R} \times 100\% \tag{10}$$

式中：V——待测分析仪器电压稳定性，%；

W——正常电压条件下 80%量程标准气体测量值，ppb（ppm）；

X——供电电压高于正常电压 10%时，80%量程标准气体测量值，ppb（ppm）；

Y——供电电压低于正常电压 10%时，80%量程标准气体测量值，ppb（ppm）；

R——待测分析仪器满量程值，ppb（ppm）。

7.1.9 流量稳定性

待测分析仪器运行稳定后，记录初始进样流量值 RM_0，连续运行 8 d，每天定时记录待测分析仪器进样流量值 RC_i，按式（11）计算待测分析仪器进样流量与初始流量值的相对偏差 d_{Qi}；每天的测试结果均应符合 6.1.1.11 的要求。

$$d_{Qi} = \frac{\mathrm{RC}_i - \mathrm{RM}_0}{\mathrm{RM}_0} \times 100\% \tag{11}$$

式中：d_{Qi}——待测分析仪器第 i 天的流量稳定性，%；

RC_i——待测分析仪器第 i 天的进样流量值，mL/min；

RM_0——待测分析仪器初始进样流量值，mL/min；

i———测试天数的序号（i=1～8）。

7.1.10 环境温度变化的影响

（1）待测分析仪器在恒温环境中运行后，设置温度为（25±1）℃，稳定至少 30 min，记录标准温度值 t_0，通入零点标准气体，记录待测分析仪器读数 Z_0；通入 80%量程标准气体，记录待测分析仪器读数 M_0；

（2）缓慢调节恒温环境温度为（35±1）℃，稳定至少 30 min，记录标准温度值 t_1，通入零点标准气体，记录待测分析仪器读数 Z_1；通入 80%量程标准气体，记录待测分析仪器读数 M_1；

（3）缓慢调节恒温环境温度为（25±1）℃，稳定至少 30 min，记录标准温度值 t_2，通入零点标准气体，记录待测分析仪器读数 Z_2；通入 80%量程标准气体，记录待测分析仪器读数 M_2；

（4）缓慢调节恒温环境温度为（15±1）℃，稳定至少 30 min，记录标准温度值 t_3，通入零点标准气体，记录待测分析仪器读数 Z_3；通入 80%量程标准气体，记录待测分析仪器读数 M_3；

（5）缓慢调节恒温环境温度为（25±1）℃，稳定至少 30 min，记录标准温度值 t_4，通入零点标准气体，记录待测分析仪器读数 Z_4；通入 80%量程标准气体，记录待测分析仪器读数 M_4；

（6）按式（12）计算待测分析仪器环境温度变化的影响 b_{st}，应符合 6.1.1.12 的要求。

$$b_{st}=\left|\frac{(M_3-Z_3)-\dfrac{(M_2-Z_2)+(M_4-Z_4)}{2}}{t_3-\dfrac{t_2+t_4}{2}}\right| \text{或} \left|\frac{(M_1-Z_1)-\dfrac{(M_0-Z_0)+(M_2-Z_2)}{2}}{t_3-\dfrac{t_0+t_2}{2}}\right| \tag{12}$$

式中：b_{st}——待测分析仪器环境温度变化的影响，ppb/℃（ppm/℃）；

M_0——环境温度 t_0，待测分析仪器 80%量程标准气体测量值，ppb（ppm）；

M_1——环境温度 t_1，待测分析仪器 80%量程标准气体测量值，ppb（ppm）；

M_2——环境温度 t_2，待测分析仪器 80%量程标准气体测量值，ppb（ppm）；

M_3——环境温度 t_3，待测分析仪器 80%量程标准气体测量值，ppb（ppm）；

M_4——环境温度 t_4，待测分析仪器 80%量程标准气体测量值，ppb（ppm）；

Z_0——环境温度 t_0，待测分析仪器零点标准气体测量值，ppb（ppm）；

Z_1——环境温度 t_1，待测分析仪器零点标准气体测量值，ppb（ppm）；

Z_2——环境温度 t_2，待测分析仪器零点标准气体测量值，ppb（ppm）；

Z_3——环境温度 t_3，待测分析仪器零点标准气体测量值，ppb（ppm）；

Z_4——环境温度 t_4，待测分析仪器零点标准气体测量值，ppb（ppm）；

t_0——恒温环境第一次设置温度为（25±1）℃时，标准温度值，℃；

t_1——恒温环境设置温度为（35±1）℃时，标准温度值，℃；

t_2——恒温环境第二次设置温度为（25±1）℃时，标准温度值，℃；

t_3——恒温环境设置温度为（15±1）℃时，标准温度值，℃；

t_4——恒温环境第三次设置温度为（25±1）℃时，标准温度值，℃。

7.1.11 干扰成分的影响

干扰气体见表 2。待测分析仪器运行稳定后，通入零点标准气体，记录待测分析仪器读数 a；通入规定浓度的干扰气体，记录待测分析仪器读数 b。每种干扰气体按上述操作重复测试 3 次，计算平均值 $\overline{a}$ 和 $\overline{b}$，按式（13）计算待测分析仪器干扰成分的影响 IE，应符合 6.1.1.13 的要求。

$$IE=\frac{\overline{b}-\overline{a}}{R}\times 100\% \tag{13}$$

式中：IE——待测分析仪器干扰成分的影响，%；

$\overline{b}$——每种干扰气体 3 次测量平均值，ppb（ppm）；

$\overline{a}$——零点标准气体 3 次测量平均值，ppb（ppm）。

7.1.12 采样口和校准口浓度偏差

待测分析仪器运行稳定后，将 80%量程标准气体分别经仪器的采样口和校准口通入待测分析仪器，显示稳定后，分别记录 80%量程标准气体经采样口通入待测分析仪器的读数 A 和经校准口通入待测分析仪器的读数 B。重复测量 3 次，按式（14）计算两种状态下读数平均值的相对偏差 d，应符合 6.1.1.14 的要求。

$$d=\frac{\overline{B}-\overline{A}}{\overline{A}}\times 100\% \tag{14}$$

式中：d——待测分析仪器校准口和采样口浓度偏差，%；

$\overline{A}$——80%量程标准气体经采样口通入分析仪器 3 次测量平均值，ppb（ppm）；

$\overline{B}$——80%量程标准气体经校准口通入分析仪器 3 次测量平均值，ppb（ppm）。

7.1.13 转换效率

转换效率检测可采用以下三种方式进行。

（1）待测分析仪器运行稳定后，使用 NO_2 标准渗透管（使用前应将渗透管放入渗透管恒温装置中平衡 48 h，渗透室控温精度±0.1℃）产生 20%～60%量程标准气体，通入待测分析仪器，读数稳定后记录显示值 C_{NO_2}。重复测试 3 次，计算平均值 $\overline{C_{NO_2}}$，按式（15）计算待测分析仪器转换效率 η，应符合 6.1.1.15 的要求。

$$\eta=\frac{\overline{C_{NO_2}}}{C_0}\times 100\% \tag{15}$$

式中：η——待测分析仪器转换效率，%；

$\overline{C_{NO_2}}$——NO_2 标准气体 3 次测量平均值，ppb；

C_0——NO_2 标准气体体积分数值，ppb。

（2）待测分析仪器运行稳定后，通入 20%～60%量程 NO_2 标准气体，读数稳定后记录待测分析仪器显示值 C_{NO_2}。重复测试 3 次，计算平均值 $\overline{C_{NO_2}}$，按式（15）计算待测分析仪器转换效率 η，应符合 6.1.1.15 的要求。

（3）检测过程操作步骤如下：

a）待测分析仪器运行稳定后，通入 80%量程 NO 标准气体，分别记录待测分析仪器 NO 和 NO_x 稳定读数；重复操作 3 次，分别计算 NO 和 NO_x 读数的平均值 $[NO]_{orig}$ 和 $[NO_x]_{orig}$；

b）启动监测系统校准设备中的臭氧发生器，产生一定浓度的臭氧，在相同实验条件下通入与 a）中同一浓度的 NO 标准气体，分别记录待测分析仪器 NO 和 NO_x 稳定读数；重复操作 3 次，计算 NO 和 NO_x 读数的平均值 $[NO]_{rem}$ 和 $[NO_x]_{rem}$；

生成的 NO_2 气体的标准浓度值 $[NO_2]_{标准}$ 等于 $[NO]_{orig}$ 与 $[NO]_{rem}$ 的差值，浓度范围应控制在 20%～60%满量程。

c）按式（16）计算待测分析仪器转换效率 η，应符合 6.1.1.15 的要求。

$$\eta=\frac{\left([NO_x]_{rem}-[NO]_{rem}\right)-\left([NO_x]_{orig}-[NO]_{orig}\right)}{[NO]_{orig}-[NO]_{rem}}\times 100\% \tag{16}$$

式中：η——待测分析仪器转换效率，%；

$[NO]_{orig}$——未启动臭氧发生器时通入 NO 标准气体 NO 测量平均值，ppb；

$[NO_x]_{orig}$——未启动臭氧发生器时通入 NO 标准气体 NO_x 测量平均值，ppb；

$[NO]_{rem}$——启动臭氧发生器后通入 NO 标准气体 NO 测量平均值，ppb；

$[NO_x]_{rem}$——启动臭氧发生器后通入 NO 标准气体 NO_x 测量平均值，ppb。

7.1.14 无人值守工作时间

待测监测系统连续运行 60 d，期间进行长期漂移（≥7 d）测试和平均故障间隔天数考核。

（1）长期漂移（≥7 d）测试

待测监测系统运行稳定后，通入零点标准气体，记录待测分析仪器零点稳定读数 Z_0；通入 80%量程标准气体，记录稳定读数 M_{80}。通气结束后，待测监测系统连续运行至少 7 d（期间不允许任何手动维护和校准），重复上述操作，并分别记录稳定后读数。按式（17）、式（18）计算待测分析仪器的长期零点漂移 LZD、长期量程漂移 LSD；测试完成后可对待测监测系统进行维护和校准。长期漂移至少重复测试 7 次，长期零点漂移 LZD 和长期量程漂移 LSD 均应符合 6.1.1.16（1）和（2）的要求。

$$LZD_n = Z_n - Z_{n-1} \tag{17}$$

式中：LZD_n——待测分析仪器第 n 次的长期零点漂移，ppb（ppm）；

Z_n——待测分析仪器第 n 次的零点标准气体测量值，ppb（ppm）；

n——测试序号，（n=1～7）。

$$LSD_n = M_{80n} - M_{80(n-1)} \tag{18}$$

式中：LSD_n——待测分析仪器第 n 次的长期量程漂移，ppb（ppm）；

M_{80n}——待测分析仪器第 n 次的 80%量程标准气体测量值，ppb（ppm）。

（2）平均故障间隔天数考核

待测监测系统运行期间，记录监测系统出现故障次数 k。按式（19）计算待测监测系统平均故障间隔天数 D。应符合 6.1.1.16（3）的要求。

$$D = \frac{60}{k} \tag{19}$$

式中：D——待测监测系统平均故障间隔天数，d；

k——待测监测系统运行期间的故障数。

7.1.15　多气体动态校准仪

7.1.15.1　流量线性误差

待测监测系统运行稳定后，将标准流量测量装置串联到多气体动态校准仪气路中，使校准设备产生流量计 20%～80%满量程流量，分别记录校准设备流量值和标准流量计测量流量值，计算两者的相对误差；重复测试 3 次，平均值应符合 6.1.2（2）的要求。

7.1.15.2　臭氧发生浓度误差

待测监测系统运行稳定后，使用标准臭氧发生器发生 80%量程臭氧标准气体，对臭氧分析仪器进行校准，记录臭氧浓度值。校准完成后，使用待测监测系统多气体动态校准仪中的臭氧发生器发生 80%量程臭氧标准气体，通入上述已校准的臭氧分析仪器，读取并记录臭氧浓度值；重复测试 3 次，按式（20）计算臭氧发生浓度误差 E_i。按照上述操作步骤，在臭氧浓度为 20%和 50%量程臭氧标准气体点进行同样测试，测试结果均应符合 6.1.2（3）的要求。

$$E_i = \frac{RF_i - \overline{R_i}}{\overline{R_i}} \times 100\% \tag{20}$$

式中：E_i——第 i 种浓度臭氧发生浓度误差，%；

$\overline{R_i}$——第 i 种浓度臭氧测量平均值，ppb；

RF_i——第 i 种浓度臭氧发生值，ppb；

i——浓度序号（i=1～3）。

7.2　开放光程连续监测系统

7.2.1　零点噪声

使待测分析仪器处于零光程测量状态，检测方法见 7.1.1，待测分析仪器零点噪声应符合 6.2.2 的要求。

7.2.2　最低检出限

使待测分析仪器处于零光程测量状态，检测方法见 7.1.2，待测分析仪器最低检出限应符合 6.2.3 的要求。

7.2.3 量程噪声

使待测分析仪器处于零光程测量状态，检测方法见 7.1.3，待测分析仪器量程噪声应符合 6.2.4 的要求。

7.2.4 示值误差

使待测分析仪器处于零光程测量状态，检测方法见 7.1.4，待测分析仪器示值误差应符合 6.2.5 的要求。

7.2.5 量程精密度

使待测分析仪器处于零光程测量状态，检测方法见 7.1.5，待测分析仪器量程精密度应符合 6.2.6 的要求。

7.2.6 24 h 零点漂移和 24 h 量程漂移

使待测分析仪器处于零光程测量状态，检测方法见 7.1.6，待测分析仪器 24 h 零点漂移应符合 6.2.7 的要求，24 h 量程漂移应符合 6.2.8 的要求。

7.2.7 响应时间（上升时间/下降时间）

使待测分析仪器处于零光程测量状态下，向校准池中通入浓度约为 80%满量程的标准气体，稳定后将校准池放入仪器光路中，同时用秒表开始计时，待测分析仪器显示值上升至标准气体浓度标称值 90%时，停止计时；记录所用时间为待测分析仪器的上升时间。待 80%量程标准气体测量读数稳定后，迅速取下校准池，同时用秒表开始计时，当待测分析仪器显示值下降至 80%量程标准气体浓度标称值 10%时，停止计时；记录所用时间为待测分析仪器的下降时间。

响应时间每天测试 1 次，重复测试 3 d，平均值应符合 6.2.9 的要求。

7.2.8 电压稳定性

使待测分析仪器处于零光程测量状态，检测方法见 7.1.8，待测分析仪器电压稳定性应符合 6.2.10 的要求。

7.2.9 环境温度变化的影响

使待测分析仪器处于零光程测量状态，检测方法见 7.1.10，待测分析仪器环境温度变化的影响应符合 6.2.11 的要求。

7.2.10 干扰成分的影响

干扰气体见表 3。使待测分析仪器处于零光程测量状态，检测方法见 7.1.11，待测分析仪器干扰成分的影响应符合 6.2.12 的要求。

7.2.11 校准池长度的影响

使待测分析仪器处于零光程测量状态，在待测分析仪器测量光路上放置最大长度的校准池，通入 80%量程标准气体，读数稳定后记录测量值 C_L；在待测分析仪器测量光路上放置最小长度的校准池，通入同一浓度标准气体，读数稳定后记录测量值 C_S。按式（21）计算校准池长度的影响，应符合 6.2.13 的要求。

$$\eta = \frac{C_L - (C_S \times \frac{L_1}{L_2})}{C_L} \times 100\% \tag{21}$$

式中：η——待测分析仪器校准池长度的影响，%；

C_L——使用最大长度校准池时标准气体体积测量值，ppb；

C_S——使用最小长度校准池时标准气体体积测量值，ppb；

L_1——最大长度校准池长度，mm；

L_2——最小长度校准池长度，mm。

7.2.12 光源强度的影响

使待测分析仪器处于零光程状态，通入零点标准气体，读数稳定后记录待测分析仪器显示值 C_{h1} 和光源强度；通入 80%量程标准气体，读数稳定后记录待测分析仪器显示值 C_{h2}。在测量光路上放置消光装置，使待测分析仪器显示光源强度至少衰减 15%，再次通入零点标准气体，读数稳定后记录待测分析仪器显示值 C_{L1}；通入 80%量程标准气体，读数稳定后记录待测分析仪器显示值 C_{L2}。

按式（22）和式（23）分别计算零点和量程光源强度的影响，应符合 6.2.14 的要求。

$$Z_0 = \frac{C_{h1} - C_{L1}}{R} \times 100\% \tag{22}$$

式中：Z_0——待测分析仪器零点光源强度的影响，%；

C_{h1}——正常光源强度时零点标准气体测量值，ppb；

C_{L1}——光源强度衰减时零点标准气体测量值，ppb；

R——待测分析仪器满量程值，ppb。

$$Z_1 = \frac{C_{h2} - C_{L2}}{R} \times 100\% \tag{23}$$

式中：Z_1——待测分析仪器量程光源强度的影响，%；

C_{h2}——正常光源强度时量程标准气体测量值，ppb；

C_{L2}——光源强度衰减时量程标准气体测量值，ppb。

7.2.13 无人值守工作时间

待测监测系统连续运行 60 d，期间进行长期漂移（≥7 d）测试和平均故障间隔天数考核。

（1）长期漂移（≥7 d）测试

使待测分析仪器处于零光程测量状态，检测方法见 7.1.14（1），待测分析仪器长期零点漂移 LZD 和长期量程漂移 LSD 均应符合 6.2.15（1）和（2）的要求。

（2）平均故障间隔天数考核

检测方法见 7.1.14（2），待测监测系统平均故障间隔天数应符合 6.2.15（3）的要求。

8 检测项目

环境空气气态污染物（SO_2、NO_2、O_3、CO）连续自动监测系统检测项目见表 4、表 5 和表 6。

表 4 点式连续监测系统检测项目

项目	SO_2 分析仪器	NO_2 分析仪器	O_3 分析仪器	CO 分析仪器
测量范围	（0～500）ppb	（0～500）ppb	（0～500）ppb	（0～50）ppm
零点噪声	≤1 ppb	≤1 ppb	≤1 ppb	≤0.25 ppm
最低检出限	≤2 ppb	≤2 ppb	≤2 ppb	≤0.5 ppm
量程噪声	≤5 ppb	≤5 ppb	≤5 ppb	≤1 ppm
示值误差	±2% F.S.	±2% F.S.	±4% F.S.	±2% F.S.
20%量程精密度	≤5 ppb	≤5 ppb	≤5 ppb	≤0.5 ppm
80%量程精密度	≤10 ppb	≤10 ppb	≤10 ppb	≤0.5 ppm
24 h 零点漂移	±5 ppb	±5 ppb	±5 ppb	±1 ppm
24 h 20%量程漂移	±5 ppb	±5 ppb	±5 ppb	±1 ppm
24 h 80%量程漂移	±10 ppb	±10 ppb	±10 ppb	±1 ppm
响应时间	≤5 min	≤5 min	≤5 min	≤4 min
电压稳定性	±1% F.S.	±1% F.S.	±1% F.S.	±1% F.S.
流量稳定性	±10%	±10%	±10%	±10%
环境温度变化的影响	≤1 ppb/℃	≤3 ppb/℃	≤1 ppb/℃	≤0.3 ppm/℃

转换效率		—	>96%	—	—
干扰成分的影响		±4% F.S.（2% H_2O）	±4% F.S.（2.5% H_2O）	±4% F.S.（2% H_2O）	±5% F.S.（2.5% H_2O）
		±4% F.S.（0.1 ppm 甲苯）	±4% F.S.（1 ppm NH_3）	±4% F.S.（1 ppm 甲苯）	±5% F.S.（1 000 ppm CO_2）
		±4% F.S.（3 000 ppm CH_4）	±4% F.S.（200 ppb O_3）	±4% F.S.（0.2 ppm SO_2）	—
		—	±4% F.S.（500 ppb SO_2）	±6% F.S.（0.5 ppm NO/NO_2）	—
采样口和校准口浓度偏差		±1%	±1%	±1%	±1%
无人值守工作时间	长期零点漂移	±10 ppb	±10 ppb	±10 ppb	±2 ppm
	长期量程漂移	±20 ppb	±20 ppb	±20 ppb	±2 ppm
	平均故障间隔天数	≥7 d	≥7 d	≥7 d	≥7 d

表 5　多气体动态校准装置检测项目

项目	性能指标
稀释比率	1/100～1/1 000
流量线性误差	±1%
臭氧发生浓度误差	±2%

表 6　开放光程连续监测系统检测项目

项目		SO_2 分析仪器	NO_2 分析仪器	O_3 分析仪器
测量范围		（0～500）ppb	（0～500）ppb	（0～500）ppb
零点噪声		≤1 ppb	≤1 ppb	≤1 ppb
最低检出限		≤2 ppb	≤2 ppb	≤2 ppb
量程噪声		≤5 ppb	≤5 ppb	≤5 ppb
示值误差		±2% F.S.	±2% F.S.	±4% F.S.
20%量程精密度		≤5 ppb	≤5 ppb	≤5 ppb
80%量程精密度		≤10 ppb	≤10 ppb	≤10 ppb
24 h 零点漂移		±5 ppb	±5 ppb	±5 ppb
24 h 20%量程漂移		±5 ppb	±5 ppb	±5 ppb
24 h 80%量程漂移		±10 ppb	±10 ppb	±10 ppb
响应时间		5 min	5 min	5 min
电压稳定性		±1% F.S.	±1% F.S.	±1% F.S.
环境温度变化的影响		<1 ppb/℃	<3 ppb/℃	<1 ppb/℃
干扰成分的影响		±3% F.S.（0.035 ppm 苯）	±2% F.S.（0.33 ppm NH_3）	±5% F.S.（0.035 ppm 苯）
		±2% F.S.（3 000 ppm CH_4）	±2% F.S.（200 ppb O_3）	±2% F.S.（0.3 ppm SO_2）
		—	±2% F.S.（300 ppb SO_2）	±2% F.S.（0.35 ppm NO/NO_2）
校准池长度的影响		±2%	±2%	±2%
光源强度的影响		±2%F.S.	±2%F.S.	±4%F.S.
无人值守工作时间	长期零点漂移	±10 ppb	±10 ppb	±10 ppb
	长期量程漂移	±20 ppb	±20 ppb	±20 ppb
	平均故障间隔天数	≥7 d	≥7 d	≥7 d

附 录 A

（规范性附录）

零气发生器性能指标

表 A.1 监测系统零气发生器发生零气的性能指标

项目	性能指标
SO_2	＜0.5 ppb
NO	＜0.5 ppb
NO_2	＜0.5 ppb
O_3	＜0.5 ppb
CO	＜20 ppb
HC 化合物	不含

附 录 B
（规范性附录）
监测系统数据采集和处理要求

B.1 数据格式要求

监测系统处理实时数据和定时段数据时，应采用的数据格式见下列表格和说明。

表 B.1 数据格式一览表

序号	项目名称	单位	小数位
1	SO_2、NO_2、O_3 质量浓度	μg/m³	1
2	CO 质量浓度	mg/m³	1
3	采样流量	ml/min（或 L/min）	0（或 2）

表 B.2 污染物浓度数据有效性的最低要求

污染物项目	平均时间	数据有效规定
二氧化硫（SO_2）、二氧化氮（NO_2）、臭氧（O_3）、氮氧化物（NO_x）	年平均	每年至少有 324 个日平均浓度值。每月至少有 27 个日平均浓度值（2 月至少有 25 个日平均浓度值）
一氧化碳（CO）、二氧化硫（SO_2）、二氧化氮（NO_2）、氮氧化物（NO_x）	24 h 平均	每日至少有 20 h 平均浓度值或采样时间
臭氧（O_3）	8 h 平均	每 8 h 至少有 6 h 平均浓度值
一氧化碳（CO）、二氧化硫（SO_2）、二氧化氮（NO_2）、臭氧（O_3）、氮氧化物（NO_x）	1 h 平均	每小时至少有 45 min 的采样时间

表 B.3 数据时间标签一览表

数据时间类型	时间标签	定义	描述与示例
分钟数据	YYYYMMDDHHMM	时间标签为数据采集的截止时刻，数据为此时刻前一分钟的测量均值	201203210916 为 2012 年 3 月 21 日 9 时 15 分 01 秒至 9 时 16 分 00 秒的测量均值
小时数据	YYYYMMDDHH	时间标签为测量截止时刻，数据为此时刻前一小时的测量均值	2012032107 为 2012 年 3 月 21 日 6 时 01 分至 7 时 0 分的测量均值
日均值数据	YYYYMMDD	时间标签为测量开始时间，数据为当日 1 时至 24 时（第二天 0 时）的测量均值	20120321 为 2012 年 3 月 21 日 1 时至 22 日 0 时的测量均值

B.2 数据记录要求

B.2.1 监测系统应至少能显示记录气态污染物的质量浓度、体积分数、采样流量等实时数据。

B.2.2 小时数据应至少记录该时间段内气态污染物的质量浓度、体积分数的平均值。

B.2.3 分钟数据应至少记录该时间段内气态污染物的质量浓度、体积分数的平均值。

B.2.4 应统计记录当日小时数据的最大值、最小值和日均值。

B.3 数据处理要求

B.3.1 气态污染物质量浓度小时数据按式（B.1）计算：

$$C_i = \frac{\sum_{j=1}^{k} m_{ij}}{k} \tag{B.1}$$

式中：C_i——监测系统第 i 小时气态污染物质量浓度，μg/m³（mg/m³）；

m_{ij}——监测系统第 i 小时第 j 分钟气态污染物质量浓度，μg/m³（mg/m³）；

k——监测系统在该小时内有效测量分钟数（45≤k≤60）。

B.3.2 气态污染物质量浓度日均值数据按式（B.2）计算：

$$\overline{C_m} = \frac{\sum_{i=1}^{n} C_{m,i}}{n} \tag{B.2}$$

式中：$\overline{C_m}$——监测系统第 m 天气态污染物质量浓度日均值，μg/m³（mg/m³）；

$C_{m,i}$——监测系统的第 m 天第 i 小时气态污染物质量浓度，μg/m³（mg/m³）；

n——监测系统在该天内有效测量小时数（20≤n≤24）。

B.3.3 气态污染物体积分数与质量浓度单位的换算

$$C_Q = \frac{M}{22.4} \times C_V \tag{B.3}$$

式中：C_Q——污染物的质量浓度，μg/m³（mg/m³）；

M——污染物的摩尔质量，g/mol；

C_V——污染物的体积分数，ppb（ppm）。

B.3.4 氮氧化物（NO_x）单位换算

氮氧化物以 NO_2 计，可按照式（B.4）或式（B.5）计算氮氧化物质量浓度。

$$C_{NO_x} = C_{NO} \times \frac{M_{NO_2}}{M_{NO}} + C_{NO_2} \tag{B.4}$$

式中：C_{NO_x}——氮氧化物质量浓度，μg/m³；

C_{NO}——一氧化氮质量浓度，μg/m³；

C_{NO_2}——二氧化氮质量浓度，μg/m³；

M_{NO_2}——二氧化氮摩尔质量，g/mol；

M_{NO}——一氧化氮摩尔质量，g/mol。

$$C_{NO_x} = (C_{NOV} + C_{NO_2V}) \times \frac{M_{NO_2}}{22.4} \tag{B.5}$$

式中：C_{NOV}——一氧化氮的体积分数，ppb；

C_{NO_2V}——二氧化氮的体积分数，ppb。

附 录 C

（资料性附录）

监测系统性能测试原始数据记录表

表 C.1 环境空气气态污染物连续监测系统零点和量程漂移检测原始记录表

生产厂家＿＿＿＿ 测试地点＿＿＿＿ 型号、编号＿＿＿＿ 气体名称＿＿＿＿

标准气体生产厂＿＿＿＿ 浓度＿＿＿＿ 仪器量程＿＿＿＿ 分析原理＿＿＿＿

日期	时间	测量结果/（μg/m³/ppb）或（mg/m³/ppm）										室内温度/℃
		零点读数		零点漂移	20%量程读数		20%量程漂移	80%量程读数		80%量程漂移		
		起始	最终	ZD	起始	最终	MSD	起始	最终	USD		
零点漂移				20%量程漂移				80%量程漂移				

表 C.2 环境空气气态污染物连续监测系统噪声、最低检出限原始记录表

生产厂家＿＿＿＿＿＿ 检测时间、地点＿＿＿＿＿＿

型号、编号＿＿＿＿＿＿ 气体名称＿＿＿＿＿＿

原理＿＿＿＿＿＿ 计量单位＿＿＿＿＿＿

检测次数	测量值	
	零点	量程
1		
2		
3		
4		
5		
6		
7		
8		
9		
10		
11		
12		
13		
14		
15		
16		
17		
18		
19		
20		
21		
22		
23		
24		
25		
平均值		
噪声	$S_0=$	$S_{80}=$
最低检出限		—

表 C.3 环境空气气态污染物连续监测系统响应时间原始记录表

生产厂家＿＿＿＿＿＿＿＿ 检测地点＿＿＿＿＿＿＿＿
型号、编号＿＿＿＿＿＿＿＿ 计量单位＿＿＿＿＿＿＿＿

气体名称	测试时间	气体浓度	测量结果			
			上升时间	平均值	下降时间	平均值

表 C.4 环境空气气态污染物连续监测系统量程精密度原始记录表

生产厂家＿＿＿＿＿＿＿＿ 检测地点＿＿＿＿＿＿＿＿
型号、编号＿＿＿＿＿＿＿＿ 计量单位＿＿＿＿＿＿＿＿

量程精密度		测量结果	
		□SO_2 □NO_2 □O_3 □CO	
		20%	80%
测量次数	1		
	2		
	3		
	4		
	5		
	6		
	7		
	8		
	9		
	10		
平均值			
标准偏差			

表 C.5 环境空气气态污染物连续监测系统示值误差原始记录表

生产厂家＿＿＿＿＿＿＿＿ 检测时间、地点＿＿＿＿＿＿＿＿
型号、编号＿＿＿＿＿＿＿＿ 计量单位＿＿＿＿＿＿＿＿

检测日期	标气名称	标准气体		测量值
		标称值		
		实测值	1	
			2	
			3	
			平均值	
		相对误差/%		
		示值误差/%		

表 C.6 环境空气气态污染物连续监测系统电压稳定性原始记录表

生产厂家______________________ 检测时间、地点______________________

型号、编号______________________ 计量单位______________________

检测日期	名称	测量结果		
		正常电压下 测量值	高于正常电压 10% 测量值	低于正常电压 10% 测量值
电压稳定性				

表 C.7 环境空气气态污染物连续监测系统环境温度的影响原始记录表

生产厂家__________ 测试地点__________ 型号、编号__________ 气体名称__________

标准气体生产厂__________ 浓度__________ 仪器量程__________ 分析原理__________

日期	环境温度/℃	测量结果					
		零点测量值			80%量程测量值		
	25						
	35						
	25						
	15						
	25						
零点温度影响				80%量程温度影响			

表 C.8 环境空气气态污染物连续监测系统流量稳定性原始记录表

生产厂家______________________ 污染物______________________

型号、编号______________________ 计量单位______________________

检测时间	天数	进样流量值	相对误差
	0	RM_0 =	—
	1		
	2		
	3		
	4		
	5		
	6		
	7		
流量稳定性			

表 C.9　环境空气气态污染物连续监测系统干扰成分测试原始记录表

生产厂家________________　检测地点________________

型号、编号________________　计量单位________________

检测日期	测试气体名称	干扰气体名称和浓度	检测记录		测量结果
			零气测量值	干扰测量值	
	SO_2	0.1 ppm 甲苯			
		3 000 ppm CH_4			
		2% H_2O			
	NO_x	1 ppm NH_3			
		200 ppb O_3			
		500 ppb SO_2			
		2.5% H_2O			
	O_3	1 ppm 甲苯			
		0.2 ppm SO_2			
		0.5 ppm NO/NO_2			
		2% H_2O			
	CO	1 000 ppm CO_2			
		2.5% H_2O			

表 C.10　环境空气气态污染物连续监测系统采样口与校准口测量误差原始记录表

生产厂家________________　检测地点________________

型号、编号________________　计量单位________________

检测日期	测试气体名称	标气浓度	检测记录		测量结果
			校准口测量值	采样口测量值	
	CO				
	SO_2				
	NO_2				
	O_3				

中华人民共和国国家环境保护标准

HJ 653—2013

环境空气颗粒物（PM_{10}和$PM_{2.5}$）连续自动监测系统技术要求及检测方法

Specifications and test procedures for ambient air quality continuous automated monitoring system for PM_{10} and $PM_{2.5}$

2013-07-30 发布　　2013-08-01 实施

1　适用范围

本标准规定了环境空气颗粒物（PM_{10}和$PM_{2.5}$）连续自动监测系统的技术要求、性能指标和检测方法。

本标准适用于环境空气颗粒物（PM_{10}和$PM_{2.5}$）连续自动监测系统的设计、生产和检测。

2　规范性引用文件

本标准引用了下列文件或其中的条款。凡是未注明日期的引用文件，其最新版本适用于本标准。

GB 3095—2012　环境空气质量标准

GB/T 17214.1　工业过程测量和控制装置　工作条件　第 1 部分：气候条件

HJ 618　环境空气　PM_{10}和$PM_{2.5}$的测定　重量法

3　术语和定义

下列术语和定义适用于本标准。

3.1　空气动力学当量直径　aerodynamic diameter

指单位密度（ρ_0=1 g/cm^3）的球体，在静止空气中作低雷诺数运动时，达到与实际粒子相同的最终沉降速度时的直径。

3.2　切割器　particle separate device

指具有将不同粒径粒子分离功能的装置。

3.3　50%切割粒径（Da_{50}）　50% cutpoint diameter

指切割器对颗粒物的捕集效率为50%时所对应的粒子空气动力学当量直径。

3.4　颗粒物（粒径小于等于 10 μm）　particulate matter（PM_{10}）

指环境空气中空气动力学当量直径小于等于 10μm 的颗粒物，也称可吸入颗粒物。

3.5　颗粒物（粒径小于等于 2.5 μm）　particulate matter（$PM_{2.5}$）

指环境空气中空气动力学当量直径小于等于 2.5 μm 的颗粒物，也称细颗粒物。

3.6　标准状态　standard state

指温度为 273 K，压力为 101.325 kPa 时的状态。本标准污染物浓度值均为标准状态下浓度值。

3.7 参比方法 reference method

国家发布的标准方法。

3.8 捕集效率的几何标准偏差（σ_g） geometric standard deviation of sampling efficiency

切割器对颗粒物的捕集效率有以下两种表述方法：

（1）捕集效率为 16%时对应的粒子空气动力学当量直径 Da_{16} 与捕集效率为 50%时对应的粒子空气动力学当量直径 Da_{50} 的比值；

（2）捕集效率为 50%时对应的粒子空气动力学当量直径 Da_{50} 与捕集效率为 84%时对应的粒子空气动力学当量直径 Da_{84} 的比值。

上述两个比值均应符合σ_g=1.5±0.1（PM_{10} 连续监测系统）、σ_g=1.2±0.1（$PM_{2.5}$ 连续监测系统）的要求。计算公式见式（1）、式（2）：

$$\sigma_g = \frac{Da_{16}}{Da_{50}} \tag{1}$$

$$\sigma_g = \frac{Da_{50}}{Da_{84}} \tag{2}$$

式中：σ_g——捕集效率的几何标准偏差，%；

Da_{16}——切割器对颗粒物的捕集效率为 16%时对应的粒子空气动力学当量直径，μm；

Da_{50}——切割器对颗粒物的捕集效率为 50%时对应的粒子空气动力学当量直径，μm；

Da_{84}——切割器对颗粒物的捕集效率为 84%时对应的粒子空气动力学当量直径，μm。

3.9 仪器平行性 parallelism of monitors

指每一批次数据结果的均方根。

3.10 气溶胶传输效率 aerosol transport efficiency

指通过采样管进入监测仪的气溶胶量与进入采样管前气溶胶总量的百分比。

4 系统组成与原理

4.1 系统的组成

PM_{10} 和 $PM_{2.5}$ 连续监测系统包括样品采集单元、样品测量单元、数据采集和传输单元以及其他辅助设备。

4.1.1 样品采集单元

样品采集单元由采样入口、切割器和采样管等组成。将环境空气颗粒物进行切割分离，并将目标颗粒物输送到样品测量单元。

4.1.2 样品测量单元

样品测量单元对采集的环境空气 PM_{10} 或 $PM_{2.5}$ 样品进行测量。

4.1.3 数据采集和传输单元

数据采集和传输单元采集、处理和存储监测数据，并能按中心计算机指令传输监测数据和系统工作状态信息。

4.1.4 其他辅助设备

其他辅助设备包括安装仪器设备所需要的机柜或平台、安装固定装置、采样泵等。

4.2 方法原理

PM_{10} 和 $PM_{2.5}$ 连续监测系统所配置监测仪器的测量方法为 β 射线吸收法或微量振荡天平法。

5 技术要求

5.1 外观要求

5.1.1 PM_{10}和$PM_{2.5}$连续监测系统应有产品铭牌，铭牌上应标有仪器名称、型号、生产单位、出厂编号、制造日期等信息。

5.1.2 PM_{10}和$PM_{2.5}$连续监测系统外观应完好无损，无明显缺陷，各零、部件连接可靠，各操作键、按钮灵活有效。

5.2 工作条件

5.2.1 切割器在以下环境条件中应能正常工作：

环境温度：−30～50℃；

大 气 压：80～106 kPa。

5.2.2 监测仪在以下环境条件中应能正常工作：

环境温度：15～35℃；

相对湿度：≤85%；

大 气 压：80～106 kPa。

5.2.3 供电电压

AC（220±22）V，（50±1）Hz。

注：低温、低压等特殊环境条件下，仪器设备的配置应满足当地环境条件的使用要求。

5.3 安全要求

5.3.1 绝缘电阻

在环境温度为 15～35℃，相对湿度≤85%条件下，监测仪电源端子对地或机壳的绝缘电阻不小于 20 MΩ。

5.3.2 绝缘强度

在环境温度为 15～35℃，相对湿度≤85%条件下，监测仪在 1 500 V（有效值）、50 Hz 正弦波实验电压下持续 1 min，不应出现击穿或飞弧现象。

5.3.3 β射线源安全

PM_{10}和$PM_{2.5}$连续监测系统所配置监测仪器的测量方法为β射线吸收法时，使用的β射线源应符合放射性安全标准。

5.4 功能要求

5.4.1 滤膜要求

在规定膜面流速下，PM_{10}采样滤膜要求对 0.3 μm 颗粒物的截留效率≥99%，$PM_{2.5}$采样滤膜要求对 0.3 μm 颗粒物的截留效率≥99.7%。

5.4.2 具备显示和设置系统时间的功能及时间标签功能，数据为设置时段的平均值。

5.4.3 具备记录或输出测量过程中的环境大气压、环境温度、流量和浓度等数据的功能。

5.4.4 具备数字信号输出功能，数据采集和存储记录要求应符合附录 A 的要求。

5.4.5 具备三个月以上数据的存储能力。

5.4.6 仪器掉电后，能自动保存数据；恢复供电后系统可自动启动，恢复运行状态并正常开始工作。

6 性能指标

6.1 PM_{10}连续监测系统

6.1.1 浓度测量范围

0～1 000 μg/m^{3}或 0～10 000 μg/m^3（可选），最小显示单位 0.1 μg/m^3。

6.1.2 切割性能

50%切割粒径：Da_{50}=（10±0.5）μm；

捕集效率的几何标准偏差：σ_g=1.5±0.1。

6.1.3 时钟误差

（1）在监测仪正常工作状态下测试 6 h，时钟误差±20 s。

（2）断开监测仪的供电总计 5 次（各次断电的持续时间分别为 20 s、40 s、2 min、7 min 和 20 min，且在每次断电之间应保证不少于 10 min 正常电力供应），测试 6 h，时钟误差±2 min。

6.1.4 温度测量示值误差

在-30～50℃范围内，温度测量示值误差±2℃。

6.1.5 大气压测量示值误差

在 80～106 kPa 范围内，大气压测量示值误差≤1 kPa。

6.1.6 流量稳定性

24 h 内，每一次测试时间点流量变化±10%设定流量，24 h 平均流量变化±5%设定流量。

6.1.7 校准膜重现性

监测仪校准膜重现性±2%（标称值）。

6.1.8 电压变化稳定性

供电电压变化±10%，监测仪标准膜测量值的变化±5%（标称值）。

6.1.9 仪器平行性

三台（套）仪器平行性≤10%。

6.1.10 参比方法比对测试

使用参比方法进行至少 10 组有效数据的比对测试，测试结果进行线性回归分析，符合以下要求：

斜率：1±0.15；

截距：（0±10）$\mu g/m^3$；

相关系数≥0.95。

6.1.11 有效数据率

连续运行至少 90 d，有效数据率不低于 85%。

6.2 $PM_{2.5}$连续监测系统

6.2.1 浓度测量范围

0～1 000 $\mu g/m^3$ 或 0～10 000 $\mu g/m^3$（可选），最小显示单位 0.1 $\mu g/m^3$。

6.2.2 切割性能

50%切割粒径：Da_{50}=（2.5±0.2）μm；

捕集效率的几何标准偏差：σ_g=1.2±0.1。

6.2.3 时钟误差

（1）在监测仪正常工作状态下测试 6 h，时钟误差±20 s。

（2）断开监测仪的供电总计 5 次（各次断电的持续时间分别为 20 s、40 s、2 min、7 min 和 20 min，且在每次断电之间应保证不少于 10 min 正常电力供应），测试 6 h，时钟误差±2 min。

6.2.4 温度测量示值误差

在-30～50℃范围内，温度测量示值误差±2℃。

6.2.5 大气压测量示值误差

在 80～106 kPa 范围内，大气压测量示值误差≤1 kPa。

6.2.6 流量测试

在监测仪正常工作条件下，使用标准流量计在采样入口处检测流量，符合以下指标：

（1）平均流量偏差±5%设定流量；

（2）流量相对标准偏差≤2%；

（3）平均流量示值误差≤2%。

6.2.7 校准膜重现性

监测仪校准膜重现性±2%（标称值）。

6.2.8 环境气压、环境温度及供电电压变化的影响

监测仪分别在不同的气压、温度和供电电压等 6 种环境条件下进行测试，其流量性能指标符合 6.2.6 的要求。

6.2.9 气溶胶传输效率

采样管气溶胶传输效率≥97%。

6.2.10 切割器加载测试

在一个维护周期内，加载后的切割器切割性能指标符合 6.2.2 的要求。

6.2.11 仪器平行性

三台（套）仪器平行性≤15%。

6.2.12 参比方法比对测试

使用参比方法进行至少 23 组有效数据的比对测试，测试结果进行线性回归分析，符合以下要求：

斜率：1±0.15；

截距：（0±10）μg/m³；

相关系数≥0.93。

6.2.13 有效数据率

连续运行至少 90 d，有效数据率不低于 85%。

7 检测方法

7.1 PM_{10}连续监测系统

7.1.1 切割性能

切割性能测试可使用分流测试法或静态箱测试法。

7.1.1.1 分流测试法

发生单一粒径、均匀、稳定的气溶胶粒子，分别测试待测切割器上游的气溶胶浓度和切割器下游的气溶胶浓度，计算不同粒径气溶胶的捕集效率；拟合捕集效率与粒径的关系得到该切割器的 50%切割粒径和捕集效率的几何标准偏差。

（1）气溶胶的生成。通过单分散固态气溶胶发生器发生单分散固态的气溶胶颗粒。采用气溶胶检测仪器（例如气溶胶粒径谱仪）测量单分散固态气溶胶的粒径和浓度。实验粒子的粒径要求见表 1。

表 1 PM_{10}实验粒子的粒径要求

实验粒子的空气动力学当量直径 *Da*/μm							
3±0.5	5±0.5	7±0.5	9±0.5	11±1.0	13±1.0	15±1.0	17±1.0

（2）分流法测试。

a）将待测切割器去除进气部件，通过分流管连接流量适配器、待测切割器和气溶胶检测仪器，切割器应竖直放置。

b）采用单分散固态气溶胶发生器，发生表 1 中空气动力学当量直径（3±0.5）μm 的雾化单分散固态气溶胶颗粒。

c）采用气溶胶检测仪器测量单分散固态气溶胶的粒径，确认其稳定、均匀，符合要求。

d）采用气溶胶检测仪器分别测定切割器上、下游的气溶胶浓度。记录为 C_{111} 和 C_{211}。

e）分别依次生成表 1 中所列的 8 种粒径的雾化单分散固态气溶胶颗粒。重复以上 c）～d）的操作，

直至 8 种粒径的雾化单分散固态气溶胶颗粒测试完毕，得到 C_{1ij} 和 C_{2ij}。

f）重复 e）的操作三次，按式（3）计算得到 8 组 24 个捕集效率的数据。

$$\eta_{ij}=\frac{C_{2ij}}{C_{1ij}}\times 100\% \tag{3}$$

式中：η_{ij}——每个粒径点单次测量的捕集效率，%；

C_{1ij}——切割器上游固态单分散颗粒物单次测量浓度；

C_{2ij}——切割器下游固态单分散颗粒物单次测量浓度；

i——发生的气溶胶粒径点（i=1～8）；

j——每个粒径点测量的次数（j=1～3）。

g）按式（4）分别计算得到 8 个粒径点捕集效率的平均值。

$$\overline{\eta_i}=\frac{\sum_{j=1}^{3}\eta_{ij}}{3}\times 100\% \tag{4}$$

式中：$\overline{\eta_i}$——每个粒径点捕集效率的平均值（i=1～8），%。

h）按式（5）计算每个粒径点的捕集效率相对标准偏差 C_{vi}，如果 C_{vi} 超过 10%，则该粒径点的捕集效率测试无效。

$$C_{vi}=\frac{1}{\overline{\eta_i}}\times\sqrt{\frac{\sum_{j=1}^{3}(\eta_{ij}-\overline{\eta_i})^2}{2}}\times 100\% \tag{5}$$

式中：C_{vi}——每个粒径点捕集效率的相对标准偏差（i=1～8），%。

（3）数据处理。将得到的 8 个捕集效率平均值与对应的气溶胶空气动力学粒径进行拟合，得出捕集效率与气溶胶空气动力学粒径之间的回归方程和曲线。通过回归曲线得出切割器捕集效率分别为 16%、50%、84%时对应的空气动力学当量直径 Da_{16}、Da_{50}、Da_{84}，按照式（1）、式（2）计算切割器捕集效率的几何标准偏差σ_g，Da_{50} 和σ_g 应符合 6.1.2 的要求。

7.1.1.2 静态箱测试法

将待测切割器安装到静态箱中，在静态箱中发生单一粒径、均匀、稳定的气溶胶粒子，用气溶胶检测仪器测量气溶胶浓度和均匀性；确保箱内的气溶胶浓度稳定，分布均匀。用气溶胶检测仪器测量经待测切割器切割后的气溶胶浓度。计算不同粒径颗粒物的捕集效率，拟合捕集效率与粒径的关系得到该切割器 50%切割粒径和捕集效率的几何标准偏差。

（1）安装待测切割器。将至少一台待测切割器安装到静态箱中，保证箱体密闭。

（2）气溶胶的生成。通过单分散固态气溶胶发生器发生单分散固态的气溶胶颗粒。采用气溶胶检测仪器（例如气溶胶粒径谱仪）测量单分散固态气溶胶的粒径和浓度。实验粒子的粒径要求见表 1。

（3）静态箱法测试：

a）将生成的空气动力学当量直径（3±0.5）μm 的雾化单分散固态气溶胶颗粒通入静态箱并充分混合，使用气溶胶检测仪器测量静态箱中三个以上点位抽取的气溶胶样品粒径和浓度，确保静态箱内气溶胶浓度均匀。三个点的气溶胶浓度相对标准偏差≤10%，记录三点的气溶胶平均浓度 C_{111}。

b）启动待测监测仪的采样泵，运行一段时间后，停止采样；使用气溶胶检测仪器测量待测采样器采集的气溶胶粒子浓度 C_{211}，按式（3）计算该粒径下气溶胶捕集效率η_{11}。

c）分别依次生成表 1 中所列的 8 种粒径的雾化单分散固态气溶胶颗粒。重复以上 a）～b）的操作，直至 8 种粒径的雾化单分散固态气溶胶颗粒测试完毕，得到 C_{1ij} 和 C_{2ij}。

d）重复 c）的操作三次，计算得到 8 组 24 个捕集效率的数据。

e）按式（4）分别计算得到 8 个粒径点捕集效率的平均值。

f）按式（5）计算每个空气动力学粒径点的捕集效率相对标准偏差 C_{vi}，如果 C_{vi} 超过 10%，则该粒径点的捕集效率测试无效。

（4）数据处理。将得到的 8 个捕集效率平均值与对应的气溶胶空气动力学粒径进行拟合，得出捕集效率与气溶胶空气动力学粒径之间的回归方程和曲线。通过回归曲线得出切割器捕集效率分别为 16%、50%、84%时对应的空气动力学当量直径 Da_{16}、Da_{50}、Da_{84}，按照式（1）、式（2）计算切割器捕集效率的几何标准偏差σ_g，Da_{50} 和σ_g 应符合 6.1.2 的要求。

7.1.2 时钟误差

7.1.2.1 监测仪正常工作过程条件下时钟误差

在待测监测仪正常工作过程中，读取并记录显示时间（时-分-秒）记为开始时间 t_0，同时启动秒表开始计时，当运行 6 h±60 s 时，分别读取和记录待测监测仪显示时间 t_1 和秒表显示时间 t_2。按公式（6）计算时钟误差。检测结果 Δt 应符合 6.1.3（1）的要求。

$$\Delta t = t_1 - t_0 - t_2 \qquad (6)$$

式中：Δt——时钟误差，s；

t_0——待测监测仪开始时间，（时-分-秒）；

t_1——待测监测仪结束时间，（时-分-秒）；

t_2——秒表显示时间，（时-分-秒）。

7.1.2.2 监测仪断电条件下时钟误差

在待测监测仪正常工作过程中，读取并记录显示的时间（时-分-秒）记为开始时间 t_0，同时启动秒表开始计时。断电条件测试总时长为 6 h，在这期间要求断电总计 5 次，各次断电的持续时间分别为 20 s、40 s、2 min、7 min 和 20 min 左右，且在每次断电之间应保证不少于 10 min 正常供电。当运行 6 h±60 s 时，分别读取和记录待测监测仪显示时间 t_1 和秒表显示时间 t_2。按式（6）计算时钟误差。检测结果应符合 6.1.3（2）的要求。

7.1.3 温度测量示值误差

将待测监测仪或温度检测单元放入恒温环境中，在–30～50℃温度范围内分别设置 4 个温度测试点：（–20，0，20，50）℃，恒温装置的实际控制温度与上述设定温度允许偏差±2℃。待恒温装置温度稳定后，分别读取并记录标准温度值 t_{si} 和待测监测仪显示温度值 t_{pi}。按式（7）计算待测监测仪的温度测量示值误差Δt_i。重复测量 3 次，每个测试点的平均值应符合 6.1.4 的要求。

$$\Delta t_i = t_{pi} - t_{si} \qquad (7)$$

式中：Δt_i——第 i 个测试点温度测量示值误差，℃；

t_{pi}——第 i 个测试点待测监测仪的环境温度示值，℃；

t_{si}——第 i 个测试点标准温度值，℃；

i——测试点序号，（i=1～4）。

7.1.4 大气压测量示值误差

将待测监测仪或压力检测单元放入气压舱中，在大气压测量的范围 80～106 kPa 内，选取以下 5 个检测点：80 kPa，90 kPa，100 kPa，106 kPa 和当前环境气压，各检测点的实际稳定值与上述规定值允许偏差±0.5 kPa。待气压舱的压力稳定后，分别读取并记录标准压力值 B_i 和待测监测仪显示压力值 P_i。按式（8）计算待测监测仪的大气压测量示值误差 δ_{pi}。重复测量 3 次，每个检测点的平均值应符合 6.1.5 的要求。

$$\delta_{pi} = |B_i - P_i| \tag{8}$$

式中：δ_{pi}——第 i 个测试点待测监测仪大气压测量示值误差，kPa；

P_i——第 i 个测试点标准压力值，kPa；

B_i——第 i 个测试点待测监测仪压力测量值，kPa；

i——测试点序号，（i=1～5）。

7.1.5 流量稳定性

待测监测仪预热稳定后，调整系统初始进样流量为设定流量值 $F_{(i)(0)}$，待测监测仪连续运行，分别在待测监测仪运行 6 h、12 h、18 h 和 24 h 时记录采样流量值，将每天记录的 4 个采样流量值进行算术平均，计算待测监测仪 24 h 采样流量的平均值，按式（9）计算待测监测仪 24 h 采样流量偏差ΔF_i，按式（10）计算待测监测仪当天每个测试时间点的采样流量偏差$\Delta F_{(i)(t)}$。每天测试结束后可对待测监测仪采样流量进行重新调整，测试 7 d，重复上述操作，每天的ΔF_i和$\Delta F_{(i)(t)}$应符合 6.1.6 的要求。

$$\Delta F_i = \frac{\overline{F_i} - F_{(i)(0)}}{F_{(i)(0)}} \times 100\% \tag{9}$$

式中：ΔF_i——待测监测仪 24 h 采样流量偏差，%；

$\overline{F_i}$——待测监测仪 24 h 采样流量平均值，L/min；

$F_{(i)(0)}$——待测监测仪每天采样流量初始设定值，L/min；

i——测试天数，（i=1～7 d）。

$$\Delta F_{(i)(t)} = \frac{F_{(i)(t)} - F_{(i)(0)}}{F_{(i)(0)}} \tag{10}$$

式中：$\Delta F_{(i)(t)}$——待测监测仪每个测试时间点采样流量偏差，%；

$F_{(i)(t)}$——待测监测仪每天每个测试时间点的采样流量值，L/min；

t——每天的测试次数，（t=1～4）。

7.1.6 校准膜重现性

待测监测仪预热稳定后，按照操作规程插入校准膜片，待读数稳定后记录显示值，重复上述操作两次，计算标准膜读数的平均值。重复上述操作，测试 3 d，按式（11）计算每天的标准膜重现性 S_{Ci}，每天的 S_{Ci} 应符合 6.1.7 的要求。

$$S_{Ci} = \frac{\overline{C_i} - C_0}{C_0} \times 100\% \tag{11}$$

式中：S_{Ci}——待测监测仪第 i 天标准膜重现性，%；

$\overline{C_i}$——待测监测仪第 i 天标准膜测量平均值，μg/cm^2，μg；

C_0——校准膜的标称值，μg/cm^2，μg；

i——测试天数，（i=1～3）。

7.1.7 电压变化稳定性

待测监测仪预热稳定后，在正常电压条件下，放入校准膜，稳定后记录待测监测仪读数 W；调节电压为高于原初始电压值 10%，放入同一校准膜，稳定后记录待测监测仪读数 X；同样调节待测监测仪电压为低于原初始电压值 10%，放入同一校准膜，稳定后记录待测监测仪读数 Y。按式（12）计算电压变化的稳定性 V，应符合 6.1.8 的要求。

$$V=\frac{X-W}{R}\times 100\%\text{或}\frac{Y-W}{R}\times 100\% \tag{12}$$

式中：V——电压变化稳定性，%；

W——初始电压条件下校准膜测量值，μg/cm^2（μg）；

X——调节电压为高于初始电压+10%时，校准膜测量值，μg/cm^2（μg）；

Y——调节电压为低于初始电压−10%时，校准膜测量值，μg/cm^2（μg）；

R——校准膜的标称值，μg/cm^2（μg）。

7.1.8 仪器平行性

在同一试验环境条件下，将三台待测监测仪的采样器入口调整到同一高度，待测监测仪之间的距离为 2～4 m，分别进行采样流量校准和设置后，进行仪器平行性测试。测试环境大气中的 PM_{10} 浓度，每组样品连续测试 24 h，共测试 10 组样品；记录每台待测监测仪每次测量浓度值 C_{ij}，i 为待测监测仪的编号（i=1～3），j 为检测样品的序号（j=1～10），每个样品三台待测监测仪测量结果的平均值为 $\overline{C_j}$。当 $\overline{C_j}$ <30 μg/m^3 时，测试结果无效。按式（13）计算 3 台待测监测仪测试结果的相对标准偏差 P_j，按式（14）计算 3 台待测监测仪平行性 P，应符合 6.1.9 的要求。

$$P_j=\frac{\sqrt{\frac{\sum_{i=1}^{3}\left(C_{ij}-\overline{C_j}\right)^2}{2}}}{\overline{C_j}}\times 100\% \tag{13}$$

式中：P_j——3 台待测监测仪第 j 个样品测量结果的相对标准偏差，%；

C_{ij}——第 i 台待测监测仪测量第 j 个样品的 PM_{10} 质量浓度值，μg/m^3；

$\overline{C_j}$——3 台待测监测仪测量第 j 个样品的 PM_{10} 质量浓度平均值，μg/m^3。

$$P=\sqrt{\frac{1}{10}\times\sum_{j=1}^{10}(P_j)^2}\times 100\% \tag{14}$$

式中：P——仪器平行性，%。

7.1.9 参比方法比对测试

参比方法参照 HJ 618。参比方法使用的采样器至少 3 台，待测监测仪自动监测与参比方法测试同步进行，采样器与待测监测仪安放位置相距 2～4 m（当采样流量低于 200 L/min 时，距离应在 1 m 左右），采样入口位于同一高度。取相同采样时间段内的自动监测数据 $C_{i,j}$ 和参比方法测试数据 $R_{i,j}$ 作为一个数据对，i 是仪器的序号（i=1～3），j 是有效样品的个数（j=1～10），每组样品的采样时间为（24±1）h，共测试 10 组样品。

（1）按式（15）计算 3 台采样器参比方法测试每组 PM_{10} 样品质量浓度的平均值 $\overline{R_j}$，$\overline{R_j}$ 应尽量选择在 15～300 μg/m^3。

$$\overline{R_j}=\frac{\sum_{i=1}^{3}R_{i,j}}{3} \tag{15}$$

式中：$\overline{R_j}$——3 台采样器测量第 j 组样品质量浓度的平均值，μg/m^3；

$R_{i,j}$——第 i 台采样器测量第 j 个样品的质量浓度值，μg/m^3。

（2）分别计算每组采样器参比方法测试结果的标准偏差或相对标准偏差，应小于等于 5 μg/m^3 或 7%，则该组参比测试数据有效。

（3）按式（16）计算 3 台待测监测仪测试对应时间段内 PM_{10} 质量浓度的平均值 $\overline{C_j}$。按 7.1.8 计算 10 组待测监测仪测试结果的平行性，应符合 6.1.9 的要求。

$$\overline{C_j}=\frac{\sum_{i=1}^{3}C_{i,j}}{3} \tag{16}$$

式中：$\overline{C_j}$——3 台待测监测仪测量第 j 组样品质量浓度的平均值，μg/m³；

$C_{i,j}$——第 i 台待测监测仪测量第 j 个样品的质量浓度值，μg/m³。

（4）当参比测试数据和自动监测数据都有效时，组成一组有效数据对。每一批次比对至少取得 10 组有效数据对，$\overline{R_j}$ ≤100 μg/m³ 和＞100 μg/m³ 的有效数据对数均应≥3。将参比测试数据与相应的自动监测数据进行线性回归分析，以参比测试数据为横轴，待测监测仪数据为纵轴，按式（17）计算回归曲线的斜率 k。

$$k=\frac{\sum_{j=1}^{10}(\overline{R}_j-\overline{R})\times(\overline{C}_j-\overline{C})}{\sum_{j=1}^{10}(\overline{R}_j-\overline{R})^2} \tag{17}$$

式中：k——比对测试回归曲线斜率；

$\overline{C}$——10 组待测监测仪测量质量浓度的平均值，μg/m³；

$\overline{R}$——10 组参比采样器测量质量浓度的平均值，μg/m³。

（5）按式（18）计算回归曲线的截距 b。

$$b=\overline{C}-k\times\overline{R} \tag{18}$$

式中：b——比对测试回归曲线截距，μg/m³。

（6）按式（19）计算回归曲线的相关系数 r。

$$r=\frac{\sum_{j=1}^{10}(\overline{R}_j-\overline{R})\times(\overline{C}_j-\overline{C})}{\sqrt{\sum_{j=1}^{10}(\overline{R}_j-\overline{R})^2\times\sum_{j=1}^{10}(\overline{C}_j-\overline{C})^2}} \tag{19}$$

式中：r——比对测试回归曲线相关系数。

（7）比对测试回归曲线的斜率 k、截距 b 和相关系数 r 均应符合 6.1.10 的要求。

7.1.10 有效数据率

待测监测仪在通过调试后，开始连续至少 90 d 的运行，测试有效数据率。期间要对每次维护时间、维修时间及内容进行详细记录，同时考核 3 台待测监测仪 90 d 运行监测数据日均值。在完成 90 d 的运行后，有效数据率 D 应符合 6.1.11 的要求。

（1）统计记录全部 90 d 内待测监测仪正常维护时间的小时数 T_1。

（2）采集系统的日均值浓度数据，计算除正常维护日外 3 台待测监测仪每天测试数据的标准偏差 SD 和相对标准偏差 RSD，当满足 SD＞10 μg/m³，同时 RSD＞20%时，记录为数据异常，出现 1 d，异常数据时间记为 24 h，统计全部待测监测仪数据异常的天数，计算 90 d 内三台待测监测仪数据异常时间的小时数 T_2。

（3）待测监测仪运行出现故障时，记录从开始维修到结束维修，待测监测仪正常运行的时间 t_3，当 t_3＞4 h，无法统计当日日均浓度值，则此次维修时间记为 24 h。统计记录全部 90 d 内待测监测仪故障维修时间的小时数 T_3。

（4）按式（20）计算有效数据率。

$$D=\left(1-\frac{T_1+T_2+T_3}{90\times 24}\right)\times 100\% \tag{20}$$

式中：D——有效数据率，%；

T_1——测试期间待测监测仪正常维护时间的小时数，h；

T_2——测试期间待测监测仪数据异常时间的小时数，h；

T_3——测试期间待测监测仪故障维修的小时数，h。

7.2　$PM_{2.5}$连续监测系统

7.2.1　切割性能

切割性能测试可使用分流测试法或静态箱测试法。

单分散固态气溶胶发生器发生单分散固态的气溶胶颗粒，气溶胶检测仪器（例如气溶胶粒径谱仪）测量单分散固态气溶胶的粒径和浓度。实验粒子的粒径要求见表 2。

表 2　$PM_{2.5}$实验粒子的粒径要求

实验粒子的空气动力学当量直径 Da/μm							
1.5±0.25	2.0±0.25	2.2±0.25	2.5±0.25	2.8±0.25	3.0±0.25	3.5±0.25	4.0±0.5

分流测试法的操作步骤见 7.1.1.1 中（2）。

静态箱测试法的操作步骤见 7.1.1.2 中（1）、（3）。

将得到的 8 个捕集效率平均值与对应的气溶胶空气动力学粒径进行拟合，得出捕集效率与气溶胶空气动力学粒径之间的回归方程和曲线。通过回归曲线得出切割器捕集效率分别为 16%、50%、84%时对应的空气动力学当量直径 Da_{16}、Da_{50}、Da_{84}，按照式（1）、式（2）计算切割器捕集效率的几何标准偏差σ_g，Da_{50}和σ_g应符合 6.2.2 的要求。

7.2.2　时钟误差

检测方法见 7.1.2，检测结果应符合 6.2.3 的要求。

7.2.3　温度测量示值误差

检测方法见 7.1.3，检测结果应符合 6.2.4 的要求。

7.2.4　大气压测量示值误差

检测方法见 7.1.4，检测结果应符合 6.2.5 的要求。

7.2.5　流量测试

取下采样入口和切割器，将标准流量计的出气口通过流量测量适配器连接到待测监测仪的进气口。开启待测监测仪，预热后进入流量检测界面，待测监测仪显示的流量稳定后开始测试。测试连续进行 6 h，至少每隔 5 min 记录一次标准流量计和待测监测仪的瞬时流量值（工况）。测试完成后，按照式（21）、式（22）、式（23）、式（24）、式（25）计算流量测试的相关指标。测试结果应符合 6.2.6 的要求。

$$\bar{Q}_R=\frac{1}{n}\sum_{i=1}^{n}Q_{Ri} \tag{21}$$

式中：$\bar{Q}_R$——测试期间标准流量计平均流量值，L/min；

Q_{Ri}——测试期间标准流量计瞬时流量值，L/min；

i——测试期间记录瞬时时间点的序号，（i=1～n）；

n——测试期间记录瞬时时间点的总个数。

$$\bar{Q}_C = \frac{1}{n}\sum_{i=1}^{n} Q_{Ci} \tag{22}$$

式中：$\bar{Q}_C$——测试期间待测监测仪平均流量值，L/min；

Q_{Ci}——测试期间待测监测仪瞬时流量值，L/min。

$$\Delta Q_R = \frac{\bar{Q}_R - Q_s}{Q_s} \times 100\% \tag{23}$$

式中：ΔQ_R——平均流量偏差，%；

Q_s——待测监测仪设定的采样流量，L/min。

$$Cv_R = \frac{\sqrt{\dfrac{\sum_{i=1}^{n}\left(Q_{Ri} - \bar{Q}_R\right)^2}{n-1}}}{\bar{Q}_R} \times 100\% \tag{24}$$

式中：Cv_R——流量相对标准偏差，%。

$$Q_{diff} = \frac{\left|\bar{Q}_R - \bar{Q}_C\right|}{\bar{Q}_R} \times 100\% \tag{25}$$

式中：Q_{diff}——流量示值误差，%。

7.2.6　校准膜重现性

检测方法见 7.1.6，检测结果应符合 6.2.7 的要求。

7.2.7　环境气压、环境温度及供电电压变化的影响

7.2.7.1　环境气压变化的影响

（1）依次连接待测监测仪、采样泵和标准流量计，将其全部置于气压舱内。调整设置气压测试舱内气压为 80 kPa。在舱内气压达到（80±1）kPa 后至少稳定 30 min，保证待测监测仪内的压力达到均衡状态。

（2）在此状态下进行 6 h 连续测试，测试期间至少每隔 5 min 记录一次舱内气压值、标准流量计流量值和待测监测仪瞬时流量值。

（3）缓慢调节气压测试舱内的气压至 106 kPa。在舱内气压达到（106±1）kPa 后至少稳定 30 min，保证待测监测仪内的压力达到均衡状态。重复进行（2）的测试步骤。

（4）完成测试后，缓慢调节气压测试舱内气压至实验现场气压值，当舱内气压指示达到实验现场气压时，方可打开气压舱门取出待测监测仪。

（5）按照式（21）、式（22）、式（23）、式（24）、式（25）分别计算两种气压状态下的流量测试指标。测试结果应符合 6.2.8 的要求。

7.2.7.2　环境温度和供电电压变化的影响

（1）依次连接调压器、待测监测仪、采样泵和标准流量计将其置于恒温环境中，分别在如下 4 种条件下进行测试：

a）环境温度（35±2）℃，交流电压为（198±2）V；

b）环境温度（35±2）℃，交流电压为（242±2）V；

c）环境温度（15±2）℃，交流电压为（198±2）V；

d）环境温度（15±2）℃，交流电压为（242±2）V。

（2）设置环境温度为（35±2）℃，调压器输出交流电压为（198±2）V。稳定至少 30 min，保证待测监测仪内的温度达到均衡状态。

（3）在此状态下进行 6 h 连续测试，测试期间至少每隔 5 min 记录一次环境温度值、交流电压值、标准流量计和待测监测仪瞬时流量值。

（4）依次缓慢调节环境温度设定值和调压器输出电压值分别为 b）、c）、d）三种条件。每种条件至少稳定 30 min，保证待测监测仪内的温度达到均衡状态，重复进行（3）的测试步骤。

（5）完成测试后，缓慢调节环境温度至实验现场温度值，取出待测监测仪。

（6）按照式（21）、式（22）、式（23）、式（24）、式（25）分别计算四种条件下的流量测试指标。测试结果应符合 6.2.8 的要求。

7.2.8 气溶胶传输效率

（1）依次连接静态箱出口分流管、待测监测仪采样管、流量适配器和气溶胶检测仪器，采样管应竖直放置。

（2）采用单分散固态气溶胶发生器在静态箱内生成空气动力学直径为（3±0.25）μm 的雾化单分散固态气溶胶颗粒。使用气溶胶检测仪器测量单分散固态气溶胶颗粒的粒径，确认其符合要求。

（3）气溶胶发生稳定后，使用气溶胶检测仪器分别测量箱体内和待测采样管出口的单分散固态气溶胶颗粒浓度，记录为σ_1和σ_2。

（4）按照式（26）计算采样管的气溶胶传输率 T，重复测量三次，平均值应符合 6.2.9 的要求。

$$T = \frac{\sigma_2}{\sigma_1} \times 100\% \tag{26}$$

式中：T——气溶胶传输效率，%；

σ_1——静态箱内气溶胶浓度值；

σ_2——待测采样管出口气溶胶浓度值。

7.2.9 切割器加载测试

切割器加载测试可采用静态箱加载测试法或实际样品加载测试法。

7.2.9.1 静态箱加载测试法

（1）待测切割器安装。将至少一台待测监测仪的切割器安装到静态箱中，保证箱体密闭。

（2）气溶胶发生。使用多分散灰尘发生器，发生浓度为（150±10）$\mu g/m^3$ 的颗粒物。

（3）加载测试：

a）将生成的颗粒物通入静态箱并充分混合，为确保静态箱内颗粒物浓度均匀，使用气溶胶检测仪器测量静态箱中三个以上点位的颗粒物浓度，其相对标准偏差应≤10%。

b）启动待测监测仪，连续运行一个维护周期（运行时间≥7 d，每天≥20 h），进行加载。

c）加载运行完成后，将待测切割器按 7.2.1 进行切割性能测试。待测切割器切割性能指标 Da_{50} 和σ_g均应符合 6.2.2 的要求。

7.2.9.2 实际样品加载测试法

（1）将待测 $PM_{2.5}$ 连续监测系统置于 $PM_{2.5}$ 浓度为 100～150 $\mu g/m^3$ 的环境中连续运行一个维护周期（运行时间≥7 d，每天≥20 h），进行加载。

（2）加载运行完成后，将待测切割器按 7.2.1 进行切割性能测试。待测切割器切割性能指标 Da_{50} 和σ_g均应符合 6.2.2 的要求。

7.2.10 仪器平行性

在同一试验环境条件下，将三台待测监测仪的采样器入口调整到同一高度，待测监测仪之间的距离为 2～4 m，分别进行采样流量校准和设置后，进行仪器平行性测试。测试环境大气中的 $PM_{2.5}$ 浓度，每组样品连续测试 24 h，检测样品数为至少 23 组。记录每台待测监测仪测得每个 $PM_{2.5}$ 样品浓度值 C_{ij}，i 为待测监测仪的编号（i=1～3），j 为检测样品的序号（j=1～23），三台待测监测仪每个样品测量结果的平均值为 $\overline{C_j}$。当 $\overline{C_j}$ ＜6 $\mu g/m^3$ 时，测试结果无效。按式（27）计算 3 台待测监测仪测试结果的相对标

准偏差 P_j，按式（28）计算 3 台待测监测仪平行性 P，应符合 6.2.11 的要求。

$$P_j = \frac{\sqrt{\frac{\sum_{i=1}^{3}\left(C_{ij}-\overline{C_j}\right)^2}{2}}}{\overline{C_j}} \times 100\% \tag{27}$$

式中：P_j——3 台待测监测仪第 j 个样品测量结果的相对标准偏差，%；

C_{ij}——第 i 台待测监测仪测量第 j 个样品的 $PM_{2.5}$ 浓度值，μg/m³；

$\overline{C_j}$——3 台待测监测仪测量第 j 个样品的 $PM_{2.5}$ 浓度平均值，μg/m³。

$$P = \sqrt{\frac{1}{23} \times \sum_{j=1}^{23}(P_j)^2} \tag{28}$$

式中：P——仪器平行性，%。

7.2.11 参比方法比对测试

参比方法参照 HJ 618。参比方法使用的采样器至少 3 台，待测监测仪自动监测与参比方法测试同步进行，采样器与待测监测仪安放位置应相距 2～4 m（当采样流量低于 200 L/min 时，距离应在 1 m 左右），采样入口位于同一高度。取相同采样时间段内的自动监测数据 $C_{i,j}$ 和参比方法测试数据 $R_{i,j}$ 作为一个数据对，i 是仪器的序号（i=1～3），j 是有效样品的个数（j=1～23），每组样品的采样时间为（24±1）h，共测试 23 组样品。

（1）按式（15）计算 3 台采样器参比方法测试每组 $PM_{2.5}$ 样品的平均值 $\overline{R_j}$，$\overline{R_j}$ 应尽量选择在 3～200 μg/m³。

（2）分别计算每组采样器参比方法测试结果的标准偏差或相对标准偏差，应小于等于 5 μg/m³ 或 5%，否则该组参比测试数据无效。

（3）按式（16）计算 3 台待测监测仪测试对应时间段内 $PM_{2.5}$ 浓度的平均值 $\overline{C_j}$。按 7.2.10 计算 23 组待测监测仪测试结果的平行性，应符合 6.2.11 的要求。

（4）当参比测试数据和自动监测数据都有效时，组成一个有效数据对。每一批次比对至少取得 23 组有效数据对。将参比测试数据与相应的自动监测数据进行线性回归分析，以参比测试数据为横轴，待测监测仪数据为纵轴，按式（29）计算回归曲线的斜率 k。

$$k = \frac{\sum_{j=1}^{23}(\overline{R}_j - \overline{R}) \times (\overline{C}_j - \overline{C})}{\sum_{j=1}^{23}(\overline{R}_j - \overline{R})^2} \tag{29}$$

式中：k——比对测试回归曲线斜率；

$\overline{C}$——23 组待测监测仪测量质量浓度的平均值，μg/m³；

$\overline{C}_j$——3 台待测监测仪测量第 j 组样品质量浓度的平均值，μg/m³；

$\overline{R}$——23 组参比采样器测量质量浓度的平均值，μg/m³；

$\overline{R}_j$——3 台采样器测量第 j 组样品质量浓度的平均值，μg/m³。

（5）按式（30）计算回归曲线的截距 b。

$$b = \overline{C} - k \times \overline{R} \tag{30}$$

式中：b——比对测试回归曲线截距，μg/m³。

（6）按式（31）计算回归曲线的相关系数 r。

$$r=\frac{\sum_{j=1}^{23}(\bar{R}_j-\bar{R})\times(\bar{C}_j-\bar{C})}{\sqrt{\sum_{j=1}^{23}(\bar{R}_j-\bar{R})^2\times\sum_{j=1}^{23}(\bar{C}_j-\bar{C})^2}} \tag{31}$$

式中：r——比对测试回归曲线相关系数。

（7）比对测试线性回归曲线的斜率 k、截距 b 和相关系数 r 均应符合 6.2.12 的要求。

7.2.12 有效数据率

检测方法见 7.1.10，检测结果应符合 6.2.13 的要求。

8 检测项目

PM_{10} 和 $PM_{2.5}$ 连续监测系统检测项目见表 3。

表 3 PM_{10} 和 $PM_{2.5}$ 连续监测系统检测项目

检测项目	PM_{10} 连续监测系统	$PM_{2.5}$ 连续监测系统
测量范围	0～1 000 μg/m³ 或 0～10 000 μg/m³（可选）	0～1 000 μg/m³ 或 0～10 000 μg/m³（可选）
最小显示单位	0.1 μg/m³	0.1 μg/m³
切割器性能	Da_{50}=（10±0.5）μm； σ_g=1.5±0.1	Da_{50}=（2.5±0.2）μm； σ_g =1.2±0.1
时钟误差	正常条件下±20 s； 断电条件下±2 min	正常条件下±20 s； 断电条件下±2 min
温度测量示值误差	±2℃	±2℃
大气压测量示值误差	≤1 kPa	≤1 kPa
流量测试	每一次测试时间点流量变化±10%设定流量； 24 h 平均流量变化±5%设定流量	平均流量偏差±5%设定流量； 流量相对标准偏差≤2%； 平均流量示值误差≤2%
校准膜重现性	±2%（标称值）	±2%（标称值）
环境条件影响测试	供电电压变化±10%，监测仪标准膜测量值的变化±5%（标称值）	监测仪分别在不同的气压、温度和供电电压等 6 种环境条件下进行测试，应符合流量测试指标
平行性	≤10%	≤15%
参比方法比对测试	斜率：1±0.15； 截距：（0±10）μg/m³； 相关系数≥0.95	斜率：1±0.15； 截距：（0±10）μg/m³； 相关系数≥0.93
气溶胶传输效率	—	≥97%
加载测试	—	在一个维护周期内，加载后的切割器应符合切割性能指标
有效数据率	连续运行至少 90 d，有效数据率不低于 85%	连续运行至少 90 d，有效数据率不低于 85%

附　录　A

（规范性附录）

PM_{10}和$PM_{2.5}$连续监测系统数据采集和处理要求

A.1　数据格式要求

PM_{10}和$PM_{2.5}$连续监测系统处理实时数据和定时段数据时，应采用的数据格式见下表。

表 A.1　数据格式一览表

序号	项目名称	单位	小数位
1	颗粒物标况质量浓度	$\mu g/m^3$	1
2	颗粒物工况质量浓度	$\mu g/m^3$	1
3	标况累积体积	L（或 m^3）	1（3）
4	环境温度	℃	1
5	环境大气压	kPa	1
6	进气工况流量	L/min（或 L/h）	2（或 0）

表 A.2　数据时间标签一览表

数据时间类型	时间标签	定义	描述与示例
分钟数据	YYYYMMDDHHMM	时间标签为数据采集的时刻，数据为相应时刻采集的瞬时值或 1 min 测量均值	201203210916 为 2012 年 3 月 21 日 9 时 16 分 00 秒的瞬时值或 9 时 15 分 01 秒至 9 时 16 分 00 秒的测量均值
小时数据	YYYYMMDDHH	时间标签为测量截止时间，数据为此时刻前一小时的测量均值	2012032107 为 2012 年 3 月 21 日 06 时 01 分至 07 时 00 分的测量均值
日均值数据	YYYYMMDD	时间标签为测量开始时间，数据为当日 1 时至 24 时（第二天 0 时）的测量均值	20120321 为 2012 年 3 月 21 日 1 时至 22 日 0 时的测量均值

A.2　数据记录要求

A.2.1　系统应至少能显示记录颗粒物的标况浓度、工况浓度、工况流量，标况累积体积以及环境温度、环境大气压等实时数据。

A.2.2　小时数据应至少记录该时间段内 PM_{10}或 $PM_{2.5}$的标况浓度、工况浓度以及标况累积体积的测量值；环境温度和环境大气压的平均值。

A.2.3　分钟数据应至少记录该时刻的环境温度、环境大气压、工况流量的测量值。

A.2.4　应统计记录当日小时数据的最大值、最小值和日均值。

A.3　数据处理要求

A.3.1　颗粒物标况浓度小时数据

颗粒物标况浓度小时数据按式（A1）计算：

$$C_{\mathrm{sn},i}=\frac{m_i\times 1\,000}{V_{\mathrm{sn},i}} \tag{A1}$$

式中：$C_{\mathrm{sn},i}$——监测仪第 i 小时颗粒物标况质量浓度，μg/m³；

m_i——监测仪第 i 小时所采集到的颗粒物质量，μg；

$V_{\mathrm{sn},i}$——监测仪第 i 小时的标况累积体积，L。

A.3.2 颗粒物工况浓度小时数据

颗粒物工况浓度小时数据按式（A2）计算：

$$C_{s,i}=\frac{m_i\times 1\,000}{V_{s,i}} \tag{A2}$$

式中：$C_{s,i}$——监测仪第 i 小时颗粒物工况质量浓度，μg/m³；

$V_{s,i}$——监测仪第 i 小时的工况累积体积，L。

A.3.3 采样流量转换计算

采样流量转换计算按式（A3）计算：

$$Q_{\mathrm{sn}}=Q\times\frac{273}{273+t}\times\frac{B_a}{101.325} \tag{A3}$$

式中：Q_{sn}——标况流量，L/min；

Q——工况流量，L/min；

B_a——环境大气压力，kPa；

t——环境温度，℃。

A.3.4 颗粒物标况浓度日均值

颗粒物标况浓度日均值按式（A4）计算：

$$\overline{C}=\frac{\sum_{i=1}^{n}C_{\mathrm{sn},i}}{n} \tag{A4}$$

式中：$\overline{C}$——监测仪日均值质量浓度，μg/m³；

$C_{\mathrm{sn},i}$——监测仪当日第 i 小时标况质量浓度，μg/m³；

n——当日监测小时数（20≤n≤24）。

中华人民共和国环境保护行业标准

24 小时恒温自动连续环境空气采样器技术要求及检测方法

HJ/T 376—2007
代替 HBC 5—2001

Technical requirement and test procedures for 24 hour thermostatic automatic continuous ambient air sampler

2007-12-03 发布　　2008-03-01 实施

1　适用范围

本标准规定了 24 h 恒温自动连续环境空气采样器的技术要求、检测项目和测试方法。

本标准适用于测定环境空气中的 SO_2、NO_x 等有害成分含量的 24 h 恒温自动连续环境空气采样器（以下简称采样器）。

2　规范性引用文件

本标准内容引用了下列文件中的条款。

GB/T 3768—1996　声学　声压法测定噪声源声功率级　反射面上方采用包络测量表面的简易法

GB/T 5080.7—1986　设备可靠性试验　恒定失效率假设下的失效率与平均无故障时间的验证试验方案

GB/T 15479—1995　工业自动化仪表绝缘电阻、绝缘强度技术要求和试验方法

GB/T 15436—1995　环境空气　氮氧化物的测定　Saltzman 法

3　采样器的组成

采样器由进气口、进气导管、吸收瓶、干燥器、流量控制系统、转子流量计、温度控制系统、时间控制系统、采样泵、真空压力表等部分构成。

4　采样器各组成部分技术要求

4.1　气路系统

4.1.1　采样器进气口设防雨的聚乙烯漏斗。进气导管一般为双路，管内径为 4～8mm，长度≤1m，应使用不易吸附被采集样品的材料，如聚四氟乙烯管等。进气导管与吸收瓶的连接部分应使用不易老化的软管，如硅橡胶管等。

4.1.2　两条进气导管分别与两个吸收瓶连接，进气导管自上而下接到吸收瓶或氧化管管口，导管不得弯曲打结，以免积水。在湿热环境下采样时，自进气口至吸收瓶间的管路不应发生结露现象。

4.2　流量控制系统

4.2.1　采样器的标称流量应在 0.18～0.22 L/min 范围之内，准确度应不超过标称流量的±2%。

4.2.2 当电源电压波动（220±22）V，负载阻力 5.5 kPa，变化±0.5 kPa 时，流量波动不超过±5%。

4.2.3 转子流量计（或其他瞬时流量显示仪表）用于显示采样器工作状况。测量范围 0～0.5 L/min。

4.2.4 真空压力表用于测定采样泵抽气负压，测量范围－0.1～0 MPa，准确度不低于 4 级。

4.3 采样泵

作为采样器的抽气动力，应能产生足够的负压克服气路系统阻力，使采样流量达到规定要求。

4.4 温度控制系统

吸收瓶置于恒温装置中，恒温装置的控温范围应能在 15～30℃内任意调节，在 24 h 连续采样条件下，温度控制精度应在±2℃以内。采样器应能显示恒温装置的温度。温度控制系统的响应时间应不大于 20 min。

4.5 时间控制系统

采样器应具有 24 h 定时采样功能，定时误差不超过 24 h±0.1%。当采样期间发生停电时，停电后采样器应能保证 24 h 以上有关采样数据不丢失，采样器应具有复电再启动功能，并能累计显示采样时间。

4.6 吸收瓶

采样器采集样品所使用的吸收瓶应符合国家标准 GB/T 15436—1995 附录 A 规定的技术要求。

4.7 干燥器

用于干燥及过滤进入流量调节系统的气体，其有效容积应不小于 0.3 L，内装硅胶。干燥器的气体出口处应有尘过滤装置。

5 整机技术要求

5.1 外观

5.1.1 采样器外壳的明显位置应有 CMC 标志和产品铭牌，铭牌上应标有仪器名称、型号、制造厂及企业标准代号、出厂编号、制造日期和主要技术指标。

5.1.2 采样器应完好无损，表面无明显缺陷，各零部件连接可靠，各操作键、钮灵活有效。

5.1.3 各显示部分的刻度（数字）应清晰，涂色牢固，不得有影响读数的缺陷。

5.2 气密性

采样器在正常工作情况下，应保证管路及各气路连接部分密闭不漏气。

5.3 噪声

距采样泵 1 m 处噪声应不大于 60 dB（A）。

5.4 绝缘性能

在环境温度为 10～35℃、相对湿度≤85%时，采样器电源接线端子对地或对机壳的电阻应大于 20 MΩ。

5.5 其他

5.5.1 采样器可在－10～40℃、相对湿度≤90%的环境中连续工作。

5.5.2* 采样器连续运行 23 h，停机 1 h，再按上述顺序启动运行，测得的平均无故障时间（MTBF）应不少于 2 000 h。

5.5.3 采样器整体结构应便于检查维护和更换干燥剂。

6 检测方法

6.1 环境条件

6.1.1 环境温度：15～30℃（检测时，室内温度波动不超过±2℃）。

---

* 注：此项要求仅适用于新开发产品样机及批量产品的抽检。

6.1.2　相对湿度：≤85%。

6.1.3　供电电源：220 V±10 V。

6.2　检测设备

检测仪器和装置见表 1。

表 1　检测仪器和装置

序号	仪器和装置名称	技术要求
1	精密皂膜流量计	测量范围 0～0.5L/min，精确度不低于 1%
2	标准温度计	测量范围 0～100℃，最小分度值 0.1℃
3	U 型水柱压差计	测量范围 12kPa，最小分度值 10Pa
4	真空压力表	测量范围－50～0kPa，精确度不低于 2.5%
5	电压表	300V，精确度不低于 1.5%
6	调压器	0～300V，3 000V・A
7	声级计	误差≤0.5dB（A）
8	兆欧表	500V，精确度不低于 1.5%
9	电子秒表	最小分度值 0.01s，误差不超过±0.02 s/h
10	多点温度记录仪	0～100℃，误差不超过±0.5℃
11	测温铂电阻	PT100
12	干湿球温度计	－10～50℃，最小分度值不大于 0.5℃
13	标准空盒气压表	最小分度值不大于 100 Pa
14	针型阀	
15	玻璃三通，乳胶管等	

6.3　检测项目和检测方法

6.3.1　外观检查

用目视检查采样器的外观，应符合 5.1 条中各项要求。

6.3.2　气路系统检查

采样器气路系统经检查应符合 4.1 条中各项要求。

6.3.3　流量控制精确度的检测

a）将精密皂膜流量计、U 型水柱压差计、针型阀等接于采样器进气口处，并将吸收瓶短路，如图 1 所示。采样器供电电压调节至 220 V，打开采样器电源，将采样器调整到正常采样状态，采样流量为 0.2 L/min，待采样器运行稳定后，调节针型阀使 U 型水柱压差计指示为 5.5 kPa。

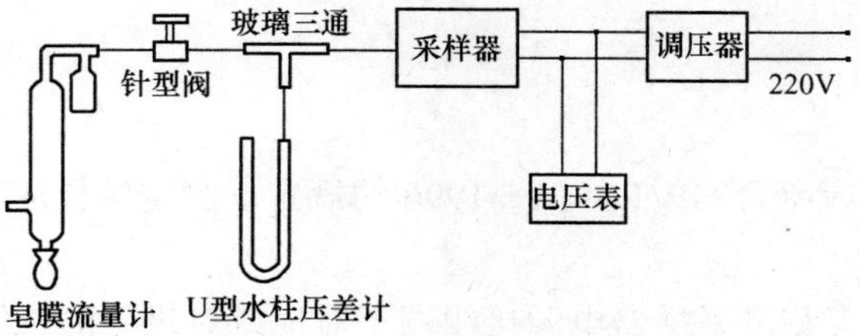

图 1　连接示意图

b）用皂膜流量计测定采样器的采样流量，并换算成标准状态（标准状态：0℃、101.325kPa）下的流量值，连续测定三次，计算平均值 Q（L/min），Q 应符合 4.2.1 条的要求。

c）保持 a）的检测状态，用调压器将采样器电源电压调至 242 V，并调节针型阀使 U 型水柱压差计指示为 5.0 kPa，用皂膜流量计测定采样器的标况流量并记录，连续三次，计算平均值 Q_1（L/min）。

d）保持 a）的检测状态，用调压器将采样器电源电压调至 198 V，并调节针型阀使U型水柱压差计指示为 6.0 kPa，用皂膜流量计测定采样器的标况流量并记录，连续三次，计算平均值 Q_2（L/min）。

e）将上述 b）、c）、d）步骤中求出的 Q、Q_1、Q_2 分别代入式（1）计算流量波动值 ΔQ_i，结果均应符合 4.2.2 条的要求。

$$\Delta Q_i = [(Q_i - Q)/Q] \times 100\% \tag{1}$$

式中：Q——步骤 b）中求得的标况流量值，L/min；

Q_i——步骤 c）、d）中求得的标况流量值，L/min；i=1、2。

6.3.4 吸收瓶恒温装置的检测

a）将测温铂电阻放入采样器恒温装置的吸收瓶孔内，并紧靠孔壁，将采样器置于 35～40℃的环境温度中，平衡时间不少于 4 h，将采样器控温装置的温度设定为 24℃，开启采样器并同时用温度记录仪记录测温铂电阻所测温度值，记录时间不少于 2 h，其测定结果应符合 4.4 条中温度控制精度的规定要求。

b）保持 a）的检测条件，将采样器温度设定值由 24℃迅速改变为 16℃，同时记录开始时刻 t_{on}（min），观察吸收液温度显示，至液温降至（16±1）℃范围内时记录结束时间 t_{off}（min），将 t_{on}、t_{off} 代入式（2）计算响应时间 Δt，Δt 应满足 4.4 条中响应时间的规定要求。

$$\Delta t = t_{off} - t_{on} \tag{2}$$

6.3.5 吸收瓶的检测

测试方法及要求见 GB/T 15436—1995 附录 A 吸收瓶的检查。

6.3.6 时间控制系统的检测

a）将采样器时间控制器置于自动挡，采样时间预置为 120 min，启动采样器的同时用秒表记录启动时刻 t_{on}（min），经 120 min 后，采样器自动停机，用秒表记录停机时刻 t_{off}（min），将 t_{on}、t_{off} 代入式（3），计算 Δt_1。

$$\Delta t_1 = [120 - (t_{off} - t_{on})]/120 \times 100\% \tag{3}$$

Δt_1 应不超过±0.1%。

b）将采样器时间控制器置于自动挡，采样时间预置为 120 min，启动采样器，在采样器运行过程中关闭采样器供电电源 60 min，用秒表记录实际采样时间 t_c（min）。将 t_c 代入式（4），计算 Δt_2。

$$\Delta t_2 = (60 - t_c)/60 \times 100\% \tag{4}$$

Δt_2 应不超过±0.1%。

6.3.7 噪声的检测

测试环境及测试仪器等应符合 GB/T 3768—1996 的规定，测定结果应符合 5.3 条的要求。

6.3.8 绝缘性能的检测

在检测环境下，用兆欧表测量采样器电源接线端子对地或对机壳的绝缘电阻，其结果应符合 5.4 条的要求。

6.3.9 整机气密性的检查

将检测用真空压力表及玻璃三通接于采样器进气口，各接头应不漏气，开启采样器并缓慢堵死玻璃三通进气口，当真空压力表指示上升到 13 kPa 以上时，先关闭采样器电源，同时迅速完全关闭玻璃三通进气口并夹死抽气泵入口气管，如真空压力表指示在 1 min 内下降不超过 0.15 kPa，则视为系统不漏气。若采样器为双气路或多气路，应分别检测各气路的气密性。

6.3.10* 平均无故障时间（MTBF）的检测

a）采样器平均无均障时间的检测和计算方法参照国家标准 GB/T 5080.7—1986 的规定。

b）在检测此项目前采样器必须按 6.3.1～6.3.9 进行检测，符合要求后方可进行。

c）采样器平均无故障时间的检测一般在室内进行，在累计运行的 2 000 h 内，原则上采样器连续运行。

d）检测过程中严格遵守关于采样器的操作和保养的规定，采样器运行期间及时补充蒸发的吸收液，并进行正常维护（如清洗限流孔、更换干燥剂、滤膜、泵膜等），并将维护内容记录在案。

e）在采样器检测运行开始后，每隔 15 d 进行一次流量控制精度的测试，共测试 4 次，此后每隔 7 d 进行一次测试，测试内容见 6.3.3 条。

f）检测运行时间累计达 2 000 h 后，对采样器进行一次全面测试，测试内容为 6.3.3～6.3.9 条（6.3.5 条除外）。

g）采样器平均无故障时间的计算

当采样器累计运行时间达 2 000 h，并符合本条第 e）、f）要求时，则认为平均无故障时间（MTBF）大于 2 000 h，若采样器运行过程中出现故障并经测试判定为 B 类不合格[见 6.3.11（1）]，则 MTBF 等于发现故障前采样器累计运行的时间。

6.3.11　采样器性能检测的不合格分类

采样器经各项检测发现不符合技术要求的，可分为 B 类不合格和 C 类不合格。

（1）B 类不合格

在符合采样器操作要求条件下，采样器出现下述情况之一或以上者属 B 类不合格。

a．流量范围和流量控制精度不符合 4.2.1 条和 4.2.2 条的要求。

b．吸收瓶控温装置不符合 4.4 条的要求。

c．时间控制系统定时误差超过±1%。

d．噪声检测结果超过 70 dB（A）。

e．绝缘性能检测结果绝缘电阻小于 5 MΩ。

（2）C 类不合格

采样器某项检测不符合技术要求，但未达到相应 B 类不合格规定的程度为 C 类不合格。

6.3.12 采样器检测结果合格与否的判定规则

a）采样器检测结果中只要出现 6.3.11（1）所规定的 B 类不合格者，即为不合格品。

b）同一台采样器在检测中出现 6.3.11（2）所规定的 C 类不合格不得超过两项，否则为不合格品。

c）同一厂家生产的同一类型采样器，在检测中同一 C 类不合格重现率超过 50%，即为不合格品。

d）采样器经 MTBF 测试并完成全部检测项目后，未出现上述 B 类不合格或 C 类不合格项目不超过两项者为合格品（C 类不合格项目记录在案），否则为不合格品。

*注：此项检测只适用于新开发产品样机及批量产品的抽检。

附录 A
（资料性附录）
24 小时恒温自动连续环境空气采样器检测项目一览表

序号	检测内容	技术指标	检测方法及使用仪器
1	外观检查	符合 5.1 条要求	目视检查
2	气路系统检查	符合 4.1 条要求	目视检查
3	流量控制精确度	流量范围 0.18～0.22L/min，精确度不超过±2%。电源及负载阻力变化时，流量波动不超过±5%	U 型压力计、皂膜流量计等
4	恒温装置控温精度及响应时间	控温精度在±2℃以内，时间响应≤20min	标准温度计、温度记录仪等
5	时间控制系统精度	≤1‰	电子秒表计时检测
6	噪声	≤60 dB(A)	GB/T 3768—1996
7	绝缘性能	>20 MΩ	GB/T 15479—1995
8	整机气密性	当系统真空度达到 13kPa 时，1 min 内下降不超过 0.15kPa。	真空压力表等
9	平均无故障时间	≥2 000 h	综合检查

附加说明：

自本标准实施之日起，《24 小时恒温自动连续环境空气采样器技术要求》（HBC 5—2001）废止。
本标准为指导性标准。
本标准由国家环境保护总局科技标准司提出。
本标准起草单位：中国环境监测总站。
本标准国家环境保护总局 2007 年 12 月 3 日批准。
本标准自 2008 年 3 月 1 日起实施。
本标准由国家环境保护总局解释。

中华人民共和国环境保护行业标准

总悬浮颗粒物采样器技术要求及检测方法

HJ/T 374—2007
代替 HBC 3—2001

Technical requirement and test procedures for total suspended particulates sampler

2007-12-03 发布　　2008-03-01 实施

1 适用范围

本标准规定了总悬浮颗粒物采样器（以下简称采样器）的技术要求及检测方法。本标准适用于大流量和中流量两类总悬浮颗粒物采样器。

2 规范性引用文件

本标准内容引用了下列文件中的条款。

GB/T 3768—1996　声学　声压法测定噪声源声功率级　反射面上方采用包络测量表面的简易法

GB/T 5080. 7—1986　设备可靠性试验　恒定失效率假设下的失效率与平均无故障时间的验证试验方案

HJ/T 368—2007　环境保护产品技术要求　标定总悬浮颗粒物采样器用的孔口流量计

3 术语和定义

3.1　总悬浮颗粒物采样器

指能够采集空气中空气动力学当量直径<100 μm 颗粒物的采样器。空气动力学当量直径指密度为 1 000 kg/m^3 的球形粒子直径。

3.2　采样器按采气流量分为两类

3.2.1　大流量采样器：工作点流量为 1.05 m^3/min 的采样器。

3.2.2　中流量采样器：工作点流量为 0.10 m^3/min 的采样器。

4 采样器的结构要求

4.1　大流量采样器

4.1.1　大流量采样器外形尺寸见图 1。

4.1.2　大流量采样器采样口宽度要求为 4 cm±0.1 cm，采样口方向向下，沿采样器主体四周均匀分布。

4.1.3　大流量采样器应具有良好的密封性能，安放滤膜夹的边框应平整，不漏气。顶盖与主体间应有紧固装置。滤膜夹应附有保护盖，以保护滤膜。每个采样器应提供两套滤膜夹。

4.2 中流量采样器

4.2.1 中流量采样器采样口方向向下，沿采样器主体四周均匀分布，中流量采样器采样头尺寸见图 2。

4.2.2 中流量采样器采用圆形滤膜，直径 90 mm，有效滤膜直径 80 mm。采样口以下的采样头外壳体表面应平滑。

4.2.3 采样口宽度应均匀，其相对变化不超过±2%。

4.2.4 采样器应具有良好的密封性能，安放滤膜的边框及滤膜托网应平整，不漏气。

4.2.5 采样头应便于拆卸和更换滤膜。

5 采样口抽气速度要求

5.1 采样口平均抽气速度规定为 0.30 m/s（气流垂直向上）。当滤料负荷变化为 3.0～6.0 kPa、电源电压变化为（220±22）V 时，采样口抽气速度的相对变化不得超过±5%。

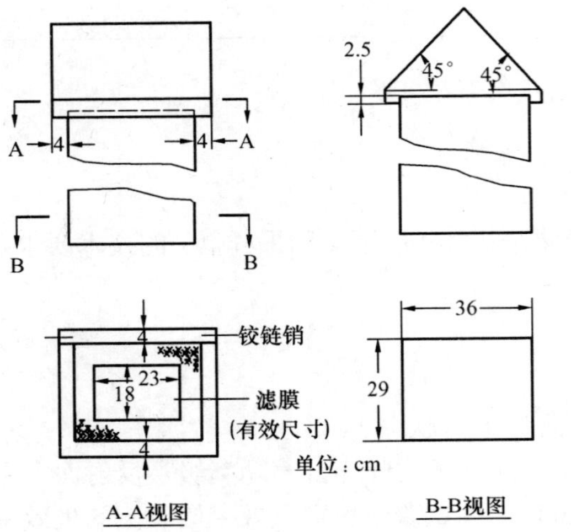

图 1 大流量采样器外形尺寸

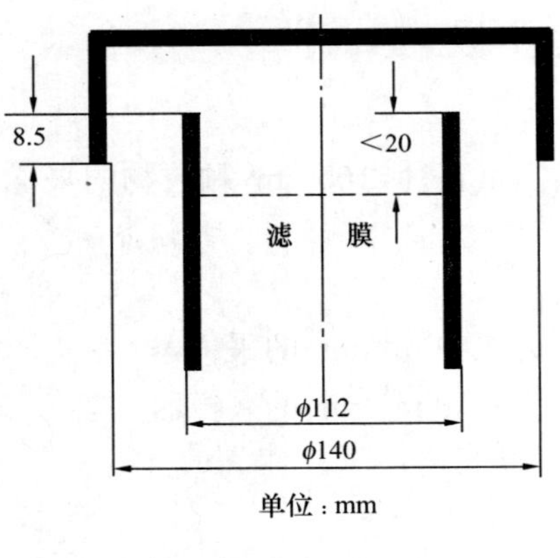

图 2 中流量采样器外形尺寸

5.2 调节器性能要求：当总悬浮颗粒物采样器工作在 220 V，采样口平均抽气速度为 0.30 m/s 时，电源电压由 220 V 突然变化到 198 V 或 242 V 时，采样口平均抽气速度恢复到 0.285～0.315 m/s 区间内的时间应不大于 3 min。

5.3 采样器需配备孔口流量计，用于流量校准。孔口流量计的性能需满足 HJ/T 368—2007 的规定。

6 采样时间控制及计时要求

6.1 采样器应具有采样时间控制及计时功能，计时误差不超过 0.1%。
6.2 采样器计时装置可预置采样时间。
6.3 电源停电时，采样器计时装置能自动扣除停电时间，复电时自动将采样器投入运行。

7 采样器其他技术要求

7.1 外观
7.1.1 在采样器明显位置应有计量产品生产许可证（CMC）标志和产品铭牌，铭牌上应有仪器名称、型号、制造厂或厂标、出厂编号及制造日期。
7.1.2 采样器应完好无损，表面无明显缺陷，各零部件连接可靠，各操作键、钮灵活有效。
7.1.3 显示部分的刻度（数字）应清晰，涂色牢固，没有影响读数的缺陷。
7.1.4 采样器由铝材制造，铝材表面应进行阳极钝化。
7.2 其他
7.2.1 新研制或生产的采样器，其平均无故障时间（MTBF）应不低于 800 h。
7.2.2 大流量采样器噪声应不高于 67 dB（A），中流量采样器噪声应不高于 62 dB（A）。
7.2.3 采样器应能在－20～40 ℃的环境中正常工作。
7.2.4 在 10～35℃、相对湿度≤85%的条件下，采样器电源端子对地或机壳间的绝缘电阻应不小于 20 MΩ。

8 检测方法

8.1 检测环境
8.1.1 环境温度：10～30℃。
8.1.2 相对湿度：≤85%。
8.1.3 供电电源：交流（220±22）V，50 Hz。
8.2 检测用仪器、设备
8.2.1 孔口流量计（大流量）：0.8～1.4 m^3/min，示值误差不超过±2%。
孔口流量计（中流量）：0.075～0.125 m^3/min，示值误差不超过±2%。
8.2.2 稳压电源：220 V；1 000 V·A。
8.2.3 调压器：0～250 V；1 500 V·A。
8.2.4 真空碟阀：通径 50 mm。
8.2.5 电子秒表：误差不超过±1 s/24h。
8.2.6 游标卡尺：0～150 mm；最小分度值 0.1 mm。
8.2.7 声级计：误差≤0.5 dB（A）。
8.2.8 U 型管压差计：最小分度值 10 Pa。
8.2.9 精密温度计：－25～50℃；最小分度值 0.1℃。
8.2.10 负压调节阀。
8.2.11 空盒气压表：最小分度值不低于 100 Pa。
8.2.12 兆欧表：500 V，准确度不低于 1%。
8.2.13 电压表：500 V，准确度不低于 1.5%。
8.2.14 风向风速表：风速 1～30 m/s，误差≤0.4 m/s。
8.2.15 湿度表：相对湿度 10%～100%，误差不超过±2%。

8.3 一般性能测定

8.3.1 大流量采样器：

检定系统见图 3。将稳压电源、调压器、电压表与采样器按图 4 连接。若采样器不能加接交流稳压电路，可以不接稳压电源。

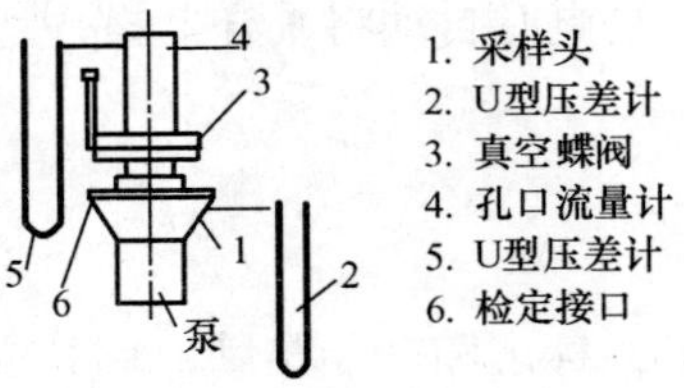

图 3 大流量采样器检定系统

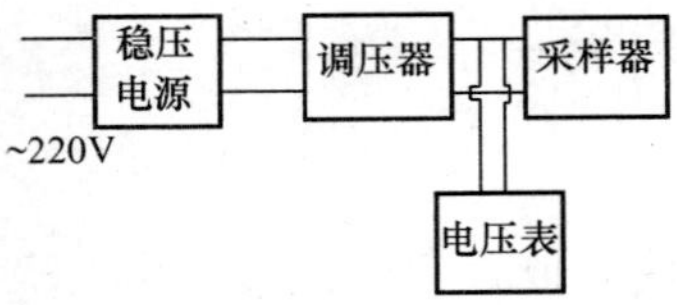

图 4 检定连接图

在检定过程中，应严格遵守采样器的操作规定。按图 3 将采样口与检定接口连接，检定接口内装一张洁净滤膜，此连接装置不得泄漏。在额定电压下开机，按采样器说明书将流量调节到 1.05 m^3/min。流量一经调定，在下述检定过程中，严禁再对流量进行调节。

开机后，调节调压器和真空蝶阀开度，分别在 U 型管压差计 2 负压为 3.0 kPa、电压为 242 V，负压为 6.0 kPa、电压为 198 V 两种情况下，各运行 10 min，待流量稳定后，从 U 型管压差计 5 读取压差值 Δp，从温度计和空盒气压表分别读取温度值 T（K）和大气压力值 p（kPa），按下式计算压差修正项 Y：

$$Y=\sqrt{\Delta P\left(\frac{P}{101.325}\right)\left(\frac{273.15}{T}\right)}$$

根据压差修正项 Y 值，按孔口流量计标定回归方程 $Y=BQ_s+A$ 计算流量值 Q_s，并计算出检定状态下的流量值 Q、采样口抽气速度 V 及其相对速度变化值 ΔV：

$$Q=(101.325/273.15)(T/p)Q_s$$

$$V=Q/(60A)$$

式中：Q——检定状态下的流量值，m^3/min；

A——实测采样口面积，m^2；

V——采样口抽气速度，m/s

$$\Delta V=|(0.300-V)/0.300|\times 100\%$$

ΔV 值应符合 5.1 的要求。

8.3.2 中流量采样器：

检定系统见图 5。将稳压电源、调压器、电压表与采样器按图 4 连接。若采样器不能加接交流稳压电路，可以不接稳压电源。

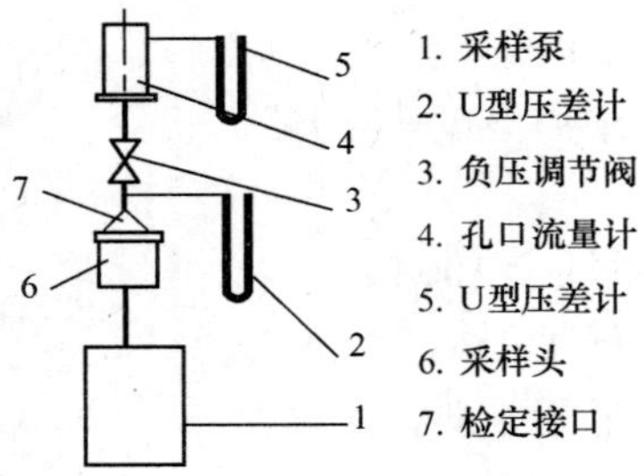

图 5 中流量采样器检定系统

在检定过程中，应遵守采样器的操作规定。从采样头上取下采样帽，将采样口与检定接口连接，此连接装置不得泄漏。在额定电压下开机，调节负压调节阀，使负压为 3.0 kPa，按采样器说明书，将流量调节到 0.10 m^3/min。流量一经调定，在下述检定过程中，严禁再对流量进行调节。调节负压调节阀和调压器，在负压为 3.0 kPa、电压为 242 V，负压为 6.0 kPa、电压为 198 V 两种情况下，各运行 10 min，待流量稳定后，读取孔口流量计压差值 Δp，从温度计和空盒气压表分别读取检定时的温度值 T（K）和大气压力值 p（kPa），数据处理同 8.3.1，所得 ΔV 值应符合 5.1 的要求。

8.3.3 调节器调节性能测试：

8.3.3.1 大流量采样器：

按图 3 将采样口与检定接口连接，检定接口内装一张洁净滤膜，在额定电压下开机，按采样器说明书将流量调节到 1.05 m^3/min。待采样器工作稳定后，将采样器工作电压突然改变至 198 V 或 242 V，同时用电子秒表开始计时，测定采样器流量恢复到 1.0～1.1 m^3/min 区间内的时间，应满足 5.2 的规定。

8.3.3.2 中流量采样器：

从采样头上取下采样帽，按图 5 将采样口与检定接口连接，此连接装置不得泄漏。在额定电压下开机，调节负压调节阀，使负压为 3.0 kPa，按采样器说明书，将流量调节到 0.10 m^3/min。待采样器工作稳定后，将采样器工作电压突然改变至 198 V 或 242 V，同时用电子秒表开始计时，测定采样器流量恢复到 0.095～0.105 m^3/min 区间内的时间，应满足 5.2 的规定。

8.4 采样时间控制及计时误差的检定

8.4.1 将采样器时间控制器时间预置为 60 min，开启采样器并同时用电子秒表记录启动时刻 t_{on}，经过 60 min 后，采样器应自动停机，用电子秒表记录停机时刻 t_{off}，由采样器计时器读取采样器运行时间 t_a，将 t_a、t_{on}、t_{off} 代入下式：

$$\Delta t = \left| [t_a - (t_{off} - t_{on})] / (t_{off} - t_{on}) \right| \times 100\%$$

Δt 应符合 6.1 的要求。

8.4.2 将采样器时间控制器时间预置为 60 min，开启采样器并同时用电子秒表记录启动时刻 t_{on}，在采样器运行过程中关闭电源 10 min，用电子秒表记录停机时刻 t_{off}，由采样器计时器读取采样器运行时间 t_a，将 t_a、t_{on}、t_{off} 代入下式：

$$\Delta t = \left| [t_a - (t_{off} - t_{on} - 10)] / (t_{off} - t_{on} - 10) \right| \times 100\%$$

Δt 应符合 6.1、6.3 的要求。

8.5 采样器绝缘性能检定

在检定环境下，采样器电机对地或机壳的绝缘电阻应符合 7.2.4 的要求。

8.6 采样器噪声的检定

8.6.1 测试环境及测试仪器应满足 GB/T 3768—1996 的规定。

8.6.2 A 声压级的测定：

将采样器安装在地面上 1 m 的合适测试环境中，待采样器运行工况稳定后进行测定。

将校准后的声级计“计权网络”旋钮置于 A 声压级档，传声器按图 6 所示位置安放，分别测试 a、b、c、d 四点的噪声，按 GB/T 3768—1996 的规定处理数据，计算采样器噪声 A 声压级的平均值。此值应符合 7.2.2 条规定。

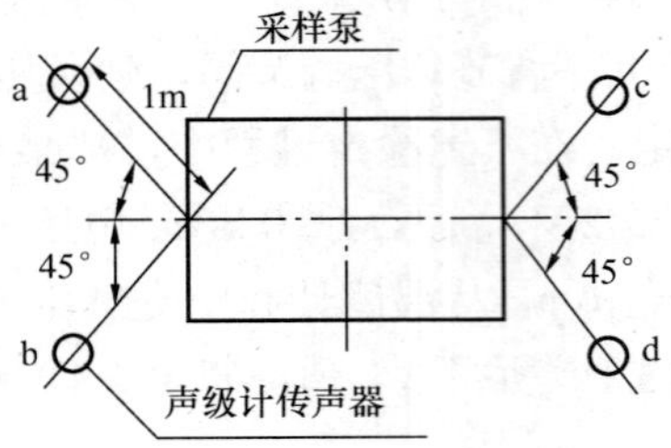

图 6 噪声测试点位

8.7 平均无故障时间的测定

8.7.1 平均无故障时间检定说明：本款只适用于新生产、研制的采样器。

8.7.1.1 被检定采样器需经过一般性能检定确认合格后，方能进行平均无故障时间的检定（采样器合格的判断见 8.8 条）。

8.7.1.2 平均无故障时间的测定和计算方法参照国家标准 GB/T 5080.7—1986 的规定执行。

8.7.1.3 本项检定只测定单台采样器平均无故障时间的点估计值，检定试验中相关失效的总数 r 只取 0 或 1，$r=0$，可认为 MTBF>800 h；$r=1$，MTBF 等于失效前累计运行时间。

8.7.1.4 检定过程中，应严格遵守关于采样器操作和保养的规定，杜绝由于操作人员失误而引起的故障。

8.7.2 检定现场一般在室外，并配有下列仪器、设备：流量测定装置、温度计、标准气压表、风向风速表、电压表、电子秒表等。

8.7.3 将采样器整机置于检定现场，安装上洁净的滤膜，预置采样时间为 24 h，开启采样器并同时用电子秒表记录开启时刻 t_{on} 和以下参数：

（1）检定现场环境温度，大气压力；

（2）风向、风速及天气情况；

（3）电源电压；

（4）采样器的流量（或孔口流量计负压）。

在采样器停机前，再次记录上述参数，并记录停机时刻 t_{off}，取下尘膜。

8.7.4 采样器停机后 1 h，按第 8.7.3 条进行下一轮的试验。

8.7.5 检定的前 500 h，每间隔 7 d 对采样器进行一次全面性能测试，在后 300 h，每间隔 4 d 对采样器进行一次全面性能测试。

8.7.6 在检定过程中，若采样器出现 8.8.1.1 中规定的 B 类不合格的（1）、（3）、（4）、（5）四种情况，即停止此项检定，并以此时刻作为平均无故障时间的终点；若出现 8.8.1.1（2）中规定的 B 类不合格，则以本次测试时间与上次测试时间的中点作为平均无故障时间值；若采样器出现 C 类不合格，应将详细情况记录在案，继续测试。

8.8 检定结果判断

8.8.1 一般性能检定的不合格分类。

8.8.1.1 B 类不合格：

（1）在符合操作要求情况下，采样器不能正常工作。

（2）采样器抽气速度不符合 5.1 条要求。

（3）计时误差超过 1%。

（4）中流量采样器噪声超过 65 dB（A）；大流量采样器噪声超过 70 dB（A）。

（5）采样器电机对地或机壳的绝缘电阻小于 5 MΩ。

8.8.1.2 C类不合格：

采样器能正常工作，无B类不合格，第 6、7.1、7.2.2、7.2.4 条有一条不合格者。

8.8.2 判断规则：

8.8.2.1 有一个B类不合格者，为不合格产品。

8.8.2.2 同一台采样器的C类不合格不得超过三项，否则为不合格产品。

8.8.2.3 同一厂家生产的采样器，其C类不合格重现率不得>50%，否则责令该厂家对该C类不合格采样器予以检修。

8.8.3 平均无故障时间的检定合格判断规则。

8.8.3.1 B类不合格：

同 8.8.1.1。

8.8.3.2 C类不合格：

同 8.8.1.2。

8.8.4 判断规则：

累计运行时间不足 800 h 出现一项B类不合格或四项以上C类不合格的采样器为不合格产品；累计运行时间为 800 h 未出现B类不合格，且C类不合格不超过三项的采样器为合格产品，并将C类不合格情况记录在案。

8.9 检定周期：

采样器检定周期为两年，并实行强制检定。

注：总悬浮颗粒物采样器的检定项目及检定方法可参见附录A。

附录 A
（资料性附录）
总悬浮颗粒物采样器检定项目及检定方法一览表

序号	检定项目	技术指标	检定方法及使用仪器
1	外观检查	符合 7.1 款要求	目视检查
2	大流量采样器结构要求	符合 4.1 款要求	同上
3	中流量采样器结构要求	符合 4.2 款要求	同上
4	采样口抽气速度及精度	符合 5.1 款要求	大流量采样器用图 3、图 4 装置及流程，中流量采样器用图 4、图 5 流程及装置
5	采样器抽气调节性能	符合 5.2 款要求	大流量采样器用图 3、图 4 装置及流程，中流量采样器用图 4、图 5 流程及装置
6	采样时间控制及计时精度	符合第 6 款要求	电子秒表
7	采样器绝缘性能	符合 7.2.4 款要求	兆欧表
8	采样器噪声	符合 7.2.2 款要求	声级计
9	平均无故障时间	符合 7.2.1 款要求	综合检查

附加说明：

自本标准实施之日起，《总悬浮颗粒物采样器技术要求》（HBC 3—2001）废止。

本标准为指导性标准。

在起草本标准过程中，参考了世界卫生组织《全球大气监测系统技术规范》及美国国家环保局出版的《EPA Test Method：Reference Method for the Determination of Suspended Particulates in the Atmosphere（High volume Method）》（美国环保局检测方法：大气中的悬浮颗粒物检测参考方法（大流量采样器））部分内容，并参考了国内外部分厂家生产的采样器技术指标及企业标准。

本标准由国家环境保护总局科技标准司提出。

本标准起草单位：中国环境监测总站。

本标准国家环境保护总局 2007 年 12 月 3 日批准。

本标准自 2008 年 3 月 1 日起实施。

本标准由国家环境保护总局解释。

中华人民共和国环境保护行业标准

降雨自动监测仪技术要求及检测方法

HJ/T 175—2005

Specifications and test procedures for automatic rainfall monitor

2005-05-08 发布　　2005-05-08 实施

1　范围

本标准适用于能够实时自动测量降雨中的物理指标（降雨量等）和化学指标（pH 值、电导率等）的降雨自动监测仪的研制、生产和性能检测。

本标准规定了降雨自动监测仪（以下简称“监测仪”）的技术要求及检测方法。

2　规范性引用文件

下列文件中的条款通过本标准的引用而成为本标准的条款。若引用标准今后修改（不包括勘误的内容）或修订，均不适用于本标准，然而，鼓励根据本标准，研究是否可使用引用标准的最新版本。

GB/T 18522.1—2003　水文仪器通则　第 1 部分：总则

GB/T 11007—1989　电导率仪试验方法

GB/T 11832—1989　翻斗式雨量计

GB/T 13580.1—1992　大气降水采样和分析方法　总则

GB/T 13580.2—1992　大气降水样品的采集与保存

GB/T 13580.3—1992　大气降水电导率的测定方法

GB/T 13580.4—1992　大气降水 pH 值的测定　电极法

HJ/T 96—2003　pH 水质自动分析仪技术要求

HJ/T 97—2003　电导率水质自动分析仪技术要求

JB/T 6858—1993　pH 计和离子计试验方法

JJG 376—1985　电导仪试行检定规程

JJG 119—1984　实验室 pH（酸度）计

GB 3768—83　噪声源声功率级的测定　简易法

GB 5080—85　设备可靠性试验

3　术语和定义

下列术语和定义适用于本标准。

3.1　降雨自动监测仪

能够实时自动测量降雨中的物理指标（降雨量等）和化学指标（pH 值、电导率等）的监测仪。

3.2　降雨强度

每分钟的降雨量，单位：mm/min。

3.3 感雨器灵敏度

感雨器能够感知的最小降雨强度，即能使监测仪防尘盖打开的最小降雨强度。

3.4 起始监测降雨量

监测仪防尘盖打开后，能够使监测仪开始自动测量的最小降雨量值。

3.5 pH 值漂移

采用本技术要求中规定的pH标准缓冲液为试样连续测试，监测仪指示值在一定时间内变化的大小。

3.6 电导率零点漂移

采用本技术要求中规定的电导率零点校正液为试样连续测试，监测仪的指示值在一定时间内变化的大小相对于量程的百分率。

3.7 电导率量程漂移

采用本技术要求中规定的电导率量程校正液为试样连续测试，监测仪的指示值在一定时间内变化的大小相对于量程的百分率。

4 监测仪技术要求

4.1 监测仪外观

4.1.1 在监测仪明显位置应有 CMC（计量器具制造许可证）标志和产品铭牌，铭牌上应有监测仪名称、型号、生产厂名称、出厂编号及生产日期。

4.1.2 监测仪应完好无损，各零部件连接可靠，各操作键、钮灵活有效，显示部分的数字应清晰，没有影响读数的缺陷，不应有锈蚀和损伤。

4.1.3 监测仪的外观设计合理，降雨时，落在监测仪防尘盖或监测仪其他部位上的雨滴不会溅入接雨漏斗或采样桶，监测仪的固定装置能够将其稳固的固定在支撑面上，具有一定的防风能力。

4.1.4 接雨漏斗的开口边缘处于水平、离支撑面的高度应大于 1.2 m。

4.2 监测仪功能

4.2.1 自动测量功能：

4.2.1.1 监测仪能够实时自动测量降雨的 pH 值和电导率值等，pH 值测量范围：pH 1～10（0～50℃）；电导率值测量范围，0～50 mS/m（0～50℃）。

4.2.1.2 能够与监测仪同步、平行地进行降雨量的自动测量。雨量计测量最小分度，0.1 mm。

4.2.1.3 监测仪显示正常工作状态，并能够通过一定的方式存储并查看监测仪记录的降雨场次、每场降雨的开始时间、结束时间、水温、降雨量和故障报警。

4.2.2 数据导出功能：

监测数据能够通过一定方式（如 RS232/485、有线或无线方式等）进行传输。

4.2.3 采集混合样功能：

监测仪除具有实时自动测量降雨的 pH 值和电导率值等功能外，还应具有单独的采样桶用于降雨混合样的采集和保存。采样桶在送到实验室前应在 3～5℃冰箱内进行保存，并能显示采样桶温度。

4.2.4 电极自动保护功能：

降雨监测结束后，监测仪应能对电极进行自动保护。

4.3 防尘结构

4.3.1 当防尘盖处于关闭状态时，其内表面与密封材料间应压合紧密、均匀，无缝隙。在开盖、关盖时，防尘盖动作平稳、灵活，无卡死现象。

4.3.2 监测仪处于关盖状态，在市镇环境下自然暴露 5 d，污染增量 pH 值不超过 0.05，电导率值不超过 0.5 mS/m。

4.4 接雨漏斗内径

接雨漏斗是由具有一定高度的圆柱面下接圆锥面组成的，接雨漏斗上口的内径应不小于 300 mm，内径误差±2 mm。

4.5 感雨器

4.5.1 感雨器灵敏度：

感雨器最低能感应到的降雨强度为 0.05 mm/min 或 0.5 mm 直径的雨滴。

4.5.2 开盖延迟时间：

开始降雨后，打开防尘盖时间应不超过 60 s。

4.5.3 关盖延迟时间：

停止降雨后，防尘盖应在 5 min 内关闭。

4.5.4 加热装置：

感雨器应有加热装置以防止雾、露水启动监测仪和蒸发残留的湿沉降物。

4.6 起始监测降雨量

监测仪在累积降雨量达到起始监测降雨量时，开始测量雨水的 pH 值和电导率值，起始监测降雨量应不大于 0.5 mm。

4.7 降雨量测量误差

最大降雨强度，4 mm/min；

降雨量不大于 10 mm 时，降雨量测量误差±0.4 mm；

降雨量大于 10 mm 时，降雨量测量误差±4%。

4.8 pH 值测量误差

监测仪的 pH 值测量误差：±0.1。

4.9 电导率值测量误差

监测仪的电导率值测量误差：±2%F.S.。

4.10 温度补偿精度

4.10.1 pH 值温度补偿精度：±0.1 以内。

4.10.2 电导率温度补偿精度：±1%。

4.11 pH 值漂移

4.11.1 漂移（pH=9）：±0.1 以内。

4.11.2 漂移（pH=7）：±0.1 以内。

4.11.3 漂移（pH=4）：±0.1 以内。

4.12 电导率漂移

4.12.1 零点漂移：±1%。

4.12.2 量程漂移：±1%。

4.13 适用工作环境

监测仪在环境温度 0～50℃范围内应能正常使用。

4.14 监测仪的材料

4.14.1 监测仪外壳应使用在长期雨淋情况下不生锈的材料。

4.14.2 监测仪所有雨水经过的通道应采用对雨水成分无污染的材料，如聚乙烯塑料、硅胶管等非金属材料。

4.14.3 接雨漏斗和采样桶应采用对雨水成分无污染的材料，如聚乙烯或聚四氟乙烯等对雨水化学成分呈惰性的材料。

4.15 计时误差

在使用环境条件下，监测仪计时误差不大于 0.1%。

4.16 安全性能

4.16.1 供电电源连接导线防雨性能：

供电电源与监测仪之间连接应牢固，并用防雨护套连接，防止雨淋。

4.16.2 绝缘电阻：

在淋雨状态下，监测仪电源输入端对外壳（接地端）的绝缘电阻不低于 5 MΩ。

4.16.3 绝缘强度：

在淋雨状态下，监测仪电源输入端对外壳之间应能承受 50 Hz、1 500 V 工频交流电压，历时 1 min，无强烈飞弧和击穿现象。

4.16.4 漏电保护：

监测仪应具有漏电保护功能。

4.16.5 电源适应性：

电源电压在 AC 180 V～AC 250 V 变化的情况下，监测仪应符合第 4.5 条、4.7～4.9 条的要求。

4.17 监测仪的噪声

监测仪正常工作时，其噪声应不大于 60 dB（A）。

4.18 监测仪平均无故障运行时间（MTBF）

监测仪在雨季露天工作状况下连续运行，其平均无故障运行时间（MTBF）不低于 2 000 h。

5 检测

5.1 检测环境

5.1.1 环境温度：0～50℃。

5.1.2 相对湿度：≤95%。

5.1.3 供电电源：交流 220 V；50 Hz。

5.2 检测用仪器、设备

5.2.1 稳压电源：交流 220 V，1 000 W。

5.2.2 调压器：（0～250）V，1 500 W。

5.2.3 电子秒表：日差：±1 s/d。

5.2.4 声级计：精度：Ⅰ型。

5.2.5 耐压测试仪：5 kV，40 mA。

5.2.6 兆欧表：电压 500 V，0～500 MΩ。准确度：1 级。

5.2.7 湿度表：10%～100% RH，± 2% RH。

5.2.8 游标卡尺：量程 500 mm，最小分度值 0.02 mm。

5.2.9 降雨监测仪试验装置：模拟降雨强度 0.02～4.00 mm/min。

5.2.10 钢卷尺：0～2 m。

5.2.11 微量注射器：量程 50 μl，分度值 1 μl。

5.2.12 纯水：将蒸馏水通过离子交换柱，电导率应小于 0.1 mS/m。

5.2.13 电导率零点校正液：采用 5.2.12 规定的纯水。

5.2.14 按照 GB/T 13580.3—1992 和 JJG 376—1985 中规定的方法配制的 0.001 mol/L、0.003 mol/L 和 0.005 mol/L 的标准氯化钾溶液。

5.2.15 按照 GB/T 13580.4—1992 规定的方法配制标准 pH 4.008、pH 6.865 和 pH 9.180 的标准缓冲溶液。

5.2.16 容量瓶：1 000 ml。

5.2.17 pH 计：误差 ±0.01，量程 0～14。

5.2.18 电导率仪：误差±1%F.S.，量程 0～20 mS/m。

5.2.19 精密温度计：0～50℃，最小分度值：0.1℃。

5.2.20 测温铂电阻：PT 100。

5.2.21 恒温水槽：控温精度 0.1℃。

5.3 检测方法

5.3.1 监测仪外观：

5.3.1.1 用目测和手动的方法检查监测仪外观，应符合 4.1.1、4.1.2 和 4.1.3 条的要求。

5.3.1.2 接雨漏斗离基础面高度：

用钢卷尺检查接雨漏斗的开口边缘处于水平时离支撑面的高度，应符合 4.1.4 条的要求。

5.3.2 监测仪功能检测：

5.3.2.1 自动测量功能：

用人工方法或降雨监测仪试验装置模拟几场降雨，检查当有降雨信号并达到起始监测降雨量后，监测仪是否能够开始实时测量 pH 值、电导率和降雨量等，待降雨结束后，检查监测仪，应满足 4.2.1.1、4.2.1.2、4.2.1.3 规定的要求。

5.3.2.2 数据导出功能：

通过 RS 232/RS 485、有线或无线等传输方式，检查监测仪中存储的数据能否进行异地传输。

5.3.2.3 采集混合样功能：

用人工方法或降雨监测仪试验装置模拟一场降雨，当降雨量大于起始监测降雨量时，观察采样桶是否开始收集雨水，并将铂电阻温度计置于采样桶内，检测采样结束后雨水样品的保存温度是否符合 4.2.3 的要求。

5.3.2.4 电极自动保护功能：

降雨监测停止后，检查此时电极是否有保护措施。

5.3.3 防尘结构：

5.3.3.1 用目测和手动方法检查。

5.3.3.2 将接雨漏斗及流路清洗干净并堵住接雨漏斗出口，然后将蒸馏水和 pH 4.01 溶液按体积比为 83∶1 的比例配制 250 ml 溶液，倒入监测仪接雨漏斗中，从接雨漏斗取出少量溶液测量溶液的电导率 k_1、温度 t_1 和 pH_1 值。测量后将接雨漏斗及流路清洗干净，密封，监测仪处于关盖状态。在市镇环境下自然暴露 5 d，仍按上述方法配制 250 ml 溶液，倒入监测仪接雨漏斗中，从接雨漏斗取出少量溶液测量溶液的电导率 k_2、温度 t_2 和 pH_2 值。两次测量并经温度修正后的电导率值相差不应超过 0.5 mS/m，两次测量并经温度修正后的 pH 值相差不应超过 0.05。

5.3.4 接雨漏斗内径：

用分度值为 0.02 mm 的游标卡尺测量接雨漏斗内径，均匀取五个不同方向测量，然后取平均值，应符合 4.4 条的要求。

5.3.5 感雨器：

5.3.5.1 感雨器灵敏度：

使监测仪处于测量状态，用微量注射器吸取 2 μl 的水，在距感雨器 50 mm 的上方射向感雨器，在 30 s 的时间内重复 3 次，防尘盖应能够开启。

5.3.5.2 开盖延迟时间：

在 10 s 内向感雨器重复滴水 3 次，每次 1 滴水，用秒表记录从最后 1 滴水到防尘盖完全打开的时间，应符合 4.5.2 条的要求。

5.3.5.3 关盖延迟时间：

用滴水方法使防尘盖打开，用秒表记录从停止滴水到防尘盖完全关闭的时间，应符合 4.5.3 条的要求。

5.3.5.4 加热装置：

用触摸方式检查感雨器是否有加热功能。

5.3.6 起始监测降雨量：

将相当于降雨量为 0.5 mm 体积的蒸馏水缓慢注入接雨漏斗，检查监测仪是否显示测量结果。

5.3.7 降雨量测量误差：

将 250 ml 的蒸馏水缓慢注入雨量计，分别实验三次，按式（1）计算出理论降雨量 H。

$$H=10V/\pi r^2 \tag{1}$$

式中：V——注入的蒸馏水体积，单位为毫升（ml）；

H——理论计算得到的降雨量，单位毫米（mm）；

π——3.14；

r——雨量计漏斗半径，单位厘米（cm）。

按照公式（2）分别计算各次测量时监测仪显示的降雨量 h_i 与理论雨量 H 的差 Δh_i。根据公式（3），计算出三次测量的平均误差作为降雨量测量误差 Δh。

$$\Delta h_i=h_i-H \tag{2}$$

$$\Delta h=\frac{\sum_{1}^{n}\Delta h_i}{n} \tag{3}$$

式中：h_i——第 i 次测量时监测仪显示的降雨量，单位毫米（mm）；

Δh_i——第 i 次降雨量测量误差，单位毫米（mm）；

Δh——本次测试的降雨量误差，单位毫米（mm）；

n——测量次数。

若 $H\leqslant 10$ mm 时，Δh 为本次测试的降雨量误差；若 $H>10$ mm 时，取 Δh 与 H 之比作为本次测试的降雨量误差。

然后分别用 500 ml、1 000 ml 和 1 250 ml 的蒸馏水按照以上方法进行测试。

5.3.8 pH 值测量误差：

a）选取 pH 9.180 的标准溶液；

b）排空测量池中的残留溶液，往接雨漏斗缓慢加入 500 ml 蒸馏水，冲洗测量池后排空测量池中的蒸馏水（直至测量池中再无残液）；

c）往接雨漏斗缓慢注入 200 ml pH 9.180 的标准溶液，待读数稳定后，读 pH 值；

d）重复 b）和 c）的操作两次；

e）计算出各次测量时监测仪显示的 pH 值与被测标准溶液在测定温度下的 pH 值之差，最大差值即为 pH 值测量误差。

然后再分别用 pH 6.865、pH 4.008 的标准溶液按照以上方法进行测试。

5.3.9 电导率测量误差：

a）选取浓度为 0.003 mol/L 的氯化钾标准溶液（25℃下电导率值为 43.5 mS/m）；

b）排空测量池中的残留溶液，往接雨漏斗缓慢加入 500 ml 蒸馏水，冲洗测量池后排空测量池中的蒸馏水（直至测量池中再无残液）；

c）往接雨漏斗缓慢注入 0.003 mol/L 的标准溶液 200 ml，待仪器示值稳定后，读取电导率值；

d）重复 b）和 c）的操作两次；

e）计算出各次测量时监测仪显示的电导率值与被测标准溶液在25℃下的电导率值之差，最大差值与量程上限值之比即为电导率测量误差。

然后再分别用0.001 mol/L（25℃下电导率值为14.7 mS/m）和0.005 mol/L（25℃下电导率值71.8 mS/m）的标准溶液按照以上方法进行测试。

5.3.10 温度补偿精度：

5.3.10.1 pH温度补偿精度：

将带有温度补偿传感器的玻璃电极浸入pH=4.008的标准溶液中，在10～30℃以5℃的变化方式改变液温，并测定pH值。根据测定结果求出各测量值与该温度下pH=4.008标准溶液pH值之差。

5.3.10.2 电导率温度补偿精度：

将带有温度补偿传感器的电极系统浸入0.003 mol/L KCl标准液中，在10～30℃以5℃的变化方式改变液温，并测定电导率值。根据测量结果求出测量值与25℃下0.003 mol/L KCl标准电导率值之差相对于25℃标准电导率值的百分率。

5.3.11 pH值漂移：

5.3.11.1 漂移（pH=9.180）将电极浸入pH=9.180的标准液中，读取5 min后的测量值为初始值，连续测定24 h。与初始值比较，计算该段时间内的最大变化幅度。

5.3.11.2 漂移（pH=6.865）将电极浸入pH=6.865的标准液中，读取5 min后的测量值为初始值，连续测定24 h。与初始值比较，计算该段时间内的最大变化幅度。

5.3.11.3 漂移（pH=4.008）将电极浸入pH=4.008的标准液中，读取5 min后的测量值为初始值，连续测定24 h。与初始值比较，计算该段时间内的最大变化幅度。

5.3.12 电导率漂移：

5.3.12.1 零点漂移：将电极系统浸入零点校正液中，读取5 min后的电导率指示值作为初始值，连续测定24 h。与初始值比较，计算该段时间内的最大变化幅度相对于量程的百分率。

5.3.12.2 量程漂移：将电极系统浸入0.003 mol/L KCl标准液中，读取5 min后的电导率指示值作为初始值，连续测定24 h。与初始值比较，计算该段时间内的最大变化幅度相对于量程的百分率。

5.3.13 监测仪适用工作环境：

监测仪适用工作环境指标，不再做检测，由生产单位出具相关部门检测（验）合格证书，其结果应符合4.13条的要求。

5.3.14 监测仪材料检测：

5.3.14.1 监测仪的材料包括外壳、雨水通道和采样桶的材料用目测方法检查。

5.3.14.2 接雨漏斗和采样桶的材料检测：

将采样桶清洗干净，然后按蒸馏水和pH 4.01溶液的体积比为83∶1配制大约采样桶体积1/3的溶液，倒入到采样桶中，取出少量溶液测量其电导率k_1、温度t_1和pH_1值。测量后将采样桶密封使溶液不与大气接触，放置24 h。再重新测量溶液的电导率k_2、温度t_2和pH_2。两次测量并经温度修正后的电导率值相差不应超过0.5 mS/m，两次测量并经温度修正后的pH值相差不应超过0.05。

将接雨漏斗出水口堵住，然后按照上述方法检测接雨漏斗。

5.3.15 计时误差：

用分辨率为0.01 s的电子秒表作为计时标准和计时功能监测仪的时钟，同时记录走时，每次测定时间不少于60 min，连续重复测定3次，按式（4）计算计时误差δ_t。取3次测量的平均值为监测仪的计时误差。

$$\delta_t = \frac{t_i - t}{t} \times 100\% \tag{4}$$

式中：t_i——监测仪时钟计时，s；

t——秒表计时，s。

5.3.16 安全性能：

5.3.16.1 供电电源连接导线防雨性能的检测：

检查供电电源与监测仪之间连接是否牢固，防雨护套安装是否正确。

5.3.16.2 绝缘电阻的检测：

将监测仪置于“降雨自动监测仪试验装置”内，在模拟降雨状态下，用兆欧表测量电源输入端子与机壳之间的绝缘电阻，应符合 4.16.2 条的要求。

5.3.16.3 绝缘强度的检测：

将监测仪置于“降雨自动监测仪试验装置”内，在模拟降雨状态下，用耐压测试仪测试。应符合 4.16.3 条的要求。

5.3.16.4 漏电保护检测：

在加电的情况下，使漏电保护器的输出端接地，检查是否有保护功能。

5.3.16.5 电源适应性：

使用调压器将监测仪供电电压调节为 AC 180 V，按 5.3.5 和 5.3.6 条规定的方法进行检测，检测结果应符合第 4.5～4.6 条的要求。

再将调压器电压调节为 AC 250 V，重复上述操作。

5.3.17 监测仪的噪声检测：

监测仪正常工作时，按《噪声源声功率级的测定 简易法》（GB 3768—83）国家标准进行检测。应符合 4.17 条的要求。

5. 3.18 监测仪平均无故障运行时间（MTBF）：

监测仪在雨季露天工作状况下，按《设备可靠性试验》（GB 5080—85）国家标准进行检测。应符合 4.18 条的要求。

附表

降雨自动监测仪检测项目一览表

序号	检测项目	技术要求	试验方法
1	外观检查	符合 4.1.1、4.1.2、4.1.3、4.1.4 条要求	第 5.3.1.1、5.3.1.2 条
2	功能检测	符合 4.2.1、4.2.2、4.2.3、4.2.4 条要求	第 5.3.2.1、5.3.2.2、5.3.2.3 和 5.3.2.4 条
3	防尘结构检测	符合 4.3.1、4.3.2 条要求	第 5.3.3.1、5.3.3.2 条
4	接雨漏斗内径检测	符合 4.4 条要求	第 5.3.4 条
5	感雨器检测	符合 4.5.1、4.5.2、4.5.3、4.5.4 条要求	第 5.3.5.1、5.3.5.2、5.3.5.3 和 5.3.5.4 条
6	起始监测降雨量检测	符合 4.6 条要求	第 5.3.6 条
7	降雨量测量误差检测	符合 4.7 条要求	第 5.3.7 条
8	pH 值测量误差检测	符合 4.8 条要求	第 5.3.8 条
9	电导率测量误差检测	符合 4.9 条要求	第 5.3.9 条
10	温度补偿精度检测	符合 4.10.1、4.10.2 条要求	第 5.3.10.1、5.3.10.2 条
11	pH 值漂移检测	符合 4.11.1、4.11.2 和 4.11.3 条要求	第 5.3.11.1、5.3.11.2、5.3.11.3 条
12	电导率漂移检测	符合 4.12.1、4.12.2 条要求	第 5.3.12.1、5.3.12.2 条
13	适用工作环境检测	符合 4.13 条要求	第 5.3.13
14	监测仪材料检测	符合 4.14.1、4.14.2 和 4.14.3 条要求	第 5.3.14.1、5.3.14.2 条

序号	检测项目	技术要求	试验方法
15	计时误差检测	符合 4.15 条要求	第 5.3.15 条
16	安全性能检测	符合4.16.1、4.16.2、4.16.3、4.16.4 和4.16.5 条要求	第 5.3.16.1、5.3.16.2、5.3.16.3、5.3.16.4 和 5.3.16.5 条
17	噪声检测	符合 4.17 条要求	第 5.3.17 条
18	平均无故障运行时间（MTBF）检测	符合 4.18 条要求	第 5.3.18 条

附加说明：

本标准由国家环境保护总局科技标准司提出。

本标准起草单位：中国环境监测总站、河北先河科技发展有限公司。

本标准国家环境保护总局 2005 年 5 月 8 日批准，自 2005 年 5 月 8 日起实施。

本标准由国家环境保护总局解释。

中华人民共和国环境保护行业标准

降雨自动采样器技术要求及检测方法

HJ/T 174—2005

Specifications and test procedures for automatic rainfall sampler

2005-05-08 发布　　2005-05-08 实施

1 范围

本标准适用于具有自动采集降雨（混合样、分段样）等功能的采样器的研制、生产和性能检测。

本标准规定了降雨自动采样器（以下简称“采样器”）的技术要求及检测方法。

2 规范性引用文件

下列文件中的条款通过本标准的引用而成为本标准的条款。若引用标准今后修改（不包括勘误的内容）或修订，均不适用于本标准，然而，鼓励根据本标准研究是否可使用引用标准的最新版本。

GB/T 18522.1—2003　水文仪器通则　第 1 部分：总则

GB/T 13580.1—1992　大气降水采样和分析方法　总则

GB/T 13580.2—1992　大气降水样品的采集与保存

GB 3768—83　噪声源声功率级的测定　简易法

GB 5080—85　设备可靠性试验

3 术语和定义

下列术语和定义适用于本标准。

3.1　降雨自动采样器

能够自动采集降雨（混合样、分段样）等功能的采样器。

3.2　降雨强度

每分钟的降雨量，单位：mm/min。

3.3　感雨器灵敏度

感雨器能够感知的最小降雨强度，即能使采样器防尘盖打开的最小降雨强度。

3.4　混合样

混合样是指将整个降雨过程中采集到的雨水保存在一个容器内而得到的样品。

3.5　分段样

分段样是将降雨过程中的雨水，或按时间，或按降雨量，或按降雨的场次进行分割，分别装入不同容器中得到的样品。

4 技术要求

4.1　采样器外观

4.1.1 在采样器的明显位置应有 CMC（计量器具制造许可证）标志和产品铭牌，铭牌上应有采样器名称、型号、生产厂名称、出厂编号及生产日期。

4.1.2 采样器应完好无损，各零部件连接可靠，各操作键、钮灵活有效，显示部分的数字（刻度）应清晰，没有影响读数的缺陷，不应有锈蚀和损伤。

4.1.3 采样器的外观设计合理，降雨时，落在采样器防尘盖或采样器其他部位上的雨滴不会溅入接雨漏斗或直入式采样桶，采样器的固定装置能够将其稳固的固定在支撑面上，具有一定的防风能力。

4.1.4 接雨漏斗或直入式采样桶的开口边缘处于水平，其离支撑面的高度应大于 1.2 m。

4.2 采样器功能

4.2.1 采集混合样或分段样功能：

采集混合样时能够将某日如 9：00（按设定时间）至次日 9：00（按设定时间）采集到的雨水保存在一个容器内，而且能将 9：00（设定时间）前、后的雨水分别装入两个不同的容器内。

采集分段样时能够按照具体的分段规则将不同段的雨水装入不同的容器。

4.2.2 样品保存功能：

采样器应有采样桶用于保存雨水样品。采样桶在送到实验室前应在 3～5℃冰箱内进行保存，并能显示采样桶温度。

4.2.3 自动测量降雨量功能：

能够与降雨采样器同步、平行地进行降雨量的自动测量。雨量计测量最小分度，0.1 mm。

4.2.4 查询功能：

采样器显示正常工作状态，并能够通过一定的方式存储并查看采样器记录的降雨场次、每场降雨的开始时间、结束时间、水温、降雨量和故障报警。

4.3 防尘结构

4.3.1 当防尘盖处于关闭状态时，其内表面与密封材料间应压合紧密、均匀，无缝隙。在开盖、关盖时，防尘盖动作平稳、灵活，无卡死现象。

4.3.2 采样器处于关盖状态，在市镇环境下自然暴露 5 d，污染增量 pH 值不超过 0.05，电导率值不超过 0.5 mS/m。

4.4 接雨漏斗和直入式采样桶

4.4.1 接雨漏斗是由一定高度的圆柱面下接圆锥面组成，接雨漏斗上口的内径应不小于 300 mm，内径误差±2 mm。

4.4.2 直入式采样桶是上口直径应不小于 300 mm，高度应不小于 300 mm，尺寸误差±2 mm。

4.5 感雨器

4.5.1 感雨器灵敏度：

感雨器最低能感应到的降雨强度为 0.05 mm/min 或 0.5 mm 直径的雨滴。

4.5.2 开盖延迟时间：

开始降雨后，打开防尘盖时间应不超过 60 s。

4.5.3 关盖延迟时间：

停止降雨后，防尘盖应在 5 min 内关闭。

4.5.4 加热装置：

感雨器应有加热装置以防止雾、露水启动采样器和蒸发残留的湿沉降物。

4.6 降雨量测量误差

最大降雨强度，4 mm/min；

降雨量不大于 10 mm 时，降雨量测量误差±0.4 mm；

降雨量大于 10 mm 时，降雨量测量误差±4%。

4.7 适用工作环境

采样器在环境温度 0～50℃范围内应能正常使用。

4.8 采样器的材料

4.8.1 采样器外壳应使用在长期雨淋情况下不生锈的材料。

4.8.2 采样器所有雨水经过的通道应采用对雨水成分无污染的材料，如聚四氟乙烯塑料管、硅橡胶管等非金属材料。

4.8.3 接雨漏斗或直入式采样桶和采样桶应采用对雨水成分无污染的材料，如聚乙烯或聚四氟乙烯等对雨水化学成分呈惰性的材料。

4.9 计时误差

在使用环境条件下，采样器计时误差不大于 0.1%。

4.10 安全性能

4.10.1 供电电源连接导线防雨性能：

供电电源与采样器之间连接应牢固，并用防雨护套连接，防止雨淋。

4.10.2 绝缘电阻：

在淋雨状态下，采样器电源输入端对外壳（接地端）的绝缘电阻不低于 5 MΩ。

4.10.3 绝缘强度：

在淋雨状态下，采样器电源输入端对外壳之间应能承受 50 Hz、1 500 V 工频交流电压，历时 1 min，无强烈飞弧和击穿现象。

4.10.4 漏电保护：

降雨自动采样器应具有漏电保护功能。

4.10.5 电源适应性：

电源电压在 AC180 V～AC250 V 变化的情况下，采样器应符合第 4.5 条和 4.6 条的要求。

4.11 采样器的噪声

采样器正常工作时，其噪声应不大于 60 dB（A）。

4.12 采样器平均无故障运行时间（MTBF）

采样器在雨季露天工作状况下连续运行，其平均无故障运行时间（MTBF）不低于 2 000 h。

5 检测

5.1 检测环境

5.1.1 环境温度：0～50℃。

5.1.2 相对湿度：≤95%。

5.1.3 供电电源：交流 220 V，50 Hz。

5.2 检测用仪器、设备

5.2.1 稳压电源：交流 220 V，1 000 W。

5.2.2 调压器：0～250 V，1 500 W。

5.2.3 电子秒表：日差：±1 s/d。

5.2.4 声级计：精度： Ⅰ型。

5.2.5 精密温度计：0～50℃，最小分度值：0.1℃。

5.2.6 测温铂电阻：PT 100。

5.2.7 耐压测试仪：5 kV，40 mA。

5.2.8 电压表：500 V，准确度：1.5 级。

5.2.9 兆欧表：电压 500 V，0～500 MΩ，准确度：1 级。

5.2.10 湿度表：10%～100% RH，±2% RH。

5.2.11 游标卡尺：量程 500 mm，最小分度值 0.02 mm。

5.2.12 pH 计：误差±0.01，量程 0～14。

5.2.13 电导率仪：误差±1% FS，量程 0～20 mS/m。

5.2.14 降雨采样器试验装置：模拟降雨强度 0.02～4.00 mm/min。

5.2.15 钢卷尺：0～2 m。

5.2.16 微量注射器：量程 50 μl，分度值 1 μl。

5.2.17 纯水：将蒸馏水通过离子交换柱，电导率应小于 0.1 mS/m。

5.3 检测方法

5.3.1 采样器外观：

5.3.1.1 用目测和手动的方法检查采样器外观，应符合 4.1.1 条、4.1.2 条和 4.1.3 条的要求。

5.3.1.2 接雨漏斗或直入式采样桶离基础面高度

用钢卷尺检查接雨漏斗或直入式采样桶的开口边缘处于水平时距离支撑面的高度应符合 4.1.4 条的要求。

5.3.2 采样器功能：

5.3.2.1 采集混合样：用滴水法让防尘盖打开，往接雨漏斗中注入蒸馏水观察采样桶中是否采集到样品，且记下开盖与关盖的时间。将系统时间改为差几分钟 9:00（按设定时间）然后让采样器开始工作，即让防尘盖打开后连续往接雨漏斗内注入蒸馏水，在系统时间经过 9:00（设定时间）时看采样器是否能将雨水分别装入两个不同容器中。

采集分段样：用人工方法或用降雨采样器试验装置模拟几场降雨，看采样器是否能按规定的分段方式将不同段的雨水分别保存在不同的容器中。

5.3.2.2 样品保存功能：

用人工方法或用降雨采样器试验装置模拟一场降雨，并将铂电阻温度计置于采样桶内，检测采样结束后雨水样品的保存温度是否符合 4.2.2 的要求。

5.3.2.3 自动测量降雨量功能：

用人工方法或降雨采样器试验装置模拟几场降雨，观测采样器开始采样时，降雨量测量装置是否同时开始测量，且其雨量测量最小分度是否为 0.1 mm。

5.3.2.4 查询功能：

用人工方法或用降雨采样器试验装置模拟几场降雨，待采样结束后，查看采样器的记录，采样器显示正常工作状态，并能够查看到降雨场次、每场降雨的开始时间、结束时间、水温 、降雨量和故障报警。

5.3.3 防尘结构：

5.3.3.1 用目测和手动方法检查。

5.3.3.2 将接雨漏斗及流路清洗干净并堵住接雨漏斗出口，然后将蒸馏水和 pH4.01 溶液按体积比为 83∶1 的比例配制 250 ml 溶液，倒入采样器漏斗中，从接雨漏斗取出少量溶液测量溶液的电导率 k_1、温度 t_1 和 pH_1 值。测量后将接雨漏斗及流路清洗干净，密封，采样器处于关盖状态。在市镇环境下自然暴露 5 d，仍按上述方法配制 250 ml 溶液，倒入采样器接雨漏斗中，从接雨漏斗取出少量溶液测量溶液的电导率 k_2、温度 t_2 和 pH_2 值。两次测量并经温度修正后的电导率值相差不应超过 0.5 mS/m，两次测量并经温度修正后的 pH 值相差不应超过 0.05。

5.3.4 接雨漏斗和直入式采样桶：

5.3.4.1 用分度值为 0.02 mm 的游标卡尺测量接雨漏斗上口内径，均匀取五个不同方向测量，然后取平均值，应符合 4.4.1 条的要求。

5.3.4.2 用分度值为 0.02 mm 的游标卡尺测量直入式采样桶上口内径和高度，均匀取五个不同方向测量，然后取平均值，应符合 4.4.2 条的要求。

5.3.5 感雨器：

5.3.5.1 感雨器灵敏度：

使采样器处于测量状态，用微量注射器吸取 2 μl 的水，在距感雨器 50 mm 的上方射向感雨器，在 30 s 的时间内重复 3 次，防尘盖能够开启。

5.3.5.2 开盖延迟时间：

在 10 s 内向感雨器重复滴水 3 次，每次 1 滴水，用秒表记录从最后 1 滴水到防尘盖完全打开的时间，应符合 4.5.2 条的要求。

5.3.5.3 关盖延迟时间：

用滴水方法使防尘盖打开，用秒表记录从停止滴水到防尘盖完全关闭的时间，应符合 4.5.3 条的要求。

5.3.5.4 加热装置：

用触摸方式检查感雨器是否有加热功能。

5.3.6 降雨量测量误差：

将 250 ml 的蒸馏水缓慢注入雨量计，分别实验三次，按式（1）计算出理论降雨量 H。

$$H=10V/\pi r^2 \qquad (1)$$

式中：V——注入的蒸馏水体积，单位为毫升（ml）；

H——理论计算得到的降雨量，单位毫米（mm）；

π——3.14；

r——雨量计漏斗半径，单位厘米（cm）。

按照公式（2）分别计算各次测量时采样器显示的降雨量 h_i 与理论雨量 H 的差 Δh_i。根据公式（3），计算出三次测量的平均误差作为降雨量测量误差 Δh。

$$\Delta h_i=h_i-H \qquad (2)$$

$$\Delta h=\frac{\sum_{1}^{n}\Delta h_i}{n} \qquad (3)$$

式中：h_i——第 i 次测量时采样器显示的降雨量，单位毫米（mm）；

Δh_i——第 i 次降雨量测量误差，单位毫米（mm）；

Δh——本次测试的降雨量误差，单位毫米（mm）；

n——测量次数。

若 $H \leqslant 10$ mm 时，Δh 为本次测试的降雨量误差；若 $H>10$ mm 时，取 Δh 与 H 之比作为本次测试的降雨量误差。

然后分别用 500 ml、1 000 ml 和 1 250 ml 的蒸馏水按照以上方法进行测试。

5.3.7 采样器适用工作环境：

采样器适用工作环境指标，不再做检测，由生产单位出具相关部门检测（验）合格证书，其结果应符合 4.7 条的要求。

5.3.8 采样器材料检测：

5.3.8.1 采样器外壳和雨水通道材料检测：

用目测的方法进行检测。

5.3.8.2 接雨漏斗或直入式采样桶和采样桶的材料检测：

将采样桶清洗干净，然后按蒸馏水和 pH4.01 溶液的体积比为 83∶1 配制约采样桶体积 1/3 的溶液，倒入到采样桶中，取出少量溶液测量其电导率 k_1、温度 t_1 和 pH_1 值。测量后将采样桶密封使溶液不与大气接触，放置 24 h。再重新测量溶液的电导率 k_2、温度 t_2 和 pH_2。两次测量并经温度修正后的电导率值相差不应超过 0.5 mS/m，两次测量并经温度修正后的 pH 值相差不应超过 0.05。

将接雨漏斗出水口堵住，然后按照上述方法检测接雨漏斗或直入式采样桶。

5.3.9　计时误差：

用分辨率为 0.01 s 的电子秒表作为计时标准和计时功能采样器的时钟，同时记录走时，每次测定时间不少于 60 min，连续重复测定 3 次，按式（4）计算计时误差δ_t。取 3 次测量的平均值为采样器的计时误差。

$$\delta_t = \frac{t_i - t}{t} \times 100\% \tag{4}$$

式中：t_i——采样器时钟计时，s；

t——秒表计时，s。

5.3.10　安全性能的检测：

5.3.10.1　供电电源连接导线防雨性能的检测：

检查供电电源与采样器之间连接是否牢固，防雨护套安装是否正确。

5.3.10.2　绝缘电阻的检测：

将采样器置于“降雨自动采样器试验装置”内，在模拟降雨状态下，用兆欧表测量电源输入端子与机壳之间的绝缘电阻，应符合 4.10.2 条的要求。

5.3.10.3　绝缘强度的检测：

将采样器置于“降雨自动采样器试验装置”内，在模拟降雨状态下，用耐压测试仪检测，应符合 4.10.3 条的要求。

5.3.10.4　漏电保护检测：

在加电的情况下，使漏电保护器的输出端接地，检查是否有保护功能。

5.3.10.5　电源适应性：

使用调压器将采样器供电电压调节为 AC 180 V，按 5.3.5 条和 5.3.6 条规定的方法进行检测，检测结果应符合第 4.5～4.6 条的要求。

再将调压器电压调节为 AC 250 V，重复上述操作。

5.3.11　采样器的噪声检测：

采样器正常工作时，按《噪声源声功率级的测定　简易法》（GB 3768—83）国家标准进行检测。应符合 4.11 条的要求。

5.3.12　采样器平均无故障运行时间（MTBF）：

采样器在雨季露天工作状况下，按《设备可靠性试验》（GB 5080—85）国家标准进行检测。应符合 4.12 条的要求。

附表

降雨自动采样器检测项目一览表

序号	检测项目	技术要求	试验方法
1	采样器外观检查	符合 4.1.1、4.1.2、4.1.3 和 4.1.4 条要求	第 5.3.1.1、5.3.1.2 条
2	采样器功能检测	符合 4.2.1、4.2.2、4.2.3 和 4.2.4 条要求	第 5.3.2.1、5.3.2.2、5.3.2.3、5.3.2.4 和 5.3.2.5 条
3	防尘结构检查	符合 4.3.1、4.3.2 条要求	第 5.3.3.1、5.3.3.2 条
4	接雨漏斗和直入式采样桶检查	符合 4.4.1、4.4.2 条要求	第 5.3.4.1、5.3.4.2 条
5	感雨器检测	符合 4.5.1、4.5.2、4.5.3 和 4.5.4 条要求	第 5.3.5.1、5.3.5.2、5.3.5.3 和 5.3.5.4 条
6	降雨量测量误差检测	符合 4.6 条要求	第 5.3.6 条
7	适用工作环境检测	符合 4.7 条要求	第 5.3.7 条
8	采样器材料检测	符合 4.8.1、4.8.2、4.8.3 条要求	第 5.3.8.1、5.3.8.2 条
9	计时误差检测	符合 4.9 条要求	第 5.3.9 条
10	安全性能检测	符合 4.10.1、4.10.2、4.10.3、4.10.4 和 4.10.5 条要求	第 5.3.10.1、5.3.10.2、5.3.10.3、5.3.10.4 和 5.3.10.5 条
11	采样器噪声检测	符合 4.11 条要求	第 5.3.11 条
12	平均无故障运行时间（MTBF）检测	符合 4.12 条要求	第 5.3.12 条

附加说明：

本标准由国家环境保护总局科技标准司提出。
本标准起草单位：中国环境监测总站、河北先河科技发展有限公司。
本标准国家环境保护总局 2005 年 5 月 8 日批准，自批准之日起实施。
本标准由国家环境保护总局负责解释。

中华人民共和国国家环境保护标准

环境空气颗粒物（PM_{10}和$PM_{2.5}$）采样器技术要求及检测方法

HJ 93—2013
代替 HJ/T 93—2003

Specifications and test procedures for PM_{10} and $PM_{2.5}$ sampler

2013-07-30 发布　　2013-08-01 实施

1 适用范围

本标准规定了环境空气颗粒物（PM_{10}和 $PM_{2.5}$）采样器的技术要求、性能指标和检测方法。

本标准适用于环境空气颗粒物（PM_{10}和 $PM_{2.5}$）采样器的设计、生产和检测。

2 规范性引用文件

本标准引用了下列文件或其中的条款。凡是未注明日期的引用文件，其最新版本适用于本标准。

GB 3095—2012　环境空气质量标准

GB/T 3768　声学　声压法测定噪声源声功率级　反射面上方采用包络测量表面的简易法

HJ 618　环境空气 PM_{10}和 $PM_{2.5}$的测定　重量法

3 术语和定义

下列术语和定义适用于本标准。

3.1　空气动力学当量直径　aerodynamic diameter

指单位密度（ρ_0=1 g/cm^3）的球体，在静止空气中作低雷诺数运动时，达到与实际粒子相同的最终沉降速度时的直径。

3.2　颗粒物（粒径小于等于 10 μm）　particulate matter（PM_{10}）

指环境空气中空气动力学当量直径小于等于 10 μm 的颗粒物，也称可吸入颗粒物。

3.3　颗粒物（粒径小于等于 2.5 μm）　particulate matter（$PM_{2.5}$）

指环境空气中空气动力学当量直径小于等于 2.5 μm 的颗粒物，也称细颗粒物。

3.4　切割器　particle separate device

指具有将不同粒径粒子分离功能的装置。

3.5　工作点流量　air flow rate

指采样器在工作环境条件下，采气流量保持定值，并能保证切割器切割特性的流量称为采样器的工作点流量。

3.6　标准状态　standard state

指温度为 273.15 K，压力为 101.325 kPa 时的状态。本标准中污染物浓度值均为标准状态下浓度。

3.7　仪器平行性　parallelism of monitors

指每一批次数据结果的均方根。

3.8 气溶胶传输效率 aerosol transport efficiency

指进入采样器到达滤膜的气溶胶量与通过切割器后的气溶胶总量的百分比。

3.9 50%切割粒径（Da_{50}） 50%cutpoint diameter

指切割器对颗粒物的捕集效率为 50%时所对应的粒子空气动力学当量直径。

3.10 捕集效率的几何标准差（σ_g） geometric standard deviation of sampling efficiency

切割器对颗粒物的捕集效率有以下两种表述方法：

（1）捕集效率为 16%时对应的粒子空气动力学直径 Da_{16} 与捕集效率为 50%时对应的粒子空气动力学直径 Da_{50} 的比值；

（2）捕集效率为 50%时对应的粒子空气动力学直径 Da_{50} 与捕集效率为 84%时对应的粒子空气动力学直径 Da_{84} 的比值；

上述两个比值均应符合 σ_g =1.5±0.1（PM_{10} 采样器）、σ_g =1.2±0.1（$PM_{2.5}$ 采样器）的要求。计算见式（1）、式（2）：

$$\sigma_g = \frac{Da_{16}}{Da_{50}} \tag{1}$$

$$\sigma_g = \frac{Da_{50}}{Da_{84}} \tag{2}$$

式中：σ_g——捕集效率的几何标准差；

Da_{16}——切割器对颗粒物的捕集效率为 16%时对应的粒子空气动力学直径，μm；

Da_{50}——切割器对颗粒物的捕集效率为 50%时对应的粒子空气动力学直径，μm；

Da_{84}——切割器对颗粒物的捕集效率为 84%时对应的粒子空气动力学直径，μm。

4 采样器组成

采样器由采样入口、PM_{10} 或 $PM_{2.5}$ 切割器、滤膜夹、连接杆、流量测量及控制装置、抽气泵等组成。

PM_{10} 和 $PM_{2.5}$ 采样器通过流量测量及控制装置控制抽气泵以恒定流量（工作点流量）抽取环境空气样品，环境空气样品以恒定的流量依次经过采样器入口、PM_{10} 或 $PM_{2.5}$ 切割器，PM_{10} 或 $PM_{2.5}$ 颗粒物被捕集在滤膜上，气体经流量计、抽气泵由排气口排出。采样器实时测量流量计前压力、流量计前温度、环境大气压、环境温度等参数对采样流量进行控制。

PM_{10} 或 $PM_{2.5}$ 采样器的工作点流量不做必须要求，一般情况如下：

大流量采样器工作点流量为：1.05 m^3/min；

中流量采样器工作点流量为：100 L/min；

小流量采样器工作点流量为：16.67 L/min。

5 技术要求

5.1 外观要求

5.1.1 采样器应有产品铭牌，铭牌上有采样器名称、型号、生产厂名称、出厂编号、生产日期等信息。

5.1.2 采样器外观应完好无损，表面无明显损伤，适合户外采样。各零、部件连接可靠，各操作键、按钮灵活有效。

5.2 工作条件

环境温度：−30～50℃；

大气压：80～106 kPa；

供电电压：AC（220±22）V，（50±1）Hz。

注 1：低温、低压等特殊环境条件下，仪器设备的配置应满足当地环境条件的使用要求。

5.3 安全要求

5.3.1 绝缘电阻：

在环境温度为 15～35℃，相对湿度≤85%条件下，采样器电源端子对地或机壳的绝缘电阻不小于 20 MΩ。

5.3.2 绝缘强度：

在环境温度为 15～35℃，相对湿度≤85%条件下，采样器在 1 500 V（有效值）、50 Hz 正弦波实验电压下持续 1 min，不应出现击穿或飞弧现象。

5.4 功能要求

5.4.1 采样器应使用耐腐蚀材料制造，所有含尘气流通道表面应无静电吸附作用。采样器抽气泵应使用无碳刷抽气泵。

5.4.2 为使采样器的采样各向同性，采样器入口在水平面内应为圆形或矩形，非圆形或者矩形采样器入口在水平面内应至少有四个均匀进气方向。

5.4.3 采样器应具有采样时间控制及计时功能，并可进行时钟、采样时间、间隔时间设置。

5.4.4 采样器应能自动测量并显示瞬时流量、环境大气压、环境温度、流量计前温度、流量计前压力，显示更新时间不超过 5 s。采样器应能至少每 1 min 自动计算一次累计工况采样体积和标况采样体积。采样器应能至少每 5 min 记录并存储瞬时采样流量、环境温度、环境大气压和累计标况体积等参数，该存储记录可供查询、打印和输出。采样器应能至少存储 3 个月采样数据。采样器应具有 RS232 或 USB 等通讯接口。

5.4.5 当采样器测量的流量与规定的工作点流量的偏差超过±10%，且持续时间超过了 60 秒时，采样器应停止抽取空气样品，同时停止采样时间累计；采样器应对此种情况给出报警记录和累计采样时间记录，用于判断该采集样品的有效性。

5.4.6 当采样器在工作过程中出现了断电情况时，采样器应停止采样时间累计并记录断电时间；重新供电后采样器应能自动恢复采样功能，并继续累计采样时间，同时记录来电时间，采样结束后应能显示、打印和输出采样过程中的断电、来电时间及本次采样的总采样时间。

5.4.7 采样器在采样过程中，采样滤膜处的温度与环境温度的偏差应控制在±5℃以内。

5.4.8 采样器各零部件连接紧密，避免漏气，PM_{10}和$PM_{2.5}$采样器气密性检查方法见附录 A。

5.4.9 为降低采样器排气对PM_{10}和$PM_{2.5}$测量的影响，向下排气的大、中流量采样器的排气应在水平方向上均匀分布。

5.4.10 滤膜夹应使用对测量结果无影响的惰性材料制造，应对滤膜不粘连，并方便取放。

5.4.11 采样器的安装支架应能够牢固支撑采样器，有安装孔和固定装置，能将采样器固定于地面或者采样平台。

5.4.12 采样器应具备防雨、防雪功能。

5.4.13 滤膜要求：

采样滤膜可选用玻璃纤维滤膜、石英滤膜等无机滤膜或聚氯乙烯、聚丙烯、聚四氟乙烯、混合纤维素等有机滤膜。滤膜应厚薄均匀，无针孔、无毛刺。PM_{10}滤膜对 0.3 μm 标准粒子的截留效率≥99%，$PM_{2.5}$滤膜对 0.3 μm 标准粒子的截留效率≥99.7%。

6 性能指标

6.1 PM_{10}采样器

6.1.1 流量测试：

在采样器正常工作条件下，使用标准流量计在采样入口处检测流量，应符合以下指标：

（1）平均流量偏差：±5%设定流量；

（2）流量相对标准偏差≤2%；

（3）平均流量示值误差≤2%。

6.1.2 累计标况体积示值误差：

累计标况体积示值误差±5%。

6.1.3 时钟误差：

（1）在采样器正常工作状态下测试 6 h，时钟误差±20 s。

（2）断开采样器的供电总计 5 次（各次断电的持续时间分别为 20 s、40 s、2 min、7 min 和 20 min，且在每次断电之间应保证不少于 10 min 正常电力供应），测试 6 h，时钟误差±2 min。

6.1.4 大气压测量示值误差：

在 80～106 kPa 范围内，大气压测量示值误差≤1 kPa。

6.1.5 温度测量示值误差：

在–30～50℃范围内，温度测量示值误差±2℃。

6.1.6 噪声：

（1）大流量采样器噪声≤67 dB（A）；

（2）中流量采样器噪声≤62 dB（A）；

（3）小流量采样器噪声≤62 dB（A）。

6.1.7 切割性能：

50%切割粒径：Da_{50}=（10±0.5）μm；

捕集效率的几何标准偏差：σ_g=1.5±0.1。

6.1.8 参比方法比对测试：

使用参比方法进行至少 10 组有效数据的比对测试，测试结果进行线性回归分析，符合以下要求：

斜率：1±0.1；

截距：（0±5）$\mu g/m^3$；

相关系数≥0.95。

6.1.9 平均无故障时间：

采样器平均无故障时间（MTBF）≥800 h。

6.2 $PM_{2.5}$采样器

6.2.1 流量测试：

在采样器正常工作条件下，使用标准流量计在采样入口处检测流量，应符合以下指标：

（1）平均流量偏差：±5%设定流量；

（2）流量相对标准偏差≤2%；

（3）平均流量示值误差≤2%。

6.2.2 累计标况体积示值误差：

累计标况体积示值误差±5%。

6.2.3 时钟误差：

（1）在采样器正常工作状态下测试 6 h，时钟误差±20 s。

（2）断开采样器的供电总计 5 次（各次断电的持续时间分别为 20 s、40 s、2 min、7 min 和 20 min，且在每次断电之间应保证不少于 10 min 正常电力供应），测试 6 h，时钟误差±2 min。

6.2.4　大气压测量示值误差：

在 80～106 kPa 范围内，大气压测量示值误差≤1 kPa。

6.2.5　温度测量示值误差：

在−30～50℃范围内，温度示值误差±2℃。

6.2.6　噪声：

（1）大流量采样器噪声≤67 dB（A）；

（2）中流量采样器噪声≤62 dB（A）；

（3）小流量采样器噪声≤62 dB（A）。

6.2.7　环境气压、环境温度和供电电压变化的影响：

采样器分别在不同的气压、温度和供电电压等 6 种环境条件下进行测试，其流量测试指标符合 6.2.1 的要求。

6.2.8　切割性能：

50%切割粒径：Da_{50}=（2.5±0.2）μm；

捕集效率的几何标准偏差：σ_g=1.2±0.1。

6.2.9　切割器加载测试：

在一个维护周期内，加载后的切割器切割性能指标符合 6.2.8 的要求。

6.2.10　参比方法比对测试：

使用参比方法进行至少 23 组有效数据的比对测试，测试结果进行线性回归分析，符合以下要求：

斜率：1±0.1；

截距：（0 ±5）μg/m^3；

相关系数≥0.93。

6.2.11　平均无故障时间：

采样器平均无故障时间（MTBF）≥800 h。

7　检测方法

7.1　PM_{10}采样器

7.1.1　流量测量：

取下采样入口和切割器，将标准流量计的出气口通过流量测量适配器连接到待测采样器的进气口。开启待测采样器抽气泵，进入流量检测界面，待测采样器显示的流量稳定后开始测试。测试连续进行 6 h，至少每隔 5 min 记录一次标准流量计和待测采样器的瞬时流量值（工况）。测试完成后，按照式（3）、式（4）、式（5）、式（6）、式（7）计算流量测试的相关指标。测试结果应符合 6.1.1 的要求。

$$\bar{Q}_R = \frac{1}{n}\sum_{i=1}^{n} Q_{Ri} \qquad (3)$$

式中：$\bar{Q}_R$——测试期间标准流量计平均流量值，L/min；

Q_{Ri}——测试期间标准流量计瞬时流量值，L/min；

i——测试期间记录瞬时时间点的序号，（i=1～n）；

n——测试期间记录瞬时时间点的总个数。

$$\bar{Q}_C = \frac{1}{n}\sum_{i=1}^{n} Q_{Ci} \qquad (4)$$

式中：$\bar{Q}_C$——测试期间采样器平均流量值，L/min；

Q_{Ci}——测试期间采样器瞬时流量值，L/min。

$$\Delta Q_R = \frac{\bar{Q}_R - Q_s}{Q_s} \times 100\% \tag{5}$$

式中：ΔQ_R——平均流量偏差，%；

Q_s——待测采样器设定的采样流量，L/min。

$$Cv_R = \frac{\sqrt{\dfrac{\sum_{i=1}^{n}\left(Q_{Ri} - \bar{Q}_R\right)^2}{n-1}}}{\bar{Q}_R} \times 100\% \tag{6}$$

式中：Cv_R——流量相对标准偏差，%。

$$Q_{diff} = \frac{\left|\bar{Q}_R - \bar{Q}_C\right|}{\bar{Q}_R} \times 100\% \tag{7}$$

式中：Q_{diff}——流量示值误差，%。

7.1.2 累计标况体积示值误差：

将累计流量计与待测采样器入口连接，确保不漏气。设定仪器采样工作流量，启动抽气泵，连续运行（30±5）min，停止采样。分别记录累计流量计计前温度 T_1、计前压力 P_1、工况累计体积 Q_V，以及环境大气压 B_a 和待测采样器记录的标况体积 Q_{V_1}，按式（8）计算累计流量计标况体积 Q_{V_2}，按式（9）计算累积标况体积示值误差ΔQ_V，ΔQ_V应符合 6.1.2 的要求。

$$Q_{V_2} = \frac{Q_V \times (B_a + P_1) \times 273.15}{101.325 \times T_1} \tag{8}$$

式中：T_1——累计流量计计前温度，K；

P_1——累计流量计计前压力，kPa；

B_a——环境大气压，kPa；

Q_V——累计流量计工况体积，L；

Q_{V_2}——累计流量计标况体积，L。

$$\Delta Q_V = \frac{Q_{V_1} - Q_{V_2}}{Q_{V_2}} \times 100\% \tag{9}$$

式中：ΔQ_V——累计标况体积示值误差，%；

Q_{V_1}——采样器记录的标况体积，L。

7.1.3 时钟误差：

（1）采样器正常工作条件下时钟误差。

在待测采样器正常工作过程中，读取并记录显示时间（时-分-秒）记为开始时间 t_0，同时启动秒表开始计时，当运行 6 h±60 s 时，分别读取和记录采样器显示时间 t_1 和秒表显示时间 t_2。按式（10）计算时钟误差。检测结果Δt 应符合 6.1.3（1）的要求。

$$\Delta t = t_1 - t_0 - t_2 \tag{10}$$

式中：Δt——时钟误差，s；

t_0——待测采样器初始时间，（时-分-秒）；

t_1——待测采样器结束时间，（时-分-秒）；

t_2——秒表显示时间，（时-分-秒）。

（2）采样器断电条件下时钟误差。

在待测采样器正常工作过程中，读取并记录显示的时间（时-分-秒）记为开始时间 t_0，同时启动秒表开始计时。断电条件测试总时长为 6 h，在这期间要求断电总计 5 次：各次断电的持续时间分别为 20 s、40 s、2 min、7 min 和 20 min 左右，且在每次断电之间应保证不少于 10 min 正常供电。当运行 6 h±60 s 时，分别读取和记录待测采样器显示时间 t_1 和秒表显示时间 t_2。按式（10）计算时钟误差。检测结果Δt 应符合 6.1.3（2）的要求。

7.1.4 大气压测量示值误差：

将待测采样器放入气压舱中，在大气压测量的范围 80～106 kPa 内，选取以下 5 个检测点：80 kPa，90 kPa，100 kPa，106 kPa 和当前环境气压，各检测点的实际稳定值与上述规定值允许偏差±0.5 kPa。待气压舱的压力稳定后，分别读取并记录标准压力值 B_i 和待测采样器显示压力值 P_i。按式（11）计算待测采样器的大气压测量示值误差δ_{Pi}。重复测量 3 次，每个检测点的平均值应符合 6.1.4 的要求。

$$\delta_{pi} = |B_i - P_i| \tag{11}$$

式中：δ_{pi}——第 i 个测试点待测采样器大气压测量示值误差，kPa；

P_i——第 i 个测试点标准压力值，kPa；

B_i——第 i 个测试点待测采样器压力测量值，kPa；

i——测试点序号，（i=1～5）。

7.1.5 温度测量示值误差：

将待测采样器放入恒温环境中，在−30～50℃温度范围内分别设置 4 个温度测试点：−20℃，0℃，20℃，50℃，恒温装置的实际控制温度与上述设定温度允许偏差±2℃。待恒温装置温度稳定后，分别读取并记录标准温度值 t_{si} 和待测采样器显示温度值 t_{pi}。按式（12）计算待测采样器的温度测量示值误差Δt_i。重复测量 3 次，每个测试点的平均值应符合 6.1.5 的要求。

$$\Delta t_i = t_{pi} - t_{si} \tag{12}$$

式中：Δt_i——第 i 个测试点温度测量示值误差，℃；

t_{pi}——第 i 个测试点待测采样器的环境温度示值，℃；

t_{si}——第 i 个测试点标准温度值，℃；

i——测试点序号，（i=1～4）。

7.1.6 噪声：

采样器噪声检测按 GB 3768 的规定进行，测得的采样器 A 声压级噪声应符合 6.1.6 的要求。

7.1.7 切割性能：

切割性能测试可使用分流测试法或静态箱测试法。

（1）分流测试法。

发生单一粒径、均匀、稳定的气溶胶粒子，分别测试待测切割器上游的气溶胶浓度和切割器下游的气溶胶浓度，计算不同粒径气溶胶的捕集效率；拟合捕集效率与粒径的关系得到该切割器的 50%切割粒径和捕集效率的几何标准偏差。

a）气溶胶的生成。

通过单分散固态气溶胶发生器发生单分散固态的气溶胶颗粒。采用气溶胶检测仪器（例如气溶胶粒径谱仪）测量单分散固态气溶胶的粒径和浓度。实验粒子的粒径要求见表 1。

表 1 PM_{10} 实验粒子的粒径要求

实验粒子的空气动力学当量直径 *Da*/μm							
3±0.5	5±0.5	7±0.5	9±0.5	11±1.0	13±1.0	15±1.0	17±1.0

b）分流法测试。

1）将待测切割器去除进气部件，通过分流管连接流量适配器、待测切割器和气溶胶检测仪器，切割器应竖直放置。

2）采用单分散固态气溶胶发生器，发生表 1 中空气动力学当量直径（3±0.5）μm 的雾化单分散固态气溶胶颗粒。

3）采用气溶胶检测仪器测量单分散固态气溶胶的粒径，确认其稳定、均匀，符合要求。

4）采用气溶胶检测仪器分别测定切割器上、下游的气溶胶浓度。记录为 C_{111} 和 C_{211}。

5）分别依次生成表 1 中所列的 8 种粒径的雾化单分散固态气溶胶颗粒。重复以上 3）～4）的操作，直至 8 种粒径的雾化单分散固态气溶胶颗粒测试完毕，得到 C_{1ij} 和 C_{2ij}。

6）重复 5）的操作三次，按式（13）计算得到 8 组 24 个捕集效率的数据。

$$\eta_{ij}=\frac{C_{2ij}}{C_{1ij}}\times 100\% \tag{13}$$

式中：η_{ij}——每个粒径点单次测量的捕集效率，%；

C_{1ij}——切割器上游固态单分散颗粒物单次测量浓度；

C_{2ij}——切割器下游固态单分散颗粒物单次测量浓度；

i——发生的气溶胶粒径点（i=1～8）；

j——每个粒径点测量的次数（j=1～3）。

7）按式（14）分别计算得到 8 个粒径点捕集效率的平均值。

$$\overline{\eta_i}=\frac{\sum_{j=1}^{3}\eta_{ij}}{3}\times 100\% \tag{14}$$

式中：$\overline{\eta_i}$——每个粒径点捕集效率的平均值（i=1～8），%。

8）按式（15）计算每个粒径点的捕集效率相对标准偏差 Cv_i，如果 Cv_i 超过 10%，则该粒径点的捕集效率测试无效。

$$Cv_i=\frac{1}{\overline{\eta_i}}\times\sqrt{\frac{\sum_{j=1}^{3}(\eta_{ij}-\overline{\eta_i})^2}{2}}\times 100\% \tag{15}$$

式中：Cv_i——每个粒径点捕集效率的相对标准偏差（i=1～8）。

c）数据处理。

将得到的 8 个捕集效率平均值与对应的气溶胶空气动力学粒径进行拟合，得出捕集效率与气溶胶空气动力学粒径之间的回归方程和曲线。通过回归曲线得出切割器捕集效率分别为 16%、50%、84%时对应的空气动力学当量直径 Da_{16}、Da_{50}、Da_{84}，按照式（1）、式（2）计算切割器捕集效率的几何标准偏差σ_g，Da_{50} 和σ_g 应符合 6.1.7 的要求。

（2）静态箱测试法。

将待测切割器安装到静态箱中，在静态箱中发生单一粒径、均匀、稳定的气溶胶粒子，用气溶胶检测仪器测量气溶胶浓度和均匀性；确保箱内的气溶胶浓度稳定，分布均匀。用气溶胶检测仪器测量经待测切割器切割后的气溶胶浓度。计算不同粒径颗粒物的捕集效率，拟合捕集效率与粒径的关系得到该切割器 50%切割粒径和捕集效率的几何标准偏差。

a）安装待测切割器。

将至少一台待测切割器安装到静态箱中，保证箱体密闭。

b）气溶胶的生成。

通过单分散固态气溶胶发生器发生单分散固态的气溶胶颗粒。采用气溶胶检测仪器（例如气溶胶粒径谱仪）测量单分散固态气溶胶的粒径和浓度。实验粒子的粒径要求见表 1。

c）静态箱法测试。

1）将生成的空气动力学当量直径（3±0.5）μm 的雾化单分散固态气溶胶颗粒通入静态箱并充分混合，使用气溶胶检测仪器测量静态箱中三个以上点位抽取的气溶胶样品粒径和浓度，确保静态箱内气溶胶浓度均匀。三个点的气溶胶浓度相对标准偏差≤10%，记录三点的气溶胶平均浓度 C_{111}。

2）启动待测采样器的抽气泵，运行一段时间后，停止采样；使用气溶胶检测仪器测量待测采样器采集的气溶胶粒子浓度 C_{211}，按式（13）计算该粒径下气溶胶捕集效率η_{11}。

3）分别依次生成表 1 中所列的 8 种粒径的雾化单分散固态气溶胶颗粒。重复以上 1）～2）的操作，直至 8 种粒径的雾化单分散固态气溶胶颗粒测试完毕，得到 C_{1ij} 和 C_{2ij}。

4）重复 3）的操作三次，计算得到 8 组 24 个捕集效率的数据。

5）按式（14）分别计算得到 8 个粒径点捕集效率的平均值。

6）按式（15）计算每个空气动力学粒径点的捕集效率相对标准偏差 Cv_i，如果 Cv_i 超过 10%，则该粒径点的捕集效率测试无效。

d）数据处理。

将得到的 8 个捕集效率平均值与对应的气溶胶空气动力学粒径进行拟合，得出捕集效率与气溶胶空气动力学粒径之间的回归方程和曲线。通过回归曲线得出切割器捕集效率分别为 16%、50%、84%时对应的空气动力学当量直径 Da_{16}、Da_{50}、Da_{84}，按照式（1）、式（2）计算切割器捕集效率的几何标准偏差σ_g，Da_{50} 和σ_g应符合 6.1.7 的要求。

7.1.8　参比方法比对测试：

参比方法参照 HJ 618。参比方法使用的采样器至少 3 台，待测采样器与参比采样器同步采样，参比采样器与待测采样器安放位置应相距 2～4 m（当采样流量低于 200 L/min 时，距离应在 1 m 左右），采样入口位于同一高度。取相同采样时间段内的待测采样器监测数据 $C_{i,j}$ 和参比采样器监测数据 $R_{i,j}$ 作为一个数据对，这里的 i 是采样器的序号（i=1～3），j 是有效样品的个数（j=1～10），每组样品的采样时间为（24±1）h，共测试 10 组样品。

（1）按式（16）计算 3 台参比采样器测试每组 PM_{10} 样品浓度的平均值 $\overline{R_j}$，$\overline{R_j}$ 应尽量选择在 15～300 μg/m³。

$$\overline{R_j}=\frac{\sum_{i=1}^{3}R_{i,j}}{3} \tag{16}$$

式中：$\overline{R_j}$——3 台参比采样器测量第 j 组样品质量浓度的平均值，μg/m³；

$R_{i,j}$——第 i 台参比采样器测量第 j 个样品的质量浓度值，μg/m³。

（2）分别计算 3 台参比采样器测量每组样品质量浓度的标准偏差或相对标准偏差，应小于等于 5μg/m³ 或 7%的要求，则该组参比监测数据有效。

（3）按式（17）计算 3 台待测采样器测量的对应时间段内 PM_{10} 样品质量浓度的平均值 $\overline{C_j}$。

$$\overline{C_j}=\frac{\sum_{i=1}^{3}C_{i,j}}{3} \tag{17}$$

式中：$\overline{C_j}$——3 台待测采样器测量第 j 组样品质量浓度的平均值，μg/m³；

$C_{i,j}$——第 i 台待测采样器测量第 j 个样品的质量浓度值，μg/m³。

（4）按式（18）计算 3 台待测采样器测量每组样品质量浓度的相对标准偏差 CP_j。

$$CP_j = \frac{\sqrt{\dfrac{\sum_{i=1}^{3}(C_{i,j} - \bar{C}_j)^2}{2}}}{\bar{C}_j} \times 100\% \tag{18}$$

式中：CP_j——3 台待测采样器测量第 j 组样品质量浓度的相对标准偏差，%。

（5）按式（19）计算 3 台待测采样器的平行性 CP，当 $CP \leqslant 10\%$时，待测采样器监测数据有效。

$$CP = \sqrt{\frac{1}{10} \times \sum_{j=1}^{10}(CP_j)^2} \tag{19}$$

式中：CP——待测采样器的平行性，%。

（6）当参比采样器监测数据和待测采样器监测数据都有效时，组成一组有效数据对。每一批次比对至少取得 10 组有效数据对，$\overline{R_j} \leqslant 100$ μg/m^3 和 $\overline{R_j} > 100$ μg/m^3 的有效数据对数均应大于等于 3。将参比采样器监测数据与相应的待测采样器监测数据进行线性回归分析，以参比采样器监测数据为横轴，待测采样器监测数据为纵轴，按式（20）计算回归曲线的斜率 k。

$$k = \frac{\sum_{j=1}^{10}(\bar{R}_j - \bar{R}) \times (\bar{C}_j - \bar{C})}{\sum_{j=1}^{10}(\bar{R}_j - \bar{R})^2} \tag{20}$$

式中：k——比对测试回归曲线斜率；

$\bar{C}$——10 组待测采样器测量样品质量浓度的平均值，μg/m^3；

$\bar{R}$——10 组参比采样器测量样品质量浓度的平均值，μg/m^3。

（7）按式（21）计算回归曲线的截距 b。

$$b = \bar{C} - k \times \bar{R} \tag{21}$$

式中：b——比对测试回归曲线截距，μg/m^3。

（8）按式（22）计算回归曲线的相关系数 r。

$$r = \frac{\sum_{j=1}^{10}(\bar{R}_j - \bar{R}) \times (\bar{C}_j - \bar{C})}{\sqrt{\sum_{j=1}^{10}(\bar{R}_j - \bar{R})^2 \times \sum_{j=1}^{10}(\bar{C}_j - \bar{C})^2}} \tag{22}$$

式中：r——比对测试回归曲线相关系数。

（9）比对测试回归曲线的斜率 k、截距 b 和相关系数 r 均应符合 6.1.8 的要求。

7.1.9 平均无故障时间：

（1）7.1.1～7.1.8 检测合格后，待测采样器方能进行平均无故障时间的检测。

（2）将待测采样器整机置于符合采样要求的检测现场，每天按正常采样要求运行采样器。记录累计运行时间。

（3）检测的前 500 h，每间隔 7 d 对待测采样器进行一次 7.1.1 的流量测试，在最后 300 h，每间隔 4 d 对待测采样器进行一次 7.1.1 的流量测试。

（4）在此项检测过程中，允许对待测采样器进行正常维护，但不能更换待测采样器的零部件。

（5）在检测过程中，若待测采样器出现不符合项，即停止检测，并以此时刻作为平均无故障时间的终点。采样器平均无故障时间（MTBF）应符合 6.1.11 的要求。

7.2 $PM_{2.5}$采样器

7.2.1 流量测量：

检测方法见 7.1.1，检测结果应符合 6.2.1 的要求。

7.2.2 累计标况体积示值误差：

检测方法见 7.1.2，检测结果应符合 6.2.2 的要求。

7.2.3 时钟误差：

检测方法见 7.1.3，检测结果应符合 6.2.3 的要求。

7.2.4 大气压测量示值误差：

检测方法见 7.1.4，检测结果应符合 6.2.4 的要求。

7.2.5 温度测量示值误差：

检测方法见 7.1.5，检测结果应符合 6.2.5 的要求。

7.2.6 噪声：

检测方法见 7.1.6，检测结果应符合 6.2.6 的要求。

7.2.7 环境气压、环境温度和供电电压变化的影响：

7.2.7.1 环境气压变化的影响：

（1）依次连接待测采样器和标准流量计，将其全部置于气压舱内。调整设置气压测试舱内气压为 80 kPa。在舱内气压达到（80±1）kPa 后至少稳定 30 min，保证采样器内的压力达到均衡状态。

（2）在此状态下进行 6 h 连续测试，测试期间至少每隔 5 min 记录一次舱内气压值、标准流量计流量值和待测采样器瞬时流量值。

（3）缓慢调节气压测试舱内的气压至 106 kPa。在舱内气压达到（106±1）kPa 后至少稳定 30 min，保证待测采样器内的压力达到均衡状态。重复进行（2）的测试步骤。

（4）完成测试后，缓慢调节气压测试舱内气压至实验现场气压值，当舱内气压指示达到实验现场气压时，方可打开气压舱门取出待测采样器。

（5）按照式（3）、式（4）、式（5）、式（6）、式（7）分别计算两种气压状态下的流量测试指标。测试结果应符合 6.2.7 的要求。

7.2.7.2 环境温度和供电电压变化的影响：

（1）依次连接调压器、待测采样器和标准流量计将其置于恒温环境中，分别在如下 4 种条件下进行测试：

a）环境温度（35±2）℃，交流电压为（198±2）V；

b）环境温度（35±2）℃，交流电压为（242±2）V；

c）环境温度（15±2）℃，交流电压为（198±2）V；

d）环境温度（15±2）℃，交流电压为（242±2）V。

（2）设置环境温度为（35±2）℃，调压器输出交流电压为（198±2）V。稳定至少 30 min，保证待测采样器内的温度达到均衡状态。

（3）在此状态下进行 6 h 连续测试，测试期间至少每隔 5 min 记录一次环境温度值、交流电压值、标准流量计和待测采样器瞬时流量值。

（4）依次缓慢调节环境温度设定值和调压器输出电压值分别为 b）、c）、d）三种条件。每种条件至少稳定 30 min，保证待测采样器内的温度达到均衡状态，重复进行（3）的测试步骤。

（5）完成测试后，缓慢调节环境温度至实验现场温度值，取出待测采样器。

（6）按照式（3）、式（4）、式（5）、式（6）、式（7）分别计算四种条件下的流量测量指标。测试结果应符合 6.2.7 的要求。

7.2.8 切割性能：

切割性能测试可使用分流测试法或静态箱测试法。

单分散固态气溶胶发生器发生单分散固态的气溶胶颗粒。气溶胶检测仪器（例如气溶胶粒径谱仪）测量单分散固态气溶胶的粒径和浓度。实验粒子的粒径要求见表 2。

表 2 $PM_{2.5}$ 实验粒子的粒径要求

实验粒子的空气动力学当量直径 Da/μm							
1.5±0.25	2.0±0.25	2.2±0.25	2.5±0.25	2.8±0.25	3.0±0.25	3.5±0.25	4.0±0.5

分流测试法的操作步骤见 7.1.7（1）b）。

静态箱测试法的操作步骤见 7.1.7（2）c）。

将得到的 8 个捕集效率平均值与对应的气溶胶空气动力学粒径进行拟合，得出捕集效率与气溶胶空气动力学粒径之间的回归方程和曲线。通过回归曲线得出切割器捕集效率分别为 16%、50%、84%时对应的空气动力学当量直径 Da_{16}、Da_{50}、Da_{84}，按照式（1）、式（2）计算切割器捕集效率的几何标准偏差σ_g，Da_{50}和σ_g应符合 6.2.8 的要求。

7.2.9 切割器加载测试：

切割器加载测试可采用静态箱加载测试法或实际样品加载测试法。

7.2.9.1 静态箱加载测试法。

（1）待测切割器安装。

将至少一台待测切割器安装到静态箱中，保证箱体密闭。

（2）气溶胶发生。

使用多分散灰尘发生器，发生浓度为（150±10）$\mu g/m^3$的颗粒物。

（3）加载测试。

a）将生成的颗粒物通入静态箱并充分混合，为确保静态箱内颗粒物浓度均匀，使用气溶胶检测仪器测量静态箱中三个以上点位的颗粒物浓度，其相对标准偏差应≤10%。

b）启动待测采样器，连续运行一个维护周期（运行时间≥7 d，每天≥20 h），进行加载。

c）加载运行完成后，将待测切割器按 7.2.8 进行切割性能测试。待测切割器切割性能指标 Da_{50}和σ_g均应符合 6.2.8 的要求。

7.2.9.2 实际样品加载测试法。

（1）将待测 $PM_{2.5}$采样器置于 $PM_{2.5}$质量浓度为 100～150 $\mu g/m^3$的环境中，连续运行一个维护周期（运行时间≥7 d，每天≥20 h），进行加载。

（2）加载运行完成后，将待测切割器按 7.2.8 进行切割性能测试。待测切割器切割性能指标 Da_{50}和σ_g均应符合 6.2.8 的要求。

7.2.10 参比方法比对测试：

参比方法参照 HJ 618。参比方法使用的采样器至少 3 台，待测采样器与参比采样器同步采样，参比采样器与待测采样器安放位置应相距 2～4 m（当采样流量低于 200 L/min 时，距离应在 1 m 左右），采样入口位于同一高度。取相同采样时间段内的待测采样器监测数据 $C_{i,j}$和参比采样器监测数据 $R_{i,j}$作为一个数据对，这里的 i 是采样器的序号（i=1～3），j 是有效样品的个数（j=1～23），每组样品的采样时间为（24±1）h，共测试 23 组样品。

（1）按式（16）计算 3 台参比采样器测试每组 $PM_{2.5}$样品质量浓度的平均值$\overline{R_j}$，$\overline{R_j}$应尽量选择在 3～200 $\mu g/m^3$。

（2）分别计算 3 台参比采样器测量每组样品浓度的标准偏差或相对标准偏差，应小于等于 5 $\mu g/m^3$

或 5%的要求，则该组参比测试数据有效。

（3）按式（17）计算 3 台待测采样器测量的对应时间段内 $PM_{2.5}$ 样品浓度的平均值 $\overline{C_j}$ 。

（4）按式（18）计算 3 台待测采样器测量每组样品浓度的相对标准偏差 CP_j。

（5）按式（23）计算 3 台待测采样器的平行性 CP，当 $CP \leqslant 15\%$时，待测采样器监测数据有效。

$$CP = \sqrt{\frac{1}{23} \times \sum_{j=1}^{23} (CP_j)^2} \tag{23}$$

式中：CP——待测采样器的平行性，%；

CP_j——3 台待测采样器测量第 j 组样品浓度的相对标准偏差，%。

（6）当参比采样器监测数据和待测采样器监测数据都有效时，组成一组有效数据对。每一批次比对至少取得 23 组有效数据对。将参比采样器监测数据与相应的待测采样器监测数据进行线性回归分析，以参比采样器监测数据为横轴，待测采样器监测数据为纵轴，按式（24）计算回归曲线的斜率 k。

$$k = \frac{\sum_{j=1}^{23} (\bar{R}_j - \bar{R}) \times (\bar{C}_j - \bar{C})}{\sum_{j=1}^{23} (\bar{R}_j - \bar{R})^2} \tag{24}$$

式中：k——比对测试回归曲线斜率；

$\bar{C}$——23 组待测采样器测量样品质量浓度的平均值，$\mu g/m^3$；

$\bar{C}_j$——3 台待测采样器测量第 j 组样品质量浓度的平均值，$\mu g/m^3$；

$\bar{R}$——23 组参比采样器测量样品质量浓度的平均值，$\mu g/m^3$；

$\bar{R}_j$——3 台参比采样器测量第 j 组样品质量浓度的平均值，$\mu g/m^3$。

（7）按式（25）计算回归曲线的截距 b。

$$b = \bar{C} - k \times \bar{R} \tag{25}$$

式中：b——比对测试回归曲线截距，$\mu g/m^3$。

（8）按式（26）计算回归曲线的相关系数 r。

$$r = \frac{\sum_{j=1}^{23} (\bar{R}_j - \bar{R}) \times (\bar{C}_j - \bar{C})}{\sqrt{\sum_{j=1}^{23} (\bar{R}_j - \bar{R})^2 \times \sum_{j=1}^{23} (\bar{C}_j - \bar{C})^2}} \tag{26}$$

式中：r——比对测试回归曲线相关系数。

（9）比对测试回归曲线的斜率 k、截距 b 和相关系数 r 均应符合 6.2.10 的要求。

7.2.11　平均无故障时间：

（1）7.2.1～7.2.10 检测合格后，待测采样器方能进行平均无故障时间的检测。

（2）检测方法见 7.1.9 中（2）、（3）、（4）、（5），检测结果应符合 6.2.11 的要求。

8　检测项目

PM_{10} 和 $PM_{2.5}$ 采样器检测项目见表 3。

表 3 PM_{10} 和 $PM_{2.5}$ 采样器检测项目

项目	PM_{10} 采样器	$PM_{2.5}$ 采样器
流量测试	平均流量偏差±5%设定流量； 流量相对标准偏差≤2%； 平均流量示值误差≤2%	平均流量偏差±5%设定流量； 流量相对标准偏差≤2%； 平均流量示值误差≤2%
累计标况体积示值误差	±5%	±5%
时钟误差	正常条件下±20 s； 断电条件下±2 min	正常条件下±20 s； 断电条件下±2 min
大气压测量示值误差	≤1 kPa	≤1 kPa
温度测量示值误差	±2℃	±2℃
噪声	大流量采样器噪声≤67 dB（A）； 中流量采样器噪声≤ 62 dB（A）； 小流量采样器噪声≤ 62 dB（A）	大流量采样器噪声≤67 dB（A）； 中流量采样器噪声≤62 dB（A）； 小流量采样器噪声≤ 62 dB（A）
环境气压、环境温度和供电电压变化的影响	—	采样器分别在不同的气压、温度和供电电压等 6 种环境条件下进行测试，应符合流量测试指标
切割性能	Da_{50}=（10±0.5）μm； σ_g=1.5±0.1	Da_{50}=（2.5±0.2）μm； σ_g=1.2±0.1
加载测试	—	在一个维护周期内，加载后的切割器应符合切割性能指标
参比方法比对测试	斜率：1±0.1； 截距：（0±5）$\mu g/m^3$； 相关系数≥0.95	斜率：1±0.1； 截距：（0±5）$\mu g/m^3$； 相关系数≥0.93
平均无故障时间	≥800 h	≥800 h

附 录 A
（规范性附录）
气密性指标检查方法

A.1 方法一

（1）密封采样器连接杆入口。

（2）在抽气泵之前接入一个嵌入式三通阀门，阀门的另一接口接负压表。

（3）启动采样器抽气泵，抽取空气，使采样器处于部分真空状态，负压表显示为（30±5）kPa 的任一点。

（4）关闭三通阀，阻断抽气泵和流量计的流路。关闭抽气泵。

（5）观察负压表压力值，30 s 内变化小于等于 7 kPa 为合格。

（6）移除嵌入式三通阀门，恢复采样器。

A.2 方法二

（1）采样器滤膜夹中装载 1 张玻璃纤维滤膜，将流量校准器和滤膜夹紧密连接（干式流量计出气口和采样器进气口连接，进气口后依次为滤膜、流量测量系统）。

（2）设定仪器采样工作流量，启动抽气泵，用流量校准器测量仪器的实际流量，并记录流量值。

（3）测试结束后，在采样器滤膜夹中同时装载 3 张玻璃纤维滤膜，按（1）连接流量校准器和采样器。设定仪器采样工作流量，启动抽气泵，用流量校准器测量仪器的实际流量，并记录流量值。

（4）若两次测量流量值的相对偏差小于±2%，则气密性检查通过。

A.3 方法三

（1）取下采样器采样入口，将标准流量计、阻力调节阀通过流量测量适配器接到采样器的连接杆入口。阻力调节阀保持完全开通状态。

（2）设定仪器采样工作流量，启动抽气泵。待仪器流量稳定后，读取标准流量计的流量值。

（3）用阻力调节阀调节阻力，使标准流量计流量显示值迅速下降到设定工作流量的 80%左右。同时观察仪器和标准流量计的流量显示值，若标准流量计最终测量值稳定在 98%～102%设定流量，则气密性检查通过。

附 录 B

（资料性附录）

小流量撞击式切割器图纸

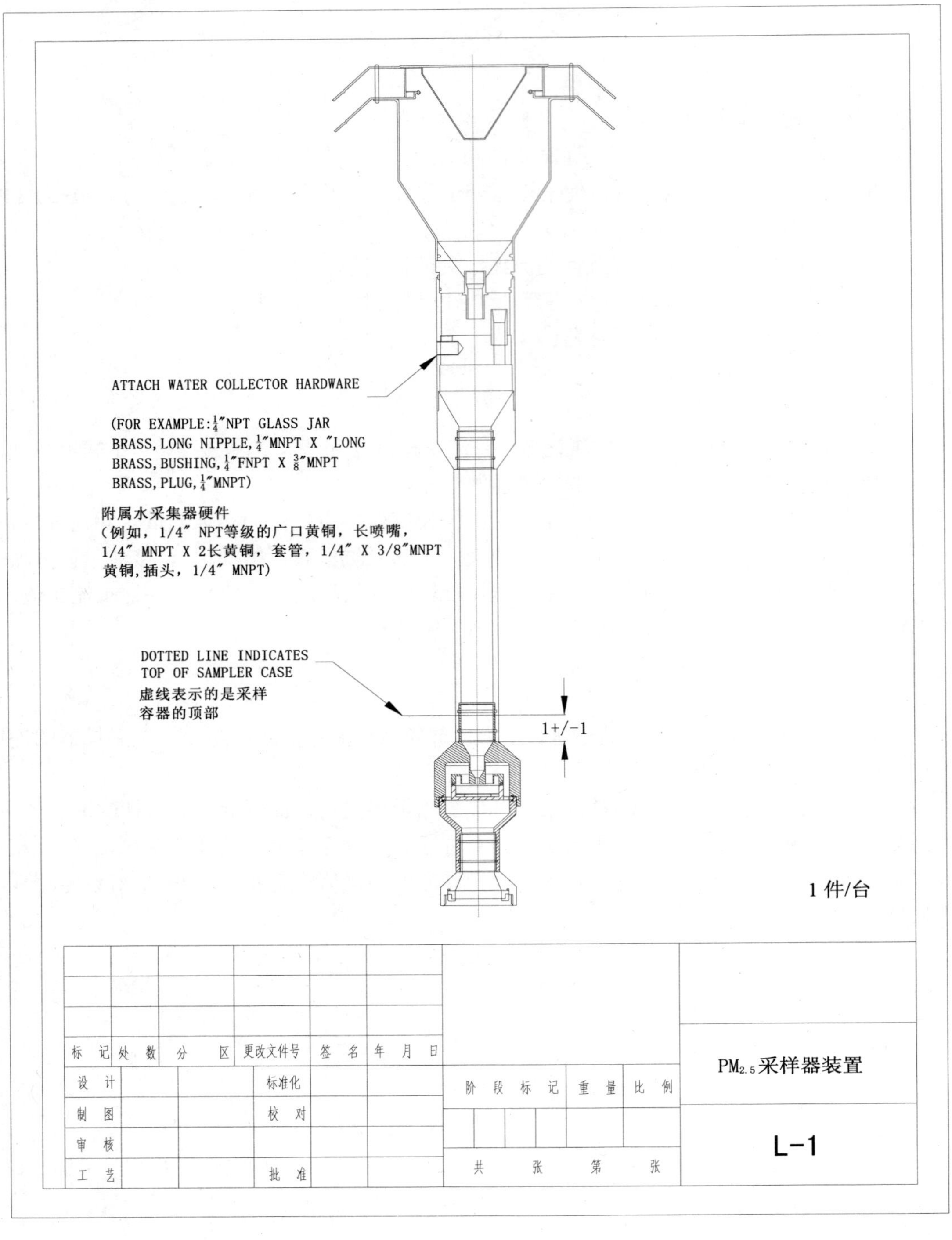

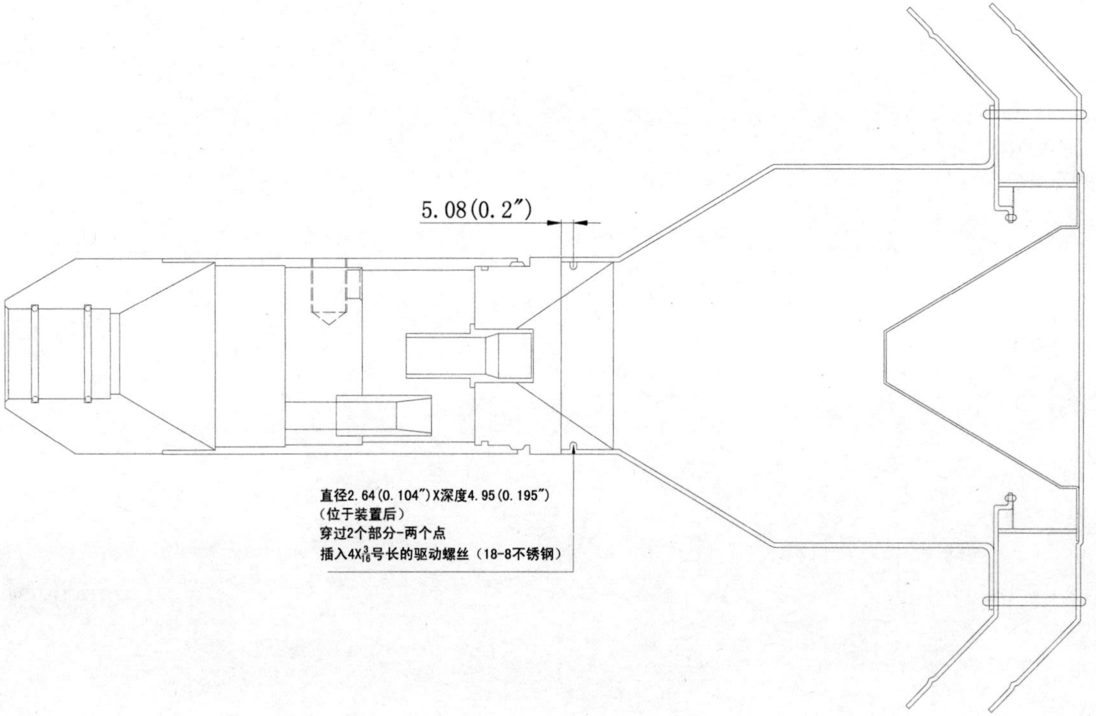

1件/台

单位：mm

标记	处数	分区	更改文件号	签名	年月日			
设计			标准化			阶段标记	重量	比例
制图			校对					
审核								
工艺			批准			共 张	第 张	

10 μm 进样装置

L-2

编号	描　述	数量
1	10μm进样口顶部(L-5)	1
2	6-32×3/8RD机头螺丝	8
3	10μm垫圈(L-6)	1
4	10μm挡风板(L-7)	1
5	10μm遮盖面(L-8)	1
6	10μm逆电流器(L-9)	4
7	10μm进样口，底部(L-10)	1
8	10μm挡雨板(L-11)	1
9	1/8直径铆钉	6
10	10μm喷管口入口部分(L-12)	1

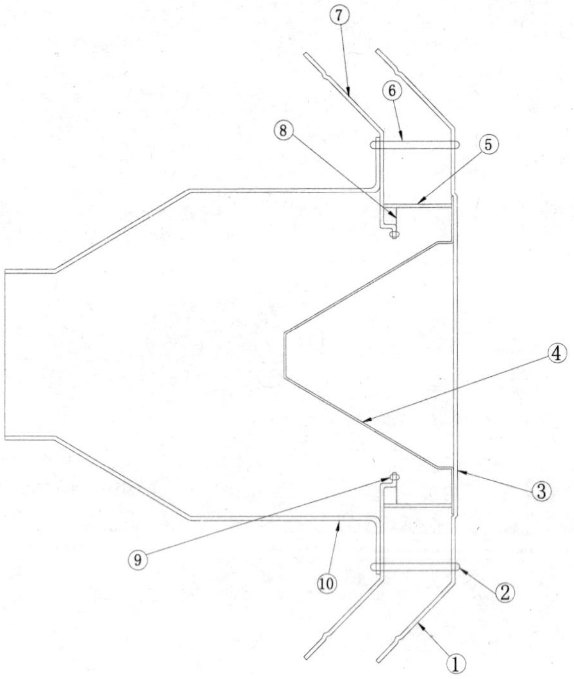

1 件/台

注：用适当的黏胶将项目3黏合到项目1及项目4上。

标记	处数	分区	更改文件号	签名	年月日
设计			标准化		
制图			校对		
审核					
工艺			批准		

阶段标记	重量	比例
共　张	第　张	

10μm 进样装置，上部分

L-3

编号	描 述	数量
1	10μm冲压管口(L-13)	1
2	10μm外管(L-15)	1
3	10μm管口嵌入物(L-14)	1
4	10μm接收管(L-16)	3
5	10μm目标板(L-17)	1
6	10μm退出转换器(L-18)	1
7	AS 568-026 O型环	2
8	AS 568-038 O型环	1

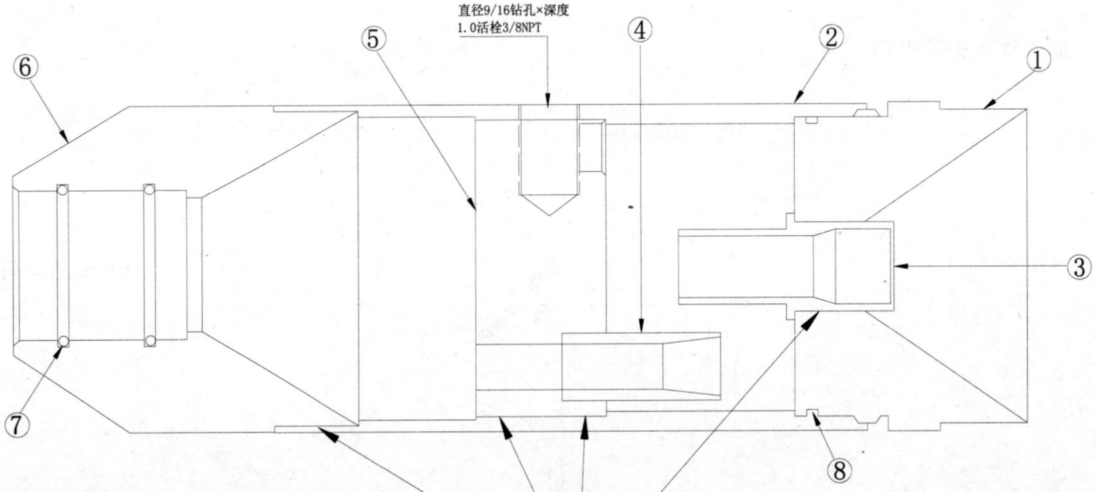

1 件/台

标记	处数	分区	更改文件号	签名	年月日
设计		标准化			
制图		校对			
审核					
工艺		批准			

阶段标记 重量 比例

共 张 第 张

10μm 装置，下部分

L-4

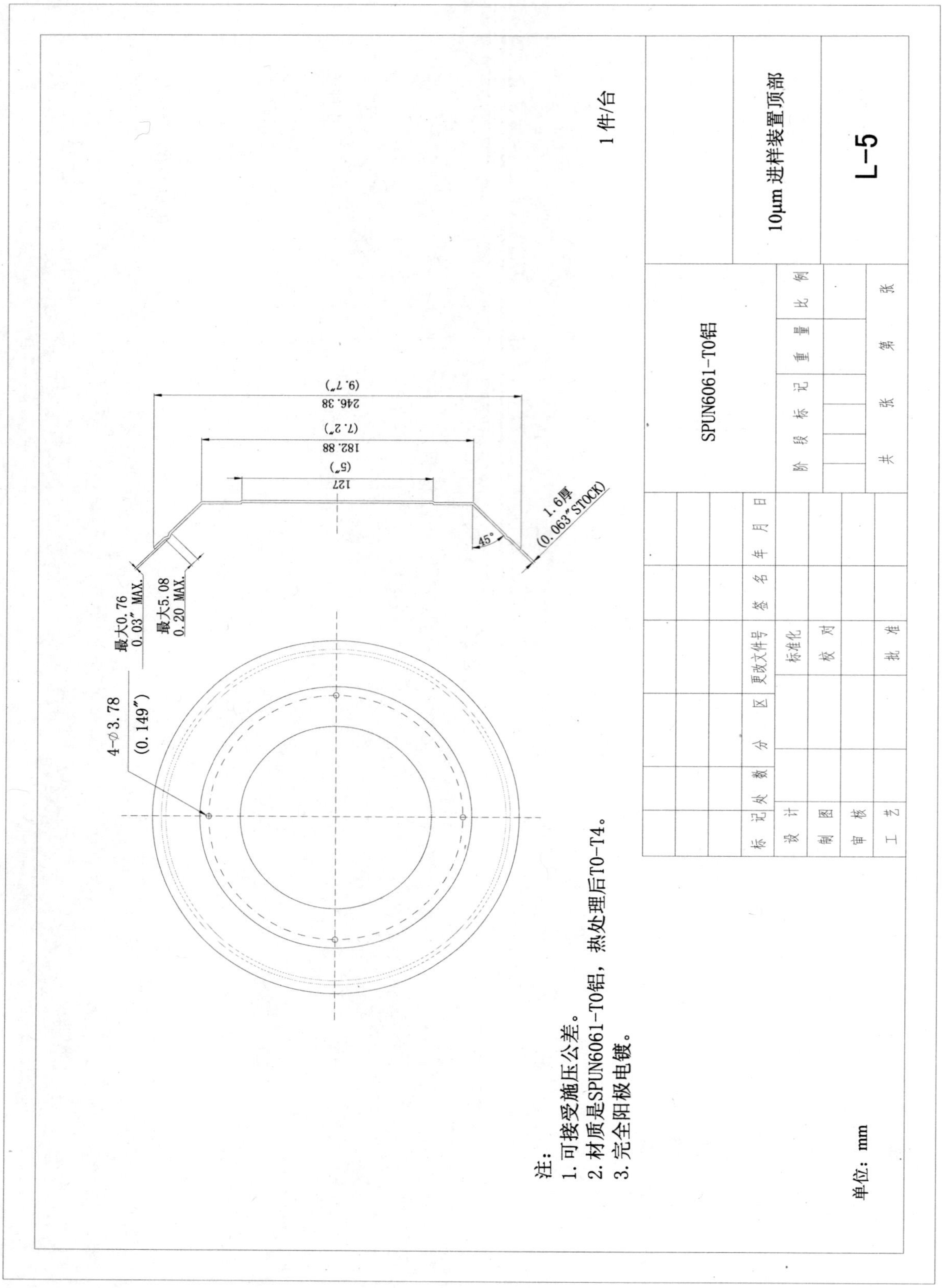
1件/台
10μm 进样装置顶部
L-5
SPUN6061-T0铝
246.38
(9.7")
182.88
(7.2")
127
(5")
1.6厚
(0.063" STOCK)
45°
最大0.76
0.03" MAX.
最大5.08
0.20 MAX.
4-Ø3.78
(0.149")
注：
1. 可接受施压公差。
2. 材质是SPUN6061-T0铝，热处理后T0-T4。
3. 完全阳极电镀。
单位：mm
标记 处数 分区 更改文件号 签名 年月日
设计 标准化
制图 校对
审核
工艺 批准
阶段标记 重量 比例
共 张 第 张

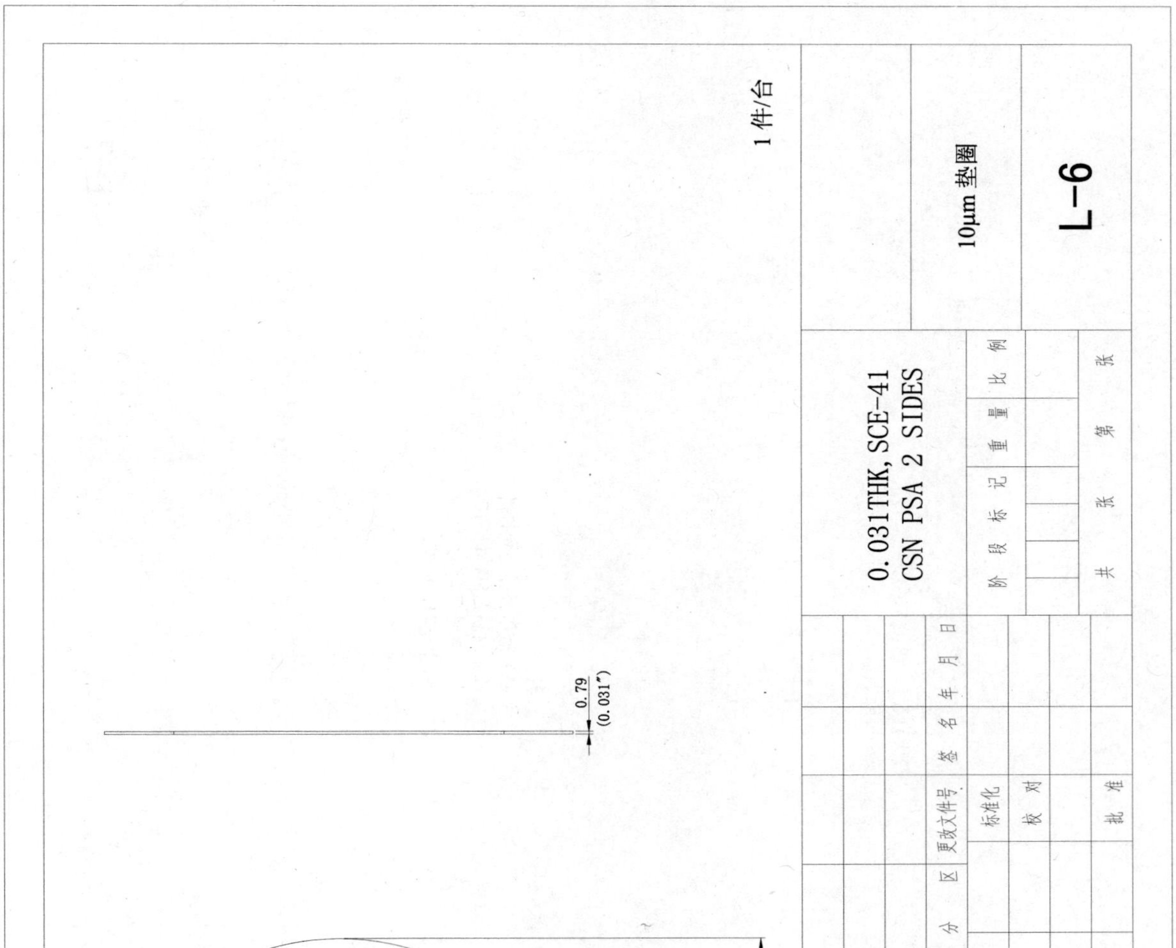
1件/台
10μm垫圈
L-6
0.031THK, SCE-41
CSN PSA 2 SIDES
阶段标记　重量　比例
共　张　第　张
标记　处数　分区　更改文件号　签名　年月日
设计　标准化
制图　校对
审核
工艺　批准
0.79
(0.031")
88.9 ID
(3.5")
126.49 OD
(4.980")
单位：mm

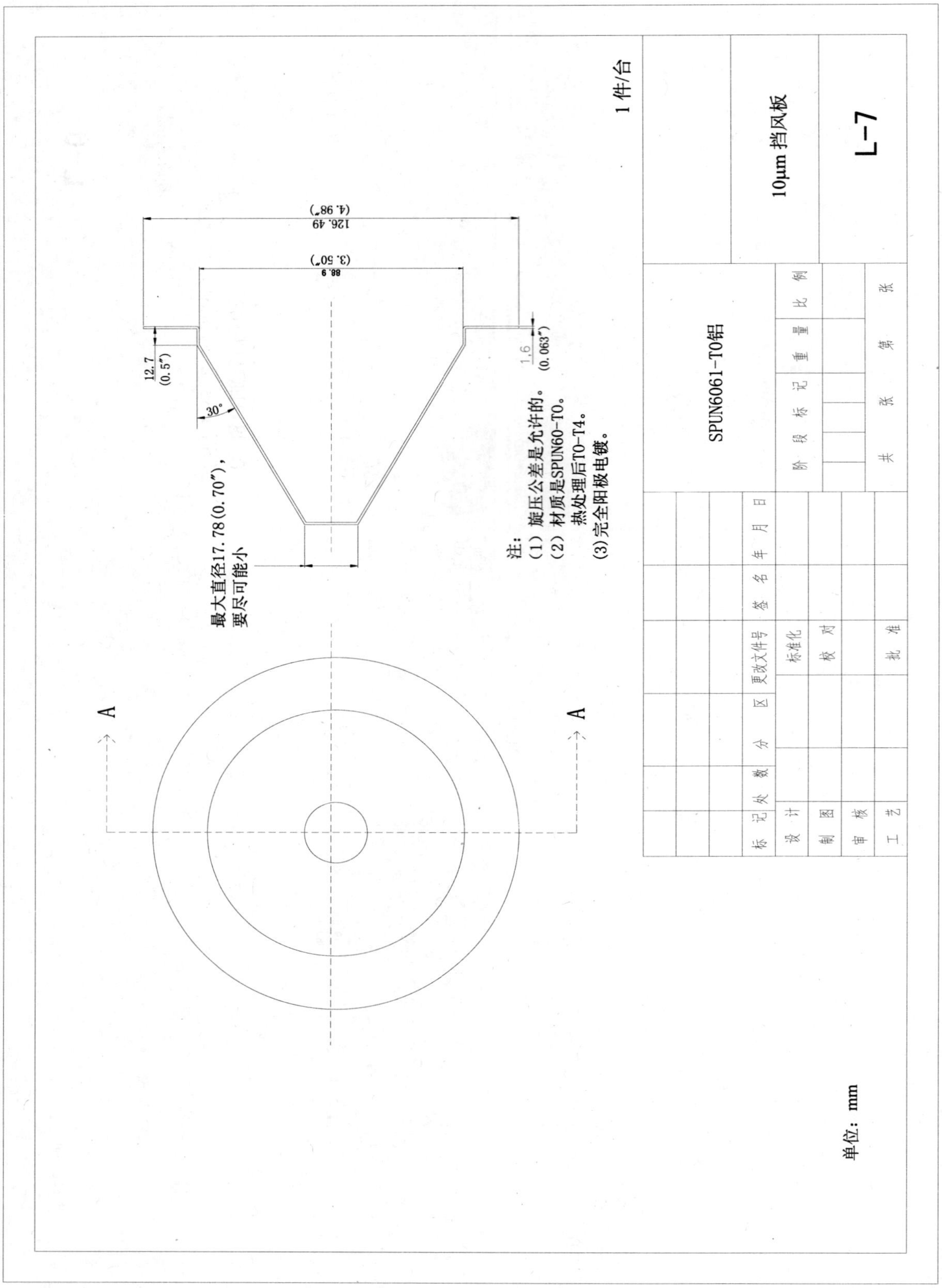
1件/台
10μm挡风板
L-7
SPUN6061-T0铝
126.49
(4.98")
88.9
(3.50")
12.7
(0.5")
1.6
(0.063")
30°
最大直径17.78(0.70")，要尽可能小
注：
(1) 旋压公差是允许的。
(2) 材质是SPUN60-T0。
热处理后T0-T4。
(3)完全阳极电镀。
A
A
单位：mm
标记 处数 分区 更改文件号 签名 年月日
设计 标准化 阶段标记 重量 比例
制图 校对
审核
工艺 批准 共 张 第 张

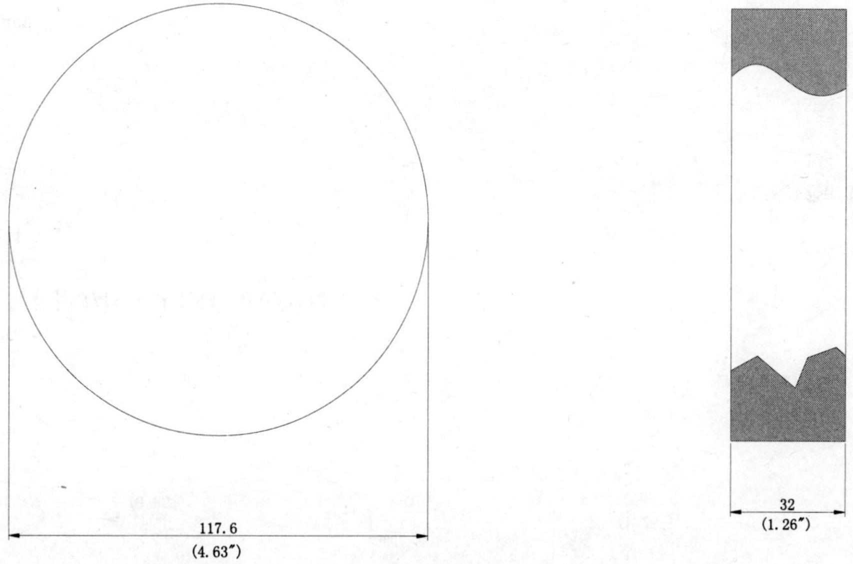

1 件/台

注：
材质：直径 0.01+/-0.001 有线遮盖面，
18×18 网面不锈钢，安全性能要求保持
最大的展开面积。

单位：mm

标记	处数	分区	更改文件号	签名	年月日	不锈钢	
设计			标准化			阶段标记 重量 比例	10μm 遮盖面
制图			校对				
审核							L-8
工艺			批准			共 张 第 张	

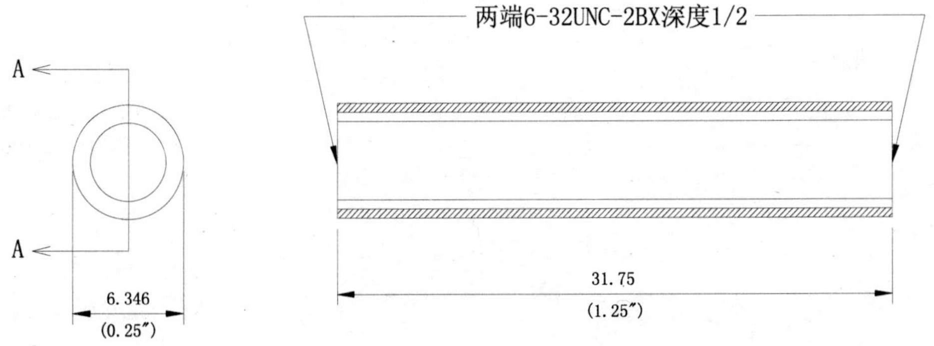

注：
1. 处理所有的毛角。
2. 材质是铝管（外径 1/4×壁厚 1.83　0.072"）。
3. 完全阳极电镀。
4. 每单元要求 4 个。

单位：mm

4 件/台

标记	处数	分区	更改文件号	签名	年月日	铝管 外径6.35X壁厚1.83 1/4″　0.072″	10μm 隔离物
设计			标准化			阶段标记　重量　比例	
制图			校对				L-9
审核							
工艺			批准			共　张　第　张	

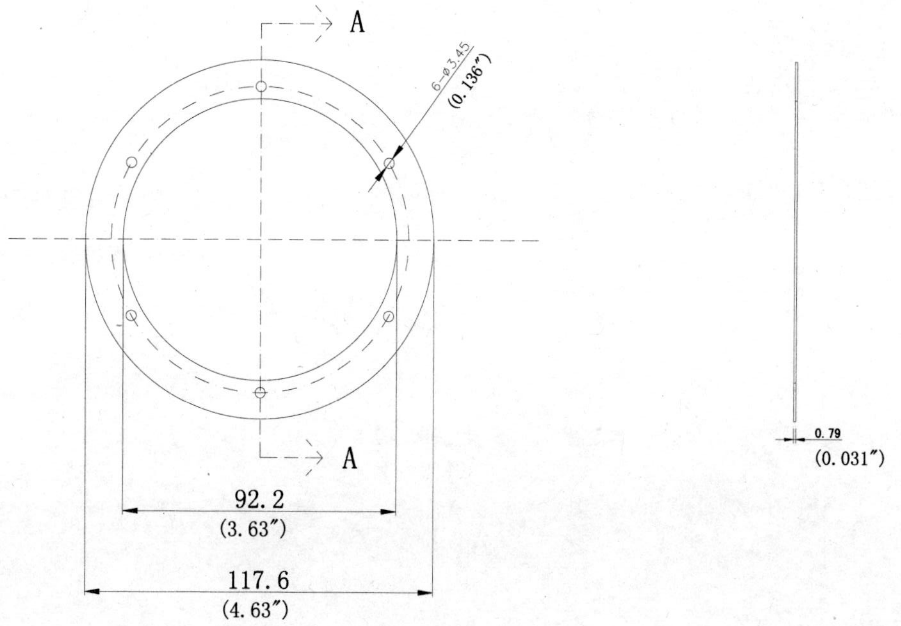

注：
1. 处理所有的毛角。
2. 材质是不锈钢 304。

1 件/台

单位：mm

不锈钢304

10μm 挡雨板

L-10

标记 处数 分区 更改文件号 签名 年月日

设计　标准化
制图　校对
审核
工艺　批准

阶段标记　重量　比例

共　张　第　张

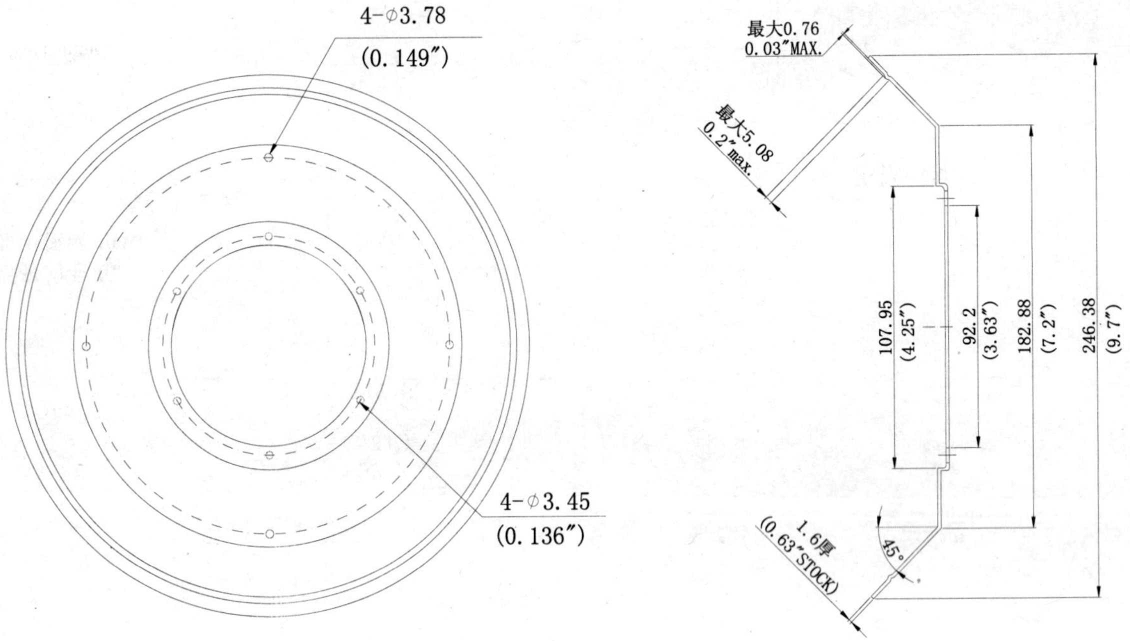

1件/台

注：
1．BEND RADLL；尽可能地接近旋压和种类标准。
2．处理所有的毛角，热处理后 T0-T4。
3．完全阳极电镀。

单位：mm

标记	处数	分区	更改文件号	签名	年月日
设计			标准化		
制图			校对		
审核					
工艺			批准		

SPUN6061-T0铝			
阶段标记	重量	比例	
共　张		第　张	

10μm 进样装置，底部

L-11

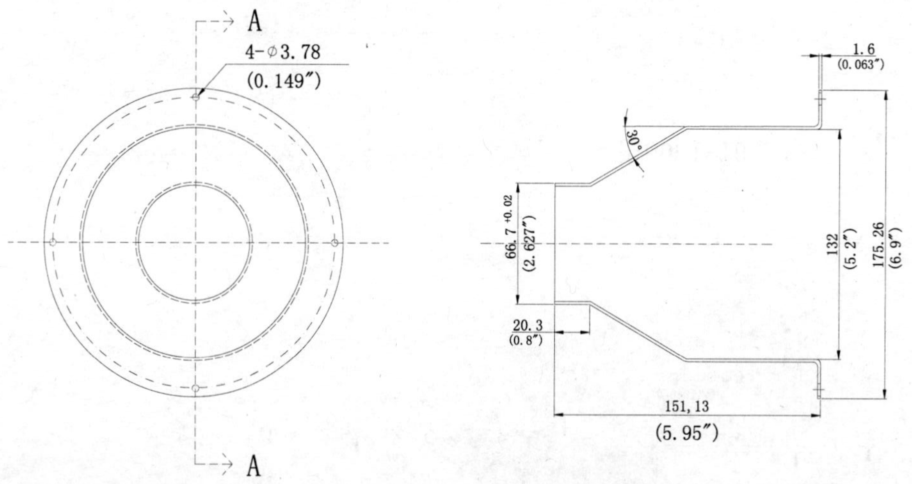

注：
1. BEND RADLL；尽可能地接近旋压和种类标准。
2. 处理所有的毛角，热处理后 T0-T4。
3. 完全阳极电镀。

1 件/台

单位：mm

SPUN6061-T0铝

10μm 进样装置底部

L-12

标记	处数	分区	更改文件号	签名	年月日
设计			标准化		
制图			校对		
审核					
工艺			批准		

阶段标记	重量	比例
共 张	第 张	

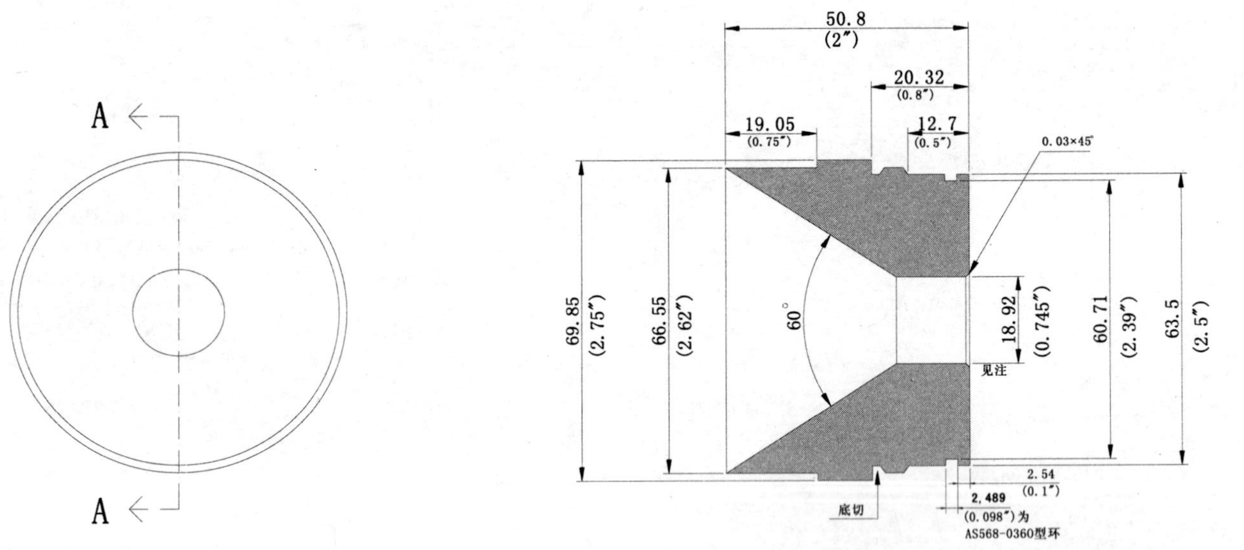

1 件/台

注：

1．10μm 管口嵌入物的推进物。
2．处理所有的毛角。
3．材质为铝 6061-T6。
4．完全阳极电镀。

单位：mm

						铝6061-T6	
标记	处数	分区	更改文件号	签名	年月日		10μm 冲压管口
设计			标准化			阶段标记 / 重量 / 比例	
制图			校对				L-13
审核							
工艺			批准			共 张 第 张	

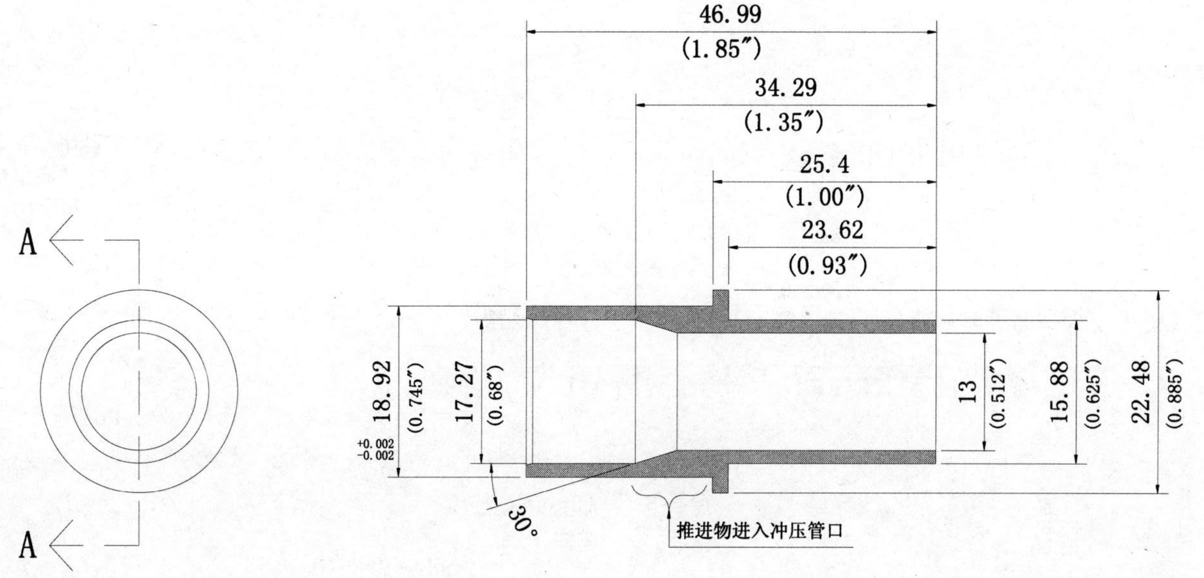

1 件/台

注：

1. 推进物进入 10μm 冲压管口。
2. 处理所有的毛角。
3. 材质为铝 6061-T6。
4. 完全阳极电镀。
5. 完成 63#。

单位：mm

标记	处数	分区	更改文件号	签名	年月日	铝6061-T6	μm 管口嵌入物
设计			标准化			阶段标记 重量 比例	
制图			校对				L-14
审核							
工艺			批准			共　张　第　张	

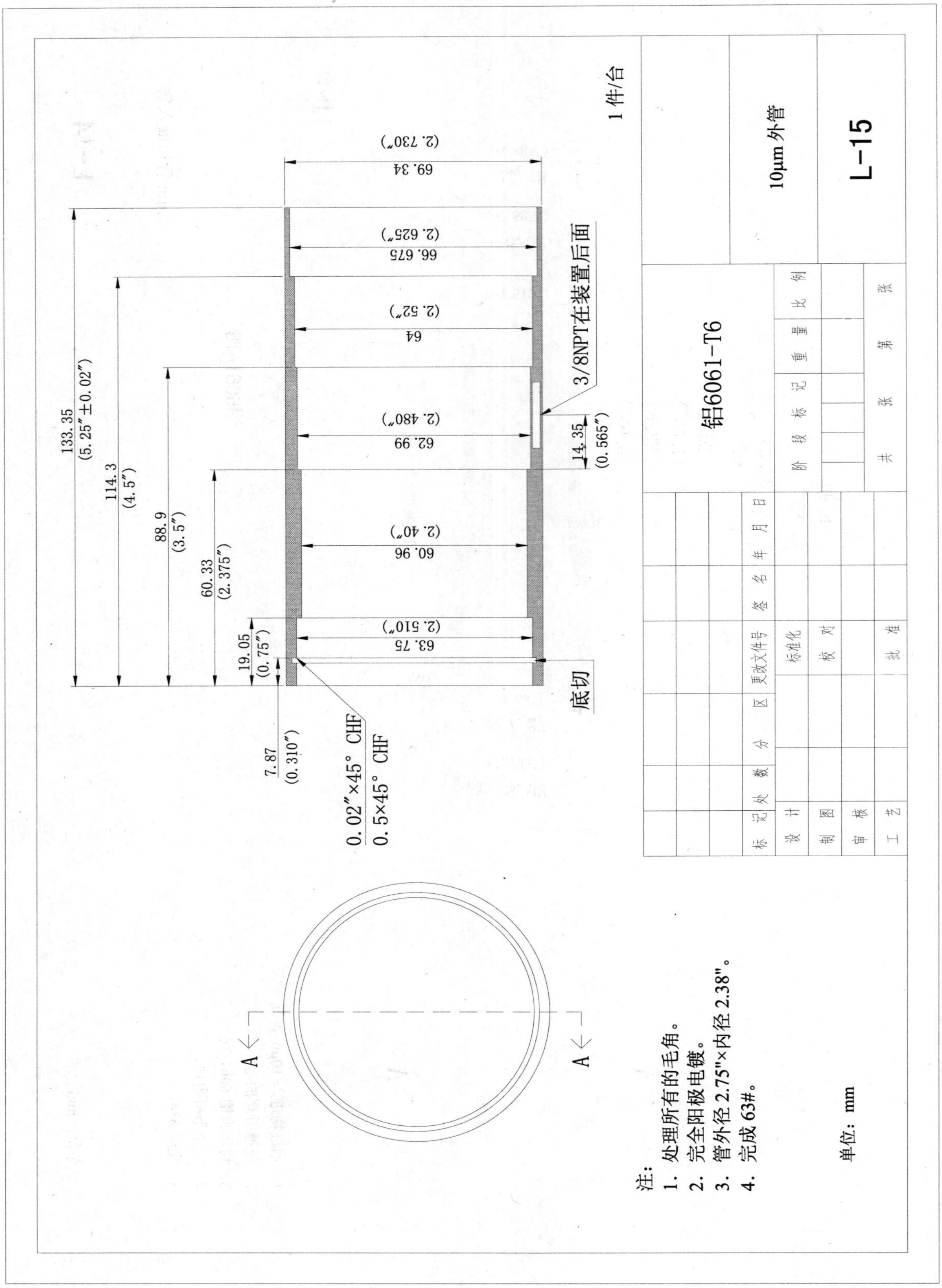
1件/台
10μm外管
L-15
铝6061-T6
3/8NPT在装置后面
底切
69.34 (2.730")
66.675 (2.625")
64 (2.52")
62.99 (2.480")
60.96 (2.40")
63.75 (2.510")
133.35 (5.25"±0.02")
114.3 (4.5")
88.9 (3.5")
60.33 (2.375")
19.05 (0.75")
14.35 (0.565")
7.87 (0.310")
0.02"×45° CHF
0.5×45° CHF
A
A
注：
1. 处理所有的毛角。
2. 完全阳极电镀。
3. 管外径 2.75"×内径 2.38"。
4. 完成 63#。
单位：mm
标记 处数 分区 更改文件号 签名 年月日
设计 标准化
制图 校对
审核
工艺 批准
阶段标记 重量 比例
共 张 第 张

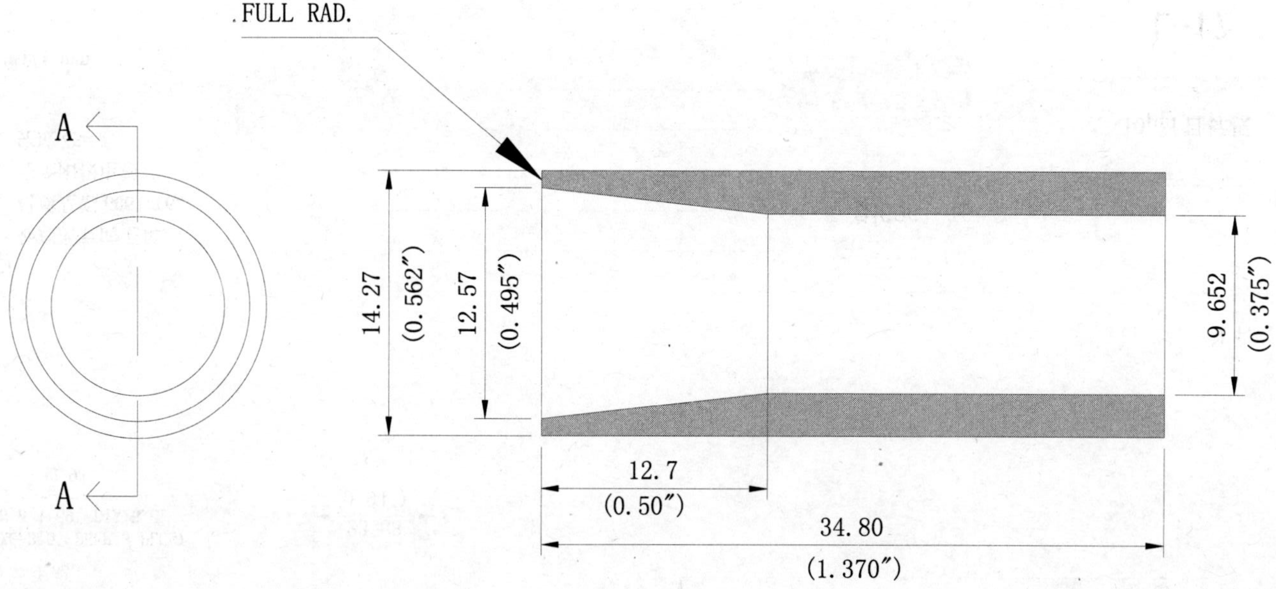

注：
1. 外直径 0.562 压入 10μm 的目标板。
2. 处理所有的毛角。
3. 材质是铝 6061-T6。
4. 完全阳极电镀。
5. 完成 63#。
6. 每个部分 3 个 REQD。

单位：mm

1 件/台

标记	处数	分区	更改文件号	签名	年月日	铝6061-T6				10μm 进样装置底部
设计			标准化			阶段标记		重量	比例	
制图			校对							L-16
审核										
工艺			批准			共　张		第　张		

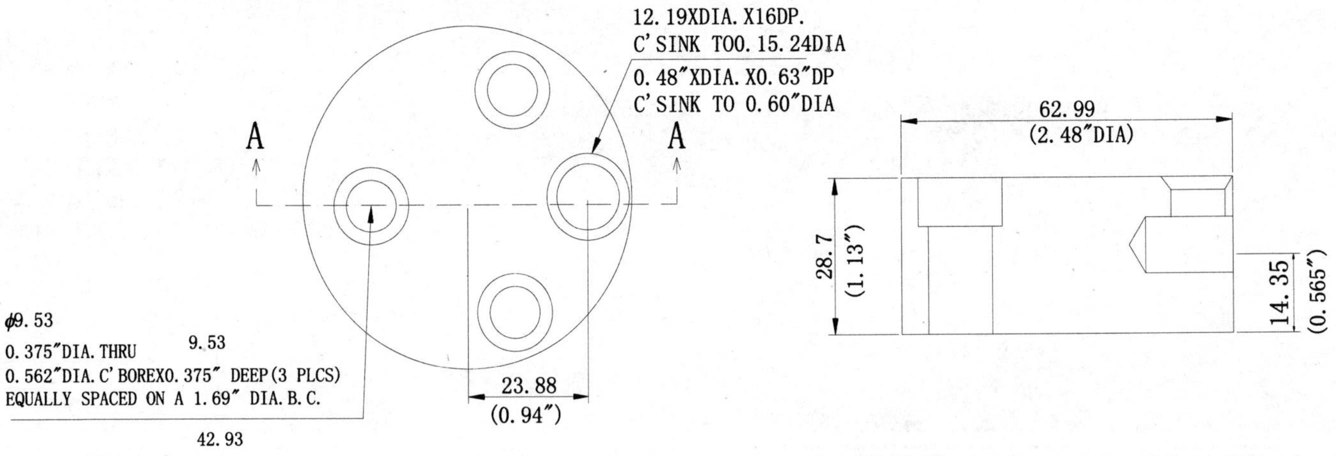

1 件/台

注：
1. 处理所有的毛角。
2. 材质是铝 6061-T6。
3. 完全阳极电镀。
4. 完成 63#。

单位：mm

标记	处数	分区	更改文件号	签名	年月日	铝6061-T6		
设计			标准化			阶段标记	重量	比例
制图			校对					
审核								
工艺			批准			共 张	第 张	

10μm 目标板

L-17

微米出口转接器

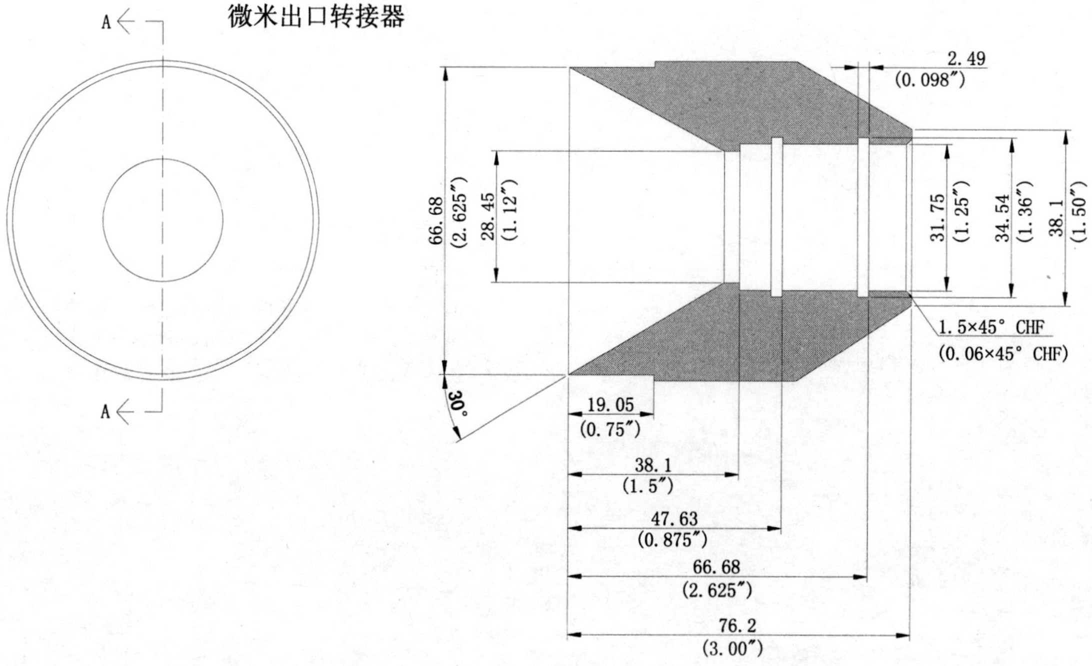

1 件/台

注：
1. 处理所有的毛角。
2. 材质是铝 6061-T6。
3. 完全阳极电镀。
4. 外径 2.75RD.STK。

单位：mm

标记	处数	分区	更改文件号	签名	年月日	铝6061-T6	
设计			标准化			阶段标记 重量 比例	10μm 外管
制图			校对				
审核							L-18
工艺			批准			共 张 第 张	

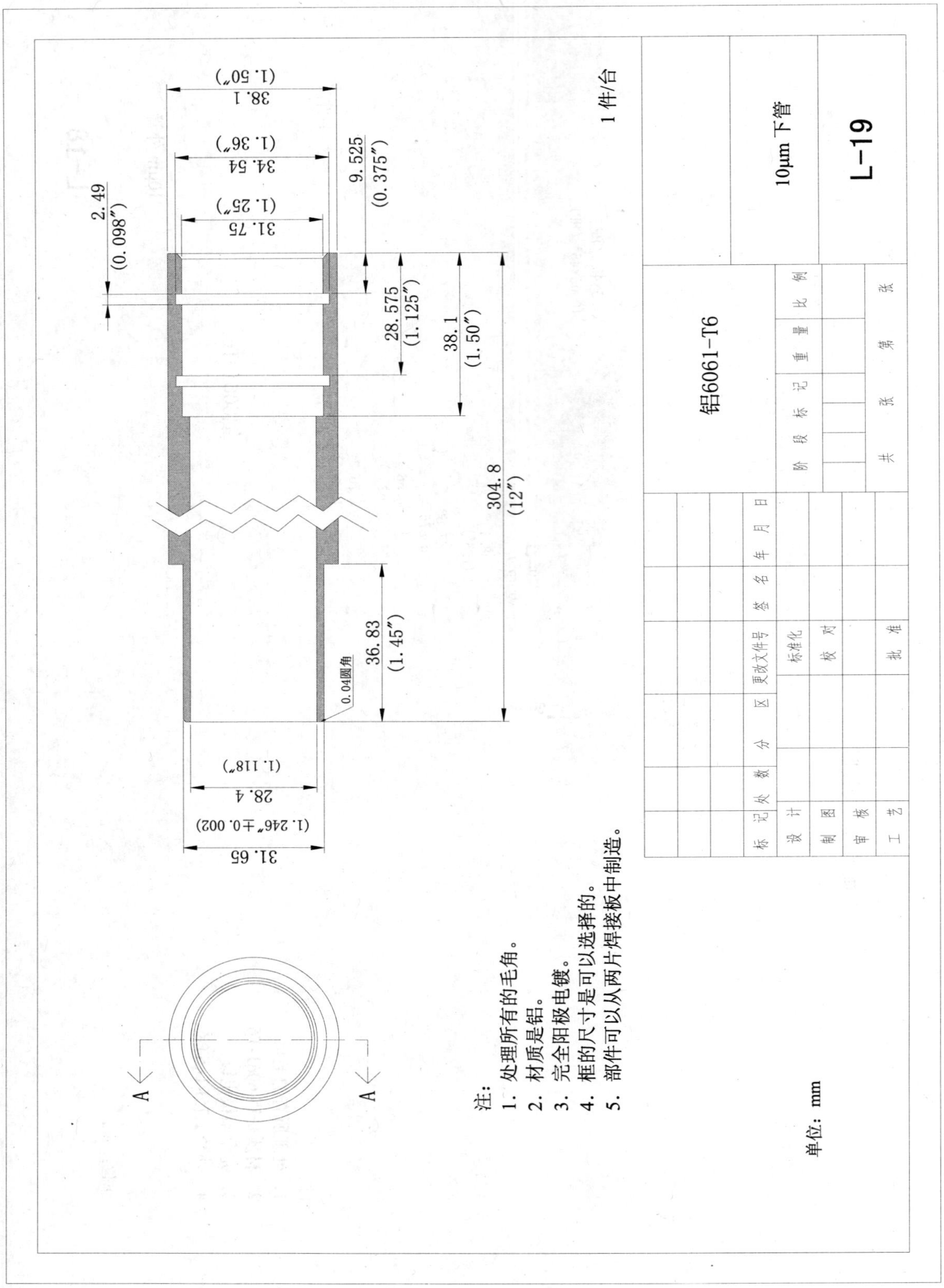
1件/台
38.1
(1.50")
34.54
(1.36")
31.75
(1.25")
2.49
(0.098")
9.525
(0.375")
28.575
(1.125")
38.1
(1.50")
304.8
(12")
36.83
(1.45")
0.04圆角
28.4
(1.118")
31.65
(1.246"±0.002)
A
A
注：
1. 处理所有的毛角。
2. 材质是铝。
3. 完全阳极电镀。
4. 框的尺寸是可以选择的。
5. 部件可以从两片焊接板中制造。
单位：mm
10μm下管
L-19
铝6061-T6
阶段标记
重量
比例
共 张
第 张
标记
处数
分区
更改文件号
签名
年月日
设计
标准化
制图
校对
审核
工艺
批准

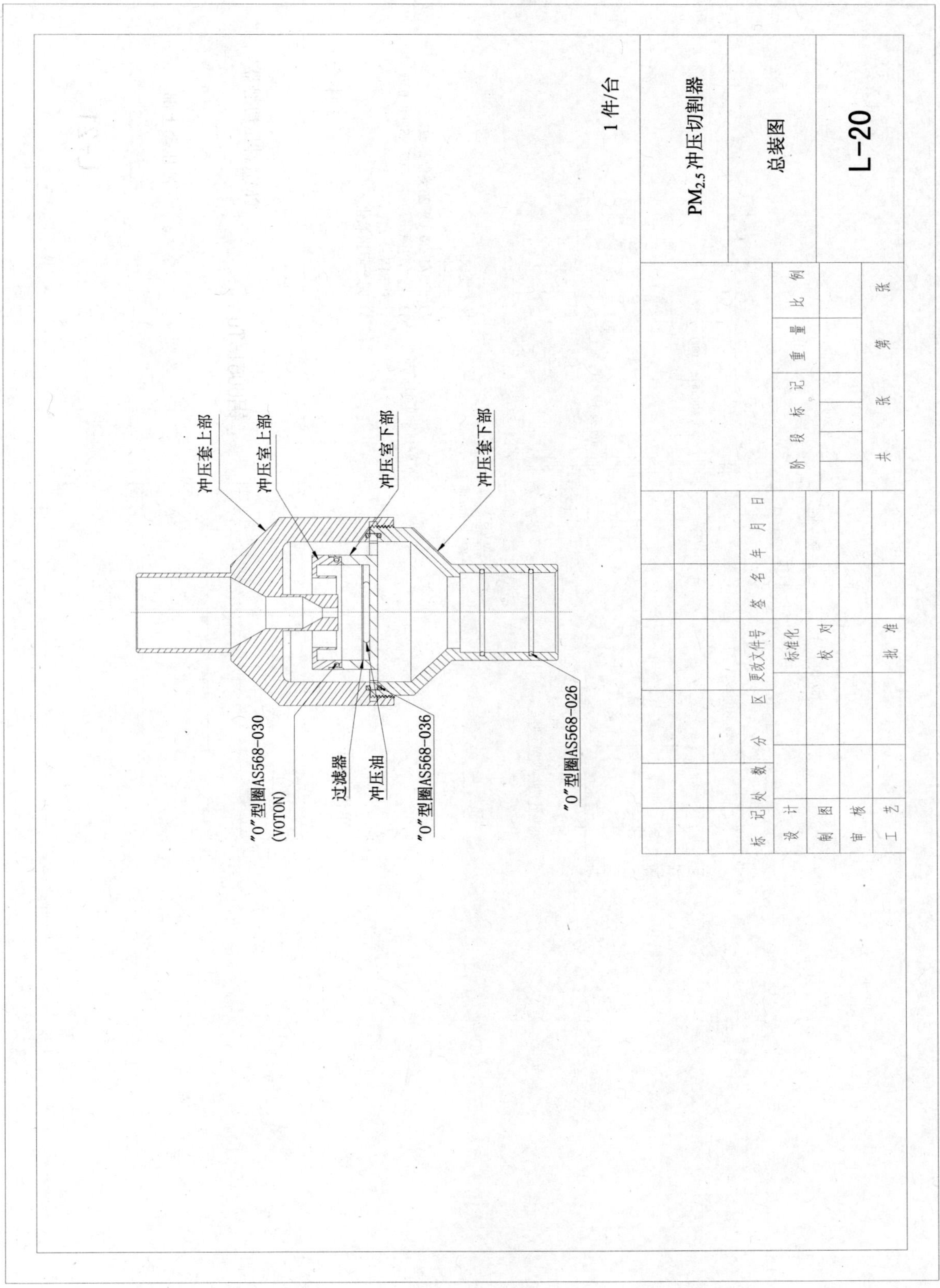
冲压套上部
冲压室上部
冲压室下部
冲压套下部
"0"型圈AS568-030
(VOTON)
过滤器
冲压油
"0"型圈AS568-036
"0"型圈AS568-026
1件/台
PM2.5冲压切割器
总装图
L-20
标 记 处 数 分 区 更改文件号 签 名 年 月 日
设 计 标准化
制 图 校 对
审 核
工 艺 批 准
阶 段 标 记 重 量 比 例
共 张 第 张

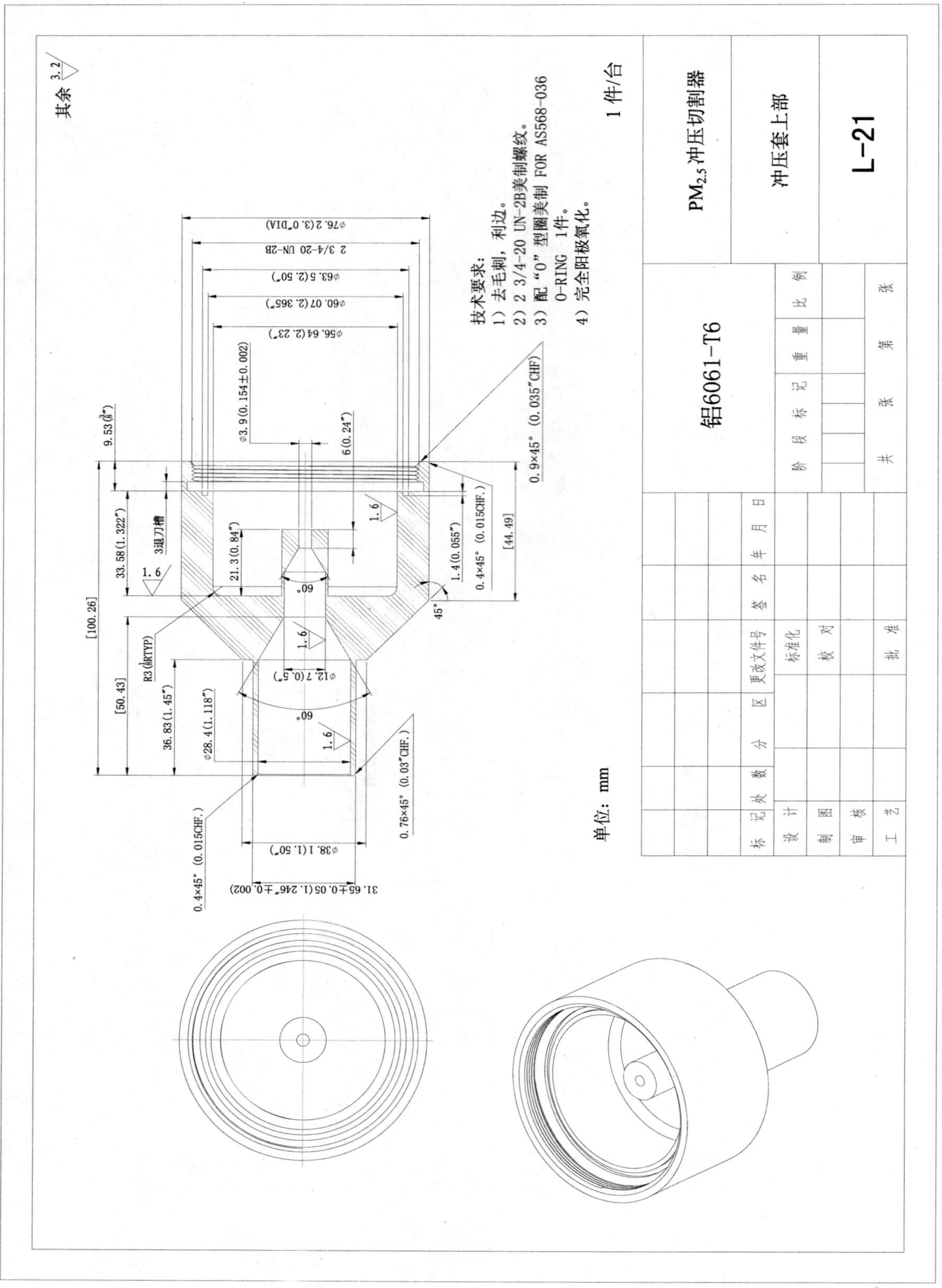
其余 3.2
1件/台
PM2.5冲压切割器
冲压套上部
L-21
铝6061-T6
技术要求：
1）去毛刺，利边。
2）2 3/4-20 UN-2B美制螺纹。
3）配"O"型圈美制 FOR AS568-036 O-RING 1件。
4）完全阳极氧化。
单位：mm
φ76.2(3.0"DIA)
2 3/4-20 UN-2B
φ63.5(2.50")
φ60.07(2.365")
φ56.64(2.23")
φ3.9(0.154±0.002)
6(0.24")
9.53(3/8")
0.9×45° (0.035"CHF)
33.58(1.322")
3退刀槽
1.6
21.3(0.84")
1.4(0.055")
0.4×45° (0.015CHF.)
[44.49]
60°
45°
[100.26]
R3(1/8RTYP)
[50.43]
φ12.7(0.5")
36.83(1.45")
φ28.4(1.118")
0.76×45° (0.03"CHF.)
φ38.1(1.50")
31.65±0.05(1.246"±0.002)
标记 处数 分区 更改文件号 签名 年月日
设计 标准化
制图 校对
审核
工艺 批准
阶段标记 重量 比例
共 张 第 张

全部 3.2

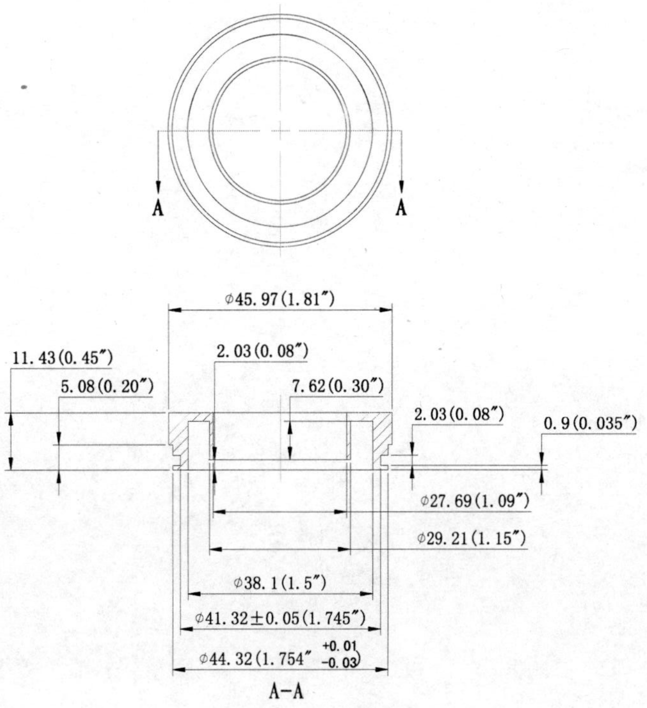

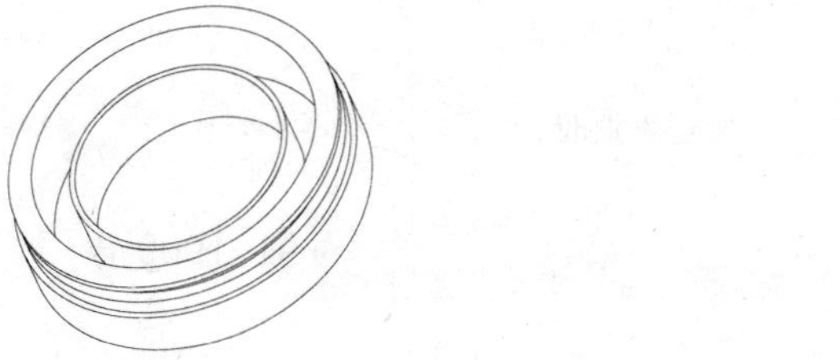

技术要求：

1) 去毛刺，利边。

2)配O型圈美制 "O"型圈AS568-030 O-RING 1件。

3)完全阳极氧化。

1 件/台

单位：mm

标记	处数	分区	更改文件号	签名	年月日	铝6061-T6	PM$_{2.5}$冲压切割器
设计			标准化			阶段标记 重量 比例	冲压室上部
制图			校对				L-22
审核							
工艺			批准			共 张 第 张	

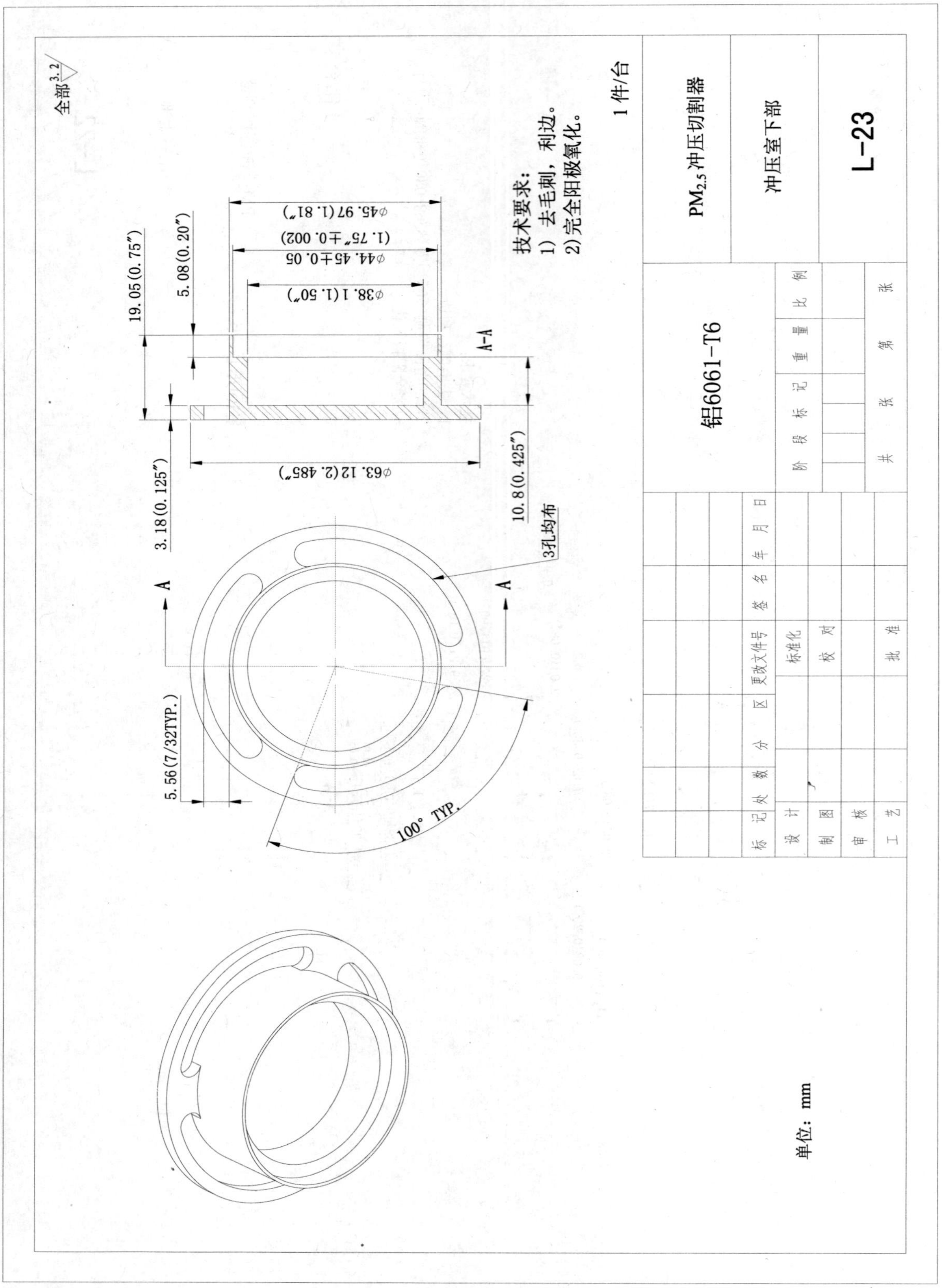
全部 3.2
1件/台
技术要求：
1）去毛刺，刹边。
2）完全阳极氧化。
PM2.5冲压切割器
冲压室下部
L-23
铝6061-T6
19.05(0.75")
5.08(0.20")
φ45.97(1.81")
(1.75"±0.002)
φ44.45±0.05
φ38.1(1.50")
A-A
φ63.12(2.485")
3.18(0.125")
10.8(0.425")
3孔均布
A
A
5.56(7/32TYP.)
100° TYP.
阶段标记
重量
比例
共 张
第 张
标记
处数
分区
更改文件号
签名
年月日
设计
标准化
制图
校对
审核
工艺
批准
单位：mm

其余 3.2

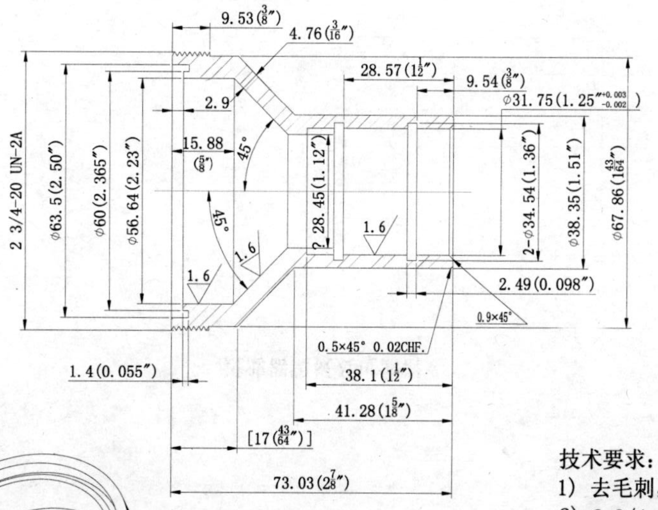

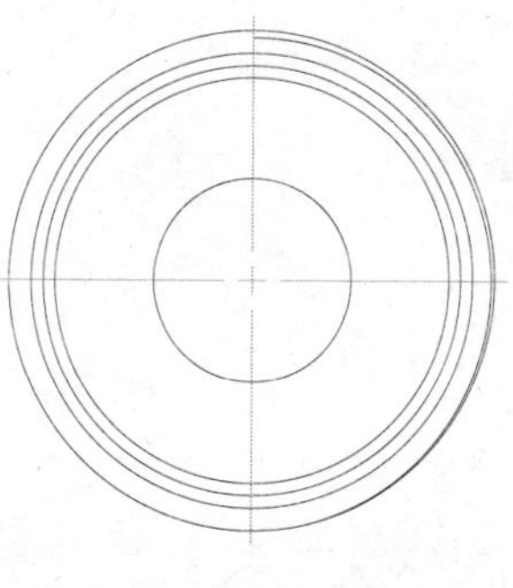

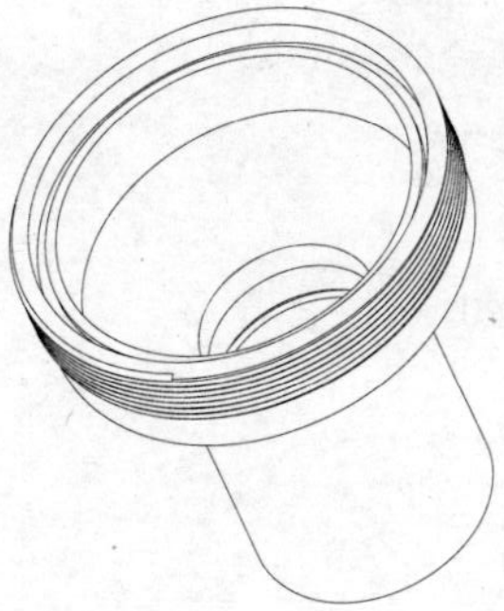

技术要求：
1) 去毛刺，利边。
2) 2 3/4-20 UN-2A为美制螺纹， 2 3/4为螺纹公称直径转为公制为69.85mm，牙数为20牙。
3)配O型圈美制 0.098″FOR AS568-026 O-RING 2件。
4)配O型圈美制 FOR AS568-036 O-RING 1件。
5)完全阳极氧化。

1 件/台

单位：mm

						铝6061-T6	$PM_{2.5}$ 冲压切割器
标记	处数	分区	更改文件号	签名	年月日		
设计			标准化			阶段标记 重量 比例	冲压套下部
制图			校对				
审核							L-24
工艺			批准			共 张 第 张	

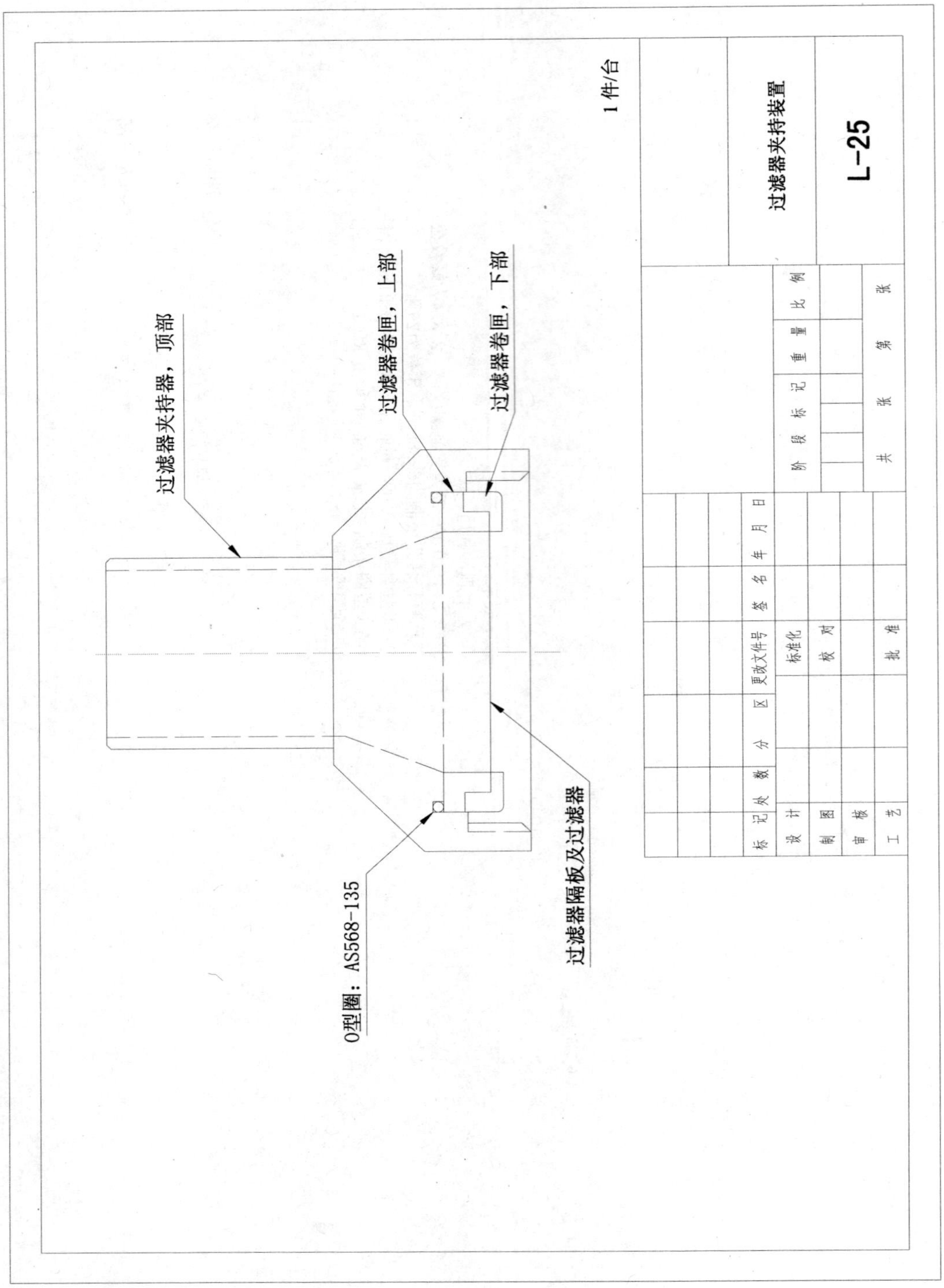
1件/台
过滤器夹持装置
L-25
过滤器夹持器，顶部
过滤器卷匣，上部
过滤器卷匣，下部
过滤器隔板及过滤器
O型圈：AS568-135
标 记 处 数 分 区 更改文件号 签 名 年 月 日
设 计 标准化
制 图 校 对
审 核
工 艺 批 准
阶 段 标 记 重 量 比 例
共 张 第 张

第二篇
废　气　类

一、分析方法

中华人民共和国环境保护行业标准

固定污染源排放　烟气黑度的测定　林格曼烟气黑度图法

HJ/T 398—2007

Stationary source emission-Determination of blackness of smoke plumes-Ringelmann smoke chart

2007-12-07 发布　　2008-03-01 实施

1　范围

1.1　本标准规定了测定烟气黑度的林格曼烟气黑度图法，包括观测位置和条件、观测方法、计算方法以及标准林格曼烟气黑度图的规格。

1.2　本标准适用于固定污染源排放的灰色或黑色烟气在排放口处黑度的监测，不适用于其他颜色烟气的监测。

2　术语和定义

下列术语和定义适用于本标准。

2.1　烟羽　plume

从特定出口如烟囱或排气口排出的气流（通常是可见的）。

2.2　林格曼黑度级数　Ringelmann number

评价烟羽黑度的一种数值，用肉眼观测的烟羽黑度与林格曼烟气黑度图对比得到。

2.3　林格曼烟气黑度图　Ringelmann smoke chart

标准的林格曼烟气黑度图由 14 cm×21 cm 的不同黑度的图片组成，除全白与全黑分别代表林格曼黑度 0 级和 5 级外，其余 4 个级别是根据黑色条格占整块面积的百分数来确定的，黑色条格的面积占 20%为 1 级，占 40%为 2 级，占 60%为 3 级，占 80%为 4 级。

3　原理

把林格曼烟气黑度图放在适当的位置上，将烟气的黑度与图上的黑度相比较，由具有资质的观察者用目视观察来测定固定污染源排放烟气的黑度。

4　仪器和设备

4.1　林格曼烟气黑度图（附录 A）。

4.2　计时器（秒表或手表），精度 1s。

4.3　烟气黑度图支架。

4.4　风向、风速测定仪。

5 步骤

5.1 观测位置和条件

5.1.1 应在白天进行观测，观察者与烟囱的距离应足以保证对烟气排放情况清晰地观察。林格曼烟气黑度图安置在固定支架上，图片面向观察者，尽可能使图位于观察者至烟囱顶部的连线上，并使图与烟气有相似的天空背景。图距观察者应有足够的距离，以使图上的线条看起来融合在一起，从而使每个方块有均匀的黑度，对于绝大多数观察者这一距离约为 15 m。

5.1.2 观察者的视线应尽量与烟羽飘动的方向垂直。观察烟气的仰视角不应太大，一般情况下不宜大于 45°角，尽量避免在过于陡峭的角度下观察。

5.1.3 观察烟气黑度力求在比较均匀的天空光照下进行。如果在太阳光照射下观察，应尽量使照射光线与视线成直角，光线不应来自观察者的前方或后方。雨雪天、雾天及风速大于 4.5 m/s 时不应进行观察。

5.2 观测方法

5.2.1 观察烟气的部位应选择在烟气黑度最大的地方，该部位应没有冷凝水蒸气存在。观察时，将烟囱排出烟气的黑度与林格曼烟气黑度图进行比较，记下烟气的林格曼级数。如烟气黑度处于两个林格曼级之间，可估计一个 0.5 或 0.25 林格曼级数。每分钟观测 4 次，观察者不宜一直盯着烟气观测，而应看几秒钟然后停几秒钟，每次观测（包括观看和间歇时间）约 15 s，连续观测烟气黑度的时间不少于 30 min。

5.2.2 观察混有冷凝水汽的烟气，当烟囱出口处的烟气中有可见的冷凝水汽存在时，应选择在离开烟囱口一段距离，看不到水汽的部位观察。

5.2.3 观察含有水蒸气的烟气，当烟气中的水蒸气在离开烟囱出口的一段距离后，冷凝并且变为可见，这时应选择在烟囱口附近水蒸气尚未形成可见的冷凝水汽的部位观察。

5.2.4 观察烟气宜在比较均匀的天空照明下进行。如在阴天的情况下观察，由于天空背景较暗，在读数时应根据经验取稍偏低的级数（减去 0.25 级或 0.5 级）。

5.3 记录

5.3.1 现场情况记录

观察者应按现场观测数据记录表格（附录 B）的要求，填写观测日期、被测单位、设备名称、净化设施等内容，并将烟囱距观测点的距离、烟囱位于观测点的方向、风向和风速、天气状况以及烟羽背景的情况逐一填入表内。

5.3.2 现场观测记录

烟气黑度的观测值，按 5.2 的规定，每次观测 15 s 记录一个读数，填入观测记录表格（附录 B）。每个读数都应反映 15 s 内黑度的平均值。连续观测烟气黑度的时间 30 min，在此期间进行 120 次观测，记录 120 个读数。对于烟气排放十分稳定的污染源，可酌情减少观测频次，每分钟观测 2 次，每 30 s 记录一个读数，连续观测 30 min，在此期间进行 60 次观测，记录 60 个读数。

6 计算

6.1 按林格曼黑度级别将观测值分级，分别统计每一黑度级别出现的累计次数和时间。

6.2 除了在观测过程中出现 5 级林格曼黑度时，烟气黑度按 5 级计，不必继续观测外，其他情况都必须连续观测 30 min。分别统计每一黑度级别出现的累计时间，烟气黑度按 30 min 内出现累计时间超过 2 min 的最大林格曼黑度级计。

6.3 按以下顺序和原则确定烟气黑度级别：

6.3.1 林格曼黑度 5 级：30 min 内出现 5 级林格曼黑度时，烟气的林格曼黑度按 5 级计。

6.3.2 林格曼黑度 4 级：30 min 内出现 4 级及以上林格曼黑度的累计时间超过 2 min 时，烟气的林格曼黑度按 4 级计。

6.3.3 林格曼黑度 3 级：30 min 内出现 3 级及以上林格曼黑度的累计时间超过 2 min 时，烟气的林格曼黑度按 3 级计。

6.3.4 林格曼黑度 2 级：30 min 内出现 2 级及以上林格曼黑度的累计时间超过 2 min 时，烟气的林格曼黑度按 2 级计。

6.3.5 林格曼黑度 1 级：30 min 内出现 1 级及以上林格曼黑度的累计时间超过 2 min 时，烟气的林格曼黑度按 1 级计。

6.3.6 林格曼黑度＜1 级：30 min 内出现小于 1 级林格曼黑度的累计时间超过 28 min 时，烟气的林格曼黑度按＜1 级计。

7 质量保证和质量控制

7.1 用林格曼烟气黑度图法鉴定烟气的黑度取决于观察者的观察力和判断能力，观测人员的矫正视力应优于 1.0，必须经过技术培训，经考核合格，持证上岗。

7.2 应使用符合规范要求的林格曼烟气黑度图，并注意保持图面的整洁。在使用过程中，林格曼烟气黑度图如果被污损或褪色，应及时更换新的图片。

7.3 观测前先平整地将林格曼烟气黑度图固定在支架或平板上，支架的材料要求坚固轻便，支架或平板的颜色应柔和自然，不应对观察造成干扰。使用时图面上不要加任何覆盖层，以免影响图面的清晰。

7.4 凭视觉所鉴定的烟气黑度是反射光的作用。所观测到的烟气黑度读数，不仅取决于烟气本身的黑度，同时还与天空的均匀性和亮度、风速、烟囱的大小结构（出口断面的直径和形状）及观测时照射光线和角度有关。在现场观测时，对这些因素应充分注意。

7.5 一般用林格曼烟气黑度图鉴定黑色烟气效果较好，对于含有较多的水汽或其他结晶物质的白色烟气，效果较差。

7.6 林格曼 0 级的白色图片可以提供一个有关照明的指标，用于发现图上的任何遮阴、照明不均匀。它还可以帮助发现图上的污点。

7.7 在观测过程中，要认真做好观测记录，按要求填写记录表，计算观测结果。

7.8 除排放标准另有规定或有特殊要求的监测外，一般污染源烟气黑度观测，应在生产设备和环保设施正常稳定运行的工况下进行。

附　录　A
（规范性附录）
林格曼烟气黑度图

标准的林格曼烟气黑度图由 5 张不同黑度的图片组成，可以通过在白色背景上确定宽度的黑色线条和间隔的矩形网格来准确印制。除全白与全黑分别代表林格曼黑度 0 级和 5 级外，其余 4 个级别是根据黑色条格占整块面积的百分数来确定的：

每张图片中，网格所占的面积是 14 cm×21 cm，每个小格长 10 mm，宽 10 mm。每张图片上的网格由 294 个小格组成。

图片 0（林格曼黑度 0 级）——全白。

图片 1（林格曼黑度 1 级，图 A.1）——每个小格长、宽均为 10 mm，黑色线条宽 1 mm，余下 9 mm×9 mm 的空白（黑色条格的面积占 20%）。

图片 2（林格曼黑度 2 级，图 A.2）——每个小格长、宽均为 10 mm，黑色线条宽 2.3 mm，余下 7.7 mm×7.7 mm 的空白（黑色条格的面积占 40%）。

图片 3（林格曼黑度 3 级，图 A.3）——每个小格长、宽均为 10 mm，黑色线条宽 3.7 mm，余下 6.3 mm×6.3 mm 的空白（黑色条格的面积占 60%）。

图片 4（林格曼黑度 4 级，图 A.4）——每个小格长、宽均为 10 mm，黑色线条宽 5.5 mm，余下 4.5 mm×4.5 mm 的空白（黑色条格的面积占 80%）。

图片 5（林格曼黑度 5 级）——全黑。

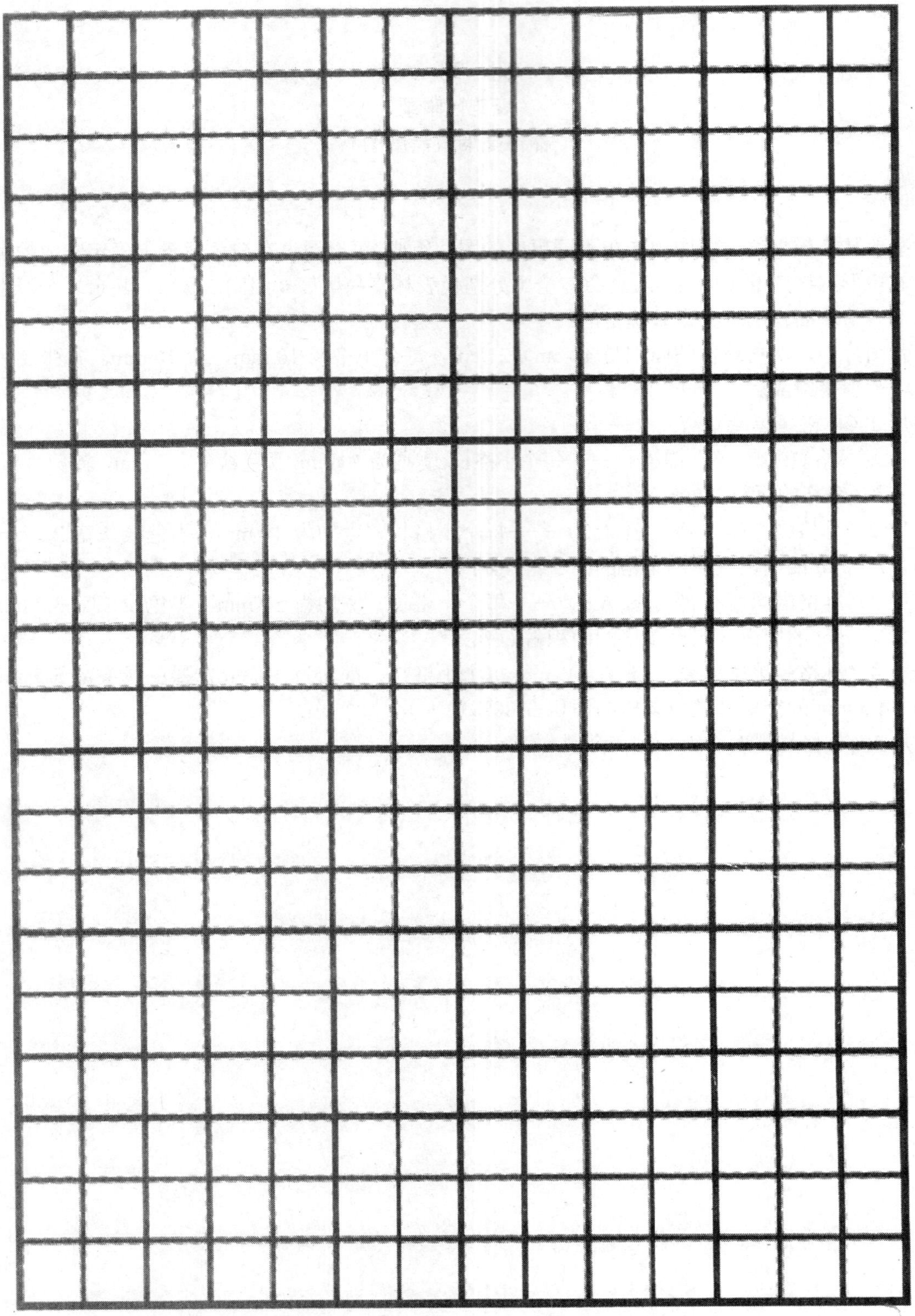

（黑色条格面积占总面积的 20%）

图 A.1 林格曼黑度 1 级

（黑色条格面积占总面积的 40%）

图 A.2　林格曼黑度 2 级

（黑色条格面积占总面积的 60%）

图 A.3　林格曼黑度 3 级

（黑色条格面积占总面积的 80%）

图 A.4　林格曼黑度 4 级

附 录 B
（资料性附录）
烟气黑度观测记录

表 B.1 烟气黑度观测记录

<table>
<tr><td>被测单位</td><td colspan="4"></td><td>观测日期</td><td></td></tr>
<tr><td>设备名称</td><td colspan="4"></td><td>净化设施</td><td></td></tr>
<tr><td>秒
分</td><td>0</td><td>15</td><td>30</td><td>45</td><td colspan="2" rowspan="14">观测点位置与观测条件：
烟囱距离______m；烟囱所在方向______；
烟囱高度______m；烟囱出口形状______；
风向__________；风速_________m/s。
天气状况：□晴朗 □少云 □多云 □阴天
烟羽背景：□无云 □薄云 □白云 □灰云
备注：</td></tr>
<tr><td>0</td><td></td><td></td><td></td><td></td></tr>
<tr><td>1</td><td></td><td></td><td></td><td></td></tr>
<tr><td>2</td><td></td><td></td><td></td><td></td></tr>
<tr><td>3</td><td></td><td></td><td></td><td></td></tr>
<tr><td>4</td><td></td><td></td><td></td><td></td></tr>
<tr><td>5</td><td></td><td></td><td></td><td></td></tr>
<tr><td>6</td><td></td><td></td><td></td><td></td></tr>
<tr><td>7</td><td></td><td></td><td></td><td></td></tr>
<tr><td>8</td><td></td><td></td><td></td><td></td></tr>
<tr><td>9</td><td></td><td></td><td></td><td></td></tr>
<tr><td>10</td><td></td><td></td><td></td><td></td></tr>
<tr><td>11</td><td></td><td></td><td></td><td></td></tr>
<tr><td>12</td><td></td><td></td><td></td><td></td></tr>
<tr><td>13</td><td></td><td></td><td></td><td></td><td colspan="2" rowspan="17">观测值累计次数及时间：
观测开始时间：____时____分；
观测结束时间：____时____分。
5 级：____次 累计时间____min；
≥4 级：____次 累计时间____min；
≥3 级：____次 累计时间____min；
≥2 级：____次 累计时间____min；
≥1 级：____次 累计时间____min；
＜1 级：____次 累计时间____min。</td></tr>
<tr><td>14</td><td></td><td></td><td></td><td></td></tr>
<tr><td>15</td><td></td><td></td><td></td><td></td></tr>
<tr><td>16</td><td></td><td></td><td></td><td></td></tr>
<tr><td>17</td><td></td><td></td><td></td><td></td></tr>
<tr><td>18</td><td></td><td></td><td></td><td></td></tr>
<tr><td>19</td><td></td><td></td><td></td><td></td></tr>
<tr><td>20</td><td></td><td></td><td></td><td></td></tr>
<tr><td>21</td><td></td><td></td><td></td><td></td></tr>
<tr><td>22</td><td></td><td></td><td></td><td></td></tr>
<tr><td>23</td><td></td><td></td><td></td><td></td></tr>
<tr><td>24</td><td></td><td></td><td></td><td></td></tr>
<tr><td>25</td><td></td><td></td><td></td><td></td></tr>
<tr><td>26</td><td></td><td></td><td></td><td></td></tr>
<tr><td>27</td><td></td><td></td><td></td><td></td></tr>
<tr><td>28</td><td></td><td></td><td></td><td></td></tr>
<tr><td>29</td><td></td><td></td><td></td><td></td></tr>
<tr><td colspan="7">烟气黑度（林格曼级）：</td></tr>
</table>

观测人： 校核人：

附加说明：

本标准由国家环境保护总局科技标准司提出。
本标准起草单位：北京市环境保护监测中心。
本标准国家环境保护总局 2007 年 12 月 7 日批准。
本标准自 2008 年 3 月 1 日起实施。
本标准由国家环境保护总局解释。

中华人民共和国环境保护行业标准

大气固定污染源　苯胺类的测定 气相色谱法

HJ/T 68—2001

Stationary source emission—Determination of exhauster anilines—Gas chromatography

2001-07-27 批准　　2001-11-01 实施

1　适用范围

1.1　本标准适用于大气固定污染源有组织排放和无组织排放中气态苯胺类的测定。

1.2　方法检出限和线性范围

当采样体积为 12 L，用 1.00 ml 解吸溶剂解吸，取 2 μl 色谱进样时，方法的检出限见表 1，本方法的线性范围达 10^3。

表 1　方法检出限

	检出限/（mg/m^3）
苯胺	0.05
N,N-二甲基苯胺	0.05
2,5-二甲基苯胺	0.08
o-硝基苯胺	0.06
m-硝基苯胺	0.08
p-硝基苯胺	0.2

当所用仪器型号不同或采样体积等改变时，方法的检出限会有所不同。

2　引用标准

下列标准所包含的条文，通过本标准的引用而构成为本标准的正式条文，本标准出版时，所示版本均为有效。当该引用标准一旦被修订，使用本标准的各方应考虑使用其引用标准最新版本的可能性。

GB 16297—1996　大气污染物综合排放标准

GB/T 16157—1996　固定污染源排气中颗粒物测定和气态污染物采样方法

3　定义

苯胺类化合物是指氨（NH_3）上的一个或几个氢原子被苯及其衍生物取代后形成的化合物。

本标准中定义的苯胺类化合物是指按本标准指定的采样和分析方法可测定的苯胺、*N*，*N*-二甲基苯胺、2,5-二甲基苯胺、*o*-硝基苯胺、*m*-硝基苯胺和 *p*-硝基苯胺等六种物质、测定结果为上述六种组分的浓度之和。

4 试剂和材料

除非另有说明，分析时均使用符合国家标准的分析纯试剂和蒸馏水或同等纯度的水。

4.1 固定液：OV—225、OV—17（均为色谱纯试剂）。

4.2 载体：Chromosorb W HP 80～100 目（或 Chromosorb W AW DMCS 80～100 目）。

4.3 柱材质：长 2 m、内径 3 mm 玻璃柱，内壁经硅烷化处理。

4.4 载气：氮气，纯度 99.99%，用内装 5A 分子筛的净化管净化。

4.5 燃烧气：氢气，纯度 99.9%。

4.6 助燃气：空气，经活性炭和硅胶过滤。

4.7 二氯甲烷。

4.8 无水乙醇。

4.9 解吸溶剂，5%（*V/V*）无水乙醇的二氯甲烷溶液。

取 25.0 ml 无水乙醇（4.8）于 500 ml 容量瓶中，加二氯甲烷（4.7）稀释至刻度，色谱测定应无干扰峰，在室温下密封保存，备用。

4.10 各种苯胺类化合物（均为色谱纯或分析纯试剂）。

4.11 硅胶（层析用），60～100 目。

在脂肪提取器中用二氯甲烷（4.7）回流处理 4 h，滤去二氯甲烷，晾干，在 105℃下烘 4 h，在干燥器中冷却备用。

4.12 苯胺类化合物单标贮备液

（1）苯胺标准贮备液

于 25 ml 容量瓶中加入 10 ml 解吸溶剂（4.9），准确称量（准确至±0.000 1 g），然后加入一定量苯胺（约 0.025 g），再准确称量（准确至±0.000 1 g），用解吸溶剂（4.9）稀释至刻度，摇匀，并计算出每毫升解吸溶剂中苯胺的含量（此溶液约含苯胺 1 mg/ml），作为苯胺标准贮备液，于冰箱内 2～5℃下避光保存。

（2）*N,N*-二甲基苯胺标准贮备液，配制方法同 4.12（1）。

（3）2,5-二甲基苯胺标准贮备液，配制方法同 4.12（1）。

（4）*o*-硝基苯胺标准贮备液

称取 *o*-硝基苯胺 0.025 g（准确至±0.000 1 g），溶入解吸溶剂中，在容量瓶中定容至 25 ml，摇匀。计算出每毫升解吸溶剂中苯胺的含量（此溶液约含 *o*-硝基苯胺 1 mg/ml），作为 *o*-硝基苯胺标准贮备液，于冰箱内 2～5℃下避光保存。

（5）*m*-硝基苯胺标准贮备液，配制方法同 4.12（4）。

（6）*p*-硝基苯胺标准贮备液，配制方法同 4.12（4）。

4.13 苯胺类化合物混合标准中间使用液

分别移取一定量苯胺类化合物六种标准贮备液（4.12）注入 100 ml 容量瓶中，用解吸溶剂（4.9）稀释至刻度，摇匀，配成每毫升分别含各苯胺类化合物约 100 μg 的苯胺类化合物混合标准中间使用液，并计算出其准确浓度。

4.14 单标使用溶液

精确移取一定量各标准贮备液（4.12），分别注入 25 ml 容量瓶中，用解吸溶剂（4.9）稀释至刻度，配成各单标使用溶液。

5 仪器和器材

5.1 气相色谱仪，具氢火焰离子化检测器以及与仪器匹配的记录仪（或专用数据微处理机）。

5.2 色谱柱

5.2.1 分析柱：长 2 m、内径 3 mm 的玻璃柱（4.3），内填固定相；
2.0%OV—225/Chromosorb W HP（80～100 目）。

5.2.2 验证柱：长 2 m、内径 3 mm 的玻璃柱（4.3），内填固定相；
2.0%OV—17/Chromosorb W HP（80～100 目）。

5.2.3 色谱柱的老化

将新装填色谱柱的一端接入色谱仪的进样器，另一端与大气相通，载气流速 15 ml/min，柱温初温为 150℃，老化 4 h，以 5℃/min 的升温速度升至 230℃后老化 24 h，最后将柱温升至 250℃，继续老化 4 h。

5.3 空气采样器，流量 0～1.0 L/min。

5.4 微量注射器，10 μl。

5.5 5 ml 具塞带刻度离心管。

5.6 硅胶吸附管：用玻璃管自制，方法见附录 A。

5.7 固定源采样器：参照 GB/T 16157—1996 中 9.3，配置采样仪器。

5.7.1 采样管，不锈钢管材采样管。

5.7.2 连接管，聚四氟乙烯管或内衬聚四氟乙烯薄膜的硅橡胶管。

6 样品的采集、保存和预处理

6.1 样品的采集

6.1.1 无组织排气样品

（1）布点：按照 GB 16297—1996 中 8.1.2 执行。

（2）采样时间和频率：按照 GB 16297—1996 中 8.2.2 执行。

（3）采样系统的连接和操作：采样时，将硅胶吸附管（5.6）两端打开，用乳胶管连接 B 端与空气采样器（5.3）的进气口，另一端垂直向下直通大气，在常温下以 0.2～0.5 L/min 的流速采样，同时记录采样流量、采样时间及采样点的温度和大气压等。

6.1.2 有组织排气样品

（1）布点：按照 GB/T 16157—1996 中 9.1 执行。

（2）采样时间和频率：按照 GB 16297—1996 中有关要求执行。

（3）采样系统的连接和操作：按 GB/T 16157—1996 中 9.3 和 9.4 有关要求进行。系统连接示意图见图 1。

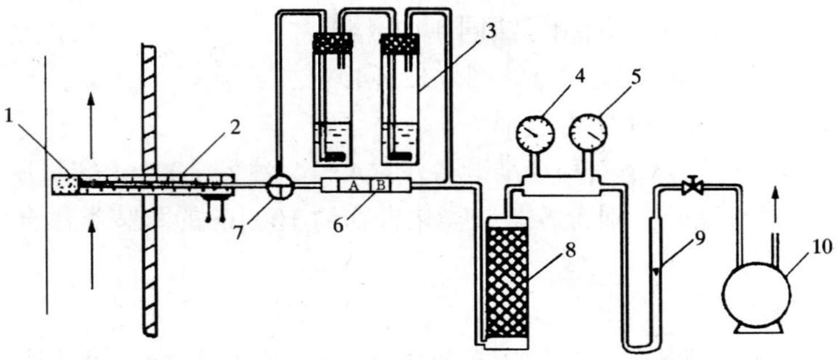

1—烟道；2—加热采样管；3—旁路吸收瓶；4—温度计；5—真空压力表；
6—硅胶吸附管；7—三通阀；8—干燥器；9—流量计；10—抽气泵

图 1 采样系统连接示意图

6.2 样品的保存

采样后，立即用聚四氟乙烯塑料帽（或内衬聚四氟乙烯膜的橡皮帽）将硅胶吸附管（5.6）两端套封，速送实验室分析。如不能及时分析，则置于2～5℃下避光保存，6天内有效。

6.3 样品的预处理

将采样后的硅胶吸附管中A段硅胶（包括管口的石英玻璃棉）和B段硅胶分别移入两支5 ml具塞带刻度离心管（5.5）中，各准确加入1.00 ml解吸溶剂（4.9），盖上瓶盖，放置30 min，在放置过程中轻轻摇动2～3次，作为样品解吸溶液，供色谱分析用。

7 样品的色谱分析

7.1 色谱分析条件

气相色谱仪，具氢火焰离子化检测器（5.1）。

色谱柱：分析柱（5.2.1）。

检测器温度：240℃。

进样口温度：240℃。

气体流速：载气（4.3），50 ml/min；

氢气（4.4），50 ml/min；

空气（4.5），500 ml/min。

进样量：2～5 μl。

柱温：同一样品分别在220℃和120℃下恒温分析，柱温操作流程如图2所示。

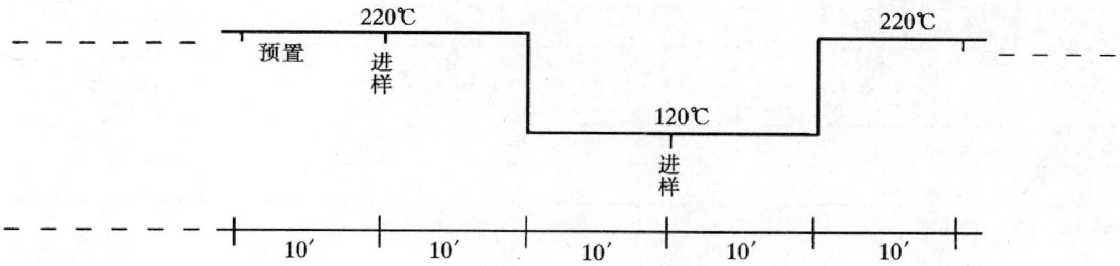

图2 色谱分析柱温操作示意图

7.2 操作步骤和标准色谱图

用微量注射器（5.4）取待测样品解吸液（6.3）2.0 μl，在柱温220℃色谱分析条件（7.1）下进行分析，得色谱图3（2）；再取同一样品2.0 μl在柱温120℃色谱分析条件（7.1）下进行分析，得色谱图3（1）。

7.3 实际样品色谱分析

7.3.1 无组织排气样品

用微量注射器（5.4）取待测样品解吸溶液（6.3）（A段），在规定色谱及操作条件（7.1）（7.2）下进样分析，每个样品进样3次，分别测定苯胺类化合物各组分的色谱峰高、取平均值、作为定量分析计算的依据。

7.3.2 有组织排气样品

同（7.3.1），取待测样品A段解吸溶液进行测定，分别测定苯胺类化合物各组分的色谱峰高，取平均值，作为定量分析计算的依据。

注：（1）在测定A段的同时，取B段按相同的操作步骤进行色谱测定。

（2）当B段解吸溶液中苯胺类化合物含量小于或等于A、B两段含量之和的5%时，两段解吸溶液中苯胺类化合物含量之和即为排气样品中苯胺类化合物各组分的含量。

（3）当B段解吸溶液中苯胺类化合物含量大于A、B两段含量之和的5%时，需重新采样测定。

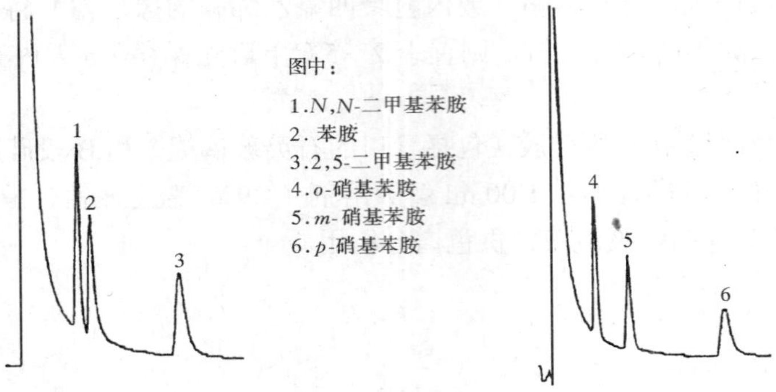

(1)柱温120°C　　(2)柱温220°C

图3　标准色谱图

7.4　定性分析

7.4.1　根据色谱峰的出峰顺序和保留时间对被测组分进行定性分析，见表2。

表2　苯胺类化合物在不同色谱柱上的保留时间值

	分析柱*		验证柱*	
	120℃	220℃	130℃	210℃
苯胺	2.88	—	2.16	—
N,N-二甲基苯胺	2.47	—	2.92	—
2,5-二甲苯胺	5.86	—	4.75	—
o-硝基苯胺	—	2.01	—	2.19
m-硝基苯胺	—	3.13	—	2.95
p-硝基苯胺	—	6.40	—	4.77

*：分析柱（5.2.1）、验证柱（5.2.2）。

7.4.2　验证柱分析

对于较复杂样品还需采用验证柱测定，即进行双柱定性分析。

（1）验证柱（5.2.2）。

（2）色谱分析条件（同7.1）。

（3）色谱图（图4）。

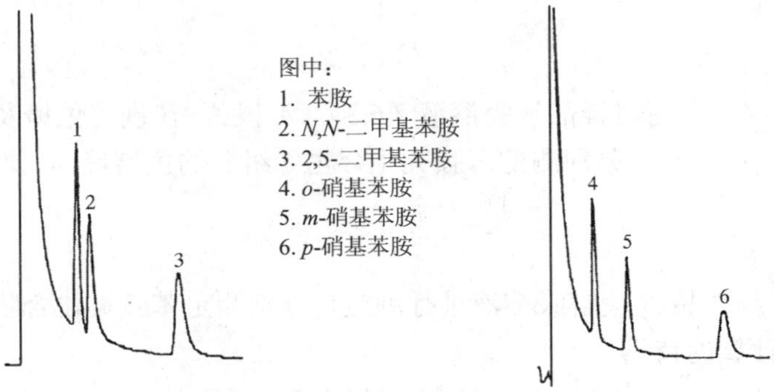

（1）柱温130℃　　（2）柱温210℃

图4　验证柱标准色谱图

7.5 定量分析

7.5.1 校正曲线法

（1）校正曲线的绘制

分别移取苯胺类化合物混合标准中间液（4.13）0、0.5、1.0、2.0、5.0、10.0 ml 于 10 ml 容量瓶中，用解吸溶剂（4.9）稀释至刻度，摇匀。其各组分浓度见表 3。

表 3 苯胺类化合物标准系列

	0	1	2	3	4	5
混合标准贮备液体积/ml	0	0.5	1.0	2.0	5.0	10.0
稀释至 10 ml 后的浓度/（mg/L）	0	5.0	10.0	20.0	50.0	100.0

按色谱分析及操作条件（7.1）和（7.2），分别进样 2 μl。每个样品进样 3 次，分别测定苯胺类化合物六组分的峰高，取平均值，绘制六组分的峰高-浓度校正曲线（或计算六组分的峰高-浓度回归方程）。

（2）样品测定

同绘制校正曲线的色谱分析和操作条件，对待测样品解吸溶液进行测定。根据待测样品解吸溶液中苯胺类化合物各组分的峰高在校正曲线上查得其相应的浓度值（或通过峰高-浓度回归方程计算出浓度值），再通过计算换算为待测气体样品中苯胺类化合物各组分的浓度值（mg/m^3）。计算公式见式（1）：

$$c_{气i}=\frac{c_i\cdot V_e}{V_{nd}}\times 1\,000 \qquad (1)$$

式中：$c_{气i}$——气样中苯胺类化合物 i 组分的浓度，mg/m^3；

c_i——样品解吸溶液中苯胺类化合物 i 组分的浓度，mg/L；

V_e——样品解吸溶液的体积，ml；

V_{nd}——换算到标准状态下的采样体积，L。

注：每天开机后，在实际样品进样分析前都应绘制校正曲线，每分析 3～5 个样品，应插入一个校正曲线中浓度适当的标准使用液（4.14）样品，其测定值与原配制值的相对偏差应小于±5%，否则应重新绘制校正曲线。

7.5.2 单点校正法

当待测样品中各组分浓度变化范围不大，且方法线性好，截距可忽略不计时，常采用单点校正法定量，即配制一个与待测样品解吸溶液中被测组分响应值接近的标准样品定量进样，按式（2）计算待测气样中苯胺类化合物各组分的浓度值。

$$c_{气i}=\frac{h_i\cdot c_s\cdot V_e}{h_s\cdot V_{nd}}\times 1\,000 \qquad (2)$$

式中各参数定义同式（1）。

式中：$c_{气i}$——气样中苯胺类化合物 i 组分的浓度，mg/m^3；

c_s——标准溶液中苯胺类化合物 i 组分的浓度，mg/L；

h_i——样品解吸溶液中苯胺类化合物 i 组分的峰高；

h_s——标准溶液中苯胺类化合物 i 组分的峰高；

V_e——样品解吸溶液的体积，ml；

V_{nd}——换算到标准状态下的采样体积，L。

7.6 计算

根据 GB 16297—1996，无组织排放监控点的浓度限值、有组织排放的最高允许排放浓度和最高允许排放速率等三项指标，均指任何 1 h 平均值不得超过的限值。本标准采样时间定为 60 min。

7.6.1 无组织排放监控点浓度值的计算

计算公式同计算式（1）或计算式（2）。

7.6.2 有组织排放浓度和排放速率的计算

（1）排放浓度的计算

计算公式同计算式（1）或计算式（2）。

（2）排放速率的计算

按照 GB/T 16157—1996 中 11.4 计算。

8 结果表示

8.1 定性结果

根据标准色谱图中苯胺、*N,N*-二甲基苯胺、2,5-二甲基苯胺、*o*-硝基苯胺、*m*-硝基苯胺、*p*-硝基苯胺的保留时间来确定被测样品中的各组分。

8.2 定量结果

根据定义，苯胺类化合物为所测得六种组分的浓度之和，单位为 mg/m^3，结果以两位有效数字表示。

8.3 精密度和准确度

三种不同浓度的吸附管统一样品经五个实验室分别测定六次，其精密度和准确度见表 4。

表 4 统一样品测定精密度和准确度

		苯胺			*N,N*-二甲基苯胺			2,5-二甲基苯胺		
		A 样	B 样	C 样	A 样	B 样	C 样	A 样	B 样	C 样
统一样品配制值/μg	u	100.0	50.0	10.0	100.0	50.0	10.0	100.0	50.0	10.0
测试总平均值/μg	$\bar{x}$	94.7	41.1	9.2	91.5	41.7	6.5	88.2	38.0	8.0
方法相对误差/%	RE	−5.3	−17.8	−8	−8.5	−16.6	−35	−11.8	−24.0	−20
再现性变异系数/%	VB	5.7	3.6	4	6.6	6.5	5	4.6	4.5	2
重复性变异系数/%	CV	2.1	2.7	3	2.2	2.6	5	2.5	2.4	2
		o-硝基苯胺			*m*-硝基苯胺			*p*-硝基苯胺		
		A 样	B 样	C 样	A 样	B 样	C 样	A 样	B 样	C 样
统一样品配制值/μg	u	100.0	50.0	10.0	95.0	47.5	9.5	90.0	45.0	9.0
测试总平均值/μg	$\bar{x}$	98.3	49.0	9.7	94.6	43.7	8.6	90.6	40.6	7.9
方法相对误差/%	RE	−1.7	−2.0	−3	−0.4	−8.0	−9	+0.7	−9.8	−12
再现性变异系数/%	VB	4.1	4.5	6	4.2	4.3	3	3.3	4.7	6
重复性变异系数/%	CV	2.6	3.3	3	2.2	3.2	2	2.8	2.7	3

附　录　A
硅胶吸附管的制备

取长约 8 cm、内径 4 mm 玻璃管，洗净烘干，每支管内装 60～100 目硅胶（4.11）255 mg，内分两段，中间用石英玻璃棉隔开，其 A 段装 150 mg，B 段装 75 mg，两端用石英玻璃棉固定，熔封管口，见图 A.1，保存待用。

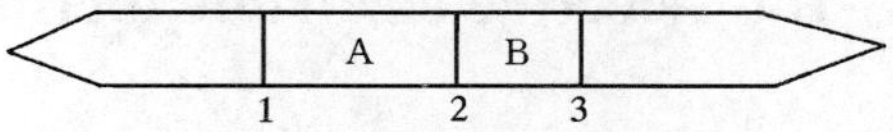

1/2/3 石英玻璃棉

A/B　150mg/75mg　60～100 目硅胶

图 A.1　硅胶采样管示意图

附加说明：

本标准由国家环保总局科技标准司提出。

本标准由武汉市环境监测中心站负责起草。

本标准由国家环境保护总局解释。

中华人民共和国环境保护行业标准

大气固定污染源　氟化物的测定 离子选择电极法

HJ/T 67—2001

Stationary source emission—Determination of fluoride—Ion selective electrode method

2001-07-27 批准　　2001-11-01 实施

1 范围

1.1 适用范围

本标准适用于大气固定污染源有组织排放中氟化物的测定。不能测定碳氟化物，如氟利昂。

1.2 测定范围

当采样体积为 150 L 时，检出限为 6×10^{-2} mg/m^3；测定范围为 1～1 000 mg/m^3。

2 引用标准

下列标准所包含的条文，通过在本标准中引用而构成为本标准的正式条文。本标准出版时，所示版本均为有效。所有标准都会被修订，使用本标准的各方应探讨使用下列标准最新版本的可能性。

GB 16297—1996　大气污染物综合排放标准

GB/T 16157—1996　固定污染源排气中颗粒物的测定和气态污染物采样方法

3 定义

氟化物系指气态氟与尘氟的总和。本标准中的气态氟用氢氧化钠溶液吸收，尘氟指溶于盐酸溶液的与颗粒物共存的氟化物。

4 原理

使用滤筒、氢氧化钠溶液为吸收液采集尘氟和气态氟，滤筒捕集尘氟和部分气态氟，用盐酸溶液浸溶后制备成试样，用氟离子选择电极测定；当溶液的总离子强度为定值而且足够大时，其电极电位与溶液中氟离子活度的对数成线性关系。

5 试剂

除另有说明外，本标准所用试剂均为分析纯试剂，所用水为去离子水。

5.1 盐酸（HCl）：ρ＝1.18 g/ml

5.1.1 盐酸溶液 0.25 mol/L

取 21.0 ml 盐酸（5.1）用水稀释到 1 000 ml。

5.1.2　盐酸溶液 1.0 mol/L

取 84.0 ml 盐酸（5.1）用水稀释到 1 000 ml。

5.2　氢氧化钠（NaOH）

5.2.1　氢氧化钠溶液 0.3 mol/L

将氢氧化钠（5.2）12 g 溶于水并稀释至 1 000 ml。作为吸收液。

5.2.2　氢氧化钠溶液 1.0 mol/L

将氢氧化钠（5.2）40 g 溶于水并稀释至 1 000 ml。

5.3　氟化钠标准贮备液 1.000 mg/ml

称取 0.221 0 g 氟化钠（优级纯，于 110℃烘干 2 h 放在干燥器中冷却至室温）溶解于水，移入 100 ml 容量瓶中，用水定容至标线，贮存于聚乙烯瓶中。在冰箱内保存，临用时放至室温再用。

5.4　氟化钠标准溶液

将氟化钠标准贮备液（5.3）用水稀释成 2.5 μg/ml、5.0 μg/ml、10.0 μg/ml、25.0 μg/ml、50.0 μg/ml、100.0 μg/ml 的标准溶液，临用现配。上述溶液均贮存于聚乙烯瓶中。

5.5　溴甲酚绿指示剂 0.1 g/100 ml

称取 100 mg 溴甲酚绿于研钵中，加少量 1+4（*V/V*）乙醇研细，移入 100 ml 容量瓶中，用 1+4（*V/V*）乙醇定容至标线。

5.6　总离子强度缓冲液（TISAB）

称取 59.0 g 柠檬酸钠（$Na_2C_6H_5O_7 \cdot 2H_2O$），20.0 g 硝酸钾（$KNO_3$），置于 1 000 ml 烧杯中，加 300 ml 水溶解，加溴甲酚绿指示剂（5.5）1 ml，用盐酸（5.1）（约 11 ml）调节至溶液刚刚转变为蓝绿色为止，此时 pH 为 5.5 左右，移入 1 000 ml 容量瓶中，用水稀释至标线，摇匀。

6　仪器

一般实验室仪器和：

6.1　烟尘采样器

6.2　烟气采样器

6.3　氟离子选择电极

6.4　饱和甘汞电极

6.5　磁力搅拌器，用聚乙烯包裹的搅拌子

6.6　大型冲击式吸收瓶　250 ml　刻度

6.7　多孔玻板吸收瓶　刻度

6.8　聚乙烯塑料烧杯　50 ml、150 ml

6.9　离子活度计或精密酸度计（0.1 mV）

6.10　小型超声波清洗器

7　样品的采集和保存

7.1　样品的采集

污染源中尘氟和气态氟共存时，采用烟尘采样方法进行等速采样，在采样管的出口串联三个装有 75 ml 吸收液的大型冲击式吸收瓶，分别捕集尘氟和气态氟。

若污染源中只存在气态氟时，可采用烟气采样方法，在采样管出口串联两个装有 50 ml 吸收液的多孔玻板吸收瓶，以 0.5～2.0 L/min 的流速采集 5～20 min。

采样管与吸收瓶之间的连接管，选用聚四氟乙烯管，并应尽量短。

注：连接管也可使用聚乙烯塑料管和橡胶管。

采样点数目，采样点位设置及操作步骤，按《固定污染源排气中颗粒物的测定和气态污染物采样方法》（GB/T 16157—1996）有关规定进行。采样频次和时间，按《大气污染物综合排放标准》（GB 16297—1996）有关规定进行。

7.2 样品的保存

采样结束后，将滤筒取出，编号后放入干燥洁净的器皿中，并按采样要求，做好记录。吸收瓶中的样品全部转移至聚乙烯瓶中，并用少量水洗涤三次吸收瓶，洗涤液并入聚乙烯瓶中。编号做好记录，采样管与连接管先用 50 ml 吸收液（5.2.1）洗涤，再用 400 ml 水冲洗，全部并入聚乙烯瓶中，编号做好记录。

样品常温下可保存一周。

8 分析步骤

8.1 校准曲线的绘制

取 6 个 50 ml 聚乙烯烧杯，按表 1 配制标准系列，也可根据实际样品浓度配制，不得少于 6 个点。

表 1

杯 号	1	2	3	4	5	6
F^-标准溶液/（μg/ml）	2.5	5.0	10.0	25.0	50.0	100.0
取标准溶液量/ml	2.00	2.00	2.00	2.00	2.00	2.00
F^-含量/μg	5	10	20	50	100	200

在聚乙烯烧杯中各放入一根搅拌子，加入三滴溴甲酚绿指示剂（5.5），用盐酸溶液（5.1.2）调节 pH 值，使溶液刚刚变为蓝绿色为止（此时溶液的 pH 值为 5.5 左右），加 TISAB 溶液 10.00 ml，加水使总体积为 40.0 ml。置于磁力搅拌器上，插入按要求已清洗好的氟离子选择电极及甘汞电极；从低到高浓度依次测定。

每个样品搅拌数分钟，待读数稳定后（即每分钟电极电位变化小于 0.1 mV），停止搅拌，静置 1 min 读取毫伏值。

用半对数坐标纸，以等距坐标表示毫伏值，对数坐标表示氟含量（μg），绘制校准曲线。或作直线回归，取得回归方程。

电极的实际斜率：温度在 20～25℃，氟离子浓度每改变 10 倍，电极电位变化（58±2）mV。

8.2 样品的测定

8.2.1 气态氟样品测定

8.2.1.1 将吸收瓶中的样品进行定容后测定。

根据浓度大小移取适量（5～15 ml）样品于 50 ml 聚乙烯烧杯中，放一根搅拌子，加入三滴溴甲酚绿指示剂（5.5），在搅拌下滴加盐酸溶液（5.1.2）或氢氧化钠溶液（5.2.2），使溶液刚刚转变为蓝绿色（此时溶液的 pH 值为 5.5 左右），再加入 10 ml 总离子强度缓冲液（5.6），加水使总体积为 40.0 ml。以下测定同校准曲线的绘制（8.1），读取毫伏值后，可在校准曲线上查出相应的氟含量（μg）。或根据回归方程计算氟含量。测定样品时与绘制校准曲线时温度之差不应超过±2℃。

8.2.1.2 将采样管及其连接管的冲洗液进行定容后测定，测定同（8.2.1.1）。

8.2.1.3 空白值测定

移取与样品等量的氢氧化钠吸收液（5.2.1）于 50 ml 聚乙烯烧杯中，加入 0.5 ml 氟化钠标准溶液（10.0 μg/ml），测定同（8.2.1.1）。计算出的氟含量应减去 5 μg。

8.2.1.4 8.2.1.1 与 8.2.1.2 测定的氟含量之和减去空白值为气态氟含量（μg）。

8.2.2 尘氟样品测定

将超细玻璃纤维滤筒剪成 5×5 mm 小块，置于 150 ml 聚乙烯烧杯中，加入 50 ml 盐酸溶液（5.1.1），用超声波超 30 min 或用聚乙烯棒充分搅动放置 3 h 后用定性滤纸滤入 100 ml 容量瓶中，用水洗涤聚乙烯烧杯及滤筒残渣 5～6 次，洗涤液并入容量瓶中，用水定容至标线，摇匀，转移至聚乙烯瓶中。

根据浓度大小移取适量（5～15 ml）试样于 50 ml 聚乙烯烧杯中，放一根搅拌子，加入三滴溴甲酚绿指示剂（5.5），在搅拌下滴加盐酸溶液（5.1.1）或氢氧化钠溶液（5.2.2），使溶液刚刚转变为蓝绿色（此时溶液的 pH 值为 5.5 左右），再加入 10 ml 总离子强度缓冲液（5.6），加水使总体积为 40.0 ml。以下测定同（8.2.1.1）。

8.2.3 空白样品

取同批号空白滤筒（至少 2 支）同（8.2.2）方法处理，制备成空白滤筒试样，按尘氟试样（8.2.2）进行测定，计算出空白滤筒的氟含量 *d*（μg）。

注：滤筒的空白值要均匀，本底值要低。

9 计算

9.1 浓度的计算

9.1.1 气态氟和尘氟浓度

气态氟浓度：$c\text{（F}^{-}{}_{\text{气}}\text{，mg/m}^3\text{）}=W\times\frac{V_t}{V_a}\times\frac{1}{V_{nd}}$

空白滤筒氟含量：$d\text{（μg）}=W\times\frac{V_t}{V_a}$

尘氟浓度：$c\text{（F}^{-}{}_{\text{尘}}\text{，mg/m}^3\text{）}=\left(W\times\frac{V_t}{V_a}-d\right)\times\frac{1}{V_{nd}}$

式中：*W*——测定时所取样品溶液中氟含量，μg；

V_t——样品溶液总体积，ml；

V_a——测定时所取样品溶液体积，ml；

V_{nd}——标准状态下的采样体积，L。

V_{nd} 的换算参照《固定污染源排气中颗粒物测定和气态污染源采样方法》（GB/T 16157—1996）中的第 10 部分（采样体积计算）；

d——空白滤筒的氟含量，μg。

9.1.2 总氟浓度：

$$c_{\text{总}}=c_{\text{气}}+c_{\text{尘}}$$

9.2 排放速率的计算

根据《大气污染物综合排放标准》（GB/T 16297—1996）的有关条款确定排放速率。

10 精密度与准确度

四个实验室测定含氟 1 000 μg 滤膜样品。

10.1 重复性

实验室内相对标准偏差为 1.5%。

10.2 再现性

实验室间相对标准偏差为 1.6%。

10.3 准确度

相对误差为 2.9%。

加标回收率为 88.8%～104%。

附加说明：

本标准是《大气污染物综合排放标准》（GB 16297—1996）配套标准分析方法之一。

本标准由国家环境保护总局科技标准司提出。

本标准由中国环境监测总站负责起草。

本标准由国家环境保护总局解释。

中华人民共和国环境保护行业标准

大气固定污染源　氯苯类化合物的测定　气相色谱法

HJ/T 66—2001

Stationary source emission—Determination of chlorobenzenes—Gas chromatography

2001-07-27 批准　　2001-11-01 实施

1　适用范围

1.1　本标准适用于大气固定污染源有组织和无组织排放的氯苯类化合物的测定。

1.2　当采样体积为 30 L，解吸液体积为 3 ml，色谱进样为 1μl 时，方法的检出限见表 1。

表 1　方法的检出限　　单位：mg/m^3

氯代苯	0.04
1,4-二氯苯	0.11
1,2,4-三氯苯	0.36

当所用仪器不同时，方法的检出限有所不同。

2　引用标准

下列标准所包含的条文，通过在本标准中引用而构成本标准的正式条文。本标准出版时，所示版本均为有效。所有标准都会被修订，使用本标准的各方应探讨使用下列标准最新版本的可能性。

GB/T 16157—1996　固定污染源排气中颗粒物测定和气态污染物采样方法

GB 16297—1996　大气污染物综合排放标准

3　定义

氯苯类化合物：一系列苯的氯取代异构体的总称。在本标准中指氯代苯、1,4-二氯苯和 1,2,4-三氯苯测定结果的加和。

4　试剂和材料

除非另有说明，本标准均采用符合国家标准的分析纯试剂和蒸馏水或同等纯度的水。

4.1　载气和辅助气体

a）载气：氮气，纯度 99.9%，用装 5A 分子筛净化管净化。

b）燃烧气：氢气，纯度 99.9%，用装 5A 分子筛净化管净化。

c）助燃气：空气，用装 5A 分子筛净化管净化。

4.2 配制标准样品和试样预处理时使用的试剂和材料

4.2.1 氯代苯（C_6H_5Cl），色谱纯。

4.2.2 1,4-二氯苯（$C_6H_4Cl_2$），色谱纯。

4.2.3 1,2,4-三氯苯（$C_6H_3Cl_3$），色谱纯。

4.2.4 二硫化碳（CS_2），色谱检测无干扰峰。

4.2.5 棕色容量瓶，5 ml，50 ml，A 级。

4.2.6 微量注射器，50μl，1μl。

4.2.7 吸附剂，GDX-502（二乙烯苯、含氮极性单体共聚物），60～80 目。在脂肪提取器中用二硫化碳（4.2.4）回流处理 4 h，滤去二硫化碳，晾干后，50℃烘干 2 h，备用。

4.2.8 标准溶液

称取 1,4-二氯苯（4.2.2）0.1 g，准确称至±0.000 1g；用 50 μl 微量注射器（4.2.7）移取氯代苯（4.2.1）50 μl、1,2,4-三氯苯（4.2.3）200 μl 于 50 ml 装有 40 ml 二硫化碳（4.2.4）的棕色容量瓶（4.2.5）中，用二硫化碳（4.2.4）稀释至刻度。该标准溶液浓度为氯代苯 1.1 mg/ml，1,4-二氯苯 2.0 mg/ml，1,2,4-三氯苯 5.8 mg/ml。该标准溶液在 5℃下可保存 48 h。

4.2.9 玻璃棉，二硫化碳（4.2.4）洗涤，晾干后备用。

4.2.10 医用乳胶管。

4.3 制备色谱柱时使用的试剂和材料

色谱柱和填充物参考 5.4.1。

5 仪器

5.1 仪器型号

5.1.1 配备有氢火焰离子化检测器的气相色谱仪。

5.1.2 进样器：微量注射器（4.2.6），1μl。

5.2 记录器

与色谱仪（5.1.1）相匹配的记录仪。

5.3 检测器

5.3.1 类型：氢火焰离子化检测器。

5.3.2 器件的特性：对于 1,2,4-三氯苯的最小检知量小于 4×10^{-9}g。

5.4 色谱柱

5.4.1 色谱柱类型及特征

a. 柱　长：长 2 m。

b. 柱内径：长 3 mm。

c. 材　质：硬质玻璃。

d.色谱填料：10%silicone GESE—30/chromosorb W GC DMCS（60～80 目）。

5.4.2 柱效能和分离度

总分离效能指标：

氯代苯、1,4-二氯苯　　$R_1>1.5$

1,4-二氯苯、1,2,4-三氯苯　　$R_2>1.5$

5.5 采样及样品预处理时使用的仪器

5.5.1 采样器

按 GB/T 16157—1996 中 9.3 执行。

5.5.2 吸附管

5.5.2.1 吸附管外形及特征：硬质玻璃变径直管。粗端（A 端）长 80 mm，内径 6 mm；细端（B 端）长 20 mm，内径 3 mm，壁厚 0.8 mm。用洗液浸泡 2h 后，依次用自来水和蒸馏水冲洗干净，烘干。

5.5.2.2 吸附管的制备：称取 0.2g 吸附剂（4.2.7），加入吸附玻璃管（5.5.2.1）中，两端用玻璃棉（4.2.8）固定，管口用衬有氟塑料薄膜的胶帽密封。见图 1。

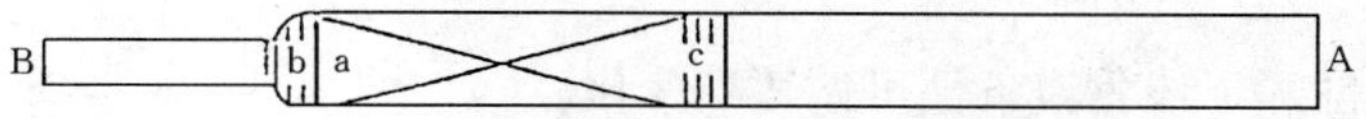

a：G，D，X—502；b、c：玻璃棉

图 1 富集柱示意图

5.5.3 滴管或 100 ml 酸式滴定管。

5.5.4 具塞比色管，5 ml，A 级，校准后使用。

6 样品

6.1 样品的采集

6.1.1 无组织排放样品的采集

6.1.1.1 布点

按 GB 16297—1996 中 8.1.2 执行。

6.1.1.2 采样时间和频次

按 GB 16297—1996 中 8.2.2 执行。

6.1.1.3 采样

用乳胶管（4.2.9）将两支吸附管（5.5.2.2）的 A 端与 B 端以最短距离串联，再用乳胶管连接其中一支吸附管的 B 端与采样器（5.5.1）进气口，另一支吸附管 A 端水平或竖直向上安放在采样位置，以 0.5～1 L/min 的流量采气 10～20 L，同时记录采样流量、采样时间及采样点的环境温度和气压。采样后迅速用衬有氟塑料薄膜的胶帽密封吸附管的两端，常温下避光保存。

6.1.2 有组织排放样品的采集

6.1.2.1 布点

按 GB/T 16157—1996 中 9.1 执行。

6.1.2.2 采样时间和频次

按 GB 16297—1996 中 8.2 执行。

6.1.2.3 采样系统

按 GB/T 16157—1996 中 9.3 和 9.4.1.3 的要求执行。

6.1.2.4 采样

用乳胶管以最短距离串联两支吸附管（5.5.2.2），安放在采样系统（6.2.2.3）内，以 0.5～1 L/min 的流量采气 10～20 L。记录采样流量、采样时间及采样系统内气体的温度和压力。采样后用衬有氟塑料薄膜的胶帽迅速密封吸附管，常温下避光保存。

6.2 样品的检查

分别检测两支串联吸附管，当后吸附管中氯苯类化合物的含量达到或超过前吸附管的 5%时，认为吸附采样管已被穿透，该样品作废，应重新采样。

6.3 样品的保存时间

已经采样的吸附管可在常温下避光保存 10 d。经解吸后，解吸液应及时进行分析。

6.4 样品的预处理

去掉吸附管密封胶帽，将吸附管采样口进气端（A 端）竖直向上固定，下端接 5 ml 具塞比色管（5.5.4）。

用滴管（5.5.3）从吸附管上端滴加二硫化碳（4.2.4）进行解吸，解吸速率以解吸剂不溢出吸附管顶端为宜。

收取解吸液 3 ml，备用。

7 操作步骤

7.1 仪器的调整

因色谱仪的型号不同，下述色谱条件可做适当变化。

7.1.1 色谱柱：SE-30 填充玻璃柱（5.4.1）。

7.1.2 柱温：100℃。

7.1.3 汽化室温度：200℃。

7.1.4 检测室温度：200℃。

7.1.5 载气：高纯氮气（4.1a），流量 50 ml/min。

7.1.6 燃烧气：氢气（4.1b），流量 50 ml/min。

7.1.7 助燃气：空气（4.1c），流量 450 ml/min。

7.1.8 记录器纸速：5 mm/min。

7.1.9 衰减：根据试样中被测组分含量调节。

7.2 试验

7.2.1 进样

a. 进样方式：注射器进样。

b. 进样量：1μl。

c. 操作：用清洁注射器（5.1.2）在待测样品中抽吸数次洗涤注射器后，抽取 1μl，迅速注入色谱仪中，并立即拔出注射器。

7.2.2 校准曲线的绘制

用 50μl 注射器分别移取标准溶液（4.2.8）10、20、40、60、80μl 于 5 ml 装有 3 ml 二硫化碳（4.2.4）的容量瓶（4.2.5）中，用二硫化碳（4.2.4）稀释至刻度，得到标准系列（见表 2）。用 1μl 微量注射器（4.2.5）分别取此标准系列 1μl 进样分析，测量组分峰高（h_i），绘制氯苯类化合物组分浓度（c_i）对峰高（h_i）的校准曲线，计算校准曲线回归方程。见式（1）。

$$h_i=a_i+b_ic_i \tag{1}$$

式中：a_i——截距；

b_i——斜率。

表 2 标准系列

序 号	1	2	3	4	5
标准加入量/μl	10	20	40	60	80
氯代苯浓度/（μg/ml）	2.2	4.4	8.8	13.2	17.6
1,4-二氯苯浓度/（μg/ml）	4.0	8.0	16.0	24.0	32.0
1,2,4-三氯苯浓度/（μg/ml）	11.6	23.2	46.4	69.6	92.8

7.3 色谱图考察

7.3.1 标准色谱图，见图 2。

7.3.2 定性分析

一般情况下，根据色谱的保留时间定性。

组分的出峰次序：依次为氯代苯、1,4-二氯苯、1,2,4-三氯苯。

保留时间，见表 3。

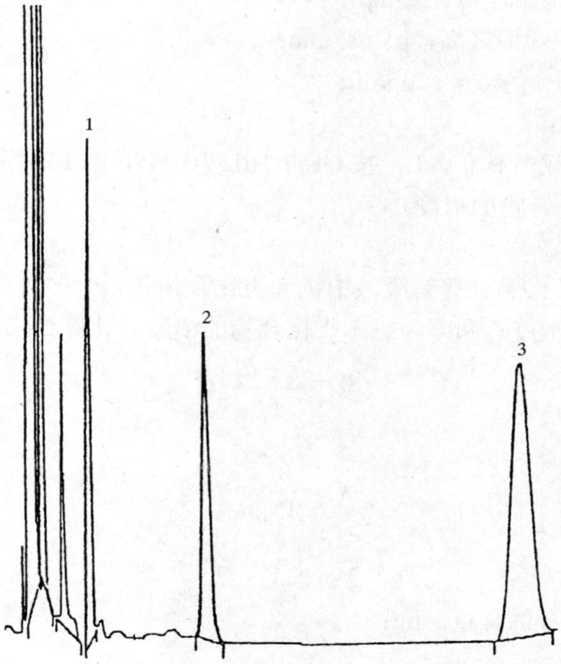

1—氯代苯；2—1,4-二氯苯；3—1,2,4-三氯苯

图 2 氯苯类化合物色谱图

表 3 氯苯类化合物的保留时间

单位：min

化合物	氯化苯	1,4-二氯苯	1,2,4-三氯苯
保留时间	2.2	5.3	13.3

对于首次测定的样品，在对定性结果有疑问时，应采用双柱定性。辅助定性色谱柱见附录 A。或用色质联机等其他方法定性。

7.4 定量分析

7.4.1 色谱峰的测量

以色谱峰的起点和终点连线为峰底，从峰高极大值点对峰底作垂线，此线段即为峰高。

7.4.2 样品中氯苯类化合物含量的计算

7.4.2.1 外标法

7.4.2.1.1 使用标准样品的条件

a）标准样品进样体积与试样进样体积相同，标准样品的响应值接近试样的响应值。

b）一个试样连续进样两次，其组分峰高相对偏差小于 5%，即认为仪器处于稳定状态。

c）标准样品与试样应同时进行分析。

7.4.2.1.2 计算公式：

$$X_i=\frac{A_i \cdot v}{A_{\mathrm{E}} \cdot V_{\mathrm{nd}}}E_i \quad (2)$$

$$X=\Sigma X_i \quad (3)$$

式中：X_i——气样中组分 i 的浓度，mg/m^3；

A_i——试样中组分 i 的峰高，μV 或 mm；

A_E——标准样品中组分 i 的峰高，μV 或 mm；

E_i——标准样品中组分 i 的浓度，μg/ml；

v——解吸液体积，ml；

V_{nd}——标准状态下干采气体积，L，按 GB/T 16157—1996 中 10.3 计算；

X——气样中氯苯类化合物的浓度。

7.4.2.2 绝对法

根据峰高用式（1）（7.2.2.2）计算解吸液中氯苯类化合物各组分的含量，再依据采样体积计算出样品中各组分的浓度。各组分浓度总和即为氯苯类化合物的浓度。计算公式见式（4）、式（5）、式（6）：

$$W_i=\frac{h_i-a_i}{b_i}\cdot v \tag{4}$$

$$X_i=\frac{W_i}{V_{nd}} \tag{5}$$

$$X=\Sigma X_i \tag{6}$$

式中：W_i——解吸液中某组分的含量，μg；

h_i——i 组分峰高，μV 或 mm；

a_i——相应回归方程截距；

b_i——相应回归方程斜率；

v——解吸液体积，ml；

X_i——气样中某组分浓度，mg/m^3；

V_{nd}——标准状态下干采气体积，L，按 GB/T 16157—1996 中 10.3 计算；

X——气样中氯苯类化合物的浓度，mg/m^3。

7.4.3 有组织排放的排放速率

按 GB/T 16157—1996 中 11.4 计算。

7.4.4 无组织排放监控浓度值

7.4.4.1 计算一个无组织排放监控点的平均浓度

$$c=\frac{1}{n}\sum_{i=1}^{n}c_i \tag{7}$$

式中：c——一个无组织排放点的平均浓度；

c_i——一个样品的浓度值。

7.4.4.2 无组织排放监控浓度值

按 GB 16297—1996 附录 C 中 C2.3 或 C3.3 计算。

8 结果表示

8.1 定性结果

根据标准色谱图各组分的保留时间确定被测样品中的组分数目及组分名称。

8.2 定量结果

8.2.1 含量的表示方法

根据计算公式计算出现组分的含量和气样中氯苯类化合物的浓度。

8.2.2 精密度和准确度

由四个实验室对一个浓度水平的试验确定，重复测定次数为 6。计算结果见表 4。

表 4　精密度和准确度

氯苯类化合物	样品浓度/（mg/m³）	平均值/（mg/m³）	精密度/（mg/m³）				准确度
			重复性		再现性		相对误差/%
			S_r	r	S_R	R	
氯代苯	7.9	7.8	0.12	0.33	0.12	0.33	−1.3
1,4-二氯苯	14.4	14.0	0.20	0.57	0.20	0.57	−2.8
1,2,4-三氯苯	41.8	41.3	0.38	1.05	0.55	1.55	−1.2

附　录　A
用 DNP+Bentane 填充色谱柱作辅助定性

A.1　当首次分析成分复杂的样品时，若对定性结果有疑虑，可采用 DNP 与 Bentane 的混合填充色谱柱作辅助定性。

A.2　色谱柱

A.2.1　柱长：3 m。

A.2.2　柱内径：3 mm。

A.2.3　材质：硬质玻璃。

A.2.4　色谱填料：2.5%邻苯二甲酸二壬酯（DNP）+2.5%有机皂土（Bentane）（1∶1）/chromosorb W GC DMCS（60～80 目）。

A.3　色谱条件

同 7.1。

A.4　标准色谱图

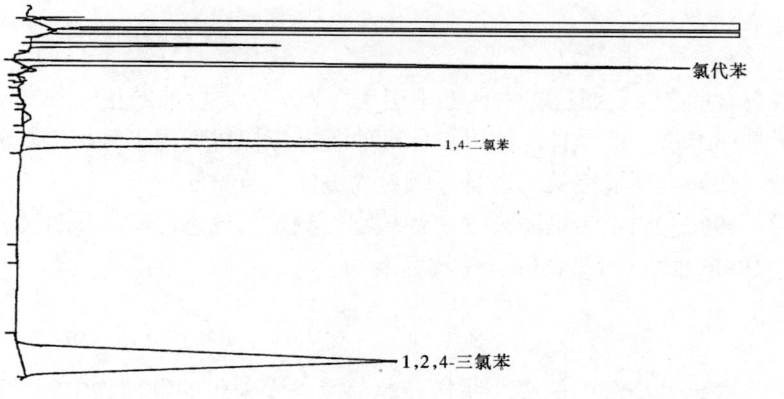

附加说明：

本标准由国家环境保护总局科技标准司提出。

本标准由沈阳市环境监测中心站负责起草。

本标准由国家环境保护总局解释。

中华人民共和国环境保护行业标准

大气固定污染源　锡的测定 石墨炉原子吸收分光光度法

HJ/T 65—2001

Stationary source emission—Determination of tin—Graphite furnace atomic absorption spectrophotometric method

2001-07-27 批准　　2001-11-01 实施

1　范围

1.1　适用范围

本标准适用于大气固定污染源有组织和无组织排放中锡及其化合物的测定。

1.2　方法测定范围

当将采集 10 m^3 气体的滤膜制备成 10 ml 样品时，最低检出限为 $3\times10^{-3}\mu g/m^3$。测定范围 5×10^{-3}～$100\times10^{-3}\mu g/m^3$。

1.3　干扰

当 Mg^{2+}的浓度高于 500 mg/L 时，对本方法有干扰。

2　引用标准

下列标准所包含的条文，通过在本标准中引用而构成为本标准的正式条文。本标准出版时，所示版本均为有效。所有标准都会被修订，使用本标准的各方应探讨使用下列标准最新版本的可能性。

GB/T 15432—1995　环境空气　总悬浮颗粒物测定　重量法

GB/T 16157—1996　固定污染源排气中颗粒物的测定与气态污染物采样方法

GB 16297—1996　大气污染物综合排放标准

3　定义

本标准中大气固定污染源中的锡，系指经滤筒或滤膜采集的颗粒物中能被硝酸-高氯酸体系浸出的锡及其化合物。

4　原理

将经硝酸-高氯酸体系消解后的试样溶液注入石墨炉原子化器的石墨管中，于 286.3 nm 处测定吸光值，根据特征谱线的光强度，可确定样品溶液中锡的浓度。

5　试剂

本标准所用试剂除另有说明外，均使用符合国家标准的分析纯试剂和去离子水或同等纯度的水。

5.1 硝酸（HNO_3），ρ=1.42 g/ml，优级纯；

5.2 硝酸溶液，1+9

用硝酸（5.1）配制；

5.3 盐酸（HCl），ρ=1.19 g/ml，优级纯；

5.4 高氯酸（$HClO_4$），ρ=1.67 g/ml，优级纯；

5.5 锡标准贮备液（Sn），0.100 mg/ml

准确称取光谱纯（或含量不低于 99.99%）的锡 0.100 0 g，用 10 ml 盐酸（5.3）溶解，移入 1 000 ml 容量瓶中，用硝酸溶液（5.2）稀释定容至标线，混匀。贮存于聚乙烯瓶中。

5.6 锡标准使用液（Sn），1.0 mg/L

临用时，用硝酸溶液（5.2）逐级稀释锡贮备液（5.5）而成。

5.7 锆溶液，1%（m/V）

称取 360 mg 氧氯化锆（$ZrOCl_2 \cdot 8H_2O$）溶于 10 ml 水中。

5.8 酒石酸-锆基体改进剂（Zr，1 mg/ml；酒石酸，100 mg/ml）

取 1 ml 1%（m/V）锆溶液（5.7），置于已盛有 1 ml 硝酸溶液（5.2）的小烧杯中，依次加入 8 ml 水、1 g 酒石酸（$C_4H_6O_6$，优级纯），溶解至完全。

6 仪器

一般实验室仪器和：

6.1 原子吸收分光光度计及相应的辅助设备。

6.2 热解石墨管。

6.3 总悬浮颗粒物采样器。

6.4 烟尘采样器。

6.5 玻璃纤维滤筒。

6.6 过氯乙烯滤膜。

7 样品的采集和保存

7.1 样品的采集

7.1.1 有组织排放

采样点数目、采样点位设置及采样方法，按 GB/T 16157—1996 中第 4、8 章有关规定执行；采样频次和时间按 GB 16297—1996 中第 8 章有关规定执行。采用玻璃纤维滤筒（6.5）采集排放的颗粒物。详细记录采样条件。

7.1.2 无组织排放

采样点数目、采样点位设置和时间按 GB 16297—1996 中附录 C 中有关规定执行。采样方法参照 GB/T 15432—1995 第 5 章中有关规定执行，采用过氯乙烯滤膜（6.6）采集样品。滤膜安装时，将“毛”面朝上。详细记录采样条件。

7.2 样品的保存

将采集的样品放在采样袋中，置于干燥洁净的干燥器中保存。

8 分析步骤

8.1 试样溶液的制备

8.1.1 玻璃纤维滤筒

将试样滤筒剪碎（切勿使尘粒抖落），置于锥形瓶中，加入 30 ml 硝酸（5.1），5 ml 高氯酸（5.4），瓶口插入一个小漏斗，于电热板上加热至微沸，保持微沸 2 h。稍冷，再加入 10 ml 硝酸（5.1），继续加热微沸至近干。如果样品消解不完全，可加入少量硝酸（5.1）继续加热至样品颜色变浅。冷却，加入少量水，用定量滤纸过滤，用水洗涤锥形瓶、滤渣数次，合并洗涤液和滤液，加热浓缩至 5 ml 左右，移到 25 ml 容量瓶中，用水稀释至标线，即为试样溶液。

8.1.2　过氯乙烯滤膜

取试样滤膜置于锥形瓶中，加入 10 ml 硝酸（5.1），放置过夜。其后消解方法与 8.1.1 同，但酸量减半。

8.2　空白试验溶液的制备

取同批号空白滤筒或滤膜至少两个以上，按 8.1.1 或 8.1.2 条操作，制备成空白试验溶液。

8.3　校准曲线的绘制

8.3.1　工作标准溶液的配制

取 7 个 25 ml 容量瓶，分别加入锡标准使用液（5.6）0.00、0.25、0.50、1.00、1.50、2.00、2.50 ml，然后用硝酸溶液（5.2）稀释至标线，配制成工作标准溶液，该标准溶液含锡分别为 0.0、10.0、20.0、40.0、60.0、80.0、100.0 μg/L。

8.3.2　涂锆石墨管的制作

用微量移液器向热解石墨管中移入 150 μl 锆溶液（5.7），按仪器说明书的操作步骤和选定的仪器工作条件及参数，进行一次全过程原子化，制备成涂锆石墨管。

仪器参数可参照仪器说明书进行选择，以下条件和参数仅供参考：

波长	286.3 nm
灯电流	5 mA
狭缝	1.3 nm
石墨管	热解石墨管
进样量	10 μl 改进剂+20 μl 样品溶液
氩气流量	内 0.5 L/min，外 2.5 L/min
干燥温度与时间	80～120℃　20s
灰化温度与时间	400℃　40 s
原子化温度与时间	2 700℃　6 s
清洗温度与时间	2 800℃　3 s

8.3.3　校准曲线的绘制

用微量移液器向已涂锆的石墨管中依次移入 10 μl 酒石酸-锆基体改进剂（5.8）、20 μl 工作标准溶液，按照制备涂锆管的仪器工作条件，测定工作标准溶液的吸光度值，以吸光度值对锡浓度（μg/L）绘制校准曲线，并算出校准曲线的回归直线方程。

8.4　试样溶液的测定

按校准曲线绘制时的仪器工作条件和操作步骤，分别测定空白溶液（8.2）和试样溶液（8.1），记录吸光度值。

9　计算和结果表示

9.1　排放浓度

根据所测的吸光度值，在校准曲线上查出或由回归方程中算出试样溶液（8.1）和空白溶液（8.2）中锡的浓度，并由下式计算固定污染源排放中锡的含量，μg/m^3。

9.1.1　有组织排放

$$c\text{（Sn，}\mu g/m^3\text{）}=\frac{25\cdot(a-b)}{V_{nd}\times 1\,000}$$

式中：c——锡及其氧化物（换算成锡）浓度，μg/m^3；

a——试样溶液中锡的浓度，μg/L；

b——空白滤筒溶液中锡的浓度，μg/L；

25——试样溶液体积，ml；

V_{nd}——换算成标准状态下（0℃、101 325 Pa）干气的采样体积，m^3。

9.1.2 无组织排放

$$c\text{（Sn，}\mu g/m^3\text{）}=\frac{25\cdot(a-b)}{V_{nd}\times 1\,000}\times\frac{S_t}{S_a}$$

式中：c——锡及其氧化物（换算成锡）浓度，μg/m^3；

a——试样溶液中锡的浓度，μg/L；

b——空白滤膜溶液中锡的浓度，μg/L；

V——试样溶液体积，ml；

V_{nd}——换算成标准状态下（0℃、101 325 Pa）干气的采样体积，m^3；

S_t——试样滤膜总面积，cm^2；

S_a——测定时所取滤膜面积，cm^2。

9.2 排放速率

有组织排放：按 GB/T 16157—1996 计算锡的排放速率。

10 精密度与准确度

10.1 精密度

四个实验室用石墨炉法测定地球化学标准参考物（经多个实验室多次测定得平均值 Sn 68.2 mg/kg）为统一试样。重复性相对标准偏差为 6.0%，再现性相对标准偏差为 9.6%。

10.2 准确度

四个实验室用石墨炉法测定地球化学标准参考物（经多个实验室多次测定得平均值 Sn 68.2 mg/kg）为统一试样。相对误差为 3.2%。

附加说明：

本标准由国家环境保护总局科技标准司提出。

本标准由中国环境监测总站负责起草。

本标准由国家环境保护总局解释。

中华人民共和国环境保护行业标准

大气固定污染源　镉的测定 火焰原子吸收分光光度法

HJ/T 64.1—2001

Stationary Source Emission—Determination of cadmium—Flame atomic absorption spectrophotometric method

2001-07-27 批准　　2001-11-01 实施

1　范围

1.1　适用范围

本标准适用于大气固定污染源有组织和无组织排放中镉及其化合物的测定。

1.2　方法检出限

当采集 10 m^3 气体的滤膜制备成 10 ml 样品时，最低检出限为 3×10^{-6} mg/m^3，测定范围（0.05～1.0）$\times10^{-3}$ mg/m^3。

1.3　干扰

当钙的浓度高于 1 000 mg/L 时，抑制镉的吸收。

2　引用标准

下列标准所包含的条文，通过在本标准中引用而构成为本标准的正式条文。本标准出版时，所示版本均为有效。所有标准都会被修订，使用本标准的各方应探讨使用下列标准最新版本的可能性。

GB/T 15432—1995　环境空气　总悬浮颗粒物测定　重量法

GB/T 16157—1996　固定污染源排气中颗粒物的测定与气态污染物采样方法

GB 16297—1996　大气污染物综合排放标准

3　定义

本标准中大气固定污染源中的镉，系指经滤筒或滤膜采集的颗粒物中能被硝酸-高氯酸体系浸出的镉及其化合物。

4　原理

将经硝酸-高氯酸消解后的试样溶液喷入空气—乙炔贫燃火焰中，于 228.8 nm 处测定吸光值，根据特征谱线的光强度，可确定样品溶液中镉的浓度。

5　试剂

本标准所用试剂除非另有说明，均使用符合国家标准的分析纯试剂和去离子水或同等纯度的水。

5.1　硝酸（HNO_3），ρ=1.42 g/ml，优级纯。

5.2　硝酸溶液，1+1。

用硝酸（5.1）配制

5.3　硝酸溶液，1+99。

用硝酸（5.1）配制

5.4　高氯酸（$HClO_4$），ρ=1.67 g/ml，优级纯。

5.5　镉标准贮备液（Cd），0.100 mg/ml。

准确称取光谱纯（或含量不低于 99.99%）的镉 0.100 0 g，用适量硝酸溶液（5.2）溶解，必要时加热至溶解完全，用去离子水稀释定容至 1 000 ml，混匀。

5.6　镉标准使用液（Cd），10.0 μg/ml。

临用时，用硝酸溶液（5.3）逐级稀释镉贮备液（5.5）而成。

6　仪器

一般实验室仪器和：

6.1　原子吸收分光光度计及相应的辅助设备。

6.2　总悬浮颗粒物采样器。

6.3　烟尘采样器。

6.4　玻璃纤维滤筒。

6.5　过氯乙烯滤膜。

7　样品采集和保存

7.1　样品的采集

7.1.1　有组织排气：采样点数目、采样点位设置及采样方法，按 GB/T 16157—1996 中第 4、8 章有关规定执行；采样频次和时间，按 GB 16297—1996 中第 8 章有关规定执行。采用玻璃纤维滤筒（6.4）采集排气中的颗粒物。详细记录采样条件。

7.1.2　无组织排气：采样点数目、采样点位设置和采样时间按 GB 16297—1996 中附录 C 中有关规定执行。采样方法参照 GB/T 15432—1995 第 5 章中有关规定执行，采用过氯乙烯滤膜（6.5）采集样品。滤膜安装时，将“毛”面朝上。详细记录采样条件。

7.2　样品的保存

采集后的样品放置在样品袋中，于干燥洁净的干燥器中保存。

8　分析步骤

8.1　试样溶液的制备

8.1.1　玻璃纤维滤筒：将试样滤筒剪碎（切勿使尘粒抖落），置于锥形瓶中，加入 30 ml 硝酸（5.1），5 ml 高氯酸（5.4），瓶口插入一个小漏斗，于电热板上加热至微沸，保持微沸 2 h。稍冷，再加入 10 ml 硝酸（5.1），继续加热微沸至近干。如果样品消解不完全，可加入少量硝酸（5.1）继续加热至样品颜色变浅。冷却，加入少量水，用定量滤纸过滤，用水洗涤锥形瓶、滤渣数次，合并洗涤液和滤液，加热浓缩至 5 ml 左右，转移到 25 ml 容量瓶中，用水稀释至标线，即为试样溶液。

8.1.2　过氯乙烯滤膜；取试样滤膜置于锥形瓶中，加入 10 ml 硝酸（5.1），放置过夜。其后消解方法与 8.1.1 同，但酸量减半。

8.2　空白试验溶液的制备

取同批号空白滤筒或滤膜至少两个以上，按 8.1.1 或 8.1.2 条操作，制备成空白试验溶液。

8.3 校准曲线的绘制

取 7 个 25 ml 容量瓶，分别加入镉标准使用液（5.6）0.00、0.25、0.50、1.00、1.50、2.00、2.50 ml，然后用硝酸溶液（5.3）稀释至标线，配制成工作标准溶液，该标准溶液含镉分别为 0.00、0.10、0.20、0.40、0.60、0.80、1.00 mg/L。

按仪器说明书的操作步骤调试仪器并选择仪器参数，测定工作标准溶液的吸光度值，以吸光度值对镉浓度（mg/L）绘制校准曲线，并算出校准曲线的回归直线方程。

8.4 试样溶液的测定

按校准曲线绘制时的仪器工作条件，吸入硝酸溶液（5.3），将仪器调零，分别吸入空白溶液（8.2）和试样溶液（8.1），记录吸光度值。

9 计算和结果表示

9.1 排放浓度

根据所测的吸光度值，在校准曲线上查出或由回归方程算出试样溶液（8.1）和空白溶液（8.2）的浓度，并由下式计算固定污染源排放中镉的含量，mg/m^3。

9.1.1 有组织排放：

$$c\text{（Cd，mg/m}^3\text{）}=\frac{25\times(a-b)}{V_{nd}\times 1\,000}$$

式中：c——镉及其氧化物（换算成镉）浓度，mg/m^3；

a——试样溶液中镉的浓度，μg/ml；

b——空白滤筒溶液中镉的浓度，μg/ml；

V——试样溶液体积，ml；

V_{nd}——换算成标准状态下（0℃、101 325 Pa）干气的采样体积，m^3。

9.1.2 无组织排放：

$$c\text{（Cd，mg/m}^3\text{）}=\frac{25\times(a-b)}{V_{nd}\times 1\,000}\times\frac{S_t}{S_a}$$

式中：c——镉及其氧化物（换算成镉）浓度，mg/m^3；

a——试样溶液中镉的浓度，μg/ml；

b——空白滤膜溶液中镉的浓度，μg/ml；

25——试样溶液体积，ml；

V_{nd}——换算成标准状态下（0℃、101 325 Pa）干气的采样体积，m^3；

S_t——试样滤膜总面积，cm^2；

S_a——测定时所取滤膜面积，cm^2。

9.2 排放速率

排放速率按 GB 16297—1996 中有关规定计算。

10 精密度与准确度

10.1 精密度

四个实验室火焰法测定水系沉积标准参考物（经多个实验室多次测定得平均值 3.88 mg/kg）为统一试样。重复性相对标准偏差为 6.38%，再现性相对标准偏差为 16.7%。

10.2 准确度

四个实验室火焰法测定水系沉积标准参考物（经多个实验室多次测定得平均值 3.88 mg/kg）为统一试样。相对误差为 5.0%。

附加说明：

本标准由国家环境保护总局科技标准司提出。

本标准由中国环境监测总站负责起草。

本标准由国家环境保护总局解释。

中华人民共和国环境保护行业标准

大气固定污染源　镉的测定 石墨炉原子吸收分光光度法

HJ/T 64.2—2001

Stationary source emission-Determination of cadmium-Graphitic furnace atomic absorption spectrophotometric method

2001-07-27 批准　　　　2001-11-01 实施

1 范围

1.1 适用范围

本标准适用于大气固定污染源有组织和无组织排放中镉及其化合物的测定。

1.2 测定范围

当采样体积为 10 m^3 时，将滤膜制备成 10 ml 样品进行测定，检出限为 3×10^{-8} mg/m^3，测定范围 0.5～10 ng/m^3。

2 引用标准

下列标准所包含的条文，通过在本标准中引用而构成为本标准的正式条文。本标准出版时，所示版本均为有效。所有标准都会被修订，使用本标准的各方，应探讨使用下列标准最新版本的可能性。

GB 16297—1996　大气污染物综合排放标准

GB/T 16157—1996　固定污染源排气中颗粒物的测定和气态污染物采样方法

GB/T 15432—1995　环境空气　总悬浮颗粒物的测定　重量法

3 定义

本标准中大气固定污染源中的镉及其化合物：系指经滤筒或滤膜采集的颗粒物中能被硝酸-高氯酸浸出的镉及化合物。

4 原理

用玻璃纤维滤筒和过氯乙烯滤膜采集的样品，经硝酸-高氯酸溶液加热浸取制备成样品溶液。根据特征谱线强度，确定样品溶液中镉的浓度。

5 试剂

本标准中除另有说明外，均使用符合国家标准分析纯试剂和去离子蒸馏水或同等纯度的水。

5.1　硝酸（HNO_3），ρ＝1.42g/ml，优级纯。

5.2　硝酸溶液，1%（*V/V*）

用硝酸（5.1）配制。

5.3 硝酸溶液，1+1

用硝酸（5.1）配制。

5.4 高氯酸（$HClO_4$），ρ=1.67g/ml，优级纯。

5.5 氨水，ρ=0.90 g/ml，优级纯。

5.6 镉标准储备液，500.0 g/ml

称取 0.500 0 g 镉（含量不低于 99.99%）于烧杯中，加入硝酸（5.3）5 ml，加热，直至溶解完全，然后用水稀释定容至 1 000 ml，混匀。

5.7 镉标准溶液，10.00 μg/ml

移取 10.00 ml 镉标准储备液（5.6）至 500 ml 容量瓶中，用硝酸溶液（5.2）稀释至刻度，混匀。

5.8 镉标准使用溶液，0.10 μg/ml

用移液管吸取 1.0 ml 镉标准储备液（5.7）至 100 ml 容量瓶中，用硝酸溶液（5.3）稀释至刻度，混匀。

5.9 氯化钯-酒石酸氨溶液

称取 50 mg 氯化钯，1 000 mg 酒石酸溶于 100 ml 氨水（5.5）中。氯化钯、酒石酸均用优级纯试剂。

6 仪器

一般实验室仪器和：

6.1 原子吸收分光光度计及相应的辅助设备。

6.2 总悬浮颗粒采样器。按 GB/T 15432—1995 执行。

6.3 烟尘采样器。按 GB/T 15432—1995 执行。

6.4 玻璃纤维滤筒和过氯乙烯滤膜。

7 样品的采集和保存

7.1 样品的采集

7.1.1 无组织排放

采样时间及采样监控点位置的确定，按照《大气污染物综合排放标准》（GB 16297—1996）附录 C 规定进行。操作步骤按《环境空气　总悬浮颗粒物的测定　重量法》（GB/T 15432—1995）进行采样。

7.1.2 有组织排放

采样点数目、采样点位设置及操作步骤，按《固定污染源排气中颗粒物的测定和气态污染物采样方法》（GB/T 16157—1996）有关规定进行。采样频次和时间，按《大气污染物综合排放标准》（GB 16297 —1996）有关规定进行。

7.2 样品的保存

采样结束后，将滤筒或滤膜取出，编号后，放入干燥洁净的器皿中，并按采样要求，做好记录。

8 分析步骤

8.1 校准曲线的绘制

取 6 个 100 ml 容量瓶，分别加入镉标准使用溶液（5.8）0、0.5、1.0、2.0、5.0、8.0、10.0 ml，然后用硝酸溶液（5.2）稀释至刻度。

根据选定的原子吸收分光光度计工作条件，测定溶液的吸光度。以吸光度对镉浓度（μg/L），绘制标准曲线，并算出校准曲线的回归直线方程。

仪器参数可参照仪器说明书进行选择。以下条件仅供参考：

波长：228.8 nm　　光谱通带：1.3 nm　　灯电流：5.0 mA

进样量：10 μl　氩气流量：内 0.5 L/min　外 2.5 L/min

干燥温度与时间：120℃，20 s　灰化温度与时间：700℃，20 s

原子化温度与时间：2 000℃，10 s

8.2 样品的测定

滤筒样品：将滤筒剪碎，置于 150 ml 锥形瓶中，用少量水润湿，加 30 ml 硝酸（5.1）和 5 ml 高氯酸（5.4）（以酸液浸过样品为宜，不足加入硝酸），瓶口插入一短颈玻璃漏斗，在电热板上加热至沸腾，蒸至近干时取下冷却。再加 10 ml 硝酸（5.1），继续加热至近干（如果样品消解不完全，可加入少量硝酸（5.1）继续加热至样品颜色变浅）。稍冷，加少量水过滤，每次转移洗涤液时应用玻璃棒将絮状纤维挤压干净，浓缩滤液至近干。冷却后，转移到 25 ml 容量瓶中，再用水稀释至刻度，此溶液即为试样溶液。

滤膜样品：将滤膜剪碎，置于 100 ml 锥形瓶中，加 10 ml 硝酸（5.1）浸泡过夜。再加 2 ml 高氯酸（5.4），瓶口插入一短颈玻璃漏斗，其他步骤同滤筒的处理方法，所用酸量均减半。

注：对于过氯乙烯滤膜，建议加硝酸（5.1）后过夜，以免有机物过多加入高氯酸（5.4）后发生爆炸。

8.3 空白溶液的制备

取同批号空白滤膜或滤筒（每种至少两个），按 8.2 的操作步骤，制备空白溶液。

8.4 样品溶液的测定

按校准曲线绘制时的仪器工作条件，注入硝酸溶液（5.2），将仪器调零，分别注入空白溶液（8.3）和样品溶液（8.2），记录吸光度值。

9 计算和结果表示

9.1 浓度的计算

根据所测的吸光度值，在校准曲线上查出或由回归方程计算出样品溶液（8.2）和空白溶液（8.3）中镉的浓度，并由下式计算大气污染源中镉的含量，mg/m^3。

$$滤膜：c（\mathrm{Cd}，\mathrm{mg/m^3}）=\frac{V(a-b)}{V_{\mathrm{nd}}\cdot 10^6}\times\frac{S_{\mathrm{t}}}{S_{\mathrm{a}}}$$

$$滤筒：c（\mathrm{Cd}，\mathrm{mg/m^3}）=\frac{V(a-b)}{V_{\mathrm{nd}}\cdot 10^6}$$

式中：c——镉及其化合物（换算成镉）浓度，mg/m^3；

a——样品溶液中镉浓度，ng/ml；

b——空白溶液中镉浓度，ng/ml；

V——样品溶液体积，ml；

V_{nd}——换算成标准状态下（0℃，101 325 Pa）的采样体积，m^3；

S_{t}——滤膜总面积，cm^2；

S_{a}——测定时所取滤膜面积，cm^2。

其中：

$$V_{\mathrm{nd}}=V_{\mathrm{t}}\frac{273}{273+t}\times\frac{P}{101.3}$$

式中：V_{t}——采样体积，m^3；

t——采样时的环境温度，℃；

P——采样时的大气压力，kPa。

9.2 排放速率的计算

根据《大气污染物综合排放标准》（GB 16297—1996）的有关条款确定排放速率。

10　精密度和准确度

四个实验室石墨炉法测定含 1.05 mg/kg 和 4.0 mg/kg 镉的标准参考物。

10.1　精密度

精密度分别为 8.4%和 7.9%。

10.1.1　重复性

重复性相对标准偏差分别为 13.6%和 9.6%。

10.1.2　再现性

再现性相对标准偏差分别为 13.7%和 23.1%。

10.2　准确度

相对误差分别为 2.8%和 3.8%。

附加说明：

本标准是《大气污染物综合排放标准》（GB 16297—1996）配套标准分析方法之一。
本标准由国家环境保护总局科技标准司提出。
本标准由中国环境监测总站负责起草。
本标准由国家环境保护总局解释。

中华人民共和国环境保护行业标准

大气固定污染源　镉的测定　对-偶氮苯重氮氨基偶氮苯磺酸分光光度法

HJ/T 64.3—2001

Stationary source emission—Determination of cadmium
***p*-Azobenzenediazoaminazobenzene sulfonic acid spectrophotometric method**

2001-07-27 批准　　　　2001-11-01 实施

1　主题内容与适用范围

1.1　本标准适用于大气固定污染源有组织和无组织排放中镉及其化合物的测定。

1.2　最低检出浓度

采气体积为 2 m^3，定容体积为 25.0 ml，使用光程 10 mm 比色皿，本方法最低检出浓度为 1.0×10^{-4} mg/m^3。

2　引用标准

下列标准所包括的条文，通过在本标准中引用而构成本标准的条文。本标准出版时，所示版本均为有效。所有标准都会被修订，使用本标准的各方应探讨使用下列标准最新版本的可能性。

GB/T 16157—1996　固定污染源排气中颗粒物测定与气态污染物采样方法

GB/T 15432—1995　环境空气　总悬浮颗粒物测定　重量法

GB 16297—1996　大气污染物综合排放标准

3　定义

本标准系指大气固定污染源中的镉，经滤筒或滤膜采集的颗粒物，经硝酸-高氯酸体系溶出的镉及其化合物。

4　原理

将采集样品后的滤膜或滤筒用硝酸-高氯酸消解制成样品溶液。在 pH 9.5～11.5 的弱碱性溶液中，非离子表面活性剂存在下，镉离子与对-偶氮苯重氮氨基偶氮苯磺酸（缩写 ADAAS，结构式：

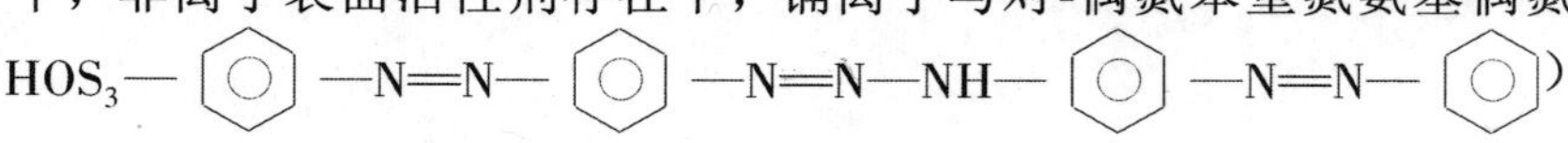

）作用生成稳定的红色络合物。于波长 532 nm 处有最大吸光度。

5　试剂

除非另有说明，分析所用试剂均为符合国家标准的分析纯；水为蒸馏水或同等纯度的水。

5.1 硝酸（HNO_3），ρ_{20}=1.42。
5.2 高氯酸（$HClO_4$），ρ_{20}=1.68。
5.3 氨水（$NH_3 \cdot H_2O$），ρ_{20}=0.90。
5.4 硝酸溶液，1+1。
5.5 甲醛（HCHO），36%～38%。
5.6 甲醛溶液，2%（*V/V*）：

量取 2 ml 甲醛（5.5）溶于 98 ml 水中。

5.7 二甲基甲酰胺（$HCON(CH_3)_2$），简写 DMF。
5.8 氯化铵（NH_4Cl），固体。
5.9 氢氧化钠（NaOH）溶液，*c*（NaOH）=1.0 mol/L。
5.10 氢氧化钠（NaOH）溶液，*c*（NaOH）=0.1 mol/L。
5.11 ADAAS 显色剂，0.04%（*m/V*）：

称取 80 mg 纯化的对-偶氮苯重氮氨基偶氮苯磺酸，溶于 80 ml DMF（5.7）中，加入 120 ml 水，滴加 2～3 滴氢氧化钠（5.9），摇匀。

5.12 曲力通 X-100 溶液，2%（*V/V*）：

量取 2.0 ml［Triton X-100，$(CH_3)_3CCH_2C(CH_3)_2$-$C_6H_4(OCH_2CH_2)_nOH$，$n \approx 10$］，溶于 98 ml 水中（可加热使其溶解）。

5.13 氨水-氯化铵缓冲溶液，pH=10.0：

称取 20g 氯化铵（5.8），溶于适量水中，加入 120 ml 氨水（5.3），加水稀释至约 500 ml，摇匀。用氯化铵和氨水调至溶液 pH=10.0，用 pH 计校准。

5.14 氰化钾-酒石酸钾钠混合掩蔽剂：

称取 0.15g 氰化钾（KCN）溶于 100 ml 氢氧化钠溶液（5.10）中，并加入 5g 酒石酸钾钠（$C_4H_4O_6KNa \cdot 4H_2O$）。此溶液含 0.15%氰化钾和 5%酒石酸钾钠。

注：氰化钾为剧毒物质，使用和保存必须严格按规定要求。

5.15 镉标准贮备液：

称取 0.5000g 金属镉（99.99%），置于 100 ml 烧杯中，用硝酸溶液（5.4）10 ml 加热溶解，移入 500 ml 容量瓶中以水定容。此溶液每毫升含 1.000 mg 镉。

5.16 镉标准中间液：

吸取镉标准贮备液（5.15）10.00 ml 移入 100 ml 容量瓶，加入 1 ml 硝酸（5.1）后用水定容至标线，此溶液每毫升含 100.0 μg 镉。

5.17 镉标准使用液：

吸取镉标准中间液（5.16）2.00 ml 移入 100 ml 容量瓶，用水定容至标线，此溶液每毫升含 2.00 μg 镉，使用时当天配制。

6 仪器与材料

实验室常用仪器及：

6.1 玻璃漏斗 ϕ2.5 cm。
6.2 总悬浮颗粒物采样器。
6.3 烟尘采样装置。
6.4 过氯乙烯滤膜，玻璃纤维滤膜。
6.5 玻璃纤维滤筒。

7 采样

7.1 样品采集

7.1.1 无组织排放样品的采集，采样方法按照《环境空气总悬浮颗粒物测定重量法》（GB/T 15432—1995）执行；采样点数目及采样点位置，采样时间和频次按《大气污染物综合排放标准》（GB 16297—1996）执行。

7.1.2 有组织排放样品的采集，采样点数目及采样点位置按《固定污染源排气中颗粒物测定与气态污染物采样方法》（GB/T 16157—1996）执行；采样时间和频次按《大气污染物综合排放标准》（GB 16297—1996）执行。

7.2 样品保存

滤膜样品采集后对折放入干净纸袋中保存待测。滤筒样品采集后将封口向内折叠，竖直放回原采样盒中，待测。

8 步骤

8.1 校准曲线绘制

取 6 支 25 ml 具塞比色管，依次加入镉标准使用溶液（5.17）0、1.00、2.00、3.00、4.00、5.00 ml，然后向各管中分别加入 2.0 ml 氨缓冲液（5.13），0.5 ml 曲力通 X-100 溶液（5.12），1.0 ml 氰化钾-酒石酸钾钠混合掩蔽剂（5.14），用洗瓶冲洗一下比色管内壁，摇匀（不必用力摇晃，以免生成大量泡沫）。片刻后，加入 1.5 ml ADAAS 显色剂（5.11），1.0 ml 甲醛溶液（5.6），加水至标线，摇匀。放置 10 min 后，于 532 nm 波长处，用 10 mm 比色皿，以试剂空白溶液为参比测定吸光度。以吸光度对镉含量（μg）回归，得回归方程，绘制标准曲线。

8.2 样品测定

8.2.1 样品处理

将采样后的滤膜或滤筒剪碎（切勿抖落尘粒），放入 150 ml 锥形瓶中，罩上玻璃漏斗（6.1），加 30 ml 硝酸溶液（5.4），5 ml 高氯酸（5.2）（对于滤筒样品可加大硝酸溶液用量，以浸没样品为适宜）。将锥形瓶置于电热板上加热（如果样品消解不完全，可在刚开始冒高氯酸烟时将锥形瓶取下，趁热滴加硝酸（5.1）数滴，继续加热至样品颜色变浅）。高氯酸冒白色浓烟至样品近干时，取下冷却。

冷却后的锥形瓶中加入少量水，于电热板上继续加热，溶解盐类。

将放冷后的样品溶液过滤，用水分数次洗涤残渣（可用套硅橡皮头的玻璃棒研磨瓶壁，以减少损失）。

8.2.2 干扰

对于 5 μg 镉，下列含量的共存离子不影响测定：200 μg 汞、1 500 μg 铜、500 μg 铁、500 μg 铝、200 μg 钴、200 μg 镍。

铁、铝含量大于 500 μg 的样品，采用碘化钠介质，MIBK 萃取分离，萃取操作步骤参见附录 A。

8.2.3 显色测定

将上述过滤液收集于 150 ml 锥形瓶中，蒸发至近干，移入 25 ml 比色管中（溶液体积不宜超过 18 ml），加入 NaOH 溶液（5.10），调节 pH 至近中性；加入 2.0 ml 氨缓冲溶液（5.13），0.5 ml 曲力通 X-100 溶液（5.12），1.0 ml 氰化钾-酒石酸钾钠混合掩蔽剂（5.14），缓慢摇匀后，再加 1.5 ml ADAAS 显色剂（5.11），1.0 ml 甲醛溶液（5.6），加水至标线，摇匀。放置 10 min 后，于 532 nm 波长处，用 10 mm 比色皿，以试剂空白作参比，测定吸光度。

8.3 空白试验

用同批号的滤膜或滤筒，按样品消解步骤和条件进行处理，并显色测定空白值。

9　计算

9.1　计算污染物排放浓度

根据所测吸光度，由回归方程求得试样中镉含量，由下式计算有组织排放或无组织排放大气污染源中镉含量（mg/m^3）。

$$c\text{（Cd，}mg/m^3\text{）}=\frac{(W-W_0)}{V_{nd}\times 1\,000}\times\frac{S_t}{S_a}$$

式中：W——样品溶液中镉含量，μg；

W_0——空白试验溶液中镉含量，μg；

S_t——样品滤膜总面积，cm^2；

S_a——测定时所取样品滤膜面积，cm^2；

V_{nd}——标准状态下的采气体积，m^3。

注：对滤筒样品，$S_t=S_a$。

9.2　计算污染物排放速率

根据《大气污染物综合排放标准》（GB 16297—1996）附录 A 和附录 B 的有关条文计算污染物排放速率。

10　精密度和准确度

选取标准参考物 GSD—12（镉含量推荐值为 4.0 mg/kg）作为统一样品，经 6 个实验室分析：

重复性相对标准偏差：3.4%。

再现性相对标准偏差：11%。

11　说明

11.1　氰化钾为剧毒物质，操作应十分小心。加入氰化钾-酒石酸钾钠掩蔽剂前，应保持待测体系为碱性，以免产生 HCN 气体，毒害人体。

11.2　样品消解时，高氯酸烟应尽量赶尽，否则，过滤时易破损滤纸，直接显色时还影响溶液酸度。

11.3　对于用有机滤膜采集的样品或有机物含量高的样品，消解时应先用硝酸氧化有机物，然后加入高氯酸，以避免爆炸。

11.4　氨-氯化铵缓冲体系可掩蔽锌、铝、锰、铅、铁等离子，氰化钾可掩蔽汞、铜、银、钴、镍等离子，酒石酸钾钠可掩蔽钙、镁、铁、铝等离子，防止在碱性介质中形成氢氧化物沉淀。但当分析含铁 5 mg 以上样品（如土壤样品）时，上述掩蔽体系无法防止氢氧化物沉淀。类似情况，可采用萃取分离方法消除干扰。

附 录 A
碘化钠-MIBK 萃取操作

A.1 适用范围

当酸浸取液中铁、铝离子的含量超过 500 μg 时，采用下述操作步骤。

A.2 试剂

第 5 章给出的试剂和以下试剂：

A.2.1 甲基异丁基酮（$C_6H_{12}O$），简写 MIBK。

A.2.2 碘化钠（NaI）溶液，2 mol/L：称取 30 g 碘化钠溶于 100 ml 水中。

A.2.3 碘化钠-抗坏血酸混合液：称取 1 g 抗坏血酸（$C_6H_8O_6$）溶于 100 ml 碘化钠溶液（A.2.2）中，摇匀。

A.2.4 洗萃液：取 200 ml 水，加入 MIBK（A.2.1）5 ml，摇匀，制成饱和 MIBK 水溶液。用移液管取下层溶液使用。

A.2.5 反萃液：按 3+2+1 的比例，将蒸馏水、氨缓冲液（5.13）、混合掩蔽剂（5.14）混合，摇匀。

A.3 仪器

见第 6 章。

A.4 测定步骤

A.4.1 萃取分离

将前述消解后的样品溶液（8.2）过滤收集于 125 ml 分液漏斗中，加入 3.0 ml 碘化钠-抗坏血酸溶液（A.2.3），10 ml MIBK（A.2.1）。萃取 2～3 min，放掉水相。再用 5 ml 洗萃液（A.2.4）振摇数次，静置，弃去水相。然后，加入 6.0 ml 反萃液（A.2.5），反萃 2 min，水相放入 25 ml 比色管中，加少量水洗涤有机相 2～3 次，合并放入比色管（溶液体积不宜超过 20 ml）。

A.4.2 比色测定

向比色管中（A.4.1）分别加入 0.5 ml 曲力通 X-100 溶液（5.12），1.5 ml ADAAS 显色剂（5.11），1.0 ml 甲醛溶液（5.6），加水至标线定容，摇匀后，放置 10 min。于 532 nm 波长处，10 mm 比色皿，以相同操作的试剂空白作参比测定溶液吸光度，并由校准曲线（8.1）查得样品溶液中镉的含量。

A.4.3 计算

参见正文计算（9）。

附加说明：

本标准是《大气污染物综合排放标准》（GB 16297—1996）配套标准分析方法之一。
本标准由国家环境保护总局科技标准司提出。
本标准由中国环境监测总站负责起草。
本标准由国家环境保护总局解释。

中华人民共和国环境保护行业标准

大气固定污染源　镍的测定 火焰原子吸收分光光度法

HJ/T 63.1—2001

Stationary Source emission—Determination of nickel—Flame absorption spectrophotometric method

2001-07-27 批准　　　　2001-11-01 实施

1　范围

1.1　适用范围

本标准适用于大气固定污染源有组织和无组织排放中镍及其化合物的测定。

1.2　测定范围

当采样体积为 10 m^3 时，将滤膜制备成 10 ml 样品进行测定，检出限为 3×10^{-5} mg/m^3，测定范围为 10～500 $\mu g/m^3$。

2　引用标准

下列标准所包含的条文，通过在本标准中引用而构成为本标准的正式条文。本标准出版时，所示版本均为有效。所有标准都会被修订，使用本标准的各方，应探讨使用下列标准最新版本的可能性。

GB 16297—1996　大气污染物综合排放标准

GB/T 16157—1996　固定污染源排气中颗粒物的测定和气态污染物采样方法

GB/T 15432—1995　环境空气　总悬浮颗粒物的测定　重量法

3　定义

本标准中大气固定污染源中的镍及其化合物：系指经滤筒或滤膜采集的颗粒物中能被硝酸-高氯酸浸出的镍及化合物。

4　原理

用玻璃纤维滤筒和过氯乙烯滤膜采集的样品，经硝酸-高氯酸溶液加热浸取制备成样品溶液。根据特征谱线强度，确定样品溶液中镍的浓度。

5　试剂

本标准中除另有说明外，均使用符合国家标准分析纯试剂和去离子蒸馏水或同等纯度的水。

5.1　硝酸（HNO_3）：ρ＝1.42 g/ml，优级纯。

5.2　硝酸溶液，1%（V/V）

用硝酸（5.1）配制。

5.3　硝酸溶液，1+1

用硝酸（5.1）配制。

5.4　高氯酸（$HClO_4$），ρ=1.67 g/ml，优级纯。

5.5　镍标准储备液，100.0 g/ml

称取 1.000 g 镍（含量不低于 99.99%）于烧杯中，加入硝酸（5.3）10 ml，加热，直至溶解完全，然后用水稀释定容至 1 000 ml，混匀。

5.6　镍标准溶液，0.100 g/L

移取 10.00 ml 镍标准储备液（5.5）至 100 ml 容量瓶中，用硝酸溶液（5.2）稀释至刻度，混匀。

6　仪器

一般实验室仪器和：

6.1　原子吸收分光光度计及相应的辅助设备。

6.2　总悬浮颗粒采样器。按 GB/T 15432—1995 执行。

6.3　烟尘采样器。按 GB/T 15432—1995 执行。

6.4　玻璃纤维滤筒和过氯乙烯滤膜。

7　样品的采集和保存

7.1　样品的采集

7.1.1　无组织排放

采样时间及采样监控点位置的确定，按照《大气污染物综合排放标准》（GB 16297—1996）附录 C 规定进行。操作步骤按《环境空气　总悬浮颗粒物的测定　重量法》（GB/T 15432—1995）进行采样。

7.1.2　有组织排放

采样点数目、采样点位设置及操作步骤，按《固定污染源排气中颗粒物的测定和气态污染物采样方法》（GB/T 16157—1996）有关规定进行。采样频次和时间，按《大气污染物综合排放标准》（GB 16297—1996）有关规定进行。

7.2　样品的保存

采样结束后，将滤筒或滤膜取出，编号后，放入干燥洁净的器皿中。并按采样要求，做好记录。

8　分析步骤

8.1　校准曲线的绘制

取 6 个 100 ml 容量瓶，分别加入镍标准溶液（5.6）0、0.5、1.0、2.0、4.0、8.0、10.0 ml，然后用硝酸溶液（5.2）稀释至刻度。

根据选定的原子吸收分光光度计工作条件，测定溶液的吸光度。以吸光度对镍浓度（mg/L），绘制标准曲线，并算出校准曲线的回归直线方程。

仪器参数可参照仪器说明书进行选择。以下条件仅供参考：

波长：232.0 nm　　光谱通带：0.09 nm　　灯电流：10 mA

火焰类型：贫燃型　　火焰高度：7.5 mm

乙炔流量：2.2 L/min　　空气流量：9.5 L/min

8.2　样品的测定

滤筒样品：将滤筒剪碎，置于 150 ml 锥形瓶中，用少量水润湿，加 30 ml 硝酸（5.1）和 5 ml 高氯酸（5.4）（以酸液浸过样品为宜，不足加入硝酸），瓶口插入一短颈玻璃漏斗，在电热板上加热至沸腾，蒸至近干时取下冷却。再加 10 ml 硝酸（5.1），继续加热至近干[如果样品消解不完全，可加入少量硝酸（5.1）继续加热至样品颜色变浅]。稍冷，加少量水过滤，每次转移洗涤液时应用玻璃棒将絮状纤维挤压干净，浓缩滤液至近干。冷却后，转移到 25 ml 容量瓶中，再用水稀释至刻度，此溶液即为试样溶液。

滤膜样品：将滤膜剪碎，置于 100 ml 锥形瓶中，加 10 ml 硝酸（5.1）浸泡过夜。再加 2 ml 高氯酸（5.4），瓶口插入一短颈玻璃漏斗，其他步骤同滤筒的处理方法，所用酸量均减半。

注：对于过氯乙烯滤膜，建议加硝酸（5.1）后过夜，以免有机物过多加入高氯酸（5.4）后发生爆炸。

8.3 空白溶液的制备

取同批号空白滤膜或滤筒（每种至少两个），按 8.2 的操作步骤，制备空白溶液。

8.4 样品溶液的测定

按校准曲线绘制时的仪器工作条件，注入硝酸溶液（5.2），将仪器调零，分别注入空白溶液（8.3）和样品溶液（8.2），记录吸光度值。

9 计算和结果表示

9.1 浓度的计算

根据所测的吸光度值，在校准曲线上查出或由回归方程计算出样品溶液（8.2）和空白溶液（8.3）中镍的浓度，并由下式计算大气污染源中镍的含量，mg/m^3。

$$\text{滤膜：} c\text{（Ni，mg/m}^3\text{）}=\frac{V(a-b)}{V_{nd}\cdot 10^6}\times\frac{S_t}{S_a}$$

$$\text{滤筒：} c\text{（Ni，mg/m}^3\text{）}=\frac{V(a-b)}{V_{nd}\cdot 10^6}$$

式中：c——镍及其化合物（换算成镍）浓度，mg/m^3；

a——样品溶液中镍浓度，μg/ml；

b——空白溶液中镍浓度，μg/ml；

V——样品溶液体积，ml；

V_{nd}——换算成标准状态下（0℃，101 325 Pa） 的采样体积，m^3；

S_t——滤膜总面积，cm^2；

S_a——测定时所取滤膜面积，cm^2。

其中：

$$V_{nd}=V_t\frac{273}{273+t}\times\frac{P}{101.3}$$

式中：V_t——采样体积，m^3；

t——采样时的环境温度，℃；

P——采样时的大气压力，kPa。

9.2 排放速率的计算

根据《大气污染物综合排放标准》（GB 16297—1996）的有关条款确定排放速率。

10 精密度和准确度

四个实验室火焰法测定含 53 mg/kg 和 276 mg/kg 镍的标准参考物。

10.1 精密度

精密度分别为 4.0%和 3.4%。

10.1.1 重复性

重复性相对标准偏差分别为 5.4%和 3.9%。

10.1.2　再现性

再现性相对标准偏差分别为 14.9%和 5.4%。

10.2　准确度

相对误差分别为 5.1%和 5.5%。

附加说明：

本标准由国家环境保护总局科技标准司提出。

本标准由中国环境监测总站负责起草。

本标准由国家环境保护总局解释。

中华人民共和国环境保护行业标准

大气固定污染源　镍的测定　石墨炉原子吸收分光光度法

HJ/T 63.2—2001

Stationary source ernission—Determination of nicket—Graphitic furnace atomic absorption spectrophotometric method

2001-07-27 批准　　2001-11-01 实施

1　范围

1.1　适用范围

本标准适用于大气固定污染源有组织和无组织排放中镍及其化合物的测定。

1.2　测定范围

当采样体积为 10 m^3 时，将滤膜制备成 10 ml 样品进行测定，检出限为 3×10^{-6} mg/m^3。测定范围 5～200 ng/m^3。

2　引用标准

下列标准所包含的条文，通过在本标准中引用而构成为本标准的正式条文。本标准出版时，所示版本均为有效。所有标准都会被修订，使用本标准的各方，应探讨使用下列标准最新版本的可能性。

GB 16297—1996　大气污染物综合排放标准

GB/T 16157—1996　固定污染源排气中颗粒物的测定和气态污染物采样方法

GB/T 15432—1995　环境空气　总悬浮颗粒物的测定　重量法

3　定义

本标准中大气固定污染源中的镍及其化合物：系指经滤筒或滤膜采集的颗粒物中能被硝酸-高氯酸浸出的镍及化合物。

4　原理

用玻璃纤维滤筒和过氯乙烯滤膜采集的样品，经硝酸-高氯酸溶液加热浸取制备成样品溶液。根据特征谱线强度，确定样品溶液中镍的浓度。

5　试剂

本标准中除另有说明外，均使用符合国家标准分析纯试剂和去离子蒸馏水或同等纯度的水。

5.1　硝酸（HNO_3），ρ=1.42 g/ml，优级纯。

5.2　硝酸溶液，1%（*V/V*）

用硝酸（5.1）配制。

5.3 硝酸溶液，1+1

用硝酸（5.1）配制。

5.4 高氯酸（$HClO_4$），ρ=1.67 g/ml，优级纯。

5.5 氨水，ρ=0.90 g/ml，优级纯。

5.6 镍标准储备液，100.0 g/ml

称取 0.100 0 g 镍（含量不低于 99.99%）于烧杯中，加入硝酸（5.3）5 ml，加热，直至溶解完全，然后用水稀释定容至 1 000 ml，混匀。

5.7 镍标准溶液，1.00 μg/ml

称取 10.00 ml 镍标准储备液（5.6）至 1 000 ml 容量瓶中，用硝酸溶液（5.2）稀释至刻度，混匀。

6 仪器

一般实验室仪器和：

6.1 原子吸收分光光度计及相应的辅助设备。

6.2 总悬浮颗粒采样器。按 GB/T 15432—1995 执行。

6.3 烟尘采样器。按 GB/T 15432—1995 执行。

6.4 玻璃纤维滤筒和过氯乙烯滤膜。

7 样品的采集和保存

7.1 样品的采集

7.1.1 无组织排放

采样时间及采样监控点位置的确定，按照《大气污染物综合排放标准》（GB 16297—1996）附录 C 规定进行。操作步骤按《环境空气 总悬浮颗粒物的测定 重量法》（GB/T 15432—1995）进行采样。

7.1.2 有组织排放

采样点数目、采样点位设置及操作步骤，按《固定污染源排气中颗粒物的测定和气态污染物采样方法》（GB/T 16157—1996）有关规定进行。采样频次和时间，按《大气污染物综合排放标准》（GB 16297—1996）有关规定进行。

7.2 样品的保存

采样结束后，将滤筒或滤膜取出，编号后，放入干燥洁净的器皿中。并按采样要求，做好记录。

8 分析步骤

8.1 校准曲线的绘制

取 7 个 100 ml 容量瓶，分别加入镍标准溶液（5.7）0、1.0、2.0、5.0、8.0、10.0、20.0、50.0 ml，然后用硝酸溶液（5.2）稀释至刻度。

根据选定的原子吸收分光光度计工作条件，测定溶液的吸光度。以吸光度对镍浓度（μg/L），绘制标准曲线，并算出校准曲线的回归直线方程。

仪器参数可参照仪器说明书进行选择。以下条件仅供参考：

波长：232.0 nm　　光谱通带：0.09 nm　　灯电流：10 mA

进样量：10 μl　　氩气流量：内 0.5 L/min　外 2.5 L/min

干燥温度与时间：120℃，20 s　　灰化温度与时间：700℃，20 s

原子化温度与时间：2 700℃，10 s

8.2 样品的测定

滤筒样品：将滤筒剪碎，置于 150 ml 锥形瓶中，用少量水润湿，加 30 ml 硝酸（5.1）和 5 ml 高氯酸（5.4）（以酸液浸过样品为宜，不足加入硝酸），瓶口插入一短颈玻璃漏斗，在电热板上加热至沸腾，蒸至近干时取下冷却。再加 10 ml 硝酸（5.1），继续加热至近干[如果样品消解不完全，可加入少量硝酸（5.1）继续加热至样品颜色变浅]。稍冷，加少量水过滤，每次转移洗涤液时应用玻璃棒将絮状纤维挤压干净，浓缩滤液至近干。冷却后，转移到 25 ml 容量瓶中，再用水稀释至刻度，此溶液即为试样溶液。

滤膜样品：将滤膜剪碎，置于 100 ml 锥形瓶中，加 10 ml 硝酸（5.1）浸泡过夜。再加 2 ml 高氯酸（5.4），瓶口插入一短颈玻璃漏斗，其他步骤同滤筒的处理方法，所用酸量均减半。

注：对于过氯乙烯滤膜，建议加硝酸（5.1）后过夜，以免有机物过多加入高氯酸（5.4）后发生爆炸。

8.3 空白溶液的制备

取同批号空白滤膜或滤筒（每种至少两个），按 8.2 的操作步骤，制备空白溶液。

8.4 样品溶液的测定

按校准曲线绘制时的仪器工作条件，注入硝酸溶液（5.2），将仪器调零，分别注入空白溶液（8.3）和样品溶液（8.2），记录吸光度值。

9 计算和结果表示

9.1 浓度的计算

根据所测的吸光度值，在校准曲线上查出或由回归方程计算出样品溶液（8.2）和空白溶液（8.3）中镍的浓度，并由下式计算大气污染源中镍的含量，mg/m^3。

$$滤膜：c（Ni，mg/m^3）=\frac{V(a-b)}{V_{nd}\cdot 10^6}\times\frac{S_t}{S_a}$$

$$滤筒：c（Ni，mg/m^3）=\frac{V(a-b)}{V_{nd}\cdot 10^6}$$

式中：c——镍及其化合物（换算成镍）浓度，mg/m^3；

a——样品溶液中镍浓度，ng/ml；

b——空白溶液中镍浓度，ng/ml；

V——样品溶液体积，ml；

V_{nd}——换算成标准状态下（0℃、101 325 Pa）的采样体积，m^3；

S_t——滤膜总面积，cm^2；

S_a——测定时所取滤膜面积，cm^2。

其中：

$$V_{nd}=V_t\frac{273}{273+t}\times\frac{P}{101.3}$$

式中：V_t——采样体积，m^3；

t——采样时的环境温度，℃；

P——采样时的大气压力，kPa。

9.2 排放速率的计算

根据《大气污染物综合排放标准》（GB 16297—1996）的有关条款确定排放速率。

10 精密度和准确度

四个实验室石墨炉法测定含 53 mg/kg 和 276 mg/kg 镍的标准参考物。

10.1 精密度

精密度分别为 7.4%和 4.2%。

10.1.1 重复性

重复性相对标准偏差分别为 8.7%和 4.5%。

10.1.2 再现性

再现性相对标准偏差分别为 21.7%和 11.9%。

10.2 准确度

相对误差分别为 6.1%和 6.9%。

附加说明：

本标准是《大气污染物综合排放标准》（GB 16297—1996）配套标准分析方法之一。

本标准由国家环境保护总局科技标准司提出。

本标准由中国环境监测总站负责起草。

本标准由国家环境保护总局解释。

中华人民共和国环境保护行业标准

大气固定污染源　镍的测定 丁二酮肟-正丁醇萃取分光光度法

HJ/T 63.3—2001

Stationary source emission—Determination of nickel—Dimethylglyoxime with *n*-Butanol by spectrophotometry

2001-07-27 批准　　2001-11-01 实施

1　范围

1.1　适用范围

本标准适用于大气固定污染源有组织和无组织排放中镍及其化合物的测定。

1.2　测定范围

当采样体积为 50 L 时，将滤膜或滤筒制备成 25 ml 样品溶液进行测定，检出限为 0.002 mg/L，测定范围为 0.4～1.6 mg/L。

1.3　干扰

在 25 ml 定容的测定体系中，当 Fe^{3+}大于 110 mg、Cu^{2+}大于 1.6 mg、Co^{2+}大于 1.6 mg、Mn^{2+}大于 15 mg、Al^{3+}大于 15 mg 时，对 20μg Ni^{2+}的测定有干扰。

2　引用标准

下列标准所包含的条文，通过在本标准中引用而构成为本标准的正式条文。本标准出版时，所出版本均为有效。所有标准都会被修订，使用本标准的各方应探讨使用下列标准最新版本的可能性。

2.1　GB/T 16157—1996　固定污染源排气中颗粒物的测定和气态污染物采样方法

2.2　GB 16297—1996　大气污染物综合排放标准

2.3　GB/T 15432—1995　环境空气　总悬浮颗粒物的测定　重量法

3　定义

本标准中大气固定污染源中的镍及其化合物：系指经滤筒或滤膜采集的颗粒物中能被硝酸-高氯酸浸出的镍及其化合物。

4　原理

用过氯乙烯滤膜采集无组织排放中颗粒物样品，用玻璃纤维滤筒采集有组织排放中的颗粒物样品，用硝酸-高氯酸消解后制成样品溶液。

将样品溶液用丁二酮肟-正丁醇萃取分离后，在氨溶液中，碘存在下，镍与丁二酮肟作用，形成酒红色可溶性络合物，在 440 nm 波长处进行分光光度测定。

5 试剂

除另有说明外，分析时均使用符合国家标准的分析纯试剂，水为去离子水或同等纯度的水。

5.1 硝酸（HNO_3），ρ为 1.40 g/ml

5.2 氨水（$NH_3 \cdot H_2O$），ρ为 0.90 g/ml

5.3 高氯酸（$HClO_4$），ρ为 1.68 g/ml

5.4 乙醇（C_2H_5OH），95%

5.5 正丁醇［$CH_3(CH_2)_2CH_2OH$］，ρ为 0.81 g/ml

5.6 硝酸溶液，1+1

5.7 硝酸溶液，1%

5.8 氢氧化钠溶液，40 g/L

5.9 柠檬酸铵溶液［$(NH_4)_3C_6H_5O_7$］，500 g/L

5.10 柠檬酸铵溶液［$(NH_4)_3C_6H_5O_7$］，200 g/L

5.11 盐酸羟胺溶液（$NH_4OH \cdot HCl$），5%（*W/V*）

称取 5 g 盐酸羟胺溶解于 100 ml 水中。

5.12 碘溶液，0.05 mol/L

称取 12.7 g 碘片（I_2），加到含有 25 g 的碘化钾（KI）的少量水中，研磨稀释至 1 000 ml 水中。

5.13 丁二酮肟溶液［$(CH_3)_2C_2(NOH)_2$］，5 g/L

称取 0.5 g 丁二酮肟溶解于 50 ml 氨水（5.2）中，用水稀释至 100 ml。

5.14 丁二酮肟乙醇溶液，10 g/L

称取 1 g 丁二酮肟溶解于 100 ml 乙醇（5.4）中。

5.15 Na_2-EDTA［$C_{10}H_{14}N_2O_8Na_2 \cdot 2H_2O$］溶液，50 g/L

5.16 氨水溶液，1+1

5.17 氨水溶液，0.5 mol/L

5.18 盐酸溶液，1 mol/L

5.19 氯化铵-氨水缓冲溶液

称取 16.9 g 氯化铵（NH_4Cl），加到 143 ml 氨水（5.2）中，用水稀释至约 250 ml，用 pH 计调至 pH＝10±0.2，贮存于聚乙烯塑料瓶中，4℃下保存。

5.20 镍标准贮备液，1 000 mg/L，准确称取镍（含量 99.9%以上），0.100 0±0.000 1 g 溶解在 10 ml 硝酸溶液（5.7）中，加热蒸发至近干，冷却后加 2 ml 硝酸溶液（5.6）溶解，转移到 100 ml 容量瓶中，用水稀释至标线。

5.21 镍标准使用溶液，20.0 mg/L

取 10.0 ml 镍标准贮备液（5.20）于 500 ml 容量瓶中，用水稀释至标线。

5.22 酚酞乙醇溶液，1 g/L

称取 0.1 g 酚酞，溶解于 100 ml 乙醇（5.4）中。

6 实验室常用仪器及仪器

6.1 烟尘采样器

6.2 总悬浮颗粒物采样器

6.3 过氯乙烯滤膜和玻动纤维滤筒

7 样品的采集和保存

7.1 样品的采集

7.1.1 无组织排放

采样时间及采样监控点位置的确定，按照《大气污染物综合排放标准》（GB 16297—1996）附录 C 规定进行，操作步骤按《环境空气 总悬浮颗粒物的测定 重量法》（GB/T 15432—1995）进行采样。

7.1.2 有组织排放

采样点位的布设及操作步骤按《固定污染源排气中颗粒物的测定和气态污染物采样方法》（GB/T 16157—1996）中的有关规定进行。

采样频次和时间，按《大气污染物综合排放标准》（GB 16297—1996）有关规定进行。

7.2 样品的保存

采样结束后，将滤筒或滤膜取出，编号后放入干燥洁净的器皿中，并按采样的要求，做好记录。

8 分析步骤

8.1 校准曲线的绘制

取 6 个 125 ml 梨形分液漏斗依次加入镍标准使用溶液（5.21）0，0.25，0.50，1.00，1.50，2.00 ml，加入 5 ml 水，然后加入 2 ml 丁二酮肟乙醇溶液（5.14），2 ml 柠檬酸铵溶液（5.9），1 ml 盐酸羟胺溶液（5.11），摇匀。加 2 滴酚酞溶液（5.22），加入 2 ml 氨水溶液（5.16），摇匀，使溶液呈粉红色，再加入 1 ml 氯化铵-氨水缓冲溶液（5.19），加水 15 ml，使总体积至 30 ml，摇匀。

用 15 ml 正丁醇（5.5）萃取 2 min，静止分层后，弃去水相。

用 15 ml 氨水溶液（5.17）振摇 30 s，弃去水相。

加入 5.0 ml 盐酸溶液（5.18）振摇 2 min，静置分层后，将水相完全转入 25 ml 容量瓶中，再用 5 ml 水洗涤有机相一次，合并水相。

在容量瓶中加入氢氧化钠溶液（5.8）约 2 ml 使溶液呈中性，加入 0.5 ml 柠檬酸溶液（5.10）摇匀。加入 2 ml 碘溶液（5.12），加水约至 20 ml，摇匀，加 2 ml 丁二酮肟溶液（5.13），摇匀，加 2 ml Na_2-EDTA 溶液（5.15），加水至标线，摇匀。放置 5 min。

在 440 nm 波长下，用 1 cm 比色皿，10 min 内，以试剂空白作参比，测定吸收液，以吸光度对镍含量（μg）绘制校准曲线。

8.2 样品的测定

滤筒样品：将滤筒剪碎，置于 150 ml 锥形瓶中，用少量水润湿，加 30 ml 硝酸（5.1）和 5 ml 高氯酸（5.3）（以酸液浸过样品为宜，不足加入硝酸），瓶口插入一短颈玻璃漏斗，在电热板上加热至沸腾，蒸至近干时取下冷却，再加 10 ml 硝酸（5.1）继续加热至溶液颜色变浅，颗粒物样品呈灰白色（如果没有处理好，加入硝酸继续加热至颗粒物呈灰白色），直到样品溶液至近干，稍冷。加少量水过滤，每次转移洗涤液时应用玻璃棒将絮状纤维挤压干净。浓缩滤液至近干，冷却后，定量转移到 25 ml 容量瓶中，再用水稀释至刻度，此溶液即为试样溶液。

滤膜样品：将滤膜剪碎，置于 100 ml 锥形瓶中，加 15 ml 硝酸（5.1）浸泡过夜。再加 2 ml 高氯酸（5.3），瓶口插入一短颈玻璃漏斗，其他步骤同滤筒的处理方法，所用酸量均减半。

8.3 空白溶液的制备

取同批号等面积空白滤膜或同批号空白滤筒（每种至少两个），按 8.2 的操作步骤，制备空白溶液。

8.4 样品的测定

取适量样品溶液和空白溶液，按校准曲线绘制步骤进行萃取显色，测定吸光度值。

9 计算和结果表示

9.1 根据样品显色溶液的吸光度值从相应的校准曲线上查出或用相应的回归方程计算出样品显色液中的镍含量（W，μg）。

9.2 无组织排放镍含量的计算

$$c\text{（Ni，mg/m}^3\text{）}=\frac{(W-W_0)}{V_{nd}\times 1\,000}\times\frac{V_t}{V_a}\times\frac{S_t}{S_a}$$

式中：W——测定时所取样品溶液中镍的含量，μg；

W_0——空白滤膜中镍的含量，μg；

V_t——样品溶液总体积，ml；

V_a——测定时所取样品溶液体积，ml；

S_t——样品滤膜总面积，cm^2；

S_a——测定时所取样品滤膜面积，cm^2；

V_{nd}——标准状态下的采样体积，m^3。

9.3 有组织排放镍含量的计算

$$c\text{（Ni，mg/m}^3\text{）}=\frac{(W-W_0)}{V_{nd}}\times\frac{V_t}{V_a}$$

式中：W——测定时所取样品中镍含量，μg；

W_0——空白滤筒溶液中镍的含量，μg；

V_t——样品溶液总体积，ml；

V_a——测定时所取样品溶液体积，ml；

V_{nd}——标准状态下废气的采样体积，m^3。

9.4 排放速率的计算

根据《大气污染物综合排放标准》（GB 16279—1996）有关条款，确定排放速率。

10 精密度和准确度

五个实验室分析含 53μg/g 及 254μg/g 镍的统一样品。

10.1 精密度

10.1.1 重复性

在单个实验室内，进行六次测定重复性相对标准偏差分别为 2.8%及 1.1%。

10.1.2 再现性

在五个实验室内，各进行六次测定，相对标准偏差分别为 4.8%及 3.0%。

10.2 准确度

相对误差为 3.2%及 7.0%，加标回收率分别为 84.4%～95%。

11 说明

11.1 加入碘溶液后，必须加水至约 20 ml 摇匀，否则加入丁二酮肟后不能正常显色。

11.2 必须在加入丁二酮肟溶液并摇匀后，再加入 Na_2-EDTA 溶液，否则将不能正常显色。

11.3 用氢氧化钠溶液中和样品呈中性后，应立即加入柠檬酸铵溶液，因样品在中性介质中不稳定。

11.4 有组织排放污染物滤筒采集的样品消解时，加热回流时间最多不能超过 16h，否则滤筒在酸液中泡糟，消解时易出现爆沸现象。

附加说明：

本标准是《大气污染物综合排放标准》（GB 16297—1996）配套标准分析方法之一。
本标准由国家环境保护总局科技标准司提出。
本标准由中国环境监测总站负责起草。
本标准由国家环境保护总局解释。

国家环境保护总局标准

固定污染源排气中二氧化硫的测定 定电位电解法

HJ/T 57—2000

Determination of sulphur dioxide from exhausted gas of stationary source —Fixed-potential electrolysis method

2000-12-07 批准　　2001-03-01 实施

1　范围

本标准规定了定电位电解法测定固定污染源排气中二氧化硫浓度以及测定二氧化硫排放总量的方法。

2　引用标准

下列标准所包含的条文，在本标准中引用构成本标准的条文，与本标准同效。

GB/T 16157—1996　固定污染源排气中颗粒物测定和气态污染物采样方法

3　原理

烟气中二氧化硫（SO_2）扩散通过传感器渗透膜，进入电解槽，在恒电位工作电极上发生氧化反应：

$$SO_2+2H_2O = SO_4^{2-}+4H^++2e$$

由此产生极限扩散电流 i，在一定范围内，其电流大小与二氧化硫浓度成正比，即：

$$i=\frac{ZFSD}{\delta}\cdot c$$

在规定工作条件下，电子转移数 Z、法拉第常数 F、扩散面积 S、扩散系数 D 和扩散层厚度 δ 均为常数，所以二氧化硫浓度 c 可由极限电流 i 来测定。

测定范围：15～14 300 mg/m^3。测量误差±5%。

影响因素：氟化氢、硫化氢对二氧化硫测定有干扰。烟尘堵塞会影响采气流速，采气流速的变化直接影响仪器的测试读数。

4　仪器

4.1　定电位电解法二氧化硫测定仪。

4.2　带加热和除湿装置的二氧化硫采样管。

4.3　不同浓度二氧化硫标准气体系列或二氧化硫配气系统。

4.4　能测定管道气体参数的测试仪。

5　试剂

5.1　二氧化硫标准气体。

6　步骤

不同测定仪，操作步骤有差异，应严格按照仪器说明书操作。

6.1　开机与标定零点

将仪器接通采样管及相应附件。定电位电解二氧化硫测定仪在开机后，通常要倒计时，为仪器标定零点。标定结束后，仪器自动进入测定状态。

6.2　测定

采样应在额定负荷或参照有关标准或规定下进行。

将仪器的采样管插入烟道中，即可启动仪器抽气泵，抽取烟气进行测定。待仪器读数稳定后即可读数。同一工况下应连续测定三次，取平均值作为测量结果。

测量过程中，要随时监督采气流速有否变化，及时清洗、更换烟尘过滤装置。

6.3　关机

测定结束后，应将采样管置于环境大气中，按仪器说明书要求，继续抽气吹扫仪器传感器，直至仪器二氧化硫浓度示值符合仪器说明书要求后，自动或手动停机。

6.4　仪器标定与电化学传感器的更换

6.4.1　仪器校准

定电位电解法电化学传感器灵敏度随时间变化，为保证测试精度，根据仪器使用频率每三个月至半年需校准一次。无标定设备的单位，可到国家授权的单位进行标定；具备标定设备的单位，可用二氧化硫配气装置或不同浓度二氧化硫标准气体系列按仪器说明书规定的标定程序，标定仪器的满档和零点，再用仪器量程中点值附近浓度的二氧化硫标准气体复检，若仪器示值偏差不高于±5%，则标定合格。

6.4.2　电化学传感器的更换

在标定电化学传感器时，若发现其动态范围变小，测量上限达不到满度值，或在复检仪器量程中点时，示值偏差高于±5%，表明传感器已经失效，应更换电化学传感器。

6.5　关于仪器内可充电电池

多数定电位电解法二氧化硫测试仪内，安装有可充电电池。该电池的作用，除便于现场操作外，还用于仪器停机后，保持电化学传感器的极化条件。应随时保证可充电电池充有足够电能。多数仪器在开机后，能自动显示可充电电池的剩余电量，应按照仪器使用说明书要求，及时充电。

7　二氧化硫排放速率的计算

7.1　排气流量的测定与计算

按照 GB/T 16157—1996 中 7.1～7.5 款的规定，测量排气流速；按照 7.6 款的规定计算标准状况下干排气流量 Q_{sn}（m^3/h）。

7.2　二氧化硫排放速率的计算

7.2.1　二氧化硫浓度以 ppm（V/V）表示时，其浓度 c 可按下式转化为标准状况下干烟气二氧化硫浓度：

$$c'=\frac{64}{22.4}\times c \quad (\mathrm{mg/m^3})$$

式中：c'——标准状况下干烟气二氧化硫浓度，mg/m^3。

7.2.2　二氧化硫排放速率的计算

$$G=c'\times Q_{sn}\times 10^{-6} \quad (\mathrm{kg/h})$$

式中：G ——二氧化硫排放速率，kg/h；

c'——干排气中二氧化硫浓度，mg/m^3；

Q_{sn}——标准状况下干排气流量，dm^3/h。

附加说明：

本标准由国家环境保护总局科技标准司提出。

本标准由中国环境监测总站负责起草。

本标准由国家环境保护总局解释。

国家环境保护总局标准

固定污染源排气中二氧化硫的测定 碘量法

HJ/T 56—2000

Determination of sulphur dioxide from exhausted gas of stationary source—Iodine titration method

2000-12-07 批准　　2001-03-01 实施

1 范围

本标准规定了碘量法测定固定污染源排气中二氧化硫浓度以及测定二氧化硫排放速率的方法。

2 引用标准

下列标准所包含的条文，在本标准中引用构成本标准的条文，与本标准同效。

GB/T 16157—1996　固定污染源排气中颗粒物测定和气态污染物采样方法

3 测定方法原理、测定范围及测定误差

烟气中的二氧化硫被氨基磺酸铵混合溶液吸收，用碘标准溶液滴定。按滴定量计算二氧化硫浓度。反应式如下：

$$SO_2+H_2O=H_2SO_3$$

$$H_2SO_3+H_2O+I_2=H_2SO_4+2HI$$

测定范围：100～6 000 mg/m^3；在测定范围内，方法的批内误差不大于±6%。

4 影响因素

4.1　锅炉燃料在正常工况燃烧时，烟气中 H_2S 等还原性物质含量极少，对测定的影响可忽略不计。

4.2　吸收液中氨基磺酸铵可消除二氧化氮的影响。

4.3　采样管应加热至 120℃，以防止二氧化硫被冷凝水吸收，使测定结果偏低。

5 仪器

5.1　烟气采样器

5.2　多孔玻板吸收瓶

5.3　棕色酸式滴定管

5.4　大气压力计

5.5　烟尘测试仪或能测定管道气体参数的其他测试仪

6 试剂

除特殊规定外，本标准采用试剂均为分析纯，水为去离子水或蒸馏水。

6.1 吸收液

称取 11.0g 氨基磺酸铵，7.0g 硫酸铵，溶入少量水中，加水至 1 000 ml，再加入 5 ml 稳定剂（6.2），摇匀，贮存于玻璃瓶中，冰箱保存，有效期三个月。

6.2 稳定剂

称取 5.0g 乙二胺四乙酸二钠盐（EDTA-2Na），溶于热水，冷却后，加入 50 ml 异丙醇，用水稀释至 500 ml，贮存于玻璃瓶或聚乙烯瓶中，冰箱保存，有效期一年。

6.3 淀粉指示剂

称取 0.20g 可溶性淀粉，加少量水调成糊状，慢慢倒入 100 ml 沸水中，继续煮沸至溶液澄清，冷却后贮于细口瓶中。现配现用。

6.4 碘酸钾标准溶液 c（$1/6KIO_3$）

称取约 1.5g 碘酸钾（KIO_3，优级纯，110℃烘干 2h），准确到 0.000 1g，溶于水，移入 500 ml 容量瓶中，用水稀释至标线。冰箱保存，有效期半年。

6.5 盐酸溶液 c（HCl）＝1.2 mol/L

量取 100 ml 浓盐酸，用水稀释至 1 000 ml。

6.6 硫代硫酸钠溶液 c（$Na_2S_2O_3$）＝0.1 mol/L

称取 25g 硫代硫酸钠（$Na_2S_2O_3 \cdot 5H_2O$），溶解于 1 000 ml 新煮沸并已冷却的水中，加 0.20g 无水碳酸钠，贮于棕色细口瓶中，放置一周后标定其浓度。若溶液呈现浑浊时，应加以过滤。冰箱保存，有效期半年，每月标定一次。

标定方法：吸取碘酸钾标准溶液（6.4）25.00 ml，置于 250 ml 碘量瓶中，加 70 ml 新煮沸并已冷却的水，加 1.0g 碘化钾，振荡至完全溶解后，再加入 1.2 mol/L 盐酸溶液（6.5）10.0 ml，立即盖好瓶塞，混匀。在暗处置放 5 min 后，用硫代硫酸钠溶液（6.6）滴定至淡黄色，加淀粉指示剂（6.3）5 ml，继续滴定至蓝色刚好褪去。按下式计算硫代硫酸钠溶液的浓度：

$$c(Na_2S_2O_3)=\frac{W\times 1\,000}{35.67\times V}\times\frac{25.00}{500.0}=\frac{50\times W}{35.67\times V}$$

式中：c（$Na_2S_2O_3$）——硫代硫酸钠溶液的浓度，mol/L；

W——称取的碘酸钾重量，g；

V——滴定所用硫代硫酸钠溶液的体积，ml；

35.67——相当 1 L1 mol/L 硫代硫酸钠溶液（$Na_2S_2O_3$）的碘酸钾（$1/6\ KIO_3$）的质量，g。

6.7 碘贮备液 c（$1/2I_2$）＝0.10 mol/L

称取 40.0g 碘化钾，12.7g 碘（I_2），加少量水溶解后，用水稀释至 1 000 ml。加三滴盐酸，贮于棕色瓶中，保存于暗处。每月用硫代硫酸钠溶液标定一次。

标定方法：吸取 0.10 mol/L 碘贮备液（6.7）25.00 ml，用 0.10 mol/L 硫代硫酸钠标准溶液（6.6）标定，至溶液由红棕色变为淡黄色后，加 2g/L 淀粉溶液（6.3）5.0 ml，继续用硫代硫酸钠溶液滴定至蓝色刚好消失为止。按下式计算碘贮备液浓度：

$$c(1/2I_2)=\frac{c(Na_2S_2O_3)\times V}{25.00}$$

式中：c（$1/2\ I_2$）——碘贮备液的浓度，mol/L；

c（$Na_2S_2O_3$）——硫代硫酸钠标准溶液的浓度，mol/L；

V——滴定消耗的硫代硫酸钠标准溶液体积，ml；

25.00——滴定时取碘贮备液的体积，ml。

6.8 碘标准溶液 c（$1/2\ I_2$）＝0.010 mol/L

吸取 0.10 mol/L 碘贮备液（6.7）100.0 ml 于 1 000 ml 容量瓶中，用水稀释至标线，混匀。贮于棕色瓶中，在冰箱中保存，有效期三个月。

7 采样

7.1 采样

采样应在额定负荷或参照有关标准或规定下进行。

按照 GB/T 16157—1996 中 9.1，9.2.1，9.3 及 9.4.1 款的有关规定进行烟气采样，干烟气采样量的测定及计算参见 GB/T 16157—1996 中 10.1 或 10.2 款。用两个 75 ml 多孔玻板吸收瓶串联采样，每瓶各加入 30～40 ml 吸收液（6.1），以 0.5 L/min 流量采样。可在吸收瓶外用冰浴或冷水浴控制吸收液温度，以提高吸收效率。

7.2 采样时间影响

为保证具有较高的吸收效率，对不同烟气二氧化硫浓度，要控制不同的采样时间。当烟气二氧化硫浓度低于 1 000 mg/m^3 时，采样时间应在 20～30 min，烟气浓度高于 1 000 mg/m^3 时，采样时间应在 13～15 min。加有稳定剂（6.2）的吸收液（6.1），在测定范围内，其吸收效率＞96%。

7.3 采样频次

同一工况下应连续测定三次，取平均值作为测量结果。

8 测定

采样后，应尽快对样品进行滴定。样品放置时间不应超过 1 h。将两吸收瓶中的样品全部转入碘量瓶，用少量吸收液（6.1）分别洗涤吸收瓶两次，洗涤液亦转入碘量瓶，摇匀。加 2g/L 淀粉溶液（6.3）50 ml，用 0.010 mol/L 碘标准溶液（6.8）滴定至蓝色，记录消耗量 V（ml）。

另取相同体积吸收液（6.1），同法进行空白滴定，记录消耗量 V_0（ml）。

若烟气二氧化硫浓度较高，可取部分吸收液进行滴定。此时，按 9 款所列计算公式计算结果应除以部分吸收液占总吸收液的比值。

9 计算

$$c'=\frac{(V-V_0)\times c(1/2\ I_2)\times 32.0}{V_{nd}}\times 1\ 000$$

式中：c'——标准状况下干烟气二氧化硫浓度，mg/m^3；

c（$1/2I_2$）——碘标准溶液浓度，mol/L；

V_{nd}——标准状况下干烟气的采样体积，L；

32.0——1 L 1 mol/L 碘标准溶液（$1/2I_2$）相当的二氧化硫（$1/2\ SO_2$）的质量，g。

10 二氧化硫排放速率的计算

10.1 排气流量的测定与计算

按照 GB/T 16157—1996 中 7.1～7.5 款的规定，测量排气流速；按照 7.6 款的规定计算标准状况下干排气流量 Q_{sn}（m^3/h）。

其中：Q_{sn}——标准状况下干排气流量。

10.2 二氧化硫排放速率的计算

10.2.1 二氧化硫浓度以 ppm（V/V）表示时，其浓度 c 可按下式转化为标准状况下干烟气二氧化硫浓度：

$$c'=\frac{64}{22.4}\times c \qquad (\mathrm{mg/m^3})$$

式中：c'——标准状况下干烟气二氧化硫浓度，mg/m^3。

10.2.2 二氧化硫排放速率 G 的计算

$$G = c' \times Q_{sn} \times 10^{-6} \quad (\text{kg/h})$$

附加说明：

本标准由国家环境保护总局科技标准司提出。
本标准由中国环境监测总站负责起草。
本标准由国家环境保护总局解释。

国家环境保护总局标准

固定污染源排气中沥青烟的测定 重量法

HJ/T 45—1999

Stationary source emission—Determination of asphaltic smoke—Gravimetric method

1999-08-18 批准　　2000-01-01 实施

1 适用范围

1.1 本标准适用于固定污染源有组织排放的沥青烟测定。

1.2 沥青烟的检出限为 5.1 mg，定量测定范围为 17.0～2 000 mg。

2 定义

沥青烟：指沥青及沥青制品生产和加工过程中形成的液态烃类颗粒物质和少量气态烃类物质的混合烟雾。在本标准中则指用重量为（1.1±0.1）g 的 3[#]玻璃纤维滤筒所能捕集到的颗粒状液态烃类物质。

3 方法原理

将排气筒中的沥青烟收集于已恒重的玻璃纤维滤筒中，除去水分后，由采样前后玻璃纤维滤筒的增量计算沥青烟的浓度。若沥青烟气中含有显著的固体颗粒物，则将采样后的玻璃纤维滤筒用环己烷提取，并测定提取液中的沥青烟。

4 引用标准

下列标准所包含的条文，通过在本标准中引用而构成为本标准的条文。

GB 16297—1996　大气污染物综合排放标准

GB 16157—1996　固定污染源排气中颗粒物测定和气态污染物采样方法

5 试剂

5.1 环己烷：分析纯，经重蒸收集≤82℃馏分，其空白残渣应小于 1 mg/100 ml。

6 仪器

6.1 采样仪器

除 6.1.1 和 6.1.2 之外，均按照 GB 16157—1996 中 8.3 关于“普通型采样管法”（预测流速法）配置和组合采样仪器。

6.1.1 采样管：采集沥青烟的采样管由采样嘴、前弯管、冷却套管、滤筒夹（含保温夹套）、滤筒和采样管主体等部分组成（见图 1），其中采样管主体（图 1-14）和前弯管（图 1-1）内衬聚四氟乙烯或内壁镀特氟隆（Teflon）；保温夹套（图 1-8）应可保持（42±10）℃；采样嘴（图 1-2）的形状和尺寸应符合 GB 16157 —1996 中 8.3.3.2 的要求；前弯管（图 1-1）的长度应视排气筒直径而定；冷却套管（图 1-3）为脱卸式，根据沥青烟温度决定是否选用。在不用冷却套管的情况下，前弯管与滤筒夹相衔接，其长度应不大于 500 mm。

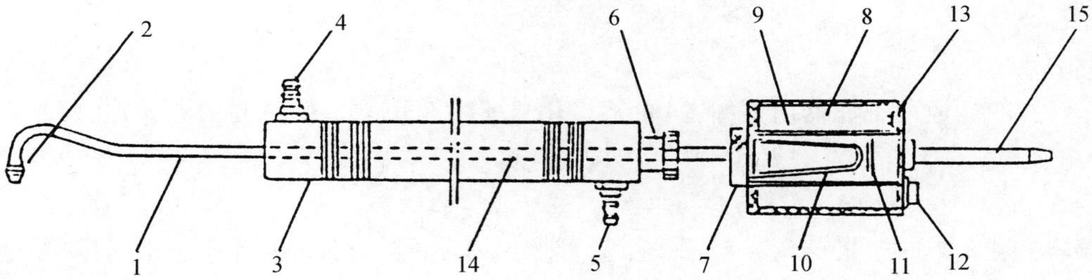

1—前弯管 10×250-500；2—采样嘴；3—冷却套管 25×240；4、5—冷却水进出口；
6—锁紧手轮；7—滤筒压盖；8—保温夹套 80×110；9—滤筒夹；10—3[#]玻璃纤维滤筒；
11—滤筒保护网；12—温控开关指示灯；13—加热插座；14—采样管；15—采样管抽气端

图 1 沥青烟采样管

6.1.2 3[#]玻璃纤维滤筒

重量（1.1±0.1）g，口径 25 mm，长度 70 mm。

6.2 索氏提取器：250 ml。

6.3 调温电热碗：250 ml。

6.4 尼龙筛布：100～120 目。

7 样品采集和保存

7.1 采样点位和采样频次

7.1.1 采样位置和采样点按 GB 16157—1996 中 4.2 执行。

7.1.2 采样时间和采样频次按 GB 16297—1996 中 8.2.1 确定。

7.2 采样前的准备

7.2.1 玻璃纤维滤筒处理与恒重

用铅笔将滤筒（6.1.2）编号，于 105℃烘 2 h，或 400℃烘 1 h 后，置于干燥器内冷却至室温，用天平称至恒重，准确至 0.1 mg。“恒重”系指间隔 24h 的两次称重之差，3[#]滤筒应不大于 5.0 mg。

7.2.2 安装滤筒

将恒重后的 3[#]滤筒（7.2.1）装入滤筒夹，用滤筒压盖将滤筒口轻轻压紧，记下滤筒编号。

7.2.3 启动滤筒保温系统

将滤筒夹加热插座接通电源 220V，打开温控开关，使滤筒夹升温至（42±10）℃，指示灯闪亮。

7.2.4 检查

检查采样系统所有仪器的连接和功能是否正常，并按 GB 16157—1996 中 5.2.2.3 之 c 有关规定，对采样系统进行检漏。

7.3 采样

将采样管（6.1.1）的采样嘴、前弯管部分伸入烟道开孔，滤筒夹和冷却夹套应处于烟道开孔之外，维持滤筒夹保温系统的温度为（42±10）℃进行采样。

当沥青烟气温度大于或等于 150℃时，应启用冷却装置，当沥青烟气温度低于 150℃时不用冷却装置。调节冷却水流速度使沥青烟气进入滤筒夹时不低于 40℃。

采样步骤按 GB 16157—1996 中 8.3.5 之 c 至 n 进行操作。

采样完毕后，取出采样嘴和前弯管，将其外部所沾烟垢擦净，把 3#玻璃纤维滤筒收入带编号的样品盒中，将采样嘴、前弯管和采样管一并带回实验室分析。

8　测定步骤

8.1　滤筒的称重

将采样后的滤筒放入干燥器内平衡 24 h 后，用天平称至恒重。恒重要求同（7.2.1）。记录 3#滤筒的增重为 ΔW_1。

8.2　采样管的洗涤

当沥青烟浓度较高时，采样管会截留少量沥青烟，用环己烷（5.10）洗涤包括采样嘴、前弯管和采样管各部分，将洗涤液合并置于已称重的烧杯中，盖上滤纸，使其在室温常压下自然蒸发。待环己烷蒸发完后，将烧杯移至干燥器中 24 h，至恒重，记下烧杯的增重 ΔW_2。

9　计算和结果表示

9.1　沥青烟的浓度计算

样品中沥青烟浓度按式（1）计算：

$$c = \frac{\Delta W_1 + \Delta W_2}{V_{\mathrm{nd}}} \times 10^3 \tag{1}$$

式中：c——某样品中沥青烟浓度，mg/m³；

ΔW_1、ΔW_2——分别为 3#滤筒、采样管洗涤液中沥青烟重量，mg；

V_{nd}——换算成标准状态下的采样体积，L。

按 GB 16157—1996 中 10.1 或 10.2 计算 V_{nd}。

9.2　沥青烟的“排放浓度”计算

按 GB 16157—1996 中 11.1 计算同一个采样截面的沥青烟平均浓度，并进一步按 1 h 内的采样频次计算平均值，即为沥青烟的“排放浓度”。

9.3　沥青烟的“排放速率”计算

按 GB 16157—1996 中 11.4 计算沥青烟的“排放速率”。

10　方法的精密度

五个实验室分别测定沥青烟含量为 98.4 mg 的统一样品，得到方法的重复性标准偏差为 1.2 mg，重复性相对标准偏差为 1.2%，重复性为 3.5 mg；方法的再现性标准偏差为 1.5 mg，再现性相对标准偏差为 1.5%，再现性为 4.2 mg。

五个实验室同时采集和测定沥青烟浓度为 137～232 mg/m³ 的 10 个沥青烟实际样品，相对标准偏差为 13.2%～15.8%。

11　说明

11.1　沥青烟含多种有毒物质，故采样和分析人员要注意自身防护和操作安全。样品的收集和处理要有专用工具和器皿；测试完毕后的样品要专门收集，予以销毁。衣服用品要彻底清洗，以防二次污染。

11.2　沥青烟样品具有一定的挥发性，样品应及时处理和分析。样品保存要有专用干燥器，采有样品的和未经使用的滤筒、烧杯等要分开放置在不同的干燥器中，以防相互沾污。

11.3 采样管采集浓度高的沥青烟样品后，应用环己烷或其他溶剂彻底清洗后，方可重复使用。

11.4 若沥青烟气中夹带的尘粒较多，应将采样后的滤筒经环己烷提取后，进行沥青烟含量测定，测定步骤见附录 A。

11.5 由于市售 3#玻璃纤维滤筒质量参差不齐，应注意选用重量为（1.1±0.1）g，口径为 25 mm，长度为 70 mm，质地紧密、均匀的产品。

附 录 A
（标准的附录）
环己烷提取后测定沥青烟的操作步骤

将采样并恒重后的滤筒用 100～120 目尼龙筛布（6.4）包裹（注意：滤筒不要剪碎），放入索氏提取器（6.2）提取管中，高度要低于提取器虹吸部位。倒入适量环己烷（5.1）使浸过提取器虹吸管，产生虹吸后再加入约 40 ml，装妥冷凝装置，开启电热碗（6.3）加热，使提取器中环己烷液滴冷却速度为 0.5～1 滴/s。待虹吸回流 8～10 次后，接受瓶中沥青烟-环己烷溶液在 40 ml 左右，停止加热，冷却接受瓶，将接受瓶提取液移至已恒重的 100 ml 烧杯中（将提取管中环己烷虹吸至回收瓶中，滤筒弃去），并用环己烷（5.1）洗涤接受瓶三次，每次 5 ml，洗涤液与烧杯中提取液合并，总体积为 60 ml 左右。将烧杯用滤纸盖好，在室温常压下自然蒸发，环己烷蒸发完后，把烧杯置于干燥器中 24 h，称至恒重。记录烧杯的增重 $\Delta W_{总}$（应有 $\Delta W_{总} \approx \Delta W_1$），准确至 0.1 mg。同时取同批滤筒进行空白试验，空白试验值小于 ±1 mg 时，校正值可以忽略不计。

附加说明：

本标准由国家环境保护总局科技标准司提出。
本标准由上海市环境监测中心负责起草。
本标准主要起草人：丁荔、靳茂霞、冯彩英。
本标准委托中国环境监测总站负责解释。

国家环境保护总局标准

固定污染源排气中一氧化碳的测定 非色散红外吸收法

HJ/T 44—1999

Stationary source emission—Determination of carbon monoxide—Non-dispersive infrared absorption method

1999-08-18 批准　　2000-01-01 实施

1 适用范围

1.1 本标准适用于固定污染源有组织排放的一氧化碳测定。

1.2 本标准检出限为 20 mg/m^3，定量测定的浓度范围为 60～15×10^4 mg/m^3。

2 方法原理

一氧化碳（CO）对 4.67 μm，4.72 μm 两波长处的红外辐射具有选择性吸收，在一定波长范围内，吸收值与一氧化碳的浓度呈线性关系（遵循朗伯-比尔定律），根据吸收值确定样品中一氧化碳的浓度。

3 引用标准

下列标准所包含的条文，通过在本标准中引用而构成为本标准的条文。

GB 16157—1996　固定污染源排气中颗粒物测定和气态污染物采样方法

GB 16297—1996　大气污染物综合排放标准

4 试剂与材料

除非另有说明，分析时均使用符合国家标准的分析纯试剂。

4.1 CO 标准气体：其浓度应达到仪器满量程的 90%～100%，用来校正仪器。

4.2 变色硅胶。

4.3 玻璃棉。

5 仪器

5.1 非色散红外气体分析仪

抗干扰：对 CO_2 和 H_2O 分别具有 2 000∶1 和 1 000∶1 或更好的抗干扰；

精确度：±3%（满刻度）；

量程：0～50 000 mg/m^3。

5.2 采样仪器

5.2.1 采样管

用不锈钢、硬质玻璃或聚四氟乙烯材质的管料，其头部塞有适当量的玻璃棉（4.3）。

5.2.2　抽气泵

密封隔膜泵或具有同等效果的其他泵。

5.2.3　采气袋

铝箔复合薄膜气袋。

5.2.4　连接管

硅橡胶管，口径与其连接部件相配。

5.2.5　弹簧夹。

5.2.6　除湿装置

一般情况下采用气体吸收瓶中填装玻璃棉，依靠烟气冷却凝结水分除湿；若烟气温度高，含湿量大，需采用冷凝器除湿。

6　样品采集和保存

6.1　采样位置和采样点

按 GB 16157—1996 中 9.1.1 和 9.1.2 执行。

6.2　采样时间和频次

按 GB 16127—1996 中 8.2.1 执行。

6.3　采样系统的连接

按照不同的采样和测定方式，采用下面几种方式连接采样系统。

6.3.1　当排气筒口径＜0.4 m 时，可将仪器探头直接插入排气筒采集样品和测定，见图 1。

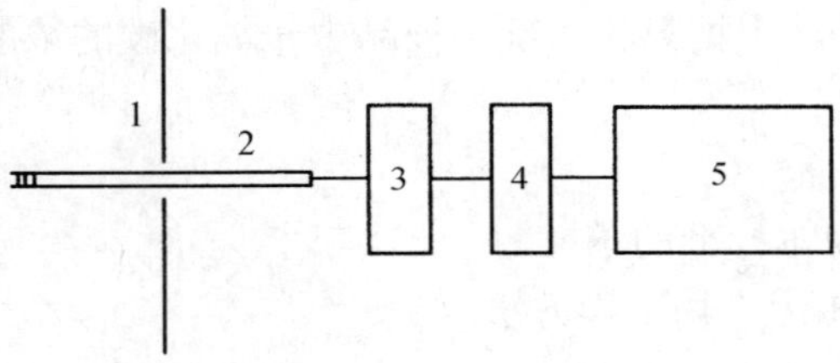

1—排气筒；2—探头；3—抽气泵；4—除湿装置；5—测定仪器

图 1

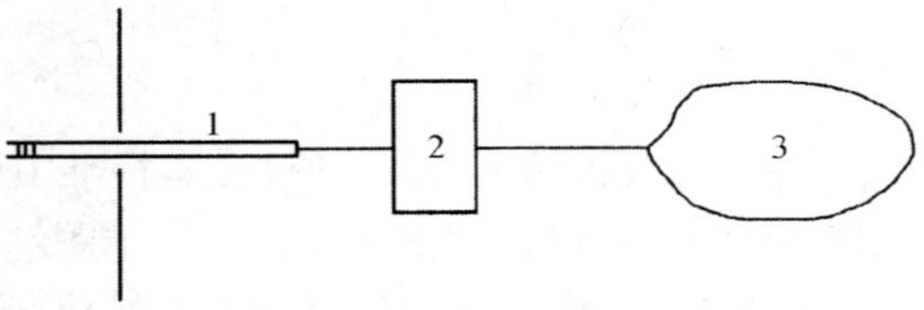

1—采样管；2—抽气泵；3—气袋

图 2

6.3.2　当排气筒口径较大（＞0.4 m）时，应使用适当尺寸的采样管（5.2.1）仍按图 1 所示连接装置。

6.3.3　当用采气袋集气后，带回实验室测定时，按图 2 所示连接采样装置。

6.4　样品采集

把采样管头部插入排气筒采样点位置，用排气筒中的气体清洗采样管 2～3 次，即可直接通入仪器进行测定（仪器自身带有抽气泵）。

如果使用铝箔复合薄膜袋采样，按图把待测气引入采气袋，用烟气清洗 3 次，然后采满气袋，用弹簧夹夹住入口。

根据烟气温度和含湿量大小，选用不同的除湿装置（5.2.6）。

6.5　样品的保存

采集到气袋中的样品应尽快分析，室温下保存最长不超过 36 h。

7 分析步骤

7.1 仪器的调零

通常以环境空气为零气，开启仪器泵电源开关，此时抽取的是环境空气，可视为零点校正气，如果环境中一氧化碳浓度大于待测样品浓度的1%时，需用纯氮校零。

7.2 仪器的校正

以一定浓度的标准气体为基准，对仪器的各量程范围进行校正，校正气浓度应选择在满量程的90%～100%范围内。

7.3 样品的测定

按图装配好实验装置，保证所有部位连接牢固，不漏气，把采样管插入烟道采样点位，开动抽气泵，用烟气清洗采样管道，然后开始抽样，记录分析仪读数。

用气袋采集的样品，可将其直接接入仪器进气口，开启仪器泵电源，将气袋中的样品气抽入仪器即可进行测定。

8 计算和结果表示

8.1 从仪器读出的一氧化碳百分含量，可按下式换算成 mg/m^3。

一氧化碳的质量浓度（mg/m^3）$=Kc$（%）

其中：$K=1.25\times10^4$（0℃，101.325 kPa）

8.2 一氧化碳的“排放浓度”计算

按 GB 16157—1996 中 11.1.2 或 11.1.4 计算一氧化碳的“排放浓度”。

8.3 一氧化碳的“排放速率”计算

按 GB 16157—1996 中 11.4 计算一氧化碳的“排放速率”。

9 精密度和准确度

经五个实验室分析一氧化碳浓度 4.38×10^3 mg/m^3 的统一样品，重复性标准偏差 11 mg/m^3，重复性相对标准偏差 0.25%，重复性 31 mg/m^3；再现性标准偏差 16 mg/m^3，再现性相对标准偏差为 0.36%，再现性 45 mg/m^3。测定结果的平均相对误差为 0.3%；各实验室测定结果的相对误差为 0～0.6%。

在实际样品分析中，以在线分析测定两个点的 CO 浓度，每个点进行 6 次平行测定的相对标准偏差分别为 2.3%及 0；用气袋采集四个点的样品，每个点平行采集 6 袋气样，然后测定 CO 浓度的相对标准偏差为 0.69%～5.0%。

10 说明

10.1 采样时如遇负压锅炉，需接大功率泵，仪器本身泵关闭。

10.2 采样时注意安全，对一氧化碳浓度较高的采样点，采样开孔应安装防喷装置，采样人员要站在上风处，防止一氧化碳中毒。

10.3 室温下的饱和水蒸气对测定无干扰，但更高的含湿量对测定有正干扰，需采取 5.2.6 所提到的适当除湿措施。

附加说明：

本标准由国家环境保护总局科技标准司提出。
本标准由上海测试技术研究所负责起草。
本标准主要起草人：杨亚灵、包珠娣。
本标准委托中国环境监测总站负责解释。

国家环境保护总局标准

固定污染源排气中氮氧化物的测定 盐酸萘乙二胺分光光度法

HJ/T 43—1999

Stationary source emission—Determination of nitrogen oxide—
***N*-（1-naphthyl）-ethylenediamine dihydrochloride spectrophotometric method**

1999-08-18 批准　　　　2000-01-01 实施

1　适用范围

1.1　本标准适用于固定污染源有组织排放的氮氧化物测定。

1.2　当采样体积为 1 L 时，本方法的定性检出浓度为 0.7 mg/m^3，定量测定的浓度范围为 2.4～208 mg/m^3。更高浓度的样品，可以用稀释的方法进行测定。

1.3　在臭氧浓度大于氮氧化物浓度 5 倍，二氧化硫浓度大于氮氧化物浓度 100 倍条件下，对氮氧化物测定有干扰。

2　方法原理

氮氧化物（NO_x）包括一氧化氮（NO）及二氧化氮（NO_2）等。在采样时，气体中的一氧化氮等低价氧化物首先被三氧化铬氧化成二氧化氮，二氧化氮被吸收液吸收后，生成亚硝酸和硝酸，其中亚硝酸与对氨基苯磺酸起重氮化反应，再与盐酸萘乙二胺耦合，呈玫瑰红色，根据颜色深浅，用分光光度法测定。

$$2NO_2 + H_2O \rightarrow HNO_2 + HNO_3$$

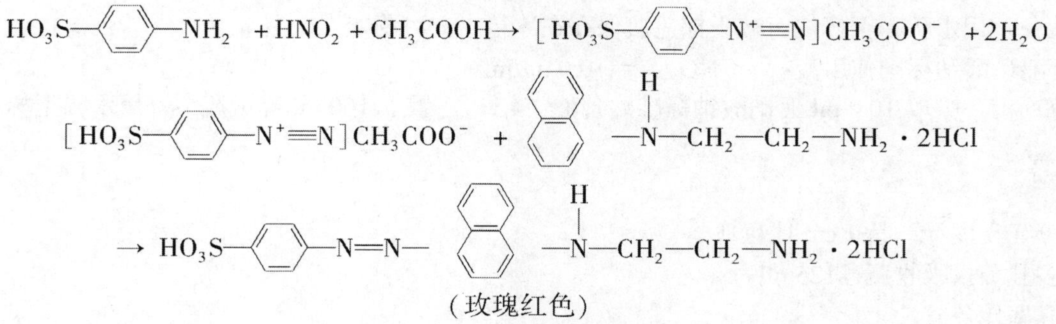

（玫瑰红色）

3　引用标准

下列标准所包含的条文，通过在本标准中的引用而构成为本标准的条文：

GB 16297—1996　大气污染物综合排放标准

GB 16157—1996　固定污染源排气中颗粒物测定和气态污染物采样方法

4 试剂和材料

除非另有说明，分析中均使用符合国家标准的分析纯试剂和不含亚硝酸根的去离子水。

4.1 对氨基苯磺酸。

4.2 冰乙酸。

4.3 盐酸萘乙二胺。

4.4 三氧化铬。

4.5 海砂（或河砂）。

4.6 盐酸：ρ=1.19 g/ml。

4.7 亚硝酸钠。

4.8 吸收贮备液

称取 5.0 g 对氨基苯磺酸（4.1），通过玻璃小漏斗直接加入 1 000 ml 容量瓶中，加入 50 ml 冰乙酸（4.2）和 900 ml 水，盖塞振摇使溶解，待对氨基苯磺酸完全溶解后，加入 0.050 g 盐酸萘乙二胺（4.3）［*N*-（l-naphthyl）-ethylenediamine dihydrochloride］溶解后，用水稀释至标线。此为吸收贮备液，贮于棕色瓶内，在冰箱中可保存两个月。保存时，可用聚四氟乙烯生胶带密封瓶口，以防止空气与贮备液接触。

4.9 吸收使用液

按 4 份贮备液（4.8）和 1 份水的比例混合。该吸收使用液的吸光度应不超过 0.05。

4.10 三氧化铬-海砂（或河砂）氧化管

筛取 20～40 目海砂（或河砂）（4.5），用 12%盐酸（3.6）溶液浸泡一夜，用水洗至中性，烘干。把三氧化铬（4.4）及海砂（或河砂）按 1∶20（*W/W*）混合，加少量水调匀，放在红外灯下或烘箱内于 105℃烘干，烘干过程中应搅拌几次。制备好的三氧化铬-砂子，应是松散的，若是黏在一起，说明三氧化铬比例太大，可适当增加一些砂子，重新制备。

称取约 8g 制备好的三氧化铬-砂子装入双球玻璃管（5.5），两端用少量脱脂棉塞好。用乳胶管或用塑料管制的小帽将氧化管两端密封。使用时氧化管与吸收瓶之间用一小段乳胶管连接，采集的气体尽可能少与乳胶管接触，以防氮氧化物被吸附。

4.11 亚硝酸钠标准贮备液：c（NO_2^-）=100 μg/ml。

称取 0.150 0 g 粒状亚硝酸钠(4.7)($NaNO_2$：预先在干燥器内放置 24 h 以上)，溶解于水，移入 1 000 ml 容量瓶中，用水稀释至标线，贮于棕色瓶保存在冰箱中，可稳定 3 个月。

4.12 亚硝酸钠标准使用液：c（NO_2^-）=10.0 μg/ml。

临用前，吸取 10.0 ml 亚硝酸钠标准贮备液（4.11），置于 100 ml 容量瓶中，用水稀至标线，摇匀。

5 仪器

5.1 分光光度计：具 1 cm 比色皿。

5.2 多孔玻板吸收瓶：125 ml。

5.3 具塞比色管。

5.4 冰袋。

5.5 双球玻璃管（见图）。

5.6 采样仪器

参考 GB 16157—1996 中 9.3 配置采样仪器。

5.6.1 采样管

材质为不锈钢、硬质玻璃或聚四氟乙烯，直径为 6～8 mm 的管料，并具有可加热至 140℃以上的保温夹套。

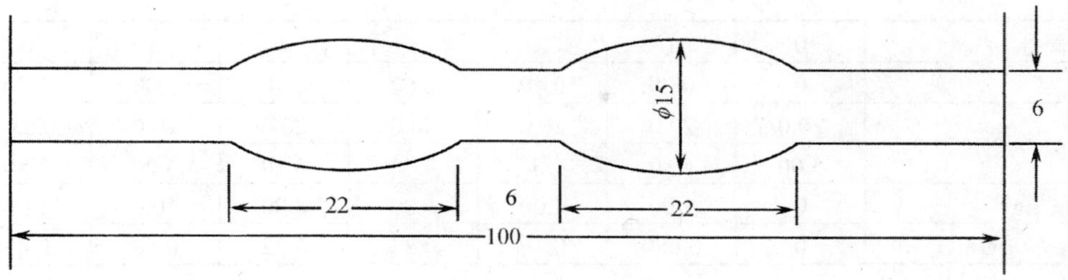

双球玻璃管（单位：mm）

5.6.2 样品吸收装置

125 ml 多孔玻板吸收瓶（5.2）。

5.6.3 流量计量装置

见 GB 16157—1996 中 9.3.6。

5.6.4 抽气泵

见 GB 16157—1996 中 9.3.7。

5.6.5 连接管

聚四氟乙烯软管（必要时用于热端的连接）和乳胶管。

6 样品采集与保存

6.1 采样位置和采样点

按 GB 16157—1996 中 9.1.1 和 9.1.2 设置采样位置和采样点。

6.2 采样时间和频次

按 GB 16297—1996 中 8.2 设置采样时间和采样频次。

6.3 采样装置的连接

参考 GB 16157—1996 中 9.3 图 28，按采样管、样品吸收装置、流量计量装置和抽气泵的顺序连接好采样系统，并检查其密封性和可靠性，连接管用聚四氟乙烯软管或内衬聚四氟乙烯薄膜的乳胶管，尽可能短。

6.4 样品采集

按顺序串联一个空的多孔玻板吸收瓶，一支氧化管（4.10）和两个各装 75 ml 吸收液（4.9）的多孔玻板吸收瓶（5.2）作为样品吸收装置，将其接入采样系统，并放置于冰浴中，以 0.05～0.2 L/min 的流量；采气至第二个吸收瓶呈微红色，停止采样。记录采样流量、时间、温度、气压，密封吸收瓶进、出口，避光运回实验室。

6.5 样品保存

采集好的样品应置于冰箱内 3～5℃保存，并于 24 h 内测定完毕。

7 分析步骤

7.1 绘制校准曲线

按下表在 25 ml 比色管中制备标准色列。

亚硝酸钠标准色列

管号	0	1	2	3	4	5	6	7
标准溶液/ml	0	0.20	0.40	0.60	0.80	1.00	1.20	1.50
吸收原液/ml	20.0	20.0	20.0	20.0	20.0	20.0	20.0	20.0
水/ml	5.00	4.80	4.60	4.40	4.20	4.00	3.80	3.50
亚硝酸根含量/μg	0	2.00	4.00	6.00	8.00	10.0	12.0	15.0
亚硝酸根浓度/（μg/ml）	0	0.080	0.16	0.24	0.32	0.40	0.48	0.60

以上各管混匀后，避开直射阳光，放置 15 min，在波长 540 nm 处，用 1 cm 比色皿，以水为参比液测定吸光度。以吸光度对亚硝酸根浓度（μg/ml），绘制标准曲线，并计算校准曲线的线性回归方程。

7.2 样品测定

采样后，分别取两个吸收瓶中的吸收液，于 1 cm 比色皿按绘制校准曲线相同条件测定吸光度，并同时测定空白吸收液的吸光度。

若样品溶液的吸光度超过测定上限，则取适量样品溶液，用空白吸收液作适当稀释后测定吸光度。

8 计算和结果表示

8.1 样品中的氮氧化物浓度计算

采集样品中氮氧化物的浓度按式（1）计算。

$$c\,[\text{氮氧化物}\,(NO_2,\ mg/m^3)] = \frac{c' \cdot V_t}{0.72 \times V_{nd}} \times F \qquad (1)$$

式中：c——气体样品中氮氧化物浓度，mg/m^3；

c'——样品溶液中亚硝酸根离子浓度，μg/ml，可从校准曲线中查得，或用回归方程斜率计算；

V_t——样品溶液定容体积，ml；

0.72——NO_2（气）转换为 NO^-_2（液）的系数；

V_{nd}——换算成标准状态下干采气体积，L；

F——样品溶液浓度高时的稀释倍数。

按 GB 16157—1996 中 10.1 或 10.2 计算 V_{nd}。

8.2 氮氧化物的“排放浓度”计算

按 GB 16157—1996 中 11.1.2 或 11.1.4 计算氮氧化物的“排放浓度”。

8.3 氮氧化物的“排放速率”计算

按 GB 16157—1996 中 11.4 计算氮氧化物的“排放速率”。

9 精密度和准确度

9.1 精密度

五个实验室分析浓度为 0.210 mg/L 的统一样品，重复性标准偏差 0.001 5 mg/L，重复性相对标准偏差 0.7%，重复性 0.004 2 mg/L，再现性标准偏差 0.007 mg/L，再现性相对标准偏差 3.3%，再现性 0.020 mg/L。

五个实验室共同采集某固定源排气实际样品，分别于实验室测定，各实验室的测定精密度（相对标准偏差）为 5.8%～15.9%。

9.2 准确度

五个实验室分别测定浓度为 0.210 mg/L 的统一样品，测定总均值的相对误差为 0.95%，各实验室测定均值的相对误差为 0～4.5%。测定实际样品的加标回收率实验室均值为 88.4%～101%。

10 说明

10.1 吸收液应避光及不能长时间暴露在空气中，以防光照使吸收液显色或吸收空气中的氮氧化物而使空白值增高。

10.2 氧化管适于在相对湿度为30%～70%时使用，当空气中相对湿度大于70%，应勤换氧化管；小于30%时，则在使用前，用经过水面的潮湿空气通过氧化管，平衡 1 h。在使用过程中，应经常注意氧化管是否吸湿引起板结或变成绿色。若板结会使采样系统阻力增大，影响流量；若变成绿色表示氧化管已失效。各支氧化管的阻力差别应不大于 1.33 kPa。

10.3 亚硝酸钠（固体）应妥善保存。可分装成小瓶使用，试剂瓶及小瓶的瓶口要密封，防止空气及湿气浸入。

10.4 吸收液若受三氧化铬污染，溶液呈黄棕色，该样品应报废。

10.5 一般情况下，本方法校准曲线的剩余标准偏差为 0.002～0.007，对应的相关系数 r 为 0.999 9～0.999，$0.003<|a|<0.008$。

10.6 绘制校准曲线，向各管中加亚硝酸钠标准使用液时，都以均匀、缓慢的速度加入，曲线的线性较好。

10.7 当管道排烟温度为常温时，可不必将采样瓶放置于冰浴内采样。

附加说明：

本标准由国家环境保护总局科技标准司提出。

本标准由上海市环境监测中心负责起草。

本标准主要起草人：周怡、支克正、肖兵。

本标准委托中国环境监测总站负责解释。

国家环境保护总局标准

固定污染源排气中氮氧化物的测定 紫外分光光度法

HJ/T 42—1999

Stationary source emission—Determination of nitrogen oxide—Ultraviolet spectrophotometric method

1999-08-18 批准　　　　2000-01-01 实施

1 适用范围

1.1 本标准适用于固定污染源有组织排放的氮氧化物测定。

1.2 当采样体积为 1 L 时，方法的氮氧化物检出限为 10 mg/m^3；定量测定的浓度下限为 34 mg/m^3；在不作稀释的情况下，测定的浓度上限为 1 730 mg/m^3。

2 方法原理

样品气体被收集在一个盛有稀硫酸-过氧化氢吸收液的瓶中，氮氧化物受到氧化和被吸收，成为 NO_3^- 存在于吸收液中，于 210 nm 处测定 NO_3^- 的光吸收。

3 引用标准

下列标准所包含的条文，通过在本标准中引用而构成为本标准的条文：

GB 16297—1996　大气污染物综合排放标准

GB 16157—1996　固定污染源排气中颗粒物测定和气态污染物采样方法

4 试剂与材料

除非另有说明，分析中均使用符合国家标准的分析纯试剂和蒸馏水。

4.1 硫酸：ρ=1.84 g/ml。

4.2 双氧水：30%（m/V）。

4.3 硝酸钾：基准试剂。

4.4 过氧化氢溶液：C=30%（m/V）。

在 100 ml 容量瓶中，加入 10.0 ml 双氧水（4.2），用水稀释至标线。

4.5 硝酸钾标准贮备液

准确称取事先于 105～110℃干燥 2 h 的硝酸钾（4.3）2.198 g，溶解于水并转移至 1 000 ml 容量瓶中，用水稀释至刻度。此溶液每毫升相当于 NO_2 1 000 μg。

4.6 硝酸钾标准使用液

准确吸取硝酸钾标准贮备液（4.5）10 ml，至 1 000 ml 容量瓶中，用水稀释至刻度。此溶液每毫升相当于 NO_2 10 μg。

4.7　吸收液

于 1 000 ml 容量瓶中加入约 500 ml 水，缓慢加入 2.8 ml 硫酸（4.1），再加入 6 ml 3%过氧化氢溶液（4.4），摇匀后用水稀释至刻度。该溶液应贮存于棕色容量瓶中，使用时避免阳光直射，存放于暗处，可使用一周。

5　仪器

5.1　分光光度计：具紫外部分和 1 cm 石英比色皿。

5.2　采样装置

5.2.1　采样管

具有适当尺寸的硬质玻璃或聚四氟乙烯管料，并备有可加热防止水汽凝结的加温夹套。

5.2.2　样品吸收瓶

1 L 或 2 L 的圆底烧瓶。其瓶口应可与一三支三通阀磨口相接，壁厚可承受一个大气压力。其外部具有泡沫塑料包壳，尺寸如图所示。

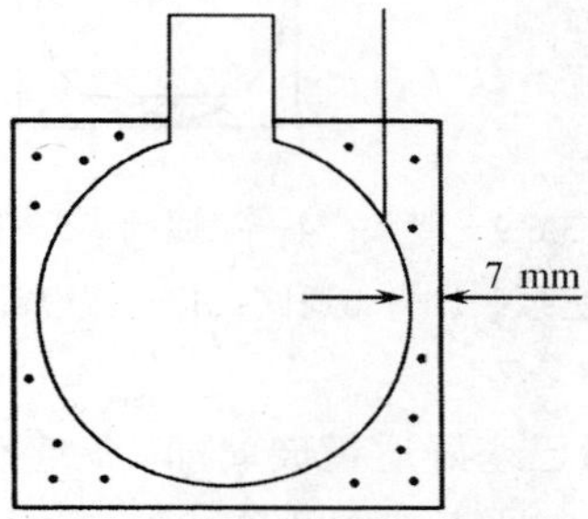

烧瓶、泡沫塑料外壳及温度计插孔

5.2.3　玻璃三支三通阀

可与样品吸收瓶（5.2.2）磨口相接。

5.2.4　负压表

测量精度应可达到 0.5 kPa 或更好；最大量程达 90 kPa 以上。在无法得到负压表的情况下，可采用具有相同功效的 U 形管压力表。

5.2.5　真空抽气泵

能将样品吸收瓶抽真空至绝对压力等于或低于 10 kPa。

5.2.6　温度计

可以从−5～50℃每间隔 1℃进行测量。

5.2.7　连接管

内衬聚四氟乙烯薄膜的硅橡胶管。

5.3　玻璃棉。

5.4　真空活塞油脂。

5.5　玻璃二通阀。

6　样品采集和保存

6.1　采样位置和采样点

按 GB 16157—1996 中 9.1.1 和 9.1.2 设置采样位置和采样点。

6.2　采样时间和频次

按 GB 16297—1996 中 8.2 设置采样时间和采样频次。

6.3　采样装置的连接

将二通（5.5）和三通阀（5.2.3）的活塞及与吸收瓶相接的磨口部分涂好真空活塞油脂，采样管头部塞适量玻璃棉，吸收瓶内装好 25.0 ml 吸收液（4.7）后，接下图相连接。连接管要尽可能短，并应保证密封性和可靠性。

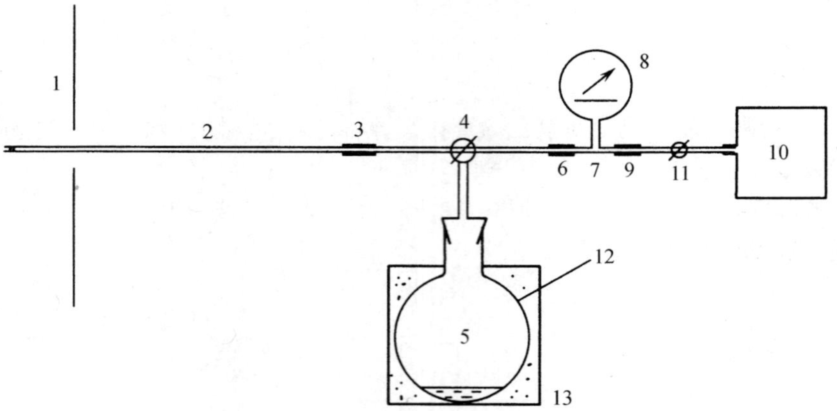

1—排气筒；2—采样管；3,6,9—接头；4—三通阀；5—样品吸收瓶；7—三通；
8—负压表；10—真空泵；11—二通阀；12—温度计；13—泡沫塑料壳

6.4　采样前的检查

采样前首先要检查采样管头部是否已塞好适量玻璃棉，各连接点是否稳妥，然后检查样品吸收瓶的密封性。启动泵抽真空至一定程度后，关闭二通阀活塞，观察负压表指针，若在 1 min 内负压下降超过 1.3 kPa，应检查漏气原因并重新连接。否则可进行采样。

6.5　样品采集

将吸收瓶内的真空度抽至－70～90 kPa，旋转三通阀活塞，使吸收瓶关闭，采样管抽取排气筒内的气体清洗管道约 3 min，再旋转三通阀活塞，使采样管内的气体迅速进入吸收瓶内。关闭吸收瓶，将吸收瓶连三通阀一起从采样装置中拆下，摇动 5 min 后（注意避免阳光直射）带回实验室。

记录吸收瓶抽真空时和采样后的温度和大气压力。

6.6　样品存放

采好样的吸收瓶带回实验室，应放置于阴暗处，时间不少于 16 h。

7　分析步骤

7.1　绘制校准曲线

取 5 只 100 ml 容量瓶，分别加入 0.00、5.00、10.0、15.0 和 20.0 ml KNO_3^-标准使用液（4.6），向每只容量瓶加入 5.00 ml 吸收液（4.7），用水稀释至刻度。在紫外分光光度计 210 nm 处，以空白为参比测定吸光度。以吸光度为纵坐标，对应的 NO_2 含量（μg）为横坐标，绘制校准曲线，并计算校准曲线的线性回归方程。

7.2　样品分析

带回实验室的样品放置 16 h（6.6）以后，再摇动 2 min，然后开启三通阀活塞并取下三通阀，从每一个样品中准确吸取 5.00 ml 吸收液，注入 100 ml 容量瓶中，用水稀释至刻度。以下按绘制校准曲线相同步骤进行样品分析。

8　计算和结果表示

8.1　采样体积计算

$$V_{nd}=(V_b-V_i)\times\frac{273}{101\,300}\times\left(\frac{P_f-P_{fv}}{273+t_f}-\frac{P_i-P_{iv}}{273+t_i}\right)$$

式中：V_b——吸收瓶和阀的容积（应采用重量法校准），L；

V_i——吸收液体积，L；

P_f——采样前吸收瓶内的压力，Pa；

P_i——采样后吸收瓶内的压力，Pa；

t_f——采样前吸收瓶内的温度，℃；

t_i——采样后吸收瓶内的温度，℃；

P_{fv}——温度为 t_f 度时的饱和水蒸气压力，Pa；

P_{iv}——温度为 t_i 度时的饱和水蒸气压力，Pa；

V_{nd}——换算成标准状态的采样体积，L。

8.2　样品中氮氧化物的计算

$$c=5\times\frac{W}{V_{nd}}$$

式中：c——样品中氮氧化物的浓度，mg/m^3；

W——由校准曲线查得，或由回归方程计算得到的氮氧化物（以 NO_2 计）质量，μg；

V_{nd}——同 8.1。

5——在吸收液体积为 25 ml，取其中 5 ml 进行测定情况下的系数。如果所取进行测定的体积有变化，该系数亦应作相应变化。

8.3　氮氧化物“排放浓度”的计算

按 GB 16157—1996 中 11.1.2 或 11.1.4 计算氮氧化物的“排放浓度”。

8.4　氮氧化物“排放速率”的计算

按 GB 16157—1996 中 11.4 计算氮氧化物的“排放速率”。

9　精密度和准确度

9.1　方法的精密度

五个实验室分别测定氮氧化物浓度为 367 mg/m^3 的统一样品，测定重复性标准偏差为 10 mg/m^3；重复性相对标准偏差为 2.9%；重复性为 28 mg/m^3。测定的再现性标准偏差为 11 mg/m^3；再现性相对标准偏差为 3.3%；再现性为 32 mg/m^3。

五个实验室共同采集和分别测定某硝酸生产排放废气样品，测定结果的相对标准偏差为 3.8%。

9.2　方法的准确度

五个实验室分别测定氮氧化物浓度为 367 mg/m^3 的统一样品，测定总均值的相对误差为 4.9%；各实验室测定均值的相对误差为 2.4%～6.8%。

10　说明

对于浓度过高的样品，可以在采样前降低吸收瓶的抽真空程度，或减少取出进行分析的吸液体积；

对于浓度过低的样品，可增加取出分析的吸收液体积，从而扩大测定范围，但同时应注意使标准系列与样品溶液的基本组分相同。

附加说明：

本标准由国家环境保护总局科技标准司提出。
本标准由上海市环境监测中心负责起草。
本标准主要起草人：支克正、周怡、靳茂霞。
本标准委托中国环境监测总站负责解释。

国家环境保护总局标准

固定污染源排气中石棉尘的测定 镜检法

HJ/T 41—1999

Stationary source emission—Determination of asbestos dust —Microscopic count

1999-08-18 批准 2000-01-01 实施

1 适用范围

1.1 本标准适用于固定污染源有组织排放的石棉尘测定。

1.2 本标准允许的滤膜石棉纤维负荷量范围为 100～600 根/mm^2。

2 定义

石棉尘：指温石棉、青石棉、铁石棉、透闪石、直闪石、阳起石等石棉粉尘中能被吸入并沉着于肺泡内的呼吸性石棉，具体指宽度小于 3 μm，长度大于 5 μm，长宽比大于 3∶1 的石棉纤维。

3 方法原理

将排气筒中含石棉尘的气体抽取通过采样滤膜，石棉尘于滤膜上经透明固定后，在相衬显微镜下计测，根据采气体积计算出每标准立方厘米气体中石棉尘的根数。

4 引用标准

下列标准所包含的条文，通过在本标准中引用而构成为本标准的条文。

GB 16157—1996 固定污染源排气中颗粒物测定和气态污染物采样方法

5 试剂和材料

5.1 丙酮：分析纯。

5.2 三醋酸甘油酯：分析纯。

5.3 硝酸纤维素和醋酸纤维素混合滤膜：0.8 μm，直径 25 mm 或 37 mm。

6 仪器

6.1 滤膜夹：典型的滤膜夹结构见图 1。滤膜夹安装在采样管上。滤膜应固定在透气的支撑物上，支撑物可以是金属网，也可以是透气的纸垫，确保空气能均匀地通过采样滤膜。受尘面上方直管段内径与滤膜受尘直径相同，其长度不得小于管内径的 1.5 倍。

6.2 采样嘴：采样嘴应能安装到滤膜夹上，其连接处内表面应十分光滑。采样嘴入口角度应不大于 45 度，入口边缘厚度应不大于 0.2 mm，内表面不得有急剧的断面变化和弯曲。入口直径偏差应不大于±0.1 mm，其最小直径应不大于 4 mm。如能保持严格的等速采样条件，采样嘴入口直径最小值也可取 2 mm。应备有不同入口直径的采样嘴，以备现场采样时选用，以保持等速采样条件。

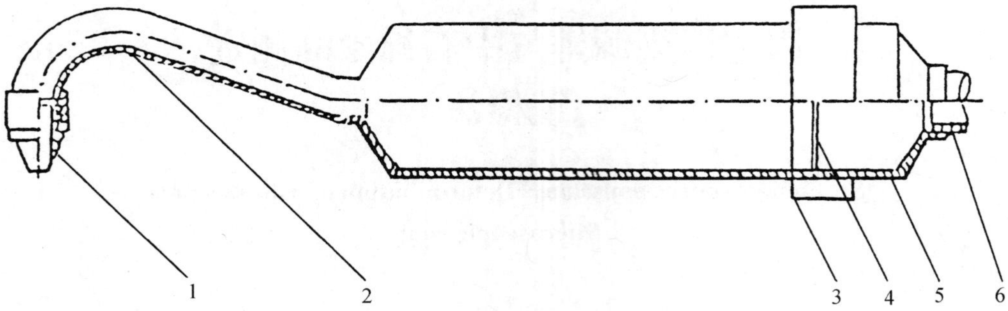

1—采样嘴；2—前弯管；3—滤膜夹压盖；4—滤膜及衬垫；5—滤膜夹底座；6—采样管

图 1 滤膜夹结构图

6.3 滤膜、滤膜夹、采样嘴组合在一起后称为采样头，置于整个采样系统的最上游。除上述的滤膜、滤膜夹、采样嘴外，从采样管安装的全部采样装置、流速及温度测量装置等，与 GB 16157—1996 中颗粒物采样的装置完全相同。

6.4 相衬显微镜

6.4.1 显微镜至少应具有 10×及 40×两个相衬物镜，明相衬或暗相衬均可使用；目镜应能放入目镜测微标尺，总放大率应为 400×～600×。

6.4.2 显微镜要带有 *X*—*Y* 方向移位的排片器。

6.4.3 显微镜应有合格的照明系统，配有绿色滤光片。

6.4.4 专用目镜测微网：可使用既能在显微镜下测量纤维长度和宽度，又能给定测量面积的各种目镜测微网。

6.4.5 物镜测微计：每个刻度的间距为 10 μm。

6.4.6 载物玻片：25 mm×76 mm×0.8 mm；盖玻片：22 mm×0.1 mm。

6.4.7 无齿小镊子、剪刀或手术刀，在刃柄上插入 21 号刀片。

6.4.8 各类手动计数器。

6.5 丙酮蒸汽发生装置：各类能喷出足够量丙酮蒸汽的装置都可使用，用以使滤膜透明。图 2 是一种常用的装置。使用丙酮蒸汽发生装置时，要在通风良好的场所或在通风橱内操作，以免引起火灾或对人体健康产生危害。

6.6 医用注射器（1 ml）及皮内注射针头。

6.7 秒表。

7 采样

7.1 使用本标准规定的采样头和采样系统从排放石棉的排气筒中采样，完全按照 GB 16157—1996 中有关颗粒物采样的方法和步骤进行，以预测流速法为宜，且一般采用移动采样法。如果排气筒直径较小，只有一个采样点，则每个样品的采样时间应不少于 10 min。

7.2 采样后滤膜上的负荷量范围应为 100～600 根/mm^2。据此可根据等速采样的流量和预计的排放浓度范围大致算出所需的采样时间，计算公式为：

$$t=\frac{L}{c}\frac{A_{\mathrm{F}}}{Q}\times 10^{-6}$$

式中：t——预计采样时间，min；

L——滤膜的负荷量，根/mm^2。一般可取 300 根/mm^2；

c——预计的石棉纤维排放浓度，根/cm^3；

A_F——滤膜的有效过滤面积，mm^2；

Q——采样流量，m^3/min。

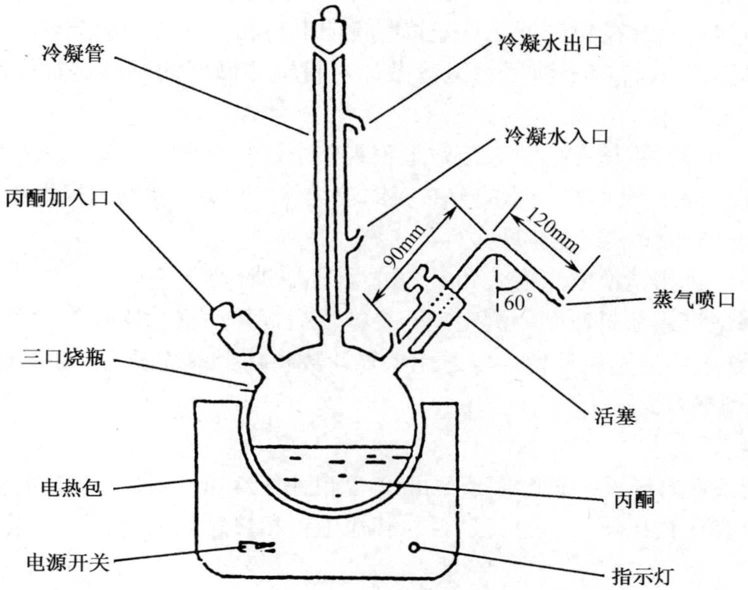

图 2 丙酮蒸气发生装置

7.3 如果无法估算出所需的采样时间，则需在采样断面的中心位置进行预采样，用显微镜对采集的样品进行计数分析，如分析出的滤膜负荷量在 100～600 根/mm^2 的范围内，则所用的采样时间是合适的。如超过此范围，则应在正式采样时相应地调整采样时间，使滤膜负荷量在正常范围内。

7.4 采样结束后小心取下采样头，取出滤膜使受尘面向上放在滤膜储存盒中，不可折叠或叠放，带回实验室进行分析。在运输过程中避免振动以防止石棉纤维脱落。

8 滤膜的透明固定

采有石棉纤维的微孔滤膜采用丙酮-甘油三醋酸酯法加以透明固定。透明化操作应在清洁的实验室中进行，在制备样品的过程中要避免纤维性粉尘的污染。

8.1 所用的载物玻片、盖玻片、镊子和刀片使用前应放在无水乙醇中浸泡，用蒸馏水冲洗后用绸布擦干备用。

8.2 用无齿镊子小心取出采集有石棉纤维的滤膜，集尘面向上置于干净的玻璃板上，用手术刀从滤膜切取占圆形 1/6～1/8 的扇形小块，放在清洁的载物玻片上。

8.3 打开丙酮蒸汽发生装置的活塞，将载有扇形滤膜的玻片置于丙酮蒸汽之下，由远至近移到丙酮蒸汽出口 15～25 mm 处，熏蒸 3～5 s，使滤膜透明。同时慢慢移动载物玻片，使滤膜全部透明为止。丙酮蒸汽过少无法使滤膜透明，过多则可能破坏滤膜，特别是不能使丙酮液滴落在滤膜上。可不时地用吸水纸擦拭丙酮蒸汽出口加以防止。

8.4 用皮内注射器立即向透明后的滤膜滴 2～3 滴甘油三醋酸酯，小心盖上盖玻片，操作时先将盖玻片的一边与载物玻片接触，然后与液滴接触，使之扩散，再小心放下盖玻片，避免产生气泡。

8.5 如透明效果不理想，可将盖上盖玻片的滤膜放在50℃的烘箱内15 min，以加速滤膜的清晰过程。

8.6 样品处理完毕后，先关闭丙酮蒸汽发生器的电源，再关闭活塞。次序不可颠倒。

9 石棉纤维的计测

9.1 空白滤膜检查：在每盒滤膜（50张）中任意抽取一张空白滤膜，用与处理样品同样的方法透明固定和计测。在100个视野中不超过3根纤维时，认为是清洁滤膜，此盒滤膜方可应用。

9.2 石棉纤维的计测用相衬显微镜进行，首先按照说明书将相衬显微镜调节好。

9.3 目镜测微网的调整按其说明书使用物镜测微计对目镜测微网的刻度进行校准，算出计数区面积（mm^2）及各标志的实际尺寸（μm）。

9.4 低倍扫视使用（10×）物镜在低放大倍数上扫视整个滤膜表面，被滤膜夹垫圈压住的滤膜边缘应无粉尘或纤维。所有视场粉尘及石棉纤维的分布应比较均匀。如果所观察的视场粉尘分布明显不均匀或有肉眼可见的粉尘或纤维堆积，该滤膜应舍弃。

9.5 低倍扫视认可后，将物镜换成高倍（40×）进行正式的计测。

9.6 计测现场的选择应遵循随机原则。测定完一个视场后，移动推片器找下一个视场，移动应按行、列推动，不应有意挑选，而要随机停留，以避免重复计数和减少系统误差。如果使用带栅格线的滤膜，计数视场中不能出现栅格线。

9.7 石棉纤维的计数规则

9.7.1 计数符合下列条件的纤维：长度大于5 μm，宽度小于3 μm，长度与宽度之比大于3∶1。

9.7.2 一条纤维完全在计数视场（不论其是否与其他尘粒相接触）内时计为一根。只有一端在计数视场内的计为1/2根。

9.7.3 纤维集合

在其长度方向上一点或多点可分，但在其余部分不可分为多根的纤维称为劈裂纤维；其余的因相交叉或接触而形成的纤维集合体称为纤维组。

9.7.4 如劈裂纤维整体符合9.7.1中的规定，可算作一根纤维，其直径以不可分部分计算。

9.7.5 如纤维组中的单根纤维符合9.7.1中的规定，可按单根纤维计算；如果没有一根纤维符合9.7.1中的规定，但纤维组本身作为一个整体符合9.7.1中的规定，则计数为一根。

9.7.6 计数指标：20个视场时，被记录纤维数已达到100根时，可停止计数，如此时记录纤维数未达到100根时，则应计数到100根纤维，并记录下相应的视场数。如在100个视场内所测纤维数不到100根，则计测到100个视场为止。

10 石棉纤维浓度的计算

排气筒中排放的石棉纤维浓度按下列公式计算：

$$c=\frac{AN}{1\,000anV_{\mathrm{nd}}}$$

式中：c——排气筒中排放的石棉纤维浓度，f/cm^3；

N——计测的石棉纤维总根数，f；

n——计测的总视场数；

V_{nd}——换算成标准状态下的采样体积，L；

A——滤膜上的采尘面积，mm^2；

a——计数视场面积，mm^2。

11 计测精密度

在计数阶段，计数误差与计数总数有关。当计数总数为 100 根时，其计数误差于±10%之内。

12 说明

12.1 为减少计测误差，在采样阶段应严格按照 GB 16157—1996 中的有关规定执行；在滤膜处理和显微镜计测阶段，应严格按照本标准要求执行。

12.2 计数人员上岗前应进行培训，并在培训结束时进行考核。考核方法是要求计数人员对同一滤膜切片按本标准计数 10 次以上，计算各次读数的均值和标准偏差。若读数的相对标准偏差≤23%为合格，反之应检查原因，切实改进后再进行考核，直至达标为止。

附加说明：

本标准由国家环境保护总局科技标准司提出。
本标准由中国预防医学科学院环境卫生与卫生工程研究所负责起草。
本标准主要起草人：徐立大、陈明兰、陈冬青。
本标准委托中国环境监测总站负责解释。

国家环境保护总局标准

固定污染源排气中苯并[*a*]芘的测定 高效液相色谱法

HJ/T 40—1999

Stationary source emission—Determination of benzo（*a*）pyrene—High performance liquid chromatography

1999-08-18 批准　　2000-01-01 实施

1 适用范围

1.1 本标准适用于固定污染源有组织排放的苯并[*a*]芘测定。

1.2 当采气体积为 1.0 m^3，样品定容 1.0 ml，色谱进样量为 10 μl 时，苯并[*a*]芘的检出限为 2 ng/m^3，定量测定的浓度范围为 7.6 ng/m^3～4.0 $\mu g/m^3$。

2 方法原理

用无胶玻璃纤维滤筒或玻璃纤维滤膜采集样品，用环己烷提取苯并[*a*]芘，提取液通过弗罗里硅土层析柱，然后用二氯甲烷和丙酮的混合溶剂洗脱吸附在柱上的苯并[*a*]芘，经浓缩后在配有荧光检测器的高效液相色谱仪上测定。

3 引用标准

下列标准所包含的条文，通过在本标准中引用而构成为本标准的条文。

GB 16157—1996　固定污染源排气中颗粒物测定和气态污染物采样方法

4 试剂和材料

除非另有说明，分析中均使用符合国家标准的分析纯试剂和按 4.1 制备的纯水。

4.1 纯水

用去离子水（或蒸馏水）加高锰酸钾，在碱性条件下用全玻璃蒸馏器重蒸馏。在蒸馏全过程中应始终保持紫红色，否则应补加高锰酸钾。所得纯水经本法的空白检验，应无显著干扰峰。

4.2 甲醇

用全玻璃蒸馏器加减重蒸，收集馏分，经 0.45 μm 微孔滤膜过滤后使用。经本法空白检验，应无显著干扰峰。

4.3 二氯甲烷

用全玻璃蒸馏器加减重蒸馏，经本法空白检验无干扰峰。

4.4 丙酮

经与 4.3 相同的步骤处理。

4.5 环己烷

经与 4.3 相同的步骤处理。

4.6 弗罗里硅土（Florisil）：60～100 目，色层分析用。

在 400℃加热 2h，冷却后用水（4.1）调匀至含水量 11%，密封保存于磨口试剂瓶中。

4.7 苯并[*a*]芘标准储备液

准确称取固体苯并[*a*]芘标准物质 20.0 mg，溶于 60 ml 环己烷（4.5）中，转移至 100 ml 容量瓶中，用环己烷（4.5）稀至标线。或用苯并[*a*]芘标准溶液，用环己烷（4.5）或二氯甲烷（4.3）稀释成浓度为 200 μg/ml 的溶液。

上述储备液应保存在 3～5℃冰箱中。

4.8 苯并[*a*]芘标准使用液

吸取标准储备液（4.7）1.00 ml 于 100 ml 容量瓶中，用环己烷（4.5）或二氯甲烷（4.3）稀释至标线。由于使用的仪器灵敏度或分析样品浓度不同，此标准使用液浓度应按需要改变。

5 仪器和设备

5.1 高效液相色谱仪：配备有荧光检测器。

5.2 反相色谱柱

5.2.1 柱材质：不锈钢柱。

5.2.2 柱特性：柱长 15～25 cm，柱内径 4.6 mm。

5.2.3 柱填料：5 μm Lichrosorb RP-18（即 ODS）或 5μm Hypersil ODS。

5.3 索氏提取器（脂肪抽提器）：烧瓶容量 50 ml。

5.4 层析柱：长 150 mm、内径 10 mm 的圆柱形玻璃柱，下部玻璃活塞不涂润滑油。

5.5 K-D 浓缩器：附 25 ml K-D 浓缩瓶（带刻度）。

5.6 微量注射器：1.0 μl，5.0 μl，10.0 μl，50.0 μl。

5.7 小玻璃珠或沸石、玻璃棉、玻璃纤维滤纸：400℃加热 1 h 后存放于具磨口玻璃瓶中。

5.8 其他常用玻璃器皿。

5.9 恒温水浴锅：温控可调节。

5.10 烟气采样仪

按 GB 16157—1996 中 8.3.3（对应普通采样管法采样）、8.4.2（对应皮托管平行测速采样法）、8.5.2（对应动压平衡型等速采样管法）、8.6.2（对应静压平衡型等速采样管法）配置采样仪器。选用与采样仪器相匹配的无胶玻璃纤维滤筒或超细玻璃纤维滤膜取样。

6 样品的采集和保存

6.1 采样位置和采样点

按 GB 16157—1996 中 8.1 确定采样位置和采样点。

6.2 样品采集

按 GB 16157—1996 中 8.2 选定采样方法（选择的采样方法应与采样仪器的配置相一致），将玻璃纤维滤筒或滤膜装入采样仪上，然后按 8.3～8.6 中的某项（视采样方法而定）进行采样，采气体积约为 1.0 m^3。

6.3 样品的保存

采集好的样品须避光保存，或可用黑纸包好放入 3～5℃冷藏箱中保存，采样后应尽快在 24 h 内进行前处理，处理好的样品在 1 个月内分析完毕。

7　样品的前处理

7.1　样品中苯并[a]芘的提取：将已采样品的无胶滤筒或超细玻璃纤维滤膜（尘面朝里折叠后）小心放进索氏提取器（5.3）的抽提筒中（注意不要堵塞虹吸回流管）。加入 80 ml 环己烷（4.5），置于温度为95℃以上的水浴锅（5.9）中，连续回流提取 6 h，冷却备用。

7.2　提取液的净化：所得的提取液（7.1）用弗罗里硅土层析柱进行净化（和富集）。

7.2.1　层析柱的装填：先将少量玻璃棉（5.7）填入玻璃层析柱（5.4）的下端用以承托填料。加入 2～3 ml 环己烷（4.5）润湿柱子。称约 5 g 弗罗里硅土（4.6）于小烧杯中，用环己烷（4.5）制成匀浆，以湿式装柱法装填入上述柱中，并放出柱中过量的环己烷至填料的界面以上。

7.2.2　提取液的净化：从层析柱（7.2.1）的上端加入样品提取液（7.1），另用 20～40 ml 环己烷（4.5）分三次清洗（7.1）节中所用的索氏提取器，一并加入此层析柱的上端，全部溶液以＜4 ml/min 的流速通过层析柱，回收通过柱子的环己烷。然后用二氯甲烷（4.3）和丙酮（4.4）的混合溶液（CH_2Cl_2：CH_3COCH_3＝4：1）20 ml 洗脱吸附在柱子的苯并[a]芘，洗脱液收集于 25 ml 的 K-D 浓缩瓶（5.5）中，待浓缩（若样品中苯并[a]芘的含量较高，则不需浓缩，定容后即可用液相色谱仪进行分析）。

7.3　试样的浓缩：将盛有洗脱液的 K-D 浓缩瓶接入 K-D 浓缩器（5.5）中，下部浸入通风橱中的水浴锅（5.9）中，在 60～70℃的水温下减压浓缩至 1 ml 左右，用少量丙酮（4.4）洗容器内壁，流入 K-D 浓缩瓶中，再如上法浓缩至小于 1 ml，冷却，补加丙酮（4.4），定容 1.0 ml（有刻度），留待液相色谱分析（或将浓缩液转移至液相色谱仪上自动进样器专用的进样小瓶中，封口后待进样）。

8　色谱分析操作步骤

8.1　仪器调试：安装调试液相色谱仪，使之正常运行并能达到预期的分离效果，预热运行至获得稳定的基线。

8.2　色谱条件

8.2.1　固定相

8.2.1.1　反相色谱柱（5.2）

8.2.1.2　柱箱温度：35℃

8.2.2　流动相

8.2.2.1　流动相组成：$V_{(甲醇(4.2))}$：$V_{(水(4.1))}$＝90：10。

8.2.2.2　流动相流速：0.6 ml/min，亦可按柱的性能进行适当调整。

8.2.3　一般采用等度洗脱，即恒溶剂组成恒流洗脱。在做实际样品时，为了加快后面杂质峰的流出，可在苯并[a]芘峰流出后适当改变溶剂组成或改变流速进行梯度洗脱，以减少下一次进样的等待时间。

8.2.4　检测器：使用荧光检测器，设定激发波长λ_{ex}＝364 nm，发射波长λ_{em}＝427 nm。

8.2.5　进样量：1～20 μl，通常为 10 μl，自动或手动。

8.2.6　记录仪或积分仪

8.2.6.1　放大（或衰减）：依据样品中被测组分的含量进行适当调节，使所得谱图在记录纸的量程以内。

8.2.6.2　纸速：0.3 或 0.5 cm/min。

8.3　校准

8.3.1　采用外标法定量

8.3.2　标准样品

8.3.2.1　标准样品的制备，见 4.8 节。

8.3.2.2　使用次数：使用标准样品（4.8）进行周期性的重复校准，视色谱仪的稳定性能状况，决定重复校准周期的长短，一般每个工作日测定 1 或 2 次，或者在每测定 5 个样品后校准一次。

8.3.2.3　色谱分析时使用标准样品的条件

8.3.2.3.1　标准样品和试样在进样体积上最好相同，响应值也应接近。

8.3.2.3.2　调节仪器的重复性条件：在仪器运转正常的情况下，连续两次进标准样品 10 μl，其响应值（峰高或峰面积）的相对偏差不大于 5%即可认为仪器处于稳定状态。

8.3.3　校准数据的表示：以响应值对进样量作校准曲线，可得一条通过原点的直线。响应值与进样量的比值为一常数，可用平均比值或响应因子代替校准曲线来计算测定结果。

8.4　测定

8.4.1　进样

8.4.1.1　进样方式：自动进样器进样，或用注射器进行手动六通阀进样。

8.4.1.2　进样量，见 8.2.5 节。自动进样器进样时可在仪器面板上预先设定。

8.4.2　记录

8.4.2.1　记下记录纸（或积分仪）上的放大（或衰减）的倍数及记录纸的走纸速度。

8.4.2.2　关于苯并[*a*]芘的色谱峰，可用标准样进行核对，记下相应峰的保留时间。

8.4.2.3　若产生基线漂移，则记下漂移值。

8.5　对于色谱图的考察

8.5.1　标准色谱图：在本方法确定的色谱条件下（8.2），可使苯并[*a*]芘（峰）与相邻近的几个多环芳烃（峰）得到很好的分离，见图 1。

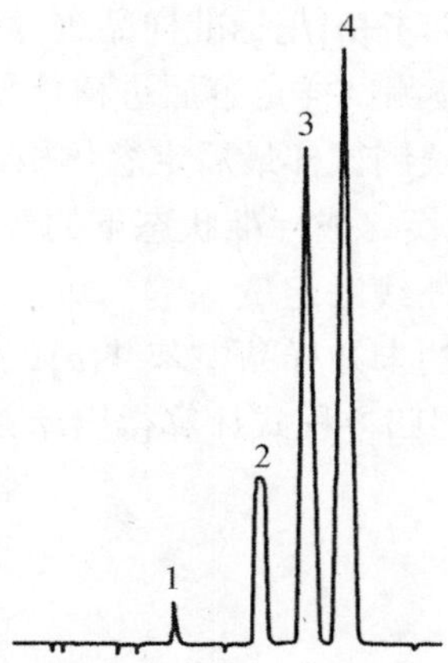

1—苯并[*a*]蒽（6.2 min）；2—苯并[*b*]荧蒽（9.8 min）；3—苯并[*k*]荧蒽（10.7 min）；4—苯并[*a*]芘（11.9 min）

图 1　标准色谱图

8.5.2　定性分析

8.5.2.1　主要依据保留时间进行定性。以试样中相应峰的保留时间和苯并[*a*]芘标样的保留时间相比较来定性。用作定性的保留时间窗口宽度以当天测定标样的实际保留时间变化为基准，用保留时间标准偏差的三倍计算设定窗口宽度。

8.5.2.2　辅助定性方法：可采用标准样品添加法（即在欲定性的样品中添加苯并[*a*]芘标样使峰高叠加的方法），或可借助其他仪器（样品分离后收集组分送红外光谱、质谱、核磁共振波谱等进行权威性定性）帮助验证。

8.5.3　定量分析

8.5.3.1　色谱峰的测量

以峰的起点和终点的连线为峰底，以峰的最大值对时间轴作垂线，对应的时间即为保留时间，峰顶至峰底间的线段即为峰高。通过峰高的中点作平行峰底的直线，此直线与峰两侧相交，两点之间的距离为半高峰宽。峰与峰底之间的面积为峰面积，等于峰高乘半高峰宽。在使用色谱数据处理器或其他积分仪时，峰面积值及峰高值可在记录纸上打印出来。

8.5.3.2　单点比较法定量

使用单点比较法进行定量分析时，应符合以下条件：标准样品和被测样品要同时进行分析，进样体积相同；被测样品的响应值应与标准样品的响应值接近；一个样品连续进样三次，测定值的相对偏差小于 5%，取测定平均值。结果按下式计算：

$$X=\frac{K\times h\times V_1}{Q\times V_{\mathrm{nd}}}\times 1\,000$$

或

$$X = \frac{h \times Q_s \times c_s \times V_1}{h_s \times Q \times V_{nd}} \times 1\,000$$

式中：X——固定源排气中苯并[a]芘的平均浓度，ng/m^3；

K——标样中苯并[a]芘进样量对其峰高（或峰面积）的比值，ng/cm（或 ng/cm^2）；

h——被测试样中的苯并[a]芘峰高（或峰面积），cm（或 cm^2）；

h_s——标准样品中苯并[a]芘峰高（或峰面积），cm（或 cm^2）；

c_s——苯并[a]芘标准样品的浓度，ng/μl；

Q_s——苯并[a]芘标准样品进样体积，μl；

Q——被测试样定容后进样体积，μl；

V_1——被测试样最后定容体积，ml；

V_{nd}——换算成标准状态下的气体采样体积，m^3。

8.5.3.3 校准曲线法定量

从所测得的未知样品中苯并[a]芘峰高 h（cm 或峰面积 cm^2），直接从校准曲线上查得苯并[a]芘的量 m（ng）或由回归方程式计算得出苯并[a]芘的量 m（ng），再按下式计算有组织排气中苯并[a]芘的浓度 X（ng/m^3）：

$$X = \frac{m}{Q} \times \frac{V_1}{V_{nd}} \times 1\,000$$

式中：m—— 进样未知样品的苯并[a]芘的量，ng；

X、Q、V_1、V_{nd}的意义同上（8.5.3.2）。

9 结果的表示

9.1 定性结果：依据 8.5.2 节中的分析确定样品中是否含有苯并[a]芘。

9.2 定量结果

9.2.1 含量的表示方法：按 8.5.3.2 节中的公式计算出的结果为某一样品所代表的有组织排放气体中苯并[a]芘的含量，以 ng/m^3 或换算成$\mu g/m^3$ 表示。

9.2.2 “排放浓度”的计算

按 GB 16157—1996 中 11.1.2 或 11.1.4 计算苯并[a]芘有组织排放的“排放浓度”。

9.2.3 “排放速率（kg/h）”的计算

按 GB 16157—1996 中 11.4 计算苯并[a]芘有组织排放的“排放速率”，以（kg/h）表示。

10 精密度和准确度

10.1 精密度：由两个实验室分析苯并[a]芘含量为 0.707 mg/L 的统一样品，结果为：

重复性标准偏差 0.006 4，重复性相对标准偏差为 0.91%，重复性为 0.029。

再现性标准偏差 0.011，再现性相对标准偏差为 1.6%，再现性为 0.032。

10.2 准确度：两个实验室对于统一样品进行不经过前处理的六次加标回收实验，所得的加标回收率为 96.9%～101%，平均 98.5%；对于实际样品进行六次全程加标回收测定，所得的加标回收率为 71.3%～91.3%，平均 82.8%。

11 说明

11.1 由于苯并[a]芘是多环芳烃中最危险的强致癌物之一，因此操作时必须极其小心。不允许人体与苯并[a]芘（包括多环芳烃的）固体物质、溶剂萃取物及标准品接触。苯并[a]芘（多环芳烃）可随溶剂一起挥发而黏附于具塞瓶子的外部，因此处理与之有关的容器及实验操作过程必须使用抗溶剂的手套。被苯并[*a*]芘（多环芳烃）污染的容器可用紫外灯在364 nm紫外线照射下检查，并置于铬酸洗液中浸泡4 h。标准溶液应在有适当设备（如合适的毒气橱、防护衣服、防尘面罩等）的实验室中配制。对于用固体苯并[*a*]芘配制标准溶液，在没有合适的安全设备及尚未准确掌握使用技术之前，不能进行。

11.2　本实验所用的甲醇、环己烷、二氯甲烷及丙酮等均为易燃的有机溶剂，应在通风橱中操作。

11.3　本实验均应在避开直接阳光照射下进行。

11.4　实验废液不能随意丢弃，应集中回收在玻璃容器中，统一处理。

附加说明：

本标准由国家环境保护总局科技标准司提出。

本标准由上海市环境监测中心负责起草。

本标准主要起草人：顾光华。

本标准委托中国环境监测总站负责解释。

国家环境保护总局标准

固定污染源排气中氯苯类的测定 气相色谱法

HJ/T 39—1999

Stationary source emission—Determination of chlorobenzenes —Gas chromatography

1999-08-18 批准 2000-01-01 实施

1 适用范围

1.1 本标准适用于固定污染源有组织排放和无组织排放的氯苯类测定。

1.2 在有组织排放和无组织排放样品分析中，当取样体积分别为 120 L 和 10 L，洗脱剂为 3.0 ml，色谱进样量为 2 μl 时，方法的检出限和定量测定的浓度下限见表 1。

表 1 检出限和定量测定浓度下限

单位：mg/m^3

指标 / 化合物	无组织排放样品分析		有组织排放样品分析	
	检出限	定量测定浓度下限	检出限	定量测定浓度下限
氯苯	0.02	0.05	0.2	0.60
1,4-二氯苯	0.03	0.10	0.4	1.2
1,2,4-三氯苯	0.03	0.11	0.4	1.4

2 定义

氯苯类：是一系列苯的氯取代异构体的总称。在本标准中指氯苯（一氯苯）、1,4-二氯苯（*p*-二氯苯）、1,2,4-三氯苯测定结果的加和。

3 方法原理

氯苯类化合物经疏水性富集剂捕集后，用溶剂洗脱。取洗脱液进行气相色谱分析。采用高效毛细柱为色谱柱，以氢火焰离子化检测器进行检测。以色谱峰保留时间定性，用色谱峰高（或峰面积）定量。

4 引用标准

下列标准所包含的条文，通过在本标准中引用而构成为本标准的条文。

GB 16157—1996 固定污染源排气中颗粒物测定和气态污染物采样方法

GB 16297—1996 大气污染物综合排放标准

5　试剂和材料

除非另有说明，分析中均使用符合国家标准的分析纯试剂和蒸馏水。

5.1　无水乙醇。
5.2　氯苯：色谱纯。
5.3　1,4-二氯苯：色谱纯。
5.4　1,2,4-三氯苯：色谱纯。
5.5　高纯氮：体积分数为 99.99%。
5.6　氢气：体积分数为 99.99%。
5.7　空气：经 5 A 分子筛和硅胶净化。
5.8　微量注射器：1 μl 和 10 μl。
5.9　容量瓶：10 ml 和 100 ml。
5.10　具塞锥形瓶：5 ml 或 10 ml。
5.11　刻度吸管：1 ml 和 2 ml。
5.12　氯苯类化合物混合标准溶液：*c*（氯苯）＝6.00 mg/L；*c*（1,4-二氯苯）＝10.0 mg/L；*c*（1,2,4-三氯苯）＝10.0 mg/L。

准确称取氯苯（5.2）0.600 0 g，1,4-二氯苯（5.3）1.000 g，1,2,4-三氯苯（5.4）1.000 g 于烧杯中，以少量无水乙醇（5.1）溶解，转移至 100 ml 容量瓶中，再用无水乙醇（5.1）稀释至刻度。

5.13　富集剂：二乙烯苯与乙基苯乙烯共聚物类多孔高分子小球型载体，比表面积约 400 m^2/g，颗粒度 0.45～0.9 mm。事先在脂肪提取器中用无水乙醇（5.1）处理 8 h，晾干后于 80℃烘 8 h，备用。
5.14　无碱玻璃棉或石英棉，事先在脂肪提取器中按 5.13 的程序进行处理。

6　仪器

6.1　气相色谱仪：附毛细柱设备和氢火焰离子化检测器及仪器匹配的记录器（或数据处理机、数据工作站）。
6.2　色谱柱：壁涂键合型毛细柱（WCOT）DB-1701 或 DB-1。柱尺寸均为 30 m×0.25 mm（内径），也可等效采用类似规格的其他毛细柱。
6.3　采样器
6.3.1　空气采样器

参考《固定污染源排气中颗粒物测定和气态污染物采样方法》（GB 16157—1996）中 9.3 部分。

6.3.1.1　采样管

可采用不锈钢、硬质玻璃或氟树脂材质的管料，头部塞少量玻璃纤维（5.14）。必要时采样管应附有加热夹套，保证采样管的温度可大于 120℃。

6.3.1.2　除湿装置

利用自然空气冷却、强制空气冷却或水冷却装置，见 GB 16157—1996 中 9.3.3.1a。

6.3.1.3　流量计量装置

见 GB 16157—1996 中 9.3.6。

6.3.1.4　抽气泵

见 GB 16157—1996 中 9.3.7。

6.3.1.5　连接管

以内衬氟塑料薄膜的硅橡胶管作为连接管，连接管要尽可能短。

6.3.2 富集柱

于 40 mm×5 mm（内径）的硬质玻璃柱中，填装 0.5 g 富集剂（5.13），并于两端塞少量玻璃棉（5.14），或视样品浓度，适当增加柱长度。

7 样品采集和保存

参考 GB 16157—1996 中 9.4 进行采样。

7.1 有组织排放监测采样

7.1.1 采样位置和采样点

按 GB 16157—1996 中 9.1.1 和 9.1.2 执行。

7.1.2 样品采集

将富集柱（6.3.2）连接于空气采样器内。若样品气体中的含湿量大，应在采样管和富集柱之间接入除湿装置。以 1.0 L/min 的流速采取气体，采气量视气体中待测物的含量而定，一般取有组织排气 10～20 L。采好样的富集柱迅速用衬有氟塑料薄膜的橡胶帽密封，带回实验室分析。

7.2 无组织排放监测采样

7.2.1 采样位置和采样点

按《大气污染物综合排放标准》（GB 16297—1996）附录 C 的规定，确定大气污染物无组织排放监控点，或按其他特定要求设置环境空气采样点。

7.2.2 采样装置

采样装置原则上与有组织排气的采样装置相同，但在富集柱前不接采样管及除湿装置。富集柱的前端除去密封的橡胶帽，即为采样口。富集柱后的流量计量装置和抽气泵等，均应满足较大速率的采气要求。

7.2.3 样品采集

将富集柱（6.3.2）连接于空气采样器内，去掉富集柱前、后端的密封橡胶帽，以 2.0～3.0 L/min 的速率采取气体，采集的空气量一般为 100～200 L。采好样的富集柱迅速用橡胶帽（具氟塑料薄膜衬里）密封，带回实验室分析。

7.3 样品保存

采集好的样品于富集柱中可保存两天（室温）。经洗脱后的洗脱液应及时分析。

8 分析步骤

8.1 色谱条件

柱温：初温 60℃，保持 10 min，然后以 6℃/min 程序升温到 200℃。

汽化室温度：200℃。

检测器温度：230℃。

载气：高纯氮（5.5），流量：1.5 ml/min，分流比 30∶1。

燃气：氢气（5.6），流量：30 ml/min。

助燃气：空气（5.7），流量：300 ml/min。

8.2 校准曲线绘制

分别以刻度吸管（5.11）精确移取混合标准溶液（5.12）0.25，0.75，1.25，1.75，2.25，2.50 ml 于 10 ml 容量瓶中，用乙醇（5.1）稀释到刻度，得到标准系列（表 2）。将此标准系列分别进行气相色谱分析，进样量 2 μl，测得峰高（h_i），绘制各氯苯化合物的浓度（c_i）与峰高（h_i）校准曲线，并计算得到校准曲线的线性回归方程。

表 2 标准系列的配制和各氯苯化合物相应浓度

序 号	1	2	3	4	5	6
标准溶液加入量/ml	0.25	0.75	1.25	1.75	2.25	2.50
乙醇加入量/ml	9.75	9.25	8.75	8.25	7.75	7.50
氯苯浓度/（μg/ml）	0.15	0.45	0.75	1.05	1.35	1.5
1,4-二氯苯浓度/（μg/ml）	0.25	0.75	1.25	1.75	2.25	2.50
1,2,4-三氯苯浓度/（μg/ml）	0.25	0.75	1.25	1.75	2.25	2.50

8.3 样品测定

8.3.1 洗脱：采样完毕后，将富集柱中的填装物（富集剂）全部取出，置于 10 ml 的具塞锥形瓶（5.10）中，采样管前端和富集柱前端的玻璃棉也要一起置于该锥形瓶中。精确移取 3.00 ml 乙醇（5.1）到上述具塞锥形瓶中，使富集剂浸泡半小时，备用。

8.3.2 测定：用微量注射器（5.8）移取浸泡液（8.3.1）2 μl，进行气相色谱分析，色谱条件与绘制校准曲线时的条件相同（8.1）。测定相应色谱峰的保留时间和峰高值。

每次开机测定样品之前，应首先绘制校准曲线，在仪器不关闭的条件下，每隔 5～10 个样品（根据仪器的稳定情况而定）插入校准曲线中一个浓度适当的标样，其测值如与原校准曲线中的测值相比变化不大于 5%，则可继续应用该校准曲线，否则应重新绘制校准曲线。

9 计算和结果表示

9.1 定性分析

一般情况下，根据标准样品色谱峰的保留时间定性。图 1 是氯苯类化合物在用 WCOT DB-1701 柱的标准气相色谱图。

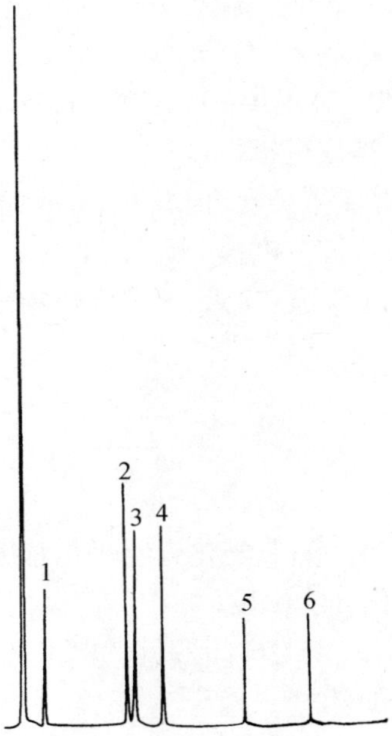

1—氯苯（3.07）；2—1,3-二氯苯（8.33）；3—1,4-二氯苯（9.48）；4—1,2-二氯苯（11.38）；
5—1,2,4-三氯苯（17.21）；6—1,2,4,5-四氯苯（21.51）
括弧内数字是保留时间（min）

图 1 氯苯类化合物的气相色谱图

对于首次测定的样品，且定性结果有疑问者，应采用双柱定性。另一柱可选用 DB-1（见附录 A）。若经双柱定性，对结果仍有疑问者，应采用色质联机或其他方法配合定性。

9.2 定量分析

以色谱峰高计算出洗脱液各氯苯类化合物含量，再根据采样体积计算出气样中各氯苯类化合物的浓度。各氯苯类化合物浓度总和即为氯苯类化合物的浓度。计算式如下：

$$W_i（\mu g）=\frac{h_i-a_i}{b_i}\cdot\frac{V_2}{V_1}\times 1\,000$$

$$X_i（mg/m^3）=W_i/V_{nd}$$

$$X=\Sigma X_i$$

式中：W_i——某氯苯化合物的实测量，μg；

h_i——某氯苯化合物的色谱峰高，mm；

a_i——某氯苯化合物校准曲线回归方程截距，mm；

b_i——某氯苯化合物校准曲线回归方程斜率；

V_1——色谱进样体积，μl；

V_2——洗脱液体积，ml；

X_i——某氯苯类化合物干气样中的浓度，mg/m^3；

V_{nd}——换算成标准状况下干采气体积，L；

X——样品中的氯苯类化合物的浓度，mg/m^3。

按 GB 16157—1996 中 10.1 或 10.2 计算 V_{nd}。

9.3 氯苯类化合物有组织排放的“排放浓度”计算

按 GB 16157—1996 中 11.1.2 或 11.1.4 计算氯苯类化合物的“排放浓度”。

9.4 氯苯类化合物有组织排放的“排放速率”计算

按 GB 16157—1996 中 11.4 计算氯苯类化合物的“排放速率”。

9.5 氯苯类化合物的“无组织排放监控浓度值”计算

9.5.1 按下式计算某一个无组织排放监控点的氯苯类化合物平均浓度

$$\overline{X}=\frac{\sum_{j=1}^{n}X_j}{n}$$

式中：$\overline{X}$——一个无组织排放监控点的氯苯类化合物平均浓度；

X_j——一个样品中的氯苯类化合物浓度；

n——一个无组织排放监控点采集的样品数目。

9.5.2 “无组织排放监控浓度值”的计算

按 GB 16297—1996 附录 C 中 C 2.3 计算氯苯类化合物的“无组织排放监控浓度值”。

10 精密度和准确度

10.1 精密度

经两个实验室分别测定氯苯类化合物统一样品，得到方法的精密度数据见下表：

化 合 物	氯 苯	1,4-二氯苯	1,2,4-三氯苯
统一样品浓度/（mg/m^3）	2.10	2.03	2.10
重复性标准偏准	0.09	0.14	0.14
重复性相对标准偏差	4.3%	6.4%	6.3%
重复性	0.28	0.42	0.43
再现性标准偏差	0.10	0.16	0.14
再现性相对标准偏差	4.7%	7.5%	6.4%
再现性	0.31	0.49	0.43

10.2 准确度

两个实验室分别测定氯苯类化合物统一样品，得到方法的准确度见下表：

化 合 物	统一样品浓度	两个实验室测定均值	均值的相对误差/%	误差范围/%
氯苯	2.10	2.10	0.0	−4.3～+7.6
1,4-二氯苯	2.03	2.10	3.7	−4.3～+14
1,2,4-三氯苯	2.10	2.19	4.3	−6.4～+12

附 录 A
（标准的附录）
用 DB-1 毛细色谱柱作辅助定性

A.1 当首次分析成分复杂的样品，对定性结果存有疑虑时，可采用 DB-1 毛细色谱柱作辅助定性。

A.2 色谱柱

A.2.1 柱型号：WCOT DB-1。

A.2.2 柱长：30 m。

A.2.3 柱内径：0.255 mm。

A.3 色谱条件

A.3.1 柱温：初温 60℃，保持 10 min，然后以 6℃/min 程序升温到 200℃。

A.3.2 汽化室温度：200℃。

A.3.3 检测器温度：230℃。

A.3.4 载气流量：高纯氮（5.5），1.5 ml/min，分流比 30∶1。

A.3.5 燃气流量：氢气（5.6），30 ml/min。

A.3.6 助燃气流量：空气（5.7），300 ml/min。

A.4 标准色谱图

在上述规定条件下，所得标准色谱图如下：

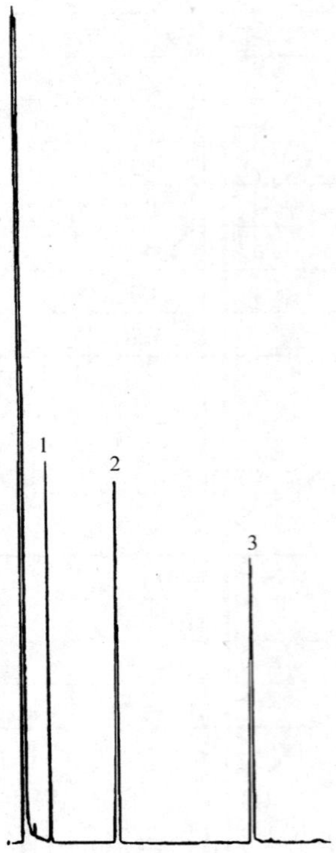

1—氯苯（2.72）；2—1，4-二氯苯（7.07）；3—1，2，4-三氯苯（15.38）

括弧内数字为保留时间（min）

图 A.1　氯苯类化合物 DB-1 柱标准色谱图

附加说明：

本标准由国家环境保护总局科技标准司提出。

本标准起草单位：中国科学院上海有机化学研究所。

本标准主要起草人：施梅儿。

本标准委托中国环境监测总站负责解释。

国家环境保护总局标准

固定污染源排气中非甲烷总烃的测定 气相色谱法

HJ/T 38—1999

Stationary source emission—Determination of nonmethane hydrocarbons —Gas chromatography

1999-08-18 批准　　　　2000-01-01 实施

1 适用范围

1.1 本标准适用于固定污染源有组织排放和无组织排放的非甲烷总烃（NMHC）测定。

1.2 NMHC 的检出限为 4×10^{-2} ng。当色谱进样量为 1.0 ml 时，方法的检出浓度为 4×10^{-2} mg/m^3，方法的定量测定浓度范围为 0.12～32 mg/m^3。

2 定义

非甲烷总烃（NMHC）：指除甲烷以外的碳氢化合物（其中主要是 C_2～C_8）的总称。在本标准规定的条件下所测得的 NMHC，是于气相色谱氢火焰离子化检测器有明显响应的除甲烷外碳氢化合物总量，以碳计。

3 方法原理

用双柱双氢火焰离子化检测器气相色谱仪，注射器直接进样，分别测定样品中的总烃和甲烷含量，以两者之差得非甲烷总烃含量。同时以除烃空气求氧的空白值，以扣除总烃色谱峰中的氧峰干扰。

4 引用标准

下列标准所包含的条文，通过在本标准中引用而构成为本标准的条文。

GB 16297—1996　大气污染物综合排放标准

GB 16157—1996　固定污染源排气中颗粒物测定和气态污染物采样方法

5 试剂和材料

除非另有说明，分析中均使用符合国家标准的分析纯试剂和蒸馏水。

5.1 硅胶。

5.2 5A 分子筛。

5.3 活性炭：15#。

用 6 mol/L 盐酸溶液（5.6）浸渍 12 h 后，用水洗至中性，在 105℃烘干备用。

5.4 盐酸：ρ＝1.19 g/ml。

5.5 磷酸：ρ＝1.71 g/ml。

5.6 盐酸溶液：1+1。

5.7 磷酸溶液：c（H_3PO_4）＝3.3 mol/L。

用量筒量取ρ＝1.75 g/ml 磷酸（5.5）38 ml，缓慢倒入水中，再用水稀释到 100 ml。

5.8 氢气：经 5A 分子筛（5.2）、活性炭（5.3）和硅胶（5.1）净化处理。

5.9 空气：经 5A 分子筛（5.2）、活性炭（5.3）和硅胶（5.1）净化处理。

5.10 氮气：体积分数为 99.5%，经 5A 分子筛（5.2）、活性炭（5.3）和硅胶（5.1）净化处理。

5.11 四氧化三钴：6～10 目。

5.12 钯 6201 催化剂：60～80 目。

取一定量的氯化钯（$PdCl_2$），在酸性条件下用水溶解，溶液量要能浸没 10 g（60～80 目）6201 担体。放置 24 h，在轻微搅拌下蒸干，然后装入 U 形管置于加热炉中，在 100℃下通入空气（5.9）30 min，再升温至 500℃灼烧 4 h，然后将温度降至 400℃用氮气（5.10）置换 10 min，再通入氢气（5.8）9 h，再用氮气（5.10）置换 10 min 即可得钯 6201 催化剂（参见 GB/T 15283—1994）。

5.13 甲烷标准气：浓度按需要而定。

5.14 丙烷标准气：浓度按需要而定。

5.15 除烃空气

借助于四氧化三钴（5.11）或钯 6201（5.12）的催化作用，除去空气中的烃类物质。详见本标准附录 A。

5.16 高纯氮：体积分数为 99.99%。

5.17 甲烷和丙烷混合标准气：浓度按需要而定。

100 ml 玻璃注射器（预先放入聚四氟乙烯小片），先用高纯氮（5.16）或除烃空气（5.15）抽洗三次，然后抽取至所需体积，再用 10 ml 玻璃注射器（或其他体积）准确地将一定量的标准气（5.13）（5.14）注入 100 ml 玻璃注射器内，校核总体积，摇匀，并分别计算总烃和甲烷烃的浓度[参见《空气和废气监测分析方法》（1990）p42]。

混合标准气的浓度计算方法（例）：

21 μmol/mol（CH_4/N_2）甲烷标准气换算为以碳计的甲烷浓度＝21×12.0/22.4＝11.3 mg/m^3；

20 μmol/mol（C_3H_8/N_2）丙烷标准气换算为以碳计的非甲烷浓度＝20×（12.0×3）/22.4＝32.1 mg/m^3；

该混合标准气的总烃浓度（以碳计）＝11.3+32.1＝43.4 mg/m^3。

6 仪器

6.1 气相色谱仪：附氢火焰离子化检测器。

6.2 色谱柱

6.2.1 甲烷柱：长 3 m、内径 3 mm 的不锈钢柱，管内填充 GDX-104 高分子多孔微球载体 60～80 目。

6.2.2 总烃柱：装硅烷化玻璃微珠或不装任何填料（空柱），长 1 m，内径 3 mm 的不锈钢柱。

6.3 色谱柱的填充和老化方法：见附录 B。

6.4 注射器：全玻璃制 1 ml、5 ml、20 ml、50 ml、100 ml 若干个。

6.5 玻璃真空采样瓶：1 L。

6.6 铝箔复合气体采样装：3～5 L。

6.7 采样系统

参考 GB 16157—1996 中 9.3 配置采样装置。

6.7.1 采样管

用不锈钢、硬质玻璃或氟树脂材质，具有适当尺寸的管料。

6.7.2 流量计量装置

见 GB 16157—1996 中 9.3.6。

6.7.3 抽气泵

见 GB 16157—1996 中 9.3.7。

6.7.4 连接管

聚四氟乙烯软管或内衬聚四氟乙烯薄膜的硅橡胶管。

6.7.5 无碱玻璃棉

7 样品采集和保存

7.1 采样容器的洗涤

真空采样瓶（6.5）或注射器（6.4）使用前必须用 3.3 mol/L 磷酸溶液（5.7）洗涤，然后用水漂洗干净，干燥后用氮气置换。

7.2 有组织排放监测采样

按 GB 16157—1996 中 9.3 图 29（真空瓶采样）或图 30（注射器采样）连接采样装置，并按 GB 16157—1996 中 9.4 有关部分操作采集样品。若排气中具有固体颗粒物，应在采样管头部塞适量玻璃棉（6.7.5）过滤。采样完毕后，将真空瓶活塞关闭，或将注射器用衬有聚四氟乙烯薄膜的硅橡胶帽密封，带回实验室。

有组织排气的采样位置和采样点按 GB 16157—1996 中 9.1.1 和 9.1.2 规定执行。

在采样前，将 2～3 片聚四氟乙烯薄片放入真空瓶或注射器中，真空瓶应事先排出瓶内气体，使真空度达 1.0×10^{-3}～1.0×10^{-4} kPa。注射器在采样前用样品气反复抽洗 3 次。

7.3 无组织排放监测采样

按 GB 16297—1996 附录 C 的规定，确定无组织排放监控点的位置，或按其他特定要求确定采样点的位置。真空瓶、注射器按 7.2 做好准备，于现场直接采样。若采用铝箔复合气袋采样，亦应在采样前用样品气反复置换 3 次。采样结束后，密封采样容器，避光带回实验室。

7.4 样品保存

采集好的样品应避光保存尽快分析，一般放置时间不超过 12 h。

8 分析步骤

8.1 色谱条件

8.1.1 进样器温度：100～110℃；

8.1.2 层析室温度：70～80℃；

8.1.3 检测器温度：100～110℃；

8.1.4 氢气（5.8）流量 25 ml/min；空气（5.9）流量 400 ml/min。根据仪器的具体情况可作适当调整。

载气（N_2）（5.10）流量，甲烷柱约为 20 ml/min；总烃柱为 40～50 ml/min。根据色谱柱的阻力调节柱前压。

8.1.5 进样量：1 ml。

8.2 校准曲线绘制

8.2.1 标准系列的制备：用混合标准气（5.15）稀释，配制 5 个浓度的标准气，形成标准系列。

8.2.2 标准系列的测定

在本标准规定的色谱条件（8.1）下，准确抽取 1.0 ml 标准系列（8.2.1）的气体样品（由低浓度到高浓度），分别在总烃柱和甲烷柱中进样，每个浓度重复 3 次，取峰高的平均值。

8.2.3 校准曲线绘制

以总烃含量（mg/m^3）为横坐标（X 轴），以相对应的平均峰高为纵坐标（Y 轴），绘制总烃的校准曲线。

同样以甲烷含量（mg/m^3）为横坐标（X 轴），以相对应的平均峰高为纵坐标（Y 轴），绘制甲烷的校准曲线。

并分别计算总烃及甲烷的校准曲线线性回归方程。

8.3 样品测定

按标准系列测定相同条件和步骤直接进样分析（如果样品浓度大于检测上限，应按（5.17）的方法作适当稀释），测定其峰高值。

8.4 氧峰测定

样品气体中含有氧气。由甲烷柱得到的色谱图中，氧峰已与甲烷峰分开（由于氧在氢火焰检测器中的响应值小，所以在实际得到的色谱图中不一定能看清氧峰）。但由总烃柱得到的总烃峰中包含氧峰，应予以扣除。

与样品测定相同的条件，于总烃柱进除烃空气（5.15）样，测得氧峰的峰高度。

9 计算和结果表示

9.1 定性分析

根据标准样品色谱峰的保留时间定性，参见分别由总烃柱和甲烷柱所得的标准色谱图。

甲烷（1.28 min）；丙烷（7.67 min）

图 1 甲烷柱混合标准气色谱图

图 2 总烃柱混合标准气色谱图（0.32 min）

图 3 总烃柱除烃空气色谱图（0.32 min）

9.2 定量分析

9.2.1 校准曲线法

样品中甲烷浓度和总烃浓度，可分别由被测组分的峰高 $h_{样}$ 直接从校准曲线上查出，或根据回归方程计算得到。

$$c_{样}=K\times c_{稀}$$

$$c_{稀}=(h_{样}-a)/b$$

式中：$h_{样}$——被测样品中的甲烷或总烃色谱峰高（或峰面积），mm；

$c_{稀}$——被测样品中（稀释后）的甲烷或总烃浓度（以碳计），mg/m^3；

$c_{样}$——样品中（稀释前）的甲烷或总烃浓度（以碳计），mg/m^3；

a——回归方程中的截距；

b——回归方程中的斜率；

K——样品的稀释倍数。

样品中非甲烷总烃的浓度按下式计算：

$$c_{NMHC}=c_{TC}-c_{CH_4}$$

式中：c_{NMHC}——样品中非甲烷总烃浓度（以碳计），mg/m^3；

c_{TC}——样品中总烃浓度（以碳计），mg/m^3；

c_{CH_4}——样品中甲烷浓度（以碳计），mg/m^3。

在采用校准曲线法进行定量分析时，每次开机测定样品之前，均要绘制校准曲线，然后每测定5～10个样品（根据仪器的稳定情况而定）插入校准曲线中任一浓度适当的标准样，其测值与原测值比较，变化应不大于5%，否则应重新绘制校准曲线。

9.2.2 单点比较法

用单点比较法进行定量分析时，应具备如下条件：

标准气浓度的响应值应与被测样品的响应值接近；

标准气与样品气同时进行分析，进样体积相同；

一个样品两次进样，其测定值相对偏差小于5%。进行计算时，采用两次测值的平均值。

甲烷按下式计算：

$$c_{CH_4}=K\times(h_{CH_4}\times c'_{CH_4})/h'_{CH_4}$$

式中：c_{CH_4}——样品中的甲烷浓度（以碳计），mg/m^3；

h_{CH_4}——样品中的甲烷色谱峰高（或峰面积），mm（或 mm^2）；

c'_{CH_4}——标准气中的甲烷浓度（以碳计），mg/m^3；

h'_{CH_4}——标准气中的甲烷色谱峰高（或峰面积），mm（或 mm^2）；

K——样品气的稀释倍数。

总烃按下式计算：

$$c_{TC}=c'_{TC}\times(h_{TC}-h_O)/h'_{TC}$$

式中：c_{TC}——样品中的总烃浓度（以碳计），mg/m^3；

c'_{TC}——标准气中的总烃浓度（以碳计），mg/m^3；

h_{TC}——样品中的总烃色谱峰高（或峰面积），mm（或 mm^2）；

h_O——除烃净化空气峰高（或峰面积），mm（或 mm^2）；

h'_{TC}——标准气中的总烃色谱峰高（或峰面积），mm（或 mm^2）；

样品中非甲烷总烃的计算方法同9.2.1。

9.3 NMHC 有组织排放的“排放浓度”计算

9.3.1 注射器或采样瓶干采气体积计算

按 GB 16157—1996 中 10.3 或 10.4 将室温下采气体积换算为标准状态下干采气体积，并以此校正由 9.2.1 和 9.2.2 计算的实测浓度。

9.3.2 NMHC 有组织排放的“排放浓度”计算

按 GB 16157—1996 中 11.1.2 或 11.1.4 计算 NMHC 的“排放浓度”。

9.4 NMHC 有组织排放的“排放速率（kg/h）”计算

按 GB 16157—1996 中 11.4 计算 NMHC 的“排放速率”。

9.5 NMHC 的“无组织排放监控浓度值”计算

9.5.1 按下式计算某一个无组织排放监控点的 NMHC 平均浓度

$$\overline{c}_{\mathrm{NMHC}}=\frac{\sum_{i=1}^{n}c_i}{n}$$

式中：$\overline{c}_{\mathrm{NMHC}}$——一个无组织排放监控点的 NMHC 平均浓度；

c_i——一个样品的 NMHC 浓度（经标、干采气体积校正）；

n——一个无组织排放监控点采集的样品数目。

9.5.2 “无组织排放监控浓度值”的计算

按 GB 16297—1996 附录 C 中 C 2.3 计算 NMHC 的“无组织排放监控浓度值”。

10 精密度和准确度

10.1 精密度

五个实验室分别测定非甲烷总烃浓度为 0.88 mg/m^3 的混合标准气体样品，得到方法的精密度数据为：测定的重复性标准偏差 0.064 mg/m^3，重复性相对标准偏差 7.3%，重复性 0.18 mg/m^3；测定的再现性标准偏差 0.069 mg/m^3，再现性相对标准偏差 7.9%，测定的再现性 0.19 mg/m^3。五个实验室分别采集和测定多种实际样品的室内相对标准偏差在 0.7%～9.0%的范围内。

10.2 准确度

五个实验室分别测定非甲烷总烃浓度为 0.88 mg/m^3 的标准气样品，测定结果的总平均值为 0.89 mg/m^3，同标准值的相对误差为 1.2%，五个实验室的测定均值与标准值的相对误差在 3.4%～9.2%的范围内。测定若干实际样品的加标回收率在 89.6%～113%范围内。

11 说明

11.1 测定时的环境温度宜保持在 20℃以上，并尽量使环境温度保持恒定。

11.2 在分析过程中，保证不泄漏是关键，因而对真空瓶、注射器和气袋的密封性要做严格检查。

11.3 在分析过程中，若使用的标准气系用高纯氮气配制，而样品气用除烃空气稀释，则由总烃柱所得的总烃峰值（峰高或峰面积），应扣除相同条件下测得的除烃空气氧气峰值（峰高或峰面积）；若使用的标准气和样品气均用净化空气配制，则不需要再考虑扣除氧峰的干扰问题。

11.4 标准气可用高纯氮气或除烃空气稀释配制，但对于同一个分析步骤中的标准系列，不能既用高纯氮气，又用除烃空气稀释配制。样品气一般都以空气为基体，故不宜再用高纯氮气进行稀释。

附 录 A
（标准的附录）
除烃空气的制备

A.1 采用下列两种形式的净化装置制备除烃空气，均可得到良好的效果。

A.1.1 钯-6201 催化除烃装置

如图 A.1 所示，高温炉内的 U 形管为内径 4 mm 的不锈钢管，内装 10 g60～80 目的钯 6201（5.12）催化剂，床层高度 7～8 cm，在 U 形管前接 1 m 长，内径为 4 mm 的不锈钢预热管，炉温为 450～500℃。

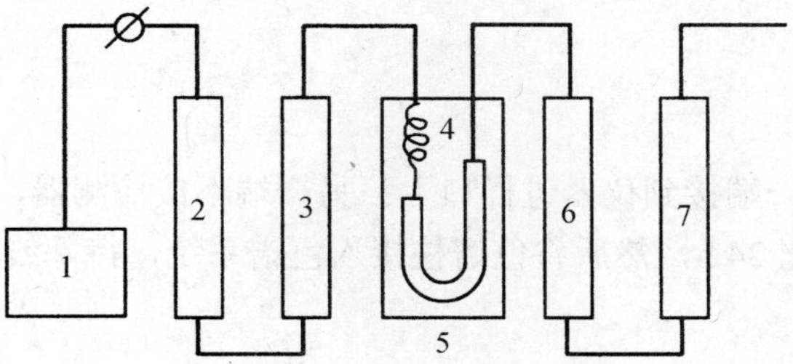

1—无油压缩机；2—硅胶及 5A 分子筛；3—活性炭；4—1 m 预热管；
5—高温管式炉（450～500℃）；6—硅胶及 5A 分子筛；7—浇碱石棉

图 A.1 除烃净化空气装置图（钯催化剂）

A.1.2 Co_3O_4 催化除烃装置

如图 A.2 所示，高温炉内装有长 70 cm、外径 10 mm 的白铁管，管内装有 5 g Co_3O_4（6～10 目）（5.11）颗粒状催化剂并与相近粒度的石英玻璃混匀，炉温为 750℃，本方法阻力较小。

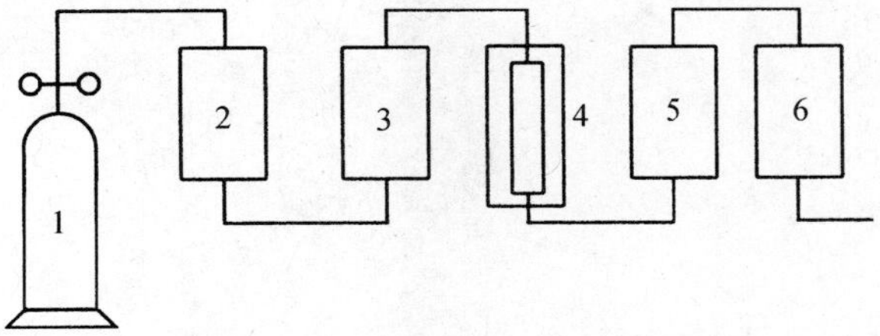

1—空气钢瓶；2—净化器（硅胶及 5A 分子筛）；3—净化器（活性炭）；
4—高温管式炉；5—净化器（硅胶）；6—净化器（烧碱石棉）

图 A.2 除烃净化空气装置图（Co_3O_4 催化剂）

附 录 B
（标准的附录）
色谱柱的填充和老化方法

B.1 色谱柱的填充方法

不锈钢柱的一端用玻璃棉塞住，接真空泵；柱的另一端通过软管接漏斗。固定相通过漏斗慢慢装入色谱柱内，在装填固定相时应开动真空泵抽吸，同时轻轻敲击不锈钢柱，使固定相在色谱柱填充紧密均匀，填充完毕后用玻璃棉塞住色谱柱的另一端。为防止玻璃棉及担体进入真空泵，在色谱柱和真空泵之间连接一缓冲瓶。

B.2 色谱柱的老化

将填充好的色谱柱的一端接到仪器进样口上；另一端不接检测器，用低流速（约 10 ml/min）载气通入，柱温升至 110℃老化 24 h，然后将色谱柱接入色谱系统，待基线走平直为止。

附加说明：

本标准由国家环境保护总局科技标准司提出。
本标准由华东理工大学环境工程研究所负责起草。
本标准主要起草人：潘金芳、张大年。
本标准委托中国环境监测总站负责解释。

国家环境保护总局标准

固定污染源排气中丙烯腈的测定 气相色谱法

HJ/T 37—1999

Stationary source emission—Determination of acrylonitrile—Gas chromatography

1999-08-18 批准　　2000-01-01 实施

1 适用范围

1.1 本标准适用于固定污染源有组织排放和无组织排放的丙烯腈测定。

1.2 当采样体积为 30 L 时，方法的检出限为 0.2 mg/m^3。方法的定量测定浓度范围为 0.26～33.0 mg/m^3。

2 方法原理

丙烯腈（$CH_2=CHCH_2CN$）用活性炭常温吸附富集，再经二硫化碳常温解吸，解吸液中各组分通过色谱柱得到分离后进入氢火焰离子化检测器（FID），从测得的丙烯腈色谱峰高（或面积），对解吸液中丙烯腈浓度定量，最后由解吸液体积、浓度和采样体积计算出气体样品中丙烯腈的浓度。

3 引用标准

下列标准所包含的条文，通过在本标准中引用而构成为本标准的条文：

GB 16297—1996　大气污染物综合排放标准

GB 16157—1996　固定污染源排气中颗粒物测定和气态污染物采样方法

4 试剂和材料

4.1 丙烯腈：色谱纯（或分析纯，但必须对丙烯腈无色谱干扰峰）。

4.2 二硫化碳：分析纯（对丙烯腈的色谱测定无干扰峰，否则需进行蒸馏，取 46～47℃的馏分）。

4.3 气相色谱固定相：GDX-502，60～80 目。

4.4 氮气：纯度 99.99%，并用分子筛或活性氧化铝净化。

4.5 氢气：纯度 99.9%，并用分子筛或活性氧化铝净化。

4.6 空气。

4.7 活性炭吸附管

活性炭吸附管的结构如图 1 所示。玻璃管的两端熔封密闭，并配有两个塑胶帽盖，以备采样完毕后盖紧密闭用。管内填装活性炭粒度为 20～40 目，A 段含 100 mg，B 段含 50 mg。A 段活性炭前的玻璃棉上压着一个 V 字形弹簧钩，以免炭粒松动。活性炭应对气态丙烯腈有很强的吸附能力，并可用二硫化碳解吸被吸附的丙烯腈。目前市售的用于采集空气中有机蒸气，并以二硫化碳作解吸溶剂的活性炭吸附管能满足要求。

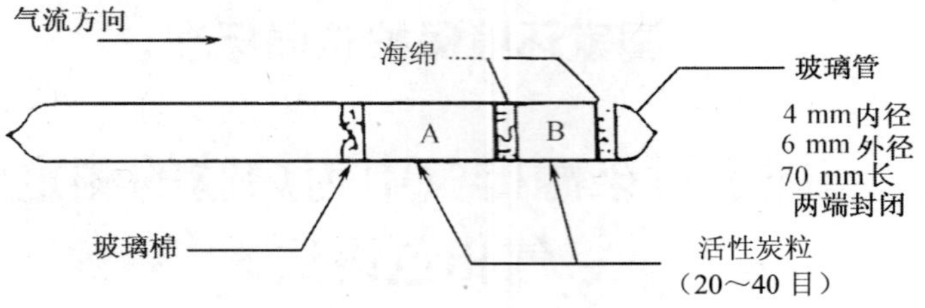

图 1 活性炭吸附管

4.8 丙烯腈标准储备液：c=10.0 mg/ml。

用分析天平准确称取一定量的丙烯腈（4.1）于容量瓶中，小心加入二硫化碳至刻度，配制成溶液的丙烯腈浓度为 10.0 mg/ml，作为储备液，密闭存放于低温（4～8℃）下，备用。存放期不得超过一个月。

4.9 丙烯腈标准使用液：c=1.00 mg/ml。

取 1.00 ml 丙烯腈标准储备液（4.8）于 10 ml 容量瓶中，用二硫化碳稀释至刻度。

5 仪器

5.1 气相色谱仪：附氢火焰离子化检测器。

5.2 色谱柱

5.2.1 柱材料：玻璃或聚四氟乙烯。

5.2.2 柱长：3 m。

5.2.3 柱内径：3 mm。

5.2.4 柱类型：填充柱。

5.2.5 柱内填充物：GDX-502，60～80 目。

5.2.6 色谱柱制备和老化（参见附录 B）。

5.3 微量注射器：1.0 μl。

5.4 采样仪器

参考 GB 16157—1996 中 9.3 配置采样仪器。

5.4.1 有组织排放监测采样仪器

5.4.1.1 采样管

采用不锈钢、硬质玻璃或聚四氟乙烯材质，有适当尺寸，并附有可加温至 120℃以上的保温夹套。

5.4.1.2 样品收集装置

活性炭吸附管（4.7）。

5.4.1.3 流量计量装置

见 GB 16157—1996 中 9.3.6。

5.4.1.4 抽气泵

见 GB 16157—1996 中 9.3.7。

5.4.1.5 连接管

聚四氟乙烯软管或内衬聚四氟乙烯薄膜的硅橡胶管。

5.4.2 无组织排放监测采样仪器

5.4.2.1 引气管

聚四氟乙烯软管，头部接一玻璃漏斗。

5.4.2.2 样品收集装置

活性炭吸附管（4.7）。

5.4.2.3 流量计量装置和抽气泵

参考 GB 16157—1996 中 9.3.6 和 9.3.7 配置。

5.4.2.4 连接管

同 5.4.1.5。

6 样品采集和保存

6.1 有组织排放样品采集

6.1.1 采样位置和采样点

按 GB 16157—1996 中 9.1.1 和 9.1.2 确定采样位置和采样点。

6.1.2 采样装置的连接

参考 GB 16157—1996 中 9.3 图 28，按采样管、样品收集装置（吸附管）、流量计量装置和抽气泵的顺序连接好采样系统，注意吸附管进气口应垂直向上（见图 2），按 GB 16157—1996 中 9.4 的要求检查采样系统的气密性和可靠性。连接采样系统的连接管要尽可能短。

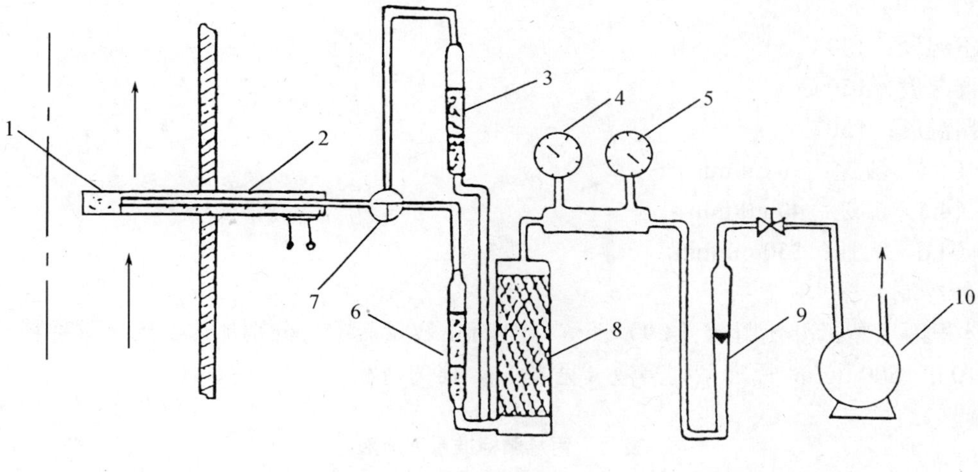

1—烟道；2—加热采样器；3—旁路吸附管；4—温度计；5—压力表；
6—吸附管；7—三通阀；8—干燥器；9—流量计；10—抽气泵

图 2 烟气采样系统

6.1.3 样品采集

在采样管口塞适量玻璃棉，然后将其伸入至排气筒内的采样点位置，启动抽气泵，先使排气筒内的气体由旁路吸附管流通，以充分洗涤采样管路，然后再使排气通过吸附管，记录采样时间、温度和流量，采样完毕后应立即取下吸附管，用塑料帽盖将两端盖紧，带回实验室分析。

6.1.4 采样管加热温度控制

采样管加热温度应以水气和样品不在采样管壁凝结为原则，但加热温度最高不得超过 160℃。若排气温度接近常温，采样管也不必加热。

6.1.5 采样流量

采样流量一般应控制在 0.3～1.0 L/min。当温度高于 30℃时，采样流速应降低，不要超过 0.5 L/min，以保证 B 段活性炭吸附量小于吸附总量的 2%。

6.1.6　采样量

对每支活性炭吸附管，采样量应控制在二硫化碳解吸液中丙烯腈浓度为 10～400 μg/ml。每支活性炭吸附管的最大采样量一般不超过 1.6 mg，且 B 段活性炭吸附的丙烯腈应不超过被吸附丙烯腈总量的 2%。

6.2　无组织排放样品采集

6.2.1　采样位置和采样点

按 GB 16297—1996 中附录 C 的规定确定无组织排放监控点的位置，或按其他特定的要求确定采样点的位置。

6.2.2　采样装置的连接

按引气管（如无必要，可不接引气管）、吸附管、流量计量装置、抽气泵的顺序连接采样系统（参看 6.1.2）。

6.2.3　样品采集、集样流量和采样量等均参照 6.1 相应部分。

6.3　样品保存

采样后的活性炭管，在两端塞紧帽盖的情况下避光保存，低温下（8℃以下）保存最多不超过 7 天。

7　分析步骤

7.1　色谱条件

7.1.1　层析室温度：130℃。

7.1.2　进样器温度：150℃。

7.1.3　检测器温度：150℃。

7.1.4　氮气（4.4）流速：30 ml/min。

7.1.5　氢气（4.5）流速：40 ml/min。

7.1.6　空气（4.6）流速：350 ml/min。

7.2　校准曲线绘制

取不同体积丙烯腈标准使用液（4.9）于 6 个 10 ml 容量瓶中，分别加入二硫化碳稀释至刻度，配制成浓度为 10.0～500 μg/ml 标准系列溶液（见表 1），摇匀待测。

表 1　丙烯腈标准系列溶液

编　　号	1	2	3	4	5	6
标准使用液体积/ml	0.10	0.50	1.00	2.00	3.00	5.00
二硫化碳体积/ml	9.90	9.50	9.00	8.00	7.00	5.00
丙烯腈浓度/（μg/ml）	10.0	50.0	100	200	300	500

按 7.1 规定的气相色谱操作条件，分别取上述标准系列溶液注入气相色谱仪，进样量为 1.0 μl，测定丙烯腈峰高（或峰面积）。每个浓度的溶液重复进样三次，取平均值，以浓度 c_i（μg/ml）与对应峰高 h_i（或面积 A_i）绘制校准曲线，并计算得到校准曲线的线性回归方程。

7.3　样品测定

7.3.1　样品的解吸

将采集样品后的活性炭吸附管两端的帽盖打开，用一根带钩的铁丝取出压在 A 段活性炭粒上的 V 字形弹簧钩，将 A 段活性炭（包括上端玻璃棉）和 B 段活性炭（包括海绵）分别转移到两支干燥的具磨口的试管内，并立即用吸管移取 2.00 ml 和 1.00 ml 二硫化碳，分别加入盛 A 段和 B 段活性炭的试管内，迅速盖紧试管塞，不断轻轻振摇试管，使二硫化碳能和活性炭充分接触混合，30 min 后进行气相色谱测定。

7.3.2 气相色谱测定

按绘制校准曲线相同的气相色谱工作条件调节仪器，对 7.3.1 中得到 A 段和 B 段活性炭的二硫化碳解吸液分别作气相色谱测定。取解吸液的上层清液进样，每次进样量为 1.0 μl，重复进样三次，取丙烯腈色谱峰高（或面积）的平均值定量。

8 计算和结果表示

8.1 定性分析

以丙烯腈标样的色谱峰保留时间定性。

标准色谱图参见图 3。

首次分析成分复杂的样品，且对定性结果有疑问时，应采用双柱定性。辅助定性的柱特征和色谱条件详见附录 A。

若经双柱定性后，对定性结果仍有疑问时，可采用 GC/MS 等其他方法和手段进一步定性。

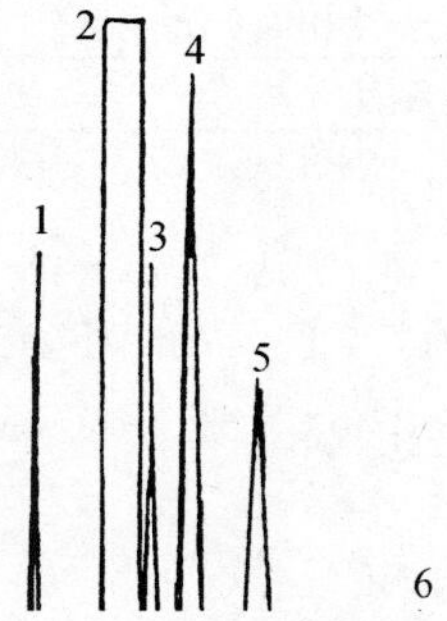

1—甲醇 1.71 min；2—二硫化碳(溶剂)；3—丙烯醛 4.94 min；4—乙腈 6.09 min；5—丙烯腈 7.94 min；6—丙腈 13.3 min

图 3 丙烯腈和其他物质的色谱图

8.2 定量分析

由测得的丙烯腈色谱峰高（或峰面积）平均值，直接在校准曲线上查得丙烯腈浓度 c_a 和 c_b，或由回归方程计算得到 c_a 和 c_b，再根据采气体积计算气体样品中的丙烯腈浓度。计算式如下：

$$c_R（mg/m^3）=\frac{(c_a \times V_a)+(c_b \times V_b)}{V_{nd}}$$

式中：c_R——采气样品中丙烯腈浓度，mg/m^3；

c_a——A 段活性炭解吸液中丙烯腈浓度，μg/ml；

c_b——B 段活性炭解吸液中丙烯腈浓度，μg/ml；

V_a——A 段活性炭的二硫化碳解吸液体积，ml；

V_b——B 段活性炭的二硫化碳解吸液体积，ml；

V_{nd}——换算到标准状态下的干采气体积，L（按 GB 16157—1996 中 10.1 或 10.2 计算）。

8.3 丙烯腈有组织排放的“排放浓度”计算

按 GB 16157—1996 中 11.1.2 计算丙烯腈的“排放浓度”。

8.4 丙烯腈有组织排放的“排放速率（kg/h）”计算

按 GB 16157—1996 中 11.4 计算丙烯腈的“排放速率”。

8.5 丙烯腈的“无组织排放监控浓度值”计算

8.5.1 一个监控点的丙烯腈平均浓度计算

按下式计算一个无组织排放监控点的丙烯腈平均浓度。

$$c=\frac{\sum_{i=1}^{n} c_i}{n}$$

式中：c——一个无组织排放监控点的丙烯腈平均浓度；

c_i——一个样品的丙烯腈浓度；

n——一个无组织排放监控点采集的样品数。

8.5.2 “无组织排放监控浓度值”的计算

按 GB 16297—1996 附录 C 中 C 2.3 计算丙烯腈的“无组织排放监控浓度值”。

9 精密度和准确度

9.1 精密度

浓度为 14.1 mg/m^3 和 32.2 mg/m^3 的丙烯腈标准样品，经五个实验室分别测定，得到精密度数据见下表。

统一标样浓度/（mg/m^3）	14.1	32.2
重复性标准差（S_r）	0.26	0.70
重复性相对标准差/%	1.9	2.2
重复性（r）	0.73	2.0
再现性标准差（S_R）	0.44	0.88
再现性相对标准差/%	3.2	2.8
再现性（R）	1.3	2.5

9.2 准确度

用浓度为 14.1 mg/m^3 和 32.2 mg/m^3 的丙烯腈标准样品。经五个实验室测定，得到方法的平均相对误差分别为 2.0%（范围在 0～3.6%）和 5.6%（范围在 3.7%～7.8%）。

10 说明

10.1 本方法中甲醇、乙醛、丙烯醛、乙腈、丙腈等一般不干扰测定。若遇干扰物质量稍大而影响丙烯腈出峰时，可将色谱柱内填充剂 60～80 目的 GDX-502 改为 80～100 目，则可得到更好的分离效果。

10.2 二硫化碳沸点较低，极易挥发，因此在配制标准溶液和对样品进行解吸时，均应注意随时盖紧容器的磨口塞。室内温度不要超过 30℃，否则应将盛解吸液的试管置于冷水中。

10.3 二硫化碳不溶于水，使用过的玻璃仪器可用热的稀碱溶液清洗，例如，用 5%Na_2CO_3 溶液加热后作洗涤剂，然后用清水冲洗干净后，干燥备用。

附　录　A
（标准的附录）
丙烯腈辅助定性色谱柱条件

A.1　固定相

β,β一氧二丙腈：6201（60～80 目釉化）＝20∶80

A.2　色谱柱特征

A.2.1　柱长：2 m。
A.2.2　柱内径：4 mm。
A.2.3　柱材质：不锈钢。
A.2.4　检测器：氢火焰离子化（FID）。

A.3　色谱条件

A.3.1　柱温：80℃±0.5℃。
A.3.2　氮气流速：80 ml/min。
A.3.3　氢气流速：50 ml/min。
A.3.4　空气流速：500 ml/min。

A.4　标准色谱图

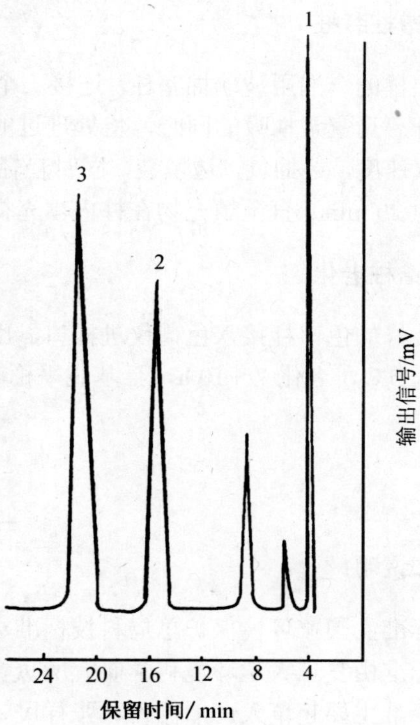

1—丙烯；2—丙烯腈；3—乙腈

附 录 B
（标准的附录）
色谱柱的制备和老化

B.1　填充物的处理

用适量的环己烷（分析纯）作提洗剂，在索氏提取器中对 GDX-502 洗提数小时，然后在 30～40℃下干燥之。待环己烷基本挥发后，将 GDX-502 置于真空干燥箱内（或在氮气气氛下），经 130℃真空干燥 2～3 h 后，待温度降至室温，取出装柱。

B.2　色谱柱装柱

玻璃柱的一端用玻璃棉塞住，连接一个缓冲瓶和一个控制活塞，然后接真空泵。柱的另一端接一漏斗，在开启真空泵抽吸的同时，将处理过的干燥填充物 GDX-502 慢慢加入漏斗装进玻璃柱内，用活塞控制抽气速度，边抽气，边填装，同时轻轻振动玻璃柱（可用小型电动按摩器，对玻璃柱作持续的按摩振动，约 20 min）直至填充物在柱内填充得紧密、均匀。填装完毕后，用玻璃棉塞住色谱柱的另一端。

B.3　色谱柱老化

将装好的色谱柱接入色谱仪进样口，出口端不接检测器，以 30 ml/min 流量通过 N_2 气，逐步升高柱温至 150℃，老化 7～10 h，至基线平稳。

附加说明：

本标准由国家环境保护总局科技标准司提出。
本标准由复旦大学环境科学研究所负责起草。
本标准主要起草人：潘循皙、张祥民、袁顺庆、侯惠奇。
本标准委托中国环境监测总站负责解释。

国家环境保护总局标准

固定污染源排气中丙烯醛的测定 气相色谱法

HJ/T 36—1999

Stationary source emission—Determination of acrolein—Gas chromatography

1999-08-18 批准　　2000-01-01 实施

1　适用范围

1.1　本标准适用于固定污染源有组织排放和无组织排放的丙烯醛测定。

1.2　本标准的检出限为 0.1 mg/m^3，当进样量为 1 ml 时，定量测定的浓度范围为 0.31～1.0×10^2 mg/m^3。

2　方法原理

丙烯醛（CH_2CHCHO）直接进样，在色谱柱中与其他物质分离后，用氢火焰离子化检测器测定，以标准样品色谱峰的保留时间定性、峰高定量。

3　引用标准

下列标准所包含的条文，通过在本标准中引用而构成为本标准的条文：

GB 16297—1996　大气污染物综合排放标准

GB 16157—1996　固定污染源排气中颗粒物测定和气态污染物采样方法

4　试剂和材料

4.1　丙烯醛：分析纯，经全玻璃蒸馏装置蒸馏，取 52.5℃馏分。

4.2　丙烯醛标准气

4.2.1　标准气的配制

将大玻璃配气瓶（5.4）密封（可先加入若干片聚四氟乙烯薄片），抽气使瓶内成负压（注意：应确保瓶内残留气体不含有丙烯醛），用 100 μl 微量注射器吸入 50 μl 新蒸馏的丙烯醛（4.1）后，精确称量，将此丙烯醛液体注入配气瓶中，再精确称量，减少的重量即为丙烯醛的注入量。振摇大瓶，静置约 10 min 后，通入氮气使大瓶内气压与大气压相等。配制成的标准气体的浓度按式（1）计算：

$$c=\frac{a}{V}\times10^{6} \tag{1}$$

式中：a——注入配气瓶中的丙烯醛质量，mg；

V——配气瓶的体积，ml；

c——丙烯醛标准气浓度，mg/m^3。

4.2.2　标准气的稀释

用 100 ml 全玻璃注射器（事先放置一聚四氟乙烯小片），抽取一定体积（按需要）的氮气或纯净空气，用硅橡胶帽密封注射口，再用一10 ml 全玻璃注射器抽取一定体积配制好的丙烯醛标准气（4.2.1），通过硅橡胶帽，定量注入 100 ml 注射器中，密封，摇匀即可。此气体的丙烯醛浓度按式（2）计算。

$$c_1 = \frac{cV}{V_1} \tag{2}$$

式中：c_1——稀释后的丙烯醛浓度，mg/m^3；

V_1——稀释后的标准气体体积，ml；

c——丙烯醛标准气浓度，mg/m^3；

V——稀释前丙烯醛标准气的体积，mg/m^3。

4.3 固定相：GDX-502 60～80 目，气相色谱用。

4.4 高纯氮：体积分数为 99.99%。

4.5 氢气：体积分数为 99.9%。

4.6 空气。

5 仪器

5.1 气相色谱仪，附氢火焰离子化检测器。

5.2 色谱柱：长 3 m、内径 4 mm 硬质玻璃管，管内填充 GDX-502。

5.3 全玻璃注射器：1 ml、5 ml、100 ml，体积刻度应校正。

5.4 20 L 玻璃配气瓶，用纯水准确标定体积。

5.5 采样仪器

参考 GB 16157—1996 中 9.3 配置采样仪器。

5.5.1 采样管

用不锈钢、硬质玻璃或聚四氟乙烯材质，并具有适当尺寸的管料。

5.5.2 流量计量装置

见 GB 16157—1996 中 9.3.6。

5.5.3 抽气泵

见 GB 16157—1996 中 9.3.7。

5.5.4 连接管

聚四氟乙烯软管或内衬聚四氟乙烯薄膜的硅橡胶管。

5.5.5 铝箔复合膜气袋

6 样品采集和保存

6.1 有组织排放采样

6.1.1 采样位置和采样点

按 GB 16157—1996 中 9.1.1 和 9.1.2 执行。

6.1.2 采样系统的连接

按 GB 16157—1996 中 9.3 图 30 连接好采样系统，并按 9.4 的要求检查其密封性和可靠性。

6.1.3 样品采集

用 100 ml 全玻璃注射器（5.3）采样，采样前应先开动抽气泵，用排气筒内的气体充分洗涤采样装置各部分和注射器后采集样品，采气后的注射器可直接用硅橡胶帽密封带回实验室，亦可将注射器中的气体打入气袋（5.5.5）内带回实验室。

6.2 无组织排放采样

6.2.1 按 GB 16297—1996 中附录 C 的规定，确定无组织排放监控点的位置，或按其他特定要求确定采样点。

6.2.2 样品采集

100 ml 全玻璃注射器（5.3），用现场空气反复抽气置换 6 次后，抽满 100 ml 被测气体，密封进气口带回实验室。或用 100 ml 全玻璃注射器（5.3）将现场空气打入气袋冲洗 3～4 次后，再充满被测气体，封住进气口带回实验室。

6.3 样品保存

无组织排放样品应于 4 h 内分析完毕；有组织排放样品应避光保存，于 48 h 内分析完毕。

7 分析步骤

7.1 色谱分析条件

色谱柱：见 5.2.1；

柱箱温度：140℃；

检测器温度：160℃；

汽化器温度：160℃；

载气：高纯氮（4.4），60 ml/min；

燃气：氢气（4.5），50 ml/min；

助燃气：空气（4.6），500 ml/min。

上述条件可根据所用气相色谱仪性能作适当调整。

7.2 校准曲线绘制

按 4.2.1 和 4.2.2 配制 0～100（mg/m^3）范围内 6 个浓度的标准气体，各取 1 ml 进样，每个浓度重复 3 次，求峰高的平均值。以峰高平均值为纵坐标，丙烯醛浓度为横坐标，绘制校准曲线，并计算得到校准曲线的线性回归方程。

7.3 样品测定

精确取 1 ml 样品气体（若丙烯醛浓度低，可取最多至 5 ml 样品气体）注入色谱仪，按绘制校准曲线相同的条件进行测定。若样品浓度过高，可用氮气（或纯净空气）稀释至 50 mg/m^3 左右后再行测定。每个样品重复 3 次，求峰高平均值。

8 计算和结果表示

8.1 定性分析

按标准样品色谱峰的保留时间进行定性分析（参考本标准规定条件下的标准色谱图及保留时间）。

若首次分析某种成分较复杂的样品，且对丙烯醛的色谱峰定性存有疑问时，应采用双柱定性。双柱定性的方法见本标准附录 A。

成分特别复杂的样品，经双柱定性仍有疑问时，应采用色质联机等其他方法和手段进一步验证定性结果。

8.2 定量分析

8.2.1 校准曲线法

由绘制的校准曲线查得相应的丙烯醛浓度，或由回归方程计算丙烯醛的浓度。

在应用校准曲线法进行定量分析时，任何一次开机分析样品，都应首先绘制校准曲线，然后每分析 5～10 个样品（根据仪器的稳定情况而定）插入一校准曲线中浓度适当的标准样品，其测值与原先的测值比较，相对偏差应小于 5%，否则应重新绘制校准曲线。

8.2.2 单点比较法

在满足下列条件的情况下，可以用单点比较法进行定量分析。

所用标准气的浓度必须与样品浓度十分接近；

标准气与样品必须同时，在同样的条件下进行分析；

方法的线性好，截距应可忽略；

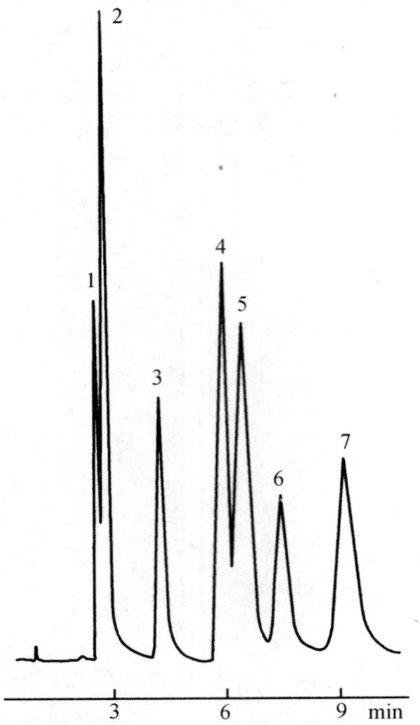

1—甲醇 2.47 min；2—乙醛 2.74 min；3—乙醇 4.32 min；4—丙烯醛 6.10 min；
5—丙酮 6.75 min；6—乙腈 7.83 min；7—丙烯腈 9.68 min

标准色谱图

标准气和样品气交叉进样，重复两次测定结果的相对偏差不超过 5%，此时可以两次测定结果的平均值进行计算。

$$c_{样}=K\times（h_{样}\times c_{标}）/h_{标} \tag{3}$$

式中：$c_{样}$——样品气中丙烯醛的浓度，mg/m^3；

$c_{标}$——标准气中丙烯醛的浓度，mg/m^3；

$h_{样}$——样品气中丙烯醛的色谱峰高，mm；

$h_{标}$——标准气中丙烯醛的色谱峰高，mm；

K——样品气的稀释倍数。

8.3 丙烯醛有组织排放的“排放浓度”计算

8.3.1 注射器干采气体积计算

按 GB 16157—1996 中 10.3 将室温下采气体积换算为标准状态下干采气体积，并以此校正按式（1）计算的实测浓度。

8.3.2 丙烯醛有组织排放的“排放浓度”计算

按 GB 16157—1996 中 11.1.2 或 11.1.4 计算丙烯醛的“排放浓度”。

8.4 丙烯醛有组织排放的“排放速率（kg/h）”计算

按 GB 16157—1996 中 11.4 计算丙烯醛的“排放速率”。

8.5 丙烯醛的“无组织排放监控浓度值”计算

8.5.1 按式（4）计算某一个无组织排放监控点的丙烯醛平均浓度

$$\bar{c}=\frac{\sum_{i=1}^{n}c_i}{n} \tag{4}$$

式中：$\bar{c}$——一个无组织排放监控点的丙烯醛平均浓度；

c_i——一个样品的丙烯醛浓度（经标、干采气体积校正）；

n——一个无组织排放监控点采集的样品数目。

8.5.2 “无组织排放监控浓度值”的计算

按 GB 16297—1996 附录 C 中 C2.3 计算丙烯醛的“无组织排放监控浓度值”。

9 精密度和准确度

9.1 方法的精密度

五个实验室分别测定浓度为 12.4 mg/m^3 的标准样品，得到方法的精密度数据为：重复性为 0.73 mg/m^3，重复性标准偏差为 0.26 mg/m^3，重复性相对标准偏差为 2.2%；再现性为 1.05 mg/m^3，再现性标准偏差为 0.37 mg/m^3，再现性相对标准偏差为 3.0%。

五个实验室分别测定两个实际样品。测得结果的平均值分别为 5.3 mg/m^3 和 24.6 mg/m^3。各实验室测定结果分别于 4.9～5.8 mg/m^3 和 22.4～30.1 mg/m^3 的范围内。

9.2 方法的准确度

五个实验室分别测定浓度为 12.4 mg/m^3 的标准样品，方法的相对误差均值及其范围为 2.0%和 1.0%～2.9%。

10 说明

10.1 丙烯醛极易在样品采集和样品保存过程中被氧化，应严格按本标准的规定条件采集和保存样品，尽快分析。

附 录 A
（标准的附录）
用聚乙二醇-20 M 填充柱辅助定性

A.1 当首次分析成分较复杂的丙烯醛样品时，应采用双柱定性。可采用聚乙二醇-20 M 填充柱辅助定性。

A.2 色谱柱

A.2.1 柱长：3 m（不锈钢柱）。

A.2.2 柱内径：3.14 mm。

A.2.3 担体：Chromosorb W. AW（60～80 目）。

A.2.4 固定液：聚乙二醇-20 M。

A.2.5 液固重量比：15%。

A.3 检测器：氢火焰离子化检测器。

A.4 色谱条件

A.4.1 柱温：80℃。

A.4.2 检测器温度：150℃。

A.4.3 汽化器温度：150℃。

A.4.4 载气流量：N_2 40 ml/min。

A.4.5 氢气流量：H_2 80 ml/min。

A.4.6 空气流量：700 ml/min。

A.5 标准色谱图

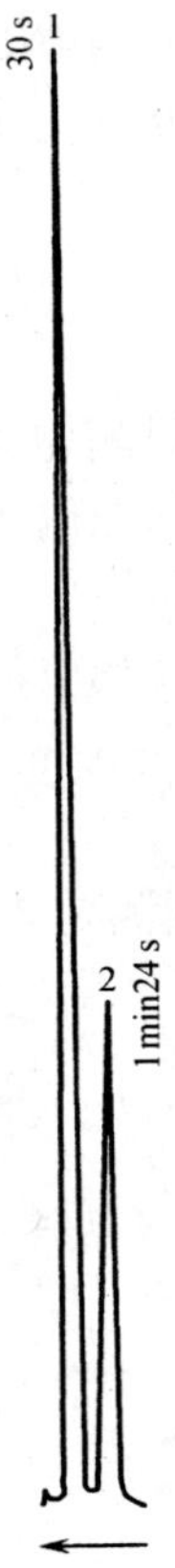

1—丙烯醛 0.5 min；2—未知峰 1.40 min

附　录　B
（标准的附录）
GDX-502 色谱柱的填充方法

玻璃色谱柱的一端用玻璃棉塞住，接真空泵；柱的另一端通过软管接漏斗。将固定相（GDX-502）通过漏斗慢慢装入色谱柱内，在装填固定相时应开动真空泵抽吸，同时轻轻敲击玻璃柱，使固定相在色谱柱内填充均匀并且紧密。填充完毕后用玻璃棉塞住色谱柱另一端。装好的色谱柱一端接在进样口上；另一端不要连接检测器。在温度 190℃，通氮气 50 ml/min 的条件下老化处理 24 h 后使用。

附加说明：

本标准由国家环境保护总局科技标准司提出。
本标准由上海师范大学实验中心负责起草。
本标准主要起草人：胡岗、姜义华。
本标准委托中国环境监测总站负责解释。

国家环境保护总局标准

固定污染源排气中乙醛的测定 气相色谱法

HJ/T 35—1999

Stationary source emission—Determination of acetaldehyde—Gas chromatography

1999-08-18 批准　　2000-01-01 实施

1 适用范围

1.1 本标准适用于固定污染源有组织排放和无组织排放的乙醛测定。

1.2 当采样体积为 100 L，进样体积为 1 μl 时，乙醛的检出限为 4×10^{-2} mg/m^3，乙醛的定量测定浓度范围为 0.14～30 mg/m^3。

2 方法原理

用亚硫酸氢钠溶液采样，乙醛与亚硫酸氢钠发生亲核加成反应，在中性溶液中生成稳定的α-羟基磺酸盐，然后在稀碱溶液中共热释放出乙醛，经色谱柱分离，用氢火焰离子化检测器测定，以标准样品色谱峰的保留时间定性，峰高定量。

$$CH_3-\underset{H}{\underset{|}{C}}=O + NaHSO_3 \longrightarrow CH_3-\overset{OH}{\overset{|}{\underset{H}{\underset{|}{C}}}}-SO_3Na$$

$$CH_3-\overset{OH}{\overset{|}{\underset{H}{\underset{|}{C}}}}-SO_3Na + 1/2Na_2CO_3 \longrightarrow CH_3-\underset{H}{\underset{|}{C}}=O + Na_2SO_3 + 1/2CO_2\uparrow + 1/2H_2O$$

3 引用标准

下列标准所包含的条文，通过在本标准中引用而构成为本标准的条文。

GB 16297—1996　大气污染物综合排放标准

GB/T 16157—1996　固定污染源排气中颗粒物测定和气态污染物采样方法

4 试剂和材料

除非另有说明，分析时均使用符合国家标准的分析纯试剂和不含有机物的蒸馏水。

不含有机物蒸馏水的制备：加入少量高锰酸钾的碱性溶液于普通的蒸馏水或去离子水中使呈红紫色，再进行蒸馏即得（在整个蒸馏过程中水应始终保持红紫色，否则应随时补加高锰酸钾）。

4.1 丙酮（CH_3COCH_3）。

4.2 三聚乙醛（CH_3CHO）$_3$。

4.3 浓盐酸（HCl）：ρ=1.19 g/ml。

4.4 浓硫酸（H_2SO_4）：ρ=1.84 g/ml。

4.5 无水碳酸钠（Na_2CO_3，基准试剂）。

4.6 880 气相色谱载体（酸洗硅烷化硅藻土白色载体）（GCS880 AW DMCS），80～100 目。

4.7 聚乙二醇-20000 固定液（PEG-20M）。

4.8 亚硫酸氢钠吸收液：c=10 g/L。

10.0g 亚硫酸氢钠溶于蒸馏水中，并稀释至 1 000 ml。

4.9 碳酸钠溶液：c（Na_2CO_3）=2.0 mol/L。

106 g 碳酸钠溶于蒸馏水中，并稀释至 500 ml。

4.10 饱和氯化钠水溶液。

4.11 氢氧化钠溶液：c（NaOH）=0.1 mol/L。

4.12 羟胺乙醇溶液：c=21 g/L。

2.1 g 盐酸羟胺溶于 10 ml 水中，用 95%乙醇稀释到 100 ml。

4.13 溴酚蓝指示剂：c=1 g/L。

0.1 g 溴酚蓝溶于 100 ml 20%的乙醇中。

4.14 溴甲酚绿-甲基红指示剂：3 份 1 g/L 溴甲酚绿乙醇溶液与 1 份 2 g/L 甲基红乙醇溶液混合。

4.15 盐酸标准溶液：c（HCl）=0.02 mol/L。

配制方法：量取浓盐酸（4.3）1.7 ml，用水稀释至 1 000 ml，混匀。

标定方法：准确称取基准无水碳酸钠（4.5）（预先在 270～300℃干燥至恒重）0.040 0 g 三份，分别放于三个 250 ml 锥形瓶中，并各加水 50 ml，使其溶解，加入溴甲酚绿-甲基红指示剂（4.14）10 滴，以配制好的盐酸溶液滴定至溶液由绿色变为暗红色，即为终点。

计算：

$$M=\frac{G}{V\times 0.052\ 99}$$

式中：G——所称碳酸钠的重量，g；

V——滴定所消耗的盐酸溶液的体积，ml；

0.052 99——1/2 毫摩尔 Na_2CO_3 的克数；

M——盐酸标准溶液的浓度，mol/L。

4.16 乙醛标准贮备液

在一个 500 ml 容量瓶（A 瓶）中，加入 400 ml 亚硫酸氢钠吸收液（4.8），再加入 5.00 ml 新鲜解聚的乙醛，用亚硫酸氢钠吸收液（4.8）稀释至标线（此乙醛标准贮备液在冰箱中可保存一个月）。与此同时，吸取 5.00 ml 新鲜解聚的乙醛放入已加有 400 ml 重蒸馏水的 500 ml 容量瓶（B 瓶）中，用重蒸馏水稀释至标线，用羟胺法标定乙醛溶液的浓度。

解聚方法：在装有分馏柱的蒸馏装置中加入 50 ml 三聚乙醛（4.2）和 0.5 ml 浓硫酸（4.4），缓慢加热，使乙醛在 35℃以下蒸出，用一个冰水冷却的接收器收集解聚的新鲜乙醛。

标定方法：分别吸取 21 g/L 羟胺乙醇溶液（4.12）5.00 ml 和 0.1 mol/L NaOH 溶液（4.11）10.0 ml 于 100 ml 碘量瓶中，然后加入 5.00 ml 乙醛水溶液（4.16，B 瓶），塞好磨口玻璃塞，摇匀，在室温放置 30 min，然后加 3 滴溴酚蓝指示剂（4.13）后，用 0.02 mol/L 盐酸标准溶液（4.15）滴定至蓝绿色。同时进行空白试验，在 5.00 ml 羟胺乙醇溶液（4.12）和 10.0 ml NaOH 溶液（4.11）中加入 2.0 ml 饱和 NaCl 水溶液（4.10）及 3 滴溴酚蓝指示剂（4.13），用 0.02 mol/L 盐酸标准溶液（4.15）滴定至蓝绿色。另取 20 ml 蒸馏水，加入 3 滴 0.1%溴酚蓝指示剂（4.13），再滴定至终点。

按下式计算乙醛溶液浓度：

$$乙醛溶液浓度（CH_3CHO，mg/ml）=\frac{44.05\times M\times(A-B+C)}{V}$$

式中：V——所取乙醛水溶液样品的体积，ml；

M——盐酸标准溶液的浓度，mol/L；

A——空白滴定消耗盐酸标准溶液的体积，ml；

B——标定乙醇溶液所消耗盐酸标准溶液的体积，ml；

C——蒸馏水滴定所消耗盐酸标准溶液的体积，ml；

44.05——1 mol CH_3CHO 的克数。

4.17　乙醛标准溶液

临用前，把乙醛标准贮备液(4.16A 瓶)用亚硫酸氢钠吸收液(4.8)逐级稀释成 1 000 mg/L 和 100 mg/L 的标准溶液。

5　仪器

5.1　气相色谱仪：具氢火焰离子化检测器。

5.2　色谱柱：长 2 m，内径 3 mm 的玻璃柱。

5.3　固定相：20% PEG20M-GCS880AW DMCS，80～100 目。

色谱柱的制备方法见附录 B。

5.4　采样仪器

5.4.1　有组织排放监测采样仪器

参考 GB/T 16157—1996 中 9.3 配置采样仪器。

5.4.1.1　采样管

采用不锈钢、硬质玻璃或聚四氟乙烯材质，具有适当尺寸的管料作采样管，并具有可加热至 120℃以上的保温夹套。

5.4.1.2　样品吸收装置

10 ml 多孔玻板吸收管。

5.4.1.3　流量计量装置

见 GB/T 16157—1996 中 9.3.6。

5.4.1.4　抽气泵

见 GB/T 16157—1996 中 9.3.7。

5.4.1.5　连接管

聚四氟乙烯软管或内衬聚四氟乙烯薄膜的硅橡胶管。

5.4.2　无组织排放监测采样仪器

5.4.2.1　引气管

聚四氟乙烯软管，头部接一玻璃漏斗。

5.4.2.2　样品吸收装置

10 ml 多孔玻板吸收管。

5.4.2.3　流量计量装置、抽气泵和连接管

参考 5.4.1 相应部分配置。

6　样品采集和保存

6.1　有组织排放样品采集

6.1.1　采样位置和采样点

按 GB/T 16157—1996 中 9.1.1 和 9.1.2 确定采样位置和采样点。

6.1.2 采样装置的连接

参考 GB/T 16157—1996 中 9.3 图 28，按采样管、样品吸收装置、流量计量装置和抽气泵的顺序连接好采样系统，连接管要尽可能短。按 GB/T 16157—1996 中 9.4 的要求检查采样系统的气密性和可靠性。

6.1.3 样品采集

将采样管头部塞适量玻璃棉后，插入排气筒采样点，用一支内装 10 g/L $NaHSO_3$ 溶液（4.8）5 ml 的多孔玻板吸收管，以 0.3～0.5 L/min 的流量采样。采样过程中调节夹套温度，以使水气不在管壁凝结。采样时间视乙醛浓度而定。记录采样流量、温度、压力及采样时间等。采样结束后，取下吸收管，密封其进、出口，带回实验室。

6.2 无组织排放样品采集

6.2.1 采样位置和采样点

按 GB 16297—1996 中附录 C 的规定确定无组织排放监控点的位置，或按其他特定的要求确定环境空气采样点。

6.2.2 采样装置的连接

按引气管、样品吸收装置、流量计量装置和抽气泵的顺序连接采样系统，连接管要尽可能短。如无必要，样品吸收装置前可不接引气管。按 GB 16157—1996 中 9.4 的要求检查采样系统的气密性和可靠性。

6.2.3 样品采集

用一支内装 10 g/L $NaHSO_3$ 溶液（4.8）5 ml 的多孔玻板吸收管，在常温下以 1.0 L/min 的流量采样 100 L 以上。同时记录采样温度、压力及采样时间。采样结束后，取下吸收管，密封其进、出口，带回实验室进行分析。

6.3 样品保存

采集好的样品应尽快分析。如不能及时分析，在常温下避光保存，至少可保存 6 天。

7 分析步骤

7.1 色谱条件

柱温：90℃；

汽化室温度：140℃；

检测室温度：140℃；

载气：纯氮（99.99%），流量为 20 ml/min；

燃气：纯氢（99.99%），流量为 50 ml/min；

助燃气：空气，流量为 350 ml/min；

进样量：1 μl。

标准色谱图（在上述条件下所得标准色谱图见图 1）。

7.2 校准曲线绘制

取 7 个 10 ml 比色管，按下表配制成乙醛的标准系列。

乙醛的标准系列

管 号	1	2	3	4	5	6	7
乙醛标准溶液（4.17）/ml	100.0 μg/ml				1 000 μg/ml		
	0.50	1.00	3.00	5.00	1.00	3.00	5.00
吸收液（4.8）/ml	4.50	4.00	2.00	0	4.00	2.00	0
乙醛含量/μg	50	100	300	500	1 000	3 000	5 000

以上各管中加入 2.0 mol/L 的 Na_2CO_3 溶液（4.9）0.50 ml，摇匀，按所用气相色谱仪的操作规程，用微量进样器分别吸取 1 μl 标准系列溶液，在相同色谱条件下测定各标准溶液的色谱峰高，以峰高为纵坐标，乙醛含量为横坐标绘制校准曲线，并计算校准曲线的线性回归方程式。

7.3　样品测定

将吸收管中的吸收液转移至 10 ml 比色管（带 5 ml 刻度）中，用少量 10 g/L $NaHSO_3$ 溶液（4.8）洗涤吸收管，洗涤液并入 10 ml 比色管中，并定容至 5 ml 刻度，然后加入 2.0 mol/L 的 Na_2CO_3 溶液（4.9）0.50 ml，摇匀，以下按绘制校准曲线相同步骤进行样品测定。

8　计算和结果表示

8.1　定性分析

按乙醛标准样品色谱峰的保留时间定性（参见标准色谱图）。

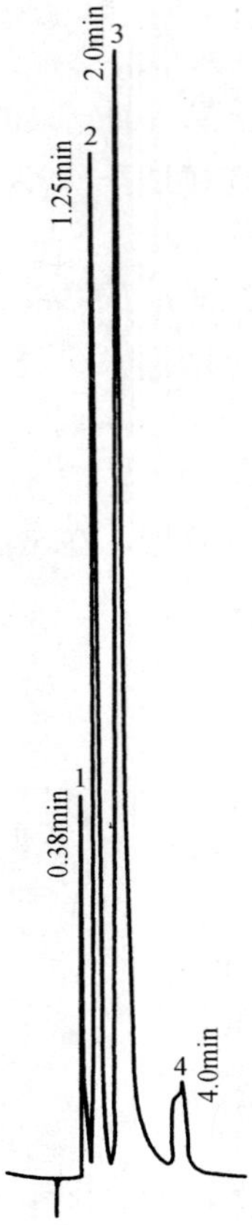

1—乙醛；2—丙酮；3—甲醇+乙醇；4—水

图 1　乙醛的标准色谱图

若首次分析成分复杂的样品，并对定性结果存有疑虑时，应采用双柱定性。详见本标准附录 A。若用双柱定性后，对结果仍有疑虑，可采用色谱/质谱分析或其他方法作进一步定性。

8.2　定量分析

8.2.1　校准曲线法

根据测得乙醛峰高，直接在校准曲线上查得样品溶液中乙醛的含量 $c_{样}$，或由回归方程式计算样品

溶液中乙醛的含量 $c_{样}$，再按下式计算气体样品中乙醛的浓度 c。

$$c\text{（}CH_3CHO，mg/m^3\text{）}=\frac{c_{样}}{V_{nd}}=\frac{h}{bV_{nd}}$$

式中：$c_{样}$——样品溶液中乙醛的含量，μg；

h——样品溶液中乙醛的色谱峰高，mm；

V_{nd}——标准状态下的干采气体积，L；

b——回归方程的斜率。

在应用校准曲线法进行定量分析时，任何一次开机分析样品，都应首先绘制校准曲线，然后每分析5～10 个样品（根据仪器的稳定情况而定）插入一校准曲线中浓度适当的标准样品，其测值与原先的测值比较，相对偏差应小于 5%，否则应重新绘制校准曲线。

8.2.2 单点比较法

用单点比较法进行定量分析时，应具备如下条件：

标准溶液的响应值应与被测样品溶液的响应值接近；

标准溶液与样品溶液同时进行分析，进样体积相同；

一个样品连续进样两次，其测定值的相对偏差小于 5%。

取两次测定平均值，按下式计算气体样品中乙醛的浓度 c：

$$c\text{（}CH_3CHO，mg/m^3\text{）}=\frac{h_{样}c_{标}}{h_{标}V_{nd}}$$

式中：$h_{样}$——样品溶液中乙醛的色谱峰高，mm；

$h_{标}$——标准溶液中乙醛的色谱峰高，mm；

$c_{标}$——标准溶液中乙醛的含量，μg；

V_{nd}——标准状态下干采气体积，L。

按 GB/T 16157—1996 中 10.1 或 10.2 计算 V_{nd}。

如用峰面积定量，峰高 h 改为峰面积 A。

8.3 乙醛有组织排放的“排放浓度”计算

按 GB/T 16157—1996 中 11.1.2 或 11.1.4 计算乙醛的“排放浓度”。

8.4 乙醛有组织排放的“排放速率（kg/h）”计算

按 GB/T 16157—1996 中 11.4 计算乙醛的“排放速率”。

8.5 乙醛的“无组织排放监控浓度值”计算

8.5.1 按下式计算一个无组织排放监控点的乙醛平均浓度

$$c=\frac{\sum_{i=1}^{n}c_i}{n}$$

式中：c——一个无组织排放监控点的乙醛浓度平均值；

c_i——一个样品的乙醛浓度；

n——一个无组织排放监控点采集的样品数目。

8.5.2 “无组织排放监控浓度值”的计算

按 GB 16297—1996 附录 C 中 C 2.3 计算乙醛的“无组织排放监控浓度值”。

9 精密度和准确度

9.1 统一样品的精密度和准确度

用 10 g/L $NaHSO_3$ 溶液（4.8）配制的含乙醛分别为 74.0 mg/L（在采样体积为 100 L 时，相当浓度为 3.70 mg/m^3）和 370.0 mg/L（在采样体积为 100 L 时，相当浓度为 18.5 mg/m^3）的统一样品，经五个实验室分析，得到方法的精密度和准确度数据见下表：

统一样品配制浓度/（mg/L）		74.0	370.0
测定总平均值/（mg/L）		73.6	364.9
精密度	重复性标准偏差/（mg/L）	1.6	7.8
	重复性相对标准偏差/%	2.2	2.1
	重复性/（mg/L）	4.5	22
	再现性标准偏差/（mg/L）	2.5	12
	再现性相对标准偏差/%	3.4	3.3
	再现性/（mg/L）	6.9	34
准确度	相对误差/%	−5.0～2.3（均值为−0.5）	−5.5～1.4（均值为−1.4）
	加标回收率/%	93.8～101（均值为 97.4）	92.0～103（均值为 96.5）

9.2　实际样品的精密度和准确度

在同一时间、同一采样点统一采集并发放的无组织排放和有组织排放样品，经五家实验室分析，相对标准偏差分别为 9.5%和 10%，加标回收率分别为 90.8%～126%（均值为 103%）和 89.0%～118%（均值为 98.2%）。

10　说明

10.1　本方法选定的色谱条件下，样品中的甲醛、甲醇、乙醇、丙酮、甲酸、乙酸等有机化合物对乙醛的测定均无干扰。

10.2　市售乙醛仅仅是 400 g/L 的水溶液（分析纯），而且还有聚合物存在，故不能作为标准样品直接使用，必须标定其准确含量。

10.3　用羟胺法标定乙醛溶液的浓度时，空白滴定可作为在滴定样品时观测指示剂终点颜色的对照标准。为了对照准确，必须使得在终点时，两者溶液的体积相等。所以在样品滴定接近终点之前，应补充加入一定量的蒸馏水，然后将样品溶液继续滴定至终点。同时，由于蒸馏水的 pH 值比滴定至终点时溶液的 pH 值高得多，所以必须另取 20 ml 蒸馏水，加入 3 滴 1 g/L 溴酚蓝指示剂，再滴定至终点。由此可以计算出因加入水而消耗的盐酸量的毫升数。

10.4　乙醛是一种易燃、易挥发的危险品，在制备新鲜乙醛时，应当防止乙醛外溢，应用水浴加热，不能直接加热，而且应用冰浴接收装置，将接收管的尾气通入下水道。

10.5　当室温较低时，2.0 mol/L 的 Na_2CO_3 溶液会析出 Na_2CO_3 晶体，所以，在冬天需用温水浴加热使其溶解后方可使用。

10.6　在较高气温下，连续长时间采集环境空气中乙醛时，如吸收液体积有明显减少，需适当补加吸收液，使吸收液的体积维持在 5 ml 左右。

附 录 A
（标准的附录）
用 407 有机担体填充柱作乙醛辅助定性

A.1 当首次分析成分复杂的样品，对定性结果存有疑虑时，可用 407 有机担体填充柱作乙醛的辅助定性。

A.2 色谱条件

A.2.1 色谱柱：长 3 m、内径 3 mm 的玻璃柱。

A.2.2 固定相：407 有机担体，80～100 目。

A.2.3 检测器：氢火焰离子化检测器。

A.2.4 柱温：100℃。

A.2.5 汽化室温度：150℃。

A.2.6 检测室温度：150℃。

A.2.7 载气（N_2）流量：20 ml/min。

A.2.8 燃气（H_2）流量：35 ml/min。

A.2.9 助燃气（空气）流量：300 ml/min。

A.2.10 进样量：1 μl。

A.3 标准色谱图

在上述条件下得到乙醛和其他物质的色谱图（附保留时间）见图 A.1。

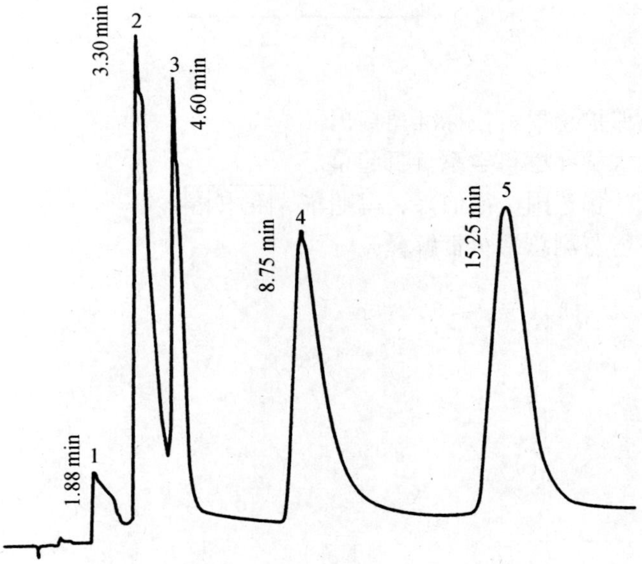

1—水；2—甲醇；3—乙醛；4—乙醇；5—丙酮

图 A.1 乙醛的分离色谱图

附 录 B
（标准的附录）
色谱柱的制备和处理

B.1 固定液涂渍的方法

按载体（GCS 880 AW DMCS）重量的 20%准确称取一定量的固定液（PEG20M），溶解在丙酮中，待完全溶解后，倒入载体，使载体刚好浸没在溶液中，轻轻摇动容器，让溶剂均匀挥发，待溶剂全部挥发后，即可装柱。

B.2 固定相的填充方法

将色谱柱的尾端（接检测器一端）用玻璃棉塞住，接真空泵，柱的另一端通过软管接一小漏斗。启动真空泵后，使固定相慢慢通过漏斗装入色谱柱内，边装边轻敲色谱柱，使固定相在色谱柱内填充均匀并且紧密，填充完毕后，用玻璃棉塞住色谱柱的另一端。

B.3 色谱柱的老化

将填充好的色谱柱接装于色谱仪器上，柱的尾端不接检测器，在 170℃以低流速 20 ml/min 通氮气，连续老化 24 h 以上。

附加说明：

本标准由国家环境保护总局科技标准司提出。
本标准由华东师范大学环境科学系负责起草。
本标准主要起草人：翟建国、徐伯兴、冯贻华、龚书椿。
本标准委托中国环境监测总站负责解释。

国家环境保护总局标准

固定污染源排气中氯乙烯的测定 气相色谱法

HJ/T 34—1999

Stationary source emission—Determination of vinyl chloride—Gas chromatography

1999-08-18 批准 2000-01-01 实施

1 适用范围

1.1 本标准适用于固定污染源有组织排放和无组织排放的氯乙烯测定。

1.2 当色谱进样量为 3 ml 时，方法的检出限为 0.08 mg/m^3，定量测定的浓度下限为 0.26 mg/m^3，上限可达 1×10^4 mg/m^3 浓度范围。

2 方法原理

氯乙烯用注射器直接进样，经色谱柱分离后，被氢火焰离子化检测器测定，以色谱峰的保留时间定性，峰高（或峰面积）定量。

3 引用标准

下列标准所包含的条文，通过在本标准中的引用而构成为本标准的条文：

GB 16297—1996 大气污染物综合排放标准

GB 16157—1996 固定污染源排气中颗粒物测定和气态污染物采样方法

4 试剂和材料

4.1 色谱固定液：苯基（50%）甲基硅酮（OV17），色谱试剂。

4.2 载体：硅藻土 101 硅烷化 80～100 目。

4.3 载气：纯氮（体积分数为 99.99%）。

4.4 燃烧气：纯氢（体积分数为 99.9%）。

4.5 助燃气：空气。

4.6 丙酮：分析纯。

4.7 氯乙烯标准气：10～100 mg/m^3。

标准气的稀释方法[参照《空气和废气监测分析方法》（1990）p42]。

100 ml 的全玻璃注射器（预先检测气密性不要漏气）中放入几块聚四氟乙烯塑料片，注射器内有精确体积的空气或氮气，在注射器口套上一个硅橡胶帽，根据需要的气体浓度，用小容量注射器，精确的取一定量的标准气，注入 100 ml 针筒内，摇动，使塑料片反复振动，使混合气均匀。每种标准气的稀释重复操作两次取其平均值，其相对误差应小于 5%。

5 仪器

5.1 气相色谱仪：具氢火焰离子化检测器。

5.2 色谱柱

5.2.1 柱特征：长 2 m，内径 3 mm 的不锈钢或玻璃填充柱。

5.2.2 液相载荷量：OV17：载体＝3%。

5.2.3 色谱柱的填充和老化方法：见附录 B。

5.3 采样仪器

5.3.1 有组织排放监测采样仪器

参照 GB 16157—1996 中 9.3 配置采样仪器。

5.3.1.1 采样管

用不锈钢、硬质玻璃或聚四氟乙烯材质，具有适当尺寸的管料作为采样管，并附有可加热至 120℃以上的保温夹套。

5.3.1.2 取样装置

100 ml 全玻璃注射器。

5.3.1.3 流量计量装置

见 GB 16157—1996 中 9.3.6。

5.3.1.4 抽气泵

见 GB 16157—1996 中 9.3.7。

5.3.1.5 连接管

氯四氟乙烯软管或内衬聚四氟乙烯薄膜的硅橡胶管。

5.3.2 无组织排放监测采样仪器

100 ml 全玻璃注射器。

5.3.3 贮气袋：铝箔复合薄膜气袋。

6 样品采集和保存

6.1 有组织排放样品采集

6.1.1 采样位置和采样点

按 GB 16157—1996 中 9.1.1 和 9.1.2 确定采样位置和采样点。

6.1.2 采样装置的连接

参照 GB 16157—1996 中 9.3 图 30，按采样管、取样装置、流量计量装置和抽气泵的顺序连接好采样系统，连接管要尽可能短，按 GB 16157—1996 中 9.4 的要求，检查采样系统的气密性和可靠性。

6.1.3 样品采集

在采样管头部塞适量无碱玻璃棉，并将其伸入排气筒采样点，启动抽气泵，首先将采样系统管路用排气筒内的气体充分清洗，然后抽动注射器，反复抽洗 5～6 次后，抽满所需体积的气体。迅速用橡皮帽（最好内衬聚四氟乙烯薄膜）密封，带回实验室。

也可将注射器中的样品气充入贮气袋（5.3.3）中存放。

6.2 无组织排放样品采集

6.2.1 采样位置和采样点

按 GB 16297—1996 中附录 C 的规定确定无组织排放监控点的位置，或按其他特定的要求确定环境空气采样点。

6.2.2　样品采集

在采样点现场，先将采样注射器反复抽洗 5～6 次后，抽满现场空气，迅速密封注射器口，带回实验室分析。

若有需要，可用注射器多次抽吸样品气，将其注入贮气袋后，带回实验室。

6.3　样品保存

采集好的样品应避免受热和避光保存，并应于采样后两天内分析完毕。

7　分析步骤

7.1　色谱条件

柱温：35℃。

检测器温度：120℃。

载气流量：35 ml/min。

燃气流量：40 ml/min。

助燃气流量：400 ml/min。

燃气和助燃气流量可依据仪器情况作适当调整。

7.2　绘制校准曲线

按本标准 4.7 的方法，配制 4～5 个浓度的标准气。用 1 ml 注射器抽取配制好的标准气进样分析。每个浓度的标准气重复进样 3 次，取峰高（或峰面积）的平均值和对应的标准气浓度绘制校准曲线，并计算得到校准曲线的线性回归方程。

7.3　样品测定

用 1 ml 注射器抽取贮存于铝箔袋或 100 ml 注射器中的样品气，反复置换清洗 3 次后，取 1～3 ml 样品气进样分析。每个样品平行分析两次，取峰高平均值。

8　计算和结果表示

8.1　定性分析

根据氯乙烯标准样品色谱峰的保留时间定性（参见图 1）。

初次分析成分复杂的样品，对定性结果存有疑虑者，应采用双柱定性，辅助定性的方法见附录 A。

若经双柱定性后，对定性结果仍存有疑虑时，应采用色谱/质谱或其他适当的方法作进一步定性。

8.2　定量分析

8.2.1　校准曲线法

根据测得的峰高，从校准曲线上查得氯乙烯的浓度，或由回归方程计算氯乙烯的浓度。计算式如下：

$$c_{样}=(h_{样}-a)/b$$

如样品经稀释，则

$$c_{样}=K\times c_{稀}$$

式中：$c_{样}$——样品气中氯乙烯的浓度，mg/m^3；

$c_{稀}$——稀释后样品气中氯乙烯的浓度，mg/m^3；

$h_{样}$——样品气中氯乙烯的色谱峰高（或峰面积），mm；

K——样品的稀释倍数；

a，b——分别为校准曲线的截距和斜率。

每次开机进行样品分析之前，均应首先绘制校正曲线。以后每分析 5～10 个样品（依据仪器的稳定程度而定）插入一个校准曲线中浓度适当的标准气样品，其测值（峰高或峰面积）与原测值比较，变化小于±5%，可继续进行样品分析，否则应重新绘制校准曲线。

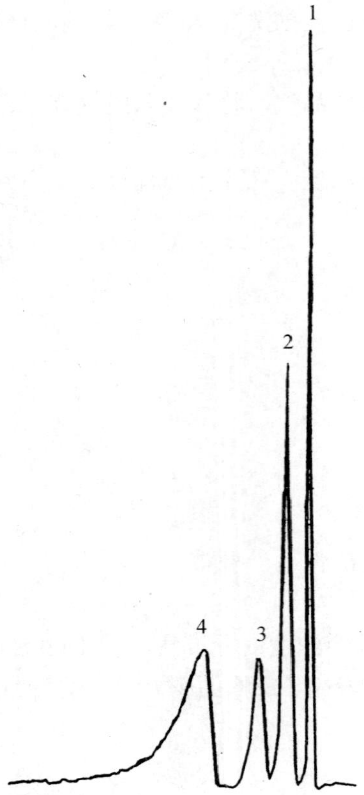

1—乙炔+乙烯，保留时间 25 s；2—氯乙烯,保留时间 38 s；
3—氯乙烷，保留时间 57 s；4—乙醛，保留时间 1 min 35 s

图 1 标准色谱图

8.2.2 单点比较法

用单点比较法进行定量分析，应具备下列条件：

方法的线性好，截距可忽略不计；

标准气浓度的响应值与被测样品的响应值接近；

标准气与样品气应同时，在同样条件下进行分析，进样体积相同；

一个样品连续进样两次，其测定值相对偏差小于±5%。

取两次测定平均值，按下式计算样品气中氯乙烯浓度，

$$c_{样}=(h_{样}\times c_{标})/h_{标}$$

式中：$c_{样}$——样品气中氯乙烯的浓度，mg/m^3；

$c_{标}$——标准气中氯乙烯的浓度，mg/m^3；

$h_{样}$——样品气中氯乙烯的测定峰高（或峰面积）；

$h_{标}$——标准气中氯乙烯的测定峰高（或峰面积）。

8.3 氯乙烯有组织排放的“排放浓度”计算

8.3.1 标准状态下样品干采气

在计算氯乙烯的“排放浓度”之前，首先要将按 8.2.1 和 8.2.2 计算得到的氯乙烯实测浓度按 GB 16157—1996 中 10.3 换算成为标准状态下的样品干采气体积浓度。

8.3.2 氯乙烯有组织排放的"排放浓度"计算

由监测期间所采集的样品个数，按照 GB 16157—1996 中 11.1.2 或 11.1.4 计算氯乙烯的"排放浓度"。

8.4 氯乙烯有组织排放的"排放速率"计算

按 GB 16157—1996 中 11.4 计算氯乙烯的"排放速率"。

8.5 氯乙烯的"无组织排放监控浓度值"计算

8.5.1 按下式计算一个无组织排放监控点的氯乙烯平均浓度

$$\overline{c}=\frac{\sum_{i=1}^{n}c_i}{n}$$

式中：$\overline{c}$——一个无组织排放监控点的氯乙烯浓度平均值；

c_i——一个样品的氯乙烯浓度（已换算为标、干采气体积）；

n——一个无组织排放监控点采集的样品数目。

8.5.2 "无组织排放监控浓度值"的计算

按 GB 16297—1996 附录 C 中 C 2.3 计算氯乙烯的"无组织排放监控浓度值"。

9 精密度和准确度

9.1 精密度

五个实验室分别测定浓度为 51.1 mg/m^3 和 1.24 mg/m^3 的统一样品，测定结果的精密度如下表所示。

单位：mg/m^3

统一样品浓度	51.1	1.24
重复性标准偏差	0.59	0.04
重复性相对标准偏差	1.2%	3.2%
重复性	1.65	0.10
再现性标准偏差	0.77	0.05
再现性相对标准偏差	1.5%	4.0%
再现性	2.18	0.15

五个实验室测定无组织排放实际样品的室内相对标准偏差为 1.0%～4.8%；测定有组织排放实际样品的室内相对标准偏差为 0.7%～4.1%。

9.2 准确度

五个实验室测定浓度为 51.1 mg/m^3 和 1.24 mg/m^3 的统一样品，测定总均值的相对误差分别为 1.3% 和 2.9%；五个实验室的测定均值相对误差分别为 0.5%～3.0%和 2.1%～4.2%。

10 说明

10.1 市售标准气浓度单位常以μmol/mol 表示，其与 mg/m^3 之间的换算按下式进行。

$$mg/m^3 = A \times \mu mol/mol$$

对于氯乙烯，A_0＝2.76（0℃）；A_{20}＝2.58（20℃）。

10.2 如有三种以上不同浓度的氯乙烯标准气（钢瓶），且浓度适当，可直接用标准气绘制校准曲线，不必再配制标准系列。

10.3 丁二烯（1,2）和丁二烯（1,3）的存在对氯乙烯色谱峰有干扰，此时应按本标准附录 A 中 A.5 进行分析。

附 录 A
（标准的附录）
用 GDX-105 填充柱作氯乙烯辅助定性

A.1 首次分析成分复杂的样品，并对定性结果存有疑虑时，可用 GDX-105 填充柱作氯乙烯的辅助定性。

A.2 色谱柱特征参数

A.2.1 柱长：1.2 m

A.2.2 柱内径：3 mm

A.2.3 材质：不锈钢或玻璃

A.2.4 色谱柱：GDX-105（80～100 目）

A.3 色谱条件

A.3.1 柱温：100℃

A.3.2 检测器温度：120℃

A.3.3 汽化室温度：50℃

A.3.4 载气流速：50 ml/min

A.3.5 其他色谱条件同本标准 7.1

A.4 标准色谱图

在上述规定条件下，所得标准色谱图如下：

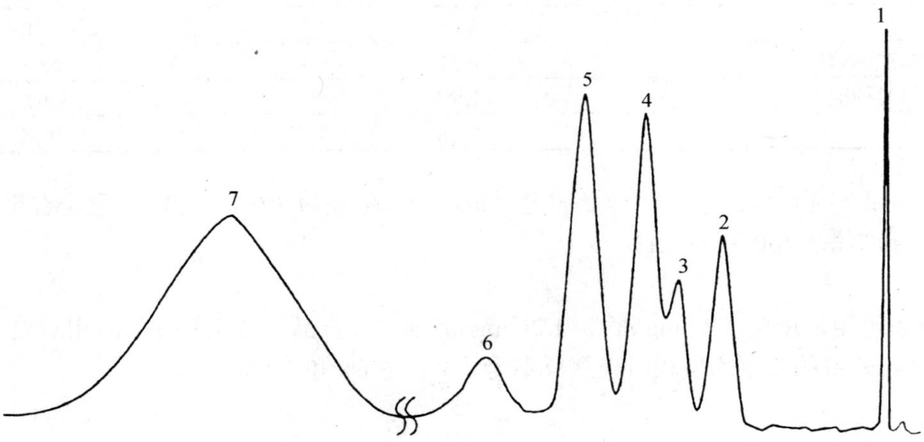

1—乙炔+乙烯，保留时间 45 s；2—氯乙烯，保留时间 4 min 11 s；
3—乙醛，保留时间 57 min 35 s；4—丁二烯（1,3），保留时间 6 min 10 s；
5—丁二烯（1,2），保留时间 7 min 24 s；6—氯乙烷，保留时间 8 min 5 s；
7—1,1 二氯乙烷，保留时间 28 min 2 s

A.5 当确定组分内有丁二烯（1,2）或丁二烯（1,3）存在时，可按照 A.2、A.3 条件定量。当色谱进样量为 3 ml 时，其检出限为 0.8 mg/m^3，定量测定的浓度下限为 2.5 mg/m^3，测定上限 1×10^3 浓度范围（1 000 mg/m^3）。

附　录 B
（标准的附录）
色谱柱的填充和老化方法

B.1　固定液的涂渍

根据载体的重量称取一定量的固定液（4.1）准确至 10 mg，溶解在丙酮中，待完全溶解后，倒入载体（4.2），使载体刚好浸没在溶液中，在红外线灯下轻轻搅动，让溶剂均匀挥发，待溶剂挥发后，置于 100℃烘箱中 2 h，让残剩的溶剂全部挥发干净，冷却后即涂渍完毕。

B.2　色谱柱的填充方法

柱的一端用玻璃棉塞住，接真空泵。柱的另一端通过软管接漏斗，将固定相通过漏斗慢慢装入色谱柱内。在装填固定相时开动真空泵抽吸，同时用按摩器敲击柱，使固定相在色谱柱内填充均匀紧密。填充完毕后用玻璃棉塞住色谱柱的另一端。为防止真空泵油倒抽进入色谱柱，在色谱柱和泵之间连接缓冲瓶。

B.3　色谱柱的老化

把色谱柱的一端接入色谱仪的载气进入口；另一端与大气相通（即不接入与检测器相连的接口），用较低的载气流速（15 ml/min），柱箱温度 100℃，时间 8 h 即可。

附加说明：

本标准由国家环境保护总局科技标准司提出。
本标准由上海计量测试技术研究所负责起草。
本标准主要起草人：包珠娣、杨亚灵。
本标准委托中国环境监测总站负责解释。

国家环境保护总局标准

固定污染源排气中甲醇的测定 气相色谱法

HJ/T 33—1999

Stationary source emission—Determination of methanol—Gas chromatography

1999-08-18 批准　　2000-01-01 实施

1 适用范围

1.1 本标准适用于固定污染源有组织排放和无组织排放的甲醇测定。

1.2 以 3 倍噪音色谱峰高值计算，当色谱进样量为 1.0 ml 时，方法的检出限为 2 mg/m^3；定量测定的浓度范围为 5.0～10^4 mg/m^3。

2 方法原理

载气携带含有甲醇（CH_3OH）的试样通过装有固定相的色谱柱，流出色谱柱的甲醇由氢火焰离子化检测器（FID）测定。以标准样品色谱峰的保留时间进行定性，以峰高（或峰面积）定量。

3 引用标准

下列标准所包含的条文，通过在本标准中引用而构成为本标准的条文：

GB 16297—1996 大气污染物综合排放标准

GB 16157—1996 固定污染源排气中颗粒物测定和气态污染物采样方法

4 试剂和材料

4.1 色谱固定液：5%聚乙二醇（Carbowax 20M）。

4.2 载体：石墨炭黑（Carbopack B）80～120 目。

4.3 载气：体积分数为高纯氮 99.99%。

4.4 燃烧气：体积分数为纯氢 99.9%。

4.5 助燃气：空气。

4.6 无碱玻璃棉。

4.7 甲醇标准气。

甲醇标准气的稀释方法：根据需要用 100 ml 全玻璃注射器进行稀释配气[参考《空气和废气监测分析方法》（1990）p42]。

5 仪器

5.1 气相色谱仪

5.1.1 检测器：氢火焰离子化检测器。

5.1.2 色谱柱

5.1.2.1 色谱柱类型：2 m×2～3 mm 的玻璃（或不锈钢）填充柱。

5.1.2.2 色谱柱填充物：5%Carbowax 20M Carbopack B 80～120 目。

色谱柱的填充方法见附录 B。

5.2 采样仪器

5.2.1 有组织排放监测采样仪器

参考 GB 16157—1996 中 9.3 配置采样系统。

5.2.1.1 采样管

用适当尺寸的不锈钢、硬质玻璃或聚四氟乙烯材质的管料，并附有可加温至 120℃以上的保温夹套。

5.2.1.2 取样装置

100 ml 全玻璃注射器。

5.2.1.3 流量计量装置

参考 GB 16157—1996 中 9.3.6。

5.2.1.4 抽气泵

参考 GB 16157—1996 中 9.3.7。

5.2.1.5 连接管

聚四氟乙烯软管或内衬聚四氟乙烯薄膜的硅橡胶管。

5.2.2 无组织排放监测采样仪器

100 ml 全玻璃注射器。

5.2.3 贮气袋

铝箔复合薄膜气袋。

6 样品采集和保存

6.1 有组织排放监测采样

6.1.1 采样位置和采样点

按 GB 16157—1996 中 9.1.1 和 9.1.2 确定采样位置和采样点。

6.1.2 采样装置的连接

参考 GB 16157—1996 中 9.3 图 30，按采样管、取样装置、流量计量装置和抽气泵的顺序连接好采样系统，并按 GB 16157—1996 中 9.4 的要求，检查采样系统的气密性和可靠性。

6.1.3 样品采集

在采样管头部塞适量玻璃棉，并将其伸入排气筒采样点，启动抽气泵，首先将采样系统管路用排气筒内的气体充分清洗，然后抽动注射器，反复抽洗 5～6 次后，抽满所需体积的气体。迅速用橡皮帽（内衬聚四氟乙烯薄膜）密封，带回实验室。

为便于存放和运输可将注射器中的样品气充入储气袋存放。

6.2 无组织排放监测采样

6.2.1 采样位置和采样点

按 GB 16297—1996 中附录 C 的规定确定无组织排放监控点的位置，或按其他特定要求确定环境空气采样点。

6.2.2 样品采集

在采样点现场，先将采样注射器反复抽洗 5～6 次后，抽满现场空气，迅速密封注射器口，带回实验室分析。

若有需要，可用注射器多次抽吸样品气，将其注入贮气袋后，带回实验室。

6.3 样品保存

采集样品后应尽快分析。如不能及时分析，可于冰箱中3～5℃冷藏，一星期内分析完毕。

7 分析步骤

7.1 色谱条件

柱温：70℃；

汽化室温度：200℃；

检测室温度：230℃；

载气：高纯氮（4.2），流量：32 ml/min；

燃气：氢气（4.3），流量：40 ml/min；

助燃气：空气（4.4），流量：300 ml/min（根据仪器条件可适当调整）。

7.2 校准曲线绘制

取甲醇标准气，根据待测样品的浓度，在甲醇的线性范围（5.0～1.0×10^4 mg/m^3）内用干净空气或高纯氮气稀释配制3～5个浓度的标准气，各进样1.00 ml，每个浓度的标准气重复进样3次，取峰高（或峰面积）的平均值和对应的标准气浓度绘制校准曲线，并计算校准曲线的线性回归方程。

7.3 样品测定

用1 ml注射器取贮存于铝箔袋或100 ml注射器中的样品气，反复置换3次后，取1.0 ml样品气进行分析。每个样品平行分析两次，以峰高（或峰面积）平均值进行定量计算。

8 计算和结果表示

8.1 定性分析

根据甲醇标样色谱峰的保留时间定性（参见标准色谱图）。

1—乙醛 1.0 min；2—甲醇 1.7 min；3—丙酮 2.4 min；4—乙醇 3.2 min

图 1 标准色谱图

首次分析某种成分较复杂的样品，且对甲醇的色谱峰定性存有疑问时，应采用双柱定性。详见本标准附录A。

若经双柱定性后，对定性结果仍有疑虑时，可采用色谱/质谱或其他适当方法作进一步定性。

8.2 定量分析

8.2.1 校准曲线法

样品中甲醇的浓度可根据其色谱峰高直接从校准曲线上查得，也可由校准曲线的回归方程计算得到。

$$c_{样}=K\times（Y_{样}-a）/b$$

式中：$c_{样}$——待测样中的甲醇浓度，mg/m^3；

$Y_{样}$——待测样中的甲醇峰高（或峰面积），mm；

K——待测样品的稀释倍数；

a、b——分别为线性回归方程的截距和斜率。

在采用校准曲线法进行定量分析时，每次开机测定样品之前，首先要绘制校准曲线，然后每测定 5～10 个样品（根据仪器的稳定情况而定）插入校准曲线中任一浓度适当的标准样，其测值（峰高或峰面积）与原测值比较，相对偏差小于±5%，否则应重新绘制校准曲线。

8.2.2 单点比较法

用单点比较法进行定量分析时，应具备如下条件：

方法的线性好，截距可忽略不计；

标准气浓度的响应值应与被测样品的响应值接近；

标准气与样品应同时、同条件下进行分析，进样体积相同；

一个样品连续进样两次，其测定值相对偏差小于 5%。

采用同一样品两次测定的平均值，按下式进行计算。

$$c_{样}=K\times(h_{样}\times c_{标})/h_{标}$$

式中：$c_{样}$——样品中甲醇浓度，mg/m^3；

$c_{标}$——标准气中甲醇浓度，mg/m^3；

$h_{样}$——样品中测得甲醇的峰高平均值，mm；

$h_{标}$——标准气中测得甲醇的峰高平均值，mm；

K——样品的稀释倍数。

注：如用峰面积定量，则峰高 h 改为峰面积 A。

8.3 甲醇有组织排放的"排放浓度"计算

8.3.1 注射器标干采气体积计算

按 GB 16157—1996 中 10.3 将室温下采气体积换算为标准状态下干采气体积，并以此校正由 8.2.1 和 8.2.2 计算的实测浓度。

8.3.2 甲醇的"排放浓度"计算

按 GB 16157—1996 中 11.1.2 或 11.1.4 计算甲醇的"排放浓度"。

8.4 甲醇有组织排放的"排放速率（kg/h）"计算

按 GB 16157—1996 中 11.4 计算甲醇的"排放速率"。

8.5 甲醇的"无组织排放监控浓度值"计算

8.5.1 按下式计算某一个无组织排放监控点的甲醇平均浓度

$$c=\frac{\sum_{i=1}^{n}c_i}{n}$$

式中：c——一个无组织排放监控点的甲醇平均浓度；

c_i——一个样品中的甲醇浓度（经标、干采气体积校正）；

n——一个无组织排放监控点采集的样品数目。

8.5.2 "无组织排放监控浓度值"的计算

按 GB 16297—1996 附录 C 中 C 2.3 计算甲醇的"无组织排放监控浓度值"。

9 精密度和准确度

9.1 精密度

五个实验室分别测定浓度为 21.0、210 mg/m^3 的甲醇统一样品，得到方法的精密度数据列于下表。

精密度数据	统一样品 1	统一样品 2
标准值	21.0 mg/m^3	210 mg/m^3
重复性标准差	0.65	4.5
重复性相对标准差	3.1%	2.2%
重复性	1.8	13
再现性标准差	1.0	6.3
再现性相对标准差	4.9%	2.1%
再现性	2.9	18

五个实验室分别测定固定污染源有组织排气实际样品的重复性相对标准偏差为 2.8%；再现性相对标准偏差为 3.5%。

9.2 准确度

五个实验室分别测定浓度为 21.0、210 mg/m^3 的甲醇统一样品，测定总均值的相对误差分别为 2.8% 和 1.2%；五个实验室的测定均值相对误差分别于 0.5%～6.2%和 0.5%～4.8%的范围内。

10 说明

10.1 方法的检出限和定量测定的浓度下限均与仪器性能有关。采用性能较好的仪器，本方法的检出限可降低至 0.5 mg/m^3。

10.2 如发现样品浓度过高，应于测定前用高纯氮或干净空气稀释。

10.3 在本方法规定的条件下，乙醛浓度在 250 mg/m^3 以下，能与甲醇完全分离而不干扰测定。

附 录 A
（标准的附录）
用 Porapak S 填充柱进行辅助定性

A.1 在分析某种成分较复杂的样品时，对甲醇的色谱峰定性存在疑问时，应采用双柱定性。可采用 Porapak S（80～100 目）填充柱作为双柱定性的辅助定性柱。

A.2 色谱柱特征参数

A.2.1 柱长 2 m、柱内径 3 mm 的玻璃或不锈钢填充性。

A.2.2 填充物：高分子小球（Porapak S 80～100 目）。

A.3 色谱条件

A.3.1 柱温：100℃。

A.3.2 检测器温度：210℃。

A.3.3 汽化器温度：230℃。

A.3.4 其他色谱条件同本标准 7.1。

A.4 在上述条件下，所得标准色谱图如下：

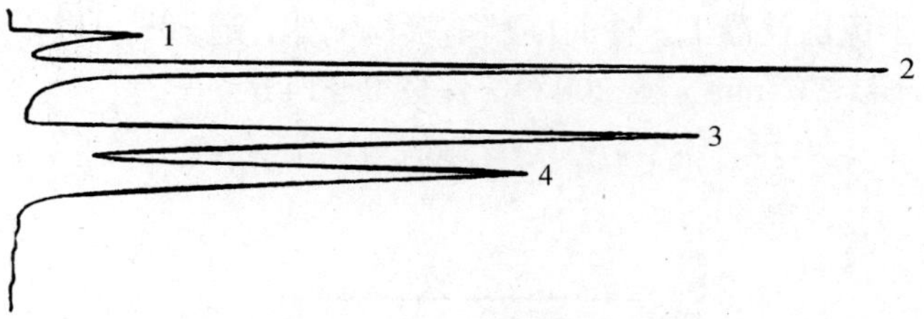

1—乙醛 1.0 min；2—甲醇 2.1 min；3—丙酮 4.8 min；4—乙醇 6.4 min

图 A.1 标准色谱图（Porapak S 柱）

附 录 B
（标准的附录）
5%Carbowax 20M Carbopack B 80～120 目填充柱的制备

B.1 涂布方法

按担体石墨炭黑（Carbopack B80～120 目）重量的 5%准确称量固定液聚乙二醇（Carbowax 20M）于烧杯中。量取适量丙酮，丙酮体积略大于担体体积。将聚乙二醇溶解在丙酮中，再将担体加入丙酮溶液中。在 50～60℃的水浴上轻轻晃动烧杯，使丙酮挥干，即可装柱。

B.2 色谱柱的填充方法

色谱柱的一端用玻璃棉塞住，接真空泵，柱的另一端通过软管接漏斗。将填料通过漏斗慢慢装入色谱柱内。在装填时应开动真空泵抽吸，同时轻轻敲击玻璃柱，使填料均匀紧密。填充完毕后用玻璃棉塞住色谱柱的另一端。

B.3 色谱柱的老化

填充好的色谱柱接装于色谱仪器上，柱的尾端不接检测器，通氮气，以下列程序逐渐升温：初时温度 50℃，保持 1 h，程序升温 2℃/min，至 200℃，保持 8～14 h。

附加说明：

本标准由国家环境保护总局科技标准司提出。
本标准由司法部司法鉴定科学技术研究所负责起草。
本标准主要起草人：卓先义、吴侯天。
本标准委托中国环境监测总站负责解释。

国家环境保护总局标准

固定污染源排气中酚类化合物的测定 4-氨基安替比林分光光度法

HJ/T 32—1999

Stationary source emission—Determination of phenols—4-Amino-antipyrine spectrophotometric method

1999-08-18 批准　　2000-01-01 实施

1 适用范围

1.1 本标准适用于固定污染源有组织排放和无组织排放的酚类化合物测定。

1.2 在无组织排放样品分析中，当采样体积为 60 L、吸收液体积为 20 ml 时，直接比色法测定酚类化合物的检出限为 0.03 mg/m^3，定量测定的浓度范围为 0.083～6.0 mg/m^3；萃取比色法测定酚类化合物的检出限为 0.003 mg/m^3，定量测定的浓度范围为 0.008 3～0.17 mg/m^3。

在有组织排放样品分析中，当采样体积为 10 L、吸收液体积为 50 ml，用蒸馏-直接比色法测定酚类化合物的检出限为 0.3 mg/m^3，定量测定的浓度范围为 1.0～80 mg/m^3。

1.3 用本方法测定酚类化合物的主要干扰为高浓度的二氯化硫、硫化物等还原性物质和氯、溴等酸性气体，详见本标准 11.1、11.2。

2 定义

酚类化合物指在苯环结构中具有羟基（—OH）取代基的化合物总称。在本标准规定条件下所测得的是能与 4-氨基安替比林反应生成有色物的酚类化合物，或是能随水蒸气馏出并与 4-氨基安替比林反应生成有色物的酚类化合物，均以苯酚计。

3 方法原理

用氢氧化钠吸收液采集样品，在 pH=10.0±0.2、有铁氰化钾存在的情况下，酚类化合物与 4-氨基安替比林反应，生成红色的安替比林染料，根据颜色的深浅进行比色测定。

4 引用标准

下列标准所包含的条文，通过在本标准中引用而构成为本标准的条文。

GB 16297—1996　大气污染物综合排放标准

GB 16157—1996　固定污染源排气中颗粒物测定和气态污染物采样方法

5 试剂和材料

除非另有说明，分析时均使用符合国家标准的分析纯试剂和无酚蒸馏水（5.41）。

5.1 盐酸：ρ＝1.19 g/ml。

5.2 磷酸：ρ＝1.71 g/ml。

5.3 氨水：ρ＝0.90 g/ml。

5.4 碘化钾。

5.5 溴化钾。

5.6 硫酸铜（$CuSO_4 \cdot 5H_2O$）。

5.7 氯化铵。

5.8 4-氨基安替比林。

5.9 铁氰化钾。

5.10 碘酸钾：优级纯，使用前，在110℃下干燥2 h。

5.11 硫代硫酸钠（$Na_2S_2O_3 \cdot 5H_2O$）。

5.12 溴酸钾：使用前，在105℃下干燥1h。

5.13 苯酚：使用前经蒸馏纯化（或色谱纯）。

5.14 无水碳酸钠。

5.15 三氯甲烷。

5.16 氢氧化钠。

5.17 甲基橙。

5.18 淀粉。

5.19 高锰酸钾。

5.20 氢氧化钠吸收液：c（NaOH）=0.1 mol/L

称取4.0 g氢氧化钠（5.16），溶解于新煮沸并已冷却的水中，稀释至1 L。

5.21 盐酸溶液：（1+1）

量取100 ml盐酸（5.1），于100 ml水中混匀。

5.22 盐酸溶液：（1+9）

量取10 ml盐酸（5.1），于90 ml水中混匀。

5.23 磷酸溶液：（1+9）

量取10 ml磷酸（5.2），于90 ml水中混匀。

5.24 硫酸铜溶液：c=100 g/L

称取10.0 g硫酸铜（5.6）溶解于水中，稀释至100 ml。

5.25 氨-氯化铵缓冲液A：pH=10.0±0.2

称取20.0 g氯化铵（5.7）溶解于100.0 ml浓氨水（5.3）中，密塞，3～5℃下保存，使用一周。

5.26 氨-氯化铵缓冲液B：pH=10.0±0.2

吸取10.0 ml氨-氯化铵缓冲液A（5.25），用水稀释至100.0 ml，临用现配。

5.27 4-氨基安替比林溶液A：c=20.0 g/L

称取2.00 g4-氨基安替比林（5.8），溶解于水中，稀释至100.0 ml。3～5℃下保存，使用一周。

5.28 4-氨基安替比林溶液B：c=2.00 g/L

吸取10.0 ml4-氨基安替比林溶液A（5.27），用水稀释至100.0 ml，临用现配。

5.29 铁氰化钾溶液A：c=80.0 g/L

称取8.00 g铁氰化钾（5.9）溶解于水中，稀释至100.0 ml。3～5℃下保存，使用一周。

5.30 铁氰化钾溶液B：c=8.00 g/L

吸取10.0 ml铁氰化钾溶液A（5.29），用水稀释至100.0 ml，临用现配。

5.31 碘酸钾标准溶液

准确称取 1.500 0 g 碘酸钾（5.10），溶解于水，移入 500 ml 容量瓶中，用水稀释至刻度。

5.32 硫代硫酸钠溶液：c（$Na_2S_2O_3$）=0.1 mol/L

称取 25 g 硫代硫酸钠（5.11），溶于 1 L 新煮沸并已冷却的水中，加 0.2 g 无水碳酸钠，贮于棕色试剂瓶中，放置一周后，用碘量法标定其浓度。若溶液出现混浊，需过滤。使用前需标定，标定方法如下：

吸取 25.00 ml 碘酸钾标准溶液（5.31），置于 250 ml 碘量瓶中，加 70 ml 新煮沸并已冷却的水，加 1.0 g 碘化钾（5.4），振荡至完全溶解后，再加 10 ml 盐酸溶液（5.21），立即盖好瓶塞，混匀。在暗处放置 5 min 后，用硫代硫酸钠溶液滴定至淡黄色，加 5 ml 淀粉指示剂（5.38），继续滴定至蓝色刚好褪去，按下式计算硫代硫酸钠溶液的浓度。

$$c(Na_2S_2O_3)=\frac{W\times 1\,000}{35.67\times V}\times\frac{25.00}{500.0}=\frac{50\times W}{35.67\times V} \quad (1)$$

式中：$c(Na_2S_2O_3)$——硫代硫酸钠溶液的浓度，mol/L；

W——称取的碘酸钾的重量，g；

V——滴定所用硫代硫酸钠溶液的体积，ml；

35.67——相当于 1 L mol/L 硫代硫酸钠溶液（$Na_2S_2O_3$）的碘酸钾（1/6 KIO_3）的质量，g。

5.33 溴酸钾标准溶液：c（1/6$KBrO_3$）＝0.100 0 mol/L

准确称取 2.784 0 g 溴酸钾（5.12）和 10 g 溴化钾（5.5），溶解于水，移入 1 000 ml 容量瓶中，用水稀释至刻度。

5.34 酚标准储备溶液

称取 1.0 g 苯酚（5.13）溶解于水，稀释到 1 000 ml，用碘量法标定其浓度。

酚标准储备溶液的标定：吸取 10.00 ml 酚标准储备液于 250 ml 碘量瓶中，加水 90 ml 及 10.00 ml 溴酸钾溶液（5.33），将碘量瓶塞子轻轻提起，从缝隙中加 5.0 ml 浓盐酸（5.1），立即塞紧塞子，以防溴蒸气逸出。轻轻摇动至有絮状物（三溴苯酚）出现，溶液应呈现溴的浅棕黄色（若溶液无溴的颜色，说明酚浓度过大，应稀释后重做）。用水封口，放置 15～25 min，气温高时，应将碘量瓶浸在冷水浴中。用少量水淋洗瓶壁后，迅速加入 1.0 g 碘化钾晶体（5.4），再用水淋洗瓶壁，密塞，瓶用水封口，置于暗处 5 min，用硫代硫酸钠标准溶液（5.32）滴定析出的碘，至溶液呈淡黄色，加 1.0 ml 淀粉指示剂（5.38），继续滴定至蓝色刚刚消失。另取 10.0 ml 无酚水，同时进行空白试验。

$$c(C_6H_5OH)=\frac{(V_0-V)\times c\times 15.67}{10.00} \quad (2)$$

式中：$c(H_6H_5OH)$——酚储备液浓度，mg/ml；

V_0——空白试验所用硫代硫酸钠标准溶液体积，ml；

V——滴定酚溶液所用硫代硫酸钠标准溶液体积，ml；

c——硫代硫酸钠标准溶液的浓度，mol/L；

15.67——相当于 1 L 1 mol/L 硫代硫酸钠标准溶液的酚（1/6C_6H_5OH）的质量，g。

5.35 酚标准使用液 A：c=10.0 μg/ml

取适量酚标准储备溶液（5.34）用水稀释，临用现配。

5.36 酚标准使用液 B：c=1.0 μg/ml

吸取 10.00 ml 酚标准使用溶液 A（5.35）于 100 ml 容量瓶中，用水稀释至刻度，临用现配。

5.37 甲基橙指示剂：c=0.5 g/L

称取 50 mg 甲基橙，溶解于水中，稀释至 100 ml。

5.38 淀粉指示剂：c=2 g/L

称取 0.2 g 可溶性淀粉溶于水中，稀释至 100 ml，临用现配。

5.39 脱脂棉

5.40 无碱玻璃棉

5.41 无酚蒸馏水

置蒸馏水于全玻璃蒸馏器中，加氢氧化钠至强碱性，滴加高锰酸钾溶液至深紫红色，蒸馏。

6 仪器

6.1 采样仪器

参考 GB 16157—1996 中 9.3 配置采样系统。

6.1.1 有组织排放监测采样仪器

6.1.1.1 采样管

用适当尺寸的不锈钢、硬质玻璃、氟树脂材质管料，采样管应附有加热夹套，保证采样管的温度可大于 120℃。

6.1.1.2 冲击式吸收瓶：50 ml。

6.1.1.3 流量计量装置

见 GB 16157—1996 中 9.3.6。

6.1.1.4 抽气泵

见 GB 16157—1996 中 9.3.7。

6.1.1.5 连接管

聚四氟乙烯软管或内衬聚四氟乙烯薄膜的硅橡胶管。

6.1.2 无组织排放监测采样仪器

无组织排放监测的采样仪器与有组织排放监测采样仪器基本相同，但采用 25 ml 冲击式吸收管采样，并在吸收管前不接采样管。如有必要，可在吸收管前接聚四氟乙烯软管作为引气管，并在引气管前端接一玻璃漏斗。

6.2 皂膜流量计。

6.3 全玻璃蒸馏器：250 ml。

6.4 分液漏斗：125 ml。

6.5 具塞比色管：20 ml。

6.6 分光光度计：附 1 cm 比色皿。

7 样品的采集和保存

参考 GB 16157—1996 中 9.4 进行采样。

7.1 有组织排放样品采集

7.1.1 采样位置和采样点

按 GB 16157—1996 中 9.1.1 和 9.1.2 确定采样位置和采样点。

7.1.2 连接采样系统

参考 GB 16157—1996 中 9.3 图 28 连接采样系统，连接管要尽可能短，按 GB 16157—1996 中 9.4 的要求检查其气密性和可靠性。

7.1.3 样品采集

在采样管头部塞入适量无碱玻璃棉（5.40），其尾部通过连接管（6.1.1.5）接入两只串联的 50 ml 冲击式吸收瓶（6.1.1.2），每瓶各装 25.0 ml 氢氧化钠吸收液（5.20），以 1.0 L/min 采气 10～30 min，记录采样时的温度、压力和流量等多数。采样后，小心取出采样管头部的玻璃棉，置于一清洁干燥的玻璃小瓶中，与吸收瓶一起带回实验室分析。

7.2 无组织排放样品采集

7.2.1 采样位置和采样点

按照《大气污染物综合排放标准》(GB 16297—1996)附录C的规定，确定大气污染物无组织排放监控点的位置和采样点。或按其他特定要求设置环境空气采样点。

7.2.2 样品采集

串联两只25 ml冲击式吸收瓶（6.1.1.2），每瓶各装10.0 ml氢氧化钠吸收液（5.20），以1.0 L/min采气60 min，记录采样时的温度、压力和流量等参数。

7.3 样品保存

采集好的样品最好于当天分析完毕。在室温不超过 25℃，干扰物质影响不大时，碱性样品可存放3天。

8 分析步骤

8.1 无组织排放样品中酚的测定

8.1.1 绘制校准曲线

8.1.1.1 直接比色法：取7支20 ml比色管，用酚标准使用液B（5.36），按下表配制标准系列：

管号	0	1	2	3	4	5	6
标准溶液/ml	0	1.00	2.00	4.00	6.00	8.00	10.0
无酚水/ml	10.0	9.00	8.00	6.00	4.00	2.00	0
酚含量/μg	0	1.00	2.00	4.00	6.00	8.00	10.0

然后依次加入1.00 ml氨-氯化铵缓冲液B（5.26），摇匀；1.00 ml 4-氨基安替比林溶液B（5.28），摇匀；再加1.00 ml铁氰化钾溶液B（5.30），摇匀，放置10 min。在波长510 nm处，用1 cm比色皿，以蒸馏水为参比，测定吸光度。以扣除空白值的吸光度对酚含量（μg）绘制校准曲线，并计算校准曲线的线性回归方程。

8.1.1.2 萃取比色法：取7个125 ml分液漏斗，用酚标准使用液B（5.36），按下表配制标准系列：

管号	0	1	2	3	4	5	6
标准溶液/ml	0	1.00	2.00	4.00	6.00	8.00	10.0
无酚水/ml	50	49.0	48.0	46.0	44.0	42.0	40.0
酚含量/μg	0	1.00	2.00	4.00	6.00	8.00	10.0

然后依次加入2.00 ml氨-氯化铵缓冲液B（5.26），摇匀：2.00 ml 4-氨基安替比林溶液B（5.28），摇匀；再加2.00 ml铁氰化钾溶液B（5.30），摇匀，放置10 min。加入5.00 ml三氯甲烷（5.15），剧烈振摇2 min，静置分层。用脱脂棉擦拭分液漏斗颈管内壁，于颈管内塞一小团干脱脂棉。弃去最初滤出的数滴萃取液后，直接放入1 cm比色皿中，于波长460 nm处，以三氯甲烷（5.15）为参比，测定吸光度，以扣除空白值的吸光度对酚含量（μg）绘制校准曲线，并计算校准曲线的线性回归方程。

8.1.2 样品测定：将采样后的吸收管中的吸收液（7.2.2）合并于一小烧杯中，并用少量水洗涤吸收管三次，洗涤液并入小烧杯中。当连接管内有水蒸气凝聚时，用10 ml氢氧化钠吸收液（5.20）慢慢淋洗连接管内壁，淋洗液并入小烧杯中。用盐酸溶液（5.21）（5.22）调节样品液的pH至7～8，然后将调好pH的样品液转移至50 ml容量瓶中，用少量水洗涤小烧杯三次，洗涤液并入容量瓶，稀释至刻度。如酚含量大于0.1 mg/L，可取10.00 ml定容后的样品液，同校准曲线绘制（8.1.1.1）步骤进行测定，记录样品显色液的吸光度。如酚含量很低，可将50 ml样品液定量转移至125 ml分液漏斗中，同校准曲线绘制（8.1.1.2）步骤进行测定，记录样品显色液的吸光度。

8.2 有组织排放样品中酚的测定

8.2.1 校准曲线的绘制：取 7 支 20 ml 比色管，用酚标准使用液 A（5.34），按下表配制标准系列。

管　号	0	1	2	3	4	5	6
标准溶液/ml	0	0.50	1.00	2.00	4.00	6.00	8.00
无酚水/ml	10.0	9.50	9.00	8.00	6.00	4.00	2.00
酚含量/μg	0	5.00	10.0	20.0	40.0	60.0	80.0

然后依次加入 1.00 ml 氨-氯化铵缓冲液 B（5.26），摇匀：1.00 ml 4-氨基安替比林溶液 B（5.28）摇匀；再加 1.00 ml 铁氰化钾溶液 B（5.30），摇匀，放置 10 min。在波长 510 nm 处，用 1 cm 比色皿，以蒸馏水为参比，测定吸光度。以扣除空白值的吸光度对酚含量（μg）绘制校准曲线，并计算校准曲线的线性回归方程（3）。酚浓度较低时，校准曲线的绘制参照 8.1.1.1。

8.2.2 样品测定

8.2.2.1 样品的处理：将采样后的吸收瓶中的吸收液（7.1.3）合并于一小烧杯中，并用少量水洗涤采样瓶三次，洗涤液并入小烧杯中。当连接管内有水蒸气凝聚时，用 10～20 ml 氢氧化钠吸收液（5.20）慢慢淋洗连接管内壁，淋洗液并入小烧杯中。用盐酸溶液（5.21）（5.22）调节样品液的 pH 至 7～8，然后将调好 pH 的样品液转移至 100 ml 容量瓶中，用少量水洗涤小烧杯三次，洗涤液并入容量瓶，稀释至刻度。

8.2.2.2 预蒸馏：将 8.2.2.1 定容好的样品液转移到 250 ml 全玻璃蒸馏瓶中，用少量水洗涤容量瓶，洗涤液倒入蒸馏瓶中，另将采样管头部的玻璃棉也置于蒸馏瓶中。加数滴甲基橙指示剂（5.37），用磷酸溶液（5.23）调节到 pH 为 4（溶液呈橙红色）。加 5.0 ml 硫酸铜溶液（5.24）及数粒玻璃珠，加热蒸馏。用 100 ml 容量瓶收集蒸馏液，当蒸馏出约 90 ml 时，停止加热，放冷后向蒸馏瓶中加 10.0 ml 水，小心继续蒸馏至馏出液为 100 ml 时为止。

8.2.2.3 样品分析：取 10.00 ml 馏出液（8.2.2.2），同校准曲线绘制（8.2.1）步骤进行测定，记录样品显色液的吸光度。如酚含量很低，可按 8.1.1.2 萃取比色法步骤进行测定。

9 计算和结果表示

9.1 根据样品扣除空白值的吸光度（8.1.2 或 8.2.2.3）从相应的校准曲线上查出，或用相应的回归方程计算出样品的酚类化合物含量（W，μg）。

9.2 无组织排放样品中酚类化合物浓度的计算

9.2.1 直接比色法

$$\text{样品中酚类化合物的浓度（mg/m}^3\text{）}=\frac{W \times V_o}{V_s \times V_{nd}}$$

式中：W——测定样品中酚类化合物的含量，μg；

V_o——采集样品吸收液的定容体积，ml；

V_s——测定样品所分取的溶液体积，ml；

V_{nd}——换算成标准状态下的干采气体积，L。

9.2.2 萃取比色法

$$\text{样品中酚类化合物的浓度（mg/m}^3\text{）}=\frac{W}{V_{nd}}$$

式中：W——测定样品中酚类化合物的含量，μg；

V_{nd}——换算成标准状态下干采气体积，L。

9.3　有组织排放样品中酚类化合物的浓度计算

$$样品中酚类化合物的浓度（mg/m^3）=\frac{W\times 10}{V_{nd}}$$

式中：W——测定样品中酚类化合物的含量，μg；

V_o——样品经蒸馏处理后的定容体积，ml；

V_s——测定样品所分取的溶液体积，ml；

V_{nd}——换算成标准状态下的干采气体积，L。

按 GB 16157—1996 中 10.1 或 10.2 计算 V_{nd}。

9.4　酚类化合物有组织排放的“排放浓度”计算

按 GB 16157—1996 中 11.1.2 或 11.1.4 计算酚类化合物的“排放浓度”。

9.5　酚类化合物有组织排放的“排放速率”计算

按 GB 16157—1996 中 11.4 计算酚类化合物的“排放速率”。

9.6　酚类化合物的“无组织排放监控浓度值”计算

9.6.1　按下式计算一个无组织排放监控点的酚类化合物平均浓度

$$c=\frac{\sum_{i=1}^{n}c_i}{n}$$

式中：c——一个无组织排放监控点的酚类化合物平均浓度；

c_i——一个样品中的酚类化合物浓度；

n——一个无组织排放监控点采集的样品数目。

9.6.2　“无组织排放监控浓度值”的计算

按 GB 16297—1996 附录 C 中 C 2.3 计算酚类化合物的“无组织排放监控浓度值”。

10　精密度和准确度

10.1　精密度

五个实验室分别以直接比色、蒸馏-比色和萃取比色三种方法六次平行测定浓度为 0.50 mg/L、4.0 mg/L 和 0.050 mg/L 的统一样品，得到方法的精密度数据见下表。

单位：mg/L

项目	直接比色法	蒸馏-比色	萃取比色法
统一样品浓度	0.50	4.0	0.050
重复性标准偏差	0.008 4	0.038	0.001 1
重复性相对标准偏差	1.7%	1.0%	2.3%
重复性	0.025	0.11	0.032
再现性标准偏差	0.017	0.063	0.013
再现性相对标准偏差	3.3%	1.6%	2.6%
再现性	0.054	0.21	0.003 7

五个实验室同时对某企业的有组织排放和无组织排放进行平行采样分析的结果见下表，从表中可见三种方法的重复性相对标准偏差在 11%～14%范围内；再现性相对标准偏差在 26%～30%范围内。

单位：mg/L

项目	直接比色法	蒸馏-比色	萃取比色法
总平均值	1.25	1.14	0.012
重复性标准偏差	0.17	0.14	0.001 4
重复性相对标准偏差	14%	13%	11%
重复性	0.60	0.48	0.005 2
再现性标准偏差	0.37	0.32	0.003 1
再现性相对标准偏差	30%	28%	26%
再现性	1.3	1.1	0.012

10.2 准确度

五个实验室分别以三种方法六次平行测定浓度为 0.50 mg/L、4.0 mg/L 和 0.050 mg/L 的统一样品，得到三种方法的准确度数据见下表：

单位：mg/L

方　法	直接比色法	蒸馏-比色	萃取比色法
标准样品浓度	0.50	4.0	0.050
相对误差 RE%	2.8%	2.2%	2.6%
相对误差范围	−5.4%～1.0%	−3.0%～0.002%	−3.6%～0.006%

五个实验室对浓度范围为 0.01～5.2 mg/m^3 的八个实际样品进行加标回收率测定的结果表明：三种方法的加标回收率在 88.5%～118%的范围内。

11 说明

11.1 二氧化硫、硫化物存在时，吸收液中以亚硫酸钠计的浓度达 240 mg/L、以硫化钠计浓度达 100 mg/L 以下时，用一次蒸馏预处理基本上可以除去上述干扰，碱性样品放置一天分析，上述干扰可以削弱。

11.2 对有氯气存在的碱性样品，样品液中以次氯酸钠计的浓度达 21 mg/L 以下时，4 h 内分析对结果影响不大，否则，结果严重偏低。

11.3 试剂空白值增高，除因蒸馏水、器皿、容器等受沾污，以及萃取比色法中由于室温升高致使萃取溶剂挥发等因素外，主要是 4-氨基安替比林易受潮并氧化所造成的。因此该试剂应置于干燥器内避光保存，水溶液也应妥善保管并经常更换。

11.4 显色反应受 pH 影响很大。如所测水样中含有挥发性酸，经蒸馏，馏出液仍带酸性，遇此情况，在加入缓冲液前，应先用氨水调节馏出液 pH 至 7～8 后再进行下一步骤分析。

11.5 在分析过程中加入三种显色用试剂时，每加入一种必须摇匀后再加入后一种，否则严重影响分析结果。

附加说明：

本标准由国家环境保护总局科技标准司提出。

本标准由上海大学化工系负责起草。

本标准主要起草人：金至清、吴芯芯、刘笃玉、秦益琴、王雪飞。

本标准委托中国环境监测总站负责解释。

国家环境保护总局标准

固定污染源排气中光气的测定 苯胺紫外分光光度法

HJ/T 31—1999

Stationary source emission—Determination of phosgene—Aniline ultraviolet spectrophotometric method

1999-08-18 发布　　　　2000-01-01 实施

1　适用范围

1.1　本标准适用于固定污染源有组织排放和无组织排放的光气测定。

1.2　在无组织排放样品分析中，当采样体积为 60 L 时，光气的检出限为 0.02 mg/m^3，定量测定的浓度范围为 0.06～1.0 mg/m^3。

在有组织排放样品分析中，当采样体积为 15 L 时，光气的检出限为 0.4 mg/m^3，定量测定的浓度范围为 1.2～20 mg/m^3。

1.3　在本标准规定的条件下，氯气浓度大于 1 600 mg/m^3 时对光气测定有干扰。

2　方法原理

含光气（$COCl_2$）的气体先经装有硫代硫酸钠和无水碳酸钠的双联玻璃球，以除去氯、二氧化氮、氨等干扰气，而后被苯胺溶液吸收，生成 1,3-二苯基脲，用溶剂在酸性条件下萃取，在波长 257 nm 处测定吸光度，其值与光气含量成正比。反应式如下：

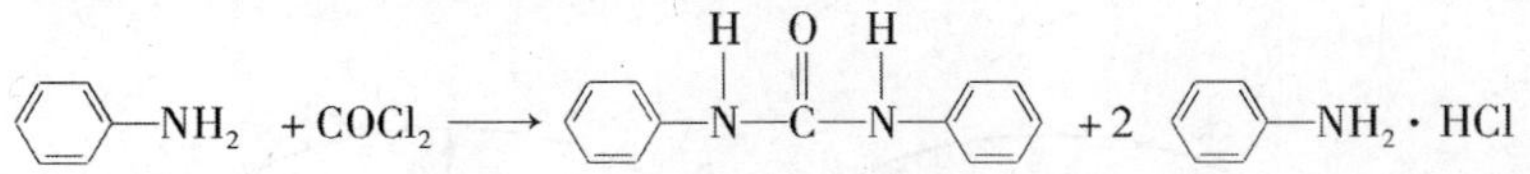

3　引用标准

下列标准所包含的条文，通过在本标准中的引用而构成为本标准的条文：

GB 16297—1996　大气污染物综合排放标准

GB 16157—1996　固定污染源排气中颗粒物测定和气态污染物采样方法。

4　试剂与材料

除非另有说明，分析中均使用符合国家标准的分析纯试剂和去离子水。

4.1　硫酸：ρ＝1.84 g/ml。

4.2　甲醇。

4.3　硫代硫酸钠。

4.4　无水碳酸钠。

4.5　苯胺

常压蒸馏，收集 183～184℃的馏分。

4.6　正己烷

在 1 000 ml 分液漏斗中，按正己烷与浓硫酸（4.1）50+3（*V/V*）的比例，将浓硫酸（4.1）缓慢加入试剂中，上塞，倒置分液漏斗，用力振荡数分钟（注意经常放气），静置分层后弃去浓硫酸。再重复上述步骤，直至弃去的浓硫酸为浅色止。酸洗结束后再用去离子水水洗，步骤同上，直至弃去的去离子水 pH 为 7 左右，然后进行蒸馏，收集 68～69℃的馏分。

4.7　二氯甲烷

以同（4.6）的步骤进行酸洗和水洗，然后进行常压蒸馏，收集 39～40℃的馏分。

4.8　异戊醇

常压蒸馏，收集 129～130℃的馏分。

4.9　混合萃取剂

取正己烷（4.6）、二氯甲烷（4.7）、异戊醇（4.8）按 1+1+0.2（*V/V/V*）比例混合配制。

4.10　硫酸溶液：1+1。

用量筒量取 250 ml 浓硫酸（4.1），缓慢地倒入（边搅拌）250 ml 水中。

4.11　吸收液

称取新蒸馏的苯胺（4.5）0.25 g，溶解于 1 000 ml 水中，此溶液置于冰箱中可保存一个月。

4.12　1,3-二苯基脲标准储备液：相当于 100.0 μg（光气）/ml。

称取 127.5 mg 1,3-二苯基脲，溶于甲醇（4.2），移入 500 ml 容量瓶，用甲醇稀释至刻度。

4.13　1,3-二苯基脲标准使用液：相当于 1.00 μg（光气）/ml。

临用时，吸取标准储备液（4.12）1.00 ml，于 100 ml 容量瓶中，用吸收液稀释至刻度。

5　仪器

5.1　紫外分光光度计：具 1 cm 石英比色皿。

5.2　多孔玻板吸收瓶：125 ml。

5.3　U 形多孔玻板吸收管：10 ml。

5.4　具塞比色管：25 ml。

5.5　双联玻璃球管（见图 1）：

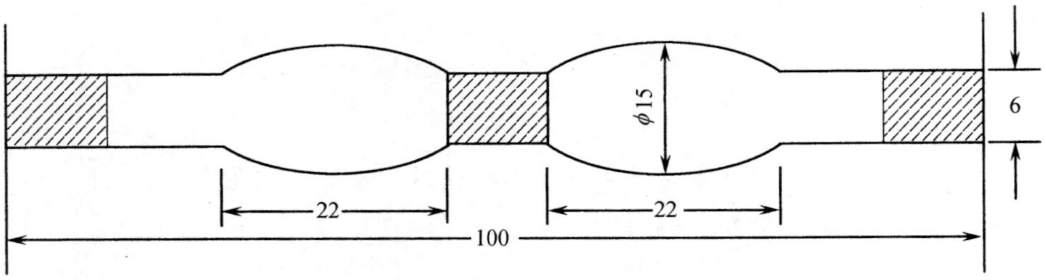

图 1　双联玻璃球管

5.6　采样仪器

参照 GB 16157—1996 中 9.3 配置采样仪器。

5.6.1　有组织排放监测采样仪器

5.6.1.1　采样管

用适当尺寸的硬质玻璃或氟树脂材质的管料，并具有可加热至 120℃以上的保温夹套。

5.6.1.2　样品吸收装置

吸收瓶（5.2）见 GB 16157—1996 中 9.3 图 34（a）。

5.6.1.3　流量计量装置

见 GB 16157—1996 中 9.3.6。

5.6.1.4　抽气泵

见 GB 16157—1996 中 9.3.7。

5.6.1.5　连接管

用聚四氟乙烯软管或硅橡胶管连接。

5.6.2　无组织排放监测采样仪器

5.6.2.1　引气管

用适当尺寸的聚氯乙烯或聚四氟乙烯软管，其头部可接装一玻璃漏斗。

5.6.2.2　参考 5.6.1 有关部分，选配吸收管（5.3）、流量计量装置、抽气泵、连接管等。

5.7　无碱玻璃棉或脱脂棉

6　样品采集及保存

6.1　有组织排放样品采集

6.1.1　采样位置和采样点

按 GB 16157—1996 中 9.1.1 和 9.1.2 执行。

6.1.2　连接采样系统

参考 GB 16157—1996 中 9.3 图 28 连接采样系统，并按 9.4 的要求检查其气密性和可靠性。

6.1.3　样品采集

串接两支内装 50 ml 吸收液（4.11）的多孔玻板吸收瓶（5.2），以 0.3～0.5 L/min 的流量，采气 3.0～5.0 L。

6.2　无组织排放样品采集

6.2.1　采样位置和采样点

按 GB 16297—1996 中附录 C 设置无组织排放监控点，或按其他特定要求设置环境空气采样点。

6.2.2　连接采样系统

按引气管（如不需要，也可不装引气管）、吸收管、流量计量装置、抽气泵的顺序连接好采样系统，检查其密封性和可靠性。

6.2.3　样品采集

串联两支 U 形多孔玻板吸收管（5.3），内各装 10 ml 吸收液（4.11），以 0.5～1.0 L/min 的流量，采气 30～60 L。

6.3　样品保存

无组织排放和有组织排放样品，均应于 3～5℃冷藏，并于 12 h 内测定完毕。

7　分析步骤

7.1　绘制校准曲线

7.1.1　标准系列的配制

按下表在 25 ml 比色管（5.4）中制备标准系列管。

管　　号	0	1	2	3	4	5	6
标准溶液/ml	0.00	0.20	0.50	1.00	2.00	5.00	10.0
吸收液/ml	10.0	9.80	9.50	9.00	8.00	5.00	0.00
相当光气含量/μg	0.00	0.20	0.50	1.00	2.00	5.00	10.0

7.1.2 萃取和测定

以上各管分别加入硫酸溶液（4.10）1.00 ml，混匀后加入混合萃取剂（4.9）10.0 ml，振摇 1.5 min，静置分层后将上层有机相澄清液移入 1 cm 石英比色皿中，在波长 257 nm 处，以混合萃取剂为参比，测定吸光度。以扣除空白值后的吸光度对光气含量（μg）绘制校准曲线，并计算校准曲线的线性回归方程。

7.2 样品测定

7.2.1 无组织排放样品测定

采样后分别将两个 U 形多孔玻板吸收管（5.3）中的溶液移入 25 ml 具塞比色管（5.4）中，用少量吸收液洗涤吸收管，洗涤液并入比色管中，定容至 25.0 ml，摇匀。分取 10.0 ml 样品溶液进行测定，以下步骤同校准曲线绘制（7.1.2）。

7.2.2 有组织排放样品测定

采样后第二级吸收瓶中吸收液倒入第一级吸收瓶（5.2）中，用吸收液洗涤第二级吸收瓶，洗涤液并入第一级吸收瓶中，定容至 125 ml，摇匀。分取一定量样品（视浓度高低而定）测定。以下步骤同校准曲线绘制（7.1.2）。

8 计算和结果表示

8.1 样品中光气含量 c，以 mg/m^3 表示，由式（1）计算：

$$c=\frac{W\cdot V_s}{V_{nd}\cdot V_o} \tag{1}$$

式中：W——测定时所分取的样品溶液中光气含量（μg），此值可由校准曲线上查得，也可由回归方程求得；

V_s——样品溶液总体积，ml；

V_o——分析时所分取的样品溶液体积，ml；

V_{nd}——所采气体换算成标准状态下的干采气体积，L。

按 GB 16157—1996 中 10.1 或 10.2 计算 V_{nd} 值。

8.2 光气有组织排放的“排放浓度”计算

按 GB 16157—1996 中 11.1.2 或 11.1.4 计算光气的“排放浓度”。

8.3 光气有组织排放的“排放速率”（kg/h）计算

按 GB 16157—1966 中 11.4 计算光气的“排放速率”。

8.4 光气的“无组织排放监控浓度值”计算

8.4.1 按式（2）计算某一个无组织排放监控点的光气平均浓度

$$c=\frac{\sum_{i=1}^{n}c_i}{n} \tag{2}$$

式中：c——一个无组织排放监控点的光气平均浓度；

c_i——一个样品中的光气浓度；

n——一个无组织排放监控点采集的样品数目。

8.4.2 “无组织排放监控浓度值”的计算

按 GB 16297—1996 附录 C 中 C.2.3 计算光气的“无组织排放监控浓度值”。

9 精密度和准确度

9.1 精密度

五个实验室分别测定浓度为4.00 mg/L 的统一样品，测定的重复性标准偏差为 0.096 mg/L，重复性相对标准偏差为 2.4%，重复性为 0.27 mg/L；再现性标准偏差为 0.11 mg/L，再现性相对标准偏差为 2.8%，再现性为 0.31 mg/L。

9.2 准确度

五个实验室分别测定浓度为 4.00 mg/L 的统一样品，各实验室测定均值的相对误差为 0.5%～2.2%，平均相对误差为 1.5%。

五个实验室分别对若干个无组织排放样品于实验室进行加标回收率测定，得加标回收率为 94.0%～104%；有组织排放样品的加标回收率为 100%～102%。

10 说明

10.1 在现场采样时，如排气管道处于正压且浓度较高时，应于采样孔装防喷阀门，操作人员应在上风向并佩戴防毒口罩操作，严防光气中毒。

10.2 当氯气浓度大于 1 600 mg/m^3 时，对光气测定产生正干扰，为消除干扰，应于吸收管（瓶）前装一双联玻璃球管（5.6），两球内分别加入 10 g 硫代硫酸钠（4.3）和 5 g 无水碳酸钠（4.4）。玻璃球管两端分别用无碱玻璃棉（5.7）塞住，中间用无碱玻璃棉（5.7）隔开。

10.3 分析步骤中萃取时，为使有机相与水相分离更完全，可在振摇后将上层有机相移入 10 ml 离心管中，以 2 000 r/min 离心分离 2 min 后取澄清液比色。

附加说明：

本标准由国家环境保护总局科技标准司提出。

本标准由上海市环境监测中心负责起草。

本标准主要起草人：万方、喇国静、支克正。

本标准委托中国环境监测总站负责解释。

国家环境保护总局标准

固定污染源排气中氯气的测定 甲基橙分光光度法

HJ/T 30—1999

Stationary source emission—Determination of chlorine—Methyl orange spectrophotometric method

1999-08-18 发布　　　　2000-01-01 实施

1　适用范围

1.1　本标准适用于固定污染源有组织排放和无组织排放的氯气测定。

1.2　当采集无组织排放样品体积为 30 L 时，方法的检出限为 0.03 mg/m^3，定量测定的浓度范围为 0.086～3.3 mg/m^3。当采集有组织排气样品体积为 5.0 L 时，方法的检出限为 0.2 mg/m^3，定量测定的浓度范围为 0.52～20 mg/m^3。

1.3　游离溴有和氯相同的反应而产生正干扰，微量二氧化硫对测定有明显负干扰。

2　定义

氯气：指固定污染源有组织排放和无组织排放的游离氯。

3　方法原理

含溴化钾、甲基橙的酸性溶液和氯气反应，氯气将溴离子氧化成溴，溴能在酸性溶液中将甲基橙溶液的红色减退，用分光光度法测定其退色的程度来确定氯气的含量。

4　引用标准

下列标准所包含的条文，通过在本标准中引用而构成为本标准的条文。

GB 16297—1996　大气污染物综合排放标准

GB 16157—1996　固定污染源排气中颗粒物测定和气态污染物采样方法

5　试剂和材料

除非另有说明，分析过程中均使用符合国家标准的分析纯试剂和蒸馏水。

5.1　浓硫酸：ρ＝1.84 g/ml。

5.2　甲基橙。

5.3　溴化钾。

5.4　溴酸钾：基准试剂。

5.5　硫酸溶液：1+6。

量取 100 ml 浓硫酸（5.1），缓慢地、边倒边搅拌加入到 600 ml 水中。

5.6 甲基橙吸收贮备液

称取 0.100 0 g 甲基橙（5.2），溶解于 100 ml 40～50℃的水中，冷却至室温，加无水乙醇 20 ml，移入 1 000 ml 容量瓶中，加水稀释至刻度，混匀。此溶液放置暗处可保存半年。

5.7 甲基橙吸收使用液

用吸管移取甲基橙吸收储备液(5.6)250 ml，置于 1 000 ml 容量瓶中，加入 500 ml1+6 硫酸溶液(5.5)，再加入 5.0 g 溴化钾（5.3），溶解后用水稀释至刻度，混匀。

5.8 溴酸钾标准贮备液：c（$1/6KBrO_3$）$=1.41\times10^{-1}$ mol/L

称取 1.962 7 g 溴酸钾（5.4），用少量水溶解，移入 500 ml 容量瓶中，加水稀释至刻度，混匀。此溴酸钾标准贮备溶液每毫升相当于 5.00 mg 氯。放置暗处，可保存半年。

5.9 溴酸钾标准使用液：c（$1/6KBrO_3$）$=1.41\times10^{-3}$ mol/L。

用吸管移取溴酸钾标准贮备液（5.8）10 ml，移入 1 000 ml 容量瓶中，加水稀释至刻度，混匀。此溴酸钾标准使用液每毫升相当于 50.0 μg 氯。

6 仪器

6.1 分光光度计：具 1 cm 比色皿。

6.2 采样仪器

6.2.1 有组织排放监测采样仪器

参照 GB 16157—1996 中 9.3 有关部分配置采样仪器。

6.2.1.1 采样管

以硬质玻璃、氟树脂或氯乙烯树脂为材质，具有适当尺寸的管料为采样管。

6.2.1.2 取样装置

25 ml 多孔玻板吸收管。

6.2.1.3 流量计量装置

按 GB 16157—1996 中 9.3.6 配置流量计量装置。

6.2.1.4 抽气泵

按 GB 16157—1996 中 9.3.7 配置抽气泵。

6.2.1.5 连接管

聚四氟乙烯软管或内衬聚四氟乙烯薄膜的硅橡胶管。

6.2.2 无组织排放监测采样仪器

6.2.2.1 引气管

以聚四氟乙烯或聚乙烯软管作引气管，在其头部接一玻璃漏斗。

6.2.2.2 取样装置

25 ml 多孔玻板吸收管。

6.2.2.3 流量计量装置

按 GB 16157—1996 中 9.3.6 配置流量计量装置。

6.2.2.4 抽气泵

按 GB 16157—1996 中 9.3.7 配置抽气泵。

6.2.2.5 连接管

聚四氟乙烯软管或内衬聚四氯乙烯薄膜的硅橡胶管。

7 样品采集和保存

7.1 有组织排放样品采集

7.1.1 采样位置和采样点

按 GB 16157—1996 中 9.1.1 和 9.1.2 确定采样位置和采样点。

7.1.2 采样装置的连接

参考 GB 16157—1996 中 9.3 图 28，按采样管、样品吸收装置、流量计量装置和抽气泵的顺序连接好采样系统，连接管要尽可能短。按 GB 16157—1996 中 9.4 的要求检查采样系统的气密性和可靠性。

7.1.3 样品采集

将采样管头部塞适量玻璃棉后，插入排气筒采样点，用两支串联，内装 10.0 ml 甲基橙吸收液（5.7）的多孔玻板吸收管（6.2.1.2），以 0.2 L/min 的流量采样。当吸收液颜色有明显减退时，即可停止采样。如不退色，采样时间选择 60 min。

7.2 无组织排放样品采集

7.2.1 采样位置和采样点

按 GB 16297—1996 附录 C 的规定确定无组织排放监控点的位置，或按其他特定要求确定环境空气采样点。

7.2.2 采样装置的连接

按引气管、样品吸收装置、流量计量装置和抽气泵的顺序连接采样装置。按 GB 16157—1996 中 9.4 的要求检查采样系统的气密性和可靠性。

7.2.3 样品采集

串联两支内装 10.0 ml 甲基橙吸收液（5.7）的多孔玻板吸收管（6.2.2.2），以 0.6 L/min 的流量采样。当甲基橙吸收液颜色明显减退时，即可停止采样。如不退色，采样时间选择 60 min。

7.3 样品的保存

采样后，将两管样品溶液全部转移到 100 ml，容量瓶中，用水洗涤吸收管，合并转移到此容量瓶中。用水稀释至标线，混匀，待测定。该样品显色完成后溶液颜色稳定，常温下至少可保存 15 天。

8 分析步骤

8.1 校准曲线的绘制

取 7 只 100 ml 容量瓶，各加入 20.0 ml 甲基橙吸收液（5.7），并按次序分别移入溴酸钾标准使用溶液（5.9）0.00、0.20、0.40、0.80、1.20、1.60、2.00 ml（即相当于含氯量为 0、10、20、40、60、80、100 μg），用水稀释至刻度，混匀。放置 40 min 后，用 1 cm 比色皿，在波长 507 nm 处，以水为参比，测定吸光度。以吸光度对氯含量（μg）绘制校准曲线，并计算得到校准曲线的线性回归方程。

8.2 样品测定

采样后转移到 100 ml 容量瓶中的溶液（7.3），放置 40 min 后，用 1 cm 比色皿，在波长 507 nm 处，以水为参比，测定吸光度。

9 计算和结果表示

9.1 样品中氯气浓度的计算：

测得样品吸光度后，在校准曲线上读得其对应的氯含量 x；或根据回归直线方程：$Y=a+bx$ 来计算求得氯含量 x。即：

$$x=(Y-a)/b$$

式中：Y——吸光度；

a——截距；

b——斜率，1/μg；

x——氯含量，μg。

结果计算的公式为：$c=x/V_{nd}$。

式中：c——样品气体的含氯浓度，mg/m^3；

x——样品溶液中测得的含氯量，μg；

V_{nd}——换算成标准状态下的干采气体积，L。

按 GB 16157—1996 中 10.1 或 10.2 计算 V_{nd}。

9.2 氯气有组织排放的“排放浓度”计算

按 GB 16157—1996 中 11.1.2 或 11.1.4 计算氯气的“排放浓度”。

9.3 氯气有组织排放的“排放速率（kg/h）”计算

按 GB 16157—1996 中 11.4 计算氯气的“排放速率”。

9.4 氯气的“无组织排放监控浓度值”计算

9.4.1 按下式计算一个无组织排放监控点的氯气平均浓度

$$c=\frac{\sum_{i=1}^{n}c_i}{n}$$

式中：c——一个无组织排放监控点的氯气平均浓度；

c_i——一个样品中的氯气浓度；

n——一个无组织排放监控点采集的样品数目。

9.4.2 “无组织排放监控浓度值”的计算

按 GB 16297—1996 附录 C 中 C 2.3 计算氯气的“无组织排放监控浓度值”。

10 精密度和准确度

10.1 方法的精密度

五个实验室对浓度为 3.70 mg/m^3 的统一样品分别进行测定的精密度数据见下表：

单位：mg/m^3

统一样品浓度测定平均值	3.68
重复性标准偏差	0.064
重复性相对标准偏差	1.7%
重复性	0.18
再现性标准偏差	0.19
再现性相对标准偏差	5.3%
再现性	0.54

五个实验室同时对某企业的有组织排气和环境空气进行采样和分析的结果表明：五个实验室对有组织排气的采样分析结果相对标准偏差为 11%对环境空气采样分析结果相对标准偏差 23%。

10.2 方法的准确度

五个实验室对浓度为 3.70 mg/m^3 的统一样品分别进行加标回收率测定，得到回收率区间为 98.8%～103.5%。

五个实验室同时对某企业的排气和环境空气进行采样和加标回收率测定表明：回收率的区间为 91.0%～97.5%。

11 说明

11.1 温度低于 20℃时，校准曲线绘制和样品测定都必须延长反应显色时间；或将反应后的吸收液置于 20～30℃恒温水浴中 40 min。

11.2 在现场采样时，如氯气浓度较高，则操作人员应在上风向并戴好防毒口罩操作，严防氯气中毒。

附加说明：

本标准由国家环境保护总局科技标准司提出。

本标准由上海大学化工系负责起草。

本标准主要起草人：张国莹、应太林、吴岳英、邓慧红。

本标准委托中国环境监测总站负责解释。

国家环境保护总局标准

固定污染源排气中铬酸雾的测定 二苯基碳酰二肼分光光度法

HJ/T 29—1999

Stationary source emission—Determination of chromate fog—Diphenyl carbazide spectrophotometric method

1999-08-18 发布 2000-01-01 实施

1 适用范围

1.1 本标准适用于固定污染源有组织排放和无组织排放的铬酸雾测定。

1.2 在无组织排放样品分析中，当采样体积为 60 L 时，方法的检出限为 5×10^{-4} mg/m^3，方法的定量测定浓度范围为 1.8×10^{-3}～30.3 mg/m^3；在有组织排放样品分析中，当采样体积为 30 L 时，方法的检出限为 5×10^{-3} mg/m^3，方法的定量测定浓度范围为 1.8×10^{-2}～12 mg/m^3。

1.3 在有还原性物质存在的条件下，铬酸雾的测定受到明显干扰。

2 定义

铬酸雾：指以气雾状态存在的铬酸或可溶性铬酸盐，本标准以测定其中的六价铬为基础，以铬酸计。

3 方法原理

固定污染源有组织排放的铬酸雾用玻璃纤维滤筒吸附后，用水溶解；无组织排放的铬酸雾用水吸收。在酸性条件下，铬酸中的六价铬与二苯基碳酰二肼作用，生成玫瑰红色的化合物，该化合物的吸光度和六价铬的浓度成正比，在 540 nm 波长处用分光光度法测定，反应式如下：

$$C_{13}H_{14}N_4O+2Cr_2O_7^{2-}+26H^+ \longrightarrow C_{13}H_{10}N_4+4Cr^{3+}+15H_2O$$

4 引用标准

下列标准所包含的条文，通过在本标准中的引用而构成为本标准的条文。

GB 16297—1996 大气污染物综合排放标准

GB/T 16157—1996 固定污染源排气中颗粒物测定和气态污染物采样方法

5 试剂和材料

除非另有说明，分析时均使用符合国家标准的分析纯试剂和蒸馏水。

5.1 乙醇：95%。

5.2 硫酸：ρ＝1.84 g/ml。

5.3 二苯基碳酰二肼。

5.4 重铬酸钾：基准试剂。

5.5 硫酸溶液：1+9。

用量筒量取ρ=1.84 g/ml 硫酸（5.2）100 ml，缓慢（边搅拌）倒入约 500 ml 水中，转移至 1 000 ml 容量瓶中，用水稀释到标线。

5.6 二苯基碳酸二肼溶液

称取 0.05 g 二苯基碳酰二肼（5.3），溶于 40 ml 95%乙醇（5.1）中，加入 1+9 硫酸溶液（5.5）80 ml，摇匀，放入冰箱中保存。此试剂应为无色，颜色改变即不宜使用。

5.7 六价铬标准储备液：c（Cr^{6+}）=0.100 mg/ml。

称取预先在 110℃烘干两小时并在干燥器中冷却 30 min 的基准试剂重铬酸钾（5.5）0.282 9 g，用少量水溶解后，移入 1 000 ml 容量瓶中，稀释至标线，摇匀。

5.8 六价铬标准溶液：c（Cr^{6+}）=1.00 μg/ml。

吸取 5.00 ml 六价铬标准储备液（5.7）于 500 ml 容量瓶中，用蒸馏水稀至标线，摇匀。

6 仪器

6.1 分光光度计：附 1 cm 比色皿。

6.2 具塞磨口锥形瓶：250 ml。

6.3 采样仪器

6.3.1 有组织排放监测采样仪器

按照 GB/T 16157—1996 中 8 节颗粒物采样配置采样仪器。

6.3.1.1 采样管

采用不锈钢材质，头部具有滤筒夹的采样管。

6.3.1.2 样品收集装置

与采样管头部滤筒夹相匹配的玻璃纤维（无胶）滤筒。

6.3.1.3 流量计量装置

根据等速采样方法，配置相应的流量计量装置。

6.3.1.4 抽气泵

根据选用的等速采样方法配置适当的抽气泵。

6.3.1.5 连接管

内衬聚四氟乙烯薄膜的乳胶管或硅橡胶管。

6.3.2 无组织排放监测采样仪器

6.3.2.1 引气管

采用聚乙烯或聚四氟乙烯软管，头部接装一个玻璃漏斗。

6.3.2.2 样品吸收装置

U 形多孔玻板吸收管，25 ml。

6.3.2.3 流量计量装置

参考 GB/T 16157—1996 中 9.3.6 配置流量计量装置。

6.3.2.4 抽气泵

参考 GB/T 16157—1996 中 9.3.7 配置抽气泵。

6.3.2.5 连接管

聚乙烯、聚四氟乙烯软管，或内衬聚四氟乙烯薄膜的硅橡胶管。

7 样品采集和保存

7.1 有组织排放样品采集

7.1.1 采样位置和采样点

按 GB/T 16157—1996 中 4.2.1 和 4.2.4 确定采样位置和采样点。

7.1.2 采样装置的连接

采样前要彻底清洗采样管的采样嘴和弯管，并吹干。将玻璃纤维滤筒装入采样管头部的滤筒夹内，根据所选择的等速采样方法，按照 GB/T 16157—1996 中 8 的有关部分连接好采样系统，连接管要尽可能短，并检查系统的气密性和可靠性。

7.1.3 样品采集

将装有玻璃纤维滤筒的采样管伸入排气筒内的采样点，按颗粒物等速采样原理确定采样流量，根据铬酸雾浓度适当选择采样时间，同时测定必要的温度、压力等参数。

7.1.4 样品保存

采样完毕后，小心取出滤筒，放入具塞 250 ml 磨口锥形瓶中，并用少量蒸馏水冲洗采样嘴及弯管，洗涤液并入锥形瓶中，盖好瓶塞，带回实验室。采样嘴用棉签擦干，弯管用吸球吹干后备用。样品密闭保存，于 7 天内分析完毕。

7.2 无组织排放样品采集

7.2.1 采样位置和采样点

按 GB 16297—1996 中附录 C 确定无组织排放监控点的位置，或按其他特定要求确定采样点。

7.2.2 连接采样装置

按照引气管、吸收管、流量计量装置和抽气泵的顺序连接采样系统，连接管要尽可能短，如无必要可不接引气管。按 GB/T 16157—1996 中 9.4 的要求检查采样系统的气密性和可靠性。

7.2.3 样品采集

在 25 ml U 形玻板吸收管中装入 5.0 ml 蒸馏水，接入采样系统，以 0.5 L/min 的流量采气 30～60 min，记录采气时间、环境温度和气压。

7.2.4 样品保存

采样结束后，用聚四氟乙烯薄膜封住吸收管的进、出口，再用乳胶管将进、出口密封，带回实验室分析。样品应尽快分析，如不能及时分析，应密封保存，时间不超过 24 h。

8 分析步骤

8.1 绘制校准曲线

8.1.1 标准色列的配制

取 7 支 25 ml 具塞比色管，按下表配制标准色列：

管　　号	1	2	3	4	5	6	7
六价铬标准液（1.00 μg/ml）/ml	0	1.00	2.00	4.00	6.00	8.00	10.00
蒸馏水/ml	10.00	9.00	8.00	6.00	4.00	2.00	0
六价铬/μg	0	1.00	2.00	4.00	6.00	8.00	10.00

8.1.2 显色

于上述比色管（8.1.1）中加入二苯基碳酰二肼溶液（5.6）3.00 ml，加蒸馏水稀至标线，摇匀。放置 10 min 后，在波长 540 nm 处，以蒸馏水为参比，用 1 cm 比色皿，测定各管的吸光度 *A*。

8.1.3 校准曲线的绘制

将上述标准色列溶液测得的吸光度（8.1.2）扣除试剂空白（零浓度）的吸光度 A_0，便得到校正吸光度 Y。以校正吸光度 Y 为纵坐标，以六价铬含量 X（μg）为横坐标，绘制校准曲线，并计算其线性回归方程。

8.2 样品测定

8.2.1 无组织排放样品的测定

将吸收管中的吸收液移入 25 ml 具塞比色管中，并用 10 ml 蒸馏水分 3 次冲洗吸收管，洗涤液并入具塞比色管中，以下按（8.1）校准曲线绘制相同的步骤进行样品分析，测定各样品的吸光度 A。

8.2.2 有组织排放样品测定

在放有滤筒的锥形瓶（7.1.4）中，加 50～70 ml 煮沸的蒸馏水，小心捣碎滤筒，振摇数分钟后，将溶液滤入 250 ml 容量瓶中，用适量热蒸馏水洗涤滤筒残渣 3～5 次，洗涤液并入容量瓶中。待滤液冷却至室温后，用蒸馏水稀至标线，摇匀，即为样品溶液。同时取一个同批号的滤筒放入 250 ml 锥形瓶中，同样品处理操作，滤入 250 ml 容量瓶中，作为滤筒空白溶液。分别从 250 ml 容量瓶中取出适量的样品溶液和滤筒空白溶液移入 25 ml 具塞比色管，按（8.1）校准曲线绘制的步骤进行实样分析，测定样品和滤筒空白的吸光度 A 和 A_1。

9 计算和结果表示

9.1 无组织排放样品中铬酸雾浓度的计算和表示

9.1.1 由（8.2.1）测定的无组织排放样品吸光度 A 在校准曲线上查出样品中六价铬的含量 X（μg），也可由回归方程式计算出样品中六价铬的含量 X（μg）。

9.1.2 样品中铬酸雾的浓度 c（mg/m^3）用下式计算

$$c=\frac{X}{V_{\mathrm{nd}}}\times 2.27$$

式中：X——样品中所含六价铬的量，μg；

V_{nd}——换算成标准状态下的干采气体积（0℃，101.325 kPa），L；

2.27——六价铬换算成铬酸雾的系数。

9.2 有组织排放样品中铬酸雾浓度的计算和表示

9.2.1 由（8.2.2）样品和滤筒空白的吸光度 A 和 A_1 在校准曲线上查出所取样品和滤筒空白溶液的六价铬含量 X（μg）及 X_1（μg）。也可由回归方程进行计算。

9.2.2 样品中铬酸雾浓度 c（mg/m^3）用下式计算

$$c=\frac{(X-X_1)\times 250}{V_{\mathrm{t}}\times V_{\mathrm{nd}}}\times 2.27$$

式中：X——分析样品溶液的六价铬含量，μg；

X_1——分析滤筒空白溶液的六价铬含量，μg；

250——滤筒浸取液的总体积，ml；

V_{t}——分析所取样品和滤筒空白溶液的体积，ml；

V_{nd}——换算成标准状态下的干采气体积（0℃，101.325kPa），L；

2.27——六价铬换算成铬酸雾的系数。

按 GB/T 16157—1996 中 10.1 或 10.2 计算 V_{nd} 值。

9.3 铬酸雾有组织排放的“排放浓度”计算

按 GB/T 16157—1996 中 11.1.2 或 11.1.4 计算铬酸雾的“排放浓度”。

9.4　铬酸雾有组织排放的“排放速率（kg/h）”计算

按 GB/T 16157—1996 中 11.4 计算铬酸雾的“排放速率”。

9.5　铬酸雾的“无组织排放监控浓度值”计算

9.5.1　按下式计算一个无组织排放监控点的铬酸雾平均浓度：

$$c=\frac{\sum_{i=1}^{n}c_i}{n}$$

式中：c——一个无组织排放监控点的铬酸雾平均浓度；

c_i——一个样品中的铬酸雾浓度；

n——一个无组织排放监控点采集的样品数。

9.5.2　“无组织排放监控浓度值”的计算：

按 GB 16297—1996 附录 C 中 C 2.3 计算铬酸雾的“无组织排放监控浓度值”。

10　精密度和准确度

10.1　精密度

经五个实验室测定浓度为 0.19 mg/m^3 和 20.8 mg/m^3 的铬酸雾统一样品，得到方法精密度数据见下表：

单位：mg/m^3

统一样品浓度	0.19	20.8
重复性标准偏差	0.062	0.39
重复性相对标准偏差	3.3%	1.9%
重复性	0.017	1.1
再现性标准偏差	0.010	1.7
再现性相对标准偏差	5.4%	8.2%
再现性	0.028	4.7

10.2　准确度

五个实验室测定浓度为 0.19 mg/m^3 的铬酸雾统一样品，测定总均值的相对误差为 3.5%；各实验室测定均值的相对误差为 0.88%～9.6%。

五个实验室测定浓度为 20.8 mg/m^3 的铬酸雾统一样品，测定总均值的相对误差为 3.2%；各实验室测定均值的相对误差为 3.2%～10.4%。

附加说明：

本标准由国家环境保护总局科技标准司提出。

本标准由中船总公司第九设计院负责起草。

本标准主要起草人：吴嘉莉、黄莎。

本标准委托中国环境监测总站负责解释。

国家环境保护总局标准

固定污染源排气中氰化氢的测定 异烟酸–吡唑啉酮分光光度法

HJ/T 28—1999

Stationary source emission—Determination of hydrogen cyanide—Iso-nicotinic-acid-3-methyl-1-phenyl-5-pyrazolone spectrophotometric method

1999-08-18 发布 2000-01-01 实施

1 适用范围

1.1 本标准适用于固定污染源有组织排放和无组织排放的氰化氢测定。

1.2 在氰化氢无组织排放的空气样品分析中，当采样体积为 30 L 时，方法的检出限为 2×10^{-3} mg/m^3，定量测定的浓度范围为 0.005 0～0.17 mg/m^3。在有组织排气样品分析中，当采样体积为 5 L 时，方法的检出限为 0.09 mg/m^3，定量测定浓度范围为 0.29～8.8 mg/m^3。

1.3 硫化氢和氧化剂（如 Cl_2）存在对测定有干扰。

2 方法原理

用氢氧化钠溶液吸收氰化氢（HCN），在中性条件下，与氯胺 T 作用生成氯化氰（CNCl），氯化氰与异烟酸反应，经水解生成戊烯二醛，再与吡唑啉酮进行缩聚反应，生成蓝色化合物，用分光光度法测定。反应方程式如下：

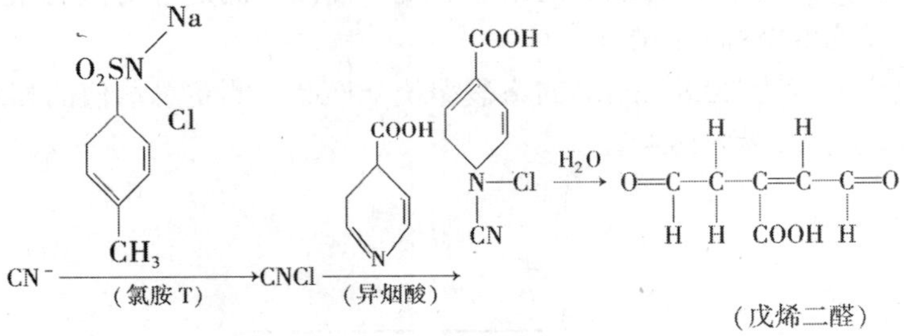

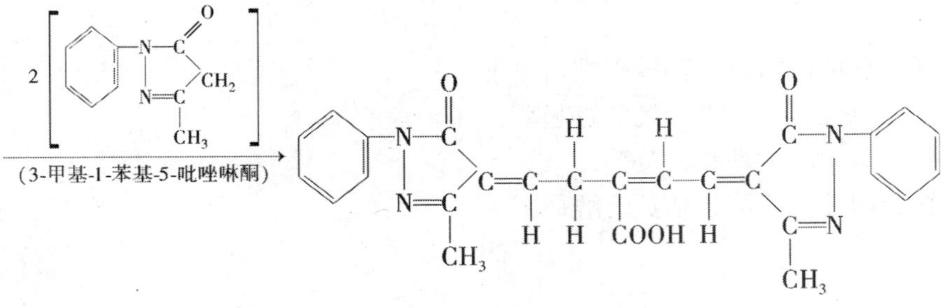

3　引用标准

下列标准所包含的条文，通过在本标准中的引用而构成为本标准的条文：

GB 16297—1996　大气污染物综合排放标准

GB 16157—1996　固定污染源排气中颗粒物测定和气态污染物采样方法

4　试剂和材料

除非另有说明，分析时均使用符合国家标准的分析纯试剂。

4.1　符合二级实验用水质量指标的纯水。

4.2　氢氧化钠。

4.3　冰乙酸。

4.4　氯化钠。

4.5　硝酸银。

4.6　氰化钾。

4.7　无水磷酸二氢钾。

4.8　无水磷酸氢二钠。

4.9　铬酸钾。

4.10　氯胺 T。

4.11　试银灵（对二甲胺基亚苄基罗丹宁）。

4.12　异烟酸。

4.13　吡唑啉酮。

4.14　*N,N'*-二甲基甲酰胺。

4.15　氢氧化钠溶液：c=2%。

称取 2 g 氢氧化钠（4.2）溶解于少量水中，转移至 100 ml 容量瓶中，用水稀释至标线。

4.16　氢氧化钠溶液：c=0.1%。

称取 1 g 氢氧化钠（4.2）溶解于少量水中，转移至 1 000 ml 容量瓶中，用水稀释至标线。

4.17　氢氧化钠吸收液 A：c（NaOH）=0.05 mol/L。

称取 2 g 氢氧化钠（4.2）溶解于适量水中，转移至 1 000 ml 容量瓶中，用水稀释至标线。

4.18　氢氧化钠吸收液 B：c（NaOH）=0.1 mol/L。

称取 4 g 氢氧化钠（4.2）溶解于适量水中，转移至 1 000 ml 容量瓶中，用水稀释至标线。

4.19　乙酸溶液：0.6%。

移取冰乙酸（4.3）3.0 ml 于 500 ml 容量瓶中，用水稀释至标线。

4.20　氯化钠标准溶液：c（NaCl）=0.020 0 mol/L。

将氯化钠（4.4）置于瓷坩埚内，经 400～500℃灼烧至无爆裂声后，于干燥器内冷却。称取 1.169 g 氯化钠于烧杯中，用水溶解，移入 1 000 ml 容量瓶中，并稀释至标线，混合均匀。

4.21　硝酸银标准溶液：

称取 3.4 g 硝酸银（4.5），溶解于水中并稀释至 1 000 ml。贮于棕色细口瓶中。

标定：吸取氯化钠标准溶液 10.00 ml，置于 150 ml 锥形瓶中，加水 50 ml 及 4～5 滴铬酸钾指示剂，用硝酸银标准溶液滴定，直至溶液由黄色变成浅砖红色。记下读数（V）。平行滴定所消耗硝酸银标准溶液体积之差应不大于 0.04 ml。

取水 60 ml，同法做空白滴定。按下式计算硝酸银标准溶液的浓度：

$$c（AgNO_3）=\frac{c(NaCl)\times 10.00}{V-V_0}$$

式中：c（$AgNO_3$）——硝酸银标准溶液的浓度，mol/L；

c（NaCl）——氯化钠标准溶液的浓度，mol/L；

V、V_0——分别为滴定氯化钠标准溶液、空白溶液时消耗硝酸银标准溶液体积，ml。

4.22 氰化钾标准贮备液

称取 0.25 g 氰化钾（注意：剧毒），溶解于 0.1%氢氧化钠溶液（4.16）中，并用 0.1%氢氧化钠溶液（4.16）稀释至 100 ml，混匀后避光贮存于棕色细口瓶中。该溶液每毫升约相当于 1.0 mg 氰化氢。

标定方法：吸取 10.00 ml 氰化钾贮备液，置于 150 ml 锥形瓶中，加 50 ml 水和 2%氢氧化钠溶液(4.15) 1.0 ml，加 2～3 滴试银灵指示剂，用硝酸银标准溶液滴定至溶液由淡黄色变为橙红色，记录消耗硝酸银标准溶液体积（V）。平行滴定所消耗硝酸银溶液体积之差应不超过 0.04 ml。

另取水 60 ml，同法做空白滴定。记录消耗硝酸银标准溶液体积（V_0）：

$$c（mg/ml）=\frac{c(AgNO_3)\times(V-V_0)\times 54.04}{10.00}$$

式中：c——氰化钾贮备液中相当于氰化氢的浓度，mg/ml；

c（$AgNO_3$）——硝酸银标准溶液的浓度，mol/L；

V、V_0——分别为滴定氰化钾贮备液、空白溶液所消耗硝酸银标准溶液体积，ml。

10.00——氰化钾贮备溶液的体积，ml；

54.04——相当于 1 L1 mol/L 硝酸银标准溶液的氰化氢（HCN）质量，g。

4.23 氰化钾标准溶液：c=10.0 μg（HCN）/ml

准确吸取一定体积氰化钾标准贮备液（4.22）于 100 ml 溶量瓶中，用 0.1 mol/L 氢氧化钠溶液（4.18）稀释到标线，贮于冰箱（2～5℃）保存可稳定 5 天。

4.24 氰化钾标准使用液：c（HCN）=1.00 μg/ml

临用前吸取 10.0 μg/ml 氰化钾标准溶液（4.23）10.0 ml 于 100 ml 容量瓶中，用 0.1 mol/L 氢氧化钠溶液（4.18）稀释至标线。

4.25 磷酸盐缓冲溶液：pH=7.00

称取 34.0 g 无水磷酸二氢钾（4.7）和 35.5g 无水磷酸氢二钠（4.8），溶解于水，移入 1 000 ml 容量瓶中。用水稀释至标线。

4.26 铬酸钾指示剂

称取 10.0 g 铬酸钾（4.9），溶解于少量水，滴加硝酸银标准溶液（4.21）至产生少量浅砖红色沉淀为止，放置过夜，过滤，滤液用水稀释至 100 ml，待用。

4.27 酚酞指示剂：c=0.1%

称取 0.1 g 酚酞，溶于 95%乙醇中，稀释至 100 ml。若混浊应过滤。

4.28 氯胺 T 溶液

称取 0.50 g 氯胺 T（$CH_3C_6H_4SO_2NClNa\cdot H_2O$，Chloramine-T）(4.10)，溶解于水，稀释至 50 ml，贮存于棕色细口瓶中，贮于冰箱可使用 3 天。

4.29 试银灵指示剂

称取 0.02 g 试银灵（对二甲胺基亚苄基罗丹宁，Paradimethylaminobenzalrhodanine）(4.11)，溶于 100 ml 丙酮中。贮存于棕色细口瓶，于暗处可稳定 1 个月。

4.30 异烟酸溶液

称取 3.0 g 异烟酸（$C_6H_5NO_2$，Iso-Nicotinic acid）(4.12)，溶解于 2%氢氧化钠溶液（4.15）中，溶解后，加水稀释至 200 ml。

4.31 吡唑啉酮溶液

称取 0.50 g 吡唑啉酮（3-甲基-1-苯基-5-吡唑啉酮，$C_{10}H_{10}ON_2$，3-methyl-1-pheny-5-pyrazolone）（4.13），溶解于 40.0 ml *N,N'*-二甲基甲酰胺［$HCON(CH_3)_2$，*N,N'*-dimethylformamide］（4.14）中。

4.32 异烟酸-吡唑啉酮溶液

临用前，将异烟酸溶液（4.30）和吡唑啉酮溶液（4.31）按 5∶1 体积混合，贮于棕色试剂瓶中。

5 仪器

5.1 分光光度计：具 1 cm 比色皿。

5.2 具塞比色管：25 ml。

5.3 棕色酸式滴定管：25 ml。

5.4 采样仪器

5.4.1 有组织排放监测采样仪器

参考 GB 16157—1996 中 9.3 配置采样仪器。

5.4.1.1 采样管

材质为不锈钢、硬质玻璃或聚四氟乙烯，直径为 6～8 mm 的管料，并具有可加热至 120℃以上的保温夹套。

5.4.1.2 样品吸收装置

多孔玻板吸收瓶，125 ml。

5.4.1.3 流量计量装置

见 GB 16157—1996 中 9.3.6。

5.4.1.4 抽气泵

见 GB 16157—1996 中 9.3.7。

5.4.1.5 连接管

硅橡胶管或内衬聚四氟乙烯薄膜的乳胶管。

5.4.2 无组织排放监测采样仪器

5.4.2.1 引气管

聚乙烯、聚四氟乙烯软管，头部接一玻璃漏斗。

5.4.2.2 样品吸收装置

多孔玻板吸收管：10～25 ml。

5.4.2.3 流量计量装置

参考 GB 16157—1996 中 9.3.6。

5.4.2.4 抽气泵

参考 GB 16157—1996 中 9.3.7。

5.4.2.5 连接管

同 5.4.1.5。

6 样品采集和保存

6.1 有组织排放样品采集

6.1.1 采样位置和采样点

按 GB 16157—1996 中 9.1.1 和 9.1.2 确定采样位置和采样点。

6.1.2 采样装置的连接

参考 GB 16157—1996 中 9.3 图 28，按采样管、样品吸收装置、流量计量装置和抽气泵的顺序连接好采样系统，连接管要尽可能短，按 GB 16157—1996 中 9.4 的要求，检查采样系统的气密性和可靠性。

6.1.3 样品采集

串联两支内装 20 ml 氢氧化钠吸收液 B（4.18）的 125 ml 多孔玻板吸收瓶，并将它接入采样系统中，将采样管头部塞适量无碱玻璃棉，伸入排气筒采样点，以 0.5 L/min 流量采样 10～30 min，记录采样流量、时间、温度、气压等，密封吸收瓶进出口，避光运回实验室。

6.2 无组织排放样品采集

6.2.1 采样位置和采样点

按 GB 16297—1996 中附录 C 确定无组织排放监控点的位置，或按其他特定要求确定采样点。

6.2.2 采样装置的连接

按引气管、样品吸收装置、流量计量装置和抽气泵的顺序连接采样装置，连接管要尽可能短，如无必要，样品吸收装置前可不接引气管。参考 GB 16157—1996 中 9.4 的要求，检查采样系统的气密性和可靠件。

6.2.3 用装有 0.05 mol/L 氢氧化钠吸收液 A（4.17）5 ml 的多孔玻板吸收管，以 0.5 L/min 流量，采样 30～60 min。记录采样流量、时间、温度、气压等，密封吸收管进、出口，避光运回实验室。

6.3 样品保存

如果样品采集后不能当天测定，应将试样密封后置于 2～5℃下保存，保存期不超过 48 h。在采样、运输和贮存过程中应避免日光照射。

6.4 采样防护

采集有组织排气的人员必须两人以上，并戴好防毒面具才能进入现场采样。

7 分析步骤

7.1 绘制校准曲线

取 8 支 25 ml 具塞比色管，按表 1 配制标准色列。

表 1 氰化钾标准色列

管 号	0	1	2	3	4	5	6	7
氰化钾标准使用液/ml	0.00	0.20	0.50	1.00	2.00	3.00	4.00	5.00
0.10 mol/L 氢氧化钠吸收液/ml	5.00	4.80	4.50	4.00	3.00	2.00	1.00	0.00
氰化氢含量/μg	0.00	0.20	0.50	1.00	2.00	3.00	4.00	5.00

每管各加 1 滴 0.1%酚酞指示剂（4.27），摇动下逐滴加入 0.6%乙酸溶液（4.19），至酚酞指示剂刚好褪色为止，加磷酸盐缓冲溶液（4.25）5.00 ml，摇匀，再加氯胺 T 溶液（4.28）0.20 ml，立即盖好瓶塞，轻轻摇动，放置 5 min，加异烟酸-吡唑啉酮溶液（4.32）5.00 ml，立即盖好瓶塞，摇匀，用水稀释至标线，摇匀。在 25～35℃放置 40 min。于波长 638 nm 处，用 1 cm 比色皿，以水为参比，测定吸光度。以吸光度对氰化氢含量（μg）绘制校准曲线并计算其线性回归方程。

7.2 样品测定

7.2.1 无组织排放样品测定

采样后，将样品移入 25 ml 具塞比色管中，用少量水洗涤吸收管两次，洗涤液合并于具塞比色管中，使总体积不超过 10 ml，然后加 0.1%酚酞指示剂（4.27）1 滴，以下操作同校准曲线的绘制。

7.2.2 有组织排放样品测定

采样后，将第一吸收瓶和第二吸收瓶中的吸收液转入 50 ml 容量瓶中，用少量水分别洗涤第一吸收瓶和第二吸收瓶，洗涤液并入 50 ml 容量瓶中，最后用水稀释至标线，摇匀。吸取 5.00 ml 样品溶液于

25 ml 具塞比色管中，以下步骤同校准曲线的绘制。

8 计算和结果表示

8.1 无组织排放样品浓度计算：

$$氰化氢（HCN，mg/m^3）=\frac{W}{V_{nd}}$$

式中：W——样品溶液中氰化氢含量，μg；

V_{nd}——换算成标准状态下的干采气体积，L。

8.2 有组织排放样品浓度计算：

$$氰化氢（HCN，mg/m^3）=\frac{W}{V_{nd}}\times\frac{V_t}{V_a}$$

式中：W——测定时所取样品溶液中氰化氢含量，μg；

V_{nd}——换算成标准状态下的干采气体积，L；

V_t——样品溶液总体积，ml；

V_a——测定时所取样品溶液体积，ml。

按 GB 16157—1996 中 10.1 或 10.2 计算 V_{nd}。

8.3 氰化氢有组织排放的“排放浓度”计算

按照 GB 16157—1996 中 11.1.2 或 11.1.4 计算氰化氢的“排放浓度”。

8.4 氰化氢有组织排放的“排放速率”计算

按照 GB 16157—1996 中的 11.4 计算氰化氢的排放速率。

8.5 氰化氢的“无组织排放监控浓度值”计算

8.5.1 按下式计算一个无组织排放监控点的氰化氢平均浓度：

$$c=\frac{\sum_{i=1}^{n}c_i}{n}$$

式中：c——一个无组织排放监控点的氰化氢平均浓度；

c_i——一个样品的氰化氢浓度；

n——一个无组织排放监控点采集的样品数目。

8.5.2 “无组织排放监控浓度值”的计算

按 GB 16297—1996 附录 C 中 C 2.3 计算氰化氢的“无组织排放监控浓度值”。

9 精密度和准确度

9.1 精密度

五个实验室测定 HCN 浓度为 0.37 mg/m^3 的统一样品，得到方法的重复性标准偏差为 0.01 mg/m^3，重复性相对标准偏差为 3.1%，重复性为 0.030 mg/m^3；方法的再现性标准偏差为 0.016 mg/m^3，再现性相对标准偏差为 4.1%，再现性为 0.040 mg/m^3。

五个实验室测定实际样品的相对标准偏差为 0.81%～11%。

9.2 准确度

五个实验室分别测定浓度为 0.37 mg/m^3 的统一样品，测定总均值的相对误差为 2.90%；各实验室测定均值的相对误差于±5.4%之间。

五个实验室测定统一样品的加标回收率为 93.2%～103%；测定实际样品的加标回收率为 90.1%～102%。

10 说明

10.1 氰化氢是易挥发的有毒物质，在操作过程中，除了加试剂外，比色管都应盖严。

10.2 绘制校准曲线和样品测定时的温度之差应不超过 3℃。

10.3 如能获得硝酸银基准试剂，可用直接法配制硝酸银标准溶液，免去标定步骤。

10.4 为降低试剂空白值，实验中以选用无色的 *N,N'*-二甲基甲酰胺为宜。

10.5 含氰化钾的废液应加三价铁盐或漂白粉处理后排放。

10.6 氧化剂（如 Cl_2）和硫化氢存在对测定有干扰，检验试样中是否存在氧化剂和硫化氢及消除干扰的方法见本标准附录 A。

附 录 A

（标准的附录）

检验试样中氧化剂和硫化物及消除干扰的方法

A.1 检验试样中是否存在氧化剂（如有效氯），可取 1 滴试样滴在淀粉-碘化钾试纸上，若变蓝说明氧化剂存在。若有显著量的氧化剂存在，氰化氢的测定不能进行。若氧化剂存在量小，可向样品溶液中加入一定量的亚硫酸钠溶液消除其干扰。具体做法是：量取两份相同体积的同一样品，向其中一份样品中投入淀粉-碘化钾试纸 1～3 片，加硫酸酸化，用亚硫酸钠溶液滴定至淀粉-碘化钾试纸由蓝色变至无色为止，记录用量。另一份样品，不加试纸和硫酸，仅加上述同量的亚硫酸钠溶液，并将此溶液进行氰化氢测定。

A.2 检验试样中是否存在硫化物，可取 1 滴试样滴在乙酸铅试纸上，若变黑，说明有硫化物存在。若试样中含有少量硫化物，可用预蒸馏的方法予以去除，蒸馏前加入 2 ml 0.02 mol/L 硝酸银溶液。

附加说明：

本标准由国家环境保护总局科技标准司提出。

本标准由中国纺织大学负责起草。

本标准主要起草人：奚旦立、汪永辉、姜佩华。

本标准委托中国环境监测总站负责解释。

国家环境保护总局标准

固定污染源排气中氯化氢的测定 硫氰酸汞分光光度法

HJ/T 27—1999

Stationary source emission—Determination of hydrogen chloride—Mercuric thiocyanate spectrophotometric method

1999-08-18 批准 2000-01-01 实施

1 适用范围

1.1 本标准适用于固定污染源有组织排放和无组织排放的氯化氢测定。

1.2 在无组织排放样品分析中，当采气体积为 60 L 时，氯化氢的检出限为 0.05 mg/m^3，定量测定的浓度范围为 0.16～0.80 mg/m^3；在有组织排放样品分析中，当采气体积为 10 L 时，氯化氢的检出限为 0.9 mg/m^3，定量测定的浓度范围为 3.0～24 mg/m^3。

1.3 在本标准规定的显色条件下，当采气体积为 100 L 时，氟化氢（HF）浓度高于 0.2 mg/m^3，硫化氢（H_2S）浓度高于 0.1 mg/m^3，以及氰化氢（HCN）浓度高于 0.1 mg/m^3 时，将对氯化氢的测定产生干扰。

2 原理

用稀氢氧化钠溶液吸收氯化氢（HCl）。吸收溶液中的氯离子和硫氰酸汞反应，生成难电离的二氯化汞分子，置换出的硫氰酸根与三价铁离子反应生成橙红色硫氰酸铁络离子，根据颜色深浅，用分光光度法测定。反应式为：

$$2Cl^- + Hg(SCN)_2 \longrightarrow HgCl_2 + 2SCN^-$$

$$SCN^- + Fe^{3+} \longrightarrow Fe(SCN)^{2+}$$

（橙红色）

3 引用标准

下列标准所包含的条文，通过在本标准中引用而构成为本标准的条文。

GB 16297—1996 大气污染物综合排放标准

GB 16157—1996 固定污染源排气中颗粒物测定和气态污染物采样方法

4 试剂和材料

除非另有说明，分析时均使用符合国家标准的分析纯试剂和去离子水。

4.1 氢氧化钠。

4.2 硫氰酸汞。

4.3 硫酸铁铵：[$NH_4Fe(SO_4)_2 \cdot 12H_2O$]。

4.4 氯化钾：优级纯，于 110℃烘干 2 h。

4.5　高氯酸：ρ=1.76 g/ml。

4.6　无水乙醇。

4.7　硫氰酸汞-乙醇溶液：c=0.04 g/100 ml。

称取 0.04 g 硫氰酸汞（4.2），用无水乙醇（4.6）配成 100 ml 溶液，放置一周后将上清液吸至另一棕色细口瓶中备用。

4.8　高氯酸溶液：1+1.5。

用量筒量取高氯酸（4.5）50 ml，缓慢倒入 75 ml 水中，搅拌均匀后装入干净的试剂瓶中。

4.9　硫酸铁铵溶液：c=3.0 g/100 ml。

称取 3.0 g 硫酸铁铵（4.3），用高氯酸溶液（4.8）溶解并稀释至 100 ml，如混浊应过滤。

4.10　氢氧化钠吸收液：c（NaOH）=0.05 mol/L。

称取氢氧化钠（4.1）2.0 g，溶于 1 000 ml 水中。

4.11　氯化钾标准储备液：c（KCl）=1 000 μg/ml。

称取 2.045 g 氯化钾（4.4），溶解于水，移入 1 000 ml 容量瓶中，用氢氧化钠吸收液（4.10）稀释至刻度，摇匀。

4.12　氯化钾标准使用液：c（KCl）=10.0 μg/ml。

移取 10.0 ml 氯化钾标准储备液（4.11）于 1 000 ml 容量瓶中，用氢氧化钠吸收液（4.10）稀释至刻度，摇匀。

4.13　乙酸纤维微孔滤膜：0.3 μm。

5　仪器

5.1　分光光度计。

5.2　具塞比色管：10 ml。

5.3　采样仪器

参照 GB 16157—1996 中 9.3 配置采样装置。

5.3.1　有组织排放监测采样仪器

5.3.1.1　采样管

用硬质玻璃或氟树脂材质，具有适当尺寸的管料，并应附有可加热至 120℃以上的保温夹套。

5.3.1.2　滤膜夹：尺寸与滤膜（4.13）相配。

5.3.1.3　样品吸收装置

多孔玻板吸收瓶，50 ml。

5.3.1.4　流量计量装置

见 GB 16157—1996 中 9.3.6。

5.3.1.5　抽气泵

见 GB 16157—1996 中 9.3.7。

5.3.1.6　连接管

用聚四氟乙烯软管或内衬聚四氟乙烯薄膜的硅橡胶管。

5.3.2　无组织排放监测采样仪器

5.3.2.1　引气管

用聚乙烯软管或聚四氟乙烯软管，头部装接一玻璃漏斗。

5.3.2.2　样品吸收装置

多孔玻板吸收管，10 ml。

5.3.2.3　滤膜夹、流量计量装置、抽气泵、连接管参见 5.3.1 相应部分。

6 样品采集和保存

参考 GB 16157—1996 中 9.4 部分采集样品。

6.1 有组织排放样品采集

6.1.1 采样位置和采样点

按 GB 16157—1996 中 9.1.1 和 9.1.2 设置采样位置和采样点。

6.1.2 连接采样装置

参照 GB 16157—1996 中 9.3 图 28，按采样管、滤膜夹、吸收瓶、流量计量装置、抽气泵的顺序连接好采样装置，并按 GB 16157—1996 中 9.4 的要求检查其气密性和可靠性。

6.1.3 采集样品

串联两支各装 25 ml 氢氧化钠吸收液（4.10）的多孔玻板吸收瓶（5.3.3），以 0.5 L/min 流量，采样 5～30 min。在采样过程中，根据排气温度和湿度调节采样管保温夹套温度，以避免水汽于吸收瓶之前凝结。

若排气中含有氯化物颗粒性物质，应在吸收瓶之前接装滤膜夹，否则可不装滤膜夹。

6.2 无组织排放样品采集

6.2.1 采样位置和采样点

按 GB 16297—1996 中附录 C 的规定，确定无组织排放监控点的位置，或按其他特定要求确定采样点。

6.2.2 环境空气样品采集

按引气管、滤膜夹、吸收管、流量计量装置、抽气泵的顺序连接好采样装置，并检查其气密性和可靠性。将 0.3 μm 滤膜（4.13）装在滤膜夹（5.3.2）内，后面串联两支各装 5 ml 吸收液（4.10）的吸收管（5.3.3），以 1 L/min 流量采气 30～60 min。长时间采样，需适当加水补充水分蒸发。

6.3 样品保存

如果样品采集后不能当天测定，应将试样密封后置于冰箱 3～5℃保存，保存期不超过 48 h。

7 分析步骤

7.1 校准曲线的绘制

7.1.1 标准系列的配制

取 8 支 10 ml 干燥的具塞比色管（5.2）按下表配制标准色列：

管　　号	0	1	2	3	4	5	6	7
氯化钾标准使用液/ml	0	0.20	0.40	0.60	0.80	1.00	1.50	2.00
吸收液	5.00	4.80	4.60	4.40	4.20	4.00	3.50	3.00
氯化氢含量/μg	0	2.0	4.0	6.0	8.0	10.0	15.0	20.0

7.1.2 显色

在上述各管（7.1.1）中加 3.0%硫酸铁铵溶液（4.9）2.00 ml，混匀，加硫氰酸汞-乙醇溶液（4.7）1.00 ml，混匀。在室温下放置 20～30 min，于波长 460 nm 处，以水为参比，测定各管的吸光度 A。

7.1.3 将上述系列标准溶液测得的吸光度 A（7.1.2）扣除试剂空白（零浓度）的吸光度 A。便得到校正吸光度 Y。以校正吸光度 Y 为纵坐标，以氯化氢含量 X（μg）为横坐标，绘制校准曲线，并计算校准曲线的线性回归方程（$Y=a+bX$）。

7.2 样品测定

7.2.1 无组织排放样品的测定

采样后，将第一、第二吸收管的样品溶液分别转移入两支 10 ml 干燥的具塞比色管（5.2）中，用少量吸收液（4.10）洗涤吸收管，洗涤液并入比色管，稀释至 10 ml，摇匀。从各管吸取适量溶液于另两个比色管中，加吸收液（4.10）至 5.00 ml，以下步骤按（7.1.2）进行分光光度测定。

7.2.2 有组织排放样品的测定

将吸收后的样品溶液分别转移入两支 50 ml 容量瓶中，用少量吸收液（4.10）洗涤吸收瓶，洗涤液并入容量瓶，然后用吸收液（4.10）定容。摇匀后从各瓶吸取适量样品溶液，分别置于 10 ml 干燥的具塞比色管（5.2）中，加吸收液（4.10）至 5.00 ml。以下步骤按（7.1.2）进行分光光度测定。

8 计算和结果表示

8.1 样品中的氯化氢浓度计算

有组织排放和无组织排放样品中氯化氢浓度按下式计算：

$$\text{氯化氢（HCl，mg/m}^3\text{）}=\left(\frac{W_1}{V_1}+\frac{W_2}{V_2}\right)\times\frac{V_t}{V_{nd}}$$

式中：W_1、W_2——分别为从第一、第二吸收管所取样品溶液中氯化氢含量，μg；

V_1、V_2——分别为测定时从第一、第二吸收管中所取溶液的体积，ml；

V_t——定容体积，ml；

V_{nd}——标准状况下的干采气体积（0℃，101.325 kPa），L。

按 GB 16157—1996 中 10.1 或 10.2 计算 V_{nd}。

8.2 氯化氢有组织排放的“排放浓度”计算

按 GB 16157—1996 中 11.1.2 或 11.1.4 计算氯化氢的“排放浓度”。

8.3 氯化氢有组织排放的“排放速率（kg/h）”计算

按 GB 16157—1996 中 11.4 计算氯化氢的“排放速率”。

8.4 氯化氢的“无组织排放监控浓度值”计算

8.4.1 按下式计算一个无组织排放监控点的氯化氢平均浓度

$$c=\frac{\sum_{i=1}^{n}c_i}{n}$$

式中：c——一个无组织排放监控点的氯化氢平均浓度；

c_i——一个样品中的氯化氢浓度；

n——一个无组织排放监控点采集的样品数目。

8.4.2 “无组织排放监控浓度值”的计算

按 GB 16297—1996 附录 C 中 C 2.3 计算氯化氢的“无组织排放监控浓度值”。

9 精密度和准确度

9.1 方法的精密度

五个实验室分别测定浓度为 2.80 mg/m^3 的标准样品，得到方法的重复性标准偏差为 0.045 mg/m^3，重复性相对标准偏差为 1.6%，重复性为 0.13 mg/m^3；方法的再现性标准偏差为 0.060 mg/m^3，再现性相对标准偏差为 2.1%，再现性为 0.17 mg/m^3。

9.2 方法的准确度

五个实验室分别测定浓度为 2.80 mg/m^3 的标准样品，测定结果的总均值为 2.75 mg/m^3，总均值的相对误差及其置信区间范围为 1.3%±1.4%，加标回收率的总均值及其置信区间为 96.7%±5.4%。

10 说明

10.1 由于分析时所用的试剂及去离子水均含有微量 Cl^-，使试剂空白液吸光度较高。

10.2 在采集无组织排放样品时，滤膜夹与第一吸收管、第一吸收管与第二吸收管之间不可用乳胶管连接，应采用聚四氟乙烯或聚乙烯塑料管以内接外套法连接，即将塑料管插入滤膜夹出口及吸收管管口，用聚四氟乙烯胶带缠好，接口处再套一小段硅橡胶管。

10.3 在采集有组织排放样品时，采样管与第一吸收瓶、第一吸收瓶与第二吸收瓶之间不可用乳胶管连接，应用聚乙烯管或用聚四氟乙烯塑料管以内接外套法连接，即将塑料管插入吸收瓶管口，用聚四氟乙烯胶带缠好后，外面再用一段硅橡胶管接好管口。

10.4 废气中含有固体氯化物颗粒时，应在第一吸收瓶之前增加滤膜夹。

10.5 用过的吸收瓶、具塞比色管、连接管等，将溶液倒出后，直接用去离子水洗涤，不要用自来水洗涤；在操作过程中应注意防尘：手指不要触摸吸收瓶管口、比色管磨口处，以防氯化物沾污。

10.6 采样分析时，样品溶液、标准溶液和空白对照必须用同一批试剂同时操作，所加试剂量也要求准确。

10.7 试剂空白液吸光度较高而且不够稳定时，应多次测定其吸光度，在获得稳定数值后，再绘制校准曲线及测定样品。

附加说明：

本标准由国家环境保护总局科技标准司提出。
本标准由中国纺织大学负责起草。
本标准主要起草人：奚旦立、丁珊行、姜佩华。
本标准委托中国环境监测总站负责解释。

二、技术规范

中华人民共和国环境保护行业标准

固定污染源烟气排放连续监测技术规范（试行）

HJ/T 75—2007
代替 HJ/T 75—2001

Specifications for continuous emissions monitoring of flue gas emitted from stationary sources（on trial）

2007-07-12 发布　　2007-08-01 实施

1　适用范围

1.1　本标准规定了固定污染源烟气排放连续监测系统（Continuous Emissions Monitoring Systems，CEMS）中的颗粒物 CEMS、气态污染物（含 SO_2、NO_x 等）CEMS 和有关排气参数（含氧量等）连续监测系统（Continuous Monitoring Systems，CMS）的主要技术指标、检测项目、安装位置、调试检测方法、验收方法、日常运行管理、日常运行质量保证、数据审核和上报数据的格式。

1.2　本标准适用于以固体、液体为燃料或原料的火电厂锅炉、工业/民用锅炉以及工业炉窑等固定污染源的 CEMS。

1.3　生活垃圾焚烧炉、危险废物焚烧炉及以气体为燃料或原料的固定污染源 CEMS 可参照本标准执行。

2　规范性引用文件

本标准内容引用了下列文件中的条款。凡是不注日期的引用文件，其有效版本适用于本标准。

GB/T 16157　固定污染源排气中颗粒物测定与气态污染物采样方法

GB 3095　环境空气质量标准

HJ/T 193　环境空气质量自动监测技术规范

HJ/T 212　污染源在线自动监控（监测）系统数据传输标准

HJ/T 42　固定污染源排气中氮氧化物的测定　紫外分光光度法

HJ/T 43　固定污染源排气中氮氧化物的测定　盐酸萘乙二胺分光光度法

HJ/T 47　烟气采样器技术条件

HJ/T 48　烟尘采样器技术条件

HJ/T 56　固定污染源排气中二氧化硫的测定　碘量法

HJ/T 57　固定污染源排气中二氧化硫的测定　定电位电解法

3　术语和定义

3.1　烟气排放连续监测　Continuous Emission Monitoring

对固定污染源排放的污染物进行连续地、实时地跟踪测定；每个固定污染源的总测定小时数不得小于锅炉、炉窑总运行小时数的 75%；每小时的测定时间不得低于 45 min。

3.2　固定污染源 CEMS 的正常运行　Normal Operation of CEMS of Stationary Source

符合本标准的技术指标要求，在规定有效期内的运行，但不包括检测器污染、仪器故障、系统校准、校验或系统未经定期校准、未经定期校验等期间的运行。

3.3 有效数据 Valid Data

符合本标准的技术指标要求，经验收合格的 CEMS，在固定污染源排放烟气条件下，CEMS 正常运行所测得的数据。

3.4 有效小时均值 Valid Hourly Average

整点 1 h 内不少于 45 min 的有效数据的算术平均值。

3.5 有效日均值 Valid Daily Average

1 d 内不少于锅炉、炉窑运行时间（按小时计）的 75%的有效小时均值的算术平均值。

3.6 有效月均值 Valid Monthly Average

1 个月内不少于锅炉、炉窑运行时间（按小时计）的 75%的有效小时均值的算术平均值。

3.7 参比方法 Reference Method

发布的国家或行业标准方法。

3.8 校准 Calibration

用标准装置或标准物质对 CEMS 进行校零/跨、线性误差和响应时间等的检测。

3.9 校验 Checkout/Verification

用参比方法在烟道内对 CEMS（含取样系统、分析系统）检测结果进行相对准确度、相关系数、置信区间、允许区间、相对误差、绝对误差等的比对检测。

3.10 调试检测 Testing

CEMS 安装、初调和至少正常连续运行 168 h 后，于技术验收前对 CEMS 进行的校准和校验。

3.11 技术验收 Technical Check and Acceptance

由有资质的第三方用参比方法对 CEMS 检测结果进行相对准确度、相对误差、绝对误差的比对检测和联网验收。

3.12 比对监测 Comparision Testing

用参比方法对日常运行的 CEMS 技术性能指标进行不定期的抽检。

3.13 固定污染源 CEMS 数据审核和处理

固定污染源CEMS数据审核和处理是指经验收合格后的CEMS数据传输到固定污染源监控系统后，对数据的有效性进行判断并对缺失数据进行处理、对失控数据进行修约的规定。

4 固定污染源 CEMS 的组成

固定污染源 CEMS 由颗粒物监测子系统、气态污染物监测子系统、烟气排放参数测量子系统、数据采集、传输与处理子系统等组成。通过采样和非采样方式，测定烟气中颗粒物浓度、气态污染物浓度，同时测量烟气温度、烟气压力、烟气流速或流量、烟气含湿量（或输入烟气含湿量）、烟气氧量（或二氧化碳含量）等参数；计算烟气中污染物浓度和排放量；显示和打印各种参数、图表并通过数据、图文传输系统传输至固定污染源监控系统。

5 固定污染源 CEMS 技术性能要求

固定污染源 CEMS 技术性能参照 HJ/T 76—2007 中第 5 章的技术要求规定，当本标准下文中的部分技术指标与 HJ/T 76—2007 所规定的技术指标不同时，以本标准的规定为准。

6 固定污染源 CEMS 安装位置要求

固定污染源CEMS应安装在能准确可靠地连续监测固定污染源烟气排放状况的有代表性的位置上。

6.1 一般要求

6.1.1 位于固定污染源排放控制设备的下游。
6.1.2 不受环境光线和电磁辐射的影响。
6.1.3 烟道振动幅度尽可能小。
6.1.4 安装位置应避免烟气中水滴和水雾的干扰。
6.1.5 安装位置不漏风。
6.1.6 安装 CEMS 的工作区域必须提供永久性的电源，以保障 CEMS 的正常运行。

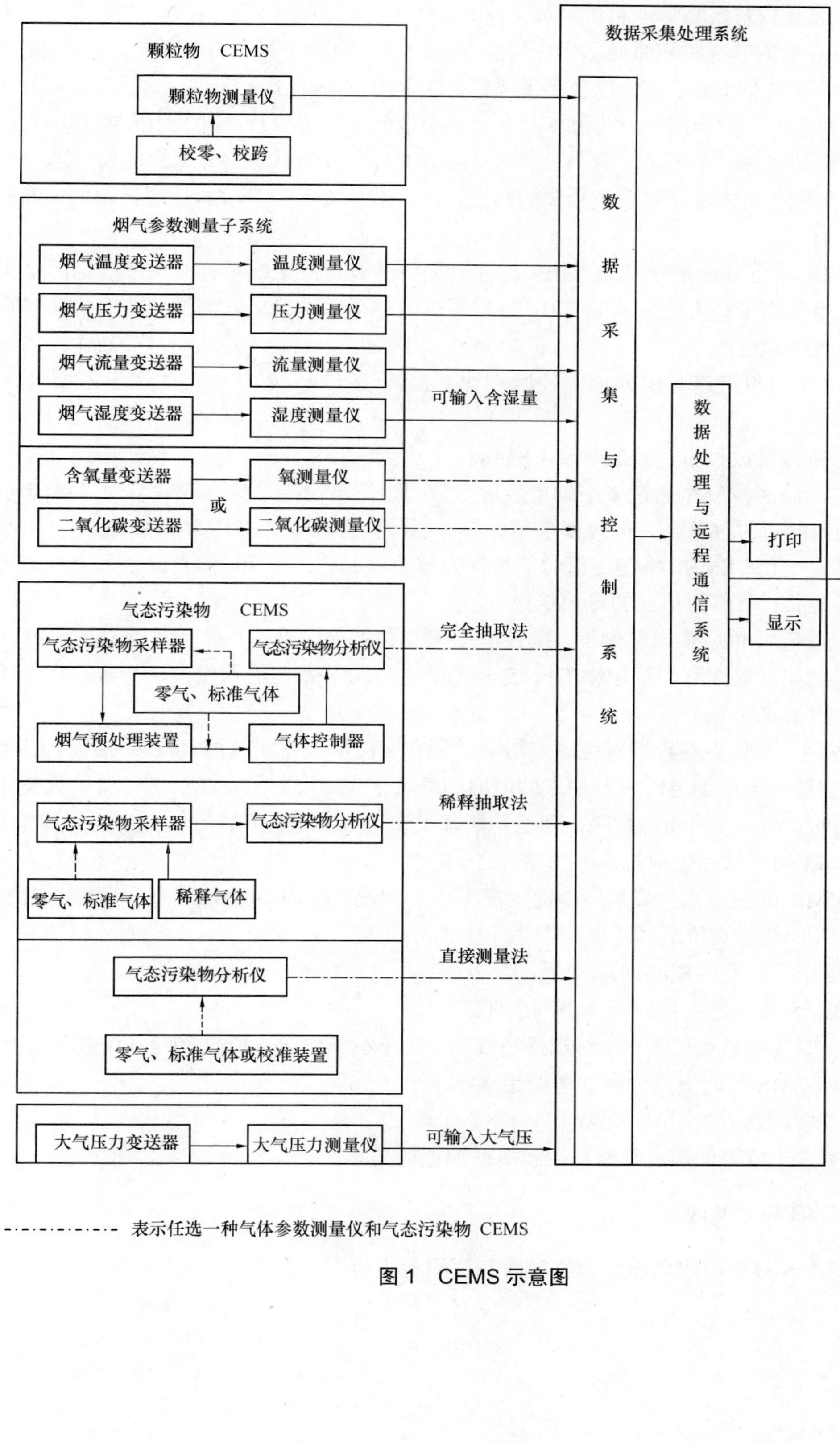

图 1 CEMS 示意图

6.1.7 采样或监测平台易于人员到达，有足够的空间，便于日常维护和比对监测。当采样平台设置在离地面高度≥5 m 的位置时，应有通往平台的 Z 字梯/旋梯/升降梯。

6.1.8 为室外的 CEMS 装置提供掩蔽所，以便在任何天气条件下不影响 CEMS 的运行和不损害维修人员的健康，能够安全地进行维护。安装在高空位置的 CEMS 要采取措施防止发生雷击事故，做好接地，以保证人身安全和仪器的运行安全。

6.2 具体要求

6.2.1 应优先选择在垂直管段和烟道负压区域。

6.2.2 测定位置应避开烟道弯头和断面急剧变化的部位。对于颗粒物 CEMS，应设置在距弯头、阀门、变径管下游方向不小于 4 倍烟道直径，以及距上述部件上游方向不小于 2 倍烟道直径处；对于气态污染物 CEMS，应设置在距弯头、阀门、变径管下游方向不小于 2 倍烟道直径，以及距上述部件上游方向不小于 0.5 倍烟道直径处。对矩形烟道，其当量直径 $D=2AB/(A+B)$，式中 A、B 为边长。当安装位置不能满足上述要求时，应尽可能选择在气流稳定的断面，但安装位置前直管段的长度必须大于安装位置后直管段的长度。

在 CEMS 监测断面下游应预留参比方法采样孔，采样孔数目及采样平台等按《固定污染源排气中颗粒物测定与气态污染物采样方法》（GB/T 16157）要求确定，以供参比方法测试使用。在互不影响测量的前提下，应尽可能靠近。

6.2.3 为了便于颗粒物和流速参比方法的校验和比对监测，CEMS 不宜安装在烟道内烟气流速小于 5 m/s 的位置。

6.2.4 每台固定污染源排放设备应安装一套 CEMS。

6.2.5 若一个固定污染源排气先通过多个烟道后进入该固定污染源的总排气管时，应尽可能将 CEMS 安装在该固定污染源的总排气管上，但要便于用参比方法校验颗粒物 CEMS 和流速 CMS。不得只在其中的一个烟道上安装一套 CEMS，将测定值的倍数作为整个源的排放结果，但允许在每个烟道上安装相同的 CEMS，测定值汇总后作为该源的排放结果。

6.2.6 火电厂湿法脱硫装置后未安装烟气 GGH（气-气换热器）的烟道内，由于水分的干扰，颗粒物 CEMS 无法准确测定其质量浓度，颗粒物 CEMS 可安装在脱硫装置前的管段中，其实际排放质量浓度值的计算见本标准附录 C.5。

6.2.7 固定污染源烟气净化设备设置有旁路烟道时，应在旁路烟道内安装烟气流量连续计量装置。

6.2.8 当 CEMS 安装在矩形烟道时，若烟道截面的高度大于 4 m，则不宜在烟道顶层开设参比方法采样孔；若烟道截面的宽度大于 4 m，则应在烟道两侧开设参比方法采样孔，并设置多层采样平台。

6.2.9 点测量 CEMS 的测量点位应符合下列条件之一：

a．颗粒物 CEMS 的测量点位离烟道壁的距离不小于烟道直径的 30%，气态污染物 CEMS、氧气 CMS 以及流速 CMS 的测量点位离烟道壁距离不小于 1 m；

b．位于或接近烟道断面的矩心区。

6.2.10 线测量 CEMS 的测量点位应符合下列条件之一：

a．颗粒物 CEMS 的测量点位所在区域离烟道壁的距离不小于烟道直径的 30%，气态污染物 CEMS、氧气 CMS 以及流速 CMS 的测量点位离烟道壁距离不小于 1 m；

b．中心位于或接近烟道断面的矩心区；

c．测量线长度大于或等于烟道断面直径或矩形烟道的边长。

7 固定污染源 CEMS 技术验收

固定污染源 CEMS 技术验收由参比方法验收和联网验收两部分组成。

7.1 技术验收条件

固定污染源 CEMS 在完成安装、调试检测（见本标准附录 A）并符合下列要求后，可组织实施技术验收工作。

a．排污口安装的固定污染源 CEMS 相关仪器（颗粒物、SO_2、NO_x、流速等）应具有国家环境保护总局环境监测仪器质量监督检验中心出具的适用性检测合格报告，型号与报告内容相符合。

b．排污口安装的固定污染源 CEMS 的安装位置及手工采样位置应符合本标准第 6 章的要求。

c．数据采集和传输以及通信协议均应符合 HJ/T 212 的要求，并提供一个月内数据采集和传输自检报告，报告应对数据传输标准的各项内容作出响应。

d．根据本标准附录 A 的要求进行了 72 h 的调试检测，并提供调试检测合格报告。

7.2 参比方法验收内容

7.2.1 验收时间可采用事先通知的形式或不通知的抽检形式进行，现场验收应尽可能控制在 1 d 内完成。

7.2.2 现场验收期间，生产设备应正常且稳定运行，可通过调节固定污染源烟气净化设备从而达到某一排放状况，该状况在测试期间应保持稳定。用参比方法进行验收时，颗粒物、流速、烟温至少获取 5 个该测试断面的平均值，气态污染物和氧量至少获取 9 个数据，并取测试平均值与同时段 CEMS 的分钟平均值进行准确度计算。

a．颗粒物相对误差计算：

$$R_{ep}=(\rho_{CEMS}-\rho_i)/\rho_i\times100\% \quad (1)$$

式中：R_{ep}——颗粒物相对误差，%；

ρ_i——参比方法测定的颗粒物平均质量浓度，mg/m^3；

ρ_{CEMS}——颗粒物 CEMS 与参比方法同时段测定的颗粒物平均质量浓度，mg/m^3。

b．流速相对误差计算：

$$R_{ev}=(V_{CMS}-V_i)/V_i\times100\% \quad (2)$$

式中：R_{ev}——流速相对误差，%；

V_i——参比方法测定的测试断面的烟气平均流速，m/s（可与颗粒物测定同时进行）；

V_{CMS}——流速 CMS 与参比方法同时段测定的烟气平均流速，m/s。

c．烟温绝对误差计算：

$$\Delta T=t_2-t_1 \quad (3)$$

式中：ΔT——烟温绝对误差，℃；

t_1——参比方法测定的平均烟温，℃（可与颗粒物测定同时进行）；

t_2——烟温 CMS 与参比方法同时段测定的平均烟温，℃。

d．气态污染物（含氧量）准确度计算：

同本标准附录 A 公式（21）～公式（26）。

7.2.3 验收测试结果按附录 D 中的表 D.5 和表 D.8 表格形式记录。

7.3 参比方法验收测试报告格式

报告应包括以下信息（可参照附录 D 中的表 D.9）：

a．报告的标识-编号；

b．检测日期和编制报告的日期；

c．CEMS 标识-制造单位、型号和系列编号；

d．安装 CEMS 的企业名称和安装位置所在的相关污染源名称；

e．参比方法引用的标准；

f．所用可溯源到国家标准的标准气体；

g．参比方法所用的主要设备、仪器等；

h．检测结果和结论；

i．测试单位；

j．备注（技术验收单位认为与评估 CEMS 的性能相关的其他信息）。

7.4 参比方法验收技术指标要求

验收检测项目		考核指标
颗粒物	准确度	当参比方法测定烟气中颗粒物排放质量浓度： ≤50 mg/m^3 时，绝对误差不超过±15 mg/m^3； ＞50 mg/m^3～≤100 mg/m^3 时，相对误差不超过±25%； ＞100 mg/m^3～≤200 mg/m^3 时，相对误差不超过±20%； ＞200 mg/m^3 时，相对误差不超过±15%
气态污染物	准确度	当参比方法测定烟气中二氧化硫、氮氧化物排放浓度： ≤20 μmol/mol 时，绝对误差不超过±6 μmol/mol； ＞20 μmol/mol～≤250 μmol/mol 时，相对误差不超过±20%； ＞250 μmol/mol 时，相对准确度≤15%
		当参比方法测定烟气中其他气态污染物排放浓度：相对准确度≤15%
流速	相对误差	流速＞10 m/s 时，不超过±10%； 流速≤10 m/s 时，不超过±12%
烟温	绝对误差	不超过±3℃
氧量	相对准确度	≤15%

7.5 联网验收内容

联网验收由通信及数据传输验收、现场数据比对验收和联网稳定性验收三部分组成。

7.5.1 通信及数据传输验收

按照 HJ/T 212 的规定检查通信协议的正确性。数据采集和处理子系统与固定污染源监控系统之间的通信应稳定，不出现经常性的通信连接中断、报文丢失、报文不完整等通信问题。为保证监测数据在公共数据网上传输的安全性，所采用的数据采集和处理子系统应进行加密传输。

7.5.2 现场数据比对验收

数据采集和处理子系统稳定运行一个星期后，对数据进行抽样检查，并对比上位机接收到的数据和现场机存储的数据是否一致，检验数据传输的正确性。

7.5.3 联网稳定性验收

在连续一个月内，子系统能稳定运行，不出现除通信稳定性、通信协议正确性、数据传输正确性以外的其他联网问题。

7.6 联网验收技术指标要求

验收检测项目	考核指标
通信稳定性	1．现场机在线率为 90%以上； 2．正常情况下，掉线后，应在 5 min 之内重新上线； 3．单台数据采集传输仪每日掉线次数在 5 次以内； 4．报文传输稳定性在 99%以上，当出现报文错误或丢失时，启动纠错逻辑，要求数据采集传输仪重新发送报文
数据传输安全性	1．对所传输的数据应按照 HJ/T 212 中规定的加密方法进行加密处理传输，保证数据传输的安全性； 2．服务器端对请求连接的客户端进行身份验证
通信协议正确性	现场机和上位机的通信协议应符合 HJ/T 212 中的规定，正确率 100%
数据传输正确性	系统稳定运行一星期后，对一星期的数据进行检查，对比接收的数据和现场的数据完全一致，抽查数据正确率 100%
联网稳定性	系统稳定运行一个月，不出现除通信稳定性、通信协议正确性、数据传输正确性以外的其他联网问题

7.7 验收结果

符合本标准 7.4 和 7.6 验收技术指标要求的固定污染源 CEMS，可纳入固定污染源监控系统。

8 固定污染源 CEMS 日常运行管理要求

从事固定污染源 CEMS 日常运行管理的单位和部门应根据 CEMS 使用说明书和本标准的要求编制仪器运行管理规程，以此确定系统运行操作人员和管理维护人员的工作职责，人员经培训合格后持证上岗。

仪器运行管理规程应包括以下方面：

8.1 日常巡检

日常巡检间隔不超过 7 d，巡检记录应包括检查项目、检查日期、被检项目的运行状态等内容，每次巡检应记录并归档。日常巡检规程应包括该系统的运行状况、CEMS 工作状况、系统辅助设备的运行状况、系统校准工作等必检项目和记录，以及仪器使用说明书中规定的其他检查项目和记录。

8.2 日常维护保养

日常维护保养应根据 CEMS 说明书的要求对保养内容、保养周期或耗材更换周期等作出明确规定，每次保养情况应记录并归档。每次进行备件或材料更换时，更换的备件或材料的品名、规格、数量等应记录并归档。如更换标准物质还需记录新标准物质的来源、有效期和浓度等信息。

对日常巡检或维护保养中发现的故障或问题，系统管理维护人员应及时处理并记录。对于一些容易诊断的故障，如电磁阀控制失灵、泵膜裂损、气路堵塞、数据采集器死机、通信和电源故障等，应在 24 h 内及时解决；对不易维修的仪器故障，若 72 h 内无法排除，应安装相应的备用仪器。备用仪器或主要关键部件（如光源、分析单元）经调换后应根据本标准中规定的方法对系统重新调试经检测合格后方可投入运行。

8.3 CEMS 的校准和校验

CEMS 的校准和校验应根据本标准中规定的方法和第 9 章质量保证规定的周期制订系统的日常校准和校验操作规程，并对校准和校验应记录的内容作出明确的规定，校准和校验记录应及时归档。

9 固定污染源 CEMS 日常运行质量保证

固定污染源 CEMS 日常运行质量保证是保障 CEMS 正常稳定运行、持续提供有质量保证监测数据的必要手段。当 CEMS 不能满足技术指标而失控时，应及时采取纠正措施，并应缩短下一次校准、维护和校验的间隔时间。

不应采用与 CEMS 测试原理相同的参比方法校验 CEMS。

9.1 定期校准

固定污染源 CEMS 运行过程中的定期校准应做到：

a．具有自动校准功能的颗粒物 CEMS 和气态污染物 CEMS 每 24 h 至少自动校准一次仪器零点和跨度；具有自动校准功能的流速 CMS 每 24 h 至少自动校准一次仪器的零点或/和跨度；

b．无自动校准功能的颗粒物 CEMS 每 3 个月至少用校准装置校准一次仪器的零点和跨度；

c．直接测量法气态污染物 CEMS 每 30 d 至少用校准装置通入零气和接近烟气中污染物浓度的标准气体校准一次仪器的零点和工作点；

d. 无自动校准功能的气态污染物 CEMS 每 15 d 至少用零气和接近烟气中污染物浓度的标准气体或校准装置校准一次仪器零点和工作点；

e．无自动校准功能的流速 CMS 每 3 个月至少校准一次仪器的零点或/和跨度；

f. 抽取式气态污染物 CEMS 每 3 个月至少进行一次全系统的校准，要求零气和标准气体与样品气体通过的路径（如采样探头、过滤器、洗涤器、调节器）一致，进行零点和跨度、线性误差和响应时间的检测。对直接测量法气态污染物 CEMS 用参比方法检测准确度是否符合本标准 7.4 的要求。

9.2 定期维护

固定污染源 CEMS 运行过程中的定期维护是日常巡检的一项重要工作，定期维护应做到：

a．污染源停炉到开炉前应及时到现场清洁光学镜面；

b．每 30 天至少清洗一次隔离烟气与光学探头的玻璃视窗，检查一次仪器光路的准直情况；对清吹空气保护装置进行一次维护，检查空气压缩机或鼓风机、软管、过滤器等部件；

c．每 3 个月至少检查一次气态污染物 CEMS 的过滤器、采样探头和管路的结灰和冷凝水情况，气体冷却部件、转换器、泵膜老化状态；

d．每 3 个月至少检查一次流速探头的积灰和腐蚀情况、反吹泵和管路的工作状态。

9.3 定期校验

固定污染源 CEMS 投入使用后，燃料、除尘效率的变化，水分的影响，安装点的振动等都会造成光路的偏移和干扰。定期校验应做到：

a．每 6 个月至少做一次校验；校验用参比方法和 CEMS 同时段数据进行比对，按本标准 7.2.2 进行；

b．当校验结果不符合本标准 7.4 的规定时，则应扩展为对颗粒物 CEMS 方法的相关系数的校正或/和评估气态污染物 CEMS 的相对准确度或/和流速 CMS 的速度场系数（或相关性）的校正，直至 CEMS 达到本标准 7.4 要求，所取样品数不少于 9 对，方法见本标准附录 A。

9.4 CEMS 失控数据的判别

CEMS 在定期校准、校验期间数据失控的判别标准见表 9-1。

表 9-1 CEMS 失控数据的判别

项目	CEMS 类型		校准功能	校准周期	水平	技术指标要求	失控指标	样品数/对	执行者
定期校准	颗粒物 CEMS		自动	24 h	零点漂移	不超过±2.0%F.S.	超过±8.0%F.S.	—	用户或/和运营者
					跨度漂移	不超过±2.0%F.S.	超过±8.0%F.S.		
			手动	90 d	零点漂移	不超过±2.0%F.S.	超过±8.0%F.S.		
					跨度漂移	不超过±2.0%F.S.	超过±8.0%F.S.		
	气态污染物 CEMS	抽取测量/直接测量	自动	24 h	零点漂移	不超过±2.5%F.S.	超过±5.0%F.S.		
					跨度漂移	不超过±2.5%F.S.	超过±10.0%F.S.		
		抽取测量	手动	15 d	零点漂移	不超过±2.5%F.S.	超过±5.0%F.S.		
					跨度漂移	不超过±2.5%F.S.	超过±10.0%F.S.		
		直接测量	手动	30 d	零点漂移	不超过±2.5%F.S.	超过±5.0%F.S.		
					跨度漂移	不超过±2.5%F.S.	超过±10.0%F.S.		
	流速 CMS		自动	24 h	零点漂移	不超过±3.0%F.S. 或绝对误差不超过±0.9 m/s	超过±8.0%F.S. 或绝对误差超过±1.8 m/s	—	
			手动	90 d	零点漂移	不超过±3.0%F.S. 或绝对误差不超过±0.9 m/s	超过±8.0%F.S.或绝对误差超过±1.8 m/s	—	
定期检验	颗粒物 CEMS			至少 180 d	准确度	满足本标准 7.4	不满足前列技术指标要求	至少 3	
	气态污染物 CEMS					满足本标准 7.4		至少 9	
	流速 CMS					满足本标准 7.4		至少 3	
注：F.S. 为仪器的满量程值。									

当发现任一参数数据失控时，应及时采取纠正措施直至满足技术指标要求为止，记录失控时段（即从发现失控数据起到满足技术指标要求后止的时间段）及失控参数，并按本标准表 10-2 进行数据修约。

9.5 比对监测

当地环境保护技术主管部门按本标准7.2每年不定期地对CEMS技术性能指标至少进行一次比对监测，但监测样品数量可相应减少，监测颗粒物、流速、烟温等样品数量至少3对（指代表整个烟道断面的平均值），抽检气态污染物样品数量至少6对，抽检结果应符合本标准7.4。

10 固定污染源CEMS数据审核和处理

10.1 数据审核

10.1.1 CEMS故障期间、维修期间、失控时段、参比方法替代时段，以及有计划（质量保证/质量控制）的维护保养、校准、校验等时间段均为CEMS缺失数据时间段。其中失控时段的数据处理应按本标准表10-2进行数据修约。

10.1.2 固定污染源启、停运（大修、中修、小修等）以及闷炉等时间段均为CEMS无效数据时间段。

10.1.3 CEMS有效数据捕集率每季度应达到75%。

每季度有效数据捕集率%=（该季度小时数 – 缺失数据小时数 – 无效数据小时数）/（该季度小时数 – 无效数据小时数）

10.2 缺失数据的处理

10.2.1 任一参数的CEMS数据缺失在24 h以内（含24 h），缺失数据按该参数缺失前1 h的有效小时均值和恢复后1 h的有效小时均值的算术平均值进行补遗，见表10-1。

表10-1 缺失数据的处理方法

中断时间 *N*/h	缺失参数	处理方法	
		方法	选取值
N≤24	所有参数	算术平均值	中断前1 h和中断后1 h的有效小时均值
N>24	颗粒物、气态污染物	排放量最大值	中断前720 h的有效小时均值
	氧量和其他参数	算术平均值	

10.2.2 颗粒物CEMS、气态污染物CEMS数据缺失超过24 h时，缺失的小时排放量按该参数缺失前720 h的有效小时均值中最大小时排放量进行补遗，其浓度值不需补遗。

10.2.3 除颗粒物、气态污染物以外的其他参数的CEMS数据缺失超过24 h时，缺失数据按该参数缺失前720 h的有效小时均值的算术平均值进行补遗。

10.3 比对监测时数据的处理

当地环境保护技术主管部门用参比方法进行比对监测时，当CEMS数据与参比方法监测数据不符合本标准7.4时，以参比方法监测数据为准进行替代，直至CEMS数据调试到符合本标准7.4时为止。

10.4 CEMS维修时数据的处理

CEMS因发生故障需停机进行维修时，其维修期间的数据替代按本标准10.2处理；亦可以用符合本标准7.4的备用CEMS所测得的数据替代或用参比方法监测的数据替代。

10.5 失控数据的修约

表10-2 失控数据的修约方法

失控时间段 *N*/h	失控参数	修约方法	
		方法	选取值
N≤24	所有参数	算术平均值	前一次校准/校验后第一个小时和本次校准/校验后第一个小时的有效小时均值
N>24	颗粒物、气态污染物	排放量最大值	前一次校准/校验前720 h的有效小时均值
	氧量和其他参数	算术平均值	

11 数据记录与报表

11.1 记录

按本标准附录 D 的表格形式记录监测结果。

11.2 报表

按本标准附录 D（表 D.10、表 D.11、表 D.12、表 D.13）的表格形式定期将 CEMS 监测数据上报，报表中应给出最大值、最小值、平均值、排放累计量以及参与统计的样本数。

附　录　A
（规范性附录）
固定污染源 CEMS 主要技术指标调试检测方法

固定污染源 CEMS 在现场安装运行以后，在接受验收前，应进行技术性能指标的调试，该调试可由①CEMS 的制造者、供应者；②用户；③受委托的有检测能力的部门承担。调试检测方法按下面要求进行：

A.1　一般要求

A.1.1　现场完成 CEMS 安装、初调后，CEMS 连续运行时间应不少于 168 h。
A.1.2　CEMS 连续运行 168 h 后，可进入调试检测阶段，调试检测周期为 72 h，在调试检测期间，不允许计划外的检修和调节仪器。
A.1.3　如果因 CEMS 故障、固定污染源故障、断电等原因造成调试检测中断，在上述因素恢复正常后，应重新开始进行为期 72 h 的调试检测。
A.1.4　对于完全抽取式和稀释抽取式气态污染物 CEMS，当进行零点和跨度校准、线性误差和响应时间的检测时，要求零气和标准气体与样品气体通过的路径（如采样探头、过滤器、洗涤器、调节器）一致。
A.1.5　调试检测后应编制调试检测报告。

A.2　零点漂移、跨度漂移技术指标的调试检测

A.2.1　颗粒物 CEMS 零点漂移、跨度漂移技术指标的调试检测

在检测期间开始时，人工或自动校准仪器零点和跨度，记录最初的模拟零点和跨度读数。每隔 24 h 测定（人工或自动）和记录一次零点、跨度读数，随后校准仪器零点和跨度。连续操作 3 d，按式（1）～式（4）计算零点漂移、跨度漂移。

a．零点漂移：

$$\Delta Z = Z_i - Z_0 \tag{1}$$

$$Z_d = \Delta Z_{max} / R \times 100\% \tag{2}$$

式中：Z_0——零点读数初始值；
Z_i——第 i 次零点读数值；
Z_d——零点漂移；
ΔZ——零点漂移绝对误差；
ΔZ_{max}——零点漂移绝对误差最大值；
R——仪器满量程值。

b．跨度漂移：

$$\Delta S = S_i - S_0 \tag{3}$$

$$S_d = \Delta S_{max} / R \times 100\% \tag{4}$$

式中：S_0——跨度读数初始值；

S_i——第 i 次跨度读数；

S_d——跨度漂移；

ΔS——跨度漂移绝对误差；

ΔS_{max}——跨度漂移绝对误差最大值。

颗粒物 CEMS 零点和跨度漂移检测结果按本标准附录 D 表 D.1 的表格形式记录。

A.2.2　气态污染物 CEMS 零点漂移、跨度漂移技术指标的调试检测

a．零点漂移：

仪器通入零气（经过滤的不含颗粒物、待测气体的清洁干空气或高纯氮气），校准仪器至零点，记录 Z_0。24 h 后，再通入零气，待读数稳定后记录零点读数 Z_i，按调零键，仪器调零。连续操作 3 d，按式（1）和式（2）计算零点漂移 Z_d。

b．跨度漂移：

仪器通入 50%～100%满量程标准气体，校准仪器至该标准气体的浓度值 S_0。24 h 后，再通入同一标准气体，待读数稳定后记录标准气体读数 S_i，按校准键，校准仪器。连续操作 3 d，按式（3）和式（4）计算跨度漂移 S_d。

气态污染物 CEMS 零点和跨度漂移检测结果按本标准附录 D 表 D.3 的表格形式记录。

A.3　颗粒物 CEMS 相关校准技术指标的调试检测

A.3.1　检测期间，通过调节颗粒物控制装置，使颗粒物 CEMS 在高、中、低不同排放浓度条件下进行测试。每个排放浓度至少有 5 个参比数据。

A.3.2　参比方法与颗粒物 CEMS 监测同时段进行，颗粒物 CEMS 每分钟记录一次仪表显示值，取与参比方法同时段显示值的平均值与参比方法测定的断面浓度平均值组成一个数据对，至少获得 15 个有效数据对。但应报告所有的数据，包括舍去的数据对。

A.3.3　将由参比方法测定的标准状态下颗粒物断面浓度平均值转换为实际烟气状况下颗粒物断面浓度平均值。

$$Y = Y_s \times \frac{273}{273+t} \times \frac{p_a + p_s}{101\ 325} \times (1 - X_{sw}) \tag{5}$$

式中：Y——实际烟气状况下颗粒物断面质量浓度平均值，mg/m^3；

Y_s——标准状态下颗粒物断面质量浓度平均值，mg/m^3；

t——测定断面平均烟温，℃；

p_a——测定期间的大气压，Pa；

p_s——测定断面烟气静压，Pa；

X_{sw}——测定断面烟气平均含湿量，%。

A.3.4　以颗粒物 CEMS 显示值为横坐标（X），参比方法测定的已转换为实际烟气状况下的颗粒物断面浓度为纵坐标（Y），由最小二乘法建立两变量之间的关系。

一元线性回归方程：

$$\hat{Y} = b_0 + b_1 X \tag{6}$$

式中：$\hat{Y}$——预测颗粒物质量浓度，mg/m^3；

b_0——线性相关校准曲线截距，计算见式（7）；

b_1——线性相关校准曲线斜率，计算见式（9）；

X——颗粒物 CEMS 显示值，量纲为 1。

截距计算公式：

$$b_0 = \overline{Y} - b_1\overline{X} \tag{7}$$

式中：$\overline{X}$——颗粒物 CEMS 显示值的平均值，计算见式（8）；

$\overline{Y}$——实际烟气状况下参比方法颗粒物断面质量浓度平均值，mg/m^3，计算见式（8）。

$$\overline{X} = \frac{1}{n}\sum_{i=1}^{n} X_i \qquad \overline{Y} = \frac{1}{n}\sum_{i=1}^{n} Y_i \tag{8}$$

式中：X_i——第 i 个数据，颗粒物 CEMS 的显示值，量纲为 1；

Y_i——第 i 个数据，实际烟气状况下参比方法颗粒物断面质量浓度平均值，mg/m^3；

n——数据对数目。

斜率计算公式：

$$b_1 = \frac{S_{xy}}{S_{xx}} \tag{9}$$

式中：

$$S_{xx} = \sum_{i=1}^{n}(X_i - \overline{X})^2 \quad S_{xy} = \sum_{i=1}^{n}(X_i - \overline{X})(Y_i - \overline{Y}) \tag{10}$$

A.3.5 置信区间的计算，见式（11），颗粒物 CEMS 测定的一批显示值，要求有 95%的把握认为此批显示值的每一个值均应落在由距上述校准曲线为该排放源排放限值的±15%的两条直线组成的区间内。

$$CI = t_{df,1-a/2} S_E \sqrt{\frac{1}{n}} \tag{11}$$

式中：CI——在平均值 X 处的 95%置信区间半宽；

$t_{df,\ 1-a/2}$——对于 $df=n-2$ 见表 A.1 中提供的 student 统计 t 值；

S_E——相关校准曲线的分散性或偏差性（回归线精密度），计算见式（12）：

$$S_E = \sqrt{\frac{1}{n-2}\sum_{i=1}^{n}(\hat{Y}_i - Y_i)^2} \tag{12}$$

在平均值 X 处，作为排放限值百分比的置信区间半宽计算见式（13）：

$$CI（\%） = \frac{CI}{EL} \times 100\% \tag{13}$$

式中：EL——转换为实际烟气状况下的颗粒物排放限值，计算见式（14）。

$$EL = EL_s \times \frac{273}{273+t} \times \frac{p_a + p_s}{101\,325} \times (1 - X_{sw}) \times \frac{21\% - \varphi(O_2)}{21\% - \varphi(O_2)_s} \tag{14}$$

式中：EL_s——该污染源的排放标准（国标或地标），mg/m^3；

$\varphi(O_2)_s$——排放标准中所确定的氧量，%；

$\varphi(O_2)$——测定烟道中的实际平均氧量，%。

A.3.6 允许区间的计算，见式（15），颗粒物 CEMS 测定的一批显示值，要求有 95%的把握认为该批数据中有 75%的数据应落在由距上述校准曲线为该排放源限值的±30%的两条直线组成的区间内。

$$TI = k_t S_E \tag{15}$$

式中：TI——在平均值 X 处允许区间半宽；

k_t——计算见式（16）；

S_E——计算见式（12）。

$$k_t = u_{n'} V_{df} \tag{16}$$

式中：$u_{n'}$——由表 A.1 提供，75%允许因子（在平均值 X 处，$n'=n$）；

V_{df}——对于 $df=n-2$ 见表 A.1。

在平均值 X 处，作为排放限值百分比的允许区间半宽计算见式（17）：

$$TI\ (\%) = \frac{TI}{EL} \times 100\% \tag{17}$$

A.3.7　线性相关系数计算见式（18）：

$$r = \frac{S_{xy}}{\sqrt{S_{xx} S_{yy}}} \tag{18}$$

式中：r——线性相关系数；

S_{yy}——计算见式（19）：

$$S_{yy} = \sum_{i=1}^{n} (Y_i - \overline{Y})^2 \tag{19}$$

当一元线性回归方程无法满足相关系数的指标要求时，可选用其他校验方法（如多元线性方程式、对数指数方程式、幂指数方程式、K 系数等）进行调试。参比方法校准颗粒物 CEMS 的一元线性回归方程原始记录表见本标准附录 D 表 D.2。

表 A.1　计算置信区间和允许区间参数表

f	t_f	V_f	n'	$u_{n'}$（75）
7	2.356	1.797 2	7	1.233
8	2.306	1.711 0	8	1.233
9	2.262	1.645 2	9	1.214
10	2.228	1.593 1	10	1.208
11	2.201	1.550 6	11	1.203
12	2.179	1.515 3	12	1.199
13	2.160	1.485 4	13	1.195
14	2.145	1.459 7	14	1.192
15	2.131	1.437 3	15	1.189
16	2.120	1.417 6	16	1.187
17	2.110	1.400 1	17	1.185
18	2.101	1.384 5	18	1.183
19	2.093	1.370 4	19	1.181
20	2.086	1.357 6	20	1.179
21	2.080	1.346 0	21	1.178
22	2.074	1.335 3	22	1.177
23	2.069	1.325 5	23	1.175
24	2.064	1.316 5	24	1.174
25	2.060	1.308 1	25	1.173
30	2.042	1.273 7	30	1.170
35	2.030	1.248 2	35	1.167
40	2.021	1.228 4	40	1.165
45	2.014	1.212 5	45	1.163
50	2.009	1.199 3	50	1.162

注：$f=n-1$。

A.3.8　校验颗粒物 CEMS

将建立的手工采样参比方法测定结果与颗粒物 CEMS 测定的专一经验式的斜率和截距输入到烟气 CEMS 的数据采集处理系统，将颗粒物 CEMS 的测定显示值校验到与手工采样参比方法一致的颗粒物质量浓度（mg/m^3）。

手工采样断面排气流速应大于等于 5 m/s，当不能满足要求时：

a．在 2.5～5 m/s 时，取实测平均流速计算采样流量进行恒流采样，校验方法仍采用一元线性回归方程。

b．低于 2.5 m/s 时，取 2.5 m/s 流速计算采样流量进行恒流采样。至少取 9 个有效数据对计算 *K* 系数，即手工方法平均值/CEMS 显示值平均值，然后将 *K* 系数输入到 CEMS 的数据采集处理系统，校验后的颗粒物质量浓度= $K \cdot \text{CEMS}_{\text{颗粒物显示值}}$。

c．当无法调节颗粒物控制装置或燃烧清洁能源时，亦可采用 *K* 系数的方法。

A.4　气态污染物（含氧量）CEMS 线性误差、响应时间技术指标的调试检测

A.4.1　气态污染物 CEMS 线性误差技术指标的调试检测

a．仪器通入零气，调节仪器零点。

b．通入高浓度标准气体（80%～100%的满量程值），调整仪器显示质量浓度值与标准气体浓度值一致。

c．仪器经上述校准后，交替通入零气和高、中（50%～60%的满量程值）、低（20%～30%的满量程值）质量浓度标准气体，待显示质量浓度值稳定后读取测定结果。重复测定 3 次，取平均值。按式（20）计算线性误差：

$$L_{ei} = \frac{\overline{\rho}_{di} - \rho_{si}}{\rho_{si}} \times 100\% \tag{20}$$

式中：L_{ei}——标准气体的线性误差；

$\overline{\rho}_{di}$——测定第 *i* 种标准气体质量浓度平均值；

ρ_{si}——第 *i* 种标准气体质量浓度值。

线性误差检测结果按本标准附录 D 表 D.4 的表格形式记录。

A.4.2　气态污染物 CEMS 响应时间技术指标的调试检测

在线性误差检测通入中质量浓度标准气体时，用秒表记录显示值从瞬时变化至达到 90%标准质量浓度的时间，取平均值作为响应时间。

响应时间检测结果按本标准附录 D 表 D.4 的表格形式记录。

A.5　气态污染物（含氧量）CEMS 准确度技术指标的调试检测

A.5.1　气态污染物（含氧量）CEMS 与参比方法同步测定，由数据采集器每分钟记录 1 个累积平均值，连续记录至参比方法测试结束，取与参比方法同时段的平均值。

A.5.2　取参比方法与 CEMS 同时段测定值组成一个数据对，每天至少取 9 对有效数据用于相对准确度计算，但应报告所有的数据，包括舍去的数据对，连续进行 3 d。

$$RA = \frac{|\overline{d}| + |cc|}{\overline{RM}} \times 100\% \tag{21}$$

式中：*RA*——相对准确度；

$$\overline{RM} = \frac{1}{n}\sum_{i=1}^{n} RM_i \tag{22}$$

式中：n——数据对的个数；

RM_i——第 i 个数据对中的参比方法测定值。

$$\overline{d}=\frac{1}{n}\sum_{i=1}^{n}d_i \tag{23}$$

$$d_i = RM_i - \mathrm{CEMS}_i \tag{24}$$

式中：d_i——每个数据对之差；

CEMS_i——第 i 个数据对中的 CEMS 测定值。

注：在计算数据对差的和时，保留差值的正、负号。

$$cc=\pm t_{f,0.95}\frac{S_\mathrm{d}}{\sqrt{n}} \tag{25}$$

其中置信系数（cc）由 t 值表查得的统计值和数据对差的标准偏差表示：

t 值表（95%置信水平）

5	6	7	8	9	10	11	12	13	14	15	16
2.571	2.447	2.365	2.306	2.262	2.228	2.201	1.179	2.160	2.145	2.131	2.120

$t_{f,\ 0.95}$——由 t 表查得，$f=n-1$；

$$S_\mathrm{d}=\sqrt{\frac{\sum_{i=1}^{n}(d_i-\overline{d})^2}{n-1}} \tag{26}$$

式中：S_d——参比方法与 CEMS 测定值数据对的差的标准偏差。

参比方法评估气态污染物 CEMS 准确度结果按本标准附录 D 表 D.5 的表格形式记录。

A.5.3 校准气态污染物 CEMS

气态污染物 CEMS 相对准确度达不到技术指标的要求时，将偏差调节系数输入 CEMS 的数据采集处理系统，按式（27）和式（28）对 CEMS 测定数据进行调节，经调节仍不能达到要求时，应选择有代表性的位置安装气态污染物 CEMS，重新进行检测。

$$\mathrm{CEMS}_{\mathrm{ad}i}=\mathrm{CEMS}_i\times E_\mathrm{ac} \tag{27}$$

式中：$\mathrm{CEMS}_{\mathrm{ad}i}$——CEMS 在 i 时间调节后的数据；

CEMS_i——CEMS 在 i 时间测得的数据；

E_ac——偏差调节系数。

$$E_\mathrm{ac}=\frac{1+\overline{d}}{\overline{\mathrm{CEMS}_i}} \tag{28}$$

式中：$\overline{d}$——式（23）和式（24）计算的数据对差的平均值；

$\overline{\mathrm{CEMS}_i}$——第 i 个数据对中的 CEMS 测定数据的平均值。

A.6 流速 CMS 速度场系数技术指标的调试检测

由参比方法测定断面烟气平均流速和同时段流速 CMS 测定断面某一固定点或测定线上的烟气平均流速，按式（29）计算速度场系数：

$$K_V = \frac{F_s}{F_p} \times \frac{\overline{V}_s}{\overline{V}_p} \tag{29}$$

式中：K_V——速度场系数；

F_s——参比方法测定断面面积，m^2；

F_p——固定点或测定线所在测定断面的面积，m^2；

$\overline{V}_s$——参比方法测定断面的平均流速，m/s；

$\overline{V}_p$——流速 CMS 在固定点或测定线所在断面的测定流速，m/s。

A.7 流速 CMS 速度场系数精密度技术指标的调试检测

A.7.1 每天至少获得 3 个有效速度场系数，计算速度场系数日平均值。但应报告所有的数据，包括舍去的数据。至少连续获得 3 d 的日平均值，并按式（30）和式（31）计算速度场系数精密度：

$$CV = \frac{S}{\overline{\overline{K}}_v} \times 100\% \tag{30}$$

$$S = \sqrt{\frac{\sum_{i=1}^{n}(\overline{K}_{vi} - \overline{\overline{K}}_v)^2}{n-1}} \tag{31}$$

式中：CV——速度场系数精密度（相对标准偏差），%；

S——速度场系数的标准偏差；

$\overline{\overline{K}}_v$——速度场系数日平均值的平均值；

$\overline{K}_{vi}$——速度场系数日平均值；

n——日平均速度场系数的个数。

流速 CMS 速度场系数精密度检测结果按本标准附录 D 表 D.6 的表格形式记录。

A.7.2 当速度场系数精密度不满足技术指标要求时，可进行手工采样参比方法与流速 CMS 的相关系数的校准。通过调节三个不同的工况流速，每个工况流速至少建立 3 个有效数据对，以流速 CMS 数据为 X 轴，参比方法数据为 Y 轴，建立一元线性回归方程。并把斜率和截距输入 CEMS 的数据采集处理系统，将流速 CMS 测试的数据校准到手工采样参比方法所测定的流速值。回归方程计算方法见本标准附录 A 第 A.3.4 条及第 A.3.7 条，校准曲线按本标准附录 D 表 D.7 的表格形式记录。

A.8 固定污染源烟气 CEMS 调试检测技术指标要求

调试检测项目		考核指标
颗粒物	零点漂移	不超过±2.0% F.S.
	跨度漂移	不超过±2.0% F.S.
	相关系数	≥0.85
		当参比方法测定颗粒物平均质量浓度≤50 mg/m^3 时，≥0.70
	CI% （置信区间半宽）	≤15%（该污染源的排放限值）
	TI% （允许区间半宽）	≤30%（该污染源的排放限值）
气态污染物	零点漂移	不超过±2.5% F.S.
	跨度漂移	不超过±2.5% F.S.
	线性误差	不超过±5%

调试检测项目		考核指标
气态污染物	响应时间	≤200 s
	准确度	当参比方法测定烟气中二氧化硫、氮氧化物排放浓度： ≤20 μmol/mol 时，绝对误差不超过±6 μmol/mol； ＞20 μmol/mol～≤250 μmol/mol 时，相对误差不超过±20%； ＞250 μmol/mol 时，相对准确度≤15%
		当参比方法测定烟气中其他气态污染物排放浓度： 相对准确度≤15%
流速	速度场系数精密度	当流速＞10 m/s 时，≤5%； 当流速≤10 m/s 时，≤8%
	或相关系数	≥9 个数据对时，相关系数≥0.90
氧量	相对准确度	≤15%
注：F.S. 为仪器的满量程值。		

附 录 B
（规范性附录）
CEMS 技术指标调试检测结果分析和处理方法

当固定污染源 CEMS 技术指标调试检测结果不满足本标准附录 A.8 技术指标要求时，可参照表 B.1～表 B.3 进行结果分析和处理。

表 B.1 颗粒物 CEMS 技术指标调试检测结果分析和处理方法

测试指标		测试结果	原因分析	处理方法
漂移	零点	超过±2%F.S.	1．安装位置的环境条件，例如：强烈振动，电磁干扰，系统密封缺陷使雨、雪水侵入等； 2．校准器件缺陷，复位重复差，被污染，系统设计缺陷； 3．仪器供电系统缺陷，光源发光不稳定等； 4．计算错误	1．重新选择符合要求的安装位置； 2．根据查找的原因重新设计； 3．重新计算
	跨度	超过±2%F.S.		
相关系数		＜0.85	1．颗粒物 CEMS：（1）安装位置的代表性；（2）光路的准直；（3）光学镜片的污染和清洁等； 2．调试时的参比方法是否将手工方法测得的烟道断面颗粒物平均质量浓度与颗粒物 CEMS 测得的点的平均质量浓度进行比较； 3．数据量和数据分布：数据量是否足够？数据是否分布在颗粒物 CEMS 测量范围上限的 20%～80%； 4．颗粒物的颜色变化大，烟气中含有水雾和水滴等； 5．颗粒物 CEMS 设计缺陷	逐一分析原因，采取相应的对策和措施
		＜0.70 （参比方法测定颗粒物平均质量浓度≤50 mg/m^3）		
CI% （置信区间半宽）		＞15%（该污染源的排放限值）		
TI% （允许区间半宽）		＞30%（该污染源的排放限值）		

表 B.2 气态污染物 CEMS 技术指标调试检测结果分析和处理方法

测试指标		测试结果	原因分析	处理方法
漂移	零点	超过±2.5%F.S.	1．安装位置的环境条件，例如：强烈振动，电磁干扰，系统密封缺陷使雨、雪水侵入等； 2．供零点气体和校准气体的流量和气体的质量是否符合要求； 3．供气系统是否泄漏； 4．管路吸附； 5．仪器供电系统缺陷； 6．计算错误	1．重新选择符合要求的安装位置； 2．选用合格的零点气体和校准气体； 3．待仪器读数稳定后再读取和（或）记录数据； 4．更换泄漏管路； 5．根据查找的原因重新设计； 6．重新计算
	跨度	超过±2.5%F.S.		
响应时间		＞200 s	1．滤料被堵塞； 2．仪器内部管路泄漏； 3．控制阀损坏； 4．仪器光学镜片被污染； 5．仪器检测器系统被污染； 6．系统设计缺陷	1．更换滤料； 2．更换管路； 3．拧紧管接头，更换控制阀； 4．清洁光学镜片或检测器系统； 5．重新设计

测试指标	测试结果	原因分析	处理方法
线性误差	超过±5%	1．仪器性能是否过关； 2．调试方法是否准确； 3．校准气体质量，例如：校准气体质量不能溯源到国家级标准气体，超过标准气体的使用期限，校准气体的稳定性差，现场调试检测与仪器出厂前调试仪器的校准气体品质不一致； 4．管路吸附； 5．管路泄漏； 6．供气流量、压力不稳定等	逐一分析原因，采取相应的措施
相对准确度	＞15%	1．点位的代表性； 2．两种方法测定点位的一致性； 3．两种方法测定时获取数据的同步性； 4．CEMS 校准气体和参比方法的校准气体的一致性； 5．采样时间等； 6．管路不加热并有冷凝水，管路漏气，抽气量不足，气体稀释比不稳定等； 7．参比方法使用仪器质量有问题等	1．避开污染物浓度剧烈变化的测定点位； 2．两种方法测定点位尽可能接近； 3．扣除烟气样品通过管路到达检测器的时间； 4．用同一标准气体校准 CEMS 和参比方法； 5．足够的采样时间； 6．用质量好的参比仪器等； 7．采取相应的措施

表 B.3 流速 CMS 技术指标调试检测结果分析和处理方法

测试指标	测试结果	原因分析	处理方法
速度场系数精密度	流速＞10 m/s，＞5% 流速≤10 m/s，＞8%	1．安装位置的代表性差，例如：两股气流交汇处，存在涡流、漩流等； 2．安装地点强烈振动； 3．气流不稳定，变化大； 4．安装不正确，例如：流速 CMS 正对气流的 S 皮托管与气流的方向不垂直，紧固法兰松动； 5．流速 CMS 探头被污染或腐蚀； 6．烟气流速低，仪器灵敏度不能满足测定的要求； 7．参比方法布设测点的点位和数量以及用参比方法比对时存在操作不当等	逐一分析原因，采取相应的措施（如可安装多点流速 CMS 等）
相关系数	≥9 个数据对时 相关系数＜0.90		

附 录 C
（规范性附录）
数据计算与处理

C.1 烟气流速和流量的计算

C.1.1 烟气流速的计算

- 皮托管法、热平衡法、超声波法（安装在矩形烟道）、靶式流量计法按式（1）和式（2）计算烟道断面平均流速：

$$\overline{V}_s = K_v \cdot \overline{V}_p \tag{1}$$

式中：K_v——速度场系数；

$\overline{V}_p$——测定断面某一固定点或测定线上的湿排气平均流速，m/s；

$\overline{V}_s$——测定断面的湿排气平均流速，m/s。

- 超声波测速法（安装在圆形烟道）按式（2）计算烟道断面平均流速：

$$\overline{V}_s = \frac{L}{2\cos\alpha}\left(\frac{1}{t_A} - \frac{1}{t_B}\right) \tag{2}$$

式中：L——安装在烟道上两侧 A（接收/发射器）与 B（接收/发射器）间的距离（扣除烟道壁厚），m；

α——烟道中心线与 AB 间的距离 L 的夹角；

t_A——声脉冲从 A 传到 B 的时间（顺气流方向），s；

t_B——声脉冲从 B 传到 A 的时间（逆气流方向），s。

C.1.2 烟气流量的计算

- 实际工况下的湿烟气流量 Q_s 按式（3）计算：

$$Q_s = 3\,600 \cdot F \cdot \overline{V}_s \tag{3}$$

式中：Q_s——实际工况下湿烟气流量，m^3/h；

F——测定断面的面积，m^2。

- 标准状态下干烟气流量 Q_{sn} 按式（4）计算：

$$Q_{sn} = Q_s \times \frac{273}{273 + t_s} \times \frac{p_a + p_s}{101\,325} \times (1 - X_{sw}) \tag{4}$$

式中：Q_{sn}——标准状态下干烟气流量，m^3/h；

p_a——大气压力，Pa；

p_s——烟气静压，Pa；

t_s——烟温，℃；

X_{sw}——烟气中含湿量，%。

C.2 颗粒物或气态污染物浓度和排放率计算

C.2.1 颗粒物或气态污染物排放质量浓度按式（5）计算：

$$\rho'=bx+a \tag{5}$$

式中：ρ'——标准状态下干烟气中颗粒物或气态污染物质量浓度，mg/m^3（当气态污染物 CEMS 符合相对准确度要求时，$\rho'=x$）；

x——CEMS 显示值；

b——回归方程斜率；

a——回归方程截距，mg/m^3。

当气态污染物显示浓度单位为μmol/mol 时，SO_2、NO 和 NO_2 换算为标准状态下 mg/m^3 的换算系数：

SO_2：1 μmol/mol=64/22.4 mg/m^3

NO：1 μmol/mol=30/22.4 mg/m^3

NO_2：1 μmol/mol=46/22.4 mg/m^3

C.2.2　颗粒物或气态污染物折算排放质量浓度按式（6）计算：

$$\overline{\rho}=\overline{\rho}'\times\frac{\alpha'}{\alpha} \tag{6}$$

式中：$\overline{\rho}$——折算成过量空气系数为α时的颗粒物或气态污染物排放质量浓度，mg/m^3；

$\overline{\rho}'$——标准状态下颗粒物或气态污染物实测平均质量浓度，mg/m^3；

α'——在测点实测的过量空气系数；

α——有关排放标准中规定的过量空气系数。

过量空气系数按式（7）计算：

$$\alpha=\frac{21}{21-\varphi(O_2)} \tag{7}$$

式中：$\varphi(O_2)$——烟气中氧的体积分数，%。

C.2.3　颗粒物或气态污染物排放率按式（8）计算：

$$G=\overline{\rho}'\times Q_{sn}\times 10^{-6} \tag{8}$$

式中：G——颗粒物或气态污染物排放率，kg/h；

Q_{sn}——标准状态下干排烟气量，m^3/h；

$\overline{\rho}'$——标准状态下颗粒物或气态污染物实测平均质量浓度，mg/m^3。

C.3　颗粒物或气态污染物累积排放量计算

烟尘或气态污染物的累积排放量按下列公式（9）～公式（11）计算：

$$G_d=\sum_{i=1}^{24}Gh_i\times 10^{-3} \tag{9}$$

$$G_m=\sum_{i=1}^{31}Gd_i \tag{10}$$

$$G_y=\sum_{i=1}^{365}Gd'_i \tag{11}$$

式中：G_d——烟尘或气态污染物日排放量，t/d；

Gh_i——该天中第 i 小时烟尘或气态污染物排放量，kg/h；

G_m——烟尘或气态污染物月排放量，t/月；

Gd_i——该月中第 i 天的烟尘或气态污染物排放量，t/d；

G_y——烟尘或气态污染物年排放量，t/a；

Gd'_i——该年中第 i 天烟尘或气态污染物日排放量，t/d。

C.4 烟气中氧量、CO_2 的测定和计算

由 CEMS 配制的氧 CMS 连续测定烟气中的氧量。

按式（12）计算烟气中的 CO_2 含量：

$$\varphi(CO_2)=\varphi(CO_2)_{max}\left(1-\frac{\varphi(O_2)}{20.9/100}\right) \tag{12}$$

式中：$\varphi(CO_2)_{max}$——燃料燃烧产生的最大 CO_2 体积分数，%。

由 $\varphi(CO_2)_{max}$ 近似值表 C.1 查得。

表 C.1 $\varphi(CO_2)_{max}$ 近似值表

燃料类型	烟煤	贫煤	无烟煤	燃料油	石油气	液化石油气	湿性天然气	干性天然气	城市煤气
$\varphi(CO_2)_{max}$/%	18.4～18.7	18.9～19.3	19.3～20.2	15.0～16.0	11.2～11.4	13.8～15.1	10.6	11.5	10.0

C.5 火电厂湿法脱硫装置未安装 GGH（气-气换热器）时颗粒物质量浓度的测定和计算

火电厂湿法脱硫装置后未安装烟气 GGH 的烟道内，由于水分的干扰，颗粒物 CEMS 无法准确测定其质量浓度，颗粒物 CEMS 可安装在脱硫装置前的管段中，通过用参比方法同步测定湿法脱硫装置进、出口的颗粒物排放量并按式（13）计算出其颗粒物排放质量浓度系数，其实际排放质量浓度值按式（14）计算：

$$K=G_1/G_2 \tag{13}$$

$$\rho_1=K\cdot\rho_2 \tag{14}$$

式中：K——颗粒物排放浓度系数；

G_1——参比方法测得的湿法脱硫装置出口颗粒物排放量，kg/h；

G_2——参比方法测得的湿法脱硫装置进口颗粒物排放量，kg/h；

ρ_1——计算所得的湿法脱硫装置出口颗粒物排放质量浓度，mg/m^3；

ρ_2——湿法脱硫装置进口颗粒物 CEMS 所测得的颗粒物质量浓度，mg/m^3。

C.6 气态污染物 CEMS 测定湿基值和干基值的换算

采用稀释系统测定气态污染物时，按式（15）、式（16）换算成干烟气中污染物浓度：

- 稀释样气未除湿

$$\rho_d=\rho_w/(1-X_{sw}) \tag{15}$$

式中：ρ_d——干烟气中被测污染物质量浓度值，mg/m^3；

ρ_w——CEMS 测得的湿烟气中被测污染物质量浓度，mg/m^3；

X_{sw}——烟气含湿量，%。

- 稀释样气已除湿

$$\rho_d=\rho_{md}(1-X_{sw}/r)/(1-X_{sw}) \tag{16}$$

式中：ρ_{md}——CEMS 测得的干样气中被测污染物的质量浓度，mg/m^3；

r——稀释比。

C.7 火电厂锅炉负荷的统计报表

将火电厂锅炉负荷实时监测数据用模拟信号或数字信号输入 CEMS 的数据采集处理系统中，进行自动统计计算；或手工填写在表 D.10～表 D.13 烟气排放连续监测报表中。

C.8 锅炉停炉、闷炉时烟气参数的参考设定

当锅炉停炉、闷炉时，CEMS 仍然在检测和不断地由下位机上传数据，容易引起固定污染源监控系统的误判。可通过对烟气参数的设定，由下位机向上位机发出停炉、闷炉等标记。烟气参数的参考设定（视实际情况可调整）：

a．静压压力传感器显示为锅炉满负荷显示值的 20%（限安装在引风机前）；

b．流速显示为 2 m/s 以下；

c．氧量显示为 19%以上；

d．烟温显示为 40℃以下。

以上可视实际情况对等设定也可按优先原则设定。

附　录　D
（规范性附录）
附表

表 D.1　颗粒物 CEMS 零点和跨度漂移检测

测试人员＿＿＿＿＿＿＿＿＿＿＿＿ CEMS 型生产厂＿＿＿＿＿＿＿＿＿＿＿＿

测试地点＿＿＿＿＿＿＿＿＿＿＿＿ CEMS 型号、编号＿＿＿＿＿＿＿＿＿＿＿＿

测试位置＿＿＿＿＿＿＿＿＿＿＿＿ 标准值＿＿＿＿＿＿＿＿＿＿＿＿

CEMS 原理＿＿＿＿＿＿＿＿＿＿＿＿＿＿＿＿＿＿＿＿＿＿＿＿

日期	时间		计量单位（mg/m³、mA、mV、不透明度%……）								清洁镜头否	备注
			零点读数		零点漂移绝对误差	调节零点否	上标校准读数		跨度漂移绝对误差	调节跨度否		
	开始	结束	起始（Z_0）	最终（Z_i）	$\Delta Z=Z_i-Z_0$		起始（S_0）	最终（S_i）	$\Delta S=S_i-S_0$			
零点漂移绝对误差最大值							跨度漂移绝对误差最大值					
零点漂移							跨度漂移					

表 D.2 参比方法校验颗粒物 CEMS

测试人员__________ CEMS 生产厂__________

测试地点__________ CEMS 型号、编号__________

测试位置__________ CEMS 原理__________

参比方法仪器生产厂__________ 型号、编号__________ 原理__________

日期	时间（时、分）	参比方法				CEMS 法		颗粒物颜色	备注
		序号	滤筒编号	颗粒物量/mg	采气体积*/L	质量浓度/（mg/m^3）	测定值（量纲为 1）		
一元线性方程式：						相关系数：			
注：* 标准状态。									

表 D.3 气态污染物 CEMS（含氧量或 CO_2）零点和跨度漂移检测

测试人员＿＿＿＿＿＿＿＿ CEMS 生产厂＿＿＿＿＿＿＿＿

测试地点＿＿＿＿＿＿＿＿ CEMS 型号、编号＿＿＿＿＿＿＿＿

测试位置＿＿＿＿＿＿＿＿ CEMS 原理＿＿＿＿＿＿＿＿

标准气体浓度或校准器件的已知响应值＿＿＿＿＿＿＿＿ 污染物名称＿＿＿＿＿＿＿＿

序号	日期	时间	计量单位（μg/m³、mg/m³、10^{-6} μmol/mol、μmol/mol、……）								备注
			零点读数		零点漂移绝对误差	%满量程	上标校准读数		跨度漂移绝对误差	%满量程	
			起始（Z_0）	最终（Z_i）	$\Delta Z=Z_i-Z_0$		起始（S_0）	最终（S_i）	$\Delta S=S_i-S_0$		
零点漂移绝对误差最大值							跨度漂移绝对误差最大值				
零点漂移							跨度漂移				

表 D.4 气态污染物 CEMS 线性误差和响应时间检测

测试人员＿＿＿＿＿＿＿＿ CEMS 生产厂＿＿＿＿＿＿＿＿

测试地点＿＿＿＿＿＿＿＿ CEMS 型号、编号＿＿＿＿＿＿＿＿

测试位置＿＿＿＿＿＿＿＿ CEMS 原理＿＿＿＿＿＿＿＿

标准气体质量浓度或校准器件的已知响应值：低浓度＿＿＿＿中浓度＿＿＿＿高浓度＿＿＿＿

污染物名称＿＿＿＿＿＿＿＿ 计量单位＿＿＿＿＿＿＿＿

测试日期＿＿年＿＿月＿＿日

序号	标准气体或校准器件参考值	CEMS 显示值	CEMS 显示值的平均值	线性误差/%	响应时间/s		备 注
					测定值	平均值	

表 D.5 参比方法评估气态污染物 CEMS 相对准确度

测试人员__________ CEMS 生产厂__________

测试地点__________ CEMS 型号、编号__________

测试位置__________ CEMS 原理__________

参比方法仪器生产厂__________ 型号、编号__________ 原理__________

测试日期______年____月____日 污染物名称__________计量单位__________

样品编号	时间（时、分）	参比方法（*RM*） *A*	CEMS 法 *B*	数据对差=*B*−*A*
平均值				
数据对差的平均值的绝对值				
数据对差的标准偏差				
置信系数				
相对准确度				

标准气体	名称	保证值	参比方法测定结果		相对误差/%	
			采样前	采样后	采样前	采样后

表 D.6 速度场系数检测

测试人员＿＿＿＿＿＿＿＿ CMS 生产厂＿＿＿＿＿＿＿＿

测试地点＿＿＿＿＿＿＿＿ CMS 型号、编号＿＿＿＿＿＿＿＿

测试位置＿＿＿＿＿＿＿＿ CMS 原理＿＿＿＿＿＿＿＿

参比方法仪器生产厂＿＿＿＿＿＿＿＿ 型号、编号＿＿＿＿＿＿＿＿ 原理＿＿＿＿＿＿＿＿

参比方法计量单位＿＿＿＿＿＿＿＿ CMS 计量单位＿＿＿＿＿＿＿＿

日期	方法	测定次数									平均值	标准偏差	相对标准偏差/%
		1	2	3	4	5	6	7	8	9			
	手工												
	CMS												
	场系数												
	手工												
	CMS												
	场系数												
	手工												
	CMS												
	场系数												
	手工												
	CMS												
	场系数												

速度场系数均值		标准偏差		相对标准偏差/%	

表 D.7 参比方法校验流速 CMS

测试人员______________ CMS 生产厂______________

测试地点______________ CMS 型号、编号______________

测试位置______________ CMS 原理______________

参比方法仪器生产厂______________ 型号、编号__________ 原理__________

参比方法计量单位______________ CMS 计量单位______________

测试日期______年____月____日

序号	CMS 显示值	手工	序号	CMS 显示值	手工	序号	CMS 显示值	手工
1			6			11		
2			7			12		
3			8			13		
4			9			14		
5			10			15		
一元线性方程式：				相关系数：				

表 D.8 颗粒物 CEMS/流速 CMS/温度 CMS 准确度检测

测试人员______________ CEMS 生产厂______________

测试地点______________ CEMS 型号、编号______________

测试位置______________ CEMS 原理______________

参比方法仪器生产厂______________ 型号、编号__________ 原理__________

日期	时间（时、分）	参比方法							CEMS 法			颗粒物颜色	备注
		序号	滤筒编号	颗粒物量/mg	采气体积*/L	质量浓度/（mg/m^3）	流速/（m/s）	温度/℃	颗粒物测定值/（mg/m^3）	流速/（m/s）	温度/℃		
颗粒物质量浓度平均值/（mg/m^3）													
流速平均值/（m/s）													
烟温平均值/℃													
颗粒物相对误差/%													
流速相对误差/%													
烟温绝对误差/℃													
注：* 标准状态。													

表 D.9　固定污染源 CEMS 验收测试报告

项目编号：

验收地点：　　　　　　　　　　　　　　　　验收日期：

<table>
<tr><td colspan="5">CEMS 主要仪器型号</td></tr>
<tr><td colspan="3">仪器名称</td><td>制造单位</td><td>型号</td></tr>
<tr><td colspan="3"></td><td></td><td></td></tr>
<tr><td colspan="3"></td><td></td><td></td></tr>
<tr><td colspan="3"></td><td></td><td></td></tr>
<tr><td colspan="3"></td><td></td><td></td></tr>
<tr><td colspan="3"></td><td></td><td></td></tr>
<tr><td>项目</td><td>参比法数据</td><td>CEMS 数据</td><td>限值</td><td>监测结果</td></tr>
<tr><td>颗粒物</td><td></td><td></td><td></td><td></td></tr>
<tr><td>二氧化硫</td><td></td><td></td><td></td><td></td></tr>
<tr><td>氮氧化物</td><td></td><td></td><td></td><td></td></tr>
<tr><td>流速（速度场系数）</td><td></td><td></td><td></td><td></td></tr>
<tr><td>烟温</td><td></td><td></td><td></td><td></td></tr>
<tr><td>氧量</td><td></td><td></td><td></td><td></td></tr>
<tr><td colspan="3">结论</td><td colspan="2"></td></tr>
<tr><td colspan="3">所用标准气体名称</td><td>质量浓度值</td><td>生产厂商名称</td></tr>
<tr><td colspan="3"></td><td></td><td></td></tr>
<tr><td colspan="3"></td><td></td><td></td></tr>
<tr><td colspan="2">参比方法</td><td>所用仪器名称</td><td>型号</td><td>方法依据</td></tr>
<tr><td colspan="2"></td><td></td><td></td><td></td></tr>
<tr><td colspan="2"></td><td></td><td></td><td></td></tr>
<tr><td colspan="2"></td><td></td><td></td><td></td></tr>
<tr><td colspan="3">备注</td><td colspan="2"></td></tr>
</table>

表 D.10 烟气排放连续监测小时平均值日报表

排放源名称：____

排放源编号：________________________________ 监测日期：______年____月____日

时间	颗粒物			SO_2			NO_x			标态流量/（m^3/h）	氧量/%	烟温/℃	含湿量/%	负荷/%	备注
	mg/m^3	折算 mg/m^3	kg/h	mg/m^3	折算 mg/m^3	kg/h	mg/m^3	折算 mg/m^3	kg/h						
00～01															
01～02															
02～03															
03～04															
04～05															
05～06															
06～07															
07～08															
08～09															
09～10															
10～11															
11～12															
12～13															
13～14															
14～15															
15～16															
16～17															
17～18															
18～19															
19～20															
20～21															
21～22															
22～23															
23～24															
平均值															
最大值															
最小值															
样本数															
日排放总量/t	—			—			—				—				

注：烟气日排放总量单位：10^4 m^3/d。

上报单位（盖章）：　　　　负责人：　　　　报告人：　　　　报告日期：　　年　　月　　日

表 D.11 烟气排放连续监测日平均值月报表

排放源名称：____

排放源编号：____________________________ 监测月份：________年____月

时间	颗粒物			SO_2			NO_x			标态流量/（10^4 m^3/d）	氧量/%	烟温/℃	含湿量/%	负荷/%	备注
	mg/m^3	折算 mg/m^3	t/d	mg/m^3	折算 mg/m^3	t/d	mg/m^3	折算 mg/m^3	t/d						
1日															
2日															
3日															
4日															
5日															
6日															
7日															
8日															
9日															
10日															
11日															
12日															
13日															
14日															
15日															
16日															
17日															
18日															
19日															
20日															
21日															
22日															
23日															
24日															
25日															
26日															
27日															
28日															
29日															
30日															
31日															
平均值															
最大值															
最小值															
样本数															
月排放总量/t	—			—			—				—				
注：烟气月排放总量单位：10^4 m^3/月。															

上报单位（盖章）： 负责人： 报告人： 报告日期： 年 月 日

表 D.12 烟气排放连续监测月平均值季报表

排放源名称：____

排放源编号：______________________________ 监测年份：__________年

时间	颗粒物			SO_2			NO_x			标态流量/（10^4 m^3/月）	氧量/%	烟温/℃	含湿量/%	负荷/%	备注
	mg/m^3	折算 mg/m^3	t/月	mg/m^3	折算 mg/m^3	t/月	mg/m^3	折算 mg/m^3	t/月						
月															
月															
月															
平均值															
最大值															
最小值															
样本数															
季排放总量/t	—			—			—				—				
注：烟气季排放总量单位：10^4 m^3/季。															

上报单位（盖章）： 单位负责人： 报告人： 报告日期： 年 月 日

表 D.13 烟气排放连续监测月平均值年报表

排放源名称：____

排放源编号：______________________________ 监测年份：__________年

时间	颗粒物			SO_2			NO_x			标态流量/（10^4 m^3/m）	氧量/%	烟温/℃	含湿量/%	负荷/%	备注
	mg/m^3	折算 mg/m^3	t/月	mg/m^3	折算 mg/m^3	t/月	mg/m^3	折算 mg/m^3	t/月						
1 月															
2 月															
3 月															
4 月															
5 月															
6 月															
7 月															
8 月															
9 月															
10 月															
11 月															
12 月															
平均值															
最大值															
最小值															
样本数															
年排放总量/t	—			—			—				—				
注：烟气年排放总量单位：10^4 m^3/a。															

上报单位（盖章）： 单位负责人： 报告人： 报告日期： 年 月 日

附加说明：

本标准由国家环境保护总局科技标准司提出。

本标准起草单位：上海市环境监测中心、中国环境监测总站、中日友好环境保护中心。

本标准由国家环境保护总局 2007 年 7 月 12 日批准。

本标准自 2007 年 8 月 1 日起实施，自实施之日起代替《火电厂烟气排放连续监测技术规范》（HJ/T 75—2001）。

本标准由国家环境保护总局负责解释。

中华人民共和国国家标准

固定污染源排气中颗粒物测定与气态污染物采样方法

GB/T 16157—1996

Determination of particulates and sampling methods of gaseous pollutants emitted from exhaust gas of stationary source

1996-03-06 批准　　　　1996-03-06 实施

1 主题内容和适用范围

1.1 本标准规定了在烟道、烟囱及排气筒（以下简称烟道）等固定污染源排气中颗料物的测定方法和气态污染物的采样方法。

1.2 本标准适用于各种锅炉、工业炉窑及其他固定污染源排气中颗粒物的测定和气态污染物的采样。

2 定义

2.1 颗粒物

颗粒物是指燃料和其他物质在燃烧、合成、分解以及各种物料在机械处理中所产生的悬浮于排放气体中的固体和液体颗粒状物质。

2.2 气态污染物

气态污染物是指以气体状态分散在排放气体中的各种污染物。

2.3 标准状态下的干排气

标准状态下的干排气是指在温度为 273.15 K，压力为 101 300 Pa 条件下不含水分的排气。

3 测定与计算内容

3.1 排气参数（温度、压力、水分含量、成分）的测定。

3.2 排气密度和气体分子量的计算。

3.3 排气流速和流量的测定。

3.4 排气中颗粒物的测定和排放浓度、排放率的计算。

3.5 排气中气态污染物的采样和排放浓度、排放率的计算。

4 采样的基本要求

4.1 采样工况

应在生产设备处于正常运行状态下进行，或根据有关污染物排放标准的要求，在所规定的工况条件下测定。

4.2 采样位置和采样点

4.2.1 采样位置

4.2.1.1 采样位置应优先选择在垂直管段。应避开烟道弯头和断面急剧变化的部位。采样位置应设置在距弯头、阀门、变径管下游方向不小于 6 倍直径和距上述部件上游方向不小于 3 倍直径处。对矩形烟道，其当量直径 $D=2AB/(A+B)$，式中 A、B 为边长。

4.2.1.2 对于气态污染物，由于混合比较均匀，其采样位置可不受上述规定限制，但应避开涡流区。如果同时测定排气流量，采样位置仍按 4.2.1.1 选取。

4.2.1.3 采样位置应避开对测试人员操作有危险的场所。

4.2.2 采样孔

4.2.2.1 在选定的测定位置上开设采样孔，采样孔内径应不小于 80 mm，采样孔管长应不大于 50 mm。不使用时应用盖板、管堵或管帽封闭（图 1、图 2、图 3）。当采样孔仅用于采集气态污染物时，其内径应不小于 40 mm。

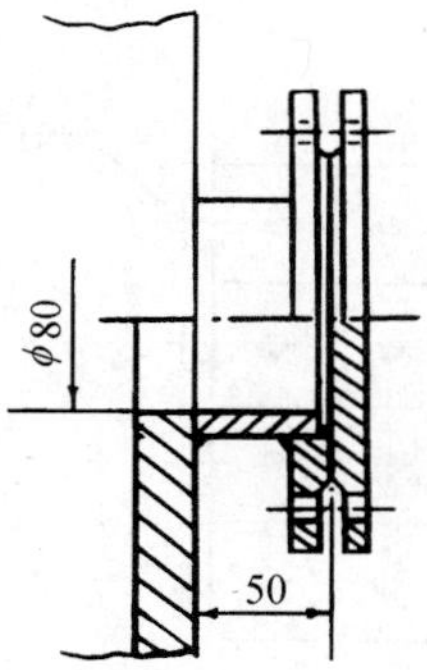

图 1 带有盖板的采样孔
（单位：mm）

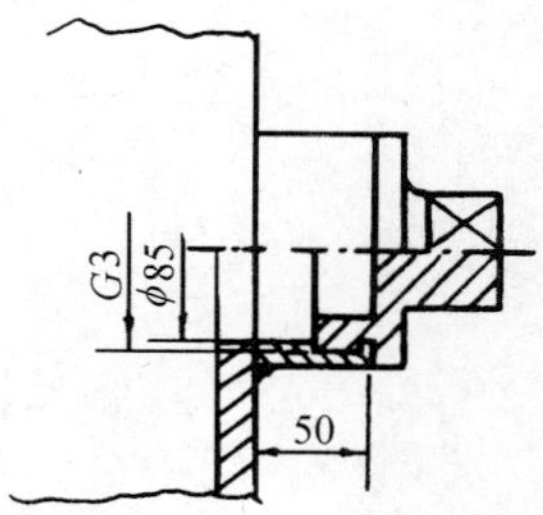

图 2 带有管堵的采样孔
（单位：mm）

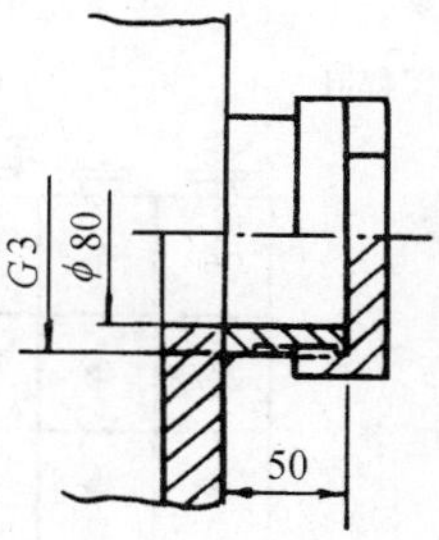

图 3 带有管帽的采样孔
（单位：mm）

4.2.2.2 对正压下输送高温或有毒气体的烟道应采用带有闸板阀的密封采样孔（图 4）。

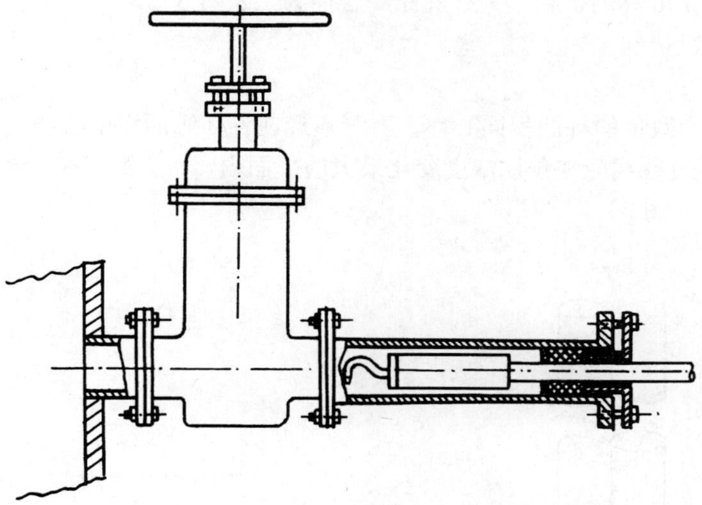

图 4 带有闸板阀的密封采样孔

4.2.2.3 对圆形烟道，采样孔应设在包括各测定点在内的互相垂直的直径线上（图 5）。对矩形或方形烟道，采样孔应设在包括各测定点在内的延长线上（图 6、图 7）。

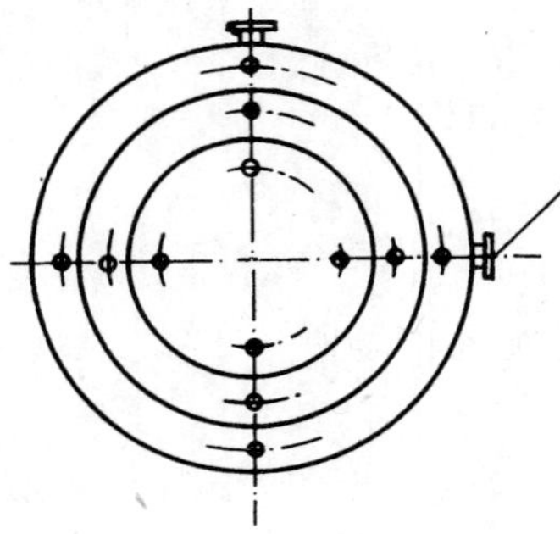

图 5　圆形断面的测定点

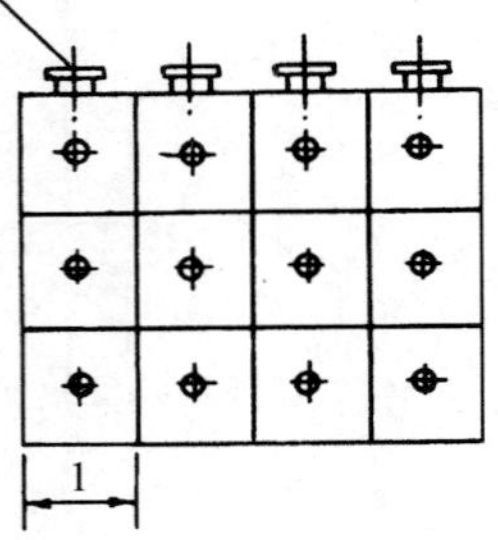

图 6　长方形断面的测定点

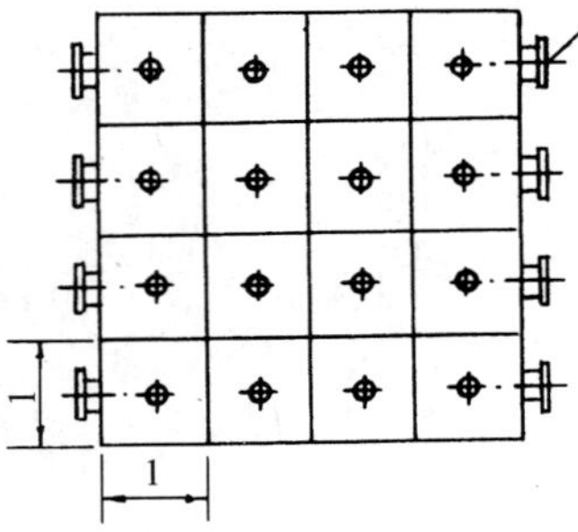

图 7　正方形断面的测定点

4.2.3　采样平台

采样平台为检测人员采样设置，应有足够的工作面积使工作人员安全、方便地操作。平台面积应不小于 1.5 m^2，并设有 1.1 m 高的护栏，采样孔距平台面为 1.2～1.3 m。

4.2.4　采样点位置和数目

4.2.4.1　圆形烟道

a）将烟道分成适当数量的等面积同心环，各测点选在各环等面积中心线与呈垂直相交的两条直径线的交点上，其中一条直径线应在预期浓度变化最大的平面内，如当测点在弯头后，该直径线应位于弯头所在的平面 *A*—*A* 内（图 8）。

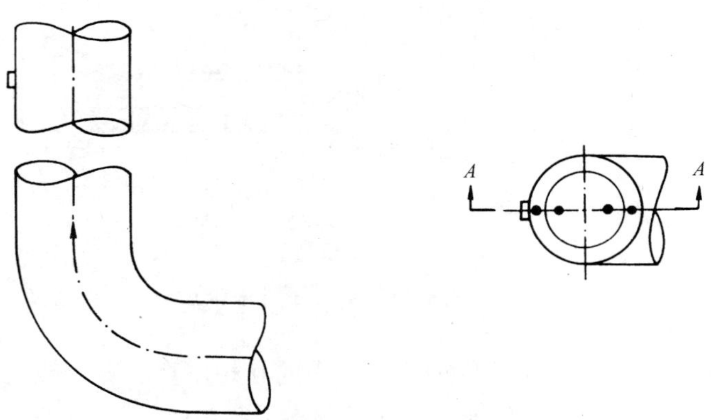

图 8　圆形烟道弯头后的测点

b）对符合 4.2.1.1 要求的烟道，可只选预期浓度变化最大的一条直径线上的测点。

c）对直径小于 0.3 m、流速分布比较均匀、对称并符合 4.2.1.1 要求的小烟道，可取烟道中心作为测点。

d）不同直径的圆形烟道的等面积环数、测量直径数及测点数见表 1，原则上测点不超过 20 个。

表 1　圆形烟道分环及测点数的确定

烟道直径/m	等面积环数	测量直径数	测点数
＜0.3			1
0.3～0.6	1～2	1～2	2～8
0.6～1.0	2～3	1～2	4～12
1.0～2.0	3～4	1～2	6～16
2.0～4.0	4～5	1～2	8～20
＞4.0	5	1～2	10～20

e. 测点距烟道内壁的距离见图 9，按表 2 确定。当测点距烟道内壁的距离小于 25 mm 时，取 25 mm。

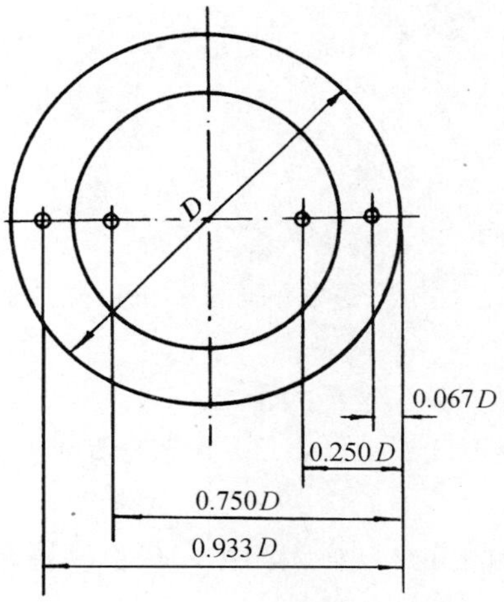

图 9　采样点距烟道内壁距离

表 2　测点距烟道内壁距离（以烟道直径 D 计）

测点号	环数				
	1	2	3	4	5
1	0.146	0.067	0.044	0.033	0.026
2	0.854	0.250	0.146	0.105	0.082
3		0.750	0.296	0.194	0.146
4		0.933	0.704	0.323	0.226
5			0.854	0.677	0.342
6			0.956	0.806	0.658
7				0.895	0.774
8				0.967	0.854
9					0.918
10					0.974

4.2.4.2 矩形或方形烟道

a）将烟道断面分成适当数量的等面积小块，各块中心即为测点。小块的数量按表 3 的规定选取。原则上测点不超过 20 个。

表 3 矩（方）形烟道的分块和测点数

烟道断面积/m^2	等面积小块长边长度/m	测点总数
＜0.1	＜0.32	1
0.1～0.5	＜0.35	1～4
0.5～1.0	＜0.50	4～6
1.0～4.0	＜0.67	6～9
4.0～9.0	＜0.75	9～16
＞9.0	≤1.0	≤20

b）烟道断面面积小于 0.1 m^2，流速分布比较均匀、对称并符合 4.2.1.1 要求的，可取断面中心作为测点。

4.2.4.3 当烟道布置不能满足 4.2.1.1 要求时，应增加采样线和测点。

5 排气参数的测定

5.1 排气温度的测定

5.1.1 测量位置和测点

按 4.2.1 和 4.2.4 确定，一般情况下可在靠近烟道中心的一点测定。

5.1.2 仪器

a）热电偶或电阻温度计：其示值误差应不大于±3℃。

b）水银玻璃温度计：精确度应不低于 2.5%，最小分度值应不大于 2℃。

5.1.3 测定步骤

a）将温度测量元件插入烟道中测点处，封闭测孔，待温度稳定后读数。

b）使用玻璃温度计时，不能抽出烟道外读数。

5.2 排气中水分含量的测定

排气中水分含量应根据不同的测量对象选用冷凝法、干湿球法或重量法中的一种方法测定。

5.2.1 采样位置及测点

按 4.2.1 和 4.2.4 确定，在靠近烟道中心的一个测点上采样。

5.2.2 冷凝法

5.2.2.1 原理

由烟道中抽取一定体积的排气使之通过冷凝器，根据冷凝出来的水量，加上从冷凝器排出的饱和气体含有的水蒸气量，计算排气中的水分含量。

5.2.2.2 测定装置及仪器

测量排气中水分含量的采样系统如图 10 所示，它由烟尘采样管、冷凝器、干燥器、温度计、真空压力表、转子流量计和抽气泵等部件组成。

a）烟尘采样管：用不锈钢制成，内装滤筒，用以除去排气中的颗粒物，详见 8.3.3.1。

b）冷凝器：由不锈钢制作。用于分离、贮存在采样管、连接管和冷凝器中冷凝下来的水。冷凝器总体积应不小于 5 L，冷凝管（ ϕ10 mm×1 mm）有效长度应不小于 1 500 mm，贮存冷凝水容器的有效容积应不小于 100 ml，排放冷凝水的开关应严密不漏气。

c）温度计：精确度应不低于 2.5%，最小分度值应不大于 2℃。

d）干燥器：用有机玻璃制作，内装硅胶，其容积应不小于 0.8 L，用于干燥进入流量计的湿烟气。

e）真空压力表：精确度应不低于 4%，用于测定流量计前气体压力。

f）转子流量计：精确度应不低于 2.5%。

g）抽气泵：当流量为 40 L/min 时，其抽气能力应能克服烟道及采样系统阻力。当流量计量装置放在抽气泵出口端时，抽气泵应不漏气。

h）量筒：10 ml。

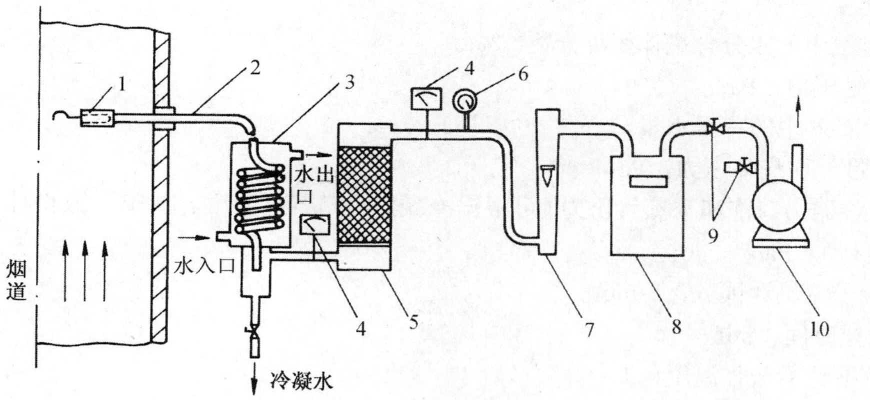

1—滤筒；2—采样管；3—冷凝器；4—温度计；5—干燥器；
6—真空压力表；7—转子流量计；8—累积流量计；9—调节阀；10—抽气泵

图 10 冷凝法测定排气水分含量装置

5.2.2.3 测定步骤

a）将冷凝器装满冰水，或在冷凝器进、出水管上接冷却水。

b）将仪器按图 10 所示连接。

c）检查系统是否漏气，如发现漏气，应分段检查、堵漏，直到满足检漏要求。

流量计量装置放在抽气泵前的，其检漏方法有两种。

方法一：在系统的抽气泵前串一满量程为 1 L/min 的小量程转子流量计。检漏时，将装好滤筒的采样管进口（不包括采样嘴）堵严，打开抽气泵，调节泵进口处的调节阀，使系统中的压力表负压指示为 6.7 kPa，此时，小量程流量计的流量如不大于 0.6 L/min，则视为不漏气。

方法二：检漏时，堵严采样管滤筒夹处进口，打开抽气泵，调节泵进口的调节阀，使系统中的真空压力表负压指示为 6.7 kPa，关闭连接抽气泵的橡皮管，在 0.5 min 内如真空压力表的指示值下降不超过 0.2 kPa，则视为不漏气。

在仪器携往现场前，已按上述方法进行过检漏的，现场检漏仅对采样管后的连接橡皮管到抽气泵段进行检漏。

流量计量装置放在抽气泵后的检漏方法：在流量计量装置出口接一三通管，其一端接 U 形压力计，另一端接橡皮管。检漏时，切断抽气泵的进口通路，由三通的橡皮管端压入空气，使 U 形压力计水柱压差上升到 2 kPa，堵住橡皮管进口，如 U 形压力计的液面差在 1 min 内不变，则视为不漏气。抽气泵前管段仍按前面的方法检漏。

d）打开采样孔，清除孔中的积灰。将装有滤筒的采样管插入烟道近中心位置，封闭采样孔。

e）开动抽气泵，以 25 L/min 左右的流量抽气，同时记录采样开始时间。

f）抽取的排气量应使冷凝器中的冷凝水量在 10 ml 以上。采样时每隔数分钟记录冷凝器出口的气

体温度 t_v，转子流量计读数 Q_r'，流量计前的气体温度 t_r，压力 P_r 以及采样时间 t。如系统装有累积流量计，应记录开始采样及终止采样时的累积流量。

g）采样结束，将采样管出口向下倾斜，取出采样管，将凝结在采样管和连接管内的水倾入冷凝器中。用量筒测量冷凝水量。

5.2.2.4 计算

$$X_{sw}=\frac{461.8(273+t_r)\ G_w+P_vV_a}{461.8(273+t_r)\ G_w+(B_a+P_r)\ V_a}\times 100 \tag{1}$$

式中：X_{sw}——排气中的水分含量体积百分数，%；

B_a——大气压力，Pa；

G_w——冷凝器中的冷凝水量，g；

P_r——流量计前气体压力，Pa；

P_v——冷凝器出口饱和水蒸气压力（可根据冷凝器出口气体温度 t_v 从空气饱和时水蒸气压力表中查得），Pa；

Q_r'——转子流量计读数，L/min；

t——采样时间，min；

t_r——流量计前气体温度，℃；

V_a——测量状态下抽取烟气的体积（$V_a \approx Q'_r \times t$），L。

5.2.3 干湿球法

5.2.3.1 原理

使气体在一定的速度下流经干、湿球温度计。根据干、湿球温度计的读数和测点处排气的压力，计算出排气的水分含量。

5.2.3.2 测量装置及仪器

干湿球法采样装置见图 11。

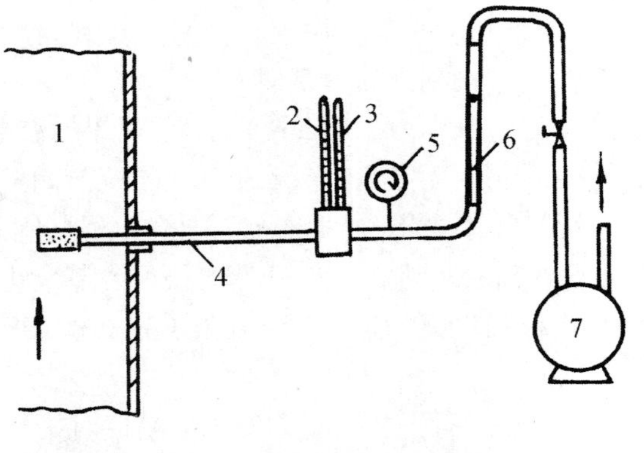

1—烟道；2—干球温度计；3—湿球温度计；4—保温采样管；5—真空压力表；6—转子流量计；7—抽气泵

图 11 干湿球法测定排气水分含量装置

a）采样管：见 9.3.1。

b）干湿球温度计：精确度应不低于 1.5%，最小分度值应不大于 1℃。

c）真空压力表、转子流量计、抽气泵等的技术要求同 5.2.2.2e～g。

5.2.3.3 测定步骤

a）检查湿球温度计的湿球表面纱布是否包好，然后将水注入盛水容器中。

b）打开采样孔，清除孔中的积灰。将采样管插入烟道中心位置，封闭采样孔。

c）当排气温度较低或水分含量较高时，采样管应保温或加热数分钟后，再开动抽气泵。以 15 L/min 流量抽气。

d）当干、湿球温度计温度稳定后，记录干球和湿球温度。

e）记录真空压力表的压力。

5.2.3.4　计算

排气中水分含量按式（2）计算：

$$X_{sw} = \frac{P_{bv} - 0.000\,67(t_c - t_b)(B_a + P_b)}{B_a + P_s} \times 100 \qquad (2)$$

式中：X_{sw}——排气中水分含量体积百分数，%；

P_{bv}——温度为 t_b 时饱和水蒸气压力（根据 t_b 值，由空气饱和时水蒸气压力表中查得），Pa；

t_b——湿球温度，℃；

t_c——干球温度，℃；

P_b——通过湿球温度计表面的气体压力，Pa；

B_a——大气压力，Pa；

P_s——测点处排气静压，Pa。

5.2.4　重量法

5.2.4.1　原理

由烟道中抽取一定体积的排气，使之通过装有吸湿剂的吸湿管，排气中的水分被吸湿剂吸收，吸湿管的增重即为已知体积排气中含有的水分量。

5.2.4.2　采样装置及仪器

重量法测量排气中水分含量的装置见图 12。

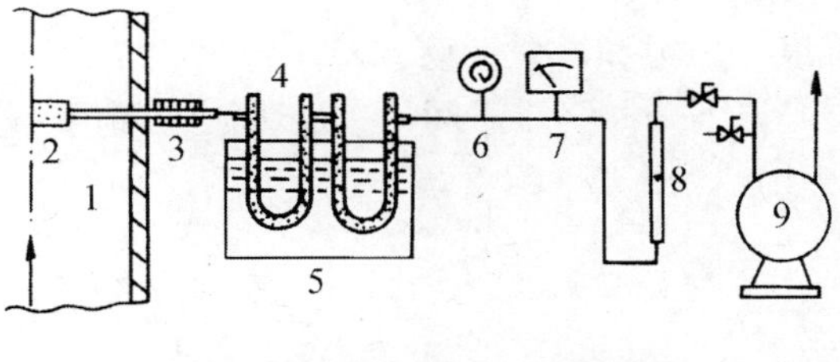

1—烟道；2—过滤器；3—加热器；4—吸湿管；5—冷却水槽；6—真空压力表；7—温度计；8—转子流量计；9—抽气泵

图 12　重量法测定排气水分含量装置

a）头部带有颗粒物过滤器的加热或保温的气体采样管：详见 9.3.1。

b）U 形吸湿管（图 13）或雪菲尔德吸湿管（图 14）：内装氯化钙或硅胶等吸湿剂。

c）真空压力表：精确度应不低于 4%。

d）温度计：精确度应不低于 2.5%，最小分度值应不大于 2℃。

e）转子流量计：精确度应不低于 2.5%。测量范围 0～1.5 L/min。

f）抽气泵：流量为 2 L/min 时，抽气能力应能克服烟道及采样系统阻力。当流量计量装置放在抽气泵出口端时，抽气泵应不漏气。

g）天平：感量应不大于 1 mg。

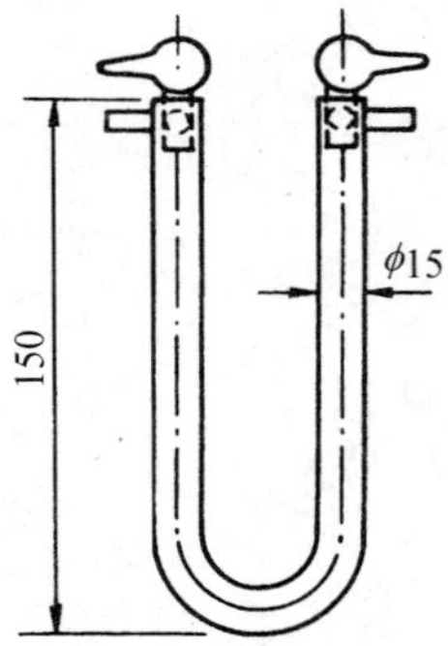

图 13　U 形吸湿管

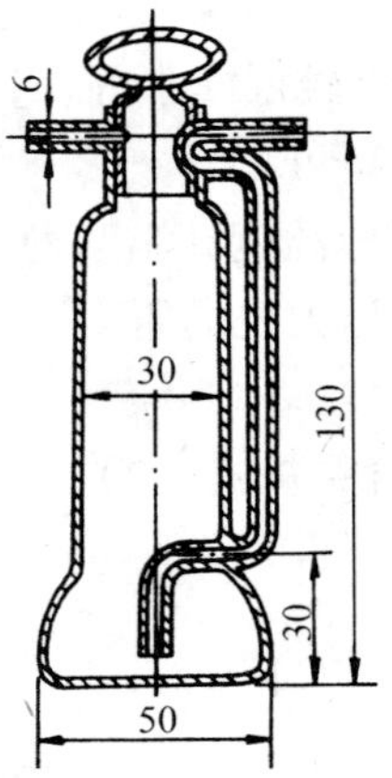

图 14　雪菲尔德吸湿管

5.2.4.3　准备工作

将粒状吸湿剂装入 U 形吸湿管或雪菲尔德吸湿管内，并在吸湿管进、出口两端充填少量玻璃棉，关闭吸湿管阀门，擦去表面的附着物后，用天平称重。

5.2.4.4　采样步骤

a）将仪器按图 12 连接。

b）检查系统是否漏气，检查漏气的方法是将吸湿管前的连接橡皮管堵死，开动抽气泵，至压力表指示的负压达到 13 kPa 时，封闭连接抽气泵的橡皮管，如真空压力表的示值在 1 min 内下降不超过 0.15 kPa，则视为系统不漏气。

c）将装有滤料的采样管由采样孔插入烟道中心后，封闭采样孔，对采样管进行预热。

d）打开吸湿管阀门，以 1 L/min 流量抽气，同时记下采样开始时间。采样时间视排气的水分含量大小而定，采集的水分量应不小于 10 mg。

e）记下流量计前气体的温度、压力和流量计读数。

f）采样结束，关闭抽气泵，记下采样终止时间，关闭吸湿管阀门，取下吸湿管。

g）擦去吸湿管表面的附着物后，用天平称重。

5.2.4.5　计算

排气中水分含量按式（3）计算：

$$X_{sw}=\frac{1.24G_m}{V_d\left(\frac{273}{273+t_r}\times\frac{B_a+P_r}{101\,300}\right)+1.24G_m}\times 100 \tag{3}$$

式中：X_{sw}——排气中水分含量的体积百分数，%；

G_m——吸湿管吸收的水分重量，g；

V_d——测量状况下抽取的干气体体积[$V_d\approx(Q'_r\times t)$]，L；

Q'_r——转子流量计读数，L/min；

t——采样时间，min；

t_r——流量计前气体温度，℃；

P_r——流量计前气体压力，Pa；

B_a——大气压力，Pa；

1.24——在标准状态下，1 g 水蒸气所占有的体积，L。

5.3　排气中 CO，CO_2，O_2 等气体成分的测定采用奥氏气体分析仪或等效的仪器法测定。

5.3.1　采样位置及测点

按 4.2.1 和 4.2.4 确定。可在烟道近中心处一点上采样。

5.3.2　奥氏气体分析仪法

5.3.2.1　原理

用不同的吸收液分别对排气的各成分逐一进行吸收，根据吸收前、后排气体积的变化，计算出该成分在排气中所占的体积百分数。

5.3.2.2　采样装置及仪器

a）带有滤尘头的内径 ϕ6 mm 的聚四氟乙烯或不锈钢采样管。

b）二连球或便携式抽气泵。

c）球胆或铝箔袋。

d）奥氏气体分析仪（图 15）。

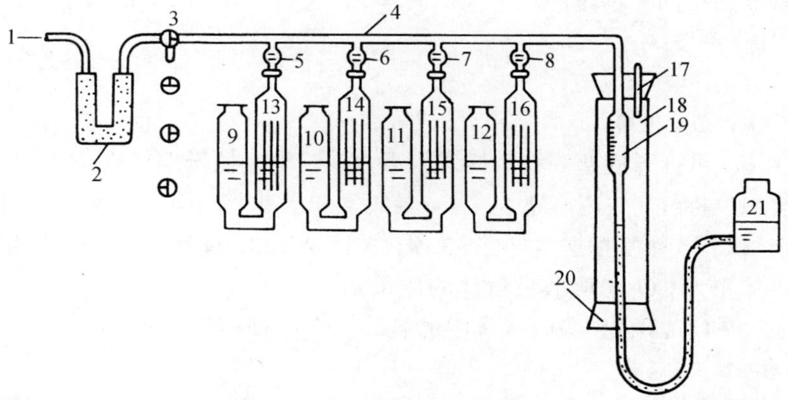

1—进气管；2—干燥器；3—三通旋塞；4—梳形管；5、6、7、8—旋塞；9、10、11、12—缓冲瓶；13、14、15、16—吸收瓶；17—温度计；18—水套管；19—量气管；20—胶塞；21—水准瓶

图 15　奥氏气体分析仪

5.3.2.3　试剂

a）各种化学试剂：分析纯。

b）氢氧化钾溶液：将 75.0 g 氢氧化钾溶于 150.0 ml 的蒸馏水中，将上述溶液装入吸收瓶 16 中。

c）焦性没食子酸碱溶液：称取 20.0 g 焦性没食子酸溶于 40.0 ml 蒸馏水中，55.0 g 氢氧化钾溶于 110.0 ml 水中。将两种溶液装入吸收瓶 15 内混合。为了使溶液与空气完全隔绝，防止氧化，可在缓冲瓶 11 内，加入少量液体石蜡。

d）铜氨络离子溶液：称取 250.0 g 氯化铵，溶于 750.0 ml 水中，过滤于装有铜丝或铜粒的 1 000 ml 细口瓶中，再加 200.0 g 氯化亚铜，将瓶口封严，放数日至溶液褪色。使用时量取上述溶液 105.0 ml 和 45.0 ml 浓氨水，混匀，装入吸收瓶 14 中。

e）封闭液：含 5%硫酸的氯化钠饱和溶液约 500 ml，加 1 ml 甲基橙指示液，取 150.0 ml 装入吸收瓶 13。其余的溶液装入水准瓶 21 内。

5.3.2.4　采样步骤

a）将采样管、二连球（或便携式抽气泵）与球胆（或铝箔袋）连好。

b）将采样管插入到烟道近中心处，封闭采样孔。

c）用二连球或抽气泵将烟气抽入球胆或铝箔袋中，用烟气反复冲洗排空 3 次，最后采集约 500 ml

烟气样品，待分析。

5.3.2.5 分析步骤

a）检查奥氏气体分析仪的严密性

（a）将吸收液液面提升到旋塞 5、6、7、8 的下标线处，关闭旋塞。各吸收瓶中的吸收液液面应不下降。

（b）打开三通旋塞 3，提高水准瓶，使量气管液面位于 50 ml 刻度处，关闭三通旋塞 3，再降低水准瓶，量气管中液位经 2～3 min 不发生变化。

b）取气样

（a）将盛有排气样的球胆或铝箔袋连接奥氏气体分析器进气管 1，将三通旋塞 3 连通大气，抬高水准瓶，使量气管液面至 100 ml 处，然后将旋塞 3 连通烟气样品，降低水准瓶，使量气管液面降至零处，再将旋塞 3 连通大气，提高水准瓶，排出气体，反复 2～3 次，以冲洗整个系统，排除系统中残余空气。

（b）将旋塞 3 连通气样，取烟气样品 100 ml，取样时使量气管中液面降到“0”刻度稍下，并保持水准瓶液面与量气管液面在同一水平面上，关闭旋塞 3，待气样冷却 2 min 左右后，提高水准瓶，使量气管内凹液面对准“0”刻度线。

c）分析

分析的顺序是 CO_2，O_2，CO。

（a）稍提高水准瓶，再打开旋塞 8 将气样送入吸收瓶，往复抽送烟气样品 4～5 次后，将吸收瓶 16 的吸收液液面恢复至原位标线，关闭旋塞 8，对齐量气管和水准瓶液面，读数。为了检查是否吸收完全，打开旋塞 8，重复上述操作，往复抽送气样 2～3 次，关闭旋塞 8，读数。两次读数相等，表示吸收完全，记下量气管体积。该体积为 CO_2 被吸收后气体的体积 a。

（b）用吸收瓶 15、14、13 分别吸收气体中的氧、一氧化碳和吸收过程中放出的氨气。操作方法同（a），读数分别为 b 和 c。

（c）分析完毕，将水准瓶抬高，打开旋塞 3 排出仪器中的烟气，关闭旋塞 3 后再降低水准瓶，以免吸入空气。

5.3.2.6 计算

排气各成分的体积百分含量计算如下：

二氧化碳 $X_{CO_2}=(100-a)\%$

氧 $X_{O_2}=(a-b)\%$

一氧化碳 $X_{CO}=(b-c)\%$

氮 $X_{N_2}=c\%$

式中：a、b、c 分别为 CO_2、O_2、CO 被吸收液吸收后烟气体积的剩余量（ml）；“100”是所取的烟气体积（ml）。

5.4 排气压力的测定

排气的压力一般是指其静压 P_s，测定排气静压的仪器及方法见 7.5.2。

6 排气密度和气体分子量的计算

6.1 排气密度的计算

6.1.1 排气密度和其分子量、气温、压力的关系由下式计算：

$$\rho_s=\frac{M_s(B_a+P_s)}{8\ 312(273+t_s)} \tag{4}$$

式中：ρ_s——排气的密度，kg/m^3；

M_s——排气气体的分子量，kg/kmol；

B_a——大气压力，Pa；

P_s——排气的静压，Pa；

t_s——排气的温度，℃。

$$8\,312=\frac{22.4\times101\,300}{273}\ \text{(J/K)}$$

6.1.2 标准状态下湿排气的密度按下式计算：

$$\rho_n=\frac{M_s}{22.4}=\frac{1}{22.4}[(M_{O_2}X_{O_2}+M_{CO}X_{CO}+M_{CO_2}X_{CO_2}+M_{N_2}X_{N_2})(1-X_{sw})+M_{H_2O}X_{sw}] \quad (5)$$

式中：ρ_n——标准状态下湿排气的密度，kg/m^3；

M_s——湿排气气体的分子量，kg/kmol；

M_{O_2}、M_{CO}、M_{CO_2}、M_{N_2}、M_{H_2O}——排气中氧、一氧化碳、二氧化碳、氮气和水的分子量，kg/kmol；

X_{O_2}、X_{CO}、X_{CO_2}、X_{N_2}——干排气中氧、一氧化碳、二氧化碳、氮气的体积百分数，%；

X_{sw}——排气中水分含量的体积百分数，%。

6.1.3 测量状态下烟道内湿排气的密度按式（6）计算：

$$\rho_s=\rho_n\frac{273}{273+t_s}\times\frac{B_a+P_s}{101\,300} \quad (6)$$

式中：ρ_s——测量状态下烟道内湿排气的密度，kg/m^3；

P_s——排气的静压，Pa。

6.2 排气气体分子量的计算

6.2.1 排气气体分子量的计算

已知各成分气体的体积百分数 X_i 和其分子量 M_i，排气气体的分子量按式（7）计算：

$$M_s=\Sigma X_iM_i \quad (7)$$

式中：M_s——排气气体的分子量，kg/kmol；

X_i——某一成分气体的体积百分数，%；

M_i——某一成分气体的分子量，kg/kmol。

6.2.2 干排气气体分子量的计算

干排气气体的分子量 M_{sd} 按式（8）计算：

$$M_{sd}=X_{O_2}M_{O_2}+X_{CO}M_{CO}+X_{CO_2}M_{CO_2}+X_{N_2}M_{N_2} \quad (8)$$

6.2.3 湿排气气体分子量的计算

湿排气气体分子量 M_s 按式（9）计算：

$$M_s=(X_{O_2}M_{O_2}+X_{CO}M_{CO}+X_{CO_2}M_{CO_2}+X_{N_2}M_{N_2})(1-X_{sw})+X_{sw}M_{H_2O} \quad (9)$$

7 排气流速、流量的测定

7.1 测量位置及测点

按照 4.2.1 和 4.2.4 的要求选定。

7.2 原理

排气的流速与其动压平方根成正比，根据测得某测点处的动压、静压以及温度等参数，由式（10）计算出排气流速。

7.3 测量装置及仪器

a）标准型皮托管：标准型皮托管的构造如图 16 所示。它是一个弯成 90° 的双层同心圆管，前端呈半圆形，正前方有一开孔，与内管相通，用来测定全压。在距前端 6 倍直径处外管壁上开有一圈孔径为 1 mm 的小孔，通至后端的侧出口，用于测定排气静压。

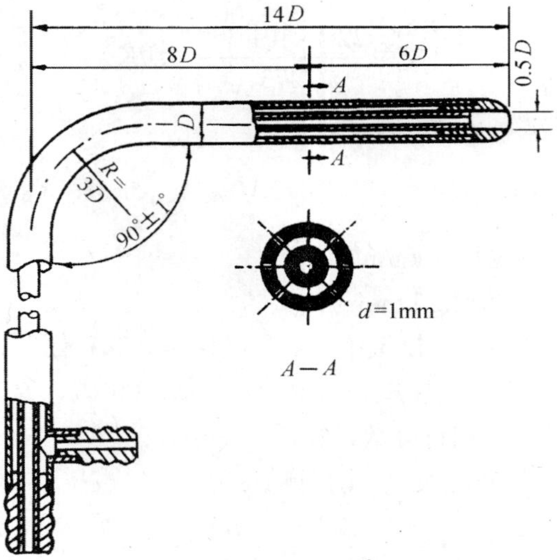

图 16 标准型皮托管

按照上述尺寸制作的皮托管其修正系数为 0.99±0.01，如果未经标定，使用时可取修正系数 K_p 为 0.99。

标准型皮托管的测孔很小，当烟道内颗粒物浓度大时，易被堵塞。它适用于测量较清洁的排气。

b）S 形皮托管。S 形皮托管的结构见图 17。它是由两根相同的金属管并联组成。测量端有方向相反的两个开口，测定时，面向气流的开口测得的压力为全压，背向气流的开口测得的压力小于静压。按照图 17 设计要求制作的 S 形皮托管，其修正系数 K_p 为 0.84±0.01。制作尺寸与上述要求有差别的 S 形皮托管的修正系数需进行校正。其正、反方向的修正系数相差应不大于 0.01。S 形皮托管的测压孔开口较大，不易被颗粒物堵塞，且便于在厚壁烟道中使用。

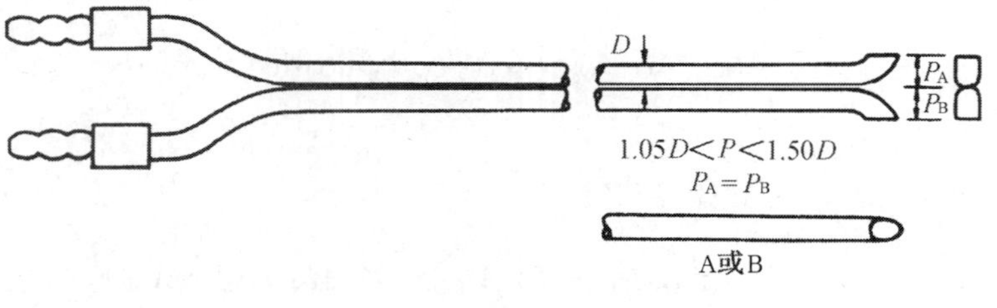

图 17 S 形皮托管

c)斜管微压计:斜管微压计用于测定排气的动压,其精确度应不低于 2%,最小分度值应不大于 2 Pa。

d）U 形压力计：U 形压力计用于测定排气的全压和静压，其最小分度值应不大于 10 Pa。

e）大气压力计：最小分度值应不大于 0.1 kPa。

7.4 准备工作

7.4.1 将微压计调整至水平位置。

7.4.2 检查微压计液柱中有无气泡。

7.4.3 检查微压计是否漏气。向微压计的正压端（或负压端）入口吹气（或吸气），迅速封闭该入口，如微压计的液柱位置不变，则表明该通路不漏气。

7.4.4 检查皮托管是否漏气。用橡皮管将全压管的出口与微压计的正压端连接，静压管的出口与微压计的负压端连接。由全压管测孔吹气后，迅速堵严该测孔，如微压计的液柱位置不变，则表明全压管不漏气；此时再将静压测孔用橡皮管或胶布密封，然后打开全压测孔，此时微压计液柱将跌落至某一位置，如液面不继续跌落，则表明静压管不漏气。

7.5 测量步骤

7.5.1 测量气流的动压（图 18）

a）将微压计的液面调整到零点。

b）在皮托管上标出各测点应插入采样孔的位置。

c）将皮托管插入采样孔。使用 S 形皮托管时，应使开孔平面垂直于测量断面插入。如断面上无涡流，微压计读数应在零点左右。使用标准皮托管时，在插入烟道前，切断皮托管和微压计的通路，以避免微压计中的酒精被吸入到连接管中，使压力测量产生错误。

d）在各测点上，使皮托管的全压测孔正对着气流方向，其偏差不得超过 10°，测出各点的动压，分别记录在表中。重复测定一次，取平均值。

e）测定完毕后，检查微压计的液面是否回到原点。

7.5.2 测量排气的静压（图 18）

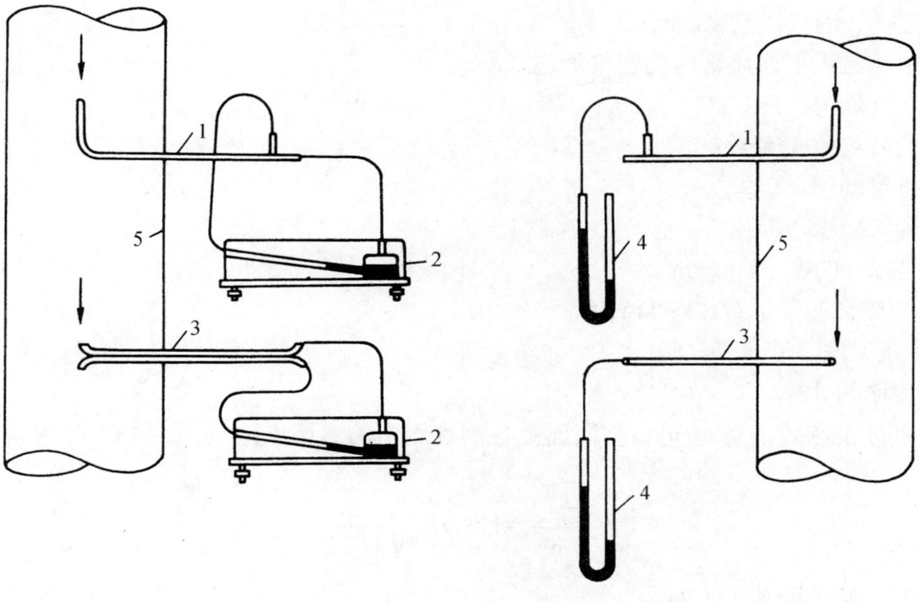

1—标准皮托管；2—斜管微压计；3—S 形皮托管；4—U 形压力计；5—烟道

图 18 动压及静压的测定装置

a）将皮托管插入烟道近中心处的一个测点。

b）使用 S 形皮托管测量时只用其一路测压管。其出口端用胶管与 U 形压力计一端相连，将 S 形皮托管插入到烟道近中心处，使其测量端开口平面平行于气流方向，所测得的压力即为静压。

c）使用标准型皮托管时，用胶管将其静压管出口端与 U 形压力计一端相连，将皮托管伸入到烟道近中心处，使其全压测孔正对气流方向，所测得的压力即为静压。

7.5.3 测量排气的温度

7.5.4 测量大气压力

a）使用大气压力计直接测出。

b）也可以根据当地气象站给出的数值，加或减因测点与气象站标高不同所需的修正值。即标高每增加 10 m，大气压力约减小 110 Pa。

7.6 排气流速和流量的计算

7.6.1 排气流速的计算

7.6.1.1 测点气流速度 V_s 按式（10）计算

$$V_s=K_p\sqrt{\frac{2P_d}{\rho_s}}=128.9K_p\sqrt{\frac{(273+t_s)\ P_d}{M_s(B_a+P_s)}} \tag{10}$$

当干排气成分与空气近似，排气露点温度在 35～55℃、排气的绝对压力在 97～103 kPa 时，V_s 可按式（11）计算：

$$V_s=0.076K_p\sqrt{273+t_s}\cdot\sqrt{P_d} \tag{11}$$

对于接近常温、常压条件下（t=20℃，B_a+P_s=101 300 Pa），通风管道的空气流速 V_a 按式（12）计算：

$$V_a=1.29K_p\sqrt{P_d} \tag{12}$$

式中：V_s——湿排气的气体流速，m/s；

V_a——常温常压下通风管道的空气流速，m/s；

B_a——大气压力，Pa；

K_p——皮托管修正系数；

P_d——排气动压，Pa；

P_s——排气静压，Pa；

ρ_s——湿排气的密度，kg/m^3；

M_s——湿排气的分子量，kg/kmol；

t_s——排气温度，℃。

7.6.1.2 平均流速的计算

烟道某一断面的平均流速 $\overline{V}_s$ 可根据断面上各测点测出的流速 V_{si}，由式（13）计算：

$$\overline{V}_s=\frac{\sum_{i=1}^{n}V_{st}}{n}=128.9K_p\sqrt{\frac{273+t_s}{M_s(B_a+P_s)}}\cdot\frac{\sum_{i=1}^{n}\sqrt{P_{di}}}{n} \tag{13}$$

式中：P_{di}——某一测点的动压，Pa；

n——测点的数目。

当干排气成分与空气相近，排气露点温度为 35～55℃，排气绝对压力在 97～103kPa 时，某一断面的平均气流速度 $\overline{V}_s$ 按式（14）计算：

$$\overline{V}_s=0.076K_p\sqrt{273+t_s}\cdot\frac{\sum_{i=1}^{n}\sqrt{P_{di}}}{n} \tag{14}$$

对于接近常温、常压条件下（t=20℃，B_a+P_s=101 300 Pa），通风管道中某一断面的平均空气流速 $\overline{V}_a$ 按式（15）计算：

$$\overline{V}_a=1.29K_p\frac{\sum_{i=1}^{n}\sqrt{P_{di}}}{n} \qquad (15)$$

7.6.2 排气流量的计算

7.6.2.1 工况下的湿排气流量 Q_s 按式（16）计算：

$$Q_s=3\,600\cdot F\cdot\overline{V}_s \qquad (16)$$

式中：Q_s——工况下湿排气流量，m^3/h；

F——测定断面面积，m^2；

$\overline{V}_s$——测定断面的湿排气平均流速，m/s。

7.6.2.2 标准状态下干排气流量 Q_{sn} 按式（17）计算：

$$Q_{sn}=Q_s\cdot\frac{B_a+P_s}{101\,300}\cdot\frac{273}{273+t_s}(1-X_{sw}) \qquad (17)$$

式中：Q_{sn}——标准状态下干排气流量，m^3/h；

B_a——大气压力，Pa；

P_s——排气静压，Pa；

t_s——排气温度，℃；

X_{sw}——排气中水分含量体积百分数，%。

7.6.2.3 常温常压条件下，通风管道中的空气流量按式（18）计算：

$$Q_a=3\,600\cdot F\cdot\overline{V}_a \qquad (18)$$

式中：Q_a——通风管道中的空气流量，m^3/h。

8 排气中颗粒物的测定

8.1 采样位置和采样点，按 4.2.1 和 4.2.4 确定

8.2 测定方法概要

8.2.1 颗粒物等速采样方法原理

将烟尘采样管由采样孔插入烟道中，使采样嘴置于测点上，正对气流，按颗粒物等速采样原理，即采样嘴的吸气速度与测点处气流速度相等（其相对误差应在 10%以内），抽取一定量的含尘气体。根据采样管滤筒上所捕集到的颗粒物量和同时抽取的气体量，计算出排气中颗粒物浓度。

维持颗粒物等速采样的方法有普通型采样管法（即预测流速法）、皮托管平行测速采样法、动压平衡型采样管法和静压平衡型采样管法四种。可根据不同测量对象状况，选用其中的一种方法。

8.2.2 移动采样

用一个滤筒在已确定的采样点上移动采样，各点采样时间相等，求出采样断面的平均浓度。

8.2.3 定点采样

每个测点上采一个样，求出采样断面的平均浓度，并可了解烟道断面上颗粒物浓度变化状况。

8.2.4 间断采样

对有周期性变化的排放源，根据工况变化及其延续时间，分段采样，然后求出其时间加权平均浓度。

8.3 普通型采样管法（预测流速法）

8.3.1 原理

采样前预先测出各采样点处的排气温度、压力、水分含量和气流速度等参数，结合所选用的采样嘴直径，计算出等速采样条件下各采样点所需的采样流量，然后按该流量在各测点采样。

8.3.2 等速采样的流量按式（19）计算：

$$Q'_{r}=0.000\ 47\ d^{2}\cdot V_{s}\left(\frac{B_{a}+P_{s}}{273+t_{s}}\right)\left[\frac{M_{sd}(273+t_{r})}{B_{a}+P_{r}}\right]^{1/2}(1-X_{sw}) \quad (19)$$

式中：Q'_r——等速采样流量的转子流量计读数，L/min；

d——采样嘴直径，mm；

V_s——测点气体流速，m/s；

B_a——大气压力，Pa；

P_s——排气静压，Pa；

P_r——转子流量计前气体压力，Pa；

t_s——排气温度，℃；

t_r——转子流量计前气体温度，℃；

M_{sd}——干排气的分子量，kg/kmol；

X_{sw}——排气中的水分含量体积百分数，%。

当干排气成分和空气近似时，等速采样流量 Q'_r 按式（20）计算：

$$Q'_{r}=0.002\ 5\ d^{2}\cdot V_{s}\left(\frac{B_{a}+P_{s}}{273+t_{s}}\right)\left[\frac{273+t_{r}}{B_{a}+P_{r}}\right]^{1/2}(1-X_{sw}) \quad (20)$$

普通型采样管法，适用于工况比较稳定的污染源采样。尤其是在烟道气流速度低、高温、高湿、高粉尘浓度的情况下，均有较好的适应性。并可配用惯性尘粒分级仪测量颗粒物的粒径分级组成。

8.3.3 采样装置和仪器

普通型采样管采样装置见图 19，它由普通型采样管、颗粒物捕集器、冷凝器、干燥器、流量计量和控制装置、抽气泵等几部分组成。当排气中含有二氧化硫等腐蚀性气体时，在采样管出口还应设置腐蚀性气体的净化装置（如双氧水洗涤瓶等）。

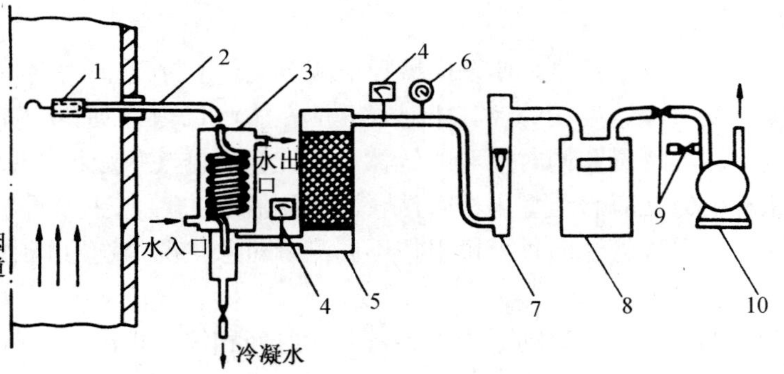

1—滤筒；2—采样管；3—冷凝器；4—温度计；5—干燥器；6—真空压力表；

7—转子流量计；8—累积流量计；9—调节阀；10—抽气泵

图 19 普通型采样管法颗粒物采样装置

8.3.3.1 采样管。采样管有玻璃纤维滤筒采样管和刚玉滤筒采样管两种。

a）玻璃纤维滤筒采样管。由采样嘴、前弯管、滤筒夹、滤筒、采样管主体等部分组成（图 20）。滤筒由滤筒夹顶部装入，靠入口处两个锥度相同的圆锥环夹紧固定。在滤筒外部有一个与滤筒外形一样而尺寸稍大的多孔不锈钢托，用以承托滤筒，以防采样时滤筒破裂。采样管各部件均用不锈钢制作及焊接。

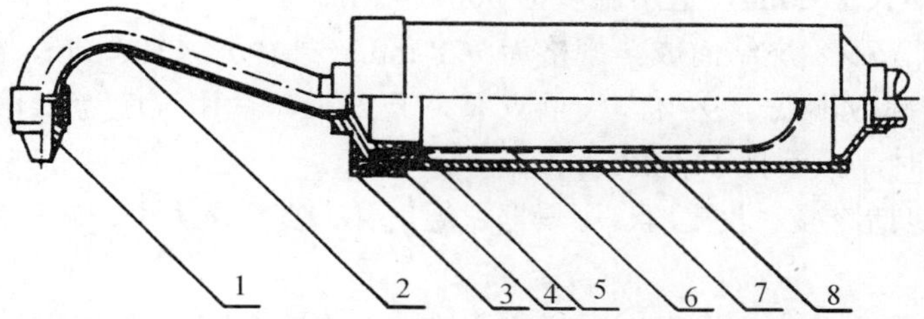

1—采样嘴；2—前弯管；3—滤筒夹压盖；4—滤筒夹；5—滤筒夹；6—不锈钢托；7—采样管主体；8—滤筒

图 20　玻璃纤维滤筒采样管

b. 刚玉滤筒采样管。由采样嘴、前弯管、滤筒夹、刚玉滤筒、滤筒托、耐高温弹簧、石棉垫圈、采样管主体等部分组成（图 21）。刚玉滤筒由滤筒夹后部放入，借滤筒托、耐高温弹簧和滤筒夹可调后体压紧在滤筒夹前体上。滤筒进口与滤筒夹前体和滤筒夹与采样管接口处用石棉或石墨垫圈密封。采样管各部件均用不锈钢制作和焊接。

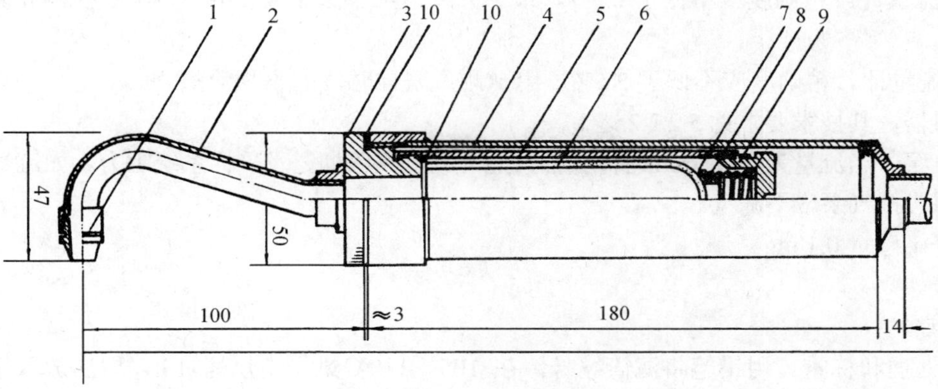

1—采样嘴；2—前弯管；3—滤筒夹前体；4—采样管主体；5—滤筒夹中体；
6—刚玉滤筒；7—滤筒托；8—耐高温弹簧；9—滤筒夹后体；10—石棉垫圈

图 21　刚玉滤筒采样管

8.3.3.2　采样嘴。采样嘴入口角度应不大于 45°，与前弯管连接的一端的内径 d_1 应与连接管内径相同，不得有急剧的断面变化和弯曲（图 22）。入口边缘厚度应不大于 0.2 mm，入口直径 d 偏差应不大于± 0.1 mm，其最小直径应不小于 5 mm。

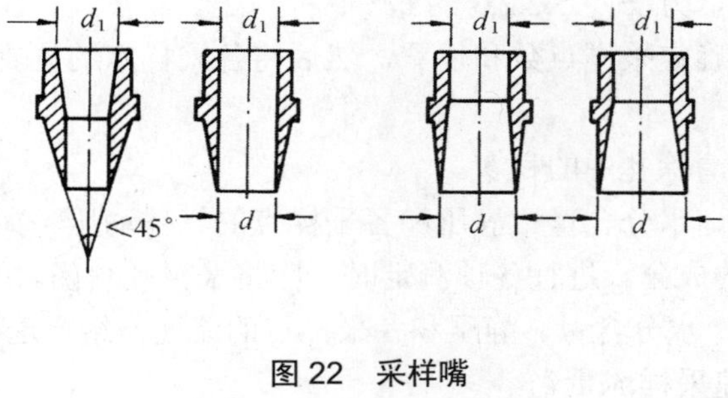

图 22　采样嘴

8.3.3.3 滤筒

a）玻璃纤维滤筒。由玻璃纤维制成，有直径 32 mm 和 25 mm 两种。对 0.5 μm 的粒子捕集效率应不低于 99.9%。失重应不大于 2 mg，适用温度为 500℃以下。

b）刚玉滤筒。由刚玉砂等烧结而成。规格为ϕ 28 mm（外径）×100 mm，壁厚（1.5±0.3）mm。对 0.5 μm 的粒子捕集效率应不低于 99%。失重应不大于 2 mg，适用温度为 1 000℃以下。空白滤筒阻力，当流量为 20 L/min 时，应不大于 4 kPa。

8.3.3.4 流量计量箱。包括冷凝水收集器、干燥器、温度计、真空压力表、转子流量计和根据需要加装的累积流量计等。

a）冷凝水收集器。用于分离、贮存在采样管、连接管中冷凝下来的水。冷凝水收集器容积应不小于 100 ml，放水开关关闭时应不漏气。出口处应装有温度计，用于测定排气的露点温度。

b）干燥器。容积应不小于 0.8 L，高度不小于 150 mm，内装硅胶。气体出口应有过滤装置，装料口处应有密封圈。用于干燥进入流量计前的湿排气。

c）温度计。精确度应不低于 2.5%，温度范围−10～16℃，最小分度值应不大于 2℃。分别用于测量气体的露点和进入流量计的气体温度。

d）真空压力表。精确度应不低于 4%，最小分度值应不大于 0.5 kPa。用于测量进入流量计的气体压力。

e）转子流量计。精确度应不低于 2.5%，最小分度值应不大于 1 L/min。用于控制和测量采样时的瞬时流量。

f）累积流量计。精确度应不低于 2.5%，用于测量采样时段的累积流量。

8.3.3.5 冷凝器。其技术要求见 5.2.2.2 之 b。

8.3.3.6 抽气泵。当流量为 40 L/min 时，其抽气能力应能克服烟道及采样系统阻力。如流量计量装置放在抽气泵出口，抽气泵应不漏气。

8.3.3.7 天平。感量 0.1 mg。

8.3.3.8 秒表。

8.3.4 采样准备

a）滤筒处理和称重。用铅笔将滤筒编号，在 105～110℃烘箱中烘烤 1 h，取出放入干燥器中冷却至室温，用感量 0.1 mg 天平称量，两次重量之差应不超过 0.5 mg。当滤筒在 400℃以上高温排气中使用时，为了减少滤筒本身减重，应预先在 400℃高温箱中烘烤 1 h，然后放入干燥器中冷却至室温，称量至恒重，放入专用的容器中保存。

b）检查所有的测试仪器功能是否正常，干燥器中的硅胶是否失效。

c）检查系统是否漏气，如发现漏气，应再分段检查，堵漏，直到合格。检查漏气的方法同 5.2.2.3 的 c。

8.3.5 采样步骤

a）记下滤筒编号，将滤筒装入采样管，用滤筒压盖或滤筒托，将滤筒进口压紧。

b）对采样系统进行检漏，方法同 5.2.2.3 的 c。

c）根据烟道断面大小，确定采样点数和位置，然后将各采样点的位置用胶布在皮托管和采样管上做出记号。

d）打开烟道的采样孔，清除孔中的积灰。

e）按顺序测定排气温度、水分含量、静压和各采样点的气体动压。如干排气成分与空气的成分有较大差异时，还应测定排气的成分。进行各项测定时，应将采样孔封闭。

f）根据测得的排气温度、水分含量、静压和各采样点的流速，结合选用的采样嘴直径，按式（19）或（20）算出各采样点的等速采样流量。

g）装上所选定的采样嘴，开动抽气泵调整流量至第一个采样点所需的等速采样流量，关闭抽气泵。记下累积流量计初读数 V_1。

h）将采样管插入烟道中第一采样点处，将采样孔封闭，使采样嘴对准气流方向（其与气流方向偏差不得大于 10°），然后开动抽气泵，并迅速调整流量到第一个采样点的采样流量。

i）采样期间，由于颗粒物在滤筒上逐渐聚集，阻力会逐渐增加，需随时调节控制阀以保持等速采样流量，并记下流量计前的温度、压力和该点的采样延续时间。

j）一点采样后，立即将采样管按顺序移到第二个采样点，同时调节流量至第二个采样点所需的等速采样流量。依次类推，顺序在各点采样。每点采样时间视颗粒物浓度而定，原则上每点采样时间应不少于 3 min。各点采样时间应相等。

k）采样结束后，关闭抽气泵，小心地从烟道取出采样管，注意不要倒置。记录累积流量计终读数 V_2。如采样管倒置采样，采样结束时，应及时记下采样时间及累积流量计终读数 V_2，并迅速从烟道中取出采样管，正置后，再关闭抽气泵。

l）用镊子将滤筒取出，轻轻敲打前弯管，并用细毛刷将附着在前弯管内的尘粒刷到滤筒中，将滤筒用纸包好，放入专用盒中保存。

m）每次采样，至少采取三个样品，取其平均值。

n）采样后应再测量一次采样点的流速，与采样前的流速相比，如相差大于 20%，样品作废，重新取样。

8.3.6　样品分析

采样后的滤筒放入 105℃烘箱中烤 1 h，取出置于干燥器中，冷却至室温，用感量 0.1 mg 天平称量至恒重。采样前后滤筒重量之差，即为采取的颗粒物量。

8.4　皮托管平行测速采样法

8.4.1　原理

此法与普通型采样管法基本相同，将普通采样管、S 形皮托管和热电偶温度计固定在一起，采样时将三个测头一起插入烟道中同一测点，根据预先测得的排气静压，水分含量和当时测得的测点动压、温度等参数，结合选用的采样嘴直径，由编有程序的计算器及时算出等速采样流量（等速采样流量的计算与预测流速法相同）。调节采样流量至所要求的转子流量计读数进行采样。采样流量与计算的等速采样流量之差应在 10%以内。此法的特点是当工况发生变化时，可根据所测得的流速等参数值，及时调节采样流量，保证颗粒物的等速采样条件。

8.4.2　采样装置和仪器

皮托管平行测速采样装置由组合采样管、除硫干燥器、流量计量箱、抽气泵等部分组成，其系统见图 23。

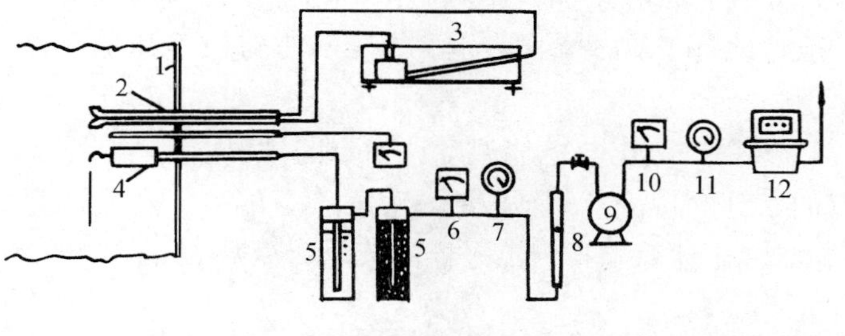

1—烟道；2—皮托管；3—斜管微压计；4—采样管；5—除硫干燥器；6—温度计；7—真空压力表；
8—转子流量计；9—真空泵；10—温度计；11—压力表；12—累积流量计

图 23　皮托管平行测速法固体颗粒物采样装置

8.4.2.1　组合采样管。由普通型采样管和与之平行放置的 S 形皮托管、热电偶温度计固定在一起组成，三者之间的相对位置见图 24。普通型采样管、S 形皮托管、热电偶温度计的技术要求见 8.3.3.1～8.3.3.3 和 7.3b 及 5.1.2。

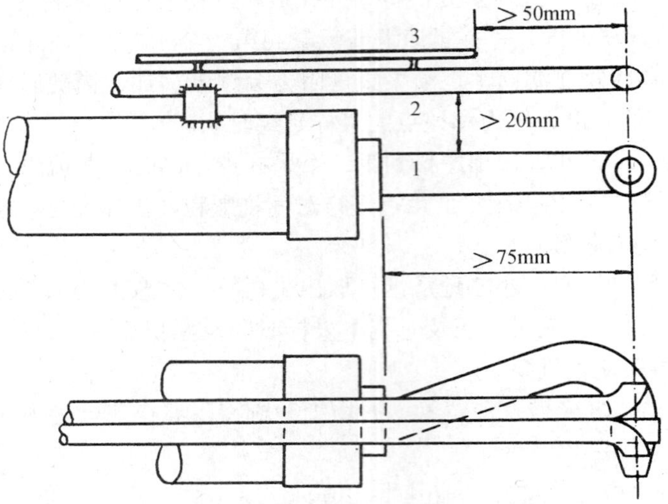

1—采样管；2—S 形皮托管；3—热电偶温度计

图 24　组合采样管相对位置要求

8.4.2.2　除硫干燥器。由气体洗涤瓶（内装 3%双氧水 600～800 ml）和干燥器串联组成。

8.4.2.3　流量计量箱。由温度计、真空压力表、转子流量计和累积流量计等组成。其技术要求同普通型采样管法的 8.3.3.4。

8.4.2.4　抽气泵、天平。技术要求同普通型采样管法的 8.3.3.6～8.3.3.7。

8.4.3　采样准备。采样准备与普通型采样管法相同。

8.4.4　采样步骤

a）根据烟道尺寸确定采样点的数目和位置，将各采样点的位置在采样管上做出标记。

b）记下滤筒的编号，将已称重的滤筒装入采样管内，并装上所选定的采样嘴。

c）打开烟道的采样孔，清除孔中的积灰。

d）测量排气中水分含量。

e）测量排气的静压。将组合采样管小心地插入烟道近中心处，使 S 形皮托管的测压孔平面平行于气流，将其一侧出口用橡皮管与 U 形压力计相连，测出排气的静压。

f）测量排气的动压。将 S 形皮托管的两个测压出口用橡皮管与斜管微压计连接（连接时应将橡皮管气路切断），将测压孔准确地置于第一采样点上。旋转 90° 使其全压测孔正对着气流方向（偏差应小于 10°），测出排气的动压。

g）将组合采样管旋转 90°，读出热电偶温度计指示的排气温度。

h）将所测得的排气的水分含量 X_{sw}、静压 P_s、动压 P_d、温度 t_s 和采样嘴直径 d 输入到按式（19）或（20）编成程序的计算器中，计算出第一点采样的流量计读数 Q'_{r1}。

i）记下累积流量计初读数 V_1。

j）将组合采样管旋转 90°，使采样嘴及 S 形皮托管全压测孔正对着气流。开动抽气泵，记录采样开始时间，迅速调节采样流量到第一测点所需的等速采样流量值 Q'_{r1}，进行采样。采样流量与计算的等速采样流量之差应在 10%以内。

k）采样期间当动压、温度等有较大变化时，需随时将有关参数输入计算器，重新计算等速采样流量，并调节流量计至所需的等速采样流量。另外，由于颗粒物在滤筒内壁逐渐聚集，使其阻力增加，也需及时调节控制阀以保持等速采样流量。记录排气的温度、动压、流量计前的气体温度、压力及该点的采样延续时间。

l）一点采样后，立即将采样管移至第二采样点。根据在第二点所测得的动压 P_d、排气温度 t_s，计算出第二采样点的等速采样流量 Q'_{r2}，迅速调整采样流量到 Q'_{r2}，继续进行采样。依次类推，顺序在各点采样。

m）采样完毕后，关闭抽气泵。从烟道中小心地取出采样管。记录累积流量计的终读数 V_2。

n）采样前的检漏、其他操作与普通型采样管法相同。

8.5　动压平衡型等速采样管法

8.5.1　原理

利用装置在采样管中的孔板在采样抽气时产生的压差和与采样管平行放置的皮托管所测出的气体动压相等来实现等速采样。此法的特点是，当工况发生变化时，它通过双联斜管微压计的指示，可及时调整采样流量，保证等速采样的条件。

8.5.2　采样装置和仪器

采样装置由动压平衡型组合采样管、双联斜管微压计、流量计量箱和抽气泵等部分组成（图 25）。

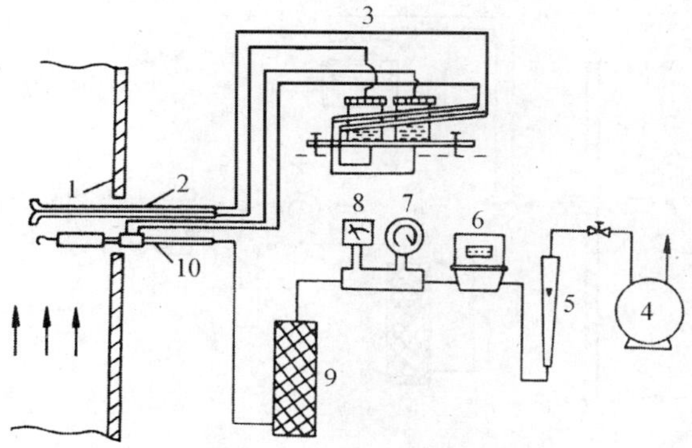

1—烟道；2—皮托管；3—双联斜管微压计；4—抽气泵；5—转子流量计；6—累积流量计；7—真空压力表；8—温度计；9—干燥器；10—采样管

图 25　动压平衡法固体颗粒物采样装置

a）动压平衡型组合采样管系由滤筒采样管和与之平行放置的 S 形皮托管构成。采样管的滤筒夹后装有孔板，用于控制等速采样流量。S 形皮托管用于测量排气流速。二者间的相对位置应满足图 24 的要求。标定时孔板上游应维持 3 kPa 的真空度，孔板的系数和 S 形皮托管的系数相差应不超过 2%。

b）双联斜管微压计，用于测定 S 形皮托管的动压和孔板的压差。斜管微压计应符合 7.3c 的规定，两微压计之间的误差应不大于 5 Pa。

c）流量计量箱。除增加一累积流量计外，其他与普通型采样管法相同，应符合 8.3.3.4 条的规定。

d）累积流量计。其精确度应不低于 2.5%。

e）抽气泵、天平的技术要求见 8.3.3.6～8.3.3.7。

8.5.3　采样步骤

a）将仪器放在平整的地方，调整双联斜管微压计至水平位置和液柱至零点，按图 25 连接仪器各部件，连接时要注意微压计正负方向，并保持管路畅通，以免一端压力过大，将微压计溶液抽出。

b）记下滤筒编号，将已称重的滤筒装入采样管内，使采样嘴对着气流方向插入管道，置于第一个采样点处，此时连接皮托管的微压计即指示采样点处气体动压。记下累积流量计的初读数 V_1。

c）打开抽气泵，调节采样流量，使孔板的差压读数等于皮托管的气体动压读数，即达到了等速采样条件。采样过程中，要随时注意调节流量，使两微压计读数相等，以保持等速采样条件。

d）采样的同时，记下测点气体的动压、流量计前气体的温度、压力和每一点的采样延续时间。

e）一点采样后，将采样管移到下一个采样点处继续采样，操作同前。采样完毕，记下累积流量计的终读数 V_2。

f）采样前采样系统的检漏，其他操作以及滤筒处理均与普通型采样管法相同。

8.6 静压平衡型等速采样管法

8.6.1 原理

静压平衡型等速采样管法是利用在采样管入口配置的专门采样嘴，在嘴的内外壁上分别开有测量静压的条缝，调节采样流量使采样嘴内、外条缝处静压相等，达到等速采样条件。此法用于测量低含尘浓度的排放源，操作简单、方便。但在高含尘浓度及尘粒黏结性强的场合下，此法的应用受到限制。也不宜用于反推烟气流速和流量，以代替流速流量的测量。

8.6.2 采样装置和仪器

静压平衡等速采样装置主要由静压平衡采样管、压力偏差指示计、流量计量箱和抽气泵等部分组成（图 26）。

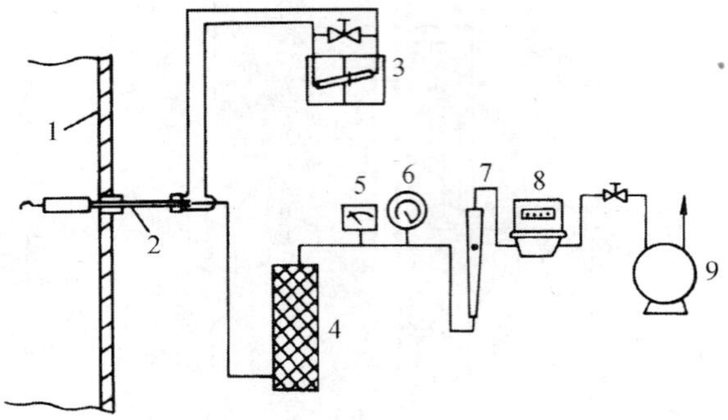

1—烟道；2—采样管；3—压力偏差指示器；4—干燥器；5—温度计；6—真空压力表；
7—转子流量计；8—累积流量计；9—抽气泵

图 26 静压平衡法固体颗粒物采样装置

a）静压平衡采样管。其结构见图 27。应在风洞中对不同直径的采样嘴在高、中、低不同流速下进行标定，至少各标定 3 点，其等速误差应不大于±5%。

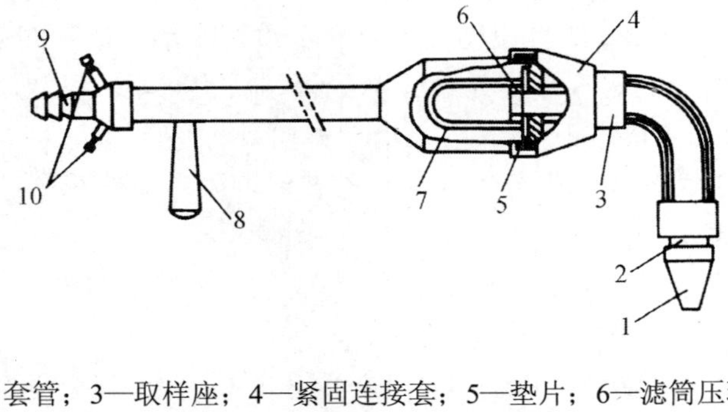

1—采样嘴；2—内套管；3—取样座；4—紧固连接套；5—垫片；6—滤筒压环；7—滤筒；8—手柄；
9—采样管出口接头；10—静压管出口接头

图 27 静压平衡采样管结构

b）压力偏差指标计。它是一倾斜角较小的指零微压计，用以指示采样嘴内外条缝处的静压差。零点前后的最小分度值应不大于 2 Pa。

c）流量计量箱中的干燥器、温度计、真空压力表、转子流量计、累积流量计等的技术要求同 8.3.3.4。

d）抽气泵、天平。其技术要求同 8.3.3.6～8.3.3.7。

8.6.3 采样步骤

a）将仪器箱放在水平位置，调节压力偏差指示器的液面至零点位置，然后将采样管与静压管出口用橡皮管分别接到仪器的相应位置上。记下累积流量计的初读数。

b）将测点位置在采样管上做出标记，然后将已称重的滤筒放在滤筒夹内，记下滤筒编号，放滤筒时要注意滤筒托座顶面和密封垫片是否干净，紧固连接套是否压紧，防止管内外静压串通和漏气。

c）将采样管插入烟道的第一测点，对准气流方向，封闭采样孔，打开抽气泵，同时调节流量，使管嘴内外静压平衡在压力偏差指示器的零点位置，即达到了等速采样条件。

d）采样系统的检漏同 5.2.2.3c，但检漏时应将采样嘴内静压测孔的连出管口封闭。静压管的检漏同 7.4.4。其他操作以及滤筒处理均与普通型采样管相同。

9 气态污染物采样方法

9.1 采样位置和采样点

9.1.1 采样位置。原则上应符合 4.2.1 的规定。

9.1.2 采样点

由于气态污染物在采样断面内一般是混合均匀的，可取靠近烟道中心的一点作为采样点。

9.2 采样方法

根据测试分析方法不同，分化学法和仪器直接测试法。

9.2.1 化学法采样

9.2.1.1 原理。通过采样管将样品抽入装有吸收液的吸收瓶或装有固体吸附剂的吸附管、真空瓶、注射器或气袋中，样品溶液或气态样品经化学分析或仪器分析得出污染物含量。

9.2.1.2 采样系统：

a）吸收瓶或吸附管采样系统。由采样管、连接导管、吸收瓶或吸附管、流量计量箱和抽气泵等部分组成，见图 28，当流量计量箱放在抽气泵出口时，抽气泵应严密不漏气。

b）真空瓶或注射器采样系统。由采样管、真空瓶或注射器、洗涤瓶、干燥器和抽气泵等组成，见图 29 和图 30。

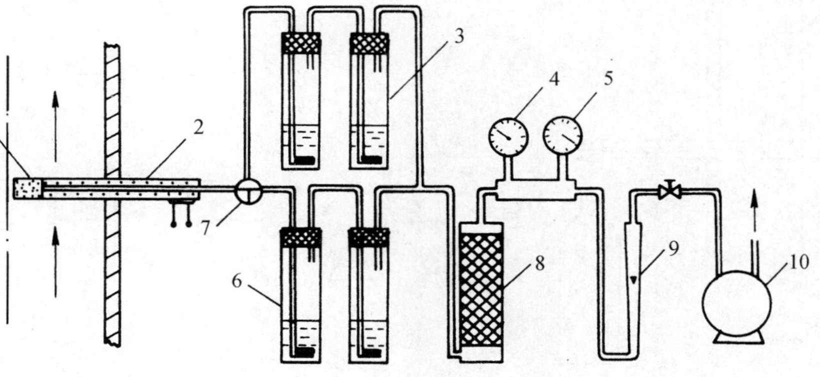

1—烟道；2—加热采样管；3—旁路吸收瓶；4—温度计；5—真空压力表；
6—吸收瓶；7—三通阀；8—干燥器；9—流量计；10—抽气泵

图 28 烟气采样系统

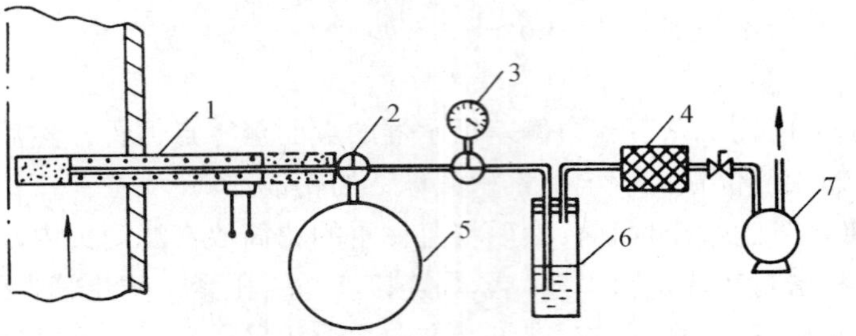

1—加热采样管；2—三通阀；3—真空压力表；4—过滤器；5—真空瓶；6—洗涤瓶；7—抽气泵

图 29　真空瓶采样系统

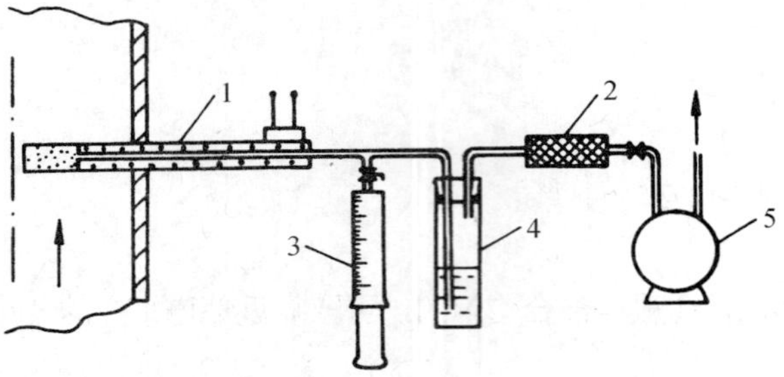

1—加热采样管；2—过滤器；3—注射器；4—洗涤瓶；5—抽气泵

图 30　注射器采样系统

9.2.1.3　包括有机物在内的某些污染物，在不同烟气温度下，或以颗粒物或以气态污染物形式存在。采样前应根据污染物状态，确定采样方法和采样装置。如系颗粒物则按颗粒物等速采样方法采样。

9.2.2　仪器直接测试法采样

9.2.2.1　原理。通过采样管和除湿器，用抽气泵将样气送入分析仪器中，直接指示被测气态污染物的含量。

9.2.2.2　采样系统。由采样管、除湿器、抽气泵、测试仪和校正用气瓶等部分组成，见图 31。

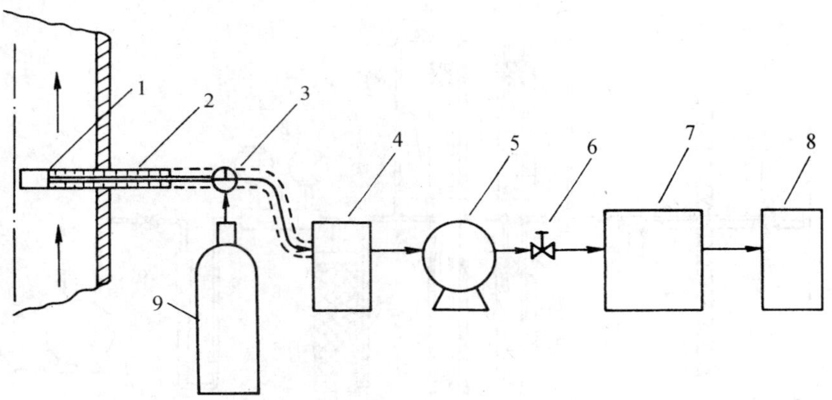

1—滤料；2—加热采样管；3—三通阀；4—除湿器；5—抽气泵；
6—调节阀；7—分析仪；8—记录器；9—标准气瓶

图 31　仪器测试法采样系统

9.3　采样装置

9.3.1　采样管

根据被测污染物的特征，可以采用以下几种型式采样管。见图 32。

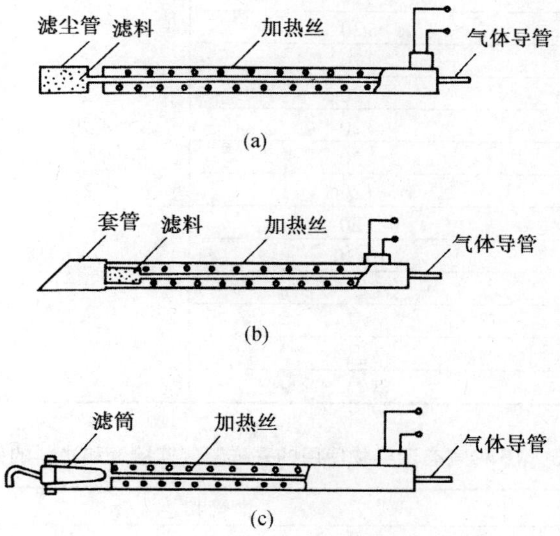

图 32　几种加热式采样管

a）a 型采样管。适用于不含水雾的气态污染物的采样。

b）b 型采样管。在气体入口处装有斜切口的套管，同时装滤料的过滤管也进行加热，套管的作用是防止排气中水滴进入采样管内，过滤管加热是防止近饱和状态的排气将滤料浸湿，影响采样的准确性。

c）c 型采样管。适用于既有颗粒物又有气态污染物的低湿烟气的采样，滤筒采集颗粒物，串联在系统中的吸收瓶则采集气态污染物。

9.3.1.1　材质应满足以下条件

a）不吸收亦不与待测污染物起化学反应；

b）不被排气中腐蚀成分腐蚀；

c）能在排气温度和流速下保持足够的机械强度。

9.3.1.2　滤料

为了防止烟尘进入试样干扰测定，在采样管入口或出口处装入阻挡尘粒的滤料，滤料应选择不吸收亦不与待测污染物起化学反应的材料，并能耐受高温排气。不同污染物适用滤料见表 5。

9.3.1.3　尺寸

考虑到采气流量、机械强度和便于清洗，采样管内径应大于 6 mm，长度应能插到所需的采样点处，一般不宜小于 800 mm。

9.3.1.4　保温和加热

为了防止采集的气体中的水分在采样管内冷凝，避免待测污染物溶于水中产生误差，需将采样管加热，几种污染物的加热温度见表 4。加热可用电加热或蒸汽加热，使用电加热时，为安全起见，宜采用低压电源，并有良好的绝缘性能。保温材料可用石棉或矿渣棉。表 5 中列出了不同污染物适用的采样管材质。

表 4　16 种气态污染物所需加热的最低温度

气体种类	加热温度/℃	备　注
二氧化硫	＞120	考虑到温度对气体成分转化的影响，以及防止连接管的损坏，加热温度应不超过 160℃
氮氧化物	＞140	
硫化氢	＞120	
氟化物	＞120	
氯化氢	＞120	
溴	＞120	
酚	＞120	
氨	＞120	
光气	＞120	
丙烯醛	＞120	
氰化氢	＞120	
硫醇	20～30	
氯	常温	
一氧化碳	常温	
二氧化碳	常温	
苯	常温	

表 5　16 种气态污染物使用的采样管、连接管和滤料的材质

气　体　名　称	采样管和连接管	滤　　料
二氧化硫	1，2，3，4，5，6，7，8	9，10
氮氧化物	1，2，3，4，5，8	9
氟化物	1，5	10
氯	2，3，4，5，6	9，10
氯化氢	2，3，4，5，6，8	9，10
硫化氢	1，2，3，4，5，6，7，8	9，10
溴	2，3，5，8	9
酚	1，2，3，5，8	9
苯	2，3，5，8	9
二硫化碳	2，3，5，8	9
硫醇	1，2，3，5	9
氨	1，2，3，4，5，6	9，10
一氧化碳	1，2，3，4，5，8	9，10
丙烯醛	1，2，5，8	9
光气	1，2，3，5	9
氰化氢	1，2，3，4，5，6	9，10

注：1—不锈钢；2—硬质玻璃；3—石英；4—陶瓷；5—氟树脂或氟橡胶；6—氯乙烯树脂；7—聚氯橡胶；8—硅橡胶；9—无碱玻璃棉或硅酸铝纤维；10—金刚砂

9.3.2　连接管

应选择不吸收亦不和待测污染物起化学反应并便于连接与密封的材料。不同污染物适用的材质见表 5。

为了避免采样气体中水分在连接管中冷凝，从采样管到吸收瓶或从采样管到除湿器之间要进行保温，连接管线较长时要进行加热，连接管内径应大于 6 mm，管长应尽可能短。

9.3.3　除湿和气液分离

在使用仪器直接监测污染物时，为防止采样气体中水分在连接管线和仪器中冷凝干扰测定，需要在采样管气体出口处进行除湿和气液分离。

9.3.3.1　样气除湿

a）对含有少量水分不影响测试结果，只是为了避免连接管线和仪器内部管路和部件不产生冷凝水时，可根据条件利用自然空气冷却，强制空气冷却或水冷却装置，见图 33。

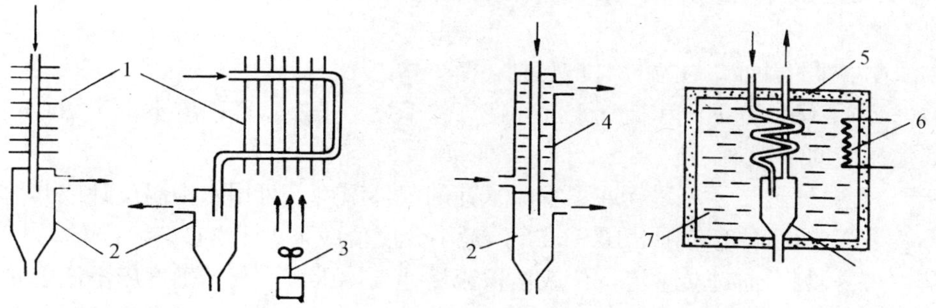

1—冷却片；2—气液分离器；3—冷却用风机；4—冷却水；5—隔热材料；6—冷冻剂；7—不冻液

图 33　常用的几种除湿器

b）对水分干扰测定的监测仪器，应采用冷冻液或其他型式冷却装置进行除湿，冷冻温度应使气样中水分不结冰。

c）也可使用干燥剂或其他方式除湿。

d）除湿装置的设计、选定，应使除湿装置除湿后气体中污染物的损失不大于 5%。

e）除湿时，如能使通过除湿器气样中的水气含量保持恒定，其对测量值的影响经测定得出后，可作为常数进行修正，以减少水气对测定值干扰所产生的误差。

9.3.4　吸收瓶

根据待测污染物不同可选用图 34 所列几种吸收瓶。

a）多孔筛板吸收瓶。鼓泡要均匀，在流量为 0.5 L/min 时，其阻力应在（5±0.7）kPa。

b）冲击瓶。应按图 34 尺寸加工。

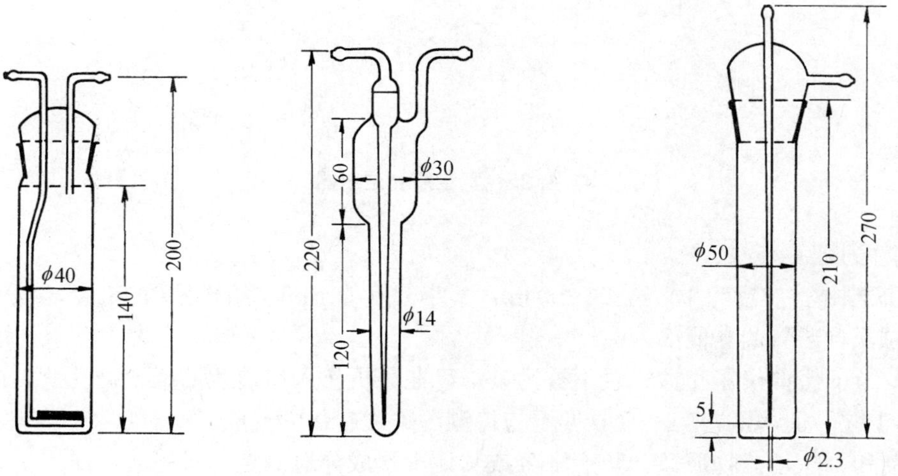

（a）多孔玻板吸收瓶　（b）大型气泡吸收瓶　（c）冲击式吸收瓶

图 34　常用的几种吸收瓶

c）采用标准磨口，应严密不漏气。

d）连接嘴应做成球形或锥形。

9.3.5 吸附管

a）吸附剂，可根据被测污染物性质选用硅胶、活性炭或高分子多孔微球等颗粒状吸附剂。

b）吸附管内吸附剂填充要紧密，不得松动或有隙流，采样前后，吸附管两端要密封。

c）吸附剂填充柱长度，应根据被测污染物浓度，采样时间确定。

9.3.6 流量计量装置

用于控制和计量采样流量，主要部件应包括：

a）干燥器。为了保护流量计和抽气泵，并使气体干燥。干燥器容积应不少于 200 ml，干燥剂可用变色硅胶或其他相应的干燥剂。

b）温度计。测量通过转子流量计或累积流量计的气体温度，可用水银温度计或其他型式温度计，其精确度应不低于 2.5%，温度范围－10～60℃，最小分度值应不大于 2℃。

c）真空压力表。测量通过转子流量计或累积流量计气体压力，其精确度应不低于 4%。

d）转子流量计。控制和计量采气流量，当用多孔筛板吸收瓶时，流量范围为 0～1.5 L/min，当用其他型式吸收瓶时，流量计流量范围要与吸收瓶最佳采样流量相匹配，精确度应不低于 2.5%。

e）累积流量计。用以计量总的采气体积，精确度应不低于 2.5%。

f）流量调节装置。用针形阀或其他相应阀门调节采样流量，流量波动应保持在±10%以内。

9.3.7 抽气泵

采样动力，可用隔膜泵或旋片式抽气泵，抽气能力应能克服烟道及采样系统阻力。当流量计量装置放在抽气泵出口端时，抽气泵应不漏气。

9.3.8 采样用真空瓶

用硬质玻璃或不与待测物质起化学反应的金属材料制作，容积为 2 L，结构见图 35。

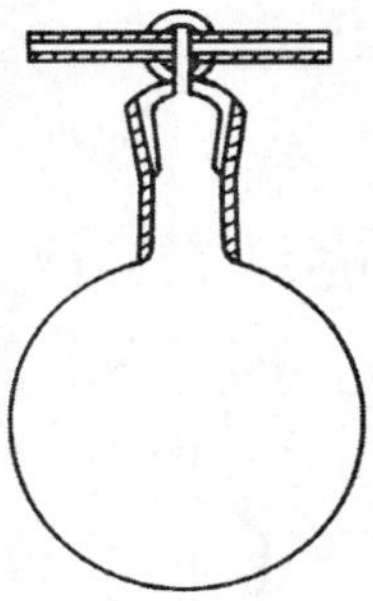

（a）真空瓶

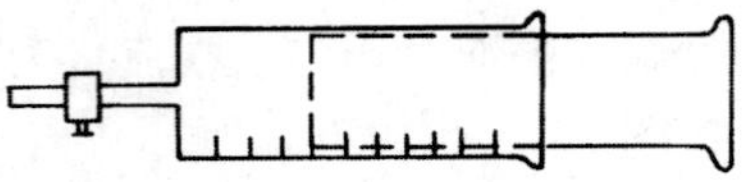

（b）注射器

图 35 真空瓶和注射器

9.3.9 采样用注射器

用硬质玻璃制作，容积为 100 ml 或 200 ml，最小分度值 1 ml，结构见图 35。

9.3.10 仪器法采样装置的其他部件

a）滤膜。为了保护仪器和抽气泵不被污染，可在分析仪入口装置滤纸、微孔滤膜或玻璃纤维滤膜以去除气样中尘粒，所用滤料应不吸收亦不与待测污染物起化学反应。

b）干燥剂和去除干扰物质。为防止水分或其他干扰成分对测定结果影响，所用干燥剂或去除干扰物质应不影响待测物质的测量精度。

c）当抽气泵装在仪器入口一侧时，要使用无油、不漏气的隔膜泵，制作泵的材料应不吸收亦不与待测物质起化学反应。

d）校正用气体。采用已知浓度的标准气体，高浓度应在量程 80%～95%，中浓度 50%～60%，零气应小于 0.25%。

e）测量仪器性能，仪器的灵敏度，精确度等技术指标，应符合国家标准或经有关部门认可。

9.4 安装及采样

9.4.1 使用吸收瓶或吸附管采样系统时

9.4.1.1 采样管的准备与安装

a）清洗采样管，使用前清洗采样管内部，干燥后再用。

b）更换滤料，当充填无碱玻璃棉或其他滤料时，充填长度为 20～40 mm。

c）采样管插入烟道近中心位置，进口与排气流动方向成直角，如用 b 型采样管，其斜切口应背向气流。

d）采样管固定在采样孔上，应不漏气。

e）在不采样时，采样孔要用管堵或法兰封闭。

9.4.1.2 吸收瓶或吸附管与采样管、流量计量箱的连接

a）吸收瓶、吸收液与吸收瓶贮存，按实验室化学分析操作要求进行准备，并用记号笔记上顺序号。

b）按图 28 所示用连接管将采样管、吸收瓶或吸附管、流量计量箱和抽气泵连接，连接管应尽可能短。

c）采样管与吸收瓶和流量计量箱连接，应使用球形接头或锥形接头连接。

d）准备一定量的吸收瓶，各装入规定量的吸收液，其中两个作为旁路吸收瓶使用。

e）为防止吸收瓶磨口处漏气，可以用硅密封脂涂抹。

f）吸收瓶和旁路吸收瓶在入口处，用玻璃三通阀连接。

g）吸收瓶或吸附管应尽量靠近采样管出口处，当吸收液温度较高而对吸收效率有影响时，应将吸收瓶放入冷水槽内冷却。

h）采样管出口至吸收瓶或吸附管之间连接管要用保温材料保温，当管线长时，须采取加热保温措施。

i）当用活性炭、高分子多孔微球作吸附剂时，如烟气中水分含量体积百分数＞3%，为了减少烟气中水分对吸附剂吸附性能的影响，应在吸附管前串一硅胶干燥管。硅胶吸附的被测污染物含量，应计入样品中去。

9.4.1.3 漏气试验

a）将各部件按图 28 连接。

b）关上采样管出口三通阀，打开抽气泵抽气，使真空压力表负压上升到 13kPa，关闭抽气泵一侧阀门，如压力计压力在 1 min 内下降不超过 0.15kPa，则视为系统不漏气。

c）如发现漏气，要重新检查、安装，再次检漏，确认系统不漏气后方可采样。

9.4.1.4 采样操作

a）预热采样管。打开采样管加热电源，将采样管加热到所需温度。

b）置换吸收瓶前采样管路内的空气。正式采样前令排气通过旁路吸收瓶，采样 5 min，将吸收瓶前管路内的空气置换干净。

c）采样。接通采样管路，调节采样流量至所需流量，采样期间应保持流量恒定，波动应不大于±10%。

d）采样时间。视待测污染物浓度而定，但每个样品采样时间一般不少于 10 min。

e）采样结束。切断采样管至吸收瓶之间气路，防止烟道负压将吸收液与空气抽入采样管。

f）样品贮存。采集的样品应放在不与被测物产生化学反应的玻璃或其他容器内，容器要密封并注明样品号。

9.4.1.5 采样时应详细记录采样的工况条件，环境条件和样品采集数据。

9.4.1.6 采样后应再次进行漏气检查，如发现漏气，应重新取样。

9.4.1.7 样品分析。在样品贮存过程中，如污染物浓度随时间衰减时，应在现场随时进行分析。

9.4.2 使用真空瓶或注射器采样时

9.4.2.1 真空瓶、注射器安装

a）真空瓶与注射器在安装前要进行漏气检查。

（a）真空瓶漏气检查，将真空瓶与真空压力表连接，抽气减压到绝对压力为 1.33 kPa，放置 1 h 后，如果瓶内绝对压力不超过 2.66 kPa，则视为不漏气。

（b）注射器漏气检查，用水将注射器活栓润湿后，吸入空气至刻度 1/4 处，用橡皮帽堵严进气孔，反复把活栓推进拉出几次，如活栓每次都回到原来的位置，可视为不漏气。

b）在真空瓶内放入适量的吸收液，用真空泵将真空瓶减压，直至吸收液沸腾，关闭旋塞，采样前用真空压力计测量并记下真空瓶内绝对压力。

c）取 100 ml 的洗涤瓶，内装洗涤液，如待测气体系酸性，则装入 5 mol/L 氢氧化钠溶液，如系碱性用 3 mol/L 硫酸溶液洗涤气体。

d）真空瓶或注射器与其他部件连接，使用球形或锥形接头连接。

e）将真空瓶或注射器按图 29 和图 30 所示连接，真空瓶与注射器要尽量靠近采样管。

f）采样系统漏气检查，堵死采样管出口端连接管，打开抽气泵抽气，至真空压力表压力升到 13 kPa 时，关上抽气泵一侧阀门，如压力表压力在 1 min 内下降不超过 0.15 kPa，则视为系统不漏气。

9.4.2.2 采样

a）采样前，打开抽气泵以 1 L/min 流量抽气约 5 min，置换采样系统的空气。

b）打开真空瓶旋塞，使气体进入真空瓶，然后关闭旋塞，将真空瓶取下。使用注射器采样时，打开注射器阀门，抽动活栓，将气样一次抽入预定刻度，关闭注射器进口阀门，取下注射器倒立存放。

c）采样时记下采样的工况，环境温度和大气压力。

9.4.3 使用仪器连续采样时

9.4.3.1 准备和安装

a）采样管的准备和安装同 9.4.1.1。

b）校正气体阀，在采样管出口与除湿器前装置三通阀，与校正气体连接。

c）除湿器准备和安装。

（a）根据所用仪器除湿要求将选用的除湿器连接到采样系统中，除湿器尽量靠近采样管出口。

（b）冷却管必须垂直安装，当用冷却盘管时，盘管要有一定坡度，使冷凝水能迅速排出。

（c）为使冷凝水能迅速完全地从气样中分离出来，应在气液分离管下方安装带有水封的回水器，当用泵连续排除冷凝水时，也可以不使用水封回水器。

（d）气液分离管应装在低于所有连接管的位置和温度最低的部位。

d）连接管准备与安装

（a）连接管尺寸。一般应不小于 6 mm，管线要尽可能短，当必须使用长管线时，应选用无接头长管，并注意防止样气中水分冷凝，必要时应对管线加热。

（b）连接管与其他部件连接，应采用法兰或球形接头连接。

e）干燥剂和去除干扰物质

（a）为防止干燥剂和去除干扰物质的微粒进入监测仪器，应在干燥剂和去除干扰物质容器的出口放置滤膜或相当的滤料。

（b）使用干燥剂和去除干扰物质时，要掌握其有效时间，以便及时更换。

f）监测仪器准备与安装

（a）尽可能安装在采样地点，以减少管线长度对测试结果造成的滞后影响。

（b）对于长时间连续监测，仪器应放置在空气清洁的室内或专用箱中，要便于检查和维修，当仪器放置在气温低于 0℃的环境时，应有加热措施，防止出现冷凝水或结冰。

g）系统漏气检查

（a）采样系统连接后应进行漏气检查，方法同 9.4.1.3。

（b）对不适于较高减压或增压的监测仪器，使用下列方法进行检查：堵住进气口，打开抽气泵抽气，2 min 内流量示值降至 0 时，可视为不漏气。

9.4.3.2 采样

a）按仪器要求的流量，调节采样流量。

b）采样开始，由于需要置换管路中空气和用样气洗涤与饱和滤料，应过 30～60 min 后再读数，测试仪如无数据自动记录和打印装置，应根据测定时间长短，定时记录测试结果。

c）采样时，记下环境温度、大气压力和工况运行条件。

10 采样体积计算

10.1 使用转子流量计时的体积计算

10.1.1 当转子流量计前装有干燥器时，标准状态下干排气采气体积按式（21）计算：

$$V_{nd}=0.27Q'_{r}\sqrt{\frac{B_{a}+P_{r}}{M_{sd}(273+t_{r})}}\cdot t \tag{21}$$

式中：V_{nd}——标准状态下干采气体积，L；

Q'_{r}——采样流量，L/min；

M_{sd}——干排气气体分子量，kg/kmol；

P_{r}——转子流量计前气体压力，Pa；

t_{r}——转子流量计前气体温度，℃；

t——采样时间，min。

10.1.2 当被测气体的干气体分子量近似于空气时，标准状态下干气体体积按式（22）计算：

$$V_{nd}=0.05Q'_{r}\sqrt{\frac{B_{a}+P_{r}}{273+t_{r}}}\cdot t \tag{22}$$

10.2 使用干式累积流量计时的体积计算

使用干式累积流量计，流量计前装有干燥器，标准状态下干采气体积按式（23）计算：

$$V_{nd}=K(V_{2}-V_{1})\frac{273}{273+t_{d}}\cdot\frac{B_{a}+P_{d}}{101\,300} \tag{23}$$

式中：V_1，V_2——采样前后累积流量计的读数，L；

t_{d}——流量计前气体温度，℃；

P_{d}——流量计前气体压力，Pa；

K——流量计的修正系数。

10.3 使用注射器采样时的体积计算

使用注射器采样时，标准状态下干采气体积按式（24）计算：

$$V_{nd}=V_{f}\frac{273}{273+t_{f}}\cdot\frac{B_{a}-P_{fv}}{101\,300} \tag{24}$$

式中：V_{f}——室温下注射器采样体积，L；

t_{f}——室温，℃；

P_{fv}——在 t_{f} 时饱和水蒸气压力，Pa。

10.4 使用真空瓶采样时的体积计算

使用真空瓶采样时，标准状态下干采气体积按式（25）计算：

$$V_{nd}=(V_b-V_l)\frac{273}{101\ 300}\left(\frac{P_f-P_{fv}}{273+t_f}-\frac{P_i-P_{iv}}{273+t_i}\right) \tag{25}$$

式中：V_b——真空瓶容积，L；

V_l——吸收液容积，L；

P_f——采样后放置至室温，真空瓶内压力，Pa；

t_f——测 P_f 时的室温，℃；

P_i——采样前真空瓶内压力，Pa；

t_i——测 P_i 时的室温，℃；

P_{fv}——在 t_f 时的饱和水蒸气压力，Pa；

P_{iv}——在 t_i 时的饱和水蒸气压力，Pa。

注：被吸收液吸收的样品，由于体积很小而忽略不计。

11 颗粒物或气态污染物浓度和排放率的计算

11.1 颗粒物或气态污染物浓度的计算。

11.1.1 颗粒物或气态污染物的浓度按式（26）计算：

$$C_i'=\frac{m}{V_{nd}}\times 10^6 \tag{26}$$

式中：C_i'——颗粒物或气态污染物浓度，mg/m^3；

m——采样所得的颗粒物或气态污染物量，g；

V_{nd}——标准状态下干采样体积，L。

11.1.2 颗粒物或气态污染物的平均浓度按式（27）计算：

$$\overline{C'}=\frac{\sum_{i=1}^{n}C_i'}{n} \tag{27}$$

式中：C'——颗粒物或气态污染物的平均浓度，mg/m^3；

n——采集的样品数。

11.1.3 定点采样时，颗粒物或气态污染物的平均浓度按式（28）计算：

$$\overline{C'}=\frac{C'_1V_1F_1+C'_2V_2F_2+\cdots+C'_nV_nF_n}{V_1F_1+V_2F_2+\cdots+V_nF_n} \tag{28}$$

式中：$\overline{C'}$——颗粒物或气态污染物的平均浓度，mg/m^3；

C'_1，C'_2，…，C'_n——各采样点颗粒物或气态污染物浓度，mg/m^3；

V_1，V_2，…，V_n——各采样点排气流速，m/s；

F_1，F_2，…，F_n——各采样点所代表的面积，m^2。

11.1.4 周期性变化的生产设备，若需确定时间加权平均浓度，则按式（29）计算：

$$\overline{C'}=\frac{C'_1t_1+C'_2t_2+\ldots+C'_nt_n}{t_1+t_2+\ldots+t_n} \tag{29}$$

式中：$\overline{C'}$——时间加权平均浓度，mg/m^3；

C'_1，C'_2，…，C'_n——颗粒物或气态污染物在 t_1，t_2，…，t_n 时段内的浓度，mg/m^3；

t_1，t_2，…，t_n——颗粒物或气态污染物浓度为 C'_1，C'_2，…，C'_n 时的时间段，min。

11.2 颗粒物或气态污染物折算排放浓度的计算

11.2.1 颗粒物或气态污染物折算排放浓度按式（30）计算：

$$\overline{C}=\overline{C}'\cdot\frac{\alpha'}{\alpha} \tag{30}$$

式中：$\overline{C}$——折算成过量空气系数为α'时的颗粒物或气态污染物排放浓度，mg/m^3；

$\overline{C}'$——颗粒物或气态污染物实测浓度，mg/m^3；

α'——在测点实测的过量空气系数；

α——有关排放标准中规定的过量空气系数。

11.3 过量空气系数的计算

$$\alpha=\frac{21}{21-X_{O_2}} \tag{31}$$

或

$$\alpha=\frac{21}{21-79\dfrac{X_{O_2}-0.5X_{CO}}{100-（X_{O_2}+X_{CO_2}+X_{CO}）}} \tag{32}$$

式中：X_{O_2}、X_{CO_2}、X_{CO}——排气中氧、二氧化碳、一氧化碳的体积百分数。

11.4 颗粒物或气态污染物排放率的计算

颗粒物或气态污染物排放率按式（33）计算：

$$G=\overline{G}'\cdot Q_{sn}\times10^{-6} \tag{33}$$

式中：G——颗粒物或气态污染物排放率，kg/h；

Q_{sn}——标准状态下干排气流量，m^3/h，见 7.6.2.2 条的公式（17）。

12 仪器的校正

12.1 测定仪器应定期送有关计量检定单位检定。

12.2 为保证测量的准确，下列仪器至少每半年自行校正一次。

12.2.1 排气温度测量仪表

用标准水银温度计或用冰点和水的沸点校正。对测量温度超过 400℃的温度计，可用经过计量部门校准的热电偶温度计或电阻温度计校正。

12.2.2 S 形皮托管

如出厂时已经校正，使用时不需要再行校正。如使用中测量端损坏或变形，检修后，应送有关计量部门或其授权单位校正。

12.2.3 斜管微压计。用精确度为 0.2 Pa 的补偿式微压计校正。

12.2.4 空盒大气压力计。用水银大气压力计校正。

12.2.5 真空压力表或压力计，用 U 形水银压力计或精确度不低于 0.5%真空压力表或压力计校正。

12.2.6 转子流量计

可用经计量部门检定，作为校准用的转子流量计，湿式气体流量计或皂膜流量计校正。最好在气温为 20℃左右的实验室内进行。校正点应不少于 5 个流量值。

12.2.6.1 用转子流量计校正

仪器的连接顺序如下：被校转子流量计，温度计，U 形压力计，校准流量计，流量控制阀，真空泵。

开动真空泵，运行 15 min 后，使设备处于正常、稳定状态，然后进行校正。记下被校流量计、校准流量计的瞬时流量、相应的气温和压力，然后按式（34）和式（35）计算出被校流量计和校准流量计在温度为 20℃，压力为 101 300 Pa 条件下的换算流量 Q_{cs} 和 Q'_{rs}，并求出 Q_{cs} 与 Q'_{rs} 的比值 K_{ri}。

$$Q_{cs}=0.054Q_c\sqrt{\frac{B_a+P_c}{273+t_c}} \tag{34}$$

$$Q'_{rs}=0.054Q'_r\sqrt{\frac{B_a}{273+t_r}} \tag{35}$$

$$K_{ri}=\frac{Q_{cs}}{Q'_{rs}} \tag{36}$$

式中：Q_c——校准流量计的流量读数，L/min；

Q'_r——被校流量计的流量读数，L/min；

Q_{cs}，Q'_{rs}——校准流量计和被校流量计换算成 20℃，101 300 Pa 条件下的流量，L/min；

B_a——大气压力，Pa；

P_c——校准流量计前的压力，Pa；

t_c——校准流量计前的气温，℃；

t_r——校正室的气温，℃；

K_{ri}——转子流量计的校正系数。

以 Q'_{rs} 值为横坐标，K_{ri} 为纵坐标，用最小二乘方法求出表明二者关系的回归直线。或按下面的简化的计算方法，求出 K_{ri} 的平均值 $\overline{K}_r$。

$$\overline{K}_r=\frac{\sum_{i=1}^{n}K_{ri}}{n} \tag{37}$$

式中：$\overline{K}_r$——平均校正系数；

n——校正点数目。

12.2.6.2 用湿式流量计校正

被校转子流量计和湿式流量计均置于无油抽气泵的正压端，其连接顺序为：抽气泵（作鼓气用），温度计，U 形压力计，转子流量计，湿式气体流量计。

湿式流量计的换算流量按式（38）计算：

$$Q_{ws}=\frac{K_w \cdot V_w}{t}\cdot\frac{293}{273+t_w}\cdot\frac{B_a+P_w-P_{wv}}{101\ 300} \tag{38}$$

转子流量计的换算流量 Q'_{rs} 的计算方法见式（35）。

转子流量计的校正系数按式（39）计算：

$$K_{ri}=\frac{Q_{ws}}{Q'_{rs}} \tag{39}$$

式中：Q_{ws}——湿式流量计换算成 20℃，101 300 Pa 条件下的流量，L/min；

V_w——湿式流量计在 t 期间的排气体积，L；

t——湿式流量计的计量时间，min；

B_a——大气压力，Pa；

P_w——湿式流量计压力表指示压力，Pa；

P_{wv}——温度为 t_w 时饱和水蒸气的压力，Pa；

t_w——湿式流量计指示的气温，℃；

K_w——湿式气体流量计的校正系数；

K_{ri}——转子流量计的校正系数。

12.2.6.3 用皂膜流量计校正

被校转子流量计和皂膜流量计均置于无油抽气泵的正压端，其连接顺序为：抽气泵（作鼓气用），温度计，U 形压力计，转子流量计，皂膜流量计。

皂膜流量计的标态流量按式（40）计算：

$$Q_{zs}=\frac{V_z}{t}\cdot\frac{293}{273+t_z}\cdot\frac{B_a-P_{zv}}{101\ 300} \tag{40}$$

转子流量计的标态流量 Q'_{rs} 计算见式（35）。

转子流量计的校正系数按式（41）计算：

$$K_{ri}=\frac{Q_{zs}}{Q'_{rs}} \tag{41}$$

式中：Q_{zs}——皂膜流量计换算成 20℃，101 300 Pa 条件下的流量，L/min；

V_z——皂膜流量计上、下两刻度间的体积，L；

t——皂膜由下刻度上升到上刻度间的时间，min；

t_z——校正室气温，℃；

P_{zv}——根据室温 t_z 查得饱和水蒸气压力，Pa。

12.2.7 干式累积流量计

用标定过的湿式气体流量计校准。干式累积流量计和湿式气体流量计均放在无抽油气泵（最好是隔膜泵）的正压端。其连接顺序为：抽气泵（作鼓气用）、温度计、压力计、干式累积流量计、湿式气体流量计。

干式累积流量计的校正系数 K_{di} 和平均校正系数 $\overline{K}_d$ 按式（42）和式（43）计算。

$$K_{di}=\frac{K_w\cdot V_w}{V_d}\cdot\frac{273+t_d}{273+t_w}\cdot\frac{(B_a+P_w-P_{wv})}{(B_a+P_d)} \tag{42}$$

$$\overline{K}_d=\frac{\sum_{i=1}^{n}K_{di}}{n} \tag{43}$$

式中：K_w——湿式气体流量计的校正系数；

V_w——湿式气体流量计的计量体积，L；

V_d——干式累计流量计的计量体积，L；

B_a——大气压力，Pa；

P_d——干式累积流量计的压力，Pa；

P_w——湿式气体流量计的压力，Pa；

P_{wv}——温度为 t_w 时饱和水蒸气压力，Pa；

t_d——干式累积流量计前的气温，℃；

t_w——湿式气体流量计的气温，℃；

K_{di}——干式气体流量计的校正系数；

$\overline{K}_d$ ——干式气体流量计的平均校正系数；

n——校正点数。

12.2.8 采样管加热温度

将进入采样管的气体温度加热到经常要测的排气温度，以常用的采样流量抽气，在不同的温度调节下，用热电偶温度计或其他相当的温度计测量采样管出口气体温度，以校正采样管的加热温度，如采样管出口装有温度指示仪表，则不需要进行校正。

12.2.9 分析天平。用标准砝码校正。

12.2.10 采样嘴。用精度为 0.05 mm 卡尺测量其内径，取三次测量的算术平均值。

附加说明：

自本标准实施之日起，《工业炉窑烟尘测试方法》（GB 9079—88）即行废止。

本标准委托中国环境监测总站负责解释。

本标准由国家环境保护局科技标准司提出。

本标准由中国预防医学科学院环境卫生与卫生工程研究所负责起草。

本标准主要起草人：刘光铨、常德华、周扬胜、周光发、刘江。

三、仪器设备技术要求

中华人民共和国环境保护行业标准

固定污染源烟气排放连续监测系统技术要求及检测方法（试行）

HJ/T 76—2007
代替 HJ/T 76—2001

Specifications and test procedures for continuous emission monitoring Systems of flue gas emitted from stationary sources (on trial)

2007-07-12 发布　　2007-08-01 实施

1　适用范围

1.1　本标准规定了固定污染源烟气排放连续监测系统的主要技术指标、检测项目、检测方法和检测时的质量保证措施。

1.2　本标准适用于监测固定污染源烟气参数，烟气中颗粒物、二氧化硫、氮氧化物浓度和排放总量的连续监测系统。

2　规范性引用文件

本标准内容引用了下列文件中的条款。凡是不注日期的引用文件，其有效版本适用于本标准。

GB/T 16157—1996　固定污染源排气中颗粒物测定与气态污染物采样方法

HJ/T 212—2005　污染源在线自动监控（监测）系统传输标准

HJ/T 75—2007　固定污染源烟气排放连续监测技术规范（试行）

3　术语和定义

3.1　颗粒物　Particulates

颗粒物是指燃料和其他物质燃烧、合成、分解以及各种物料在处理中所产生的悬浮于液体和烟气中的固体和液体颗粒状物质。

3.2　气态污染物　Gaseous Pollutant

气态污染物是指以气体状态分散在烟气中的各种污染物。

3.3　标准状态下的干烟气　Dry Flue Gas of Standard Conditions

标准状态下的干烟气是指在温度 273 K，压力为 101 325 Pa 条件下不含水汽的烟气。

3.4　烟气排放连续监测　Continuous Emission Monitoring, CEM

对固定污染源排放的污染物进行连续的、实时的跟踪测定；每个固定污染源的总测定小时数不得小于锅炉、炉窑总运行小时数的 75%；每小时的测定时间不得低于 45 min。

3.5　烟气排放连续监测系统　Continuous Emission Monitoring System, CEMS

连续测定颗粒物和（或）气态污染物浓度和排放率所需要的全部设备。一般由采样、测试、数据采集和处理三个子系统组成的监测体系。

采样系统：采集、输送烟气或使烟气与测试系统隔离。

测试系统：检测污染物，显示物理量或污染物浓度。

数据采集、处理系统：采集并处理数据，生成图谱、报表，具有控制、自动操作功能。

3.6 点测量 CEMS Point CEMS

在烟道或管道断面某一点上或沿着等于或小于断面直径 10%的路径上测定的 CEMS。

3.7 线测量 CEMS Path CEMS

在沿着大于烟道或管道断面直径 10%的路径上测定的 CEMS。

3.8 满量程值 Span, Full Scale

根据实际应用需要设置 CEMS 的最大测量值。通常设置为高于排放源最大排放浓度的 1～2 倍。

3.9 零点漂移 Zero Drift

在未进行计划外的维修、保养或调节的前提下，CEMS 按规定的时间运行后，仪器的读数与零输入之间的偏差。

3.10 量程漂移 Span Drift

在未进行计划外的维修、保养或调节的前提下，CEMS 按规定的时间运行后，仪器的读数与已知参考值之间的偏差。

3.11 响应时间 Response Time

显示值达到稳定值的 90%时所需要的时间。

3.12 矩心区 Centroidal Area

烟道或管道断面的几何中心区域，区域面积不超过烟道或管道断面面积的 1%。

3.13 调试期间 Pretest Preparation Period

在检测 CEMS 技术指标前，未进行计划外的维修、保养或调节的前提下，要求 CEMS 的正常运行时间（不少于 168 h）。

3.14 检测期间 Test Period

在未进行计划外的维修、保养或调节的前提下，检测 CEMS 技术指标所要求的运行时间（初检不少于 168 h）。

3.15 复检期间 Retest Period

在 CEMS 技术指标检测合格，仪器连续运行 90 d 以后，复检 CEMS 技术指标所要求的运行时间（不少于 24 h），复检时不得进行计划外的维修、保养或调节。

3.16 参比方法 Reference Method

国家或行业发布的标准方法。

3.17 相关校准 Correlation

建立颗粒物 CEMS 显示物理量与参比方法测定颗粒物浓度的相关曲线。

3.18 相对准确度 Relative Accuracy

参比方法与 CEMS 法同步测定烟气中气态污染物浓度，取同时间区间的测定结果组成若干数据对，数据对之差的平均值的绝对值与置信系数之和与参比方法测定数据的平均值之比。

3.19 速度场系数 Velocity Field Coefficient

通过烟道或管道断面烟气的参比方法平均流速与相同时间区间通过同一断面或非同一断面中某一固定点或测定线的烟气平均流速的比值。

4 连续监测系统的组成和描述

固定污染源烟气 CEMS 由颗粒物 CEMS 和（或）气态污染物 CEMS（含 O_2 或 CO_2）、烟气参数测定子系统组成（图 4-1）。通过采样方式和非采样方式，测定烟气中污染物浓度，同时测定烟气温度、烟气压力、流速或流量、烟气含水分量（或输入烟气含水分量）、烟气含氧量（或二氧化碳含量）；计算烟气污染物排放率、排放量；显示和打印各种参数、图表并通过数据、图文传输系统传输至管理部门。

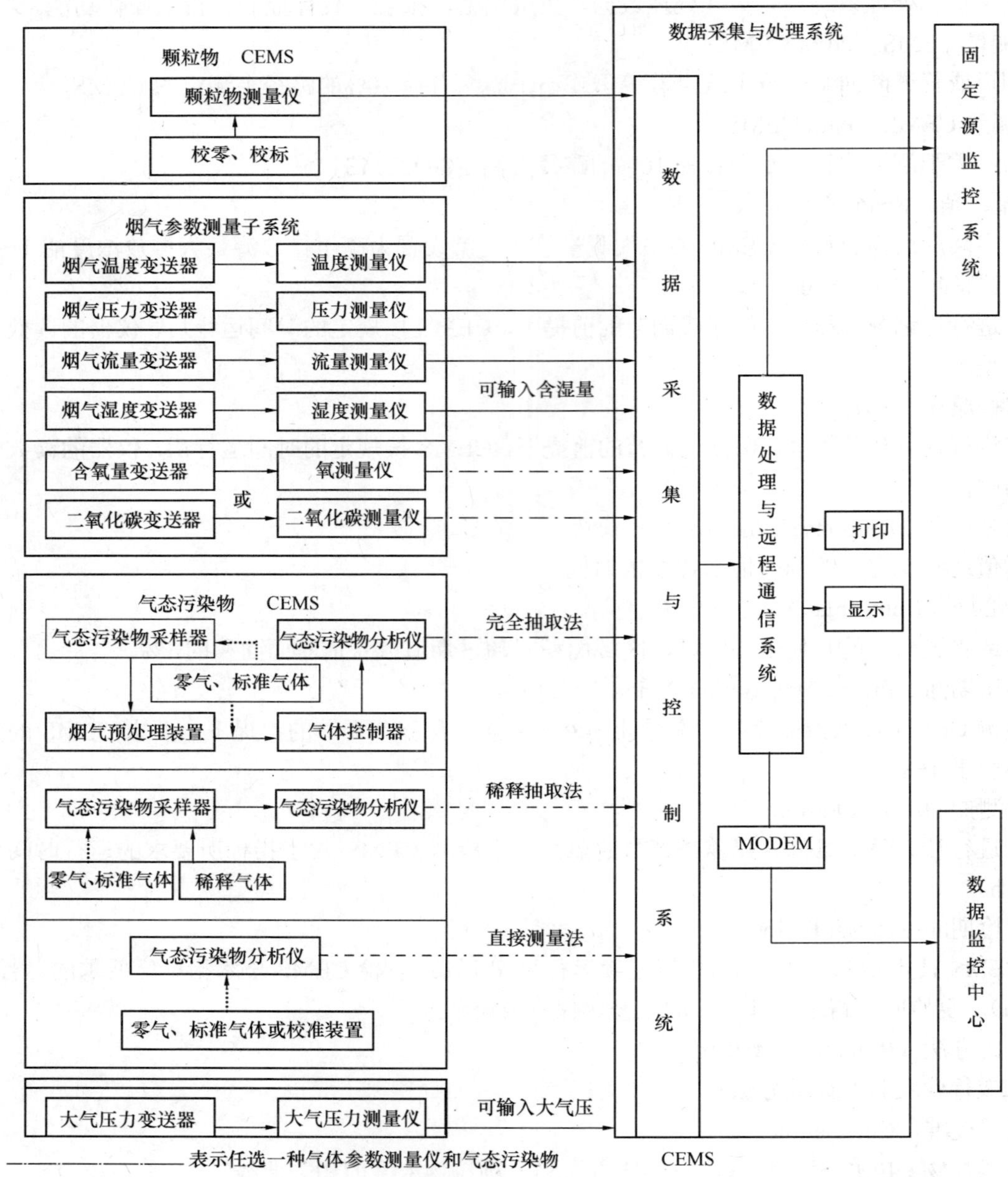

图 4-1 烟气排放连续监测系统示意图

5 技术要求

5.1 外观要求

5.1.1 应有制造计量器具 CMC 标志（进口产品应取得我国质量技术监督部门的计量器具型式批准证书）和产品铭牌，铭牌上应标有仪器名称、型号、生产单位、出厂编号、制造日期。

5.1.2 仪器各部零件应连接可靠，表面无明显缺陷，各操作键使用灵活，定位准确。

5.1.3 仪器各显示部分的刻度、数字清晰，涂色牢固，不应有影响读数的缺陷。

5.1.4 仪器外壳或外罩应耐腐蚀、密封性能良好、防尘、防雨。

5.2 环境条件

仪器设备在以下环境中应能正常工作。

a. 环境温度：−20～45℃；

b. 相对湿度：≤90%；

c. 大气压：86～106 kPa；

d. 烟气温度：＜260℃。

5.3 供电电压

AC 220 V±10%，频率 50 Hz。

5.4 安全要求

5.4.1 在 10～35℃，相对湿度≤85%条件下，仪器电源引入线与机壳之间的绝缘电阻应不小于 20MΩ。

5.4.2 仪器应设有漏电保护装置，防止人身触电。

5.4.3 仪器应有良好的接地措施，防止雷击对仪器造成损坏。

5.5 校准

仪器应能用手动和（或）自动方法进行零点漂移和量程漂移校准。

5.6 净化

仪器应具有防止光学镜头、插入烟道或管道的探头被烟气污染的净化系统；净化系统能克服烟气压力，保持光学镜头、插入烟道或管道探头的清洁。

5.7 数据采集和处理

仪器应具有记录、存储、显示、数据处理、数据输出、打印、故障告警、安全管理和数据、图文传输功能。仪器应设置 RS 232、RS 422、RS 485 中任一种通信接口。颗粒物 CEMS 应具有一次物理量的显示、存储功能。

5.7.1 数据采集控制器

5.7.1.1 数据采集和控制

由仪器数据的采集和控制功能协调整个系统的时序，记录测定数据和仪器运行状态数据，根据状态数据诊断仪器运行状态并在测定数据后面给出状态标记（“P”示电源故障、“F”示排放源停运、“C”示校准、“M”示维护、“O”示超排放标准、“Md”示缺失数据、“T”示超测定上限、“D”示仪器故障），当仪器运行不正常时发出警告信息。当 1 h 监测数据滑动平均值（每 15 min 滑动一次）超过排放标准时，仪器发出超标警告信息。

5.7.1.2 数据存储

仪器数据采集控制器应能保证存储原始数据，能够自动或根据指令将所采集的各种信息发送回控制中心。

5.7.1.3 文档管理

仪器应能对数据文档进行文档保存和备份，能自动生成运行参数报告、数据报告、掉电记录报告和操作记录报告。

5.7.1.4 接口

仪器接口应具有扩展功能，模块化结构设计，可根据使用要求，实现单路或双路或多路配置。

5.7.1.5 安全管理

仪器应具有安全管理功能，操作人员需登录工号和密码后，才能进入控制界面，系统对所有的控制操作均自动记录并入库保存。

系统应具有二级操作管理权限：

a. 系统管理员：可以进行所有的系统设置工作，例如设定操作人员密码、操作级别，设定系统的设备配置。

b. 一般操作人员：只进行日常例行维护和操作，不能更改系统的设置。

5.7.1.6 异常情况自动恢复功能

受外界强干扰或偶然意外或掉电后又上电等情况发生时，造成程序中断，系统应能实现自动启动，自动恢复运行状态并记录出现故障时的时间和恢复运行时的时间。数据采集模块应有断电保护 UPS 装置，在短时间断电时，可及时向上位机发送断电信息。

5.7.2 数据处理和数据通信

5.7.2.1 数据通信

仪器应具有数据通信功能，周期地采集各个现场数据采集器发来的各种信息，进行处理、存储，显示告警信息和相应数据。提供网络接入功能，向有关部门定时传输数据和图表，并随时接受数据查询。定时发送时钟命令并校准时钟。传输协议应符合 HJ/T 212—2005 的要求。

5.7.2.2 数据查询和检索

显示仪器现场工作状态，可设置条件查询和显示历史数据，打印报警信息和各种图表，实时显示污染物排放数据和相关烟气参数。仪器应能够每 10 s 获得一个累积平均值，能显示和打印 1 min、15 min 的测试数据，生成小时（至少 45 min 的有效数据）、日（至少 18 h 的有效数据）、月（至少 22 d 的有效数据）报表，报表中应给出最大值、最小值、平均值、参加统计的样本数。报表格式见附录 A 附表 1～附表 3。

5.7.2.3 污染物浓度和排放速率计算

仪器应具有计算污染物浓度和排放速率功能，换算和计算方法见附录 B。

5.8 CEMS 主要技术指标

以下各技术指标检测数据均采用 CEMS 数据处理与传输单元的最终显示和记录结果。

5.8.1 颗粒物 CEMS 主要技术指标

5.8.1.1 测定范围：当仪器只设置一个测量挡时，测量范围的上限应符合 3.8 条的要求；当仪器设置多个测量挡时，最低挡测定范围的上限应不超过 500 mg/m^3。

5.8.1.2 零点漂移：24 h 零点漂移不超过满量程的±2.0%。

5.8.1.3 量程漂移：24 h 量程漂移不超过满量程的±2.0%。

5.8.1.4 相关校准：线性校准曲线应符合下列条件：

①相关系数：相关系数≥0.85（当测量范围上限≤50 mg/m^3 时，相关系数≥0.75）。

②置信区间：95%的置信水平区间应落在由距校准曲线适合的颗粒物排放浓度限值±10%的两条直线组成的区间内。

③允许区间：允许区间应具有 95%的置信水平，即 75%的测定值应落在由距校准曲线适合的颗粒物排放浓度限值±25%的两条直线组成的区间内。

5.8.1.5 准确度：复检时应符合下列条件：

参比方法测定颗粒物排放质量浓度（ρ_{PM}）

a. 当ρ_{PM}≤50 mg/m^3 时，CEMS 法与参比方法测定结果平均值的绝对误差应不超过 15 mg/m^3；

b. 50 mg/m^3＜ρ_{PM}≤100 mg/m^3 时，CEMS 法与参比方法测定结果平均值的相对误差应不超过±25%；

c. 100 mg/m^3＜ρ_{PM}≤200 mg/m^3 时，CEMS 法与参比方法测定结果平均值的相对误差应不超过±20%；

d. 当ρ_{PM}＞200 mg/m^3 时，CEMS 法与参比方法测定结果平均值的相对误差应不超过±15%。

5.8.2 气态污染物 CEMS（含 O_2 或 CO_2）主要技术指标

5.8.2.1 线性误差：用低、中、高浓度的标准气体检查时，CEMS 测定值与参考值的相对误差不超过±5%。

5.8.2.2　响应时间：不大于 200 s。

5.8.2.3　零点漂移：24 h 零点漂移不超过满量程的±2.5%。

5.8.2.4　量程漂移：24 h 量程漂移不超过满量程的±2.5%。

5.8.2.5　相对准确度：参比方法测定烟气中二氧化硫、氮氧化物平均值：

a.≥250 μmol/mol（SO_2、NO 和 NO_2 分别为 715 mg/m^3、335 mg/m^3 和 513 mg/m^3）时，相对准确度不超过 15%；

b.＜250 μmol/mol（SO_2、NO 和 NO_2 分别为 715 mg/m^3、335 mg/m^3 和 513 mg/m^3）时，参比方法和 CEMS 测定结果平均值之差的绝对值应不大于 20 μmol/mol（SO_2、NO 和 NO_2 分别为 57 mg/m^3、27 mg/m^3 和 41 mg/m^3）；

c.＜50 μmol/mol（SO_2、NO 和 NO_2 分别为 143 mg/m^3、67 mg/m^3 和 103 mg/m^3）时，参比方法和 CEMS 测定结果平均值之差的绝对值应不大于 15 μmol/mol（SO_2、NO 和 NO_2 分别为 43 mg/m^3、20 mg/m^3 和 31 mg/m^3）。

5.8.3　流速连续测量系统主要技术指标

5.8.3.1　测量范围：测量范围的上限应不低于 30 m/s。

5.8.3.2　速度场系数精密度：速度场系数精密度优于 5%。

5.8.3.3　速度相对误差：当流速大于 10 m/s 时，速度相对误差不超过±10%；当流速小于或等于 10 m/s 时，速度相对误差不超过±12%。

5.8.4　温度连续测量系统主要技术指标

示值偏差不大于±3℃。

5.8.5　湿度连续测量系统主要技术指标

5.8.5.1　由氧传感器测定烟气含氧量计算烟气中水分含量时

当由氧传感器测定烟气含氧量计算烟气中水分含量时，需符合氧连续测量系统技术指标。

5.8.5.2　由湿度传感器连续测定烟气中水分含量时

当参比方法测定烟气中水分含量时：

a. ≤5.0%时，CEMS 法与参比方法测定结果平均值的绝对误差应不超过±1.5%；

b. ＞5.0%时，CEMS 法与参比方法测定结果平均值的相对误差应不超过±25%。

6　连续监测系统安装和测定位置

6.1　颗粒物 CEMS 安装要求和测定位置

6.1.1　一般要求

颗粒物 CEMS 应安装在能反映颗粒物排放状况的有代表性的位置上，在不影响参比方法取样前提下，尽可能靠近参比方法取样孔。

具体的安装要求应满足 HJ/T 75—2007 6.1 条中的规定。

6.1.2　安装位置

安装位置应满足 HJ/T 75—2007 6.2.2 条中关于颗粒物 CEMS 的规定。

6.1.2.1　点测量 CEMS 的测定点位。测定点位应符合 HJ/T 75—2007 6.2.9 条中关于颗粒物 CEMS 的规定。

6.1.2.2　线测量 CEMS 的测定点位。测定点位应符合 HJ/T 75—2007 6.2.10 条中关于颗粒物 CEMS 的规定。

6.2　气态污染物 CEMS（含 O_2 和湿度）的安装要求和测定位置

6.2.1　一般要求

6.2.1.1　位于气态污染物混合均匀的位置，该处测得的气态污染物浓度或排放速率能代表固定污染源的排放。在不影响参比方法取样前提下，尽可能靠近参比方法取样孔。

6.2.1.2　与 HJ/T 75—2007 6.1.8 条相同。

6.2.2　安装位置

安装位置应满足 HJ/T 75—2007 6.2.2 条中关于气态污染物 CEMS 的规定。

6.2.3　测定位置

6.2.3.1　点测量 CEMS 的测定点位

测定点位应符合 HJ/T 75—2007 6.2.9 条中关于气态污染物 CEMS 的规定。

6.2.3.2　线测量 CEMS 的测定点位

测定点位应符合 HJ/T 75—2007 6.2.10 条中关于气态污染物 CEMS 的规定。

6.3　烟气参数（包括流速、温度、压力）连续测量系统的安装和测定位置

6.3.1　一般要求

安装位置应能代表整个断面的情况，且不影响颗粒物和气态污染物 CEMS 的测定。

6.3.2　测定位置

6.3.2.1　点测量流速连续测量系统

测定点位应符合 HJ/T 75—2007 6.2.9 条中关于烟气参数连续测量系统的规定。

6.3.2.2　线测量流速连续测量系统

测定点位应符合 HJ/T 75—2007 6.2.10 条中关于烟气参数连续测量系统的规定。

7　参比方法采样位置和采样点

7.1　测定颗粒物和烟气参数（包括流速、温度、压力）参比方法

7.1.1　采样位置

采样位置与 GB/T 16157—1996 4.2.1 条相同。采样位置和颗粒物 CEMS 测定位置不重合，在互不影响测量的前提下，尽可能靠近。

7.1.2　采样点位置和数目

与 GB/T 16157—1996 4.2.4 条相同。

7.2　测定气态污染物（含 O_2 和湿度）参比方法

7.2.1　采样位置

与 6.2.2 条相同，不与气态污染物 CEMS 测定位置重合。

7.2.2　采样点位置和数目

7.2.2.1　参比方法与点测量气态污染物 CEMS 法比对时，设置 1 个采样点，应尽可能靠近 CEMS 探头的区域内。

7.2.2.2　参比方法与线测量气态污染物 CEMS 法比对时，设置 1 个采样点，应尽可能靠近 CEMS 测量线中心区域内。

8　连续监测系统主要技术指标检测方法

8.1　一般要求

8.1.1　调试

8.1.1.1　在现场完成 CEMS 安装、初调后，使 CEMS 投入运行，运行调试时间不少于 168 h。

8.1.1.2　调试期间除检测仪器零点和量程校准的时间外，不允许计划外的维护、检修和调节仪器。

8.1.1.3　每天进行零点和量程校准检查，当漂移超过规定指标时，则应调整仪器。

8.1.1.4　如果因排放源故障或供电造成调试中断，在排放源或供电恢复正常后，重新开始运行调试，累计运行调试时间不少于 168 h。

8.1.1.5 如果因 CEMS 故障造成调试中断，在 CEMS 恢复正常后，重新开始 168 h 的运行调试。

8.1.2 检测

8.1.2.1 仪器正常运行 168 h 后进行检测。检测期间不一定紧接在调试期间之后。检测期间不少于 168 h。

8.1.2.2 检测期间除检测仪器零点和量程校准的时间外，不允许计划外的维护、检修和调节仪器。

8.1.2.3 可设定任一时间（时间间隔为 24 h），由 CEMS 自动调节零点和校准量程值。

8.1.2.4 如果因排放源故障或供电造成测试中断，在排放源或供电恢复正常后，重新开始检测，累计检测时间不少于 168 h。

8.1.2.5 如果因 CEMS 故障造成测试中断，在 CEMS 恢复正常后，重新开始检测，累计检测时间不少于 168 h。

8.1.3 复检

8.1.3.1 在 CEMS 技术指标检测合格，仪器连续运行 90 d 以后，开始复检。复检期间不少于 24 h。

8.1.3.2 与 8.1.2.2 条、8.1.2.3 条相同。

8.1.3.3 如果因排放源故障或供电造成测试中断，在排放源或供电恢复正常后，重新开始 24 h 的复检。

8.1.3.4 如果因 CEMS 故障造成测试中断，在 CEMS 恢复正常后，重新开始 24 h 的复检。

8.1.4 90 d 运行

8.1.4.1 按提交的质量保证质量控制计划维护在检的 CEMS 并按规定远程传输 CEMS 数据。

8.1.4.2 做好 CEMS 的运行记录，不允许计划外的维护、检修和调节仪器。

8.2 颗粒物 CEMS 主要技术指标检测

8.2.1 零点漂移、量程漂移

在检测期间开始时，人工或自动校准仪器零点和量程值，记录最初的模拟零点和量程读数。每隔 24 h 后测定（人工或自动）和记录一次零点、量程值读数（见附录 A 附表 4）；随后校准仪器零点和量程值，记录零点、量程值读数；连续 168 h（7 d）。按式（1）～式（4）计算零点漂移、量程漂移：

a.零点漂移：

$$\Delta Z = Z_i - Z_0 \quad (1)$$

$$Z_d = \Delta Z_{max} / R \times 100\% \quad (2)$$

式中：Z_0——零点读数初始值；

Z_i——第 i 次零点读数值；

Z_d——零点漂移；

ΔZ——零点漂移绝对误差；

ΔZ_{max}——零点漂移绝对误差最大值；

R——仪器满量程值。

b.量程漂移：

$$\Delta S = S_i - S_0 \quad (3)$$

$$S_d = \Delta S_{max} / R \times 100\% \quad (4)$$

式中：S_0——量程值读数初始值；

S_i——第 i 次量程值读数；

S_d——量程漂移；

ΔS——量程值漂移绝对误差；

ΔS_{max}——量程值漂移绝对误差最大值。

8.2.2 相关校准

8.2.2.1 测试期间，应均衡考虑排放源和（或）净化设施的过程操作、参比方法取样和颗粒物 CEMS 的运行，例如：必须确保过程操作在目标条件下，并且颗粒物 CEMS 及其数据采集和处理系统均正常运行。

（1）协调参比方法取样和颗粒物 CEMS 操作的开始和停止的时间，对于间歇取样的颗粒物 CEMS，参比方法取样时间应和颗粒物 CEMS 的取样时间同时开始。

（2）在附录 A 附表 6 内标记并记录参比方法取样孔改变的时间和参比方法被暂停的时间，以便相应地调整颗粒物 CEMS 的数据（如果必须如此的话）。

8.2.2.2 参比方法与 CEMS 同步进行，CEMS 每分钟记录一次累计平均值，取与参比方法同时间区间测量值的平均值与参比方法测定值组成一个数据对，必须获得至少 15 个有效的测试数据对。

（1）进行相关校准测试的数据对大于 15 个时，则可以舍弃部分测试数据对。

（2）可以舍弃 5 个数据对而不需要任何解释。

（3）舍弃数据对超过 5 个时，则必须解释舍弃的原因。

（4）必须报告所有数据，包括舍弃的数据对。

8.2.2.3 确保构造相关校准测试数据的适合分布范围。

（1）通过改变过程操作条件、颗粒物控制设备的运行参数或通过颗粒物加标，获得三种不同分布范围的颗粒物浓度。

（2）三种不同浓度水平的颗粒物应分布在整个测量范围内。

（3）所有有效测试数据对中至少 20%的测试数据对应分布在如下每个范围：

a.范围 1：零浓度至测定的最大颗粒物浓度的 50%；

b.范围 2：测定的最大颗粒物浓度的 25%至 75%；

c.范围 3：测定的最大颗粒物浓度的 50%至 100%。

8.2.2.4 必须将参比方法结果的单位向颗粒物 CEMS 的测量条件（如：mg/m^3，实际体积）下转换。

8.2.2.5 相关校准计算：

（1）相关校准前的计算

首先将参比方法测量值 Y（合适的单位）与颗粒物 CEMS 平均响应 X（一段时间内平均值）配对，配对的数据必须符合质量控制/质量保证要求。

a.测定前调整颗粒物 CEMS 的输出和参比方法测试数据至统一时钟时间（考虑颗粒物 CEMS 的响应时间）。

b.计算颗粒物 CEMS 在参比方法测试期间的数据输出（算术平均），评价所有的颗粒物 CEMS 数据并确定在计算颗粒物 CEMS 数据平均值时是否舍弃。

c.确保参比方法和颗粒物 CEMS 的测量结果基于同样的烟气状态，将参比方法颗粒物浓度测量（干基标态）向颗粒物 CEMS 测量条件下单位转换。

（2）线性相关校准计算

在进行相关校准计算时，参比方法的每个测量值均被处理做离散的数据点。

a.计算线性相关校准方程，方程给出了作为颗粒物 CEMS 响应 X 的函数的预测颗粒物浓度 $\hat{Y}$，如式（5）：

$$\hat{Y}=a+bX \tag{5}$$

式中：$\hat{Y}$——预测颗粒物浓度；

a——线性相关校准曲线截距，计算见式（6）；

b——线性相关校准曲线斜率，计算见式（8）；

X——颗粒物 CEMS 响应值。

截距计算如式（6）：

$$a = \overline{Y} - b\overline{X} \tag{6}$$

式中：$\overline{X}$——颗粒物 CEMS 响应数据的平均值，计算见式（7）；

$\overline{Y}$——颗粒物浓度数据的平均值，计算见式（7）。

$$\overline{X} = \frac{1}{n}\sum_{i=1}^{n} X_i \quad \overline{Y} = \frac{1}{n}\sum_{i=1}^{n} Y_i \tag{7}$$

式中：X_i——第 i 个数据中颗粒物 CEMS 的响应值；

Y_i——第 i 个数据对中颗粒物浓度值；

n——数据对数目。

斜率计算如式（8）：

$$b = \frac{S_{xy}}{S_{xx}} \tag{8}$$

式中：S_{xy}，S_{xx} 如式（9）计算：

$$S_{xx} = \sum X_i^2 - (\sum X_i)^2 / n \qquad S_{xy} = \sum X_i y_i - (\sum X_i)(\sum y_i) / n \tag{9}$$

b.平均值 X 处的预测颗粒物浓度，其 95%置信区间半宽计算如式（10）：

$$CI = t_{df,1-a/2} S_E \sqrt{\frac{1}{n}} \tag{10}$$

式中：CI——平均值 X 处的 95%置信区间半宽；

$t_{df,1-a/2}$——$df=n-2$ 的学生统计 t 值，见附录 A 附表 5；

S_E——相关校准曲线的精密度，计算如式（11）：

$$S_E = \sqrt{\frac{S_{yy}}{n-2}\left(1 - \frac{S_{xy}^2}{S_{xx}S_{yy}}\right)} \tag{11}$$

$$S_{yy} = \sum y_i^2 - (\sum y_i)^2 / n \tag{12}$$

在平均值 X 处，作为排放限值百分比的置信区间半宽计算如式（13）：

$$CI\% = \frac{CI}{EL} \times 100\% \tag{13}$$

式中：EL——适合的颗粒物浓度排放限值。

c.在平均值 X 处，允许区间半宽计算如式（14）：

$$TI = k_t S_E \tag{14}$$

式中：TI——在平均值 X 处允许区间半宽；

S_E——计算如式（11）；

k_t——计算如式（15）：

$$k_t = u_{n''} V_{df} \tag{15}$$

式中：n''——测试数据对个数；

$u_{n''}$——75%允许因子，见附录 A 附表 5；

V_{df}——$df=n-2$，见附录 A 附表 5。

在平均值 X 处，作为排放限值百分比的允许区间半宽计算如式（16）：

$$TI\% = \frac{TI}{EL} \times 100\% \tag{16}$$

d.线性相关系数计算如式（17）：

$$r = \frac{S_{xy}}{\sqrt{S_{xx}S_{yy}}} \tag{17}$$

8.2.3 准确度

8.2.3.1 将按 8.2.2 获得的符合要求的校准曲线输入 CEMS。

（1）复检期间，生产设备、治理设施正常运行，当达到被测设施最大生产能力 70%以上时，可进行准确度检测。

（2）同 8.2.2.2 条，至少获得 5 个有效数据对，但必须报告所有数据对，包括舍去的数据对和舍弃原因。

8.2.3.2 绝对误差和相对误差

将参比方法测定值与输入校准曲线后的 CEMS 显示值进行对比，计算绝对误差或相对误差。

8.3 气态污染物 CEMS（含氧）主要技术指标检测

8.3.1 标准气体

a.零气：要求零气中含二氧化硫、氮氧化物均不超过 0.1 μmol/mol［SO_2、NO_x（以 NO_2 计）分别为 0.3 mg/m^3、0.2 mg/m^3］，当测定烟气中二氧化碳时，零气中二氧化碳不超过 400 μmol/mol（786 mg/m^3），零气中含有的其他气体的浓度不得干扰仪器的读数或产生二氧化硫、氮氧化物或二氧化碳（测定烟气中二氧化碳时）的读数。

b.标准气体：不确定度不超过±2%在有效期内的国家标准气体。低浓度标准气体：20%～30%满量程值；中浓度标准气体：50%～60%满量程值；高浓度标准气体：80%～100%满量程值。

8.3.2 线性误差

校准

a.仪器通入零气，调节仪器零点。

b.对仪器进行校准，以高浓度标准气体作为校准气体，通入校准气体，使仪器显示值与标准气体浓度值一致。

c.仪器经校准后，分别通入低浓度标准气体和中浓度标准气体，待示值稳定后读取测定结果。

d.零气和每种标准气体交替使用，重复测定 3 次，取平均值。按式（18）计算线性误差：

$$L_{ei} = (\overline{\rho}_{di} - \rho_{si}) / \rho_{si} \times 100\% \tag{18}$$

式中：L_{ei}——线性误差；

$\overline{\rho}_{di}$——测定第 i 种标准气体质量浓度平均值，mg/m^3；

ρ_{si}——第 i 种标准气体质量浓度值，mg/m^3。

线性误差检测结果记录于附录 A 附表 7。

8.3.3 响应时间

在线性误差检测通入中浓度标准气体时，用秒表测定显示值从瞬时变化至达到稳定值 90%的时间，取平均值作为响应时间。

响应时间检测结果记录于附录 A 附表 7。

8.3.4 零点漂移、量程漂移

8.3.4.1 用校准器件检测零点和量程漂移时，应选择能产生零点和 50%～100%满量程响应值的校准器件进行零点漂移和量程漂移检测，检测方法与 8.2.1 条相同。

8.3.4.2 用零气和标准气体检测

a.零点漂移：

仪器通入零气，待读数稳定后记录零点读数初始值 Z_0，按调零键，仪器调零。24 h 后，再通入零气，待读数稳定后记录零点读数 Z_1，按调零键，仪器调零。第二天重复以上操作，记录 Z_i，连续操作 7 d，按式（2）计算零点漂移 Z_d。

b.量程漂移：

仪器通入 50%～100%满量程标准气体，待读数稳定后记录通入标准气体初始测定值 S_0，按校准键，校准仪器。24 h 后，再通入同一标准气体，待读数稳定后记录标准气体读数 S_1，按校准键，校准仪器。第二天重复以上操作，记录 S_i，连续操作 7 d，按式（4）计算量程漂移 S_d。

气态污染物 CEMS 零点和量程漂移检测结果记录于附录 A 附表 8。

8.3.5 相对准确度

a.当零点漂移、量程漂移和线性误差检测通过并且生产设施达到最大生产能力 50%以上时，可进行相对准确度检测。

b.CEMS 与参比方法同步，由数据采集器每分钟记录 1 个累积平均值，连续记录至参比方法测试结束，取与参比方法同时间区间值的平均值。

c.取参比方法与 CEMS 同时间区间测定值组合一个数据对，确保参比方法与 CEMS 测量值在同一条件（温度、压力、湿度和含氧量）下，每天获取 9 个以上数据对，至少取 9 对数据用于相对准确度计算，但必须报告所有的数据，包括舍去的数据对，连续进行 7 d。

d.按式（19）计算相对准确度。

$$RA = \frac{|\overline{d}| + |cc|}{\overline{RM}} \times 100\% \tag{19}$$

式中：RA——相对准确度。

$$\overline{RM} = \frac{1}{n}\sum_{i=1}^{n} RM_i \tag{20}$$

式中：n——数据对的个数；

RM_i——第 i 个数据对中的参比方法测定值。

$$\overline{d} = \frac{1}{n}\sum_{i=1}^{n} d_i \tag{21}$$

$$d_i = RM_i - \mathrm{CEMS}_i \tag{22}$$

式中：d_i——每个数据对之差；

CEMS_i——第 i 个数据对中的 CEMS 法测定值。

注：在计算数据对差的和时，保留差值的正、负号。

其中：置信系数（cc）由 t 表查得的统计值和数据对差的标准偏差表示：

$$cc = t_{f,0.95}\frac{S_d}{\sqrt{n}} \tag{23}$$

式中：$t_{f,\ 0.95}$——由 t 表查得，$f=n-1$；

S_d——参比方法与 CEMS 法测定值数据对的差的标准偏差。

$$S_d=\sqrt{\frac{\sum_{i=1}^{n}(d_i-\overline{d})^2}{n-1}} \tag{24}$$

参比方法评估气态污染物 CEMS 相对准确度结果记录于附录 A 附表 9。

8.4 流速连续测定系统主要技术指标检测

8.4.1 速度场系数

由参比方法测定断面烟气平均流速和同时间区间流速连续测量系统测定断面某一固定点或测定线上的烟气平均流速，按式（25）确定速度场系数：

$$K_V=\frac{F_s}{F_p}\times\frac{\overline{V}_s}{\overline{V}_p} \tag{25}$$

式中：F_s——参比方法测定断面面积，m^2；

F_p——固定点或测定线所在测定断面的面积，m^2；

$\overline{V}_s$——参比方法测定断面平均流速，m/s；

$\overline{V}_p$——固定点或测定线所在测定断面平均流速，m/s。

8.4.2 速度场系数精密度

每天至少获得 5 个速度场系数，计算速度场系数日平均值，但必须报告所有的数据，包括舍去的数据和原因。连续 7 d，共获得 7 个速度场系数的日平均值，按式（26）计算速度场系数精密度：

$$CV=S/\overline{\overline{K}}_V\times 100\% \tag{26}$$

式中：CV——相对标准偏差，%；

$\overline{\overline{K}}_V$——检测期间速度场系数日平均值的平均值；

S——速度场系数的标准偏差

$$S=\sqrt{\frac{\sum_{i=1}^{n}(\overline{K}_{Vi}-\overline{\overline{K}}_V)^2}{n-1}} \tag{27}$$

式中：n——日平均速度场系数的个数；

$\overline{K}_{Vi}$——检测期间速度场系数日平均值。

8.4.3 速度相对误差

a.按 8.4.2 所获得的速度场系数日平均值的平均值输入 CEMS。

b.参比方法与 CEMS 同步进行，CEMS 每分钟记录一次显示值。

c.至少获得 5 个数据对，必须报告所有的数据，包括舍去的数据和原因。将参比方法断面测定平均值减去输入速度场系数平均值后的 CEMS 流速显示值，除以参比方法测定值，计算速度相对误差。

8.5 温度连续测定系统主要技术指标检测

a.参比方法与 CEMS 同步进行，CEMS 每分钟记录一次显示值。

b.每天至少获得 5 个数据对，连续 3 d（检测期间），必须报告所有的数据，包括舍去的数据和原因。将参比方法断面测定平均值减去 CEMS 温度显示值，计算显示值偏差。

8.6 湿度连续测定系统主要技术指标检测

8.6.1 干湿氧计算湿度连续测定系统

烟气除湿前、后氧含量连续测定系统需满足 8.3 条要求。

8.6.2 湿度传感器连续测定系统

a.参比方法与 CEMS 同步进行，CEMS 每分钟记录一次显示值。

b.每天至少获得 5 个数据对，连续 3 d（检测期间），必须报告所有的数据，包括舍去的数据和原因。将参比方法断面测定平均值减去 CEMS 湿度显示值，计算湿度绝对误差或相对误差。

9 质量保证

9.1 安装的质量保证

9.1.1 安装位置应符合本标准规定要求，测定路径不得有水雾和水滴出现，当对颗粒物 CEMS 进行相关校准达不到技术要求时，应作如下检查：

a.参比方法的测试过程；

b.采样位置；

c.采样仪器的可靠性；

d.固定污染源运行状况，特别是净化设施的运行状况；

e.颗粒物组成、分布的变化；

f.校准数据的数量和数据的分布。

经检查排除安装位置以外的其他原因时，应选择符合要求的位置安装 CEMS，重新进行检测。

9.1.2 原则上要求一个固定污染源（锅炉、工业炉窑、焚烧炉……）安装一套 CEMS。若一个固定污染源排气先通过多个烟道或管道后进入该固定污染源的总排气管时，应尽可能将 CEMS 安装在总排气管上，但要便于用参比方法校准颗粒物 CEMS 和烟气流速 CEMS；不得只在其中的一个烟道或管道上安装 CEMS，并将测定值作为该源的排放结果；但允许在每个烟道或管道上安装相同的测定探头，每个探头在每小时的监测时间应符合 3.4 条的要求。

9.1.3 测定颗粒物的参比方法是以 S 形皮托管测定烟气流速实现等速采样的，当流速在 5 m/s 以下，用 S 形皮托管测流速比较困难，测定结果准确度差。因此，参比方法采样点应尽可能选烟气流速大于 5 m/s 的位置。

9.1.4 锅炉烟尘最高允许排放浓度是指除尘器出口过量空气系数在规定值时的烟尘浓度，因此颗粒物 CEMS 探头应尽可能安装在离净化装置出口较近又满足第 6 条要求的位置上。

9.1.5 设置的采样平台必须易于到达，有足够的工作空间，便于操作；必须牢固并有符合要求的安全措施；采样平台设置在高空时，应有通往平台的旋梯或升降梯。

9.1.6 为保证准确地校准颗粒物 CEMS 和烟气流速连续测量系统，颗粒物 CEMS 和烟气流速连续测量系统应尽可能安装在流速大于 5 m/s 的位置。

9.1.7 完全抽取式采样法从探头到除湿装置或分析器的整个管路，其倾斜度不得小于 5°。

9.1.8 气态污染物 CEMS 相对准确度达不到要求，应查明原因并解决，若无法查明原因，可按式（28）和式（29）对 CEMS 测定数据进行调节，经调节仍不能准确测定时，应选择有代表性的位置安装 CEMS，重新进行检测。

$$\mathrm{CEMS}_{\mathrm{ad}i}=\mathrm{CEMS}_i\times E_{\mathrm{ac}} \tag{28}$$

式中：$\mathrm{CEMS}_{\mathrm{ad}i}$——CEMS 在 i 时间调节后的数据；

CEMS_i——CEMS 在 i 时间测得的数据；

E_{ac}——偏差调节系数。

$$E_{\mathrm{ac}}=1+\overline{d}/\overline{\mathrm{CEMS}_i} \tag{29}$$

式中：$\overline{d}$——由式（21）计算的差的平均值；

$\overline{\mathrm{CEMS}_i}$——第 i 个数据对中的 CEMS 法测定数据的平均值。

9.1.9 采用稀释系统测定气态污染物时，按式（30）、式（31）换算成干烟气中污染物质量浓度：

- 稀释样气未除湿

$$\rho_d = \rho_w / (1 - X_{sw}) \quad (30)$$

式中：ρ_d——干烟气中被测污染物质量浓度值，mg/m^3；

ρ_w——CEMS 测得的湿烟气中被测污染物质量浓度值，mg/m^3；

X_{sw}——烟气湿度，体积分数，%。

- 稀释样气被除湿

$$\rho_d = \rho_{md} (1 - X_{sw}/r) / (1 - X_{sw}) \quad (31)$$

式中：ρ_{md}——CEMS 测得的干样气中被测污染物的质量浓度，mg/m^3；

r——稀释比。

9.1.10 采用全加热未除湿完全抽取系统测定气态污染物时，按式（30）换算成干烟气中污染物质量浓度。

9.1.11 在室内安装 CEMS 测试和数据采集、处理子系统时，房间内应尽可能安装空调，保持环境清洁，空气相对湿度≤85%，室温在 5～30℃。

9.2 检测时质量保证

9.2.1 初检和复检时，必须有专人负责监督工况，排污企业应根据相关校准工作的要求调整工况或净化设备的运行参数，在测试期间保持相对稳定。

9.2.2 为了减少测定误差，保证结果的准确度，建议使用自动跟踪烟尘采样器进行相关校准和准确度测试，初检和复检尽可能用同一台采样器。在测定前进行运行检查，保证采样器功能正常。

9.2.3 参比方法在测定断面每采一次颗粒物样品，采样量应不低于 10 mg 或采气量不低于 0.5 m^3。

9.2.4 参比方法测定气态污染物时，采样前和采样后（立即进行）必须用标准气体进行校准。

9.2.5 为了保证获得参比方法与气态污染物 CEMS 在同时间区间的测定数据，对于完全抽取式和稀释抽取式 CEMS 应扣除气态污染物到达污染物检测器的时间（滞后时间）和 CEMS 的响应时间。气态污染物到达污染物检测器的时间按式（32）估算：

$$t = V/Q_{sl} \quad (32)$$

式中：t——滞后时间，min；

V——导气管的体积，L；

Q_{sl}——气体通过导气管的流速，L/min。

9.2.6 参比方法采用国家或行业发布的标准分析方法或《空气和废气监测分析方法》（国家环境保护总局）中所列方法。

9.2.7 对于完全抽取式和稀释抽取式气态污染物 CEMS，当进行零点和量程校准时，原则上要求零气和标准气体与样品气体通过的路径（如：采样管、过滤器、洗涤器、调节器）相同。

9.2.8 对于直接测量气态污染物 CEMS，当进行零点和量程校准时，原则上要求导入零气和标准气体进行校准。

9.2.9 应在固定污染源正常排放污染物条件下检测 CEMS。

9.3 90 d 运行期质量保证

CEMS 至少进行 90 d 的运行，运行期间对 CEMS 质量保证提出以下基本要求。

9.3.1 颗粒物 CEMS

9.3.1.1 具有自动校准功能的仪器，应不超过 24 h 自动校准一次仪器零点和量程，此期间的零点和量程漂移应符合 5.8.1.2 条和 5.8.1.3 条要求。

9.3.1.2 手动校准的仪器，应不超过 15 d 用校准装置校正仪器的零点和量程，此期间的零点和量程漂移应符合 5.8.1.2 条和 5.8.1.3 条要求。

9.3.1.3 不超过 1 个月更换一次空气过滤器。

9.3.1.4 不超过 3 个月清洗一次隔离烟气与光学探头的玻璃视窗，检查一次仪器光路的准直情况。

9.3.2 气态污染物 CEMS

9.3.2.1 不超过 15 d 用零气和高浓度标准气体或校准装置校准一次仪器零点和量程，并检查响应时间，此期间的零点和量程漂移以及响应时间应符合 5.8.2.3 条、5.8.2.4 条和 5.8.2.2 条要求；不超过 30 d 进行一次线性误差测试，线性误差应符合 5.8.2.1 条要求；不超过 3 个月进行一次相对准确度测试，相对准确度应符合 5.8.2.5 条的要求。

9.3.2.2 不超过 3 个月更换一次采样探头滤料。

9.3.2.3 不超过 3 个月更换一次净化稀释空气的除湿、滤尘等的材料。

9.3.2.4 必须使用在有效期内的标准物质。

9.3.2.5 必须每天放空空气压缩机内冷凝水。

9.3.2.6 直接测量气态污染物 CEMS，与 9.3.1.4 条相同。

9.3.3 流速 CEMS

9.3.3.1 具有自动校准功能的仪器，应不超过 24 h 自动校准一次仪器零点［或（和）量程］。

9.3.3.2 手动校准的仪器，不超过 3 个月从烟道或管道取出测速探头，人工清除沉积在上面的烟尘并用校准装置校正仪器的零点（量程）。

9.3.4 有效利用率

当低水平（零）或高水平校准漂移结果连续 5 d 超过规定漂移指标的 2 倍时，仪器失控。失控期间，数据无效。失控期间不能用于仪器有效利用率计算，有效利用率规定如下：

$$仪器有效利用率（\%）=\frac{仪器总运行时间}{排放源总运行时间}\times 100\%$$

90 d 运行期间，只有当仪器有效利用率大于或等于 90%时，才允许复检。

10 适用性检测

由国家环境保护总局环境监测仪器质量监督检验中心负责，按本标准规定的检测项目和检测方法对进入国家环境监测网络的 CEMS 进行的检测和复检。适用性检测合格的仪器，应定期由国家环境保护总局环境监测仪器质量监督检验中心抽检。

11 检测项目

检测项目列于表 11-1。

表 11-1 检测项目

项目			指标	检测方法
颗粒物 CEMS	检测期间	零点漂移	≤±2.0%F.S.	8.2.1 条
		量程漂移	≤±2.0%F.S.	8.2.1 条
		相关系数	≥0.85 当测量范围上限≤50 mg/m^3 时，≥0.75	8.2.2 条
		置信区间半宽	≤10%	8.2.2 条
		允许区间半宽	≤25%	8.2.2 条
	复检期间	零点漂移	≤±2.0%F.S.	8.2.1 条
		量程漂移	≤±2.0%F.S.	8.2.1 条
		准确度	当排放浓度 ρ_{PM}≤50 mg/m^3 时，绝对误差≤±15 mg/m^3； 50 mg/m^3＜ρ_{PM}≤100 mg/m^3 时，相对误差≤±25%； 100 mg/m^3＜ρ_{PM}≤200 mg/m^3 时，相对误差≤±20%； ρ_{PM}＞200 mg/m^3 时，相对误差≤±15%	8.2.3 条

项目			指　标	检测方法
二氧化硫 CEMS	检测期间	线性误差	≤±5%	8.3.2 条
		响应时间	≤200 s	8.3.3 条
		零点漂移	≤±2.5%F.S.	8.3.4 条
		量程漂移	≤±2.5%F.S.	8.3.4 条
		相对准确度	排放浓度≥250 μmol/mol（715 mg/m^3）时，相对准确度≤15%	8.3.5 条
			排放浓度＜250 μmol/mol（715 mg/m^3）时，绝对误差≤20 μmol/mol（57 mg/m^3）	
			排放浓度＜50 μmol/mol（143 mg/m^3）时，绝对误差≤15 μmol/mol（43 mg/m^3）	
	复检期间	零点漂移	≤±2.5%F.S.	8.3.4 条
		量程漂移	≤±2.5%F.S.	8.3.4 条
		相对准确度	排放浓度≥250 μmol/mol（715 mg/m^3）时，相对准确度≤15%	8.3.5 条
			排放浓度＜250 μmol/mol（715 mg/m^3）时，绝对误差≤20 μmol/mol（57 mg/m^3）	
			排放浓度＜50 μmol/mol（143 mg/m^3）时，绝对误差≤15 μmol/mol（43 mg/m^3）	
氮氧化物 CEMS	检测期间	线性误差	≤±5%	8.3.2 条
		响应时间	≤200 s	8.3.3 条
		零点漂移	≤±2.5%F.S.	8.3.4 条
		量程漂移	≤±2.5%F.S.	8.3.4 条
		相对准确度	排放浓度≥250 μmol/mol（513 mg/m^3）时，相对准确度≤15%	8.3.5 条
			排放浓度＜250 μmol/mol（513 mg/m^3）时，绝对误差≤20 μmol/mol（41 mg/m^3）	
			排放浓度＜50 μmol/mol（103 mg/m^3）时，绝对误差≤15 μmol/mol（31 mg/m^3）	
	复检期间	零点漂移	≤±2.5%F.S.	8.3.4 条
		量程漂移	≤±2.5%F.S.	8.3.4 条
		相对准确度	排放浓度≥250 μmol/mol（513 mg/m^3）时，相对准确度≤15%	8.3.5 条
			排放浓度＜250 μmol/mol（513 mg/m^3）时，绝对误差≤20 μmol/mol（41 mg/m^3）	
			排放浓度＜50 μmol/mol（103 mg/m^3）时，绝对误差≤15 μmol/mol（31 mg/m^3）	
O_2 或 CO_2 CEMS	检测期间	线性误差	≤±5%	8.3.2 条
		响应时间	≤200 s	8.3.3 条
		零点漂移	≤±2.5%F.S.	8.3.4 条
		量程漂移	≤±2.5%F.S.	8.3.4 条
		相对准确度	≤15%	8.3.5 条
	复检期间	零点漂移	≤±2.5%F.S.	8.3.4 条
		量程漂移	≤±2.5%F.S.	8.3.4 条
		相对准确度	≤15%	8.3.5 条
流速连续测量系统	检测期间	精密度	≤5%	8.4.2 条
	复检期间	相对误差	当流速＞10 m/s 时，速度相对误差≤±10%；≤10 m/s 时，速度相对误差≤±12%	8.4.3 条

项目			指　标	检测方法
温度连续测量系统	检测期间	示值偏差	≤±3℃	8.5 条
	复检期间	示值偏差	≤±3℃	8.5 条
湿度连续测量系统（湿度传感器）	检测期间	相对误差	当烟气湿度 ≤5.0%时，绝对误差≤±1.5%； ＞5.0%时，相对误差≤±25%	8.6 条
	复检期间	相对误差	当烟气湿度 ≤5.0%时，绝对误差≤±1.5%； ＞5.0%时，相对误差≤±25%	8.6 条

注：F.S.示满量程；氮氧化物以 NO_2 计。

附录 A
（规范性附录）
附 表

附表 1 烟气排放连续监测小时平均值日报表

排放源名称：____

排放源编号：__________________监测日期：______年________月______日

时间	颗粒物			SO_2			NO_x			流量/（m^3/h）	O_2/%	烟温/℃	水分含量/%	负荷/%	备注
	mg/m^3	折算 mg/m^3	kg/h	mg/m^3	折算 mg/m^3	kg/h	mg/m^3	折算 mg/m^3	kg/h						
00～01															
01～02															
02～03															
03～04															
04～05															
05～06															
06～07															
07～08															
08～09															
09～10															
10～11															
11～12															
12～13															
13～14															
14～15															
15～16															
16～17															
17～18															
18～19															
19～20															
20～21															
21～22															
22～23															
23～24															
平均值															
最大值															
最小值															
样本数															
日排放总量/t	—			—			—				—				
注：烟气日排放总量单位：$10^4\ m^3/d$。															

附表 2 烟气排放连续监测日平均值月报表

排放源名称：______________________________

排放源编号：______________监测月份：______年______月

时间	颗粒物			SO_2			NO_x			流量/（$10^4m^3/d$）	O_2/%	温度/℃	水分含量/%	负荷/%	备注
	mg/m^3	折算 mg/m^3	t/d	mg/m^3	折算 mg/m^3	t/d	mg/m^3	折算 mg/m^3	t/d						
1 日															
2 日															
3 日															
4 日															
5 日															
6 日															
7 日															
8 日															
9 日															
10 日															
11 日															
12 日															
13 日															
14 日															
15 日															
16 日															
17 日															
18 日															
19 日															
20 日															
21 日															
22 日															
23 日															
24 日															
25 日															
26 日															
27 日															
28 日															
29 日															
30 日															
31 日															
平均值															
最大值															
最小值															
样本数															
月排放总量/t	—			—			—				—				
注：烟气月排放总量单位：10^4 m^3/月。															

上报单位（盖章）： 负责人： 报告人： 报告日期： 年 月 日

附表 3 烟气排放连续监测月平均值年报表

排放源名称：____

排放源编号：____________________ 监测年份：____________年

时间	颗粒物			SO_2			NO_x			流量/（10^4m^3/月）	O_2/%	温度/℃	水分含量/%	负荷/%	备注
	mg/m^3	折算 mg/m^3	t/月	mg/m^3	折算 mg/m^3	t/月	mg/m^3	折算 mg/m^3	t/月						
1 月															
2 月															
3 月															
4 月															
5 月															
6 月															
7 月															
8 月															
9 月															
10 月															
11 月															
12 月															
平均值															
最大值															
最小值															
样本数															
年排放总量/t	—			—			—				—				
注：烟气年排放总量单位：10^4 m^3/a。															

上报单位（盖章）： 单位负责人： 报告人： 报告日期： 年 月 日

附表 4 颗粒物 CEMS 零点和量程漂移检测

测试人员________________ CEMS 生产厂________________

测试地点________________ CEMS 型号、编号________________

测试位置________________ 标准值________________

CEMS 原理________________

日期	时间		计量单位（mg/m^3、mA、mV、不透明度%……）								清洁镜头否	备注
			零点读数		零点漂移绝对误差	调节零点否	上标校准读数		量程漂移绝对误差	调节量程否		
	开始	结束	起始（Z_0）	最终（Z_i）	$\Delta Z=Z_i-Z_0$		起始（S_0）	最终（S_i）	$\Delta S=S_i-S_0$			
零点漂移绝对误差最大值［式（1）］							量程值漂移绝对误差最大值[式（3）]					
零点漂移［式（2）］							量程漂移［式（4）］					

附表 5 计算置信区间和允许区间参数表

f	t_f	V_f	n'	$u_{n'}$（75）
7	2.365	1.797 2	7	1.233
8	2.306	1.711 0	8	1.233
9	2.262	1.645 2	9	1.214
10	2.228	1.593 1	10	1.208
11	2.201	1.550 6	11	1.203
12	2.179	1.515 3	12	1.199
13	2.160	1.485 4	13	1.195
14	2.145	1.459 7	14	1.192
15	2.131	1.437 3	15	1.189
16	2.120	1.417 6	16	1.187
17	2.110	1.400 1	17	1.185
18	2.101	1.384 5	18	1.183
19	2.093	1.370 4	19	1.181
20	2.086	1.357 6	20	1.179
21	2.080	1.346 0	21	1.178
22	2.074	1.335 3	22	1.177
23	2.069	1.325 5	23	1.175
24	2.064	1.316 5	24	1.174
25	2.060	1.308 1	25	1.173
30	2.042	1.273 7	30	1.170
35	2.030	1.248 2	35	1.167
40	2.021	1.228 4	40	1.165
45	2.014	1.212 5	45	1.163
50	2.009	1.199 3	50	1.162

注：$f=n-1$。

附表 6 参比方法校准颗粒物 CEMS

测试人员________________ CEMS 生产厂________________

测试地点________________ CEMS 型号、编号________________

测试位置________________ CEMS 原理________________

参比方法仪器生产厂________________ 型号、编号________________ 原理________________

日期	时间（时、分）	参比方法				CEMS 法		颗粒物颜色	备注
		序号	滤筒编号	颗粒物量/mg	采气体积*/L	质量浓度/（mg/m^3）	测定值（量纲为一）		

注：*标准状态下干烟气体积。

附表 7 气态污染物 CEMS 线性误差和响应时间检测

测试人员____________________CEMS 生产厂____________________

测试地点____________________CEMS 型号、编号____________________

测试位置____________________CEMS 原理____________________

标准气体浓度或校准器件的已知响应值：低浓度__________中浓度__________高浓度__________

污染物名称__________计量单位__________测试日期______年______月______日

序号	标准气体或校准器件参考值	CEMS 显示值	CEMS 显示值的平均值	相对误差/%	响应时间/s		备 注
					测定值	平均值	

附表 8 气态污染物 CEMS（含 O_2 或 CO_2）零点和量程漂移检测

测试人员____________________CEMS 生产厂____________________

测试地点____________________CEMS 型号、编号____________________

测试位置____________________CEMS 原理____________________

标准气体质量浓度或校准器件的已知响应值____________________污染物名称____________________

序号	日期	时间	计量单位（μg/m³、mg/m³、10^{-9}、μmol/mol、……）								备注
			零点读数		零点漂移绝对误差	%满量程	上标校准读数		量程漂移绝对误差	%满量程	
			起始（Z_0）	最终（Z_i）	$\Delta Z=Z_i-Z_0$		起始（S_0）	最终（S_i）	$\Delta S=S_i-S_0$		
1											
2											
3											
4											
5											
6											
7											
8											
零点漂移绝对误差最大值［式（1）］							量程值漂移绝对误差最大值［式（3）］				
零点漂移［式（2）］							量程漂移［式（4）］				

附表 9 参比方法评估气态污染物 CEMS 相对准确度

测试人员________________ CEMS 生产厂________________

测试地点________________ CEMS 型号、编号________________

测试位置________________ CEMS 原理________________

参比方法仪器生产厂________________ 型号、编号__________ 原理________________

测试日期______年______月______日 污染物名称__________ 计量单位________________

样品编号	时间/（时、分）	参比方法（*RM*）*A*	CEMS 法 *B*	数据对差=*B*−*A*
参比方法平均值［式（20）］				
数据对差的平均值的绝对值［式（21）］				
数据对差的标准偏差［式（24）］				
置信系数［式（23）］				
相对准确度［式（19）］				

标准气体	名称	保证值	参比方法测定结果		相对误差/%	
			采样前	采样后	采样前	采样后

附表 10 检测期间（初检）速度场系数

测试人员______________________CEMS 生产厂______________________

测试地点______________________CEMS 型号、编号______________________

测试位置______________________CEMS 原理______________________

参比方法仪器生产厂______________________型号、编号__________原理__________

参比方法计量单位______________________CEMS 计量单位______________________

日期	方法	测定次数									平均值	标准偏差	相对标准偏差/%
		1	2	3	4	5	6	7	8	9			
	手工												
	CEMS												
	场系数												
	手工												
	CEMS												
	场系数												
	手工												
	CEMS												
	场系数												
	手工												
	CEMS												
	场系数												
	手工												
	CEMS												
	场系数												
	手工												
	CEMS												
	场系数												
	手工												
	CEMS												
	场系数												
	手工												
	CEMS												
	场系数												
	手工												
	CEMS												
	场系数												
	手工												
	CEMS												
	场系数												
速度场系数均值				标准偏差				相对标准偏差/%					

附表 11 温度示值偏差检测

测试人员__________CEMS 生产厂__________
测试地点__________CEMS 型号、编号__________
测试位置__________CEMS 原理__________
参比方法仪器生产厂__________型号、编号__________原理__________

日期	方法	测定次数								
		1	2	3	4	5	6	7	8	9
	手工									
	CEMS									
	示值偏差									
	手工									
	CEMS									
	示值偏差									
	手工									
	CEMS									
	示值偏差									
	手工									
	CEMS									
	示值偏差									
	手工									
	CEMS									
	示值偏差									
	手工									
	CEMS									
	示值偏差									
	手工									
	CEMS									
	示值偏差									

附表 12 湿度相对误差或绝对误差检测

测试人员______________________CEMS 生产厂______________________

测试地点______________________CEMS 型号、编号______________________

测试位置______________________CEMS 原理______________________

参比方法仪器生产厂______________________型号、编号__________原理__________

日期	方法	测定次数								
		1	2	3	4	5	6	7	8	9
	手工									
	CEMS									
	相对或绝对误差									
	手工									
	CEMS									
	相对或绝对误差									
	手工									
	CEMS									
	相对或绝对误差									
	手工									
	CEMS									
	相对或绝对误差									
	手工									
	CEMS									
	相对或绝对误差									
	手工									
	CEMS									
	相对或绝对误差									
	手工									
	CEMS									
	相对或绝对误差									

附录 B
（规范性附录）
烟气参数测定与污染物浓度换算和排放速率计算要求

B.1　烟气参数测定

B.1.1　烟气温度的测定

由 CEMS 配置的热电偶或热电阻温度传感器连续测定，示值偏差不大于±3℃。

B.1.2　烟气中水分含量的测定

a. 氧或湿度传感器连续测定方法

由 CEMS 配置的氧传感器测定烟气除湿前、后氧含量计算烟气中水分含量，或湿度传感器连续测定烟气中水分含量。

当按烟气除湿前、后氧含量计算烟气中水分含量时，烟气湿度按式（B.1）计算。

$$X_{sw}=1-\frac{\varphi'(O_2)}{\varphi(O_2)} \tag{B.1}$$

式中：φ'（O_2）——湿烟气中氧的体积分数，%；

φ（O_2）——干烟气中氧的体积分数，%。

b.手工测定方法

按 GB/T 16157—1996 第 5.2 条选用重量法或冷凝法或干湿球法中的一种方法测定，取平均值输入 CEMS。

B.1.3　烟气中 O_2、CO_2 的测定和计算

a. 由 CEMS 配置的氧检测仪连续测定烟气中的 O_2 含量 φ（O_2）。

b. 可按式（B.2）计算烟气中的 CO_2 含量：

$$\varphi(CO_2)=\varphi(CO_2)_{max}\left(1-\frac{\varphi(O_2)}{20.9/100}\right) \tag{B.2}$$

式中：φ（CO_2）$_{max}$——燃料燃烧产生的最大 CO_2 体积分数，%；由 φ（CO_2）$_{max}$ 近似值表 B.1 查得。

表 B.1　φ（CO_2）$_{max}$ 近似值表

燃料类型	烟　煤	贫　煤	无烟煤	燃料油	石油气	液化石油气	湿性天然气	干性天然气	城市煤气
φ（CO_2）$_{max}$/%	18.4～18.7	18.9～19.3	19.3～20.2	15.0～16.0	11.2～11.4	13.8～15.1	10.6	11.5	10.0

B.1.4　烟气密度和气体分子量的计算

按 GB/T 16157—1996 第 6 条计算烟气密度和气体分子量。

B.1.5　烟气流速、流量的测定和计算

a. 测定大气压力

① 由 CEMS 配置的大气压力传感器测出。

② 也可以根据当地气象站给出的上月平均值或上年平均值，并根据测点与气象站的不同标高，按每增、减 10 m，大气压减、增 110 Pa 进行修正后，输入 CEMS 中作为本月或本年的平均大气压。

b. 测定烟气流速

由皮托管测速仪或靶式流量计测速仪连续测定烟道或管道断面某一固定点的烟气流速，或热平衡仪连续测定断面某一固定点的烟气质量流量，或由超声波测速仪连续测定断面上烟气的线平均流速。

c. 烟气流速和流量的计算

① 烟气流速的计算

•皮托管法、热平衡法、超声波法（测速仪安装在矩形烟道或管道）、靶式流量计法按式（B.3）计算烟道或管道断面平均流速：

$$\overline{V}_{\mathrm{s}} = K_v \cdot \overline{V}_{\mathrm{p}} \tag{B.3}$$

式中：K_v——速度场系数；

$\overline{V}_{\mathrm{p}}$——测定断面某一固定点或测定线上的湿排气平均流速，m/s；

$\overline{V}_{\mathrm{s}}$——测定断面的湿排气平均流速，m/s。

•超声波测速法（测速仪安装在圆形烟道或管道）按式（B.4）计算烟道或管道断面平均流速：

$$\overline{V}_{\mathrm{s}} = \frac{L}{2\cos\alpha}\left(\frac{1}{t_A} - \frac{1}{t_B}\right) \tag{B.4}$$

式中：L——安装在烟道或管道上两侧 A（接收/发射器）与 B（接收/发射器）间的距离（扣除烟道壁厚），m；

α——烟道或管道中心线与 AB 间的距离 L 的夹角；

t_A——声脉冲从 A 传到 B 的时间（顺气流方向），s；

t_B——声脉冲从 B 传到 A 的时间（逆气流方向），s。

② 烟气流量的计算

•工况下的湿烟气流量 Q_{s} 按式（B.5）计算：

$$Q_{\mathrm{s}} = 3\,600 \cdot F \cdot \overline{V}_{\mathrm{s}} \tag{B.5}$$

式中：Q_{s}——工况下湿烟气流量，$\mathrm{m^3/h}$；

F——测定断面的面积，$\mathrm{m^2}$。

•标准状态下干烟气流量 Q_{sn} 按式（B.6）计算：

$$Q_{\mathrm{sn}} = Q_{\mathrm{s}} \times \frac{273}{273 + t_{\mathrm{s}}} \times \frac{p_{\mathrm{a}} + p_{\mathrm{s}}}{101\,325} \times (1 - X_{\mathrm{sw}}) \tag{B.6}$$

式中：Q_{sn}——标准状态下干烟气流量，$\mathrm{m^3/h}$；

p_{a}——大气压力，Pa；

p_{s}——烟气静压，Pa；

t_{s}——烟气温度，℃；

X_{sw}——烟气中水分含量体积分数，%。

B.2 颗粒物或气态污染物浓度和排放速率计算

a. 颗粒物或气态污染物排放质量浓度按式（B.7）计算：

$$\rho' = bx + a \tag{B.7}$$

式中：ρ'——颗粒物或标准状态下干烟气中气态污染物质量浓度，$\mathrm{mg/m^3}$，

当气态污染物 CEMS 符合相对准确度要求时，$\rho'=x$；

x——CEMS 显示的物理量；

b——回归方程斜率；

a——回归方程截距，mg/m^3。

当气态污染物显示浓度单位为μmol/mol 时，SO_2、NO 和 NO_2 换算为标准状态下 mg/m^3 的换算系数：

SO_2：1μmol/mol=64/22.4 mg/m^3

NO：1μmol/mol=30/22.4 mg/m^3

NO_2：1μmol/mol=46/22.4 mg/m^3

b. 颗粒物或气态污染物折算排放质量浓度按式（B.8）计算：

$$\rho = \rho' \times \frac{\alpha}{\alpha_s} \tag{B.8}$$

式中：ρ——折算成过量空气系数为α时的颗粒物或气态污染物排放质量浓度，mg/m^3；

ρ'——标准状态下干烟气中颗粒物或气态污染物质量浓度，mg/m^3；

α——在测点实测的过量空气系数；

α_s——有关排放标准中规定的过量空气系数。

c. 过量空气系数按式（B.9）计算：

$$\alpha = \frac{21/100}{21/100 - \varphi(O_2)} \tag{B.9}$$

d. 颗粒物或气态污染物排放速率按式（B.10）计算：

$$G=\rho' \cdot Q_{sn} \cdot 10^{-6} \tag{B.10}$$

式中：G——颗粒物或气态污染物排放速率，kg/h；

Q_{sn}——标准状态下干排烟气量，m^3/h；

ρ'——标准状态下干烟气中颗粒物或气态污染物质量浓度，mg/m^3。

附录 C

（规范性附录）

参比方法校准颗粒物连续监测系统实例

某燃煤电厂安装颗粒物 CEMS，测试期间烟气参数平均值如下：

温度：120℃；静压：−0.14 kPa（表压）；含氧量：7%；湿度：4%。

排放限值为 150 mg/m^3。

测定结果原始记录见表 C.1（实际状况浓度范围 30～200 mg/m^3）。

表 C.1 CEMS 法和参比方法测定烟气中颗粒物原始记录表

序号	CEMS 显示值	参比方法/（mg/m^3）	序号	CEMS 显示值	参比方法/（mg/m^3）	序号	CEMS 显示值	参比方法/（mg/m^3）
1	109.3	71.4	13	98.1	55.5	25	89.8	53.0
2	106.1	71.2	14	60.0	34.6	26	98.0	52.5
3	111.2	69.9	15	80.0	48.0	27	68.6	35.2
4	85.2	59.0	16	73.5	46.3	28	76.4	48.1
5	119.6	73.7	17	89.5	58.9	29	130.6	94.4
6	110.1	72.4	18	160.7	110.0	30	120.8	88.0
7	123.6	72.9	19	158.9	113.6	31	118.0	75.5
8	147.4	102.1	20	170.3	120.8	32	135.0	90.2
9	139.8	99.2	21	168.3	109.3	33	110.3	71.4
10	124.7	88.6	22	150.4	108.8	34	125.5	89.6
11	139.8	95.8	23	178.9	123.4	35	100.4	74.4
12	119.9	72.0	24	73.6	47.4	36	98.9	70.2
注：表中参比方法单位为折算至实际烟气状况下单位，CEMS 显示值为量纲为一的单位。								

C.1 线性回归方程计算

$\overline{X}$ =115.9

$\overline{Y}$ =76.9

S_{xx}=33 235.0

S_{xy}=25 539.0

S_{yy}=20 527.3

$\hat{Y}$=0.768 4X−12.2

C.2 置信区间半宽计算

回归直线精密度：S_E=5.15，

查附录 A 附表 5，t=2.030，

则在平均值 X=115.9（CEMS 显示值）处，置信区间半宽 CI=1.74

燃煤电厂规定过量空气系数为 1.4（含氧量为 6%），排放限值 EL（干烟气标态）为 150 mg/m^3 时，按理想气体状态方程、式（30）、式（B.7）和式（B.8），综合为下式：

$$EL_r = EL \times \frac{273}{273+t} \times \frac{p_a + p_s}{101\,325} \times (1 - X_{sw}) \times \frac{0.21 - \varphi(O_2)}{0.21 - \varphi(O_2)_s} \tag{C.1}$$

式中：EL_r——该污染源实际排放质量浓度限值，mg/m^3；

t——测定断面平均烟温，℃；

p_a——测定期间的大气压，Pa；

p_s——测定断面烟气静压，Pa；

$\varphi(O_2)_s$——排放标准中所确定的氧量，%。

则实际排放浓度为 93 mg/m^3（实际烟气状态）。

则在平均值 X=116（CEMS 显示值）处，作为排放限制百分比的置信区间半宽为：CI%=1.87%。

C.3 允许区间半宽计算

查附录 A 附表 5 计算 k_t=1.46。

则在平均值 X=115.9（CEMS 显示值）处，允许区间半宽 TI=7.52，作为排放限制百分比的允许区间半宽为：TI%=8.09%。

C.4 相关系数

r=0.978

C.5 线性相关曲线、置信区间、允许区间图例

95%置信区间为：$\hat{Y}$=0.768 4X−12.2±1.74

95%允许区间为：$\hat{Y}$=0.768 4X−12.2±7.52

计算和图例见图 C.1。

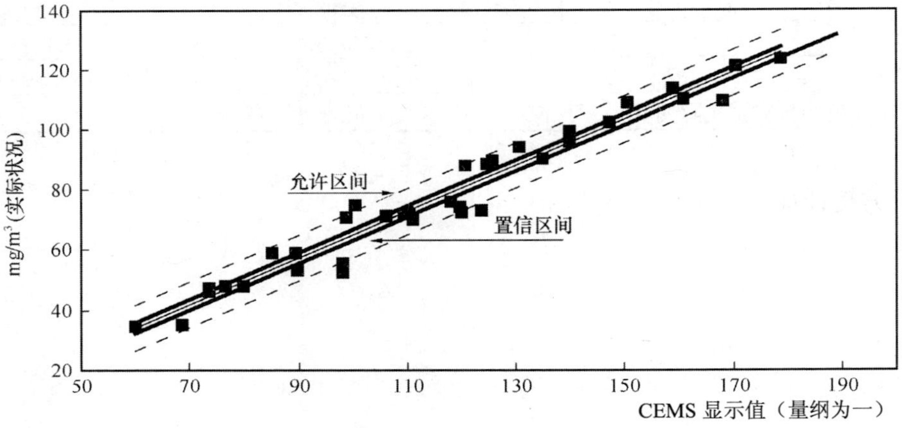

图 C.1 线性相关曲线、置信区间、允许区间

附录 D
（规范性附录）
固定污染源二氧化硫、氮氧化物排放浓度的测定　仪器分析法

D.1　原理和适用范围

D.1.1　适用范围

仅当在本标准中指明时，用于气态污染物二氧化硫、氮氧化物相对准确度检测时测定固定污染源排放的二氧化硫和氮氧化物浓度。其他气态污染物的测定可参照本程序执行。

D.1.2　原理

从烟囱（烟道）中连续地抽取烟气，将部分样气送入分析仪中，用国家或行业发布的标准分析方法或《空气和废气监测分析方法》（国家环境保护总局）中所列方法测定二氧化硫、氮氧化物浓度。为了提供可靠数据，提供了性能规格和测试程序。

D.2　测量范围和灵敏度

D.2.1　测量范围

对本方法，测量范围由所选择的测定系统量程所定，但气态污染物的浓度应不低于所选测定系统使用量程的 30%，若在一次测定期间的任何时刻，气态污染物浓度超过所选量程，则该次测定无效。

D.2.2　灵敏度

最低检出限应低于量程的 2%。

D.3　定义

D.3.1　测定系统

测定气体浓度所需要的全部设备，由下列主要的子系统组成。

D.3.1.1　采样系统

用于获得样品、传输样品、采样调节或保护分析仪不受烟囱排放物的影响。

D.3.1.2　气体分析仪

检测待测气体并产生以正比于待测气体浓度的输出信号的系统部件。

D.3.1.3　数据记录仪

条形图表记录仪，模拟计算机或数字记录仪，用于记录由分析仪输出的测量数据。

D.3.2　分析仪校准误差

将标准气体直接通入分析仪，分析仪显示的气体浓度和标准气体已知浓度之差。

D.3.3　采样系统偏差

在采样探头的出口通入已知浓度的气体，测定系统所显示的气体浓度与相同的气体直接通入分析仪时测定系统显示的气体浓度之差。

D.4　测定系统性能规定

D.4.1　分析仪校准误差

对于零、中和高浓度的标准气体，应低于量程的±2%。

D.4.2 采样系统偏差

对于零、中和高浓度的标准气体，应低于量程的±5%。

D.4.3 零点漂移

在每一操作周期内低于量程的±2.5%。

D.4.4 量程漂移

在每一操作周期内低于量程的±2.5%。

D.5 装置

D.5.1 测定系统

应选择经国家环保总局环境监测仪器质量监督检验中心适用性检测合格的测定系统。可以是任何满足本方法规定的二氧化硫、氮氧化物测定系统，此系统的必要组成部分如下：

D.5.1.1 采样探头

玻璃、不锈钢或等效物，应有足够的长度在采样点上移动，采样探头应加热，以防止凝结。

D.5.1.2 采样管线

加热（能充分防止凝结）的不锈钢或聚四氟乙烯导管，用于将样气输送至除湿系统中。

D.5.1.3 样品输送管

不锈钢或聚四氟乙烯导管，用以将样气从除湿系统送至采样泵、采样流量控制以及样气分流管。

D.5.1.4 校准阀组件

一个三通阀组件或等效物，在处于校准方法时，用来关闭样气流，在采样探头的出口将校准气通至测定系统。

D.5.1.5 除湿系统

制冷式凝结器或相似的装置（干燥器），用以将样气中的水汽去除。对于能在湿式方式下测定样气浓度的分析仪，水汽去除系统是不必要的，但由湿基浓度向干基浓度的转换公式需经环保部门许可。

D.5.1.6 颗粒物滤膜

烟囱（烟道）内或加热（足够防止水汽凝结）的烟囱（烟道）外滤膜，滤膜应为硼硅酸盐或石英玻璃棉，或玻璃纤维棉。在水汽去除系统的出口或入口以及在分析器的入口处附加滤膜可用于阻止颗粒物质在测定系统中的累积，延长组件的寿命。滤膜应由与采样气体无反应的材料制成。

D.5.1.7 采样泵

用以提供采样系统动力，并将样气送至分析仪。泵可用任何与样气无反应的材料制成。

D.5.1.8 采样流量控制

采样流量控制阀和转子流量计或等效物，用以在10%的精度内维持恒定的采样流量。

注：测定人员可选择一个后压式调节器以维持样气支管在一常压下，用以防止分析仪压力过高及减少对流量调节的需要。

D.5.1.9 样气分流管

用于转移部分样气至分析仪，并将其余部分送至旁路排放口，样气分流管还应包括直接将标准气体导入分析仪的备件。分流管可用任何与所采样气无反应的材料制成。

D.5.1.10 气体分析仪

连续测定二氧化硫、氮氧化物浓度，所采用方法为国家或行业发布的标准分析方法或《空气和废气监测分析方法》（国家环境保护总局）中所列方法。分析仪应满足 D.4 的使用性能规定。分析仪应附带提供控制流量的手段及测定适当的流量的装置（精密转子流量计、下游的总流量控制用压力计等）。

注：将分析仪置于一清洁、恒温、防腐环境中，可减少分析仪校准后的漂移。

D.5.1.11 数据记录仪

长条纸记录仪、模拟计算机或数字记录仪，用以记录测定数据。数据分辨率应为量程的 0.5%；也可选具有量程 0.5%的分辨率的数字或模拟表头，手工记录读数。

D.6 测定系统的性能测试过程

在排放浓度测定之前，完成下列过程。

D.6.1 测定系统准备

按厂家说明书准备和调试分析仪以及所用到的其他系统组件。

D.6.2 分析仪校准误差

D.6.2.1 选用符合本技术规范 8.3.1 要求的标准气体，按 8.3.2 程序导入零气、中浓度和高浓度标准气体至分析仪。在此次检查期间，除了为达到正确的校准气体流量而进行必要的调节外，不做任何调节，记录（表 D.1）每种标准气体的分析仪响应值。

D.6.2.2 若分析仪显示的气体浓度对任何一种标准气体而言超过量程的±2%，则分析仪校准误差检查视为无效。存在无效的校准误差检查，采取修正措施，并重复分析仪的校准误差检查，直至达到可接受的性能指标。

D.6.3 采样系统偏差检验

通过在采样探头出口处安装的校准阀导入标准气体来完成采样系统偏差检查。在中浓度和高浓度标准气体中，选最接近排放浓度的标准气体以及零气依照下列方法进行检查。

D.6.3.1 导入最接近排放浓度的标准气体，在表 D.2 记录分析仪响应值，然后，导入零气，并记录分析仪响应值。也可先通入零气，然后通入标准气体。

在采样系统偏差检查期间，使系统在正常的采样流量下运行。除了为达到适当的校准气体流量而在分析仪上进行必要的调节外，不做任何调节。

检查期间应同时记录响应时间，响应时间不得超过 180 s。响应时间检查程序按本技术规范 8.3.3 要求进行。

D.6.3.2 对零气或接近排放浓度的标准气体中的任何一个，若分析仪校准误差检查所显示的值与采样系统偏差检查所显示的值之差超过所选量程的±5%，则采样系统偏差检查应视为无效。若存在无效采样系统偏差检查，采取修正措施，并重复采样系统偏差检查直至达到可接受的性能。若需要调节分析仪，首先重复分析仪的校准误差检查，然后重复采样系统偏差检查。

D.7 排放浓度测定程序

D.7.1 采样断面和采样点位选择

按 GB/T 16157—2001 中要求选取采样断面和采样点位。

D.7.2 样品采集

按采样系统偏差检查中所用的相同流量开始采样，在整个运行期间维持恒流采样（±10%），单次测量值采样时间应大于测定系统 2 倍响应时间。

D.7.3 零点漂移和量程漂移

在每次采样前和采样后进行，在漂移检查完成前，不能对测定系统进行任何调节。在表 D.2 中记录分析仪的响应值。

若零点漂移和量程漂移超过漂移限值，则该次运行被认为无效。在进行重复运行前，重复分析仪校准误差检查程序和采样系统偏差检查程序。

D.8 排放质量浓度计算

按式（D.1）计算排放气体质量浓度。

$$\rho_{gas}=(\overline{\rho}-\rho_0)\frac{\rho_{ma}}{\rho_m-\rho_0} \tag{D.1}$$

式中：ρ_{gas}——排放气体质量浓度，mg/m^3；

$\overline{\rho}$——由气体分析仪所显示的平均气体质量浓度，mg/m^3；

ρ_0——采样前后零气的系统响应平均值，mg/m^3；

ρ_m——采样前后接近排放浓度的标准气体的系统响应平均值，mg/m^3；

ρ_{ma}——接近实际排放浓度的标准气体质量浓度，mg/m^3。

表 D.1 分析仪校准误差

标准气体生产单位：________________________________量程：____________________________

测试人：________________________________日期：____________________________

标准气体	标气值	分析仪的响应值	绝对差	误差（量程百分比）
零气				
中浓度				
高浓度				

表 D.2 采样系统偏差及漂移数据

标准气体生产单位：________________________________量程：____________________________

测试人：________________________________日期：____________________________

<table>
<tr><td rowspan="2">标准气体</td><td rowspan="2">分析仪校准
误差响应值</td><td colspan="2">采样前</td><td colspan="2">采样后</td><td rowspan="2">漂移</td></tr>
<tr><td>系统响应</td><td>系统的偏差</td><td>系统响应</td><td>系统的偏差</td></tr>
<tr><td>零　气</td><td></td><td></td><td></td><td></td><td></td><td></td></tr>
<tr><td>接近实际
排放浓度
标准气体</td><td></td><td colspan="2"></td><td></td><td></td><td></td></tr>
<tr><td colspan="7">系统的偏差=（系统响应－分析仪响应）/量程×100</td></tr>
</table>

附加说明：

本标准由国家环境保护总局科技标准司提出。

本标准主要起草单位：中国环境监测总站、上海市环境监测中心、国家环保总局信息中心。

本标准国家环境保护总局 2007 年 7 月 12 日批准。

本标准自 2007 年 8 月 1 日起实施。

本标准由国家环境保护总局解释。

国家环境保护总局标准

烟尘采样器技术条件

HJ/T 48—1999

Technical conditions of sampler for stack dust

1999-08-18 批准 2000-01-01 实施

1 范围

本标准规定了普通型采样管法、皮托管平行测速采样法、动压平衡型等速采样管法和静压平衡型等速采样管法烟尘采样器和测定排气流速、含湿量、温度和压力等参数所用仪器、仪表的技术要求，以及检测项目和试验方法。

本标准适用于采样流量在 60 L/min 以内，排气流速范围 5～30 m/s，用过滤称重法测定固定源排气中颗粒物含量的烟尘采样器。

2 引用标准

下列标准所含条文，在本标准中引用即构成本标准的条文，与本标准同效。

GB 6587.7—86 电子测量仪器基本安全要求

GB/T 16157—1996 固定污染源排气中颗粒物测定与气态污染物采样方法

ZBY 120—83 工业自动化仪表工作条件 温度、湿度和大气压力

JJG 680—90 烟尘测试仪检定规程

当上述标准被修订时，应使用其最新版本。

3 术语

3.1 颗粒物

颗粒物是指燃料和其他物质燃烧、合成、分解以及各种物料在处理中所产生的悬浮于排放气体中的颗粒状物质。

3.2 等速采样

等速采样是指将采样嘴平面正对排气气流，使进入采样嘴的气流速度与测定点的排气流速相等。

3.3 过滤称重法

过滤称重法是指排气中颗粒物被滤筒或滤纸捕集，经除去非化合水后，由重量法测定颗粒物质量的方法。

3.4 普通型采样管法

采样前预先测出各采样点处的排气温度、压力、水分含量和气流速度等参数，结合所选用的采样嘴直径，计算出等速条件下各采样点所需的采样流量，然后按该流量在各测点采样。

3.5 皮托管平行测速采样法

将普通型采样管、S 形皮托管、温度计组装成一体，采样时将组合式采样管插入烟道测点处。根据

预先测得的排气静压，水分含量和当时测得的测点动压、温度等参数，结合选用的采样嘴直径，（1）由编有程序的计算器及时计算出颗粒物等速采样流量，手动调节采样流量至所要求的转子流量计读数进行采样；或（2）由微电脑迅速计算出颗粒物等速采样流量并自动调节采样流量至等速采样的流量进行采样。

3.6　动压平衡型等速采样管法

将装有孔板的采样管、S 形皮托管、温度计组装成一体，采样时将组合式采样管插入烟道测点处。（1）借助于双联斜管微压计或双联微压差表，手动调节采样流量使采样抽气时孔板产生的压差与采样管平行放置的皮托管测出的气体动压相等进行采样；或（2）借助于微压差传感器，由微电脑自动调节采样流量使采样抽气时孔板产生的压差与采样管平行放置的皮托管测出的气体动压相等进行采样。

3.7　静压平衡型等速采样管法

利用在采样管入口配置的专门采样嘴，在嘴的内外壁上分别开有测量静压的条缝，调节采样流量使采样嘴内、外条缝处静压相等进行采样。

4　测定排气参数仪器、仪表技术要求

4.1　温度测定

4.1.1　热电偶或热电阻温度计。示值偏差应不大于±3℃。

4.1.2　水银玻璃温度计。精确度应不低于 2.5%，最小分度值应不大于 2℃。

4.2　含湿量测定

4.2.1　冷凝法测湿装置

4.2.1.1　测定含湿量采样系统由烟尘采样管、冷凝器、干燥器、温度计、真空压力表、转子流量计和抽气泵等部件组成。见图 1。

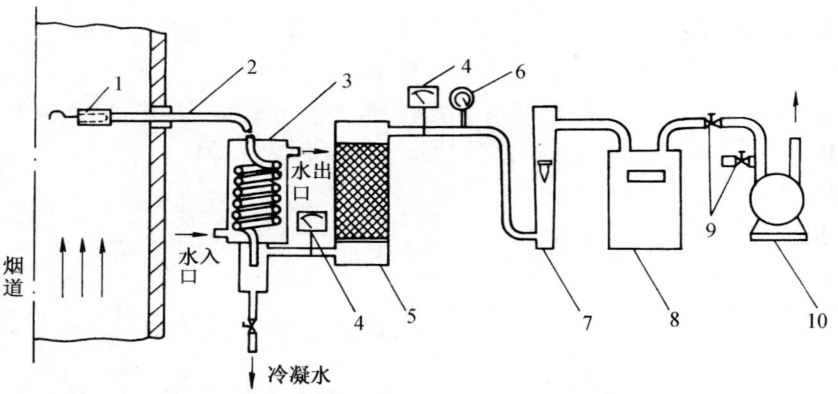

1—滤筒；2—采样管；3—冷凝器；4—温度计；5—干燥器；6—真空压力表；7—转子流量计；8—累积流量计；9—调节阀；10—抽气泵

图 1　冷凝法测定排气水分含量装置

(普通型采样管法颗粒物采样装置)

4.2.1.2　采样管。用不锈钢制成，内装滤筒，用以除去排气中的颗粒物。详见 5.2.1.1 条。

4.2.1.3　冷凝器。用于分离、贮存在采样管、连接管和冷凝器中冷却下来的水。冷凝器总体积应不小于 5 L，冷凝管应由 $\phi 10\times 1$ mm 的不锈钢管制作，有效长度应不小于 1 500 mm，贮存冷凝水容器的有效容积应不小于 100 ml。冷凝水的排放应确保畅通，排放冷凝水的阀门应严密不漏气。

4.2.1.4　温度计。测量上限应不大于 60℃，精确度应不低于 1.5%，最小分度值应不大于 1℃。

4.2.1.5　干燥器。用有机玻璃制作，其容积应不小于 0.8 L，高度应不低于 150 mm，气体出口应装有过

滤装置，装料口处应有密封圈。

4.2.1.6　真空压力表。真空度量程上限应不大于 50 kPa，精确度应不低于 2.5%，最小分度值应不大于 1 kPa，用于测定流量计前气体压力。

4.2.1.7　转子流量计。测量范围下限应不大于 6 L/min，上限应不大于 60 L/min，精确度应不低于 2.5%。

4.2.1.8　抽气泵。技术要求与 5.4 条相同。

4.2.2　干湿球法测湿装置

4.2.2.1　测定含湿量采样系统由采样管、干湿球温度计、真空压力表、转子流量计和抽气泵等部件组成。见图 2。

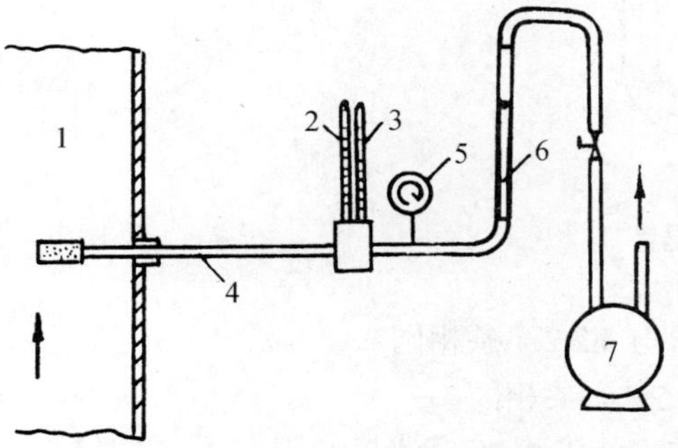

1—烟道；2—干球温度计；3—湿球温度计；

4—保温采样管；5—真空压力表；6—转子流量计；7—抽气泵

图 2　干湿球法测定排气水分含量装置

4.2.2.2　采样管。用耐热、耐腐蚀的不锈钢制成。采样管前端应能填入滤料以阻留尘粒，采样导管内径应不小于 6 mm，长度应不短于 800 mm。采样管应具有加热、保温功能，整体控温为（130±10）℃。加热电源电压一般应取 36 V 安全电压；采用高电压做加热电源时，应设有保安措施，防止人身触电。绝缘电阻应不小于 20 MΩ。

4.2.2.3　干湿球温度计。测量上限应不大于 150℃，精确度应不低于 1.5%，最小分度值应不大于 1℃。

4.2.2.4　真空压力表。测量范围 0～－20 kPa，精确度应不低于 4%，最小分度值应不大于 0.5 kPa。

4.2.2.5　转子流量计、抽气泵的技术要求分别与 4.2.1.7 条和 4.2.1.8 条相同。

4.2.3　重量法测湿装置

4.2.3.1　测定含湿量采样系统由采样管、吸湿管、真空压力表、温度计、转子流量计和抽气泵等部分组成。见图 3。

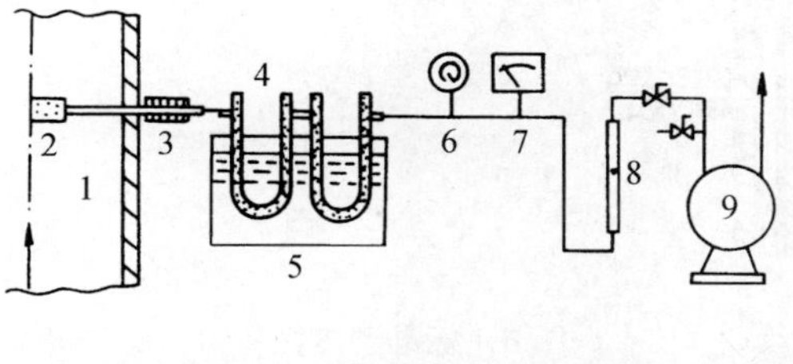

1—烟道；2—过滤器；3—加热器；4—吸湿管；5—冷却水槽；

6—真空压力表；7—温度计；8—转子流量计；9—抽气泵

图 3　重量法测定排气水分含量装置

4.2.3.2　采样管。技术要求与 4.2.2.2 条相同。

4.2.3.3 吸湿管。U 形吸湿管见图 4 或雪菲尔德吸湿管见图 5。

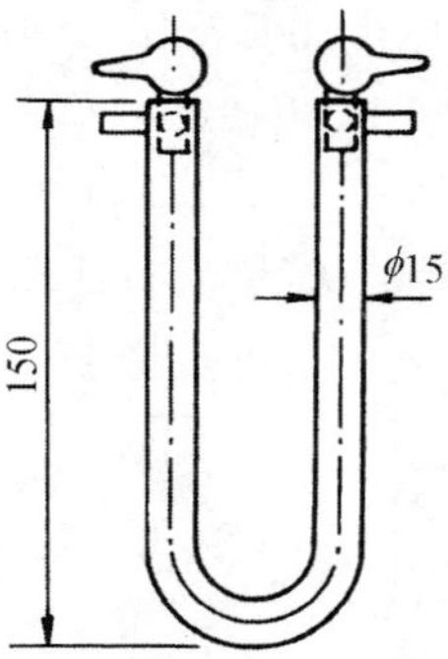

图 4 U 形吸湿管

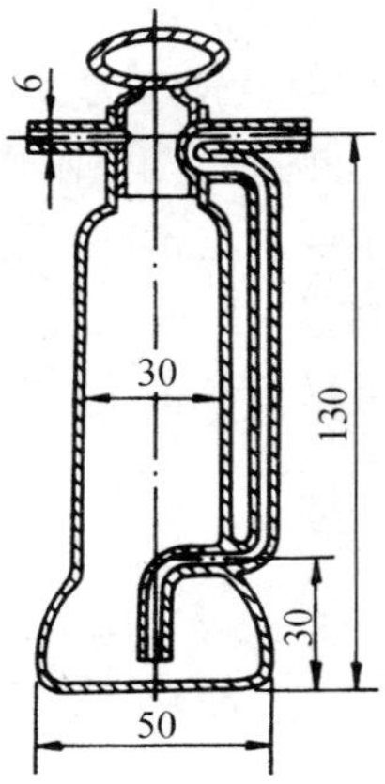

图 5 雪菲尔德吸湿管

4.2.3.4 真空压力表。技术要求与 4.2.2.4 条相同。

4.2.3.5 温度计。技术要求与 4.2.1.4 条相同。

4.2.3.6 转子流量计。精确度应不低于 2.5%，测量范围 0～1.5 L/min。

4.2.3.7 抽气泵。抽气能力应能克服烟道及采样系统阻力，并保证足够的抽气量。当采样系统负载阻力为 20 kPa 时，流量应不低于 1.0 L/min。当流量计量装置放在抽气泵出口端时，抽气泵应不漏气。

4.3 流速测定

4.3.1 流速测量装置包括标准型皮托管或 S 形皮托管、斜管微压计或微压差表或流速测定仪、U 形压力计和大气压力计。

4.3.2 标准型皮托管。用不锈钢管按图 6 加工而成。皮托管修正系数范围在 0.99±0.01 以内。

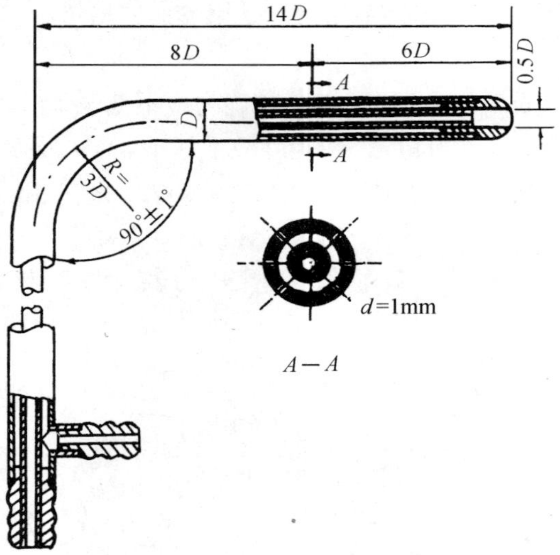

图 6 标准型皮托管

4.3.3 S 形皮托管。用两根外径应不小于 8 mm，壁厚应不大于 1 mm 相同的不锈钢管按图 7 加工而成。皮托管修正系数范围应在 0.84±0.01 以内，其正反向修正系数相差应不大于 0.01。

4.3.4 斜管微压计或微压差表或流速测定仪。斜管微压计压力测量范围 0～2 000 Pa，精确度应不低于 2%，最小分度值应不大于 2 Pa；微压差表压力测量范围应不大于 0～1 000 Pa，精确度应不低于 1%，最小分度值应不大于 10 Pa；流速测定仪中压力测量微压传感器技术要求与 6.3.4.2 条相同，测速精确度应不低于 5%。

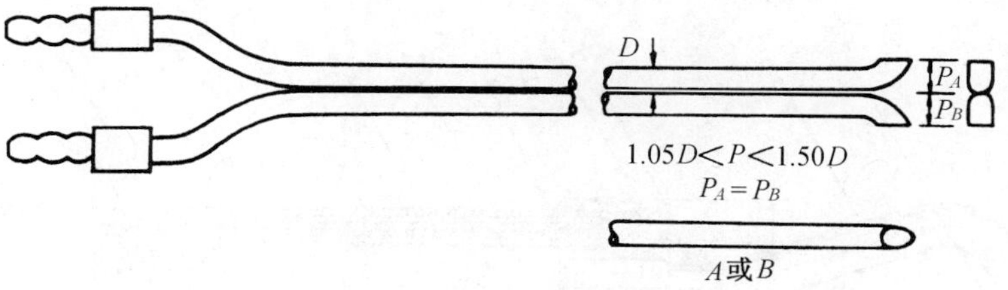

图 7 S 形皮托管

4.3.5 U 形压力计。最小分度值应不大于 10 Pa.

4.3.6 大气压力计。最小分度值应不大于 0.1 kPa。

5 普通型采样管烟尘采样器技术要求

5.1 普通型采样管烟尘采样器由普通型采样管、颗粒物捕集器、冷凝器、干燥器、流量计量和控制装置、抽气泵等几部分组成（见图 1）。当排气中含有二氧化硫等腐蚀性气体时，在采样管出口还应设置腐蚀性气体的净化装置。

5.2 采样管

5.2.1 采样管有玻璃纤维滤筒采样管和刚玉滤筒采样管两种。

5.2.1.1 玻璃纤维滤筒采样管。由采样嘴、前弯管、滤筒夹、滤筒、采样管主体等部分组成，见图 8。滤筒由滤筒夹顶部装入，靠入口处两个锥度相同的同心圆锥环夹紧固定。在滤筒外部有一个与滤筒外形一样而尺寸稍大的多孔不锈钢托，用以承托滤筒，以防采样时滤筒破裂。采样管各部件均用不锈钢制作及焊接。所用材料应能耐 500℃高温。

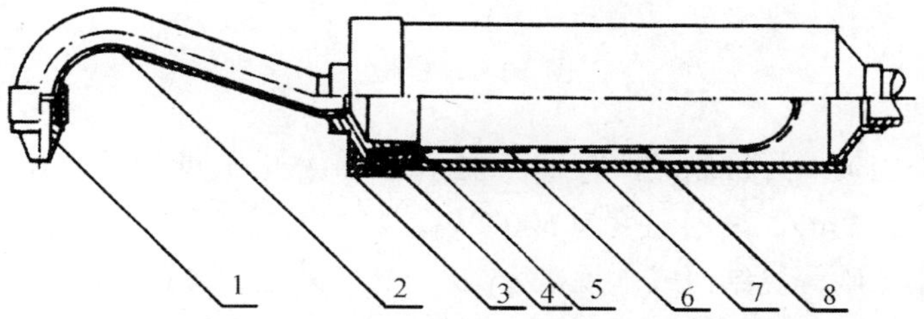

1—采样嘴；2—前弯管；3—滤筒夹压盖；4—滤筒夹；
5—滤筒夹；6—不锈钢托；7—采样管主体；8—滤筒

图 8 玻璃纤维滤筒采样管

5.2.1.2 刚玉滤筒采样管。由采样嘴、前弯管、滤筒夹、刚玉滤筒、耐高温弹簧、石棉垫圈、采样管主体等部分组成，见图 9。刚玉滤筒由滤筒夹后部放入，借滤筒托、耐高温弹簧和滤筒夹可调后体压紧在滤筒夹前体上。滤筒口与滤筒夹间和滤筒夹与主体管各接口用石棉或石墨垫圈密封。采样管各部件均用不锈钢制作和焊接。所用材料应能耐 800℃高温。

5.2.2 采样嘴

5.2.2.1 采样嘴入口内径应不小于 5 mm，其加工偏差应不大于±0.1 mm，入口边缘厚度应不大于 0.2 mm，采样嘴锥度应不大于 45°，见图 10。

5.2.2.2 采样嘴内、外表面必须平滑，采样嘴至滤筒托架的采样管内表面不得有急剧的截面变化。

5.2.2.3 为了适应不同的烟气流速，应备有不小于 5 mm 的多种口径的采样嘴，采样嘴要便于互换。

5.2.3 滤筒

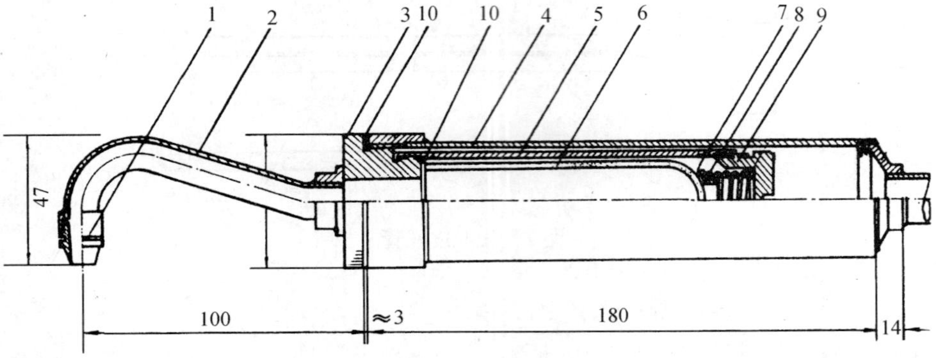

1—采样嘴；2—前弯管；3—滤筒夹前体；4—采样管外体；5—滤筒夹中体；
6—刚玉滤筒；7—滤筒托；8—耐高温弹簧；9—滤筒夹后体；10—石棉垫圈

图 9 刚玉滤筒采样管

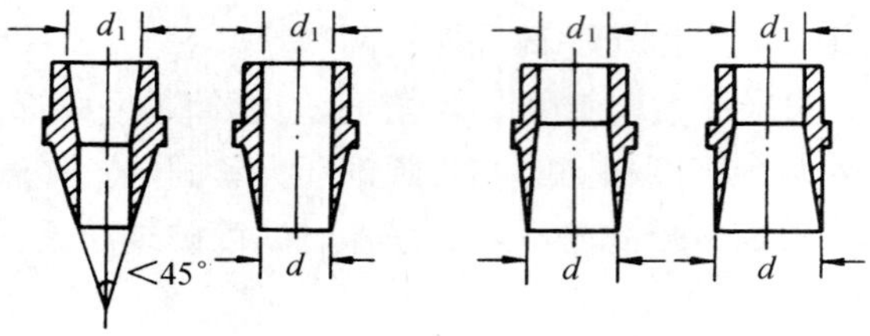

图 10 采样嘴

5.2.3.1 玻璃纤维滤筒。由玻璃纤维制成，有直径 32 mm 和 25 mm 两种。对 0.5 μm 粒子捕集效率应不低于 99.9%。失重应不大于 2 mg，适用温度为 500℃以下。

5.2.3.2 刚玉滤筒。由刚玉砂等烧结而成。规格为ϕ28 mm（外径）×100 mm，壁厚(1.5±0.3) mm。对 0.5 μm 的粒子捕集效率应不低于 99%。失重应不大于 2 mg，适用温度为 1 000℃以下。空白滤筒阻力，当流量为 20 L/min 时，应不大于 4 kPa。

5.2.4 滤筒托架

5.2.4.1 滤筒托架的位置应尽量接近采样嘴，滤筒取放应方便。

5.2.4.2 滤筒托架尺寸与滤筒相匹配。安放低强度滤筒（如：玻璃纤维）的滤筒托架（烟气温度≤500℃），要求其内部有与滤筒吻合的多孔滤筒托。

5.2.4.3 滤筒放好后，部件整体应密封良好，满足 5.5.3 条要求。

5.3 流量计量箱

5.3.1 流量计量箱由冷凝器、温度计、干燥器、真空压力表、转子流量计和根据需要安装累积流量计等部分组成。其技术要求与 4.2.1.3～4.2.1.7 条相同。

5.3.2 累积流量计。精确度应不低于 2.5%，用于测量采样时段的累积流量。

5.4 抽气泵

5.4.1 泵的空载抽气流量应不小于 60 L/min；当采样系统负载阻力为 20 kPa 时，流量应不低于 30 L/min。当流量计量装置放在抽气泵出口端时，抽气泵应不漏气。

5.4.2　抽气泵在常温下，入口负载阻力为 5 kPa 真空度下运行，其平均无故障时间（MTBF）应不小于 1 000 h。

5.4.3　抽气泵在 13 kPa 恒阻力下以 30 L/min 的流量连续运行 30 min，流量波动不超过 2 L/min。

5.5　整机要求

5.5.1　各部件的布局合理，结构紧凑，便于携带。

5.5.2　各部件之间的连接管，要耐腐蚀，气密性好，拆装维修方便。

5.5.3　整个系统的气密性要求：采样器的整个气路应有良好的气密性。流量计量装置位于抽气泵前时，气路的气密性要求是按 9.3.2.1 条的方法检测，当系统的负压为 6.7 kPa 时，小量程转子流量计的流量泄漏率不大于 0.6 L/min 或在 30 s 内系统负压下降不超过 0.2 kPa。流量计量装置位于抽气泵后时，抽气泵前气路的气密性要求同前，泵后气路的气密性要求是按 9.3.2.2 条的方法检测，当对泵后气路施加 2 kPa 正压时，1 min 内压力不变。

5.5.4　要求流量调节装置操作灵活，对流量控制均匀，流量波动保持在±10%以内。

5.5.5　在环境温度 10～35℃，相对湿度≤85%条件下，烟尘采样器电源端子对地或机壳间的绝缘电阻应不小于 20 MΩ。

5.5.6　计时器要求：计时器可与整机一体，也可作为烟尘采样器附件，计时误差不大于 1‰。

5.5.7　工作环境：采样器应能在－10～45℃，相对湿度≤85%的环境中正常工作。

5.5.8　噪声要求：采样器正常工作时，平均声级噪声应不大于 80 dB（A）。

5.5.9　采样器的外观要求。

5.5.9.1　采样器应有制造计量器具 CMC 标志和产品铭牌，铭牌上应标有采样器的名称、型号、生产单位、出厂编号、制造日期。

5.5.9.2　采样器各零部件应连接可靠，表面无明显缺陷，各操作键、钮使用灵活，定位正确。

5.5.9.3　各显示部分的刻度、数字应清晰，涂色牢固，不应有影响读数的缺陷。

6　皮托管平行测速烟尘采样器技术要求

6.1　皮托管平行测速烟尘采样器有手动调节采样流量和自动跟踪排气流速变化调节采样流量进行等速采样两种类型。

6.2　手动调节采样流量皮托管平行测速烟尘采样器

6.2.1　采样器由组合采样管、除硫干燥箱、流量计量箱、抽气泵等部分组成，其系统见图 11。

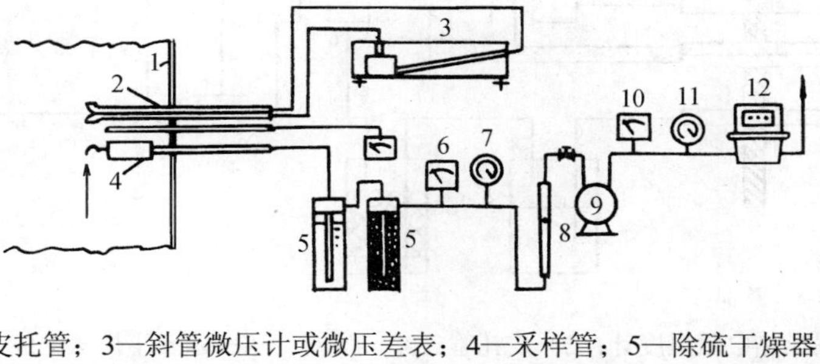

1—烟道；2—皮托管；3—斜管微压计或微压差表；4—采样管；5—除硫干燥器；6—温度计；7—真空压力表；8—转子流量计；9—抽气泵；10—温度计；11—压力表；12—累积流量计

图 11　皮托管平行测速法固体颗粒物采样装置

6.2.2　组合采样管。由普通型采样管和与之平行放置的 S 形皮托管、热电偶或热电阻温度计固定在一起组成，三者之间的相对位置见图 12；普通型采样管、S 形皮托管、热电偶或热电阻温度计的技术要求见 5.2.1.1 条、4.3.3 条和 4.1.1 条。

6.2.3　与 S 形皮托管配套的斜管微压计或微压差表或测速仪的技术要求见 4.3.4 条。

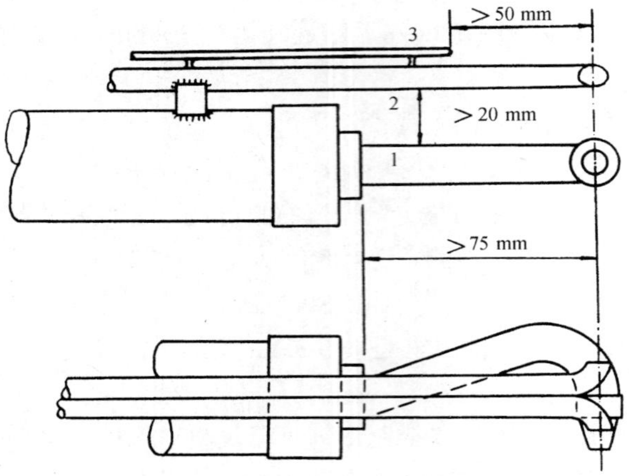

1—采样管；2—S 形皮托管；3—热电偶或热电阻温度计

图 12 组合采样管相对位置要求

6.2.4 除硫干燥箱。由气体洗涤瓶和干燥器串联组成，其气体洗涤瓶用有机玻璃制作，容积应不小于 0.8 L，高度应不低于 150 mm，洗涤瓶盖应有密封圈；干燥器技术要求与 4.2.1.5 条相同。

6.2.5 流量计量箱。由温度计、真空压力表、转子流量计和累积流量计组成，其技术要求同 4.2.1.4 条、4.2.1.6 条、4.2.1.7 条和 5.3.2 条。

6.2.6 抽气泵。技术要求与 5.4 条相同。

6.2.7 整机要求与 5.5 条相同。

6.3 自动调节采样流量皮托管平行测速烟尘采样器

6.3.1 采样器由组合采样管、除硫干燥箱、测试系统、流量调节系统、抽气泵等部分组成，其系统见图 13。

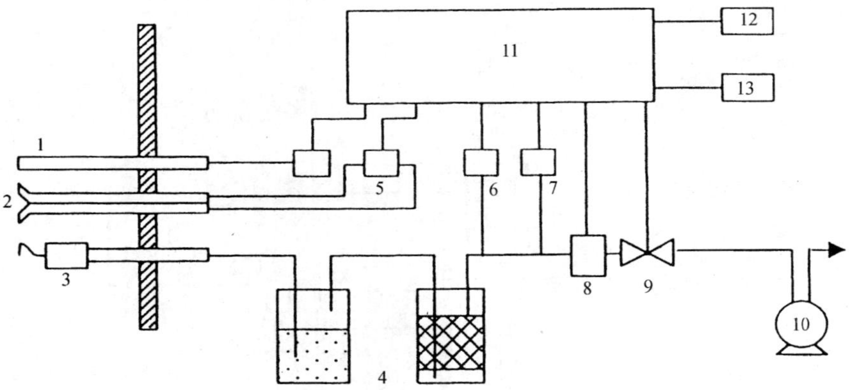

1—热电偶或热电阻温度计；2—皮托管；3—采样管；4—除硫干燥器；5—微压传感器；6—压力传感器；7—温度传感器；8—流量传感器；9—流量调节装置；10—抽气泵；11—微处理系统；12—微型打印机或接口；13—显示器

图 13 自动调节流量皮托管平行测速法固体颗粒物采样装置

6.3.2 组合采样管。结构及组件技术要求与 6.2.2 条相同。

6.3.3 除硫干燥箱。技术要求与 6.2.4 条相同。

6.3.4　测试系统

6.3.4.1　热电偶或热电阻温度计。技术要求与 4.1.1 条相同。

6.3.4.2　动压测量微压传感器。测量范围应不大于 0～2 000 Pa，分辨率应不大于 2 Pa，精确度应不低于 2%，温度补偿下限应不高于－10℃，上限应不低于 60℃。

6.3.4.3　静压测量压力传感器。测量范围 0～±10 kPa，分辨率应不大于 10 Pa，精确度应不低于 4%。其余技术要求与 6.3.4.2 条相同。

6.3.4.4　流量传感器前压力传感器。测量范围应不超过 0～±50 kPa，分辨率应不大于 0.1 kPa，精确度应不低于 2.5%。其余技术要求与 6.3.4.2 条相同。

6.3.4.5　流量传感器前温度传感器。测量上限应不大于 150℃，分辨应不大于 1℃，精确度应不低于 1.5%。

6.3.4.6　流量传感器。流量线性范围下限应不高于 15 L/min、线性范围上限应不低于 50 L/min，精确度应不低于 2.5%。

6.3.4.7　零点漂移。采样器零点漂移 5 h 内应不大于±4 Pa。

6.3.4.8　等速跟踪吸引误差应不大于±8%。

6.3.4.9　采样器应能预置总采样时间和每一测点采样时间，最小预置时间应不大于 1 min，计时器计时误差与 5.5.6 条相同。

6.3.4.10　采样器应具有自动启动和停止功能，控制抽气泵停止抽气的动压值应不大于 5 Pa。

6.3.4.11　采样器应具有掉电数据保护功能。

6.3.4.12　微型打印机可与整机一体，应有防尘盖，确保在采样现场正常工作；也可作为采样器的附件，但采样器必须有打印接口。打印字符要清晰、正确、规范。

6.3.5　流量调节系统。采样器调节系统调节抽气流量使通过采样嘴的气体流速等于测定点的排气流速的等速跟踪响应时间应不大于 20 s。

6.3.6　抽气泵。技术要求与 5.4 条相同。

6.3.7　整机要求与 5.5 条相同。

7　动压平衡型烟尘采样器技术要求

7.1　动压平衡型烟尘采样器有手动调节采样流量和自动跟踪排气流速变化调节采样流量进行等速采样两种类型。

7.2　手动调节采样流量动压平衡型烟尘采样器

7.2.1　采样器由动压平衡型组合采样管、双联斜管微压计或双联微压差表、除硫干燥箱、流量计量箱和抽气泵等部分组成。见图 14。

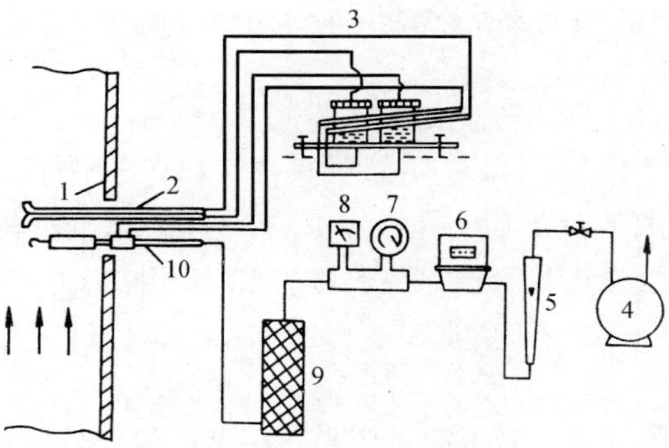

1—烟道；2—皮托管；3—双联斜管微压计或双联微压差表；4—抽气泵；5—转子流量计；6—累积流量计；7—真空压力表；8—温度计；9—除硫干燥器；10—采样管

图 14　动压平衡法固体颗粒物采样装置

7.2.2 动压平衡型组合采样管由滤筒后装有孔板的采样管和与之平行放置的 S 形皮托管构成。采样管滤筒后的孔板，用于控制等速采样流量。S 形皮托管用于测量排气流速。二者间的相对位置应满足图 12 的要求。标定时孔板上游应维持 3 kPa 的真空度，孔板的系数和 S 形皮托管的系数相差不应超过 2%。

7.2.3 双联斜管微压计或双联微压差表，用于测定 S 形皮托管的动压和孔板的压差，二压差计或压差表之间的误差不应大于 5 Pa，并应符合 4.3.4 条的规定。

7.2.4 除硫干燥箱。技术要求与 6.2.4 条相同。

7.2.5 流量计量箱。除增加一累积流量计外，其余与普通型采样管法相同，应符合 4.2.1.4～4.2.1.7 条的规定。

7.2.6 累积流量计。精确度应不低于 2.5%。

7.2.7 等速跟踪吸引误差应不大于±8%。

7.2.8 抽气泵。技术要求与 5.4 条相同。

7.2.9 整机要求与 5.5 条相同。

7.3 自动调节采样流量动压平衡型烟尘采样器

7.3.1 采样器由组合采样管、除硫干燥箱、测试系统、流量调节系统、抽气泵等部分组成，其系统见图 15。

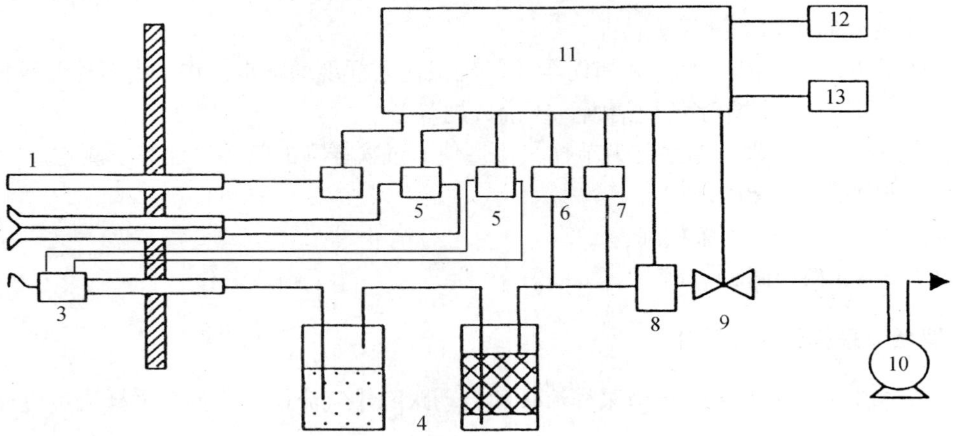

1—热电偶或热电阻温度计；2—皮托管；3—采样管；4—除硫干燥器；5—微压传感器；
6—压力传感器；7—温度传感器；8—流量传感器；9—流量调节装置；
10—抽气泵；11—微处理系统；12—微型打印机或接口；13—显示器

图 15 自动调节流量动压平衡型固体颗粒物采样装置

7.3.2 热电偶或热电阻温度计。技术要求与 4.1.1 条相同。

7.3.3 动压平衡型组合式采样管由滤筒后装有孔板的采样管和与之平行放置的 S 形皮托管、热电偶或热电阻温度计固定在一起组成。采样管滤筒后的孔板，用于控制等速采样流量。S 形皮托管用于测量排流速。三者的相对位置应满足图 12 的要求。其余技术要求与 7.2.2 条相同。

7.3.4 除硫干燥箱。技术要求与 6.2.4 条相同。

7.3.5 测试系统

动压和孔板压差测量微压传感器，静压测量压力传感器，流量传感器前压力传感器、温度传感器，流量传感器，零点漂移，等速跟踪吸引误差，预置时间及计时器计时误差，控制抽气泵停止抽气动压，数据保护和微型打印机等，其技术要求分别与 6.3.4.2～6.3.4.12 条相同。动压和孔板压差测量微压传感器之间的误差不应大于 5 Pa。

7.3.6 流量调节系统。技术要求与 6.3.5 条相同。

7.3.7 抽气泵。技术要求与 5.4 条相同。

7.3.8 整机要求与 5.5 条相同。

8 静压平衡型烟尘采样器技术要求

8.1 静压平衡型烟尘采样器主要由静压平衡采样管、压力偏差指示计、流量计量箱和抽气泵等部分组成，见图 16。

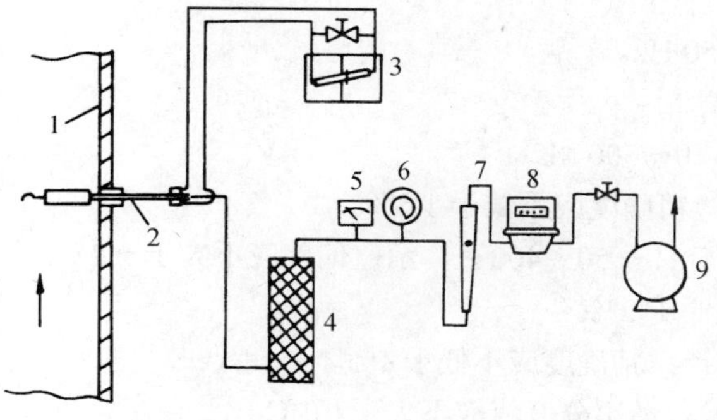

1—烟道；2—采样管；3—压力偏差指示器；4—除硫干燥器；5—温度计；6—真空压力表；
7—转子流量计；8—累积流量计；9—抽气泵

图 16 静压平衡法固体颗粒物采样装置

8.2 静压平衡采样管。其结构见图 17。

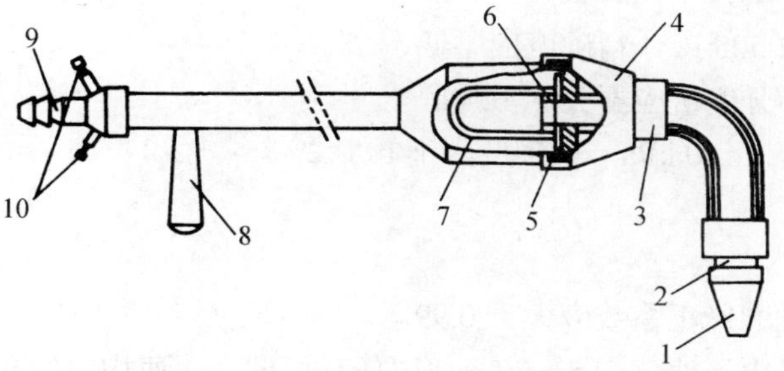

1—采样嘴；2—内套管；3—取样座；4—紧固连接套；5—垫片；
6—滤筒压环；7—滤筒；8—手柄；9—抽气接头；10—静压接头

图 17 静压平衡采样管结构

8.3 压力偏差指标计。它是一倾斜角较小的指零微压计，用以指示采样嘴内外条缝处的静压差。零点前后的最小分度值应不大于 2 Pa。

8.4 流量计量箱包括除硫干燥箱、温度计、真空压力表、转子流量计、累积流量计等，其技术要求与 6.2.4 条、4.2.1.4 条、4.2.1.6 条、4.2.1.7 条和 5.3.2 条相同。

8.5 等速跟踪吸引误差应不大于±8%。

8.6 抽气泵。技术要求与 5.4 条相同。

8.7 整机要求与 5.5 条相同。

8.8 采样器应有 S 形皮托管和压力测量仪器、仪表组成的烟气流量测量装置，技术要求与 4.3 条相同。

9 认定检测项目的试验方法

9.1 检测条件

9.1.1 检测环境要求

a. 环境温度：10～30℃。

b. 环境湿度：≤85%。

c. 大气压力：86～106 kPa。

9.1.2 供电电压

AC220 V±10%，频率 50 Hz。

9.2 检测用设备。

9.2.1 兆欧表：电压 500 V，0～500 MΩ。

9.2.2 电压表：电压 500 V，精确度应不低于 1.5%。

9.2.3 热电偶或热电阻温度计：－50～400℃，示值偏差应不大于±2℃。

9.2.4 声级计：精确度应不低于 2%。

9.2.5 干式或湿式累积流量计：精确度应不低于 1%。

9.2.6 水银温度计：0～50℃，最小分度值应不大于 0.1℃。

9.2.7 水银温度计：0～400℃，最小分度值应不大于 0.5℃。

9.2.8 烘箱：40～200℃。

9.2.9 油浴：40～400℃。

9.2.10 气压表：测量范围 80～106.5 kPa，最小分度值应不大于 0.1 kPa。

9.2.11 通风干湿表：测量范围 10%～100%，温度读数最小分度值应不大于 0.2℃。

9.2.12 电子秒表：分辨率不大于 0.01 s。

9.2.13 精密微压计：0～2 500 Pa，精确度应不低于 2%。

9.2.14 U 形压力计：最小分度值应不大于 10 Pa。

9.2.15 数字式压力计：0～±50 kPa，精确度应不低于 2%。

9.2.16 电位差计。

9.2.17 直流多值电阻器。

9.2.18 标准皮托管。皮托管修正系数应大于 0.99。

9.2.19 低速风洞：工作段内流速范围 5～30 m/s 内任意可调，流速均匀性在有效区内不大于 1%，流速稳定性每分钟不超过 0.5%。

9.3 检测

9.3.1 外观

用目视和手动检查。

9.3.2 气密性

9.3.2.1 流量计量装置放在抽气泵前的采样器

a. 方法一：在系统的抽气泵前串一满量程为 1 L/min 的小量程转子流量计，检测时，将装好滤筒的采样管进口（不包括采样嘴）堵严，打开抽气泵，调节泵进口处的调节阀，使系统中的真空压力表或压力传感器负压指示为 6.7 kPa。记录 1 min 内小量程流量计的流量变化。

b. 方法二：检测时，堵严采样管滤筒夹处进口，打开抽气泵，调节泵进口的调节阀，使系统中的真空压力表或压力传感器负压指示为 6.7 kPa，关闭连接抽气泵的橡皮管，记录 30 s 内真空压力表或压力传感器的负压读数下降值。

9.3.2.2 流量计量装置放在抽气泵后的采样器

抽气泵前气路气密性的检测方法与 9.3.2.1 条相同，抽气泵后气路气密性的检测方法为在流量计量装置出口接一个三通管，其一端接 U 形压力计，另一端接橡皮管。检测时，切断抽气泵的进口通路，由三通的橡皮管端压入空气，使 U 形压力计水柱压差上升到 2 kPa，堵住橡皮管进口，记录 1 min 内 U 形压力计中液面差的变化。

9.3.3 绝缘电阻

在符合检测要求的环境条件下，仪器不通电，用 500 V（DC）兆欧表的一端接至电源插头的相、中连线上，另一端接到仪器机壳的接地端上，加上 500 V 直流电压，接通电源开关，持续 5 s 后测量仪器的绝缘电阻。

9.3.4 记时误差

用分辨率为 0.01 s 的电子秒表作为记时标准和具有记时功能采样器的时钟，同时记录走时，每次测定时间不少于 60 s，连续重复测定 3 次。按式（1）计算计时误差δ_t（%）。

$$\delta_t=\frac{t_i-t_c}{t_c}\times 100\% \quad (1)$$

式中：t_i——采样器时钟计时，s；

t_c——秒表记时，s。

9.3.5 仪器噪声

连接好气路系统，装上新滤筒，调节流量至 30 L/min，待仪器运行稳定后，按《噪声源声功率级的测定—简易法》（GB 3768—83）进行检测。

9.3.6 抽气泵

9.3.6.1 空载流量

按流量计，阻力调节装置，抽气泵的顺序连接，确保气路不漏气。启动抽气泵，逐渐调节阻力调节装置至阻力最小，观察流量计的读数。

9.3.6.2 负载流量

连接好气路系统，装上新滤筒，启动采样器抽气装置，调节采样系统负载阻力为 20 kPa，观察流量计最大读数。

9.3.6.3 抽气稳定性

连接好气路系统，装上新滤筒，调节采样系统负载阻力为 13 kPa 左右，流量调节到 30 L/min，连续运行 30 min，记录流量计波动的最大值。

9.3.6.4 平均无故障时间（MTBF）

连接好气路系统，装上新滤筒，在采样系统负载阻力为 5 kPa，流量为 30 L/min 条件下，按《设备可靠性试验》（GB 5080—85）进行检测。

9.3.6.5 停止抽气动压值

a. 与 9.3.8.3 条中 a 相同。

b. 将压力发生器与自动调节采样流量采样器的动压测量接口相连，调节压力发生器使采样器动压示值为零，调节压力发生器增加压力以启动抽气泵，待仪器运行稳定后，再调节压力发生器，缓慢降低施加的压力，记录抽气泵停止抽气时采样器显示的动压读数，连续重复测定 3 次，取平均值。

9.3.7 采样管

9.3.7.1 外观、结构用目视和手动检查。

9.3.7.2 组合式采样管热电偶或热电阻温度计。

9.3.7.2.1 热电偶（K 型）温度计

a. 用标准温度计测试：在温度计的测温范围内均匀地选择 5 个检定点，将采样管的热电偶传感器与仪器连接好再将其感温头与标准温度计的测温头放在一起放入烘箱或油浴内，待示值稳定后，记录读数。按式（2）计算示值偏差。

$$\Delta t = t_i - t_c \tag{2}$$

式中：Δt——示值偏差，℃；

t_i——被测温度计示值，℃；

t_c——标准温度计示值，℃。

b. 用电位差计测试：在温度计的测温范围内均匀地选择 5 个检定点，将电位差计输出的毫伏值调至零，并将电位差计输出信号引入采样器热电偶信号输入端，调节电位差计输出的毫伏值至温度检定点对应的毫伏值，待示值稳定后，记录读数，以表 1 中的检定点温度作为标准温度。按式（2）计算示值偏差。

9.3.7.2.2　热电阻（Pt100）温度计

a. 与 9.3.7.2.1a 相同。

b. 用直流多值电阻器测试：在温度计的测温范围内均匀地选择 5 个检定点，将直流多值电阻器输出信号引入采样器热电阻信号输入端，调节电阻器输出的电阻值至温度检定点对应的电阻值，待示值稳定后，记录读数，以表 1 中的检定点温度作为标准温度。按式（2）计算示值偏差。

表 1　热电偶（K 型）温度与热电动势毫伏值和热电阻（Pt100）温度与热电阻欧姆值对照表

测温元件 \ 温度/℃		−10	0	50	100	150	200	250	300	400	500	600	800	1 200
热电偶	mV*	−0.392	0.000	2.022	4.095	6.137	8.137	10.151	12.207	16.395	20.640	24.902	33.277	48.828
热电阻	Ω	96.09	100.00	119.40	138.51	157.33	175.86	194.10	212.05	247.09	280.98	313.71	375.70	—

*：参比端温度为 0℃。

9.3.7.3　烟气含湿量采样管加热保温装置

将采样管加热到 4.2.2.2 条中规定的控制温度，用热电偶（阻）温度计，测量采样管前端过滤器后 15～20 cm 处，加热段中部，采样管出口前 15～20 cm 处温度，用电压表测量加热电源电压。

9.3.8　流量计量装置

9.3.8.1　零点漂移

采样器通电，预热 15 min，仪器稳定后调节采样器动压示值为零，显示稳定后读取零点初始示值 Z_0，以后每隔 1 h 读取零点示值 Z_i，历时 5 h。按式（3）计算零点漂移。

$$Z_d = (Z_i - Z_0)_{max} \tag{3}$$

式中：Z_d——零点漂移，Pa；

Z_0——零点初始示值，Pa；

Z_i——第 i 次零点示值，Pa；

$(Z_i - Z_0)_{max}$——最大零点漂移偏差，Pa。

9.3.8.2　压力传感器

a. 静压测量压力传感器：在压力传感器测压范围内选择 1、3、5、7、9 kPa 5 个检定点，每点调节范围为±0.2 kPa。在压力发生器的压力输出端接一个三通，其一端接标准压力计，另一端接采样器的静压测量接口。调节压力发生器至标准压力计示值为零，再调节压力至检定点上，待示值稳定后，记录标准压力计和采样器压力示值。按式（4）计算示值误差δ_p（%）。

$$\delta_p = \frac{p_i - p_c}{p_c} \times 100\% \tag{4}$$

式中：p_i——采样器压力示值，kPa；

p_c——标准压力计示值，kPa。

b. 流量传感器前压力传感器：在压力传感器测压范围内均匀地选择 5 个检定点，每点调节范围为±1 kPa，除将接静压测量接口改为接流量传感器前压力测量接口外，其余步骤与 a 相同。

c. 动压测量微压传感器：在微压传感器 0～1 000 Pa 测压范围内均匀地选择 100、300、500、700、900 Pa5 个检定点，每点调节范围为±20 Pa。除标准压力计为精密微压计和将接静压测量接口改为接动压测量接口外，其余步骤与 a 相同。

9.3.8.3 流量计量误差

a. 将采样管装上新滤筒，去掉干燥器中的干燥剂（湿式累积流量计作标准流量计时，保留干燥剂），接通采样器气路系统，气路系统经检查应严密不漏气。

b. 将标准流量计与采样管进气口相连（不包括采样嘴）。

c. 设定 15、20、25、30、35、40 L/min6 个检定点，每点调节范围为±2 L/min，启动采样器，以约 10 L/min 的流量运行 15 min 后，调节抽气流量至检定点上，采样 5 min，记录标准流量计和采样器流量计指示的气体体积、相应的气温和压力，每个检定点连续重复测定 3 次，取平均值。按式（5）、式（6）、式（7）换算流量 Q'_{rs}、Q'_{ds}或 Q'_{dn}、Q'_{ws}。

d. 流量计算

$$Q'_{rs}=0.054K_rQ'_r\sqrt{\frac{B_a+P_r}{273+t_r}} \tag{5}$$

$$Q'_{ds}或Q'_{dn}=\frac{K_d\cdot V_d}{t}\cdot\frac{293}{273+t_d}\cdot\frac{B_a+P_d}{101\,325} \tag{6}$$

$$Q_{ws}=\frac{K_w\cdot V_w}{t}\cdot\frac{293}{273+t_w}\cdot\frac{B_a+P_w-P_{wv}}{101\,325} \tag{7}$$

式中：Q'_{rs}、Q'_{ds}或 Q'_{dn}、Q_{ws}——分别表示转子流量计、干式累积流量计作标准流量计或作采样器流量计和湿式累积流量计作标准流量计换算成 20℃，101 325 Pa 条件下的流量，L/min；

K_r、K_d、K_w——分别表示转子流量计、干式累积流量计和湿式累积流量计的校正系数；

Q'_r——转子流量计的指示流量，L/min；

V_d、V_w——分别表示干式累积流量计和湿式累积流量计的计量体积，L；

t——累积流量计的计量时间，min；

t_r、t_d、t_w——分别表示转子流量计前气体温度和干式累积流量计、湿式累积流量计指示的气温，℃；

P_r、P_d、P_w——分别表示转子流量计前气体压力和干式累积流量计、湿式累积流量计指示的压力，Pa；

P_{wv}——温度为 t_w 时饱和水蒸气的压力，Pa。

e. 流量计量误差计算

按式（8）计算示值误差δ_e（%）。

$$\delta_e=\frac{Q_i-Q}{Q}\times100\% \tag{8}$$

式中：δ_e——示值误差，%；

Q——分别表示 Q'_{ds}、Q_{ws}；

Q_i——分别表示 Q'_{rs}、Q'_{dn}。

9.3.9 等速跟踪响应时间

a. 将采样管装上新滤筒，接通采样器气路系统，气路系统经检查应严密不漏气。

b. 将微压发生器与采样器动压测量接口相连。

c. 调节微压发生器，选取风速 10 m/s，调节范围为±1 m/s 或选取流量 30 L/min，调节范围为±3 L/min。

d. 设置采样器工作参数，调节动压至采样嘴内径为 8 mm 对应的流速检定点上，待采样器运行稳定后，迅速调节微压发生器，使流速高于检定点 2～3 m/s 或使流量高于检定点 6～9 L/min，记录采样器计算示值和从调节微压发生器时起到实际跟踪值达到计算值的 90%时的时间；待实际跟踪示值稳定后，迅速调节微压发生器，使流速回复到检定点，记录采样器计算示值和实际跟踪值达到计算值的 110%时的时间。

e.连续重复测定 3 次，取平均值。

9.3.10 等速吸引误差

9.3.10.1 有风洞设备试验

9.3.10.1.1 吸引速度的测定

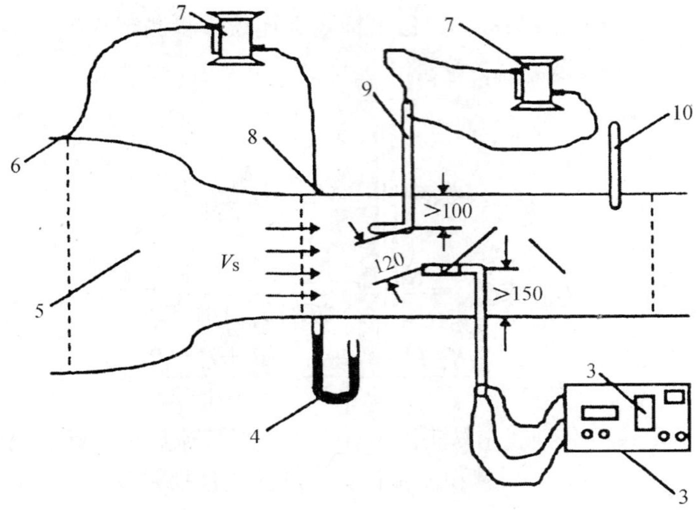

1—采样管；2—风洞工作段；3—采样器；4—压力计；5—风洞收缩段；6—前静压孔；
7—精密微压计；8—后静压孔；9—标准皮托管；10—温度计

图 18 吸引速度测定系统

a. 将采样管装上新滤筒，去掉干燥器中的干燥剂，接通采样器气路系统，气路系统经检查应严密不漏气。将等速采样管固定在图 18 中所示的风洞内，使采样嘴入口方向与风洞轴线平行，偏斜角度不大于±5°；采样管外壁与风洞壁相距不小于 150 mm。

b. 在 5～25 m/s 风速范围内均匀地选取 5、10、15、20、25 m/s5 个检定点，每点调节范围为±1 m/s。

c. 调节风洞风速至检定点上，待风速稳定后再启动采样器；调节流量使瞬时压力达到平衡，迅速记录瞬时流量计读数和气体温度、压力。

d. 按式（9）计算在各检定点采样嘴入口处吸引速度。

$$V'_s=\frac{Q'_r}{0.002\ 54d^2}\cdot\frac{273+t_s}{B_a+P_s}\sqrt{\frac{B_a+P_r}{273+t_r}} \tag{9}$$

式中：V'_s——采样嘴入口处吸引速度，m/s；

Q'_r——平衡时瞬时流量计读数，L/min；

d——采样嘴内孔直径，mm；

t_s——风洞工作段内气体温度，℃；

B_a——大气压，Pa；

P_s——风洞工作段内气体的静压，Pa；

P_r——瞬时流量计前气体压力，Pa；

t_r——瞬时流量计前气体温度，℃。

e. 每个检定点连续重复测定 3 次，其变差应小于 0.3 m/s，然后求出 V'_s 的平均值。变差超过的必须重新测定。

9.3.10.1.2 实际风速的测定

a. 皮托管法：将标准皮托管固定在工作段内与受检采样管的上方位相距 120 mm 处，靠近收缩段出口并距风洞壁不小于 100 mm。然后和精密微压计连接，测出风洞内气体的动压。按式（10）计算出实际风速。

$$V_s = K_p\sqrt{\frac{2P_d}{\rho}} \tag{10}$$

其中：

$$\rho \approx 3.484\times10^{-3}\cdot\frac{B_a}{273+t_a}$$

式中：V_s——风洞工作段的实际风速，m/s；

K_p——皮托管修正系数；

P_d——风洞工作段的气体动压，Pa；

ρ——空气实际密度，kg/m^3；

t_a——空气温度，℃。

b. 静压落差法：用精密微压计连接风洞收缩段前后的两个静压孔，测出静压差。按式（11）计算出实际风速。

$$V_s = \sqrt{\frac{2\Delta P_s}{\rho}\mu} \tag{11}$$

式中：ΔP_s——风洞收缩段前后的静压差，Pa；

μ——静压落差系数。

9.3.10.1.3 等速吸引误差的计算

按式（12）计算出各检定点的等速吸引误差δ_{vs}（%）。

$$\delta_{vs} = \frac{V'_s - V_s}{V_s}\times100\% \tag{12}$$

9.3.10.1.4 静压落差系数的测定

a. 与 9.3.10.1.1 条中 a 相同。

b. 在每个风速点，同时用两个精确度一致的微压计，分别测出收缩段到工作段的静压差和工作段的动压。按式（13）计算出每个风速点的静压落差系数μ_0

$$\mu = \frac{P_d}{\Delta P_s} \tag{13}$$

c. 剔除可疑落差，求其平均值即为所测定的静压落差系数。

9.3.10.2 无风洞设备试验

9.3.10.2.1 自动调节采样流量皮托管平行测速烟尘采样器

a. 与 9.3.8.3 条中 a 相同。

b. 将微压发生器与采样器动压测量接口相连，标准流量计与采样管进气口相连（不包括采样嘴）。

c. 调节微压发生器，在 5～25 m/s 风速范围内均匀地选取 5、10、15、20、25 m/s5 个检定点，每点调节范围为±1 m/s。按式（14）计算动压对应的流速。

$$V_s = K_p\sqrt{\frac{2P_d}{\rho}} \tag{14}$$

式中：V_s——发生动压对应的实际风速，m/s；

K_p——采样器配置皮托管修正系数；

P_d——发生实际风速对应的动压，Pa。

d. 设置采样器的工作参数，调节动压至采样嘴内径相对应的流速检定点上。待动压稳定后再启动采样器，采样 5 min，记录采样器测速示值和通过标准流量计的气体体积、温度和压力。

e. 每个检定点连续重复测定 3 次，然后求出采样器测速示值的平均值 V_s 和通过标准流量计的气体体积、温度和压力的平均值。

f. 按式（15）或式（16）计算在各检定点采样嘴入口处的吸引速度，其中：$t_a=t_d=t_w$，P_s 在检定环境中可急略不计。

标准流量计为干式累积流量计时：

$$V'_s = \frac{V_d}{0.047d^2t}\cdot\frac{273+t_a}{273+t_d}\cdot\frac{B_a+P_d}{B_a+P_s} = \frac{V_d}{0.047d^2t}\cdot\frac{B_a+P_d}{B_a} \tag{15}$$

标准流量计为湿式累积流量计时：

$$V'_s = \frac{V_w}{0.047d^2t}\cdot\frac{273+t_a}{273+t_w}\cdot\frac{B_a+P_w-P_{wv}}{B_a+P_s} = \frac{V_w}{0.047d^2t}\cdot\frac{B_a+P_w-P_{wv}}{B_a} \tag{16}$$

g. 按式（12）计算出各检定点的等速吸引误差。

9.3.10.2.2 手动调节采样流量动压平衡型烟尘采样器

a. 与 9.3.8.3 条 a 相同。

b. 将标准流量计与采样管进气口相连（不包括采样嘴）。

c. 设定 15、20、25、30、35、40 L/min6 个检定点，每点调节范围为±3 L/min。启动采样器，以约 10 L/min 的流量运行 15 min 后，调节抽气流量至检定点上。采样 5 min，记录气体通过采样管节流孔时产生的差压和通过标准流量计的气体体积、温度和压力。每个检定点连续重复测定 3 次，取平均值。

d. 用从采样器的微压计上读取的气体通过采样管节流孔产生的差压值作为动压 P_d，用式（14）计算出相应各检定点若用皮托管测定时的实际风速 V_s，其中 K_p 应取与采样管匹配的 S 形皮托管修正系数。

e. 与 9.3.10.2.1 条中 f 相同。

f. 与 9.3.10.2.1 条中 g 相同。

9.3.10.2.3 自动调节采样流量动压平衡型烟尘采样器

等速吸引误差的测定与 9.3.10.2.1 条相同。

10 认定检测项目

认定检测项目列表 2。

表 2 认定检测项目

项 目		指 标	试 验 方 法
采样器外观		合格	见 9.3.1 条
气密性		系统负压 6.7 kPa，流量泄漏率不大于 0.6 L/min 或 30 s 内负压下降≤0.2 kPa；正压 2 kPa，1 min 内压力不变	见 9.3.2 条
绝缘电阻		≥20 MΩ	见 9.3.3 条
记时误差		≤1‰	见 9.3.4 条
仪器噪声		≤80 dB（A）	见 9.3.5 条
抽气泵	空载流量	≥60 L/min	见 9.3.6.1 条
	负载流量	系统负压 20 kPa，流量≥30 L/min	见 9.3.6.2 条
	抽气稳定性	流量波动最大值≤2 L/min	见 9.3.6.3 条
	平均无故障时间	≥1 000 h	见 9.3.6.4 条
	停止抽气动压值（自动调节流量采样器）	≤5 Pa	见 9.3.6.5 条
采样管	外观、结构	合格	见 9.3.7.1 条
	组合式采样管部件相对位置	合格	用量具测量
	组合式采样管温度计示值偏差	≤±3℃	见 9.3.7.2 条
	含湿量采样管加热保温	（130±10）℃	见 9.3.7.3 条
流量计量装置	静压测量压力传感器精确度	≤4%	见 9.3.8.2 条中 a
	流量计前压力传感器精确度	≤2.5%	见 9.3.8.2 条中 b
	动压测量微压传感器精确度	≤2%	见 9.3.8.2 条中 c
	流量计量精确度	≤2.5%	见 9.3.8.3 条
零点漂移（5 h）		≤±4 Pa	见 9.3.8.1 条
响应时间		≤20 s	见 9.3.9 条
等速吸引误差		≤±8%	见 9.3.10 条

附加说明：

本标准由国家环境保护总局科技标准司提出并归口。

本标准由中国环境监测总站负责起草。

本标准主要起草人：易江、高小晋、刘砚华、李安城。

本标准委托中国环境监测总站负责解释。

国家环境保护总局标准

烟气采样器技术条件

HJ/T 47—1999

Technical conditions of sampler for stack gas

1999-08-18 批准　　　　2000-01-01 实施

1 范围

本标准规定了采样器的技术要求、检测项目、试验方法。

本标准适应于测定固定源排气中烟气有害成分 SO_2、NO_x 等含量的采样器。

2 引用标准

下列标准所含条文，在本标准中引用即构成本标准的条文，与本标准同效。

GB 6587.7—86　电子测量仪器基本安全要求

GB/T 16157—1996　固定污染源排气中颗粒物测定与气态污染物采样方法

ZBY 120—83　工业自动化仪表工作条件　温度、湿度和大气压力

当上述标准被修订时，应使用其最新版本。

3 采样器的组成及分类

3.1　组成

采样器由采样管、导气管、吸收装置、干燥器、流量测量与控制装置和抽气泵等部分组成。

3.2　分类

采样器按计量采气流量的流量计分为三类，见表 1。

表 1　采样器分类

名　称	限流孔采样器	累积流量计采样器	转子流量计采样器
流量计	限流孔	干式或湿式累积流量计	转子流量计

4 采样器组成部分技术要求

4.1　采样管

4.1.1　采样管可制造成以下两种型式，见图 1。

4.1.1.1　a 型采样管：适用于不含水雾的气态污染物的采样。

4.1.1.2　b 型采样管：在气体入口处装有斜切口的套管，同时装滤料的滤尘管也进行加热，套管的作用是防止排气中水滴进入采样管内，滤尘管加热是防止近饱和状态的排气将滤料浸湿，影响采样。

4.1.2　采样管的材料应选用耐高温、耐腐蚀和不吸附被测气体的材料。

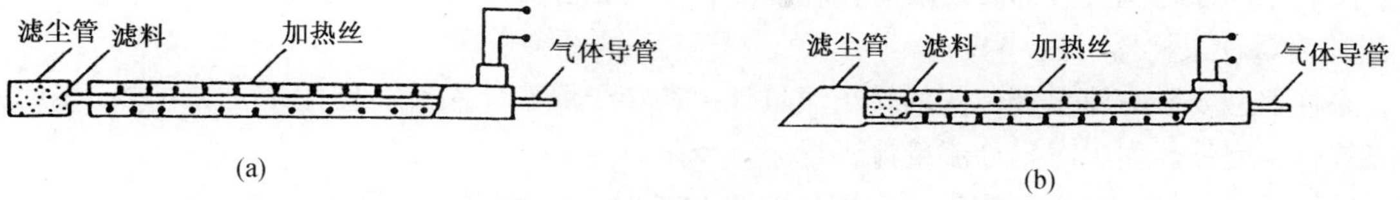

图 1 加热式烟气采样管

4.1.3 采样管前端应能填入滤料以阻留尘粒，防止颗粒物对烟气吸收的干扰。

4.1.4 采样管应设有加热、保温装置，整体温度控制在（130±10）℃和（150±10）℃两档，并有温度显示装置。加热电压电源一般应取 36 V 安全电压，若用高电压做加热电源，则应设有保安措施，防止人身触电。

4.1.5 采样管中的气体导管内径应不小于 6 mm，采样管长度一般不宜短于 800 mm。

4.2 导气管

4.2.1 吸收装置离采样管出口较远的仪器，应采用加热式导气管连接采样管出口与吸收装置。加热式导气管的内管应选用耐热、耐腐蚀和不吸附被测气体的材料，管的内径应不小于 6 mm，管外包裹绝缘保温材料，外管用绝缘性、柔软性好的材料。导气管整体应设有加热、保温装置，整体温度控制在 140℃以上，长度一般不宜短于 2 000 mm。

4.2.2 吸收装置紧靠采样管出口的仪器，直接用不吸附被测气体的软管连接采样管出口与吸收装置。管的内径应不小于 6 mm，长度应不超过 100 mm。

4.3 吸收装置

4.3.1 吸收气路由两只串联的多孔玻板吸收瓶组成。吸收瓶采用标准磨口，要严密不漏气，鼓泡要均匀，在单个吸收瓶装有 50 ml 蒸馏水，抽气流量为 0.5 L/min 时，单个吸收瓶的阻力应为（5.0±0.7）kPa。吸收瓶与气路的连接要拆装方便，密封性能好。多孔玻板吸收瓶见图 2。

4.3.2 要设有与吸收气路并联的旁路吸收装置，用来在采样之前洗涤气路。

4.3.3 放置吸收瓶的采样盒应便于拆装、防漏、防腐蚀和便于更换降低吸收液温度的冷却剂。

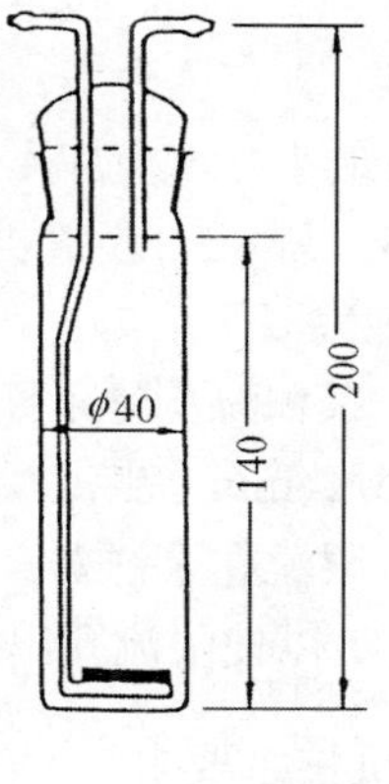

图 2 多孔玻板吸收瓶

4.4 干燥器

保护流量计和抽气泵的干燥器应便于拆装及更换吸湿剂，其有效容积应不小于 200 cm^3，气体出口应装有滤料，防止吸湿剂尘粒飞散，装料口处应有密封圈。

4.5 流量测量与控制装置

4.5.1 限流孔采样器

4.5.1.1 采样器应安装转子流量计；在限流孔入口应装有真空压力表，用于对限流孔进行流量较正；在限流孔出口也应装有真空压力表，用于判断采样系统是否处于保持恒定流量的临界状态。

4.5.1.2 转子流量计。指示采样器的工作情况，流量范围 0～1.5 L/min。

4.5.1.3 真空压力表。限流孔入口真空压力表，真空度量程上限应不大于 50 kPa，精确度应不低于 2.5%，最小分度值应不大于 1 kPa；限流孔出口真空压力表量程范围 0～－0.1 MPa，精确度应不低于 2.5%，最小分度值应不大于 5 kPa。

4.5.1.4 限流孔。在环境温度 20℃，大气压 101 325 条件下，系统负载阻力 10 kPa 时，流量范围 0.45～0.55 L/min。标定精确度应不低于 2.5%，电源电压波动±10%，流量波动应不大于±5%。限流孔前应安装过滤器，过滤器内径为 25～40 mm，滤料孔径为 1.2～2.0 μm，以阻留尘粒。当用滤膜作为滤料时，其后应有支撑网托，以防滤膜被抽破。限流孔温度保持在（45±2）℃恒温状态。

4.5.2 累积流量计采样器

4.5.2.1 采样器应安装有流量调节阀的转子流量计；在转子流量计入口应装有真空压力表；累计流量计的入口应装有温度计，用于对累计流量计进行流量校正。

4.5.2.2 转子流量计。控制采气流量，流量范围 0～1.5 L/min，精确度应不低于 2.5%。

4.5.2.3 真空压力表。用于采样器气密性检查，量程范围 0～−0.1 MPa，精确度应不低于 2.5%。

4.5.2.4 温度计。测量通过流量计气体的温度，测量上限应不大于 100℃，精确度应不低于 2.5%，最小分度值应不大于 2℃。

4.5.2.5 累计流量计。流量计精确度应不低于 2.5%，最小分度值应不大于 0.05 L。电源电压波动±10%，流量波动应不大于±5%。

4.5.2.6 要求流量调节阀操作灵活，对流量控制均匀，流量波动保持在±10%以内。

4.5.3 转子流量计采样器

4.5.3.1 采样器应安装有流量调节阀的转子流量计；在转子流量计入口应装有真空压力表和温度计，用于对转子流量计进行流量较正。

4.5.3.2 转子流量计。控制和计量采气流量，技术要求与 4.5.2.2 条相同。电源电压波动±10%，流量波动应不大于±5%。

4.5.3.3 温度计。技术要求与 4.5.2.4 条相同。

4.5.3.4 真空压力表。测量通过流量计气体的压力，真空度量程上限应不大于 50 kPa，精确度应不低于 2.5%，最小分度值应不大于 1 kPa。

4.5.3.5 与 4.5.2.6 条要求相同。

4.6 抽气泵

4.6.1 累积流量计采样器和转子流量计采样器。当采样系统负载阻力为 20 kPa 时，抽气泵抽气流量应不低于 1.0 L/min；当流量计量装置放在抽气泵出口端时，抽气泵应不漏气。

4.6.2 限流孔采样器。在零海拔高度，大气压 101 325 条件下，采样系统负载阻力 20 kPa 时，抽气泵抽气能力足以使限流孔出口真空度不低于 70 kPa。

5 整机技术要求

5.1 外观

5.1.1 采样器应有制造计量器具 CMC 标志和产品铭牌，铭牌上应有仪器名称、型号、生产单位、出厂编号、制造日期。

5.1.2 采样器应完好无损，各旋钮无松动和破损，各零部件应齐全并且连接可靠，不应有锈蚀及损伤，各操作键、钮灵活、定位正确。各显示器部分的刻度数值应清晰，涂色牢固，不应有影响读数的缺陷。

5.2 重复性

在同一流量下分别连续独立测量 6 次，其重复性应不超过 2%。

5.3 气密性

采样器的整个气路应有良好的气密性。流量计量装置位于抽气泵前时，气路的气密性要求是按 6.3.9.1 条的方法检测，当系统的负压为 13 kPa 时，1 min 内系统负压下降应不超过 0.15 kPa。流量计量装置位于抽气泵后时，抽气泵前气路的气密性要求同前。泵后气路的气密性要求是按 6.3.9.2 条的方法检测，当对泵后气路施加 2 kPa 正压时，1 min 内压力不变。

5.4 工作环境

采样器应能在−10～45℃，相对湿度≤85%的环境中正常工作。

5.5　安全性

在 10～35℃，相对湿度≤85%条件下，采样器电源端子对机壳及采样管外壳的绝缘电阻应不小于 20MΩ。

5.6　仪器噪声

采样器正常工作时，平均声级噪声应不大于 70 dB（A）。

5.7　平均无故障时间（MTBF）

采样器正常工作时，平均无故障时间应不小于 1 000 h。

6　认定检测项目的试验方法

6.1　检测条件

6.1.1　检测环境要求

a. 环境温度：10～30℃。

b. 相对湿度：≤85%。

c. 大气压力：86～106 kPa。

6.1.2　供电电压

AC220 V±10%，频率 50 Hz。

6.2　检测用设备

6.2.1　调压器：0～250 V，5 000VA。

6.2.2　电压表：500 V，精确度应不低于 1.5%。

6.2.3　干式或湿式累计流量计：最小分度值应不大于 0.01L，精确度应不低于 1%。

6.2.4　皂膜流量计：精确度应不低于 1%。

6.2.5　热电偶或热电阻温度计：－50～400℃，示值偏差应不大于±2℃。

6.2.6　电子秒表：分辨率应不大于 0.01 s。

6.2.7　精密温度计：0～100℃，最小分度值应不大于 0.1℃。

6.2.8　气压表：86～106.5 kPa，最小分度值应不大于 0.1 kPa。

6.2.9　通风干湿表：测量范围 10%～100%，温度最小分度值应不大于 0.2℃。

6.2.10　兆欧表：电压 500 V，0～500 MΩ。

6.2.11　U 形压力计：最小分度值应不大于 10 Pa。

6.2.12　声级计：精确度应不低于 2%。

6.3　性能检测

6.3.1　外观

用目视和手动检查。

6.3.2　采样管

6.3.2.1　外观、结构用目视和手动检查。

6.3.2.2　加热保温装置

将采样管加热到 4.1.4 条中规定的控制温度，用热电偶（阻）温度计测量采样管前端过滤器后 15～20cm 处，加热段中部，采样管出口前 15～20 cm 处温度，用电压表测量加热电源电压。

6.3.3　导气管

6.3.3.1　外观、结构用目视和手动检查。

6.3.3.2　加热保温装置的温度检定与采样管相同。

6.3.4　吸收装置

6.3.4.1　外观、结构用目视和手动检查。

6.3.4.2 多孔玻板吸收瓶阻力

将 50 ml 蒸馏水加入吸收瓶中，按吸收瓶，U 形压力计，干燥器，带有流量调节阀的转子流量计，抽气泵的顺序连接，确保气路不漏气。启动抽气泵，测量 0.5 L/min 抽气流量下，多孔玻板吸收瓶的阻力。

6.3.5 流量计量装置

6.3.5.1 外观用目视检查

6.3.5.2 抽气能力

6.3.5.2.1 负载流量

按皂膜流量计，阻力调节装置，干燥器，采样器的顺序连接，确保气路不漏气。启动抽气泵，调节阻力调节装置至采样系统负载阻力为 20 kPa，用皂膜流量计测出其流量。

6.3.5.2.2 真空度

启动限流孔采样器抽气泵，调节采样系统负载阻力为 20 kPa，待限流孔出口真空表示值稳定后，读数。

注：以下检测除专门说明外，均为在 220 V 电压下开机，待采样器运行 15 min 后，设备处于正常，稳定状态下进行。

6.3.6 流量波动

6.3.6.1 转子流量计采样器和限流孔采样器

6.3.6.1.1 按 6.3.5.2.1 条连接好系统。调节系统负载阻力至 10 kPa，再调节采样器转子流量计至流量为 0.5 L/min，用皂膜流量计测出流量（限流孔采样器不调节流量），连续重复测定 3 次，取平均值。按式（1）换算流量 Q_{zs}。

6.3.6.1.2 调节调压器及阻力调节装置，在电压为 242 V，阻力为 9.0 kPa 和电压为 198 V，阻力为 11 kPa 情况下，分别用皂膜流量计测出流量，连续重复测定 3 次，取平均值。按式（1）换算流量 $Q_{z1,z2}$。

6.3.6.1.3 流量计算

$$Q_{zi}=\frac{V_z}{t}\cdot\frac{293}{273+t_z}\cdot\frac{B_a-P_{zv}}{101\ 325}\cdot \qquad (1)$$

式中：Q_{zi}——皂膜流量计换算成 20℃，101 325 Pa 条件下的流量，L/min；

V_z——皂膜流量计上、下两刻度间的体积，L；

t——皂膜由下刻度上升到上刻度间的时间，min；

B_a——大气压力，Pa；

t_z——测定时环境温度，℃；

P_{zv}——根据环境温度 t_z 查得饱和水蒸气压力，Pa；

i——S，1，2。

Q_{zs}——皂膜流量计作标准流量计或电压 220V，系统负载阻力 10 kPa，皂膜流量计换算成 20℃，101 325Pa 条件下流量，L/min；

Q_{z1}——电压 242 V，系统负载阻力 9.0 kPa，皂膜流量计换算成 20℃，101 325 Pa 条件下的流量，L/min；

Q_{z2}——电压 198 V，系统负载阻力 11 kPa，皂膜流量计换算成 20℃，101 325 Pa 条件下的流量，L/min。

6.3.6.2 累积流量计采样器

6.3.6.2.1 干式累积流量计采样器

a. 按阻力调节装置，干燥器，采样器，U 形压力计顺序连接。调节系统负载阻力至 10 kPa，再调节采样器转子流量计至流量为 0.5 L/min，记录累积流量计指示的气温、压力和采气 5 L 所用的时间，连续重复测定 3 次，取平均值。按式（2）换算流量 Q_{ds}。

b. 按 6.3.6.2.1 条 a 连接好系统，电压和系统阻力调节与 6.3.6.1.2 条相同，记录累积流量计指示的气温、压力和采气 5 L 所用的时间，连续重复测定 3 次，取平均值。按式（2）换算流量 Q_{d1}、Q_{d2}。

6.3.6.2.2 湿式累积流量计采样器

a. 与 6.3.6.2.1 条 a 相同，按式（3）换算流量 Q_{ws}。

b. 与 6.3.6.2.1 条 b 相同，按式（3）换算流量 Q_{w1}、Q_{w2}。

6.3.6.2.3 流量计算

$$Q_{di}=\frac{K_d \cdot V_d}{t}\cdot\frac{273}{273+t_d}\cdot\frac{B_a+P_d}{101\ 325} \tag{2}$$

$$Q_{wi}=\frac{K_w \cdot V_w}{t}\cdot\frac{293}{273+t_w}\cdot\frac{B_a+P_w-P_w}{101\ 325} \tag{3}$$

式中：Q_{di}、Q_{wi}——分别表示干式累积流量计换算成标准状态下（0℃，101 325 Pa）和湿式累积流量计换算成 20℃，101 325 Pa 条件下流量，L/min；

K_d、K_w——分别表示干式累积流量计和湿式累积流量计的校正系数；

V_d、V_w——分别表示干式累积流量计和湿式累积流量计的计量体积，L；

t——累积流量计的计量时间，min；

t_d、t_w——分别表示干式累积流量计和湿式累积流量计指示的气温，℃；

P_d、P_w——分别表示干式累积流量计和湿式累积流量计指示的压力，Pa；

i——S，1，2，n。

Q_{ds}、Q_{ws}——分别表示干式累积流量计作为标准流量计或电压 220 V，系统负载阻力 10 kPa，干式累积流量计换算成标准状态下（0℃，101 325 Pa）和湿式累积流量计作为标准流量计或电压 220V，系统负载阻力 10 kPa，湿式累积流量计换算成 20℃，101 325 Pa 条件下的流量，L/min；

Q_{d1}、Q_{w1}——分别表示电压 242 V，系统负载阻力 9.0 kPa，干式累积流量计换算成标准状态下（0℃，101 325 Pa）和湿式累积流量计换算成 20℃，101 325 Pa 条件下的流量，L/min；

Q_{d2}、Q_{w2}——分别表示电压 198 V，系统负载阻力 11 kPa，干式累积流量计换算成标准状态下（0℃，101 325 Pa）和湿式累积流量计换算成 20℃，101 325 Pa 条件下的流量，L/min；

Q_{dn}、Q_{wn}——分别表示电压 220 V，系统空载条件下，干式累积流量计换算成标准状态下（0℃，101 325 Pa）和湿式累积流量计换算成 20℃，101 325 Pa 条件下的流量，L/min。

6.3.6.3 流量波动计算

按式（4）计算流量波动值 δ_f（%），并列表 2 说明。

$$\delta_f=\frac{Q_i-Q}{Q}\times 100\% \tag{4}$$

式中：δ_f——流量波动值，%；

Q——分别表示 Q_{zs}、Q_{ds}、Q_{ws}，L/min；

Q_i——分别表示 Q_{z1}、Q_{z2}、Q_{d1}、Q_{d2}、Q_{w1}、Q_{w2}，L/min。

表 2 流量波动计算公式

采样器名称	转子流量计采样器或限流孔采样器		累积流量计采样器			
			干式		湿式	
计算公式	$\frac{Q_{z1}-Q_{zs}}{Q_{zs}}$	$\frac{Q_{z2}-Q_{zs}}{Q_{zs}}$	$\frac{Q_{d1}-Q_{ds}}{Q_{ds}}$	$\frac{Q_{d2}-Q_{ds}}{Q_{ds}}$	$\frac{Q_{w1}-Q_{ws}}{Q_{ws}}$	$\frac{Q_{w2}-Q_{ws}}{Q_{ws}}$

6.3.7　流量计量误差

6.3.7.1　限流孔采样器

按 6.3.5.2.1 条连接好系统，调节系统负载阻力至与采样器生产厂标定流量时相同的阻力，用皂膜流量计测出流量。连续重复测定 3 次，取平均值。按式（1）换算流量 Q_{zs}。

6.3.7.2　累积流量计采样器

6.3.7.2.1　干式累积流量计采样器

a. 用干式累积流量计作标准流量计。按干燥器、U 形压力计、标准流量计、采样器、U 形压力计的顺序连接。调节采样器转子流量计至流量为 0.5 L/min，记录标准流量计指示采气体积 5 L 所用的时间，采样器累积流量计指示的采气体积和指示的气温、压力。连续重复测定 3 次，取平均值。按式（2）换算流量 Q_{ds}、Q_{dn}。

b. 用湿式累积流量计作标准流量计。按 U 形压力计、标准流量计、干燥器、采样器、U 形压力计的顺序连接。按式（2）和式（3）换算流量 Q_{dn} 和 Q_{ws}，其余与 6.3.7.2.1 条 a 相同。

6.3.7.2.2　湿式累积流量计采样器

a. 用干式累积流量计作标准流量计。按式（2）和式（3）换算流量 Q_{ds} 和 Q_{wn}，其余与 6.3.7.2.1 条 a 相同。

b. 用湿式累积流量计作标准流量计。按式（3）换算流量 Q_{ws}、Q_{wn}，其余与 6.3.7.2.1 条 b 相同。

6.3.7.3　转子流量计采样器

与 6.3.7.2.1 条 a、b 相同，采样器后不连 U 形压力计，记录标准累积流量计 10 min 计量的采气体积、气温和压力；转子流量计前的气温和压力。连续重复测定 3 次，取平均值，并分别按式（2）、式（3）和式（5）换算流量 Q_{ds}、Q_{ws} 和 Q_{rs}。

$$Q_{rs}=0.05K_{r}Q'_{r}\sqrt{\frac{B_{a}+P_{r}}{273+t_{r}}} \tag{5}$$

式中：Q_{rs}——经校准后标准状态下转子流量计的流量，L/min；

K_{r}——转子流量计的校正系数；

Q'_{r}——转子流量计的指示流量，L/min；

P_{r}——转子流量计前气体压力，Pa；

t_{r}——转子流量计前气体温度，℃。

6.3.7.4　流量计量误差计算

按式（6）计算示值误差δ_{e}（%），并列表 3 说明。

表 3　示值误差计算公式

采样器名称	限流孔采样器	累积流量计采样器				转子流量计采样器	
		干式		湿式			
标准流量计名称	皂膜流量计	干式累积流量计	湿式累积流量计	干式累积流量计	湿式累积流量计	干式累积流量计	湿式累积流量计
计算公式	$\frac{Q_{zp}-Q_{zs}}{Q_{zs}}$	$\frac{Q_{dn}-Q_{ds}}{Q_{ds}}$	$\frac{1.073Q_{dn}-Q_{ws}}{Q_{ws}}$	$\frac{Q_{wn}-1.073Q_{ds}}{1.073Q_{ds}}$	$\frac{Q_{wn}-Q_{ws}}{Q_{ws}}$	$\frac{Q_{rs}-Q_{ds}}{Q_{ds}}$	$\frac{1.073Q_{rs}-Q_{ws}}{Q_{ws}}$

注：$\frac{293}{273}=1.073$

$$\delta_{e}=\frac{Q_{i}-Q}{Q}\times 100\% \tag{6}$$

式中：δ_e——示值误差，%；

Q——分别表示 Q_{zs}、Q_{ds}、Q_{ws}，$1.073d_s$，L/min；

Q_i——分别表示 Q_{zp}［限流孔采样器生产厂（换算成 20℃，101 325 Pa 条件下）标定流量］，Q_{dn}，$1.073Q_{dn}$，Q_{wn}，Q_{rs}，$1.073Q_{rs}$，L/min。

6.3.8　重复性

重复性用相对标准偏差 S_a 表示。

6.3.8.1　用皂膜流量计检测

按皂膜流量计，干燥器，采样器（累积流量计采样器除外）顺序连接。调节采样器转子流量计至流量为 0.5 L/min（限流孔采样器不调流量），用皂膜流量计，分别连续独立测定 6 次，计算流量的重复性 S_a。

6.3.8.2　用累积流量计检测

按标准累积流量计、干燥器、采样器顺序连接。调节采样器转子流量计至流量为 0.5 L/min（限流孔采样器不调流量），记录标准累积流量计指示采气体积 5 L 所用的时间，分别连续独立测定 6 次，计算流量的重复性 S_a。

6.3.8.3　重复性计算

按式（7）计算流量重复性 S_a。

$$S_a=\frac{1}{\overline{Q}_s}\left[\frac{\sum_{i=1}^{n}(Q_{si}-\overline{Q}_s)^2}{n-1}\right]^{1/2}\times 100\% \tag{7}$$

式中：S_a——重复性，%；

Q_{si}——标准流量计第 i 次测定流量，L/min；

$\overline{Q}_s$——标准流量计 n 次测定的平均值，L/min；

n——重复测定次数。

6.3.9　气密性

6.3.9.1　流量计量装置放在抽气泵前的采样器

将采样器连接好，保证整个气路畅通，将采样管入口封闭，启动抽气泵，待入口真空表负压指示到 13 kPa 时，立即关闭泵电源，停止抽气，此时入口真空负压仍继续上升至最大值，然后开始下降返回至 13 kPa 时，关闭泵进气口橡皮管，记录 1 min 内真空表负压读数下降值。

6.3.9.2　流量计量装置放在抽气泵后的采样器

抽气泵前气路气密性的检测方法与 6.3.9.1 条相同，抽气泵后气路气密性的检测方法为，在流量计量装置出口接一个三通，其一端接 U 形压力计，另一端接橡皮管。检测时，切断抽气泵进口通路，由三通的橡皮管端压入空气，使 U 形压力计水柱压差上升到 2 kPa，堵住橡皮管进口，记录 1 min 内 U 形压力计中液面差的变化。

6.3.10　绝缘电阻

在符合检测要求的环境条件下，仪器不通电，用 500 V（DC）兆欧表的一端接至电源插头的相、中连线上，另一端接到仪器机壳的接地端上，加上 500 V 直流电压，打开电源开关，持续 5 s 后测量绝缘电阻。用相同的方法将兆欧表的另一端接到采样管外壳上，测量绝缘电阻。

6.3.11　平均无故障时间（MTBF）

在系统负载阻力为 10 kPa，流量为 0.5 L/min 条件下，按《设备可靠性试验》（GB 5080—85）进行检测。

6.3.12　仪器噪声

在系统负载阻力为 10 kPa，流量为 0.5 L/min 条件下，按《噪声源声功率级的测定——简易法》（GB 3768—83）进行检测。

7 认定检测项目

认定检测项目列表 4。

表 4 认定检测项目

项目		指标	试验方法
外观及采样管、连接管吸收装置结构		合格	用目视和手动检查
干燥器		容积≥200 cm^3	容积法
加热保温装置	采样管 导气管	（130±10）℃（150±10）℃140℃以上	见 6.3.2.2 条 见 6.3.3.2 条
吸收瓶玻板阻力		5.0±0.7 kPa	见 6.3.4.2 条
抽气能力	负载流量	系统负压 20 kPa，流量≥1.0 L/min	见 6.3.5.2 条
	真空度	系统负压 20 kPa，真空度≥70 kPa	见 6.3.5.2 条
流量指标	流量波动	≤±5%	见 6.3.6 条
	流量计量精确度	≤2.5%	见 6.3.7 条
	重复性	≤2%	见 6.3.8 条
气密性		系统负压 13 kPa 时，1 min 内负压下降≤0.15 kPa；正压 2 kPa，1 min 内压力不变	见 6.3.9 条
绝缘电阻		≥20 MΩ	见 6.3.10 条
平均无故障时间（MTBF）		≥1 000 h	见 6.3.11 条
仪器噪声		≤70 dB（A）	见 6.3.12 条

附加说明：

本标准由国家环境保护总局科技标准司提出并归口。
本标准由中国环境监测总站负责起草。
本标准主要起草人：易江、宗蕙娟。
本标准委托中国环境监测总站负责解释。

国家环境保护总局标准

定电位电解法二氧化硫测定仪技术条件

HJ/T 46—1999

Technical conditions of detector of sulphur dioxide concentration for constant potential electrolysis method

1999-08-18 批准　　2000-01-01 实施

1 范围

本标准规定了仪器的技术要求、检测项目、试验方法。

本标准适用于测量固定源排气中二氧化硫浓度的仪器。

2 引用标准

下列标准所含条文，在本标准中引用即构成为本标准的条文，与本标准同效。

GB 6593—86　电子测量仪器质量检验规则

GB 6587.7—86　电子测量仪器基本安全要求

JJG 816—93　二氧化硫气体报警器检定规程

ZBY 120—83　工业自动化仪表工作条件　温度、湿度和大气压力

ZBY 247—84　工业自动化仪表　术语

当上述标准被修订时，应使用其最新版本。

3 仪器组成

仪器由采样管、导气管、除湿装置、流量控制装置、抽气泵、二氧化硫传感器等部分组成。

4 技术要求

4.1 基本要求

4.1.1 仪器应符合本标准的要求，并按规定程序批准的图样及技术条件制造。

4.1.2 外观

4.1.2.1 仪器应有制造计量器具 CMC 标志和产品铭牌，铭牌上应有仪器名称、型号、生产单位、出厂编号、制造日期。

4.1.2.2 仪器外观应完好无损，各调节器应转动灵活，操作键、钮定位正确，各零部件连接可靠，不应有锈蚀及损伤，仪器通电稳定后，数字显示完整清晰。

4.1.3 采样管

4.1.3.1 采样管可制造成以下两种型式，见图 1。

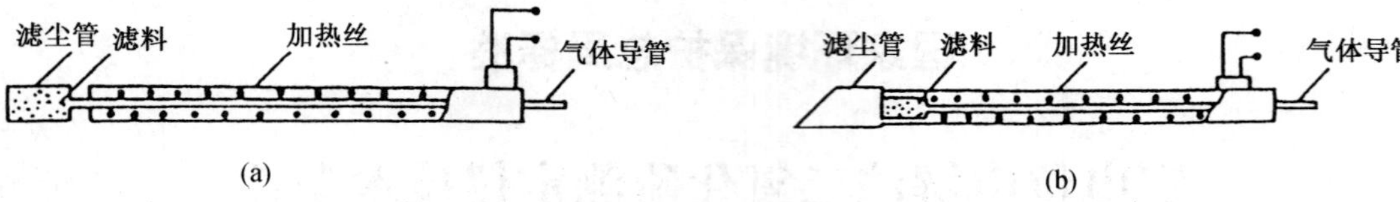

图 1 加热式烟气采样管

4.1.3.1.1 a 型采样管：适用于不含水雾的气态污染物的采样。

4.1.3.1.2 b 型采样管：在气体入口处装有斜切口的套管，同时装滤料的滤尘管也进行加热，套管的作用是防止排气中水滴进入采样管内，滤尘管加热是防止近饱和状态的排气将滤料浸湿，影响采样。

4.1.3.2 采样管的材料应选用耐高温、耐腐蚀和不吸附二氧化硫的材料。

4.1.3.3 采样管前端要有便于更换滤料或清洗的颗粒物过滤装置，以防烟尘沾污热电偶（阻）、采样管和导气管。

4.1.3.4 采样管应设有加热、保温装置，整体温度控制在 120～160℃范围内，加热电源电压一般应取 36V 安全电压，若用高电压做加热电源，则应设有漏电保护装置，防止人身触电。

4.1.3.5 采样管中的气体导管内径应不小于 6 mm，长度一般不宜短于 800 mm。

4.1.4 导气管

4.1.4.1 除湿装置离采样管出口较远的仪器，应采用加热式导气管连接采样管出口与除湿装置。加热式导气管的内管应选用耐热、耐腐蚀和不吸附二氧化硫的材料，管的内径应不小于 6 mm，管外包裹绝缘保温材料，外管用绝缘性、柔软性好的材料。导气管整体应设有加热、保温装置，整体温度控制在 120℃以上，长度一般不宜短于 200 mm。

4.1.4.2 除湿装置紧靠采样管出口的仪器，直接用不吸附二氧化硫的软管连接采样管出口与除湿装置。管的内径应不小于 6 mm，长度应不超过 100 mm。

4.1.5 除湿装置

除湿装置应选用不吸附二氧化硫的材料制作，应便于更换不吸附二氧化硫的除湿剂或具有快速冷凝分离水汽的功能或具有渗透干燥功能，经除湿后进入传感器气体温度应不大于 40℃，装置应便于拆装及排放冷凝水。

4.1.6 过滤器

为防止颗粒物污染二氧化硫传感器，在排气进入传感器之前必须经再过滤，过滤材料应不吸附二氧化硫。

4.1.7 流量控制装置

4.1.7.1 仪器采用转子流量计控制流量时，转子流量计的量程范围 0～1.5 L/min，精确度应不低于 2.5%；要求流量调节阀操作灵活，对流量控制均匀，流量波动保持在±10%以内。

4.1.7.2 仪器采用恒流装置控制流量时，要求对流量控制均匀，流量波动保持在±10%以内。

4.1.8 抽气泵

抽气能力应能克服烟道及采样系统阻力并保证足够的抽气量。当采样系统负载阻力为 10 kPa 时，通过流量控制装置调节流量应能达到用标准气体校准仪器时的流量或抽气流量变化引起二氧化硫测定值下降应不超过 5%。

4.1.9 电源

仪器除采样管、导气管加热电源外应采用充电器（220 V±10%，50 Hz）充电，蓄电池供电或干电池等直流供电的方式。

4.2 性能要求

4.2.1 测量范围和显示浓度

测量范围应不低于 0～2 000×10^{-6} mol/mol，应能显示质量浓度 mg/m^3。

4.2.2 传感器寿命

传感器寿命应不低于 2 年。

4.2.3 示值误差

在 0～20%满量程范围内应不超过±3%，在 20%～60%满量程范围内应不超过±4%，在 60%～100%满量程范围内应不超过±5%。

4.2.4 重复性

在相同的测量条件下，对同一被测标准气体进行连续 6 次测量，其重复性应不超过 2%。

4.2.5 响应时间

达到稳定值 90%时所需要的时间应不大于 60 s。

4.2.6 恢复时间

恢复到原稳定值 10%所需要的时间应不大于 60 s。

4.2.7 稳定度

4.2.7.1 零点漂移

仪器零点漂移在 3 h 内应不超过满量程的±0.5%。

4.2.7.2 量程漂移

仪器连续测定 3 h，其量程漂移应不超过满量程的±2%。

4.3 气密性

仪器的整个气路应有良好的气密性。对抽气泵前气路的气密性要求是按 5.3.6.1 条的方法检测，当系统负压为 6.7 kPa 时，在 30 s 内负压下降不超过 0.2 kPa。对抽气泵后气路的气密性要求是按 5.3.6.2 条的方法检测，当对泵后气路施加 2 kPa 正压时，1 min 内压力不变。

4.4 负载误差

采样系统负载阻力为 10 kPa 时，测定值下降应不超过 5%。

4.5 除湿后损失

排气经除湿装置除湿后二氧化硫损失应不超过 5%。

4.6 安全要求

在 10～35℃，相对湿度≤85%条件下，仪器电源引入线与机壳及采样管外壳之间的绝缘电阻应不小于 20 MΩ。

4.7 工作环境

仪器在以下环境中应能正常工作。

a. 工作温度：5～40℃。

b. 相对湿度：≤85%。

c. 大气压力：86～106kPa。

5 认定检测项目的试验方法

5.1 检测条件

5.1.1 检测时环境要求

a. 环境温度：15～30℃。

b. 相对湿度：≤85%。

5.1.2 供电电压

AC 220 V±10%，频率 50 Hz。

5.2 检测用设备和材料

5.2.1 二氧化硫标准气体

二氧化硫标准气体用合金铝瓶标准气体，其不确定度不超过±2.0%。检定用的标准气体必须采用国家标准样品。

5.2.2 零点校准气：氮气（99.99%）或纯净干空气。

5.2.3 皂膜流量计：精确度应不低于 1%。

5.2.4 秒表：最小分度值应不大于 0.2 s。

5.2.5 精密温度计：0～50℃，最小分度值应不大于 0.1℃。

5.2.6 热电偶或热电阻温度计：－50～400℃，示值偏差应不大于±2℃。

5.2.7 电压表：精确度应不低于 1.5%。

5.2.8 气压表：80～106.5 kPa，最小分度值应不大于 0.1 kPa。

5.2.9 通风式干湿表：测量范围 10%～100%，温度读数量小分度值应不大于 0.2℃。

5.2.10 兆欧表：电压 500 V，0～500 MΩ。

5.2.11 气路及接头材料：聚乙烯、聚四氟乙烯等对二氧化硫气体不吸附不反应的材料。

5.2.12 U 形压力计：最小分度值应不大于 10 Pa。

5.2.13 湿气发生装置：取 5 支容积为 3 000 ml 的三角玻璃瓶，分别装入 100 ml 水温为 60℃左右的蒸馏水。瓶口塞入耐热胶塞，胶塞上开有两个通孔，分别插入内径不小于 6 mm 的玻璃管，一支玻璃管的一端插入水中，另一支玻璃管的一端插入胶塞的深度约等于孔深。用耐热橡皮管将三角瓶的短玻璃管与另一只三角瓶的长玻璃管连接起来，串联好 5 只三角瓶后，再将最后一只三角瓶胶塞上的短玻璃管与一根长耐热橡皮管相连。

5.3 检测

5.3.1 外观

用目视和手动检查。

5.3.2 采样管

5.3.2.1 外观、结构用目视和手动检查。

5.3.2.2 加热保温装置

将采样管加热到 4.1.3.4 条中规定的控制温度，用热电偶（阻）温度计，测量采样管前端过滤器后 15～20 cm 处，加热段中部，采样管出口前 15～20 cm 处温度。用电压表测量加热电源电压。

5.3.3 导气管

5.3.3.1 外观、结构用目视和手动检查。

5.3.3.2 加热保温装置的温度检定与采样管相同。

5.3.4 除湿装置

用目视和手动检查。

5.3.5 过滤器

用目视检查。

5.3.6 气密性

5.3.6.1 泵前气路气密性检测：将连有缓冲瓶的 U 形压力计连接在仪器采样管和主机之间，U 形压力计的一端与大气相通，堵严采样管进气口，启动抽气泵，至系统负压指示为 6.7 kPa，关闭抽气泵进气口，观察 30 s 内负压指示下降值。

5.3.6.2 泵后气路气密性检测：在泵出气口接一个三通管，一端接 U 形压力计，另一端接橡皮管，切断抽气泵的进口通路，由三通的橡皮管端压入空气使 U 形压力计水柱压差上升到 2 kPa，堵住橡皮管进口，记录 1 min 内 U 形压力计中液面差的变化。

5.3.7　校准

5.3.7.1　仪器开机稳定后，通入零点校准气调整仪器的零点，使指示值为零。

5.3.7.2　对仪器进行校准，以量程上限 50%～60%浓度标准气体作为校准气体，通入校准气，使仪器示值与标准气体浓度值一致，连续重复测定 3 次。

5.3.8　示值误差

仪器经校准后，分别通入量程上限的 10%～20%，50%～60%，80%～90%三种浓度标准气体，待示值稳定后记录仪器示值，每种浓度连续重复测定 3 次，取平均值。按式（1）计算示值误差δ_i。

$$\delta_i=\frac{\bar{c}_a-c_s}{c_s}\times 100\% \qquad (1)$$

式中：$\bar{c}_a$——测量标准气体浓度平均值；

c_s——标准气体浓度值；

i——第 i 种浓度的标准气体。

5.3.9　重复性

重复性用相对标准偏差 S_a 表示。

当仪器稳定后调零，通入浓度为量程上限 50%～60%的标准气体，待读数指示稳定后，读取数值，然后回零，上述步骤重复 6 次。按式（2）计算重复性 S_a。

$$S_a=\frac{1}{\bar{c}_a}\times\left[\frac{\sum_{i=1}^{n}(c_i-\bar{c}_a)^2}{n-1}\right]^{1/2}\times 100\% \qquad (2)$$

式中：c_i——第 i 次测量标准气体浓度值；

n——重复测量次数。

5.3.10　响应时间

仪器稳定后调零，通入浓度为量程上限 80%～90%的标准气体。同时用秒表测定从瞬时变化至指示值达到稳定值 90%的时间，连续重复测定 3 次，取平均值作为响应时间。

5.3.11　恢复时间

仪器稳定后调零，通入浓度为量程上限 80%～90%的标准气体。当示值达到稳定后，停止进样，再通入零点校准气，同时用秒表测定下降到稳定值 10%的时间，连续重复测定 3 次，取平均值作为恢复时间。

5.3.12　稳定度

仪器稳定后调零，通入零点校准气，记录读数为 Z_0，然后通入浓度为量程上限 80%～90%的标准气体，稳定后读取示值 I_0，接着仪器继续通入零点校准气，每隔 1 h 读取零点示值 Z_i，再向仪器通入同一浓度的标准气体，稳定后读取示值 I_i，共做 3 h。按式（3）和式（4）计算量程 S_0 和 S_i。

$$S_0=I_0-Z_0 \qquad (3)$$

$$S_i=I_i-Z_i \qquad (4)$$

式中：Z_0——零位读数初始值；

Z_i——第 i 次零位读数值；

I_0——通入标准气体初始测量浓度值；

I_i——第 i 次通入标准气体测量浓度值；

S_0——量程测量初始浓度值；

S_i——第 i 次量程测量浓度值。

按式（5）计算零点漂移偏差 ΔZ，取其中最大 ΔZ_{max} 值，并按式（6）计算仪器零点漂移 Z_d。

$$\Delta Z = Z_i - Z_0 \tag{5}$$

$$Z_d = \Delta Z_{max}/R \times 100\% \tag{6}$$

式中：R——量程上限。

按式（7）计算量程漂移偏差 ΔS，取其中最大 ΔS_{max} 值，并按式（8）计算仪器的量程漂移 S_d。

$$\Delta S = S_i - S_0 \tag{7}$$

$$S_d = \Delta S_{max}/R \times 100\% \tag{8}$$

5.3.13 负载误差

按阻力调节装置、连有缓冲瓶的 U 形压力计、仪器的顺序连接，U 形压力计的一端与大气相通，确保气路连接不漏气。仪器开机稳定后，在不施加阻力和调节阻力调节装置至 U 形压力计水柱压差为 10 kPa 条件下，分别通入量程上限 50%～60%浓度的标准气体，待读数指示稳定后，读取数值，连续重复测定 3 次，取平均值。按式（9）计算负载误差 L_e。

$$L_e = \frac{\overline{c}_l - \overline{c}_n}{\overline{c}_n} \times 100\% \tag{9}$$

式中：$\overline{c}_l$——施加阻力时测量标准气体浓度平均值；

$\overline{c}_n$——空载时测量标准气体浓度平均值。

5.3.14 除湿后损失

5.3.14.1 除湿前的测定

连接好测量系统，待仪器工作稳定后，通入量程 5%～20%浓度的标准气体。从仪器读数开始变化时起记时，到达响应时间后读数，连续重复测定 3 次，取平均值作为除湿前的测量值。

5.3.14.2 除湿后的测定

a. 将湿气发生装置放入烘箱内，把耐热橡皮管引出烘箱。

b. 烘箱升温至 60℃，并保持恒温。待湿气发生装置在 60℃条件下加热 30 min 后，开始进行测定。

c. 仪器开机，将采样管的进气口与橡皮管相连。采气 5 min，停止抽气，断开橡皮管与采样管的连接。

d. 立即通入同一浓度的标准气体，从仪器读数开始变化时起记时，到达响应时间后读数。

e. 连续重复步骤 c、d 测定 3 次，取平均值作为除湿后的测量值。

f. 按式（10）计算除湿后的损失 E_e。

$$E_e = \frac{\overline{c}_{af} - \overline{c}_{be}}{\overline{c}_{be}} \times 100\% \tag{10}$$

式中：$\overline{c}_{be}$——除湿前测量标准气体浓度平均值；

$\overline{c}_{af}$——除湿后测量标准气体浓度平均值。

5.3.15 绝缘电阻

在符合检测要求的环境条件下，仪器不通电，用 500 V（DC）兆欧表的一端接至电源插头的相、中连线上；另一端接到仪器机壳的接地端上，加上 500 V 直流电压，打开电源开关，持续 5 s 后，测量绝缘电阻。用相同的方法将兆欧表的另一端接到采样管外壳上，测量绝缘电阻。

6 认定检测项目

认定检测项目列表 1。

表 1 认证检测项目

项目		指标	试验方法
外观、采样管、导气管、除湿装置、过滤器		合格	见 5.3.1～5
加热、保温装置	采样管	120～160℃	见 5.3.2.2
	导气管	120℃以上	见 5.3.3.2
气密性		负压 6.7 kPa，30 s 内下降≤0.2 kPa；正压 2 kPa，1 min 内压力不变	见 5.3.6
示值误差/%	0～20%满量程范围内	≤±3%	
	20%～60%满量程范围内	≤±4%	
	60%～100%满量程范围内	≤±5%	见 5.3.8
重复性/%		≤2%	见 5.3.9
响应时间/s		≤60	见 5.3.10
恢复时间/s		≤60	见 5.3.11
稳定度（3 h）	零点漂移（%满量程）	≤±0.5%	见 5.3.12
	量程漂移（%满量程）	≤±2%	见 5.3.12
负载误差/%		≤5%	见 5.3.13
除湿后损失/%		≤5%	见 5.3.14
绝缘电阻/MΩ		≥20	见 5.3.15

附加说明：

本标准由国家环境保护总局科技标准司提出并归口。
本标准由中国环境监测总站负责起草。
本标准主要起草人：易江。
本标准委托中国环境监测总站负责解释。

四、其　他

中华人民共和国环境保护行业标准

污染源在线自动监控（监测）系统数据传输标准

HJ/T 212—2005

Standard for data communication of pollution emission auto monitoring system

2005-12-30 发布　　2006-02-01 实施

1 适用范围

本标准适用于污染源在线自动监控（监测）系统自动监控设备和监控中心之间的数据交换传输。本标准规定了数据传输的过程及系统对参数命令、交互命令、数据命令和控制命令的数据格式和代码定义，本标准不限制系统扩展其他的信息内容，在扩展内容时不得与本标准中所使用或保留的控制命令相冲突。

根据通信技术的发展，本标准将适时修订。

2 规范性引用文件

以下标准和规范所含条文，在本标准中被引用即构成为本标准的条文，与本标准同效。

GB/T 16706—1996　环境污染源类别代码

YD/T 1093—2000　900/1 800 MHz TDMA 数字蜂窝移动通信网通用分组无线业务（GPRS）隧道协议技术规范

YD/T 1323—2004　接入网技术要求——非对称数字用户环路（ADSL）

YD/T 1334—2004　800 MHz CDMA 数字蜂窝移动通信网无线智能网（WIN）阶段 2：智能外设（IP）设备技术要求

EIA RS—232C　数据终端设备与使用串行二进制数据进行交换的数据通信设备之间的接口

3 术语

3.1 污染源在线自动监控（监测）系统

由对污染源主要污染物排放实施在线自动监控（监测）的自动监控监测仪器设备和监控中心组成，本标准中简称系统。

3.2 监控中心

安装在各级环保部门，有权限通过传输线路与自动监控设备连接，对其发出查询和控制等本标准规定指令的数据接收和数据处理系统，包括计算机信息终端设备及计算机软件等。本标准中简称上位机。

3.3 自动监控设备

安装在污染源排放口现场，用于监控、监测污染源排污状况及完成与上位机的数据通讯传输的单台或多台设备及设施，包括污染物排放监控（监测）仪器、流量（速）计、污染治理设施运行记录仪和数据采集传输仪等，是污染防治设施的组成部分。本标准中简称现场机。

3.4 数据采集传输仪

采集各种类型监控仪器仪表的数据、完成数据存储及与上位机数据通讯传输功能的单片机、工控机、嵌入式计算机、嵌入式可编程自动控制器（PAC）或可编程控制器等。

4 系统结构

污染源自动监控系统从底层逐级向上可分为现场机、传输网络和上位机三个层次。上位机通过传输网络与现场机交换数据、发起和应答指令。

自动监控设备有两种构成方式：

（1）一台（套）现场机集自动监控（监测）、存储和通讯传输功能为一体，可直接通过传输网络与上位机相互作用。

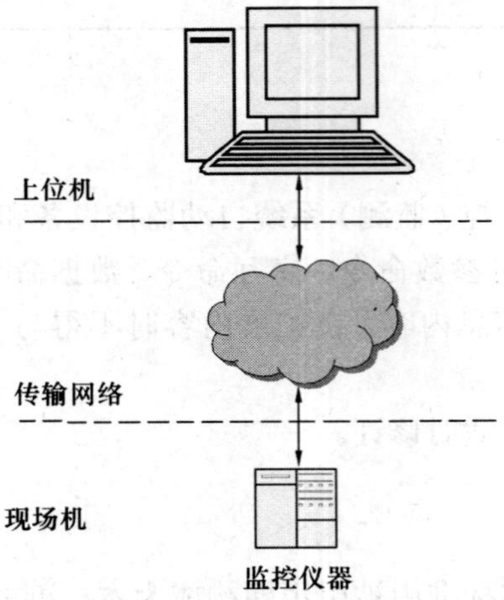

（2）现场有一套或多套监控仪器、仪表，监控仪器、仪表具有模拟或数字输出接口，连接到独立的数据采集传输仪，上位机通过数据采集传输仪实现数据交换和收发指令。

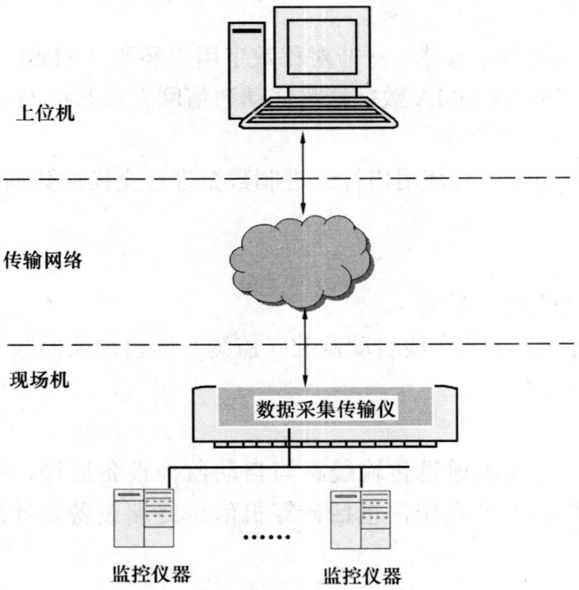

本标准不规定数据采集传输仪与监控仪器仪表的通讯方式，推荐采用 modbus（现场总线协议的一种，使用 RS-232C 兼容串行接口，它定义了连接口的针脚、电缆、信号位、传输波特率、奇偶校验等）

标准。

5　协议层次

现场机与上位机通讯接口应满足选定的传输网络的要求，本标准不作限制。

本标准规定的数据传输通讯协议对应于 ISO/OSI 定义的 7 层协议的应用层，在基于不同传输网络的现场机与上位机之间提供交互通讯。

协议结构如下图所示：

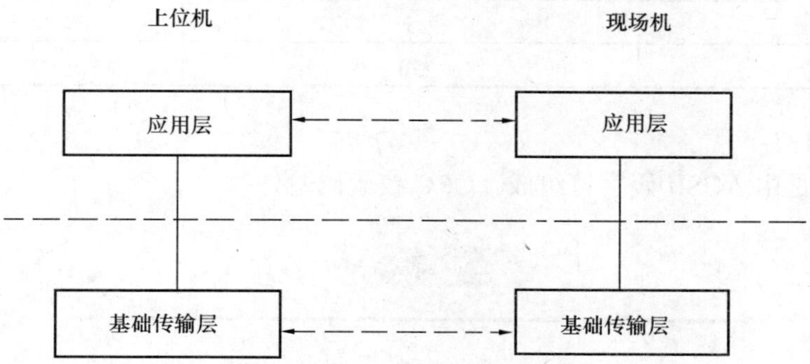

基础传输层依据不同的传输网络可有两类实现方式：

（1）基于 TCP/IP 协议的，此方式的使用建立在 TCP/IP 基础之上。常用如：

- 通用无线分组业务（General Packet Radio Service，GPRS）。
- 非对称数字用户环路（Asymmetrical Digital Subscriber Loop，ADSL）。
- 码分多址（Code Division Multiple Access，CDMA）等。

（2）基于非 TCP/IP 协议的，此类方式的使用建立在相关通讯链路上。常用如：

- 公共电话交换网（Public Switched Telephone Network，PSTN）。
- 短消息数据通讯等。

应用层依赖于所选用的传输网络，在选定的传输网络上进行应用层的数据通讯，在基础传输层已经建立的基础上，整个应用层的协议和具体的传输网络无关。本标准体现通讯介质无关性。

6　通讯协议

6.1　应答模式

完整的命令由请求方发起，响应方应答组成，具体步骤如下：

（1）请求方发送请求命令给响应方。

（2）响应方接到请求命令后应答，请求方收到应答后认为连接建立。

（3）响应方执行请求的操作。

（4）响应方通知请求方请求执行完毕，没有应答按超时处理。

（5）命令完成。

6.2　超时重发机制

6.2.1　请求回应的超时

- 一个请求命令发出后在规定的时间内未收到回应，认为超时。
- 超时后重发，重发规定次数后仍未收到回应认为通讯不可用，通讯结束。
- 超时时间根据具体的通讯方式和任务性质可自定义。
- 超时重发次数根据具体的通讯方式和任务性质可自定义。

6.2.2　执行超时

请求方在收到请求回应（或一个分包）后规定时间内未收到返回数据或命令执行结果，认为超时，命令执行失败，结束。

缺省超时定义表（可扩充）：

通讯类型	缺省超时定义/s	重发次数
GPRS	10	3
PSTN	5	3
CDMA	10	3
ADSL	5	3
短信	30	3

6.3 通讯协议数据结构

所有的通讯包都是由 ACSII 码字符组成（CRC 校验码除外）。

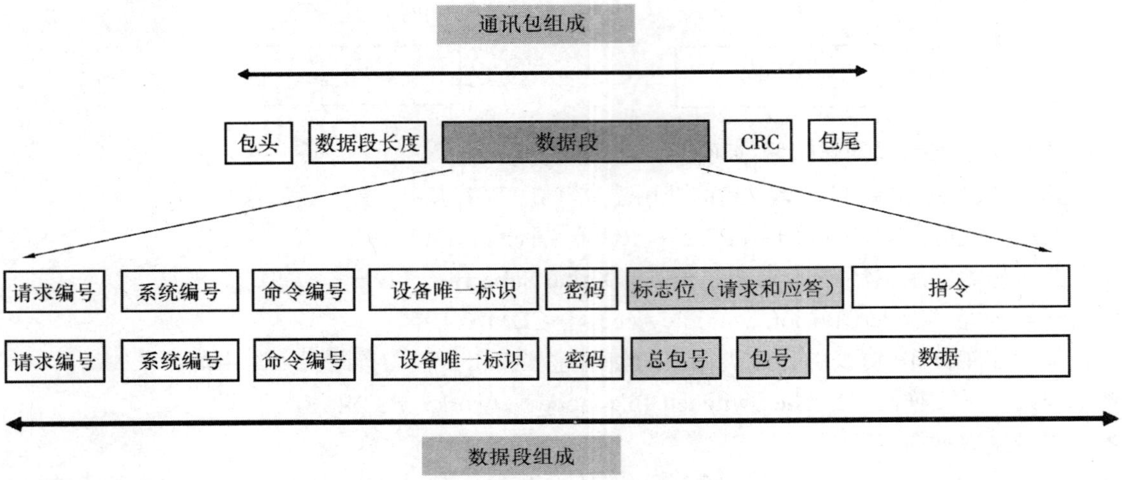

6.3.1 通讯包结构组成

名称	类型	长度	描述
包头	字符	2	固定为##
数据段长度	十进制整数	4	数据段的 ASCII 字符数 例如：长 255，则写为“0255”
数据段（见 6.3.3）	字符	$0 \leqslant n \leqslant 1\ 024$	变长的数据（短信为 140）
CRC 校验	十六进制整数	4	数据段的校验结果，如 CRC 错，即执行超时
包尾	字符	2	固定为〈CR〉〈LF〉（回车、换行）

6.3.2 数据段结构组成

名称	类型	长度	描述
请求编号 QN	字符	20	精确到毫秒的时间戳：QN=YYYYMMDDHHMMSSZZZ，用来唯一标识一个命令请求，用于请求命令或通知命令
总包号 PNUM	字符	4	PNUM 指示本次通讯总共包含的包数
包号 PNO	字符	4	PNO 指示当前数据包的包号
系统编号 ST	字符	5	ST=系统编号，系统编号见 6.5 中系统编码表

名称	类型	长度	描述
命令编号 CN	字符	7	CN=命令编号，命令编号见 6.5 中命令列表
访问密码	字符	6	PW=访问密码
设备唯一标识 MN	字符	14	MN=监测点编号，这个编号下端设备需固化到相应存储器中，用作身份识别。编码规则：前 7 位是设备制造商组织机构代码的后 7 位，后 7 位是设备制造商自行确定的此类设备的唯一编码
是否拆分包及应答标志 Flag	整数（0～255）	3	目前只用两个 Bit： 0 0 0 0 0 0 D A A：数据是否应答；Bit：1—应答，0—不应答 D：是否有数据序号；Bit：1—数据包中包含包序号和总包号两部分，0—数据包中不包含包序号和总包号两部分 如：Flag=3 表示拆分包并且需要应答
指令参数 CP	字符	$0 \leqslant n \leqslant 960$	CP=&&数据区&&，数据区定义见 6.3.3

6.3.3 数据区

6.3.3.1 结构定义

字段与其值用“=”连接；在数据区中，同一项目的不同分类值间用“，”来分隔，不同项目之间用“；”来分隔。

6.3.3.2 字段定义

6.3.3.2.1 字段名

字段名要区分大小写，单词的首个字符为大写，其他部分为小写。

6.3.3.2.2 数据类型

C4：表示最多 4 位的字符型字串，不足 4 位按实际位数。

N5：表示最多 5 位的数字型字串，不足 5 位按实际位数。

N14.2：用可变长字符串形式表达的数字型，表示 14 位整数和 2 位小数，带小数点，带符号，最大长度为 18。

YYYY：日期年，如 2005 表示 2005 年

MM：日期月，如 09 表示 9 月

DD：日期日，如 23 表示 23 日

HH：时间小时

MM：时间分钟

SS：时间秒

ZZZ：时间毫秒

6.3.3.2.3 字段对照表

其中：×××：代表某个污染物编号，见附录 B。SB1：设备编号

字段名	描述	字符集	宽度	取值及描述
SystemTime	系统时间	0～9	N14	YYYYMMDDHHMMSS
QN	请求编号，见 6.3.2			
QnRtn	请求回应代码，见 6.5	0～9	N3	
ExeRtn	执行结果回应代码，见 6.5	0～9	N3	
RtdInterval	实时采样数据上报间隔	0～9	N4	以秒为单位
×××-Rtd	污染物实时采样数据	0～9	N14.2	10.11，“×××”是污染物代码
×××-Min	污染物指定时间内最小值	0～9	N14.2	10.11

字段名	描述	字符集	宽度	取值及描述
×××-Avg	污染物指定时间内平均值	0～9	N14.2	10.11
×××-Max	污染物指定时间内最大值	0～9	N14.2	10.11
×××-ZsRtd	污染物实时采样折算数据	0～9	N14.2	10.11，“×××”是污染物代码
×××-ZsMin	污染物指定时间内最小折算值	0～9	N14.2	10.11
×××-ZsAvg	污染物指定时间内平均折算值	0～9	N14.2	10.11
×××-ZsMax	污染物指定时间内最大折算值	0～9	N14.2	10.11
×××-Flag	监测污染物实时数据标记	A～Z	C1	对于污染源（P：电源故障；F：排放源停运；C：校验；M：维护；T：超测上限；D：故障；S：设定值；N：正常） 对于空气检测站（0：校准数据；1：气象参数；2：异常数据；3：正常数据）
×××-Cou	污染物指定时间内累计值	0～9	N14.2	10.11
×××-RS	设备运行状态的实时采样值	0～9	N1	0：设备关；1：设备开（可扩充）
×××-RT	设备指定时间内的运行时间	0～9	N14.2	10.11 且 0=*n*<=24
×××-Ala	污染物报警期间内采样值	0～9	N14.2	10.11
×××-UpValue	污染物报警上限值	0～9	N14.2	10.11
×××-LowValue	污染物报警下限值	0～9	N14.2	10.11
×××-Data	噪声监测日历史数据	0～9	N14.2	10.11
×××-DayData	噪声昼间历史数据	0～9	N14.2	10.11
×××-NightData	噪声夜间历史数据	0～9	N14.2	10.11
AlarmTime	超标开始时间	0～9	N14	YYYYMMDDHHMMSS
AlarmType	报警事件类型	0～9	N1	1：超标；0：恢复正常
ReportTarget	上位机地址标识	0～9	N20	通讯地址标识
PolId	污染物的编号	0～9	C3	见附录 B
BeginTime	开始时间	0～9	N14	YYYYMMDDHHMMSS
EndTime	截止时间	0～9	N14	YYYYMMDDHHMMSS
DataTime	数据时间信息	0～9	N14	YYYYMMDDHHMMSS
ReportTime	数据上报时间信息	0～9	N4	0100
DayStdValue	噪声白天报警上限值	0～9	N14	
NightStdValue	噪声夜晚报警上限值	0～9	N14	
Flag	通讯标志	0～9	N3	目前只用两个 Bit； 0 0 0 0 0 0 D A A：数据是否应答；Bit：1—应答；0—不应答 D：是否有数据序号；Bit：1—数据包中包含包序号和总包号两部分，0—数据包中不包含包序号和总包号两部分
PNO	包序号	0～9	N4	取值范围为 0001～9999
PNUM	总包号	0～9	N4	取值范围为 0001～9999
PW	访问密码	0～9，a～z，A～Z	C6	
OverTime	超时时间（单位：秒）	0～9	N5	取值范围达到 24 小时
ReCount	重发次数	0～9	N2	取值范围为 0～99
WarnTime	超限报警时间（单位：秒）	0～9	N5	取值范围达到 24 小时
CTime	设备采样时间周期	0～9	N2	取值范围达到 24 小时

6.4 通讯流程

6.4.1 请求命令（四步或者三步）

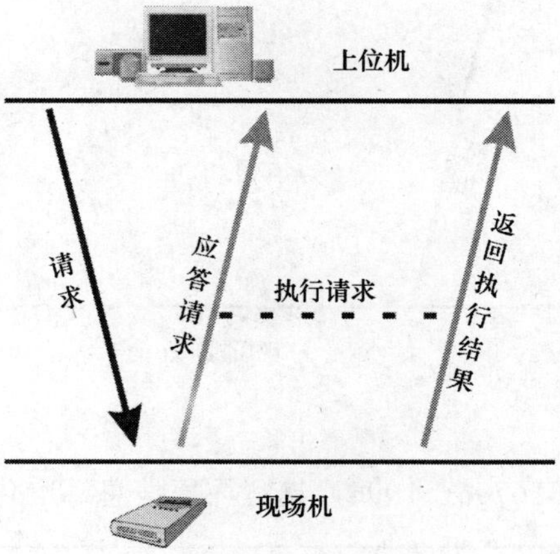

6.4.2 上传命令（一步）

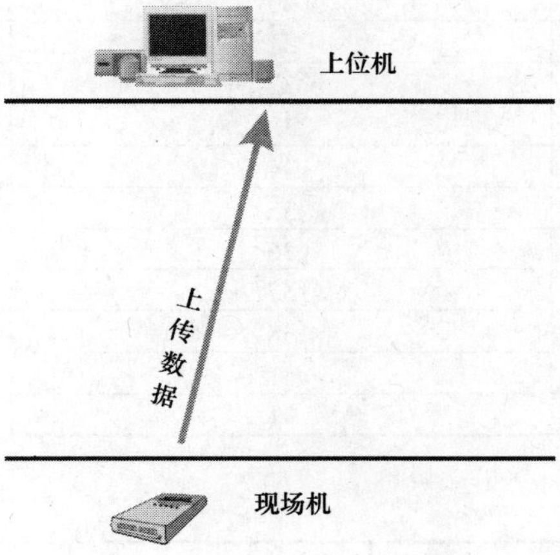

6.4.3 通知命令（两步）

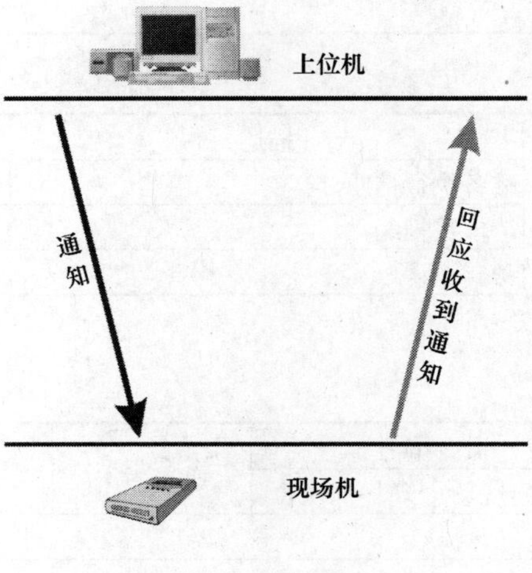

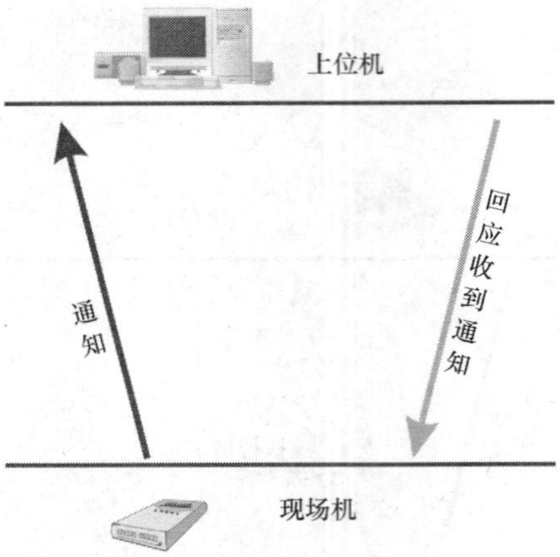

6.5 代码定义

系统编码表（可扩充）（GB/T 16706—1996）见《环境信息标准化手册》第一卷第 236 页。

系统名称	系统编号	描述
地表水监测	21	
空气质量监测	22	
区域环境噪声监测	23	
大气环境污染源	31	
地表水体环境污染源	32	
地下水体环境污染源	33	
海洋环境污染源	34	
土壤环境污染源	35	
声环境污染源	36	
振动环境污染源	37	
放射性环境污染源	38	
电磁环境污染源	41	
系统交互	91	用于现场机和上位机的交互

执行结果定义表（可扩充）

编号	描述	备注
1	执行成功	
2	执行失败，但不知道原因	
100	没有数据	

请求返回表（可扩充）

编号	描述	备注
1	准备执行请求	
2	请求被拒绝	
3	密码错误	

命令列表（可扩充）

命令名称	命令编号		命令类型	描述
	上位向现场	现场向上位		
初始化命令				
设置超时时间与重发次数	1000		请求命令	
设置超限报警时间	1001		请求命令	

命令名称	命令编号		命令类型	描述
	上位向现场	现场向上位		
预留初始化命令				预留命令范围 1002～1010
参数命令				
提取现场机时间	1011		请求命令	用于同步上位机和现场机的系统时间
上传现场机时间		1011	上传命令	
设置现场机时间	1012		请求命令	用于同步上位机和现场机的系统时间
提取污染物报警门限值	1021		请求命令	用于污染物超标报警
上传污染物报警门限值		1021	上传命令	
设置污染物报警门限值	1022		请求命令	
提取上位机地址	1031		请求命令	提取上位机地址
上传上位机地址		1031	上传命令	上传上位机地址
设置上位机地址	1032		请求命令	指定上位机地址
提取数据上报时间	1041		请求命令	提取数据上报时间
上传数据上报时间		1041	上传命令	上传数据上报时间
设置数据上报时间	1042		请求命令	指定数据上报时间
提取实时数据间隔	1061		请求命令	提取实时数据间隔
上传实时数据间隔		1061	上传命令	上传实时数据间隔
设置实时数据间隔	1062		请求命令	指定实时数据间隔
设置访问密码	1072		请求命令	
交互命令				
请求应答		9011		用于现场机回应上位机的请求。例如是否执行请求
操作执行结果		9012		用于现场机回应上位机的请求的执行结果
通知应答	9013	9013		回应通知命令
数据应答	9014	9014		数据应答命令
数据命令				
实时数据				
取污染物实时数据	2011		请求命令	
上传污染物实时数据		2011	上传命令	
停止查看实时数据	2012		通知命令	告诉现场机停止发送实时数据
设备状态				
取设备运行状态数据	2021		请求命令	
上传设备运行状态数据		2021	上传命令	
停止查看设备运行状态	2022		通知命令	告诉现场机停止发送设备运行状态数据
历史数据				
取污染物日历史数据	2031		请求命令	
上传污染物日历史数据		2031	上传命令	
取设备运行时间日历史数据	2041		请求命令	
上传设备运行时间日历史数据		2041	上传命令	
分钟数据（10 min 数据）				
取污染物分钟数据	2051		请求命令	
上传污染物分钟数据		2051	上传命令	
小时数据				
取污染物小时数据	2061		请求命令	
上传污染物小时数据		2061	上传命令	
报警数据				

命令名称	命令编号		命令类型	描述
	上位向现场	现场向上位		
取污染物报警记录	2071		请求命令	
上传污染物报警记录		2071	上传命令	
上传报警事件		2072	通知命令	用于现场机采样值超过报警门限时向上位机报警
控制命令				
校零校满	3011		请求命令	
即时采样命令	3012		请求命令	
设备操作命令	3013		请求命令	
设置设备采样时间周期	3014		请求命令	
预留控制命令				预留命令范围 3015～3099

附 录 A
（规范性附录）
循环冗余校验（CRC）算法

CRC 校验（Cyclic Redundancy Check）是一种数据传输错误检查方法，CRC 码两个字节，包含一 16 位的二进制值。它由传输设备计算后加入到数据包中。接收设备重新计算收到消息的 CRC，并与接收到的 CRC 域中的值比较，如果两值不同，则有误。

具体算法如下：

CRC 是先调入一值是全“1”的 16 位寄存器，然后调用一过程将消息中连续的 8 位字节各当前寄存器中的值进行处理。仅每个字符中的 8 Bit 数据对 CRC 有效，起始位和停止位以及奇偶校验位均无效。

CRC 校验字节的生成步骤如下：

① 装一个 16 位寄存器，所有数位均为 1。

② 取被校验串的一个字节与 16 位寄存器的高位字节进行“异或”运算。运算结果放入这个 16 位寄存器。

③ 把这个 16 寄存器向右移一位。

④ 若向右（标记位）移出的数位是 1，则生成多项式 1010 0000 0000 0001 和这个寄存器进行“异或”运算；若向右移出的数位是 0，则返回③。

⑤ 重复③和④，直至移出 8 位。

⑥ 取被校验串的下一个字节。

⑦ 重复③～⑥，直至被校验串的所有字节均与 16 位寄存器进行“异或”运算，并移位 8 次。

⑧ 这个 16 位寄存器的内容即 2 字节 CRC 错误校验码。

校验码按照先高字节后低字节的顺序存放。

附 录 B

（资料性附录）

常用部分污染物相关参数编码表

（引自《环境信息标准化手册》第三卷）

编码	名称	应用范围	计量单位	数据类型
B03	噪声	噪声	dB	N3.1
L10	累计百分声级 L_{10}	噪声	dB	N3.1
L5	累计百分声级 L_5	噪声	dB	N3.1
L50	累计百分声级 L_{50}	噪声	dB	N3.1
L90	累计百分声计 L_{90}	噪声	dB	N3.1
L95	累计百分声级 L_{95}	噪声	dB	N3.1
Ld	夜间等效声级 L_d	噪声	dB	N3.1
Ldn	昼夜等效声级 L_{dn}	噪声	dB	N3.1
Leq	30 秒等效声级 L_{eq}	噪声	dB	N3.1
LMn	最小的瞬时声级	噪声	dB	N3.1
LMx	最大的瞬时声级	噪声	dB	N3.1
Ln	昼间等效声级 L_n	噪声	dB	N3.1
S01	O_2 含量	废气	%	N3.1
S02	烟气流速	废气	m^3/h	N5.2
S03	烟气温度	废气	℃	N3.1
S04	烟气动压	废气	MPa	N4.2
S05	烟气湿度	废气	%	N3.1
S06	制冷温度	废气	℃	N3.1
S07	烟道截面积	废气	m^2	N4.2
S08	烟气压力	废气	MPa	N4.2
B02	废气			
01	烟尘	废气	mg/m^3	N5.2
02	二氧化硫	废气	mg/m^3	N5.2
03	氮氧化物	废气	mg/m^3	N5.3
04	一氧化碳	废气	mg/m^3	N2.3
05	硫化氢	废气	mg/m^3	N3.2
06	氟化物	废气	mg/m^3	N2.3
07	氰化物（含氰化氢）	废气	mg/m^3	N3.3
08	氯化氢	废气	mg/m^3	N4.3
09	沥青烟	废气	mg/m^3	N4.3
10	氨	废气	mg/m^3	N4.3
11	氯气	废气	mg/m^3	N4.3
12	二硫化碳	废气	mg/m^3	N4.3
13	硫醇	废气	mg/m^3	N4.3
14	硫酸雾	废气	mg/m^3	N4.3
15	铬酸雾	废气	mg/m^3	N2.4

编码	名称	应用范围	计量单位	数据类型
16	苯系物	废气	mg/m^3	N4.2
17	甲苯	废气	mg/m^3	N4.2
18	二甲苯	废气	mg/m^3	N4.2
19	甲醛	废气	mg/m^3	N3.3
20	苯并[*a*]芘	废气	mg/m^3	N3.6
21	苯胺类	废气	mg/m^3	N4.3
22	硝基苯类	废气	mg/m^3	N3.4
23	氯苯类	废气	mg/m^3	N4.3
24	光气	废气	mg/m^3	N3.3
25	碳氢化合物（含非甲烷总烃）	废气	mg/m^3	N5.2
26	乙醛	废气	mg/m^3	N3.4
27	酚类	废气	mg/m^3	N3.3
28	甲醇	废气	mg/m^3	N5.2
29	氯乙烯	废气	mg/m^3	N4.3
30	二氧化碳	废气	mg/m^3	N4.3
31	汞及其化合物	废气	mg/m^3	N4.4
32	铅及其化合物	废气	mg/m^3	N2.4
33	镉及其化合物	废气	mg/m^3	N3.4
34	锡及其化合物	废气	mg/m^3	N4.3
35	镍及其化合物	废气	mg/m^3	N3.3
36	铍及其化合物	废气	mg/m^3	N4.4
37	林格曼黑度	废气		N1
99	其他气污染物	废气		
B01	污水	污水		
001	pH 值	污水		N2.1
002	色度	污水	色度单位	N5.1
003	悬浮物	污水	mg/L	N5.1
010	生化需氧量（BOD_5）	污水	mg/L	N5.1
011	化学需氧量（COD_{Cr}）	污水	mg/L	N6.1
015	总有机碳	污水	mg/L	N3.2
020	总汞	污水	mg/L	N2.3
021	烷基汞	污水	mg/L	N2.1
022	总镉	污水	mg/L	N2.2
023	总铬	污水	mg/L	N3.2
024	六价铬	污水	mg/L	N2.2
025	三价铬	污水	mg/L	N3.2
026	总砷	污水	mg/L	N2.2
027	总铅	污水	mg/L	N3.2
028	总镍	污水	mg/L	N3.2
029	总铜	污水	mg/L	N3.2
030	总锌	污水	mg/L	N3.2
031	总锰	污水	mg/L	N3.2
032	总铁	污水	mg/L	N3.2
033	总银	污水	mg/L	N2.2
034	总铍	污水	mg/L	N2.3

编码	名称	应用范围	计量单位	数据类型
035	总硒	污水	mg/L	N2.2
036	锡	污水	mg/L	N3.6
037	硼	污水	mg/L	N3.6
038	钼	污水	mg/L	N3.6
039	钡	污水	mg/L	N3.6
040	钴	污水	mg/L	N3.6
041	铊	污水	mg/L	N3.6
060	氨氮	污水	mg/L	N2.3
061	有机氮	污水	mg/L	N3.2
065	总氮	污水	mg/L	N3.2
080	石油类	污水	mg/L	N3.2
101	总磷	污水	mg/L	N3.2

其他计量单位说明：

名称	计量单位	数据类型
污水流量	L/s	N14.2
水污染物排放量	g	N14.6
污水排放量	t	N14.2
废气流速	m^3/s	N14.2
气污染物排放量	kg	N14.2
废气排放量	m^3	N14.2
设备运行时间	h	N4.2

附 录 C
（资料性附录）
各条指令通讯过程示例

以下的命令示例都是无需数据应答和拆分包的实例（其中6实例中，对拆分包和应答进行了具体描述）。对于上传数据QN，PNO，PNUM为可选项。

举例数据说明：以下例子QN是在2004年5月16日1点1分1秒1毫秒时建立连接，即20040516010101001，ST是32表示地表水污染源，设备唯一标识号是88888880000001，表示设备制造商组织机构代码的后7位是8888888，设备的序号是0000001，验证密码是123456。

1．设置现场机访问密码

类别	项　目		示例/说明
使用命令	上位机	设置现场机访问密码	QN=20040516010101001；ST=32；CN=1072；PW=123456；MN=88888880000001；Flag=3；CP=&&PW=654321&&
	现场机	请求应答	ST=91；CN=9011；PW=123456；MN=88888880000001；Flag=0；CP=&&QN=20040516010101001；QnRtn=1&&
	现场机	返回操作执行结果	ST=91；CN=9012；PW=123456；MN=88888880000001；CP=&&QN=20040516010101001；ExeRtn=1&&
使用字段	QN		请求编号
	QnRtn		请求返回结果
	PW		上位机要设置的现场机访问密码
	ExeRtn		请求执行结果
执行过程	上位机发送设置现场机访问密码命令后等待现场机应答，上位机收到应答后通过判断应答代码中QnRtn值决定是否等待执行结果，现场机执行设置时钟请求，返回执行结束命令，请求执行完毕。命令执行正确后，以后将使用新的密码进行通讯，否则仍使用原来的密码		

2．提取现场机系统时间

类别	项目		示例/说明
使用命令	上位机	提取现场机时间	QN=20040516010101001；ST=32；CN=1011；PW=123456；MN=88888880000001；Flag=3；CP=&&&&
	现场机	请求应答	ST=91；CN=9011；PW=123456；MN=88888880000001；Flag=0；CP=&&QN=20040516010101001；QnRtn=1&&
	现场机	上传现场机时间	ST=32；CN=1011；PW=123456；MN=88888880000001；CP=&&QN=20040516010101001；SystemTime=20040516010102&&
	现场机	返回操作执行结果	ST=91；CN=9012；PW=123456；MN=88888880000001；CP=&&QN=20040516010101001；ExeRtn=1&&
使用字段	QN		请求编号
	QnRtn		请求返回结果
	SystemTime		现场机上传的系统时间
	ExeRtn		执行结果
执行过程	上位机发送提取现场机时间命令后等待现场机应答，收到应答后通过判断应答代码中QnRtn值决定是否等待接收现场机时间，现场机执行请求，返回执行结束命令，请求执行完毕。例子中返回现场机系统时间2004年5月16日1点1分2秒		

3．设置现场机系统时间

类别	项目		示例/说明
使用命令	上位机	设置现场机时间	QN=20040516010101001；ST=32；CN=1012；PW=123456；MN=88888880000001；Flag=3；CP=&&SystemTime=20040516010101&&
	现场机	请求应答	ST=91；CN=9011；PW=123456；MN=88888880000001；Flag=0；CP=&&QN=20040516010101001；QnRtn=1&&
	现场机	返回操作执行结果	ST=91；CN=9012；PW=123456；MN=88888880000001；CP=&&QN=20040516010101001；ExeRtn=1&&
使用字段	QN		请求编号
	QnRtn		请求返回结果
	SystemTime		上位机要设置的系统时间
	ExeRtn		请求执行结果
执行过程	上位机发送设置现场机时间命令后等待现场机应答，上位机收到应答后通过判断应答代码中 QnRtn 值决定是否等待执行结果，现场机执行设置时钟请求，返回执行结束命令，请求执行完毕		

4．实时数据采集

类别	项目		示例/说明
使用命令	上位机	取污染物实时数据	QN=20040516010101001；ST=32；CN=2011；PW=123456；MN=88888880000001；Flag=3；CP=&&&&
	现场机	请求应答	ST=91；CN=9011；PW=123456；MN=88888880000001；Flag=0；CP=&&QN=20040516010101001；QnRtn=1&&
	现场机	上传污染物实时数据	ST=32；CN=2011；PW=123456；MN=88888880000001；CP=&&DataTime=20040516020111；B01-Rtd=100；101-Rtd=1.1，101-Flag=N；102-Rtd=2.2，102-Flag=N...&&
	上位机	停止察看实时数据	QN=20040516010101001；ST=32；CN=2012；PW=123456；MN=88888880000001；CP=&&&&
	现场机	通知应答	ST=91；CN=9013；PW=123456；MN=88888880000001；CP=&&QN=20040516010101001&&
使用字段	QN		停止查看实时数据中的 QN 等于取污染物实时数据中的 QN
	101-Rtd		污染物 101 的实时采样数据
	101-Flag		污染物 101 的数据标记（可以没有此项，根据实际情况确定）
	DataTime		数据时间，精确到秒
	QnRtn		请求返回结果
执行过程	上位机发送取污染物实时数据命令后等待现场机应答，收到应答后通过判断应答代码决定是否接收实时数据，接收需要的实时数据后发送停止查看实时数据通知命令，收到现场机的应答后，结束实时数据采集		

5．污染治理设施运行状态

类别	项目		示例/说明
使用命令	上位机	取设施运行状态数据	QN=20040516010101001；ST=32；CN=2021；PW=123456；MN=88888880000001；Flag=3；CP=&&&&
	现场机	请求应答	ST=91；CN=9011；PW=123456；MN=88888880000001；Flag=0；CP=&&QN=20040516010101001；QnRtn=1&&
	现场机	上传设施运行状态数据	ST=32；CN=2021；PW=123456；MN=88888880000001；CP=&&DataTime=20040516020111；SB1-RS=1；SB2-RS=0...&&
	上位机	停止察看设施运行状态	QN=20040516010101001；ST=32；CN=2022；PW=123456；MN=88888880000001；CP=&&&&
	现场机	通知应答	ST=91；CN=9013；PW=123456；MN=88888880000001；CP=&&QN=20040516010101001&&

类别	项目	示例/说明
使用字段	QN	停止查看设施运行状态中的 QN 等于取设施运行状态中的 QN
	SB1-RS	设施 SB1 的状态
	DataTime	数据时间，精确到秒
	QnRtn	请求返回结果
执行过程	上位机发送取设施运行状态数据命令后等待现场机应答，收到应答后通过判断应答代码决定是否接收设施运行状态数据，接收需要的设施运行状态数据后发送停止查看设施运行状态数据通知命令，收到现场机的应答后，结束设施运行状态数据采集	

6．污染物分钟数据（小时数据命令格式类似）

- 污染物分钟数据（无应答和拆分包）

类别	项目		示例/说明
使用命令	上位机	取污染物分钟数据	QN=20040516010101001；ST=32；CN=2051；PW=123456；MN=88888880000001；Flag=3；CP=&&BeginTime=20040506111000，EndTime=20040506151000&&
	现场机	请求应答	ST=91；CN=9011；PW=123456；MN=88888880000001；Flag=0；CP=&&QN=20040516010101001；QnRtn=1&&
	现场机	上传污染物分钟数据	ST=32；CN=2051；PW=123456；MN=88888880000001；CP=&&DataTime=20040516021000；B01-Cou=200；101-Cou=2.5，101-Min=1.1，101-Avg=1.1，101-Max=1.1；102-Cou=2.5，102-Min=2.1，102-Avg=2.1，102-Max=2.1...&&
	现场机	返回操作执行结果	ST=91；CN=9012；PW=123456；MN=88888880000001；CP=&&QN=20040516010101001；ExeRtn=1&&
使用字段	QN		请求编号
	QnRtn		请求返回结果
	BeginTime		采集数据的起始时间，精确到分钟信息
	EndTime		采集数据的结束时间，精确到分钟信息
	DataTime		数据时间，时间精确到分钟，且以整分钟为单位
	101-Cou		污染物 101 分钟内的排放量
	101-Min		污染物 101 分钟内的最小值
	101-Avg		污染物 101 分钟内的平均值
	101-Max		污染物 101 分钟内的最大值
	ExeRtn		请求执行结果
执行过程	上位机发送取污染物分钟数据命令后等待现场机应答，收到应答后通过判断应答代码决定是否接收污染物分钟数据，现场机把所有污染物每间隔分钟数据作为一个数据包，直至发送完符合时间段内的所有包，发送完指定的数据后，现场机返回执行结束命令，此时此次请求执行完毕		

- 污染物分钟数据（有应答、无拆分包）

类别	项目		示例/说明
使用命令	上位机	取污染物分钟数据	QN=20040516010101001；ST=32；CN=2051；PW=123456；MN=88888880000001；Flag=3；CP=&&BeginTime=20040506111000，EndTime=20040506151000&&
	现场机	请求应答	ST=91；CN=9011；PW=123456；MN=88888880000001；Flag=1；CP=&&QN=20040516010101001；QnRtn=1&&
	现场机	上传污染物分钟数据	ST=32；CN=2051；QN=20040516010101001；PW=123456；MN=88888880000001；CP=&&DataTime=20040516021000；B01-Cou=200；101-Cou=2.5，101-Min=1.1，101-Avg=1.1，101-Max=1.1；102-Cou=2.5，102-Min=2.1，102-Avg=2.1，102-Max=2.1...&&
	上位机	数据应答	ST=91；CN=9014；CP=&&QN=20040516010101001；CN=2051&&
	现场机	返回操作执行结果	ST=91；CN=9012；PW=123456；MN=88888880000001；CP=&&QN=20040516010101001；ExeRtn=1&&
	上位机	结果应答	ST=91；CN=9014；CP=&&QN=20040516010101001；CN=9012&&

类别	项目	示例/说明
使用字段	QN	请求编号
	QnRtn	请求返回结果
	BeginTime	采集数据的起始时间，精确到分钟信息
	EndTime	采集数据的结束时间，精确到分钟信息
	DataTime	数据时间，时间精确到分钟，且以整分钟为单位
	101-Cou	污染物 101 分钟内的排放量
	101-Min	污染物 101 分钟内的最小值
	101-Avg	污染物 101 分钟内的平均值
	101-Max	污染物 101 分钟内的最大值
	ExeRtn	请求执行结果
执行过程	上位机发送取污染物分钟数据命令后等待现场机应答，收到应答后通过判断应答代码决定是否接收污染物分钟数据，现场机把所有污染物每分钟间隔数据作为一个数据包，直至发送完符合时间段内的所有包，发送完指定的数据后，现场机返回执行结束命令，此时此次请求执行完毕	

- 污染物分钟数据（带数据应答的拆分包）

类别	项目		示例/说明
使用命令	上位机	取污染物分钟数据	QN=20040516010101001；ST=32；CN=2051；PW=123456；MN=88888880000001；Flag=3；CP=&&BeginTime=20040506111000，EndTime=20040506151000&&
	现场机	请求应答	ST=91；CN=9011；PW=123456；MN=88888880000001；Flag=3；CP=&&QN=20040516010101001；QnRtn=1&&
	现场机	上传污染物分钟数据	ST=32；CN=2051；QN=20040516010101001；PW=123456；MN=88888880000001；PNO=1；PNUM=1；CP=&&DataTime=20040516021000；B01-Cou=200；101-Cou=2.5，101-Min=1.1，101-Avg=1.1，101-Max=1.1；102-Cou=2.5，102-Min=2.1，102-Avg=2.1，102-Max=2.1...&&
	上位机	数据应答	ST=91；CN=9014；CP=&&QN=20040516010101001；CN=2051；PNO=1；PNUM=1；&&
	现场机	返回操作执行结果	ST=91；CN=9012；PW=123456；MN=88888880000001；CP=&&QN=20040516010101001；ExeRtn=1&&
	上位机	结果应答	ST=91；CN=9014；CP=&&QN=20040516010101001；CN=9012&&
使用字段	QN		请求编号
	QnRtn		请求返回结果
	BeginTime		采集数据的起始时间，精确到分钟信息
	EndTime		采集数据的结束时间，精确到分钟信息
	DataTime		数据时间，时间精确到分钟，且以整分钟为单位
	101-Cou		污染物 101 分钟内的排放量
	101-Min		污染物 101 分钟内的最小值
	101-Avg		污染物 101 分钟内的平均值
	101-Max		污染物 101 分钟内的最大值
	ExeRtn		请求执行结果
执行过程	上位机发送取污染物分钟数据命令后等待现场机应答，收到应答后通过判断应答代码决定是否接收污染物分钟数据，现场机把所有污染物每分钟间隔数据作为一个数据包，直至发送完符合时间段内的所有包，发送完指定的数据后，现场机返回执行结束命令，此时此次请求执行完毕		

7．污染物日数据

类别	项目		示例/说明
使用命令	上位机	取污染物日数据	QN=20040516010101001；ST=32；CN=2031；PW=123456；MN=88888880000001；Flag=3；CP=&&BeginTime=20040506000000，EndTime=20040510000000&&
	现场机	请求应答	ST=91；CN=9011；PW=123456；MN=88888880000001；Flag=0；CP=&&QN=20040516010101001；QnRtn=1&&
	现场机	上传污染物日数据	ST=32；CN=2031；PW=123456；MN=88888880000001；CP=&&DataTime=20040506000000；B01-Cou=200；101-Cou=2.5，101-Min=1.1，101-Avg=1.1，101-Max=1.1；102-Cou=2.5，102-Min=2.1，102-Avg=2.1，102-Max=2.1...&&
	现场机	返回操作执行结果	ST=91；CN=9012；PW=123456；MN=88888880000001；CP=&&QN=20040516010101001；ExeRtn=1&&
使用字段	QN		请求编号
	QnRtn		请求返回结果
	BeginTime		采集数据的起始时间，精确到日信息
	EndTime		采集数据的结束时间，精确到日信息
	DataTime		数据时间，时间精确到日，且以整日为单位
	101-Cou		污染物 101 一日内的排放量
	101-Min		污染物 101 一日内的最小值
	101-Avg		污染物 101 一日内的平均值
	101-Max		污染物 101 一日内的最大值
	ExeRtn		请求执行结果
执行过程	上位机发送取污染物日数据命令后等待现场机应答，收到应答后通过判断应答代码决定是否接收污染物日数据，现场机把所有污染物每日数据作为一个数据包，直至发送完符合时间段内的所有包，发送完指定的数据后，现场机返回执行结束命令，此时此次请求执行完毕		

8．污染治理设施运行时间日数据

类别	项目		示例/说明
使用命令	上位机	取污染治理设施运行时间日数据	QN=20040516010101001；ST=32；CN=2041；PW=123456；MN=88888880000001；Flag=3；CP=&&BeginTime=20040506000000，EndTime=20040510000000&&
	现场机	请求应答	ST=91；CN=9011；PW=123456；MN=88888880000001；Flag=0；CP=&&QN=20040516010101001；QnRtn=1&&
	现场机	上传污染治理设施运行时间日数据	ST=32；CN=2041；PW=123456；MN=88888880000001；CP=&&DataTime=20040506000000；SB1-RT=1.1；SB2-RT=2.1...&&
	现场机	返回操作执行结果	ST=91；CN=9012；PW=123456；MN=88888880000001；CP=&&QN=20040516010101001；ExeRtn=1&&
使用字段	QN		请求编号
	QnRtn		请求返回结果
	BeginTime		采集数据的起始时间，精确到日信息
	EndTime		采集数据的结束时间，精确到日信息
	DataTime		数据时间，时间精确到日，且以整日为单位
	SB1-RT		污染治理设施 SB1 一日内运行时间的累计值
	ExeRtn		请求执行结果
执行过程	上位机发送取污染治理设施运行时间日数据命令后等待现场机应答，收到应答后通过判断应答代码决定是否接收污染治理设施运行时间日数据，现场机把所有污染治理设施每日运行时间数据作为一个数据包，直至发送完符合时间段内的所有包，发送完指定的数据后，现场机返回执行结束命令，此时此次请求执行完毕		

9．取污染物报警记录

类别	项目		示例/说明
使用命令	上位机	取污染物报警记录	QN=20040516010101001；ST=32；CN=2071；PW=123456；MN=88888880000001；Flag=3；CP=&&BeginTime=20040506010001，EndTime=20040506150030&&
	现场机	请求应答	ST=91；CN=9011；PW=123456；MN=88888880000001；Flag=0；CP=&&QN=20040516010101001；QnRtn=1&&
	现场机	上传污染物报警记录	ST=32；CN=2071；PW=123456；MN=88888880000001；CP=&&DataTime=20040506010101；101-Ala=1.1&&
	现场机	返回操作执行结果	ST=91；CN=9012；PW=123456；MN=88888880000001；CP=&&QN=20040516010101001；ExeRtn=1&&
使用字段	QN		请求编号
	QnRtn		请求返回结果
	BeginTime		采集数据的起始时间，精确到秒信息
	EndTime		采集数据的结束时间，精确到秒信息
	DataTime		报警时间，时间精确到秒
	101-Ala		污染物 101 报警时的瞬时值
	ExeRtn		请求执行结果
执行过程	上位机发送取污染物报警记录数据命令后等待现场机应答，收到应答后通过判断应答代码决定是否接收污染物报警记录数据，接收污染物报警记录数据（每条报警记录发送一个数据包），现场机接收发送完指定的数据后，返回执行结束命令，请求执行完毕		

10．超标报警

类别	项目		示例/说明
使用命令	现场机	上传报警事件通知命令	QN=20040516010101001；ST=32；CN=2072；PW=123456；MN=88888880000001；Flag=0；CP=&&AlarmTime=20040506010101；101-Ala=1.1，AlarmType=1&&
	上位机	通知应答	ST=91；CN=9013；PW=123456；MN=88888880000001；Flag=0；CP=&&QN=20040516010101001&&
使用字段	QN		请求编号
	AlarmTime		超标开始时间，精确到秒
	101-Ala		污染物 101 报警瞬时数据
	AlarmType		报警事件类型
执行过程	当现场机监测到某一污染物超标后，向上位机发送报警事件通知，上位机收到后返回通知应答，告诉现场及已收到通知，交互结束		

11．设置污染物报警门限值

类别	项目		示例/说明
使用命令	上位机	设置污染物报警门限值	QN=20040516010101001；ST=32；CN=1022；PW=123456；MN=88888880000001；Flag=3；CP=&&101-LowValue=1.1，101-UpValue=9.9；102-LowValue=1.1，102-UpValue=9.9...&&
	现场机	请求应答	ST=91；CN=9011；PW=123456；MN=88888880000001；Flag=0；CP=&&QN=20040516010101001；QnRtn=1&&
	现场机	返回操作执行结果	ST=91；CN=9012；PW=123456；MN=88888880000001；CP=&&QN=20040516010101001；ExeRtn=1&&
使用字段	QN		请求编号
	QnRtn		请求返回结果
	PolId		要设置的污染物编号
	101-LowValue		污染物 101 报警门限下限
	101-UpValue		污染物 101 报警门限上限
	ExeRtn		请求执行结果
执行过程	上位机发送设置污染物报警门限值命令后等待现场机应答，收到应答后通过判断应答代码决定是否等待执行结果，现场机执行设置请求，返回执行结束命令，请求执行完毕		

12．提取污染物报警门限值

类别	项目		示例/说明
使用命令	上位机	提取污染物报警门限值	QN=20040516010101001；ST=32；CN=1021；PW=123456；MN=88888880000001；Flag=3；CP=&&PolId=101；PolId=102...&&
	现场机	请求应答	ST=91；CN=9011；PW=123456；MN=88888880000001；Flag=0；CP=&&QN=20040516010101001；QnRtn=1&&
	现场机	上传污染物报警门限值	ST=32；CN=1021；PW=123456；MN=88888880000001；CP=&&QN=20040516010101001；101-LowValue=1.1，101-UpValue=9.9；102-LowValue=1.1，102-UpValue=9.9...&&
	现场机	返回操作执行结果	ST=91；CN=9012；PW=123456；MN=88888880000001；CP=&&QN=20040516010101001；ExeRtn=1&&
使用字段	QN		请求编号
	QnRtn		请求返回结果
	PolId		污染物编号
	101-LowValue		污染物 101 报警门限下限
	101-UpValue		污染物 101 报警门限上限
	ExeRtn		请求执行结果
执行过程	上位机发送提取污染物报警门限值命令后等待现场机应答，收到应答后通过判断应答代码决定是否接收报警门限设定，现场机执行请求，返回执行结束命令，请求执行完毕		

13．设置上位机地址

类别	项目		示例/说明
使用命令	上位机	设置上位机地址	QN=20040516010101001；ST=32；CN=1032；PW=123456；MN=88888880000001；Flag=3；CP=&&AlarmTarget=3882566&&
	现场机	请求应答	ST=91；CN=9011；PW=123456；MN=88888880000001；Flag=0；CP=&&QN=20040516010101001；QnRtn=1&&
	现场机	返回操作执行结果	ST=91；CN=9012；PW=123456；MN=88888880000001；CP=&&QN=20040516010101001；ExeRtn=1&&
使用字段	QN		请求编号
	QnRtn		请求返回结果
	AlarmTarget		报警地址标识
	ExeRtn		请求执行结果
执行过程	上位机发送设置上位机地址命令后等待现场机应答，收到应答后通过判断应答代码决定是否等待执行结果，现场机执行设置请求，返回执行结束命令，请求执行完毕		

14．提取上位机地址

类别	项目		示例/说明
使用命令	上位机	提取上位机地址	QN=20040516010101001；ST=32；CN=1031；PW=123456；MN=88888880000001；Flag=3；CP=&&&&
	现场机	请求应答	ST=91；CN=9011；PW=123456；MN=88888880000001；Flag=0；CP=&&QN=20040516010101001；QnRtn=1&&
	现场机	上传上位机地址	ST=32；CN=1031；PW=123456；MN=88888880000001；CP=&&QN=20040516010101001；AlarmTarget=3882566&&
	现场机	返回操作执行结果	ST=91；CN=9012；PW=123456；MN=88888880000001；CP=&&QN=20040516010101001；ExeRtn=1&&
使用字段	QN		请求编号
	QnRtn		请求返回结果
	AlarmTarget		报警地址标识
	ExeRtn		请求执行结果
执行过程	上位机发送提取上位机地址命令后等待现场机应答，收到应答后通过判断应答代码决定是否接上位机地址，现场机执行请求，返回执行结束命令，请求执行完毕		

15．设置数据上报时间

类别	项目		示例/说明
使用命令	上位机	设置数据上报时间	QN=20040516010101001；ST=32；CN=1042；PW=123456；MN=88888880000001；Flag=3；CP=&&ReportTime=0101&&
	现场机	请求应答	ST=91；CN=9011；PW=123456；MN=88888880000001；Flag=0；CP=&&QN=20040516010101001；QnRtn=1&&
	现场机	返回操作执行结果	ST=91；CN=9012；PW=123456；MN=88888880000001；CP=&&QN=20040516010101001；ExeRtn=1&&
使用字段	QN		请求编号
	QnRtn		请求返回结果
	ReportTime		数据上报时间，前两位标识小时，后两位标识分钟
	ExeRtn		请求执行结果
执行过程	上位机发送设置数据上报时间命令后等待现场机应答，收到应答后通过判断应答代码决定是否等待执行结果，现场机执行设置请求，返回执行结束命令，请求执行完毕		

16．提取数据上报时间

类别	项目		示例/说明
使用命令	上位机	提取数据上报时间	QN=20040516010101001；ST=32；CN=1041；PW=123456；MN=88888880000001；Flag=3；CP=&&&&
	现场机	请求应答	ST=91；CN=9011；PW=123456；MN=88888880000001；Flag=0；CP=&&QN=20040516010101001；QnRtn=1&&
	现场机	上传数据上报时间	ST=32；CN=1041；PW=123456；MN=88888880000001；CP=&&QN=20040516010101001；ReportTime=0101&&
	现场机	返回操作执行结果	ST=91；CN=9012；PW=123456；MN=88888880000001；CP=&&QN=20040516010101001；ExeRtn=1&&
使用字段	QN		请求编号
	QnRtn		请求返回结果
	ReportTime		数据上报时间，前两位标识小时，后两位标识分钟
	ExeRtn		请求执行结果
执行过程	上位机发送提取数据上报时间命令后等待现场机应答，收到应答后通过判断应答代码决定是否接上位机地址，现场机执行请求，返回执行结束命令，请求执行完毕		

17．下端监测设备校零校满

类别	项目		示例/说明
使用命令	上位机	校零校满	QN=20040516010101001；ST=32；CN=3011；PW=123456；MN=88888880000001；Flag=3；CP=&&PolID=101&&
	现场机	请求应答	ST=91；CN=9011；PW=123456；MN=88888880000001；Flag=0；CP=&&QN=20040516010101001；QnRtn=1&&
	现场机	返回操作执行结果	ST=91；CN=9012；PW=123456；MN=88888880000001；CP=&&QN=20040516010101001；ExeRtn=1&&
使用字段	QN		请求编号
	PolID		污染物编号
	QnRtn		请求返回结果
执行过程	上位机发送校零校满命令后等待现场机接收到应答，收到应答后通过判断应答代码决定是否等待现场机的执行结果，现场机执行请求的动作，返回执行结束命令，此次请求执行完毕。每次命令设置一个设备校零校满		

18．设置实时采样数据上报间隔

类别	项目		示例/说明
使用命令	上位机	设置实时采样数据上报间隔	QN=20040516010101001；ST=32；CN=1062；PW=123456；MN=88888880000001；Flag=3；CP=&&RtdInterval=30&&
	现场机	请求应答	ST=91；CN=9011；PW=123456；MN=88888880000001；Flag=0；CP=&&QN=20040516010101001；QnRtn=1&&
	现场机	返回操作执行结果	ST=91；CN=9012；PW=123456；MN=88888880000001；CP=&&QN=20040516010101001；ExeRtn=1&&
使用字段	QN		请求编号
	QnRtn		请求返回结果
	RtdInterval		实时采样数据上报间隔
	ExeRtn		请求执行结果
执行过程	上位机发送设置实时采样数据上报间隔命令后等待现场机应答，收到应答后通过判断应答代码决定是否等待执行结果，现场机执行设置请求，返回执行结束命令，请求执行完毕		

19．提取实时采样数据上报间隔

类别	项目		示例/说明
使用命令	上位机	提取实时采样数据上报间隔	QN=20040516010101001；ST=32；CN=1061；PW=123456；MN=88888880000001；Flag=3；CP=&&&&
	现场机	请求应答	ST=91；CN=9011；PW=123456；MN=88888880000001；Flag=0；CP=&&QN=20040516010101001；QnRtn=1&&
	现场机	上传实时采样数据上报间隔	ST=32；CN=1061；PW=123456；MN=88888880000001；CP=&&QN=20040516010101001；RtdInterval=30&&
	现场机	返回操作执行结果	ST=91；CN=9012；PW=123456；MN=88888880000001；CP=&&QN=20040516010101001；ExeRtn=1&&
使用字段	QN		请求编号
	QnRtn		请求返回结果
	RtdInterval		实时采样数据上报间隔
	ExeRtn		请求执行结果
执行过程	上位机发送提取实时采样数据上报间隔命令后等待现场机应答，收到应答后通过判断应答代码决定是否接实时采样数据上报间隔，现场机执行请求，返回执行结束命令，请求执行完毕		

20．初始化超时时间和重发次数

类别	项目		示例/说明
使用命令	上位机	设置现场机超时时间和重发次数	QN=20040516010101001；ST=32；CN=1000；PW=123456；MN=88888880000001；Flag=3；CP=&&OverTime=5；ReCount=3&&
	现场机	请求应答	ST=91；CN=9011；PW=123456；MN=88888880000001；Flag=0；CP=&&QN=20040516010101001；QnRtn=1&&
	现场机	返回操作执行结果	ST=91；CN=9012；PW=123456；MN=88888880000001；CP=&&QN=20040516010101001；ExeRtn=1&&
使用字段	QN		请求编号
	QnRtn		请求返回结果
	Overtime		超时时间
	ReCount		重发次数
	ExeRtn		请求执行结果
执行过程	上位机发送设置现场机超时时间和重发次数命令后等待现场机应答，上位机收到应答后通过判断应答代码中QnRtn值决定是否等待执行结果，现场机执行设置时钟请求，返回执行结束命令，请求执行完毕		

21．初始化超限报警时间

类别	项目		示例/说明
使用命令	上位机	设置现场机超限报警时间	QN=20040516010101001; ST=32; CN=1001; PW=123456; MN=88888880000001; Flag=3; CP=&&WarnTime=5&&
	现场机	请求应答	ST=91； CN=9011； PW=123456； MN=88888880000001； Flag=0； CP=&&QN=20040516010101001； QnRtn=1&&
	现场机	返回操作执行结果	ST=91; CN=9012; PW=123456; MN=88888880000001; CP=&&QN=20040516010101001; ExeRtn=1&&
使用字段	QN		请求编号
	QnRtn		请求返回结果
	WarnTime		报警时间
	ExeRtn		请求执行结果
执行过程	上位机发送设置现场机超限报警时间命令后等待现场机应答，上位机收到应答后通过判断应答代码中 QnRtn 值决定是否等待执行结果，现场机执行设置时钟请求，返回执行结束命令，请求执行完毕		

22．下端监测设备即时采样

类别	项目		示例/说明
使用命令	上位机	即时采样	QN=20040516010101001; ST=32; CN=3012; PW=123456; MN=88888880000001; Flag=3; CP=&&PolID=101&&
	现场机	请求应答	ST=91； CN=9011； PW=123456； MN=88888880000001； Flag=0； CP=&&QN=20040516010101001； QnRtn=1&&
	现场机	返回操作执行结果	ST=91； CN=9012； PW=123456； MN=88888880000001； CP=&&QN=20040516010101001； ExeRtn=1&&
使用字段	QN		请求编号
	QnRtn		请求返回结果
	PolID		污染物编号
执行过程	上位机发送即时采样命令后等待现场机接收到应答，收到应答后通过判断应答代码决定是否等待现场机的执行结果，现场机执行请求的动作，返回执行结束命令，此次请求执行完毕。每次命令设置一个设备即时采样		

23．设置设备采样时间周期

类别	项目		示例/说明
使用命令	上位机	设置设备采样时间	QN=20040516010101001; ST=32; CN=3014; PW=123456; MN=88888880000001; Flag=3; CP=&&PolID=101，CTime=04，CTime=10，CTime=14，CTime=16...&&
	现场机	请求应答	ST=91； CN=9011； PW=123456； MN=88888880000001； Flag=0； CP=&&QN=20040516010101001； QnRtn=1&&
	现场机	返回操作执行结果	ST=91; CN=9012; PW=123456; MN=88888880000001; CP=&&QN=20040516010101001; ExeRtn=1&&
使用字段	QN		请求编号
	QnRtn		请求返回结果
	CTime		设备采样时间
执行过程	上位机发送设置采样时间命令后等待下位机接收到应答，收到应答后通过判断应答代码决定是否等待下位机的执行结果，下位机执行请求的动作，返回执行结束命令，此次请求执行完毕。每次命令设置一个设备采样周期 注：CTime=04 表示 4 点钟开始采样		

附加说明：

本标准由国家环境保护总局科技标准司提出。

本标准主要起草单位：国家环境保护总局环境应急与事故调查中心、国家环境保护总局信息中心、中国环境监测总站、西安交大长天软件股份有限公司。

本标准国家环境保护总局 2005 年 12 月 30 日批准。

本标准自 2006 年 2 月 1 日起实施。

本标准由国家环境保护总局解释。